AF557494

Verfügbarkeitsprüfung mit SAP®

SAP PRESS ist eine gemeinschaftliche Initiative von SAP SE und der Rheinwerk Verlag GmbH. Unser Ziel ist es, Ihnen qualifiziertes SAP-Wissen zur Verfügung zu stellen. SAP PRESS vereint das Know-how der SAP und die verlegerische Kompetenz von Rheinwerk. Die Bücher bieten Ihnen Expertenwissen zu technischen wie auch zu betriebswirtschaftlichen SAP-Themen.

Damit Sie nach weiteren Titeln Ihres Interessengebiets nicht lange suchen müssen, haben wir eine kleine Auswahl zusammengestellt.

Ferenc Gulyássy, Marc Hoppe, Oliver Köhler, Binoy Vithayathil
Disposition mit SAP. Prozesse, Integration und Customizing
795 Seiten, 3., aktualisierte und erweiterte Auflage 2022, gebunden
ISBN 978-3-8362-8584-1
www.sap-press.de/5382

Ferenc Gulyássy, Binoy Vithayathil
Kapazitätsplanung mit SAP
877 Seiten, 2., aktualisierte und erweiterte Auflage 2020, gebunden
ISBN 978-3-8362-7355-8
www.sap-press.de/5015

Alexander Wolf, Christoph Sting
Produktionsplanung und -steuerung mit SAP S/4HANA. Das Praxishandbuch
692 Seiten, 2021, gebunden
ISBN 978-3-8362-7873-7
www.sap-press.de/5182

Michael Grafunder, Ferenc Gulyássy, Binoy Vithayathil
SAP Integrated Business Planning. Prozesse, Funktionen, Implementierung
634 Seiten, 2020, gebunden
ISBN 978-3-8362-6324-5
www.sap-press.de/4647

Jens Drewer, Dirk Honert, Jens Kappauf, Max Wagner

Verfügbarkeitsprüfung mit SAP®

Liebe Leserinnen und Leser,

auch in unserem Privatleben führen wir immer wieder eine Verfügbarkeitsprüfungen durch. Nehmen wir an, Sie planen ein rauschendes Fest: Welcher Raum ist geeignet und zum geplanten Termin noch zu haben? Welcher Caterer ist vielversprechend und verfügbar? Wie steht es um das Getränkeangebot? Und natürlich müssen die Gäste eingeladen werden, damit sie nichts anderes vorhaben und zum Mitfeiern zur Verfügung stehen.

Die Verfügbarkeitsprüfung im SAP-System widmet sich anderen, komplexeren Fragestellungen, wird aber ebenso vielseitig eingesetzt. Ich freue mich sehr, Ihnen die 2. Auflage unseres Standardwerks zur Verfügbarkeitsprüfung zu präsentieren. Neben den bewährten ATP-Werkzeugen in SAP ERP und SAP APO ist mittlerweile die erweiterte Verfügbarkeitsprüfung in SAP S/4HANA (aATP) auf der Bildfläche erschienen und eröffnet Ihnen ganz neue Möglichkeiten.

Ich bin sicher, dass Ihnen dieses Buch hilft, die Verfügbarkeitsprüfung im SAP-System besser und effizienter durchzuführen und so Liefertreue und Bestandstransparenz jederzeit zu gewährleisten.

Und Sie, liebe Leserinnen und Leser, möchte ich dazu anregen, uns zu kontaktieren, wenn Sie uns Lob aussprechen oder wenn Sie Kritik anbringen möchten, die uns hilft, unsere Bücher zu verbessern. Ihre Fragen und Anmerkungen sind uns jederzeit willkommen.

Ihre Eva Tripp
Lektorat SAP PRESS

eva.tripp@rheinwerk-verlag.de
www.rheinwerk-verlag.de
Rheinwerk Verlag · Rheinwerkallee 4 · 53227 Bonn

Auf einen Blick

TEIL I Grundlagen der Verfügbarkeitsprüfung mit SAP

1 Betriebswirtschaftlicher Hintergrund ... 31
2 Verfügbarkeitsprüfung mit SAP ... 45
3 Anwendungsbereiche und Prozessintegration ... 59

TEIL II Verfügbarkeitsprüfung mit SAP ERP

4 Stamm- und Bewegungsdaten in SAP ERP ... 85
5 Parameter der Verfügbarkeitsprüfung in SAP ERP ... 129
6 Prüfmethoden in SAP ERP ... 175
7 Fehlteilemanagement in SAP ERP ... 241
8 Rückstandsbearbeitung in SAP ERP ... 259

TEIL III Verfügbarkeitsprüfung mit SAP S/4HANA

9 Einführung in die Verfügbarkeitsprüfung mit SAP S/4HANA ... 275
10 Kontingentierung ... 295
11 Verfügbarkeitsschutz ... 321
12 Alternativenbasierte Bestätigung ... 341
13 Rückstandsbearbeitung ... 367

TEIL IV Verfügbarkeitsprüfung mit SAP APO

14 SAP-APO-Systemintegration ... 393
15 Parameter der Verfügbarkeitsprüfung in SAP APO ... 411
16 Prüfmethoden in SAP APO ... 435
17 Erweiterte Prüfmethoden in SAP APO ... 493
18 Zusatzfunktionen der Verfügbarkeitsprüfung in SAP APO ... 565
19 Ergebnis und Analyse der Verfügbarkeitsprüfung ... 605
20 Rückstandsbearbeitung in SAP APO ... 627
21 Transport- und Versandterminierung in SAP APO ... 661

Wir hoffen, dass Sie Freude an diesem Buch haben und sich Ihre Erwartungen erfüllen. Ihre Anregungen und Kommentare sind uns jederzeit willkommen. Bitte bewerten Sie doch das Buch auf unserer Website unter **www.rheinwerk-verlag.de/feedback**.

An diesem Buch haben viele mitgewirkt, insbesondere:

Lektorat Eva Tripp
Korrektorat Monika Klarl, Köln
Herstellung Norbert Englert
Typografie und Layout Vera Brauner
Einbandgestaltung Silke Braun
Coverbild Shutterstock: 1130264096 © Leon Rafael
Satz SatzPro, Krefeld
Druck Beltz Grafische Betriebe, Bad Langensalza

Dieses Buch wurde gesetzt aus der TheAntiquaB (9,35/13,7 pt) in FrameMaker.
Gedruckt wurde es mit mineralölfreien Farben auf chlorfrei gebleichtem, FSC®-zertifiziertem Offsetpapier (90 g/m²).

Hergestellt in Deutschland.

Bibliografische Information der Deutschen Nationalbibliothek:
Die Deutsche Nationalbibliothek verzeichnet diese Publikation in der Deutschen Nationalbibliografie; detaillierte bibliografische Daten sind im Internet über *http://dnb.dnb.de* abrufbar.

ISBN 978-3-8362-8810-1

1. Auflage 2022

Informationen zu unserem Verlag und Kontaktmöglichkeiten finden Sie auf unserer Verlagswebsite **www.rheinwerk-verlag.de**. Dort können Sie sich auch umfassend über unser aktuelles Programm informieren und unsere Bücher und E-Books bestellen.

Inhalt

Einleitung 19

TEIL I Grundlagen der Verfügbarkeitsprüfung mit SAP

1 Betriebswirtschaftlicher Hintergrund 31

1.1 Dispositionsstrategien 33
1.1.1 Engineer-to-Order 34
1.1.2 Make-to-Order 35
1.1.3 Make-to-Stock 35
1.1.4 Assemble-to-Order 36

1.2 Verfügbarkeitsprüfung im Unternehmen 36
1.2.1 Vertrieb 37
1.2.2 Produktion 38
1.2.3 Materialwirtschaft 39

1.3 Implementierung der Verfügbarkeitsprüfung 41

1.4 Zusammenfassung 44

2 Verfügbarkeitsprüfung mit SAP 45

2.1 Systeme und Lösungen 45
2.1.1 SAP Business Suite 46
2.1.2 SAP S/4HANA 49
2.1.3 SAP Integrated Business Planning (SAP IBP) 50

2.2 Integration mit SAP CRM und SAP Customer Experience 51
2.2.1 SAP CRM 51
2.2.2 SAP Customer Experience 53

2.3 Anwendungsszenarien und Beispielarchitekturen 54
2.3.1 Szenario 1: SAP ERP und SAP APO 55
2.3.2 Szenario 2: SAP CRM mit SAP ERP und SAP APO 56
2.3.3 Szenario 3: SAP S/4HANA und SAP IBP 56

2.4 Zusammenfassung 57

3 Anwendungsbereiche und Prozessintegration 59

3.1 Durchführung der Verfügbarkeitsprüfung 59

3.2 Verfügbarkeitsprüfung im Vertrieb 60

3.2.1 Verfügbarkeitsprüfung für die Anfrage 60

3.2.2 Verfügbarkeitsprüfung für Angebote 62

3.2.3 Verfügbarkeitsprüfung für Kundenaufträge 64

3.2.4 Verfügbarkeitsprüfung für Lieferpläne 68

3.2.5 Verfügbarkeitsprüfung für Lieferungen 70

3.3 Verfügbarkeitsprüfung in der Produktion 72

3.3.1 Verfügbarkeitsprüfung für Planaufträge 73

3.3.2 Verfügbarkeitsprüfung für Fertigungsaufträge 75

3.4 Verfügbarkeitsprüfung in der Materialwirtschaft 77

3.4.1 Verfügbarkeitsprüfung für Umlagerungen 78

3.4.2 Verfügbarkeitsprüfung in der Lohnbearbeitung 79

3.4.3 Verfügbarkeitsprüfung für Warenbewegungen 81

3.5 Zusammenfassung 82

TEIL II Verfügbarkeitsprüfung mit SAP ERP

4 Stamm- und Bewegungsdaten in SAP ERP 85

4.1 Stammdaten 85

4.2 Bewegungsdaten 90

4.2.1 Verfügbarkeitsprüfung im Vertrieb 90

4.2.2 Verfügbarkeitsprüfung in der Materialwirtschaft 119

4.2.3 Verfügbarkeitsprüfung in der Praxis 125

4.3 Zusammenfassung 127

5 Parameter der Verfügbarkeitsprüfung in SAP ERP 129

5.1 Prüfgruppe 129

5.2 Prüfregel 136

5.3 Prüfumfang ... 139
5.3.1 Bestände ... 140
5.3.2 Wiederbeschaffungszeit ... 143
5.3.3 Lagerortprüfung ... 145
5.3.4 Prüfhorizont für den Wareneingang ... 146
5.3.5 Zu-/Abgänge ... 146

5.4 Einteilungstyp ... 151

5.5 Bedarfsklasse und Bedarfsartenfindung ... 153
5.5.1 Quelle der Bedarfsartenermittlung – Einstellung 0 ... 155
5.5.2 Quelle der Bedarfsartenermittlung – Einstellung 1 ... 162
5.5.3 Quelle der Bedarfsartenermittlung – Einstellung 2 ... 162

5.6 Sperrlogik ... 163

5.7 Transport- und Versandterminierung ... 165
5.7.1 Zeitelemente und Steuerungselemente ... 165
5.7.2 Versandterminierung ... 168
5.7.3 Transportterminierung ... 169
5.7.4 Ablauf der Transport- und Versandterminierung ... 171

5.8 Zusammenfassung ... 173

6 Prüfmethoden in SAP ERP ... 175

6.1 Überblick ... 176

6.2 ATP-Verfügbarkeitsprüfung ... 177
6.2.1 Betriebswirtschaftliche Anforderung ... 177
6.2.2 Ablauf der Prüfung ... 178
6.2.3 (Gesamt)wiederbeschaffungszeit ... 179
6.2.4 Terminierung ... 182
6.2.5 Ort der Verfügbarkeitsprüfung ... 184
6.2.6 Ebene der Verfügbarkeitsprüfung bei Kundeneinzelfertigung/ Projekteinzelfertigung ... 188
6.2.7 ATP-Verfügbarkeitsprüfung bei Dispositionsbereichen ... 190
6.2.8 Weitere Methoden der Verfügbarkeitsprüfung ... 192

6.3 Verfügbarkeitsprüfung gegen Vorplanung ... 192
6.3.1 Exkurs: Absatzplanung ... 193
6.3.2 Betriebswirtschaftliche Anforderungen ... 195

6.3.3 Ablauf der Prüfung ... 196
6.3.4 Steuerung der Vorplanungsverrechnung ... 198
6.3.5 Verfügbarkeitsprüfung gegen die Vorplanung mit Endmontage ... 203
6.3.6 Verfügbarkeitsprüfung gegen Vorplanung ohne Endmontage ... 210
6.3.7 Verfügbarkeitsprüfung gegen Vorplanung mit Vorplanungsmaterial ... 216
6.3.8 Schwierigkeiten bei der Verfügbarkeitsprüfung gegen Vorplanung ... 219

6.4 Verfügbarkeitsprüfung gegen Kontingente ... 222
6.4.1 Betriebswirtschaftliche Anforderungen ... 222
6.4.2 Steuerungselemente ... 223
6.4.3 Ablauf der Prüfung ... 230

6.5 Montageabwicklung ... 236

6.6 Zusammenfassung ... 240

7 Fehlteilemanagement in SAP ERP 241

7.1 Kostenoptimales Bestandsniveau ... 241

7.2 Fehlteileidentifizierung ... 243

7.3 Fehlteileauswertung ... 247

7.4 Fehlteileinformationsmeldung ... 250
7.4.1 Notwendige Einstellungen ... 250
7.4.2 Ablauf der Fehlteileabwicklung ... 257

7.5 Zusammenfassung ... 257

8 Rückstandsbearbeitung in SAP ERP 259

8.1 Negative Prüfungsergebnisse ... 259

8.2 Manuelle Rückstandsbearbeitung ... 261

8.3 Neuterminierung ... 265

8.4 Zusammenfassung ... 271

TEIL III Verfügbarkeitsprüfung mit SAP S/4HANA

9 Einführung in die Verfügbarkeitsprüfung mit SAP S/4HANA 275

9.1 Standard-Verfügbarkeitsprüfung in SAP S/4HANA ... 276
- 9.1.1 Änderungen am Customizing zur Prüfgruppe ... 276
- 9.1.2 Änderungen am Customizing zum Prüfumfang ... 277

9.2 Erweiterte Verfügbarkeitsprüfung (aATP) in SAP S/4HANA ... 278
- 9.2.1 Grund-Customizing zur Nutzung der erweiterten Verfügbarkeitsprüfung ... 279
- 9.2.2 Segmentierung ... 280
- 9.2.3 Mengenverteilung ... 282
- 9.2.4 Kontingentierung ... 284
- 9.2.5 Verfügbarkeitsschutz ... 285
- 9.2.6 Alternativenbasierte Bestätigung ... 287
- 9.2.7 Rückstandsbearbeitung ... 289
- 9.2.8 Freigabe zur Lieferung ... 290

9.3 Zusammenspiel der einzelnen Funktionen der erweiterten Verfügbarkeitsprüfung ... 291

9.4 Merkmalskataloge in der erweiterten Verfügbarkeitsprüfung ... 293

9.5 Zusammenfassung ... 294

10 Kontingentierung 295

10.1 Customizing zur Nutzung der Kontingentierung ... 296
- 10.1.1 Kontingentierung aktivieren ... 296
- 10.1.2 Kontingentierung in der Bedarfsklasse aktivieren ... 297
- 10.1.3 Ablauf je Einteilungstyp festlegen ... 297
- 10.1.4 Lieferart und Verfügbarkeitsprüfung je Werk konfigurieren ... 298

10.2 SAP-Fiori-Apps für die Kontingentierung ... 298

10.3 Kontingentierung konfigurieren ... 300

10.4 Kontingentierungsplandaten verwalten ... 302
- 10.4.1 Kontingente aus Microsoft Excel importieren ... 302
- 10.4.2 Kontingente manuell pflegen ... 302
- 10.4.3 Kontingente konfigurieren ... 303

10.5 Kontingentierungssequenzen verwalten ... 304
10.6 Produkte zur Kontingentierung zuordnen ... 307
10.7 Kontingentierungsübersicht ... 308
10.8 SAP-Beispiel für die Kontingentierung ... 309
10.9 Zusammenfassung ... 319

11 Verfügbarkeitsschutz 321

11.1 Customizing zur Nutzung des Verfügbarkeitsschutzes ... 321
11.2 SAP-Fiori-Apps für den Verfügbarkeitsschutz ... 322
11.3 Grundlagen des Verfügbarkeitsschutzes ... 323
11.3.1 Kernschutz und priorisierter Schutz ... 323
11.3.2 Aktiver und passiver Verfügbarkeitsschutz ... 325
11.3.3 Verfügbarkeitsschutz in den verschiedenen Anwendungen ... 325
11.3.4 Perioden im Verfügbarkeitsschutz ... 326
11.3.5 Abbau des geschützten Bestands ... 327
11.4 Konfiguration des Verfügbarkeitsschutzes ... 328
11.4.1 Allgemeine Daten ... 328
11.4.2 Planungshorizont ... 329
11.4.3 Kernschutz ... 331
11.4.4 Priorisierte Merkmale ... 331
11.4.5 Schutzgruppen ... 332
11.4.6 Zugehörige Verfügbarkeitsschutzobjekte ... 333
11.5 SAP-Beispiel für den Verfügbarkeitsschutz ... 333
11.6 Zusammenfassung ... 340

12 Alternativenbasierte Bestätigung 341

12.1 Customizing zur Aktivierung der alternativenbasierten Bestätigung ... 342
12.2 SAP-Fiori-Apps zur Konfiguration der alternativenbasierten Bestätigung ... 343

12.3 Grundlagen der Werks- und Lagerortersetzung 344
12.3.1 Merkmalskombinationen anlegen 344
12.3.2 Ersetzungsgründe für die Lokationsersetzung verwalten 344
12.3.3 Gültige Ersetzungskombinationen pflegen 345
12.3.4 Ersetzungen für Lokationen verwalten 349
12.3.5 Ausschlüsse von Lokationen verwalten 354

12.4 Grundlagen der Produktersetzung 355

12.5 Die alternativenbasierte Bestätigung konfigurieren 356
12.5.1 Ersetzungsstrategie pflegen 356
12.5.2 Alternativensteuerung konfigurieren 360

12.6 SAP-Beispiel für die alternativenbasierte Bestätigung 361

12.7 Zusammenfassung 365

13 Rückstandsbearbeitung 367

13.1 SAP-Fiori-Apps für die Rückstandsbearbeitung 368

13.2 Grundlagen der Rückstandsbearbeitung in SAP S/4HANA 369
13.2.1 BOP-Segmente 369
13.2.2 BOP-Lauf 369
13.2.3 Globaler Filter 370
13.2.4 Bestätigungsstrategien 371
13.2.5 Ausnahmen und Fallback-Varianten 373

13.3 Konfiguration der Rückstandsbearbeitung 375
13.3.1 BOP-Segmente konfigurieren 375
13.3.2 BOP-Variante konfigurieren 378
13.3.3 Rückstandsbearbeitung ausführen und auswerten 381
13.3.4 Kombination der Rückstandsbearbeitung mit anderen aATP-Funktionen 384

13.4 SAP-Beispiel für die Rückstandsbearbeitung 384

13.5 Manuelle Freigabe von Lieferungen 387
13.5.1 Zuständigkeit für die Auftragserfüllung konfigurieren 388
13.5.2 Freigabe zur Lieferung 388

13.6 Zusammenfassung 390

TEIL IV Verfügbarkeitsprüfung mit SAP APO

14 SAP-APO-Systemintegration 393

14.1 Core Interface (CIF-Schnittstelle) ... 394
14.1.1 Schnittstellentechnologie ... 395
14.1.2 liveCache ... 395

14.2 Schnittstellenkonfiguration ... 396
14.2.1 Systemverbindungen in SAP ERP bzw. SAP S/4HANA ... 396
14.2.2 Einstellungen in SAP APO ... 399

14.3 Integrationsmodelle ... 400
14.3.1 Integration der Stammdaten ... 402
14.3.2 Integration der Bewegungsdaten ... 405
14.3.3 Integration der ATP-Einstellungen ... 406
14.3.4 Datenaustausch einplanen ... 408

14.4 Zusammenfassung ... 410

15 Parameter der Verfügbarkeitsprüfung in SAP APO 411

15.1 Grundlagen ... 411

15.2 Prüfvorschrift ... 413
15.2.1 Grundeinstellungen in der Prüfvorschrift ... 413
15.2.2 Ermittlung der Prüfvorschrift ... 417

15.3 Allgemeine Customizing-Einstellungen ... 428
15.3.1 ATP-Kategorien ... 428
15.3.2 ATP-Zeitreihen ... 430

15.4 Zusammenfassung ... 434

16 Prüfmethoden in SAP APO 435

16.1 Grundlagen ... 435

16.2 Produktverfügbarkeitsprüfung ... 436
16.2.1 Ermittlung der Prüfsteuerung ... 441
16.2.2 ATP-Gruppe ... 442

16.2.3 Allgemeine Einstellungen der Prüfsteuerung ... 446
16.2.4 ATP-Prüfumfang ... 455
16.2.5 Simulation der Produktverfügbarkeit ... 457

16.3 Kontingentierung ... 458
16.3.1 Betriebswirtschaftliche Anforderungen ... 459
16.3.2 Einstellungen der Kontingentierung ... 463
16.3.3 Kontingentierung anlegen ... 474
16.3.4 Ergebnis der Kontingentierung ... 479

16.4 Prüfung gegen Vorplanung ... 480
16.4.1 Steuerung der Vorplanungsverrechnung ... 482
16.4.2 ATP-Simulation mit Vorplanung ... 489

16.5 Zusammenfassung ... 490

17 Erweiterte Prüfmethoden in SAP APO 493

17.1 Kombination von Basismethoden ... 493
17.1.1 Einstellungen in der Prüfvorschrift ... 494
17.1.2 Kontingentierung mit Vorwärtsverrechnung ... 495
17.1.3 Kennzeichen für die neutrale Prüfung ... 496
17.1.4 Reihenfolge der Basismethoden ... 496

17.2 Regelbasierte Verfügbarkeitsprüfung ... 498
17.2.1 Integrierte Regelpflege ... 499
17.2.2 Verwendung von Stammdaten für Austauschbarkeit ... 522
17.2.3 Regelfindung ... 527
17.2.4 Beispiel: regelbasierte Verfügbarkeitsprüfung ... 534

17.3 Streckenabwicklung ... 537
17.3.1 Streckenabwicklung über Bezugsquellenfindung ... 538
17.3.2 Streckenabwicklung über Kontingentierung ... 542

17.4 Prüfung gegen die Produktion ... 543
17.4.1 Allgemeine Voraussetzungen ... 544
17.4.2 Mehrstufige Verfügbarkeitsprüfung ... 545
17.4.3 Capable-to-Promise (CTP) ... 554
17.4.4 Zugangselemente bei mehrstufiger ATP- und bei der CTP-Prüfung neu anlegen ... 558
17.4.5 Kit-to-Order ... 560

17.5 Zusammenfassung ... 564

18 Zusatzfunktionen der Verfügbarkeitsprüfung in SAP APO ... 565

18.1 Mehrpositionen-Einzellieferlokation ... 565

18.2 Konsolidierung in einer Konsolidierungslokation ... 570
18.2.1 Grundlegende Einstellungen der Konsolidierung ... 571
18.2.2 Terminierung während der Konsolidierung ... 574
18.2.3 Konsolidierung in der Streckenabwicklung ... 576

18.3 Sicherheitsbestände in der Verfügbarkeitsprüfung berücksichtigen ... 578
18.3.1 Sicherheitsbestand als Bedarf ... 578
18.3.2 Parameterabhängiger Sicherheitsbestand ... 580

18.4 Rundung in der Verfügbarkeitsprüfung ... 585
18.4.1 Rundung, basierend auf Packspezifikationen ... 585
18.4.2 Simulation der Rundung ... 596
18.4.3 Rundung auf Verkaufsmengeneinheiten ... 598

18.5 Korrelationsrechnung ... 599

18.6 Zusammenfassung ... 603

19 Ergebnis und Analyse der Verfügbarkeitsprüfung ... 605

19.1 Ergebnisdarstellung ... 605
19.1.1 Liefervorschlagsbild ... 606
19.1.2 Ergebnisübersicht ... 609

19.2 Simulation ... 612
19.2.1 Bereich »Produkt/Lokation« ... 612
19.2.2 Bereich »Prüfsteuerung« ... 613
19.2.3 Bereich »Termin/Menge« ... 614

19.3 Verfügbarkeitsübersichten ... 614

19.4 ATP-Alerts ... 615

19.5 Analyse ... 617
19.5.1 Zeitreihen ... 617
19.5.2 Temporäre Mengenbelegungen ... 618
19.5.3 ATP-Baumstrukturen ... 621
19.5.4 ATP-Applikationslog ... 624

19.6 Zusammenfassung ... 625

20 Rückstandsbearbeitung in SAP APO 627

20.1 Rückstandsbearbeitung im Hintergrund ... 627
20.1.1 Arbeitsvorrat ... 628
20.1.2 Ablaufparameter ... 635
20.1.3 Prüfungsparameter ... 637
20.1.4 Gleichmäßige Mengenverteilung ... 640
20.1.5 Prüfebene der Rückstandsbearbeitung im Hintergrund ... 641
20.1.6 Parallelisierung ... 642
20.1.7 Ergebnisse und Monitoring der Rückstandsbearbeitung ... 644

20.2 Interaktive Rückstandsbearbeitung ... 646
20.2.1 Die interaktive Rückstandsbearbeitung aufrufen ... 646
20.2.2 Die interaktive Rückstandsbearbeitung bearbeiten ... 647

20.3 Ereignisgesteuerte Mengenzuordnung ... 648
20.3.1 Aktivitäten, Prozesstypen, Bedingungsprofile und Ereignisse ... 649
20.3.2 Mengenzuordnung zu Auftragsfälligkeitslisten ... 651
20.3.3 Neuzuordnung von Auftragsbestätigungen ... 653
20.3.4 Rückstandsbearbeitung im Hintergrund ... 657
20.3.5 Push Deployment ... 657
20.3.6 Ergebnisse und Simulation ... 659

20.4 Zusammenfassung ... 660

21 Transport- und Versandterminierung in SAP APO 661

21.1 Grundlagen ... 661
21.1.1 Rückwärts- und Vorwärtsterminierung ... 662
21.1.2 Kalender berücksichtigen ... 663
21.1.3 Transportzonen in der Transportbeziehung verwenden ... 666
21.1.4 Terminierung aktivieren ... 669
21.1.5 Ergebnis der Terminierung im Auftrag ... 670

21.2 Terminierung mit Konditionstechnik ... 671
21.2.1 Feldkatalog ... 671
21.2.2 Zugriffe und Zugriffsfolgen ... 671
21.2.3 Terminierungsschema ... 672
21.2.4 Besonderheiten bei der Terminierung mit Konditionstechnik ... 672

21.3 Terminierung mit der konfigurierbaren Prozessterminierung ... 674
21.3.1 Allgemeiner Aufbau der konfigurierbaren Prozessterminierung ... 675

21.3.2 SAP-Standard-Terminierungsschema ... 678
21.3.3 Terminierung der Transportaktivitäten mit der statischen Routenfindung ... 680

21.4 Terminierung mit SNP-Stammdaten ... 682

21.5 Terminierung mit der dynamischen Routenfindung ... 683
21.5.1 Ablauf der dynamischen Routenfindung ... 683
21.5.2 Pflege des Routenfindungsprofils ... 684
21.5.3 Simulation der dynamischen Routenfindung ... 685

21.6 Simulation der Transport- und Versandterminierung ... 685
21.6.1 Simulation der Terminierung mit Konditionstechnik ... 686
21.6.2 Simulation der konfigurierbaren Prozessterminierung ... 687

21.7 Zusammenfassung ... 689

Die Autoren ... 691
Index ... 693

Einleitung

In den letzten Jahrzehnten sind globale Wertschöpfungsketten zu einem strukturierenden Merkmal der Weltwirtschaft geworden. Geschäftsprozesse haben dabei insbesondere im Bereich der Logistik eine bahnbrechende Entwicklung erfahren, indem bisher lineare Beschaffungs- und Vertriebsketten auf anpassungsfähige Warenlogistiknetzwerke umgestellt wurden.

Die Rahmenbedingungen der Logistik haben sich dabei ebenfalls stark verändert. Das Wettbewerbsumfeld vieler Unternehmen wurde durch die steigende Komplexität von Waren und Dienstleistungen, die dabei auftretenden Varianten und Konfigurationen sowie durch neue Distributionskanäle verschärft. Verkürzte Produktlebenszyklen und technologischer Fortschritt intensivieren den globalen Wettbewerb und erfordern eine Optimierung und Anpassung bestehender Wertschöpfungsketten. Produkte werden heute nicht mehr nur in einem Land hergestellt, um dann in ein anderes Land exportiert zu werden. Im Rahmen globaler Wertschöpfungsketten werden Produktionsprozesse über Ländergrenzen hinweg aufgeteilt und bieten Unternehmen die Möglichkeit, ihre Produktions- und Lieferkettenprozesse kostengünstiger und zeiteffizienter zu gestalten und damit ihre Wettbewerbsfähigkeit zu steigern. Doch je verzweigter und internationaler die Lieferketten sind, desto risikoreicher sind sie auch.

Jeden Tag werden in diesen Logistiknetzwerken Millionen von Geschäftsprozessen zwischen vielen Arten von Geschäftspartnern abgewickelt: Kunden bestellen Waren bei Händlern, Händler kaufen bei den Herstellern, und Hersteller beziehen ihre Rohstoffe bei den Lieferanten. Neben den Preisen und Konditionen, den Lieferbedingungen und der Produktionsqualität entscheiden Liefertermin und Liefertreue oft über den erfolgreichen Verkaufsabschluss und die nachhaltige Zufriedenheit des Kunden.

Spätestens seit der Corona-Pandemie weiß die Wirtschaft um die enormen Kosten eines Zusammenbruchs von Lieferketten, und die Globalisierung gilt nicht mehr als unumkehrbar fortschreitender Prozess. Denn viele Unternehmen haben derzeit mit den akuten Problemen der Pandemie zu kämpfen: Umsatzeinbußen, Liquiditätsprobleme, Kurzarbeit oder gar Insolvenz konfrontieren die Wirtschaft mit bisher unbekannten Problemen. Unterbrochene internationale Lieferketten, Ausfälle, Engpässe und enttäuschte Kundenerwartungen – die Corona-Krise hat in atemberaubender Geschwindigkeit die Unzulänglichkeiten und die Anfälligkeit der globalen Lieferketten aufgezeigt und unterstreicht dabei die Bedeutung der Bestandstransparenz und der Aussagen zur Verfügbarkeit von Rohstoffen und Fertigerzeugnissen.

Ziele der Verfügbarkeitsprüfung

Eine Aussage über die Verfügbarkeit eines bestimmten Produkts zu einem bestimmten Liefertermin ist nicht einfach zu treffen. Es ist eine enge Abstimmung zwischen Vertrieb, Materialwirtschaft und Produktion erforderlich, um dem Kunden die Ware zu einem bestimmten Termin garantieren zu können. Kundenaufträge werden unter der Berücksichtigung der aktuellen Bedarfs- und Bestandssituation sowie der aktuellen Durchlaufzeiten freigegeben, wenn die Verfügbarkeit der zur Auftragserfüllung erforderlichen Materialien, Betriebsmittel, Vorrichtungen und Werkzeuge bestätigt werden kann. Diese Prüfung wird *Verfügbarkeitsprüfung* genannt.

Verfügbarkeit von Beständen

Bei der Verfügbarkeitsprüfung wird der verfügbare Bestand an Material und Betriebsmitteln ermittelt. Hierbei werden zum aktuellen Bestand die geplanten Zugänge addiert, und reservierte Mengen für bereits freigegebene Kundenaufträge werden abgezogen. Zudem wird die Priorität von anderen Materialreservierungen berücksichtigt.

Die Ermittlung der Verfügbarkeit erfolgt dabei durch den Vergleich von tatsächlichem Bestand und Bedarf unter der Berücksichtigung von Kontingenten, Prognosen oder sonstigen Engpassfaktoren.

Diese im Anschluss an die Materialbedarfsplanung nochmalige Bestandsüberprüfung ist neben der Beachtung genauerer Durchlaufzeiten erforderlich, auch aufgrund zwischenzeitlich eventuell eingetretener Störungen.

Darüber hinaus hat die Verfügbarkeitsprüfung sicherzustellen, dass die notwendigen Ressourcen, Produkte oder Produktionsfaktoren fristgerecht bereitstehen. Zudem muss sie (zusätzlich) dafür Sorge tragen, dass Kunden aus dem zur Verfügung stehenden Kontingent mit der gewünschten Menge beliefert werden können. Mit der Verfügbarkeitsprüfung verfolgen Unternehmen aber nicht nur das Ziel der Kundenzufriedenheit, sondern sie möchten auch vermeiden, dass die Fertigung mit nicht ausführbaren Aufträgen belastet wird.

Verfügbarkeitsprüfung mit SAP

Um den immer komplexeren Anforderungen an die Verfügbarkeitsprüfung in globalen und regionalen Lieferketten gerecht zu werden, hat SAP in den letzten Jahren bestehende Funktionen kontinuierlich erweitert, und das Lösungsportfolio durch neue Systeme und Innovationen ergänzt. Gleichzeitig neigt sich der Lebenszyklus bestehender SAP-Lösungen dem Ende zu. SAP hat diesbezüglich deren Wartungsende angekündigt, und stellt bereits bisher bekannte SAP-ERP- und erweiterte SAP-APO-Funktionen, z. B. in SAP S/4HANA und SAP IBP (SAP Integrated Business Planning) zur Verfügung. Die Funktionen zur Verfügbarkeitsprüfung in der SAP Business Suite werden jedoch von zahllosen Kunden weiterhin produktiv genutzt.

[«]

Wartungsende von SAP-Lösungen zur Verfügbarkeitsprüfung

SAP ERP, SAP APO und SAP CRM gehören zu den Kernanwendungen der SAP Business Suite. Diese Systeme haben das Ende ihres Lebenszyklus erreicht, d. h. SAP wird deren Wartung einstellen, und sie werden nicht von weiteren Innovationen profitieren. Das Wartungsende für diese Anwendungen wurde dabei ursprünglich für Ende 2025 angekündigt und nachfolgend bis Ende 2027 verlängert.

Optional können Sie eine *Extended Maintenance* bis Ende 2030 erhalten. SAP ermöglicht Unternehmen damit eine langfristigere Planung für den Umstieg auf die Nachfolgeprodukte SAP S/4HANA und SAP IBP.

Trotz der bereits erfolgten Ankündigung des Wartungsendes und den bereits am Markt befindlichen neuen Systemen sind zum Zeitpunkt der Erstellung dieses Buches noch sämtliche SAP-Lösungen bei zahlreichen Kunden im produktiven Einsatz. Wir haben uns daher dazu entschieden, Ihnen nicht nur die bisherigen Lösungen vorzustellen, sondern das Buch dahingehend zu erweitern und Ihnen auch einen möglichst umfassenden Überblick über die erweiterten neuen Funktionen und Prozesse in SAP S/4HANA zu geben. In diesem Zusammenhang gehen wir auch auf die Unterschiede und Gemeinsamkeiten mit SAP ERP und SAP APO ein und grenzen die Systeme funktional voneinander ab.

Wir stellen Ihnen in diesem Buch die Grundfunktionen von SAP IBP vor, auf eine detaillierte Beschreibung haben wir aber bewusst verzichtet, da es sich bei SAP IBP im Wesentlichen um ein Planungstool handelt.

Eine Kernkompetenz der SAP-Business-Suite-Komponenten ist neben der Vernetzung, Planung und Koordination von Logistiknetzwerken die Steuerung von Produktion, Beschaffung und Vertrieb. In diesem Zusammenhang und basierend auf einer engen Integration dieser Komponenten ermöglicht die Verfügbarkeitsprüfung mit SAP nicht nur eine Verbesserung von Produktivität und Kundenzufriedenheit, sondern auch eine nachfrageorientierte Steuerung von Unternehmensabläufen.

Ein wichtiger Bestandteil dieses adaptiven Geschäftsprozessmanagements sind leistungsfähige Komponenten zur Verfügbarkeitsprüfung. Die SAP Business Suite ermöglicht eine Verfügbarkeitsprüfung auf der Basis von SAP ERP oder SAP APO. Die auf SAP APO basierende Prüfung, wird *globale Verfügbarkeitsprüfung* (*global Available-to-Promise*, kurz gATP) genannt.

In diesem Buch erläutern wir Ihnen sowohl die Funktionen als auch die Integration und Grundkonfiguration der Verfügbarkeitsprüfung mit SAP ERP und SAP APO. Gleichzeitig gehen wir selbstverständlich auch auf die neuen Funktionen der erweiterten Verfügbarkeitsprüfung aATP (*advanced Available-to-Promise*) in SAP S/4HANA ein.

Anhand ausgewählter Beispiele stellen wir Ihnen zum einen deren Funktionsumfang vor, und zum anderen erläutern wir Einsatzschwerpunkte – und soweit möglich auch deren Vor- und Nachteile. Ziel ist es, dass Sie einen möglichst umfangreichen Einblick in die Verfügbarkeitsprüfung mit dem SAP-System erhalten und die wesentlichen Systemeinstellungen kennenlernen.

Aufbau dieses Buches

Wir führen Sie in diesem Buch Schritt für Schritt durch die Verfügbarkeitsprüfung mit dem SAP-System. Sie können von unserer Projekt- und Entwicklungserfahrung profitieren, da wir auch Problembereiche ansprechen und Lösungswege aufzeigen.

Das Buch ist in vier Teile mit insgesamt 21 Kapiteln untergliedert, über deren Inhalt wir Ihnen hier einen kurzen Überblick geben möchten.

Teil I, »Grundlagen der Verfügbarkeitsprüfung mit SAP«

Teil I des Buches beschäftigt sich mit den allgemeinen Grundlagen der Verfügbarkeitsprüfung im SAP-System. Die Verfügbarkeitsprüfung kann mit unterschiedlichen Systemen, in unterschiedlichen Objekten und zu unterschiedlichen Zeitpunkten eingesetzt werden. In Teil I des Buches werden die verschiedenen Anwendungsfälle und die zum Einsatz kommenden Systeme näher erläutert. Im Fokus stehen dabei die logistischen bzw. die betriebswirtschaftlichen Prozesse, in denen die Verfügbarkeitsprüfung eingesetzt werden kann.

In **Kapitel 1**, »Betriebswirtschaftlicher Hintergrund«, beginnen wir mit einer theoretischen Betrachtung der Verfügbarkeitsprüfung. Es werden die Wechselwirkungen zwischen den einzelnen Unternehmensbereichen erläutert. Die Verfügbarkeitsprüfung ist z. B. abhängig von der Art der Disposition und bestimmt zugleich maßgeblich den Erfolg einer Dispositionsstrategie. Ein weiterer Schwerpunkt in diesem Kapitel liegt in der Beschreibung von Fehlern bzw. Problemen und entsprechenden Problemsignalen.

Durch eine kontinuierliche Weiterentwicklung und durch Innovationen stellt SAP verschiedene Systeme und Lösungen für die Verfügbarkeitsprüfung zur Verfügung. In **Kapitel 2**, »Verfügbarkeitsprüfung mit SAP«, erläutern wir Ihnen die Grundfunktionen von SAP ERP, SAP APO und SAP S/4HANA und stellen deren Einsatz im Unternehmen anhand ausgewählter Anwendungsszenarien und Beispielarchitekturen dar. Bezüglich SAP IBP beschränken wir uns auf einen Überblick über die Systemkomponenten.

In **Kapitel 3**, »Anwendungsbereiche und Prozessintegration«, werden die Berührungspunkte der Verfügbarkeitsprüfung mit unterschiedlichen Bereichen im Unternehmen besprochen. Die Verfügbarkeitsprüfung ist ein zentrales Instrument im SAP-System, um die Schnittstellen zwischen Vertrieb und Produktion bzw. Einkauf sowie zwischen Produktion und Einkauf zu optimieren. Mithilfe der Verfügbarkeitsprüfung können Sie frühzeitig Problemsituationen, wie z. B. Fehlteile oder hohe Bestände, erkennen. Die Verfügbarkeitsprüfung kann in unterschiedlichen Systemen (SAP S/4HANA, SAP ERP und SAP APO) durchgeführt und aus unterschiedlichen Systemen (z. B. SAP ERP und SAP CRM) aufgerufen werden. In diesem Kapitel wird neben der SAP Business Suite auch SAP S/4HANA behandelt. Im Hinblick auf den Einsatz der Verfügbarkeitsprüfung beschreiben wir die verschiedenen Prozesse und erläutern die Funktionen, die für die Verfügbarkeitsprüfung mit dem SAP-System eingesetzt werden können. Zudem besprechen wir, welche Systeme dabei zum Einsatz kommen können und bei welchen Objekten welche Prüfmethoden zur Verfügung stehen.

Teil II, »Verfügbarkeitsprüfung mit SAP ERP«

Nach den Grundlagen aus Teil I widmet sich Teil II dieses Buches der Verfügbarkeitsprüfung in SAP ERP.

Während zuvor die betriebswirtschaftlichen Prozesse im Rahmen der Verfügbarkeitsprüfung beschrieben worden sind, geht es in **Kapitel 4**, »Stamm- und Bewegungsdaten in SAP ERP«, um die Systemintegration sowie um die Stamm- und Bewegungsdaten, die Grundlage für die Prozesse der Verfügbarkeitsprüfung sind.

Bevor wir auf die eigentlichen Prüfmethoden in SAP ERP eingehen, erklären wir Ihnen in **Kapitel 5**, »Parameter der Verfügbarkeitsprüfung in SAP ERP«, die verschiedenen Parameter, die für die Verfügbarkeitsprüfung mit SAP ERP von Bedeutung sind. Dabei gehen wir insbesondere auf die Auswirkungen ein, die diese Parameter auf das Ergebnis der Verfügbarkeitsprüfung haben.

In **Kapitel 6**, »Prüfmethoden in SAP ERP«, beschreiben wir die Standard-Prüfmethoden, die in SAP ERP zur Verfügung stehen. Wir erläutern, welche Einstellungen Sie im System vornehmen müssen, um die verschiedenen Methoden einzusetzen, und welche Probleme dabei auftreten können. Zusätzlich werden Sie bei der Auswahl der jeweiligen Prüfmethode unterstützt, sodass Sie die für Sie optimale Prüfmethode finden.

Fehlteile sind ein großes Problem bei der Disposition. Die Verfügbarkeitsprüfung hilft dabei, Fehlteile frühzeitig zu identifizieren und Gegenmaßnahmen einzuleiten. In **Kapitel 7**, »Fehlteilemanagement in SAP ERP«, erläutern wir, wie Sie mit dem Ergebnis der Verfügbarkeitsprüfung umgehen können.

Neben dem Fehlteilemanagement ist auch die Rückstandsbearbeitung von besonderer Bedeutung, um ein Lieferversprechen einzuhalten. Nicht bestätigte oder nicht zum Wunschtermin bestätigte Bedarfe müssen in der Anwendung nachbearbeitet werden. In **Kapitel 8**, »Rückstandsbearbeitung in SAP ERP«, erläutern wir daher die Möglichkeiten der Rückstandsbearbeitung in SAP ERP.

Teil III, »Verfügbarkeitsprüfung mit SAP S/4HANA«

Im Teil III widmen wir uns der Verfügbarkeitsprüfung mit SAP S/4HANA. In **Kapitel 9**, »Einführung in die Verfügbarkeitsprüfung mit SAP S/4HANA«, erläutern wir zunächst die wichtigsten Änderungen und deren Auswirkungen, die Sie bei der Konfiguration der Verfügbarkeitsprüfung in S/4HANA berücksichtigen müssen. Zusätzlich geben wir Ihnen einen Überblick über die Funktionalitäten, die SAP mit *aATP* (*advanced ATP*) im Kern von SAP S/4HANA zur Verfügung stellt und die wir Ihnen in den nachfolgenden Kapiteln detailliert erläutern. In **Kapitel 10**, »Kontingentierung«, stellen wir Ihnen die neue Kontingentierung in SAP S/4HANA vor, die der direkte Nachfolger der Kontingentierung aus SAP APO ist. Sie setzt komplett auf die neue SAP-Fiori-Technologie und ist dadurch anwenderfreundlich und leicht verständlich gestaltet. Die Kontingentierung kann direkt während der Produktverfügbarkeitsprüfung in Kundenaufträgen und Umlagerungsbestellungen genutzt werden, um selbst definierte Restriktionen abzubilden.

Für Unternehmen, die nicht nur die verfügbare Menge für bestimmte Abnehmer beschränken, sondern zusätzlich für wichtige Kunden gezielt Produkte vorhalten wollen, bietet die erweiterte Verfügbarkeitsprüfung mit dem Verfügbarkeitsschutz eine neue Funktionalität, um Mengen zu schützen. In **Kapitel 11**, »Verfügbarkeitsschutz«, erläutern wir Ihnen, wie Sie die Funktionalität am besten nutzen und gezielt während der Produktverfügbarkeitsprüfung einsetzen können.

Als dritte Funktion, die direkt in das Ergebnis der Produktverfügbarkeitsprüfung eingreift, bietet Ihnen das SAP-System mit der alternativenbasierten Bestätigung eine Möglichkeit, um Werke, Lagerorte oder Produkte während der Prüfung zu ersetzen und dadurch ein besseres Ergebnis während der Verfügbarkeitsprüfung zu erreichen. Dieser Funktionsumfang ist der Nachfolger der aus SAP APO bekannten regelbasierten Verfügbarkeitsprüfung und wird in **Kapitel 12**, »Alternativenbasierte Bestätigung«, detailliert beschrieben.

Neben den drei zuvor genannten Funktionalitäten, die optional während der Verfügbarkeitsprüfung durchlaufen werden können, ist die Rückstandsbearbeitung (*Backorder Processing*, kurz BOP) eine weitere aus SAP APO und SAP ERP bekannte Funktionalität, die sich nun überarbeitet und mit verbesserten Benutzeroberflächen in der erweiterten Verfügbarkeitsprüfung von SAP S/4HANA wiederfindet. In **Kapitel 13**, »Rückstandsbearbeitung«, erläutern wir Ihnen die Schritte zur Einrichtung der neuen BOP-Funktionalitäten und zeigen Ihnen mit der App **Freigabe zur Lieferung** eine völlig neue Möglichkeit, um Mengen für Kundenaufträge kurz vor einer Lieferung umzuverteilen, um wichtige Kundenanfragen bedienen zu können.

[«]

Empfehlungen zur Lektüre der Kapitel zu aATP in SAP S/4HANA

Im Teil III widmen wir uns der Verfügbarkeitsprüfung in SAP S/4HANA. Grundlegende Systemeinstellungen der ERP-basierten Verfügbarkeitsprüfung finden sich auch in der Konfiguration von SAP S/4HANA wieder. Auch wenn Sie sich primär über die neuen Funktionen von aATP in SAP S/4HANA informieren möchten, empfehlen wir Ihnen für ein besseres Verständnis der Prozessintegration und Zusammenhänge, zunächst Teil I, »Grundlagen der Verfügbarkeitsprüfung mit SAP«, und Teil II, »Verfügbarkeitsprüfung mit SAP ERP«, zu lesen.

Teil IV, »Verfügbarkeitsprüfung mit SAP APO«

Teil IV des Buches beschäftigt sich mit der Verfügbarkeitsprüfung in SAP APO. Wir gehen hier zunächst auf die notwendigen Stamm- und Bewegungsdaten und dann auf die Systemintegration von SAP SCM ein.

Während in Kapitel 3, »Anwendungsbereiche und Prozessintegration«, die betriebswirtschaftlichen Prozesse im Rahmen der Integration der Verfügbarkeitsprüfung beschrieben wurden, geht es in **Kapitel 14**, »SAP-APO-Systemintegration«, um die Systemintegration, genauer um den Austausch von Stamm- und Bewegungsdaten zwischen SAP ERP und SAP APO.

In **Kapitel 15**, »Parameter der Verfügbarkeitsprüfung in SAP APO«, erläutern wir die verschiedenen Parameter, die für die Verfügbarkeitsprüfung mit SAP APO von Bedeutung sind, und erklären deren Auswirkungen auf das Ergebnis der Verfügbarkeitsprüfung.

In SAP APO stehen Basismethoden und erweiterte Prüfmethoden zur Verfügung. In **Kapitel 16**, »Prüfmethoden in SAP APO«, werden die Standard-Prüfmethoden, die sogenannten Basismethoden beschrieben. Wir erläutern dabei die notwendigen Systemeinstellungen und den Einsatz der Basismethoden anhand von konkreten Beispielen. Zusätzlich werden Sie bei der Auswahl der jeweiligen Prüfmethode unterstützt, sodass Sie die für Ihr Unternehmen optimale Prüfmethode finden.

Zu den erweiterten Prüfmethoden gehören die Kombination der Basismethoden oder die regelbasierte ATP-Verfügbarkeitsprüfung, die Streckenabwicklung oder die Anbindung an die Produktion. In **Kapitel 17**, »Erweiterte Prüfmethoden in SAP APO«, beschreiben wir, wie Sie diese verschiedenen Prüfmethoden im System einstellen. Durch die detaillierte Vorstellung der Funktionalitäten möchten wir Sie auch hier bei der Auswahl der optimalen Prüfmethode unterstützen.

In **Kapitel 18**, »Zusatzfunktionen der Verfügbarkeitsprüfung in SAP APO«, werden spezielle Funktionen im Bereich der Verfügbarkeitsprüfung beschrieben, die Ihnen mit dem Einsatz von SAP APO zusätzlich zur Verfügung stehen.

Der Darstellung der Prüfergebnisse widmen wir uns in **Kapitel 19**, »Ergebnis und Analyse der Verfügbarkeitsprüfung«. In diesem Kapitel stellen wir auch Simulations- und Analysetools vor.

Die Rückstandsbearbeitung mit SAP APO bietet im Vergleich zur Neuterminierung in SAP ERP einen wesentlich erweiterten Funktionsumfang. In **Kapitel 20**, »Rückstandsbearbeitung in SAP APO«, beschreiben wir die Möglichkeiten der Rückstandsbearbeitung mit SAP APO und stellen neue Tools wie die ereignisgesteuerte Mengenzuordnung vor.

Die Transport- und Versandterminierung ist eng mit der Verfügbarkeitsprüfung verknüpft und unterstützt z. B. die Terminierung und die Lieferzusage bei der Kundenauftragsbearbeitung. In **Kapitel 21**, »Transport- und Versandterminierung in SAP APO«, werden die verschiedenen Möglichkeiten der Transport- und Versandterminierung mit SAP APO erläutert.

An wen richtet sich dieses Buch?

Dieses Buch wendet sich an alle, die sich aus betriebswirtschaftlichen oder implementierungstechnischen Gründen einen umfassenden Eindruck von der Verfügbarkeitsprüfung mit dem SAP-System verschaffen möchten. Wir legen Wert darauf, auch technische und integrative Hintergründe zu erklären, um Ihnen ein tieferes Verständnis für die Funktionalität zu vermitteln, sowohl auf Applikations- als auch auf betriebswirtschaftlicher Seite.

Wir hatten beim Schreiben dieses Buches folgende Zielgruppen vor Augen:

- **Management**
  IT-Leitung und Management, die sich mit dem Einsatz einer Verfügbarkeitsprüfung mit SAP auseinandersetzen möchten, finden in diesem Buch Informationen zu den Funktionen für die Verfügbarkeitsprüfung. Darüber hinaus geben wir auch Empfehlungen, welches System bei der jeweiligen betriebswirtschaftlichen Fragestellung zu bevorzugen ist.

- **Projektleitung und Prozessberatung**
  Wir wenden uns an die Verantwortlichen im Einführungsprojekt oder im *Proof-of-Concept-Projekt* für eine Verfügbarkeitsprüfung mit dem SAP-System. Außerdem richten wir uns mit diesem Buch an Mitarbeitende in der Implementierungs- und Prozessberatung, die mit der SAP-Verfügbarkeitsprüfung die unterschiedlichsten Aufgaben lösen und diese Lösungen praktisch umsetzen möchten.
- **Anwenderinnen und Anwender**
  Egal, ob Sie schon Profi sind oder nur gelegentlich mit der SAP-Verfügbarkeitsprüfung arbeiten und deren Ergebnisse für die Unterstützung ihrer täglichen Aufgaben einsetzen: Durch die Lektüre dieses Buches erhalten Sie tiefgehende Einblicke in die Standardprozesse, die Integration, das Customizing sowie in die Implementierung und Erweiterung der SAP-Verfügbarkeitsprüfung.

Hinweise zur Lektüre

In diesem Buch finden Sie zudem mehrere Orientierungshilfen, die Ihnen die Arbeit erleichtern sollen. In den Informationskästen sind Inhalte zu finden, die wissenswert und hilfreich sind, aber etwas abseits der eigentlichen Erläuterung stehen. Zur besseren Einordnung haben wir die Kästen mit Symbolen gekennzeichnet:

Die mit diesem Symbol gekennzeichneten *Tipps* geben Ihnen Empfehlungen aus der Praxis, die Ihnen die Arbeit erleichtern können. [+]

Das Symbol *Achtung* macht Sie auf Themen oder Bereiche aufmerksam, bei denen Sie besonders achtsam sein sollten. Diese Warnhinweise sollten Sie beherzigen. [!]

Beispiele, durch dieses Symbol kenntlich gemacht, sollen Ihnen dabei helfen, die Erläuterungen besser zu verstehen und auf Ihren Arbeitsalltag zu übertragen. [zB]

Dieses Symbol weist Sie auf zusätzliche Informationen und Literaturempfehlungen hin. [«]

Danksagung

Das ist die nunmehr 2. Auflage unseres Buches. Wir möchten uns daher zuerst bei all jenen bedanken, die die 1. Auflage gelesen haben und hoffen, dass wir Ihnen auch mit dieser Auflage einen umfassenden, aktualisierten Einblick in die Verfügbarkeitsprüfung mit dem SAP-System bieten.

An dieser Stelle danken wir auch für das konstruktive Feedback zur 1. Auflage. Wir möchten Sie gleichzeitig ermutigen, mit uns bzw. mit dem Verlag in Kontakt zu treten damit wir auch in zukünftigen Auflagen möglichst viele Verbesserungen einfließen lassen können.

Viele Kolleginnen und Kollegen aus der Beratung und aus Projekten haben direkt oder indirekt zur Entstehung dieses Buches und der Software beigetragen, und wir möchten ihnen allen an dieser Stelle besonders danken!

Von der Verlagsseite aus haben wir für die 1. Auflage durch Patricia Sprenger (Kremer) eine hervorragende Betreuung erhalten. Für die Zusammenarbeit beim Schreiben der 2. Auflage bedanken wir uns herzlich bei Eva Tripp.

Ein besonderer Dank gilt unseren Ehefrauen bzw. Partnerinnen und Familien:

- Maja Karzenburg mit Laura und Jana
- Kyra Honert mit Emilia und Leonard
- Kristina Kappauf sowie Leni und Anni Kappauf
- Annalena Klemme

Sie haben durch ihre Unterstützung, Verständnis und Geduld die Fertigstellung dieses Buches erst ermöglicht.

Herzlichen Dank!

Jens Drewer, Dirk Honert, Jens Kappauf und Max Wagner

TEIL I

Grundlagen der Verfügbarkeitsprüfung mit SAP

Kapitel 1
Betriebswirtschaftlicher Hintergrund

Die Verfügbarkeitsprüfung ist ein zentrales Instrument im SAP-System, um Schnittstellen zu optimieren, sowohl zwischen Vertrieb und Produktion bzw. Vertrieb und Einkauf als auch zwischen Produktion und Einkauf. Der Verfügbarkeitsprüfung kommt eine große Bedeutung zu, da sie die Möglichkeit schafft, frühzeitig Problemsituationen zu erkennen, wie z. B. Fehlteile oder hohe Bestände.

In diesem Kapitel geben wir Ihnen einen Überblick zu den Grundlagen der Verfügbarkeitsprüfung. Dabei betrachten wir den betriebswirtschaftlichen Hintergrund, also die Abhängigkeiten zwischen Verfügbarkeitsprüfung und Dispositionsstrategie und wie die Verfügbarkeitsprüfung in einem Projekt behandelt wird. Bevor Sie entscheiden, in welchem System Sie die Verfügbarkeitsprüfung durchführen möchten, sollten Sie, wie wir Ihnen in diesem Kapitel zeigen, erst die Dispositionsstrategie analysieren. Aus dieser können Sie ableiten, welche Methoden der Verfügbarkeitsprüfung überhaupt für Sie infrage kommen. Nach der Festlegung der möglichen Methoden müssen Sie für jedes Objekt einzeln betrachten, welche Methode die richtige Wahl ist.

Das Ziel eines Unternehmens ist der größtmögliche Unternehmenserfolg; dieser wird maßgeblich durch den Verkaufserfolg der Produkte bestimmt. Für den Verkaufserfolg der Produkte sind wiederum viele Dinge verantwortlich. Natürlich sind das eigentliche Produkt, dessen Qualität und die Preise bzw. Konditionen hauptverantwortlich für den Verkaufserfolg. Ein weiterer wesentlicher Faktor ist der mögliche Liefertermin.

Die große Herausforderung ist es, eine präzise Aussage über die Verfügbarkeit des Produkts zum Kundenwunschtermin bzw. eine Aussage über einen durchführbaren Liefertermin zu treffen. Durch die Globalisierung werden die Lieferketten immer komplexer; Informationen müssen global jederzeit zur Verfügung stehen. Auch die Verfügbarkeitsprüfung ist ein Mosaikstein in diesem Szenario. Dies erläutern wir anhand von Abbildung 1.1, in der wir eine komplexe Supply Chain darstellen.

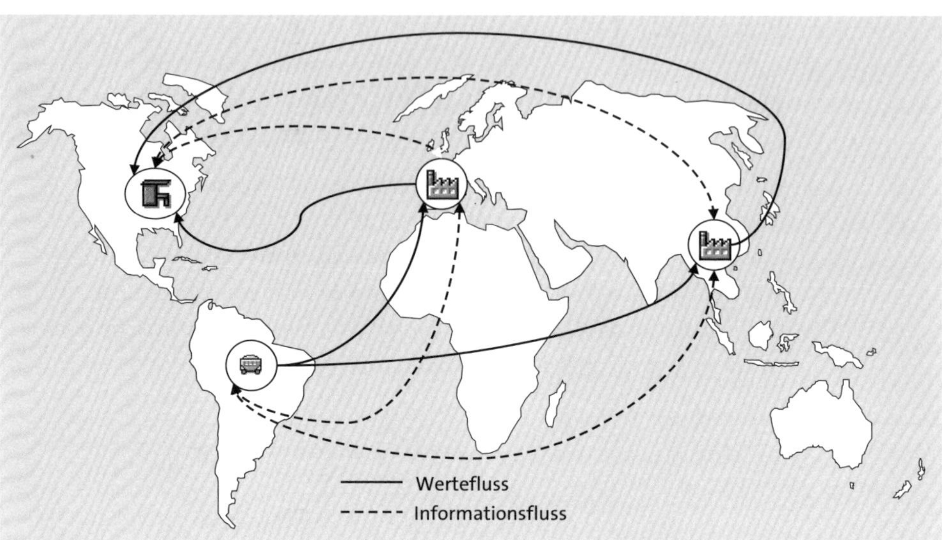

Abbildung 1.1 Beispiel einer komplexen Lieferkette (Supply Chain)

In Abbildung 1.1 besteht die Lieferkette aus einem Distributionszentrum in Amerika, einem Produktionswerk in Deutschland, einem Produktionswerk in China und einem Lieferanten in Brasilien. Die Lieferkette läuft folgendermaßen ab:

1. Ein Kundenauftrag wird in dem Distributionszentrum in Amerika angelegt.
2. Das entsprechende Material wird kundenspezifisch in einem Produktionswerk angefordert. Die Auswahl zwischen den beiden Produktionswerken wird unter der Berücksichtigung von verschiedenen Parametern getroffen (z. B. freie Kapazität, Entfernung zum Kunden, Herstellkosten).
3. Im entsprechenden Produktionswerk wird das Produkt anschließend kundenspezifisch produziert. Die wichtigste Komponente für dieses Enderzeugnis ist ein Gussteil. Dieses Gussteil wird wiederum von einem Lieferanten in Brasilien beschafft.

Eine große Herausforderung in einer solchen komplexen Supply Chain ist die Ermittlung eines durchführbaren Liefertermins, die folgendermaßen abläuft:

1. Ein externer Kunde fragt im Distributionszentrum einen Liefertermin für das Beispielprodukt an.
2. Damit das Distributionszentrum Auskunft geben kann, müssen als Erstes die eigenen Bestände und eventuelle Bestellungen gegen die bereits vorhandenen Kundenbedarfe geprüft werden. Wenn eine Unterdeckung vorhanden ist, muss die gewünschte Kundenauftragsmenge in einem Produktionswerk beschafft werden.

3. Um die gewünschte Kundenauftragsmenge zu beschaffen, muss die Auswahl des Produktionswerkes getroffen werden. Um zu wissen, wann das Produkt dort gefertigt werden kann, müssen die Restriktionen des Produktionswerkes (Materialkomponenten-Verfügbarkeit, Fertigungshilfsmittel-Verfügbarkeit, Kapazität) berücksichtigt werden.

   Problematisch ist bei der Materialkomponenten-Verfügbarkeit das Gussteil, das aus Brasilien beschafft wird. Dieses wird kundenspezifisch beschafft und ist deshalb nicht im Lager des Produktionswerkes vorrätig. Um einen Termin für die Fertigstellung des Produkts zu erhalten, muss also noch zusätzlich die Wiederbeschaffungszeit des Gussteils berücksichtigt werden.

In einem solchen Szenario einen durchführbaren Liefertermin für ein Produkt zu ermitteln, ist ohne eine automatisierte Verfügbarkeitsprüfung mit hohem Aufwand und mit großen Unsicherheiten verbunden. Diese Unsicherheiten und die daraus resultierenden ungenauen Liefertermine können die Liefertreue und damit auch zwangsläufig den Erfolg eines Unternehmens gefährden.

1.1 Dispositionsstrategien

Im Beispiel in Abbildung 1.1 haben wir gezeigt, wie schwer die Lieferterminermittlung über eine komplexe Lieferkette hinweg ist und dass dazu eine enge Abstimmung aller Beteiligten erfolgen muss. Entscheidend für den Ablauf der Verfügbarkeitsprüfung ist die für das Material gewählte *Dispositionsstrategie*. Unter einer Dispositionsstrategie versteht man die Vorgehensweise bei der Disposition sowie die Vorratshaltung und Beschaffung eines Materials. Die Auswahl der Dispositionsstrategie für ein Material ergibt sich aus dem Verhältnis zwischen der Wiederbeschaffungszeit eines Materials und der vom Markt akzeptierten bzw. geforderten Lieferzeit (siehe Abbildung 1.2).

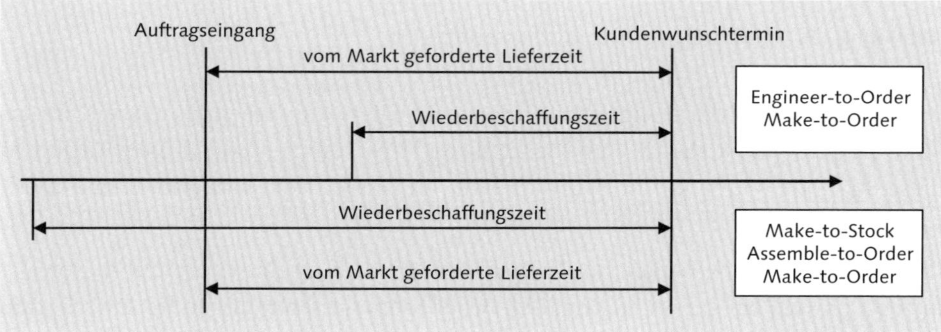

Abbildung 1.2 Abhängigkeit der Dispositionsstrategie von der Wiederbeschaffungszeit

In Abhängigkeit von diesem Verhältnis können Sie Engineer-to-Order, Make-to-Order, Make-to-Stock und Assemble-to-Order als Dispositionsstrategie einsetzen. Diese Strategien erläutern wir im Folgenden.

1.1.1 Engineer-to-Order

Bei einem *Engineer-to-Order-Szenario* werden erst mit Eingang eines realen Kundenbedarfs der Konstruktions- bzw. Entwicklungsprozess und der Produktionsprozess für das Material gestartet. Diese Strategie hat eine lange Durchlaufzeit für das Material und geringe Bestände zur Folge, da keine Vorabbeschaffung bzw. Vorproduktion erfolgt (siehe Abbildung 1.3).

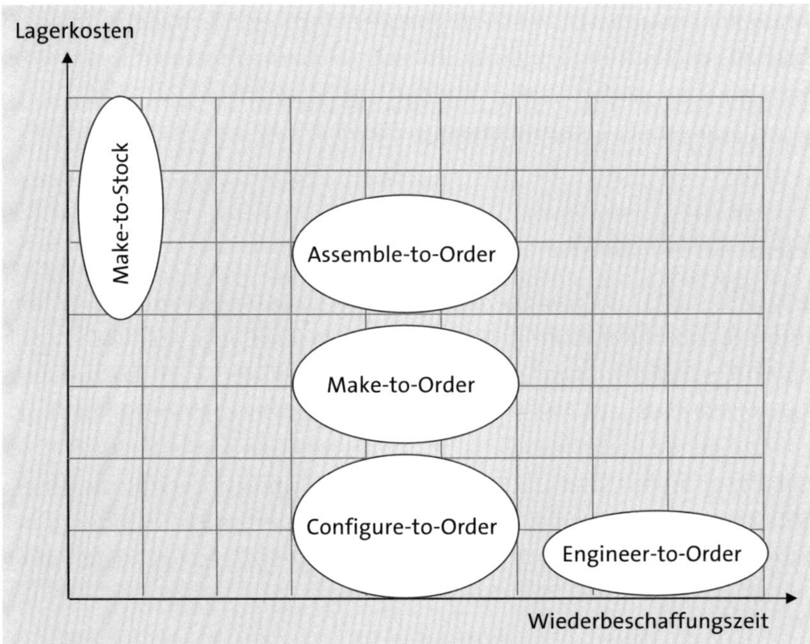

Abbildung 1.3 Einordnung der Dispositionsstrategien

Die Strategie kann dort eingesetzt werden, wo die Wiederbeschaffungszeit für das Material geringer ist als die vom Markt akzeptierte Lieferzeit. Aus diesem Grund ist diese Strategie häufig in der Bauwirtschaft, im Großanlagenbau und in der klassischen Kundeneinzelfertigung vorzufinden.

Der Einsatz der Verfügbarkeitsprüfung und die Ermittlung eines durchführbaren Liefertermins sind bei einem Engineer-to-Order-Szenario sehr aufwendig. Eine Option für die Verfügbarkeitsprüfung wäre hier, z. B. gegen die Wiederbeschaffungszeit zu prüfen, da Zugänge zum Zeitpunkt der Prüfung noch nicht vorhanden sind.

1.1.2 Make-to-Order

Das *Make-to-Order-Szenario* (Kundenauftragsfertigung) unterscheidet sich von einem Engineer-to-Order-Szenario dadurch, dass die Entwicklung schon vor dem Kundenauftragseingang abgeschlossen ist. Mit der Produktion des Enderzeugnisses wird erst gestartet, wenn ein realer Kundenauftrag eingetroffen ist. Daher muss die Wiederbeschaffungszeit auf jeden Fall kürzer als die vom Markt akzeptierte Lieferzeit sein.

Es handelt sich hier um eine klassische Kundeneinzelfertigung. Entscheidend bei dieser Strategie ist, wie weit hinein in die Stücklistenstruktur Sie die Kundeneinzelfertigung durchführen möchten. Die Ebene, ab der die Kundeneinzel- in eine Sammelfertigung übergeht, ist die *Kundenauftragsentkopplungsebene* (Order Penetration Point) oder auch die *Lagerhaltungsebene*. Bis zu dieser Ebene können Sie die Vormontage bzw. Vorabbeschaffung starten, ohne dass ein realer Kundenauftrag vorhanden ist.

Die obersten Stufen in der Stückliste, oft nur die Montageebene, die kundenspezifisch abgewickelt werden, starten erst, wenn ein Kundenbedarf im System angelegt wird. Mit der Verschiebung der Kundenauftragsentkopplungs- bzw. Lagerhaltungsebene haben Sie die Möglichkeit, die Durchlaufzeit zu beeinflussen und im Optimalfall zu verkürzen.

Die Verfügbarkeitsprüfung können Sie bei dieser Strategie nicht gegen Bestände und Zugänge ausführen, denn die Endmontage erfolgt erst nach dem Eintreffen des Kundenauftrags. Eine Variante für dieses Szenario wäre eine Verfügbarkeitsprüfung gegen die Gesamtwiederbeschaffungszeit. Wenn Sie im Make-to-Order-Szenario (MTO) mit einer Absatzplanung arbeiten, können Sie eine Verfügbarkeitsprüfung gegen die Vorplanung einsetzen. Eine weitere Alternative wäre eine Prüfung gegen die Produktionskapazitäten: Da beim Anlegen des Kundenauftrags noch keine Zugänge vorhanden sind, werden diese simuliert, und im Rahmen der Simulation werden die Produktionsrestriktionen berücksichtigt, wie z. B. Kapazitäten und die Materialverfügbarkeit.

1.1.3 Make-to-Stock

Die dritte Strategie ist das *Make-to-Stock-Szenario* (Lagerfertigung, MTS). Hier handelt es sich um eine Lagerfertigungsstrategie. Grundlage für eine Lagerfertigungsstrategie ist die Absatzplanung. Über die Planung – darunter versteht man ein mengen- und zeitmäßig festgelegtes Produktionsprogramm – kann nicht nur die Vorabbeschaffung, sondern auch die Montage bzw. die Fertigung des Enderzeugnisses angestoßen werden, obwohl noch kein realer Kundenauftrag vorhanden ist.

Dieser Weg muss bei einem MTS-Szenario gegangen werden, da die vom Kunden maximal akzeptierte Lieferzeit immer noch unter der realen Wiederbeschaffungszeit liegt. In der Verfügbarkeitsprüfung können Sie hier gegen Bestände und entsprechende Zugänge prüfen. Beim Eintreffen des Kundenauftrags sollten, der Strategie folgend, bereits entsprechende Mengen auf Lager liegen, gegen die die Verfügbarkeitsprüfung erfolgen kann.

1.1.4 Assemble-to-Order

Die letzte Strategie, die zum Einsatz kommen kann, ist die *Assemble-to-Order-Strategie* (Baugruppenfertigung). Hierbei handelt es sich um eine Mischform aus Lager- und Auftragsfertigung. Auf der Baugruppen- oder Komponentenebene legen Sie eine Planung an, um eine auftragsneutrale Vorproduktion bzw. Vorabbeschaffung durchführen zu können. Mit dem Eintreffen eines realen Kundenauftrags oder -bedarfs wird die Endmontage des Materials kundenspezifisch gestartet und ausgeführt.

Diese Dispositionsstrategie wird eingesetzt, um die Wiederbeschaffungszeit zu verkürzen und sich der vom Markt akzeptierten maximalen Lieferzeit anzunähern. Für die Verfügbarkeitsprüfung gibt es hier ähnliche Möglichkeiten wie bei der Make-to-Order-Strategie: Sie können hier auf der Enderzeugnisebene gegen die Gesamtwiederbeschaffungszeit prüfen. Zugänge und Bestände können hierbei nicht vorhanden sein, da mit der Endmontage bzw. der Fertigung des Endprodukts erst begonnen wird, wenn ein realer Kundenauftrag eintrifft.

Eine Alternative wäre hier wie bei der MTO-Strategie eine Prüfung gegen die Produktionskapazitäten. In diesem Fall würden, da beim Anlegen des Kundenauftrags noch keine Zugänge vorhanden sind, die Produktionskapazitäten simuliert, und im Rahmen der Simulation würden die Produktionsrestriktionen, wie z. B. Kapazitäten und Materialverfügbarkeit, berücksichtigt.

Sie haben jetzt die verschiedenen Dispositionsstrategien und Ihre Auswirkungen auf die Verfügbarkeitsprüfung kennengelernt. Sowohl die Dispositionsstrategie als auch die Verfügbarkeitsprüfung können nur unter Beachtung aller Unternehmensbereiche und Einflussfaktoren für ein Unternehmen festgelegt werden. Wie die Verfügbarkeitsprüfung im Unternehmen eingesetzt werden kann, zeigen wir im folgenden Abschnitt.

1.2 Verfügbarkeitsprüfung im Unternehmen

Die Verfügbarkeitsprüfung ist ein zentrales Instrument im SAP-System, das über sämtliche Unternehmensbereiche hinweg eingesetzt wird. Es handelt sich damit um eine anwendungsübergreifende Komponente, die Sie nicht eindeutig einer bestimmten SAP-Applikation bzw. einer bestimmten SAP-Komponente zuordnen können. Die

Verfügbarkeitsprüfung kann in den verschiedensten Bereichen der internen Lieferkette angewendet werden:

- Vertrieb
- Produktion
- Materialwirtschaft

Diese interne Lieferkette stellen wir nun vor; dabei beginnen wir mit dem Vertrieb.

1.2.1 Vertrieb

Im Vertrieb wird die Verfügbarkeitsprüfung bei den unterschiedlichsten Objekten eingesetzt, um einen durchführbaren Liefertermin für den Kunden zu ermitteln. Teilweise wird in diesen Objekten eine automatisierte, teilweise aber auch eine manuelle Verfügbarkeitsprüfung durchgeführt.

1. **Anfrage**
   Der Vertriebsprozess beginnt mit einer Kundenanfrage; im Rahmen dieser Anfrage sollte auch der Kundenwunschtermin grob abgeklärt werden.
2. **Angebot**
   Aus der Anfrage entsteht schließlich ein Angebot, in dem über die Verfügbarkeitsprüfung der Kundenwunschtermin geprüft und ein Liefertermin ermittelt werden sollte.
3. **Kundenauftrag**
   Mit dem Kundenauftrag kommt ein Vertrag zwischen Kunden und Lieferanten zustande. Dem Kunden wird mit der zum Kundenauftrag gehörenden Auftragsbestätigung der über die Verfügbarkeitsprüfung ermittelte Liefertermin für das gewünschte Produkt mitgeteilt.
4. **Lieferung**
   Logistischer Abschluss im Vertriebsprozess ist die Lieferung, mit der die physische Belieferung des Kunden abgebildet wird. Ob eine Belieferung möglich ist, d. h. ob das betreffende Material im Versand zur Verfügung steht, wird mithilfe der Verfügbarkeitsprüfung geklärt.

Ein Objekt zu prüfen, obwohl der Vorgängerbeleg geprüft wurde, ist durchaus sinnvoll, weil sich die Bedarfs-/Bestandssituation und damit auch die Grundlage für die Prüfung jederzeit geändert haben kann. Wir empfehlen Ihnen deshalb auf jeden Fall, die Verfügbarkeitsprüfung über den gesamten Vertriebsprozess mehrfach zu wiederholen. Der nächste Unternehmensbereich, in dem die Verfügbarkeitsprüfung eine Rolle spielt, ist die Produktion.

1.2.2 Produktion

Die Produktion kann in die beiden Bereiche Planung/Disposition und die eigentliche Fertigung aufgeteilt werden. In beiden Bereichen kommt die Verfügbarkeitsprüfung zum Einsatz.

Über den Bedarfsplanungslauf (MRP-Lauf, Material Requirement Planning) werden zu allen Bedarfen für eigengefertigte Materialien entsprechende Bedarfsdecker (z. B. Planaufträge) erzeugt. Ziel sollte es sein, diese Bedarfsdecker zu durchführbaren Terminen anzulegen, an denen die benötigten Ressourcen (z. B. Materialien und Kapazitäten) ausreichend zur Verfügung stehen.

Allerdings sollten Sie beachten, dass Sie sich hier im Rahmen der Planung im mittel- bis langfristigen Horizont bewegen. Gerade bei der Prüfung der Materialressourcen muss dieser Umstand berücksichtigt werden. So werden bestimmte Einsatzmaterialien bzw. Komponenten erst kurz vor dem Bedarfstermin im Lager vorhanden sein. Aus diesem Grund kann innerhalb des mittel- bis langfristigen Horizonts keine Verfügbarkeitsprüfung gegen Bestände durchgeführt werden. Stattdessen müssen in der Verfügbarkeitsprüfung Beschaffungselemente, wie z. B. Bestellungen, berücksichtigt werden, um einen bestätigten Termin für die Planaufträge zu ermitteln.

Eine weitere Ressource, die im Planauftrag berücksichtigt werden sollte, ist die Kapazität. Aber auch bei der Kapazität sollten Sie bedenken, in welchem zeitlichen Horizont Sie sich bewegen. Wenn man diesen zeitlichen Horizont betrachtet, liefert die Verfügbarkeitsprüfung schon sehr früh eine Information, bei welchen Ressourcen bzw. Kapazitäten Engpässe auftreten können.

Weiterführende Literatur

Wir möchten an dieser Stelle auf das bei SAP PRESS erschienene Buch »Production Planning with SAP APO« von Jochen Balla und Frank Layer verweisen, in dem das Thema Planung ausführlich behandelt wird (in englischer Sprache).

Ziel der Verfügbarkeitsprüfung im Planauftrag ist es, möglichst frühzeitig zu erkennen, wenn ein Auftrag infolge von Fehlteilen nicht durchgeführt werden kann und damit Liefertermine gegenüber dem Kunden in Gefahr geraten.

Der zweite Teilbereich der Produktion betrifft die Fertigung bzw. Produktion des Produkts. Mithilfe eines Produktions- bzw. Fertigungsauftrags wird die Produktion des Produkts abgebildet. Zur Beurteilung, ob ein Fertigungsauftrag wirklich gestartet werden kann, müssen verschiedene Prüfungen durchgeführt werden. Ebenso wie während der Planung sollten auch im Fertigungsauftrag die Einsatzmaterialien bzw. Komponenten geprüft werden.

Anders als im Planauftrag müssen die Einsatzmaterialien jetzt bestandsmäßig vorhanden sein, da sie ansonsten nicht für die Produktion verwendet werden können. Darüber hinaus sollten Sie prüfen, ob auf den Arbeitsplätzen, die Sie zur Produktion des Materials belegen müssen, zum entsprechenden Termin freie Kapazitäten vorhanden sind.

Neben den Ressourcen Einsatzmaterialien und Kapazitäten, die Sie im Fertigungsauftrag berücksichtigen sollten, können Sie zusätzlich die Verfügbarkeit der benötigten Hilfs- und Betriebsstoffe kontrollieren. Ohne die Verfügbarkeit dieser Ressource lässt sich ein Fertigungsauftrag nicht wie geplant durchführen. Ein durchführbarer Termin für einen Fertigungsauftrag liegt vor, wenn alle Ressourcen in ausreichender Menge, zum richtigen Termin und am richtigen Ort verfügbar sind. Der letzte Bereich, in dem die Verfügbarkeitsprüfung eine Rolle spielen kann, ist Materialwirtschaft und Bestandsführung.

1.2.3 Materialwirtschaft

Ziel der Verfügbarkeitsprüfung in der Bestandsführung ist es, bei Veränderungen an Reservierungen sowie beim Warenausgang sicherzustellen, dass bereits im System erfasste Abgangselemente nicht gefährdet werden. In der Materialwirtschaft kommt die Verfügbarkeitsprüfung bei Umlagerungsszenarien innerhalb der internen Lieferkette zum Einsatz.

[+]

Umlagerungsszenario

Der Begriff *Umlagerungsszenario* bedeutet, dass ein Material z. B. zwischen verschiedenen Distributionszentren oder zwischen verschiedenen Produktionswerken umgelagert wird. Beim Anlegen des Umlagerungsbelegs in der anfordernden Lokation (z. B. in Distributionszentrum oder Werk) muss die Bedarfs-/Bestandssituation in der liefernden Lokation berücksichtigt werden.

Neben der Bedarfs-/Bestandssituation müssen häufig noch Restriktionen berücksichtigt werden. So ist festzulegen, ob ein interner Bedarf (z. B. eine Umlagerungsanforderung) Vorrang vor einem externen Bedarf (z. B. einem Kundenauftrag) oder umgekehrt hat.

Für die beschriebenen Objekte, wie z. B. Kundenaufträge, können im Rahmen der Verfügbarkeitsprüfung, wie erwähnt, unterschiedliche Ressourcen geprüft werden. Die wichtigste Ressource, die geprüft werden kann, ist das *Material*. Die Materialverfügbarkeitsprüfung kann in fast allen Objekten eingesetzt werden. Zum einen kann hierbei das Material geprüft werden, für das der Auftrag angelegt wurde (z. B. Material im Kundenauftrag), zum anderen können auch die Komponenten einer Baugruppe eines Enderzeugnisses geprüft werden (z. B. Fertigungsauftrag).

Eine weitere prüffähige Ressource ist die *Kapazität*. Bei der Kapazität muss man verschiedene Arten unterscheiden, z. B. Mensch und Maschine. Im Normalfall werden an einem Arbeitsplatz immer beide Ressourcen benötigt. In der Verfügbarkeitsprüfung ist es ausreichend, dass die Engpassressource, die Ressource, die häufig nicht ausreichend zur Verfügung steht, geprüft wird.

Als Letztes seien noch die Fertigungshilfsmittel erwähnt, ohne die ebenfalls keine Produktion möglich ist. Die Fertigungshilfsmittel werden zum Bedarfstermin benötigt, damit der Fertigungsauftrag termingerecht ausgeführt werden kann.

Die Verfügbarkeitsprüfung kann über die interne Lieferkette an unterschiedlichen Stellen eingesetzt werden (siehe Abbildung 1.4). Wir erläutern das anhand eines Beispiels.

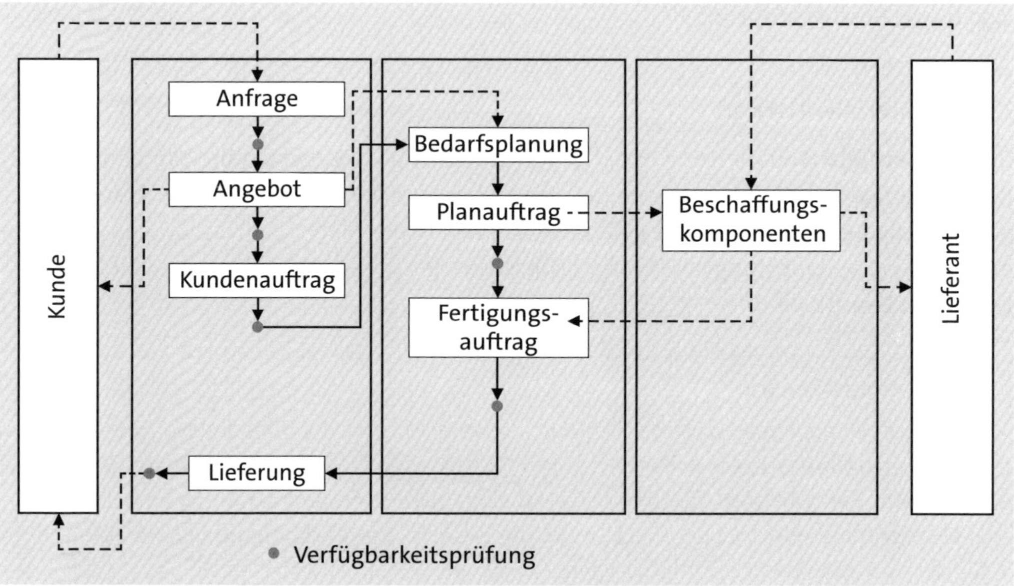

Abbildung 1.4 Verfügbarkeitsprüfung über die Supply Chain

Abbildung 1.4 zeigt den folgenden Prozess: Ein Kundenauftrag wird gegen die Wiederbeschaffungszeit bestätigt und anschließend gesichert. Damit die Materialien zum Bedarfstermin auch tatsächlich vorhanden sind, werden über den Bedarfsplanungslauf (MRP-Lauf) Bedarfsdecker bzw. Planaufträge angelegt.

Die *Planaufträge* werden mittels Massenfunktion einer Verfügbarkeitsprüfung unterzogen. Diese dient dazu festzustellen, ob alle benötigten Komponenten rechtzeitig eintreffen. Wenn ein *Fertigungsauftrag* durch das Umsetzen eines Planauftrags angelegt wird, findet ebenfalls eine Verfügbarkeitsprüfung statt. Auch hier soll geprüft werden, ob alle Komponenten verfügbar sind.

Bei einer anschließenden Fertigungsauftragsfreigabe wird überprüft, ob tatsächlich mit dem physischen Abarbeiten des Auftrags begonnen werden kann. Dazu müssen alle Komponenten auf Lager liegen, und es müssen ausreichend Kapazitäten auf den erforderlichen Arbeitsplätzen vorhanden und die benötigten Fertigungshilfsmittel verfügbar sein.

Zuletzt wird in der Lieferung nochmals eine Verfügbarkeitsprüfung durchgeführt, um zu prüfen, ob das Material jetzt physisch vorliegt, sodass es an den Kunden geliefert werden kann.

Diese wiederholten Prüfungen im Rahmen des Beschaffungsprozesses ermöglichen, dass Fehlteile bzw. Fehlteilesituationen rechtzeitig erkannt werden und gegebenenfalls Gegenmaßnahmen eingeleitet werden können.

1.3 Implementierung der Verfügbarkeitsprüfung

Die Verfügbarkeitsprüfung, und die damit verbundenen Aussagen zur Lieferfähigkeit und Terminierung können, wie gesehen, den Unternehmenserfolg maßgeblich beeinflussen. Die hierbei vom System getroffenen Entscheidungen, können flexibel der jeweiligen Unternehmensstrategie angepasst werden. Dem Thema Verfügbarkeitsprüfung sollte daher bei der Implementierung von SAP-Software besondere Beachtung geschenkt werden. Abbildung 1.5 zeigt beispielhaft zwei komponentenübergreifende Themen während der Implementierung von SAP ERP.

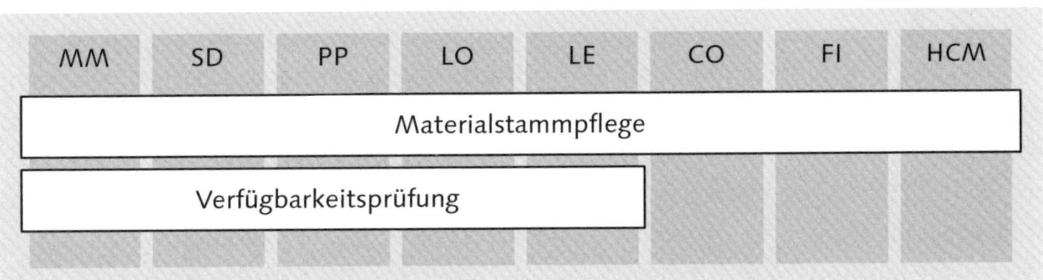

Abbildung 1.5 Komponentenübergreifende Themen in SAP-Projekten

Bei einer SAP-Implementierung wird das Projektteam in der Regel gemäß den betrieblichen Funktionsbereichen strukturiert und analog den jeweiligen Fachbereichen (Finanzen, Fertigung, Beschaffung, Distribution usw.) ausgerichtet. Die eigentliche Implementierung der Geschäftsprozesse, die einen oder mehrere Funktionsbereiche betreffen oder sogar Systemgrenzen überschreiten kann, erfolgt durch die Konfiguration der zum Einsatz kommenden SAP-Software. Die hierzu notwendigen Systemeinstellungen richten sich nach den zum Einsatz kommenden Komponenten bzw. Applikationen.

Diese Strukturierung führt in der Regel dann zu Problemen, wenn es Funktionen gibt, die in mehreren betrieblichen Funktionsbereichen zum Einsatz kommen. Diese Funktionen werden als *Querschnittsfunktionen* bezeichnet.

Neben der Verfügbarkeitsprüfung als Querschnittsfunktionen möchten wir hier auch die Stammdaten erwähnen. Insbesondere der Materialstamm, dessen Parameter die Verfügbarkeitsprüfung maßgeblich beeinflussen, wird in mehreren SAP-Applikationen verwendet und gegebenenfalls zwischen den Systemen ausgetauscht.

An der Materialstammpflege sind sämtliche Applikationen von SAP ERP oder SAP S/4HANA beteiligt. Jede Applikation bzw. jeder Unternehmensbereich muss Daten oder ganze Sichten im Materialstamm pflegen. Somit müssen auch alle Unternehmensbereiche am Pflegeprozess des Materialstamms beteiligt werden, damit eine hohe Datenqualität und ein flüssiger Pflegeprozess sichergestellt werden können.

Bei der Verfügbarkeitsprüfung handelt es also sich um eine klassische Querschnittsfunktion, die an verschiedenen Stellen im System implementiert wird und deren Ergebnis an verschiedenen Stellen der Wertschöpfungskette zum Einsatz kommen kann.

Auch wenn die Verfügbarkeitsprüfung in jeder logistischen SAP-Applikation bzw. in jeder SAP-Logistikkomponente eine Rolle spielt – z. B. Verfügbarkeitsprüfung für Fertigungsaufträge in der Produktionslogistik oder Verfügbarkeitsprüfung im Kundenauftrag im Vertrieb – sollte das Thema nicht in jeder Komponente separat behandelt werden. In bereits abgeschlossenen Projekten hat es sich bewährt, die Verfügbarkeitsprüfung von einem zentralen Team bearbeiten zu lassen. Dieses zentrale Thema kann sowohl dem Vertriebsteam als auch dem Produktionslogistikteam zugeordnet werden. Wichtig dabei ist nur, dass alle Anforderungen aus den einzelnen Unternehmensbereichen bei der Implementierung der Verfügbarkeitsprüfung berücksichtigt werden, damit diese optimal ihren Zweck erfüllen und ihren Teil zum Unternehmenserfolg beitragen kann. Der Vertrieb ist sicher einer der Hauptanwender der Verfügbarkeitsprüfung und kann sich dementsprechend gut in das Thema einbringen. Wichtigste Einflussgröße auf die Auswahl der Verfügbarkeitsprüfungsmethode ist allerdings die Dispositionsstrategie, weshalb auch das Team der Produktionslogistik am Thema Verfügbarkeitsprüfung mitarbeitet. Diese Beteiligung hat sich durchaus bewährt. Dennoch kann auch die Produktionslogistik nur eine Rolle in einem Team übernehmen, das sich aus allen Bereichen bzw. Komponenten zusammensetzt. Dies betrachten wir nun am Beispiel der Verfügbarkeitsprüfung im Kundenauftrag näher.

Um die Verfügbarkeitsprüfung im Kundenauftrag einstellen zu können, benötigen Sie u. a. die folgenden Informationen:

- In welchem System werden die Kundenaufträge angelegt?
- Mit welcher Dispositionsstrategie werden die Endprodukte abgewickelt?

- Können die Wiederbeschaffungszeiten verlässlich angegeben werden? Wie lang sind die Wiederbeschaffungszeiten?
- Kann bzw. muss das Produkt ersetzbar sein?
- Kann das Produktionswerk eindeutig bestimmt werden?
- Treten neben Kundenaufträgen noch andere Bedarfe beim jeweiligen Material auf?

Diese Fragen können vom Vertriebsteam und der Produktionslogistik nur gemeinsam geklärt werden.

Für die Implementierung der verschiedenen Methoden der Verfügbarkeitsprüfung steht Ihnen neben SAP ERP und SAP APO auch SAP S/4HANA als System zur Verfügung. Um auch die Verfügbarkeitsprüfung in komplexen Lieferketten optimal umzusetzen, stellt SAP in SAP APO die Funktionalität gATP (global Available-to-Promise) zur Verfügung, die neben den aus SAP ERP bekannten Funktionen noch weitere Funktionen der Verfügbarkeitsprüfung beinhaltet. Die Verfügbarkeitprüfung in SAP S/4HANA bietet mit aATP (advanced Available-to-Promise) gegenüber dem SAP-ERP-System deutlich erweiterte Funktionen. SAP IBP ermöglicht dabei die Planung und Steuerung der Lieferketten.

In Kapitel 2 stellen wir Ihnen die Systemalternativen – SAP ERP, SAP APO und SAP S/4HANA – für die Verfügbarkeitsprüfung vor. In der Verfügbarkeitsprüfung geht es also nicht nur darum, welche Prüfmethoden eingesetzt werden sollen, sondern auch darum, in welchem System die Verfügbarkeitsprüfung durchgeführt werden soll. Der Verfügbarkeitsprüfung in SAP ERP widmen wir uns ausführlich in Teil II dieses Buches, SAP S/4HANA erklären wir in Teil III, während wir der Verfügbarkeitsprüfung mit SAP APO Teil IV gewidmet haben.

Die Verfügbarkeitsprüfung in SAP ERP oder SAP S/4HANA hat den Vorteil, dass Sie diese in jedem Fall einsetzen können, da Ihnen sämtliche benötigten Daten im System zur Verfügung stehen. Als Methoden der Verfügbarkeitsprüfung stehen Ihnen in SAP ERP die in Kapitel 6 ausführlich vorgestellten Basismethoden zur Verfügung. Die Funktionen von aATP in SAP S/4HANA stellen wir Ihnen ab Kapitel 9 vor.

Mit komplexen Lieferketten, in denen umfangreiche Restriktionen, wie z. B. Kapazitäten, Produktersetzungen, Lokationsersetzungen usw. berücksichtigt werden müssen, steigen die Anforderungen an eine Verfügbarkeitsprüfung, die nicht mehr ohne Weiteres in SAP ERP implementiert werden kann. Hier sollte dann als Alternativlösung der Einsatz von gATP aus SAP APO in Betracht gezogen werden. SAP S/4HANA bietet mit aATP Funktionen, die bisher gATP in SAP APO vorbehalten waren.

Wenn Sie SAP APO bereits für andere Prozesse, wie z. B. die Absatzplanung (SAP APO-DP, Demand Planning) im Einsatz haben, können Sie SAP APO durchaus für die Basismethoden der Verfügbarkeitsprüfung einsetzen. Zu beachten ist immer, dass Sie für eine Verfügbarkeitsprüfung in SAP APO auch entsprechende Stamm- und Bewegungsdaten in SAP APO benötigen (siehe Kapitel 14). Zusätzlich zu den aus SAP ERP bekannten Basismethoden bietet SAP APO erweiterte Prüfmethoden, die wir Ihnen in Teil IV dieses Buches ab Kapitel 17 erläutern werden.

1.4 Zusammenfassung

In diesem Kapitel haben wir Ihnen die Grundlagen der Verfügbarkeitsprüfung im SAP-System vorgestellt. Wir haben Ihnen gezeigt, wie die Verfügbarkeitsprüfung mit zunehmender Komplexität der Supply Chain immer mehr an Bedeutung gewinnt. Sie haben die verschiedenen Dispositionsstrategien Engineer-to-Order, Make-to-Order, Assemble-to-Order und Make-to-Stock und ihre Bedeutung für die Auswahl der entsprechenden Verfügbarkeitsprüfungsvariante kennengelernt. Anschließend haben wir die Bedeutung der Verfügbarkeitsprüfung für das Unternehmen und für die einzelnen Unternehmensbereiche dargestellt. Die Verfügbarkeitsprüfung kann den Unternehmenserfolg beeinflussen und ist deshalb für ein Unternehmen von zentraler Bedeutung. Im Rahmen eines Implementierungsprojekts sollte der Verfügbarkeitsprüfung demzufolge entsprechende Aufmerksamkeit zuteilwerden.

Im nächsten Kapitel stellen wir Ihnen die zur Verfügung stehenden Varianten der Verfügbarkeitsprüfung vor und die dabei zum Einsatz kommenden Systeme. Einen detaillierten Überblick über die Systeme und Lösungen sowie über mögliche Anwendungsszenarien und Beispielarchitekturen erhalten Sie im nächsten Kapitel.

Kapitel 2
Verfügbarkeitsprüfung mit SAP

Aufgrund einer kontinuierlichen Weiterentwicklung und auf der Basis von Innovationen stellt SAP verschiedene Systeme und Lösungen für die Verfügbarkeitsprüfung zur Verfügung. In diesem Kapitel erläutern wir Ihnen deren Grundfunktionen und stellen ihren Einsatz im Unternehmen anhand ausgewählter Anwendungsszenarien und Beispielarchitekturen dar.

In Kapitel 1 haben wir die betriebswirtschaftlichen Grundlagen der Verfügbarkeitsprüfung vorgestellt, und im vorliegenden Kapitel beschreiben wir die Verfügbarkeitsprüfung mit dem SAP-System. Dabei stellen wir Ihnen zum einen die verschiedenen Systeme vor, die an der Verfügbarkeitsprüfung beteiligt sein können, und zum anderen Anwendungsszenarien und Beispielarchitekturen.

2.1 Systeme und Lösungen

Wir haben Ihnen in der Einleitung dieses Buches erläutert, dass die Kernanwendungen der SAP Business Suite bis 2027 das Ende ihres Lebenszyklus erreicht haben und SAP deren Wartung einstellt.

Durch die Ankündigung von SAP, den Support für SAP APO einzustellen, wird SAP IBP (SAP Integrated Business Planning) zunehmend als Nachfolgesystem von SAP APO betrachtet. Das ursprünglich als Ergänzung zu SAP APO konzipierte System ersetzt dabei kontinuierlich die aus SAP APO bekannten Anwendungen. Gleichzeitig werden auch immer mehr SAP-APO-Funktionen in SAP S/4HANA integriert. SAP ERP und SAP APO werden also nicht von weiteren Innnovationen profitieren, sind aber immer noch bei vielen Unternehmen im produktiven Einsatz. Wir stellen Ihnen in diesem Kapitel sowohl SAP S/4HANA als auch die SAP Business Suite mit SAP ERP und SAP APO vor.

SAP IBP und weiterführende Literatur

SAP IBP ermöglicht die Bestätigung von Kundenaufträgen in SAP ERP bzw. SAP S/4HANA unter Berücksichtigung aktueller Bedarfe, Kapazitäten und prognostizierter Bestände. Das Ergebnis der Planungsläufe wird an die Quellsysteme zurückgesendet.

Auf eine detaillierte Beschreibung der auftragsbasierten Planung in SAP IBP haben wir aber bewusst verzichtet, da es sich bei SAP IBP im Wesentlichen um ein Planungstool handelt.

Wir beschränken wir uns daher auf dessen Komponenten und einen Überblick, welche Funktionen von SAP APO durch SAP IBP abgelöst werden sollen. Für einen vertieften Einblick in SAP IBP empfehlen wir Ihnen das bei SAP PRESS erschienene Buch »SAP Integrated Business Planning – Prozesse, Funktionen, Implementierung« von Michael Grafunder, Ferenc Gulyássy und Binoy Vithayathil.

2.1.1 SAP Business Suite

In diesem Abschnitt geben wir Ihnen mit dem Fokus auf das Thema Verfügbarkeitsprüfung einen kurzen Überblick über die SAP Business Suite.

Die SAP Business Suite setzt sich aus unterschiedlichen voll integrierten Geschäftssoftware-Anwendungen zusammen, die es Unternehmen ermöglichen, betriebswirtschaftliche Prozesse zu planen und auszuführen. Die auf der gemeinsamen SAP-NetWeaver-Plattform aufgebauten Anwendungen der SAP Business Suite unterstützen Best-Practice-Methoden aus allen Industrien. Es werden integrierte Geschäftsanwendungen und Funktionen aus den Bereichen Finanzwesen, Controlling, Personalwesen, Anlagenverwaltung, Produktion, Einkauf, Produktentwicklung, Marketing, Vertrieb, Service, Instandhaltung, Supply Chain Management und IT-Management bereitgestellt.

Die SAP Business Suite und ihre Komponenten bietet Ihnen also eine übergreifende Lösung für die Abwicklung aller standardisierten Geschäftsprozesse eines Unternehmens.

Die SAP Business Suite ist aus dem System SAP R/3 entstanden, das 1992 neu entwickelt wurde. Während es sich bei SAP R/3 eher um einen Monolithen handelte, der in SAP ERP seinen Nachfolger gefunden hat, wurde dieses System im Rahmen der SAP Business Suite durch eigenständige Produkte erweitert. Komplexe Prozesse können sich im Rahmen der SAP Business Suite nicht nur über mehrere Komponenten (wie z. B. MM, PP, SD) spannen, sondern auch mehrere Komponenten (z. B. SAP ERP und SAP APO) überspannen. Dies ist insbesondere bei der noch immer produktiv eingesetzten Systemintegration mit SAP CRM der Fall.

SAP Enterprise Resource Planning (SAP ERP)

SAP ERP besteht im Wesentlichen aus Applikationen, mit denen sich sämtliche Abläufe und Prozesse in Rechnungswesen, Materialwirtschaft, Produktion sowie Vertrieb steuern lassen. Im SAP-Portfolio sind diese Applikationen unter der Bezeichnung SAP ERP Central Component (SAP ECC) verankert. Für ein Grundverständnis der von SAP unterstützen Logistikprozesse stellen wir einzelne Applikationen für die Verfügbarkeitsprüfung vor. In Abbildung 2.1 sehen Sie einen Überblick über die wesentlichen Komponenten der SAP Business Suite.

Einige dieser Komponenten sind direkt mit logistischen Prozessen verknüpft und damit für die Verfügbarkeitsprüfung von Relevanz. Hierzu zählen neben Vertrieb und der Produktion auch sämtliche logistische Prozesse, bei denen physische Warenbewegungen erfolgen.

Die zentralen Komponenten werden durch die Komponenten SAP Supply Chain Management (SAP SCM), SAP Customer Relationship Management (SAP CRM), SAP Supplier Relationship Management (SAP SRM), SAP Product Lifecycle Management (SAP PLM) und durch weitere Komponenten für spezielle Anwendungen ergänzt. Die Verfügbarkeitsprüfung in SAP ERP erklären wir in Teil II dieses Buches ab Kapitel 4.

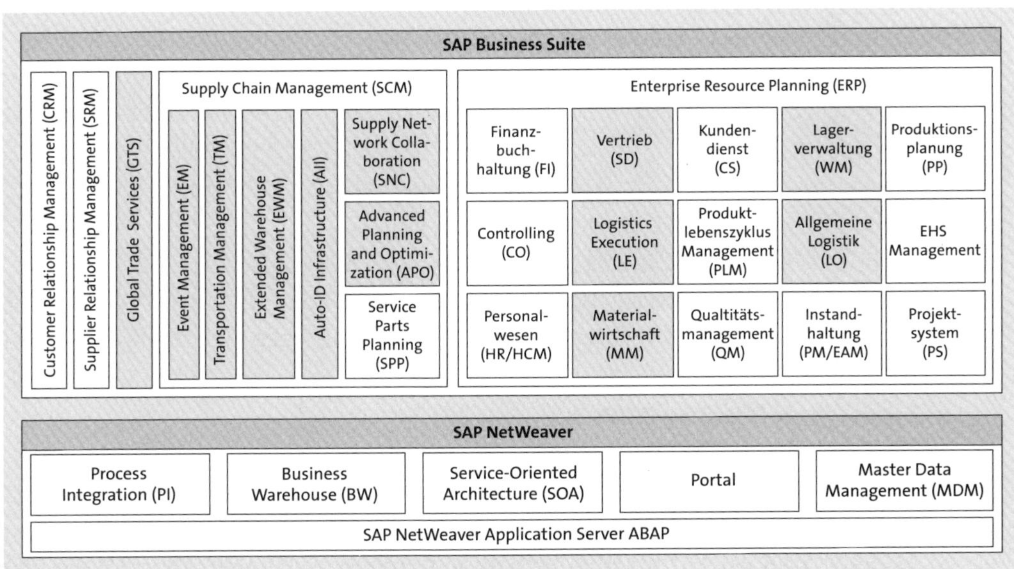

Abbildung 2.1 Übersicht über die logistischen Komponenten (im Bild hervorgehoben) und die weiteren Komponenten der SAP Business Suite

SAP Supply Chain Management (SAP SCM)

Die SAP-Business-Suite-Komponente SAP Supply Chain Management (SAP SCM) ergänzt SAP ECC um weitere Komponenten, die für die Logistikprozesse sowohl planerische als auch abwicklungstechnische Funktionen zur Verfügung stellen. Als Teilkomponenten stehen Ihnen in SAP SCM das SAP Extended Warehouse Management (SAP EWM), das SAP Transportation Management (SAP TM), das SAP Event Management (SAP EM), SAP Auto-ID Infrastructure und als planerische Teilkomponente SAP Advanced Planning and Optimization (SAP APO) zur Verfügung.

SAP APO besteht dabei aus den folgenden Applikationen:

- **Demand Planning (DP)**
  Demand Planning enthält eine Reihe von Funktionen für das Nachfragemanagement, statistische Prognosen, Promotion und das Lifecycle Planning in DP. Die Absatzplanung kann in erster Linie in die beiden Bereiche Data-Mart- und Demand-Management-Funktionen unterteilt werden. Der Data-Mart-Teil von APO-DP ist im Grunde die Business Warehouse-Komponente (SAP BW) aller verfügbaren BW-bezogenen Transaktionen und Objekte.
- **Supply Network Planning (SNP)**
  Diese Komponente liefert Funktionen für die Planung von Verteilungsanforderungen für die Bereitstellung sowie für den Abgleich und die Optimierung von Bedarf und Angebot. Zusammen mit AP-DP ist SNP ein wesentlicher Bestandteil des Sales-and-Operations-Planungsprozesses eines Unternehmens.
- **Transportation and Vehicle Scheduling (TP/VS)**
  Mit der Komponente TP/VS werden Transporte für Aufträge (Kundenaufträge, Bestellungen, Retouren und Umlagerungsbestellungen) und für Lieferungen geplant und optimiert.
- **Production Planning and Detailed Scheduling (PP/DS)**
  Die Komponente PP/DS (Produktions- und Feinplanung) wird zur detaillierten Planung und Optimierung des Ressourcenplans und der Bestelldaten und -zeiten verwendet. Vor allem kritische Produkte werden mit PP/DS geplant, z. B. Produkte mit langen Wiederbeschaffungszeiten oder Produkte, für deren Herstellung Engpassressourcen nötig sind.
- **Service Parts Planning (SPP)**
  Die Komponente SPP (Ersatzteilplanung) bietet Planungsfunktionen für Ersatzteile und schafft Transparenz in der gesamten Lieferkette, vom Zeitpunkt des Bedarfs bis hin zur Auslieferung des Produkts. Abhängig von seinen Eigenschaften kann für jedes Produkt entschieden werden, ob eine periodengerechte Ersatzteilplanung auf Basis der Prognose oder lieber auf Basis eines Nachbestellpunktes durchgeführt werden soll.
- **global Available-to-Promise (gATP)**
  Für die Verfügbarkeitsprüfung haben Sie mit gATP die Möglichkeit, die Lieferfähigkeit von Produkten auf globaler Ebene zu prüfen. Neben den Standardmethoden der Verfügbarkeitsprüfung, die Ihnen auch in SAP ERP zur Verfügung stehen, bietet Ihnen SAP APO spezielle Methoden, z. B. für die Produktsubstitution und die Lieferortsubstitution. Alle Methoden zur Verfügbarkeitsprüfung von SAP APO stellen wir Ihnen ausführlich in Teil IV dieses Buches ab Kapitel 14 vor.

2.1.2 SAP S/4HANA

Die größte Herausforderung in der Kundenauftragsbearbeitung ist es, Kundenanfragen zeitnah zu bestätigen, Liefertermine einzuhalten und auf kurzfristige Änderungen zu reagieren. Die aus SAP ERP bekannte Verfügbarkeitsprüfung nach ATP (Available-to-Promise) liefert bereits Grundfunktionen der Verfügbarkeitsprüfung und bildet dabei einfache Geschäftsszenarien ab. Das System unterscheidet jedoch nicht nach den Prioritäten der Bedarfe. Daher ist es nicht möglich, komplexere Anforderungen in der Verfügbarkeitsprüfung abzubilden.

Die Verfügbarkeitsprüfung in SAP S/4HANA wurde gegenüber SAP ERP deutlich erweitert und bietet neben den aus SAP ERP bekannten Funktionen mit der aATP-Prüfung weitere Möglichkeiten, die bisher SAP APO (gATP) vorbehalten waren.

Die aATP-Prüfung ermöglicht die Verwaltung von Lieferkontingenten und unterstützt ATP-Bestellbestätigungen in Echtzeit. Sie unterstützt Unternehmen dabei, Liefertermine zu bestätigen – und zwar auf der Grundlage der aktuellen Lieferkette und Verfügbarkeiten und nicht wie bisher anhand veralteter Lieferzeiten und Durchschnittswerte. Dafür werden z. B. Bestellmengen in Kundenaufträgen geprüft und mit aktuellen Lagerbeständen, Planaufträgen und geplanten Zugängen abgeglichen. Erst danach erfolgt die Bestätigung mit Angaben zu Datum, Menge und lieferndem Werk. Entsprechende Ressourcen in der Lieferkette werden reserviert, um sicherzustellen, dass eingehende Aufträge bereits bestehende Bestätigungen nicht beeinträchtigen.

Das Verfahren aATP hebt sich auch durch die neue Benutzeroberfläche von der standardisierten ATP-Prüfung ab. Der Fokus liegt dabei auf der Leistungssteigerung, Vereinfachung und Integration für die Prüfung der Produktverfügbarkeit, auf einer flexiblen Kontingentierung und Rückstandsbearbeitung sowie auf einer alternativenbasierten Bestätigung in der Verfügbarkeitsprüfung. Darüber hinaus wurde die aus SAP APO bekannte Produktions- (PP/DS) und Ersatzteilplanung (SPP) in den SAP S/4HANA Core integriert und damit die funktionale Trennung und Datenredundanz zwischen SAP ERP und SAP APO abgeschafft.

Mit der Integration der erweiterten Verfügbarkeitsprüfung in den Kern von SAP S/4HANA können Unternehmen ihre Kunden noch schneller und besser bedienen und gleichzeitig die eigenen Ressourcen bestmöglich ausschöpfen. An dieser Stelle möchten wir Sie noch darauf hinweisen, dass die Funktionen für aATP und PP/DS bzw. eSPP (extended Service Parts Planning) in SAP S/4HANA gesondert lizensiert werden müssen und nicht in der Standardlizenz enthalten sind.

Die neue, erweiterte Verfügbarkeitsprüfung in SAP S/4HANA erklären wir in Teil III dieses Buches ab Kapitel 9.

2.1.3 SAP Integrated Business Planning (SAP IBP)

SAP IBP ist eine cloudbasierte Anwendung und bietet gegenüber SAP APO eine neue, intuitive Benutzeroberfläche und Funktionen für die Bedarfs-, Beschaffungs-, Verteilungs- und Bestandsplanung.

Mit den auf SAP Fiori basierenden Analyse- und Dashboard-Funktionen, in Kombination mit einem Microsoft-Excel-Add-on, können Unternehmen schnell und einfach Best- und Worst-Case-Szenarien sowie realistische Planungen mit unterschiedlichen Stamm- und Bewegungsdaten in Echtzeit erstellen und vergleichen. Dies ermöglicht eine durchgängige Transparenz in der gesamten Lieferkette, von der Produktion über den Einkauf und die Finanzkennzahlen bis hin zu den Kunden und Lieferanten. Intelligente Algorithmen und Prognosemodelle sorgen dafür, dass unerwartete Situationen wie Engpässe oder Lieferprobleme automatisch erkannt und in Echtzeit gemeldet werden können.

SAP-APO-Kunden stellt sich die Frage, inwiefern die von ihnen benötigten Funktionen künftig in SAP S/4HANA oder in SAP IBP verfügbar sein werden. Denn ähnlich wie SAP APO besteht auch SAP IBP aus mehreren Komponenten, die jedoch nicht zwangsläufig mit den bekannten SAP-APO-Komponenten deckungsgleich sind:

- **SAP Integrated Business Planning for Demand (SAP IBP for Demand)**
  Die Fähigkeit, die Nachfrage nach Produkten vorherzusagen, ist vielleicht einer der kritischsten Erfolgsfaktoren im gesamten Planungsprozess. Sie wirkt sich auf die gesamte vorgelagerte Planung von Beschaffung, Produktion und Bestand aus. Die Absatzplanung in SAP IBP kombiniert dabei die »traditionelle« mittel- bis langfristige Planung auf der Grundlage statistischer Methoden mit der Möglichkeit, genauere Modelle für die Bedarfserfassung auszuführen. Dies ermöglicht eine bedarfsgesteuerten Materialplanung und führt zu einer Verbesserung der Prognosegenauigkeit für den kurzfristigen Planungshorizont.
- **SAP Integrated Business Planning for Response and Supply (SAP IBP for Response and Supply)**
  Wie die Absatzplanung nutzt auch die Bestätigungs- und Beschaffungsplanung in SAP IBP die Vorteile der bedarfsgesteuerten Disposition, um Nachfrageschwankungen oder nicht planbare Lieferstörungen oder Versorgungsunterbrechungen zu berücksichtigen. Ausgehend von einer Kapazitätsplanung simuliert und bewertet die Anwendung verschiedene Planungsszenarien im Hinblick auf Nachfrage, Angebot und Kapazitätsbeschränkungen unter der Berücksichtigung von Beschaffungs-, Produktions-, Bestands- und Lagerkosten. Die Planungsergebnisse können anschließend in die Vertriebsplanung (SAP IBP S&OP) eingebunden werden und stehen auch direkt für die aATP-Prüfung bzw. die erweiterte Planung in SAP S/4HANA zur Verfügung.

- **SAP Integrated Business Planning for Sales and Operations Planning (SAP IBP S&OP)**
  In der Regel starten Unternehmen mit einer lang- und mittelfristigen Vertriebsplanung und synchronisieren diese mit der operativen Planung für Produktion, Beschaffung und Logistik. SAP IBP S&OP ermöglicht die Erstellung und Bewertung von Prognosen für Nachfrage, Angebot, Produkt- und Portfolioänderungen sowie strategische Projekte für den mittel- bis langfristigen Planungszeitraum.
- **SAP Integrated Business Planning for Inventory (SAP IBP for Inventory)**
  Die Bestandsplanung und Optimierung in SAP IBP berücksichtigt sämtliche Liefer-, Produktions- und Verkaufsprozesse über die gesamte Logistikkette. Ziel ist die Optimierung von Lagerbeständen und Lagerkosten und gleichzeitig die Gewährleistung der Lieferbereitschaft gegenüber Kunden. SAP IBP optimiert die Bestandsziele und berechnet Sollbestände für jede Bestandslokation unter der Berücksichtigung von Transportkosten, Wiederbeschaffungszeiten, Prognosefehler und dem angestrebten Servicegrad.
- **SAP Supply Chain Control Tower**
  Das Dashboard- und Analysewerkzeug SAP Supply Chain Control Tower ermöglicht einen Echtzeitüberblick über die gesamte Lieferkette des Unternehmens. Gleichzeitig stellt es Funktionen zur Verfügung, um die Auswirkungen von Ausnahmen zu erkennen, zu analysieren und zu bewerten. Neben der Möglichkeit, benutzerdefinierte Warnmeldungen bei potenziellen Unterbrechungen der Lieferkette einzurichten, kann die Anwendung mit verschiedenen SAP-Logistiklösungen (z. B. SAP EWM und SAP TM) und Fremdsystemen integriert werden.

2.2 Integration mit SAP CRM und SAP Customer Experience

Mit der Übernahme von *Hybris*, einem führenden Anbieter von E-Commerce-Software, und der Umbenennung in SAP Hybris im Jahr 2013 legte SAP den Grundstein für SAP Customer Experience. Diese Lösung sollte ursprünglich neben der On-Premise-Lösung Customer Relationship Management (SAP CRM) bestehen, löst diese nun aber sukzessive ab.

Da es noch zahlreiche SAP-CRM-Installationen im produktiven Einsatz gibt, möchten wir deren Integration in die Verfügbarkeitsprüfung kurz erklären und auch auf Grundfunktionen von SAP Customer Experience eingehen.

2.2.1 SAP CRM

Mit der Komponente SAP Customer Relationship Management (SAP CRM) steht Ihnen eine Lösung zur Verwaltung Ihrer Kundenbeziehungen zur Verfügung. SAP CRM unterstützt alle kundenorientierten Unternehmensbereiche, vom Marketing über den Verkauf bis hin zum Service. Über die Verkaufsfunktionalitäten haben Sie auch die Möglichkeit, Kundenbedarfe anzulegen. In SAP CRM steht Ihnen aber keine eigene Verfügbarkeitsprüfung zur Verfügung. Die Verfügbarkeitsprüfung kann jedoch über ein angebundenes ERP- oder APO-System erfolgen (siehe Abbildung 2.2).

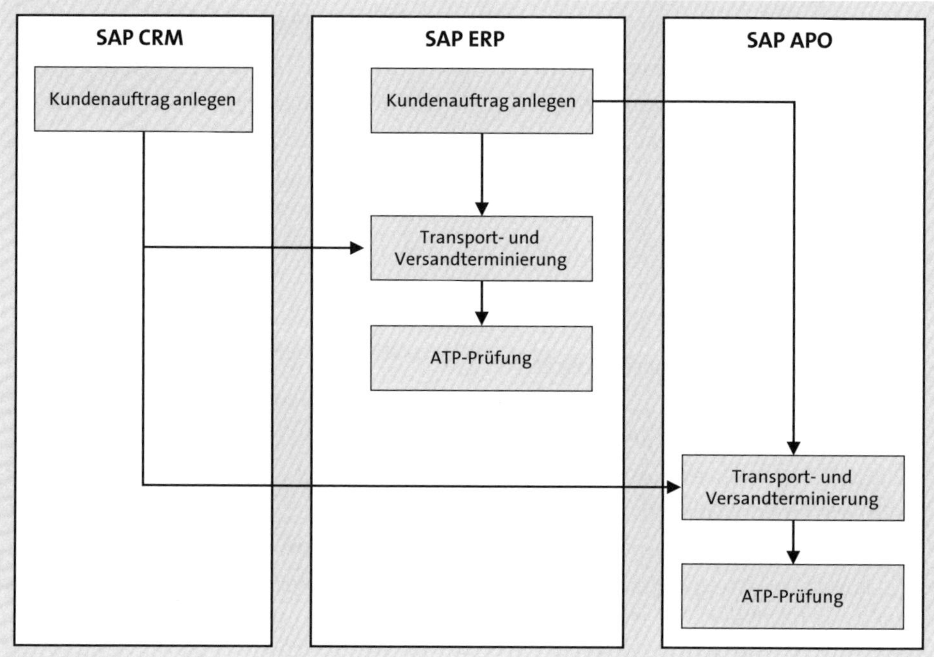

Abbildung 2.2 Zusammenhang der Systeme SAP CRM, SAP ERP und SAP SCM

Abbildung 2.2 zeigt, dass ein Kundenauftrag in SAP ERP und in SAP CRM angelegt werden kann. Mit dem Anlegen des Kundenauftrags erfolgt eine Transport- und Versandterminierung, um das Materialbereitstellungsdatum zu ermitteln. Ausgehend von diesem Datum wird eine Verfügbarkeitsprüfung für den Kundenauftrag durchgeführt, die als Ergebnis eine bestätigte Menge und einen bestätigten Termin liefert. Sie können bei einer Kundenauftragsanlage in SAP CRM die Transport- und Versandterminierung und die anschließende Verfügbarkeitsprüfung in SAP ERP oder in SAP APO durchführen lassen. Wenn der Kundenauftrag in SAP ERP angelegt worden ist, haben Sie ebenso die Möglichkeit, die Transport- und Versandterminierung und die anschließende Verfügbarkeitsprüfung in SAP ERP oder in SAP APO durchführen zu lassen.

2.2.2 SAP Customer Experience

Mit der Einführung von SAP S/4HANA im Jahr 2015 begann SAP, bestehende SAP-CRM-Funktionen auf eine neue Plattform zu übertragen und weiterzuentwickeln. Im Rahmen der Weiterentwicklung erwarb SAP weitere CRM-Software von Drittanbietern, um die Funktionen von SAP CRM und SAP Hybris funktional zu ergänzen.

Nach dem erfolgreichen Abschluss dieser Übernahmen kündigte SAP die Lösung SAP C/4HANA auf der Technologiekonferenz SAPPHIRE NOW 2018 in Orlando, Florida, an. Während der Veranstaltung wurde bekannt gegeben, dass SAP C/4HANA auf der SAP-S/4HANA-Plattform läuft und aus fünf cloudbasierten Säulen besteht: SAP Customer Data Cloud, SAP Marketing Cloud, SAP Commerce Cloud, SAP Sales Cloud und SAP Service Cloud. Im Juni 2020 wurde SAP C/4HANA in SAP Customer Experience (CX) umbenannt. SAP Customer Experience ist nicht nur das Nachfolgeprodukt für SAP CRM, sondern bietet einen deutlich erweiterten Funktionsumfang.

Wie SAP CRM kann auch die Auftragserfassung in SAP Commerce Cloud mit SAP ERP und SAP S/4HANA für die Verfügbarkeitsprüfung integriert werden. Die Integration der neuen Plattform ermöglicht das Simulieren und Übertragen von Kundenaufträgen. Bei der Simulation werden Auftragsdaten mit dem Backend-System ausgetauscht und ermöglichen eine Prüfung der Produktverfügbarkeit. Die eigentliche Verfügbarkeitsprüfung findet dabei im Backend-System statt und berücksichtigt die entsprechende Konfiguration der ATP-Prüfung. Sie können daraufhin Positionen oder Mengen in einem Auftrag anpassen und ihn mehrmals simulieren, bevor der Kundenauftrag übertragen und in SAP ERP oder SAP S/4HANA angelegt wird.

[«]

ATP-Integration mit SAP Commerce Cloud für den Handel

SAP Commerce Cloud ist eine eigenständige E-Commerce-Plattform für den digitalen Handel. Über das Add-on *SAP Commerce Cloud – Integration Extension Pack* lässt sie sich sowohl mit SAP S/4HANA, SAP ERP und SAP CAR (SAP Customer Activity Repository) als auch mit Fremdsystemen integrieren. Darüber hinaus besteht mit SAP Customer Order Sourcing die Möglichkeit, über Mikroservices auf Basis der SAP Business Technology Platform Fremdsysteme, SAP S/4HANA, SAP ERP und SAP Customer Experience-Lösungen wie z. B. SAP Commerce Cloud zu integrieren. Teil dieser Integration sind auch Funktionen der Verfügbarkeitsprüfung und Bezugsquellenfindung, mit der sich z. B. *Omni-Channel-Szenarien* im Handel realisieren lassen.

Eine detaillierte Erläuterung dieser Integration würde den Rahmen dieses Buches sprengen. Wir verweisen daher auf die SAP-Dokumentation zu SAP Commerce Cloud und SAP CAR im SAP Help Portal: *http://help.sap.com/*. Für SAP Cloud for Customer empfehlen wir Ihnen die Lektüre des Buches »SAP Hybris Cloud for Customer – Funktionen und Implementierung« von SAP PRESS.

2.3 Anwendungsszenarien und Beispielarchitekturen

Im vorangehenden Abschnitt haben wir Ihnen die verschiedenen Systeme erläutert, die an einer Verfügbarkeitsprüfung beteiligt sein können. In diesem Zusammenhang haben wir erwähnt, dass einige Funktionen von SAP APO bereits in SAP S/4HANA und SAP IBP verfügbar sind und in Zukunft wohl vollständig abgelöst werden. Die entsprechenden SAP-IBP-Komponenten sind dabei nicht immer mit den »alten« SAP-APO-Anwendungen deckungsgleich. Die aus SAP APO bekannten Komponenten für die Produktions- und Feinplanung (PP/DS), die Ersatzteilplanung (SPP) sowie für die Transportplanung (TP/VS) werden beispielsweise sukzessive durch neue Funktionen in SAP S/4HANA ersetzt (siehe Abbildung 2.3).

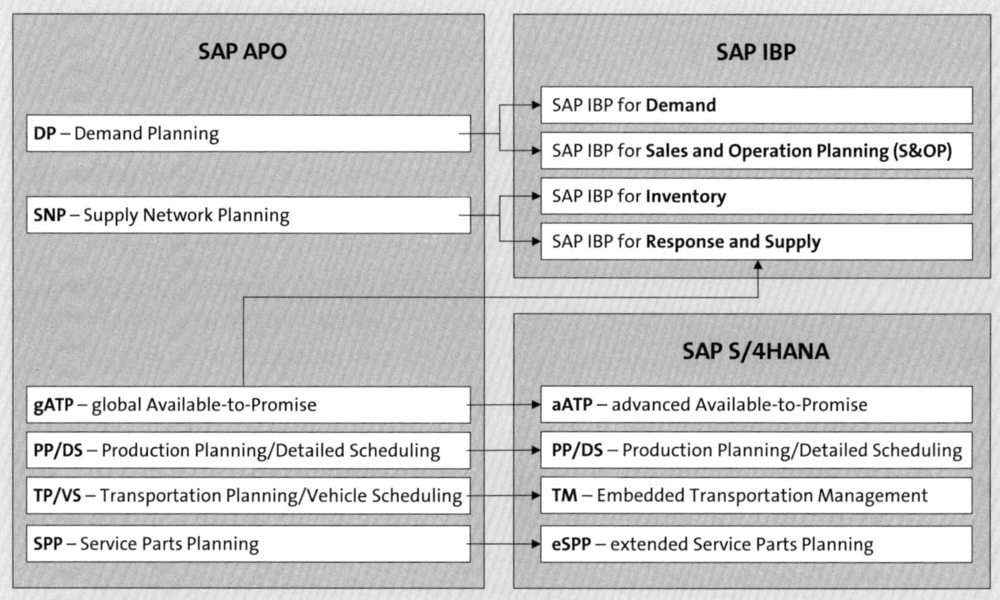

Abbildung 2.3 SAP APO und SAP-Nachfolgeprodukte

Gegenüber SAP APO wurden die neuen Komponenten und Funktionen in SAP S/4HANA und in SAP IBP komplett neu entworfen oder grundlegend überarbeitet. Sie profitieren dabei von den neuen Technologien und unterscheiden sich stark in ihrer Bedienung, Konfiguration, Integration und in den ihnen zugrunde liegenden Datenmodellen. Die Ablösung von SAP APO durch SAP S/4HANA oder SAP IBP stellt daher keine technische Migration, sondern eine Neuimplementierung dar.

Im Hinblick auf eine mögliche Ablösung von SAP APO durch SAP IBP, aber auch angesichts weiterer Implementierungsszenarien und Systemarchitekturen im Zusammenhang mit SAP ERP oder SAP S/4HANA, möchten wir Ihnen im folgenden Abschnitt einige, in der Praxis vorkommende typische Kombinationen und Zielarchitekturen erläutern. Ausgehend von dem System, in dem die eigentliche Verfügbarkeitsprüfung stattfindet, ergeben sich die in Tabelle 2.1 aufgelisteten Szenarien.

Prüfendes System	Verwendung in ...	Szenario
SAP ERP	SAP ERP	Kundenauftragsabwicklung und Verfügbarkeitsprüfung in SAP ERP
	SAP CRM	Kundenauftragserfassung in SAP CRM, Verfügbarkeitsprüfung und weitere Kundenauftragsabwicklung in SAP ERP
	SAP IBP	Kundenauftragsabwicklung und Verfügbarkeitsprüfung in SAP ERP, Anpassung der Kundenauftragsbestätigung in SAP IBP
SAP APO	SAP ERP	Kundenauftragsabwicklung in SAP ERP, Verfügbarkeitsprüfung in SAP APO
	SAP CRM	Kundenauftragserfassung in SAP CRM, Verfügbarkeitsprüfung in SAP APO, weitere Kundenauftragsabwicklungen in SAP ERP
	SAP S/4HANA	Kundenauftragsabwicklung in SAP S/4HANA, Verfügbarkeitsprüfung in SAP APO
SAP S/4HANA	SAP S/4HANA	Kundenauftragsabwicklung und Verfügbarkeitsprüfung in SAP S/4HANA
	SAP IBP	Kundenauftragsabwicklung und Verfügbarkeitsprüfung in SAP S/4HANA, Anpassung der Kundenauftragsbestätigung in SAP IBP

Tabelle 2.1 Beispielarchitekturen und Anwendungsszenarien

Die prüfenden Systeme, deren Funktionen und die jeweilige Konfiguration der Verfügbarkeitsprüfung stellen wir Ihnen in Teil II bis Teil IV dieses Buches vor. Im Hinblick auf die möglichen Szenarien und Zielarchitekturen möchten wir uns auf die nachfolgenden Beispiele beschränken.

2.3.1 Szenario 1: SAP ERP und SAP APO

In diesem Beispiel kommen die beiden ältesten, aber noch sehr häufig bei Kunden im Einsatz befindlichen SAP-Lösungen zur Anwendung. Hierbei übernimmt SAP ERP die führende Rolle in Bezug auf die Stammdaten.

Das SAP-APO-System erhält seine Stammdaten (vor allem Produkte) über das Core Interface (CIF) aus eben jenem angeschlossenen SAP-ERP-System. Ebenso wird es mit sämtlichen aktuellen transaktionalen Bewegungsdaten (u. a. Beständen) von dort versorgt.

Nach der Planung und Optimierung von Produktion und Beschaffung werden die Planungsergebnisse und -vorschläge zur weiteren Ausführung an das SAP-ERP-System zurückgegeben.

Eine Besonderheit stellen die Kundenaufträge dar. Sie entstehen in SAP ERP, werden aber zur Prüfung an SAP APO übergeben. Basierend auf der aktuellen Verfügbarkeitssituation und der gewählten Prüflogik werden die Bestätigungsmengen und Termine anschließend an das aufrufende SAP-ERP-System zurückgegeben.

Dieses Szenario liegt dem überwiegenden Teil der Beispiele ab Kapitel 17, »Erweiterte Prüfmethoden in SAP APO«, zugrunde.

2.3.2 Szenario 2: SAP CRM mit SAP ERP und SAP APO

In diesem Beispiel kommen gleich drei der SAP-Business-Suite-Applikationen zum Einsatz. Das SAP-ERP-System übernimmt auch in diesem Szenario die führende Rolle in Bezug auf Stammdaten und transaktionale Daten. Allerdings werden hier die wesentlichen Vertriebsfunktionen, insbesondere die Kundenauftragserfassung, im vorgelagerten SAP-CRM-System durchgeführt.

Wie schon im vorangehenden Szenario 1 übernimmt auch in diesem Szenario SAP APO die Aufgaben der Verfügbarkeitsprüfung und der Terminierung der Bestätigungen. Einige in SAP APO vorhandene Funktionen der gATP-Prüfung lassen sich nur mit SAP CRM als Auftragserfassungssystem nutzen – diese werden in den Beispielen ab Kapitel 17 benannt.

2.3.3 Szenario 3: SAP S/4HANA und SAP IBP

Dieses Szenario ist bei den neueren Implementierungen häufiger anzutreffen. Die in SAP S/4HANA schon vorhandene neue aATP-Prüfung wird nicht mehr mit den Funktionen von SAP APO erweitert. Stattdessen setzt man auf die Integration zum cloudbasierten SAP-IBP-System und macht sich dabei die auftragsbasierte Planung zunutze. Diese erlaubt es, im aktuellen operativen Planungshorizont auf kurzfristige Änderungen zu reagieren und Bestätigungstermine und Mengen von Kundenaufträgen anzupassen.

2.4 Zusammenfassung

In diesem Kapitel haben wir Ihnen die verschiedenen Systeme vorgestellt, die im Rahmen der Verfügbarkeitsprüfung von Bedeutung sind. Für die eigentliche Durchführung der Verfügbarkeitsprüfung stehen mit SAP ERP, SAP S/4HANA und SAP APO drei Systeme zur Verfügung. Wir haben Ihnen dabei sowohl die bekannten Systeme der SAP Business Suite als auch SAP S/4HANA und das neue SAP-IBP-System vorgestellt. Im letzten Abschnitt dieses Kapitels sind wir auf mögliche Zielarchitekturen eingegangen. Sie haben dabei deren Integration als auch mögliche Anwendungsszenarien kennengelernt.

In Kapitel 3 stellen wir Ihnen die einzelnen Bereiche der Supply Chain (Vertrieb, Produktion, Beschaffung, Warenbewegung) mit Ihren Anforderungen an die Verfügbarkeitsprüfung vor. Wir gehen dabei auf die möglichen Anwendungsbereiche und deren Prozessintegration ein.

Kapitel 3
Anwendungsbereiche und Prozessintegration

Die Verfügbarkeitsprüfung kann in unterschiedlichen Systemen (SAP ERP, SAP S/4HANA und SAP APO) durchgeführt und aus unterschiedlichen Systemen (SAP ERP, SAP S/4HANA und SAP CRM) aufgerufen werden. In diesem Kapitel gehen wir auf die Anwendungsbereiche der Verfügbarkeitsprüfung und auf die Integration in die unterschiedlichen Prozesse ein.

In Kapitel 1 haben wir Ihnen den betriebswirtschaftlichen Hintergrund der Verfügbarkeitsprüfung erläutert, und in Kapitel 2 haben wir Ihnen die Grundlagen der Verfügbarkeitsprüfung im SAP-System vorgestellt. Mit unterschiedlichen Systemen stehen andere Lösungen zur Verfügung. So muss bei der Definition eines übergreifenden Konzepts für die Verfügbarkeitsprüfung die komplette Systemlandschaft betrachtet werden, wie wir es in Kapitel 2 erläutert haben. Sowohl unterschiedliche Anwendungsszenarien als auch Beispiele haben wir Ihnen dargestellt. Im vorliegenden Kapitel beschreiben wir die verschiedenen Anwendungsbereiche der Verfügbarkeitsprüfung, die sich auf dieses System verteilen. Anhand einer Supply-Chain-Betrachtung schauen wir uns die Bereiche an, in denen eine Verfügbarkeitsprüfung zum Einsatz kommt, welche Aufgaben sie dort wahrnimmt und welche Methoden alternativ eingesetzt werden können.

3.1 Durchführung der Verfügbarkeitsprüfung

In Kapitel 2 haben wir Ihnen die verschiedenen Systeme erläutert, die an einer Verfügbarkeitsprüfung beteiligt sein können. Wir haben Ihnen gezeigt, wie die Systeme zusammenarbeiten und wie die Verfügbarkeitsprüfung auch systemübergreifend funktioniert. In diesem Kapitel geben wir Ihnen einen Überblick über die Unternehmensbereiche und Prozesse, an denen die Verfügbarkeitsprüfung beteiligt ist. Die Verfügbarkeitsprüfung kommt über die komplette interne Supply Chain zum Einsatz (siehe Abbildung 3.1).

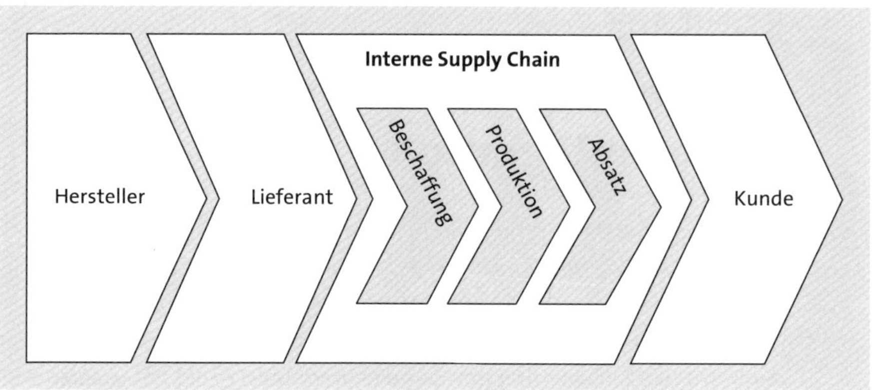

Abbildung 3.1 Vereinfachte Darstellung einer Supply Chain

In den nächsten Abschnitten stellen wir Ihnen die einzelnen Bereiche der Supply Chain (Vertrieb, Produktion, Beschaffung, Warenbewegung) mit Ihren Anforderungen an die Verfügbarkeitsprüfung vor. Zuerst widmen wir uns dem Anfang der internen Supply Chain und damit dem Vertrieb.

3.2 Verfügbarkeitsprüfung im Vertrieb

Am Beginn der internen Supply Chain steht der Vertrieb. Hier treffen Anfragen von Kunden ein, die bearbeitet werden, woraufhin Angebote und schließlich Aufträge erstellt werden können. Nach der Beschaffung bzw. der Produktion des Produkts erfolgt zum Ende der Supply Chain die Lieferung. Die Verfügbarkeitsprüfung kann in jedem Vertriebsbeleg eingesetzt werden, der über Einteilungen verfügt.

3.2.1 Verfügbarkeitsprüfung für die Anfrage

Eine Anfrage wird von einem Kunden an das Unternehmen gerichtet, damit dieses ein Angebot oder eine verbindliche Verkaufsauskunft abgibt. Vom Kunden werden Produkte oder auch Leistungen angefragt. Zu diesen Produkten bzw. Leistungen interessieren den Kunden die Konditionen, z. B. ob die Ware auf Lager liegt oder zu welchem Zeitpunkt sie geliefert werden könnte. Die Anfrage ist im Vertriebsprozess der erste Beleg, der angelegt werden kann, aber nicht muss. Eine Anfrage kann aus einer oder mehreren Positionen bestehen, in denen die Materialien bzw. Leistungen jeweils mit einer Menge und einem Wunschliefertermin hinterlegt sind.

Die Anfrage können Sie in SAP ERP, in SAP S/4HANA oder in SAP CRM anlegen. Um den Wunschliefertermin des Kunden zu überprüfen bzw. um einen durchführbaren Liefertermin zu ermitteln, können Sie in der Anfrage die Verfügbarkeitsprüfung einsetzen (siehe Tabelle 3.1).

Objekt/Methode			Anfrage	CRM-Anfrage
SAP ERP	**ATP-Verfügbarkeitsprüfung (VP)**		x	x
	VP gg. Vorplanung		x	–
	VP gg. Kontingente		x	–
SAP APO	**Produkt-VP**		x	–
	Verfügbarkeitsauskunft		x	(x)
	VP gg. Vorplanung		x	–
	VP gg. Kontingente		x	–
	Kombination d. Basismethoden		x	–
	regelbasierte VP	**Produktersetzung**	–	–
		Lokationsersetzung	–	–
	Prüfung gg. Produktion	**CTP**	–	–
		MATP	–	–
		Merkmalsauswertung	–	–
	CMDS		–	–
SAP S/4HANA (aATP-Prüfung)	**Produktverfügbarkeit (PAC)**		x	–
	Kontingentierung (PAL)		–	–
	Alternativenbasierte Bestätigung (ABC)		–	–
	Verfügbarkeitsschutz (SUP)		–	–

Tabelle 3.1 Methoden der Verfügbarkeitsprüfung bei der Anfrage (x = möglich, (x) = möglich mit Einschränkung, – = nicht möglich)

Wie Sie anhand von Tabelle 3.1 erkennen, stehen Ihnen für eine Anfrage, die Sie in SAP ERP oder in SAP S/4HANA anlegen, unterschiedliche Möglichkeiten der Verfügbarkeitsprüfung zur Auswahl. Sie haben die Möglichkeit, in der Anfrage eine ATP-Verfügbarkeitsprüfung durchzuführen, bei der die Verfügbarkeit unter der Berücksichtigung von Beständen, Zu- und Abgängen ermittelt wird. Alternativ dazu können Sie in der Anfrage auch gegen eine Vorplanung, also gegen einen angelegten Absatzplan prüfen. Wenn Sie Mengen für bestimmte Kunden, Kundengruppen, Verkaufsorganisationen usw. reservieren möchten, können Sie auch eine Verfügbarkeitsprüfung gegen Kontingente durchführen.

Alternativ zur Verfügbarkeitsprüfung in SAP ERP können Sie die Verfügbarkeitsprüfung für eine Anfrage auch in SAP APO durchführen. In SAP APO haben Sie neben dem Einsatz der Basismethoden auch noch die Möglichkeit, diese Basismethoden miteinander zu kombinieren.

Wenn Sie SAP S/4HANA im Einsatz haben und die aATP-Prüfung nutzen, können Sie die Produktverfügbarkeitsprüfung (PAC) nutzen, um einen durchführbaren Liefertermin zu ermitteln.

Wie Sie es Tabelle 3.1 entnehmen können, kann die Anfrage auch in SAP CRM angelegt werden. In diesem Fall sind die Möglichkeiten einer Verfügbarkeitsprüfung deutlich geringer. Für eine in SAP CRM angelegte Anfrage können Sie für die dort beinhalteten Materialien eine ATP-Verfügbarkeitsprüfung in SAP ERP durchführen. Haben Sie in Ihrer Systemlandschaft SAP APO integriert, können Sie eine Verfügbarkeitsauskunft einholen.

3.2.2 Verfügbarkeitsprüfung für Angebote

Ein Angebot ist eine Offerte eines Vertriebsbereichs an einen Kunden über die Lieferung einer bestimmten Menge eines Materials oder über die Erbringung einer Leistung zu einem festgelegten Termin und zu festgelegten Konditionen. Ein Angebot ist für einen angegebenen Zeitraum für das Unternehmen rechtlich bindend. Als Beleg folgt es auf eine im System bereits vorhandene Anfrage. In vielen Unternehmen startet der Verkaufsprozess SAP-seitig bereits mit dem Angebot, und es wird auf die Anlage einer Anfrage verzichtet.

Angebote können Sie sowohl in SAP ERP als auch in SAP S/4HANA sowie in SAP-CRM anlegen. Die Angebote bestehen aus einer oder mehreren Positionen, in denen das Material bzw. die Leistung, die erbracht werden soll, mit dem entsprechenden Liefertermin und der geforderten Menge gepflegt wird. Für die Verfügbarkeitsprüfung im Angebot stehen Ihnen die in Tabelle 3.2 gezeigten Methoden zur Verfügung.

Wenn Sie das Angebot in SAP ERP anlegen, können Sie die Verfügbarkeitsprüfung ebenfalls in SAP ERP durchführen lassen. Hierzu stehen Ihnen alle drei vorhandenen SAP-ERP-Basismethoden zur Verfügung.

Alternativ zur Verfügbarkeitsprüfung in SAP ERP können Sie ein Angebot in SAP APO einer Prüfung unterziehen. Neben den Basismethoden steht Ihnen bei der Anlage des Angebots in SAP APO die regelbasierte Verfügbarkeitsprüfung zur Auswahl.

Wenn Sie SAP S/4HANA im Einsatz haben und die aATP-Prüfung nutzen, können Sie die Produktverfügbarkeitsprüfung (PAC) nutzen, um einen durchführbaren Liefertermin für das Angebot zu ermitteln.

Objekt/Methode			Angebot	CRM-Angebot
SAP ERP	**ATP-Verfügbarkeitsprüfung (VP)**		x	(x)
	VP gg. Vorplanung		x	–
	VP gg. Kontingente		x	–
SAP APO	**Produkt-VP**		x	–
	Verfügbarkeitsauskunft		x	x
	VP gg. Vorplanung		x	–
	VP gg. Kontingente		x	–
	Kombination d. Basismethoden		x	–
	regelbasierte VP	**Produktersetzung**	x	–
		Lokationsersetzung	x	–
	Prüfung gg. Produktion	**CTP**	–	–
		MATP	–	–
		Merkmalsauswertung	–	–
	CMDS		–	–
SAP S/4HANA (aATP-Prüfung)	**Produktverfügbarkeit (PAC)**		x	–
	Kontingentierung (PAL)		–	–
	Alternativenbasierte Bestätigung (ABC)		–	–
	Verfügbarkeitsschutz (SUP)		–	–

Tabelle 3.2 Methoden der Verfügbarkeitsprüfung für Angebote
(x = möglich, (x) = möglich mit Einschränkung, – = nicht möglich)

Wenn Sie ein Angebot in SAP CRM angelegt haben, steht Ihnen als Methode für die Verfügbarkeitsprüfung die Verfügbarkeitsauskunft von SAP APO zur Verfügung.

Mit dem Anlegen des Angebots in SAP CRM wird automatisch eine Verfügbarkeitsauskunft aus dem APO-System eingeholt. Hierbei handelt es sich um eine Produktverfügbarkeitsprüfung, die anhand eines Prüfumfangs gegen eine frei verfügbare Menge prüft. Als Menge wird für die Prüfung nicht die vollständige Angebotsmenge berücksichtigt, sondern der über die Auftragswahrscheinlichkeit errechnete prozentuale Anteil der Angebotsmenge. Von SAP APO werden die Informationen wie bestätigte Mengen und Termine an SAP CRM geliefert. Eine Reservierung der Menge in SAP

APO erfolgt jedoch nicht, da es sich lediglich um eine Verfügbarkeitsauskunft handelt. Reservieren lässt sich das Material mit der entsprechenden Menge erst, wenn Sie einen Kundenauftrag mit Bezug zum Angebot anlegen.

3.2.3 Verfügbarkeitsprüfung für Kundenaufträge

Der Kundenauftrag ist eine vertragliche Vereinbarung zwischen einer Verkaufsorganisation und einem Auftraggeber. Die Verkaufsorganisation bestätigt mit dem Kundenauftrag, dass eine bestimmte Menge an Materialien oder eine Leistung zu einem bestimmten Termin geliefert werden kann. Für die Anlage eines Kundenauftrags gibt es die folgenden Möglichkeiten:

- mit Bezug zu einer Anfrage
- mit Bezug zu einem Angebot
- mit Bezug zu einem Kundenauftrag
- mit Bezug zu einem Kontrakt
- mit Bezug zu einem Lieferplan
- mit Bezug zu einer Faktura
- ohne Bezug zu einem existierenden Beleg; manuell mit Materialnummer

Probleme in der Supply Chain, wie Rückstand oder auch eine Fehlteilesituation, werden oft schon zu Beginn der internen Supply Chain ausgelöst. Ein optimiertes Supply Chain Management vermeidet diese Probleme bereits schon bei der Auftragserfassung. Planungskonflikte können verhindert werden, wenn bei der Auftragserzeugung interne Durchlaufzeiten, die aktuelle Bedarfs-/Bestandssituation und die Kapazitätsauslastung berücksichtigt werden. Mit dem Auftragseingang teilt der Kunde dem Vertrieb seinen Wunschliefertermin mit. Aufgabe des Vertriebsmitarbeiters ist es, aus der Information des Kundenwunschtermins und den bekannten Restriktionen im Unternehmen einen durchführbaren Liefertermin zu ermitteln. Hierbei unterstützt ihn die Verfügbarkeitsprüfung.

Aber welche Restriktionen muss die Verfügbarkeitsprüfung beachten, um einen durchführbaren Liefertermin zu ermitteln? Es liegt hier eine starke Integration von Vertrieb und Produktion bzw. Beschaffung vor. Die richtige Methode für die Verfügbarkeitsprüfung im Vertrieb können Sie nur bestimmen, wenn Sie die Dispositionsstrategie in der Produktion bzw. in der Beschaffung kennen. Im Folgenden stellen wir Ihnen kurz die verschiedenen Varianten für die Verfügbarkeitsprüfung vor:

- **Verfügbarkeitsprüfung ausschließlich gegen den Bestand**
  Bei der ersten Variante der Verfügbarkeitsprüfung wird die bestätigte Menge ausschließlich unter Berücksichtigung der Bestände ermittelt. Es gibt nur wenige

Branchen bzw. Unternehmen, die eine entsprechende Dispositionsstrategie (Make-to-Stock) verfolgen und Lagerbestände aufbauen, bevor ein realer Kundenbedarf eintrifft. Geeignet ist diese Art der Verfügbarkeitsprüfung für Handelsunternehmen oder für einfache Fertigungsunternehmen. Durch die Make-to-Stock-Strategie können Kundenaufträge direkt vom Lager aus bedient werden. Sollte kein Bestand vorhanden sein, besteht die Möglichkeit, gegen die Wiederbeschaffungszeit des Produkts zu prüfen Die Wiederbeschaffungszeit des Materials sollte in einem solchen Fall relativ kurz sein.

- **Verfügbarkeitsprüfung mit sicheren Zu- und Abgängen**
  In der zweiten Variante werden neben den Beständen auch sichere Zugänge (z. B. Bestellungen) und sichere Abgänge (z. B. freigegebene Fertigungsaufträge) berücksichtigt. In diesem Fall handelt es sich ebenfalls um ein Make-to-Stock-Szenario, bei dem mit der Produktion bereits vor Eintreffen eines realen Kundenbedarfs begonnen wird. Diese Art der Verfügbarkeitsprüfung eignet sich ebenfalls für Handelsunternehmen und Fertigungsunternehmen, die Produkte mit einfachen Erzeugnisstrukturen für einen anonymen Markt produzieren.
- **Verfügbarkeitsprüfung mit geplanten Zu- und Abgängen**
  Die dritte Variante der Verfügbarkeitsprüfung berücksichtigt neben den Beständen und den sicheren Zu- und Abgängen auch unsichere Zu- und Abgänge. Bei unsicheren Objekten handelt es sich um Planaufträge und Bestellanforderungen. Diese Art der Verfügbarkeitsprüfung wird eingesetzt, wenn Sie einen bestätigten Termin weit in der Zukunft ermitteln müssen, weil die Kunden weit im Voraus bestellen.
- **Verfügbarkeitsprüfung gegen die Vorplanung**
  Eine weitere Variante der Verfügbarkeitsprüfung ist die Prüfung gegen eine nicht kundenspezifische Vorplanung. Die Vorplanung ist Grundlage Ihrer Disposition und wird zur Vorabbeschaffung und für die Vorabproduktion eingesetzt, um die Durchlaufzeiten entsprechend zu reduzieren. Diese Art der Verfügbarkeitsprüfung setzen Sie immer dann ein, wenn Sie die Vorplanung für die Disposition einsetzen. Darüber hinaus kann diese Art der Verfügbarkeitsprüfung bei einer Make-to-Order-Strategie verwendet werden. Der Einsatz der Verfügbarkeitsprüfung gegen die Vorplanung ist immer dann sinnvoll, wenn Sie keine Zu- und Abgänge haben, gegen die Sie eine Verfügbarkeitsprüfung durchführen könnten, und wenn Ihnen die Prüfung gegen die Wiederbeschaffungszeit zu ungenau ist.
- **Verfügbarkeitsprüfung gegen Kontingente**
  Diese Variante der Verfügbarkeitsprüfung setzen Sie ein, wenn Sie ein Unternehmen mit komplexen Distributionsstrukturen haben. Mit der Verfügbarkeitsprüfung gegen Kontingente können Sie dem Vorgehen »first come, first served« entgegenwirken und Mengen für bestimmte Merkmale (z. B. bestimmter Kunde, bestimmte Region) je Periode reservieren.

- **Ermittlung eines durchführbaren Liefertermins**
  Zur Ermittlung eines durchführbaren Liefertermins sollten neben materialspezifischen Parametern auch die Kapazitäten berücksichtigt werden.

Berücksichtigung von Kapazitäten

Ein Kundenauftrag wurde im Rahmen der Verfügbarkeitsprüfung gegen einen Fertigungsauftrag bestätigt. Eine spätere Verschiebung des Fertigungsauftrags aufgrund fehlender Kapazitäten (z. B. Arbeitsplatz) würde dazu führen, dass der Kundenauftrag nicht zum vereinbarten Termin beliefert werden kann. Mit der Berücksichtigung von Kapazitäten stellen Sie zum einen sicher, dass die benötigten Materialien zur Verfügung stehen, und zum anderen stellen Sie sicher, dass der Auftrag auch zum vereinbarten Termin produziert werden kann, da die benötigten Kapazitäten zur Verfügung stehen.

Eine weitere Aufgabe neben der Prüfung, ob der Kundenwunschliefertermin erfüllt werden kann oder nicht, ist im Falle eines negativen Prüfergebnisses, einen neuen durchführbaren Liefertermin vorzuschlagen.

Für die Kundenauftragsabwicklung stehen Ihnen zwei unterschiedliche Systeme zur Verfügung. Sie können den Kundenauftrag in SAP ERP oder in SAP CRM anlegen. In Abhängigkeit vom jeweiligen System stehen Ihnen die in Tabelle 3.3 gezeigten Methoden der Verfügbarkeitsprüfung zur Verfügung.

Wenn Sie einen Kundenauftrag in SAP ERP anlegen, stehen Ihnen mit Ausnahme des Collaborative Management of Delivery Schedules (CMDS) und der Verfügbarkeitsauskunft alle Methoden der Verfügbarkeitsprüfung zur Auswahl. Bei CMDS handelt es sich um eine spezielle Form der Verfügbarkeitsprüfung für Kundenlieferpläne, die Sie in SAP APO durchführen können. Die erwähnte Verfügbarkeitsauskunft steht Ihnen nur dann zur Verfügung, wenn Sie einen Kundenauftrag in SAP CRM anlegen. Die Entscheidung, welche Prüfmethode Sie einsetzen, hängt nun nur noch von der Dispositionsstrategie und der Systemfrage ab.

In einem SAP-S/4HANA-System stehen Ihnen ebenfalls die genannten Standardmethoden zur Verfügung. Alternativ dazu können Sie in SAP S/4HANA die aATP-Prüfung einsetzen, mit der Ihnen die Methoden Produktverfügbarkeit (PAC), Kontingentierung (PAL), alternativenbasierte Bestätigung (ABC) und der Verfügbarkeitsschutz (SUP) zur Verfügung stehen. Diese werden ausführlich im Teil III dieses Buches vorgestellt.

Wenn Sie einen Kundenauftrag in SAP CRM anlegen, stehen Ihnen im Vergleich zur Kundenauftragsanlage in SAP ERP weniger Methoden für die Verfügbarkeitsprüfung zur Verfügung. Für einen in SAP CRM angelegten Kundenauftrag können Sie die Verfügbarkeitsprüfung gegen die Vorplanung weder in SAP ERP noch in SAP APO aufrufen. Zusätzlich ist in diesem Fall die Verfügbarkeitsprüfung gegen Kontingente nur eingeschränkt und die Verfügbarkeitsprüfung gegen die Produktion nicht einsetzbar.

Objekt/Methode			Kunden-auftrag	CRM-Kunden-auftrag
SAP ERP	**ATP-Verfügbarkeitsprüfung (VP)**		x	x
	VP gg. Vorplanung		x	–
	VP gg. Kontingente		x	(x)
SAP APO	**Produkt-VP**		x	x
	Verfügbarkeitsauskunft		–	x
	VP gg. Vorplanung		x	–
	VP gg. Kontingente		x	(x)
	Kombination d. Basismethoden		x	x
	regelbasierte VP	**Produktersetzung**	x	x
		Lokationsersetzung	x	x
	Prüfung gg. Produktion	**CTP**	x	–
		MATP	x	(x)
		Merkmalsauswertung	x	(x)
	CMDS		–	–
SAP S/4HANA (aATP-Prüfung)	**Produktverfügbarkeit (PAC)**		x	x
	Kontingentierung (PAL)		x	x
	Alternativenbasierte Bestätigung (ABC)		x	x
	Verfügbarkeitsschutz (SUP)		x	x

Tabelle 3.3 Methoden der Verfügbarkeitsprüfung im Kundenauftrag (x = möglich, (x) = möglich mit Einschränkung, – = nicht möglich)

Weitere Informationen zur Verfügbarkeitsprüfung von CRM-Kundenaufträgen

Weitere Informationen zur Verfügbarkeitsprüfung in SAP CRM finden Sie über die Internetadresse *http://Service.sap.com/support* und hier über den Menüpfad **Hilfe & Support • SAP-Hinweissuche**. Stellvertretend nennen wir hier SAP-Hinweis 856727. Informationen finden Sie zudem auch im SAP Help Portal unter *http://help.sap.com*.

3.2.4 Verfügbarkeitsprüfung für Lieferpläne

Neben Kundenaufträgen können Kundenbedarfe auch alternativ über Lieferpläne abgewickelt werden. Ein Lieferplan ist ein Rahmenvertrag, der zwischen Kunde und Lieferant geschlossen wird. Der Rahmenvertrag legt über einen bestimmten Zeitraum fest, in welchen Mengen ein Produkt geliefert werden soll. Zu den exakten Lieferterminen werden Lieferabrufe (LAB) und/oder Feinabrufe (FAB) erzeugt. Lieferpläne können wie die anderen schon beschriebenen Objekte sowohl in SAP ERP als auch in SAP APO einer Verfügbarkeitsprüfung unterzogen werden, wobei Ihnen die in Tabelle 3.4 gezeigten Methoden zur Auswahl stehen.

Objekt/Methode			Lieferplan
SAP ERP	ATP-Verfügbarkeitsprüfung (VP)		x
	VP gg. Vorplanung		x
	VP gg. Kontingente		x
SAP APO	Produkt-VP		x
	Verfügbarkeitsauskunft		x
	VP gg. Vorplanung		x
	VP gg. Kontingente		x
	Kombination d. Basismethoden		x
	regelbasierte VP	Produktersetzung	–
		Lokationsersetzung	–
	Prüfung gg. Produktion	CTP	–
		MATP	–
		Merkmalsauswertung	x
	CMDS		–
SAP S/4HANA (aATP-Prüfung)	Produktverfügbarkeit (PAC)		x
	Kontingentierung (PAL)		–
	Alternativenbasierte Bestätigung (ABC)		–
	Verfügbarkeitsschutz (SUP)		–

Tabelle 3.4 Methoden der Verfügbarkeitsprüfung für den Lieferplan (x = möglich, (x) = möglich mit Einschränkung, – = nicht möglich)

Auch im Lieferplan stehen Ihnen verschiedene Methoden zur Verfügbarkeitsprüfung zur Verfügung. Sie können in SAP ERP und in SAP APO jeweils alle Basismethoden einsetzen. In der Regel wird aber für die Verfügbarkeitsprüfung von Lieferplanpositionen die ATP-Verfügbarkeitsprüfung bzw. die Produktverfügbarkeitsprüfung eingesetzt.

Die Verfügbarkeitsprüfung in den Vertriebsbelegen wird auf der Positionsebene durchgeführt. Dies kann bei Lieferplänen zu Problemen führen. Denn im Lieferplan werden die Einteilungen einer Position zu Abrufen zusammengefasst. Dies können mitunter viele Einteilungen sein, die weit in die Zukunft gehen. Mit jeder neuen Bestellung (Abruf), die der Kunde zum Lieferplan schickt, wird der alte Abruf ersetzt, und es wird für die Position eine neue Verfügbarkeitsprüfung durchgeführt. Bereits bestätigte Termine können sich dadurch ändern. Wenn Sie möchten, dass einmal bestätigte Lieferplaneinteilungen nicht neu geprüft werden, können Sie das nur durch einen entsprechenden Einteilungstyp erreichen, der eine Verfügbarkeitsprüfung verhindert. Dieser Einteilungstyp müsste aber manuell eingetragen werden. Viele Unternehmen verzichten gänzlich auf eine exakte Verfügbarkeitsprüfung bei Lieferplänen, da durch die Verbindlichkeit eines Rahmenvertrags eine Lieferpflicht besteht.

In SAP S/4HANA können Sie als Alternative zu dieser Standardmethode die Produktverfügbarkeit (PAC) einsetzen. Diese kann nur mit den gleichen Einschränkungen in SAP S/4HANA wie die ATP-Prüfung in SAP ERP eingesetzt werden.

In SAP APO steht Ihnen mit dem Collaborative Management of Delivery Schedules (CMDS) eine Funktion für die Verfügbarkeitsprüfung von Lieferplänen zur Verfügung. Folgende Probleme im Lieferplan haben zur Entwicklung des CMDS geführt:

- Bei der Lieferplanabwicklung über EDI ersetzt der neuste Abruf den alten Abruf.
- Die einzelnen Einteilungen ändern sich bezüglich Menge und Termin nicht mit jedem Abruf, aber es kann jederzeit eine Änderung mit einem Abruf kommen.
- Änderungen an Einteilungen können große dispositive Auswirkungen haben, sodass Fertigungs- und Beschaffungspläne ständig an die neue Situation angepasst werden müssen. Allein aus rechtlichen Gründen und der Lieferverpflichtung wegen ist der Planer dazu verpflichtet, täglich die bestätigten Mengen der Einteilungen zu prüfen.

Ein CMDS-System startet mit dem Eingang eines Lieferabrufs in SAP APO. Beim Eingang eines neuen Lieferabrufes (Termin-/Mengenleiste) werden die Wochen und Monatsmengen des Abrufs verteilt (Abrufsplitt). Hierbei entsteht ein Sollabruf.

Dieser Abruf wird durch die Zulässigkeitsprüfung auf Abweichungen hin untersucht; anschließend wird der Abruf einer Machbarkeitsprüfung unterzogen. Wichtig ist, dass die Prüfung in diesem Fall auf der Einteilungsebene stattfindet. Die Prüfergebnisse werden entsprechend festgehalten und können vom Planer so manuell bearbeitet werden.

Als Prüfergebnis wird ein entsprechender Status vergeben, der besagt, ob dieser Abruf nun dispositiv wirksam werden kann oder nicht:

- **Über das CMDS-System erzeugter Abruf kann wirksam werden**
  Kann der Abruf dispositiv wirksam werden, wird sofort aus dem Sollabruf ein bestätigter Abruf erzeugt, und eine Bestätigung (Termin-/Mengenleiste) kann an den Kunden gesendet werden.
- **Über das CMDS-System erzeugter Abruf kann nicht wirksam werden**
  Falls der Abruf nicht dispositiv wirksam werden darf, muss der alte bestätigte Abruf dispositiv wirksam bleiben, und der neue Sollabruf kann dem Planer zur manuellen Bearbeitung in seinem Arbeitsvorrat zur Verfügung gestellt werden.

Mit dieser Funktionalität können Sie Lieferpläne nun einer detaillierteren Verfügbarkeitsprüfung unterziehen.

3.2.5 Verfügbarkeitsprüfung für Lieferungen

Die Lieferung bildet den Abschluss der logistischen Prozesse innerhalb der internen Supply Chain. Für die Anlage einer Lieferung gibt es die folgenden Möglichkeiten:

- mit Bezug zu einem Kundenauftrag
- mit Bezug zu einer Umlagerungsbestellung
- mit Bezug zu einem Lohnbeistellung
- mit Bezug zu einem Projekt
- ohne Bezug zu einem bereits vorhandenen Beleg

Auch wenn Sie in den vorausgegangenen Prozessschritten (z. B. Kundenauftragsanlage) bereits eine Verfügbarkeitsprüfung durchgeführt haben, ist es sinnvoll, bei der Erstellung der Lieferung erneut die Verfügbarkeit der Produkte zu prüfen. Die Aufgabe der Verfügbarkeitsprüfung an dieser Stelle ist es, zu kontrollieren, ob die Menge der vorliegenden Materialien, die an einen Kunden geliefert werden soll, zum Bedarfstermin im Lager physisch vorhanden ist. Für die Verfügbarkeitsprüfung in der Lieferung stehen Ihnen die in Tabelle 3.5 gezeigten Methoden zur Verfügung.

Als Methoden für die Verfügbarkeitsprüfung stehen Ihnen für den Lieferbeleg in SAP ERP und SAP S/4HANA die ATP-Verfügbarkeitsprüfung, in SAP APO die Produktverfügbarkeitsprüfung und eingeschränkt die Verfügbarkeitsauskunft zur Verfügung.

Wir empfehlen Ihnen, unabhängig vom System eine ATP-Verfügbarkeitsprüfung bzw. eine Produktverfügbarkeitsprüfung zu verwenden und diese so einzustellen, dass die bestätigte Menge ausschließlich unter Berücksichtigung der Bestände ermittelt wird. Zum Zeitpunkt der Lieferungserstellung sollte das Produkt bereits beschafft bzw. produziert sein und auf Lager liegen. Geplante oder feste Zugänge in der Verfügbarkeitsprüfung zu berücksichtigen, ist nur sinnvoll, wenn die Lieferung aus prozesstechnischen Gesichtspunkten zeitlich weit vor dem Warenzugang für das Produkt angelegt werden muss.

Objekt/Methode			Lieferung
SAP ERP	**ATP-Verfügbarkeitsprüfung (VP)**		x
	VP gg. Vorplanung		–
	VP gg. Kontingente		–
SAP APO	**Produkt-VP**		x
	Verfügbarkeitsauskunft		(x)
	VP gg. Vorplanung		–
	VP gg. Kontingente		–
	Kombination d. Basismethoden		–
	regelbasierte VP	**Produktersetzung**	–
		Lokationsersetzung	–
	Prüfung gg. Produktion	**CTP**	–
		MATP	–
		Merkmalsauswertung	–
	CMDS		–
SAP S/4HANA (aATP-Prüfung)	**Produktverfügbarkeit (PAC)**		–
	Kontingentierung (PAL)		–
	Alternativenbasierte Bestätigung (ABC)		–
	Verfügbarkeitsschutz (SUP)		–

Tabelle 3.5 Methoden für die Verfügbarkeitsprüfung in der Lieferung
(x = möglich, (x) = möglich mit Einschränkung, – = nicht möglich)

Die Lieferung bildet damit den Abschluss des logistischen Vertriebsprozesses und auch den Abschluss der gesamten internen Supply Chain. Neben dem Vertrieb ist der Bereich der Produktionslogistik einer der wichtigsten Anwender der Methoden der Verfügbarkeitsprüfung.

3.3 Verfügbarkeitsprüfung in der Produktion

Ziel in der Produktion ist es, unter der bestmöglicher Ausnutzung der Ressourcen zu produzieren. Aufgabe der Verfügbarkeitsprüfung ist es, in diesem Zusammenhang bestimmte Fragestellungen für die Eröffnung und Freigabe von Produktionsaufträgen zu klären:

- Sind alle benötigten Materialien zum erforderlichen Termin verfügbar?
- Die Vorgänge eines Produktionsauftrags benötigen Kapazitäten in den hinterlegten Arbeitsplätzen. Sind diese Kapazitäten zum Bedarfstermin vorhanden?
- Neben den Materialien benötigt ein Produktionsauftrag oftmals Fertigungshilfs- und Betriebsmittel zur Durchführung. Stehen diese zum Bedarfstermin zur Verfügung?
- Steht das benötigte Personal für die Durchführung der Vorgänge zum Bedarfstermin in den Arbeitsplätzen zur Verfügung?

Nur wenn diese Fragestellungen alle geklärt und positiv beantwortet wurden, kann ein Produktionsauftrag durchgeführt werden.

Die genannten Ressourcen, die bei der Verfügbarkeitsprüfung zu beachten sind, sind voneinander abhängig. Damit Sie eine Kapazitätsplanung und -steuerung durchführen können, müssen Sie rückstandsfreie und materialversorgte Prozesse vorweisen. Um eine optimale Reihenfolgebildung für die Produktionsaufträge zu ermitteln, müssen Sie alle Restriktionen – wie Materialien, Kapazitäten und Fertigungshilfsmittel – berücksichtigen:

- **Materialverfügbarkeitsprüfung**
  Bei der Materialverfügbarkeitsprüfung soll geprüft werden, ob alle für die Produktion benötigten Komponenten verfügbar sind. Die Komponenten müssen zum Bedarfstermin zur Verwendung bereitstehen. Dabei sind auch produktionstechnische Einschränkungen, wie z. B. Temperaturanpassungen, zu berücksichtigen, die eventuell dazu führen, dass ein Material eine gewisse Zeit vor der Verwendung im Haus sein muss. Darüber hinaus ist für die Verfügbarkeitsprüfung der Ort der Prüfung relevant. Damit ein Material im Rahmen der Produktion verwendet werden kann, sollte es am entsprechenden Produktionslagerort zur Verfügung stehen. Genau diese Einschränkungen können Sie in der Verfügbarkeitsprüfung berücksichtigen.
- **Kapazitätsverfügbarkeitsprüfung**
  Neben der Materialverfügbarkeitsprüfung ist die Kapazitätsverfügbarkeitsprüfung eine weitere wichtige Informationsquelle, die im Rahmen der Verfügbarkeitsprüfung berücksichtigt werden muss. Fertigungsaufträge werden auf bestimmten Arbeitsplätzen durchgeführt. Gerade auf Engpassarbeitsplätzen kann es hier zu starken Konkurrenzsituationen kommen. Das heißt, dass die Aufträge in eine be-

stimmte Reihenfolge gebracht werden müssen, um Kapazitätsüberlastungen zu vermeiden. Bei der Reihenfolgenbildung werden unter Umständen neue Termine für den Fertigungsauftrag ermittelt, sodass die Materialverfügbarkeit erneut geprüft werden muss.

- **Fertigungshilfsmittel-Verfügbarkeitsprüfung**
  Als dritte Restriktion können Sie eine Verfügbarkeitsprüfung für Fertigungshilfsmittel im Fertigungsauftrag durchführen. Von Fertigungshilfsmitteln spricht man bei nicht ortsgebundenen (beweglichen) Betriebsmitteln. Diese werden zur Durchführung eines Vorgangs an einem Arbeitsplatz benötigt und sind mehrfach verwendbar. Beispiele für Fertigungshilfsmittel sind Dokumente, Zeichnungen, Vorrichtungen, Werkzeuge und Messmittel. Wenn die entsprechenden Fertigungshilfsmittel am Arbeitsplatz nicht zur Verfügung stehen, kann der Vorgang nicht durchgeführt werden. Deshalb ist eine entsprechende Verfügbarkeitsprüfung erforderlich, die frühzeitig auf Engpasssituationen bei den Fertigungshilfsmitteln aufmerksam macht.

Innerhalb der Produktionslogistik kann die Verfügbarkeitsprüfung in Planaufträgen und Fertigungsaufträgen eingesetzt werden.

3.3.1 Verfügbarkeitsprüfung für Planaufträge

Planaufträge können manuell oder automatisch durch den Bedarfsplanungslauf (MRP-Lauf) angelegt werden. Der Planauftrag ist die Anforderung an ein Werk, die Beschaffung für ein Material zu einem bestimmten Zeitpunkt und in einer bestimmten Menge anzustoßen. Dabei kann die eigentliche Beschaffung entweder eine Fremdbeschaffung oder eine Eigenfertigung sein. Bei der Erstellung des Planauftrags werden vom System die Stückliste und – wenn vorhanden – auch der Arbeitsplan ermittelt und in den Auftrag übernommen. Mithilfe dieser Stammdaten verfügt der Planauftrag über alle notwendigen Informationen, sodass eine Verfügbarkeitsprüfung durchgeführt werden kann, für die alle in Tabelle 3.6 gezeigten Methoden zur Auswahl stehen.

In SAP ERP werden Planaufträge durch den Planungslauf ohne Verfügbarkeitsprüfung angelegt. Es gibt keine Möglichkeit, um bei der automatischen Anlage durch den Planungslauf eine Prüfung durchführen zu lassen. Die Materialien (Komponenten) und Kapazitäten im Planauftrag sind also unbestätigt. Es besteht aber die Möglichkeit, manuell eine entsprechende Prüfung für die Planaufträge anzustoßen. Als manuelle Prüfmethoden für den Planauftrag stehen Ihnen in SAP ERP und SAP S/4HANA die ATP-Verfügbarkeitsprüfung und die Verfügbarkeitsprüfung gegen die Vorplanung zur Verfügung. Die Verfügbarkeitsprüfung für Planaufträge können Sie nicht nur manuell starten, sondern auch mit einer Massentransaktion durchführen.

Objekt/Methode			Plan-auftrag	APO-Plan-auftrag
SAP ERP	**ATP-Verfügbarkeitsprüfung (VP)**		x	–
	VP gg. Vorplanung		x	–
	VP gg. Kontingente		–	–
SAP APO	**Produkt-VP**		x	x
	Verfügbarkeitsauskunft		–	–
	VP gg. Vorplanung		x	x
	VP gg. Kontingente		–	–
	Kombination d. Basismethoden		x	x
	regelbasierte VP	**Produktersetzung**	x	x
		Lokationsersetzung	–	–
	Prüfung gg. Produktion	**CTP**	–	–
		MATP	–	–
		Merkmalsauswertung	–	–
	CMDS		–	–
SAP S/4HANA (aATP-Prüfung)	**Produktverfügbarkeit (PAC)**		x	–
	Kontingentierung (PAL)		–	–
	Alternativenbasierte Bestätigung (ABC)		–	–
	Verfügbarkeitsschutz (SUP)		–	–

Tabelle 3.6 Methoden der Verfügbarkeitsprüfung für den Planauftrag (x = möglich, (x) = möglich mit Einschränkung, – = nicht möglich)

In SAP S/4HANA haben Sie mit der Aktivierung der aATP-Prüfung zusätzlich die Möglichkeit, eine Produktverfügbarkeit (PAC) einzusetzen.

In SAP APO werden die Planaufträge ebenfalls im Rahmen eines Planungslaufs erstellt. Im Gegensatz zu SAP ERP können Sie hier bei der Planauftragserstellung Restriktionen, wie z. B. begrenzte Kapazitäten, berücksichtigen. Somit werden Planaufträge zu Terminen erzeugt, zu denen sie auch produziert werden können. Wenn Sie eine Verfügbarkeitsprüfung für Planaufträge in SAP APO durchführen möchten, stehen Ihnen die gleichen Basismethoden (ATP-Verfügbarkeitsprüfung, Verfügbarkeitsprüfung gegen die Vorplanung) wie im SAP-ERP-System zur Verfügung. Zusätzlich haben Sie in SAP APO die Möglichkeit, die beiden Basismethoden miteinander zu kombinieren.

Bei der Verfügbarkeitsprüfung gegen die Vorplanung sollten Sie in jedem Fall beachten, dass es sich hier um einen geplanten Bedarfsdecker handelt, der vielfach auch für geplante Bedarfe angelegt wurde. Vom zeitlichen Horizont bewegen Sie sich hier im mittel- bis langfristigen Bereich, d. h. in der Regel ist zu diesem Zeitpunkt eine grobe Verfügbarkeitsprüfung ausreichend. In Planaufträgen ist es deshalb sinnvoll, eine ATP-Verfügbarkeitsprüfung unter der Berücksichtigung von geplanten Zu- und Abgängen und ebenfalls gegen die Wiederbeschaffungszeit durchzuführen.

3.3.2 Verfügbarkeitsprüfung für Fertigungsaufträge

Das zweite Objekt innerhalb der Produktionslogistik, für das eine Verfügbarkeitsprüfung durchgeführt werden kann, ist der Fertigungsauftrag. Ein Fertigungsauftrag wird angelegt, wenn ein bestimmtes Material zu einer bestimmten Zeit und in einer bestimmten Menge tatsächlich produziert werden soll. Fertigungsaufträge können durch das Umsetzen von Planaufträgen oder durch eine manuelle Anlage erzeugt werden.

In beiden Fällen haben Sie die Möglichkeit der automatisierten Verfügbarkeitsprüfung. Für die Verfügbarkeitsprüfung im Fertigungsauftrag werden zwei Zeitpunkte unterschieden. Bei der Eröffnung und bei der Freigabe eines Fertigungsauftrags sollten Sie unterschiedlich prüfen. Während Sie bei der Freigabe vornehmlich auf Bestände prüfen, da die Produktion mit der Freigabe ja auch physisch gestartet werden soll, können Sie bei der Fertigungsauftragseröffnung auch geplante Zugänge berücksichtigen. In Tabelle 3.7 zeigen wir Ihnen die Methoden, die für eine Verfügbarkeitsprüfung im Fertigungsauftrag zur Verfügung stehen.

Fertigungsaufträge können Sie in SAP ERP entweder der Verfügbarkeitsprüfung in SAP ERP oder in SAP APO unterziehen. In SAP ERP stehen Ihnen für die Verfügbarkeitsprüfung die ATP-Verfügbarkeitsprüfung und die Verfügbarkeitsprüfung gegen die Vorplanung zur Verfügung. Neben diesen Methoden finden Sie in SAP APO noch erweiterte Methoden, wie z. B. die Produktersetzung. Bei der Produktersetzung prüft das System die aus der Stückliste übernommene Komponente auf Verfügbarkeit und ersetzt diese im Falle einer Unterdeckung durch ein alternatives Material.

In SAP S/4HANA haben Sie Möglichkeit, die aATP-Prüfung zu aktivieren und damit eine Produktverfügbarkeit (PAC) zu nutzen, die wir Ihnen Teil III dieses Buches vorstellen.

Objekt/Methode			Fertigungsauftrag
SAP ERP	ATP-Verfügbarkeitsprüfung (VP)		x
	VP gg. Vorplanung		x
	VP gg. Kontingente		–
SAP APO	Produkt-VP		x
	Verfügbarkeitsauskunft		–
	VP gg. Vorplanung		x
	VP gg. Kontingente		–
	Kombination d. Basismethoden		x
	regelbasierte VP	Produktersetzung	x
		Lokationsersetzung	–
	Prüfung gg. Produktion	CTP	–
		MATP	–
		Merkmalsauswertung	–
	CMDS		–
SAP S/4HANA (aATP-Prüfung)	Produktverfügbarkeit (PAC)		x
	Kontingentierung (PAL)		–
	Alternativenbasierte Bestätigung (ABC)		–
	Verfügbarkeitsschutz (SUP)		–

Tabelle 3.7 Methoden der Verfügbarkeitsprüfung für den Fertigungsauftrag (x = möglich, (x) = möglich mit Einschränkung, – = nicht möglich)

Bei der Verfügbarkeitsprüfung im Fertigungsauftrag stehen Ihnen damit ungefähr die gleichen Prüfmethoden wie im Planauftrag zur Verfügung. Allerdings hat die Verfügbarkeitsprüfung im Fertigungsauftrag einen anderen Stellenwert als im Planauftrag: Anders als beim Planauftrag bewegen wir uns beim Fertigungsauftrag im kurzfristigen Bereich, was sowohl für die Eröffnung des Fertigungsauftrags als auch für seine Freigabe gilt. Bevor Sie Fertigungsaufträge in einer entsprechenden Reihenfolge für die Produktion planen und damit entsprechende Kapazitäten reservieren, sollten Sie zuerst die Verfügbarkeit der Komponenten prüfen. Abhängig davon, wie weit vor dem eigentlichen Produktionsstart Sie die Fertigungsaufträge einer Verfügbarkeitsprüfung unterziehen, sollten Sie geplante Zugänge berücksichtigen oder nicht.

Lassen Sie uns das Problem der frühzeitigen Freigabe der Fertigungsaufträge am Beispiel der überlappenden Fertigung näher betrachten, wie in Abbildung 3.2 zu sehen.

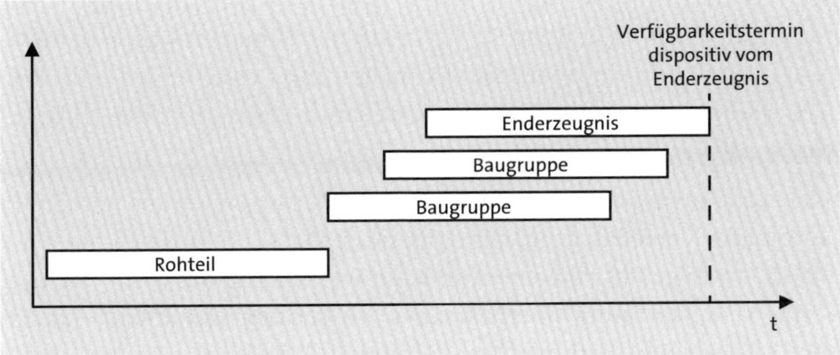

Abbildung 3.2 Überlappende Fertigung

Die überlappende Fertigung gibt es innerhalb eines Fertigungsauftrags und auch über mehrere Fertigungsstufen und damit über Fertigungsaufträge hinweg. Innerhalb eines Fertigungsauftrags bedeutet überlappende Fertigung, dass Sie nicht warten, bis das gesamte Los an einem Arbeitsplatz fertig ist, sondern dass Sie schon vorher Teilmengen zum nächsten Arbeitsplatz transportieren und dort mit dem Folgeschritt begonnen wird.

Überlappende Fertigung bedeutet »über mehrere Fertigungsaufträge hinweg«, also, dass Sie, wie in Abbildung 3.2 gezeigt, nicht erst warten, bis die komplette Menge einer Baugruppe fertiggestellt wurde, sondern dass Sie schon vorher mit der Produktion bzw. Endmontage des Produkts beginnen.

Die überlappende Fertigung ist überall dort ein Thema, wo Sie nicht mit der Losgröße 1 arbeiten. Bei der Freigabe eines Fertigungsauftrags in unserem Beispiel können Sie also nicht nur gegen Bestände der Baugruppen prüfen, sondern müssen die freigegebenen Fertigungsaufträge unter Umständen mitberücksichtigen, da die Fertigungsaufträge der Baugruppen zu diesem Zeitpunkt noch nicht abgeschlossen sind.

3.4 Verfügbarkeitsprüfung in der Materialwirtschaft

Als dritter Bereich kommt die Verfügbarkeitsprüfung in der Materialwirtschaft zum Einsatz. Als Objekte wollen wir Ihnen im Rahmen der Verfügbarkeitsprüfung die Umlagerungsbedarfe und die Lohnbearbeitung vorstellen.

3.4.1 Verfügbarkeitsprüfung für Umlagerungen

Im Rahmen eines Umlagerungsszenarios werden Materialien innerhalb der internen Supply Chain zwischen zwei Lokationen (Organisationseinheiten) umgelagert. Für die Abwicklung der Umlagerungsprozesse stehen Ihnen verschiedene Möglichkeiten zur Verfügung.

In SAP ERP und in SAP S/4HANA können Sie sich zwischen Umlagerungsplanaufträgen, Umlagerungsbestellanforderungen oder Umlagerungsbestellungen entscheiden. In SAP APO stehen Ihnen Umlagerungsbestellanforderungen oder Umlagerungsbestellungen zur Verfügung.

Umlagerungsplanaufträge und Umlagerungsbestellanforderungen werden vom MRP-Planungslauf automatisch erzeugt, wenn eine Unterdeckungssituation in einem Werk (anforderndes Werk) vorliegt, das von einem anderen Werk (lieferndes Werk) versorgt wird. Für die Verfügbarkeitsprüfung innerhalb eines Umlagerungsszenarios stehen Ihnen die in Tabelle 3.8 gezeigten Methoden zur Verfügung.

Aufgabe der Verfügbarkeitsprüfung ist es z. B., für eine Umlagerungsbestellung zu prüfen, ob das entsprechende angeforderte Material im liefernden Werk in ausreichender Menge vorhanden ist. Darüber hinaus soll die bestätigte Menge im liefernden Werk für das anfordernde Werk reserviert werden. Wenn Sie ein Umlagerungsszenario einsetzen, bei dem für die eigentliche Umlagerung noch Lieferungen erstellt werden, ist es in jedem Fall zu empfehlen, hier erneut zu prüfen. Zwischen dem Zeitpunkt der Erstellung der Umlagerungsbestellung und der Erstellung der Lieferung könnte sich die Verfügbarkeitssituation durchaus geändert haben.

Zusätzlich können Sie für Umlagerungsbestellungen, die in SAP ERP angelegt wurden, bei einer Verfügbarkeitsprüfung in SAP APO eine Produktersetzung durchführen. Das bedeutet, dass wenn eine angeforderte Menge eines Materials in einer Umlagerungsbestellung im liefernden Werk in nicht ausreichender Menge vorhanden ist, anstelle dieses Materials ein Alternativmaterial geprüft. Für jedes Alternativmaterial wird in der Umlagerungsbestellung eine Unterposition erzeugt. Nach der Prüfung des Alternativmaterials werden der bestätigte Termin und die bestätigte Menge in entsprechende Einteilungen übernommen.

Wenn Sie bereits in SAPS/4HANA arbeiten und die aATP-Prüfung aktiviert haben, stehen Ihnen zusätzlich die Prüfungsmethoden Produktverfügbarkeit (PAC) und Kontingentierung zur Verfügung. Bei den Umlagerungsbestellungen können Sie noch den Verfügbarkeitsschutz einsetzen, um die Mengen eines Materials zu schützen und den Bedarf zu priorisieren.

Objekt/Methode			Umlagerungsbestellungen	APO-Umlagerungsbestellungen
SAP ERP	ATP-Verfügbarkeitsprüfung (VP)		x	–
	VP gg. Vorplanung		–	–
	VP gg. Kontingente		–	–
SAP APO	Produkt-VP		x	x
	Verfügbarkeitsauskunft		–	–
	VP gg. Vorplanung		–	–
	VP gg. Kontingente		x	x
	Kombination d. Basismethoden		–	–
	regelbasierte VP	Produktersetzung	x	x
		Lokationsersetzung	–	–
	Prüfung gg. Produktion	CTP	–	–
		MATP	–	–
		Merkmalsauswertung	–	–
	CMDS		–	–
SAP S/4HANA (aATP-Prüfung)	Produktverfügbarkeit (PAC)		x	–
	Kontingentierung (PAL)		x	–
	Alternativenbasierte Bestätigung (ABC)		–	–
	Verfügbarkeitsschutz (SUP)		x	–

Tabelle 3.8 Methoden der Verfügbarkeitsprüfung für Umlagerungsbestellungen (x = möglich, (x) = möglich mit Einschränkung, – = nicht möglich)

3.4.2 Verfügbarkeitsprüfung in der Lohnbearbeitung

Die Lohnbearbeitung ist ein besonderes Verfahren der Fremdbeschaffung. In diesem Szenario bestellt ein Unternehmen bei einem Lieferanten ein Produkt. Damit dieser Lieferant das Produkt herstellen kann, stellt das Unternehmen dem Lieferanten eine oder auch alle benötigten Komponenten zur Verfügung. Der eigentliche Beschaffungsprozess beginnt mit der Bestellung des Endprodukts beim Lieferanten.

Objekt/ Methode			Lohnbearbeitungsbestellungen	APO-Lohnbearbeitungsbestellungen
SAP ERP	**ATP-Verfügbarkeitsprüfung (VP)**		x	–
	VP gg. Vorplanung		–	–
	VP gg. Kontingente		–	–
SAP APO	**Produkt-VP**		x	x
	Verfügbarkeitsauskunft		–	–
	VP gg. Vorplanung		–	–
	VP gg. Kontingente		–	–
	Kombination d. Basismethoden		–	–
	regelbasierte VP	**Produktersetzung**	–	–
		Lokationsersetzung	–	–
	Prüfung gg. Produktion	**CTP**	–	–
		MATP	–	–
		Merkmalsauswertung	–	–
	CMDS		–	–
SAP S/4HANA (aATP-Prüfung)	**Produktverfügbarkeit (PAC)**		x	–
	Kontingentierung (PAL)		–	–
	Alternativenbasierte Bestätigung (ABC)		–	–
	Verfügbarkeitsschutz (SUP)		–	–

Tabelle 3.9 Methoden der Verfügbarkeitsprüfung für Lohnbearbeiterbestellungen (x = möglich, (x) = möglich mit Einschränkung, – = nicht möglich)

Wie bei einem normalen Fremdbeschaffungsprozess wird das Endprodukt mittels einer Bestellanforderung oder einer Bestellung beim Lieferanten bestellt. Inhalte der

Bestellanforderung bzw. Bestellung sind nicht nur das bestellte Endprodukt, sondern auch (in einer oder mehreren Unterpositionen) die Komponenten, die dem Lieferanten vom Unternehmen beigestellt werden müssen, damit dieser das Endprodukt fertigen kann.

Diese Komponenten (Beistellkomponenten) werden entweder manuell in der Bestellung eingetragen oder über eine automatische Stücklistenauflösung automatisch in die Bestellanforderung bzw. Bestellung übernommen. Für die Lohnbearbeiter-Bestellungen bzw. -Bestellanforderungen können Sie die in Tabelle 3.9 gezeigten Methoden der Verfügbarkeitsprüfung einsetzen.

Die Verfügbarkeitsprüfung im Lohnbearbeitungsszenario kommt bei der Überprüfung der Beistellkomponenten zum Einsatz, also der Komponenten, die vom Unternehmen an den Lieferanten geschickt werden. Als Prüfmethoden stehen Ihnen sowohl in SAP ERP als auch in SAP S/4HANA sowie in SAP APO lediglich die ATP- bzw. die Produktverfügbarkeitsprüfung zu Verfügung.

Mit der Verfügbarkeitsprüfung im Lohnbearbeitungsszenario können Sie überprüfen, ob der Lieferant das entsprechende Produkt überhaupt liefern kann. Wenn die entsprechenden Beistellkomponenten zum Bedarfstermin nicht verfügbar sind, kann auch das Endprodukt nicht rechtzeitig fertiggestellt werden.

3.4.3 Verfügbarkeitsprüfung für Warenbewegungen

Im Rahmen der Materialwirtschaft bzw. Logistik haben Sie die Möglichkeit, neben den beiden vorgestellten Objekttypen auch für Reservierungen und bei Warenbewegungen eine Verfügbarkeitsprüfung durchzuführen. Von *Warenbewegungen* sprechen wir, wenn ein Material von einer Organisationseinheit in eine andere Organisationseinheit umgebucht wird.

[zB]

Warenbewegung

Ein Beispiel für eine Warenbewegung ist die Entnahme einer Ware aus einem Lager und der Verbrauch der entsprechenden Ware für einen Fertigungsauftrag, für ein Projekt oder auch für einen Kundenauftrag.

Bei diesen Prozessen hat die Verfügbarkeitsprüfung die Aufgabe zu kontrollieren, ob das zu buchende Material in der abgebenden Organisationseinheit in ausreichender Menge verfügbar ist. Für diese Prüfung gibt es zwei Vorgehensweisen:

- **Prüfung gegen den Bestand**
  Im ersten Fall erfolgt die Prüfung rein gegen den Bestand. Sobald genügend Bestand von dem Material vorhanden ist, kann die Umbuchung durchgeführt werden.

- **Prüfung gegen Bestand und Bedarf**
  Im zweiten Fall werden neben den Beständen auch bestimmte Bedarfe berücksichtigt. Aus Bedarfen und Beständen wird eine verfügbare Menge berechnet. Nur wenn diese verfügbare Menge positiv ist, wird die entsprechende Menge des Materials umgebucht. Diese Art der Verfügbarkeitsprüfung wird auch als dynamische Verfügbarkeitsprüfung bezeichnet.

3.5 Zusammenfassung

In Kapitel 2 haben wir Ihnen die verschiedenen Systeme vorgestellt, die im Rahmen der Verfügbarkeitsprüfung von Bedeutung sind. Mit SAP CRM und SAP ERP gibt es faktisch zwei Systeme, aus denen eine Verfügbarkeitsprüfung aufgerufen werden kann. Für die eigentliche Durchführung der Verfügbarkeitsprüfung stehen mit SAP ERP, SAP S/4HANA und SAP APO drei Systeme zur Verfügung. Wir haben Ihnen gezeigt, wie die Verfügbarkeitsprüfung nicht nur systemübergreifend – wie bei SAP ERP, SAP S/4HANA, SAP APO und SAP CRM, sondern auch komponentenübergreifend arbeitet. Darüber hinaus haben wir Ihnen die verschiedenen Varianten für eine Verfügbarkeitsprüfung im jeweiligen System vorgestellt. Im Detail gehen wir auf die Methoden in SAP ERP in Teil II, die Methoden in SAP S/4HANA in Teil III und die Methoden in SAP APO in Teil IV ein. Außerdem haben Sie die verschiedenen Objekte kennengelernt, die bei der Verfügbarkeitsprüfung zum Einsatz kommen können. Wir haben Ihnen in diesem Zusammenhang erläutert, was die verschiedenen Anforderungen der Objekte an die Verfügbarkeitsprüfung sind und welche Ziele damit verfolgt werden. Zudem haben Sie die Unternehmensbereiche kennengelernt und erfahren, wie die Verfügbarkeitsprüfung dort zum Einsatz kommt. Die Unternehmensbereiche Vertrieb und Produktion haben dabei für die Verfügbarkeitsprüfung die größte Bedeutung und stellen auch selbst die größten Anforderungen an die Funktionalität.

TEIL II

Verfügbarkeitsprüfung mit SAP ERP

Kapitel 4
Stamm- und Bewegungsdaten in SAP ERP

Im ersten Kapitel beschreiben wir die relevanten Stammdaten in SAP ERP, die für die Prozesse der Verfügbarkeitsprüfung grundlegend sind. Im zweiten Abschnitt stellen wir Ihnen die unterschiedlichen Bewegungsdaten aus dem Vertrieb und der Materialwirtschaft vor in denen die Verfügbarkeitsprüfung zum Einsatz kommt.

In diesem Kapitel bringen wir Ihnen die Stamm- und Bewegungsdaten näher, die für die Verfügbarkeitsprüfung in SAP ERP von Bedeutung sind. Beachten Sie, dass wir die gezeigten Screenshots in SAP ERP ECC 6.0 gemacht haben. In SAP S/4HANA gab es teilweise an den Stamm- und Bewegungsdaten Veränderungen, auf die wir in Teil III dieses Buches näher eingehen.

Stammdaten sind für die Verfügbarkeitsprüfung von zentraler Bedeutung, da die Parameter der Verfügbarkeitsprüfung, die wir Ihnen in Kapitel 5 ausführlich vorstellen, in den Stammdaten hinterlegt werden. Über die Stammdaten können Sie also Art und Umfang der Verfügbarkeitsprüfung bestimmen.

In den Bewegungsdaten kommt die Verfügbarkeitsprüfung zum einen zum Einsatz, um die Verfügbarkeit von bestimmten Ressourcen zu prüfen, und zum anderen, um einen durchführbaren Liefertermin zu ermitteln. Wir zeigen Ihnen außerdem, wie Sie den Ablauf der Verfügbarkeitsprüfung in den verschiedenen Bewegungsdaten beeinflussen können.

4.1 Stammdaten

Das wichtigste Stammdatum für die Verfügbarkeitsprüfung ist der *Materialstamm*, den wir Ihnen aus diesem Grunde in diesem Abschnitt genau erläutern. Im Materialstamm pflegen Sie die Parameter zur Steuerung der Verfügbarkeitsprüfung. Wir werden uns bei der Vorstellung des Materialstamms genau auf diese Parameter konzentrieren, von denen Sie die ersten beiden in Abbildung 4.1 sehen.

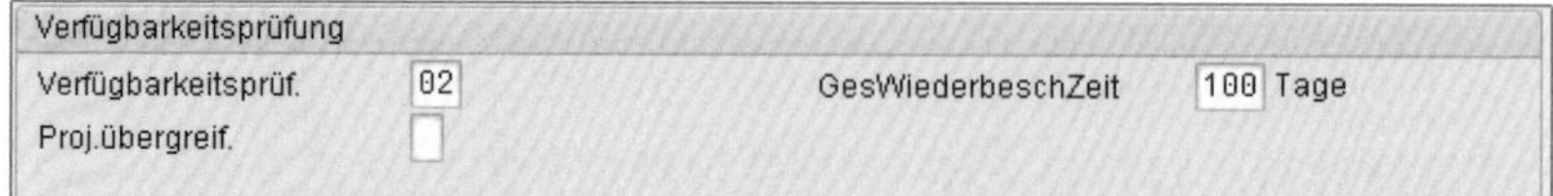

Abbildung 4.1 Prüfgruppe und Gesamtwiederbeschaffungszeit im Materialstamm in der Sicht »Disposition 3«

- **Verfügbarkeitsprüfung/Prüfgruppe**
  Der wichtigste Parameter für die Verfügbarkeitsprüfung in SAP ERP ist die Prüfgruppe (Feld **Verfügbarkeitsprüf.**). Mit der Prüfgruppe können Sie Materialien gruppieren, die nach den gleichen Kriterien geprüft werden sollen. Diese Kriterien legen Sie in einem Prüfumfang fest, der über die Prüfgruppe vom System ermittelt wird (siehe Abschnitt 5.1, »Prüfgruppe«). Jedem Materialstamm muss auf Werksebene in der Sicht **Disposition 3** eine Prüfgruppe zugeordnet werden. Alternativ kann die Prüfgruppe auch in anderen Sichten im Materialstamm gepflegt werden (z. B. in der Sicht **Vertrieb: allg./Werk**). Es handelt sich hierbei aber immer um das gleiche Feld. Mit dem Eintrag der Prüfgruppe entscheiden Sie, ob prinzipiell eine Verfügbarkeitsprüfung für das Material möglich wäre oder ob die Verfügbarkeitsprüfung für dieses Material deaktiviert wird. In Abschnitt 5.1 zeigen wir Ihnen detailliert die einzelnen Einstellungsmöglichkeiten für eine Prüfgruppe und ihre Auswirkungen auf die Funktion der Verfügbarkeitsprüfung.
- **Gesamtwiederbeschaffungszeit**
  Neben der Prüfgruppe pflegen Sie im Materialstamm in der Sicht **Disposition 3** die Gesamtwiederbeschaffungszeit (Feld **GesWiederbeschZeit**). Die Gesamtwiederbeschaffungszeit ist die Zeit, die benötigt wird, um ein entsprechendes Material zu beschaffen, wenn die Beschaffung heute gestartet wird. Diese Gesamtwiederbeschaffungszeit kann im Rahmen der ATP-Verfügbarkeitsprüfung berücksichtigt werden. Sie haben die Möglichkeit, nur bis zum Ende der Wiederbeschaffungszeit oder über den kompletten Zeitstrahl eine ATP-Verfügbarkeitsprüfung durchzuführen. Die Gesamtwiederbeschaffungszeit muss im Materialstamm manuell gepflegt werden.
- **Strategiegruppe**
  Ein weiterer wichtiger Parameter für die Verfügbarkeitsprüfung ist die Strategiegruppe, die ebenfalls in der Sicht **Disposition 3** gepflegt wird (siehe Abbildung 4.2).

  Mit der Strategiegruppe steuern Sie die Planung und Fertigung eines Materials. Zudem können Sie über die Strategiegruppe die Bedarfsart für den Kundenbedarf ermitteln lassen. Diese Bedarfsart ist wiederum einer Bedarfsklasse zugeordnet, über die im Kundenbedarf die Art der Verfügbarkeitsprüfung gesteuert wird.

Vorplanung			
Strategiegruppe	50	Vorplanung ohne Endmontage	
Verrechnungsmodus	3	Verlnt Rückwärts	30
Verlnt Vorwärts	20	Mischdisposition	3
Vorplanmaterial		Vorplanungswerk	
VorplUmrechFaktor		Vorplanungs-BME	

Abbildung 4.2 Strategiegruppe und Vorplanungsdaten im Materialstamm in der Sicht »Disposition 3«

- **Verrechnungsparameter**
  Haben Sie als Strategiegruppe eine Vorplanungsstrategie ausgewählt, müssen Sie zusätzlich die in Abbildung 4.2 gezeigten Verrechnungsparameter pflegen. Die Verrechnungsparameter steuern zum einen, wie sich ein Bedarf mit der Vorplanung für ein Material verrechnet, und zum anderen steuern sie im Rahmen der Verfügbarkeitsprüfung, wie nach freien Planprimärbedarfen gesucht wird. Freie Planprimärbedarfe sind Vorplanungsbedarfe, die noch nicht mit einem tatsächlichen Bedarf verrechnet wurden.

  Für den Einsatz der Verrechnung pflegen Sie das Feld **Verrechnungsmodus**. Der Verrechnungsmodus gibt die Richtung vor, in der das System, ausgehend vom Bedarfstermin, nach einer freien Vorplanung sucht. Zudem pflegen Sie die Verrechnungsintervalle, die vorgeben, wie weit in der jeweiligen Richtung nach der freien Vorplanung gesucht wird (Felder **Verlnt Vorwärts** und **Verlnt Rückwärts**).
- **Mischdisposition**
  Das Kennzeichen **Mischdisposition** ist ein weiterer wichtiger Parameter, wenn Sie eine Strategiegruppe für die Vorplanung einsetzen. Das Mischdispositionskennzeichen pflegen Sie, wie in Abbildung 4.2 gezeigt, im Materialstamm. Durch das Setzen dieses Kennzeichens können Sie auch Sekundärbedarfe mit der Vorplanung verrechnen. Dazu müssen Sie in Abhängigkeit von der eingesetzten Vorplanungsart entweder das Kennzeichen für die Vorplanung mit Endmontage oder das Kennzeichen für die Vorplanung ohne Endmontage setzen. Mit dem Kennzeichen **Mischdisposition** können Sie diese Vorplanungsarten auch auf der Sekundärbedarfsebene einsetzen, also eine Baugruppenvorplanung realisieren.
- **Vorplanung mit Vorplanungsmaterial**
  Eine weitere Art der Verfügbarkeitsprüfung, die wir Ihnen in Abschnitt 6.3 vorstellen, ist die Vorplanung mit Vorplanungsmaterial. Diese Strategie setzen Sie ein, wenn die verschiedenen Enderzeugnisse einen großen Anteil Gleichteile haben. Diese kann man mithilfe dieser Strategiegruppe über die Programmplanung vorplanen. Die eigentliche Vorplanung wird lediglich für das Vorplanungsmaterial angelegt.

Die Beziehung zwischen den Enderzeugnissen, die mit dem Vorplanungsmaterial vorgeplant werden sollen, und dem Vorplanungsmaterial stellen Sie über die Felder **Vorplanmaterial**, **Vorplanungswerk** und **VorplUmrechFaktor** her. Wenn die Verfügbarkeitsprüfung in einem Kundenbedarf aufgerufen wird, wertet sie die genannten Daten im Materialstamm aus und ermittelt so das zuständige Vorplanungsmaterial. Die Verfügbarkeitsprüfung wird in diesen Fällen immer gegen die Vorplanung des Vorplanungsmaterials durchgeführt. Nach dem Sichern des Kundenbedarfs wird dieser auch mit der Vorplanung des Vorplanungsmaterials verrechnet, das ebenfalls wieder über die Materialstammdaten ermittelt wird.

- **Terminierung**
  Wir haben Ihnen bisher Parameter aus dem Materialstamm vorgestellt, die die Verfügbarkeitsprüfung oder ihre dazugehörigen Funktionen steuern (wie die Vorplanungsverrechnung). Ein weiterer wichtiger Aspekt, der zur Verfügbarkeitsprüfung gehört, ist die Terminierung. Bei den Terminierungsparametern müssen Sie zwischen den losgrößenunabhängigen und -abhängigen Parametern im Materialstamm unterscheiden. Bei Ersteren wird, unabhängig vom Los des Auftrags, die Terminierung durchgeführt, und im zweiten Fall verändert sich in Abhängigkeit des Loses des jeweiligen Auftrags das Terminierungsergebnis.
- **Losgrößenunabhängige Zeiten**
  Die losgrößenunabhängigen Zeiten (siehe Abbildung 4.3), die zur Durchführung der Terminierung aus dem Materialstamm ermittelt werden, werden dort in der Sicht **Disposition 2** gepflegt. Bei *eigengefertigten Materialien* werden zur Terminierung die Eigenfertigungszeit und die Wareneingangsbearbeitungszeit in Arbeitstagen berücksichtigt. Aus den beiden Parametern wird die Wiederbeschaffungszeit berechnet (siehe Abschnitt 6.3).

  Bei *fremdbeschafften Materialien* wird die Planlieferzeit in Kalendertagen und die Wareneingangsbearbeitungszeit in Arbeitstagen aus dem Materialstamm ermittelt und zur Berechnung der Wiederbeschaffungszeit verwendet. Als dritter Parameter geht die Bearbeitungszeit des Einkaufs, die pro Werk im Customizing festgelegt wird, in die Berechnung der Wiederbeschaffungszeit ein.

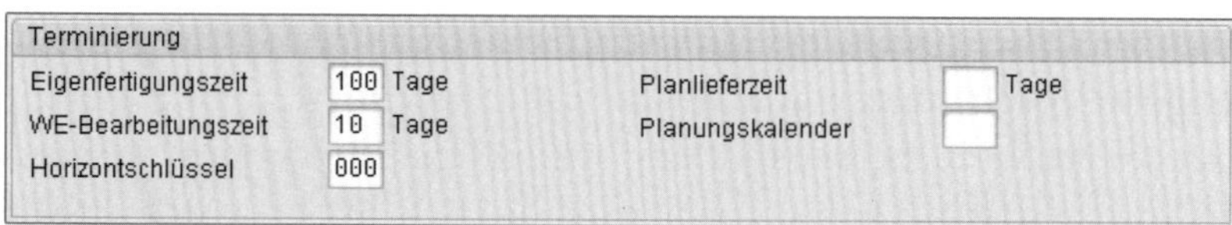

Abbildung 4.3 Losgrößenunabhängige Zeiten im Materialstamm

- **Losgrößenabhängige Zeiten**
  Als Ersatz für die losgrößenunabhängigen Zeiten (siehe Abbildung 4.3) können im Materialstamm auch losgrößenabhängige Zeiten gepflegt werden (siehe Abbil-

dung 4.4), jedoch lediglich für eigengefertigte Materialien. Die Ermittlung der Zeiten erfolgt über die Arbeitsplanterminierung, deren Ergebnis automatisch im Materialstamm fortgeschrieben werden kann.

Im Materialstamm können entweder nur losgrößenunabhängige oder losgrößenabhängige Zeiten gepflegt werden. Mit der Pflege der losgrößenabhängigen Zeiten werden die losgrößenunabhängigen Zeiten automatisch vom System gelöscht. Neben der eigentlichen Bearbeitungszeit werden im Materialstamm auch die Rüstzeit und die Übergangszeiten (Pufferzeiten) hinterlegt. Alle Zeitparameter beziehen sich auf eine Basismenge, die dann auch bei der Berechnung der Wiederbeschaffungszeit berücksichtigt wird (siehe Abschnitt 6.3).

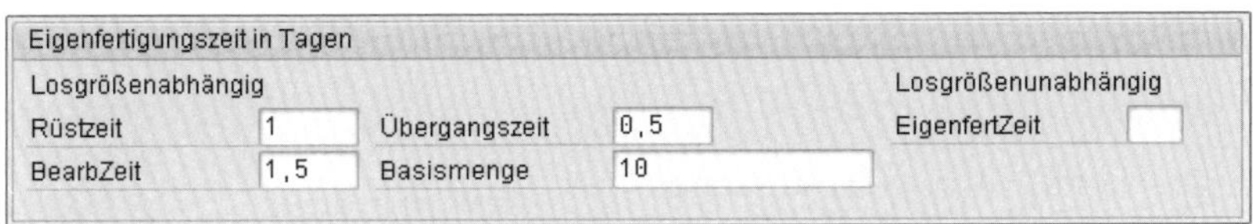

Abbildung 4.4 Losgrößenabhängige Zeiten im Materialstamm

- **Einzel-/Sammelbedarfskennzeichen**
  Als letzten Parameter, der im Materialstamm gepflegt wird und der für die Verfügbarkeitsprüfung relevant ist, stellen wir Ihnen das Einzel-/Sammelbedarfskennzeichen vor. Es wird in der Sicht **Disposition 4** des Materialstamms gepflegt (siehe Abbildung 4.5).

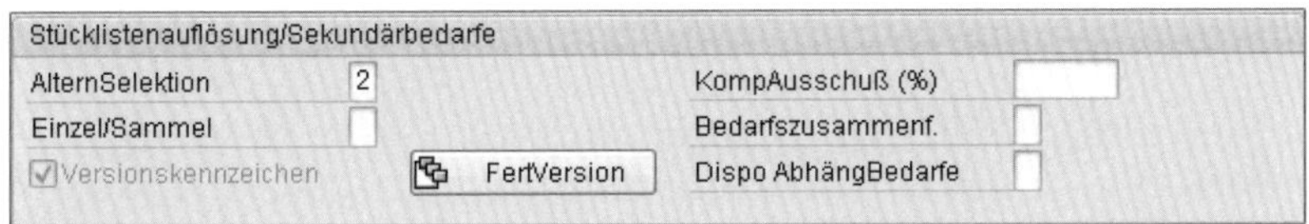

Abbildung 4.5 Einzel-/Sammelbedarfskennzeichen im Materialstamm

Mit dem Kennzeichen **Einzel/Sammel** steuern Sie, wie Sekundärbedarfe, die für dieses Material auftreten, behandelt werden sollen. Wenn Sie für das Kennzeichen den Sammelbedarf einstellen, wird jeder Sekundärbedarf, unabhängig davon, ob der Primärbedarf ein Einzel- oder Sammelbedarf war, als Sammelbedarf angelegt. Alternativ können Sie auch den Einzelbedarf einstellen, was dazu führt, dass der Sekundärbedarf als Einzelbedarf angelegt wird, sobald der Primärbedarf ein Einzelbedarf ist. Ist der Primärbedarf hingegen ein Sammelbedarf, bleibt auch der Sekundärbedarf ein Sammelbedarf.

Wir haben Ihnen in diesem Abschnitt mit dem Materialstamm und seinen Parametern das wichtigste Stammdatum in Bezug auf die Verfügbarkeitsprüfung nähergebracht. Wie Sie die im Einzelnen angesprochenen Parameter pflegen und einsetzen können, zeigen wir in Kapitel 5. Im Folgenden beschäftigen wir uns mit den Bewegungsdaten, d. h. den Prozessen, in denen eine Verfügbarkeitsprüfung in SAP ERP zum Einsatz kommen kann bzw. muss.

4.2 Bewegungsdaten

Innerhalb von SAP ERP kann die Verfügbarkeitsprüfung im Vertrieb, in der Produktions- und in der Beschaffungslogistik eingesetzt werden.

Diese Bereiche bzw. die darin vorkommenden Prozesse wurden in Kapitel 3 vorgestellt; hier werden nun die ERP-spezifischen Anforderungen und Steuerungsmöglichkeiten der einzelnen Unternehmensbereiche erläutert.

4.2.1 Verfügbarkeitsprüfung im Vertrieb

Der Vertrieb ist der Startpunkt der internen Supply Chain; hier treffen Kundenanfragen ein, werden Angebote erstellt und letztendlich Kundenaufträge angelegt. In allen Objekten geht es darum, einen durchführbaren Liefertermin zu ermitteln, an dem die Ware in der gewünschten Menge an den Kunden übergeben werden kann. Dieser Termin sollte möglichst mit dem Wunschliefertermin des Kunden übereinstimmen. Der bestätigte Termin sollte unter Berücksichtigung verschiedenster Rahmenbedingungen ermittelt werden. Eine entsprechende Verfügbarkeitsprüfung können Sie in den folgenden Objekten durchführen:

- Anfrage und Angebot: Hier ist eine Verfügbarkeitsprüfung möglich, aber in der Praxis doch eher ungewöhnlich.
- Kundenauftrag
- Kontrakt und Lieferplan
- Lieferung

Im Prinzip können Sie für jede Position eines Verkaufsbelegs, die Einteilungen aufweist, und für jede Lieferungsposition eine Verfügbarkeitsprüfung durchführen.

Kundenauftrag (Anfrage, Angebot)

Mit dem Eingang einer Kundenbestellung wird im System des Unternehmens ein Kundenauftrag angelegt. Nach der Eingabe der erforderlichen Daten wird eine Terminierung (Versand- und Transportterminierung) durchgeführt (siehe Abschnitt 5.7). Ergebnis ist das *Materialbereitstellungsdatum*, das auch Ausgangspunkt für die Verfügbarkeitsprüfung ist.

Ob für den jeweiligen Kundenauftrag bzw. die Kundenauftragsposition eine Verfügbarkeitsprüfung durchgeführt wird, ist u. a. von den in Kapitel 5 vorgestellten Parametern abhängig. Nur wenn die Prüfgruppe im Materialstamm eine Verfügbarkeitsprüfung vorsieht und diese durch den Einteilungstyp (siehe Abschnitt 5.4) im Kundenauftrag nicht ausgeschaltet wurde, findet eine Verfügbarkeitsprüfung statt.

Im Kundenauftrag selbst werden zusätzliche Parameter ermittelt, die die Verfügbarkeitsprüfung maßgeblich beeinflussen. Abbildung 4.6 zeigt die Registerkarte **Beschaffung** einer Kundenauftragsposition. Hier sind die für die Verfügbarkeitsprüfung wichtigsten Parameter zu sehen.

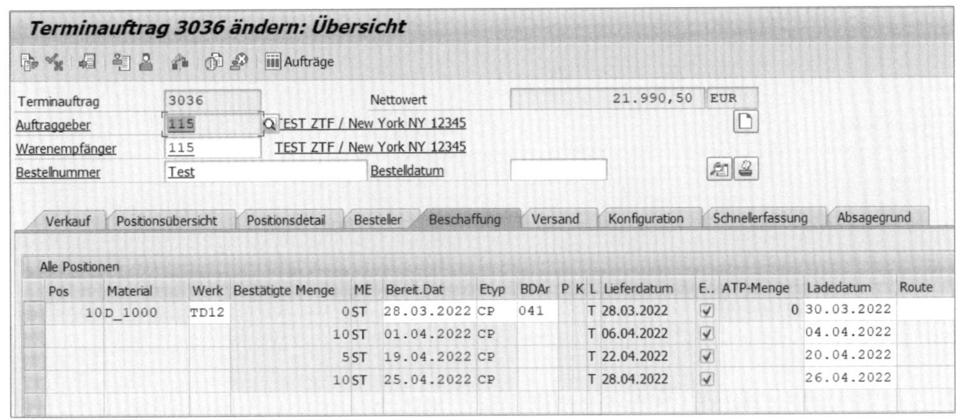

Abbildung 4.6 Beschaffungsinformationen zur Kundenauftragsposition

In Abbildung 4.6 sehen Sie den Einteilungstyp (Spalte **ETyp**) und die Bedarfsart (Spalte **BDAr**), die beide (direkt oder indirekt) maßgeblichen Einfluss auf die Verfügbarkeitsprüfung haben: Während der Einteilungstyp die Verfügbarkeitsprüfung zulässt oder nicht zulässt, steuert die Bedarfsart indirekt die Art der Verfügbarkeitsprüfung (ATP-Verfügbarkeitsprüfung, Verfügbarkeitsprüfung gegen Vorplanung, Verfügbarkeitsprüfung gegen Kontingente).

Nachdem die Positionsdaten im Kundenauftrag eingegeben worden sind, wird bei entsprechender Einstellung automatisch eine Verfügbarkeitsprüfung im Kundenauftrag durchgeführt. Anschließend wird das Ergebnis der Verfügbarkeitsprüfung, wie es in Abbildung 4.7 zu sehen ist, im Auswahlbild der Verfügbarkeitskontrolle angezeigt.

In unserem Beispiel werden alle Möglichkeiten dargestellt, die Ihnen zur Verfügung stehen, um auf das Ergebnis der Verfügbarkeitsprüfung zu reagieren. Das Auswahlbild zur Verfügbarkeitskontrolle besteht maximal aus den drei Bereichen **Einmallieferung zum Wunschtermin**, **Vollständige Lieferung** und **Liefervorschlag**.

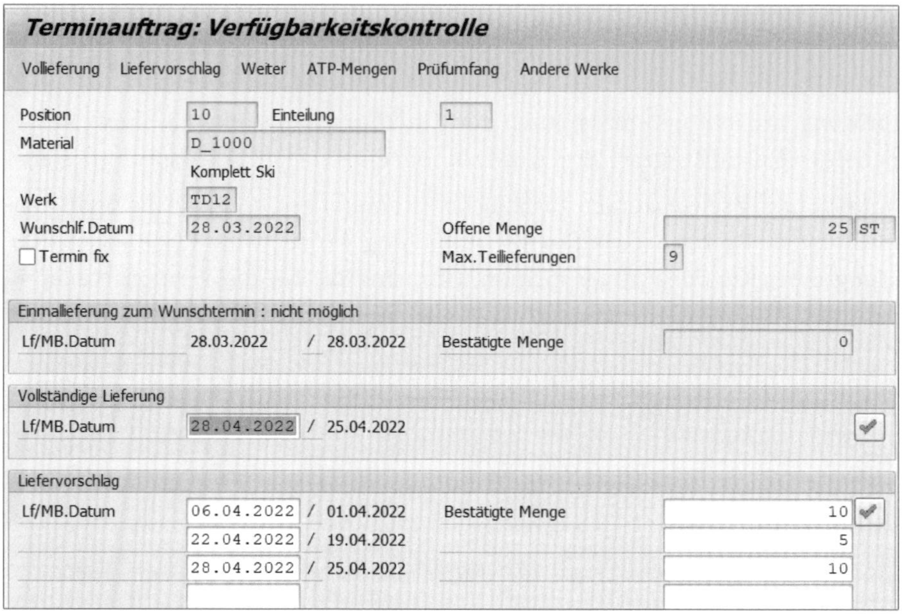

Terminauftrag: Verfügbarkeitskontrolle

Vollieferung Liefervorschlag Weiter ATP-Mengen Prüfumfang Andere Werke

Position 10 Einteilung 1
Material D_1000
Komplett Ski
Werk TD12
Wunschlf.Datum 28.03.2022 Offene Menge 25 ST
☐ Termin fix Max.Teillieferungen 9

Einmallieferung zum Wunschtermin : nicht möglich
Lf/MB.Datum 28.03.2022 / 28.03.2022 Bestätigte Menge 0

Vollständige Lieferung
Lf/MB.Datum 28.04.2022 / 25.04.2022

Liefervorschlag
Lf/MB.Datum 06.04.2022 / 01.04.2022 Bestätigte Menge 10
22.04.2022 / 19.04.2022 5
28.04.2022 / 25.04.2022 10

Abbildung 4.7 Auswahlfenster für das Ergebnis der Verfügbarkeitsprüfung im Kundenauftrag

- **Einmallieferung zum Wunschliefertermin**
  In dem in Abbildung 4.7 gezeigten Beispiel ist eine Einmallieferung zum Wunschliefertermin nicht möglich, weshalb hier »0« im Feld **Bestätigte Menge** angezeigt wird. Die Verfügbarkeitsprüfung konnte zum vom Kunden gewünschten Termin keine freie ATP-Menge ermitteln. In unserem Beispiel wird deshalb kein Button (grüner Haken) angezeigt, mit dem man diese Art der Bestätigung auswählen kann.
- **Vollständige Lieferung zum frühestmöglichen Termin**
  Der zweite Bereich zeigt die Möglichkeit einer vollständigen Lieferung. Das System prüft, ob zu einem späteren Zeitpunkt nach dem Wunschliefertermin, der Bestand für eine komplette Belieferung der Position vorhanden ist. Im Falle einer Verfügbarkeitsprüfung mit Berücksichtigung der Wiederbeschaffungszeit entspricht dieser Termin dem Ende der Wiederbeschaffungszeit – vorausgesetzt, der Bedarf konnte nicht schon zu einem früheren Zeitpunkt gedeckt werden. Fällt diese Prüfung für die Zukunft negativ aus, wird kein Termin angegeben. Eine vollständige Lieferung der Kundenwunschmenge von 25 Stück könnte in unserem Beispiel zum 28.04.2022 erfolgen.

- **Liefervorschlag**
  Der dritte Bereich, der angezeigt werden kann, ist der Bereich **Liefervorschlag**. Das System überprüft hier, ob und wann Teillieferungen zu dieser Position möglich wären; die ermittelten Termine werden chronologisch aufgeführt. Findet eine Verfügbarkeitsprüfung unter Berücksichtigung der Wiederbeschaffungszeit statt, wird als Termin das Ende der Wiederbeschaffungszeit vorgeschlagen, vorausgesetzt es konnten zuvor keine Teillieferungen erstellt werden. Hier kann die erste Menge von zehn Stück zum 06.04.2022 und eine weitere Menge von 5 Stück zum 22.04.2022 geliefert werden. Die Restmenge von 10 Stück kann dann zum 28.04.2022 geliefert werden.

Als Anwenderin oder Anwender können Sie nun entscheiden, wie Sie mit dem Ergebnis der Verfügbarkeitsprüfung umgehen.

- Bei der Annahme des Liefervorschlags werden für die Position drei Einteilungen erzeugt (siehe Abbildung 4.6).
- Bei der Übernahme der Einmallieferung zum Wunschliefertermin wird genau eine Einteilung zur entsprechenden Auftragsposition erzeugt. Die kumulierte bestätigte Menge der Position entspricht dann der vorgeschlagenen Menge, ebenso entsprechen die Liefermenge und die bestätigte Menge der Einteilung.

Bei der weiteren Bearbeitung der Kundenauftragsposition ist insbesondere das Kennzeichen **Termin fix** zu beachten. Dieses steuert, ob die nach einer Verfügbarkeitsprüfung bestätigten Liefertermine und -mengen dispositiv festgesetzt bzw. für die Bedarfsplanung übernommen werden sollen. Die Wirkungsweise des Kennzeichens unterscheidet sich danach, wie das Material dispositiv eingestellt ist. Abhängig davon, ob es sich um ein vorgeplantes Material oder um ein nicht vorgeplantes Material handelt, wirkt sich das Kennzeichen unterschiedlich aus. In Tabelle 4.1 zeigen wir Ihnen, wie sich das Kennzeichen **Termin fix** auswirkt, wenn es sich um ein *nicht vorgeplantes Material* handelt.

Kundenauftrag	Termin/ Menge	Dispositions-relevanz	Situation MD04	Bemerkung
bestätigt	fix	ja	wird angezeigt	Termin und Menge aus dem Liefervorschlag werden übernommen, und der Kundenauftrag wird mit diesen Daten in Transaktion MD04 angezeigt.

Tabelle 4.1 Auswirkungen des Kennzeichnens »Termin fix« bei nicht vorgeplanten Materialien

Kundenauftrag	Termin/ Menge	Dispositions-relevanz	Situation MD04	Bemerkung
bestätigt	nicht fix	ja	wird angezeigt	Termin und Menge aus dem Liefervorschlag werden *nicht* übernommen, und der Kundenauftrag wird weiterhin mit dem Wunschlieferdatum in Transaktion MD04 angezeigt.
nicht bestätigt	fix	nein	wird nicht angezeigt	Die Menge 0 aus dem Liefervorschlag wird übernommen. Der Bedarf ist für die Disposition nicht mehr relevant. Weder die Vorplanungsverrechnung noch der Bedarfsplanungslauf berücksichtigen diesen Bedarf.
nicht bestätigt	nicht fix	ja	wird angezeigt	Der Kundenauftrag wird weiterhin mit dem Wunschlieferdatum in Transaktion MD04 angezeigt und ist dispositionsrelevant. Bei einem Planungslauf wird ein neuer Bedarfsdecker erzeugt.

Tabelle 4.1 Auswirkungen des Kennzeichnens »Termin fix« bei nicht vorgeplanten Materialien (Forts.)

Die Auswirkungen des Kennzeichens **Termin fix** aus Tabelle 4.1 können Sie nach dem Sichern des Kundenauftrags sehr gut in der Bedarfs-/Bestandsliste zum entsprechenden Material nachvollziehen. Um die Funktionsweise des Kennzeichens zu verstehen, muss zwischen den folgenden Fällen unterschieden werden:

- **Bestätigung zum Wunschliefertermin**
  Der erste Fall ist die Bestätigung zum Wunschliefertermin. Hierbei bestätigen Sie im Verfügbarkeitskontrollbild einen entsprechenden Liefervorschlag, oder Sie akzeptieren die Einmallieferung zum Wunschlieferdatum. Ist der Kunde mit der vorgeschlagenen Menge und dem vorgeschlagenen Termin einverstanden, setzen Sie das Kennzeichen **Termin fix** vor dem Sichern des Kundenauftrags. Dies hat vor allem Auswirkungen bei der Bestätigung einer Teilmenge. Mit dem Setzen des Kennzeichens übernehmen Sie die bestätigte Teilmenge und den vorgeschlagenen Termin und geben beides an die Disposition weiter. Die ursprüngliche Wunschmenge und der ursprüngliche Wunschliefertermin spielen keine Rolle mehr.

Dies sollten Sie nur dann tun, wenn der Kunde der vorgeschlagenen bestätigten Teilmenge und dem dazugehörigen Termin in vollem Maße zustimmt und auf die Lieferung der nicht bestätigten Teilmenge verzichtet. Die nicht bestätigte Teilmenge der Kundenauftragsposition hat keine weiteren Auswirkungen mehr, weder in der Disposition noch im Versand. An die Disposition wird der bestätigte Termin mit der bestätigten Menge weitergegeben.

- **Bestätigung zu einem vom Wunschlieferdatum abweichenden Termin**
  Im zweiten Fall erhalten Sie vom System einen Bestätigungsvorschlag, der vom Kundenwunschtermin abweicht. Das Kennzeichen **Termin fix** wird in diesem Fall nicht gesetzt. Mit dem Akzeptieren des Vorschlags aus der Verfügbarkeitskontrolle und dem Sichern des Kundenauftrags ist die Kundenauftragsposition mengenmäßig voll bestätigt, dispositiv wirksam ist sie aber immer noch zum ursprünglichen Wunschtermin. Soll die Beschaffung bzw. die Fertigung des Materials beschleunigt werden, darf das Kennzeichen **Termin fix** nicht gesetzt werden. In der Bedarfs-/Bestandsliste wird die Kundenauftragsposition somit zum ursprünglichen Wunschtermin eingelastet. Handelt es sich bei der bestätigten Menge um eine Teilmenge, wird in diesem Fall nicht nur der ursprüngliche Wunschtermin an die Disposition übergeben, sondern auch die ursprüngliche Wunschmenge. Dadurch soll erreicht werden, dass der ursprüngliche Kundenwunsch doch noch erfüllt werden kann. Die nicht bestätigte Teilmenge steht somit noch zur Lieferung an.
- **Keine Bestätigung I**
  Im dritten Fall kann die Kundenauftragsposition zu keinem Termin bestätigt werden, und es gibt keine Terminvorschläge auf dem Verfügbarkeitskontrollbild. Beim Verlassen des Verfügbarkeitskontrollbildes bzw. beim Sichern des Kundenauftrags setzen Sie trotzdem das Kennzeichen **Termin fix**. Damit werden Termin und Menge mit null bestätigt. Der Bedarf und die Lieferrelevanz gehen in diesem Fall verloren, der Gesamtbearbeitungsstatus des Kundenauftrags wird auf **nicht relevant** gesetzt, und auch der Bestätigungsstatus der Position geht verloren. Damit ist diese Kundenauftragsposition dispositiv nicht mehr relevant.
- **Keine Bestätigung II**
  In einem weiteren Fall konnten Wunschtermin und -menge der Kundenauftragsposition wiederum nicht bestätigt werden. Beim Verlassen des Verfügbarkeitskontrollbildes (Liefervorschlagbild) bzw. beim Sichern des Kundenauftrags wird das Kennzeichen **Termin fix** jedoch nicht gesetzt. Der Kundenwunsch soll weiterhin Bestand haben. Das bedeutet, dass der Kundenauftrag weiterhin zum Wunschtermin mit der angegebenen Wunschmenge dispositiv wirksam ist. Wenn ein Bedarfsplanungslauf für das entsprechende Material gestartet wird, erzeugt das System für den Kundenauftrag zum Wunschtermin einen Bedarfsdecker über die Wunschmenge. Der Kundenauftrag könnte nach erneuter Verfügbarkeitsprüfung gegen das neue Zugangselement bestätigt werden.

Wenn es sich bei dem Material um ein vorgeplantes Material handelt, wirkt sich das Kennzeichen **Termin fix** wie in Tabelle 4.2 aus.

Kundenauftrag	Termin/ Menge	Dispositions-relevanz	Situation MD04	Bemerkung
bestätigt	fix	ja	wird angezeigt	Termin und Menge aus dem Liefervorschlag werden übernommen, und der Kundenauftrag wird mit diesen Daten in Transaktion MD04 angezeigt und verrechnet sich mit der Vorplanung.
bestätigt	nicht fix	ja	wird angezeigt	Termin und Menge aus dem Liefervorschlag werden *nicht* übernommen, und der Kundenauftrag wird weiterhin mit dem Wunschlieferdatum in Transaktion MD04 angezeigt und verrechnet sich mit der Vorplanung.
nicht bestätigt	fix	nein	wird nicht angezeigt	Die Menge 0 aus dem Liefervorschlag wird übernommen. Der Bedarf ist für die Disposition nicht mehr relevant. Weder die Vorplanungsverrechnung noch der Bedarfsplanungslauf berücksichtigen diesen Bedarf.
nicht bestätigt	nicht fix	ja	wird angezeigt	Der Kundenauftrag wird weiterhin mit dem Wunschlieferdatum in Transaktion MD04 angezeigt und ist dispositionsrelevant. Bei einem Planungslauf wird ein neuer Bedarfsdecker erzeugt. Trotz Nichtbestätigung kann sich der Kundenauftrag mit der Vorplanung verrechnen.

Tabelle 4.2 Auswirkungen des Kennzeichnens »Termin fix« bei vorgeplanten Materialien

Auch bei vorgeplanten Materialien müssen wir zwischen den folgenden geschilderten Fällen unterscheiden:

- **Bestätigung zum Wunschliefertermin**
  Im ersten Fall gibt es die Möglichkeit der Bestätigung zum Wunschliefertermin. Sie bestätigen im Verfügbarkeitskontrollbild einen entsprechenden Liefervorschlag oder die Einmallieferung zum Wunschlieferdatum.

  Wenn Sie vor dem Sichern das Kennzeichen **Termin fix** setzen, werden Mengen und Termine aus dem Vorschlag übernommen, und die Kundenauftragsposition wird mit diesen Daten dispositiv wirksam. Wurde nur eine Teilmenge bestätigt, ist auch nur diese von dispositiver Bedeutung. Auf eine Lieferung der unbestätigten Teilmenge wird in diesem Fall verzichtet. Ausgangspunkt für die Verrechnung des Kundenauftrags mit der Vorplanung ist ebenfalls der im Verfügbarkeitskontrollbild bestätigte Liefertermin und die entsprechende Liefermenge.
- **Bestätigung zu einem vom Wunschlieferdatum abweichenden Termin**
  Im zweiten Fall bekommen Sie vom System einen Bestätigungsvorschlag, der vom Kundenwunschtermin abweicht und bestätigen diesen. Beim Sichern des Kundenauftrags wird das Kennzeichen **Termin fix** jedoch nicht gesetzt. Damit werden Termin und Menge aus dem Bestätigungsvorschlag nicht akzeptiert. Die Kundenauftragsposition wird zum ursprünglichen Wunschtermin und mit der ursprünglichen Wunschmenge dispositiv wirksam. Der Kundenbedarf verrechnet sich in diesem Fall gegen die Vorplanung, wobei der Ausgangspunkt für die Verrechnung das ursprüngliche Wunschlieferdatum ist.
- **Keine Bestätigung I**
  Im dritten Fall kann die Kundenauftragsposition zu keinem Termin bestätigt werden, und es gibt demnach keine Terminvorschläge im Verfügbarkeitskontrollbild. Trotzdem wird beim Sichern des Kundenauftrags das Kennzeichen **Termin fix** gesetzt. Wie bereits beschrieben, bestätigen Sie damit die Menge null. Als Folge davon ist die Kundenauftragsposition nach dem Sichern nicht mehr bedarfsrelevant bzw. nicht dispositiv wirksam. Durch diesen Umstand verrechnet sich der Kundenauftrag nicht mit der Vorplanung und ist in der Bedarfs-/Bestandsliste nicht sichtbar. Es kommt zu keiner Lieferung an den Kunden.
- **Keine Bestätigung II**
  In diesem Fall konnten Wunschtermin und -menge der Kundenauftragsposition wiederum nicht bestätigt werden. Beim Verlassen des Verfügbarkeitskontrollbildes (Liefervorschlagsbild) bzw. beim Sichern des Kundenauftrags wird das Kennzeichen **Termin fix** jedoch nicht gesetzt. Dadurch bleibt die Kundenauftragsposition weiterhin bedarfsrelevant bzw. dispositiv zum Wunschliefertermin über die Wunschmenge wirksam. Wenn ein Bedarfsplanungslauf für das entsprechende Material gestartet wird, erzeugt das System für den Kundenauftrag zum Wunsch-

termin einen Bedarfsdecker über die Wunschmenge. Der Kundenauftrag verrechnet sich trotz fehlender Bestätigung mit der Vorplanung.

Welche Bedeutung hat somit das Kennzeichen **Termin fix**, und wie sollte es eingesetzt werden?

Wenn Sie einen Bestätigungsvorschlag erhalten haben, der Kundenauftrag also über eine Einmallieferung, eine vollständige Lieferung oder einen Liefervorschlag, aber nicht zum Wunschliefertermin bestätigt werden konnte, sollten Sie das Kennzeichen setzen. Dadurch stellen Sie sicher, dass auch die Disposition nach dem/n Liefertermin/en arbeitet, die/der dem Kunden durch die Auftragsbestätigung mitgeteilt wurde/n.

Wenn Sie das Kennzeichen nicht setzen würden, wäre für die Disposition weiterhin der ursprüngliche Wunschtermin ausschlaggebend, obwohl dem Kunden der Termin aus dem Bestätigungsvorschlag mitgeteilt wurde. Diese Vorgehensweise können Sie wählen, wenn Sie versuchen, die Fertigung oder die Beschaffung der Ware unter allen Umständen zu beschleunigen, damit Sie die Ware an einem zum Wunschlieferdatum näheren Datum (und früher als zum vom System bestätigten Datum) liefern können.

[+]

Lieferung vor bestätigtem Kundentermin

Es stellt sich nur die Frage, wie Kunden darauf reagieren, wenn ihnen Termine weit in der Zukunft bestätigt werden und dann doch recht nah am ursprünglichen Wunschliefertermin ausgeliefert wird. Die Lieferung erfolgt dabei zwischen Wunschtermin und bestätigtem Termin (der hinter dem Wunschtermin liegt). Außerdem erzeugen Sie unnötigen Druck in der Disposition, denn der Kunde hat ja den Liefervorschlag bereits akzeptiert. Sie sollten in diesem Fall also genau abwägen, ob Sie das Kennzeichen setzen.

Bei nicht bestätigten Kundenaufträgen ist es notwendig, zwischen *vorgeplanten* und *nicht vorgeplanten Materialien* zu unterscheiden.

Bei nicht vorgeplanten Materialien empfehlen wir, das Kennzeichen **Termin fix** nicht zu setzen. Dadurch bleibt der Kundenauftrag zum Wunschliefertermin mit der ursprünglichen Wunschmenge dispositiv wirksam. Durch einen Bedarfsplanungslauf werden zur Kundenauftragsposition entsprechende Bedarfsdecker erzeugt. Gegen diese Bedarfsdecker kann dann der Kundenauftrag nachträglich bestätigt werden.

Setzen Sie das Kennzeichen dennoch, erhalten Sie eine entsprechende Systemmeldung: »Die Position hat keine offene Menge. Bitte Fixmengenkennzeichen prüfen«. Die Detailinformation hierzu besagt, dass der Kunde mit der Menge null einverstanden ist und dass nicht geliefert wird. Der SAP-Standard sieht nicht vor, dass das Kennzeichen **Termin fix** im Fall einer Nicht-Bestätigung gesetzt wird.

Schwieriger ist die Situation bei *vorgeplanten Materialien*. Lassen Sie uns das anhand des in Abbildung 4.8 dargestellten Beispiels näher betrachten.

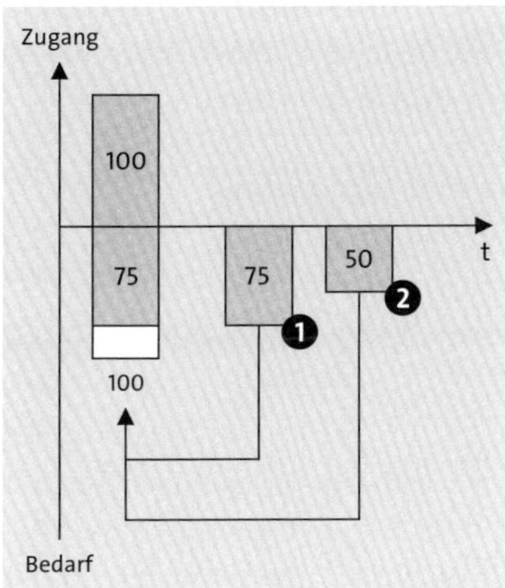

Abbildung 4.8 Konkurrierende Kundenaufträge

In unserem Beispiel in Abbildung 4.8 existiert eine Vorplanung über 100 Stück. Es wurde bereits ein Kundenauftrag ❶ über 75 Stück angelegt und gegen die Vorplanung bestätigt. Dieser Kundenauftrag hat sich auch gegen die Vorplanung verrechnet. Als Ergebnis bleibt eine freie Vorplanungsmenge von 25 Stück. Anschließend wird ein zweiter Kundenauftrag ❷ über 50 Stück angelegt. Dieser Kundenauftrag kann nicht voll bestätigt werden, da nur noch eine freie Vorplanungsmenge von 25 Stück vorhanden ist. Der zweite Kundenauftrag wird abgespeichert, ohne dass das Kennzeichen **Termin fix** gesetzt wurde. Damit ist der Auftrag zwar nicht bestätigt, aber trotzdem für die Verrechnung mit der Vorplanung relevant. Das bedeutet, dass sich 25 Stück vom Kundenauftrag mit der freien Vorplanung verrechnen und 25 Stück als nicht verrechnet und offen im System stehen bleiben.

Nun ruft der Kunde des ersten Kundenauftrags an und möchte seine Wunschmenge von 75 Stück auf 70 Stück reduzieren. Die Verfügbarkeitsprüfung liefert daraufhin eine bestätigte Menge von 50 Stück. Wie ist es zu dieser Situation gekommen?

In SAP wird eine dynamische Verfügbarkeitsprüfung durchgeführt, die wir Ihnen detailliert in Kapitel 6 vorstellen. Dies bedeutet, dass zum Zeitpunkt der erneuten Verfügbarkeitsprüfung des ersten Kundenauftrags der zweite Kundenauftrag vom System als *älterer* Kundenauftrag behandelt wird, der Vorrang hat. Somit wird der zweite Kundenauftrag komplett mit der Vorplanung verrechnet. Es spielt in diesem Szenario keine Rolle, ob ein Kundenauftrag bestätigt ist oder nicht.

Aus diesem Grund wird häufig, wie oben beschrieben, auch in einem Nicht-Bestätigungsfall das Kennzeichen **Termin fix** gesetzt. Ein nicht bestätigter Kundenauftrag würde so nicht dispositionsrelevant (ist damit auch nicht in der Bedarfs-/Bestandsliste sichtbar) und würde sich infolgedessen auch nicht mit der Vorplanung verrechnen.

Im Customizing zum Vertriebsbereich haben Sie die Möglichkeit, einen Vorschlagswert (siehe Abbildung 4.9) für das Kennzeichen **Termin und Menge fix** zu hinterlegen.

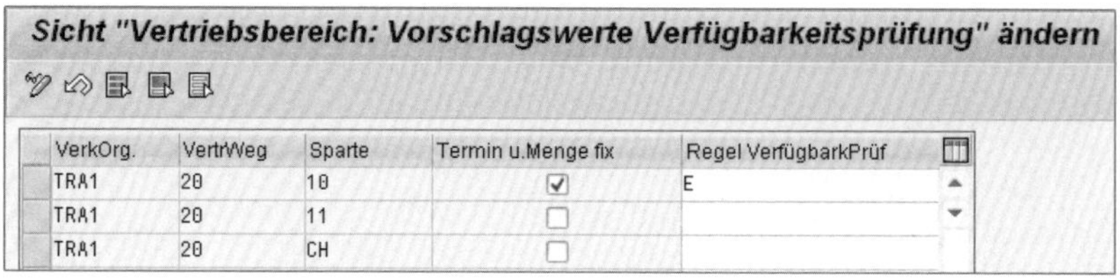

Sicht "Vertriebsbereich: Vorschlagswerte Verfügbarkeitsprüfung" ändern

VerkOrg.	VertrWeg	Sparte	Termin u.Menge fix	Regel VerfügbarkPrüf
TRA1	20	10	☑	E
TRA1	20	11	☐	
TRA1	20	CH	☐	

Abbildung 4.9 Voreinstellungen für die Verfügbarkeitsprüfung im Kundenauftrag

Zur Pflege der in Abbildung 4.9 gezeigten Voreinstellungen wählen Sie den Menüpfad **SAP Customizing Einführungsleitfaden • Vertrieb • Grundfunktionen • Verfügbarkeitsprüfung und Bedarfsübergabe • Verfügbarkeitsprüfung • Verfügbarkeitsprüfung nach ATP-Logik und gegen Vorplanung • Voreinstellungen festlegen.**

Wie in Abbildung 4.9 gezeigt, können Sie für eine Kombination aus Verkaufsorganisation, Vertriebsweg und Sparte einen Vorschlagswert für das Kennzeichen **Termin u. Menge fix** hinterlegen. In unserem Beispiel wird, wenn Sie einen Kundenauftrag für den Vertriebsbereich TRA1/20/10 anlegen, das Kennzeichen **Termin u. Menge fix** im Liefervorschlagsbild immer als Vorschlagswert gesetzt.

Darüber hinaus können Sie über das Feld **Regel VerfügbarPrüf** vorgeben, wie das System reagieren soll, wenn bei der Verfügbarkeitsprüfung eine Position nicht über die Wunschmenge zum Wunschtermin bestätigt werden kann. Wir kommen auf dieses Thema in Kapitel 8 im Rahmen der Rückstandsbearbeitung noch einmal zurück. Abbildung 4.10 zeigt, welche Regeln Sie für das System als Reaktion auf die fehlende Bestätigung hinterlegen können.

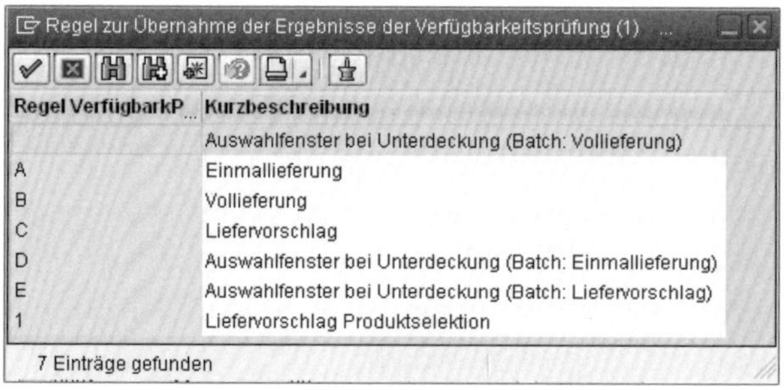

Regel zur Übernahme der Ergebnisse der Verfügbarkeitsprüfung (1)

Regel VerfügbarkP...	Kurzbeschreibung
	Auswahlfenster bei Unterdeckung (Batch: Vollieferung)
A	Einmallieferung
B	Vollieferung
C	Liefervorschlag
D	Auswahlfenster bei Unterdeckung (Batch: Einmallieferung)
E	Auswahlfenster bei Unterdeckung (Batch: Liefervorschlag)
1	Liefervorschlag Produktselektion

7 Einträge gefunden

Abbildung 4.10 Reaktionsmöglichkeiten des Systems bei fehlender Bestätigung

Das System kann auf zwei Arten auf ein negatives Ergebnis der Verfügbarkeitsprüfung reagieren. Entweder wird als Reaktion auf das Ergebnis automatisch eine Möglichkeit (z. B. Einmallieferung) ausgewählt und vorgeschlagen, oder es werden in einem Dialogfenster verschiedene Möglichkeiten angeboten, von denen Sie eine auswählen müssen. Die entsprechende Einstellung, wie das System reagieren soll, nehmen Sie mit der Regel zur Übernahme der Ergebnisse der Verfügbarkeitsprüfung vor.

Lieferplan

Bei Lieferplänen handelt es sich um einen Rahmenvertrag, der zwischen dem Kunden und dem Lieferanten geschlossen wird. Darin verpflichtet sich auf der einen Seite ein Kunde, bestimmte Mengen eines Materials über einen bestimmten Zeitraum abzunehmen, und auf der anderen Seite verpflichtet sich ein Lieferant, entsprechende Mengen eines Materials in diesem Zeitraum zu liefern. Im *Lieferplan* werden hierzu mehrere Termine mit den entsprechenden Mengen angelegt, die Grundlage für die Auslieferungen sind. Im SAP-System werden zwei grundsätzliche Lieferplanarten unterschieden:

- **Standardlieferpläne**
  Standardlieferpläne sind z. B. Lieferpläne der Belegart LP. In diesen Lieferplänen werden mithilfe von Einteilungen für einen definierten Gültigkeitszeitraum Liefertermine mit gleichen oder unterschiedlichen Mengen verwaltet. Die Einteilungen bilden die Grundlage für die entsprechenden Lieferungen an den Kunden. Im Gegensatz zum Kundenauftrag können Sie im Lieferplan neben den Liefermengen zu den einzelnen Terminen auch die gesamte Zielmenge festhalten. Sollte die Summe der einzelnen Liefermengen die Zielmenge überschreiten, erhalten Sie eine entsprechende Meldung vom System. Standardlieferpläne werden meist manuell verwaltet. Änderungen für Standardlieferpläne sollten eher selten – und wenn doch – mit einer entsprechenden Vorlaufzeit vorkommen.
- **Lieferpläne für Zulieferer**
  Dies sind z. B. Lieferpläne der Belegart LZ. Wie bei den Standardlieferplänen handelt es sich um Rahmenverträge, in denen über einen definierten Gültigkeitszeitraum Liefertermine mit gleichen oder unterschiedlichen Mengen verwaltet werden. Jedoch gibt es auch einige gravierende Unterschiede. Während Standardlieferpläne Mengen und Termine in Einteilungen zu der Lieferplanposition verwalten, erfolgt dies in Lieferplänen für Zulieferer über Einteilungen zu den sogenannten Abrufen.

  Der Kunde schickt die *Abrufe* in der Regel per Electronic Data Interchange (EDI). Die Abrufe werden zur Position angelegt und sind im Lieferplan auf getrennten Registerkarten sichtbar. Die Abrufe können regelmäßig vom Kunden aktualisiert werden. Hierbei ersetzt der neue den alten Abruf. Dies führt dazu, dass die Mengen und Termine ständig verändert und aktualisiert werden. Diese Änderungen können in SAP ERP überwacht werden, sodass größere, unerlaubte Schwankungen bei den Abrufen sofort erkannt werden.

Ein Mittel zur Überwachung sind die im Lieferplan mitgeführten und ermittelten *Fortschrittszahlen*. Mithilfe dieser Zahlen erhalten Sie einen genauen Überblick über die bereits gelieferte Stückzahl, über die Menge, die gerade unterwegs zum Kunden ist, und über die vom Kunden bereits vereinnahmte Menge. Diese Lieferplanart eignet sich vorwiegend für die Zuliefererindustrie.

[+]

Exkurs: Abruf

Der Abruf ist ein Beleg, der für die Kommunikation zwischen Kunde und Lieferant verwendet wird. In der Regel wird der Abruf per EDI oder Telefax übertragen. Mit dem Abruf teilt der Kunde dem Lieferanten mit, dass er eine bestimmte Menge eines bestimmten Materials zu einem bestimmten Termin abrufen möchte. Die Abrufe werden regelmäßig aktualisiert. Ein neuer Abruf überschreibt somit die Termine und Mengen des alten Abrufs. Im Zusammenhang mit Rahmenverträgen werden Abrufe auch als Lieferplanabrufe bezeichnet.

Die Dokumentation der verschiedenen Abrufarten, ihr Aufbau und ihre Verwendung finden Sie in den verschiedenen Richtlinien des Verbands der Automobilindustrie e.V. (VDA), der Automotive Industry Action Group (AIAG) und in den Odette-Richtlinien. Man unterscheidet die drei Abrufarten Lieferabruf (LAB), Feinabruf (FAB) und Planabruf (PLAB):

- Der *Lieferabruf* wird im nah-, mittel- und kurzfristigen Bereich eingesetzt. Dem Lieferanten werden mit dem Lieferabruf Mengen und Termine auf Monats- oder Wochenbasis übermittelt. In Ausnahmefällen können mit einem Lieferabruf auch Tagestermine übermittelt werden, was dann eine Alternative zum Feinabruf darstellt. Nach den Lieferabrufen kann der Lieferant seine Verkaufs- und Produktionsplanung sowie seine Versandsteuerung auslegen. Rechtsgrundlage für den Lieferabruf ist entweder ein Lieferplan oder eine Bestellung.
- Der *Feinabruf* wird im Nahbereich eingesetzt. Mit dem Feinabruf werden dem Lieferanten Mengen und Tagestermine bzw. untertägige Termine übermittelt (u. U. auch minutengenau). Auf diese Weise wird eine Feinsteuerung von Produktion und Versand beim Lieferanten ermöglicht.
- Der *Planabruf* als dritte Abrufart ist ein interner Abruf, der auf dem Lieferabruf basiert. Mit dem Planabruf erreichen Sie eine Feinsteuerung der Bedarfsplanung. Sie erreichen dies durch eine Eingrenzung des Planungszeitraums der Einteilungen in Lieferabrufen und indem Sie die Wochen- und Monatstermine aus dem Lieferabruf auf Tagestermine aufteilen.

Eine weitere Belegart, die den Abrufen sehr ähnelt und auch wie ein Feinabruf verwendet wird, sind die Auslieferungsaufträge, die auf dem Materialinformationssystem basieren.

Weitere Informationen zu den verschiedenen Abrufarten finden Sie in der Online-Dokumentation von SAP.

Ein Standardlieferplan ist, ähnlich wie der Kundenauftrag, in SAP ERP aufgebaut und besteht aus Positionen und dazu erstellten Einteilungen. In den Einteilungen wird über Einteilungstypen bestimmt, ob diese bedarfsrelevant und/oder lieferrelevant sein sollen. Darüber hinaus wird über den Einteilungstyp bestimmt, ob eine Verfügbarkeitsprüfung durchgeführt werden soll. Bei Standardlieferplänen erfolgt die Verfügbarkeitsprüfung wie bei Kundenaufträgen.

In der Regel wird bei Lieferplänen der Zulieferindustrie keine Verfügbarkeitsprüfung eingesetzt, da die zugrunde liegenden Verträge so präzise ausformuliert sind, dass der Lieferant in einer gewissen Toleranz, die ebenfalls vertraglich festgelegt wurde, immer liefern können muss. Die Einhaltung dieser vereinbarten Toleranzen kann systemseitig mittels der Toleranzprofile überwacht werden. Hinzu kommt, dass eine Verfügbarkeitsprüfung im Lieferplan positionsbezogen erfolgen würde. Käme ein neuer Abruf, würde die Verfügbarkeitsprüfung für alle Einteilungen dieser Position erneut durchgeführt. Es würde dadurch häufig zu Verschiebungen kommen. Diese Problematik ließe sich nur vermeiden, indem der Einteilungstyp bereits bestätigter Einteilungen manuell verändert und so eine erneute Verfügbarkeitsprüfung verhindert würde. Diese Vorgehensweise ist zwar theoretisch denkbar, praktisch aber nicht ausführbar.

Lieferanten, die nach Erhalt der Abrufe dennoch eine Verfügbarkeitsprüfung benötigen, können CMDS (Collaborative Management of Delivery Schedules) aus SAP APO einsetzen. Damit haben Sie auch die Möglichkeit, eine Rückstandsbearbeitung durchzuführen und Bestätigungen zum Abruf noch vor dem eigentlichen Lieferavis zu versenden. Da es zu weit führen würde, detaillierter auf das Thema einzugehen, verweisen wir auf die SAP-Online-Hilfe für weiterführende Literatur.

Aus all den hier angesprochenen Punkten empfehlen wir für Lieferpläne die Einstellungen zur Verfügbarkeitsprüfung im ERP-Standard zu verwenden. Sollten Sie SAP APO im Einsatz haben, könnte CMDS für Sie eine Alternative sein.

Lieferung

Die *Lieferung* ist das zentrale Element im Versand. Sie wird angelegt, wenn bestelltes Material an den Kunden geliefert werden soll, die Einteilung des Kundenauftrags oder Lieferplans also fällig ist. Alle Einteilungen eines Kundenauftrags, deren Materialbereitstellungsdatum oder Transportdispositionsdatum mit dem Lieferselektionsdatum übereinstimmt oder vor ihm liegt, werden in die Lieferung übernommen. Als Bedarfsdecker löst die Lieferung den Kundenauftrag als Bedarfsträger ab. In der Lieferung kann wie in den Kundenaufträgen eine Verfügbarkeitsprüfung durchgeführt werden, die entweder das Prüfergebnis aus dem Kundenauftrag noch einmal verifiziert oder die einzige Prüfung im Vertriebsprozess ist.

Bei der ATP-Verfügbarkeitsprüfung im Kundenauftrag werden, wenn dies der Prüfumfang so vorsieht, geplante Zugänge berücksichtigt, oder es wird eine Verfügbarkeitsprüfung gegen die Vorplanung durchgeführt. Beide Vorgehensweisen haben durch die Berücksichtigung von Elementen mit Planungscharakter einen gewissen Unsicherheitsfaktor. Aus diesem Grund ist eine erneute Verfügbarkeitsprüfung in der Lieferung zu empfehlen. Hier können Veränderungen in der Bestandssituation berücksichtigt werden, die während der Prüfung im Kundenauftrag noch nicht bekannt waren. Im Prüfumfang der Lieferung sollten Elemente mit planerischem Charakter (z. B. Bestellanforderungen, Planaufträge) nicht als Zugangselemente berücksichtigt werden. Es sollte vorrangig auf der Basis von verlässlichen Zugangselementen und des physischen Bestands geprüft werden. Das bedeutet, dass sich der Prüfumfang der Lieferung in den meisten Fällen vom Prüfumfang des Kundenauftrags unterscheidet.

Für die Verfügbarkeitsprüfung in der Lieferung sind die gleichen Steuerelemente wie im Kundenauftrag verantwortlich. Diese stellen wir Ihnen ausführlich in Kapitel 5 vor. Eine Verfügbarkeitsprüfung für eine Lieferungsposition ist nur dann möglich, wenn die Prüfung über die Prüfgruppe im Materialstamm aktiviert wurde. Im Unterschied zum Kundenauftrag, bei dem Sie die Verfügbarkeitsprüfung über den Einteilungstyp ausschalten können, können Sie die Verfügbarkeitsprüfung in der Lieferung über den Lieferungspositionstyp deaktivieren.

Ein weiterer wichtiger Parameter für die Verfügbarkeitsprüfung in der Lieferung ist die Bedarfsklasse. Die Bedarfsklasse ist im Lieferbeleg für den Anwender nicht sichtbar, kann aber auf der Tabellenebene der Lieferungsposition aus der Kombination der Felder **Bedarfsart** (LIPS-BDART) und **Planungsart** (LIPS-PLART) abgeleitet werden (siehe Abbildung 4.11).

BDAr	PlArt
01	1
04	1
01	1

Abbildung 4.11 Auszug aus Tabelle LIPS

Der zusammengesetzte Term aus Bedarfsart und Planungsart entspricht dann der Bedarfsklasse. In dem in Abbildung 4.11 gezeigten Beispiel handelt es sich jeweils um die Bedarfsklasse 011 und 041.

Folgende Voraussetzungen bestehen für die Durchführung einer Verfügbarkeitsprüfung in der Lieferung:

- Für das Material wurde im Materialstamm eine Prüfgruppe gepflegt, die eine Verfügbarkeitsprüfung vorsieht.
- In der Bedarfsklasse müssen die Bedarfsübergabe und die Verfügbarkeitsprüfung aktiviert sein.
- In der Lieferungsposition wurden ein Werk bzw. ein Werk und ein Lagerort gepflegt.
- Die Verfügbarkeitsprüfung darf im Lieferungspositionstyp nicht deaktiviert sein.

Sind die genannten Bedingungen erfüllt, wird die Verfügbarkeitsprüfung durchgeführt. Das Datum für die Verfügbarkeitsprüfung ist das Materialbereitstellungsdatum. Die ATP-Prüfung wird auf der Grundlage des hinterlegten Prüfumfangs durchgeführt. Der *Prüfumfang* ergibt sich wie beim Kundenauftrag aus der Kombination aus der Prüfgruppe, die im Materialstamm steht, und der Prüfregel, die für den Lieferungsvorgang fest im System hinterlegt ist.

Bei den *Prüfregeln* werden folgende Fälle unterschieden:

- Lieferung für einen Kundensammelauftrag (B)
- Lieferung für einen Kundeneinzelauftrag (BE)
- Lieferung zu einem Projekteinzelbestand (BQ)
- Lieferung für ein Leihgut (BV)
- Lieferung zu einem Konsignationsmaterial (BW)

Für jede Kombination aus Prüfgruppe und Prüfregel müssen Sie einen eigenen Prüfumfang hinterlegen und können somit, je nach Anforderung, unterschiedlich prüfen.

Als *Ergebnis* der Verfügbarkeitsprüfung beim Erstellen der Lieferung aus dem Kundenauftrag wird eine Liefermenge ermittelt und in die Lieferungsposition übernommen. Kann keine Liefermenge ermittelt werden, können Sie über die Customizing-Einstellungen zur Lieferung festlegen, ob überhaupt eine Lieferungsposition angelegt wird, wenn die bestätigte Menge gleich null ist. Dies bestimmen Sie über den Positionstyp in der Lieferung (siehe Abbildung 4.12).

Den **Positionstyp** für die Lieferungen pflegen Sie über den folgenden Menüpfad: **SAP Customizing Einführungsleitfaden • Logistik Execution • Versand • Lieferungen • Positionstypen Lieferungen definieren**. Wie Sie in Abbildung 4.12 sehen, müssen Sie das Kennzeichen **Material 0 erlaubt** setzen, damit Positionen mit der bestätigten Menge null übernommen werden. Darüber hinaus können Sie pro Lieferungspositionstyp festlegen, ob eine Verfügbarkeitsprüfung durchgeführt werden soll, ob keine Verfügbarkeitsprüfung in der Lieferung stattfinden soll oder ob lediglich bei der Kommissionierrückmeldung auf die Prüfung verzichtet werden soll.

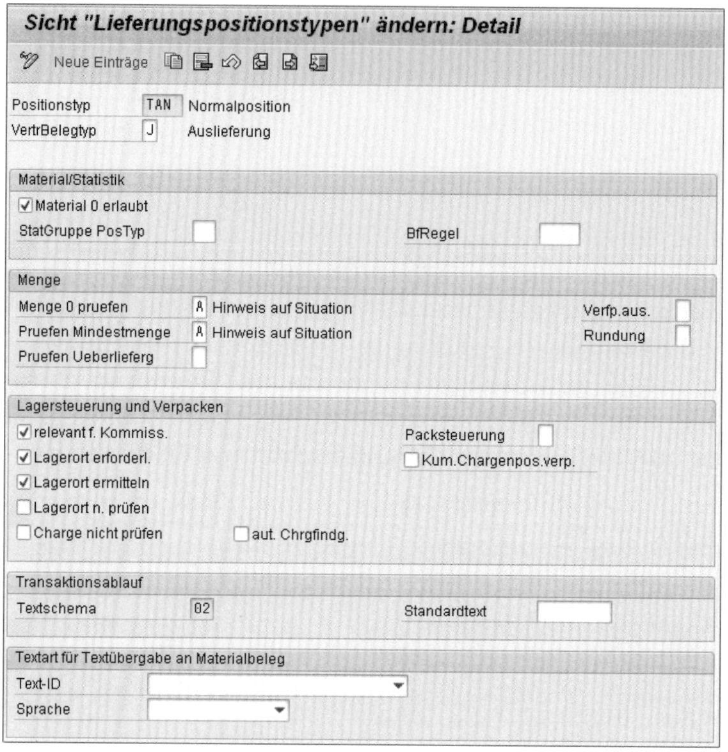

Sicht "Lieferungspositionstypen" ändern: Detail

Neue Einträge

Positionstyp TAN Normalposition
VertrBelegtyp J Auslieferung

Material/Statistik
☑ Material 0 erlaubt
StatGruppe PosTyp | BfRegel

Menge
Menge 0 pruefen A Hinweis auf Situation | Verfp.aus.
Pruefen Mindestmenge A Hinweis auf Situation | Rundung
Pruefen Ueberlieferg

Lagersteuerung und Verpacken
☑ relevant f. Kommiss. | Packsteuerung
☑ Lagerort erforderl. | ☐ Kum.Chargenpos.verp.
☑ Lagerort ermitteln
☐ Lagerort n. prüfen
☐ Charge nicht prüfen | ☐ aut. Chrgfindg.

Transaktionsablauf
Textschema 02 | Standardtext

Textart für Textübergabe an Materialbeleg
Text-ID
Sprache

Abbildung 4.12 Einstellung des Lieferungspositionstyps

Wenn nur eine Teilmenge der ursprünglichen Bedarfsmenge zum Materialbereitstellungsdatum bestätigt werden kann, wird die Liefermenge automatisch auf die bestätigte Menge reduziert. Wurde für die Lieferungsposition definiert, dass keine Teillieferungen erwünscht sind, erhalten Sie in diesem Fall eine entsprechende Meldung.

Mit der Lieferung haben wir Ihnen das letzte Objekt aus dem Vertrieb vorgestellt, für das Sie eine Verfügbarkeitsprüfung durchführen und mittels Customizing-Einstellungen steuern können. Beim Buchen des Warenausgangs wird der tatsächliche physische Bestand geprüft. Für diese Prüfung stehen keine Parameter zur Verfügung, die Sie im Customizing einstellen können. Im nächsten Abschnitt stellen wir Ihnen den Bereich der Produktionslogistik vor. Wir gehen auf die verschiedenen Objekte ein und zeigen, welche Prüfung Sie dort einsetzen können.

Lieferfreigabe mit advanced ATP in SAP S/4HANA

In SAP S/4HANA bieten sich Ihnen neue Möglichkeiten der Verfügbarkeitsprüfung, auf die wir in Teil III dieses Buches eingehen. Für die Verfügbarkeitsprüfung vor dem Lieferprozesse bietet Ihnen SAP S/4HANA mit der SAP-Fiori-App **Release for Delivery** zur Lieferfreigabe (App-ID F1786) eine Alternative zur Verfügbarkeitsprüfung in der Lieferung. Mit dieser App können Sie fällige Kundenaufträge oder Umlagerungsbestellungen priorisieren, die Materialien mit begrenzter Verfügbarkeit oder hohem Bedarf enthalten. Die App zeigt die aktuelle Verfügbarkeitssituation der Materialien an, für die der Benutzer verantwortlich ist, und ermöglicht eine Einschätzung der potenziellen finanziellen Auswirkungen, wenn die gefragten Aufträge nicht erfüllt werden. Weitere Details zu dieser neuen Funktion in SAP S/4HANA finden Sie in Teil III dieses Buches.

Innerhalb der Produktion können Sie die Verfügbarkeitsprüfung im Planauftrag und im Fertigungsauftrag durchführen. Darüber hinaus haben Sie in der Produktionslogistik die Möglichkeit, verschiedene Arten der Verfügbarkeitsprüfung durchzuführen. Wir stellen im Folgenden neben der Verfügbarkeitsprüfung für Materialkomponenten auch die Verfügbarkeitsprüfung für Fertigungshilfsmittel und für Kapazitäten vor.

Verfügbarkeitsprüfung für Materialien

Bevor Sie einen Fertigungsauftrag starten, können Sie überprüfen, ob alle notwendigen Materialkomponenten vorhanden sind, sodass die Produktion ohne Fehlteile durchgeführt werden kann. Damit eine Materialkomponente an der Verfügbarkeitsprüfung teilnimmt, müssen bestimmte Voraussetzungen erfüllt sein:

- Die Materialkomponente muss bestandsgeführt sein.
- Es darf sich bei der Materialkomponente nicht um eine Dummy-Position handeln. Dummy-Positionen werden durch den Sonderbeschaffungsschlüssel 50 gekennzeichnet.
- Es darf sich bei der Materialkomponente nicht um ein Schüttgut handeln. Das Kennzeichen **Schüttgut** können Sie entweder im Materialstamm auf der Sicht **Disposition 2** (siehe Abbildung 4.13) oder für die Stücklistenposition (siehe Abbildung 4.14) setzen.

Beschaffung

Beschaffungsart	X	Chargenerfassung	
Sonderbeschaffung		Produktionslagerort	2000
Quotierungsverw.		Vorschlags-PVB	
Retrogr. Entnahme	1	FremdBesch Lagerort	
Feinabrufkennzeichen		BfGruppe	
☐ Kuppelprodukt		Kuppelproduktion	
☐ Schüttgut			

Abbildung 4.13 Kennzeichen »Schüttgut« im Materialstamm

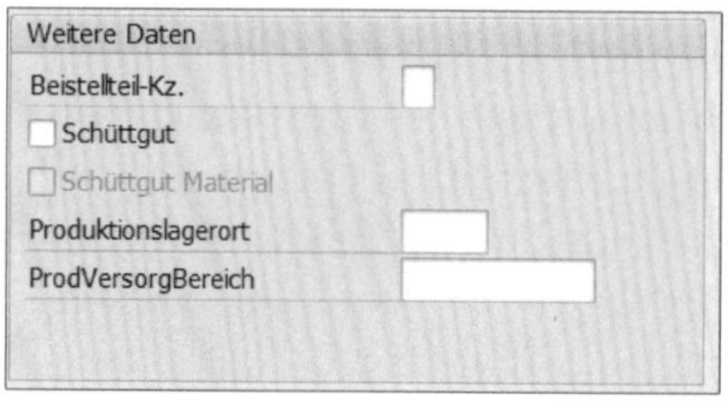

Abbildung 4.14 Kennzeichen »Schüttgut« in der Stückliste

Als Anwender können Sie eine Verfügbarkeitsprüfung jederzeit manuell im Fertigungsauftrag starten. Alternativ dazu kann die Verfügbarkeitsprüfung aber auch automatisch gestartet werden. Eine automatische Prüfung können Sie beim Eröffnen des Fertigungsauftrags und beim Freigeben des Fertigungsauftrags durchführen.

Die automatische Verfügbarkeitsprüfung aktivieren Sie in der Prüfsteuerung über den Menüpfad **SAP Customizing Einführungsleitfaden • Produktion • Fertigungssteuerung • Vorgänge • Verfügbarkeitsprüfung • Prüfungssteuerung definieren**. Sie legen die Prüfsteuerung in Abhängigkeit von Werk und Auftragsart an. Die Prüfsteuerung können Sie für den Zeitpunkt der Fertigungsauftragseröffnung (Eintrag »1« im Feld **Verfügbarkeitsvorgang**) und für den Zeitpunkt der Fertigungsauftragsfreigabe (Eintrag »2« im Feld **Verfügbarkeitsvorgang**) unterschiedlich einstellen (siehe Abbildung 4.15).

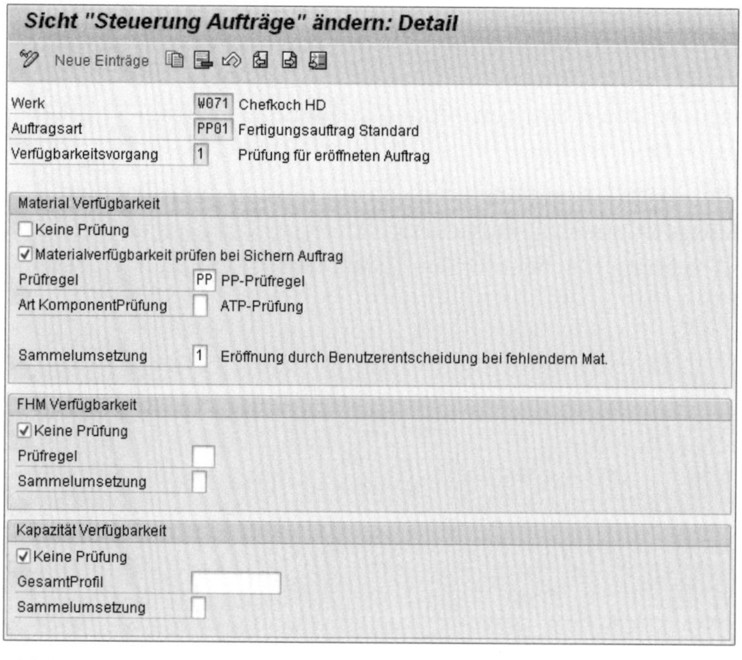

Abbildung 4.15 Einstellungen zur Prüfsteuerung

In Abbildung 4.15 zeigen wir Ihnen die Einstellungen zur Fertigungsauftragsfreigabe für die Auftragsart PP01 im Werk W071.

Neben den Einstellungen für die Materialverfügbarkeitsprüfung können Sie auch Einstellungen für die Fertigungshilfsmittel-Verfügbarkeitsprüfung und die Kapazitätsverfügbarkeitsprüfung vornehmen. Diese erläutern wir in den folgenden Abschnitten.

Über das Kennzeichen **Keine Prüfung** können Sie die Verfügbarkeitsprüfung für den jeweiligen Verfügbarkeitsprüfungsvorgang ausschalten. Wenn Sie das Kennzeichen **Materialverfügbarkeit prüfen bei Sichern Auftrag** setzen, wird beim Sichern des Fertigungsauftrags eine zusätzliche Verfügbarkeitsprüfung durchgeführt. Diese automatische Verfügbarkeitsprüfung erfolgt aber nur, wenn Änderungen wie z. B. bestimmte Feldänderungen, Änderungen von Alternativdaten oder Änderungen von Auslaufdaten erfolgt sind oder Komponenten hinzugefügt, gelöscht oder umgehängt wurden. Nach Termin- und Mengenänderungen auf der Kopfebene sowie nach einem Folgentausch wird ebenfalls eine automatische Terminierung durchgeführt.

Anders als bei der Verfügbarkeitsprüfung im Vertrieb ist die Prüfregel (Feld **Prüfregel**) bei der Prüfung im Fertigungsauftrag nicht fest für ein Objekt vorgegeben, sondern kann frei eingestellt werden. Die Einstellungen der Prüfregel stellen wir Ihnen in Abschnitt 5.2 vor.

Zudem können Sie vorgeben (Feld **Art KomponentPrüfung**), mit welcher Methode der Verfügbarkeitsprüfung die Komponenten geprüft werden sollen. In unserem Beispiel werden alle Komponenten mit der ATP-Verfügbarkeitsprüfung geprüft. Bei der ATP-Verfügbarkeitsprüfung für Komponenten wird geprüft, ob die Sekundärbedarfsmengen durch Zugangselemente oder Bestände gedeckt sind. Welche Zu-/Abgangselemente und Bestände berücksichtigt werden, wird im Prüfumfang festgelegt, der für eine Kombination aus Prüfregel und Prüfgruppe definiert wird.

Als Alternative zur ATP-Verfügbarkeitsprüfung können Sie auch eine Verfügbarkeitsprüfung gegen die Vorplanung einstellen, bei der lediglich Planprimärbedarfe berücksichtigt werden. Beide Prüfmethoden stellen wir in Kapitel 6 ausführlich vor. Die Verfügbarkeitsprüfung gegen die Vorplanung wird in der Produktionslogistik allerdings weniger eingesetzt. Zur Produktion müssen die entsprechenden Materialkomponenten vorrätig sein; daher wird hier häufig nur die ATP-Verfügbarkeitsprüfung eingesetzt.

Als letzte Einstellung in der Prüfsteuerung müssen Sie vorgeben, wie sich das System bei Sammelfunktionen verhalten soll (Feld **Sammelumsetzung**). Es gibt Sammelfunktionen zur Auftragseröffnung und zur Fertigungsauftragsfreigabe. Mit der entsprechenden Einstellung geben Sie vor, wie das System bei fehlender Verfügbarkeit reagieren soll. Ihnen stehen die folgenden Einstellungsmöglichkeiten zur Verfügung:

- Freigabe bzw. Auftragseröffnung durch Benutzerentscheid
- Freigabe bzw. Auftragseröffnung, obwohl keine Materialverfügbarkeit
- keine Freigabe bzw. Auftragseröffnung bei fehlendem Material

Ausgangspunkt für die Verfügbarkeitsprüfung im Fertigungsauftrag ist der Bedarfstermin für die Komponenten, der sich aus der Terminierung des Fertigungsauftrags ergibt. Das System prüft in diesem Fall, ob alle benötigten Komponenten verfügbar sind.

Verfügbarkeitsprüfung für Fertigungshilfsmittel

Neben den Materialien werden auch Fertigungshilfsmittel für den Produktionsprozess benötigt. Für diese können Sie ebenfalls eine Verfügbarkeitsprüfung durchführen. Im SAP-Standard sind folgende Fertigungshilfsmittelarten zu unterscheiden. Die Fertigungshilfsmittel ordnen Sie einzelnen Arbeitsvorgängen zu.

- **Fertigungshilfsmittel Sonstige**
  Unter einem Fertigungshilfsmittel der Art **Fertigungshilfsmittel Sonstige** ist ein im Vergleich zum Materialstamm »abgespecktes« Stammdatum zu verstehen, das auch nicht bestandsgeführt werden kann. Diese Art des Fertigungshilfsmittels wird häufig für die Abbildung von NC-Programmen (Numerische Steuerung) in SAP verwendet. Hier ist aufgrund der fehlenden Bestandsführung keine ATP-Verfügbarkeitsprüfung möglich; eine Verfügbarkeitsprüfung kann nur gegen den Status des Fertigungshilfsmittels durchgeführt werden.
- **Fertigungshilfsmittel Materialstamm**
  Fertigungshilfsmittel der Art **Fertigungshilfsmittel Materialstamm** sind Materialstämme der Materialart FHMI, bei denen zusätzlich eine Fertigungshilfsmittelsicht mit entsprechenden Daten gepflegt wird. Anders als die Fertigungshilfsmittel der Art **Fertigungshilfsmittel Sonstige** können die Fertigungshilfsmittel der Art **Fertigungshilfsmittel Materialstamm** Bestand führen. Für diese Art von Fertigungshilfsmitteln können Sie eine zweistufige Prüfung durchführen.

  Zum einen haben Sie die Möglichkeit, auch diese Fertigungshilfsmittelart auf Status zu prüfen, und zum anderen können Sie für diese Fertigungshilfsmittel eine ATP-Verfügbarkeitsprüfung durchführen, die die Bestände berücksichtigt. Bei der Prüfung werden die Bestände **Frei verwendbarer Bestand**, **Qualitätsprüfbestand**, **Frei verwendbarer Konsignationsbestand** und **Konsignationsbestand in Qualitätsprüfung** berücksichtigt.
- **Equipment/Dokumente**
  Fertigungshilfsmittel, die Sie als Dokumenteninfosatz anlegen, sind Dokumente. Diese Art von Fertigungshilfsmittel wird oft für Zeichnungen oder auch für NC-Programme verwendet. Die Fertigungshilfsmittelart **Equipment** wird für Fertigungshilfsmittel verwendet, die z. B. regelmäßig gewartet werden müssen. Auch

für diese beiden Fertigungshilfsmittelarten können Sie lediglich eine Verfügbarkeitsprüfung gegen den Status des jeweiligen Fertigungshilfsmittels durchführen.

Die Einstellungen für die Fertigungshilfsmittel-Verfügbarkeitsprüfung nehmen Sie bei der Prüfsteuerung vor (siehe Abbildung 4.15). Mit dem Status im Fertigungshilfsmittel können Sie vorgeben, ob das Fertigungshilfsmittel in der Verfügbarkeitsprüfung als verfügbar oder als nicht verfügbar berücksichtigt werden soll. Um Fertigungshilfsmittel der Art **Fertigungshilfsmittel Materialstamm** zusätzlich gegen den Bestand zu prüfen, müssen Sie eine Prüfregel eintragen. Über die Prüfregel wird wiederum ein Prüfumfang ermittelt, anhand dessen die Prüfung durchgeführt wird.

Verfügbarkeitsprüfung von Kapazitäten

Neben der Verfügbarkeitsprüfung auf Materialien und Fertigungshilfsmittel ist die dritte Möglichkeit der Verfügbarkeitsprüfung die Prüfung auf Kapazitäten. Auch die Einstellungen für die Kapazitätsverfügbarkeitsprüfung nehmen Sie in der Prüfsteuerung vor (siehe Abbildung 4.15 weiter vorne). Sie haben die Möglichkeit, beim Eröffnen und Freigeben eines Fertigungsauftrags automatisch eine Kapazitätsverfügbarkeitsprüfung bzw. eine Kapazitätsterminierung durchführen zu lassen. Zusätzlich können Sie die Kapazitätsverfügbarkeitsprüfung jederzeit manuell aufrufen. Grundlage dafür ist, dass Sie in der Prüfsteuerung im Feld **GesamtProfil** ein Gesamtprofil für die Kapazitätsverfügbarkeitsprüfung eintragen.

Der SAP-Standard liefert Ihnen das Profil SAPSFCG013 für die Verfügbarkeitsprüfung, wobei Sie auch eigene Profile im Customizing anlegen können.

Weiterführende Literatur

Zur weiteren Vertiefung der Themen Kapazitätsverfügbarkeitsprüfung, Kapazitätsterminierung und Kapazitätsplanung verweisen wir auf das ebenfalls bei SAP PRESS erschienene Buch »Produktionsplanung und -steuerung mit SAP ERP« von Jörg Thomas Dickersbach und Gerhard Keller und »Kapazitätsplanung mit SAP« – SAP PRESS von Ferenc Gulyássy und Binoy Vithayathil.

Bei der Verfügbarkeitsprüfung wird für jeden einzelnen Vorgang des Fertigungsauftrags geprüft, ob auf dem Arbeitsplatz, auf dem der Vorgang durchgeführt werden soll, noch genügend freie Kapazität zur Verfügung steht. Bei der Berechnung der freien Kapazität werden andere, bereits eingeplante Aufträge berücksichtigt.

Wenn die Verfügbarkeitsprüfung keine freie Kapazität ermittelt, wird Ihnen in einem Dialogfenster die Wahlmöglichkeit angeboten, sich weitere Detailinformationen anzeigen zu lassen (**Detail Infos**) oder eine Kapazitätsterminierung vorzunehmen (**KapaTerminierung**).

Wenn Sie die Funktion **Detail Infos** wählen, wird Ihnen in einem neuen Fenster das Ergebnis der Kapazitätsverfügbarkeitsprüfung transparent dargestellt (siehe Abbildung 4.16).

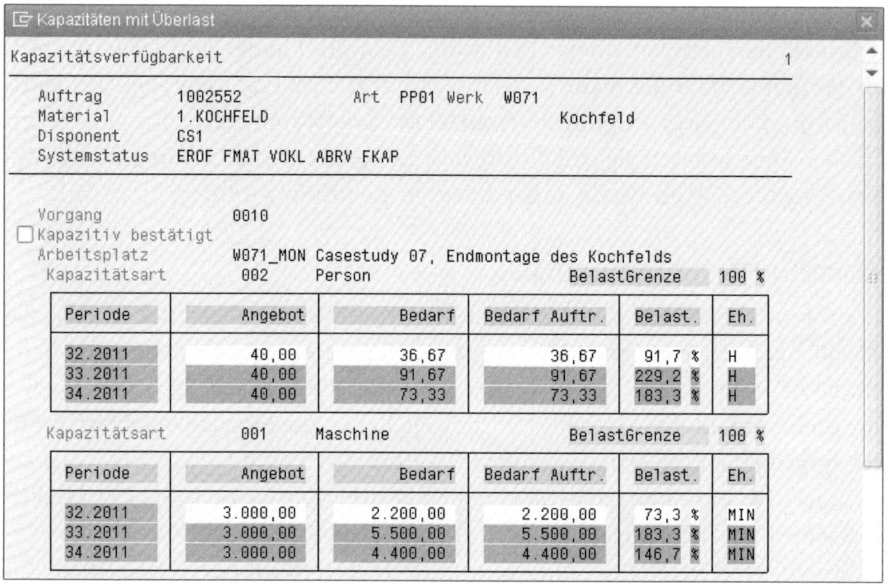

Kapazitäten mit Überlast

Kapazitätsverfügbarkeit 1

Auftrag 1002552 Art PP01 Werk W071
Material 1.KOCHFELD Kochfeld
Disponent CS1
Systemstatus EROF FMAT VOKL ABRV FKAP

Vorgang 0010
Kapazitiv bestätigt
Arbeitsplatz W071_MON Casestudy 07, Endmontage des Kochfelds
Kapazitätsart 002 Person BelastGrenze 100 %

Periode	Angebot	Bedarf	Bedarf Auftr.	Belast.	Eh.
32.2011	40,00	36,67	36,67	91,7 %	H
33.2011	40,00	91,67	91,67	229,2 %	H
34.2011	40,00	73,33	73,33	183,3 %	H

Kapazitätsart 001 Maschine BelastGrenze 100 %

Periode	Angebot	Bedarf	Bedarf Auftr.	Belast.	Eh.
32.2011	3.000,00	2.200,00	2.200,00	73,3 %	MIN
33.2011	3.000,00	5.500,00	5.500,00	183,3 %	MIN
34.2011	3.000,00	4.400,00	4.400,00	146,7 %	MIN

Abbildung 4.16 Detailinformation zum Ergebnis der Kapazitätsverfügbarkeitsprüfung

In den Detailinformationen wird zu allen Vorgängen das Ergebnis der Kapazitätsverfügbarkeitsprüfung angezeigt, d. h., Sie sehen, ob der Vorgang bestätigt werden konnte oder nicht. Zu einem Arbeitsplatz und damit zu einem Vorgang können mehrere Kapazitätsarten hinterlegt werden. Kapazitätsarten klassifizieren die Kapazitäten nach Eigenschaften und Funktionen. In unserem Beispiel gibt es die beiden Kapazitätsarten 002 (Person) und 001 (Maschine). Für alle Kapazitätsarten wird die Kapazitätssituation in den relevanten Perioden, also über die Laufzeit des Auftrags, angezeigt. Als Informationen wird Ihnen das Kapazitätsangebot pro Periode und Kapazitätsart angezeigt, das aus dem Arbeitsplatz ermittelt wird. Dem Angebot werden die Bedarfe pro Periode gegenübergestellt. Welche Bedarfe berücksichtigt werden, wird über das Kapazitätsplanungsprofil gesteuert, das Sie in der Prüfsteuerung eingetragen haben. Daraus wird letztendlich die Belastung berechnet.

Neben den Detailinformationen haben Sie die Möglichkeit, eine Kapazitätsterminierung zu starten. Die Kapazitätsterminierung unterscheidet sich von der Durchlaufterminierung (diese kommt ansonsten bei der Terminierung von Fertigungsaufträgen zum Einsatz) darin, dass die vorhandenen Kapazitäten in der Planung berücksichtigt werden.

Im ersten Schritt wird für alle terminierungsrelevanten Vorgänge geprüft, ob am entsprechenden Arbeitsplatz noch genügend freie Kapazität vorhanden ist. Wie Sie in Abbildung 4.16 gesehen haben, können Sie pro Kapazitätsart eine Belastungsgrenze hinterlegen (die auch über 100 % liegen kann), die dann bei der Kapazitätsterminierung entsprechend berücksichtigt wird.

Wenn genügend freie Kapazität auf den Arbeitsplätzen vorhanden ist, werden die Vorgänge eingeplant. Sollte allerdings zum Bedarfszeitpunkt nicht genügend freie Kapazität vorhanden sein, wird der Vorgang auf einen Termin verschoben, an dem er ohne Kapazitätsprobleme eingeplant werden kann. Wie diese Suche nach freier Kapazität erfolgt, wird über das Kapazitätsplanungsprofil gesteuert, das Sie in der Prüfsteuerung hinterlegt haben.

An dieser Kapazitätsterminierung nehmen nur Arbeitsplätze teil, für die auf der Registerkarte **Kapazitäten** im Stammsatz das Kennzeichen **Relevant für die Kapazitätsterminierung** gesetzt wurde. In die in der Abbildung 4.17 gezeigten Sicht landen Sie wenn Sie auf dem Reiter Kapazitäten im Arbeitsplatz einen Doppelklick auf die gepflegte Kapazitätsart machen.

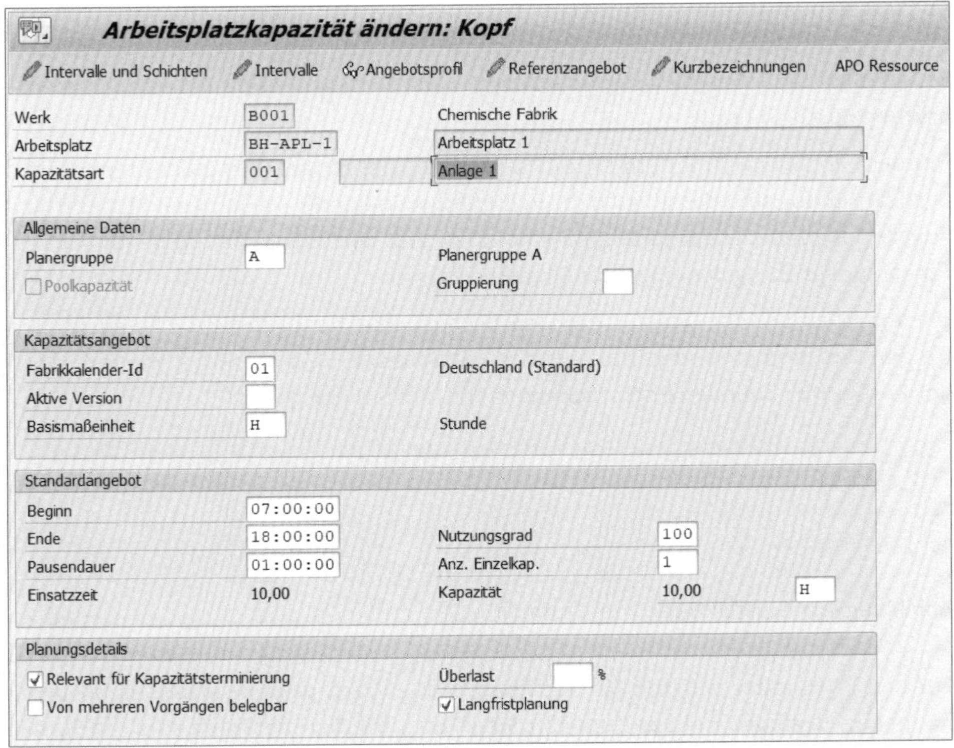

Abbildung 4.17 Kapazitätsdetails im Arbeitsplatz

Verfügbarkeitsprüfung im Planauftrag

Von den soeben vorgestellten Verfügbarkeitsprüfungen kann nur die Materialverfügbarkeitsprüfung im Planauftrag in SAP ERP durchgeführt werden. Die Verfügbarkeitsprüfung im Planauftrag wird nicht automatisch ausgeführt, sondern muss manuell pro Planauftrag oder über einen Sammellauf durchgeführt werden. Den Sammellauf für die Verfügbarkeitsprüfung können Sie über den folgenden Menüpfad starten: **SAP Menü • Logistik • Produktion • Bedarfsplanung • Planauftrag • Sammelverf.Prüfung**, oder Sie wählen Transaktion MDVP.

Alternativ dazu können Sie auch ein Programm aus der Fertigungssteuerung verwenden und wählen dann **SAP Menü • Logistik • Produktion • Fertigungssteuerung • Steuerung • Sammelverfügbarkeitsprüfung** oder Transaktion COMAC.

Wenn Sie die Sammelverfügbarkeitsprüfung für den Planauftrag als Job einplanen möchten, können Sie mit dem Report `PPIO_ENTRY` arbeiten.

Wir betrachten exemplarisch die Verfügbarkeitsprüfung für Planaufträge mit Transaktion MDVP (Sammelverfügbarkeitsprüfung). Zur Durchführung der Sammelverfügbarkeitsprüfung benötigen Sie ein Profil oder alternativ dazu ein Layout. Sie können das Standardprofil 000001 verwenden oder auch ein eigenes Profil im Customizing anlegen. Wählen Sie dazu **SAP Customizing Einführungsleitfaden • Produktion • Bedarfsplanung • Beschaffungsvorschläge • Planaufträge • Sammelverfügbarkeitsprüfung durchführen**.

Mit dem Profil bzw. mit dem Layout steuern Sie die Aufbereitung der Ergebnisliste der Transaktion und damit auch die Reihenfolge, in der die selektierten Planaufträge angezeigt werden. Die angezeigte Reihenfolge gibt auch die Reihenfolge für die Verfügbarkeitsprüfung der einzelnen Planaufträge vor.

Wichtig ist es, vor dem Starten der Sammelverfügbarkeitsprüfung die Einstellungen für den Prüfmodus vorzunehmen (siehe Abbildung 4.18), die sichtbar werden, wenn der Prüfmodus über den entsprechenden Button aktiviert wurde.

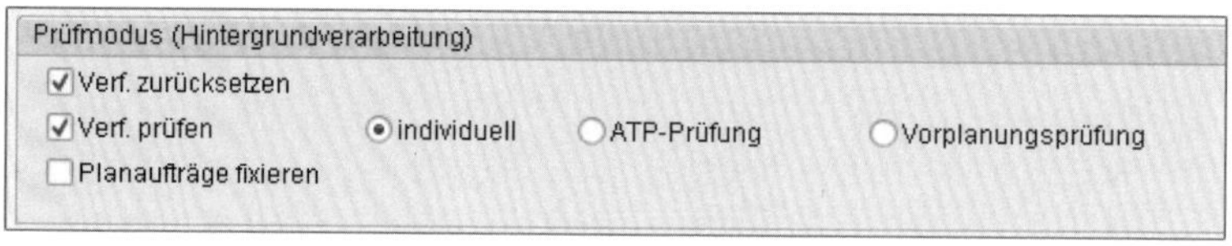

Abbildung 4.18 Einstellungen zum Prüfmodus

Für den Prüfmodus müssen Sie das Kennzeichen **Verf. prüfen** setzen, damit überhaupt eine Verfügbarkeitsprüfung durchgeführt wird. Darüber hinaus sollten Sie das Kennzeichen **Verf. zurücksetzen** markieren, damit die Ergebnisse der bereits geprüften Planaufträge zurückgesetzt werden. Das Zurücksetzen der Verfügbarkeitsprüfung ist erforderlich, damit die Planaufträge in der neuen Reihenfolge bestätigt werden können und keine Mengen durch alte Aufträge blockiert sind. Zusätzlich können Sie eingeben, nach welcher Methode die Komponenten geprüft werden sollen. Wir empfehlen hier, eine individuelle Prüfung durchzuführen. Das bedeutet, dass die für die Komponente vorgesehene Prüfmethode übernommen und danach geprüft wird. Das Ergebnis der Sammelverfügbarkeitsprüfung für Planaufträge zeigen wir Ihnen in Abbildung 4.19.

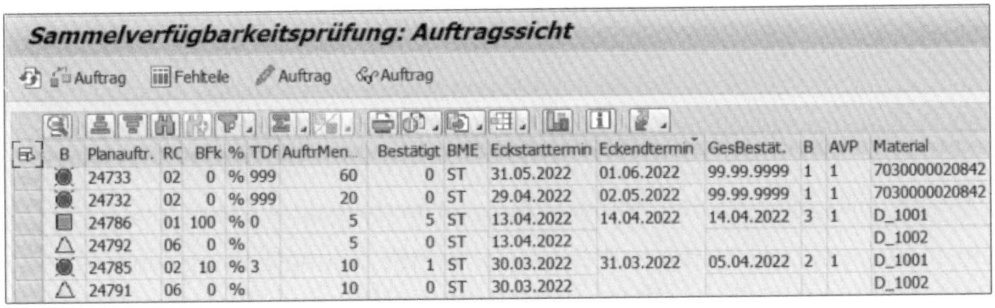

Sammelverfügbarkeitsprüfung: Auftragssicht

Auftrag Fehlteile Auftrag Auftrag

B	Planauftr.	RC	BFk	%	TDf	AuftrMen...	Bestätigt	BME	Eckstarttermin	Eckendtermin	GesBestät.	B	AVP	Material
	24733	02	0	%	999	60	0	ST	31.05.2022	01.06.2022	99.99.9999	1	1	7030000020842
	24732	02	0	%	999	20	0	ST	29.04.2022	02.05.2022	99.99.9999	1	1	7030000020842
	24786	01	100	%	0	5	5	ST	13.04.2022	14.04.2022	14.04.2022	3	1	D_1001
	24792	06	0	%		5	0	ST	13.04.2022					D_1002
	24785	02	10	%	3	10	1	ST	30.03.2022	31.03.2022	05.04.2022	2	1	D_1001
	24791	06	0	%		10	0	ST	30.03.2022					D_1002

Abbildung 4.19 Ergebnis der Sammelverfügbarkeitsprüfung

Durch Ampel-Symbole wird angezeigt, wie das Prüfungsergebnis aussieht. Bei einer roten Ampel konnte der Planauftrag nicht voll bestätigt werden, während er bei einer grünen Ampel voll bestätigt werden konnte. Diese Sammelverfügbarkeitsprüfung sollten Sie in regelmäßigen Abständen durchführen, wie wir es in Abschnitt 4.2.3 beschreiben.

Verfügbarkeitsprüfung im Fertigungsauftrag

Das nächste und letzte Objekt aus der Produktionslogistik, bei dem Sie eine Verfügbarkeitsprüfung durchführen können, ist der Fertigungsauftrag. Im Fertigungsauftrag können Sie eine Verfügbarkeitsprüfung automatisiert bei der Fertigungsauftragseröffnung und -freigabe durchführen lassen. Daneben können Sie die Verfügbarkeitsprüfung jederzeit manuell beim Ändern eines Fertigungsauftrags starten. Anders als im Planauftrag haben Sie im Fertigungsauftrag die Möglichkeit, neben der Materialverfügbarkeitsprüfung auch die Fertigungshilfsmittel und Kapazitäten zu prüfen.

Wieso eine Verfügbarkeitsprüfung für Planaufträge und anschließend auch für aus diesen Planaufträgen erstellte Fertigungsaufträge durchaus sinnvoll ist, haben wir Ihnen bereits in Kapitel 3 erläutert. Von besonderer Bedeutung ist sicher die Verfügbarkeitsprüfung bei der Freigabe des Fertigungsauftrags, also kurz vor dem Beginn der Produktion. Zu diesem Zeitpunkt müssen alle notwendigen Ressourcen zur Verfügung stehen, da der Auftrag sonst nicht gestartet werden kann und dadurch Verzögerungen in der Produktion auftreten.

Die Verfügbarkeitsprüfung ist ein wesentlicher Baustein für den Prozess der belastungsorientierten Freigabe. Im Unterschied zur klassischen Auftragsfreigabe wird bei der belastungsorientierten Freigabe kontrolliert, ob die benötigten Ressourcen in ausreichendem Umfang zur Verfügung stehen. Zuerst werden dabei die betroffenen Aufträge entsprechend ihrem Produktionsstarttermin in eine Reihenfolge gebracht. Die Produktionsstarttermine werden wiederum über eine vom Bedarfstermin ausgehende Terminierung ermittelt.

Im nächsten Schritt werden diese Aufträge dann einer Verfügbarkeitsprüfung unterzogen, bei der die bereits genannten Ressourcen geprüft werden. Als Ergebnis werden nur die Aufträge freigegeben, bei denen alle benötigten Ressourcen vorhanden sind. Ziel der belastungsorientierten Freigabe ist, dass nur die Aufträge freigegeben werden, die auch produziert werden können. Auf diese Weise wird eine bessere Übersicht erreicht; zugleich sinkt der Steuerungsaufwand innerhalb der Produktion.

Die Einstellungen für die Verfügbarkeitsprüfung im Fertigungsauftrag nehmen Sie in der *Prüfsteuerung* vor, die wir Ihnen bereits vorgestellt haben. Zu beachten ist hier insbesondere die Prüfregel für die Materialverfügbarkeitsprüfung: Diese bestimmt zusammen mit der Prüfgruppe im Materialstamm den Prüfumfang, der festlegt, welche Objekte bei der Berechnung der verfügbaren Menge berücksichtigt werden.

Ein weiteres Problem bei der Verfügbarkeitsprüfung von Materialien im Fertigungsauftrag ist die Bestätigung von Teilmengen, d. h., es sind nicht alle benötigten Materialkomponenten in ausreichender Menge verfügbar. In der Regel wird im Rahmen der Materialverfügbarkeitsprüfung versucht, alle Komponenten mit der vollständigen Menge zu bestätigen.

[zB]

Bedeutung des Prüfumfangs

Die große Bedeutung des Prüfumfangs möchten wir Ihnen anhand eines kleines Beispiels erklären: Ein Unternehmen arbeitet mit einer zweistufigen Fertigung. Die Freigabe der Endmontage-Fertigungsaufträge erfolgt fünf Tage vor dem eigentlichen Produktionstermin. Zu diesem Zeitpunkt, fünf Tage vor dem Produktionstermin, ist die Vormontage aber noch nicht abgeschlossen. Eine Prüfung des betreffenden Materials auf Bestand würde also zu einer Unterdeckung führen. Deshalb sollten Sie in einem solchen Fall den Prüfumfang so einstellen, dass auch freigegebene Fertigungsaufträge aus der Endmontage als Bedarfsdecker in der Verfügbarkeitsprüfung berücksichtigt werden.

Tabelle 4.3 zeigt das Ergebnis einer Verfügbarkeitsprüfung für einen Fertigungsauftrag, mit dem ein Material mit der Menge 100 Stück gefertigt werden soll und bei dem nicht alle Materialien bestätigt werden konnten.

Material	Bedarfsmenge	Verfügbare ATP-Menge	Bestätigte Menge
4711	100	200	100
4712	200	150	150
4713	300	300	300

Tabelle 4.3 Fertigungsauftrag mit Fehlmaterial

In Tabelle 4.3 wurden drei Komponenten (4711, 4712, 4713) im Fertigungsauftrag einer ATP-Verfügbarkeitsprüfung unterzogen. Für die beiden Komponenten 4711 und 4713 waren frei verfügbare ATP-Mengen noch ausreichend vorhanden, sodass sie bestätigt werden konnten. Für die Komponente 4712 stand nicht mehr genügend freie ATP-Menge zur Verfügung, und sie konnte deshalb nur anteilig bestätigt werden.

Dies bedeutet auch, dass mit dem Fertigungsauftrag nicht die komplette Menge von 100 Stück gefertigt werden kann, da die Komponente 4712 nicht vollständig verfügbar ist. Ergebnis ist, dass bei den anderen Komponenten Mengen von diesem Fertigungsauftrag blockiert werden, obwohl sie aufgrund der reduzierten Fertigung nicht mehr benötigt werden. Dadurch können eventuell auch andere Fertigungsaufträge nicht umgesetzt werden, denen vielleicht nur diese blockierten Mengen fehlen.

Als Alternative zu dieser Vorgehensweise können Sie, wie es Tabelle 4.4 zeigt, im Fertigungsauftrag auch mit der Bestätigung von Teilmengen arbeiten.

Material	Bedarfsmenge	Verfügbare ATP-Menge	Bestätigte Menge
4711	100	200	75
4712	200	150	150
4713	300	300	225

Tabelle 4.4 Fertigungsauftrag mit Teilbestätigung

Im Fall von Tabelle 4.4 nimmt das System die Komponente, die die größte Fehlmenge hat, und bestimmt daraus, welcher Anteil der Bedarfsmenge bestätigt werden könnte. Anschließend werden alle anderen Komponenten auch nur zu diesem Anteil in ihrer jeweiligen Bedarfsmenge bestätigt. Damit stellen Sie sicher, dass nur die Komponentenmengen bestätigt werden, die in der Fertigung benötigt werden.

Diese Funktionalität der Teilbestätigung können Sie über das Fertigungssteuerungsprofil einstellen, das Sie im Customizing über den folgenden Pfad anlegen:

SAP Customizing Einführungsleitfaden • Produktion • Fertigungssteuerung • Stammdaten • Fertigungssteuerungsprofil definieren.

Abbildung 4.20 zeigt die Einstellungen im Fertigungssteuerungsprofil.

Abbildung 4.20 Einstellungen im Fertigungssteuerungsprofil

Indem Sie das Kennzeichen **Verfügbare Teilmenge bestätigen** setzen, arbeitet das System mit der Teilbestätigung. Das Fertigungssteuerungsprofil können Sie entweder einem Fertigungssteuerer im Customizing oder im Fertigungsauftrag manuell zuordnen.

Die Verfügbarkeitsprüfung – unabhängig davon, auf welche Art sie durchgeführt wurde – wird im Fertigungsauftrag entsprechend dokumentiert. Sollte die Materialverfügbarkeitsprüfung ergeben, dass ein bzw. mehrere Materialien nicht ausreichend verfügbar sind, erhält der Fertigungsauftrag den Systemstatus FMAT (Fehlmaterial). Zusätzlich wird für die betreffenden Materialien noch ein Fehlteileindex gesetzt, der im Fehlteileinformationssystem ausgewertet wird (siehe Kapitel 7).

Das Ergebnis der Verfügbarkeitsprüfung wird zusätzlich in einem Verfügbarkeitsprüfungsprotokoll dokumentiert, in dem die Fehlteile und die Materialien aufgelistet werden, die nicht geprüft werden konnten. Darüber hinaus wird das Ergebnis der Verfügbarkeitsprüfung in der Fehlteileübersicht und in der Fehlteileliste dokumentiert. Wenn sich bei der Kapazitätsverfügbarkeitsprüfung ergibt, dass nicht genügend freie Kapazität vorhanden ist, wird im Fertigungsauftrag der Systemstatus FKAP (fehlende Kapazität) gesetzt.

Wir hatten bereits gezeigt, dass Sie Fertigungsaufträge sowohl einer manuellen als auch einer automatischen Verfügbarkeitsprüfung (bei Auftragseröffnung und Auftragsfreigabe) unterziehen können. Zusätzlich gibt es aber wie beim Planauftrag die

Möglichkeit, eine *Sammelverfügbarkeitsprüfung* durchzuführen. Diese können Sie über Transaktion COMAC oder über den folgenden Menüpfad aufrufen: **SAP Menü • Logistik • Produktion • Fertigungssteuerung • Steuerung • Sammelverfügbarkeitsprüfung**.

Bei der Selektion ist zu beachten, welche Aktionen ausgeführt werden sollen. In Abschnitt 4.2.3 zeigen wir Ihnen, wie Sie den Job für die Sammelverfügbarkeitsprüfung im System einplanen sollten. Wie bei der Sammelverfügbarkeitsprüfung der Planaufträge ist auch hier zu beachten, in welcher Reihenfolge die Fertigungsaufträge selektiert bzw. angezeigt werden – denn das ist genau die Reihenfolge, in der die Fertigungsaufträge auch geprüft werden.

4.2.2 Verfügbarkeitsprüfung in der Materialwirtschaft

Als letzten Unternehmensbereich, für den die Verfügbarkeitsprüfung von Bedeutung ist, möchten wir Ihnen jetzt die Materialwirtschaft vorstellen. Als Prozesse bzw. Objekte kommen in der Materialwirtschaft nur die Umlagerung, die Lohnbearbeitung und die Warenbewegung vor.

Umlagerung

Als Erstes stellen wir Ihnen den Umlagerungsprozess vor (siehe Abbildung 4.21).

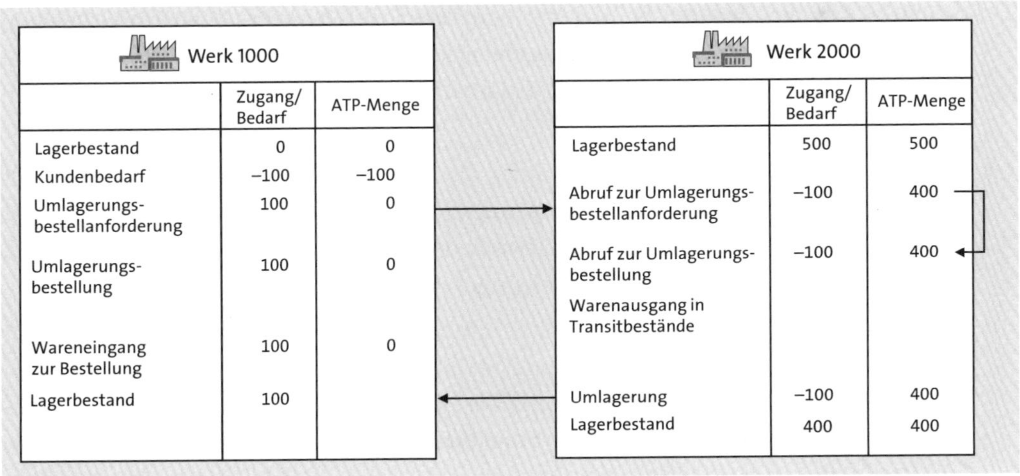

Werk 1000

	Zugang/ Bedarf	ATP-Menge
Lagerbestand	0	0
Kundenbedarf	–100	–100
Umlagerungs- bestellanforderung	100	0
Umlagerungs- bestellung	100	0
Wareneingang zur Bestellung	100	0
Lagerbestand	100	

Werk 2000

	Zugang/ Bedarf	ATP-Menge
Lagerbestand	500	500
Abruf zur Umlagerungs- bestellanforderung	–100	400
Abruf zur Umlagerungs- bestellung	–100	400
Warenausgang in Transitbestände		
Umlagerung	–100	400
Lagerbestand	400	400

Abbildung 4.21 Umlagerungsprozess

Beim Umlagerungsprozess geht es darum, dass Materialien von einem Werk in ein anderes Werk gebracht werden. Diese Umlagerungsszenarien werden in der Disposition mithilfe von Sonderbeschaffungsschlüsseln angestoßen und können auf drei verschiedene Arten abgebildet werden:

- Umlagerung mit Umlagerungsplanaufträgen
- Umlagerung mit Umlagerungsbestellanforderungen
- Umlagerung mit Umlagerungsbestellungen

In Abbildung 4.21 wird mit *Umlagerungsbestellungen* gearbeitet: Im Werk 1000 wurde im entsprechenden Materialstamm ein Sonderbeschaffungsschlüssel hinterlegt, der das Werk 2000 als lieferndes Werk für dieses Material ausweist. Im Falle einer Unterdeckung im Werk 1000 wird eine *Umlagerungsbestellanforderung* angelegt, die in das Werk 2000 läuft. Im Werk 2000 entsteht ein Abruf für die Umlagerungsbestellanforderung, nach dem disponiert wird. Diese Umlagerungsbestellanforderung wird in eine Umlagerungsbestellung umgesetzt. Im Werk 2000 wird aufgrund des Abrufbedarfs gefertigt bzw. beschafft und an das Lager gebucht. Anschließend wird das Material mit Bezug zur Bestellung zum Werk 1000 transportiert.

Wenn Sie die Verfügbarkeitsprüfung für einen Umlagerungsbeleg aufrufen, wird immer die offene, also bestellte Menge zum Materialbereitstellungsdatum geprüft. Wenn Sie die Versandterminierung aktiviert haben, wird immer das Materialbereitstellungsdatum (`EKET-MBDAT`) genommen; ansonsten ergibt sich das Prüfdatum aus Liefertermin minus Planlieferzeit (des anfordernden Werkes). Wenn zu einem Material mehrere Positionen in einem Beleg gepflegt worden sind, werden diese Positionen alle zusammen geprüft. Sollte eine Bestellanforderung als Vorgängerbeleg schon geprüft worden sein, wird die bestätigte Menge aus der Bestellanforderung berücksichtigt. Chargen werden bei der Verfügbarkeitsprüfung von Umlagerungsbelegen nicht berücksichtigt. Im Umlagerungsbeleg können Sie hingegen einen abgebenden Lagerort mitgeben, der dann in der Verfügbarkeitsprüfung entsprechend berücksichtigt wird.

Das Ergebnis der Verfügbarkeitsprüfung, also der Bestätigungstermin, der ermittelt werden konnte, wird in der Einteilungsübersicht angezeigt. Wenn kein Termin ermittelt werden kann, an dem die komplette Bedarfsmenge bestätigt werden kann, wird als Bestätigungsdatum der 31.12.9999 eingesetzt.

Wie das Ergebnis der Verfügbarkeitsprüfung im Umlagerungsszenario angezeigt werden soll, legen Sie im Customizing über den folgenden Menüpfad fest: **SAP Customizing Einführungsleitfaden • Materialwirtschaft • Einkauf • Bestellung • Umlagerungsbestellung einstellen • Lieferart und Prüfregel zuordnen**. Die vorzunehmenden Einstellungen zeigen wir Ihnen in Abbildung 4.22.

Damit bei Umlagerungsbestellungen eine Verfügbarkeitsprüfung durchgeführt werden kann, muss im Customizing eine entsprechende Prüfregel hinterlegt werden. In Abhängigkeit von Bestellart und Lieferwerk können Sie hier eine eigene Prüfregel hinterlegen, sodass darüber auch ein entsprechender Prüfumfang ermittelt werden kann.

Sicht "Umlagerungsdaten" ändern: Übersicht

Neue Einträge

Art	BArtBez.	LWk	Name 1	LFArt	Bezeichnung	PRg	Bezeichnung ...	Ver...	R...	Lie...	Lie...	Lfa...	Regel ...	BedP...
UB	Umlagerungs...	TRA1	Trainee 2007 ...	NL	Nachschublief...	RP	Nachschub	☑	☐					
UB	Umlagerungs...	TRA2	Trainee 2007 ...	NL	Nachschublief...	RP	Nachschub	☑	☐				C	
UB	Umlagerungs...	TRA3	Trainee 2010 ...	NL	Nachschublief...	RP	Nachschub	☑	☐					

Abbildung 4.22 Customizing für die Umlagerungsbestellung

Zusätzlich können Sie an dieser Stelle noch eine Regel hinterlegen, wie das System auf fehlende Verfügbarkeit reagieren soll. Folgende Einstellungsmöglichkeiten stehen Ihnen zur Auswahl:

- Einmallieferung
- Volllieferung
- Liefervorschlag
- Auswahlfenster bei Unterdeckung (Batch: Einmallieferung)
- Auswahlfenster bei Unterdeckung (Batch: Liefervorschlag)
- Auswahlfenster bei Unterdeckung (Batch: Volllieferung)

Wie erwähnt, wird das Ergebnis der Verfügbarkeitsprüfung in der Einteilungsübersicht angezeigt. Für diese Darstellung in der Einteilungsübersicht stehen Ihnen zwei Formen zur Verfügung: Wenn Sie keine Regel oder die Regel der Einmallieferung für die Anzeige des Verfügbarkeitsprüfungsergebnisses ausgewählt haben, werden die Wunschmenge und die bestätigte Menge in einer Einteilungszeile angezeigt. Bei allen anderen zur Verfügung stehenden Regeln werden die Wunschmenge und die bestätigte Menge in unterschiedlichen Einteilungszeilen angezeigt.

Wann wird die Verfügbarkeitsprüfung nicht durchgeführt?

Es gibt verschiedene Situationen bzw. Fälle, in denen in Umlagerungsbelegen keine Verfügbarkeitsprüfung durchgeführt wird. Diese Fälle stellen wir Ihnen kurz vor:

- Erinnern Sie sich an die verschiedenen Möglichkeiten für ein Umlagerungsszenario? Sollten Sie ein Szenario mit Umlagerungsplanaufträgen einsetzen, die Sie dann in Umlagerungsbestellanforderungen umsetzen, können Sie in der Umlagerungsbestellanforderung keine Verfügbarkeitsprüfung durchführen.
- Umlagerungsbestellanforderungen können zudem von einem Bedarfsplanungslauf erzeugt werden. Es besteht keine Möglichkeit, im Rahmen des Bedarfsplanungslaufs direkt eine Verfügbarkeitsprüfung für diese Elemente durchzuführen.

- Ebenso wenig können Sie für Umlagerungsbestellanforderungen eine Verfügbarkeitsprüfung durchführen, die aus anderen Applikationen wie einem Kundenauftrag, einem Netzplan usw. erzeugt wurden.

Für Retourenpositionen findet ebenfalls keine Verfügbarkeitsprüfung statt.

Sie können zudem bei der Verfügbarkeitsprüfung in Umlagerungsbelegen keine Chargen berücksichtigen. Beachten Sie dazu auch SAP-Hinweis 154682 und SAP-Hinweis 350864, die Sie sich über die Support-Seite von SAP anschauen können (*https://websmp104.sap-ag.de/notes*).

Lohnarbeiterbestellung

Ein weiterer Prozess aus der Materialwirtschaft, bei dem die Verfügbarkeitsprüfung eine Rolle spielt, ist der Lohnarbeiterprozess. Den betriebswirtschaftlichen Hintergrund einer Lohnarbeiterabwicklung haben wir in Kapitel 3 beschrieben. Die Verfügbarkeitsprüfung für Komponenten in SAP ERP können Sie bei einem Lohnbearbeitungsszenario sowohl in der Bestellanforderung als auch in der Bestellung aufrufen. Beim Anlegen des jeweiligen Objekts wird aber keine automatische Verfügbarkeitsprüfung durchgeführt, sondern diese müssen Sie manuell im Komponentenbild des jeweiligen Objekts starten. Darüber hinaus werden auch keine bestätigten Mengen in die Bestellung als Ergebnis der Verfügbarkeitsprüfung übernommen.

Grundlage für eine Verfügbarkeitsprüfung von Lohnarbeiterbestellungen ist es, dass diese eine Stückliste ermittelt haben und somit die Beistellkomponenten in der Bestellung stehen. Genau für diese Komponenten können Sie eine ATP-Verfügbarkeitsprüfung durchführen. Wenn Sie eine Verfügbarkeitsprüfung für Lohnarbeiterbestellungen durchführen, sollten Sie Lohnarbeiterdispositionsbereiche einsetzen, da es sonst zu Problemen kommen kann. SAP-Hinweis 323991 schildert diese Thematik ausführlich.

Warenbewegung

In der Bestandführung unterscheidet man zwei Arten der Verfügbarkeitsprüfung:

- Verfügbarkeitsprüfung bei der Erfassung von Reservierungen
- Verfügbarkeitsprüfung bei der Erfassung von Warenbewegungen

Wie in Kapitel 3 erwähnt, können wir bei Warenbewegungen neben einer statischen auch eine dynamische Verfügbarkeitsprüfung durchführen.

- **Statische Verfügbarkeitsprüfung**
  Bei der statischen Verfügbarkeitsprüfung wird geprüft, ob der verfügbare Lagerbestand des jeweiligen Materials der Belegposition ausreicht, um diese zu beliefern.

Hier werden lediglich Bestände, keine Zugänge oder andere bestätigten Bedarfe berücksichtigt. Das bedeutet, dass eine entsprechende Warenbewegung in jedem Fall gebucht werden kann, wenn genügend Bestand des Materials vorhanden ist.

- **Dynamische Verfügbarkeitsprüfung**
  Zusätzlich zur statischen Verfügbarkeitsprüfung haben Sie die Möglichkeit, eine dynamische Verfügbarkeitsprüfung durchzuführen. Im Gegensatz zur statischen Verfügbarkeitsprüfung können Sie in diesem Fall auch bestätigte Bedarfe mitberücksichtigen (siehe Abbildung 4.23).

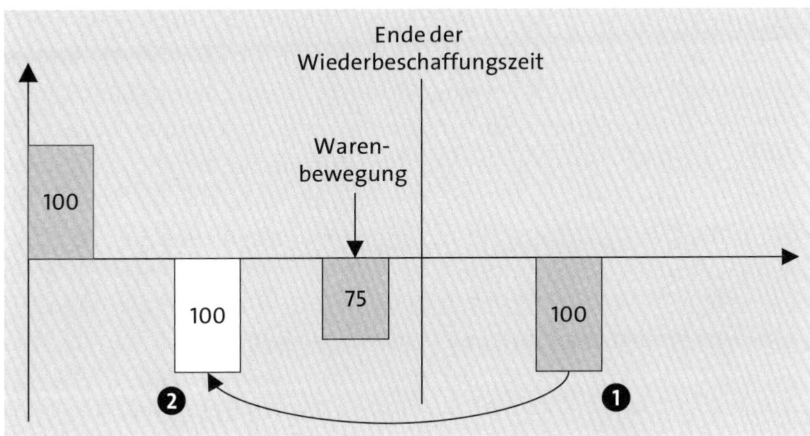

Abbildung 4.23 Beispiel für die dynamische Verfügbarkeitsprüfung

In Abbildung 4.23 existiert für ein Material ein Bestand von 100 Stück. Darüber hinaus ist bereits ein Bedarf von 100 Stück außerhalb der Wiederbeschaffungszeit vorhanden. Die dynamische Verfügbarkeitsprüfung für das Material wurde aktiviert und ein Prüfumfang unter Beachtung der Wiederbeschaffungszeit angelegt. ❶ Anschließend wird für eine Menge von 75 Stück eine Warenbewegung gebucht. Die Warenbewegung kann in diesem Fall problemlos gebucht werden, da der Bedarf über 100 Stück außerhalb der Wiederbeschaffungszeit nicht berücksichtigt wird. ❷ Anders sieht der Fall aus, wenn der bereits vorhandene Bedarf innerhalb der Wiederbeschaffungszeit liegt. In diesem Fall wird der Bedarf sehr wohl bei der Ermittlung der verfügbaren Menge berücksichtigt. Das bedeutet, dass die entsprechende Warenbewegung nicht gebucht werden kann.

Die Einstellungen für die dynamische Verfügbarkeitsprüfung nehmen Sie im Customizing über den folgenden Menüpfad vor: **SAP Customizing Einführungsleitfaden • Materialwirtschaft • Bestandsführung und Inventur • Warenausgang/Umbuchungen • Dynamische Verfügbarkeitsprüfung einrichten**.

Abbildung 4.24 zeigt, wie Sie pro Transaktionscode eine Prüfregel hinterlegen können.

TCo...	Transaktionstext	P...	Prüfregel
C027	Kommissionierliste		
MB11	Warenbewegung		
MB1A	Warenentnahme	03	Prüfregel 03
MB1B	Umbuchung		
MB26	Kommissionierliste		
MIGO...	Warenbewegung	03	Prüfregel 03
MIGO...	Umbuchung		

Abbildung 4.24 Prüfregel pro Transaktionscode

Grundlage für eine Verfügbarkeitsprüfung ist zum einen eine Prüfgruppe im betreffenden Materialstamm und zum anderen eine Prüfregel, die über den entsprechenden Vorgang ermittelt wird. Damit bei einer Warenbewegung eine dynamische Verfügbarkeitsprüfung durchgeführt wird, müssen Sie für die relevanten Transaktionscodes eine Prüfregel hinterlegen. Aus der Kombination aus Prüfregel und Prüfgruppe wird dann der Prüfumfang ermittelt, nach dem geprüft wird. Wie das System dann auf das Ergebnis der Verfügbarkeitsprüfung reagieren soll, pflegen Sie ebenfalls im Customizing über den bereits aufgeführten Pfad (siehe Abbildung 4.25).

Sicht "Dynamische Verfügbarkeitsprüfung" ändern: Übersicht

B...	Bewegungsartentext	W...	M...	S	B...	Zug	Vbr	Dynamische Verfüg.
201	WA Pipel. für Kostl	☐	☐	P				
201	WA für Kostenstelle	☐	☑					A
201	WA Kostl. aus Konsi	☐	☑	K				A
201	WA Pipel. für Kostl	☐	☑	P				

Abbildung 4.25 Regel pro Bewegungsart

Unter dem Menüpunkt **Bewegungsart** über den soeben genannten Menüpfad können Sie festlegen, wie das System auf das Ergebnis der Verfügbarkeitsprüfung reagieren soll. Sie haben die folgenden Einstellungsmöglichkeiten:

- A (Nur bei Nichtverfügbarkeit wird eine W-Meldung gesendet)
- B (Nur bei Nichtverfügbarkeit wird eine E-Meldung gesendet)
- E (Immer Meldung; bei Nichtverfügbarkeit W-, sonst S-Meldung)
- F (Immer Meldung; bei Nichtverfügbarkeit E-, sonst S-Meldung)
- S (Verfügbarkeitsprüfung nur mit Simulation)

Eine Error-Meldung (E-Meldung) führt dazu, dass die Warenbewegung nicht gebucht werden kann, während der Anwender bei einer Warnmeldung (W-Meldung) nur auf die Problemsituation aufmerksam gemacht und die Warenbewegung trotzdem gebucht wird. Eine Success-Meldung (S-Meldung) ist eine Information an die User, die Sie zur Kenntnis nehmen können, die aber keinerlei Einfluss auf den weiteren Prozessablauf hat.

4.2.3 Verfügbarkeitsprüfung in der Praxis

Wir haben Ihnen in den vorangehenden Kapiteln die einzelnen Bewegungsdaten vorgestellt, bei denen eine Verfügbarkeitsprüfung durchgeführt werden kann. Die Regel wird sein, dass bei einem Material viele Bedarfe um die entsprechenden Bedarfsdecker konkurrieren. Genau diese Konkurrenzsituation müssen Sie bei der Durchführung der Verfügbarkeitsprüfung beachten. Die verschiedenen Objekte bzw. Bewegungsdaten können über Sammelfunktionen einer Verfügbarkeitsprüfung unterzogen werden. Genau diese Sammelfunktionen sollten Sie in einer Jobkette zusammenlaufen lassen, um so die Konkurrenzsituation zu berücksichtigen.

1. **Bedarfsplanung**
   Am Anfang dieser Jobkette steht der Bedarfsplanungslauf. Dieser Bedarfsplanungslauf (MRP-Lauf) erzeugt Bedarfsdecker zu den vorhandenen Bedarfen, die dann wiederum in der Verfügbarkeitsprüfung zur Bestätigung verwendet werden. Der Bedarfsplanungslauf (Report `RMMRP000`) sollte in der Regel wie die komplette Jobkette einmal täglich eingeplant werden.
2. **Neuterminierung der Kundenaufträge**
   Als Zweites sollten Sie die Neuterminierung für die Kundenaufträge einplanen. Mit der Neuterminierung werden alle Kundenaufträge bei denen das Kennzeichen **Termin fix** nicht gesetzt wurde (also die nicht bestätigten Kundenaufträge) einer erneuten Verfügbarkeitsprüfung unterzogen. An dieser Stelle ist zu beachten, welche Verwendung für das Material Vorrang hat.

Vorrangige Verwendung

Nehmen wir an, ein Material bzw. eine Baugruppe wird an externe Kunden verkauft, aber auch gleichzeitig für ein Endprodukt als Baugruppe benötigt. Damit treten bei dem Material zum einen Bedarfe aus Fertigungs- und Planaufträgen und zum anderen Bedarfe aus Kundenaufträgen auf. Für den Ablauf der Verfügbarkeitsprüfung müssen Sie jetzt klären, welcher Bedarf Vorrang hat. Wenn die Kundenaufträge keinen Vorrang haben, sollten Sie den entsprechenden Job weiter hinten in der Jobkette einbinden.

3. **Zurücksetzen der Verfügbarkeit**
   Bevor Sie die verschiedenen Bewegungsdaten wieder einer Verfügbarkeitsprüfung unterziehen, sollten Sie zuerst das Ergebnis der Verfügbarkeitsprüfung zurücksetzen (Report `PPIO_ENTRY`) und so entsprechende ATP-Mengen wieder freisetzen. Hierbei gilt es aber zu beachten, dass Sie lediglich bei den Aufträgen die Verfügbarkeitsprüfung zurücksetzen, die Sie auch neu prüfen sollen. Sie sollten also für freigegebene Fertigungsaufträge mit Fehlmaterial sowie für eröffnete Fertigungs- und Planaufträge die Verfügbarkeitsprüfung zurücksetzen.

4. **Freigegebene Fertigungsaufträge mit FMAT**
   Nun sollten Sie einen Job für die Sammelverfügbarkeitsprüfung von freigegebenen Fertigungsaufträgen mit Fehlmaterial einplanen. Mit der Sammelverfügbarkeitsprüfung (Report PPIO-ENTRY) für Fertigungsaufträge sollten Sie deshalb nur Fertigungsaufträge mit dem Systemstatus FREI (Freigegeben) und FMAT (Fehlmaterial) selektieren. In der Regel geben Sie Fertigungsaufträge nur frei, wenn alle Komponenten verfügbar sind. Mit der Freigabe eines Fertigungsauftrags soll ja die Produktion gestartet werden, die mit fehlenden Komponenten überhaupt nicht durchführbar ist. Vielfach werden aber Fertigungsaufträge trotz Fehlmaterials freigegeben, da das entsprechende fehlende Material bis zum physischen Produktionsstart eintreffen wird. Demzufolge sollten diese Aufträge bei der Verfügbarkeitsprüfung auf jeden Fall Vorrang vor den übrigen Produktionsaufträgen haben, wobei die freigegebenen Fertigungsaufträge in Reihenfolge ihres Produktionsstarttermins geprüft werden.

5. **Eröffnete Fertigungsaufträge prüfen**
   Im nächsten Schritt sollten Sie eine Sammelverfügbarkeitsprüfung (Report PPIO_ENTRY) für die eröffneten Fertigungsaufträge einplanen. In der Regel werden Sie hier alle eröffneten Fertigungsaufträge erneut prüfen. Dies hängt wiederum mit der Konkurrenzsituation zusammen: Wenn ein freigegebener Fertigungsauftrag mit Fehlmaterial nicht bestätigt werden kann, weil die Menge durch einen eröffneten Fertigungsauftrag blockiert ist, entspricht das sicher nicht den Anforderungen der Produktion. Deshalb wird, wie wir bereits beschrieben haben, das Ergebnis der Verfügbarkeitsprüfung für alle eröffneten Fertigungsaufträge zurückgesetzt und mit diesem Job eine erneute Prüfung vorgenommen. Für die Verfügbarkeitsprüfung sollten Sie auch die eröffneten Fertigungsaufträge nach dem Produktionsstarttermin sortieren.

6. **Fertigungsaufträge erzeugen**
   Nach der Verfügbarkeitsprüfung der eröffneten Fertigungsaufträge sollten Sie mit dem Report PPIO_ENTRY neue Fertigungsaufträge durch das Umsetzen von Planaufträgen erzeugen. Sollten Sie keine automatische Fertigungsauftragseröffnung einsetzen, können Sie diesen Job auch aus der Jobkette entfernen. Zur Selektion in diesem Report verwenden Sie den Planeröffnungstermin, der automatisch über die Terminierung der Planaufträge ermittelt wurde und vorgibt, wann ein Planauftrag in einen Fertigungsauftrag umgesetzt werden sollte. Mit der Fertigungsauftragseröffnung wird in der Regel, wie wir es bereits beschrieben haben, eine Verfügbarkeitsprüfung durchgeführt.

7. **Planaufträge prüfen**
   Der letzte Schritt in der Jobkette sollte die Verfügbarkeitsprüfung von Planaufträgen sein, die Sie ebenfalls mit dem Report PPIO_ENTRY durchführen können.

Alle Jobs liefern entsprechende Protokolle, die abhängig von der Häufigkeit, in der die Jobs durchgeführt werden, unter Umständen täglich bearbeitet werden müssen. Zusätzlich kann das Ergebnis dieser Jobs auch in Fehlteilelisten (siehe Kapitel 7, »Fehlteilemanagement in SAP ERP«) bearbeitet werden. Weitere konkurrierende Bedarfe, die auftreten könnten, sind Umlagerungsbedarfe. Allerdings gibt es keine Möglichkeit, für Umlagerungsbedarfe (z. B. Umlagerungsbestellanforderungen, Umlagerungsbestellungen), eine Sammelverfügbarkeitsprüfung durchzuführen. Diese Bedarfe müssen Sie also weiterhin manuell bearbeiten.

Mit dieser Jobkette haben Sie das Problem, das sich durch konkurrierende Bedarfe ergeben kann, für die Verfügbarkeitsprüfung weitgehend gelöst.

4.3 Zusammenfassung

In diesem Kapitel haben wir die wichtigsten Stammdaten und Bewegungsdaten für die Verfügbarkeitsprüfung in SAP ERP vorgestellt. Der Materialstamm ist im Rahmen der Verfügbarkeitsprüfung das wichtigste Stammdatum und enthält mit z. B. der Prüfgruppe auch einen der wichtigsten Parameter für die Prüfung. Anschließend haben wir Ihnen mit Vertrieb, Produktion und Materialwirtschaft die Unternehmensbereiche vorgestellt, in denen die Verfügbarkeitsprüfung zum Einsatz kommt. Zu den Unternehmensbereichen haben wir Ihnen die einzelnen Objekte bzw. Bewegungsdaten erläutert, bei denen die Verfügbarkeitsprüfung durchgeführt wird. Für die einzelnen Bewegungsdaten haben Sie unterschiedliche Steuerungsmöglichkeiten kennengelernt. Vor allem unterscheidet sich hier der Umgang mit dem Ergebnis der Verfügbarkeitsprüfung. Sie sollten unbedingt berücksichtigen, dass diese verschiedenen Bedarfe gleichzeitig auftreten können. Genau diese Konkurrenzsituation gilt es zu lösen, wenn Sie eine Verfügbarkeitsprüfung für ein komplettes Werk aktivieren.

Kapitel 5

Parameter der Verfügbarkeitsprüfung in SAP ERP

Die Parameter der Verfügbarkeitsprüfung sind für die Qualität der Verfügbarkeitsprüfungsprozesse maßgeblich. Sowohl ihre Pflege in den Stammdaten als auch ihre Einstellung im Customizing ist daher von großer Bedeutung.

Die Aufgabe der Verfügbarkeitsprüfung ist die Ermittlung und Sicherstellung von Lieferterminen für interne oder externe Kunden. Die Durchführung dieser Prüfung und ihren Ablauf in SAP ERP beschreiben wir in Kapitel 6, »Prüfmethoden in SAP ERP«. In diesem Kapitel stellen wir Ihnen die verschiedenen Parameter vor, die für die Verfügbarkeitsprüfung mit SAP ERP von Bedeutung sind, und erklären Ihnen die Auswirkungen auf die Art und Weise sowie das Ergebnis der unterschiedlichen Prüfungen.

5.1 Prüfgruppe

Als Erstes stellen wir Ihnen die Prüfgruppe vor, einen zentralen Parameter für die Steuerung der Verfügbarkeitsprüfung. Die Prüfgruppe bestimmt, ob und wie eine Verfügbarkeitsprüfung für das betreffende Material durchgeführt wird. Sie können die Prüfgruppe werksabhängig in der Sicht **Disposition 3** für ein Material pflegen (siehe Kapitel 4, »Stamm- und Bewegungsdaten in SAP ERP«). Das gleiche Feld ist auch in den Vertriebsdaten des Materialstamms vorhanden und kann dort alternativ gepflegt werden.

Die Einstellung der Prüfgruppe finden Sie im Customizing über den Pfad **SAP Customizing Einführungsleitfaden • Produktion • Fertigungssteuerung • Vorgänge • Verfügbarkeitsprüfung • Prüfgruppe definieren**.

Wie die Pflege der Prüfgruppe im Materialstamm können Sie auch die Pflege der Prüfgruppe an unterschiedlichen Stellen im Customizing aufrufen. Als Alternative zum Customizing-Pfad in der Produktionslogistik ist der Pfad im Vertrieb zu nennen: **SAP Customizing Einführungsleitfaden • Vertrieb • Grundfunktionen • Verfügbarkeitsprüfung und Bedarfsübergabe • Verfügbarkeitsprüfung • Verfügbarkeitsprüfung nach ATP-Logik und Vorplanung • Prüfgruppe definieren**.

Das SAP-System verfügt in der Standardauslieferung über die in Abbildung 5.1 gezeigten Prüfgruppen **Sammelbedarf**, **Einzelbedarf**, **Chargen** und **Keine Prüfung**.

Sicht "Verfügbarkeitsprüfung: Steuerung" anzeigen: Übersicht

Vf	Bezeichnung	Sum.Verk.	Sum.Lfg.	Sperre Mng	keine Pr.	Kumul.	Reaktion	Rel PrVorP
01	Sammelbedarf	B	B	☐	☐	0	0	
02	Einzelbedarf	A	A	☐	☐	0	0	
CH	Chargen	A	A	☐	☐	0	0	
KP	Keine Prüfung			☐	☑	0	0	

Abbildung 5.1 Einstellungen der Prüfgruppe im Customizing

Die Bedeutung der einzelnen Prüfgruppen erschließt sich, wenn man sich die Einstellungen der Prüfgruppe im Customizing genau anschaut. Ein zentrales Unterscheidungsmerkmal zwischen den einzelnen Prüfgruppen ist die Summierung der Verkaufsbedarfe bzw. die Summierung der Lieferbedarfe.

Bei der *Summierung der Verkaufsbedarfe* (Spalte **Sum.Verk.**) können Sie zwischen den folgenden Einstellungen wählen:

- **Einzelsätze (A)**
  Bei den Einzelsätzen werden die vorhandenen Verkaufsbelege bzw. -einteilungen in jeweils einer Zeile der Verfügbarkeitsübersicht angezeigt. Der Bedarfsverursacher ist damit eindeutig identifizierbar. Die Bedarfsmengen werden in diesem Fall in der Tabelle VBBE gespeichert.
- **Summensätze (B, C, D)**
  Bei den Summensätzen haben Sie die Wahl, ob die Verkaufsbedarfe wöchentlich (**C = Summensätze je Woche, Bedarfsdatum am Montag der akt. Woche, D = Summensätze je Woche, Bedarfsdatum am Montag der Folgewoche**) oder täglich (**B**) summiert werden sollen. Die Summierung gibt an, wie die bereits vorhandenen Verkaufsbedarfe im Rahmen der Verfügbarkeitsprüfung behandelt werden sollen. In Abhängigkeit der Einstellung **Sum.Verk** werden die Bedarfsmengen der Verkaufsbedarfe in der Tabelle VBBS abgespeichert.

[+]

Exkurs: Einzelbedarfe vs. Summenbedarfe

Die Ablage von Verkaufs- bzw. Lieferbedarfen erfolgt in Abhängigkeit der Summierungseinstellung in unterschiedlichen Datenbanktabellen. Einzelbedarfe werden in der Tabelle VBBE abgespeichert, während Summenbedarfe in der Tabelle VBBS verwaltet werden. Ausnahmen sind bedarfsrelevante Vorgänge, die zu Sonderbeständen wie Kundeneinzelbeständen, Leihgutbeständen oder Konsignationsbeständen führen. In diesem Fall setzt das System automatisch Einzelbedarfssätze ab. Die Einstellungen der Prüfgruppe im Materialstamm werden vom System hierbei nicht berücksichtigt.

Aufgrund dieser Konstellation sind eine Umstellung der Prüfgruppe im Materialstamm und eine damit verbundene Umstellung von Einzelbedarfen auf Summenbedarfe problematisch.

Deshalb empfehlen wir generell, die Prüfgruppe nicht zu ändern, solange sich Belege mit offenen Mengen zu Material und Werk im System befinden. Dies könnte zu Inkonsistenzen führen.

Für die *Summierung der Lieferbedarfe* (Spalte **Sum.Lfg.**) haben Sie ebenfalls die Wahl zwischen Einzelbedarfen und Summenbedarfen. Die Auswirkungen ähneln denen für die Verkaufsbelege:

- **Einzelsätze (A)**
  Bei Einzelbedarfen werden die aus einem SD-Beleg resultierenden Bedarfe jeweils in einer Zeile der Verfügbarkeitsübersicht mit Beleg- und Positionsnummer angezeigt. Der Bedarfsverursacher ist damit eindeutig identifizierbar.
- **Summensätze (B, C, D)**
  Bei Summenbedarfen haben Sie die Wahl, ob die Lieferbedarfe wöchentlich (**C, D**) oder täglich (**B**) summiert werden sollen. Die Summierung gibt an, wie die bereits vorhandenen Lieferbedarfe im Rahmen der Verfügbarkeitsprüfung behandelt werden sollen. In Abhängigkeit der Einstellung **Sum.Lfg.** werden die Bedarfsmengen der Lieferbedarfe in unterschiedlichen Tabellen abgespeichert (siehe Kasten »Exkurs: Einzelbedarfe vs. Summenbedarfe«).

Aus Gründen der Übersichtlichkeit und der damit verbundenen Anwenderfreundlichkeit empfehlen wir Ihnen, mit Einzelbedarfen zu arbeiten.

Sammelbedarfe in SAP S/4HANA

In Teil III dieses Buches erläutern wird Ihnen die Möglichkeiten der Verfügbarkeitsprüfung in SAP S/4HANA. Wir wollen aber schon an dieser Stelle darauf hinweisen, dass es im SAP-S/4HANA-System keine Sammelbedarfe mehr gibt. Diese Einstellung in der Prüfgruppe entfällt, und somit ist das Erzeugen von Einzelsätzen zwingend für jede Prüfgruppe, sowohl für Verkaufsbedarfe als auch für Lieferbedarfe. Wir empfehlen Ihnen deshalb, schon im SAP-ERP-System von Sammelbedarfen auf Einzelbedarfe umzustellen und ausschließlich diese einzusetzen.

Mit der Einstellung der *Materialsperre* (Spalte **Sperre Mng**) steuern Sie, wie das System reagieren soll, wenn mehrere Benutzer das gleiche Material innerhalb verschiedener Vorgänge bearbeiten. Wenn Sie diese Sperre setzen, können mehrere Benutzer das betreffende Material bearbeiten, ohne sich gegenseitig zu blockieren. Wenn für ein bestimmtes Material eine Verfügbarkeitsprüfung durchgeführt wird, wird die betreffende Menge während des Vorgangs gesperrt und als reservierte Menge in eine Sperrtabelle geschrieben. Für die Dauer dieses Vorgangs verbleibt die Menge in der Sperrtabelle. Jeder Benutzer, der während dieser Zeit das Material bearbeitet, erhält eine entsprechende Information. Erst nach Beendigung des Vorgangs wird die Menge wieder freigegeben und aus der Sperrtabelle gelöscht.

Nähere Informationen zur Materialsperre finden Sie in Abschnitt 5.6.

Wenn Sie bestimmen, dass für eine Prüfgruppe *keine Verfügbarkeitsprüfung* (Spalte **keine Pr.**) durchgeführt werden soll, nimmt das betreffende Material nicht an der Verfügbarkeitsprüfung teil. Indem Sie dieses Kennzeichen setzen, werden die Einstellungen bezüglich der Spalte **Kumul.** und hinsichtlich des Kennzeichens **Verfügbarkeit mit kumulierten Mengen: Reaktion auf Fehlmenge** (Spalte **Reaktion**) unwirksam.

[+]

Sonstige Auswirkungen des Kennzeichens »Keine Pr.«

Wenn Sie in einer Prüfgruppe das Kennzeichen **Keine Pr.** (Keine Verfügbarkeitsprüfung) setzen, bedeutet dies auch, dass es keine Bedarfsübergabe gibt. Eine Bedarfsübergabe können Sie dennoch erreichen, wenn Sie in der Prüfgruppe die Kennzeichen für **Summierung Kundenbedarfe** und **Summierung Lieferbedarfe** auf »A«, »B«, »C« oder »D« setzen.

Neben der Prüfgruppe können Sie die Verfügbarkeitsprüfung im Kundenauftrag auch über den Einteilungstyp und die Bedarfsklasse ausschalten.

Sie sollten eine Prüfgruppe ohne Verfügbarkeitsprüfung nur einsetzen, wenn Sie auch keine Bedarfsübergabe wünschen. In allen anderen Fällen empfehlen wir, die Verfügbarkeitsprüfung über den Einteilungstyp oder die Bedarfsklasse auszuschalten.

Eine wichtige Einstellung in der Prüfgruppe ist die Angabe bezüglich der Verfügbarkeitsprüfung mit kumulierten bestätigten Mengen (Spalte **Kumul.**). Wir erläutern die Bedeutung dieser Funktion anhand eines Beispiels. In Abbildung 5.2 ist Folgendes zu sehen: Ein Kundenauftrag wird angelegt, und es wird eine entsprechende Verfügbarkeitsprüfung durchgeführt.

Ausgehend vom Liefertermin des Kundenauftrags prüft das System in der Vergangenheit, ob und wann ATP-Mengen zum Decken des Bedarfs vorhanden sind. Wenn ATP-Mengen gefunden werden, werden diese um die Kundenauftragsmenge reduziert. Es können vom System lediglich ATP-Mengen reduziert werden, die terminlich vor dem Liefertermin des Kundenauftrags liegen. In unserem Beispiel verrechnet sich der Kundenauftrag 1 mit dem Planauftrag und dem vorhandenen Bestand.

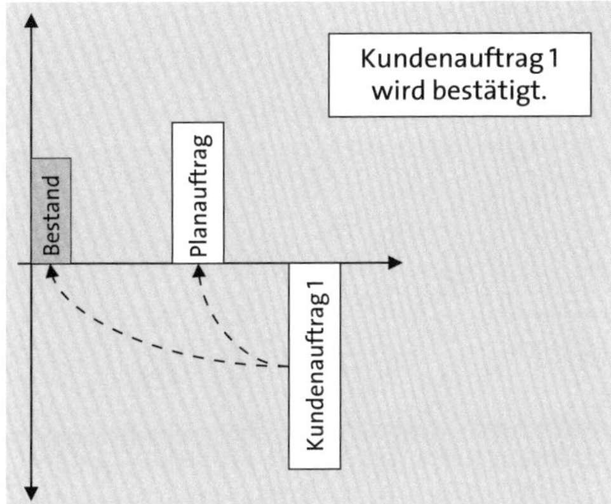

Abbildung 5.2 Verfügbarkeitsprüfung ohne Kumulation 1

Wenn, wie es in Abbildung 5.3 zu sehen ist, Zugänge aus der Vergangenheit zeitlich verschoben oder reduziert werden, kann es zu Überbestätigungen kommen.

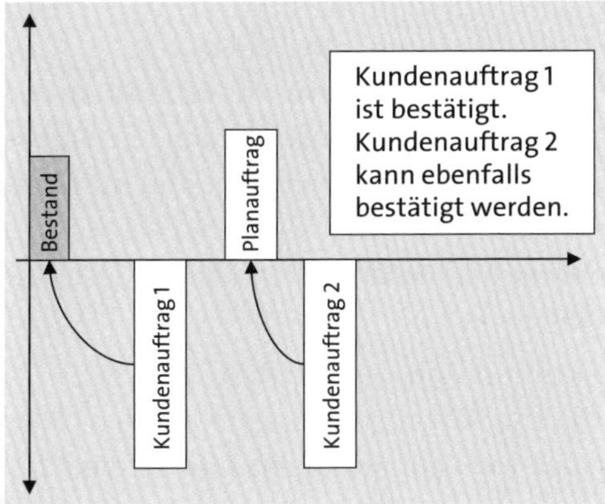

Abbildung 5.3 Verfügbarkeitsprüfung ohne Kumulation 2

Der Planauftrag, der terminlich vor Kundenauftrag 1 lag, wird hinter den Kundenauftragstermin verschoben. Die terminlich vor Kundenauftrag 1 liegenden ATP-Mengen reichen als Folge der Planauftragsverschiebung nicht zur Bedarfsdeckung aus. Der verschobene Planauftrag wird nicht mehr mit dem Kundenauftrag verrechnet und steht wieder als freie ATP-Menge zur Verfügung. Kundenauftrag 2 kann jetzt gegen diesen Planauftrag bzw. diese ATP-Menge bestätigt werden, was eine Überbestätigung (die Menge, die in den Kundenaufträgen bestätigt wird, ist größer als die in diesem Beispiel zur freien Verfügung stehende Produktionsmenge) zur Folge hat. Aus diesem Grund empfehlen wir Ihnen, grundsätzlich mit der Kumulation zu arbeiten.

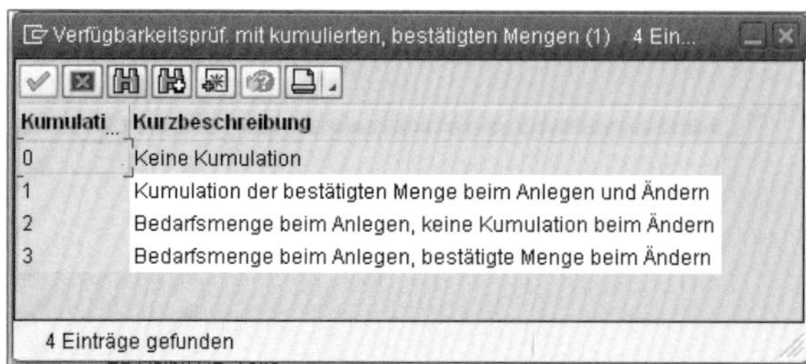

Abbildung 5.4 Einstellungen für die Kumulation

Für die Kumulation stehen Ihnen die in Abbildung 5.4 gezeigten Einstellungsmöglichkeiten in einer Prüfgruppe zur Verfügung, die wir Ihnen im Folgenden kurz erläutern:

- **0 – Keine Kumulation**
  Bei dieser Einstellung erfolgt keine Kumulation der bereits bestätigten Mengen. Von dieser Einstellung raten wir Ihnen aufgrund der oben beschriebenen Problematik von Überbestätigungen dringend ab.
- **1 – Kumulation der bestätigten Mengen beim Anlegen und Ändern**
  Mit dieser Einstellung werden bei der Verfügbarkeitsprüfung zur Ermittlung der ATP-Mengen alle bereits bestätigten Mengen kumuliert. Diese vorhandenen Mengen werden also in der Verfügbarkeitsprüfung im Kundenauftrag und im Fertigungsauftrag beim Anlegen und Ändern mitberücksichtigt. Zwischen dem Ergebnis der Verfügbarkeitsprüfung beim Anlegen und beim Ändern kann es also keinen funktional bedingten Unterschied geben.
- **2 – Bedarfsmenge beim Anlegen, keine Kumulation beim Ändern**
  Mit dieser Einstellung werden bei einer Verfügbarkeitsprüfung im Kunden- oder Fertigungsauftrag alle vorhandenen Bedarfsmengen kumuliert und so die ATP-Mengen ermittelt. Wird die Verfügbarkeitsprüfung bei einer Änderung eines Kunden- oder Fertigungsauftrags durchgeführt, wird die ATP-Menge jedoch ohne Kumulation ermittelt. Dies haben wir bereits oben geschildert.
- **3 – Bedarfsmenge beim Anlegen, bestätigte Menge beim Ändern**
  Mit dieser Einstellung wird die ATP-Menge, bei der Verfügbarkeitsprüfung beim *Anlegen* eines Kunden- oder Fertigungsauftrags mit Bedarfsmengen, über die Kumulation aller *bereits vorhandenen* Bedarfsmengen ermittelt. Beim *Ändern* eines Kunden- bzw. Fertigungsauftrags wird die ATP-Menge über die Kumulation der *bereits vorhandenen bestätigten* Mengen ermittelt.

  Beachten Sie, dass bei dieser Einstellung der Verfügbarkeitsprüfung bei Fertigungsaufträgen und Kundenaufträgen unterschiedliche Prüfungsergebnisse auftreten, je nachdem, in welchem Prozess (Anlegen oder Ändern) Sie sich befinden.

Einen Fertigungsauftrag können Sie entweder manuell mit Transaktion CO01 (Fertigungsauftrag anlegen) oder durch Umsetzen eines Planauftrags mit Transaktion CO40 (Aus Planauftrag) bzw. CO41 (Sammelumsetzung Planaufträge) anlegen. Während Transaktion CO01 wie eine Anlagetransaktion behandelt wird, verhält sich das System bei der Planauftragsumsetzung wie im Änderungsmodus. Damit erhalten Sie bei der Auftragsanlage unterschiedliche Ergebnisse in Abhängigkeit des Anlageprozesses bzw. der Anlagetransaktion.

In SAP-Hinweis 338075 ist eine Modifikation beschrieben, nach deren Einbau sich die Verfügbarkeitsprüfung immer, wie im Änderungsmodus verhält.

Empfehlung zur Kumulation

Wir empfehlen Ihnen, die ATP-Mengen beim Anlegen über die Kumulation der Bedarfsmengen und beim Ändern über die Kumulation der bestätigten Mengen zu ermitteln. Dies entspricht der Einstellung **3** bei der Kumulation.

Das Kennzeichen **Verfügbarkeitsprüfung mit kumulierten Mengen: Reaktion auf Fehlmenge** (Spalte **Reaktion**) ist nur von Bedeutung, wenn Sie für die betreffende Prüfgruppe die Kumulation eingestellt haben. Wenn im Rahmen der Verfügbarkeitsprüfung im Kundenauftrag vom System eine Unterdeckungssituation festgestellt wird, können Sie über dieses Kennzeichen steuern, ob eine Nachricht ausgegeben werden soll oder nicht. Als Information können Sie sich z. B. die Nachricht, dass die Summe der bestätigten bzw. der Anforderungsmengen die Summe der Zugänge übersteigt, an den Benutzer ausgeben lassen.

Das Kennzeichen **Relevanz bei Prüfung gegen Vorplanung** (Spalte **Rel PrVorP**) (siehe Abbildung 5.1) wird nur bei der Prüfung gegen die Vorplanung und im Fertigungsauftrag berücksichtigt. Dazu muss für die Prüfsteuerung im Fertigungsauftrag das Kennzeichen **Komponentenverfügbarkeitsprüfung** auf **Prüfung gegen Vorplanung** gesetzt sein.

Das Kennzeichen **Rel PrVorP** (siehe Abbildung 5.1) hat keine Auswirkungen auf die Verfügbarkeitsprüfung im Kundenauftrag und kann in den folgenden Ausprägungen gepflegt werden:

- **» « – Nicht prüfen**
  In diesem Fall wird die Komponente nicht gegen die angelegte Vorplanung geprüft. Wenn Sie in einem Material eine Prüfgruppe eintragen, bei der dieses Kennzeichen gesetzt worden ist, wird bei einer Verfügbarkeitsprüfung im Fertigungsauftrag für dieses Material keine Verfügbarkeitsprüfung gegen die Vorplanung durchgeführt.

- **»1« – Immer prüfen**
  In diesem Fall wird die Komponente immer gegen die angelegte Vorplanung geprüft. Eine entsprechende Prüfgruppe mit diesem Kennzeichen setzen Sie in Materialien ein, bei denen die Verfügbarkeitsprüfung aus dem Fertigungsauftrag immer gegen die Vorplanung erfolgen soll. Hierbei ist sicherzustellen, dass eine entsprechende Vorplanung ständig gepflegt und upgedatet wird.
- **»2« – Prüfen, nur wenn Dummy**
  Wenn Sie dieses Kennzeichen setzen, wird für das Material eine Verfügbarkeitsprüfung gegen die Vorplanung ausgeführt, wenn es als Komponente im Fertigungsauftrag steht. Allerdings muss es sich bei dem Material zwingend um ein Dummy-Material handeln, bei dem im Materialstamm der Sonderbeschaffungsschlüssel 50 eingetragen ist. Sollte es sich bei dem Material nicht um eine Dummy-Baugruppe handeln, wird dieses Kennzeichen ignoriert.

  Gerade im Fertigungsauftrag ist eine exakte Verfügbarkeitsprüfung, wie in Kapitel 1 beschrieben, von großer Bedeutung. Deshalb stellt die Verfügbarkeitsprüfung gegen die Vorplanung im Fertigungsauftrag eher die Ausnahme dar, und wir empfehlen, dieses Kennzeichen aus diesem Grund auf **1 Nicht Prüfen** zu setzen.

Sie können eigene Prüfgruppen nach Ihren Anforderungen anlegen, sollten dabei allerdings die Anzahl der Prüfgruppen in Grenzen halten. Mit zunehmender Anzahl der vorhandenen Prüfgruppen steigt auch das Risiko einer fehlerhaften Materialstammpflege. Hierbei muss die Prüfgruppe im Materialstamm eingetragen werden.

In SAP S/4HANA weist die Prüfgruppe neben den bereits beschriebenen Parametern noch den Parameter zur Aktivierung der erweiterten ATP-Funktionen auf. Die Auswirkungen dieses Parameters beschreiben wir in Teil III dieses Buches.

5.2 Prüfregel

Nach der Prüfgruppe ist die Prüfregel der nächste wichtige Parameter, der den betriebswirtschaftlichen Vorgang der Verfügbarkeitsprüfung beeinflusst. Die Prüfregeln pflegen Sie z. B. über den Customizing-Pfad **SAP Customizing Einführungsleitfaden • Produktion • Fertigungssteuerung • Vorgänge • Verfügbarkeitsprüfung • Prüfregel definieren**. Auch hier gäbe es alternative Customizing-Pfade, wir möchten es aber dabei belassen, einen Customizing-Pfad repräsentativ zu erwähnen.

Für bestimmte betriebswirtschaftliche Ereignisse (z. B. die Eröffnung eines Fertigungsauftrags) können Sie eigene Prüfregeln definieren. Für andere Ereignisse (z. B. die Kundenauftragsanlage) gibt es fest definierte Prüfregeln.

Sicht "Prüfregel" anzeigen: Übersicht

PRg	Bezeichnung Prüfregel
01	Prüfregel 01
02	Prüfregel 02
03	Prüfregel 03
A	SD-Auftrag
AE	SD-Auftrag Einzelbestand
AQ	
AV	SD-Auftrag Leihgut
AW	SD-Auftrag Konsignation
B	SD-Lieferung
BE	SD-Lieferung Einzelbestand
BO	Rückstandsbearbeitung
BQ	
BV	SD-Lieferung Leihgut
BW	SD-Lieferung Konsignation

Abbildung 5.5 SAP-Prüfregeln

Im Folgenden erläutern wir kurz die in Abbildung 5.5 gezeigten Standard-Prüfregeln:

- **A – SD-Auftrag**
  Die Prüfregel A wird automatisch vom System ermittelt, wenn die Verfügbarkeitsprüfung für eine Kundenauftragsposition in einem Kundenauftrag für die Lagerfertigung (kundenauftragsneutral) durchgeführt wird. Ob es sich um einen Kundenauftrag für die Lagerfertigung handelt, wird über die positionsweise ermittelte Bedarfsart bzw. Bedarfsklasse festgelegt.
- **AE – SD-Auftrag Einzelbestand**
  Die Prüfregel AE wird automatisch vom System ermittelt, wenn Sie eine Verfügbarkeitsprüfung für eine Kundenauftragseinzelposition durchführen. Ob es sich um einen Kundeneinzelauftrag handelt, wird ebenfalls, wie im Fall der Lagerfertigung, über die Bedarfsklasse bzw. die Bedarfsart festgelegt.
- **AQ – SD-Auftrag Projektbestand**
  Die Prüfregel AQ wird automatisch vom System ermittelt, wenn Sie eine Verfügbarkeitsprüfung für eine Kundenauftragsposition, genauer für eine Projektposition durchlaufen. In der entsprechenden Bedarfsklasse steuern Sie über ein definiertes Kennzeichen, ob es sich um eine Projektposition handelt.
- **AV – SD-Auftrag Leihgut**
  Die Prüfregel AV wird automatisch vom System ermittelt, wenn Sie eine Verfügbarkeitsprüfung für eine Kundenauftragsposition, genauer für eine Leihgutposition durchführen. Die Einstellung für eine Leihgutposition nehmen Sie im Customizing der Verkaufsbelege vor.

- **AW – SD-Auftrag Konsignation**
  Die Prüfregel AW wird automatisch vom System ermittelt, wenn Sie eine Verfügbarkeitsprüfung für eine Kundenauftragsposition, genauer für eine Konsignationsposition durchlaufen. Die Einstellung für eine Konsignationsposition nehmen Sie im Customizing der Verkaufsbelege vor.
- **B – SD-Lieferung**
  Die Prüfregel B wird automatisch vom System ermittelt, wenn Sie die Verfügbarkeitsprüfung aus einer Lieferposition, genauer aus einer Sammelposition heraus aufrufen.
- **BE – SD-Lieferung Einzelbestand**
  Die Prüfregel BE wird automatisch vom System ermittelt, wenn Sie die Verfügbarkeitsprüfung für eine Lieferposition, genauer für eine Lieferung für eine Kundeneinzelposition durchführen.
- **BO – Rückstandsbearbeitung**
  Die Prüfregel BO ist standardmäßig für die Rückstandsbearbeitung in SAP ERP vorgesehen. Sie können aber auch eigene Prüfregeln für die Rückstandsbearbeitung definieren, da diese manuell beim Starten der Transaktion vorgegeben werden können.
- **BQ – SD-Lieferung Projektbestand**
  Die Prüfregel BQ wird automatisch vom System ermittelt, wenn Sie die Verfügbarkeitsprüfung aus einer Lieferposition heraus aufrufen. Es muss sich in diesem Fall um eine Lieferung für eine Projektposition handeln.
- **BV – SD-Lieferung Leihgut**
  Die Prüfregel BV wird automatisch vom System ermittelt, wenn Sie die Verfügbarkeitsprüfung für eine Lieferposition, genauer für eine Lieferung für eine Leihgutposition durchführen.
- **BW – SD-Lieferung Konsignation**
  Die Prüfregel BW wird automatisch vom System ermittelt, wenn Sie die Verfügbarkeitsprüfung aus einer Lieferposition, genauer aus einer Lieferung für eine Konsignationsposition heraus aufrufen.

Im Customizing haben Sie die Möglichkeit, *eigene Prüfregeln* für verschiedene betriebswirtschaftliche Prozesse anzulegen. So können Sie z. B. für die Prüfung im Fertigungsauftrag eigene Prüfregeln definieren. Anders als in den Vertriebsbelegen sind hier keine Prüfregeln vom System fest vorgegeben, sondern können selbst im Customizing eingestellt werden. In Abschnitt 4.2, »Bewegungsdaten«, haben wir Ihnen bereits gezeigt, wie Sie diese Prüfregeln für die Fertigungsauftragseröffnung und -freigabe hinterlegen können. Durch diese unterschiedlichen Prüfregeln werden auch unterschiedliche Prüfumfänge ermittelt. Das bedeutet, dass bei der Fertigungsauftragseröffnung, anders als bei der Fertigungsauftragsfreigabe, hinsichtlich Zu- und Abgangselementen geprüft werden kann.

5.3 Prüfumfang

In diesem Abschnitt stellen wir Ihnen den Prüfumfang vor, der in Abhängigkeit von Prüfgruppe und Prüfregel definiert wird (siehe Abbildung 5.6).

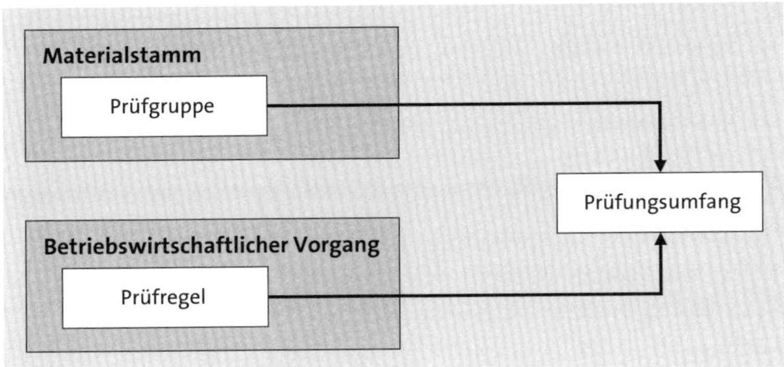

Abbildung 5.6 Prüfumfang ermitteln

Wenn für einen betriebswirtschaftlichen Vorgang eine Verfügbarkeitsprüfung nach ATP-Logik vorgesehen ist, wird die ATP-Menge nach einem definierten Prüfumfang ermittelt. Dieser Prüfumfang wird aus der Prüfgruppe und der Prüfregel abgeleitet. Die Prüfregel steht für den betriebswirtschaftlichen Vorgang, während die Prüfgruppe aus dem Stammsatz des betreffenden Materialstamms ermittelt wird (siehe Abschnitt 5.1 und Abschnitt 5.2). Zusammen bestimmen diese beiden Parameter den Prüfumfang, den Sie über den folgenden Menüpfad pflegen können: **SAP Customizing Einführungsleitfaden • Produktion • Fertigungssteuerung • Vorgänge • Verfügbarkeitsprüfung • Prüfumfang definieren**.

Hier haben Sie die Möglichkeit, für jede erdenkliche Kombination aus Prüfgruppe und Prüfregel einen eigenen Prüfumfang zu pflegen, z. B. den Prüfumfang in Abbildung 5.7.

Anhand des im Beispiel an dritter Stelle stehenden Prüfumfangs wird z. B. geprüft, wenn ein Kundensammelauftrag (Prüfregel **A SD-Auftrag**) mit einem Material der Prüfgruppe 02 (Spalte **Vf** = Verfügbarkeitsprüfung) angelegt oder geändert wird.

Im Prüfumfang geben Sie an, welche Dispositionselemente von der Verfügbarkeitsprüfung bei der Ermittlung der ATP-Menge berücksichtigt werden sollen. Zudem geben Sie an, welche Elemente bei der Berechnung der ATP-Menge (siehe Kapitel 6), also der Durchführung der Verfügbarkeitsprüfung nicht berücksichtigt werden sollen. Die entsprechenden Informationen, welche Elemente berücksichtigt werden sollen, pflegen Sie in den Detaildaten zum Prüfumfang (siehe Abbildung 5.8).

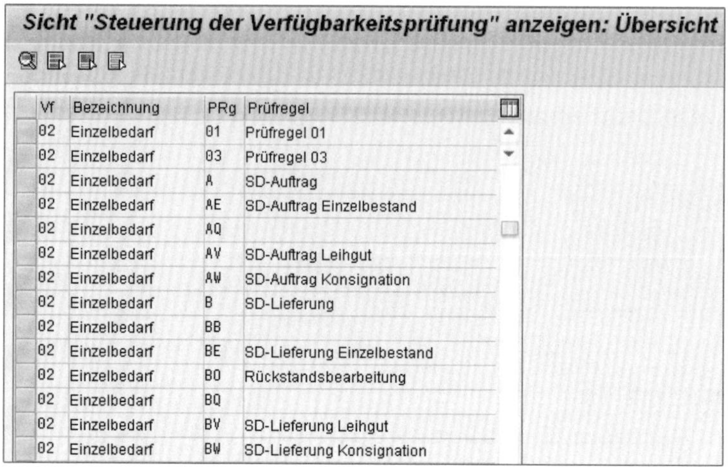

Sicht "Steuerung der Verfügbarkeitsprüfung" anzeigen: Übersicht

Vf	Bezeichnung	PRg	Prüfregel
02	Einzelbedarf	01	Prüfregel 01
02	Einzelbedarf	03	Prüfregel 03
02	Einzelbedarf	A	SD-Auftrag
02	Einzelbedarf	AE	SD-Auftrag Einzelbestand
02	Einzelbedarf	AQ	
02	Einzelbedarf	AV	SD-Auftrag Leihgut
02	Einzelbedarf	AW	SD-Auftrag Konsignation
02	Einzelbedarf	B	SD-Lieferung
02	Einzelbedarf	BB	
02	Einzelbedarf	BE	SD-Lieferung Einzelbestand
02	Einzelbedarf	BO	Rückstandsbearbeitung
02	Einzelbedarf	BQ	
02	Einzelbedarf	BV	SD-Lieferung Leihgut
02	Einzelbedarf	BW	SD-Lieferung Konsignation

Abbildung 5.7 Prüfumfang

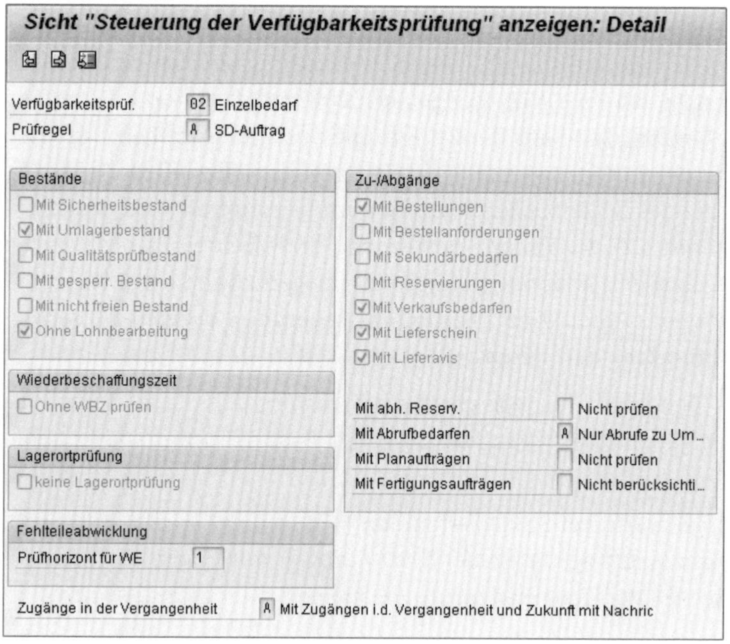

Sicht "Steuerung der Verfügbarkeitsprüfung" anzeigen: Detail

Verfügbarkeitsprüf. 02 Einzelbedarf
Prüfregel A SD-Auftrag

Bestände
☐ Mit Sicherheitsbestand
☑ Mit Umlagerbestand
☐ Mit Qualitätsprüfbestand
☐ Mit gesperr. Bestand
☐ Mit nicht freien Bestand
☑ Ohne Lohnbearbeitung

Wiederbeschaffungszeit
☐ Ohne WBZ prüfen

Lagerortprüfung
☐ keine Lagerortprüfung

Fehlteileabwicklung
Prüfhorizont für WE 1

Zu-/Abgänge
☑ Mit Bestellungen
☐ Mit Bestellanforderungen
☐ Mit Sekundärbedarfen
☐ Mit Reservierungen
☑ Mit Verkaufsbedarfen
☑ Mit Lieferschein
☑ Mit Lieferavis

Mit abh. Reserv. Nicht prüfen
Mit Abrufbedarfen A Nur Abrufe zu Um...
Mit Planaufträgen Nicht prüfen
Mit Fertigungsaufträgen Nicht berücksichti...

Zugänge in der Vergangenheit A Mit Zugängen i.d. Vergangenheit und Zukunft mit Nachric

Abbildung 5.8 Details eines Prüfumfangs

5.3.1 Bestände

Im ersten Bereich des Prüfumfangs (**Bestände**), können Sie für verschiedene Bestandsarten angeben, ob diese während der Verfügbarkeitsprüfung berücksichtigt werden sollen oder nicht. Als Erstes soll dabei der Sicherheitsbestand betrachtet werden.

Sicherheitsbestand

Als *Sicherheitsbestand* wird die Bestandsmenge eines Materials bezeichnet, die aus Sicherheitsgründen immer auf Lager sein sollte. Der Sicherheitsbestand hat die Aufgabe, Unsicherheiten in der Disposition auszugleichen, also bei der Abschätzung des zukünftigen Bedarfs und der Planung der Beschaffungszeiten. Mit einem Sicherheitsbestand haben Sie die Möglichkeit, eine höhere bzw. kurzfristige Nachfrage oder geringere bzw. verspätete Liefermengen Ihres Lieferanten auszugleichen.

Mit dem Kennzeichen **Mit Sicherheitsbestand** steuern Sie, wie der Sicherheitsbestand in der Verfügbarkeitsprüfung behandelt werden soll. Wenn Sie das Kennzeichen setzen, wird der Sicherheitsbestand zum verfügbaren Bestand hinzugerechnet. Wenn Sie hingegen erreichen möchten, dass der Sicherheitsbestand nicht automatisch als verfügbar angesehen werden soll, darf dieses Kennzeichen nicht gesetzt werden.

Unsere Empfehlung ist es, den Sicherheitsbestand in der Verfügbarkeitsprüfung als nicht verfügbar zu berücksichtigen. Vom dispositiven Ansatz ausgesehen, sollte es das Ziel sein, den Sicherheitsbestand zu minimieren und nur für Notfälle einen entsprechenden Bestand zu sichern. Deshalb sollte ein Kundenauftrag bei einer Verfügbarkeitsprüfung nicht automatisch, sondern nur im Bedarfsfall und aufgrund manueller Tätigkeiten auf diesen Bestand zugreifen können. Der manuelle Zugriff könnte so aussehen, dass der Sicherheitsbestand kurzfristig (während der Verfügbarkeitsprüfung) heruntergesetzt wird, der Kundenauftrag anschließend bestätigt wird und danach der Sicherheitsbestand im Materialstamm wieder manuell heraufgesetzt wird.

Eine weitere Bestandsart, die Sie in der Verfügbarkeitsprüfung berücksichtigen können, ist der Umlagerungsbestand.

Wenn Sie das Kennzeichen **Mit Umlagerungsbestand** im Prüfumfang setzen, wird der Umlagerungsbestand zum verfügbaren Bestand gerechnet. Das würde bedeuten, dass Sie schon Bestände in der Verfügbarkeitsprüfung berücksichtigen, die noch auf dem Transportweg (gegebenenfalls innerhalb Ihrer Organisation) sind. Die Entscheidung über die Einstellung dieses Kennzeichens sollten Sie unter Berücksichtigung der Transportwege bzw. Transportzeiten vornehmen.

Umlagerungsbestand

Der *Umlagerungsbestand* ist die Menge, die durch eine Umbuchung aus dem abgebenden Werk bereits entnommen wurde (Bewegungsart 304: Auslagern an Werk), aber in dem empfangenden Werk noch nicht eingebucht ist (Bewegungsart 305: Einlagern im Werk). Nach dem Auslagern ist die Lieferung nicht mehr vorhanden. Über das Umlagerungsbestandskennzeichen können Sie steuern, ob der betreffende Bestand dispositiv im empfangenden Werk berücksichtigt werden soll.

[zB]

Umlagerungsbestand je nach Transportdauer bzw. -weg berücksichtigen

Sind z. B. zwei Werke nur wenige Meter voneinander entfernt oder befinden sich diese sogar auf dem gleichen Gelände, ist der Transport von einem Werk in das andere Werk sicher mit geringem Risiko verbunden und auch in kurzer Zeit abzuwickeln. In einem solchen Fall können Sie den Umlagerungsbestand durchaus zur verfügbaren Menge rechnen. Sind allerdings große Entfernungen zwischen den Umlagerungswerken gegeben, empfehlen wir Ihnen aufgrund der mit dem Transport verbundenen Unsicherheiten den Umlagerungsbestand nicht zur verfügbaren Menge hinzuzurechnen.

Mit dem Kennzeichen **Mit Qualitätsprüfbestand** können Sie steuern, ob entsprechende Bestände von der Verfügbarkeitsprüfung als verfügbar angesehen werden sollen oder nicht. Beim Qualitätsprüfbestand handelt es sich um die Bestände eines Materials, die gerade einer Qualitätsprüfung unterzogen werden. Die Umbuchung aus dem Qualitätsprüfbestand in einen anderen Bestand (z. B. in den frei verfügbaren Bestand) erfolgt, sobald ein Verwendungsentscheid getroffen wurde. Wir empfehlen Ihnen, den Qualitätsprüfbestand als nicht verfügbar anzusehen, das Kennzeichen also nicht zu setzen, da Sie bis zum Treffen des Verwendungsentscheids nicht wissen, ob die Bestände weiterverwendet werden können.

Die nächste Bestandsart, deren Handhabung Sie im Prüfumfang angeben müssen, ist der gesperrte Bestand. Wenn Sie das Kennzeichen **Mit gesperrtem Bestand** setzen, wird auch der gesperrte Bestand zum verfügbaren Bestand gerechnet. Da die Sperrung bestimmter Bestände nicht grundlos erfolgt ist, sollten diese nicht in der Verfügbarkeitsprüfung berücksichtigt werden.

Das Kennzeichen bezüglich der nicht freien Chargenbestände ist für Sie nur relevant, wenn Sie die SAP-Chargenabwicklung einsetzen. Mit dem Kennzeichen **Mit nicht freiem Bestand** bestimmen Sie, ob der nicht frei verwendbare Chargenbestand in die Bedarfsplanung und in die Verfügbarkeitsprüfung einbezogen wird. Wir empfehlen Ihnen, die nicht freien Chargenbestände ebenfalls nicht in der Verfügbarkeitsprüfung als verfügbar anzusehen und damit das Kennzeichen nicht zu setzen.

Indem Sie das Kennzeichen **Ohne Lohnbearbeitung** setzen, werden der Bestand beim Lohnbearbeiter und die entsprechenden Sekundärbedarfe nicht in der Verfügbarkeitsprüfung berücksichtigt.

Lohnarbeiterbestände

Lohnarbeiterbestände sind Bestände, die eindeutig einem Lieferanten zugeordnet sind. Physisch sollten die entsprechenden Bestände auch beim Lohnarbeiter liegen. Deshalb ist es sinnvoll, das Kennzeichen **Ohne Lohnbearbeitung** zu setzen, denn die

Bestände, die bei einem Lohnarbeiter liegen, sollten in der im eigenen Haus durchgeführten Verfügbarkeitsprüfung nicht berücksichtigt werden.

5.3.2 Wiederbeschaffungszeit

Innerhalb der ATP-Prüfung wird zwischen der Prüfung mit und ohne Berücksichtigung der (Gesamt)wiederbeschaffungszeit unterschieden.

Wiederbeschaffungszeit und Gesamtwiederbeschaffungszeit

Als *Wiederbeschaffungszeit* bezeichnet man die Zeitspanne zwischen der Erteilung einer Bestellung (bei fremdbeschafftem Material) bzw. eines Auftrags (bei eigengefertigtem Material) für eine Ware und der tatsächlichen physischen Verfügbarkeit der Ware. Bei einem eigengefertigten Material entspricht die Wiederbeschaffungszeit der reinen Eigenfertigungszeit, und bei einem fremdbeschafften Material entspricht sie ausschließlich der Planlieferzeit des entsprechenden Materials.

Die *Gesamtwiederbeschaffungszeit* ist im SAP-System lediglich für eigengefertigte Materialien von Bedeutung. Hier wird die Zeit eingetragen, die benötigt wird, um ein Produkt über alle Stücklistenstufen zu fertigen – also inklusive Vormontage und Beschaffung der Kaufteile. Für fremdbeschaffte Materialien sind Wieder- und Gesamtwiederbeschaffungszeit identisch.

Wenn Sie das Kennzeichen **Ohne WBZ prüfen** im Prüfumfang setzen (siehe Abbildung 5.8), wird die ATP-Prüfung über den gesamten Zeitstrahl durchgeführt.

Wird das Kennzeichen nicht gesetzt, bedeutet dies, dass lediglich bis zum Ende der Wiederbeschaffungszeit geprüft wird. Termine, die darüber hinausgehen, werden automatisch bestätigt. Wenn in einem solchen Fall ein Bedarf beispielsweise innerhalb der Wiederbeschaffungszeit liegt und keine entsprechenden Bestände zur Deckung zur Verfügung stehen, wird der Bedarf am Ende der Wiederbeschaffungszeit bestätigt. Wenn ein Bedarf außerhalb der Wiederbeschaffungszeit liegt, geht das System davon aus, dass generell eine vollständige Bestätigung möglich ist.

Die Gesamtwiederbeschaffungszeit wird in der Sicht **Disposition 3** des SAP-Materialstamms (siehe Abbildung 5.9) gepflegt. Es besteht im SAP-Standard keine Möglichkeit, den Wert automatisch berechnen zu lassen, sondern er muss vom Disponenten manuell und werksspezifisch gepflegt werden.

Verfügbarkeitsprüfung
Verfügbarkeitsprüf. Y1 GesWiederbeschZeit 0 Tage
Proj.übergreif.

Abbildung 5.9 Gesamtwiederbeschaffungszeit

Im Rahmen der ATP-Verfügbarkeitsprüfung wird bzw. kann die (Gesamt)wiederbeschaffungszeit berücksichtigt werden. Darüber hinaus wird die Wiederbeschaffungszeit bei der Berechnung von Sicherheits- und Meldebeständen berücksichtigt. Deshalb empfehlen wir Ihnen, in jedem Materialstamm einen Wert für die Wiederbeschaffungszeit einzugeben.

Fehlerhafte oder nicht gepflegte Wiederbeschaffungszeiten (Eigenfertigungszeiten, Planlieferzeiten) verursachen die folgenden Probleme im täglichen Dispositionsgeschäft:

- Zu kurze Wiederbeschaffungszeiten im SAP-System führen zu Fehlmengen.
- Zu lange Wiederbeschaffungszeiten im SAP-System führen zu hohen Beständen.
- Fehlerhafte Wiederbeschaffungszeiten führen zu falschen Sekundärbedarfsterminen, die sich über die Stücklistenauflösung bis hin zur Kaufteilebene verstärken.
- Fehlerhafte Wiederbeschaffungszeiten führen ebenfalls zu falsch berechneten Sicherheitsbeständen, was auch zu hohen Beständen oder Fehlmengen führen kann.
- Meldebestände werden aufgrund fehlerhafter Wiederbeschaffungszeiten falsch berechnet.
- Durch fehlerhafte Wiederbeschaffungszeiten erhöht sich zwangsläufig der manuelle Aufwand in der Disposition, und auch die Zahl der notwendigen »Feuerwehraktionen« nimmt zu.

Die Wiederbeschaffungszeit wird aus dem entsprechenden Feld im Materialstamm (**GesWiederbeschZeit**) in der Sicht **Disposition 3** ermittelt (siehe Abbildung 5.9). Wenn in diesem Feld kein Wert gepflegt ist, wird die Wiederbeschaffungszeit berechnet.

Bei der Berechnung der Wiederbeschaffungszeit wird zwischen eigengefertigten und fremdbeschafften Materialien unterschieden. Für eigengefertigte Materialien gilt der folgende Grundsatz:

Wiederbeschaffungszeit =
Eigenfertigungszeit + Wareneingangsbearbeitungszeit

Bei der *Eigenfertigungszeit* kann es sich entweder um eine losgrößenunabhängige Zeit oder um eine losgrößenabhängige Zeit handeln:

- Die losgrößenunabhängige Eigenfertigungszeit wird in der Sicht **Disposition 2** im Materialstamm gepflegt (siehe Kapitel 4).
- Die losgrößenabhängige Eigenfertigungszeit wird in der Arbeitsvorbereitungssicht gepflegt (siehe Kapitel 4). Die entsprechende Zeit kann maschinell durch die Terminierung des Arbeitsplans des betreffenden Materials ermittelt und hinterlegt werden.

Für die Berechnung der Wiederbeschaffungszeit fremdbeschaffter Materialien gilt folgender Grundsatz:

Wiederbeschaffungszeit =
Bearbeitungszeit des Einkaufs + Planlieferzeit + Wareneingangsbearbeitungszeit

Wenn Sie bei fremdbeschafften Materialien eine ATP-Verfügbarkeitsprüfung durchführen, wird die Wiederbeschaffungszeit immer nach dieser Logik berechnet. Das Feld im Materialstamm in der Sicht **Disposition 3** (**GesWiederbeschZeit**) wird in diesem Fall nicht berücksichtigt.

5.3.3 Lagerortprüfung

Die Verfügbarkeitsprüfung kann sowohl auf Werks- als auch auf Lagerortebene durchgeführt werden. Zusätzlich kann auch auf der Dispositionsbereichsebene geprüft werden.

Welche Ebene für die Verfügbarkeitsprüfung relevant ist, wird durch die Ebenen bestimmt, für die der Materialstamm angelegt wurde, sowie durch die Einstellung im Prüfumfang. Wenn Sie das Kennzeichen **Keine Lagerortprüfung** im Prüfumfang setzen (siehe Abbildung 5.8), wird nur auf Werksebene geprüft. Wenn das Kennzeichen nicht gesetzt ist, prüft das System im entsprechenden Objekt (z. B. Kundenauftragsposition oder Reservierung), ob ein Lagerort hinterlegt ist. Ist dies der Fall, prüft das System zuerst die Verfügbarkeit am entsprechenden Lagerort. Wird die Prüfung auf der Lagerortebene mit einem positiven Ergebnis abgeschlossen, prüft das System zusätzlich auf der Werksebene.

Wann ist die Lagerortprüfung sinnvoll?

Die Lagerortprüfung ist performanceintensiv! Daher sollten Sie die Prüfung nur verwenden, wenn es unbedingt notwendig ist. Zwei Beispiele:

- Ein Werk ist so organisiert, dass es für die Produktion lediglich einen Lagerort gibt. Das bedeutet, dass alle Produktionsmaterialien hier lagern. In diesem Fall ist eine Lagerortprüfung durchaus zu empfehlen.
- Ein SAP-System besteht aus einem Produktionslagerort und vielen weiteren Lagerorten. Im Produktionslagerort lagern die Kleinteile, die direkt am Arbeitsplatz verfügbar sein sollen; alle übrigen Materialien werden kommissioniert und erst beim Start der Produktion in den Produktionslagerort umgebucht. In einem solchen Fall würde die Lagerortprüfung bei der Fertigungsauftragsfreigabe immer auf Fehler laufen, da die notwendigen Komponenten noch nicht im Produktionslagerort liegen. Hier ist es sinnvoll, eine Werksprüfung einzusetzen und auf die Lagerortprüfung zu verzichten.

Im Materialstamm können Sie die Einstellungen für die *Lagerortdisposition* vornehmen (Sicht **Disposition 4** im Materialstamm auf der Lagerortebene), mit denen Sie u. a. einen Lagerort von der Disposition auf der Werksebene ausschließen können.

Sobald Sie einen Lagerort entsprechend ausschließen, gehen die dispositiven Mengen (Bedarfe, Zugänge, Bestände) des Lagerortes nicht mehr in die verfügbare Menge des Werkes ein.

Eine weitere Besonderheit ergibt sich für die Verfügbarkeitsprüfung bei Einzelabschnitten. Bei *Einzelabschnitten*, wie sie z. B. bei der Kundeneinzelfertigung entstehen, läuft die Disposition komplett im Einzelabschnitt ab, ohne dass andere Abschnitte berücksichtigt werden. Das bedeutet, dass bei der Kundeneinzelfertigung Bedarf und Bedarfsdecker fest miteinander verknüpft sind. Wenn Sie für einen solchen Einzelbedarf eine Verfügbarkeitsprüfung durchführen, wird diese ausschließlich im Einzelabschnitt durchgeführt. Es werden nur Objekte aus dem Einzelabschnitt bei der Berechnung der verfügbaren Menge berücksichtigt.

5.3.4 Prüfhorizont für den Wareneingang

Eine weitere Angabe im Prüfumfang erfolgt im Feld **Prüfhorizont für WE** (siehe Abbildung 5.8). Diese Einstellung wird für die Fehlteileabwicklung benötigt (siehe Kapitel 7, »Fehlteilemanagement in SAP ERP«). Sie können hier eine Kalendertageanzahl angeben. Ausgehend vom Wareneingangstermin sucht das System für diese Anzahl Kalendertage nach Fehlteilen. Wenn entsprechende Fehlteile gefunden werden, besteht die Möglichkeit, den Disponenten mithilfe der Fehlteileabwicklung automatisiert und per E-Mail zu informieren, dass sein Fehlteil gerade im Wareneingang eingetroffen ist.

5.3.5 Zu-/Abgänge

Als Nächstes beschäftigen wir uns mit dem Bereich **Zu-/Abgänge** aus dem Prüfumfang (siehe Abbildung 5.8). In diesem Bereich geben Sie die Zugänge und die Abgänge an, die bei der Berechnung der verfügbaren Menge innerhalb der Verfügbarkeitsprüfung berücksichtigt werden sollen:

- **Bestellungen**
  Mit dem Kennzeichen **Mit Bestellungen** erreichen Sie, dass Einkaufsbestellungen in der Verfügbarkeitsprüfung berücksichtigt werden. Bestellungen sind in der Regel verlässliche und sichere Zugänge. Dennoch sollten Sie für jeden Prüfumfang einzeln prüfen, ob eine Berücksichtigung sinnvoll ist oder nicht. Wenn Sie z. B. im Planauftrag eine Verfügbarkeitsprüfung starten, können Bestellungen in jedem Fall berücksichtigt werden. Wenn Sie hingegen in einer Lieferung eine Verfügbarkeitsprüfung starten, sollten die betreffenden Mengen bereits im Lager liegen, und daher sollten an dieser Stelle keine Bestellungen berücksichtigt werden.

- **Bestellanforderungen**
Indem Sie das Kennzeichen **Mit Bestellanforderungen** setzen, werden Bestellanforderungen in der Verfügbarkeitsprüfung berücksichtigt. Da es sich bei den Bestellanforderungen um Planungsobjekte handelt, die unter Umständen vom Planungslauf generiert wurden, die entsprechend unsicher sind, sollten Sie dieses Objekt nur in Prüfumfängen berücksichtigen, die sich ebenfalls im unsicheren Bereich bewegen (wie z. B. die Verfügbarkeitsprüfung für Planaufträge).
- **Sekundärbedarfe**
Wenn Sie Sekundärbedarfe in der Verfügbarkeitsprüfung berücksichtigen möchten, müssen Sie das Kennzeichen **Mit Sekundärbedarfen** setzen. Sekundärbedarfe sind Planbedarfe, die aus Planaufträgen stammen. Auch hier lautet unsere Empfehlung, diese nur in Prüfumfängen zu berücksichtigen, die ebenfalls Planungscharakter haben. Würden Sie Sekundärbedarfe beispielsweise bei der Verfügbarkeitsprüfung von Fertigungsaufträgen berücksichtigen, würden Sie mit dieser Einstellung Planaufträge und Sekundärbedarfe auf eine Prioritätsstufe stellen. Logistisch ist es aber sinnvoll, dass Fertigungsaufträge Vorrang haben. Darum sollten Sie Sekundärbedarfe in diesem Fall nicht berücksichtigen.
- **Reservierungen**
Zudem müssen Sie entscheiden, wie Reservierungen bei der Verfügbarkeitsprüfung behandelt werden sollen. Mit Reservierungen sind manuelle Materialreservierungen gemeint. Wenn Sie das Kennzeichen **Mit Reservierungen** setzen, werden manuelle Materialreservierungen in der Verfügbarkeitsprüfung als Abgangselemente berücksichtigt. Dieses Kennzeichen hat keine Auswirkungen auf die Berücksichtigung von Auftragsreservierungen.
- **Vertriebsbedarfe**
Nach den Reservierungen müssen Sie noch Einstellungen für Vertriebsbedarfe, wie Kundenaufträge, Lieferpläne und Lieferungen, vornehmen. Wenn Kundenaufträge bzw. Lieferpläne in der Verfügbarkeitsprüfung als Abgangselemente berücksichtigt werden sollen, müssen Sie das Kennzeichen **Mit Verkaufsbedarfen** setzen. Kundenaufträge und Lieferpläne sind sichere Abgänge bzw. Bedarfe und sollten deshalb in jedem Prüfumfang berücksichtigt werden.
- **Lieferscheine**
Mit dem Kennzeichen **Mit Lieferscheinen** im Prüfumfang steuern Sie, ob Lieferungen für Verkaufsbedarfe in der Verfügbarkeitsprüfung berücksichtigt werden sollen. Hier handelt es sich, wie bei den Kundenaufträgen, um sichere Abgänge bzw. Bedarfe, die Sie deshalb in jedem Fall im Prüfumfang mit angeben und so auch in der Prüfung berücksichtigen sollten.

- **Lieferavis**
  Bei Lieferavis handelt es sich um Bestätigungen zu Bestellungen bzw. Lieferplänen, die entweder nur zur Information gepflegt oder die in der Bedarfsplanung mit Menge und Termin berücksichtigt werden. Indem Sie das Kennzeichen **Mit Lieferavis** setzen, werden Lieferavis aus dem Einkauf als Zugang in der Verfügbarkeitsprüfung berücksichtigt.

  Für diese Lieferavis gilt es allerdings noch eine Besonderheit zu beachten. Wenn Sie im entsprechenden Prüfumfang bereits das Kennzeichen **Mit Bestellungen** gesetzt haben, werden in jedem Fall auch Lieferavis bei der Berechnung der verfügbaren Menge berücksichtigt. Haben Sie das Kennzeichen **Mit Bestellungen** nicht gesetzt und stattdessen nur das Kennzeichen **Mit Lieferavis**, werden nur die avisierten Mengen berücksichtigt, die Bestellungen allerdings nicht.

Zudem haben Sie im unteren Teil dieses Bereichs noch die Möglichkeit Detaileinstellungen zu bestimmten Zu- und Abgängen vorzunehmen.

Betrachten wir zunächst das Feld **Mit abh. Reserv**. Abhängige Reservierungen sind Auftragsreservierungen, die als Komponentenbedarfe aus einem Fertigungsauftrag kommen. In diesem Feld kann angegeben werden, ob alle oder lediglich entnahmefähige Reservierungen in der Verfügbarkeitsprüfung berücksichtigt werden sollen (siehe Abbildung 5.10). Entnahmefähige Reservierungen entstehen, wenn in einem freigegebenen Fertigungsauftrag die Komponenten geprüft und bestätigt werden.

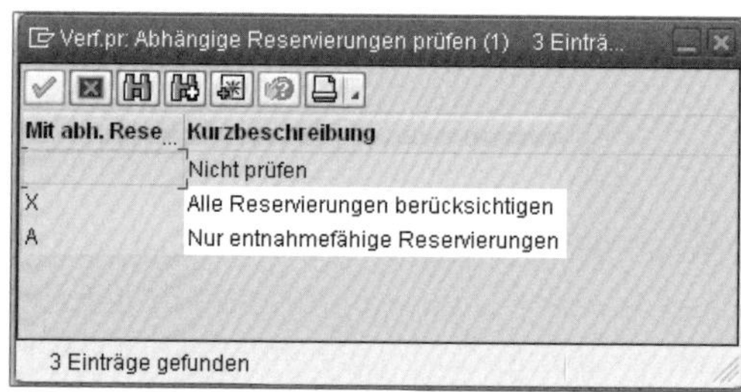

Abbildung 5.10 Abhängige Reservierungen im Prüfumfang einstellen

Diese Einstellung ist für die Verfügbarkeitsprüfung im Fertigungsauftrag von zentraler Bedeutung. Wenn Sie einen freigegebenen Fertigungsauftrag prüfen, sollten Sie nur die entnahmefähigen Reservierungen berücksichtigen. Die anderen Bedarfe sind noch nicht bestätigt und sollten deshalb einen Produktionsstart eines anderen Auftrags nicht verhindern.

Mit dem Kennzeichen **Mit Abrufbedarfen** steuern Sie, ob Umlagerungsbedarfe berücksichtigt werden sollen. Wie es Abbildung 5.11 zeigt, können entweder nur Umlagerungsbestellungen oder zusätzlich Umlagerungsbestellanforderungen berücksichtigt werden.

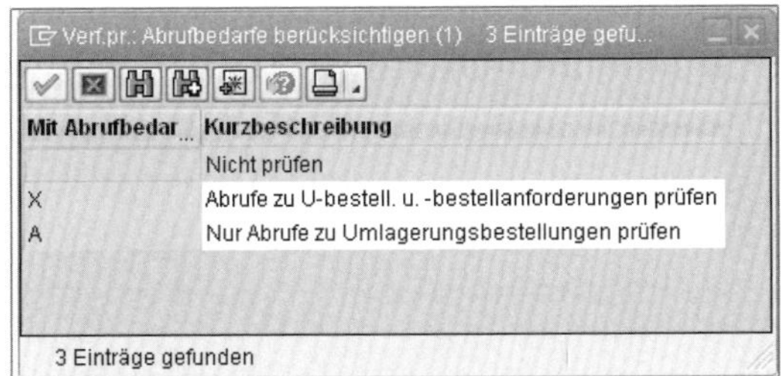

Abbildung 5.11 Umlagerungsbedarfe im Prüfumfang einstellen

Umlagerungsbestellanforderungen und -bestellungen werden nur berücksichtigt, wenn sie bestätigt sind, wenn also eine erfolgreiche Verfügbarkeitsprüfung für diese Elemente durchgeführt wurde. Eine maschinelle Verfügbarkeitsprüfung während des Planungslaufs ist aus Performancegründen für Umlagerungsbestellanforderungen nicht möglich. Umlagerungsplanaufträge werden hingegen in keinem Fall im Prüfumfang berücksichtigt.

Als Nächstes müssen Sie die Einstellungen für die Planaufträge vornehmen. Über das Feld **Mit Planaufträgen** können Sie steuern, welche Planaufträge in der Verfügbarkeitsprüfung berücksichtigt werden sollen (siehe Abbildung 5.12):

- Bei der Option **Nur voll bestätigte Planaufträge berücksichtigen** werden nur Planaufträge berücksichtigt, die im Rahmen einer Verfügbarkeitsprüfung voll bestätigt wurden.
- Bei fixierten Planaufträgen handelt es sich entweder um manuell oder maschinell fixierte Planaufträge, die in der Verfügbarkeitsprüfung berücksichtigt werden können.
- Als dritte Einstellungsmöglichkeit können Sie **Alle Planaufträge berücksichtigen**. Bei Planaufträgen handelt es sich um Objekte, die in der Regel vom Bedarfsplanungslauf automatisch angelegt wurden und im mittel- bis langfristigen Zeitraum vorhanden sind. Da es sich um Planobjekte handelt, sollten auch diese nur in unsicheren bzw. in Objekten mit Planungscharakter berücksichtigt werden.

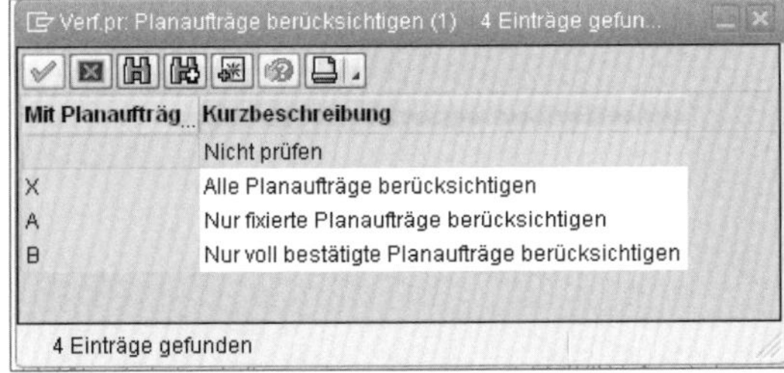

Abbildung 5.12 Planaufträge im Prüfumfang berücksichtigen

Bei Fertigungsaufträgen bzw. Prozessaufträgen (Feld **Mit Fertigungsaufträgen** in Abbildung 5.8) können Sie in der Verfügbarkeitsprüfung entweder alle vorhandenen oder lediglich die freigegebenen Aufträge berücksichtigen. In diesem Fall prüft das System den Kopfstatus des jeweiligen Auftrags, um zu entscheiden, ob der Auftrag für die Verfügbarkeitsprüfung relevant sein soll (siehe Abbildung 5.13). Freigegebene Fertigungsaufträge sind vor allem im Falle der überlappenden Fertigung relevant (siehe Kapitel 3).

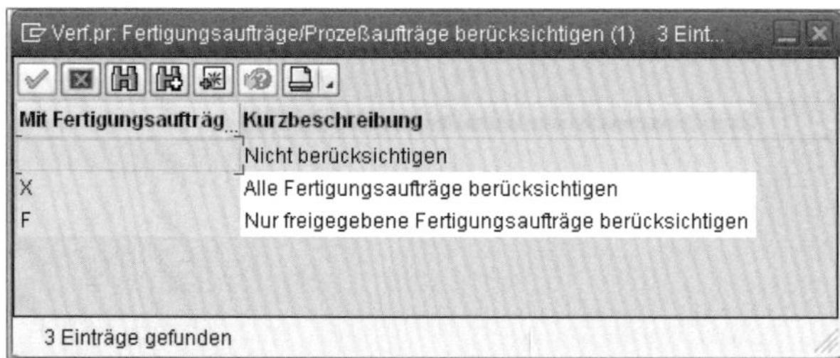

Abbildung 5.13 Fertigungsaufträge im Prüfumfang berücksichtigen

Bei den Zu- und Abgängen können Sie zwischen sicheren Zugängen (z. B. Bestellungen) und unsicheren Zugängen (z. B. Bestellanforderungen) unterscheiden; auf der Abgangsseite können Sie ebenfalls zwischen sicheren (z. B. Verkaufsbedarfen) und unsicheren Abgängen (z. B. Sekundärbedarfen) differenzieren. Abhängig vom Zeitpunkt, zu dem Sie die entsprechende Verfügbarkeitsprüfung durchführen, sollten Sie entweder nur sichere oder auch unsichere Zu- und Abgangselemente berücksichtigen.

Mit der Einstellung **Zugänge in der Vergangenheit** – ganz unten in Abbildung 5.8 – wird gesteuert, welche Zugänge wie auf der Zeitachse berücksichtigt werden sollen (siehe Abbildung 5.14).

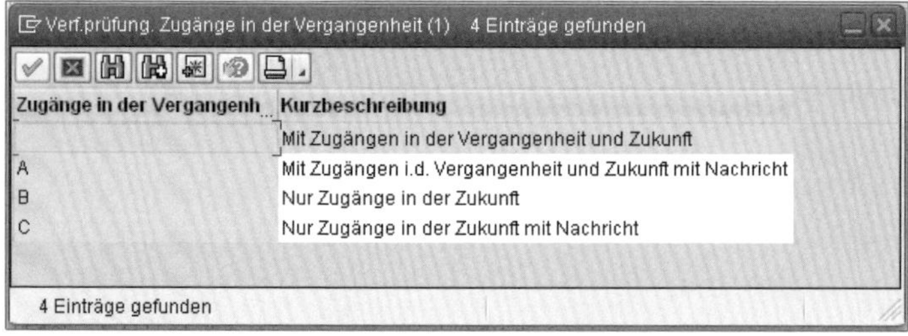

Abbildung 5.14 Verfügbarkeitsprüfung - Zugänge in der Vergangenheit

Zusätzlich können Sie steuern, ob eine Nachricht ausgegeben werden soll, wenn Zugänge aus der Vergangenheit bzw. Zukunft bei der Berechnung der ATP-Menge berücksichtigt und Bedarfe bestätigt werden.

[!]

Zugänge in der Vergangenheit

Gerade Zugänge in der Vergangenheit sind mit Vorsicht zu genießen. Das System »geht davon aus«, dass diese Zugänge jederzeit eintreffen können. Wenn der verantwortliche Disponent aber noch kein realistisches Lieferdatum für den Zugang gepflegt hat, kann es hier sehr schnell zu Fehlteilesituationen kommen.

Den Prüfumfang können Sie in SAP APO sehr viel feiner definieren. Dazu können Sie in SAP APO die ATP-Kategorien einsetzen (siehe Abschnitt 15.3.1).

5.4 Einteilungstyp

Ein weiterer Parameter für die Verfügbarkeitsprüfung im Vertrieb ist der Einteilungstyp, den Sie im Kundenauftrag finden. Ein Kundenauftrag besteht aus einer oder mehreren Positionen bzw. Unterpositionen. Diese Positionen zergliedern sich in eine oder mehrere Einteilungen; die Einteilungen selbst unterscheiden sich in Einteilungsmenge und -termin. Der Einteilungstyp wird im Kundenauftrag über den Positionstyp (dieser steht in der Position des Kundenauftrags) und das Dispositionsmerkmal (aus dem Materialstamm des Positionsmaterials) automatisch ermittelt. Die Ermittlung des Einteilungstyps (siehe Abbildung 5.15) pflegen Sie im Customizing über den folgenden Pfad: **SAP Customizing Einführungsleitfaden • Vertrieb • Verkauf • Verkaufsbelege • Einteilungen • Einteilungstypen zuordnen**.

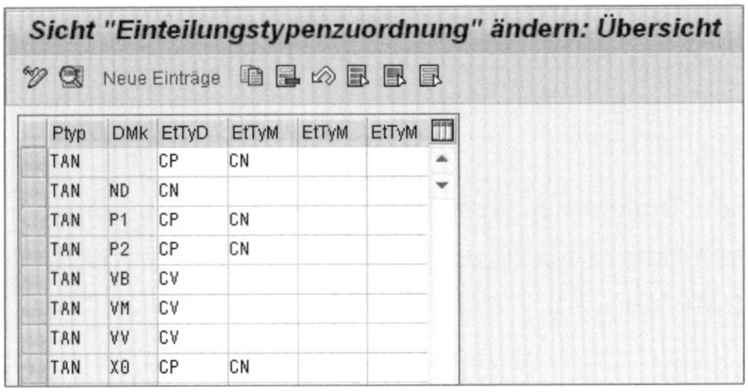

Sicht "Einteilungstypenzuordnung" ändern: Übersicht

Neue Einträge

Ptyp	DMk	EtTyD	EtTyM	EtTyM	EtTyM
TAN		CP	CN		
TAN	ND	CN			
TAN	P1	CP	CN		
TAN	P2	CP	CN		
TAN	VB	CV			
TAN	VM	CV			
TAN	VV	CV			
TAN	X0	CP	CN		

Abbildung 5.15 Einteilungstypen ermitteln

Betrachten wir den zweiten Eintrag in Abbildung 5.15. Wenn für die Kundenauftragsposition der Positionstyp TAN ermittelt wurde (Spalte **Ptyp**), und im Materialstamm als Dispositionsmerkmal ND hinterlegt ist (Spalte **Dmk**), wird als Default-Einteilungstyp CP ermittelt (Spalte **EtTyD**). Darüber hinaus haben Sie die Möglichkeit, im jeweiligen Objekt, die in den Spalten **EtTyM** angegebenen Einteilungstypen manuell auszuwählen. Diese Einteilungstypen können Sie dann in der Kundenauftragserfassung manuell für die entsprechende Position auswählen. Mit dem Einteilungstyp steuern

Sie das Verhalten der Einteilung(en) eines Verkaufsbelegs. An dieser Stelle gehen wir nur auf die Einstellungen ein, die für die Verfügbarkeitsprüfung von Bedeutung sind. Den Einteilungstyp pflegen Sie über den Customizing-Pfad **SAP Customizing Einführungsleitfaden • Vertrieb • Verkauf • Verkaufsbelege • Einteilungen • Einteilungstypen definieren** oder alternativ über Transaktion VOV6. Im Einteilungstyp nehmen Sie die in Abbildung 5.16 gezeigten Einstellungen vor.

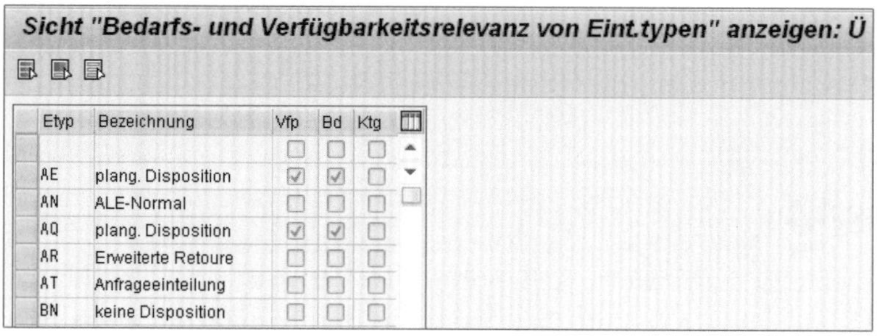

Sicht "Bedarfs- und Verfügbarkeitsrelevanz von Eint.typen" anzeigen: Ü

Etyp	Bezeichnung	Vfp	Bd	Ktg
		☐	☐	☐
AE	plang. Disposition	☑	☑	☐
AN	ALE-Normal	☐	☐	☐
AQ	plang. Disposition	☑	☑	☐
AR	Erweiterte Retoure	☐	☐	☐
AT	Anfrageeinteilung	☐	☐	☐
BN	keine Disposition	☐	☐	☐

Abbildung 5.16 Einstellungen im Einteilungstyp

Für die Verfügbarkeitsprüfung sind lediglich die drei der in Abbildung 5.16 gezeigten Einstellungen aus dem Einteilungstyp relevant:

- **Verfügbarkeitsprüfung**
  Mit dem Kennzeichen in der Spalte **Vfp** können Sie die Verfügbarkeitsprüfung ein- bzw. ausschalten. Wenn Sie für eine Kundenauftragsposition bzw. -einteilung keine Verfügbarkeitsprüfung durchführen möchten, sollten Sie diese mithilfe des Einteilungstyps ausschalten. Denn wenn Sie die Verfügbarkeitsprüfung mit der Prüfgruppe ausgeschaltet haben, kann sie durch den Einteilungstyp nicht wieder eingeschaltet werden.
- **Bedarf**
  Mit dem Kennzeichen in der Spalte **Bd** legen Sie fest, ob für die Kundenauftragsposition eine Bedarfsübergabe stattfinden und somit ein Bedarf an die Produktion bzw. den Einkauf weitergegeben werden soll.
- **Kontingentierung**
  Mit dem Kennzeichen in der Spalte **Ktg** können Sie die Kontingentierung für die jeweilige Einteilung aktivieren. Eine Verfügbarkeitsprüfung gegen Kontingente ist nur möglich, wenn diese für die betreffenden Einteilungen aktiviert wurde.

Die im Einteilungstyp vorgenommenen Einstellungen bezüglich Verfügbarkeitsprüfung und Bedarf/Bedarfsübergabe sind in Ihrer Wirkung abhängig von der Einstellung der Bedarfsklasse. Das bedeutet, dass Sie Bedarfsübergabe und Verfügbarkeitsprüfung nur ausschalten können, wenn diese durch die Bedarfsklasse eingeschaltet wurde. Es gibt aber keine Möglichkeit, um die Verfügbarkeitsprüfung trotz fehlender Aktivierung über die Bedarfsklasse mithilfe des Einteilungstyps zu aktivieren.

5.5 Bedarfsklasse und Bedarfsartenfindung

Während der Einteilungstyp für die einzelne Einteilung im Vertriebsbeleg die Verfügbarkeitsprüfung steuert, wird die Verfügbarkeitsprüfung für die gesamte Position durch die Bedarfsklasse bestimmt. Die Bedarfsklasse selbst steht nicht im entsprechenden Vertriebsbeleg. Einer Bedarfsklasse ist aber eine Bedarfsart eindeutig zugeordnet, und diese ist im Vertriebsbeleg auf der Positionsebene zu finden. Die Ermittlung der Bedarfsart im Vertriebsbeleg kann auf unterschiedliche Weise erfolgen. Abbildung 5.17 zeigt die verschiedenen Möglichkeiten, die wir Ihnen im Folgenden erläutern.

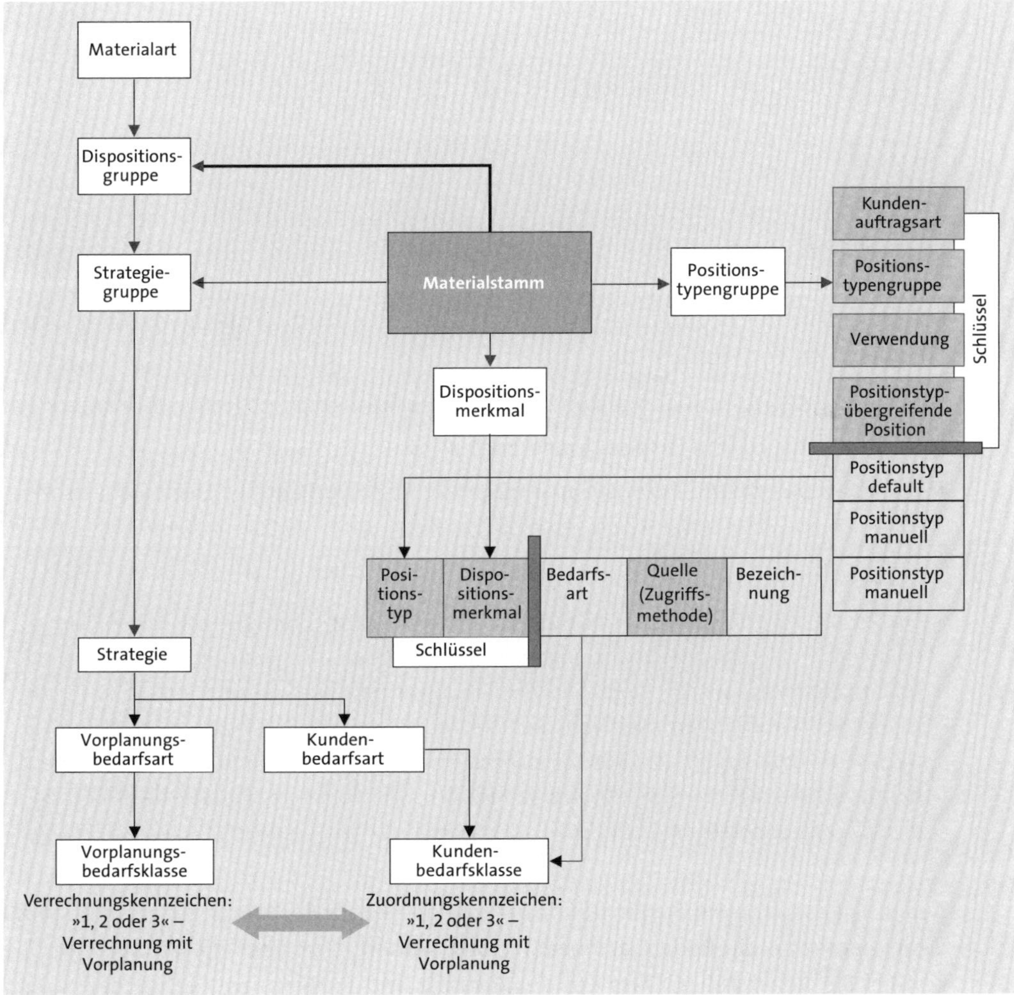

Abbildung 5.17 Logik der Bedarfsartenermittlung

Für eine Kombination aus Positionstyp und Dispositionsmerkmal können Sie im Customizing einstellen, wie die Bedarfsartenfindung erfolgen soll. Die entsprechende Einstellung (siehe Abbildung 5.18) pflegen Sie über den Customizing-Pfad **SAP Customizing Einführungsleitfaden • Vertrieb • Grundfunktionen • Verfügbarkeitsprüfung und Bedarfsübergabe • Bedarfsübergabe • Ermittlung der Bedarfsart über den Vorgang**.

Sicht "Zuordnung Bedarfsarten zum Vorgang" ändern: Übersicht

Zuordnung Bedarfsarten zum Vorgang

Ptyp	DMk	BDAr	Q	Bedarfsartbezeichnung
TAN				
TAN	ND			
TAN	P1			
TAN	P2			
TAN	VB	011		
TAN	VM	011		
TAN	VV	011		
TAN	X0		1	

Abbildung 5.18 Bedarfsart über den Vorgang ermitteln

Für die Quelle der Bedarfsartenermittlung (Spalte **Q**) können Sie die drei folgenden Einstellungen vornehmen:

- 0 – Strategiegruppe Materialstamm, danach Positionstyp und Dispositionsmerkmal
- 1 – Positionstyp und Dispositionsmerkmal
- 2 – Positionstyp und Dispositionsmerkmal mit Prüfung auf erlaubte Bedarfsart

Bedarfsermittlung über den Vorgang

Ein Beispiel für eine Bedarfsermittlung über den Vorgang ist eine Streckenabwicklung oder eine Konsignationsabwicklung. Im Fall der Konsignationsentnahme darf die Verfügbarkeitsprüfung nicht gegen die Vorplanung laufen, auch wenn dies die Strategiegruppe im Materialstamm so vorsieht. Die Verfügbarkeitsprüfung muss stattdessen nach ATP-Logik gegen den Sonderbestand erfolgen. Um in einem solchen Fall den richtigen Ablauf zu garantieren, wählen Sie die Bedarfsermittlung über den Vorgang, d. h. über die Einstellung **1** oder **2**.

In der Regel sollten Sie die Einstellung **0** wählen, sodass der Materialstamm über die Strategiegruppe die Bedarfsartenermittlung steuert. Nur über die Strategiegruppe können Sie sicherstellen, dass Kundenaufträge und Vorplanung zueinander passen und so eine Bedarfsverrechnung ermöglichen. Dennoch gibt es Geschäftsvorfälle, bei denen die Bedarfsermittlung nicht über den Materialstamm und damit über die Strategiegruppe erfolgen kann, sondern über den Vorgang erfolgen muss.

5.5.1 Quelle der Bedarfsartenermittlung – Einstellung 0

Wenn Sie die Einstellung **Strategiegruppe Materialstamm, danach Positionstyp und Dispositionsmerkmal** für die Bedarfsartenermittlung wählen, überprüft das System als Erstes im SAP-Materialstamm in der Sicht **Disposition 3**, ob dort eine Strategiegruppe eingetragen wurde. Alternativ dazu kann im Materialstamm eine Dispositionsgruppe hinterlegt sein, der wiederum im Customizing eine Strategiegruppe zugeordnet worden ist.

Strategiegruppe

Mit der Strategiegruppe steuern Sie die Planung und Fertigung eines Materials. Hierzu ist die Art der Fertigung des Materials entscheidend. Im Materialstamm haben Sie die Wahl zwischen den folgenden Szenarien:

- Engineer-to-Order – Projektgeschäft
- Make-to-Order – Auftragsfertigung
- Assemble-to-Order – Baugruppenfertigung
- Make-to-Stock – Lagerfertigung

Auf die Wahl der Fertigungsart für ein Material haben verschiedene Größen bzw. Parameter Einfluss. Eine wichtige Einflussgröße ist das Verhältnis der Wiederbeschaffungszeit des Materials zur vom Kunden akzeptierten Lieferzeit. Um kurze Lieferzeiten für die Kunden zu ermöglichen, müssen Sie zwangsläufig Lagerstrategien wie Make-to-Stock oder Assemble-to-Order wählen.

Eine weitere Einflussgröße ist die Wertigkeit des Produkts. Würden Sie bei höherwertigen Produkten ein Make-to-Stock-Szenario einsetzen, würden Ihre Bestandskosten ansteigen. Bei hochwertigen Produkten eignen sich deshalb eher Szenarien, die Bestände nur auf unteren Stücklistenebenen bzw. gar keine Bestände aufbauen, wie es bei einem Engineer-to-Order- oder einem Make-to-Order-Szenario der Fall ist. Wie die Wertigkeit des Materials müssen auch die kumulierten Lagerkosten bei der Wahl der Fertigungsart berücksichtigt werden.

Weitere Einflussgrößen für die Wahl der Fertigungsart kommen aus dem Bereich der Disposition. Einer fehlenden Vorhersagegenauigkeit bei der Bedarfsentwicklung bzw. bei großen Verbrauchsschwankungen eines Material können Sie mit einer Fertigungsart entgegenwirken, die Bestände aufbaut. Die Erzeugnisstruktur eines Materials und damit die Anzahl der Fertigungsstufen sowie die Anzahl der Verwendung eines Materials in anderen Stücklisten sind weitere Einflussgrößen für die Wahl der Fertigungsart.

Unterscheidungsmerkmal für die einzelnen Fertigungsarten ist der sogenannte *Entkopplungspunkt* (Order Penetration Point, siehe Abbildung 5.19). An diesem Punkt wechselt der Auftrag von einer kundenauftragsspezifischen Fertigung in eine kundenauftragsneutrale Fertigung bzw. Lagerfertigung:

- **Make-to-Stock**
  Mit einem Make-to-Stock-Szenario können Sie eine hohe Lieferfähigkeit erzielen, indem Sie möglichst viele Fertigungsstufen im Produktionsprozesses des Enderzeugnisses bereits vor Eintreffen des Kundenbedarfs erledigt haben. In Maximalausprägung werden bei einem Make-to-Stock-Szenario die Enderzeugnisse gefertigt und auf Lager gelegt. Dem Vorteil der hohen Lieferfähigkeit stehen hier die hohen Lagerkosten als Nachteil gegenüber.
- **Assemble-to-Order**
  Assemble-to-Order ist eine Mischform aus Lager- und Kundenauftragsfertigung. Ziel ist hier die Verkürzung der Durchlaufzeit. Diese wird erreicht, indem kundenauftragsneutral vorgefertigt und nur die Endmontage kundenauftragsspezifisch durchgeführt wird.
- **Make-to-Order**
  Bei einem Make-to-Order-Szenario, der Auftragsfertigung, beginnt die Montage oder Fertigung erst, wenn ein Kundenauftrag eingetroffen ist. Make-to-Order wird deshalb häufig für komplexe oder konfigurierbare Produkte eingesetzt. Der Vorteil dieser Fertigungsart sind die niedrigen Bestände und das niedrige Bestandsrisiko, während die langen Durchlaufzeiten als Nachteil zu nennen sind. Um hier die Durchlaufzeit zu verringern, werden häufig Standardvorprodukte bzw. -komponenten auftragsneutral beschafft und auf Lager gelegt. Die Liefertreue ist bei diesem Szenario wichtiger als die eigentliche Lieferfähigkeit.
- **Engineer-to-Order**
  Engineer-to-Order, das Projektgeschäft, ist die Maximalausprägung der kundenauftragsspezifischen Fertigung. Neben den logistischen Prozessschritten werden auch Konstruktions- und Entwicklungsprozesse erst begonnen, wenn eine Kundenbestellung eingetroffen ist und ein Kundenauftrag angelegt wurde. Die Durchlauf- bzw. Lieferzeit ist bei diesem Szenario sehr hoch, da nur so auf Sonder- und Änderungswünsche des Kunden reagiert werden kann.

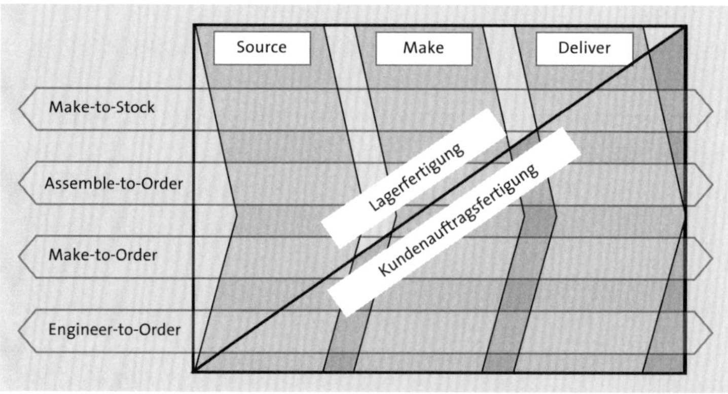

Abbildung 5.19 Unterschiede bei den Fertigungsarten

Im SAP-System können diese Fertigungsarten mit verschiedenen *Strategiegruppen* abgebildet werden. Diese lassen sich in die fünf Bereiche Lagerfertigung, Kundeneinzelfertigung, Baugruppenvorplanung, Montagefertigung und Variantenkonfiguration einteilen.

Eine Strategiegruppe hat den in Abbildung 5.20 gezeigten Aufbau, den Sie im Customizing über den Pfad **SAP Customizing Einführungsleitfaden • Produktion • Produktionsplanung • Programmplanung • Planprimärbedarf • Planungsstrategie • Strategiegruppe festlegen** anlegen können.

Mit einer Strategiegruppe haben Sie die Möglichkeit, mehrere Planungsstrategien zusammenzufassen. Beim Anlegen einer neuen Strategiegruppe sollten Sie in den folgenden Schritten vorgehen:

1. bestehende SAP-Standardstrategiegruppe kopieren
2. bestehende SAP-Standardstrategie kopieren und der neuen Strategiegruppe zuordnen
3. bestehende SAP-Standardbedarfsart kopieren und der neuen Strategie zuordnen
4. bestehende SAP-Standardbedarfsklasse kopieren und der neuen Bedarfsart zuordnen
5. entsprechend notwendige Änderungen an der neu angelegten Bedarfsklasse und allen anderen neu angelegten Einstellungen vornehmen

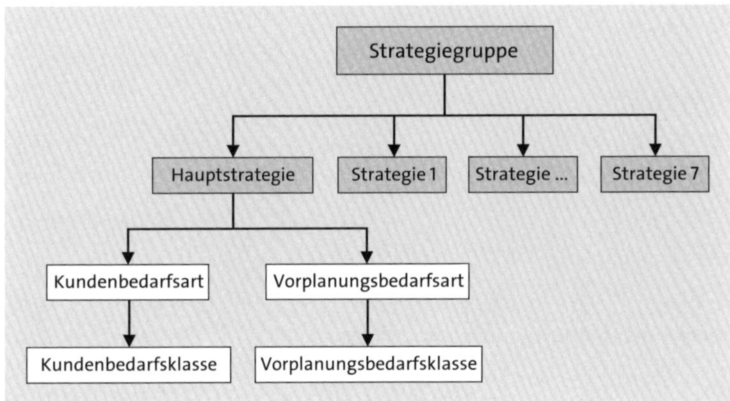

Abbildung 5.20 Aufbau der Strategiegruppe

Nachdem Sie eine neue Strategiegruppe angelegt haben, können Sie ihr eine Hauptstrategie und bis zu sieben Nebenstrategien zuordnen. Die Hauptstrategie beinhaltet die Vorschlagswerte, die beim Anlegen von Kundenaufträgen oder einer Vorplanung gezogen werden. Die Nebenstrategien beinhalten die Alternativen, die vom Anwender im jeweiligen Prozess über das Wechseln der Bedarfsart (Anlage Kundenauftrag oder Anlage Vorplanung) ausgewählt werden können.

Strategie

Bevor Sie einer Strategiegruppe neue Strategien zuordnen können, müssen Sie diese über den Pfad **SAP Customizing Einführungsleitfaden • Produktion • Produktionsplanung • Programmplanung • Planprimärbedarf • Planungsstrategie • Strategie festlegen** definiert haben.

Die Strategie besteht aus einer Bedarfsart für die Kundenbedarfe und einer Bedarfsart für die Vorplanung. Den exemplarischen Aufbau einer Strategie zeigt Abbildung 5.21 für die Strategie 40 (Vorplanung mit Endmontage).

Abbildung 5.21 Strategie 40: Vorplanung mit Endmontage

Strategie 40 (Vorplanung mit Endmontage) ist eine Strategie, die im Fall der Lagerfertigung eingesetzt wird und mit deren Hilfe ein Make-to-Stock-Szenario abgebildet werden kann. Die Strategie besteht aus der Vorplanungsbedarfsart **VSF Vorplanung mit Endmontage** und der Kundenbedarfsart **KSV Kundenauftrag mit Verrechnung**.

Für die Verfügbarkeitsprüfung gegen die Vorplanung sind das Verrechnungskennzeichen der Vorplanungsbedarfsart (Feld **Verrechnung**) und das Zuordnungskennzeichen der Kundenbedarfsart (Feld **Zuordnungskennz**) von großer Bedeutung. Nur wenn diese beiden Kennzeichen mit dem gleichen Wert eingestellt worden sind, können sich die Bedarfe mit der Vorplanung verrechnen und nur dann kann aus dem Kundenauftrag gegen die Vorplanung eine Verfügbarkeitsprüfung durchgeführt werden.

Bedarfsart

Wie gerade beschrieben, ordnen Sie einer Strategie jeweils eine Bedarfsart für die Kundenbedarfe und eine Strategie für die Vorplanung zu. Den beiden Bedarfsarten ist wiederum eindeutig eine Bedarfsklasse zugeordnet.

Die *Bedarfsart für die Kundenaufträge* (siehe Abbildung 5.22) pflegen Sie über den Menüpfad **SAP Customizing Einführungsleitfaden • Vertrieb • Grundfunktionen • Verfügbarkeitsprüfung und Bedarfsübergabe • Bedarfsübergabe • Bedarfsarten Definieren**.

Sicht "Bedarfsarten" ändern: Übersicht

Neue Einträge BC-Set: Feldwert ändern

BDAr	Bedarfsart	BdKl	Bezeichnung
KE	Kundeneinzel ohne Verrechnung	040	KDE unbew. ohne V.
KEB	Kundeneinzelbestellung	KEB	Kd-Einzelbestellung
KEK	KdEinzel konfigurierbares Mat.	046	KDE konfig. bewertet
KEKS	Einz. Verr. Merkmalsvorplanung	043	Einz. Verr. MerkmV.
KEKT	Einz. Verr. Vorpl.Variante	042	Einz. Verr. VorplVar
KEL	KdEinzel Materialvariante	047	Einzelf. MatVariante
KELV	KdEinzel MatVar. mit Verrech.	048	Einz. MatVar. Verr.
KEV	Kundeneinzel mit Verrechnung	045	KDE bewertet mit V.
KEVV	Kundeneinzel mit Verr. VP-MAT	060	Einzel Verrech.VPMAT
KL	Kundenauftrag Losfertigung	041	Auftrag/Lieferbedarf
KMFA	Montage mit Fertigungsauftr.	201	Montage Fert.auftrag
KMNP	Montage mit Netzplänen	202	Netzplan
KMPA	Montage mit Prozeßaufträgen	206	Prozeßauftrag, stat.
KMPN	Montage mit Netzplan/Projekt	212	Netzplan/Projektabr.
KMSE	Montage Planauftrag	200	Montage Planauftrag

Abbildung 5.22 Bedarfsarten für die Vertriebspositionen

Der Bedarfsart für die Kundenbedarfe ist jeweils eindeutig eine Bedarfsklasse zugeordnet. Während die (Kunden)bedarfsart in der Position des Kundenauftrags verwendet wird, ist die Bedarfsklasse für den Anwender im Beleg nicht sichtbar.

Die *Bedarfsart für die Vorplanung* (siehe Abbildung 5.23) pflegen Sie über den Menüpfad **SAP Customizing Einführungsleitfaden • Produktion • Produktionsplanung • Programmplanung • Planprimärbedarf • Bedarfsarten/Bedarfsklassen • Bedarfsarten festlegen und der Bedarfsklasse zuordnen**.

Der Bedarfsart für die Vorplanung ist ebenfalls eindeutig eine Bedarfsklasse zugeordnet. Während die Vorplanungsbedarfsart direkt in der Vorplanung sichtbar ist, ist die Vorplanungsbedarfsklasse für den Anwender nur im Customizing sichtbar.

Sicht "Bedarfsarten" ändern: Übersicht

Neue Einträge BC-Set: Feldwert ändern

BDAr	Bedarfsart	BdKl	Bezeichnung
VSE	Vorplanung ohne Endmontage	103	Vorpl ohne Montage
VSEB	Vorpl Dummybaugruppe	106	Vorpl Dummybaugruppe
VSEM	Vorpl Baugruppen o. Endmontage	107	Vorpl.Baugruppe o.M
VSEV	Vorplanung Vorplanungsmaterial	104	Vorpl VorplanungsMat
VSF	Vorplanung mit Endmontage	101	Vorpl mit Montage
VSFB	Vorplanung Baugruppen	105	Baugruppenvorplanung
YKEV	Kundeneinzel mit Verrechnung	Y45	KDE bewertet mit V.
YKSV	Kundenauftrag mit Verrechnung	Y50	Lager Verrechnung
YVSE	Vorplanung ohne Endmontage	Y03	Vorpl o Mont cbs4DI
YVSF	Vorplanung mit Endmontage	Y01	VorplmMontage cbs4DI

Abbildung 5.23 Bedarfsarten für die Vorplanung

Bedarfsklasse

Eine Bedarfsklasse steuert neben der Verfügbarkeitsprüfung auch die Bedarfsplanung-, Bedarfsverrechnung und die Dispositionsrelevanz (siehe Abbildung 5.24). Darüber hinaus können Sie in der Bedarfsklasse Einstellungen für die Kontingentierung und die Montageabwicklung vornehmen. In diesem Buch beschränken wir uns aber auf die für die Verfügbarkeitsprüfung relevanten Einstellungen. Die vertriebsrelevanten Bedarfsklassen pflegen Sie über den Menüpfad **SAP Customizing Einführungsleitfaden • Vertrieb • Grundfunktionen • Verfügbarkeitsprüfung und Bedarfsübergabe • Bedarfsübergabe • Bedarfsklasse pflegen**.

Die Einstellungen für die Verfügbarkeitsprüfung nehmen Sie im Bereich **Bedarf** vor. Für die Bedarfsklasse können Sie eine Verfügbarkeitsprüfung nach ATP-Logik oder eine Verfügbarkeitsprüfung nach Vorplanung einstellen. Wenn Sie das Kennzeichen **Verfügbarkeit** für die Bedarfsklasse setzen, wird eine Verfügbarkeitsprüfung nach ATP-Logik durchgeführt. Wenn das Kennzeichen nicht gesetzt ist, wird das Feld **ZuordnungsKz** überprüft. Nur wenn eine Zuordnung zur Vorplanung für die Bedarfsklasse eingestellt ist und auch eine entsprechende Vorplanung für das Material existiert, wird eine Verfügbarkeitsprüfung gegen die Vorplanung durchgeführt.

Beim Zuordnungskennzeichen (siehe Abbildung 5.25) wird zwischen Vorplanung mit und ohne Endmontage unterschieden. Damit die Zuordnung zwischen Bedarf und Vorplanung und damit auch die Verfügbarkeitsprüfung durchgeführt wird, muss eine Vorplanung entsprechender Art (Vorplanung mit bzw. ohne Endmontage) vorhanden sein.

Eine weitere wichtige Einstellung ist das Kennzeichen **Bedarfsübergabe** (siehe Abbildung 5.24). Eine Verfügbarkeitsprüfung ohne Bedarfsübergabe ist nicht sinnvoll und auch nicht möglich. Daher sollten Sie das Kennzeichen für die Bedarfsübergabe immer setzen, wenn Sie eine Verfügbarkeitsprüfung durchführen möchten.

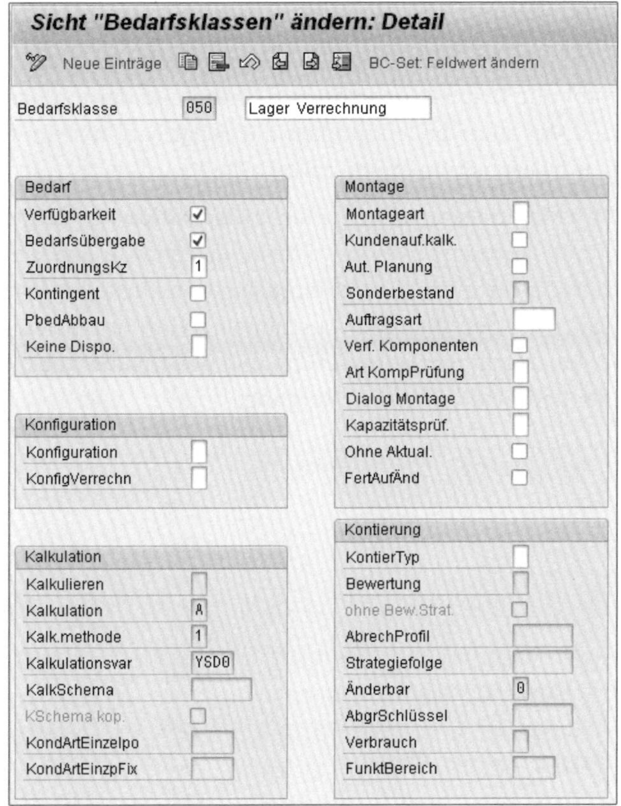

Abbildung 5.24 Einstellungen der Kundenbedarfsklasse

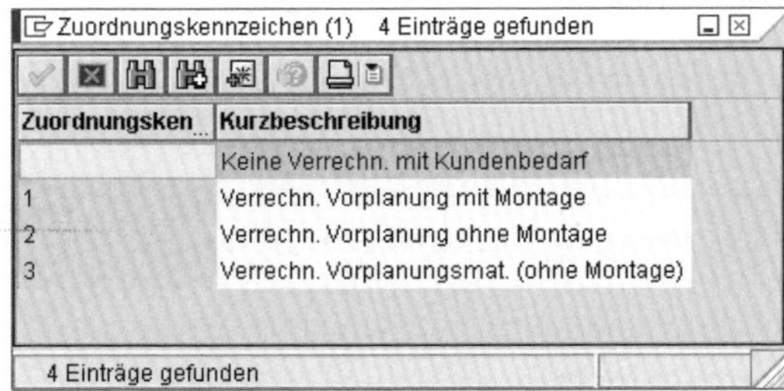

Abbildung 5.25 Zuordnungskennzeichen

Das Kennzeichen **Kontingent** müssen Sie setzen, wenn Sie für die Bedarfsklasse eine Verfügbarkeitsprüfung gegen Kontingente durchführen möchten.

Das Kennzeichen **PbedAbbau** ist lediglich beim Einsatz der anonymen Lagerfertigung von Bedeutung. Indem Sie dieses Kennzeichen setzen, wird die anonyme Lagerfertigung (Vorplanung) durch Kundenaufträge abgebaut.

5.5.2 Quelle der Bedarfsartenermittlung – Einstellung 1

Wie es in Abbildung 5.26 gezeigt wurde, kann die Bedarfsartenermittlung auch über die Einstellung **Positionstyp (Ptyp) und Dispositionsmerkmal (DMk)** und damit über den Vorgang erfolgen. »Über den Vorgang« bedeutet, dass die Bedarfsart aus einer Kombination von Positionstyp und Dispositionsmerkmal ermittelt wird.

Das Dispositionsmerkmal wird im Materialstamm in der Sicht **Disposition 1** gepflegt. Der Positionstyp steht in der Kundenauftragsposition und wird aus der Kundenauftragsart und der Positionstypengruppe ermittelt. Die entsprechenden Einstellungen (siehe Abbildung 5.26) pflegen Sie über den Pfad **SAP Customizing Einführungsleitfaden • Vertrieb • Grundfunktionen • Verfügbarkeitsprüfung und Bedarfsübergabe • Bedarfsübergabe • Ermittlung der Bedarfsart über den Vorgang**.

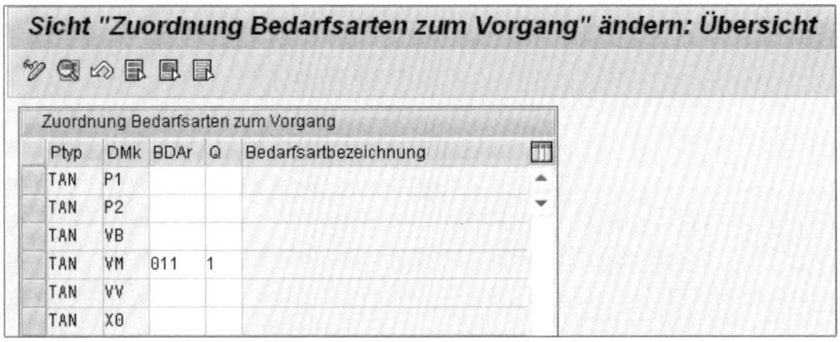

Sicht "Zuordnung Bedarfsarten zum Vorgang" ändern: Übersicht

Zuordnung Bedarfsarten zum Vorgang

Ptyp	DMk	BDAr	Q	Bedarfsartbezeichnung
TAN	P1			
TAN	P2			
TAN	VB			
TAN	VM	011	1	
TAN	VV			
TAN	X0			

Abbildung 5.26 Bedarfsartenermittlung über den Vorgang

In Abbildung 5.26 wird, wenn in der Kundenauftragsposition der Positionstyp TAN (Normalposition) und im entsprechenden Materialstamm als Dispositionsmerkmal VM (Maschinelle Bestellpunktdisposition) gepflegt wurde, die Bedarfsart 011 (Lieferungsbedarf) ermittelt. Dass die Ermittlung der Bedarfsart über den Positionstyp und das Dispositionsmerkmal erfolgt, steuern Sie über die Spalte Q (Herkunft der Bedarfsart bei der Bedarfsartenermittlung). Die Einstellung 1 bewirkt hier, dass die Bedarfsart über die Kombination Positionstyp und Dispositionsmerkmal ermittelt wird.

5.5.3 Quelle der Bedarfsartenermittlung – Einstellung 2

Die dritte Möglichkeit der Bedarfsartenermittlung, **Positionstyp und Dispositionsmerkmal mit Prüfung auf erlaubte Bedarfsart (Q)**, unterscheidet sich von der zweiten Möglichkeit nur dadurch, dass die ermittelte Bedarfsart verprobt wird. Auch im vorliegenden Fall wird die Bedarfsart über den Positionstyp und das Dispositionsmerkmal bestimmt. Das Dispositionsmerkmal wird wieder in der Sicht **Disposition 1** gepflegt; der Positionstyp ermittelt sich ebenso aus der Kundenauftragsart und der Positionstypengruppe. Die entsprechenden Einstellungen pflegen Sie auch über den

Pfad **SAP Customizing Einführungsleitfaden • Vertrieb • Grundfunktionen • Verfügbarkeitsprüfung und Bedarfsübergabe • Bedarfsübergabe • Ermittlung der Bedarfsart über den Vorgang** (siehe Abbildung 5.26).

In den letzten Abschnitten haben wir Ihnen einen kurzen Einblick in das Thema Bedarfsübergabe gegeben. Prinzipiell können Sie die Bedarfsübergabe und die Verfügbarkeitsprüfung komplett getrennt voneinander steuern. Im Verkaufsbeleg werden die Bedarfsübergabe und die Verfügbarkeitsprüfung über die Bedarfsart bzw. Bedarfsklasse und den Einteilungstyp gesteuert. Im Kundenauftrag und in der Lieferung kann die Verfügbarkeitsprüfung nur gemeinsam mit der Bedarfsübergabe durchgeführt werden. Allerdings ist im umgekehrten Fall eine Bedarfsübergabe ohne Verfügbarkeitsprüfung sehr wohl möglich. Für weitere Informationen zur Bedarfsermittlung konsultieren Sie die weiterführende Literatur und die SAP-Online-Hilfe (*https://help.sap.com*).

5.6 Sperrlogik

Für den Ablauf der Verfügbarkeitsprüfung ist die Einstellung der Sperrlogik von entscheidender Bedeutung. Im SAP-System können Sie mit drei unterschiedlichen Sperrlogiken arbeiten:

1. Materialsperre
2. Materialsperre mit Mengenübergabe
3. Kombination der beiden Sperrlogiken

Eine Variante für die Sperrlogik ist die standardmäßige Sperrlogik auf Material-/Werksebene (siehe Abbildung 5.27), die sogenannte *Materialsperre*. Diese Sperrlogik pflegen Sie über den Pfad **SAP Customizing Einführungsleitfaden • Vertrieb • Grundfunktionen • Verfügbarkeitsprüfung und Bedarfsübergabe • Verfügbarkeitsprüfung • Verfügbarkeitsprüfung nach ATP-Logik und gegen Vorplanung • Sperre Material für andere Benutzer festlegen**.

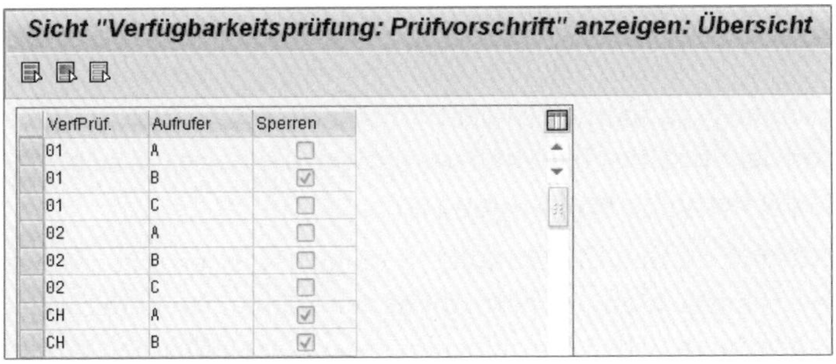

Sicht "Verfügbarkeitsprüfung: Prüfvorschrift" anzeigen: Übersicht

VerfPrüf.	Aufrufer	Sperren
01	A	☐
01	B	☑
01	C	☐
02	A	☐
02	B	☐
02	C	☐
CH	A	☑
CH	B	☑

Abbildung 5.27 Materialsperre

Sie können in Abhängigkeit der Prüfgruppe und des jeweiligen Belegs festlegen, ob bei der Verfügbarkeitsprüfung eine Materialsperre gesetzt werden soll oder nicht.

Als Aufrufer (das Objekt der Beleg, aus dem eine Verfügbarkeitsprüfung aufgerufen wird) können Sie zwischen Kundenauftrag, Lieferung und Materialreservierung unterscheiden. Wenn Sie die entsprechende Einstellung vornehmen, wird der Materialstammsatz beim Durchführen der Verfügbarkeitsprüfung für andere Benutzer gesperrt. Die Sperre auf Material-/Werksebene bleibt bis zum Sichern des entsprechenden Belegs erhalten.

Die *Materialsperre mit Mengenübergabe* sollten Sie wählen, wenn es häufig der Fall ist, dass mehrere Benutzer zu derselben Zeit auf das Material zugreifen möchten und eine entsprechende Sperre auslösen.

[+]

Materialsperre mit Mengenübergabe

Beachten Sie jedoch, dass die Materialsperre mit Mengenübergabe sehr performanceintensiv ist, sodass Sie sie nur setzen sollten, wenn es erforderlich ist. Ansonsten ist die standardmäßige Sperrlogik auf Material-/Werksebene ausreichend.

Die Materialsperre mit Mengenübergabe können Sie im Customizing der Prüfgruppe setzen (siehe Abschnitt 5.1). Bei dieser Art der Sperre wird der betreffende Materialstamm beim Anlegen und Ändern eines Vertriebsbelegs bzw. Produktionsauftrags (Plan- oder Fertigungsauftrag) nur für den Vorgang der Verfügbarkeitsprüfung gesperrt. Damit ist es möglich, dass mehrere Benutzer auf denselben Materialstamm zugreifen und ihn innerhalb verschiedener Vorgänge bearbeiten.

Während der Verfügbarkeitsprüfung wird das Material also gesperrt, und die hierzu reservierte Menge wird in eine Sperrtabelle geschrieben. Diese Menge steht allen anderen Vorgängen, die parallel auf das entsprechende Material zugreifen, nicht zur Verfügung und wird bei der Durchführung der Verfügbarkeitsprüfung als nicht verfügbar berücksichtigt.

Wenn ein anderer Benutzer während des Ablaufs der Verfügbarkeitsprüfung versucht, das gesperrte Material im entsprechenden Werk zu bearbeiten, unternimmt das System nach einer Wartezeit von ca. 1 Sekunde fünf Versuche, um das Material für diesen anderen Vorgang exklusiv zu sperren. Ist der fünfte Versuch erfolglos, wird die Prüfung abgebrochen, und der Vorgang bleibt unbestätigt. Um den Vorgang zu bestätigen, muss der Benutzer die Verfügbarkeitsprüfung erneut aufrufen.

Nach Beendigung der Prüfung werden die bestätigten Mengen gesperrt, allerdings nicht exklusiv. Die nicht exklusive Mengensperre dient den Vorgängen anderer Benutzer als Information über die in Arbeit befindlichen, reservierten Mengen des jeweiligen Materials in dem gewählten Werk. Wenn die Bearbeitung beendet wird, werden die Sperreinträge zurückgesetzt. Wurde der bearbeitete Vorgang gesichert, werden die Sperreinträge erst zurückgesetzt, nachdem die entsprechenden Datenbankänderungen vorgenommen worden sind.

Wenn Sie eine manuelle Rückstandsbearbeitung für ein Material durchführen, ist dieses exklusiv für den entsprechenden Vorgang gesperrt. In diesem Fall ist es nicht möglich, die Verfügbarkeitsprüfung für dieses Material in einem anderen Vorgang aufzurufen.

Sollte man beide oben beschriebenen Sperrlogiken im System eingestellt haben, hat die Materialsperre mit Mengenübergabe Vorrang vor der einfachen Materialsperre.

5.7 Transport- und Versandterminierung

Bei der Anlage eines Kundenauftrags können Sie das Wunschlieferdatum des Kunden auf Kopf-, Positions- und Einteilungsebene mitgeben. Ausgehend von diesem Wunschliefertermin führt SAP ERP eine Rückwärtsterminierung durch, um die Aktivitäten zu ermitteln, die für den rechtzeitigen Versand und Transport des Materials ausgeführt werden müssen. Sowohl die Versand- als auch die Transportterminierung sind optionale Einstellungen und nicht zwingend zu aktivieren. In Abschnitt 6.2.4, »Terminierung«, finden Sie weitere Informationen..

5.7.1 Zeitelemente und Steuerungselemente

Bevor wir die einzelnen Terminierungsvarianten und den Ablauf der Versand- und Transportterminierung beschreiben, stellen wir Ihnen die einzelnen Zeitelemente (der Versand- und Transportterminierung) vor (siehe Abbildung 5.28).

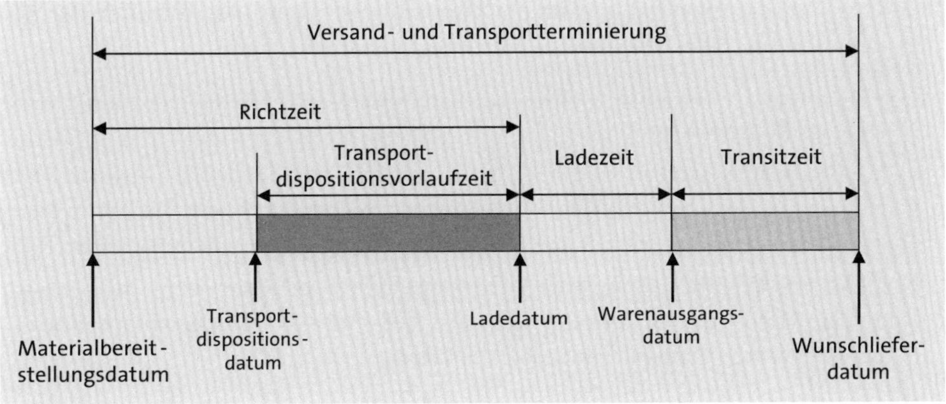

Abbildung 5.28 Versand- und Transportterminierung in SAP ERP

Zwischen dem Wunschlieferdatum des Kunden und dem Materialbereitstellungsdatum gibt es weitere wichtige Meilensteine, die im Rahmen der Versand- und Transportterminierung ermittelt werden:

1. Das *Materialbereitstellungsdatum* ist das Datum, zu dem das Material im Werk physisch zur Verfügung stehen muss; Produktions- und Beschaffungsprozesse müssen komplett abgeschlossen sein. Damit genügend Zeit besteht, die Ware versandfertig zu machen und pünktlich zum Kunden zu transportieren, muss das Materialbereitstellungsdatum entsprechend terminiert werden. Das Materialbereitstellungsdatum ist der Ausgangspunkt für die Verfügbarkeitsprüfung im Kundenauftrag.
2. Zum *Transportdispositionsdatum* beginnen Sie mit der Organisation des Warentransportes. Zu den jetzt anfallenden Tätigkeiten gehört die Auswahl eines Transportdienstleisters, Transportmittels, Transportweges usw. Dieser Termin muss entsprechend früh gewählt werden, damit alle organisatorischen Arbeiten bis zum Ladedatum abgeschlossen sind und somit sichergestellt ist, dass alle Transportmittel zur Verfügung stehen.
3. Zum *Ladetermin* wird die Ware physisch verladen. Wenn alle Transportvorarbeiten pünktlich abgeschlossen wurden, sollte zu diesem Termin ein entsprechendes Transportmittel zur Beladung bereitstehen. Mit Ablauf der *Ladezeit* (Dauer, die zum Verladen benötigt wird), die mit dem *Ladedatum* beginnt, kann der Warenausgang gebucht werden.
4. Zum *Warenausgangsdatum* verlässt die Ware das Haus und wird, je nach Vereinbarung, vom Unternehmen an den Kunden geliefert oder alternativ vom Kunden selbst bzw. von einem Dienstleister abgeholt. An das Warenausgangsdatum schließt sich die *Transitzeit* an. Damit wird die Zeit abgebildet, die für den Transport der Ware zum Kunden benötigt wird. Wenn die Ware das Haus nicht zum Warenausgangsdatum verlässt, kann der Kundenliefertermin, das Eintreffen der Ware beim Kunden, aller Voraussicht nach nicht gehalten werden.

[+]

Nur Versandterminierung

Viele Unternehmen nutzen lediglich die Versandterminierung, da die zugrunde liegenden Zeiten besser zu ermitteln und einfacher zu definieren sind. Die Zeiten der Transportterminierung, wie z. B. die Transitzeit, sind hingegen schwer zu ermitteln bzw. sind weniger zuverlässig, da sie von vielen Faktoren abhängig sind.

Sollten Sie keine Transportterminierung einsetzen, entspricht das Warenausgangsdatum dem Wunschlieferdatum bzw. Lieferdatum.

5. Den Abschluss bildet das *Wunschlieferdatum* (wenn der Kundenwunschtermin bestätigt werden konnte) oder das *Lieferdatum* (wenn der Kundenwunschtermin

nicht bestätigt werden konnte und stattdessen ein Liefervorschlag bestätigt wurde). Der Unterschied zwischen Lieferdatum und Warenausgangsdatum ergibt sich aus der Transitzeit. Diese muss in Abhängigkeit der Route und diese wiederum in Abhängigkeit des Kunden ermittelt werden. Zum Lieferdatum muss die Ware beim Kunden sein.

Die Versand- und Transportterminierung, über die die genannten Termine ermittelt werden, unterteilt sich in die Versand- und die Transportterminierung.

- **Versandterminierung**
  Bei der Versandterminierung werden alle Zeiten berücksichtigt, die notwendig sind, um die Ware versandfertig zu machen (Kommissionieren, Verpacken, Lieferpapiere erstellen, Verladen).
- **Transportterminierung**
  Die Transportterminierung berücksichtigt hingegen alle Zeiten, die der Vorbereitung und Durchführung des Transports dienen.

[+]

Wunschlieferdatum

Wir gehen in unserer Beschreibung davon aus, dass das Wunschlieferdatum ein Termin »frei Haus«, die Ware also zu diesem Termin beim Kunden ist. Alternativ dazu kann man das Wunschlieferdatum mit einem Liefertermin »ab Werk« gleichsetzen. Das bedeutet, dass die Ware zu diesem Datum das Unternehmen in Richtung Kunden verlassen sollte. Diese Variante wird häufig eingesetzt, wenn die Kunden ihre Ware selbst abholen.

Damit eine Versand- und/oder Transportterminierung durchgeführt werden kann, muss diese für die jeweilige Verkaufsbelegart aktiviert werden. Die Einstellungen für die Verkaufsbelegart nehmen Sie über den Pfad **SAP Customizing Einführungsleitfaden • Logistics Execution • Versand • Grundlagen • Terminierung • Versand- und Transportterminierung • Terminierung je Verkaufsbelegart definieren** vor.

Abbildung 5.29 zeigt die Aktivierung der Transport- und Versandterminierung.

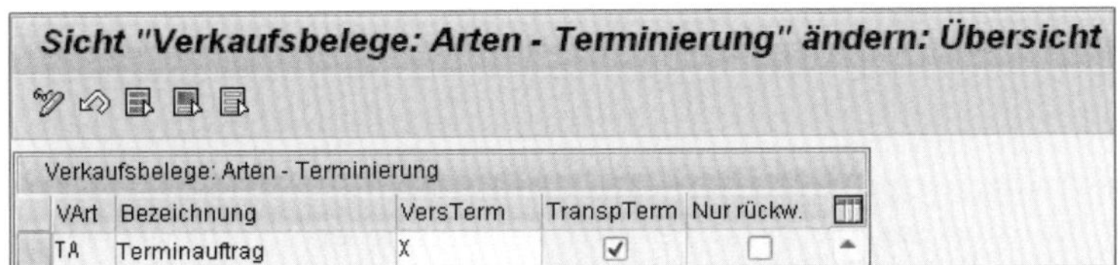

Sicht "Verkaufsbelege: Arten - Terminierung" ändern: Übersicht

Verkaufsbelege: Arten - Terminierung

VArt	Bezeichnung	VersTerm	TranspTerm	Nur rückw.
TA	Terminauftrag	X	☑	☐

Abbildung 5.29 Aktivierung der Versand- und Transportterminierung

In Abbildung 5.29 sehen Sie die Einstellungen für die Verkaufsbelegart TA. In der Spalte **VersTerm** stellen Sie ein, ob eine Versandterminierung für die Verkaufsbelegart durchgeführt werden soll. In der Spalte **TranspTerm** können Sie die Transportterminierung aktivieren. Als letzte Einstellung (Spalte **Nur rückw.**) können Sie für eine Verkaufsbelegart vorgeben, dass die Versand- und Transportterminierung ausschließlich rückwärts erfolgen soll. Dies hätte zur Folge, dass ein Materialbereitstellungsdatum in der Vergangenheit ermittelt werden kann.

Wir empfehlen, dieses Kennzeichen nicht zu setzen. Bei einem ermittelten Materialbereitstellungsdatum in der Vergangenheit, wird automatisch vom System auf die Vorwärtsterminierung umgeschaltet. Das kann aber auch zu Problemen führen. Wenn Sie einen Verkaufsbeleg ändern, der mehrere Einteilungen zu einer Position hat, wird dieser neu terminiert. Dies bedeutet, dass auch alle Einteilungen neu terminiert werden, was dazu führen kann, dass eine bereits bestätigte Einteilung durch die Umterminierung plötzlich nicht mehr zum ursprünglichen Termin bestätigt werden kann.

5.7.2 Versandterminierung

Über die Versandterminierung werden das Materialbereitstellungsdatum und das Ladedatum ermittelt. Um diese beiden Termine zu bestimmen, werden Richtzeit und Ladezeit berücksichtigt. Die Richtzeit wird benötigt, um die Ware einer Sendung zuzuordnen und diese anschließend zu kommissionieren und zu verpacken. Die Ladezeit wird hingegen zum Verladen der Ware benötigt. Sie können diese beiden Zeiten über die Versandstelle oder routenabhängig vom System ermitteln lassen. Dazu müssen Sie in der Versandstelle vorgeben, wie die Ermittlung erfolgen soll.

Die Einstellungen für die Versandstelle (siehe Abbildung 5.30) können Sie über den Pfad **SAP Customizing Einführungsleitfaden • Unternehmensstruktur • Definition • Logistics Execution • Versandstelle definieren, kopieren, löschen, prüfen** vornehmen.

Für die Ermittlung der Lade- und Richtzeit gibt es mehrere Alternativen, die Sie in der Versandstelle hinterlegen müssen. Es gibt keinen Zwang, eine Versandterminierung durchzuführen, weshalb Sie die Lade- und auch die Richtzeitbestimmung in der Versandstelle auch deaktivieren können.

1. Als erste Option für die Ermittlung können Sie pro Versandstelle einen Default-Wert für die beiden Zeiten hinterlegen. In dem in Abbildung 5.30 gezeigten Beispiel wurde für die Ladezeit ein Default-Wert von zwei Tagen definiert (Feld **Ladezeit Arbeitstage**).
2. Als zweite Option können Sie die Termine routenabhängig ermitteln (in Abbildung 5.30 die Richtzeit über das Feld **Richtzeit bestimmen**). Bei dieser Alternative können Sie entsprechende Zeiten pro Route hinterlegen. Über die Route wird das Transportmittel bestimmt, das ausschlaggebend für eine schnellere Abwicklung oder Verzögerung sein kann.

3. Als dritte Option können Sie die Termine routenunabhängig ermitteln lassen. Bei der routenunabhängigen Ermittlung der Zeiten wird die Richtzeit in Abhängigkeit der Versandstelle, der Route und des Gewichts ermittelt, während die Ermittlung der Ladezeit in Abhängigkeit der Versandstelle, der Route und der Ladegruppe erfolgt. Während das Gewicht eher Auswirkungen auf die Richtzeit hat, beeinflusst die Ladegruppe, die im Materialstamm gepflegt wird, die Ermittlung der Ladezeit.

   Richtzeit und Ladezeit können Sie beide auch mit Stunden- bzw. Minutenangaben pflegen. Diese Zeitangaben werden aber nur berücksichtigt, wenn in der Versandstelle Arbeitszeiten gepflegt wurden. Diese Art der Terminierung wird auch als untertägige Terminierung bezeichnet (ansonsten handelt es sich um die tagesgenaue Terminierung).

Abbildung 5.30 Einstellungen der Versandstelle

5.7.3 Transportterminierung

Der zweite Block der Versand- und Transportterminierung ist die Transportterminierung, bei der auf Grundlage der Transportdispositionsvorlaufzeit und der Transitzeit das Warenausgangs- und das Transportdispositionsdatum ermittelt werden. Das Warenausgangsdatum wird auch ohne Transportterminierung ermittelt, fällt aber in diesem Fall mit dem Wunschlieferdatum bzw. Lieferdatum zusammen. Mit der Transitzeit bilden Sie die Dauer für den Transport der Ware zum Kunden ab, während die Transportdispositionsvorlaufzeit die Zeit für die Organisation des Transports ist. Beide Zeitintervalle werden über die Route definiert.

[+]

Transportdispositionsvorlaufzeit

Die Transportdispositionsvorlaufzeit ist z. B. die Zeit, die man benötigt, um eine Spedition zu beauftragen oder den Transport mit dem Werksverkehr zu organisieren.

Die Definition der Route nehmen Sie im Customizing über den Pfad **SAP Customizing Einführungsleitfaden • Unternehmensstruktur • Definition • Logistics Execution • Versand • Grundlagen • Routen • Routendefinition** vor.

In den dort aufgeführten Abschnitten definieren Sie die Route und legen so für den Versand den Transportweg und die Transportmittel fest. Für die Transportterminierung können Sie die notwendigen Zeiten pro Route definieren und hinterlegen: **SAP Customizing Einführungsleitfaden • Unternehmensstruktur • Definition • Logistics Execution • Versand • Grundlagen • Routen • Routendefinition • Route und Abschnitte definieren**.

In Abbildung 5.31 zeigen wir Ihnen ein Beispiel für die Einstellungen der Transportterminierung pro Route.

Sicht "Routen" ändern: übersicht

Neue Einträge   BC-Set anzeigen   BC-Set übernehmen   Werteübernahme

Dialogstruktur
- Routen
  - Routenabsch
- Verkehrsknoten

Routen

Route	Bezeichnung	VS	VV	VN	TD-Leister	Transitd.	Fahrdauer	TD-Vorlauf	TD-Vorl.Std.	Kal
000001	Nordroute				ZMS_DHL					
000002	Südroute	01			ZMS_DPD	1,00			6:00	01
000003	Ostroute									

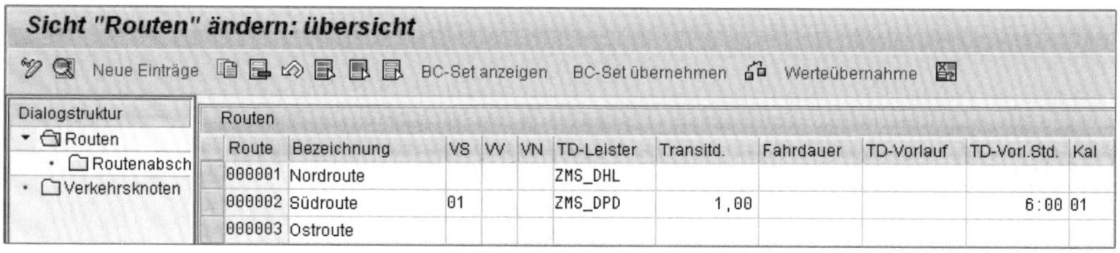

Abbildung 5.31 Einstellungen der Transportterminierung pro Route

Wie beschrieben können Sie in Abhängigkeit einer Route die Transitzeit und die Transportdispositionsvorlaufzeit definieren. Die Routenermittlung im Auftrag wird vom SAP-System automatisch durchgeführt (wenn alle hierzu notwendigen Einstellungen getroffen wurden) und kann in der Lieferung wiederholt werden. Die im Kundenauftrag ermittelte Route kann auch direkt in die Lieferung übernommen werden.

In der Spalte **Transitd.** pflegen Sie die Transitdauer in Kalendertagen. Hier sollten Sie die Zeit angeben, die unter Verwendung einer bestimmten Route benötigt wird, um die entsprechende Ware vom Firmengelände bis zum Kunden zu transportieren. Sie haben die Möglichkeit, routenspezifisch einen Fabrikkalender zu hinterlegen, der dann bei der Terminierung berücksichtigt wird.

Neben der Transitdauer in Kalendertagen können Sie auch eine Transitdauer in Stunden (Spalte **Fahrdauer**) pflegen. Die Fahrtdauer ist eine Untermenge der Transitzeit in Kalendertagen und gibt die reine Fahrtzeit vom Firmengelände bis zum Kunden an. Für die Transportterminierung ist lediglich die Transitdauer in Kalendertagen relevant; die Fahrtdauer bleibt bei der Terminierung unberücksichtigt.

In der Spalte **TD-Vorlauf** pflegen Sie die Transportdispositionsvorlaufzeit in Kalendertagen. In Abhängigkeit einer Route können Sie hier hinterlegen, wie lange es dauert, den entsprechenden Transport zu organisieren. In der Spalte **TD-Vorl.Std.** können Sie die Transportdispositionsvorlaufzeit alternativ auch in Stunden pflegen. Diese Angabe wird bei der Transportterminierung aber nur berücksichtigt, wenn in der entsprechenden Versandstelle eine **Arbeitszeit** gepflegt worden ist.

Die Terminierung in Stunden und Minuten wird auch als untertägige Terminierung bezeichnet. Bei der Transportdispositionsvorlaufzeit in Stunden und in Kalendertagen handelt es sich um alternative Angaben; die beiden Werte werden im Rahmen der Transportterminierung nicht addiert. Wir empfehlen Ihnen immer, beide Werte zu pflegen. Da eine Route von mehreren Versandstellen eingesetzt werden kann, stellen Sie so sicher, dass alle notwendigen Zeiten für die Transportterminierung gepflegt sind.

5.7.4 Ablauf der Transport- und Versandterminierung

Sie haben alle notwendigen Einstellungen für die Versand- und Transportterminierung kennengelernt. Im Kundenauftrag wirkt sich eine Versand- und Transportterminierung folgendermaßen aus.

Bei der Anlage eines Kundenauftrags wird das Wunschlieferdatum des Kunden eingegeben. Dieses Datum ist dann auch Ausgangspunkt für die Versand- und Transportterminierung:

1. Zunächst wird vom Wunschliefertermin die Transitzeit abgezogen und so das *Warenausgangsdatum* ermittelt.
2. Vom Warenausgangsdatum wird wiederum die Ladezeit abgezogen und so das *Ladedatum* ermittelt.
3. Vom Ladedatum wird zum einen die Transportdispositionsvorlaufzeit abgezogen und so das *Transportdispositionsdatum* ermittelt, und zum anderen wird die Richtzeit abgezogen und das *Materialbereitstellungsdatum* ermittelt. Je nachdem, welcher der beiden Termine (Materialbereitstellungsdatum oder Transportdispositionsdatum) der frühere ist, bestimmt dieser auch, wann die Einteilung für den Versand fällig wird.

Im Kundenauftrag können Sie sich das Ergebnis der Versand- und Transportterminierung für eine Position anschauen. Wählen Sie dazu vom Übersichtsbild des Kundenauftrags **Position • Einteilungen • Mengen und Termine**, und anschließend markieren Sie eine Einteilung und wählen **Detail Versand**. In Abbildung 5.32 sehen Sie das Ergebnis einer Versand- und Transportterminierung in einem Kundenauftrag.

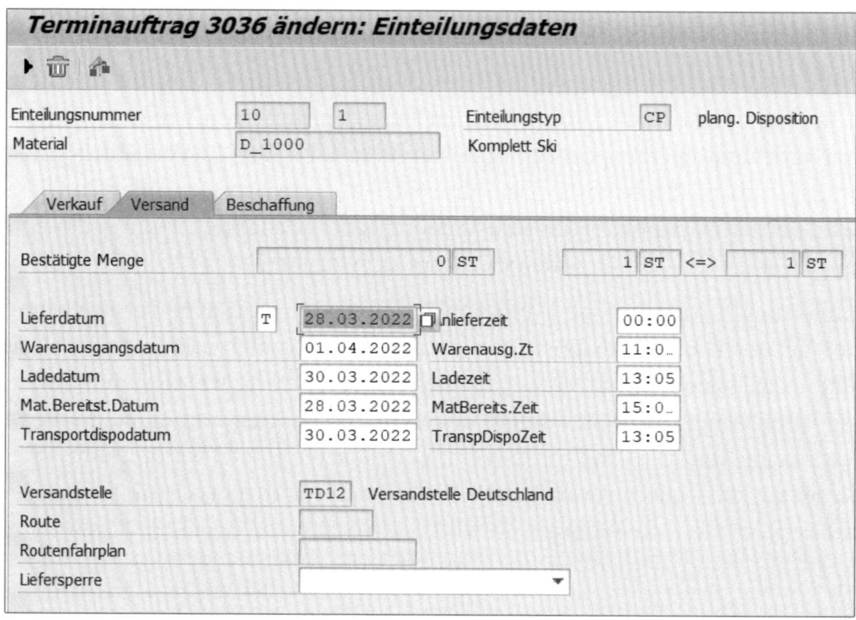

Abbildung 5.32 Ergebnis der Versand- und Transportterminierung in einem Kundenauftrag

In Abbildung 5.32 wurde eine Terminierung in Kalendertagen durchgeführt, weshalb keine Stunden- bzw. Minutenangaben zu sehen sind. Es wurde eine Transitzeit von zwei Tagen, eine Ladezeit von zwei Tagen, eine Richtzeit von drei Tagen und eine Transportdispositionsvorlaufzeit von drei Tagen definiert. Eine untertägige Terminierung auf der Basis von hinterlegten Stunden findet nur statt, wenn für die entsprechende Versandstelle Arbeitszeiten definiert und gepflegt wurden.

Lieferdatum ist der 28.03.22, ein Samstag, weshalb als Warenausgangsdatum der 01.04.22 ermittelt wird. Davon abgezogen werden zwei Tage Ladezeit, die zum Ladedatum am 30.03.22 führen. Vom Ladedatum werden wiederum die Richtzeit und die Transportdispositionsvorlaufzeit (jeweils drei Tage) abgezogen, und darüber wird das Materialbereitstellungsdatum bzw. das Transportdispositionsdatum ermittelt. Als Ergebnis wurde hier der 28.03.22 bzw. der 30.03.22 ermittelt.

In der Lieferung können Sie sich ebenfalls die Daten zur Versand- und Transportterminierung anschauen. Wenn Sie in der Lieferung auf dem Kopf- bzw. Übersichtsbild sind, wählen Sie den Pfad **Kopf • Transportrelev. Info**. An dieser Stelle sind aber lediglich das Transportdispositionsdatum, das Ladedatum und das Warenausgangsdatum sichtbar. Das Materialbereitstellungsdatum wird hingegen auf der Positionsebene angezeigt, da es sich wegen großer Mengen oder unterschiedlicher Verpackungen unterscheiden kann. Wenn Sie das Materialbereitstellungsdatum sehen möchten, wählen Sie den Pfad **Position • Positionsdetail**.

Wenn im Rahmen der Rückwärtsterminierung im Kundenauftrag ein Materialbereitstellungsdatum in der Vergangenheit ermittelt wurde, schaltet das System auf die Vorwärtsterminierung um, beginnend mit dem frühestmöglichen Termin, an dem das Material zur Verfügung steht. Damit die Terminierung auf Vorwärtsterminierung umschaltet, darf in der Versandstelle das Kennzeichen für die ausschließliche Rückwärtsterminierung nicht gesetzt worden sein.

5.8 Zusammenfassung

Wir haben Ihnen in diesem Kapitel die wichtigsten allgemeinen Parameter der Verfügbarkeitsprüfung in SAP ERP erklärt. In diesem Zusammenhang sind wir auf die einzelnen ERP-Parameter der Verfügbarkeitsprüfung eingegangen, die die Art der Verfügbarkeitsprüfung und ihren Ablauf steuern. Wenn auch die Bedarfsübergabe und die Verfügbarkeitsprüfung getrennt voneinander gesteuert werden können, hängen sie doch eng miteinander zusammen.

Wichtige Parameter für die Verfügbarkeitsprüfung sind die Prüfgruppe, die im Materialstamm gepflegt wird, und die Prüfregel, die für den jeweiligen betriebswirtschaftlichen Vorgang steht. Für die Kombination aus Prüfgruppe und Prüfregel kann jeweils ein Prüfumfang gepflegt werden, der bei der Verfügbarkeitsprüfung nach ATP-Logik berücksichtigt wird. Für die Verfügbarkeitsprüfung in den Vertriebsbelegen sind neben den genannten Parametern die Bedarfsart und der Einteilungstyp für die Steuerung der Verfügbarkeitsprüfung verantwortlich.

Die Versand- und Transportterminierung kann die Verfügbarkeitsprüfung in ihrer Genauigkeit unterstützen. Wir haben Ihnen gezeigt, wie Sie die Versand- und Transportterminierung einstellen und auch einsetzen. Im folgenden Kapitel erläutern wir, aufbauend auf diesen Parametern, wie die verschiedenen Arten der Verfügbarkeitsprüfung ablaufen.

Kapitel 6
Prüfmethoden in SAP ERP

In diesem Kapitel werden die Standard-Prüfmethoden beschrieben, die Ihnen als Anwender in SAP ERP für die Verfügbarkeitsprüfung zur Verfügung stehen, und Sie erfahren, welche Methode sich für welche betriebswirtschaftliche Fragestellung eignet.

Im vorangehenden Kapitel haben Sie erfahren, welche Parameter im ERP-System für die Verfügbarkeitsprüfung relevant sind und wie Sie die Parameter einstellen müssen, damit die von Ihnen gewünschten Prüfmethoden der Verfügbarkeitsprüfung ausgeführt werden. SAP ERP unterstützt die folgenden Methoden der Verfügbarkeitsprüfung:

- ATP-Verfügbarkeitsprüfung mit/ohne Berücksichtigung der Wiederbeschaffungszeit
- Verfügbarkeitsprüfung gegen Vorplanung
- Verfügbarkeitsprüfung gegen Kontingente

In diesem Kapitel werden Sie diese Methoden näher kennenlernen. Sie stehen grundsätzlich auch in SAP Advanced Planning and Optimization (SAP APO) zur Verfügung, haben dort aber einen größeren Funktionsumfang (siehe Teil IV). In SAP S/4HANA stehen Ihnen mit der Advanced ATP ebenfalls alternative Prüfungsmethoden zur Verfügung, die wir Ihnen in Teil III dieses Buches erläutern. Die in diesem Kapitel beschriebenen Prüfmethoden sind so auch noch in SAP S/4HANA verfügbar.

Nach einem kurzen Überblick über die Prüfmethoden stellen wir Ihnen diese in den nachfolgenden Abschnitten vor und beschreiben, wie Sie die verschiedenen Methoden im System einstellen. Zusätzlich unterstützen wir Sie bei der Auswahl der jeweiligen Prüfmethode, sodass Sie die für Ihre betriebliche Fragestellung optimale Prüfmethode finden. Besonders hervorheben möchten wir dabei die ATP-Verfügbarkeitsprüfung sowie die Verfügbarkeitsprüfung gegen die Vorplanung; wir erläutern aber auch die Grundlagen der Kontingentierung.

Für einen detaillierten Einblick in die Prozesse und Funktionen der Absatzplanung mit SAP ERP bzw. SAP APO, die u. a. für die Verfügbarkeitsprüfung gegen die Vorplanung von Bedeutung sind, möchten wir auf die ebenfalls bei SAP PRESS erschienenen Bücher »Disposition mit SAP« und »Produktionsplanung und -steuerung mit SAP ERP« verweisen.

Mit SAP IBP (SAP Integrated Business Planning) steht Ihnen eine weitere Möglichkeit zur Verfügung, um Ihre Absatzplanung abzubilden. Mit Sales and Operation Planning, Demand, Inventory und Demand-driven Replenishment können Sie unterschiedliche Planungsszenarien umsetzen, die Sie beim Aufsetzen der Szenarien für die Verfügbarkeitsprüfung berücksichtigen müssen. Supply und Response bietet Ihnen außerdem eine Alternative zur Verfügbarkeitsprüfung in SAP ERP und SAP S/4HANA.

[+]

Weiterführende Literatur

Um Ihnen einen weiteren Einblick in das Thema SAP IBP zu gewähren, weisen wir Sie auf das folgende, ebenfalls bei SAP PRESS erschienene Buch hin: »SAP Integrated Business Planning« von Ferenc Gulyássy und Binoy Vithayathil.

6.1 Überblick

Die Methode der ATP-Prüfung ist die Verfügbarkeitsprüfung auf der Basis von ATP-Mengen. Im SAP-ERP-System wird, ausgehend vom aktuellen Lagerbestand, von ausgesuchten Bestandsarten sowie von den geplanten Zu- und Abgängen, berechnet, welche Menge, an welchem Ort zu welchem Termin verfügbar ist und bestätigt werden kann. Zu den geplanten Zugängen zählen z. B. Fertigungs- und Planaufträge sowie Bestellungen. Bei den geplanten Abgängen handelt es sich in der Regel um Reservierungen, Kundenaufträge oder Lieferungen. Welche Zu- und Abgänge bei der Ermittlung der ATP-Mengen berücksichtigt werden, wird im Prüfumfang festgelegt, den wir bereits in Kapitel 5 beschrieben haben. Das System prüft in diesem Zusammenhang die zu bestätigende Menge für jeden Vorgang, mit oder ohne Berücksichtigung von Wiederbeschaffungszeiten.

Im Gegensatz zur Kontingentierung, bei der die Prüfung gegen festgelegte Kontingente erfolgt, prüft die Verfügbarkeitsprüfung gegen die Vorplanung gegen einen für einen anonymen Markt erzeugten Bedarf. Dabei handelt es sich in der Regel um einen nicht kundenspezifischen Planprimärbedarf, der aus der Produktionsprogrammplanung resultiert und auftragsneutrale, zukünftig erwartete Verkaufsmengen berücksichtigt.

Die Verfügbarkeitsprüfung gegen die Kontingente oder die Kontingentierung wird in Situationen verwendet, in denen das Angebot kleiner ist als der Bedarf an einem Produkt. Bei dieser Methode der Verfügbarkeitsprüfung wird verhindert, dass ein oder wenige Kunden die gesamte verfügbare Menge kaufen und nachfolgende Bedarfe nicht mehr oder nur mit Verspätung bestätigt werden können. Bei der Verfügbarkeitsprüfung gegen Kontingente wird im ersten Schritt eine ATP-Verfügbarkeitsprüfung durchgeführt. Die Verfügbarkeitsprüfung ist immer dann erfolgreich, wenn es für einen bestimmten Vorgang innerhalb einer bestimmten Periode eine positive ATP-Menge und ein Kontingent gibt, das noch nicht durch andere Bedarfe aufgebraucht ist. Die Kontingentierung ermöglicht eine gleichmäßige, periodenabhängige Verteilung von knappen Produkten, indem sie Produkte auf der Basis flexibler Kriterien zuweist. Die Kontingente können für bestimmte Kunden, Märkte oder Aufträge zugeteilt werden.

6.2 ATP-Verfügbarkeitsprüfung

Die ATP-Verfügbarkeitsprüfung ist die wichtigste Methode der Verfügbarkeitsprüfung in SAP ERP. Hiermit kontrollieren Sie, ob die gewünschten Produkte zum Bedarfstermin zur Verfügung stehen und somit eine fristgerechte Belieferung zugesagt werden kann. Gleichzeitig reservieren Sie die benötigten Mengen und verhindern, dass andere Bedarfe diese benötigten Mengen als verfügbar ansehen. Ziel der Verfügbarkeitsprüfung ist es, einem internen oder externen Kunden eine verlässliche Aussage darüber geben zu können, zu welchem Termin und in welcher Menge er die gewünschten Produkte bekommen kann.

6.2.1 Betriebswirtschaftliche Anforderung

Die ATP-Verfügbarkeitsprüfung nutzen Sie immer dann, wenn Sie auftragsanonym fertigen. Wie in Kapitel 4 gezeigt, handelt es sich hier um ein Make-to-Stock- oder Assemble-to-Order-Szenario. Mit Abstrichen können Sie die ATP-Verfügbarkeitsprüfung auch in einem Make-to-Order-Szenario einsetzen. Die eintreffenden Kundenaufträge können Sie hierbei gegen die aktuelle Bedarfs-/Bestandssituation prüfen. Sie können in diesem Fall nur dann bestätigt werden, wenn zum relevanten Zeitpunkt ausreichend Bestände bzw. Zugänge vorhanden sind, die sich noch nicht gegen andere Bedarfe verrechnet haben. Sollte keine freie Menge mehr vorhanden sein, können Sie alternativ gegen eine definierte Wiederbeschaffungszeit bestätigen bzw. die Beschaffung für die Unterdeckungsmenge einleiten und anschließend gegen diesen neuen Bedarfsdecker bestätigen.

Die ATP-Verfügbarkeitsprüfung ist durch die Berücksichtigung der aktuellen Bedarfs-/Bestandssituation die exakteste der in SAP ERP zur Verfügung stehenden Methoden zur Verfügbarkeitsprüfung. Diese Exaktheit macht die Methode für den kurzfristigen bis mittelfristigen Zeitraum zur idealen Alternative, während sie bei einer langfristigen Betrachtung ihre Stärke verliert.

Im langfristigen Zeitraum haben Sie im Normalfall noch keine Zugangselemente, gegen die Sie bestätigen könnten. Deshalb wird durch weiter in der Zukunft liegende Aufträge der aktuelle Bestand aufgebraucht. Das bedeutet, dass kurzfristig angelegte

Aufträge plötzlich nicht mehr bestätigt werden können, weil die Bestandsmengen durch die langfristigen Aufträge blockiert sind. Durch die Beachtung der Wiederbeschaffungszeit können Sie dieses Problem lösen. Allerdings ist damit die Verfügbarkeitsprüfung weniger exakt. Der *Rückstandsbearbeitung*, die ebenfalls dieses Problem lösen kann, kommt deshalb gerade bei der ATP-Verfügbarkeitsprüfung große Bedeutung zu.

6.2.2 Ablauf der Prüfung

Die ATP-Verfügbarkeitsprüfung findet gegen ATP-Mengen statt. Die ATP-Menge ergibt sich dynamisch aus dem aktuellen Bestand und den geplanten Warenbewegungen mit oder ohne Berücksichtigung des Prüfhorizonts (Wiederbeschaffungszeit) für das geprüfte Material. Es gilt folgende Formel:

ATP-Menge = Lagerbestand + geplante Zugänge – geplante Abgänge

Zur Berechnung der ATP-Mengen wird vom System als Erstes dynamisch geprüft, ob alle bestehenden Abgänge durch die vorhandenen Bestände und Zugänge gedeckt sind, die vor dem Bedarfstermin liegen. Sollten noch Zugänge bzw. Bestände offen sein, bedeutet dies, dass es eine positive ATP-Menge gibt, die für die Bestätigung von neuen Bedarfen zur Verfügung steht. Zugänge, die bereits zur Bestätigung von Bedarfen verwendet wurden und anschließend hinter den Bedarfstermin verschoben werden (siehe Abbildung 6.1), können deshalb zu einer Überbestätigungssituation führen.

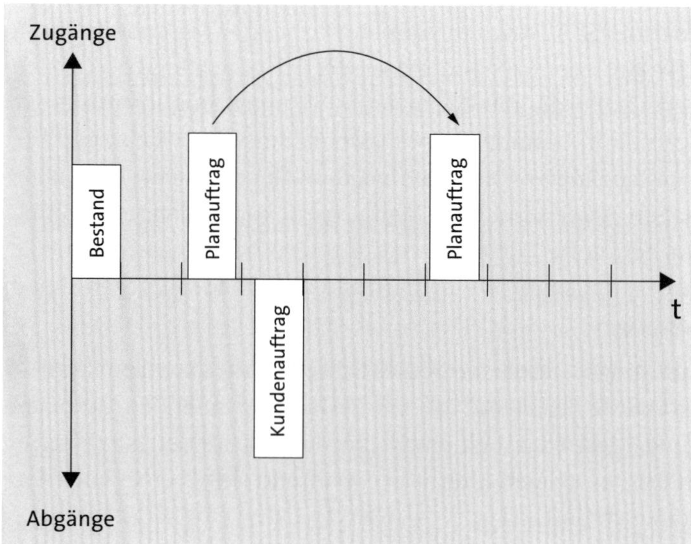

Abbildung 6.1 Probleme bei fehlender Kumulation

Deshalb raten wir, die Funktion **Kumulation** unbedingt zu nutzen. Über die entsprechende Einstellung in der Prüfgruppe (siehe Kapitel 5) erreichen Sie, dass bei der Berechnung der ATP-Menge mit Kumulation gearbeitet wird und so bestätigte Mengen über den kompletten Zeitstrahl kumuliert werden.

Die bei der Verfügbarkeitsprüfung zu berücksichtigenden Zu- oder Abgangselemente, aus denen sich die ATP-Menge berechnet und gegen die Anfragen bestätigt werden, werden über den *Prüfumfang* festgelegt. Sie können je Produkt und betriebswirtschaftlichem Vorgang variiert werden.

Wie in Kapitel 5 beschrieben, ist der Prüfumfang abhängig von der Prüfgruppe, die im Materialstamm gesetzt wird, und der Prüfregel, die für den betriebswirtschaftlichen Vorgang steht. Diese Flexibilität erlaubt z. B. eine ATP-Prüfung im Kundenauftrag, bei der die Bestätigung des Auftrags gegen aktuelle Bestände und geplante Zugänge erfolgt. Bei der späteren Auslieferung kann dann lediglich gegen Bestände geprüft werden, da die geplanten Zugänge zu diesem Zeitpunkt bereits erfolgten und zum Bestand hinzugezählt worden sind. Planprimärbedarfe finden bei der ATP-Verfügbarkeitsprüfung keine Berücksichtigung.

6.2.3 (Gesamt)wiederbeschaffungszeit

Die ATP-Verfügbarkeitsprüfung in SAP ERP kann mit und ohne Berücksichtigung der Wiederbeschaffungszeit durchgeführt werden. Als (Gesamt)wiederbeschaffungszeit bezeichnet man die Zeitspanne zwischen der Erteilung einer Bestellung bzw. eines Auftrags für eine Ware (Material oder Erzeugnis) und der tatsächlichen Verfügbarkeit der Ware. Wenn Sie die Wiederbeschaffungszeit bei der Verfügbarkeitsprüfung berücksichtigen möchten, dürfen Sie im Prüfumfang das Kennzeichen **Ohne WBZ prüfen** nicht setzen.

Die Auswirkung der Wiederbeschaffungszeiten auf die Terminierung und das Bestätigungsverhalten haben Sie in Kapitel 5 kennengelernt. Wenn Sie die Wiederbeschaffungszeit berücksichtigen, werden Bedarfe, die innerhalb dieses Zeitintervalls liegen, gegen die Wiederbeschaffungszeit geprüft. Bedarfe außerhalb der Wiederbeschaffungszeit werden hingegen nicht geprüft. Dies hat zur Folge, dass diese Bedarfe stets als verfügbar gelten und in jedem Fall in voller Höhe bestätigt werden können. Wenn Sie das Kennzeichen **Ohne WBZ prüfen** setzen, verwendet die ATP-Verfügbarkeitsprüfung über den kompletten Zeitstrahl alle Zu- und Abgangselemente gemäß dem eingestellten Prüfumfang.

Abbildung 6.2 zeigt Ihnen die Auswirkungen einer Produktverfügbarkeitsprüfung mit Berücksichtigung der Wiederbeschaffungszeit. In diesem Fall wird die Verfügbarkeit nur bis zum Ende der Wiederbeschaffungszeit geprüft.

Sobald das Materialbereitstellungsdatum eines Kundenauftrags außerhalb der Wiederbeschaffungszeit liegt, wird der Auftrag in jedem Fall bestätigt. Das System geht in diesem Fall davon aus, dass sämtliche Wunschmengen bestätigt werden können, weil diese bis zum Ende der Wiederbeschaffungszeit beschafft werden können. Eine ATP-Prüfung findet also außerhalb der Wiederbeschaffungszeit nicht mehr statt. In Abbildung 6.2 möchte ein Kunde zum Bedarfstermin zwölf Stück haben und so schnell wie möglich beliefert werden.

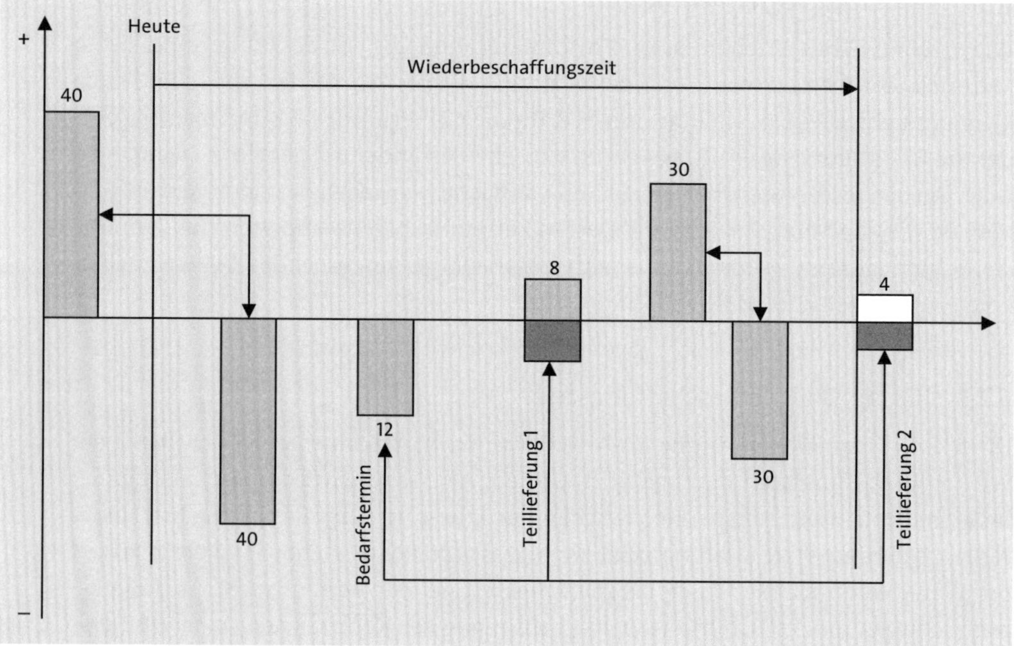

Abbildung 6.2 Verfügbarkeitsprüfung mit Berücksichtigung der Wiederbeschaffungszeit

Nach der Terminierung wurde vom System ein Materialbereitstellungsdatum ermittelt, zu dem keine freie ATP-Menge mehr zur Verfügung steht. Somit steht zum Bedarfstermin kein Bestand zur Bestätigung zur Verfügung. Der Bestand von 40 Stück wird durch einen bereits vorhandenen Bedarf vollständig abgebaut. Da ansonsten vor dem Bedarfstermin keine offenen ATP-Mengen mehr vorhanden sind, wird ein Liefervorschlag ermittelt. Eine Teilmenge von acht Stück kann gegen einen entsprechenden Zugang bestätigt werden. Im gezeigten Beispiel wird die Wiederbeschaffungszeit berücksichtigt. Das bedeutet, dass, da bis zum Ende der Wiederbeschaffungszeit keine weiteren freien ATP-Mengen vorhanden sind, die Restmenge von vier Stück zum Ende der Wiederbeschaffungszeit bestätigt wird.

Die Wiederbeschaffungszeit kann auf unterschiedliche Weise ermittelt werden. Wenn es sich um ein eigengefertigtes Material handelt, wird die Gesamtwiederbeschaffungszeit aus der Sicht **Disposition 3** verwendet. Wenn das entsprechende Feld nicht gepflegt wurde, wird die Wiederbeschaffungszeit über die Eigenfertigungszeit und die Wareneingangsbearbeitungszeit berechnet. Wenn es sich um ein fremdbeschafftes Material handelt, wird die Wiederbeschaffungszeit über die Planlieferzeit, die Wareneingangsbearbeitungszeit und die Bearbeitungszeit des Einkaufs berechnet (siehe Kapitel 5).

Wenn Sie bei dem in Abbildung 6.2 gezeigten Beispiel einen Prüfumfang ohne Berücksichtigung der Wiederbeschaffungszeit – Kennzeichen **Ohne WBZ prüfen** eingestellt hätten, würde das Ergebnis anders aussehen. Dies bedeutet, dass über den kompletten Zeitstrahl eine ATP-Verfügbarkeitsprüfung durchgeführt wird.

In Abbildung 6.2 würde das dazu führen, dass weiterhin acht Stück der Bedarfsmenge gegen den entsprechenden Zugang bestätigt werden können. Über den kompletten Zeitstrahl ist aber keine weitere ATP-Menge vorhanden, sodass die Restmenge über vier Stück nicht bestätigt werden kann. Für diese Restmenge muss im Rahmen der Rückstandsbearbeitung ein Bestätigungstermin ermittelt werden.

Die Verfügbarkeitsprüfung mit Berücksichtigung der Wiederbeschaffungszeit führt nur dann zu einem sinnvollen Ergebnis, wenn in regelmäßigen Abständen disponiert wird, sodass den außerhalb der Wiederbeschaffungszeit bestätigten Mengen Zugänge gegenübergestellt werden. Ein Auftrag, der außerhalb der Wiederbeschaffungszeit bestätigt wurde, liegt am nächsten Tag unter Umständen schon innerhalb der Wiederbeschaffungszeit und sorgt dort für eine Unterdeckung, wenn kein entsprechender Zugang erzeugt wurde. Die Liefererstellung kann in einem solchen Fall zum Problem werden. Durch die neu aufgetretene Unterdeckungssituation können diese Liefermengen plötzlich nicht mehr bestätigt werden, obwohl der Kundenauftrag zuvor bestätigt war.

Ein Beispiel für die Verfügbarkeitsprüfung ohne Berücksichtigung der Wiederbeschaffungszeit zeigt Abbildung 6.3. Hier kann eine Teilmenge gegen einen entsprechenden Bedarfsdecker von acht Stück bestätigt werden.

Eine Restmenge von vier Stück bleibt allerdings unbestätigt, da keine weitere freie ATP-Menge auf dem Zeitstrahl vorhanden ist. Im Rahmen der Rückstandsbearbeitung müssen diese Restmengen nachträglich bestätigt werden. Auf die Möglichkeiten der Rückstandsbearbeitung in SAP ERP gehen wir in Kapitel 8 näher ein.

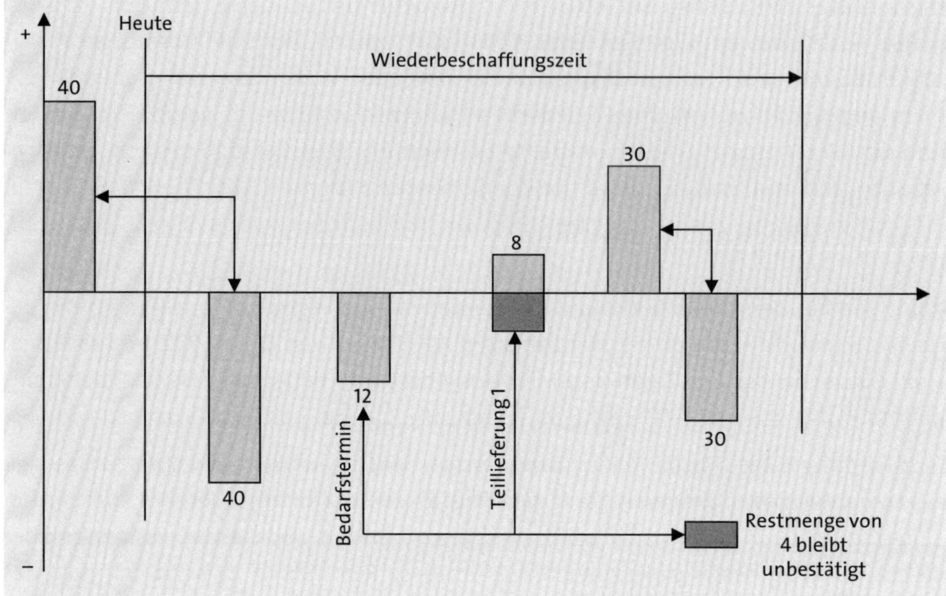

Abbildung 6.3 Verfügbarkeitsprüfung ohne Berücksichtigung der Wiederbeschaffungszeit

6.2.4 Terminierung

Die ATP-Verfügbarkeitsprüfung wird, abhängig vom Objekt, von dem aus die Verfügbarkeitsprüfung aufgerufen wird, zu einem bestimmten Zeitpunkt durchgeführt. So wird die ATP-Verfügbarkeitsprüfung im Kundenauftrag zum Materialbereitstellungstermin durchgeführt. Dieses Datum wird über die Transport- und Versandterminierung, ausgehend vom Kundenwunschtermin, über die Rückwärtsterminierung ermittelt. Den genauen Ablauf der Transport- und Versandterminierung in SAP ERP beschreiben wir in Abschnitt 5.7.

Wenn Sie im Fertigungsauftrag für die Komponenten des Auftrags eine ATP-Verfügbarkeitsprüfung aufrufen, wird diese zum Bedarfstermin der jeweiligen Komponente durchgeführt.

Wie der Bedarfstermin für eine Komponente eines Fertigungsauftrags ermittelt wird, zeigt Abbildung 6.4. In diesem Beispiel gehen wir von einer Rückwärtsterminierung aus:

1. Ausgangspunkt für die Terminierung der Fertigungsaufträge ist der Bedarfstermin, der damit auch dem *Eckendtermin* des Fertigungsauftrags entspricht.
2. Vom Eckendtermin wird die *Sicherheitszeit* abgezogen. Die Sicherheitszeit kann im Horizontschlüssel im Materialstamm angegeben werden. Sie wird als zeitlicher Puffer für Unsicherheiten bzw. Probleme eingesetzt, die während der Produktion anfallen.

3. Das Ende der Sicherheitszeit ergibt den *Produktionsendetermin* (terminiertes Ende). Anschließend wird der eigentliche Auftrag terminiert, indem für jeden einzelnen Vorgang eine Durchlaufterminierung durchgeführt wird. Über die *Durchlaufterminierung* des Auftrags wird der Produktionsstarttermin ermittelt.
4. Vor dem *Produktionsstarttermin* liegt die Vorgriffszeit, über die der Eckstarttermin ermittelt wird.
5. Bei der *Vorgriffszeit* handelt es sich um eine Pufferzeit, die im Horizontschlüssel im Materialstamm angegeben werden kann. Sie dient als zeitlicher Puffer für Probleme bzw. Verzögerungen bei der Beschaffung.

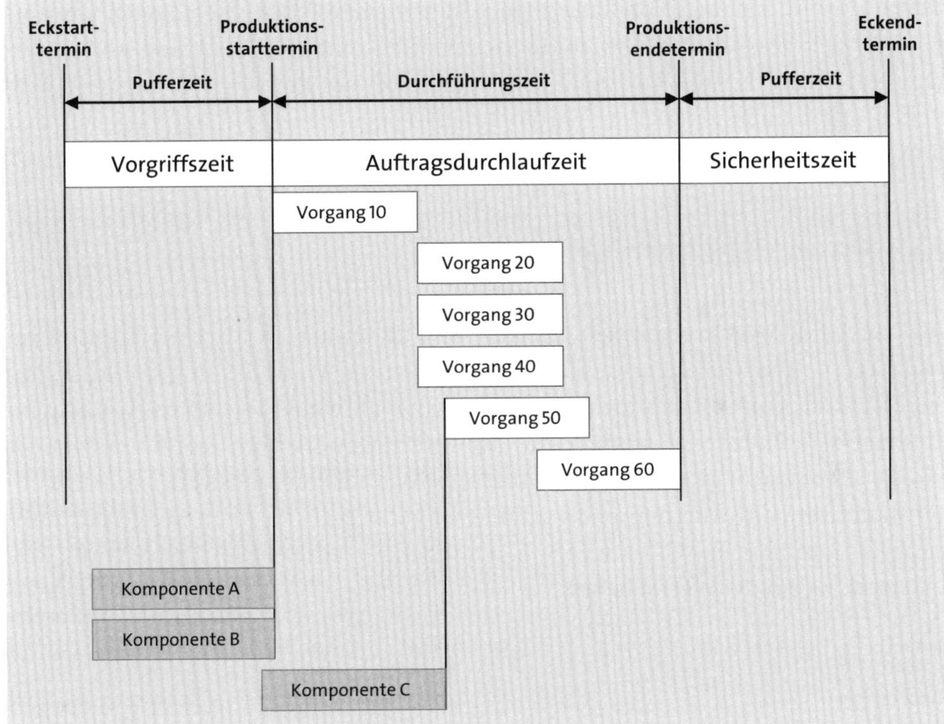

Abbildung 6.4 Terminierung im Fertigungsauftrag

Mit der Rückwärtsterminierung könnte sich auch ein Eckstarttermin in der Vergangenheit ergeben, der aussagt, dass die Produktion nicht rechtzeitig bis zum Bedarfstermin abgeschlossen werden kann. In diesem Fall startet das System eine *Heute-Terminierung*. Das heißt, dass der Eckstarttermin auf das Heute-Datum gesetzt und von dort aus eine Vorwärtsterminierung durchgeführt wird.

[+]

Pufferzeiten

In Zeiten des modernen Supply Chain Managements geht es auch um das Ziel der *Durchlaufzeitenoptimierung*. Diesem Ziel stehen solche Puffer eher im Wege. Deshalb sollten Sie den Einsatz und die Verwendung dieser Puffer kritisch betrachten.

Mit der Durchlaufterminierung des Plan-/Fertigungsauftrags erhält auch jeder Vorgang einen Start- bzw. Endtermin. Die Komponenten eines Fertigungsauftrags müssen zum Bedarfstermin zur Verfügung stehen. Dieser Bedarfstermin entspricht dem Starttermin des Fertigungsauftrags oder – wenn den Komponenten über die Komponentenzuordnung auch Vorgänge zugeordnet wurden – dem Starttermin des entsprechenden Vorgangs. In Abbildung 6.4 sind die Komponenten A und B dem Vorgang 10 zugeordnet und müssen deshalb zum Start des Vorgangs 10 zur Verfügung stehen. Die Komponente C ist dem Vorgang 50 zugeordnet und muss deshalb erst zum Start des Vorgangs 50 zur Verfügung stehen.

6.2.5 Ort der Verfügbarkeitsprüfung

Die Verfügbarkeitsprüfung wird in SAP ERP im Normalfall auf der Werksebene durchgeführt. Bei den Verkaufsbelegen wird in SAP ERP immer im Werk der Position geprüft. Dieses Werk wird zuerst automatisch über die Werksfindung ermittelt. Die Werksfindung läuft wiederum stammdatenbasiert ab, wobei im ersten Schritt ein im Kunden-Material-Infosatz hinterlegtes Auslieferungswerk vom System verwendet wird. Ist dieses nicht gepflegt wird im Anschluss das Auslieferungswerk aus dem Kundenstammsatz des Warenempfängers und zu guter Letzt aus dem Materialstammsatz übernommen. In Abbildung 6.5 zeigen wir Ihnen ein Beispiel für die Verfügbarkeitsprüfung auf der Werksebene.

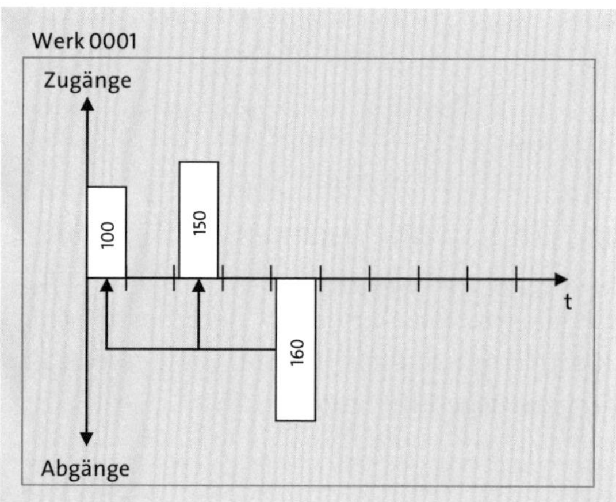

Abbildung 6.5 Verfügbarkeitsprüfung auf Werksebene

Der Abgang über 160 Stück kann in unserem Beispiel voll bestätigt werden. Zur Deckung des Bedarfs werden der Werksbestand über 100 Stück und ein Zugang über 150 Stück herangezogen. Die verbleibenden 90 Stück stehen noch als freie ATP-Menge zur Verfügung.

Eine *werksübergreifende Verfügbarkeitsprüfung* ist in SAP ERP nicht möglich, d. h., dass immer genau in einem Werk bzw. auf einer Ebene geprüft wird. Die werksübergreifende Verfügbarkeitsprüfung können Sie mit der gATP-Prüfung in SAP APO abbilden (siehe Teil IV). In SAP ERP haben Sie lediglich die Möglichkeit, manuell das Werk in der Kundenauftragsposition zu ändern, um so auch in einem anderen Werk zu prüfen. Zur Unterstützung gibt es die Funktion der Materialsicht bzw. der erweiterten Materialsuche. In Abbildung 6.6 sehen Sie das Bild nach dem Aufrufen des Pfads **Springen • Andere Werke**.

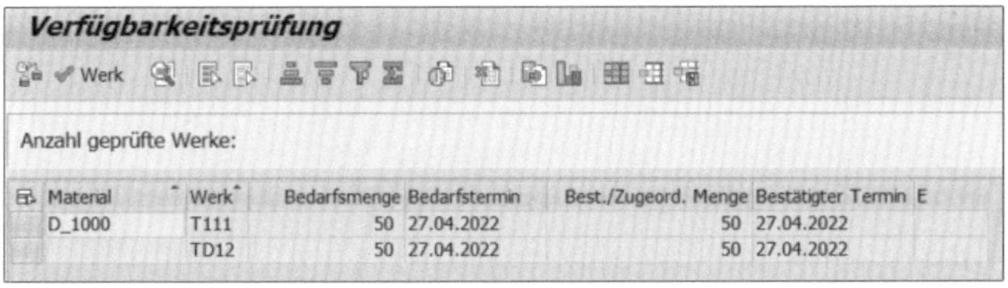

Verfügbarkeitsprüfung

Werk

Anzahl geprüfte Werke:

Material	Werk	Bedarfsmenge	Bedarfstermin	Best./Zugeord. Menge	Bestätigter Termin	E
D_1000	T111	50	27.04.2022	50	27.04.2022	
	TD12	50	27.04.2022	50	27.04.2022	

Abbildung 6.6 Funktion »Andere Werke«

Im Kundenauftrag im Kontrollbild der Verfügbarkeitsprüfung steht Ihnen die Funktion **Andere Werke** zur Verfügung. Mit dieser Funktion haben Sie die Möglichkeit, die Verfügbarkeitsprüfung auf alle Werke auszudehnen, also nicht nur das Auslieferungswerk, das für die Position ermittelt wurde, die für das Material vorhanden ist. Wenn Sie die Funktion aufrufen, werden Ihnen als Erstes alle Werke zur Auswahl angeboten, für die Sie das jeweilige Material angelegt haben. Für die ausgewählten Werke wird anschließend eine Verfügbarkeitsprüfung durchgeführt. Das Ergebnis zeigt Abbildung 6.6.

Mit der Funktion **Materialsicht**, die Sie als Button in der Positionsübersicht finden, können Sie sich detaillierte Materialinformationen direkt im Kundenauftrag anzeigen lassen, ohne in den Materialstamm abspringen zu müssen. Ein Beispiel für die angezeigten Informationen zeigt Abbildung 6.7.

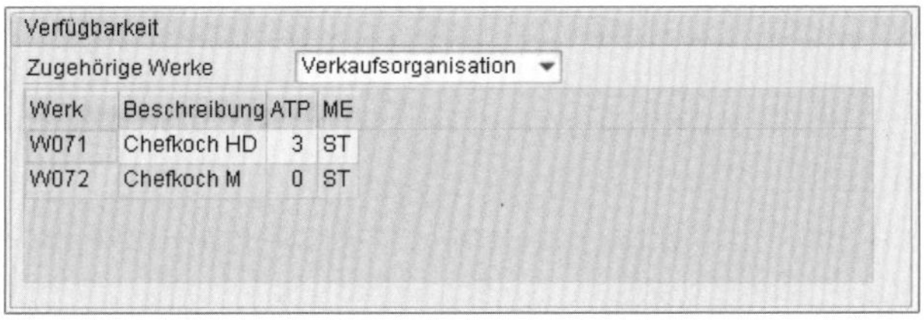

Verfügbarkeit

Zugehörige Werke: Verkaufsorganisation

Werk	Beschreibung	ATP	ME
W071	Chefkoch HD	3	ST
W072	Chefkoch M	0	ST

Abbildung 6.7 Materialsicht im Kundenauftrag

Neben den reinen Materialstamminformationen können Sie sich, wie wir es in Abbildung 6.6 gezeigt haben, die freien ATP-Mengen werksübergreifend für das Material einer Kundenauftragsposition anzeigen lassen. Die Materialsicht konfigurieren Sie im Customizing über den Menüpfad **SAP Customizing Einführungsleitfaden • Vertrieb • Grundfunktionen • Zusätzliche Funktionen zum Material • Materialsicht konfigurieren und aktivieren**. Damit Sie die Materialsicht im Kundenauftrag nutzen können, müssen Sie diese aktivieren (Kennzeichen **Materialsicht aktivieren**, siehe Abbildung 6.8).

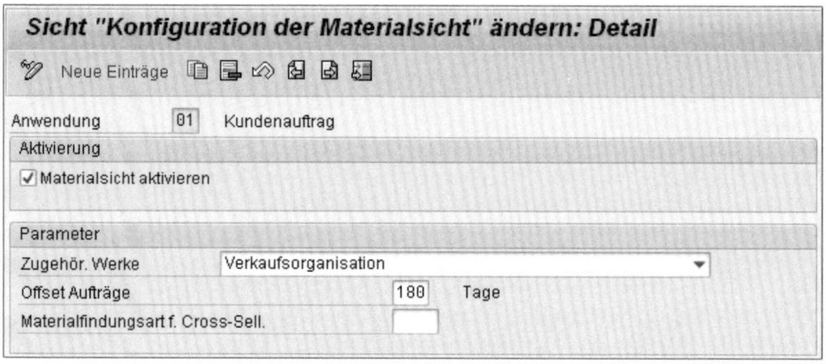

Abbildung 6.8 Konfiguration der Materialsicht im Kundenauftrag

Mit der Aktivierung der Materialsicht können Sie sie direkt aus der Positionsübersicht des Kundenauftrags aufrufen. Wie beschrieben, können Sie sich in der Materialsicht die ATP-Mengen für ein Material werksübergreifend anzeigen lassen. Für welche Werke die Anzeige erfolgen soll, müssen Sie im Customizing festlegen. Sie haben die Wahl, sich alle Werke einer Verkaufsorganisation oder z. B. alle Werke eines Buchungskreises anzeigen zu lassen. Als weitere Möglichkeit können Sie sich die ATP-Mengen benachbarter Werke anzeigen lassen. Welche Werke benachbart sind, können Sie selbst über Transaktion WSD_CBP festlegen (siehe Abbildung 6.9).

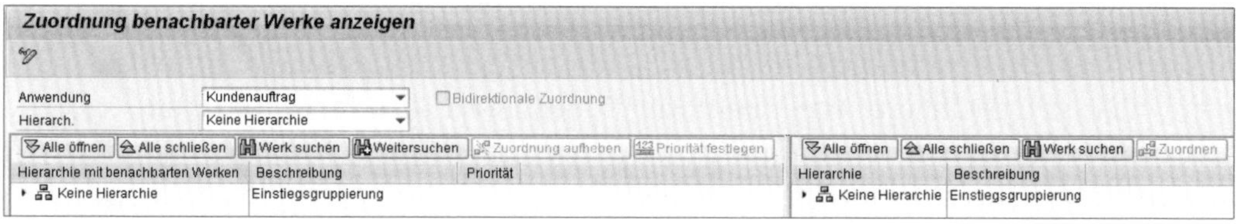

Abbildung 6.9 Benachbarte Werke zuordnen

Mithilfe von Transaktion WSD_CPB (Zuordnung benachbarter Werke) können Sie eine Hierarchie für die verschiedenen Werke bilden. Mit dieser Hierarchie legen Sie fest, welche Werke benachbart sind und damit im Kundenauftrag als alternative Produktions- und Lieferstätte betrachtet werden sollen. Zusätzlich können Sie für die benachbarten Werke auch eine Priorität festlegen. Sie können die Prioritäten 1 bis 999 verwenden, wobei die benachbarten Werke mit der niedrigsten Prioritätskennzahl als Erstes betrachtet werden.

Darüber hinaus können Sie die Verfügbarkeitsprüfung auch auf der *Lagerortebene* durchführen. Wie wir bereits in Kapitel 5 erläutert haben, müssen Sie dazu die Lagerortprüfung im Prüfumfang entsprechend aktivieren. Wenn eine Lagerortprüfung durchgeführt wird, bedeutet das, dass zuerst auf Werks- und anschließend auf Lagerortebene geprüft wird. Nur wenn beide Prüfungen erfolgreich waren, ist auch das Gesamtergebnis erfolgreich. Als zusätzliche Voraussetzung der Lagerortprüfung muss in der Position des Vertriebsbelegs ein Lagerort manuell angegeben werden. Anders als bei der Werksfindung ist im Standard keine automatische Lagerortermittlung möglich. Abbildung 6.10 zeigt ein Beispiel für die Verfügbarkeitsprüfung auf der Lagerortebene.

Die 100 Stück Bestand teilen sich auf Lagerort 1 mit 20 Stück und Lagerort 2 mit 80 Stück auf. Abgang 2 soll aus Lagerort 2 bedient werden. Mit dem Bestand von 20 Stück und dem Zugang 1 von 90 Stück stünde eigentlich eine ausreichende Menge zur Bestätigung zur Verfügung. Auf der Werksebene steht lediglich eine freie ATP-Menge in Höhe von 60 Stück zur Verfügung. Abgang 2 wird also nur in Höhe von 60 Stück bestätigt. Würde Abgang 2 über die komplette Menge bestätigt, wäre dies eine Überbestätigung. Abgang 1, der nicht auf einen genauen Lagerort zielt und deshalb lediglich auf der Werksebene geprüft wird, könnte dann nicht mehr vollständig beliefert werden. Aus diesem Grund wird bei einer Verfügbarkeitsprüfung auf der Lagerortebene immer noch zusätzlich auf der Werksebene geprüft.

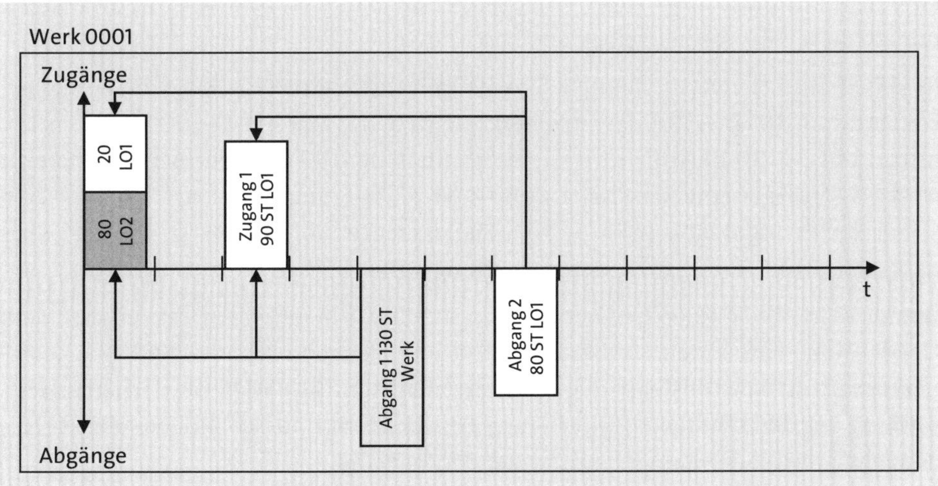

Abbildung 6.10 Verfügbarkeitsprüfung auf Lagerortebene

[+]

Verfügbarkeitsprüfung bei der Lagerortdisposition

Für einzelne Materialien bzw. Lagerorte können Sie eine Lagerortdisposition durchführen, d. h., dass der entsprechende Lagerort separat oder gar nicht disponiert wird. Wenn Sie eine dieser beiden Einstellungen vorgenommen haben, wird bei der Verfügbarkeitsprüfung auf der Lagerortebene lediglich der Lagerort geprüft. Eine zusätzliche Prüfung auf der Werksebene findet in diesem Fall nicht statt. Wenn hingegen die Standardeinstellung gewählt wurde, bei der der Lagerort im Werk mitdisponiert wird, erfolgt bei der Lagerortprüfung immer zusätzlich eine Prüfung auf Werksebene.

Handelt es sich bei dem betreffenden Material um ein chargenpflichtiges Material, prüft das System automatisch auf der *Chargenebene*. Bei der Prüfung auf der Chargenebene handelt es sich immer um eine zusätzliche Prüfung: Entweder prüft das System zuerst auf der Chargen- und anschließend auf der Werksebene oder, wenn zusätzlich ein Lagerort angegeben wurde, erst auf der Chargen-, dann auf der Lagerort- und zum Schluss auf der Werksebene. Als Ergebnis der Verfügbarkeitsprüfung wird die Menge bestätigt, die mindestens auf allen Ebenen vorhanden ist.

6.2.6 Ebene der Verfügbarkeitsprüfung bei Kundeneinzelfertigung/ Projekteinzelfertigung

Eine Besonderheit für die Ebene der Verfügbarkeitsprüfung ergibt sich, wenn Sie mit einer Kundeneinzelfertigungs- oder Projekteinzelfertigungsstrategie arbeiten. Wenn Sie eine Kundeneinzelfertigungsstrategie einsetzen, ist ein Abgangselement eindeutig einem Kundenauftrag zugeordnet. Die Verfügbarkeitsprüfung ist in diesem Fall nur auf diesen Kundeneinzelbestand beschränkt.

In Abbildung 6.11 und Abbildung 6.12 zeigen wir Ihnen ein Beispiel für die Verfügbarkeitsprüfung bei einer Kundeneinzelfertigung. Für das Material D_1000 wird der Terminauftrag 3036 mit dem Wunschliefertermin 19.04.2022 angelegt. Bei dem Material wird als Strategie eine klassische Kundeneinzelfertigung eingesetzt. Da zum Zeitpunkt der Verfügbarkeitsprüfung kein Bedarfsdecker vorhanden ist, wird der Kundenauftrag zum Ende der Wiederbeschaffungszeit bestätigt.

Wie Sie es in Abbildung 6.12 sehen können, ist für das Material ein frei verwendbarer Lagerbestand vorhanden. Da dieser Bestand aber nicht dem Kundenauftrag zugeordnet ist, wird er in der Verfügbarkeitsprüfung nicht berücksichtigt. Die Verfügbarkeitsprüfung bei der Kundeneinzelfertigung berücksichtigt ausschließlich Objekte, die dem entsprechenden Kundenauftrag zugeordnet sind.

Abbildung 6.11 Verfügbarkeitsprüfungskontrolle bei der Kundeneinzelfertigung

Bedarfs-/Bestandsliste von 16:29 Uhr

Materialbaum ein CS02 CA02 MEQ1 Planauftrag (LA) Einzelpl. mehrstufig Einzelpl. interaktiv

Material D_1000 Komplett Ski
Dispobereich TD12 FROST GmbH
Werk TD12 Dispomerkmal PD Materialart FERT Einheit ST HONERT 1!

Einzelliste | Produktgruppe | Werksübergreifende Sicht

Z..	Datum	Dispoe...	Daten zum Dispoelem.	Umterm. Da...	A..	Zugang/Bedarf	Verfügbare Menge	Fer...	R
	18.04.2022	BStand					10		
	28.04.2022	--->	Ende WiederBeschZeit						
	18.04.2022	KdBest	0000003036/000070				0		
	28.04.2022	Pl-Auf	0000024935/KD			10	10	0001	A
	28.04.2022	K-Auft	0000003036/000070/0_			10-	0		

Abbildung 6.12 Bedarfs- und Bestandsliste für die Kundeneinzelfertigung

[+]

Probleme der Verfügbarkeitsprüfung bei Kundeneinzelfertigung-/ Projekteinzelfertigung

Wie wir es beschrieben haben, werden bei einer ATP-Verfügbarkeitsprüfung im Fall der Kundeneinzel-/Projekteinzelfertigung ausschließlich Objekte als Zu- bzw. Abgänge berücksichtigt, die dem Kundenauftrag zugeordnet sind und im Kundeneinzelbestand stehen. Problematisch sind deshalb Restbestände. Solche Restbestände entstehen, wenn für einen Kundeneinzelauftrag bereits produziert wurde und dieser Auftrag im letzten Moment abgesagt wird. Als Ergebnis bleibt ein Kundeneinzelbestand stehen, dem kein Bedarf mehr gegenübersteht.

In der ATP-Verfügbarkeitsprüfung gibt es keine Möglichkeit, um diese Kundeneinzelbestände bei der Prüfung eines anderen Kundenauftrags zu berücksichtigen. Im Normalfall ist der Disponent des betreffenden Materials dafür verantwortlich, dass auch diese Kundeneinzelbestände aufgebraucht und eventuell durch Umbau für andere Kundenaufträge verwendet werden.

Die Ebenen der Verfügbarkeitsprüfung werden entweder durch den Prozess (z. B. Kundeneinzelfertigung) oder durch die Einstellungen im Prüfumfang (Lagerortprüfung) vorgegeben. Die Einstellung der Lagerortprüfung sollten Sie für jede Prüfregel, also für jeden betriebswirtschaftlichen Vorgang überdenken.

Dies möchten wir anhand eines Beispiels verdeutlichen: Wenn Sie im Kundenauftrag eine Verfügbarkeitsprüfung starten, möchten Sie für Ihren Kunden einen durchführbaren Liefertermin ermitteln. In der Regel ist es zu diesem Zeitpunkt nicht relevant, zu welchem Lagerort ein Fertigungsauftrag abliefert, und deshalb muss auch keine Lagerortprüfung eingesetzt werden. Anders sieht es bei der ATP-Verfügbarkeitsprüfung im Fertigungsauftrag aus. Wenn Sie einen Fertigungsauftrag freigeben und damit die Produktion starten, sollten Sie prüfen, ob alle notwendigen Komponenten zur Verfügung stehen. Es ist aber nicht nur wichtig, dass die Komponenten irgendwo im Werk zur Verfügung stehen, sondern dass sie im entsprechenden Produktionslagerort bereitstehen. Daher ist in diesem Fall eine Lagerortprüfung durchaus sinnvoll.

6.2.7 ATP-Verfügbarkeitsprüfung bei Dispositionsbereichen

Eine weitere Organisationseinheit neben Werk und Lagerort, die für die Verfügbarkeitsprüfung eine Rolle spielt, ist der Dispositionsbereich.

[+]

Exkurs: Dispositionsbereiche

Ein Dispositionsbereich ist eine selbstständig disponierende Einheit. Es werden drei Arten von Dispositionsbereichen unterschieden:

- Ein *Werksdispositionsbereich* umfasst ein komplettes Werk mit allen Lagerorten und Lohnarbeitern.
- Ein *Lagerortdispositionsbereich* besteht aus einem oder mehreren Lagerorten. Jeder Lagerort darf aber nur einem Dispositionsbereich zugeordnet werden.
- Die dritte Art der Dispositionsbereiche ist ein *Lohnarbeiterdispositionsbereich*. Einem Lohnarbeiterdispositionsbereich können Sie einen oder mehrere Lohnarbeiter zuordnen; jeder Lohnarbeiter darf allerdings nur einem Dispositionsbereich zugeordnet werden.

Mit dem Einsatz der Dispositionsbereiche haben Sie die Möglichkeit, die Bedarfsplanung detaillierter zu steuern und auf der Dispositionsbereichs- und nicht nur auf Werksebene durchzuführen. Sie können so die Bereitstellung und Beschaffung von wichtigen Materialien pro Fertigungs- bzw. Dispositionsbereich steuern. Genauso können Sie die Disposition und die Bereitstellung für einzelne Lohnbearbeiter planen.

Mit der Aktivierung der Bedarfsplanung auf der Dispositionsbereichsebene wird auch die Verfügbarkeitsprüfung auf der Werksebene aktiviert. So lange noch keine Dispositionsbereiche gepflegt wurden, wird das Werk durch den Werksdispositionsbereich ersetzt. Wenn Sie vorher die ATP-Verfügbarkeitsprüfung auf der Werksebene durchgeführt haben, wird sie jetzt auf der Werksdispositionsbereichsebene durchgeführt.

Die ATP-Prüfung auf der Dispositionsbereichsebene läuft ähnlich ab wie die ATP-Verfügbarkeitsprüfung auf der Werks- bzw. Lagerortebene. Sie wird, wie wir es Ihnen in Kapitel 5 beschrieben haben, über die Prüfgruppe im Materialstamm, die Prüfregel und den Prüfumfang gesteuert. Wie bei der Verfügbarkeitsprüfung auf der Werksebene muss bei der Verfügbarkeitsprüfung auf der Dispositionsbereichsebene bestimmt werden, ob mit oder ohne Lagerortprüfung geprüft werden soll. Alle zu berücksichtigenden Zu- und Abgangselemente werden dynamisch über den Zugangslagerort, den Entnahmelagerort und das Materialstamm-Dispositionsbereichssegment einem Dispositionsbereich zugeordnet.

Wenn Sie die Lagerortprüfung im Prüfumfang deaktiviert haben, wird die Verfügbarkeitsprüfung lediglich einstufig durchgeführt. Wenn im Kundenbedarf kein Lagerort angegeben wurde, gehört der Kundenauftrag automatisch zum Werksdispositionsbereich. In diesem Fall erfolgt die Verfügbarkeitsprüfung auch nur im Werksdispositionsbereich. Wenn im Kundenauftrag ein Lagerort angegeben wurde, wird als Erstes der relevante Dispositionsbereich über diesen Lagerort vom System ermittelt. Die Verfügbarkeitsprüfung erfolgt ausschließlich für den Dispositionsbereich und damit gegen alle Lagerorte, die diesem Dispositionsbereich zugeordnet wurden. Es erfolgt keine zusätzliche Prüfung gegen den Lagerort.

[zB]

ATP-Prüfung mit Lagerortprüfung

Wir möchten Ihnen diesen Sachverhalt anhand eines Beispiels erläutern. Ein Material 4711 wurde für die Lagerorte 0001 und 0002 angelegt. Beide Lagerorte gehören zu dem Dispositionsbereich 0000.

- Es wird zunächst ein Kundenauftrag angelegt, bei dem in der Position der Lagerort 0002 angegeben wurde. Wenn im Kundenauftrag die Verfügbarkeitsprüfung gestartet wird, wird als Erstes eine ATP-Prüfung auf der Lagerortebene, und zwar im

Lagerort 0002 durchgeführt. Bei der Verfügbarkeitsprüfung werden alle nach dem Prüfumfang relevanten Zu- und Abgangselemente berücksichtigt, die auf den Lagerort 0002 laufen. Als Ergebnis wird die ATP-Menge für den Lagerort 0002 bestimmt.

- Im zweiten Schritt wird eine ATP-Verfügbarkeitsprüfung auf der Dispositionsbereichsebene, und zwar für den Dispositionsbereich 0000 durchgeführt. Bei dieser Verfügbarkeitsprüfung werden alle nach dem Prüfumfang relevanten Zu- und Abgangselemente berücksichtigt, die auf den Lagerort 0001 und 0002 laufen. Als Ergebnis wird die ATP-Menge für den Dispositionsbereich 0000 bestimmt.

Relevant für das Ergebnis der Verfügbarkeitsprüfung im Kundenauftrag ist die Prüfung mit der geringeren Bestätigungsmenge.

Wenn Sie im Prüfumfang die Lagerortprüfung aktiviert haben, erfolgt die Verfügbarkeitsprüfung zweistufig. Mit der Aktivierung der Lagerortprüfung wird im Rahmen der Verfügbarkeitsprüfung auf der Lagerortebene und zusätzlich auf der Dispositionsbereichsebene geprüft.

6.2.8 Weitere Methoden der Verfügbarkeitsprüfung

Wir haben Ihnen die ATP-Verfügbarkeitsprüfung nähergebracht. Diese Art der Verfügbarkeitsprüfung ist im Wesentlichen abhängig von der aktuellen Bedarfs-/Bestandssituation einer bestimmten Organisationseinheit (Werk/Lagerort). Nicht berücksichtigt bleibt bei dieser Art der Verfügbarkeitsprüfung die Planung. Planungen können Sie bei einer Verfügbarkeitsprüfung gegen die Vorplanung berücksichtigen, die wir Ihnen im nächsten Abschnitt erläutern. Unbeachtet bleibt bei der ATP-Verfügbarkeitsprüfung auch, über welche Vertriebskanäle oder von welchem Kunden ein Bedarf eintrifft. Gerade in Engpasssituationen ist es im operativen Geschäft sinnvoll, solche Restriktionen zu berücksichtigen. Dafür steht Ihnen die Basismethode der Kontingentierung zur Verfügung.

6.3 Verfügbarkeitsprüfung gegen Vorplanung

Als zweite Basismethode steht Ihnen in SAP ERP die Verfügbarkeitsprüfung gegen die Vorplanung zur Verfügung. Die Prüfung erfolgt hier ausschließlich gegen die offenen Planprimärbedarfsmengen, die für einen anonymen Markt und damit nicht kundenspezifisch erzeugt wurden. Anders als bei der ATP-Verfügbarkeitsprüfung werden der Prüfumfang und mit ihm alle Zu- und Abgänge nicht berücksichtigt. Wie bei den vorhandenen Planungsszenarien werden auch in der Verfügbarkeitsprüfung die entsprechenden Szenarien wie die Vorplanung mit Endmontage und ohne Endmontage sowie die Vorplanung mit Vorplanungsmaterial berücksichtigt, auf die wir in diesem Kapitel weiter eingehen.

6.3.1 Exkurs: Absatzplanung

Die Planprimärbedarfe entstehen meistens als Folge einer Planungskette (siehe Abbildung 6.13).

6

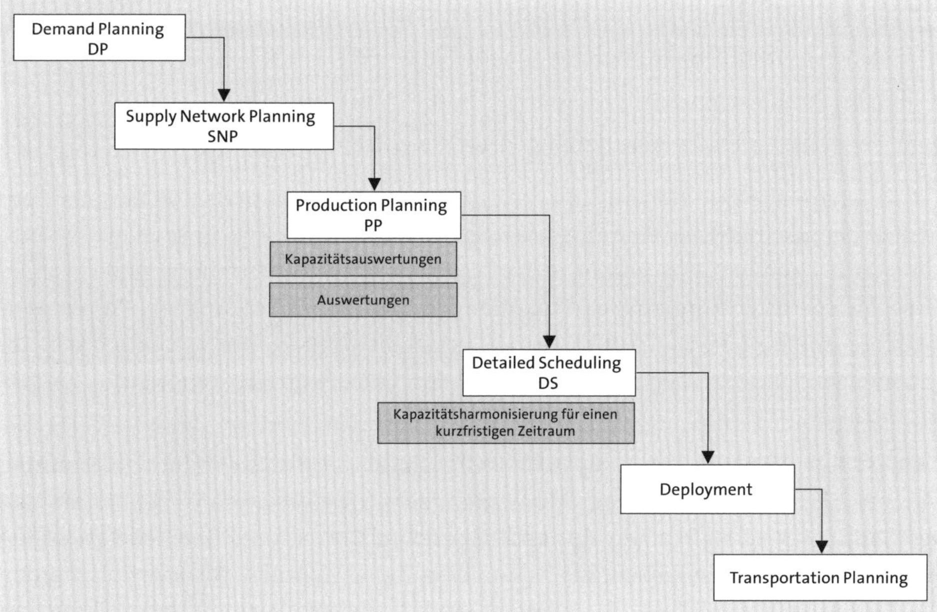

Abbildung 6.13 Mögliche Planungsebenen in SAP ERP

Wertorientierte Planung

Vor der mengenorientierten Planung erfolgt die wertorientierte Planung, die heute mehrheitlich in der SAP-ERP-Financials-Komponente CO-PA oder mit SAP Analytics Clouddurchgeführt wird. Planungsebenen sind bei der wertorientierten Planung z. B. Regionen, Kundenhierarchien oder Produkthierarchien, sodass die Planung immer auf einer groben Ebene stattfindet. Das Ergebnis der wertorientierten Planung kann als Input in die mengenorientierte Planung der SAP-APO-Komponente DP (Demand Planning) übernommen werden.

In Abbildung 6.13 zeigen wir Ihnen die mengenorientierte Planung, deren Ausgangspunkt in der SAP-APO-Komponente DP liegt.

Wie bei der wertorientierten Planung erfolgt die mengenorientierte Planung auf einer groben Ebene. Planungsebenen sind bei dieser Planung z. B. die Produkthierarchie oder das Werk. Bei der hier vorgenommenen Planung geht es darum, die Absatzmengen über einen definierten Zeitraum für ein Unternehmen festzulegen. Die Absatzplanung erfolgt langfristig und sollte von verschiedenen Organisationseinheiten wie z. B. Vertrieb, Controlling und Disposition (Einkauf, Produktion) gemeinsam durchgeführt werden. Um die Absatzplanung zu erstellen, müssen Sie sich z. B. mit den folgenden Fragen auseinandersetzen:

- Wie wird sich die Gesamtnachfrage entwickeln?
- Welchen Marktanteil kann der planende Betrieb erreichen?
- Entspricht die gegenwärtige Kapazität diesem Marktanteil?
- Wie verteilen sich die Absatzmengen auf die einzelnen Jahresperioden?

Die Absatzmengen werden im Supply Network Planning, das in der APO-Komponente SNP (Supply Network Planning) durchgeführt werden kann, über die komplette Lieferkette (Supply Chain) verteilt. Ausschlaggebend für die Verteilung sind verschiedene Parameter. So können die Absatzmengen unter der Beachtung von Kapazitäten zwischen mehreren Produktionswerken aufgeteilt werden. Die Verteilung der Absatzmengen auf verschiedene Lieferanten kann nach einem kostenorientierten Ansatz erfolgen.

Dem Supply Network Planning (APO-SNP) schließt sich das Production Planning (APO-PP/DS) an, dessen Ergebnis Absatzmengen pro Material und Werk sind. Für dieses Planungsergebnis können Sie anschließend im Rahmen des Detailed Scheduling (SAP APO-PP/DS) eine Kapazitätsharmonisierung vornehmen. Als Ergebnis werden die für die Planprimärbedarfe erzeugten Bedarfsdecker zu einem durchführbaren Termin erzeugt, d. h., dass freie Kapazitäten zur Verfügung stehen.

Dies ist einer der wesentlichen Unterschiede zwischen SAP APO und SAP ERP: Die Bedarfsplanung in SAP ERP, die für die Erzeugung der Bedarfsdecker verantwortlich ist, wird mit infiniten Kapazitäten durchgeführt. Das bedeutet, dass im Planungslauf alle Kapazitäten als unendlich verfügbar gelten. In SAP APO kann man hingegen mit finiten Kapazitäten planen (siehe Teil IV). Über die Bedarfsdecker werden die Bedarfe an die untersten Stücklistenebenen weitergereicht, und auf diesen Ebenen kann die Planung genutzt werden, um eine Vorabbeschaffung oder auch Vormontage vor dem Eintreffen eines wirklichen Kundenbedarfs anzustoßen.

Als letzte Stufe der Planungskette schließt sich das Deployment und die Transportplanung an.

Mit den verschiedenen Planungen der Planungskette werden verschiedene Ziele verfolgt. Ein wesentliches Ziel ist die *Anpassung von Absatzprogramm und Ressourcen*. Zum einen können so Investitionsentscheidungen vorbereitet werden, die die vorhandenen Ressourcen erweitern sollen und die Umsetzung des Absatzprogramms erst ermöglichen. Zum anderen werden frühzeitig Kapazitätsengpässe entdeckt, die durch ein zu umfangreiches Absatzprogramm entstehen würden. Immer kürzere Produktlebenszyklen und der globale Wettbewerb zwingen Unternehmen zu einer verlässlichen Vorausplanung. Mit dieser Vorausplanung ist eine *vorausschauende Steuerung von Ressourcen* möglich. Damit können vorhandene Ressourcen besser ausgelastet und die Kosten gesenkt werden.

[+]

Weiterführende Literatur

Um einen weiteren Einblick in das Thema Absatzplanung zu erhalten, möchten wir Sie auf das Buch »Disposition mit SAP ERP« von Ferenc Gulyássy, Marc Hoppe, Oliver Köhler und Binoy Vithayathil verweisen, das 2022 bei SAP PRESS erschienen ist.

6.3.2 Betriebswirtschaftliche Anforderungen

Für die Verfügbarkeitsprüfung ist lediglich die Planung der Planprimärbedarfe auf Material-/Werksebene relevant. Mit der Anlage von Planprimärbedarfen treffen Sie eine Annahme, was über einen bestimmten Zeitraum an Kundenbedarfen eintreffen wird. Eingehende Kundenbedarfe verrechnen sich schrittweise mit diesen Planprimärbedarfen bzw. dieser Planung und führen auch zu einem Abbau der Planung. Die Verfügbarkeitsprüfung gegen die Vorplanung stellt dabei sicher, dass genügend Vorplanbedarfe für die Kundenbedarfe existieren und der vom Kunden gewünschte Termin auch eingehalten werden kann.

Diese Art der Verfügbarkeitsprüfung können Sie bei den *Planungsstrategien* Vorplanung mit Endmontage, Vorplanung ohne Endmontage und Vorplanung mit Vorplanungsmaterial einsetzen.

- **Vorplanung mit Endmontage**
  Bei der Vorplanung mit Endmontage können Sie alternativ auch eine ATP-Verfügbarkeitsprüfung einsetzen, denn sowohl Bestände als auch Bedarfsdecker sind hier bereits vor dem Eintreffen eines Kundenbedarfs vorhanden und können in der Verfügbarkeitsprüfung berücksichtigt werden. Die Vorplanung mit Endmontage wird in Abschnitt 6.3.5 erläutert.
- **Vorplanung ohne Endmontage**
  Bei einer Vorplanung ohne Endmontage wird die Endmontage erst ausgeführt, wenn der tatsächliche Kundenbedarf eintrifft. Aus diesem Grund kann bei dieser Planungsstrategie entweder gegen die Wiederbeschaffungszeit oder gegen die Vorplanung, nicht aber gegen ATP-Prüfung geprüft werden. Die Vorplanung mit Endmontage wird in Abschnitt 6.3.6 erläutert.

Die Verfügbarkeitsprüfung gegen die Vorplanung werden Sie immer dann nutzen, wenn Sie auftragsbezogen, fertigen. Wie in Kapitel 5 gezeigt, handelt es sich hier um ein Make-to-Order- oder Engineer-to-Order-Szenario. Die eintreffenden Kundenbedarfe können in diesen Fällen nur gegen die Vorplanung geprüft werden, da das Enderzeugnis erst nach dem Eintreffen des Kundenauftrags gebaut wird. Die Kundenbedarfe können in diesem Fall nur bestätigt werden, wenn zum relevanten Zeitpunkt ausreichend Vorplanung existiert, die sich noch nicht gegen die anderen Bedarfe verrechnet hat. Sollte keine freie Vorplanung vorhanden sein, können Sie entweder die Vorplanung erhöhen, oder der Kundenauftrag verrechnet sich über Teillieferungen mit der Vorplanung in die anderen Perioden.

Die Verfügbarkeitsprüfung gegen die Vorplanung setzt voraus, dass in der Planungskette exakt gearbeitet wird. Kapazitätsengpässe und Fehlteilesituationen müssen bei dieser Art der Verfügbarkeitsprüfung während der Planungskette frühzeitig erkannt und behoben werden. Denn die Verfügbarkeitsprüfung gegen Vorplanung kann nur funktionieren, wenn Sie davon ausgehen können, dass der für einen Planprimärbedarf erzeugte Bedarfsdecker auch zum angelegten Zeitpunkt ohne Fehlteileproblematik und andere Ressourcenengpässe abgewickelt werden kann.

In der betrieblichen Praxis ist die Verfügbarkeitsprüfung gegen die Vorplanung in SAP ERP fast die einzige Möglichkeit, bei einer kundenindividuellen Produktion eine Verfügbarkeitsprüfung durchzuführen. Deshalb bleibt die Anwendung in den meisten Fällen auf die Verfügbarkeitsprüfung im Kundenauftrag beschränkt.

6.3.3 Ablauf der Prüfung

Wenn Sie in einem Kundenbedarf die Verfügbarkeitsprüfung starten, wird als Erstes die entsprechende Bedarfsart der Kundenbedarfsposition ermittelt. Dieser Bedarfsart ist eine eindeutige Bedarfsklasse zugeordnet (siehe Kapitel 5). Die Bedarfsklasse steuert, welche Art der Verfügbarkeitsprüfung durchgeführt wird. In Abbildung 6.14 zeigen wir Ihnen ein Beispiel einer Bedarfsklasse.

Das Kennzeichen **Verfügbarkeit** steuert die Art der Verfügbarkeitsprüfung. Wenn das Kennzeichen gesetzt ist, wird in jedem Fall eine Verfügbarkeitsprüfung nach ATP-Logik durchgeführt. Wenn das Kennzeichen nicht gesetzt ist und gleichzeitig eine Zuordnung zu einer Vorplanung existiert, wird eine Verfügbarkeitsprüfung gegen die Vorplanung durchgeführt.

Anschließend selektiert das System alle Vorplanungsbedarfe des entsprechenden Materials, die sich mit der Bedarfsart des Kundenauftrags verrechnen könnten. Dazu werden die Einstellungen in der Strategiegruppe berücksichtigt (siehe Kapitel 5). Nur wenn das Zuordnungskennzeichen der Kundenbedarfsklasse und das Verrechnungskennzeichen der Vorplanungsbedarfsklasse zueinander passen, wird auch eine Verrechnung durchgeführt.

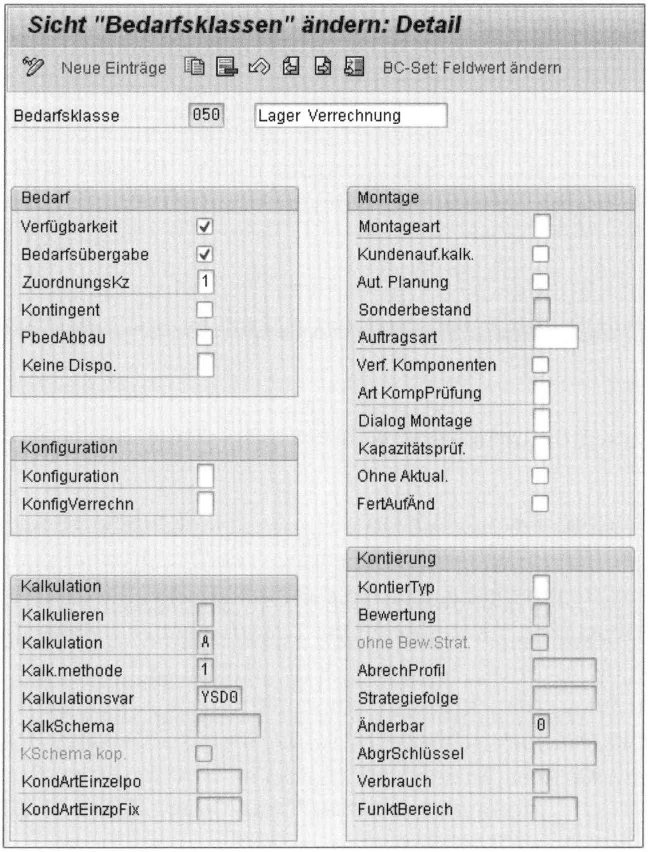

Sicht "Bedarfsklassen" ändern: Detail

Neue Einträge BC-Set: Feldwert ändern

Bedarfsklasse 050 Lager Verrechnung

Bedarf
Verfügbarkeit ✓
Bedarfsübergabe ✓
ZuordnungsKz 1
Kontingent
PbedAbbau
Keine Dispo.

Konfiguration
Konfiguration
KonfigVerrechn

Kalkulation
Kalkulieren
Kalkulation A
Kalk.methode 1
Kalkulationsvar YSD0
KalkSchema
KSchema kop.
KondArtEinzelpo
KondArtEinzpFix

Montage
Montageart
Kundenauf.kalk.
Aut. Planung
Sonderbestand
Auftragsart
Verf. Komponenten
Art KompPrüfung
Dialog Montage
Kapazitätsprüf.
Ohne Aktual.
FertAufÄnd

Kontierung
KontierTyp
Bewertung
ohne Bew.Strat.
AbrechProfil
Strategiefolge
Änderbar 0
AbgrSchlüssel
Verbrauch
FunktBereich

Abbildung 6.14 Bedarfsklasse: Steuerung der Art der Verfügbarkeitsprüfung

Zur Ermittlung der freien Vorplanungsmengen werden dann alle weiteren Bedarfe ermittelt, die sich gegen die entsprechenden Vorplanungsbedarfe verrechnen. Dazu werden wiederum die Einstellungen in der Strategiegruppe berücksichtigt. Über die Zusatzdaten zum Planprimärbedarf haben Sie außerdem die Möglichkeit zu steuern (siehe Abbildung 6.15), dass sich nur bestimmte Bedarfsobjekte gegen die Vorplanung verrechnen.

Sie können hier unterscheiden, ob sich lediglich Kundenbedarfe oder auch Reservierungen und Sekundärbedarfe gegen die Planung verrechnen. Alternativ dazu haben Sie auch die Möglichkeit, eine flexible Verrechnung gegen verschiedene Dispositionselemente über eine kundenindividuelle Erweiterung umzusetzen.

Alle ermittelten Bedarfe verrechnen sich gegen die Vorplanung ohne Endmontage; hierbei wird nicht zwischen bestätigten und unbestätigten Bedarfen unterschieden.

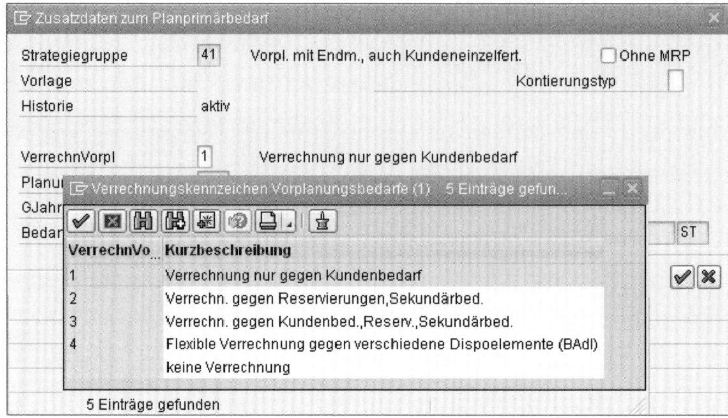

Abbildung 6.15 Zusatzdaten zum Planprimärbedarf

Neben der Verrechnung ist auch die Kumulation ein wichtiges Thema für die Verfügbarkeitsprüfung. In Kapitel 5 haben wir Ihnen die Einstellungen der Prüfgruppe erläutert. Die entscheidende Einstellung ist diesbezüglich die *Kumulation*. Für die betriebliche Praxis ist hierbei die Einstellung **3 Kumulation der Bedarfsmengen beim Auftragsanlegen und bestätige Menge beim Auftrag Ändern** die richtige Einstellung. Damit werden beim Anlegen des Kundenauftrags, wie bereits erwähnt, sowohl bestätigte als auch nicht bestätigte Kundenaufträge berücksichtigt. Bereits angelegte Kundenaufträge haben, auch wenn sie nicht bestätigt sind, in diesem Fall Vorrang vor neu angelegten Kundenaufträgen.

Ausgehend vom Kundenwunschtermin des zu prüfenden Kundenbedarfs wird im Rahmen der Verrechnungsintervalle, die aus dem Materialstamm ermittelt werden, nach einer freien Vorplanung gesucht, also nach einer Vorplanung, die sich nicht bereits gegen andere Bedarfe verrechnet hat.

Wie Sie in den folgenden Abschnitten erfahren werden, unterscheidet sich der ermittelte Bestätigungstermin in Abhängigkeit von der gewählten Planungsstrategie.

- Wenn sich ein Kundenbedarf durch eine Rückwärtsverrechnung mit einer Vorplanung verrechnen kann, deren Bedarfstermin vor dem Kundenwunschtermin liegt, erfolgt die Bestätigung zum Kundenwunschtermin.
- Wenn sich ein Kundenbedarf mit einer Vorplanung verrechnet, deren Bedarfstermin hinter dem Kundenwunschtermin liegt, erfolgt die Bestätigung meist kundenindividuell.

6.3.4 Steuerung der Vorplanungsverrechnung

Die Vorplanungsverrechnung und die Verfügbarkeitsprüfung sind Funktionen, die unabhängig voneinander ablaufen; allerdings ist für das Verständnis der Verfügbarkeitsprüfung die Vorplanungsverrechnung von großer Bedeutung. Zudem werden die Verrechnungsparameter (die auch in den folgenden Absätzen beschrieben werden) für die Verfügbarkeitsprüfung herangezogen.

Über die Verrechnungsparameter können Sie steuern, wie das System, ausgehend vom Bedarfstermin, Bedarfe mit der Vorplanung verrechnet. Die Verrechnungsparameter können Sie im Materialstamm in der Sicht **Disposition 3** pflegen (siehe Abbildung 6.16).

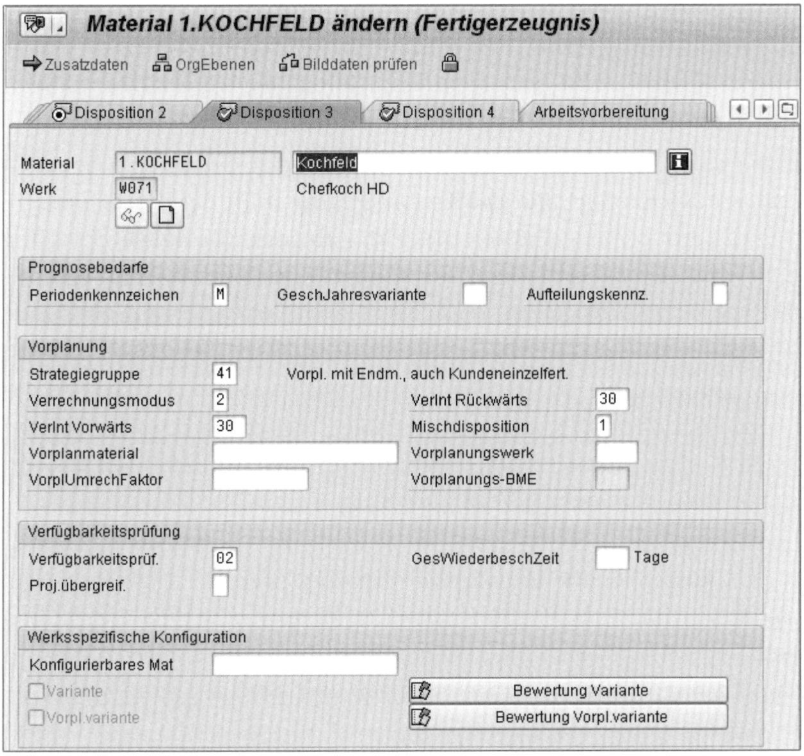

Abbildung 6.16 Verrechnungsparameter im SAP-Materialstamm

Wenn vom System an dieser Stelle keine Verrechnungsparameter gepflegt wurden, werden die Vorschlagswerte der Dispositionsgruppe verwendet. Die Dispositionsgruppe kann ihrerseits in der Sicht **Disposition 1** im Materialstamm gepflegt werden.

Die Verrechnungsparameter im Materialstamm bestehen aus den Daten Verrechnungsmodus, Verrechnungsintervall rückwärts, Verrechnungsintervall vorwärts und dem Mischdispositionskennzeichen.

Mit dem Feld **Verrechnungsmodus** steuern Sie, in welche Richtung das System, ausgehend vom Bedarfstermin, nach der freien Vorplanung sucht.

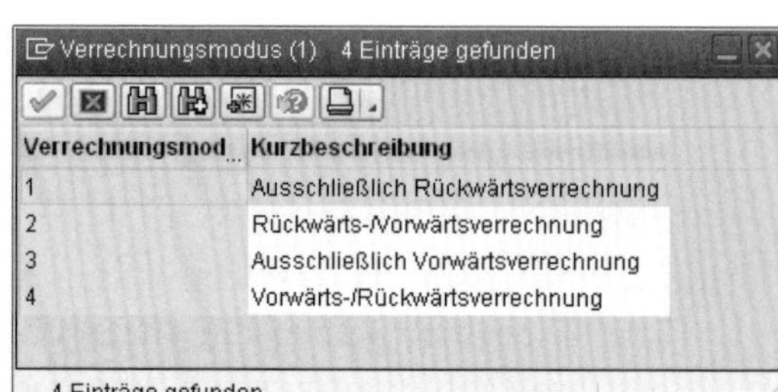

Abbildung 6.17 Verrechnungsmodus in SAP ERP

Ihnen stehen die in Abbildung 6.17 gezeigten Einstellungsmöglichkeiten zur Verfügung:

- **Verrechnungsmodus 1**
  Mit dem Modus **Ausschließlich Rückwärtsverrechnung** prüft das System, ausgehend vom Bedarfstermin, ausschließlich rückwärts, ob noch eine freie Vorplanung zur Verfügung steht. Damit sich die Kundenbedarfe in einem solchen Fall mit einer Vorplanung verrechnen, muss zeitlich vor dem Bedarfstermin noch eine freie Vorplanung zur Verfügung stehen.
- **Verrechnungsmodus 2**
  Mit dem Modus **Rückwärts-/Vorwärtsverrechnung** prüft das System, ausgehend vom Bedarfstermin, erst rückwärts und anschließend vom Bedarfstermin aus vorwärts, ob eine freie Vorplanung zur Verfügung steht.
- **Verrechnungsmodus 3**
  Mit dem Modus **Ausschließlich Vorwärtsverrechnung** prüft das System, ausgehend vom Bedarfstermin, ausschließlich vorwärts, ob noch eine freie Vorplanung zur Verfügung steht. Damit sich die Kundenbedarfe in einem solchen Fall mit einer Vorplanung verrechnen, muss zeitlich nach dem Bedarfstermin noch eine freie Vorplanung zur Verfügung stehen.
- **Verrechnungsmodus 4**
  Mit dem Modus **Vorwärts-/Rückwärtsverrechnung** prüft das System, ausgehend vom Bedarfstermin, erst vorwärts und anschließend vom Bedarfstermin rückwärts, ob eine freie Vorplanung zur Verfügung steht.

Während der Verrechnungsmodus die Richtung auf dem Zeitstrahl vorgibt, in der nach einer freien Vorplanung gesucht wird, geben die *Verrechnungsintervalle* den Zeitraum vor, in dem das System nach einer freien Vorplanung sucht. Sie können im Materialstamm Verrechnungsintervalle in Arbeitstagen pflegen, die vorgeben, wie weit das System, ausgehend vom Bedarfstermin, in die Zukunft (Feld **VerInt Vorwärts**) und die Vergangenheit (Feld **VerInt Rückwärts**) (siehe Abbildung 6.16) nach einer freien Vorplanung sucht. Auch bei den Verrechnungsparametern haben die Einstellungen aus dem Materialstamm Vorrang. Wenn dort keine Daten gepflegt sind, werden die Vorschlagswerte aus der Dispositionsgruppe herangezogen. Wenn keine Verrechnungsparameter vom System ermittelt werden können, wird vom System ausschließlich eine Rückwärtsverrechnung mit 999 Tagen vorgenommen.

In Abbildung 6.18 sehen Sie ein Beispiel für die Wirkungsweise der Verrechnungsparameter. Als Verrechnungsmodus wurde **Rückwärts-/Vorwärtsverrechnung** eingestellt. Als Verrechnungsintervalle wurden jeweils 30 Tage eingetragen. Ausgehend vom Bedarfstermin des Kundenbedarfs prüft das System erst 30 Tage in die Vergangenheit und anschließend 30 Tage in Zukunft auf eine freie Vorplanung und verrechnet sich gegen diese.

6

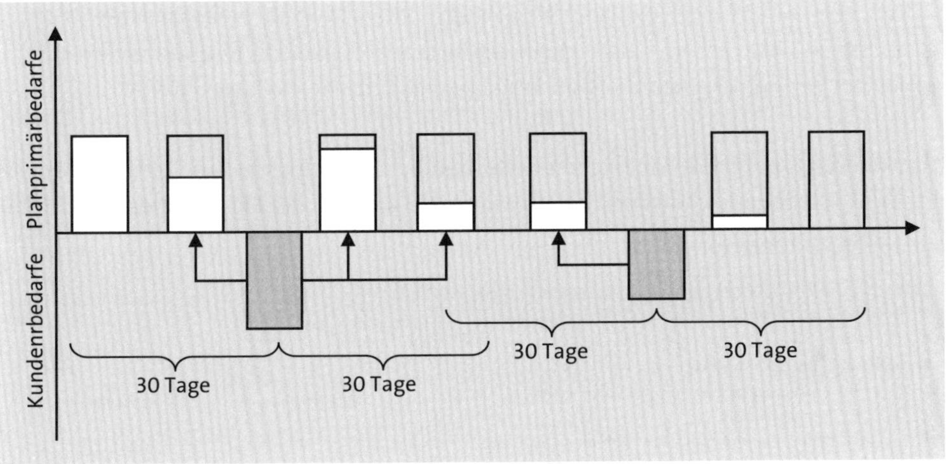

Abbildung 6.18 Wirkungsweise der Verrechnungsparameter

Die Verrechnungsintervalle sollten Sie möglichst so einstellen, dass sich die Bedarfe auch mit den Planprimärbedarfen verrechnen, die für sie vorgesehen waren.

Da es sich bei einer Vorplanung immer um einen geschätzten Zukunftsbedarf handelt, wird es immer einen Unterschied zwischen den Vorplanungsbedarfen und tatsächlichen Bedarfen geben. Wichtigstes Ziel ist es, dass sich alle Bedarfe mit den Planprimärbedarfen verrechnen müssen. Sollten sich bestimmte Bedarfe nicht verrechnen, kann das zu doppelter Produktion bzw. Beschaffung führen und damit auch zu erhöhten Beständen. Denn Sie würden ja zum einen für die Planprimärbedarfe und zum anderen für die tatsächlichen Kundenbedarfe beschaffen bzw. produzieren. Deshalb ist in jedem Fall sicherzustellen, dass sich alle Bedarfe mit der Vorplanung verrechnen.

[zB]

Richtige Einstellung der Verrechnungsintervalle

Betrachten wir ein Beispiel: Sie arbeiten mit einer Monatsvorplanung. Für den Monat Juni haben Sie eine Vorplanungsmenge von 100 Stück vorgesehen. Da im SAP-System die Planprimärbedarfe immer am Anfang der jeweiligen Periode stehen, würden diese Planprimärbedarfe auf dem 1. Juni stehen. Wenn Sie eine Vorplanung mit Endmontage im Einsatz haben, müssen die 100 Stück am 1. Juni im Lager zur Verfügung stehen.

Wenn nun ein Kundenauftrag im Juni angelegt wird, sich aber mit der Vorplanung im Juli verrechnet, würde das zu Inkonsistenzen führen. Unter Umständen könnten Kundenbedarfe, die im Juli eintreffen, nicht bestätigt werden, weil sich Juni-Kundenaufträge fälschlicherweise mit der Juli-Vorplanung verrechnet haben und so im Juli nicht mehr ausreichend Vorplanung zu Verfügung steht.

Realität und SAP-System laufen in diesem Beispiel auseinander und würden im Rahmen der Verfügbarkeitsprüfung auch zu falschen Entscheidungen führen.

Als weiteres wichtiges Kennzeichen unter den Verrechnungsparametern müssen Sie das Kennzeichen **Mischdisposition** im Materialstamm in der Sicht **Disposition 3** pflegen (siehe Abbildung 6.19).

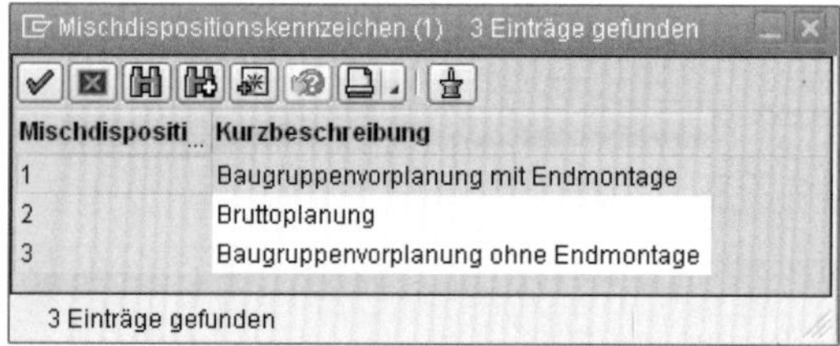

Abbildung 6.19 Einstellungsmöglichkeiten beim Mischdispositionskennzeichen

Über die Spalte **Mischdisposition** steuern Sie, ob sich Sekundärbedarfe und Reservierungen mit der Vorplanung verrechnen können. Abbildung 6.19 zeigt, welche Einstellungsmöglichkeiten Sie für das Kennzeichen **Mischdisposition** haben:

- **1 – Baugruppenvorplanung mit Endmontage**
  Wenn Sie eine Vorplanung mit Endmontage im Einsatz haben, müssen Sie die Option **Baugruppenvorplanung mit Endmontage** einstellen, wenn sich auch Sekundärbedarfe und Reservierungen mit der Vorplanung verrechnen sollen.
- **2 – Bruttoplanung**
  Haben Sie eine Bruttoplanung im Einsatz haben, müssen Sie die Einstellung **Bruttoplanung** wählen, damit eine Verrechnung mit der Vorplanung möglich ist.

- **3 – Baugruppenvorplanung ohne Endmontage**
  Haben Sie eine Vorplanung ohne Endmontage im Einsatz, müssen Sie die Option **Baugruppenvorplanung ohne Endmontage** einstellen, wenn sich auch Sekundärbedarfe und Reservierungen mit der Vorplanung verrechnen sollen.

Damit die Verrechnung von Kundenbedarfen mit der Vorplanung funktioniert, müssen die Bedarfsart im entsprechenden Kundenbedarf (Kundenauftragsposition) und die Bedarfsart im Planprimärbedarf zueinander passen (siehe Kapitel 4). Idealerweise steuern Sie die Bedarfsübergabe und -verrechnung über die Strategiegruppe im Materialstamm. Entscheidende Kennzeichen für die Vorplanungsverrechnung sind das Zuordnungskennzeichen in der Bedarfsart der Kundenbedarfe und das Verrechnungskennzeichen in der Bedarfsart der Planprimärbedarfe. Nur wenn diese Kennzeichen aufeinander abgestimmt sind, kann sich ein Kundenbedarf mit der Vorplanung verrechnen und somit eine Verfügbarkeitsprüfung gegen die Vorplanung durchgeführt werden.

In den folgenden Abschnitten zeigen wir Ihnen die Arten der Verfügbarkeitsprüfung gegen die Vorplanung, die Vorplanung mit Endmontage, die Vorplanung ohne Endmontage und die Vorplanung mit Vorplanungsmaterial.

6.3.5 Verfügbarkeitsprüfung gegen die Vorplanung mit Endmontage

Die Vorplanung mit Endmontage ist eine klassische Planungsstrategie, mit der man ein Make-to-Stock-Szenario im SAP-System abbilden kann. Diese Planungsstrategie kann sowohl für Enderzeugnisse als auch für Baugruppen oder Komponenten eingesetzt werden. Die Beschaffung bzw. Produktion wird hier vor dem Eintreffen eines tatsächlichen Kundenbedarfs angestoßen und auch abgeschlossen, d. h. vor dem Eintreffen eines Kundenbedarfs sollten alle Enderzeugnisse physisch zur Verfügung stehen. Die Vorteile eines Make-to-Stock-Szenarios sind die geringen Wartezeiten für den Kunden und die Möglichkeiten der internen Rüstoptimierung. Auf der anderen Seite sind die erhöhten Bestände, die zu höheren Lagerkosten führen, ein entscheidender Nachteil.

Damit Sie eine Verfügbarkeitsprüfung gegen eine Vorplanung mit Endmontage durchführen können, müssen Strategiegruppe, Bedarfsart, Vorplanung und Verrechnungsparameter entsprechend gepflegt sein. Wie diese Parameter zu pflegen sind bzw. wie sie sich auf die Verfügbarkeitsprüfung auswirken, erläutern wir Ihnen im Folgenden:

Wie in Kapitel 5 dargelegt, ist die Verfügbarkeitsprüfung abhängig von der Bedarfsart, die für die Kundenauftragsposition ermittelt wird. Die Bedarfsart kann z. B. über die Strategiegruppe im Materialstamm ermittelt werden. In Abbildung 6.20 zeigen wir Ihnen die Planungsstrategie 40 als Beispiel für eine Vorplanung mit Endmontage.

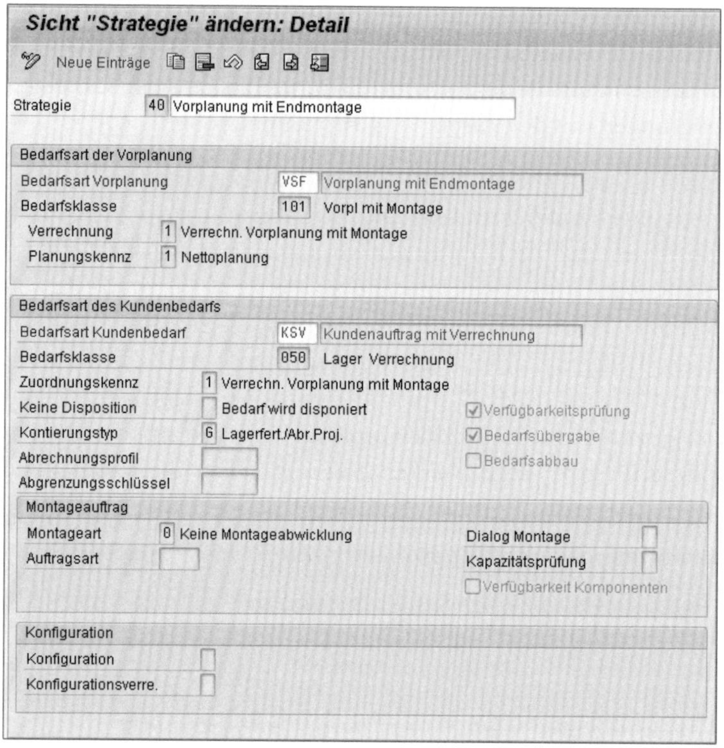

Sicht "Strategie" ändern: Detail

Neue Einträge

Strategie 40 Vorplanung mit Endmontage

Bedarfsart der Vorplanung

Bedarfsart Vorplanung VSF Vorplanung mit Endmontage

Bedarfsklasse 101 Vorpl mit Montage

Verrechnung 1 Verrechn. Vorplanung mit Montage

Planungskennz 1 Nettoplanung

Bedarfsart des Kundenbedarfs

Bedarfsart Kundenbedarf KSV Kundenauftrag mit Verrechnung

Bedarfsklasse 050 Lager Verrechnung

Zuordnungskennz 1 Verrechn. Vorplanung mit Montage

Keine Disposition Bedarf wird disponiert

Kontierungstyp 6 Lagerfert./Abr.Proj.

Abrechnungsprofil

Abgrenzungsschlüssel

Verfügbarkeitsprüfung

Bedarfsübergabe

Bedarfsabbau

Montageauftrag

Montageart 0 Keine Montageabwicklung

Auftragsart

Dialog Montage

Kapazitätsprüfung

Verfügbarkeit Komponenten

Konfiguration

Konfiguration

Konfigurationsverre.

Abbildung 6.20 Einstellungen der Planungsstrategie 40

Die Planungsstrategie 40 ist der Planungsstrategiegruppe 40 zugeordnet. Darüber hinaus sind der Planungsstrategie 40 jeweils eine Bedarfsart für die Vorplanung und eine Bedarfsart für die Kundenbedarfe zugeordnet. In Abbildung 6.20 ist für die Vorplanung die Bedarfsart VSF zugeordnet, dieser Bedarfsart ist wiederum eindeutig die Bedarfsklasse 101 zugeordnet, die ebenfalls in der Detailansicht der Planungsstrategie angezeigt wird.

Mit dieser Bedarfsart/Bedarfsklasse können Sie eine Vorplanung mit Endmontage anlegen. Dazu wurde in der Bedarfsklasse für das **Planungskennz** der Wert 1 (Nettoplanung) gesetzt (siehe Kapitel 5). Alternativ zur Nettoplanung besteht auch die Möglichkeit, eine Bruttoplanung oder eine Einzelplanung (Vorplanung ohne Endmontage) anzulegen. Mit dem Verrechnungskennzeichen in der Bedarfsklasse steuern Sie, welche Bedarfe sich potenziell mit der Vorplanung verrechnen können. Wie in Kapitel 5 beschrieben, muss dieses Verrechnungskennzeichen zum Zuordnungskennzeichen in der Kundenbedarfsklasse passen. In Abbildung 6.20 wurde der Wert 1 (Verrechn. Vorplanung mit Montage) als Verrechnungskennzeichen eingestellt. Mit diesen Einstellungen verrechnen sich nur Bedarfe mit der Vorplanung, die für eine Vorplanung mit Endmontage angelegt wurden.

Zur Umsetzung eines Make-to-Order-Szenarios können Sie u. a. eine Planungsstrategie für die *Variantenkonfiguration* einsetzen. Der endgültige Aufbau des Enderzeugnisses wird in diesem Fall erst beim Anlegen des Kundenauftrags festgelegt. Mit dem Kennzeichen **Konfiguration** in der Bedarfsklasse steuern Sie, ob die entsprechende Vorplanung konfiguriert werden kann und damit Konfigurationsstützpunkte angelegt werden können. Mit dem Kennzeichen **Konfigurationsverre.** geben Sie vor, mit welcher Vorplanung sich die Kundenbedarfe eines konfigurierbaren Materials verrechnen sollen. Die Kundenbedarfe können sich mit einer Variantenvorplanung oder mit einer Merkmalsvorplanung verrechnen.

[+]

Weiterführende Informationen

Mehr zum Thema Variantenkonfiguration erfahren Sie im Buch »Variantenkonfiguration mit SAP« von Uwe Blumöhr, Manfred Münch und Marin Ukalovic (SAP PRESS, 2018). An dieser Stelle möchten wir uns jedoch auf die für die Verfügbarkeitsprüfung wichtigen Aspekte der Variantenkonfiguration beschränken.

Mit dem Kennzeichen **Bedarfsabbau** in der Bedarfsklasse legen Sie fest, wie Kundenbedarfe die anonyme Lagerfertigung abbauen. Da es sich in unserem Beispiel um eine Vorplanung mit Endmontage und nicht um eine anonyme Lagerfertigung handelt, findet kein Bedarfsabbau durch den Kundenbedarf, sondern erst mit der Belieferung des Kundenbedarfs statt.

Bedarfsdecker, die im Rahmen des MRP-Planungslaufs für die Vorplanungsbedarfe erzeugt werden, sind jederzeit umsetzbar und nicht abhängig von einem Kundenauftrag. Nach der Anlage einer Vorplanung mit Endmontage kann nicht nur die Komponentenbeschaffung und die Vormontage angestoßen werden, sondern auch die Endmontage. Das bedeutet, dass die Fertigung des Endprodukts bereits vor dem Eintreffen eines Kundenbedarfs angestoßen und abgeschlossen werden kann. Die Idee einer solchen Vorplanung ist, dass auf Lager gefertigt wird und die Kundenbedarfe somit umgehend bedient werden können.

Für die Kundenbedarfe ist der Planungsstrategie 40 die Bedarfsart KSV zugeordnet. Dieser Bedarfsart ist wiederum eindeutig die Bedarfsklasse 050 zugeordnet. Die Einstellungen der Bedarfsklasse nehmen Sie über den folgenden Customizing-Pfad vor: **SAP Customizing Einführungsleitfaden • Vertrieb • Grundfunktionen • Verfügbarkeitsprüfung und Bedarfsübergabe • Verfügbarkeitsprüfung • Verfügbarkeitsprüfung gegen ATP-Logik und gegen Vorplanung • Ablauf je Bedarfsklasse festlegen**. Ein entsprechendes Beispiel für die Pflege der Bedarfsklasse zeigt Abbildung 6.21.

Sicht "Verfügbarkeit und Bedarfsübergabe je Bedarfsart" ändern: Übersi

BdKl	Bezeichnung	Vfp	Bd	ZuoKz	Ktg
050	Lager Verrechnung	☐	☑	1	☐

Abbildung 6.21 Einstellungen der Verfügbarkeitsprüfung und der Bedarfsübergabe für die Bedarfsklasse 050

Wie es Abbildung 6.21 zeigt, ist für die Bedarfsklasse 050 eine Verfügbarkeitsprüfung gegen die Vorplanung vorgesehen. Wenn das Kennzeichen **Vfp** für die Verfügbarkeitsprüfung in der Bedarfsklasse nicht gesetzt wurde und eine Zuordnung zu einer Vorplanung existiert, wird eine Verfügbarkeitsprüfung gegen die Vorplanung durchgeführt. Damit eine Zuordnung zwischen Kundenbedarf und Vorplanung funktioniert, muss als Voraussetzung das Verrechnungskennzeichen in der Bedarfsklasse für die Vorplanung mit dem Zuordnungskennzeichen in der Bedarfsklasse für die Kundenbedarfe identisch sein. In unserem Beispiel der Strategiegruppe 40 ist für beide Bedarfsklassen (Vorplanungs- und Kundenbedarfsklasse 1) die Option **Vorplanung mit Endmontage** eingestellt (siehe Abbildung 6.20).

Neben der Strategiegruppe müssen auch die Verrechnungsparameter im Materialstamm gepflegt werden (siehe Abbildung 6.22).

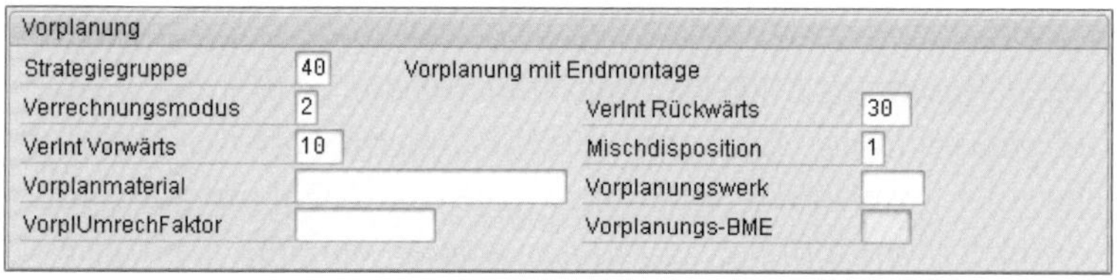

Vorplanung

Strategiegruppe	40	Vorplanung mit Endmontage	
Verrechnungsmodus	2	Verlnt Rückwärts	30
Verlnt Vorwärts	10	Mischdisposition	1
Vorplanmaterial		Vorplanungswerk	
VorplUmrechFaktor		Vorplanungs-BME	

Abbildung 6.22 Verrechnungsparameter im Materialstamm

Über das Feld **Verrechnungsmodus** steuern Sie, in welche Richtung das System, ausgehend vom Bedarfstermin, nach einer freien Vorplanung sucht. In Kapitel 5 haben wir Ihnen bereits die verschiedenen Einstellungsmöglichkeiten und Ihre Wirkungsweise vorgestellt.

Damit sind alle Voraussetzungen erfüllt, um eine Verfügbarkeitsprüfung gegen die Vorplanung mit Endmontage durchzuführen. Der Ablauf der Verfügbarkeitsprüfung gegen die Vorplanung (siehe Abschnitt 6.3), ist immer gleich, unabhängig von der Art der Vorplanung:

1. Zuerst werden alle Vorplanungsbedarfe ermittelt, die aufgrund des Zuordnungs- und Verrechnungskennzeichens zu dem Kundenbedarf passen.
2. Anschließend werden alle weiteren Objekte ermittelt, die sich gegen die selektierte Vorplanung verrechnen. Welche Objekte das sind, ist abhängig von den Einstellun-

gen der Planungsstrategie und den Einstellungen im Materialstamm (Kennzeichen **Mischdisposition**).

Wie es Abbildung 6.23 zeigt, ist bei einer Verfügbarkeitsprüfung gegen die Vorplanung mit Endmontage auch eine Bestätigung zum Heute-Termin möglich. In diesem Fall geht das System davon aus, dass diese Vorplanungsmengen in der Vergangenheit produziert wurden und zum Zeitpunkt der Verfügbarkeitsprüfung als freie Lagerbestände vorhanden sind.

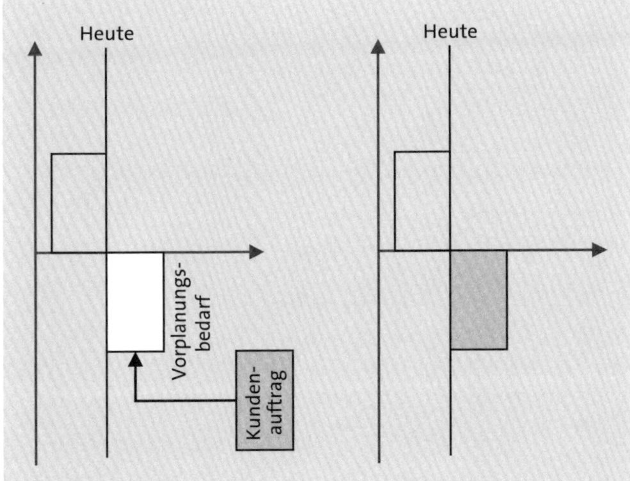

Abbildung 6.23 Verfügbarkeitsprüfung bei der Vorplanung mit Endmontage

Auch diesen Sachverhalt möchten wir anhand eines konkreten Systembeispiels verdeutlichen. Das Material wurde in diesem Beispiel, wie es Abbildung 6.22 zeigt, mit der Planungsstrategiegruppe 40 gepflegt. Zum Heute-Datum, dem 27.04.2022, existiert noch ein freier Vorplanungsbedarf über fünf Stück, der bereits terminlich in der Vergangenheit liegt (siehe Abbildung 6.24).

Es wurde bereits die komplette Vorplanungsmenge produziert und auf Lager gelegt, da es sich ja um ein Make-to-Stock-Szenario handelt. Kurzfristig bestellt ein Kunde nun noch einen **Komplett Ski** zum 22.04.2022.

Beim Anlegen des Kundenauftrags ermittelt das System für die Position die Bedarfsart KSV (siehe Abbildung 6.25). Dieser Bedarfsart KSV ist Customizing wiederum die Bedarfsklasse 050 zugeordnet, und für diese Bedarfsklasse ist in eine Verfügbarkeitsprüfung gegen die Vorplanung vorgesehen.

Das Ende der Wiederbeschaffungszeit, der 25.05.2022 (siehe Abbildung 6.24), wird in diesem Fall nicht berücksichtigt. Das System ermittelt über die Verrechnungsparameter im Materialstamm (siehe Abbildung 6.22) den freien Vorplanungsbedarf vom 01.04.2022 und kann somit zum Wunschliefertermin 30.04.2022 bestätigt werden.

Abbildung 6.24 Vorplanung mit Endmontage

Abbildung 6.25 Bedarfsart im Kundenauftrag

Abbildung 6.26 zeigt das Ergebnis der Verfügbarkeitsprüfung im Kundenauftrag.

Sie haben in diesem Fall die Wahl zwischen einer Einmallieferung, einem Datum, zu dem vollständig geliefert werden kann, und einem Liefervorschlag. Nach dem Sichern des Kundenauftrags sieht die Bedarfs-/Bestandssituation wie in Abbildung 6.27 gezeigt aus.

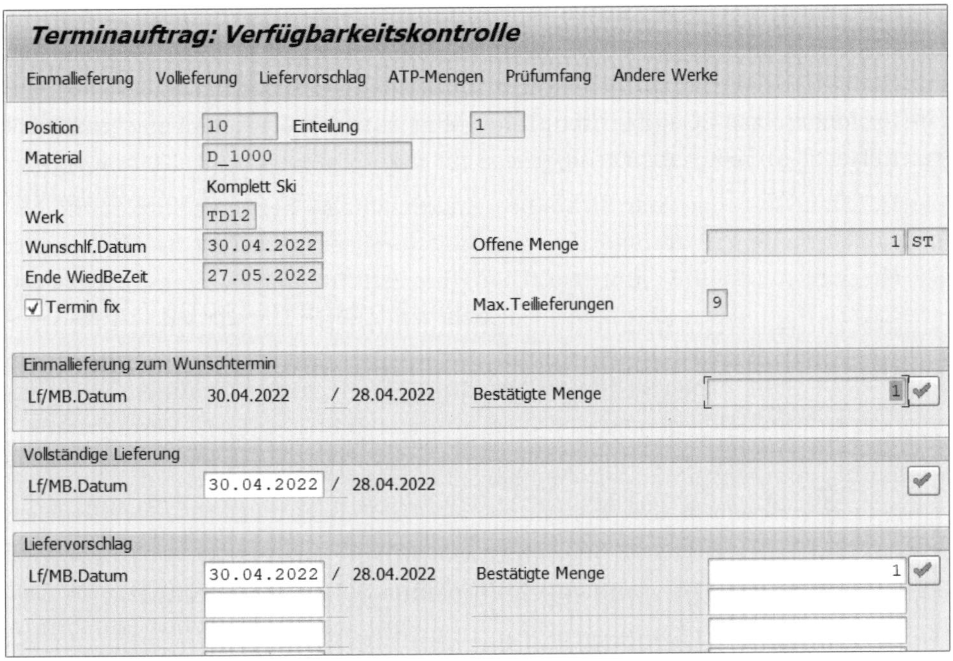

Abbildung 6.26 Verfügbarkeitsprüfung bei der Vorplanung mit Endmontage

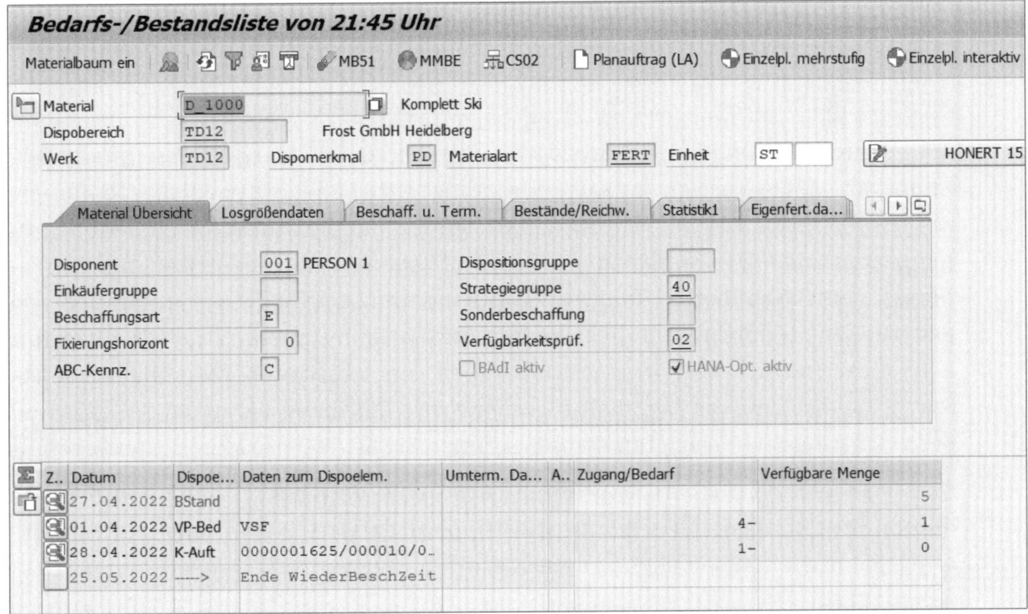

Abbildung 6.27 Bedarfs-/Bestandssituation bei der Vorplanung mit Endmontage

Der Kundenauftrag wurde zum Wunschliefertermin bestätigt, der innerhalb der Wiederbeschaffungszeit liegt. Der Planprimärbedarf vom 01.04.2022 hat sich zugleich mit dem Kundenauftrag verrechnet und wurde so um fünf Stück reduziert. Für weitere Prüfungen bzw. Bestätigungen stehen jetzt nur noch die restlichen sechs Stück freier Planprimärbedarf zur Verfügung.

Die SAP-Standardbedarfsklassen sind so eingestellt, dass bei einer Vorplanung mit Endmontage eine ATP-Verfügbarkeitsprüfung durchgeführt wird. Unser Beispiel ist also eher eine Ausnahme, die aber durchaus Ihre Berechtigung hat. Da es sich hier um eine Lagerfertigungsstrategie handelt, also Bestände aufgebaut werden, wäre es sinnvoll, diese Bestände auch in der Verfügbarkeitsprüfung zu berücksichtigen. Anders als im ERP-System haben Sie in SAP APO die Möglichkeit, zwei Prüfmethoden miteinander zu kombinieren. Sie können also im ersten Schritt eine ATP-Verfügbarkeitsprüfung durchführen und somit Bestände berücksichtigen und im zweiten Schritt eine Verfügbarkeitsprüfung gegen die Vorplanung ausführen (siehe Abschnitt 17.1).

6.3.6 Verfügbarkeitsprüfung gegen Vorplanung ohne Endmontage

Die Vorplanung ohne Endmontage ist eine klassische Planungsstrategie, mit der Sie ein Make-to-Order-Szenario im SAP-System abbilden können. Diese Planungsstrategie kann sowohl für Enderzeugnisse als auch für Baugruppen oder Komponenten eingesetzt werden. Bei einer Vorplanung ohne Endmontage wird die eigentliche Endmontage des Produkts erst ausgeführt, wenn ein realer Kundenbedarf eingetroffen ist. Die auf der Enderzeugnisebene erzeugten Bedarfsdecker sind nicht umsetzungsrelevant und können deshalb keine Produktion oder Beschaffung einleiten.

Allein aufgrund von Planprimärbedarfen werden keine Enderzeugnisse produziert. Anders als bei der Vorplanung mit Endmontage wird daher die Wiederbeschaffungszeit bei der Verfügbarkeitsprüfung berücksichtigt. Um die Durchlaufzeit dennoch zu reduzieren und wettbewerbsfähig zu bleiben, haben Sie die Möglichkeit, die Vorplanung für eine Vorabbeschaffung von Komponenten oder für die Vorproduktion von Baugruppen zu nutzen. Auf diese Weise können Sie mit dieser Strategie nicht nur eine Make-to-Order-Szenario, sondern auch ein klassisches Assemble-to-Order-Szenario umsetzen. Die Lagerhaltungsebene, also die Ebene, bis zu der Sie aufgrund der Vorplanung schon agieren können, können Sie flexibel pro Material festlegen.

Damit Sie eine Verfügbarkeitsprüfung gegen eine Vorplanung ohne Endmontage durchführen können, müssen Strategiegruppe, Bedarfsart, Vorplanung und Verrechnungsparameter entsprechend gepflegt sein.

Die Verfügbarkeitsprüfung ist abhängig von der Bedarfsart, die für die Kundenauftragsposition ermittelt wird. Die Bedarfsart kann über die Strategiegruppe ermittelt werden, die Sie direkt (siehe Abbildung 6.28) oder indirekt über die Dispositionsgruppe im Materialstamm pflegen können.

Vorplanung

Strategiegruppe	50	Vorplanung ohne Endmontage	
Verrechnungsmodus	2	Verlnt Rückwärts	30
Verlnt Vorwärts	10	Mischdisposition	3
Vorplanmaterial		Vorplanungswerk	
VorplUmrechFaktor		Vorplanungs-BME	

Abbildung 6.28 Verrechnungsparameter im Materialstamm

Abbildung 6.28 zeigt die Verfügbarkeitsprüfung gegen eine Vorplanung ohne Endmontage, die z. B. mit der Strategiegruppe 50 realisiert werden kann (siehe Abbildung 6.29).

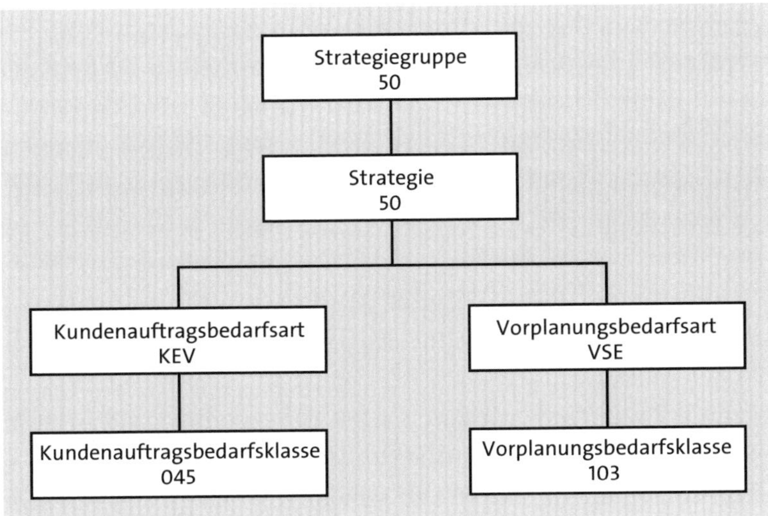

Abbildung 6.29 Aufbau der Strategiegruppe 50

Den Aufbau einer Strategie haben wir in Abschnitt 5.5 erläutert. Der Planungsstrategie 50 ist – wie es Abbildung 6.29 und Abbildung 6.30 zeigen – für die Vorplanung die Bedarfsart VSE und für die Kundenbedarfe die Bedarfsart KEV zugeordnet. Diesen Bedarfsarten ist jeweils eindeutig eine Bedarfsklasse zugeordnet. Neben den eigentlichen Bedarfsarten zeigt Abbildung 6.30 auch die der Bedarfsart zugeordnete Bedarfsklasse mit einigen wichtigen Einstellungen.

Damit Sie eine Vorplanung ohne Endmontage anlegen können, muss der Strategie eine Bedarfsart für die Vorplanung zugeordnet werden, die eine Vorplanung ohne Endmontage vorsieht. Verantwortlich dafür ist die Einstellung des Planungskennzeichens in der Bedarfsklasse für die Vorplanung.

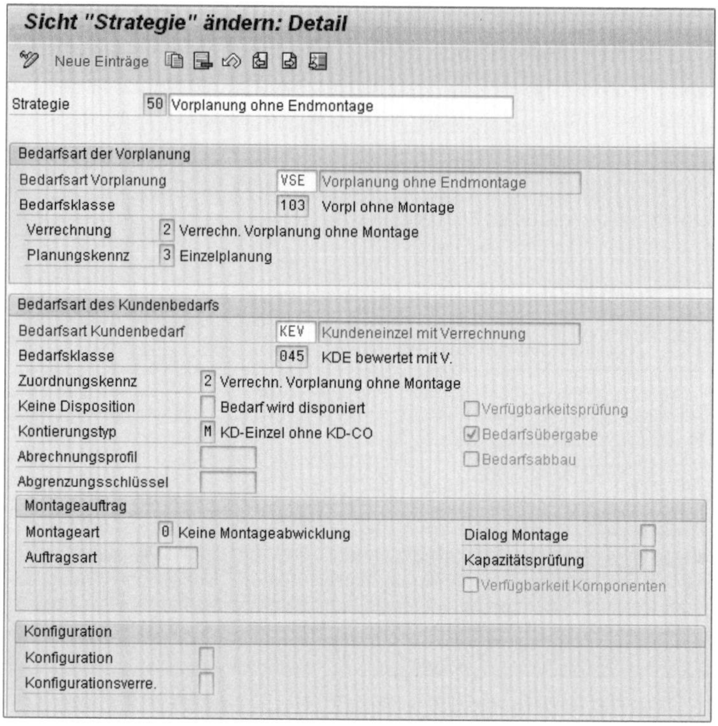

Abbildung 6.30 Strategie 50: Vorplanung ohne Endmontage

Die Vorplanung kann auf verschiedenste Arten angelegt werden. Wie sie angelegt wird, ist für die Verfügbarkeitsprüfung gegen die Vorplanung nicht relevant. Über die Strategiegruppe haben Sie sichergestellt, dass die richtige Bedarfsart bzw. -klasse gefunden wird. Nachdem Sie die Vorplanung angezeigt haben, zeigt sich folgende Bedarfs-/Bestandssituation (siehe Abbildung 6.31).

Wie es Abbildung 6.31 zeigt, wird durch das **Planungskennz 3** die Vorplanung als Einzelplanung in einem separaten Segment angelegt. Die Vorplanung ist nicht fertigungsrelevant, und deshalb können die Planaufträge, die als Bedarfsdecker für die Planprimärbedarfe erzeugt wurden, nicht in Fertigungsaufträge umgesetzt werden.

Wie für die Vorplanung ist in der Strategie 50 auch eine Bedarfsart (KEV) für die Kundenaufträge hinterlegt (siehe Abbildung 6.30). Wenn Sie eine Verfügbarkeitsprüfung gegen die Vorplanung durchführen möchten, darf in der Kundenbedarfsklasse das Kennzeichen **Verfügbarkeitsprüfung** nicht gesetzt sein. Wenn nun eine Zuordnung zu einer Vorplanung existiert, wird auch eine Verfügbarkeitsprüfung gegen die Vorplanung ausgeführt. Für das Zuordnungskennzeichen setzen Sie den Wert **2 Verrechn. Vorplanung ohne Montage**, damit sich die Kundenbedarfe mit der Vorplanung ohne Endmontage verrechnen. Beide Kennzeichen sehen Sie auch in der Pflege der Strategie (siehe Abbildung 6.30).

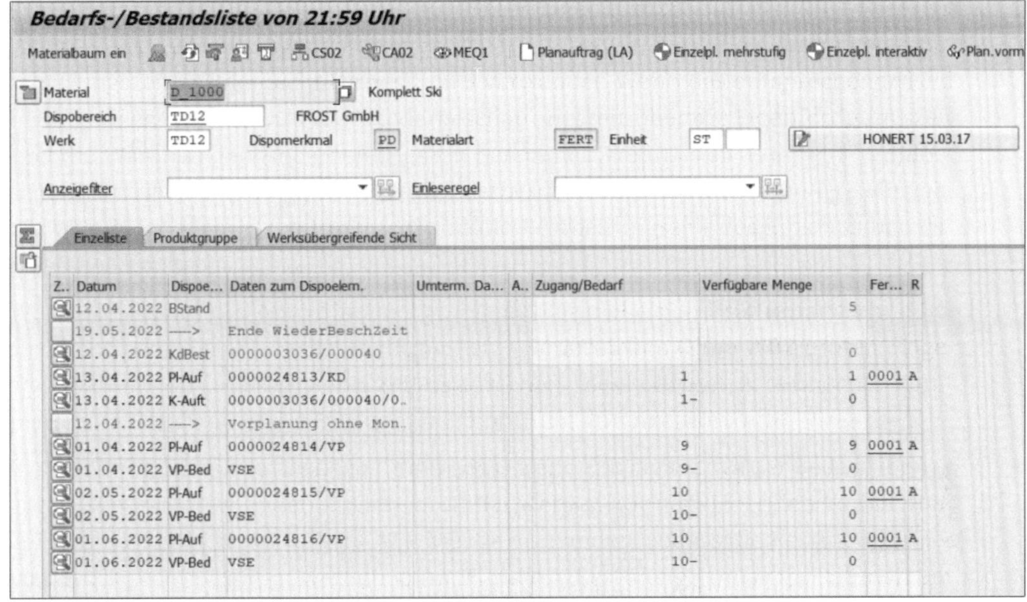

Abbildung 6.31 Vorplanung ohne Endmontage

Beispiel: Verfügbarkeitsprüfung bei Vorplanung mit Endmontage

Den Ablauf der Verfügbarkeitsprüfung bei einer Vorplanung mit Endmontage erläutern wir anhand eines Beispiels (siehe Abbildung 6.32). Stellen Sie sich folgende Ausgangssituation vor: Für ein Material wurde die Planungsstrategiegruppe 50 eingestellt, im Materialstamm wurden die benötigten Verrechnungsparameter entsprechend gepflegt, und im kurzfristigen Bereich ist noch eine freie Vorplanungsmenge vorhanden. Es wird ein Kundenauftrag angelegt, dessen Wunschtermin innerhalb der Wiederbeschaffungszeit des Materials liegt.

Anhand von Abbildung 6.32 zeigen wir, wie das System arbeitet, wenn Sie im Materialstamm als Verrechnungsmodus die Rückwärtsverrechnung bzw. die Rückwärts-/Vorwärtsverrechnung eingestellt haben.

Bei einer Verfügbarkeitsprüfung gegen eine Vorplanung ohne Endmontage sind Wunschliefertermine problematisch, die innerhalb der Wiederbeschaffungszeit liegen. Ausgangspunkt für die Verfügbarkeitsprüfung ist in diesem Fall nämlich nicht der Wunschliefertermin des Kunden, sondern das Ende der Wiederbeschaffungszeit. Damit hat die Wiederbeschaffungszeit auch Auswirkungen auf die Verfügbarkeitsprüfung gegen die Vorplanung ohne Endmontage und beeinflusst das Ergebnis der Prüfung.

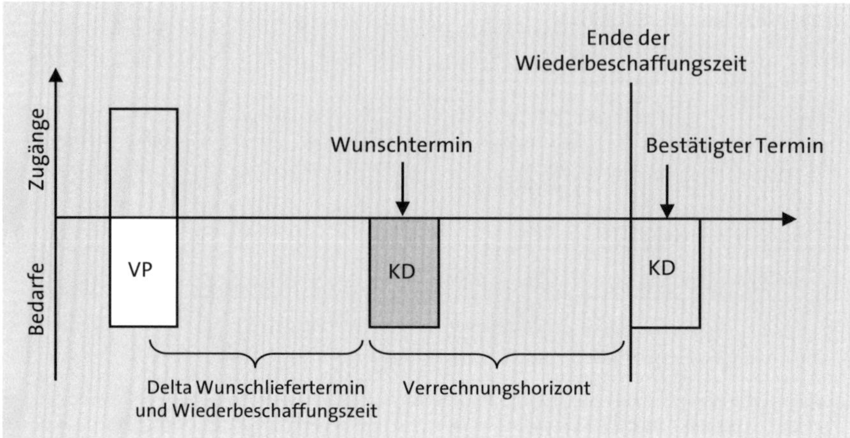

Abbildung 6.32 Rückwärtsberechnung bei der Vorplanung ohne Endmontage

Bei der Rückwärtsverrechnung wird vom Ende der Wiederbeschaffungszeit zuerst der Wert im Feld **Verrechnungsintervall rückwärts**, das in Arbeitstagen im Materialstamm gepflegt wurde, abgezogen. Zusätzlich wird von diesem Termin die Differenz aus dem Ende der Wiederbeschaffungszeit und dem Wunschliefertermin des Kunden abgezogen.

Wenn in diesem Intervall freie Planprimärbedarfe ermittelt werden, kann der Kundenbedarf bestätigt werden. Als Bestätigungstermin wird nicht der Wunschliefertermin oder der Termin der Vorplanung übernommen, sondern stattdessen wird der Kundenbedarf zum Ende der Wiederbeschaffungszeit bestätigt. Wie es Abbildung 6.33 zeigt, wird der Kundenauftrag nach der Verfügbarkeitsprüfung zum Bestätigungstermin (Ende der Wiederbeschaffungszeit) gesichert.

[+]

Berechnung der Wiederbeschaffungszeit

Die Wiederbeschaffungszeit wird aus den Materialstammdaten berechnet. Bei der Verfügbarkeitsprüfung gegen die Vorplanung wird sie allerdings anders berechnet als bei der ATP-Verfügbarkeitsprüfung, deren Fall wir in Abschnitt 5.3.2 beschrieben haben.

Wenn im Materialstamm in der Sicht **Disposition 3** ein Wert im Feld **Gesamtwiederbeschaffungszeit** gepflegt wurde, wird dieser Wert bei der Verfügbarkeitsprüfung gegen die Vorplanung nicht berücksichtigt. Stattdessen wird die Wiederbeschaffungszeit berechnet. Hierbei wird sowohl die losgrößenunabhängige Eigenfertigungszeit (Sicht **Disposition 2**) als auch die losgrößenabhängige Eigenfertigungszeit (Arbeitsvorbereitungssicht) berücksichtigt.

Von der losgrößenunabhängigen Eigenfertigungszeit wird lediglich die Eigenfertigungszeit, die in Arbeitstagen im Materialstamm gepflegt wurde, für die Berechnung der Wiederbeschaffungszeit berücksichtigt (nicht die Wareneingangsbearbeitungszeit).

Bei der losgrößenabhängigen Eigenfertigungszeit werden die Werte aus den Feldern **Rüstzeit**, **Bearbeitungszeit** und **Übergangszeit** berücksichtigt. Die Bearbeitungszeit wird in Bezug auf eine Basismenge gepflegt. Bei losgrößenabhängigen Zeiten kann sich die Wiederbeschaffungszeit auch aufgrund einer veränderten Bedarfsmenge im Kundenauftrag verändern.

Damit sich der Kundenauftrag nach der Bestätigung weiterhin mit der Vorplanung verrechnet, ist es am sinnvollsten, als Verrechnungsmodus die Rückwärts- oder die Rückwärts-/Vorwärtsverrechnung und einen möglichst großen Rückwärtsverrechnungshorizont einzustellen. Als Alternative können Sie eine Vorwärts- bzw. Vorwärts-/Rückwärtsverrechnung auch im Materialstamm als Verrechnungsmodus einstellen (siehe Abbildung 6.33).

Für die Verfügbarkeitsprüfung gegen eine Vorplanung ohne Endmontage sind Wunschliefertermine problematisch, die innerhalb der Wiederbeschaffungszeit liegen. Der Wunschliefertermin des Kundenbedarfs ist der Ausgangspunkt für die Suche nach freien Planprimärbedarfen. Von diesem Termin ausgehend, wird in der Zukunft nach freien Planprimärbedarfen gesucht. Das Intervall in dem nach freier Vorplanung gesucht wird berechnet sich, in dem zum Kunden-Wunschtermin die Anzahl Arbeitstage, die im Feld **Verrechnungsintervall vorwärts** im Materialstamm gepflegt wurden hinzu addiert werden. Wenn Planprimärbedarfe vom System ermittelt werden können, wird der Kundenbedarf bestätigt.

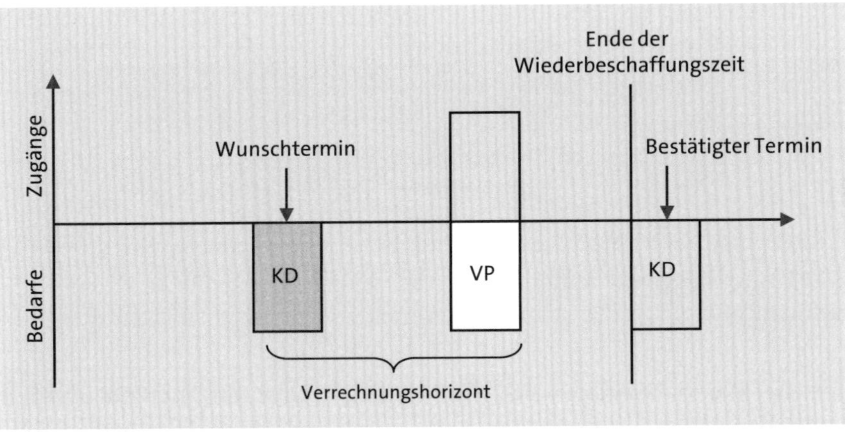

Abbildung 6.33 Vorwärtsverrechnung bei der Vorplanung ohne Endmontage

Wie es Abbildung 6.33 zeigt, wird der Kundenauftrag nach der Verfügbarkeitsprüfung zum Bestätigungstermin (Ende der Wiederbeschaffungszeit) gesichert.

6.3.7 Verfügbarkeitsprüfung gegen Vorplanung mit Vorplanungsmaterial

Eine weitere Planungsstrategie für die Vorplanung ist die Vorplanung mit Vorplanungsmaterial. Hierbei handelt es sich um eine Vorplanung ohne Endmontage. Diese Strategie eignet sich, wenn Sie viele ähnliche Enderzeugnisse haben, die einen großen Anteil an Gleichteilen, aber nur wenige Variantenteile aufweisen (siehe Abbildung 6.34).

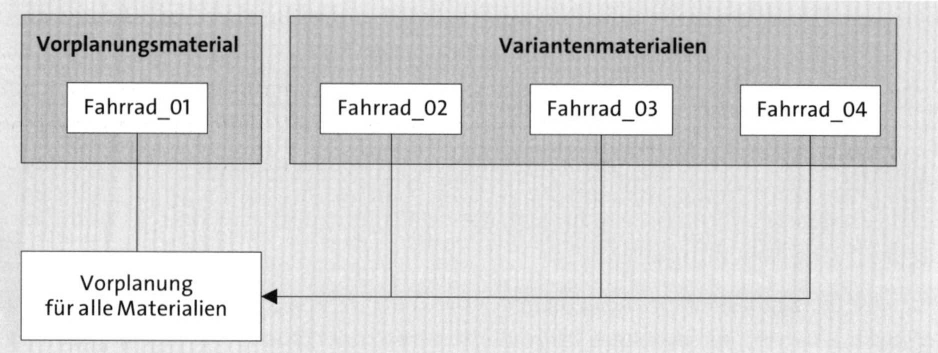

Abbildung 6.34 Vorplanung mit Vorplanungsmaterial

Für die Vorplanung mit Vorplanungsmaterial wird eines der zusammengefassten Enderzeugnisse, in Abbildung 6.34 das Material »Fahrrad_01«, zum Vorplanungsmaterial ernannt. Alle übrigen Materialien der Gruppe sind dann Variantenteile, die sich auf das Vorplanungsmaterial beziehen. Damit Sie eine Vorplanung mit Vorplanungsmaterial einsetzen können, müssen Sie die beteiligten Materialstämme so wie in Abbildung 6.35 pflegen.

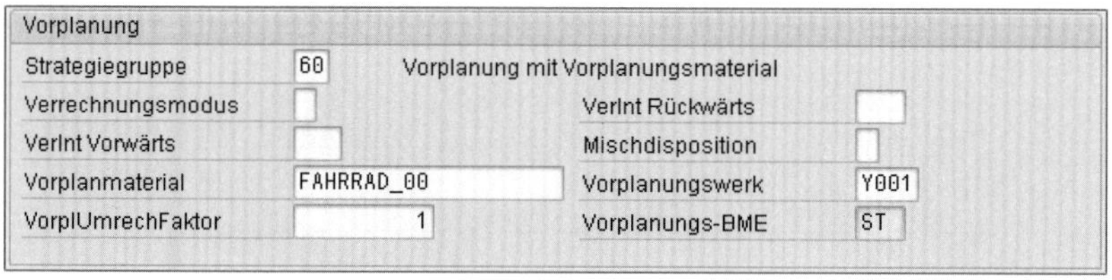

Vorplanung			
Strategiegruppe	60	Vorplanung mit Vorplanungsmaterial	
Verrechnungsmodus		Verlnt Rückwärts	
Verlnt Vorwärts		Mischdisposition	
Vorplanmaterial	FAHRRAD_00	Vorplanungswerk	Y001
VorplUmrechFaktor	1	Vorplanungs-BME	ST

Abbildung 6.35 Einstellungen im Materialstamm bei der Vorplanung mit Vorplanungsmaterial

Bei der Pflege der Materialstämme wird zwischen dem Vorplanungsmaterial und den zugeordneten Materialien unterschieden. Beim Vorplanungsmaterial müssen Sie lediglich eine passende Strategiegruppe pflegen; der Standard bietet Ihnen zwei Strategiegruppen an:

- **60 – Vorplanung mit Vorplanungsmaterial**
  Mit der Strategie 60 können Sie eine Kundeneinzelfertigung im Rahmen der Vorplanung mit Vorplanungsmaterial umsetzen.
- **63 – Vorplanung mit Vorplanungsmaterial ohne Einzel**
  Mit der Strategie 61 können Sie eine Kundensammelfertigung (kundenauftragsanonyme Abwicklung) im Rahmen der Vorplanung mit Vorplanungsmaterial umsetzen.

Die Verrechnungsparameter müssen Sie bei den Variantenmaterialien nicht pflegen, weil lediglich die Einstellungen des Vorplanungsmaterials vom System berücksichtigt werden. Bei den Variantenmaterialien müssen Sie jedoch die entsprechende Strategiegruppe pflegen (die gleiche Strategiegruppe wie im zugehörigen Vorplanungsmaterial). Darüber hinaus müssen Sie eine Verknüpfung zwischen den Variantenmaterialien und dem Vorplanungsmaterial herstellen, indem Sie das Vorplanungsmaterial im Materialstamm der Variantenmaterialien hinterlegen. Dazu pflegen Sie die Felder **Vorplanmaterial**, **Vorplanungswerk** und **VorplanUmrechFaktor** (siehe Abbildung 6.35). Nach der Pflege des Materialstamms können Sie eine Vorplanung für das Vorplanungsmaterial anlegen. Hier stehen Ihnen die beschriebenen Methoden zur Verfügung.

Eine Vorplanung für das Vorplanungsmaterial wird mit der Bedarfsart VSEV angelegt, die der Bedarfsklasse 104 zugeordnet ist und aus den beiden Strategiegruppen 60 und 61 ermittelt wird. Alternativ können Sie die Strategiegruppen im Materialstamm pflegen. Anders als bei Bedarfsklasse 103, die bei der Vorplanung ohne Endmontage eingesetzt wird, ist hier das Verrechnungskennzeichen **3 Verrechn. Vorplanungsmat. (ohne Montage)** hinterlegt, damit eine materialübergreifende Verrechnung bzw. Verfügbarkeitsprüfung gegen die Vorplanung durchgeführt werden kann.

Die Vorplanung für das Vorplanungsmaterial wird als Vorplanung ohne Endmontage angelegt (siehe Abbildung 6.36).

Nach einem Planungslauf werden Planaufträge als Bedarfsdecker angelegt. Wie bei der Strategiegruppe 50 (Vorplanung ohne Endmontage) können Sie auch hier die erzeugten Planaufträge nicht in Fertigungsaufträge bzw. Bestellungen umsetzen; die eigentliche Endmontage wird erst gestartet, wenn ein realer Kundenbedarf angelegt wird. Stattdessen kann die Vorplanung ohne Endmontage zur Vorproduktion bzw. Vorabbeschaffung auf Baugruppen- und Komponentenebene genutzt werden. Über die Planaufträge werden die Bedarfe aus der Vorplanung an die unteren Stücklistenebenen weitergereicht.

Wie bereits im Rahmen der Vorplanung ohne Endmontage erläutert, können Sie mit dem Einzel-/Sammelbedarfskennzeichen auf der Baugruppen- und Komponentenebene steuern, wo die Vorplanung ohne Endmontage aufgelöst werden soll, womit der Beschaffungsstart vor dem Eintreffen eines realen Kundenbedarfs möglich ist.

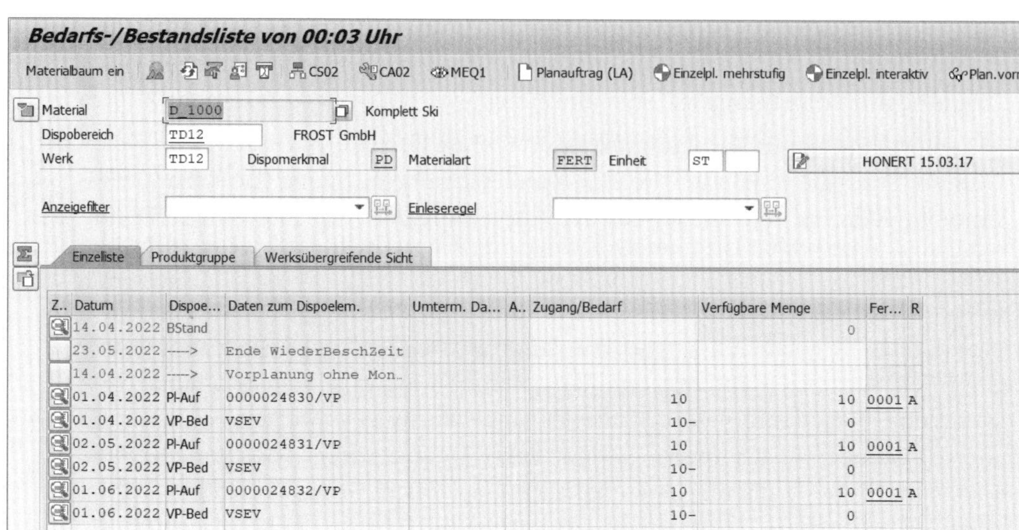

Z..	Datum	Dispoe...	Daten zum Dispoelem.	Umterm. Da...	A..	Zugang/Bedarf	Verfügbare Menge	Fer...	R
	14.04.2022	BStand					0		
	23.05.2022	---->	Ende WiederBeschZeit						
	14.04.2022	---->	Vorplanung ohne Mon..						
	01.04.2022	Pl-Auf	0000024830/VP			10	10	0001	A
	01.04.2022	VP-Bed	VSEV			10-	0		
	02.05.2022	Pl-Auf	0000024831/VP			10	10	0001	A
	02.05.2022	VP-Bed	VSEV			10-	0		
	01.06.2022	Pl-Auf	0000024832/VP			10	10	0001	A
	01.06.2022	VP-Bed	VSEV			10-	0		

Abbildung 6.36 Vorplanung für das Vorplanungsmaterial

Wenn Sie anschließend einen Kundenauftrag für das Vorplanungsmaterial oder für ein Variantenmaterial anlegen, wird die Bedarfsart ermittelt, z. B. die Bedarfsart KEVV aus der Strategiegruppe 60. Dieser Bedarfsart ist eindeutig die Bedarfsklasse 060 zugeordnet. Damit sich die angelegten Kundenbedarfe mit der Vorplanung mit Vorplanungsmaterial verrechnen, muss im Feld **Zuordnungskennzeichen** der Wert »3« für **Verrechn. Vorplanungsmat. (ohne Montage)** eingetragen werden. Wenn die Verfügbarkeitsprüfung im Kundenauftrag gestartet wird, wird zuerst der Materialstamm ausgewertet. Über die entsprechenden Informationen wird das Vorplanungsmaterial ermittelt. Anhand des Vorplanungsmaterials wird nach einer freien Vorplanung gesucht. Dabei werden die im Vorplanungsmaterial gepflegten Verrechnungsparameter verwendet. Wie bei der Vorplanung ohne Endmontage sind auch hier Kundenbedarfe problematisch, die innerhalb der Wiederbeschaffungszeit liegen. In diesem Fall wird die Wiederbeschaffungszeit über die Zeiten (Eigenfertigungs-/Planlieferzeiten) aus dem Vorplanungsmaterial berechnet; die Wiederbeschaffungszeiten der Variantenmaterialien werden nicht berücksichtigt. Deshalb empfiehlt es sich, nur Materialien zusammenzufassen und mithilfe einer Vorplanung mit Vorplanungsmaterial abzuwickeln, wenn deren Wiederbeschaffungszeiten nahezu identisch sind.

Nach dem Sichern der Kundenbedarfe wird die Verrechnung gegen die Vorplanung durchgeführt. Hierbei gelten die gleichen Aussagen wie bei der Vorplanung ohne Endmontage, denn es werden auch hier lediglich die Parameter aus dem Vorplanungsmaterial berücksichtigt (Verrechnungsmodus, Verrechnungsintervalle). Abbildung 6.37 zeigt die Verrechnungssituation nach dem Sichern der Kundenbedarfe.

Material		Kurztext			DspBereich BDAr VS BedarfPl	Planmenge gesamt	BME Akt Txt	
D BedTermin	Planmenge	Entnahmemenge Ges. Zuordnung	BedTermin	Dispoel.	Daten zum Dispoelement	Zugeord. Menge	Vorplanmaterial	VpWk
D_1000		Komplett Ski			TD12 VSEV 00	30	ST ☑ ☐	
M 04.2022	10	10	14.04.2022	K-Auft	0000003034/000010/0001	10	D_2000	TD12
M 05.2022	10	9	14.04.2022	K-Auft	0000003034/000010/0001	4	D_2000	TD12
			03.05.2022	K-Auft	0000003034/000020/0001	3	D_2000	TD12
			31.05.2022	K-Auft	0000003034/000030/0001	2		
M 06.2022	10							

Abbildung 6.37 Verrechnungssituation bei der Vorplanung mit Vorplanungsmaterial

In Abbildung 6.37 wurden drei Kundenbedarfe angelegt. Alle Kundenbedarfe haben einen Wunschtermin, der innerhalb der Wiederbeschaffungszeit des Vorplanungsmaterials »Fahrrad_00« liegt. Zwei Kundenaufträge wurden jeweils für ein Variantenmaterial und ein Kundenauftrag für das Vorplanungsmaterial angelegt. Alle Kundenaufträge konnten gegen die Vorplanung bestätigt werden. Nach dem Sichern der Kundenaufträge haben sich diese auch mit der Vorplanung verrechnet. Die Differenzmenge steht jetzt als freie Vorplanung für weitere Prüfungen bzw. Bestätigungen zur Verfügung.

Die Vorplanung mit Vorplanungsmaterial ist die ideale Strategie, wenn Sie variantenreiche Produkte haben, sich die Varianten aber nur in geringem Umfang unterscheiden. Mit der Strategie der Vorplanung mit Vorplanungsmaterial können Sie durch die Zusammenfassung der Varianten trotz der jeweils geringen Absatzmengen für die einzelnen Materialien eine sehr genaue Planung erstellen. Die Verfügbarkeitsprüfung gegen die Vorplanung hilft Ihnen, für alle beteiligten Materialien (Vorplanungsmaterial, Variantenmaterialien) des Kundenauftrags einen durchführbaren Liefertermin zu ermitteln, unter Berücksichtigung der vorhandenen Planung und der bereits vorhandenen Bedarfe.

6.3.8 Schwierigkeiten bei der Verfügbarkeitsprüfung gegen Vorplanung

Trotz der vielen Vorteile, die eine Verfügbarkeitsprüfung gegen die Vorplanung mit sich bringt, gibt es hierbei einige Schwierigkeiten, von denen wir Ihnen zwei näher vorstellen möchten.

Zu geringe Bestätigung, trotz ausreichender Vorplanung

Es kann zu Problemen kommen, wenn die Bedarfsmenge der verrechenbaren Kundenaufträge die Menge der Vorplanung übersteigt. Ein häufiges Problem ist in diesem Zusammenhang, dass ein Kundenbedarf nicht bestätigt werden kann, obwohl genügend Vorplanung vorhanden ist. Darüber hinaus kann es auch vorkommen, dass ein ursprünglich bestätigter Kundenauftrag nach einer erneuten Verfügbarkeitsprüfung nicht mehr bestätigt werden kann (siehe Abbildung 6.38).

Nehmen wir an, für ein Material wurde eine Vorplanung ohne Endmontage eingestellt. In Periode 1 ist ein Planprimärbedarf über 100 Stück vorhanden. Zudem wurde eine Rückwärtsverrechnung in den Dispositionsdaten eingestellt; in Periode 1 existiert ebenfalls ein Kundenauftrag über 60 Stück. Der Kundenauftrag wurde vollständig gegen den vorhandenen Planprimärbedarf bestätigt. Nach der Verfügbarkeitsprüfung wurde der Kundenauftrag fixiert, d. h., dass für die entsprechende Funktion das Kennzeichen **Termin fix** gesetzt wurde. Nach dem Sichern des Kundenauftrags hat sich dieser vollständig mit dem vorhandenen Planprimärbedarf in Periode 1 verrechnet.

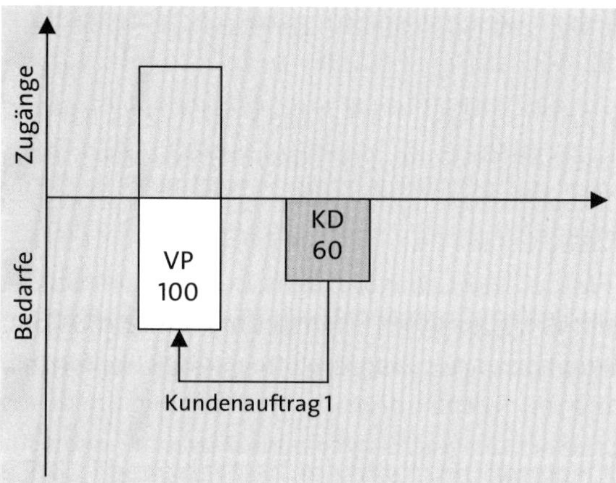

Abbildung 6.38 Vorplanung ohne Endmontage: Beispiel 1

Es wird nun ein weiterer Kundenauftrag über 80 Stück in Periode 1 angelegt (siehe Abbildung 6.39). Die Verfügbarkeitsprüfung liefert als Ergebnis, dass lediglich 40 Stück bestätigt werden können.

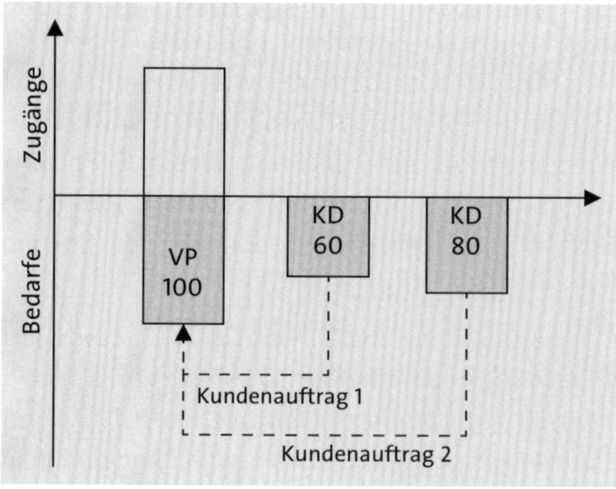

Abbildung 6.39 Vorplanung ohne Endmontage: Beispiel 2

Der Kunde wünscht allerdings eine Komplettlieferung; daher wird das Ergebnis der Verfügbarkeitsprüfung nicht fixiert, d. h., dass das Kennzeichen **Termin fix** nicht gesetzt wird. Der Kundenauftrag wird in diesem Fall unbestätigt gespeichert, verrechnet sich aber dennoch mit der Vorplanung. Wie erwähnt, unterscheidet weder die Verfügbarkeitsprüfung noch die Vorplanungsverrechnung zwischen bestätigten und nicht bestätigten Kundenaufträgen.

Anschließend wünscht der Kunde eine Änderung des Kundenauftrags 1, sodass erneut geprüft wird. Die Verfügbarkeitsprüfung liefert jetzt als Ergebnis, dass nur noch 20 Stück bestätigt werden können. Mit der erneuten Verfügbarkeitsprüfung von Kundenauftrag 1 wird die Situation vom System neu berechnet. Kundenauftrag 2 ist somit älter und wird, obwohl er nicht bestätigt worden ist, mit der Vorplanung verrechnet. Deshalb bleiben lediglich 20 Stück der freien Vorplanung für die Verfügbarkeitsprüfung übrig. Auf diese Weise kann es vorkommen, dass ein bestätigter Kundenauftrag nach einer Änderung plötzlich nicht mehr bestätigt werden kann.

Wenn Sie für ein Material eine Vorplanung anlegen, sollten Sie immer beachten, dass die Verfügbarkeitsprüfung und die Verrechnung der Bedarfe mit der Vorplanung zwei verschiedene Funktionen sind, die erst einmal nichts miteinander zu tun haben. Das zeigt sich eben auch in dem beschriebenen Beispiel. Für die Verrechnung der Bedarfe mit der Vorplanung sind viele Parameter ausschlaggebend. Allerdings ist völlig unbedeutend, ob der Bedarf bestätigt ist oder nicht. Beim Einsatz der Verfügbarkeitsprüfung gegen die Vorplanung ist es also eine zentrale Fragestellung, wie mit unbestätigten Kundenaufträgen umgegangen werden soll.

Überbestätigungen

Ein weiteres Problem bei der Verfügbarkeitsprüfung gegen die Vorplanung sind sogenannte Überbestätigungen. Das Problem tritt sehr häufig durch eine fehlerhafte Pflege der Verrechnungsparameter im Materialstamm auf.

Abbildung 6.40 illustriert das Problem der Überbestätigungen. Für ein Material wurde ausschließlich die Vorwärtsverrechnung eingestellt; das Verrechnungsintervall hierzu wurde auf 999 Arbeitstage gesetzt. Am 01.07.2022 wurde ein Planprimärbedarf über 10 Stück angelegt.

Die Wiederbeschaffungs- bzw. Eigenfertigungszeit beträgt 100 Tage. Innerhalb der Wiederbeschaffungszeit wird ein Kundenauftrag angelegt. Über die Verrechnungsparameter wird in der Verfügbarkeitsprüfung der freie Planprimärbedarf vom 01.07.2022 ermittelt, und der Kundenauftrag wird dagegen bestätigt. Da es sich um eine Vorplanung ohne Endmontage handelt, wird der Kundenauftrag erst zum Ende der Wiederbeschaffungszeit bestätigt (am 08.09.2022). Nachdem Sie den Kundenauftrag gesichert haben, verrechnet sich dieser aber nicht mit der Vorplanung, da als Verrechnungsmodus ausschließlich die Vorwärtsverrechnung eingestellt ist und der freie Vorplanungsbedarf, vom bestätigten Kundenauftragstermin ausgesehen, in der Vergangenheit liegt. Der Planprimärbedarf steht also weiterhin vollständig für weitere Prüfungen und Bestätigungen zur Verfügung. Da der Kundenauftrag sich nicht verrechnet, kommt es in diesem Fall zu Überbestätigungen.

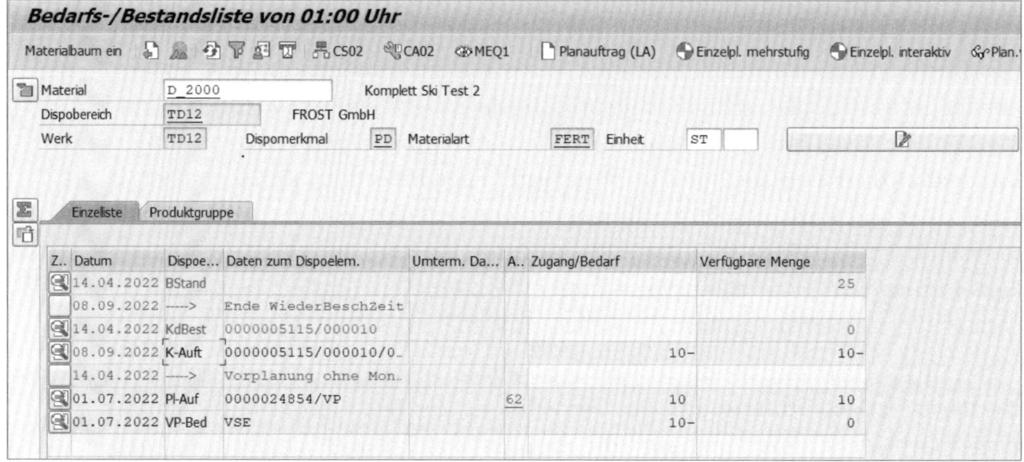

Abbildung 6.40 Überbestätigung

Ziel sollte es deshalb sein, die Verrechnungsparameter so einzustellen, dass sich die Kundenbedarfe mit der Vorplanung verrechnen, gegen die sie vorher bestätigt wurden. Auch hier ist zu bedenken, dass die Verfügbarkeitsprüfung und die Verrechnung gegen die Vorplanung zwar teilweise die gleichen Parameter nutzen, aber unabhängige Funktionen sind, die getrennt voneinander ablaufen.

6.4 Verfügbarkeitsprüfung gegen Kontingente

Die letzte der drei Basismethoden der Verfügbarkeitsprüfung, die Ihnen in SAP ERP zur Verfügung stehen, ist die Verfügbarkeitsprüfung gegen Kontingente, die auch in SAP APO und in einer neuen überarbeiteten Form in SAP S/4HANA zur Verfügung steht. Hierzu können Sie einige der im Folgenden beschriebenen Einstellungen und Parameter aus SAP ERP übernehmen (siehe Abschnitt 10.3).

6.4.1 Betriebswirtschaftliche Anforderungen

Die Grundidee der Kontingentierung ist die Verwaltung von Bedarfen bei knappen Ressourcen. Knappen Ressourcen gehen bei »normaler« Nachfrage meist eine verminderte Angebotssituation oder andere Restriktionen, wie z. B. verringerte Kapazitäten, voraus. Sie haben mit der Kontingentierung die Möglichkeit, Kundenbedarfe so zu verwalten, dass jeder Kunde nur die ihm zugeteilte Menge erhält. Die Kontingente können Sie aber nicht nur für Kunden, sondern für sämtliche Merkmale eines Kundenauftrags anlegen.

Damit Unternehmen wettbewerbsfähig bleiben, ist eine hohe Liefertreue Grundvoraussetzung. Die Kontingentierung in SAP ERP hilft dabei, die Auftragsabwicklung wettbewerbsfähig umzusetzen und knappe Güter fair zu verteilen. Vielfältige Probleme wie dispositive Schwankungen, Produktionsausfälle, Nachfrageschwankungen usw. können zu einer knappen Angebotsmenge führen. Die Kontingentierung ersetzt das Prinzip einer chronologischen Zuteilung (*first Come, first Served*), bei der die Kundenbedarfe nach ihrem zeitlichen Eintreffen bzw. Anlegen priorisiert werden, durch ein flexibles Planungs- und Steuerungsinstrument.

6.4.2 Steuerungselemente

Bevor Sie die Verfügbarkeitsprüfung gegen Kontingente einsetzen können, müssen Sie die folgenden Einstellungen vornehmen.

Kontingentierungsschema

Mit dem Kontingentierungsschema legen Sie fest, ob und wie Sie kontingentieren können. Sie pflegen es im Customizing über den Pfad **SAP Customizing Einführungsleitfaden • Vertrieb • Grundfunktionen • Verfügbarkeitsprüfung und Bedarfsübergabe • Verfügbarkeitsprüfung • Verfügbarkeitsprüfung gegen Kontingente • Schema pflegen**.

Mit dem Kennzeichen **ATP-Verrec...** stellen Sie die Kontingentierungsmethode ein (siehe Abbildung 6.41):

- **ATP-Verrechnung nicht aktiviert**
  Wenn Sie das Kennzeichen **ATP-Verrec...** nicht setzen, wird die alte Methode der Kontingentierung eingesetzt. Das bedeutet, dass bei der Verfügbarkeitsprüfung die Bedarfsmenge aus dem Kundenauftrag genommen und gegen die Kontingente geprüft wird. Bei dieser Prüfung bleiben offene Kontingente aus der Vergangenheit unberücksichtigt, und stattdessen werden lediglich aktuelle und zukünftige Kontingente berücksichtigt. Zur Ermittlung des relevanten Kontingents bzw. der relevanten Periode wird das bestätigte Einteilungsdatum aus der Kundenauftragsposition verwendet – unabhängig davon, ob es über die ATP-Verfügbarkeitsprüfung ermittelt wurde oder nicht.

Sicht "Kontingentierung: Definition Schema" ändern: Übersicht

Neue Einträge

KontingentSchema	Bezeichnung	ATP-Verrec..
ZCB22KA999	Kontingent ATP 22KA	☑
ZCHEFKOCH	ATP-Buch	☑
ZHB000001	Kontigentierung HB	☑
ZMFE00001	Konti MFE	☑

Abbildung 6.41 Einstellungen zur Kontingentierung

- **ATP-Verrechnung aktiviert**
  Wenn Sie das Kennzeichen **ATP-Verrec...** setzen, wird die neue Methode der Kontingentierung eingesetzt, bei der im ersten Schritt eine Standard-ATP-Verfügbarkeitsprüfung für den Kundenbedarf durchgeführt wird. Anders als bei der alten Methode werden alte, nicht verrechnete Kontingentmengen berücksichtigt und in die Berechnung der aktuellen Kontingentmenge mit einbezogen. Als Datum, welches Kontingent bzw. welche Periode für die Prüfung relevant ist, können Sie das Lieferdatum, das Materialbereitstellungsdatum oder das geplante Warenausgangsdatum einsetzen. Dieses Datum setzen Sie als Fortschreibungsdatum in der Aktivierungsregel der Kontingentinformationsstruktur fest.

Zusatzfunktionen

Beim Einsatz der neuen Methode für die Kontingentierung stehen Ihnen noch weitere Funktionen zur Verfügung:

- Mit den *Verrechnungsintervallen* haben Sie die Möglichkeit, eine Anzahl von Perioden aus der Vergangenheit und aus der Zukunft neben der aktuellen Periode in der Verfügbarkeitsprüfung zu berücksichtigen.
- Mit dem *Kontingentierungszähler* können Sie mehrere Schritte in der Kontingentierungsprüfung durchlaufen und dabei unterschiedliche Prüflogiken verwenden sowie gegen unterschiedliche Kontingente prüfen. So könnten Sie z. B. im ersten Schritt gegen Kontingente prüfen, die für die Produktionskapazitäten stehen, und im zweiten Schritt gegen das genehmigte Kontingent eines Kunden.

Damit Sie im Kundenbedarf eine Kontingentierung durchführen können, müssen Sie das Kontingentierungsschema den betroffenen Materialien zuordnen. Dies machen Sie im Materialstamm in der Sicht **Grunddaten 2** (siehe Abbildung 6.42).

Allgemeine Daten				
Basismengeneinheit	ST	Stück	Warengruppe	
Alte Materialnummer			Ext.Warengrp.	
Sparte	ZK		Labor/Büro	
KontingentSchema	ZCHEFKOCH		Produkthierar.	
Werksüb. MatStatus			Gültig ab	
Gültigkeit bewerten			allg.Postypengr	NORM Normalposition

Abbildung 6.42 Kontingentschema im Materialstamm

Kontingentierungsobjekt

Nach dem Kontingentierungsschema müssen Sie ein Kontingentierungsobjekt anlegen (siehe Abbildung 6.43). Dies tun Sie über den Pfad **SAP Customizing Einführungsleitfaden • Vertrieb • Grundfunktionen • Verfügbarkeitsprüfung und Bedarfsübergabe • Verfügbarkeitsprüfung • Verfügbarkeitsprüfung gegen Kontingente • Objekt definieren**.

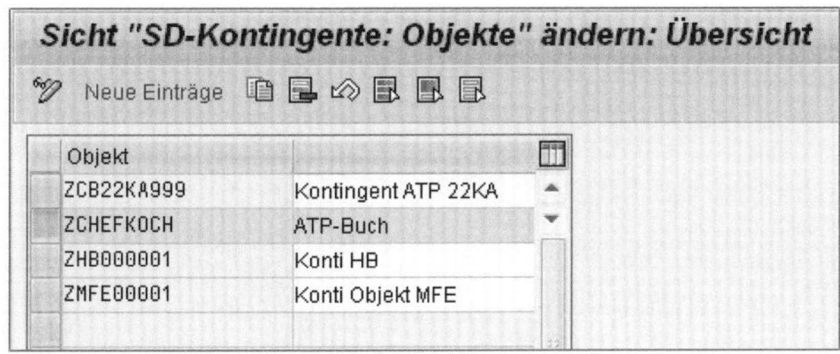

Abbildung 6.43 Kontingentierungsobjekt

Kontingente werden für ein Kontingentierungsobjekt (siehe Abbildung 6.44) angelegt und in einer Planungshierarchie hinterlegt. Nachdem Sie das Kontingentierungsobjekt angelegt haben, ordnen Sie es dem zuvor angelegten Kontingentierungsschema zu.

Diese Zuordnung nehmen Sie über den folgenden Customizing-Pfad vor: **SAP Customizing Einführungsleitfaden • Vertrieb • Grundfunktionen • Verfügbarkeitsprüfung und Bedarfsübergabe • Verfügbarkeitsprüfung • Verfügbarkeitsprüfung gegen Kontingente • Steuerung der Kontingentierung**.

Wie es Abbildung 6.45 zeigt, können Sie einem Kontingentierungsschema auch mehrere Kontingentierungsobjekte zuordnen, die dann unterschiedliche Schrittnummern haben. Für jede Zuordnung können Sie einen eigenen Gültigkeitszeitraum hinterlegen. Nur wenn Sie das Kontingentierungsobjekt über das entsprechende Kennzeichen (**AKTIV**) aktiviert haben, werden die Kontingente bei der Prüfung berücksichtigt.

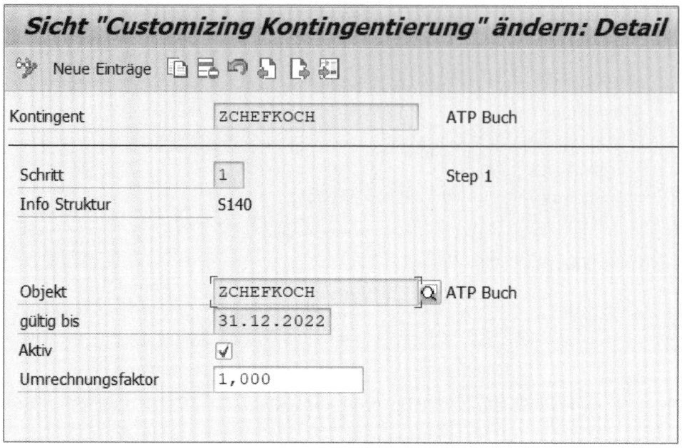

Sicht "Customizing Kontingentierung" ändern: Detail

Neue Einträge

Kontingent ZCHEFKOCH ATP Buch

Schritt 1 Step 1

Info Struktur S140

Objekt ZCHEFKOCH ATP Buch

gültig bis 31.12.2022

Aktiv ☑

Umrechnungsfaktor 1,000

Abbildung 6.44 Einstellungen zur Steuerung der Kontingentierung

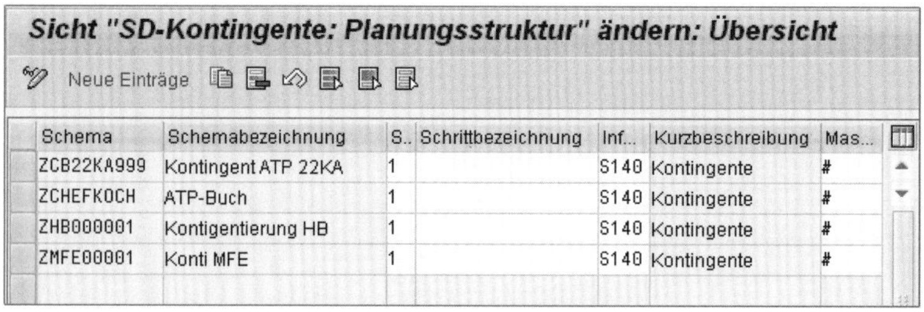

Sicht "SD-Kontingente: Planungsstruktur" ändern: Übersicht

Neue Einträge

Schema	Schemabezeichnung	S..	Schrittbezeichnung	Inf...	Kurzbeschreibung	Mas...
ZCB22KA999	Kontingent ATP 22KA	1		S140	Kontingente	#
ZCHEFKOCH	ATP-Buch	1		S140	Kontingente	#
ZHB000001	Kontigentierung HB	1		S140	Kontingente	#
ZMFE00001	Konti MFE	1		S140	Kontingente	#

Abbildung 6.45 Zuordnung einer Infostruktur zum Kontingentierungsschema

Planungshierarchie

Im Rahmen der Planungsstrategie ordnen Sie dem Kontingentierungsschema eine Infostruktur zu. Als Standardinfostruktur steht Ihnen die Struktur S140 zur Verfügung.

Über verschiedene Schrittnummern bzw. -bezeichnungen können Sie einem Kontingentierungsschema auch mehrere Infostrukturen zuordnen. Damit können Sie in einem Kontingentierungsszenario auch unterschiedliche Prüfungen vornehmen, bevor ein Bedarf bestätigt wird. Als Letztes können Sie jeder Infostruktur ein Maskierungskennzeichen bzw. Default-Kennzeichen zuordnen. Hierbei handelt es sich um einen Schlüssel für die allgemeinen Einträge (in Abbildung 6.46 sind diese Einträge mit »#« gekennzeichnet).

Die Hierarchie (siehe Abbildung 6.45) legen Sie über den folgenden Menüpfad an: **SAP Customizing Einführungsleitfaden • Vertrieb • Grundfunktionen • Verfügbarkeitsprüfung und Bedarfsübergabe • Verfügbarkeitsprüfung • Verfügbarkeitsprüfung gegen Kontingente • Hierarchie festlegen**.

[+]

Infostruktur

Die Kontingentierung arbeitet mit den gleichen Datenstrukturen wie die Absatz- und Produktionsgrobplanung (SOP) und das Logistikinformationssystem (LIS). Das bedeutet, dass die Kontingente in Infostrukturen abgelegt werden. Die Infostruktur wird über Merkmale, Kennzahlen und Perioden definiert. Für die Kontingentierung steht Ihnen die Standardinfostruktur S140 zur Verfügung. Sie können aber auch eine eigene Infostruktur anlegen, wenn Sie bestimmte Rahmenbedingungen einhalten.

Das erste Merkmal in der Infostruktur muss das Kontingentierungsobjekt (Feldname KONOB) sein. Weitere Merkmale, die Sie in der Infostruktur zuordnen, müssen aus den Kundenauftragstabellen kommen. In der Standardinfostruktur S140 sind dies die Merkmale Verkaufsorganisation, Vertriebsweg, Kundengruppe und Auftraggeber. Wenn Sie eigene Merkmale definieren, müssen diese zwingend mit Z beginnen. Um die Merkmale mit Werten zu versorgen können Sie den Funktionsbaustein EXIT_SAPLQUOT_001 der Erweiterung SDQUX001 einsetzen. Kennzahlen in der Standardinfostruktur sind Kundenbedarf und Kontingentmenge. Diese Kennzahlen müssen auch zwingend in einer selbst angelegten Informationsstruktur vorhanden sein.

6

Sammelkontingente

Die im Zusammenhang mit der Hierarchie erwähnten Default-Werte müssen Sie nicht manuell in der Planungshierarchie eintragen. Nachdem Sie die Planungshierarchie aufgebaut haben, können Sie diese Default-Werte über die Funktion **Sammelkontingente** automatisch anlegen lassen:

1. Rufen Sie dazu den folgenden Menüpfad auf: **SAP Customizing Einführungsleitfaden • Vertrieb • Grundfunktionen • Verfügbarkeitsprüfung und Bedarfsübergabe • Verfügbarkeitsprüfung • Verfügbarkeitsprüfung gegen Kontingente • Sammelkontingente in Infostrukturen zulassen**.
2. Geben Sie jetzt die betreffende Infostruktur ein. In Abbildung 6.45 haben wir die Standardinfostruktur für die Kontingentierung S140 verwendet.
3. Anschließend starten Sie den Report RMQUOT01. Abbildung 6.46 zeigt, wie in unserem Beispiel das Ergebnis des Reports aussieht.

Beachten Sie dabei das Kennzeichen **Test**. Sollte dieses Kennzeichen gesetzt sein, nehmen Sie lediglich einen Testlauf ohne Änderungen an der Datenbank vor. Als Ergebnis wird zu jedem Knoten in der Hierarchie ein Default-Eintrag angelegt, und es werden Ihnen alle Merkmalskombinationen angezeigt, die existieren bzw. die infolge der Default-Werte noch zusätzlich angelegt wurden (siehe Abbildung 6.46). Wenn der Wert »#« als Maskierungskennzeichen in Abbildung 6.45 angegeben wird, werden die Default-Werte entsprechend gekennzeichnet.

Kontingentierung: Sammelkontingente in Hierarchie eintragen

```
Schlüssel der eingetragenen Sammelkontingente

Tabelle   Periode  Geschäftsjahresvariante  Applikation
Text                                        Bezeichnung

S140                  M                                      01
Kontingente                                                  Vertrieb
 Maskierungszeichen #
Allgemeine Einträge in Hierarchie:
Fkt Stufe KONOB              VKORG VTWEG KDGRP KUNNR
      1   ################## #### ##    ##    ##########
      2   ZCHEFKOCH          #### ##    ##    ##########
      3   ZCHEFKOCH          2007 ##    ##    ##########
      4   ZCHEFKOCH          2007 ZE    ##    ##########
      5   ZCHEFKOCH          2007 ZE    01    ##########
      2   ZHB000001          #### ##    ##    ##########
      3   ZHB000001          TRA1 ##    ##    ##########
      4   ZHB000001          TRA1 01    ##    ##########
      5   ZHB000001          TRA1 01    01    ##########
      2   ZMFE00001          #### ##    ##    ##########
      3   ZMFE00001          Y000 ##    ##    ##########
      4   ZMFE00001          Y000 Y0    ##    ##########
      5   ZMFE00001          Y000 Y0    01    ##########
gefundene Einträge         12
geänderte Einträge          0

in Hierarchie ergänzte Zeilen         0
```

Abbildung 6.46 Anlage der Sammelkontingente

Verrechnungsintervalle

Wenn Sie für das Kontingentierungsschema die neue Art der Kontingentierung aktiviert haben, können Sie die Funktionalität der Verrechnungsintervalle nutzen. Sie können dazu eine Anzahl von Perioden für die Rückwärts- und für die Vorwärtsverrechnung pflegen (siehe Abbildung 6.47). Dazu wählen Sie den folgenden Pfad: **SAP Customizing Einführungsleitfaden • Vertrieb • Grundfunktionen • Verfügbarkeitsprüfung und Bedarfsübergabe • Verfügbarkeitsprüfung • Verfügbarkeitsprüfung gegen Kontingente • Verrechnungsintervalle festlegen**.

Sicht "SD-Kontingente: Verrechnungsintervalle in Anzahl Perioden"

Neue Einträge

Info-Struktur	VerRück	VerVor	Periode	G..
S140	1	1	M	

Abbildung 6.47 Verrechnungsintervalle für die Kontingentierung

Das Periodenkennzeichen (Spalte **Periode**), also um welche Art von Periode es sich handelt, wird über die Aktivierungsregel vorgegeben. In Abbildung 6.47 wurde für die Rückwärtsverrechnung ein Monat gepflegt. Das bedeutet, dass für die Berechnung der aktuellen Kontingentierungsmenge die Kontingentmengen der aktuellen Periode und die Kontingentmengen aus einem Monat in der Vergangenheit kumuliert werden. Bei der Vorwärtsverrechnung wird analog ein Monat in der Zukunft berücksichtigt.

Nach dem Abschluss der Customizing-Aktivitäten haben Sie die Möglichkeit, das Customizing automatisch überprüfen zu lassen. Wählen Sie dazu den Pfad **SAP Customizing Einführungsleitfaden • Vertrieb • Grundfunktionen • Verfügbarkeitsprüfung und Bedarfsübergabe • Verfügbarkeitsprüfung • Verfügbarkeitsprüfung gegen Kontingente • Einstellungen zur Kontingentierung prüfen**, tragen Sie anschließend das relevante Kontingentierungsschema ein, und starten Sie den Report RMQUOT00. Das Ergebnis zeigt Abbildung 6.48.

Mit dem Report wird eine reine Konsistenzprüfung durchgeführt, bei der alle Customizing-Einstellungen für die Kontingentierung überprüft werden.

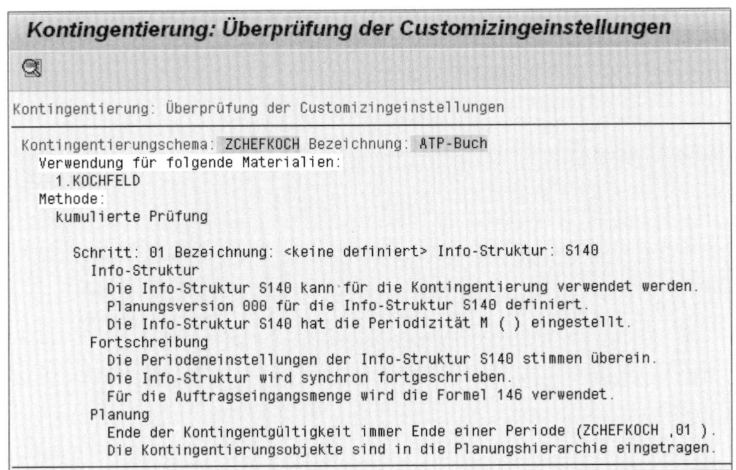

Kontingentierung: Überprüfung der Customizingeinstellungen

```
Kontingentierung: Überprüfung der Customizingeinstellungen

Kontingentierungschema: ZCHEFKOCH Bezeichnung: ATP-Buch
  Verwendung für folgende Materialien:
    1.KOCHFELD
  Methode:
    kumulierte Prüfung

      Schritt: 01 Bezeichnung: <keine definiert> Info-Struktur: S140
        Info-Struktur
          Die Info-Struktur S140 kann für die Kontingentierung verwendet werden.
          Planungsversion 000 für die Info-Struktur S140 definiert.
          Die Info-Struktur S140 hat die Periodizität M ( ) eingestellt.
        Fortschreibung
          Die Periodeneinstellungen der Info-Struktur S140 stimmen überein.
          Die Info-Struktur wird synchron fortgeschrieben.
          Für die Auftragseingangsmenge wird die Formel 146 verwendet.
        Planung
          Ende der Kontingentgültigkeit immer Ende einer Periode (ZCHEFKOCH ,01 ).
          Die Kontingentierungsobjekte sind in die Planungshierarchie eingetragen.
```

Abbildung 6.48 Prüfung der Customizing-Einstellungen für die Kontingentierung

Kontingentierungsstrategie

Damit die Verfügbarkeitsprüfung gegen Kontingente im Kundenbedarf aufgerufen wird, muss diese für die Kundenauftragsposition zugelassen sein. Wie schon bei den anderen Methoden der Verfügbarkeitsprüfung steuert die Bedarfsart bzw. -klasse, ob eine Kontingentierung vorgesehen ist. Die Bedarfsart wird in der Regel über die Strategiegruppe ermittelt, die im Materialstamm eingetragen wird. Abbildung 6.49 zeigt ein Beispiel für eine Strategie, die eine Bedarfsart (bzw. Bedarfsklasse) ermittelt, für die eine Verfügbarkeitsprüfung gegen Kontingente vorgesehen ist.

Die Strategie wurde einer Strategiegruppe zugeordnet, die im Materialstamm in der Sicht **Disposition 3** gepflegt werden kann. Hierbei handelt es sich nicht um eine SAP-Standardstrategie, sondern um eine von uns selbst angelegte Strategie. Als Bedarfsart für die Kundenbedarfe wurde dieser Strategie die Bedarfsart 041 (Auftrag/Lieferbedarf) zugeordnet. Dieser Bedarfsart 041 ist in unserem Beispiel eindeutig eine Bedarfsklasse mit gleichem Namen zugeordnet. Die wichtigste Einstellung in der Bedarfsklasse ist das Kontingentierungskennzeichen (**Kontingent** siehe Abschnitt 5.5). Nur wenn Sie das Kennzeichen gesetzt haben, wird eine Verfügbarkeitsprüfung gegen Kontingente durchgeführt.

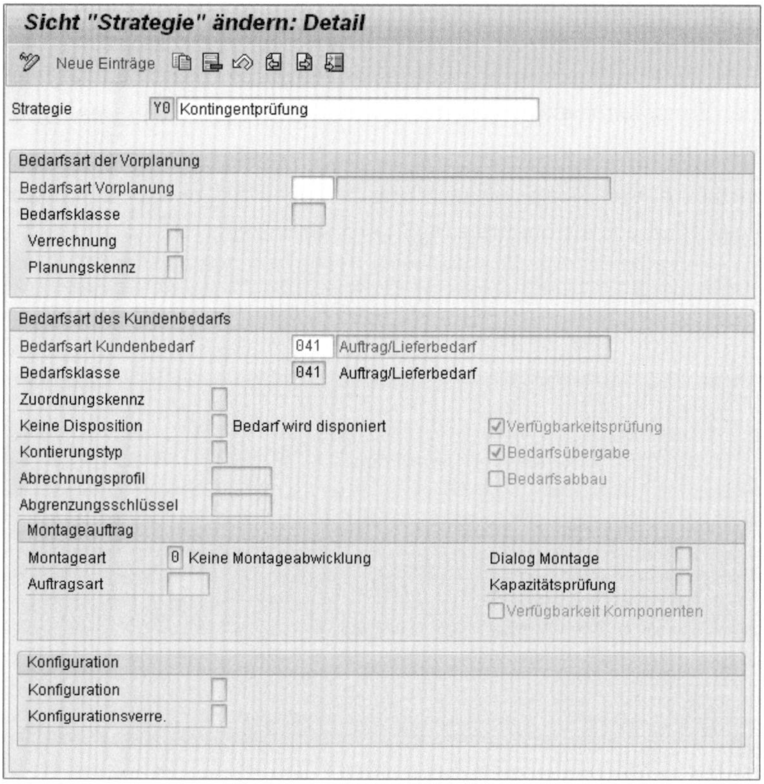

Abbildung 6.49 Strategiegruppe für die Kontingentierung

Einteilungstyp

Ein weiterer steuernder Parameter im Kundenauftrag ist der Einteilungstyp, dessen Ermittlung und Pflege in Abschnitt 5.4 erläutert wurde. Damit die Kontingentierung in der Kundenauftragsposition aufgerufen wird, muss sie im Einteilungstyp zugelassen sein. Dies geschieht, indem Sie das entsprechende Kennzeichen setzen.

6.4.3 Ablauf der Prüfung

Damit in einem Kundenbedarf eine Verfügbarkeitsprüfung gegen Kontingente aufgerufen wird, müssen die Bedarfsart bzw. die daraus ermittelte Bedarfsklasse und der Einteilungstyp im Kundenauftrag für eine Kontingentierung zugelassen sein. Wie erläutert, gibt es verschiedene Möglichkeiten der Bedarfsartenermittlung. In der Regel sollte sie aber über die Strategiegruppe im Materialstamm erfolgen. In Abbildung 6.50 haben wir im Materialstamm die Strategiegruppe YO zugeordnet.

Vorplanung			
Strategiegruppe	Y0	Kontingentprüfung	
Verrechnungsmodus		Verlnt Rückwärts	
Verlnt Vorwärts		Mischdisposition	
Vorplanmaterial		Vorplanungswerk	
VorplUmrechFaktor		Vorplanungs-BME	

Abbildung 6.50 Strategiegruppe im Materialstamm

Nachdem Sie alle Customizing-Einstellungen vorgenommen haben, können Sie beginnen, die Planung der Kontingente anzulegen:

Planungshierarchie

Im ersten Schritt müssen Sie dazu die Anteilsfaktoren in der *Planungshierarchie* pflegen. Dies tun Sie über den Pfad **SAP Menü • Logistik • Logistik-Controlling • Flexible Planung • Stammdaten • Planungshierarchie • Ändern** oder über Transaktion MC61. Als Infostruktur wählen Sie unsere Beispielinfostruktur S140. Anschließend pflegen Sie die Anteilsfaktoren auf den einzelnen Ebenen. Die Infostruktur S140 hat die folgenden Ebenen: Kontingentierungsobjekt, Verkaufsorganisation, Vertriebsweg, Kundengruppe und Auftraggeber. Nach dem Aufbau der Planungshierarchie können Sie sich diese Ebenen grafisch anzeigen lassen (siehe Abbildung 6.51).

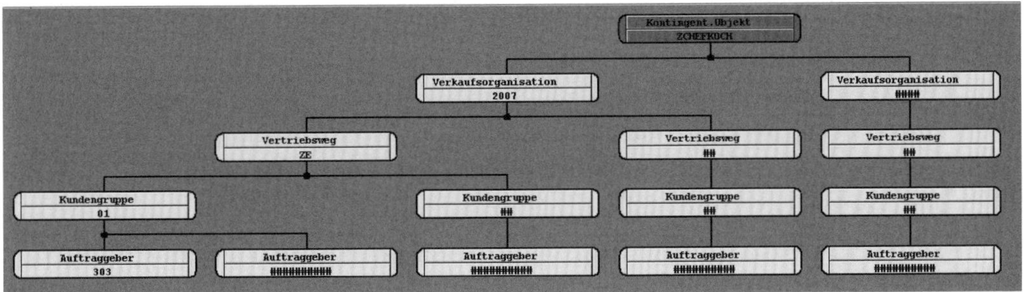

Abbildung 6.51 Merkmalskombinationen

Wie es bereits im Zusammenhang mit den Sammelkontingenten beschrieben wurde, können Sie die Planungsstrategie um Default-Werte ergänzen, nachdem sie aufgebaut worden ist. Dazu rufen Sie die Customizing-Transaktion OV7Z auf.

Integration in die Absatzplanung

Nach dem Aufbau der Planungshierarchie können Sie im Planungstableau der flexiblen Planung die Kontingente pflegen.

Voraussetzung einer Verfügbarkeitsprüfung gegen Kontingente ist eine Planung von Markt- und Angebotssituation, aus der die entsprechenden Kontingente ermittelt werden können. Deshalb ist die Verfügbarkeitsprüfung eng in die Absatzplanung in SAP ERP integriert, die Sie in SOP (Sales and Operation Planning) bzw. in der flexiblen Planung durchführen können.

Weiterführende Informationen

In diesem Buch können wir die flexible Planung nicht erschöpfend behandeln und verweisen deshalb auf die SAP-Online-Hilfe (*https://help.sap.com*) sowie auf weiterführende Literatur zum Thema Planung in SAP ERP.

Kontingente pflegen

In unserem Beispiel pflegen wir die Kontingente manuell. Dazu wählen Sie zunächst den Pfad **SAP Menü • Logistik • Logistik-Controlling • Flexible Planung • Planung • Ändern** oder Transaktion MC93. Der Planungstyp für die Informationsstruktur S140 lautet **COMMIT**; er enthält schon vordefinierte Makros für die Kontingentierung. Damit die Kontingentmengen in der Verfügbarkeitsprüfung berücksichtigt werden, müssen Sie diese zwingend in Version 000 (Ist-Daten) anlegen.

In Abbildung 6.52 wurde für die drei Perioden 07/2022, 08/2022 und 09/2022 jeweils ein Kontingent über zehn Stück angelegt.

Wird für das Beispielmaterial ein Kundenbedarf angelegt, wird über die Strategiegruppe YO die Bedarfsart 041 für die Kundenauftragsposition ermittelt. Infolge dieser Bedarfsart 041, zu der die Bedarfsklasse 041 gehört, wird eine Verfügbarkeitsprüfung gegen die Kontingentierung durchgeführt (siehe Abbildung 6.49).

Das Beispiel geht davon aus, dass zuerst eine ATP-Verfügbarkeitsprüfung für den Kundenbedarf durchgeführt wird. Mit der bestätigten Menge wird anschließend eine Verfügbarkeitsprüfung gegen Kontingente durchgeführt. Wenn diese nicht wie die ATP-Verfügbarkeitsprüfung eine Bestätigung ermittelt, wird die Meldung »Die Kontingentierungsprüfung hat Änderungen der Bestätigung ergeben.« ausgegeben.

Der Kundenauftrag wird mit der Menge 25 Stück zum Wunschlieferdatum 25.07.2022 angelegt. Die Bedarfs-/Bestandssituation sieht so aus, dass noch ein Bestand von sieben Stück für das Enderzeugnis D_1000 besteht. Weitere Zu- und Abgänge gibt es für das Material nicht (siehe Abbildung 6.52).

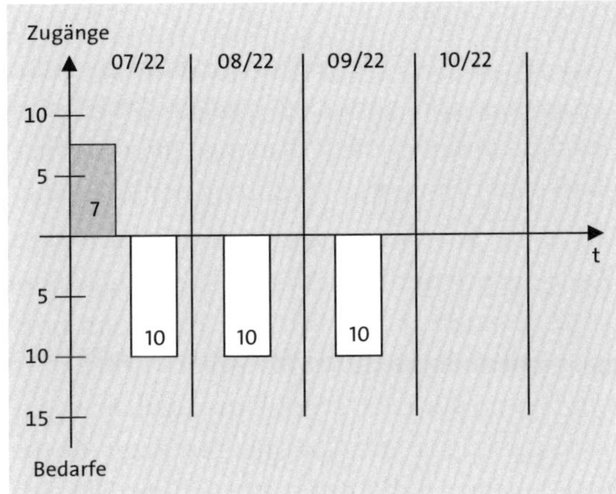

Abbildung 6.52 Bedarfs-/Bestandssituation bei der Kontingentierung

Ergebnis der Verfügbarkeitsprüfung

Die ATP-Verfügbarkeitsprüfung kommt zu dem Ergebnis, dass von der Wunschmenge 25 Stück sieben Stück gegen den Bestand zum Wunschliefertermin bestätigt werden können. Die restliche Bedarfsmenge kann zum Ende der Wiederbeschaffungszeit, also am 22.08.2022, bestätigt werden.

Nach der ATP-Verfügbarkeitsprüfung erfolgt die Verfügbarkeitsprüfung gegen die Kontingente. Ausgangspunkt für diese Prüfung ist die bestätigte Menge aus der ATP-Verfügbarkeitsprüfung. Das Ergebnis der Verfügbarkeitsprüfung gegen Kontingente wird im Kontrollbild der Verfügbarkeitsprüfung im Kundenauftrag angezeigt (siehe Abbildung 6.53).

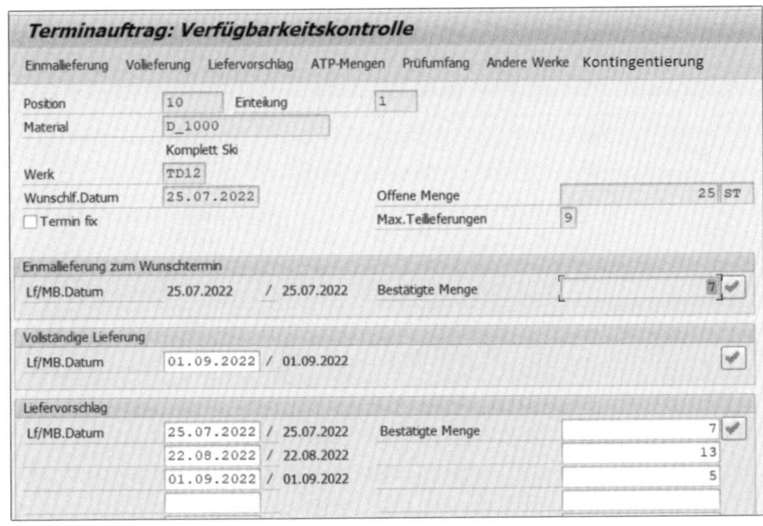

Abbildung 6.53 Verfügbarkeitskontrolle bei der Verfügbarkeitsprüfung gegen Kontingente

Sie erhalten für den Kundenauftrag drei Einteilungen:

1. Sieben Stück des Materials wurden in der ATP-Verfügbarkeitsprüfung zum Wunschliefertermin bestätigt. Diese sieben Stück können auch gegen das Kontingent von zehn Stück im Juli 2022 bestätigt werden. Die Restmenge über 18 Stück wurde als Ergebnis der ATP-Verfügbarkeitsprüfung erst zum Ende der Wiederbeschaffungszeit, 22.08.2022, bestätigt.
2. Die Verfügbarkeitsprüfung gegen Kontingente nimmt für die Menge eine Änderung der Bestätigung vor. Im August 2022 existiert lediglich ein Kontingent über zehn Stück, das die komplette Menge nicht abdeckt. In dem Beispiel wurden aber Verrechnungsintervalle für die Vorwärts- und Rückwärtsverrechnung über jeweils einen Monat eingestellt. Deshalb wird im August die Kontingentmenge für die Verfügbarkeitsprüfung um die Menge aus dem Juli-Kontingent erhöht, die sich nicht verrechnet hat. Wie Sie in Abbildung 6.53 sehen, werden zum Ende der Wiederbeschaffungszeit, am 22.08.2022, 13 Stück bestätigt.
3. Die restliche Bedarfsmenge über fünf Stück wird gegen das Kontingent im September 2022 bestätigt.

Aus dem Verfügbarkeitsprüfungskontrollbild (siehe Abbildung 6.53) gelangen Sie über **Springen • Kontingentierung** in die Anzeige der Bestätigungsrechnung (siehe Abbildung 6.54).

Hier können Sie entnehmen, welches Ergebnis die ATP-Verfügbarkeitsprüfung geliefert und mit welchen Mengen bzw. Terminen die Verfügbarkeitsprüfung gegen Kontingente aufgerufen wurde. In den letzten Spalten der Ansicht wird Ihnen das Ergebnis der Verfügbarkeitsprüfung gegen Kontingente gezeigt. Indem Sie die [F6]-Taste drücken, können Sie von der Ansicht der Bestätigungsrechnung in die Kontingentsituation wechseln (siehe Abbildung 6.55).

Kontingente: Bestätigungsrechnung

```
KontingentSchema   Schr Info Maske        Faktor Prüfd VerRück VerVor P GV Methode Kontingent.Methode
Merkmal im Schema
Mat.Bereit   Prüfdatum          Bedarfsmenge   Best.Term      Bestätigte Menge BME

ZCHEFKOCH             01 S140 #           1,000  LFDAT      10      10 M         [x]   kumulierte Prüfung
ZCHEFKOCH, 2007, ZE, 01, 0000000303
25.07.2022 | 25.07.2022 |                7 | 25.07.2022 |                7  ST
22.08.2022 | 22.08.2022 |               18 | 22.08.2022 |               13  ST
           |            |                0 | 01.09.2022 |                5  ST
```

Abbildung 6.54 Bestätigungsrechnung bei der Kontingentierung

In der Kontingentsituation wird Ihnen gezeigt, welche Kontingente vorhanden sind, welcher Anteil dieser Kontingente bereits durch andere Aufträge belegt ist und welche Restmengen an Kontingenten noch für weitere Prüfungen bzw. Bestätigungen zur Verfügung stehen.

```
Kontingente: Kontingentsituation

KontingentSchema   Schr Info Maske        Faktor Prüfd VerRück VerVor P GV Methode Kontingent.Methode
Merkmal im Schema
Periode Datum      Datum     Kontingent.Objekt  Aktiv        Kontingent       andere Aufträge   Konting

ZCHEFKOCH            01 S140 #            1,000 LFDAT      10      10 M      [x] kumulierte Prüfung
ZCHEFKOCH, 2007, ZE, 01, 0000000303
07.2022 01.07.2022 31.07.2022                  [x]              10
08.2022 01.08.2022 31.08.2022                  [x]              10
09.2022 01.09.2022 30.09.2022                  [x]              10
12.2022 01.10.2022 31.12.2022                  [x]
99.2999 01.01.2023 31.12.2999                  [ ]
```

Abbildung 6.55 Kontingentsituation

Die Verfügbarkeitsprüfung gegen Kontingente verwendet eine ähnliche Logik für den Sperrmechanismus wie die ATP-Verfügbarkeitsprüfung (siehe Kapitel 5). Die Planungshierarchie des jeweiligen Kontingentierungsobjekts ist während der Zeit der Prüfung gesperrt. Ohne dass das Ergebnis der Verfügbarkeitsprüfung gesichert wurde, steht nach der Prüfung das gleiche Objekt für alle anderen Prozesse zur Verfügung.

Auftragsmengen fortschreiben

Nachdem Sie den Kundenbedarf gesichert haben, werden die Auftragsmengen in der entsprechenden Planungshierarchie in der Infostruktur S140 des Logistikinformationssystems (LIS) fortgeschrieben. Für die Überwachung der Kontingente stehen Ihnen ausführliche Reporttools und ein Frühwarnsystem im LIS zur Verfügung.

Als Beispiel für die Reports erläutern wir eine Auswertung für die eingesetzten Infostrukturen, die Sie über den Menüpfad **SAP Menü • Logistik • Logistik-Controlling • Flexible Planung • Umfeld • Auswertungen** finden oder über Transaktion MC9C aufrufen können. Zur Infostruktur und ihrer dazugehörigen Version 000 können Sie mit dieser Transaktion auswerten, wie die Situation für das jeweilige Kontingentierungsschema aussieht. Sie sehen, welche Bedarfe vorhanden sind, welche Kontingentmengen gepflegt wurden, welche noch offen sind und welche Bedarfe nicht durch Kontingentmengen gedeckt sind.

Zur Überwachung der Kontingentmengen bietet der SAP-Standard ein Frühwarnsystem, das Sie entsprechend einstellen können. Dies können wir im Rahmen dieses Buches nicht weiter vertiefen und verweisen Sie an dieser Stelle noch einmal auf die umfangreiche SAP-Online-Hilfe (*https://help.sap.com*) bzw. auf weiterführende Literatur zu diesem Thema.

Sie haben in diesem Abschnitt die Grundlagen der Verfügbarkeitsprüfung gegen Kontingente in SAP ERP kennengelernt. Die Verfügbarkeitsaussage war dabei abhängig von Engpasssituationen, Zuteilungskriterien und Merkmalskombinationen, die zu einer differenzierten Zuteilung der Bedarfsmengen führten.

6.5 Montageabwicklung

Die Montageabwicklung ist eine spezielle SAP-Planungsstrategie, mit deren Hilfe man ein Make-to-Order- oder auch ein Assemble-to-Order-Szenario in SAP abbilden kann. Bei der Montageabwicklung geht es darum, dass ein bestimmter Service bzw. die Endmontage eines Produkts erst ausgeführt wird, wenn ein entsprechender Kundenauftrag eingetroffen ist. Um die Durchlaufzeit zu verkürzen, werden sogenannte Schlüsselkomponenten in Erwartung eines Kundenauftrags bereits vorab geplant bzw. beschafft.

Betriebswirtschaftlich ist eine Montageabwicklung immer dann sinnvoll, wenn Sie aus wenigen Komponenten bzw. Baugruppen eine große Anzahl von Enderzeugnissen fertigen können. In SAP wird bei der Montageabwicklung direkt beim Anlegen eines Kundenauftrags ein Beschaffungselement erzeugt, womit sich auch bei der Verfügbarkeitsprüfung neue Möglichkeiten bieten. Den genauen Ablauf der Montageabwicklung zeigt Abbildung 6.56.

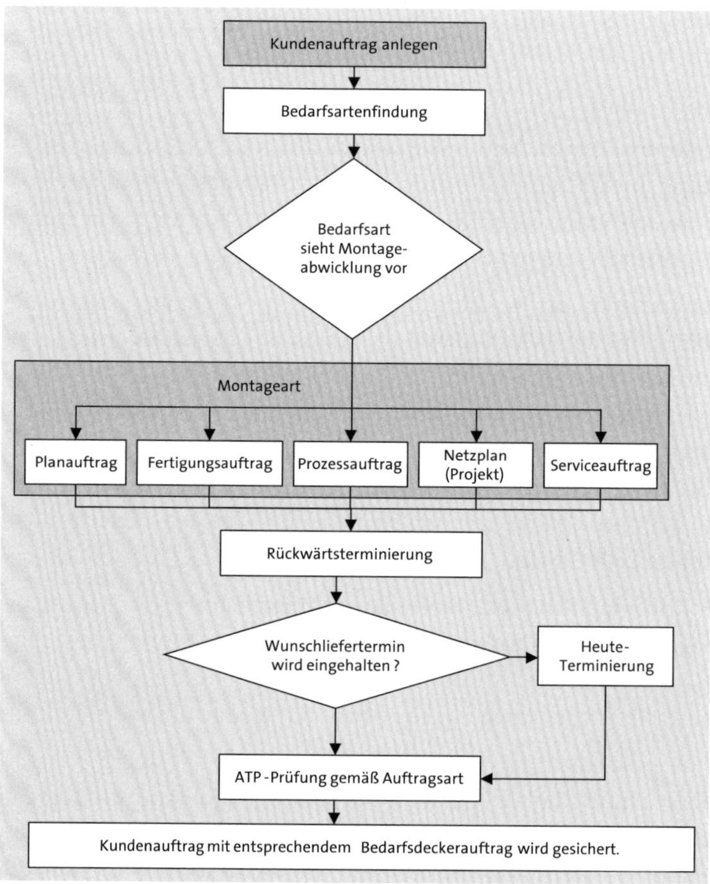

Abbildung 6.56 Ablauf der Montageabwicklung

Die verschiedenen Verfahren der Montageabwicklung werden nach der Art des Montageauftrags unterschieden, der als Beschaffungselement erzeugt wird:

- Planauftrag
- Fertigungsauftrag
- Prozessauftrag
- Netzplan (Projekt)
- Serviceauftrag

Beim Eröffnen des Kundenauftrags wird zuerst die *Bedarfsartenermittlung* durchgeführt. In der Bedarfsklasse, die eindeutig einer Bedarfsart zugeordnet ist, können Sie einstellen, ob und welche Art der Montageabwicklung Sie einsetzen möchten.

In Abbildung 6.57 zeigen wir Ihnen als Beispiel die Bedarfsklasse 201, mit der Sie eine Montageabwicklung mit Fertigungsaufträgen durchführen können.

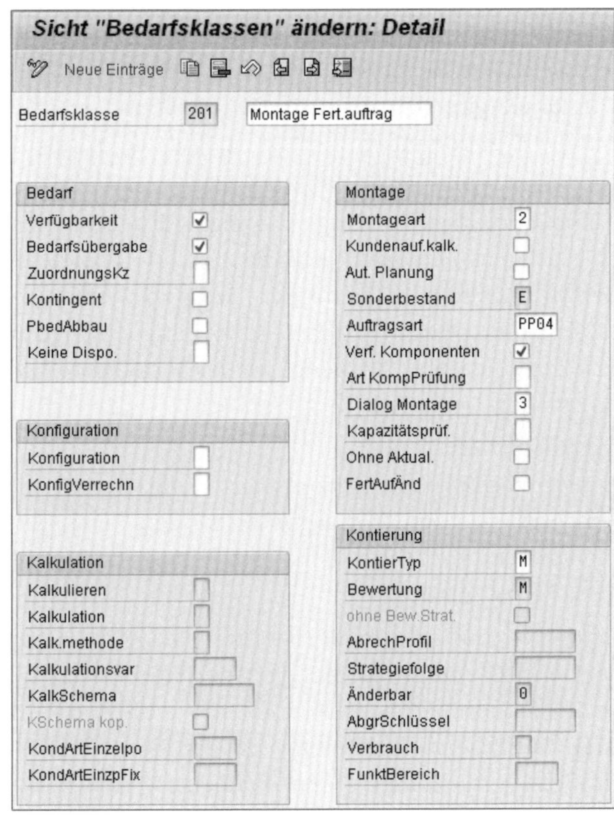

Abbildung 6.57 Einstellung einer Bedarfsklasse für die Montageabwicklung

Im Feld **Montageart** wurde hier der Wert »2« (Fertigungsauftrag, Netzplan oder Service (stat. Abwicklung)) eingestellt. Hierdurch wird ein entsprechender Fertigungsauftrag als Bedarfsdecker vom System angelegt. Der Fertigungsauftrag wird in Abbildung 6.57 mit der Auftragsart PP04 angelegt.

Mit dem Kennzeichen **Verf. Komponenten** legen Sie fest, dass im entsprechenden Fertigungsauftrag eine Verfügbarkeitsprüfung auf der Komponentenebene durchgeführt wird. Wenn Sie dieses Kennzeichen nicht setzen, wird die Verfügbarkeitsprüfung lediglich für das Enderzeugnis durchgeführt.

Wenn das Kennzeichen gesetzt ist, überprüft das System die Prüfgruppe im Materialstamm der Komponente. Nur wenn diese auch eine Verfügbarkeitsprüfung vorsieht, wird die Komponente entsprechend geprüft. Welche Art der Verfügbarkeitsprüfung für die einzelnen Komponenten durchgeführt wird, wird nicht über die Prüfgruppe gesteuert, sondern über das Feld **Art KompPrüfung** in der Bedarfsklasse. In Abbildung 6.57 wird für alle Komponenten, für die eine Verfügbarkeitsprüfung vorgesehen ist, eine ATP-Verfügbarkeitsprüfung durchgeführt. Es gibt jedoch zwei Möglichkeiten:

- **Verfügbarkeitsprüfung nach ATP-Logik**
  Bei der ATP-Verfügbarkeitsprüfung wird anhand des ermittelten Prüfumfangs geprüft, ob die Reservierungsmenge durch bestimmte Zugangselemente bzw. Bestände gedeckt ist. Der Prüfumfang ergibt sich aus einer Kombination der Prüfgruppe, die im Materialstamm der Komponente hinterlegt ist, und der Prüfregel, die im Customizing für Auftragsart und Status hinterlegt wurde.

  Wie bei jeder ATP-Prüfung erfolgt auch diese Prüfung dynamisch, d. h. bei jedem Aufruf des Auftrags wird die Situation neu ermittelt. Wie erläutert, erfolgt die Prüfung für die Komponenten des Auftrags zum Bedarfstermin. Wenn zu diesem Termin eine Bedarfsmenge bestätigt werden kann, wird diese als bestätigte Menge in der Auftragsreservierung hinterlegt. Die freie ATP-Menge für das betreffende Material wird um die Reservierungsmenge reduziert.

- **Verfügbarkeitsprüfung gegen Vorplanung**
  Diese Verfügbarkeitsprüfung gegen die Vorplanung kann auch für die Komponenten eines Montageauftrags eingesetzt werden. In diesem Fall werden keine ATP-Mengen, sondern nur die offenen Planprimärbedarfsmengen berücksichtigt, anhand derer eine bestätigte Menge ermittelt wird.

  Anders als bei der ATP-Verfügbarkeitsprüfung wird die bestätigte Menge nicht im jeweiligen Sekundärbedarf vermerkt. Die bestätigte Menge ist auch nicht maßgeblich für die Verrechnung mit den Planprimärbedarfen, sondern stattdessen wird die komplette Sekundärbedarfs- bzw. Reservierungsmenge mit den Planprimärbedarfen verrechnet. Die noch nicht verrechneten Planprimärbedarfe stehen anschließend für weitere Prüfungen bzw. Bestätigungen zur Verfügung.

  Im Unterschied zur ATP-Verfügbarkeitsprüfung werden bei der Prüfung gegen die Vorplanung darüber hinaus kein Gesamtbestätigungstermin und keine Teilbestätigungstermine bzw. -mengen ermittelt.

Das Ergebnis der Komponentenverfügbarkeitsprüfung wird in einer Fehlteileliste bzw. Fehlteileübersicht dargestellt. Über das Kennzeichen **Dialog Montage** in der Bedarfsklasse können Sie steuern, ob das Ergebnis der Verfügbarkeitsprüfung auf der Komponentenebene oder lediglich für den Gesamtauftrag angezeigt werden soll.

Neben der Prüfgruppe im Materialstamm ist das **Einzel-/Sammelbedarfskennzeichen**, das in der Sicht **Disposition 4** gepflegt werden kann, für die Komponentenverfügbarkeitsprüfung bei der Montageabwicklung von großer Bedeutung. Wenn für das Kennzeichen als Wert nicht **Sammelbedarf** eingestellt wurde, bedeutet das, dass für die entsprechende Komponente ein Einzelbedarf angelegt wird und dass damit auch die Verfügbarkeitsprüfung nur im Einzelbedarfsabschnitt durchgeführt wird.

Neben einer Komponentenverfügbarkeitsprüfung haben Sie bei der Montageabwicklung die Möglichkeit, eine Kapazitätsverfügbarkeitsprüfung im Dialog durchführen zu lassen. Über das Feld **Kapazitätsprüf.** in der Bedarfsklasse können Sie steuern, ob nur eine Durchlaufterminierung oder zusätzlich auch eine Kapazitätsverfügbarkeitsprüfung durchgeführt werden soll. Nach der Bedarfsartenermittlung und damit der Festlegung, welche Montageart durchgeführt wird, wird anschließend eine Terminierung durchgeführt (siehe Abbildung 6.58).

Die *Terminierung* überprüft zusammen mit der Verfügbarkeitsprüfung, ob das vom Anwender eingegebene Wunschlieferdatum eingehalten werden kann. Wenn die Auftragsmenge zum Wunschlieferdatum nicht bestätigt werden kann, wird über die Terminierung ein möglicher Termin (frühester möglicher Termin) ermittelt.

Bei der Terminierung wird der Eckendtermin für das Beschaffungselement ermittelt. Ausgehend von diesem Termin werden dann der Eckstarttermin und der bestätigte Termin für den Kundenauftrag ermittelt.

Der Eckendtermin wird ermittelt, indem vom Materialbereitstellungsdatum die Wareneingangsbearbeitungszeit abgezogen wird. Wie, ausgehend vom Wunschlieferdatum des Kunden, über die Transport- und Versandterminierung diese Eckdaten ermittelt werden, entnehmen Sie Abschnitt 5.7. Ausgehend vom Eckendtermin wird dann über eine Rückwärtsterminierung der Montageauftrag terminiert und so der Eckstarttermin ermittelt.

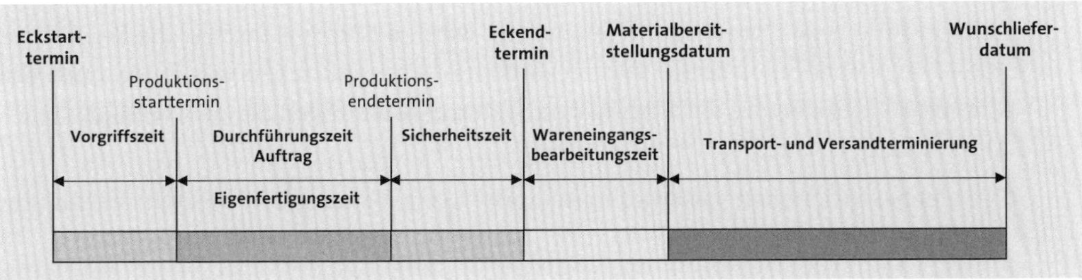

Abbildung 6.58 Terminierung bei der Montageabwicklung

Liegt der *Eckstarttermin* nach der Terminierung nicht in der Vergangenheit, wird der ermittelte Eckendtermin zur Ermittlung des bestätigten Termins für den Kundenauftrag verwendet. Liegt der Eckstarttermin in der Vergangenheit, wird wie im Beispiel zur Montageabwicklung mit Fertigungsauftrag (siehe Abbildung 6.57) der Eckstarttermin auf das Heute-Datum gesetzt und anschließend eine Vorwärtsterminierung durchgeführt. Ergebnis dieser Vorwärtsterminierung ist dann ein neuer Eckendtermin, der wieder für die Ermittlung des bestätigten Termins für den Kundenauftrag verwendet werden kann.

Zum ermittelten Eckstartermin wird die Wareneingangsbearbeitungszeit hinzugerechnet. Die Wareneingangsbearbeitungszeit in Arbeitstagen wird aus dem Materialstamm aus der Sicht **Disposition 2** ermittelt. Anschließend wird über die Transport- und Versandterminierung der bestätigte Termin für den Kundenauftrag ermittelt.

Das Besondere an der Montageabwicklung ist die enge Verknüpfung zwischen Bedarf und Bedarfsdecker. Wie beschrieben, kann mit dem Anlegen des Bedarfs auch gleich ein Bedarfsdecker erzeugt werden, und dieser Bedarfsdecker kann dazu genutzt werden, einen durchführbaren Termin für den Bedarf zu ermitteln.

Bei unserem Beispiel aus Abbildung 6.57 können Sie mit der Montageabwicklung eine mehrstufige Verfügbarkeitsprüfung realisieren, die aber sicher nicht mit den in SAP APO zur Verfügung stehen Funktionalitäten gleichzusetzen ist. Größter Nachteil der Montagabwicklung ist die fehlende Flexibilität. So sind die erzeugten Bedarfsdecker fest mit dem Bedarf verknüpft und können nicht ohne weiteres für einen anderen Bedarf verwendet werden. Sie müssen für sich selbst bewerten, ob diese Konstellation eher ein Vor- oder ein Nachteil für Sie ist.

6.6 Zusammenfassung

Die Parameter der Verfügbarkeitsprüfung in SAP ERP, die Sie aus Kapitel 5 kennen, steuern den Einsatz der Methoden zur Verfügbarkeitsprüfung in SAP ERP. In diesem Kapitel haben Sie diese verschiedenen Methoden der Verfügbarkeitsprüfung in SAP ERP kennengelernt. Anhand von Beispielen haben wir Ihnen gezeigt, wann die drei Methoden ATP-Verfügbarkeitsprüfung, Prüfung gegen Vorplanung und Verfügbarkeitsprüfung gegen Kontingente eingesetzt werden können und wie die Ergebnisse aussehen. Neben dem betriebswirtschaftlichen Kontext haben wir Ihnen auch die Vor- und Nachteile und die wichtigsten Systemeinstellungen bei den verschiedenen Methoden erläutert.

Die hier beschriebenen Basismethoden stehen Ihnen auch in SAP APO zur Verfügung (siehe Teil IV).

Im folgenden Kapitel gehen wir auf das Fehlteilemanagement ein und zeigen Ihnen, wie Sie auf die Ergebnisse der Verfügbarkeitsprüfung reagieren können.

Kapitel 7
Fehlteilemanagement in SAP ERP

Ein wesentliches Ziel der Verfügbarkeitsprüfung ist die frühzeitige Identifikation von Fehlteilen. Aufgabe des Fehlteilemanagements ist die Auswertung und Überwachung von Fehlteilen, um ein rechtzeitiges Gegensteuern zu ermöglichen.

In diesem Kapitel widmen wir uns dem Fehlteilemanagement in SAP ERP. Ein wesentlicher Bestandteil des Fehlteilemanagements sind die Fehlteileidentifizierung und -visualisierung. Nur wenn Fehlteile frühzeitig erkannt werden, können durch eine optimierte Fehlteilsteuerung, die wir Ihnen ebenfalls in diesem Kapitel erläutern, logistische Probleme in Folge der Fehlteile abgemindert werden.

7.1 Kostenoptimales Bestandsniveau

Viele Unternehmen machen zu hohe Bestände für ein negatives Geschäftsergebnis verantwortlich. Daher ist häufig die Senkung der Bestände und damit die Senkung der Bestandskosten eines der Hauptziele der Unternehmen. Neben den negativen Effekten erfüllen Bestände auch bestimmte Aufgaben. So dienen Bestände dazu, Unsicherheiten abzufangen und so das Fehlmengenrisiko und die entstehenden Fehlmengenkosten zu senken. Mit der Absenkung der Bestände steigen also auf der anderen Seite die Fehlmengenkosten.

Definition des Begriffs »Fehlteil«

Ein Fehlteil ist ein »Bestand eines Materials, für das bei aktiver Fehlteileprüfung beim Buchen eines Wareneingangs, eines sonstigen Zugangs oder einer Umbuchung vom System festgestellt wird, dass der von der Materialbedarfsplanung ermittelte Bedarf in der Vergangenheit nicht aus dem vorhandenen Bestand gedeckt werden konnte.« (Quelle: SAP-Bibliothek unter *https://help.sap.com*).

Neben der Bestandssenkung gibt es aber noch weitere Ursachen für Fehlteile. Fehlerhafte Stammdaten können genauso zu Fehlteilen führen wie ein nicht optimaler Änderungsdienst, eine qualitativ schlechte Absatzplanung oder kurzfristige Kundenbedarfe und eine stark schwankende Nachfrage.

Das kostenoptimale Bestandsniveau liegt nicht automatisch bei den niedrigsten Beständen, sondern dort, wo die Gesamtkosten am niedrigsten sind (siehe Abbildung 7.1), die sich aus Bestands- und Fehlmengenkosten zusammensetzen.

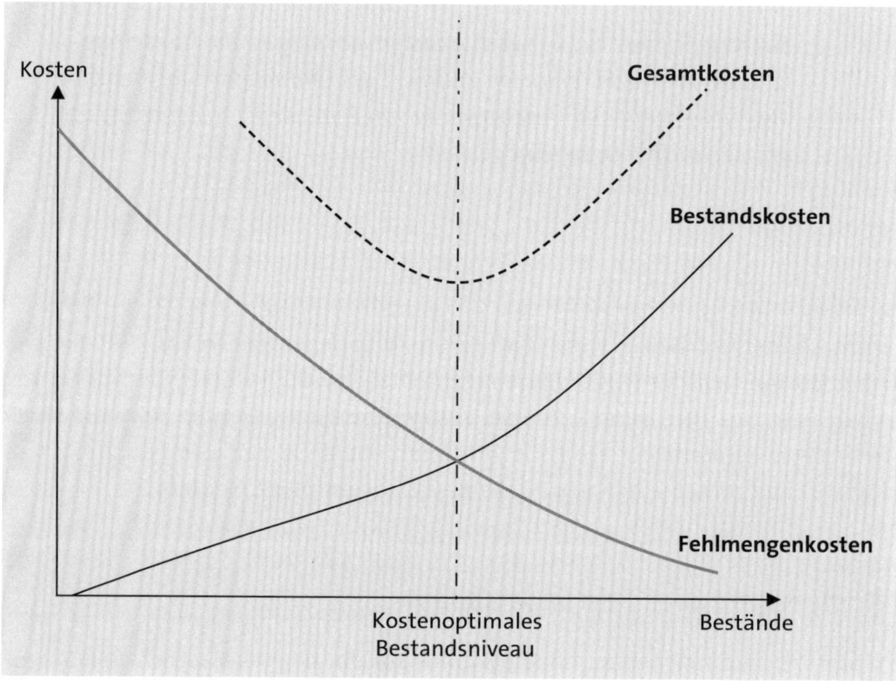

Abbildung 7.1 Zusammenhang von Fehlmengenkosten und Bestandskosten

Eine Reduzierung von Fehlmengenkosten (optimale Fehlmengenkosten) lässt sich nur durch ein optimales Fehlteilemanagement erreichen. Beim Fehlteilemanagement geht es zum einen darum, Fehlteile frühzeitig zu erkennen, um rechtzeitig Gegenmaßnahmen einzuleiten, und zum anderen geht es darum, Fehlteilesituationen aufzulösen.

Eine optimal eingesetzte Verfügbarkeitsprüfung mit ihren unterschiedlichen Verfahren, die Sie in Kapitel 6 ausführlich kennengelernt haben, bietet Ihnen die Möglichkeit, Fehlteile frühzeitig zu identifizieren. Damit können Gegenmaßnahmen rechtzeitig eingeleitet und Fehlmengenkosten vermeiden bzw. reduziert werden.

Das größte Problem der Fehlteilesituation ist, dass unterschiedlichste Bedarfe ein und dasselbe Material benötigen. Ein optimales Bestandsmanagement muss sich also mit konkurrierenden Bedarfen auseinandersetzen. Die unterschiedlichen Bedarfe können z. B. Kundenaufträge, Auftragsreservierungen für Fertigungsaufträge, Reservierungen für Serviceaufträge, Bedarfe aus Projekten oder Vorplanprimärbedarfe sein.

Einen generellen Weg aus diesem Fehlteiledilemma aufzuzeigen, ist schwierig und würde an dieser Stelle auch zu weit führen. Wir zeigen daher nur die wichtigsten Themen, mit denen Sie sich bei der Bewältigung des Fehlteileproblems auseinandersetzen müssen:

- **Unternehmensstrategie und -philosophie**
  Die Unternehmensstrategie hat große Auswirkungen auf das Fehlteilemanagement. Wenn sich Ihr Unternehmen auf das Ersatzteilgeschäft konzentriert, wird ein Ersatzteilkundenauftrag für ein Fehlteil natürlich höher gewichtet als ein normaler Kundenauftrag für die Serie.
- **Kundensegmentierung**
  Die einzelnen Kunden haben für ein Unternehmen unterschiedliche Bedeutung. Natürlich ist es das Ziel jedes Unternehmens, alle Kunden zu beliefern und zufriedenzustellen, aber in einer Engpasssituation (wie es die Fehlteilesituation ist) geht es darum, den Engpass bestmöglich zu verwalten. Dementsprechend werden A-Kunden natürlich anders behandelt als B- bzw. C-Kunden.
- **Materialklassifizierung**
  Über die Materialklassifizierung wird ein Material detaillierter beschrieben, um daraus ableiten zu können, wie ein Material disponiert und damit auch als Fehlteil behandelt werden soll. Merkmale, nach denen Materialien klassifiziert werden, sind z. B. der Bedarfs- bzw. Verbrauchswert, die Prognose- bzw. Vorhersagegenauigkeit oder die Wiederbeschaffungszeit.

In diesem Buch können wir das Fehlteilemanagement nicht in seiner gesamten Breite behandeln. Zur weiteren Vertiefung des Themas Fehlteilemanagement möchten wir auf die weiterführende Literatur verweisen.

7.2 Fehlteileidentifizierung

Im Bereich der Produktion haben Sie unterschiedliche Möglichkeiten der Verfügbarkeitsprüfung. Neben der Komponentenverfügbarkeitsprüfung können Sie im Fertigungsauftrag auch die Fertigungshilfsmittel und die Kapazitäten prüfen. Das Ergebnis der Komponentenverfügbarkeitsprüfung, die entweder manuell für den einzelnen Auftrag oder als Sammelverfügbarkeitsprüfung durchgeführt werden kann, wird durch eine Fehlteileliste dokumentiert. Diese Fehlteileliste zeigt an, welche Komponenten zum Bedarfstermin nicht zur Verfügung stehen.

Wie es Abbildung 7.2 zeigt, führt die Verfügbarkeitsprüfung in der Produktion zu einer Fehlteileidentifizierung und zu einer damit verbundenen Fehlteilevisualisierung. Darüber hinaus geht es darum, die Fehlteile zu überwachen und bei der Fehlteilebehebung zu unterstützen.

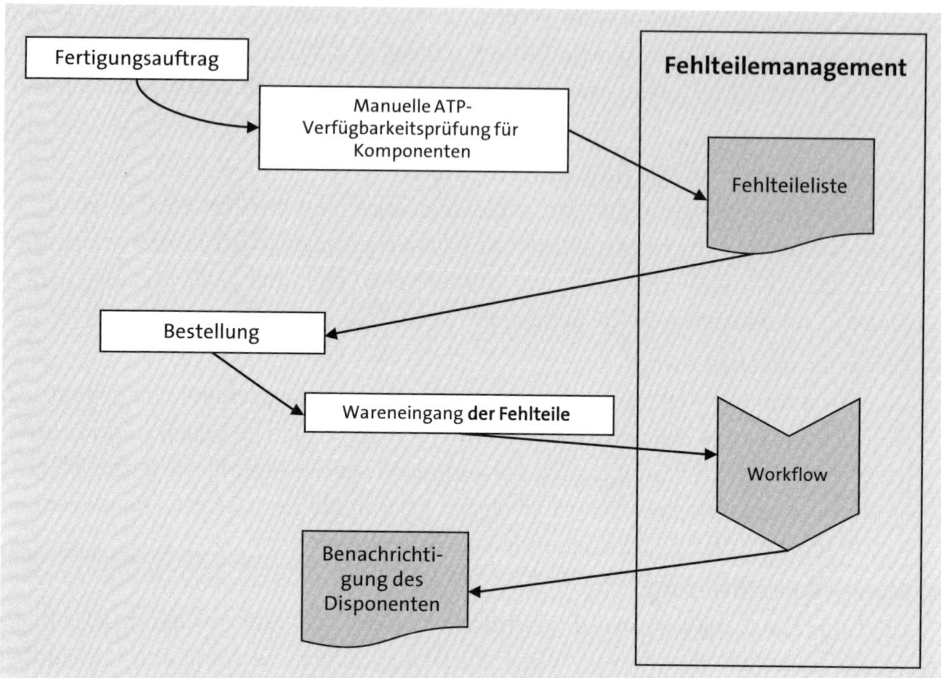

Abbildung 7.2 Fehlteilemanagement in der Produktion

Eines der Hauptziele der Verfügbarkeitsprüfung ist die in Abbildung 7.2 gezeigte Identifizierung von Fehlteilen. Dabei ist es wichtig, dass regelmäßig eine Verfügbarkeitsprüfung für die verschiedenen Objekte durchgeführt wird. In der Produktion können Sie die Verfügbarkeitsprüfung für Fertigungsaufträge und Planaufträge vornehmen.

Planaufträge sind eher mittel- bis langfristige Bedarfsdecker und werden kurzfristig in Fertigungsaufträge umgewandelt. Wie wir es bereits in Kapitel 4 und 5 beschrieben haben, können Sie für Planaufträge eine manuelle Verfügbarkeitsprüfung durchführen oder mehrere Planaufträge über die Massenverfügbarkeitsprüfung prüfen. Die Komponenten eines Planauftrags werden dabei entweder einer ATP-Verfügbarkeitsprüfung oder einer Verfügbarkeitsprüfung gegen die Vorplanung unterzogen.

Als Ergebnis sind entweder alle Komponenten verfügbar, und somit wird der Planauftrag bestätigt, oder es fehlen einzelne Komponenten, sodass der Planauftrag nicht bestätigt werden kann. Nicht in ausreichender Menge zur Verfügung stehende Komponenten werden als Fehlteile bezeichnet. Über einen Fehlteileindex wird der entsprechende Bedarf (Sekundärbedarf) in der Datenbanktabelle RESB gekennzeichnet. Das Ergebnis der Verfügbarkeitsprüfung bei einer manuellen Durchführung zeigen wir Ihnen in Abbildung 7.3.

Die Fehlteile wurden, wie Sie es in Abbildung 7.3 sehen, farblich gekennzeichnet und in der Spalte **KZ Fehlteile** entsprechend markiert. Sollte es bei der Prüfung einen Fehler gegeben haben, wird dieser in der letzten Spalte der Liste angezeigt, und Sie können sich die Details dazu im Protokoll der Verfügbarkeitsprüfung anschauen.

Verfügbarkeitsprüfung

Anzahl geprüfte Komponenten: 5
Fehlteile: 3
Gesamtbestätigungstermin konnte nicht ermittelt werden

Auftrag	Material	Werk	Lager...	Bedarfsmenge	Bedarfstermin	Best./Zugeord. Menge	Bestätigter Termin	Materialkurztext	KZ. Fehlteil	E
10532	D_1001	TD12		17	22.04.2022	0	22.04.2022	Racing-Ski (Roh)		
	D_1002			17	22.04.2022	0	22.04.2022	Profi Bindung		
	D_1022			17	22.04.2022	0	99.99.9999	Fußteil (Karbon)	X	
	D_1023		1000	17	22.04.2022	0	99.99.9999	Versenteil (Karbon)	X	
	D_2011		2000	17	22.04.2022	0	99.99.9999	Kanten (Stahl)	X	

Abbildung 7.3 Ergebnis der Verfügbarkeitsprüfung im Planauftrag

Alternativ zur manuellen Verfügbarkeitsprüfung im Planauftrag gibt es die Massenverfügbarkeitsprüfung, mit der Sie mehrere Planaufträge prüfen können. Das Ergebnis wird Ihnen in diesem Fall in Form eines Protokolls zur Verfügung gestellt. Die Einstellungen für die Sammelverfügbarkeitsprüfung nehmen Sie im Customizing über den folgenden Menüpfad vor: **SAP Customizing Einführungsleitfaden • Produktion • Bedarfsplanung • Beschaffungsvorschläge • Planaufträge • Sammelverfügbarkeitsprüfung durchführen**. Hier können Sie zum einen Einstellungen für die Auftragssicht vornehmen. Diese steuert, in welcher Reihenfolge die Planaufträge selektiert und geprüft werden. Zum anderen können Sie Einstellungen für die Komponentensicht vornehmen, die vorgibt, wie das Ergebnis der Verfügbarkeitsprüfung angezeigt wird. Mit den jeweiligen Profilen steuern Sie, welche Felder in den Listen angezeigt werden und wie die selektierten Daten gruppiert und sortiert werden.

Neben der Verfügbarkeitsprüfung für Planaufträge können Sie auch eine Verfügbarkeitsprüfung für Fertigungsaufträge durchführen (siehe Kapitel 4). Sie können für Fertigungsaufträge bei der Eröffnung und bei der Freigabe eine automatische Verfügbarkeitsprüfung durchführen. Darüber hinaus können Sie Fertigungsaufträge jederzeit manuell über eine Massenfunktion prüfen.

Wie bei den Planaufträgen werden die Komponenten eines Fertigungsauftrags entweder einer ATP-Verfügbarkeitsprüfung oder einer Verfügbarkeitsprüfung gegen die Vorplanung unterzogen. Als Ergebnis sind entweder alle Komponenten verfügbar, und somit wird der Fertigungsauftrag bestätigt, oder es fehlen einzelne Komponenten, sodass der Fertigungsauftrag nicht bestätigt werden kann und den Systemstatus **FMAT** auf der Kopfebene erhält. Nicht in ausreichender Menge zur Verfügung stehende Komponenten werden auch hier als Fehlteile bezeichnet. Ebenfalls wird der entsprechende Bedarf (Auftragsreservierung) über einen Fehlteileindex in der DB-Tabelle RESB gekennzeichnet.

Das Ergebnis der Verfügbarkeitsprüfung bei einer manuellen Durchführung zeigt Abbildung 7.4.

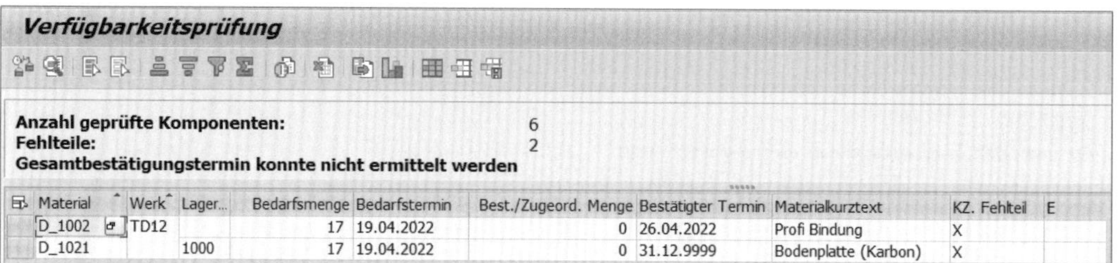

Material	Werk	Lager...	Bedarfsmenge	Bedarfstermin	Best./Zugeord. Menge	Bestätigter Termin	Materialkurztext	KZ. Fehlteil	E
D_1002	TD12		17	19.04.2022	0	26.04.2022	Profi Bindung	X	
D_1021		1000	17	19.04.2022	0	31.12.9999	Bodenplatte (Karbon)	X	

Abbildung 7.4 Ergebnis der Verfügbarkeitsprüfung im Fertigungsauftrag

Wenn Sie eine Komponentenverfügbarkeitsprüfung im Fertigungsauftrag durchführen, können Sie sich das Ergebnis entweder als Fehlteileliste oder als Fehlteileübersicht anzeigen lassen.

In der Fehlteileliste werden, wie im Planauftrag, die Fehlteile markiert und in der Spalte **Fehlteile** gekennzeichnet. Sollte es bei der Prüfung einen Fehler gegeben haben, wird dieser in der letzten Spalte der Liste angezeigt, und Sie können sich Details dazu im Protokoll der Verfügbarkeitsprüfung anschauen.

Im Customizing können Sie für die Fehlteileliste eigene Profile über den folgenden Menüpfad anlegen: **SAP Customizing Einführungsleitfaden • Produktion • Fertigungssteuerung • Informationssystem • Profile für Fehlteileliste definieren**. Dort können Sie die Feldauswahl, die Gruppierung und die Sortierung der Liste vorgeben. Neben der Pflege im Customizing haben Sie auch die Möglichkeit, eigene Layouts für die Liste anzulegen. Beachten sollten Sie jedoch, dass die Fehlteileliste beim Verlassen der Auftragsbearbeitung nicht gespeichert wird.

Alternativ können Sie sich das Ergebnis der Verfügbarkeitsprüfung auch in der Fehlteileübersicht anzeigen lassen. Anders als die Fehlteileliste zeigt die Fehlteileübersicht immer das Ergebnis der letzten Verfügbarkeitsprüfung an, d. h., dass die Fehlteileübersicht beim Verlassen der Auftragsbearbeitung erhalten bleibt. Im Gegensatz zur Fehlteileliste ist die Fehlteileübersicht eher eine Bearbeitungsliste, denn hier können Sie für die angezeigten Fehlteile Änderungen vornehmen (siehe Abbildung 7.5).

Durch eine Änderung der Bedarfsmenge oder auch durch die Umstellung auf einen anderen Lagerort können Sie noch zu einer bestätigten Menge gelangen. Zur Überprüfung Ihrer Änderung können Sie aus der Fehlteileübersicht die Komponentenverfügbarkeitsprüfung direkt erneut starten.

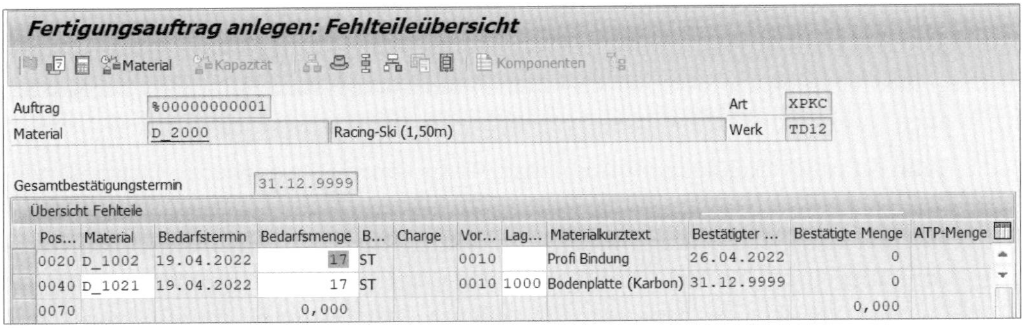

Fertigungsauftrag anlegen: Fehlteileübersicht

Material | Kapazität | Komponenten

Auftrag %00000000001 Art XPKC
Material D_2000 Racing-Ski (1,50m) Werk TD12

Gesamtbestätigungstermin 31.12.9999

Übersicht Fehlteile

Pos...	Material	Bedarfstermin	Bedarfsmenge	B...	Charge	Vor...	Lag...	Materialkurztext	Bestätigter ...	Bestätigte Menge	ATP-Menge
0020	D_1002	19.04.2022	17	ST		0010		Profi Bindung	26.04.2022	0	
0040	D_1021	19.04.2022	17	ST		0010	1000	Bodenplatte (Karbon)	31.12.9999	0	
0070			0,000							0,000	

Abbildung 7.5 Fehlteileübersicht im Fertigungsauftrag

Wie bei den Planaufträgen sollten Sie die Fertigungsaufträge regelmäßig einer Sammelverfügbarkeitsprüfung unterziehen. Die Möglichkeiten und Auswirkungen haben wir bereits ausführlich in Kapitel 4 vorgestellt. Das Ergebnis der Sammelverfügbarkeitsprüfung wird wiederum in einem Protokoll ausgegeben.

Nach der Fehlteileidentifizierung ist es von großer Bedeutung, die Fehlteile entsprechend zu überwachen. Ziel ist es hier, die Fehlteilesituation möglichst schnell zu bereinigen bzw. die Fehlteileprobleme zu lösen. Im nächsten Abschnitt stellen wir Ihnen deshalb die Möglichkeiten der Fehlteileauswertung vor, die Sie genau dabei unterstützen sollen.

7.3 Fehlteileauswertung

Grundlage für die Fehlteileauswertungen sind die Fehlteileidentifizierung und das Setzen des Fehlteileindex für die einzelnen Bedarfe. Zur Fehlteileauswertung stehen Ihnen in SAP ERP das Fehlteileinformationssystem und das Auftragsinformationssystem zur Verfügung. Darüber hinaus können Sie die Fehlteile in der Disposition und damit in der Dispositionsliste bzw. in der Bedarfs-/Bestandsliste erkennen. Für ein optimales Fehlteilemanagement ist deshalb eine funktionierende Disposition Grundvoraussetzung. Zu dieser gehört das regelmäßige Bearbeiten des Dispositionsergebnisses. Denn die Disposition ist dafür verantwortlich, dass die Nachversorgung rechtzeitig angestoßen wird und so Fehlteilesituationen aufgelöst werden.

[+]

Weiterführende Informationen

Zur Bearbeitung des Dispositionsergebnisses möchten wir auf folgendes Buch verweisen: »Disposition mit SAP« von Ferenc Gulyássy, Marc Hoppe, Oliver Köhler und Binoy Vithayathil (SAP PRESS).

Zuerst möchten wir Ihnen das Fehlteileinformationssystem vorstellen, das Sie über den folgenden Menüpfad aufrufen können: **SAP Menü • Logistik • Produktion • Fertigungssteuerung • Infosystem • Fehlteileinformationssystem**. Alternativ können Sie auch Transaktion CO24 wählen.

Beim Aufruf des Fehlteileinformationssystems können Sie entweder nach Reservierungen oder nach Aufträgen selektieren. Zu beiden Vorgehensweisen stehen Ihnen entsprechende Selektionsparameter zur Verfügung. Der Aufbau der Ergebnisliste wird über ein Layout bzw. Profil gesteuert. Dieses Layout bzw. Profil können Sie im Customizing über den folgenden Pfad pflegen: **SAP Customizing Einführungsleitfaden • Produktion • Fertigungssteuerung • Informationssystem • Profile für Fehlteileinformationssystem definieren**.

Im Standard existieren bereits die beiden Profile 000000000001 (Standardprofil: Materialsicht) und 000000000002 (Standardprofil: Auftragssicht). Beim Materialsichtprofil werden zu den einzelnen Materialien alle Bedarfe angezeigt, bei denen das jeweilige Material als Fehlteil aufgetreten ist. Diese Variante eignet sich für Materialdisponenten, die wissen möchten, welche Ihrer Materialien Fehlteile sind und wo diese benötigt werden. Beim Auftragssichtprofil werden zu jedem Auftrag, der den Selektionsbedingungen entspricht, die Fehlteile angezeigt. Diese Variante eignet sich für Fertigungsauftragsbearbeiter (Fertigungssteuerer), die wissen möchten, welche Ihrer Fertigungsaufträge Fehlteile aufweisen und um welche Fehlteile es sich dabei handelt.

Neben den Standardprofilen können Sie auch eigene Profile über den bereits erwähnten Customizing-Pfad anlegen. Beachten sollten Sie noch, dass Sie mit dem Fehlteileinformationssystem lediglich Fehlteile aus Fertigungsaufträgen auswerten; Fehlteile aus Planaufträgen werden nicht berücksichtigt.

Als Alternative zum Fehlteileinformationssystem können Sie das Auftragsinformationssystem einsetzen, dass Sie über den Menüpfad **SAP Menü • Logistik • Produktion • Fertigungssteuerung • Infosystem • Auftragsinformationssystem** oder über Transaktion COOIS finden.

Im Auftragsinformationssystem stehen Ihnen umfangreiche Selektionsbedingungen zur Verfügung. Damit Sie das Auftragsinformationssystem zur Fehlteileauswertung nutzen können, müssen Sie das Kennzeichen **Fehlteil** in der Selektionsmaske setzen (siehe Abbildung 7.6).

Indem Sie das Kennzeichen **Fehlteil** setzen, werden alle Reservierungen und Sekundärbedarfe bezüglich des Fehlteileindex ausgewertet. Ähnlich wie im Fehlteileinformationssystem können Sie auch im Auftragsinformationssystem eine material- oder aufgabenorientierte Anzeige wählen:

- Bei der *materialorientierten Anzeige* werden alle Bedarfe zu einem Material angezeigt, bei denen dieses Material als Fehlteil identifiziert wurde.

- Bei der *aufgabenorientierten Anzeige* werden alle Materialien zu einem Auftrag angezeigt, die als Fehlteile identifiziert wurden.

Selektion auf Komponentenebene

Komponente		bis		
Werk		bis		
Lagerort		bis		
Bedarfstermin		bis		
Selektionsschema				
Systemstatus	☐ Exkl.	und	☐ Exkl.	
☐ Fehlteil				

Abbildung 7.6 Fehlteilekennzeichen im Auftragsinformationssystem

Die jeweilige Anzeigenvariante können Sie im Selektionsmenü angeben. Nach dem Starten des Auftragsinformationssystems wird Ihnen ein Ergebnis angezeigt (siehe Abbildung 7.7).

Auftragsinfosystem - Komponenten

Auftrag	Material	Stl.Pos.	BedTerm	BedMenge	EntMng	Einheit	Materialkurztext	Charge	Folge	Vorgang	Position	Werk	Lagerort	Typ	Status
10004...	D_1001	0010	19.04.2022	95	0	ST	Racing-Ski (Roh)		0	0010	1	TD12			EROF
1000474	D_1002	0020		95	0	ST	Profi Bindung		0	0010	2	TD12			EROF
10531	D_1001	0010	14.04.2022	95	0	ST	Racing-Ski (Roh)				1	TD12			
10531	D_1002	0020		95	0	ST	Profi Bindung				2	TD12			
13900	D_1001	0010	05.04.2022	5	0	ST	Racing-Ski (Roh)				1	TD12			
13900	D_1002	0020		5	0	ST	Profi Bindung				2	TD12			
13899	D_1001	0010	04.04.2022	10	0	ST	Racing-Ski (Roh)				1	TD12			
13899	D_1002	0020		10	0	ST	Profi Bindung				2	TD12			
1000222	123	0010	18.11.2022	1,530	0	M	Kanten (Stahl)		0	0010	1	TD12	2000		EROF
1000222	124	0020		1,500	0	M	Fasergelege (Polyester)		0	0010	2	TD12			EROF
1000222	126	0030		1,530	0	M	Aluminiumlegierung		0	0010	3	TD12	2000		EROF
1000222	127	0040		1,530	0	M	Holzkern		0	0010	4	TD12	2000		EROF
1000222	138	0050		0,005	0	KG	Schrauben		0	0030	5	TD12	2000		EROF
1000222	139	0060		100	0	ML	Komponetenkleber		0	0020	6	TD12	2000		EROF
1000107	126	0010	22.05.2022	1,020	1,020	M	Aluminiumlegierung		0	0010	1	TD12	1000		FREI
1000107	127	0020		1,020	1,020	M	Holzkern		0	0010	2	TD12	2000		FREI
1000108	126	0010		1,020	1,020	M	Aluminiumlegierung		0	0010	1	TD12	1000		FREI
1000108	127	0020		1,020	1,020	M	Holzkern		0	0010	2	TD12	2000		FREI
1000109	126	0010		1,020	1,020	M	Aluminiumlegierung		0	0010	1	TD12	1000		FREI
1000109	127	0020		1,020	1,020	M	Holzkern		0	0010	2	TD12	2000		FREI
1000092	125	0010	07.05.2022	1,020	0	M	Fasergelege (Karbon)		0	0010	1	TD12	1000		DRUC FREI
1000092	126	0020		1,020	1,020	M	Aluminiumlegierung		0	0010	2	TD12	2000		DRUC FREI
1000092	127	0030		1,020	1,020	M	Holzkern		0	0010	3	TD12	2000		DRUC FREI
1000088	123	0010	24.04.2022	1,530	0	M	Kanten (Stahl)		0	0010	1	TD12	2000		DRUC FREI
1000088	124	0020		1,500	0	M	Fasergelege (Polyester)		0	0010	2	TD12	1000		DRUC FREI
1000088	126	0030		1,530	0	M	Aluminiumlegierung		0	0010	3	TD12	1000		DRUC FREI
1000088	127	0040		1,530	0	M	Holzkern		0	0010	4	TD12	1000		DRUC FREI

Abbildung 7.7 Ergebnis der Fehlteileauswertung im Auftragsinformationssystem

Die Feldauswahl sowie die Sortierung und Gruppierung der angezeigten Einträge, können Sie über selbst erstellte Profile bzw. Layouts steuern. Diese müssen Sie nicht im Customizing pflegen, sondern Sie können sie direkt in der Transaktion pflegen.

Aufgrund der Problematik, dass im Fehlteileinformationssystem keine Planaufträge berücksichtigt werden, empfehlen wir Ihnen, das Auftragsinformationssystem einzusetzen. Beachten Sie hierbei aber, dass die Fehlteileauswertung kein Ersatz für die

Abarbeitung des Dispositionsergebnisses ist. Bei einem Material können neben den Bedarfen aus der Produktionslogistik (Fertigungsaufträge und Planaufträge) auch verschiedene andere Bedarfe auftreten (wie z. B. Kundenaufträge, Umlagerungsabrufe usw.). Um auch diese Bedarfe entsprechend zu berücksichtigen, ist es zwingend erforderlich, neben der Fehlteileauswertung auch das Dispositionsergebnis zu bearbeiten.

7.4 Fehlteileinformationsmeldung

Ein Teil des Fehlteilemanagements in SAP ERP ist die Fehlteileinformationsmeldung. Grundlage für diese Funktionalität ist, dass Fehlteile identifiziert und entsprechend markiert wurden (siehe Abbildung 7.2 weiter vorne). Wenn das betreffende Material (Fehlteil) anschließend wieder vom Lieferanten geliefert und ein Wareneingang gebucht wird, wird geprüft, ob das Material in einem definierten Zeitraum einen Fehlteileindex aufweist. Wenn dies der Fall ist, wird dem Fehlteiledisponenten eine Informations-E-Mail geschickt, dass das Fehlteil jetzt wieder eingetroffen ist.

7.4.1 Notwendige Einstellungen

Wir erklären nun die notwendigen Einstellungen für die Fehlteileinformationsmeldung und den Ablauf der Funktion.

Fehlteileprüfung aktivieren

Um die Fehlteileinformationsmeldung zu nutzen, müssen Sie zunächst die Fehlteileprüfung aktivieren. Mit der Aktivierung der Fehlteileprüfung wird bei jedem Wareneingang geprüft, ob es sich um ein Fehlteil handelt. Sobald es sich beim gebuchten Material um ein Fehlteil handelt, wird zum einen eine Warnmeldung ausgegeben und zum anderen eine E-Mail an den zuständigen Disponenten geschickt.

Die Einstellungen nehmen Sie im Customizing über den folgenden Pfad vor: **SAP Customizing Einführungsleitfaden • Materialwirtschaft • Bestandsführung und Inventur • Wareneingang • Fehlteileprüfung einstellen**. Alternativ können Sie auch Transaktion OMBC aufrufen.

Im Customizing-Punkt **Fehlteileprüfung einstellen** wählen Sie zuerst den Schritt **Fehlteile aktiv** und gelangen so in das in Abbildung 7.8 gezeigte Bild.

Mit dem Kennzeichen **Fehlteile aktiv** können Sie die Fehlteileprüfung für ein Werk aktivieren. Mit der Aktivierung wird bei jedem Wareneingang sowie bei jeder Zugangs- oder Umbuchung geprüft, ob es sich bei dem gebuchten Material um ein Fehlteil handelt. Damit, wie bereits beschrieben, eine Warnmeldung ausgegeben und eine Informations-E-Mail verschickt wird, sind weitere Einstellungen erforderlich.

Sicht "Fehlteile" ändern: Übersicht

Werk	Name 1	Fehlteile aktiv	Fehlteile verdichten
W071	Chefkoch HD	☑	☐
W072	Chefkoch M	☑	☐

Abbildung 7.8 Fehlteileprüfung aktivieren

Das zweite Kennzeichen **Fehlteile verdichten** (siehe Abbildung 7.8) wirkt sich auf den Aufbau der Informations-E-Mail aus. Wenn Sie das Kennzeichen **Fehlteile verdichten** für ein Werk setzen, wird die Informations-E-Mail entsprechend verdichtet. Das heißt, dass der Anwender pro Materialbeleg lediglich eine Informations-E-Mail erhält, in der alle Fehlteile zusammengefasst sind. Wenn Sie das Kennzeichen nicht setzen, wird die Informations-E-Mail nicht pro Materialbeleg, sondern pro Materialbelegposition versendet. Inhalt der E-Mail sind ebenfalls alle Belege, für die das Material gebraucht wird.

Ob Sie das Kennzeichen **Fehlteile verdichten** setzen, sollten Sie davon abhängig machen, wie viele Fehlteile bei Ihnen auftreten. Ist die Anzahl der Fehlteile eher überschaubar, können Sie auf ein Verdichten der Fehlteile-E-Mails verzichten.

Die bereits genannte Customizing-Transaktion OMBC gibt Ihnen die Schritte, die Sie für den Einsatz der Fehlteileinformation durchführen müssen, vor. Das bedeutet, dass Sie als Nächstes die Einstellungen der Verfügbarkeitsprüfung vornehmen. Wie bereits erwähnt, wird bei jeder Warenbewegung geprüft, ob es ein Fehlteil für das jeweilige Material gibt. Genau diese Prüfung wird über die Verfügbarkeitsprüfung durchgeführt.

Für die Verfügbarkeitsprüfung bei Warenbewegungen haben Sie die Möglichkeit, eigene Prüfregeln anzulegen, wie wir es Ihnen bereits in Kapitel 4 und 5 vorgestellt haben. In der Standardauslieferung hat SAP die Prüfregel 03 für die Warenbewegungen vorgesehen, die Sie aber auch durch eigene Prüfregeln ersetzen können.

Prüfregel und Prüfumfang

Für die Prüfregel, die Sie für die Warenbewegungen vorsehen, müssen Sie jetzt in Kombination mit den für Sie relevanten Prüfgruppen Prüfumfänge anlegen (siehe auch hierzu Kapitel 4 und Kapitel 5). Diese Einstellungen nehmen Sie über den Punkt **Prüfregel festlegen** vor. Die wichtigste Einstellung im Prüfumfang ist der Prüfhorizont, für den wir in Abbildung 7.9 ein Beispiel zeigen.

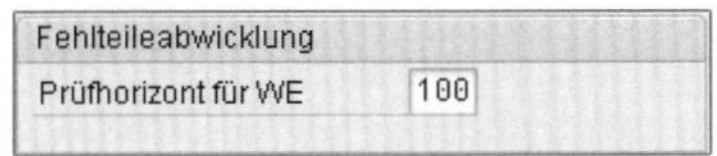

Abbildung 7.9 Einstellungen für die Fehlteileabwicklung

Wie es Abbildung 7.9 zeigt, geben Sie im Feld **Prüfhorizont für WE** eine Anzahl Tage vor. Bei einer relevanten Warenbewegung sucht das System genau für diese Anzahl von Tagen, vom Buchungsdatum ausgehend, in der Zukunft, ob es Bedarfe gibt, die dieses Material benötigen und die eine Fehlmenge aufweisen. Entsprechende Bedarfe sind im SAP-System mit einem Fehlteileindex versehen, der vom System an dieser Stelle ausgewertet wird. Der hier eingegebene Wert dient zum Start des Workflows für die Fehlteileinformation. Das bedeutet, dass nur, wenn ein Wert gepflegt wurde, eine Fehlteile-E-Mail versendet werden kann.

Das Feld **Prüfhorizont für WE** wird nur bei der Verfügbarkeitsprüfung von Warenbewegungen berücksichtigt, bei allen anderen Prüfumfängen bzw. Prüfungen bleibt das Feld jedoch unberücksichtigt. Darüber hinaus müssen Sie im Prüfumfang für die Fehlteileabwicklung zwingend die Option **Verfügbarkeitsprüfung** unter **Berücksichtigung der Wiederbeschaffungszeit** aktivieren. Das bedeutet, dass nur, wenn Sie das Feld **Ohne WBZ prüfen** nicht markiert haben und dadurch die Wiederbeschaffungszeit in der Verfügbarkeitsprüfung berücksichtigt wird, eine Fehlteileprüfung durchgeführt werden kann. Die weiteren Einstellungen, die Sie im Prüfumfang vornehmen, sind nicht für die Fehlteileabwicklung von Belang, sondern für die dynamische Verfügbarkeitsprüfung. Deshalb verweisen wir an dieser Stelle für die weiteren Einstellungen auf die in Kapitel 5 beschriebene Vorgehensweise.

Zuordnung zu Transaktion/Bewegungsart

In zwei weiteren Schritten des Customizing-Punkts **Fehlteileprüfung einstellen** haben Sie die Möglichkeit, Ihre selbst definierte Prüfregel oder die SAP-Standard-Prüfregel einem Transaktionscode oder auch einer Bewegungsart zuzuordnen. In Abbildung 7.10 zeigen wir Ihnen ein Beispiel für die Zuordnung.

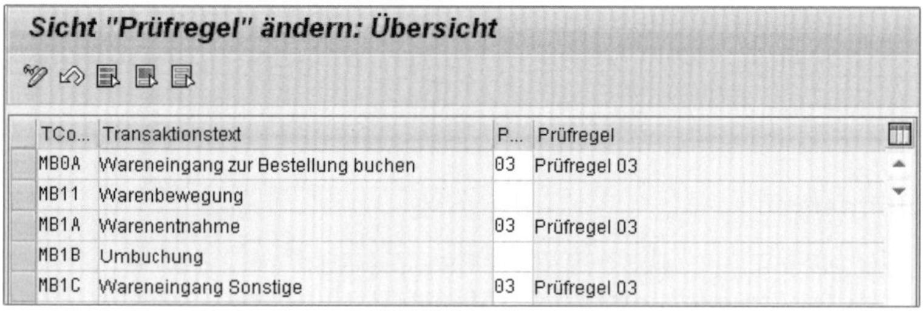

Sicht "Prüfregel" ändern: Übersicht

TCo...	Transaktionstext	P...	Prüfregel
MB0A	Wareneingang zur Bestellung buchen	03	Prüfregel 03
MB11	Warenbewegung		
MB1A	Warenentnahme	03	Prüfregel 03
MB1B	Umbuchung		
MB1C	Wareneingang Sonstige	03	Prüfregel 03

Abbildung 7.10 Prüfregel einer Transaktion zuordnen

Für Transaktion MB1C wurde die Prüfregel 03 zugeordnet. Das bedeutet, dass, wenn Sie einen Wareneingang mit Transaktion MB1C buchen, für die Verfügbarkeitsprüfung die Prüfregel 03 gezogen wird. Zusammen mit der Prüfgruppe, die aus dem Materialstamm kommt, wird der zuständige Prüfumfang ermittelt, nach dem die Prüfung durchgeführt wird. Wenn im entsprechenden Prüfumfang ein Prüfhorizont für den Wareneineingang gepflegt wurde und die Prüfung unter Berücksichtigung der Wiederbeschaffungszeit aktiv ist, wird eine Fehlteileprüfung durchgeführt und im Bedarfsfall eine Fehlteileinformations-E-Mail versandt.

Neben einem Transaktionscode können Sie die Prüfregeln auch einer Bewegungsart zuordnen (siehe Abbildung 7.11).

Sicht "Prüfregel Fehlteile" ändern: Übersicht

B...	Bewegungsartentext	W...	M...	S	B...	Zug	Vbr	Prüfregel
101	WE zur Anlage	☐	☐		B		A	
101	WE zum Kundenauftrag	☐	☐		B		E	03
101	WE zum KundAuftrBest	☐	☐		B		P	03
101	WE zur Kontierung	☐	☐		B		V	03

Abbildung 7.11 Prüfregel einer Bewegungsart zuordnen

Wenn Sie einen Wareneingang zur Bestellung buchen und der entsprechenden Bewegungsart eine Prüfregel zugeordnet ist, wird eine Fehlteileprüfung durchgeführt. Sie können dabei entscheiden auf welcher Detaillierungsebene Sie die Zuordnung der Prüfregel vornehmen. Die Wirkung ist identisch, unabhängig von der Transaktions- oder der Bewegungsartzuordnung.

Disponenten pflegen

Im nächsten Abschnitt pflegen Sie den Disponenten, an den die Informations-E-Mail versandt werden soll. Um den Empfänger festzulegen, haben Sie zwei unterschiedliche Möglichkeiten: Zum einen können Sie einen zentralen Fehlteiledisponenten für ein Werk festlegen, der dann immer entsprechend informiert wird, und zum anderen ist es möglich, dass jeder einzelne verantwortliche Disponent informiert wird.

Einen zentralen Fehlteiledisponenten können Sie über den folgenden Customizing-Pfad pflegen: **SAP Customizing Einführungsleitfaden • Produktion • Bedarfsplanung • Stammdaten • Fehlteiledisponenten festlegen**. In Abbildung 7.12 zeigen wir Ihnen die Pflege des Fehlteiledisponenten.

Sicht "Fehlteiledisponent" ändern: Übersicht

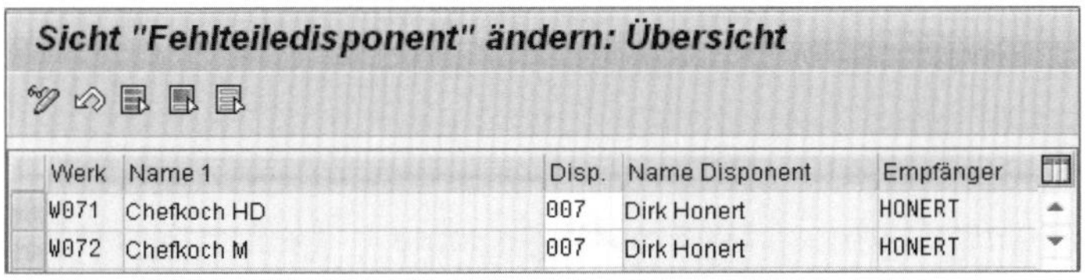

Werk	Name 1	Disp.	Name Disponent	Empfänger
W071	Chefkoch HD	007	Dirk Honert	HONERT
W072	Chefkoch M	007	Dirk Honert	HONERT

Abbildung 7.12 Fehlteiledisponenten pflegen

Wie Sie es in Abbildung 7.12 sehen, können Sie pro Werk einen Disponenten festlegen, der sich um die Rückstandsbearbeitung und Fehlteilebearbeitung kümmert. Damit der entsprechende Disponent auch eine Fehlteileinformationsmeldung erhält, muss im Disponentenstammsatz ein Empfänger hinterlegt worden sein, der an dieser Stelle nicht gepflegt werden kann, sondern lediglich angezeigt wird.

Das System versucht immer erst, die Fehlteileinformations-E-Mail an den verantwortlichen Disponenten zu schicken. Wenn für diesen Disponenten allerdings kein Empfänger (keine Adresse) ermittelt werden kann, informiert das System den Fehlteiledisponenten. Sie sollten also in jedem Fall einen Fehlteiledisponenten pflegen, damit keine Informationsmeldung verloren geht. Es hat sich in Projekten auch bewährt, für den Fehlteiledisponenten keinen neuen Disponenten (kein neues Disponentenkürzel) anzulegen, sondern stattdessen einen von den schon vorhandenen Disponenten zusätzlich zum Fehlteiledisponenten zu ernennen.

Damit die betroffenen Disponenten eine Informationsmeldung erhalten, muss zu jedem Disponenten ein entsprechender Empfänger hinterlegt werden. Die entsprechenden Einstellungen nehmen Sie über den Customizing-Pfad **SAP Customizing Einführungsleitfaden • Produktion • Bedarfsplanung • Stammdaten • Disponenten festlegen** vor. Abbildung 7.13 zeigt die Pflege eines Disponenten im Customizing, die sie alternativ über Transaktion OMDO aufrufen können.

Abbildung 7.13 Disponenten pflegen

Für die Fehlteilebenachrichtigung muss ein **Empfängername** mit einer passenden **Empfängerart** für den Disponenten hinterlegt werden, an den dann die entsprechende Informations-E-Mail geschickt wird. Für die eigentliche Fehlteileprüfung haben Sie damit alle Einstellungen vorgenommen.

Nachrichtenfindung für Fehlteileprüfung einstellen

Bevor eine Fehlteilenachricht verschickt werden kann, müssen Sie die entsprechende Nachrichtenfindung einstellen. Mit dem Report RM07NCU2, den Sie in Transaktion SA38 oder SE38 starten können, werden die notwendigen Tabelleneinstellungen für die Nachrichtenfindung aus dem Mandanten 000 in den jeweiligen Zielmandaten kopiert. Kontrollieren Sie anschließend als Erstes die benötigte Nachrichtenart über den Customizing-Pfad **SAP Customizing Einführungsleitfaden • Materialwirtschaft • Bestandsführung und Inventur • Nachrichtenfindung • Nachrichtenarten pflegen**.

Für die Fehlteileabwicklung wird die Nachrichtenart MLFH benötigt. Für diese Nachrichtenart müssen Sie eine Partnerrolle **DP Disponent** pflegen und als Medium **7 einfaches Mail** hinterlegen (siehe Abbildung 7.14).

Abbildung 7.14 Nachrichtenfindung für Fehlteileprüfung

Unter dem Punkt **Mailtitel und -texte** sollten Sie in allen möglichen Anmeldesprachen einen E-Mail-Titel hinterlegen (z. B. »Ihr(e) Fehlteile(e) ist/sind gerade eingetroffen!«). Zu diesem E-Mail-Titel müssen Sie dann noch einen entsprechenden E-Mail-Text verfassen (z. B. »Das unten aufgeführte Material ist ein Fehlteil und wurde gerade geliefert.«). Dieser E-Mail-Text muss keine Variablen enthalten. Die Fehlteileinformation (z. B. die Materialnummer) wird dem Text beim Erstellen der E-Mail automatisch hinzugefügt.

Konditionen pflegen

Neben der Nachrichtenart müssen noch entsprechende Konditionen gepflegt werden. Rufen Sie dazu den Customizing-Pfad **SAP Customizing Einführungsleitfaden • Materialwirtschaft • Bestandsführung und Inventur • Nachrichtenfindung • Konditionen pflegen** auf, und legen Sie anschließend den in Abbildung 7.15 gezeigten Konditionssatz für die Nachrichtenart MLFH an.

Konditionssätze (WE Fehlteilemeldung) ändern: Schnelländerung

Kommunikation

Konditionssätze

F	Bezeichnung	Rolle	Partner	M...	Zeit...	Spra...
✓	ja	AP	Dummy-Empfänger für Nachricht	7	4	DE
☐						

Abbildung 7.15 Konditionssatz für die Fehlteileprüfung

Sie haben die Möglichkeit, dem Anwender nicht nur eine Informationsmeldung zu schicken, sondern Sie können mit dieser E-Mail auch Absprünge in diverse Transaktionen erlauben. Rufen Sie dazu die Funktion **Kommunikation** (siehe Abbildung 7.15) aus der Bearbeitung der Konditionssätze auf, und bestätigen Sie anschließend die Anlage eines Dummy-Empfängers. Wählen Sie dann im SAPoffice-Menü den Pfad **Springen • Ausführparameter**. Dort haben Sie dann die Möglichkeit, Absprünge in die Transaktionen CO06, MB03 und ME23 zu hinterlegen. Als Parameter müssen Sie dann noch die folgenden Werte hinterlegen:

- `CAUFVD-MATNR ID: MAT`
- `CAUFVD-WERKS ID: WRK`
- `CAUFVD-PRREG ID: PRR`

Damit haben Sie alle Einstellungen für die Nachrichtenfindung vorgenommen.

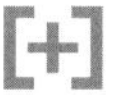

Weiterführende Informationen

Das Buch »SAP-Materialwirtschaft – Customizing« von Ernst Greiner (SAP PRESS) behandelt das Thema der Nachrichtenfindung ausführlicher, als wir es hier können. Dort werden die beschriebenen Schritte eingehend dokumentiert.

Wie wir es beschrieben haben, wird neben der Fehlteileinformations-E-Mail auch eine Meldung bei der eigentlichen Warenbewegungsbuchung ausgegeben.

Systemmeldungen bei der Fehlteileprüfung

Im Standard stehen Ihnen die beiden Systemmeldungen M7 133 und M7 134 für die Fehlteileprüfung zur Verfügung. Die Eigenschaften dieser Systemmeldungen können Sie über den folgenden Menüpfad festlegen: **SAP Customizing Einführungsleitfaden • Materialwirtschaft • Bestandsführung und Inventur • Eigenschaften der Systemmeldungen festlegen**.

Für diese beiden Systemmeldungen haben Sie die Möglichkeit, den Meldungstyp zu verändern. Nur wenn Sie hier für die beiden Meldungen den Meldungstyp W (Warnung) eingeben, wird eine entsprechende Meldung im Bedarfsfall bei der Buchung ausgegeben. Damit haben Sie jetzt alle notwendigen Einstellungen für die Fehlteileabwicklung vorgenommen.

7.4.2 Ablauf der Fehlteileabwicklung

Wenn Sie im System einen Wareneingang buchen, überprüft das System, ob für den entsprechenden Transaktionscode oder für die von Ihnen gewählte Bewegungsart eine Prüfregel hinterlegt ist. Wenn das der Fall ist, wird im nächsten Schritt über die Prüfgruppe, die aus dem Materialstamm des gebuchten Materials ermittelt wird, der Prüfumfang ermittelt. Dieser Prüfumfang muss für die Durchführung der Fehlteileabwicklung über eine Einstellung zum Prüfhorizont für den Wareneineingang verfügen und bei der Verfügbarkeitsprüfung die Wiederbeschaffungszeit berücksichtigen.

Der Prüfhorizont gibt das Intervall für die Zukunft vor, in dem das System nach Bedarfen für dieses Material sucht, bei denen der Fehlteilindex in Folge von Fehlmengen gesetzt wurde. Wenn die Systemmeldungen, wie beschrieben, aktiviert wurden, wird dem Anwender eine entsprechende Meldung angezeigt.

Anschließend wird der zuständige Disponent ermittelt. Wenn für diesen Disponenten kein Empfänger gepflegt wurde, wird als Nächstes der Fehlteiledisponent für das Werk ermittelt. Weist auch dieser Disponent keinen Empfänger auf, wird keine Nachricht versandt. Wenn ein Empfänger ermittelt werden kann, wird die bereits beschriebene E-Mail mit der Fehlteileinformation versandt und landet beim Empfänger im SAPoffice-Postfach.

Mit der Fehlteileabwicklung können Sie die Kommunikationswege verbessern und so dafür sorgen, dass Fehlteilesituationen schnellstmöglich bereinigt bzw. geklärt werden.

7.5 Zusammenfassung

In diesem Kapitel haben wir Ihnen das Fehlteilemanagement mit SAP ERP vorgestellt, dessen Schwerpunkt sicher im Bereich der Produktionslogistik liegt. Das Fehlteilemanagement können wir in die Bereiche Fehlteileidentifizierung, Fehlteileauswertung und Fehlteileinformationsmeldung unterteilen, die in SAP ERP mit Funktionen unterstützt werden. Ein wichtiges Ziel der Verfügbarkeitsprüfung ist die Identifizierung von Fehlteilen, was in der Produktionslogistik durch die Prüfung von Plan- und Fertigungsaufträgen erreicht wird.

Nach der Fehlteileidentifizierung müssen diese Fehlteile überwacht werden. Zum einen obliegt diese Überwachung der Disposition, die dafür regelmäßig das Dispositionsergebnis bearbeiten muss, zum anderen stehen Ihnen in SAP ERP Auswertetransaktionen zu Verfügung, mit denen Sie diese Fehlteileüberwachung realisieren können.

Mit der Fehlteileinformationsmeldung können Sie die Kommunikation in Fehlteilesituationen verbessern. Mit dieser Funktionalität wird der verantwortliche Mitarbeiter umgehend informiert, wenn ein Fehlteilewareneingang gebucht wird, und kann so direkt die nächsten Maßnahmen anstoßen (z. B. die umgehende Versorgung der Bedarfe, die auf dieses Fehlteile warten).

Das Fehlteilemanagement ist eine Bearbeitung des Ergebnisses der Verfügbarkeitsprüfung, die sich allerdings auf die Produktionslogistik beschränkt. Im nächsten Kapitel stellen wir Ihnen die Rückstandsbearbeitung vor, die sich dieser Problematik im Bereich des Vertriebs widmet.

Kapitel 8
Rückstandsbearbeitung in SAP ERP

Nicht bestätigte oder nicht zum Wunschtermin bestätigte Bedarfe müssen nachbearbeitet werden. Neben dem Fehlteilemanagement ist auch diese Rückstandsbearbeitung von besonderer Bedeutung, um Lieferversprechen einzuhalten.

Bei der Rückstandsbearbeitung handelt es sich um ein wichtiges Werkzeug der Verfügbarkeitsprüfung. Mit diesem Werkzeug können Sie Bedarfe, die im Rückstand sind, diagnostizieren und die Ergebnisse der Verfügbarkeitsprüfung übersteuern.

So können Sie zum Beispiel eine bestätigte Menge eines oder mehrerer Bedarfe eines Produktes über eine andere Menge von ausgewählten Bedarfen des Produktes, die nicht bestätigt sind, neu verteilen. Mit dieser Umverteilung können Sie die unterschiedlichen Prioritäten der Bedarfe berücksichtigen.

8.1 Negative Prüfungsergebnisse

Die Bedeutung der ERP-Verfügbarkeitsprüfung wird erst deutlich, wenn Sie einen Mangel verwalten müssen, d. h., wenn die Nachfrage nach Ihren Produkten Ihre Planung und Ihre Output-Mengen übersteigt. Nachdem wir Ihnen die Methoden der Verfügbarkeitsprüfung in SAP ERP ausführlich vorgestellt haben, geht es jetzt darum, wie Sie mit einem negativen Prüfungsergebnis umgehen. Unter einem *negativen Ergebnis* ist dabei zu verstehen, dass dem Kundenwunsch in irgendeiner Weise nicht entsprochen werden konnte.

In diesem Fall müssen Sie die Entscheidung treffen, welche Bedarfe priorisiert behandelt werden oder welche Bedarfe vorerst zurückgestellt werden sollen. In Abbildung 8.1 zeigen wir ein Beispiel einer Bedarfs-/Bestandssituation, in der die bestätigten Mengen neu verteilt werden müssen.

Ein Kundenauftrag ❶ wurde angelegt und konnte zu seinem Wunschliefertermin bestätigt werden. Als dieser Kundenauftrag angelegt wurde, existierte bereits der Zugang ❷ über 100 Stück, und somit stand die komplette Menge als ATP-Menge zur Bestätigung zur Verfügung.

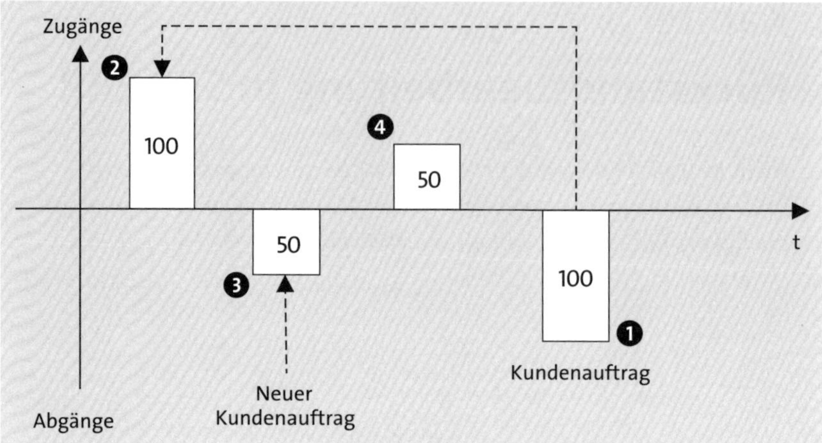

Abbildung 8.1 Beispiel einer Rückstandssituation

Anschließend wird ein zweiter Kundenauftrag ❸ angelegt. Für diesen Kundenauftrag besteht ein kurzfristiger Wunschliefertermin des Kunden, der vor dem Wunschliefertermin des ersten Kundenauftrags liegt. Außerdem hat der zweite Kundenauftrag eine höhere Lieferpriorität, da der Kunde von großer Bedeutung für das Unternehmen ist. Trotz dieser Anforderungen kann der Kundenauftrag nicht bestätigt werden, da nicht genügend freie ATP-Menge zur Verfügung steht.

In Abhängigkeit davon, wie mit nicht bestätigten Kundenaufträgen umgegangen wird, wird der zweite Kundenauftrag als dispositionsrelevant im System angelegt oder nicht. Nach einem Bedarfsplanungslauf wird dann für die fehlende Menge ein neuer Zugang ❹ erstellt.

Wie Sie es in Abbildung 8.2 in Abschnitt 8.2 sehen, erfolgt dieser Zugang aufgrund der kurzen Wiederbeschaffungszeit immer noch deutlich vor dem Wunschtermin des ersten Kundenauftrags. Nach einer erneuten Verfügbarkeitsprüfung des zweiten Kundenauftrags könnte dieser gegen die ATP-Menge des zweiten Zugangs bestätigt werden. Die Bestätigung würde also nicht zum Kundenwunschtermin, sondern zum Termin des zweiten Zugangs erfolgen.

Ohne Rückstandsbearbeitung oder Neuterminierung würde sich jetzt an dieser Situation nichts mehr ändern. Aufgabe dieser beiden Funktionen ist es jedoch, hier eine Umverteilung vorzunehmen. Das bedeutet, dass Kundenauftrag ❸ gegen den Zugang ❷, Kundenauftrag ❶ gegen den Zugang ❷ und die Restmenge gegen den Zugang ❹ bestätigt werden sollte. Damit könnten beide Kundenwunschtermine gehalten werden.

In Kapitel 7 zum Fehlteilemanagement haben wir gezeigt, wie man innerhalb der Produktionslogistik mit Bedarfen umgeht, die kurzfristig nicht gedeckt werden können. Jetzt stellen wir Ihnen vor, welche Möglichkeiten Sie dazu im Vertrieb haben. Hierbei ist zwischen der manuellen und der automatisierten Rückstandsbearbeitung, der Neuterminierung, zu unterscheiden. Diese beiden Funktionen erläutern wir Ihnen in den nächsten beiden Abschnitten.

Alternative Rückstandsbearbeitungen

In SAP APO steht Ihnen als Alternative zur Rückstandsbearbeitung das BOP (Back Order Processing) zur Verfügung auf das wir in Teil IV dieses Buches ausführlich eingehen. SAP S/4HANA bietet Ihnen im Rahmen von aATP mit dem BOP ebenfalls eine Möglichkeit der Rückstandsbearbeitung, auf die wir in Teil III dieses Buches ausführlich eingehen.

8.2 Manuelle Rückstandsbearbeitung

Für die manuelle Rückstandsbearbeitung stehen Ihnen zwei Transaktionen zur Auswahl, V_RA (Rückstandsbearbeitung: Auswahlliste) und CO06 (Rückstandsbearbeitung: Einstieg).

Über die Liste der Vertriebsbelege (Transaktion V_RA) haben Sie die Möglichkeit, bedarfsrelevante Informationen zu selektierten sowie Materialien anzuzeigen, und Sie können direkt aus der Liste die zum Material selektierten Verkaufsbelege bearbeiten.

Wir demonstrieren Ihnen die Schritte für die Rückstandsbearbeitung anhand des in Abbildung 8.1 bereits gezeigten Beispiels; Ausgangspunkt ist die in Abbildung 8.2 gezeigte Bedarfs-/Bestandssituation.

Abbildung 8.2 Bedarfs-/Bestandssituation

Kundenauftrag 5120 Position 10 hat den Kundenwunschtermin 27.04.2022. Da keine freien ATP-Mengen mehr vorhanden waren, lieferte die ATP-Verfügbarkeitsprüfung den Liefervorschlag 08.07.2022 (Ende der Wiederbeschaffungszeit). Dieser Liefervorschlag wurde vom Kunden nicht akzeptiert, sodass der Kundenauftrag ohne Bestätigung gesichert wurde. Der Kundenauftrag wurde zum 27.04.2022 dispositionsrelevant, da das Kennzeichen **Termin fix** nicht gesetzt wurde (siehe Abschnitt 4.2). Im Rahmen der Rückstandsbearbeitung wird die Liste der Vertriebsbelege aufgerufen (siehe Abbildung 8.3), um für den Kundenauftrag doch noch eine Möglichkeit zu finden, zum Wunschliefertermin des Kunden zu bestätigen. Dies machen Sie über den Menüpfad **SAP Menü • Logistik • Vertrieb • Verkauf • Rückstandsbehandlung • Rückstandsbearbeitung • Vertriebsbelege.** Alternativ wählen Sie Transaktion V_RA.

Sie können die Transaktion mit einer Selektion über Materialstamm- oder Kundendaten aufrufen. Als Ergebnis werden Ihnen alle, den Selektionsbedingungen entsprechenden Vertriebsbelege angezeigt.

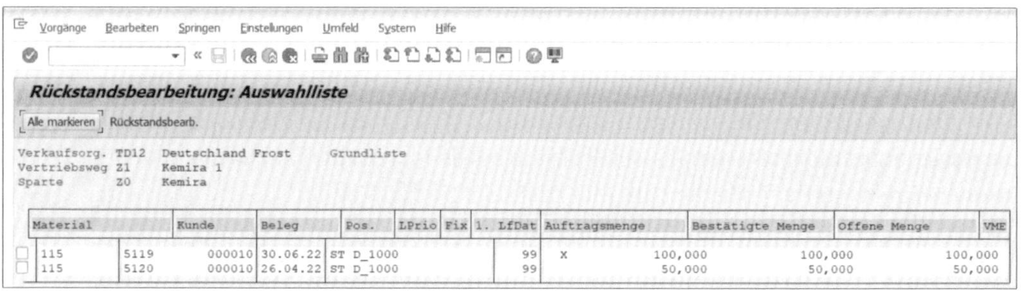

Abbildung 8.3 Liste der Vertriebsbelege

In unserem Beispiel werden die beiden vorhandenen Vertriebsbelege angezeigt, wobei Kundenauftrag 5120 keine bestätigte Menge hat (siehe Abbildung 8.3). Aus der Auswahlliste heraus haben Sie die Möglichkeit, in die einzelnen Vertriebsbelege abzuspringen. Markieren Sie dazu in der Auswahlliste den entsprechenden Vertriebsbeleg, und wählen Sie **Umfeld • Beleg**. Unter dem Menüpunkt **Umfeld** können Sie auch noch **Belegstatus** und **Belegfluss** sowie die **Belegänderungen** aufrufen. Sie müssen dazu lediglich einen Eintrag aus der Ergebnisliste markieren und die entsprechende Funktion aufrufen.

Aus der Liste heraus können Sie nach dem Markieren einzelner Positionen über **Bearbeiten • Rückstände** die Rückstandsbearbeitung aufrufen. Beachten Sie, dass die Rückstandsbearbeitung immer pro Material durchgeführt wird. Das bedeutet, dass, wenn Sie mehrere Einträge aus der Liste markiert haben, jedes Material einzeln aufgerufen wird.

Alternativ dazu können Sie die Rückstandsbearbeitung auch direkt über den folgenden Menüpfad aufrufen: **SAP Menü • Logistik • Vertrieb • Verkauf • Rückstandsbehandlung • Rückstandsbearbeitung • Material**, oder Sie wählen Transaktion CO06.

Als Selektionskriterium geben Sie beim Einstieg in Transaktion CO06 die entsprechenden Materialstammdaten ein. Es besteht auch die Möglichkeit, mit Transaktion CO06 Kundeneinzelaufträge zu bearbeiten. Dazu müssen Sie die Daten zum Kundenauftrag im Selektionsmenü eingeben. Sie können in einem solchen Fall auch nur die Objekte aus dem jeweiligen Kundeneinzelabschnitt bearbeiten.

Für unser Beispiel tragen wir die Selektionsparameter **Material** (D_1000), **Werk** (TD12) und **Prüfregel** (BO) ein. Die Prüfregel bestimmt den Prüfumfang, und entsprechend diesem wird die Ergebnisliste aufgebaut. Für die Prüfregel können Sie im Customizing je Werk einen Vorschlagswert hinterlegen, der beim Aufrufen der Rückstandsbearbeitung aus der Vertriebsbelegliste automatisch »gezogen« wird. Diesen Vorschlagswert können Sie aber beim manuellen Aufruf von Transaktion CO06 jederzeit durch eine andere Prüfregel ersetzen.

Den Vorschlagswert pflegen Sie im Customizing über den folgenden Menüpfad: **SAP Customizing Einführungsleitfaden • Vertrieb • Grundfunktionen • Verfügbarkeitsprüfung und Bedarfsübergabe • Verfügbarkeitsprüfung • Verfügbarkeitsprüfung nach ATP-Logik und gegen die Vorplanung • Prüfregel für Rückstandsbearbeitung festlegen**.

Im SAP-Standard ist die Prüfregel BO für die Rückstandsbearbeitung vorgesehen, Sie können aber auch eigene Prüfregeln anlegen und für die Rückstandsbearbeitung einsetzen.

Wie wir es bereits in Abschnitt 5.3 beschrieben haben, müssen Sie für die Kombination aus Ihrer Rückstandsprüfregel und allen von Ihnen eingesetzten Prüfgruppen einen *Prüfumfang* anlegen.

Der Prüfumfang gibt vor, welche Objekte beim Aufrufen der Rückstandsbearbeitung selektiert werden. Indem Sie z. B. im Prüfumfang weitere Zugänge, z. B. Bestellanforderungen, angeben, können Sie die ATP-Menge erhöhen und dadurch Vertriebsbelege bestätigen, die bisher nicht bestätigt werden konnten.

Eine wichtige Einstellung ist auch das Kennzeichen **Ohne WBZ prüfen** (Ohne Wiederbeschaffungszeit). Wenn Sie das Kennzeichen beim Prüfumfang für die Rückstandsbearbeitung nicht setzen, können Sie Vertriebsbelege außerhalb der Wiederbeschaffungszeit nicht bearbeiten. Wir empfehlen Ihnen deshalb, das Kennzeichen in jedem Fall zu setzen. Außerdem sollten Sie beim Prüfumfang alle Zugänge mitberücksichtigen und bei den Bedarfen lediglich Vertriebsbedarfe mit berücksichtigen. Ergebnis ist dann, dass eine maximale ATP-Menge ermittelt wird und Sie so einen entsprechenden Freiraum bei der Umverteilung haben.

Im Beispiel müssen wir im ersten Schritt einem Vertriebsbeleg die bestätigte Menge wegnehmen. Rufen Sie dazu, wie erwähnt, die Rückstandsbearbeitung mit der Prüfregel BO auf. Über den Prüfumfang wird eine ATP-Menge von 150 Stück ermittelt. In der Übersicht (siehe Abbildung 8.4) werden Ihnen zu unserem Beispielmaterial je Bedarfs- und Zugangstermin sowie Dispositionselement die Bedarfs- bzw. Zugangsmenge, die bisher bestätigte Menge und die kumulierte ATP-Menge angezeigt. Die ATP-Menge ist die Menge an Zugängen und Beständen, die noch für weitere Bedarfe zur Bestätigung verfügbar ist.

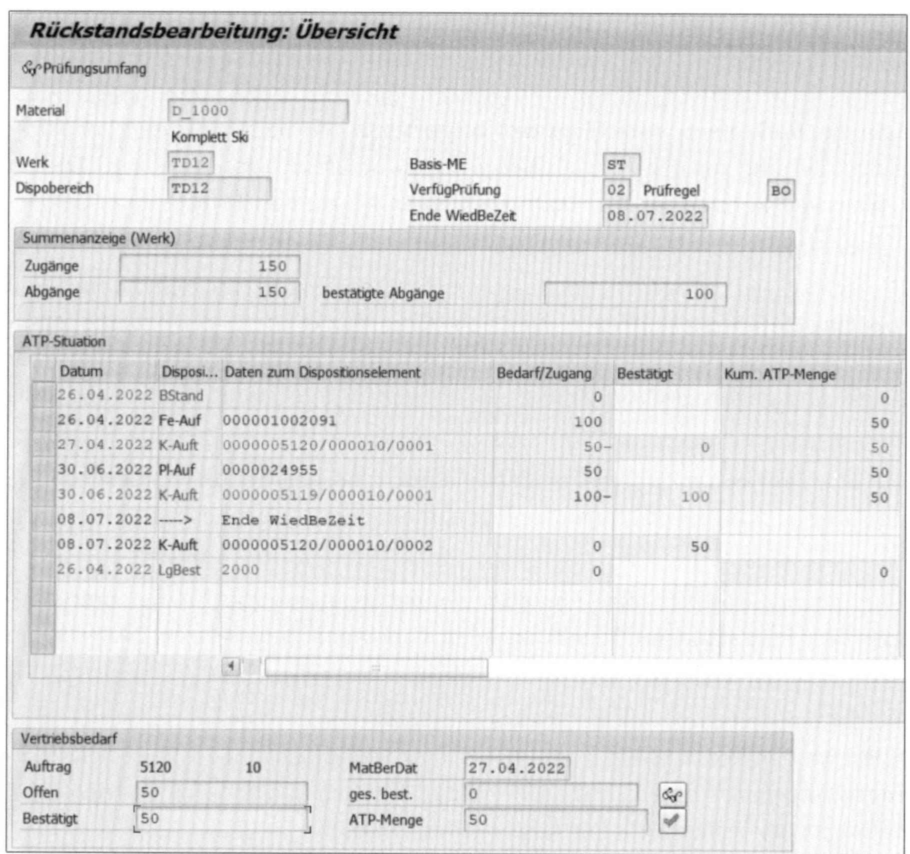

Abbildung 8.4 Neubestätigung eines Kundenauftrags mit der Rückstandsbearbeitung

Der Kundenauftrag 5120, der bisher nicht bestätigt ist, soll zum Wunschtermin des Kunden bestätigt werden. Markieren Sie dazu den Kundenauftrag in der Auswahlliste, und wählen Sie die Funktion **Bestätigung ändern**, die Sie als Button in der Auswahlliste finden. Anschließend erscheint im unteren Bildbereich der Transaktion der Bereich **Vertriebsbedarf**, in dem Sie die Bestätigungsmengen ändern können.

Im Bildbereich **Vertriebsbedarf** wird Folgendes angezeigt:

- **Feld »Offen«**
  Die offene Menge wird angezeigt, also die Menge, die noch nicht geliefert wurde.
- **Feld »ges. best«**
  Die insgesamt bestätigte Menge ist die Gesamtmenge, die für die Kundenauftragsposition bestätigt wurde. Wenn ein Kundenauftrag über mehrere Einteilungen verfügt, wird hier die gesamte Menge angezeigt.
- **Feld »ATP-Menge«**
  Die ATP-Menge ist die Menge, die für die Bestätigung von Bedarfen verwendet werden kann.
- **Feld »Bestätigt«**
  Im Feld **Bestätigt** sollten Sie jetzt die Menge eingeben, die Sie in der Rückstandsbearbeitung bestätigen möchten.

Mit dem Sichern der Transaktion ist der Kundenauftrag bestätigt.

Grundsätzlich können Sie zwei Prozesse in der manuellen Rückstandsbearbeitung abwickeln.

- **ATP-Mengen verteilen**
  Diesen Prozess wählen Sie, wenn genügend ATP-Mengen zur Verfügung stehen und Sie diese nur anders auf die vorhandenen Vertriebsbelege verteilen möchten.
- **Umverteilung schon bestätigter Mengen**
  Diesen Prozess wählen Sie, wenn es keine freie ATP-Menge mehr gibt, d. h., dass Sie bei einigen Vertriebsmengen bestätigte Mengen ganz oder teilweise zurücknehmen müssen. Die dadurch wieder frei gewordenen ATP-Mengen können Sie zur Bestätigung anderer Belege nutzen.

Mit der manuellen Rückstandsbearbeitung haben Sie die Möglichkeit, Rückstandssituationen aufzulösen, freie ATP-Mengen nach eigenen Vorstellungen zu verteilen und bestätigte Belege nach Ihren Vorstellungen abzuändern. Mit der manuellen Rückstandsbearbeitung können Sie also einige Probleme lösen, aber auch neue Probleme erzeugen, wie z. B. Überbestätigungen oder auch Inkonsistenzen. Deshalb lautet unsere Empfehlung, diese Funktionalität nur sehr restriktiv einzusetzen.

8.3 Neuterminierung

Neben der manuellen Rückstandsbearbeitung steht Ihnen mit der Neuterminierung auch eine maschinelle Rückstandsbearbeitung in SAP ERP zur Verfügung. Sie rufen die Rückstandsbearbeitung über den folgenden Menüpfad auf: **SAP Menü • Logistik •**

Vertrieb • Verkauf • Rückstandsbehandlung • Neuterminierung • Durchführen. Alternativ wählen Sie Transaktion V_V2 oder den Report SDV03V02.

Zur *Selektion* in der Neuterminierung geben Sie die entsprechenden Materialnummern und Werke ein (siehe Abbildung 8.5). Mit dem Kennzeichen **Unbestätigte Belege erforderlich** haben Sie die Möglichkeit, die Selektion auf Materialien einzuschränken, bei denen mindestens ein nicht bestätigter Beleg vorliegt. Zusätzlich müssen Sie für die Selektion vorgeben, ob Vertriebsbelege und/oder Umlagerungsbelege (Umlagerungsbestellungen, Umlagerungslieferpläne, Umlagerungsbestellanforderungen) verarbeitet werden sollen. Darüber hinaus müssen Sie für die Umlagerungsbelege die Entscheidung fällen, ob diese auf der Positions- oder auf der Einteilungsebene bearbeitet werden sollen.

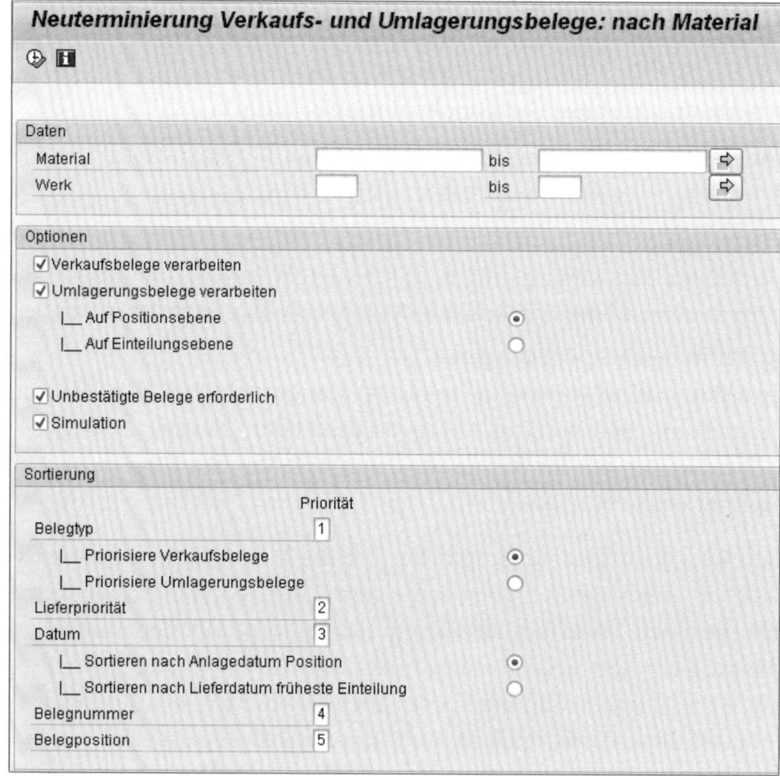

Abbildung 8.5 Selektionsmenü der Neuterminierung

Schließlich geben Sie noch vor, nach welchen Kriterien die Liste sortiert werden und damit, in welcher Reihenfolge dann auch die Bestätigung erfolgen soll. Hier stehen Ihnen die folgenden Kriterien, die auch in Abbildung 8.5 im Selektionsmenü der Neuterminierung zu sehen sind, zur Auswahl:

- **Belegtyp**
  Sie können dem System vorgeben, dass entweder Vertriebsbelege oder Umlagerungsbelege priorisiert werden sollen. Die Einstellung ist damit auch nur für Materialien bedeutsam, bei denen beide Belegarten bzw. Bedarfsarten auftreten können.
- **Lieferpriorität**
  In diesem Fall werden die selektierten Belege nach der Lieferpriorität sortiert.
- **Datum**
  Hier können Sie die Ergebnisliste entweder nach dem Anlagedatum der Position bzw. nach der Einteilung (gilt nur für Umlagerungsbelege) oder nach dem Lieferdatum der frühesten Einteilung sortieren lassen.
- **Belegnummer**
  Die Belege werden nach ihrer Belegnummer sortiert.
- **Belegposition**
  Die Belege werden nach ihren Positionsnummern sortiert.

Für alle *Sortierkriterien* müssen Sie die entsprechenden Prioritäten hinterlegen. Hierbei ist 1 die höchste und 5 die niedrigste Priorität. Sie können also durchaus nach allen fünf Kriterien sortieren lassen. Neben diesen Sortierkriterien, die Sie selbst festlegen können, berücksichtigt das SAP-System noch eigene Prioritäten. So werden die Umlagerungsbestellanforderungen grundsätzlich hinter den Umlagerungsbestellungen und Umlagerungslieferplänen einsortiert. Der Grund hierfür ist, dass die Umlagerungsbestellanforderungen, dispositiv betrachtet, viel unsicherer sind als die Umlagerungsbestellungen und Umlagerungslieferpläne. Somit wird, wenn alle anderen Sortierkriterien gleich sind, eine Umlagerungsbestellanforderung immer an das Ende der Ergebnisliste gesetzt.

Anders als bei der manuellen Rückstandsbearbeitung können Sie für die Neuterminierung keine eigene *Prüfregel* hinterlegen. Stattdessen werden immer die gültigen Prüfregeln für das jeweilige Objekt (Kundenauftrag, Umlagerungsbestellung usw.) gezogen. Die entsprechenden Standard-Prüfregeln haben wir bereits in Kapitel 5 vorgestellt.

Für die Neuterminierung müssen Sie einstellen, wie das System auf das Ergebnis der Verfügbarkeitsprüfung reagieren soll. Diese Einstellungen nehmen Sie für Vertriebsbelege im Customizing über den folgenden Menüpfad vor: **SAP Customizing Einführungsleitfaden • Vertrieb • Grundfunktionen • Verfügbarkeitsprüfung und Bedarfsübergabe • Verfügbarkeitsprüfung • Verfügbarkeitsprüfung nach ATP-Logik und gegen die Vorplanung • Voreinstellungen festlegen.**

Hier legen Sie fest, wie das System im Rahmen der Neuterminierung auf eine nicht wunschgemäße Verfügbarkeitssituation reagieren soll. Sie können wählen, ob das

Ergebnis eine Einmallieferung, eine Komplettlieferung oder ein Liefervorschlag sein soll.

Neben den Vertriebsbelegen können Sie auch Umlagerungsbelege mit der Neuterminierung bearbeiten. Auch hier müssen Sie einstellen, wie das System auf eine nicht wunschgemäße Verfügbarkeitssituation reagieren soll. Dazu wählen Sie folgenden Customizing-Pfad: **SAP Customizing Einführungsleitfaden • Materialwirtschaft • Einkauf • Bestellung • Umlagerungsbestellung einstellen • Lieferart und Prüfregel zuordnen** (siehe Abbildung 8.6). Sie nehmen die Einstellung in Abhängigkeit von Lieferart und Lieferwerk im Feld **Regel VPr.** vor. Wie bei den Vertriebsbelegen haben Sie auch die Wahl zwischen **Einmallieferung**, **Komplettlieferung** oder **Liefervorschlag**.

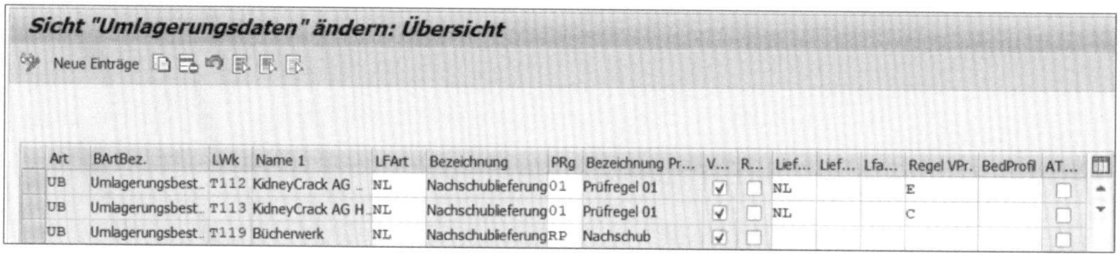

Sicht "Umlagerungsdaten" ändern: Übersicht

Neue Einträge

Art	BArtBez.	LWk	Name 1	LFArt	Bezeichnung	PRg	Bezeichnung Pr...	V...	R...	Lief...	Lief...	Lfa...	Regel VPr.	BedProfil	AT...
UB	Umlagerungsbest...	T112	KidneyCrack AG ...	NL	Nachschublieferung	01	Prüfregel 01	☑	☐	NL			E		☐
UB	Umlagerungsbest...	T113	KidneyCrack AG H...	NL	Nachschublieferung	01	Prüfregel 01	☑	☐	NL			C		☐
UB	Umlagerungsbest...	T119	Bücherwerk	NL	Nachschublieferung	RP	Nachschub	☑	☐						☐

Abbildung 8.6 Verfügbarkeitsprüfungsregel für Umlagerungsbestellungen

Nachdem Sie die Neuterminierung gestartet haben, werden alle Vertriebsbelegpositionen selektiert, die für das entsprechende Material vorhanden und offen sind. Dabei werden zu den selektierten Materialien auch offene Positionen und Einteilungen von Umlagerungsbestellungen – l,ieferplänen und bestellanforderungen (nur Positionen) – berücksichtigt.

»Offen« bedeutet bei den Umlagerungsbelegen, dass keine Löschvormerkung vorliegt, dass die Position nicht als **erledigt** gekennzeichnet ist oder dass die gelieferte bzw. die im Wareneingang gebuchte Menge gleich der bestellten Menge ist. Außerdem muss der betreffenden Belegart im Customizing eine Prüfregel zugeordnet worden sein, da sonst keine Verfügbarkeitsprüfung möglich ist.

Wenn ein selektierter Vertriebsbeleg eine Kreditlimitsperre hat, wird überprüft, ob der Kunde inzwischen wieder Bonität hat. Ist dies nicht der Fall, wird der Beleg im Rahmen der Neuterminierung nicht weiterverarbeitet.

Alle über die Selektion ermittelten Positionen und Einteilungen werden gemäß den Sortierkriterien, die Sie im Selektionsbild eingegeben haben, in eine Reihenfolge gebracht und an die Verfügbarkeitsprüfung übergeben. Die Neuterminierung selektiert immer alle Bedarfe der eingegebenen Material-/Werkskombination. Es werden somit auch Belege selektiert, bei denen das Kennzeichen **Termin fix** gesetzt wurde. Diese Bedarfe werden im Rahmen der Neuterminierung aber nicht weiterverarbeitet.

[+]

Einschränkung beim Einsatz von Kontingentierung

Wenn Sie die ATP-Verfügbarkeitsprüfung zusammen mit der Verfügbarkeitsprüfung gegen Kontingente einsetzen, gibt es bezüglich der Neuterminierung Funktionseinschränkungen.

Im Rahmen der Kontingentierung wird im SAP-System keine Information darüber hinterlegt, welche Kontingente in welchen Perioden dem Kundenauftrag zugeordnet sind, und damit fehlt die Kontingentbelegung. Das führt dazu, dass, wenn Sie einen entsprechenden Kundenauftrag mit der Neuterminierung bearbeiten, nur die Kontingentmengen des gerade bearbeiteten Auftrags freigegeben werden können. Wenn die Kontingentmengen in allen anderen Perioden schon belegt sind, kann der Kundenauftrag zu keinem anderen Zeitpunkt bestätigt werden.

Die Funktionsweise der Neuterminierung wollen wir Ihnen anhand des bereits erwähnten Beispiels detaillierter erklären. Ausgangspunkt ist die in Abbildung 8.1 zu Beginn des Kapitels gezeigte Bedarfs- und Bestandssituation. Es sind zwei Kundenaufträge vorhanden, von denen der Kundenauftrag über 100 Stück gegen den Fertigungsauftrag bestätigt wurde. Anschließend wurde ein weiterer Kundenauftrag über 50 Stück angelegt, der aber aufgrund fehlender ATP-Mengen nicht bestätigt werden konnte. Nach einem Planungslauf wird für den Kundenauftrag über 50 Stück ein Planauftrag generiert, der aber aufgrund der Terminierung hinter dem Kundenwunschtermin eingeordnet wird.

Wir bereits erwähnt, wird für die Neuterminierung keine eigene Prüfregel angelegt. Stattdessen werden die SAP-Standard-Prüfregeln verwendet.

Wie Sie es in Abbildung 8.7 sehen, werden im Prüfumfang auch Plan- und Fertigungsaufträge berücksichtigt. Die Verfügbarkeitsprüfung erfolgt aber ohne Beachtung der Wiederbeschaffungszeit. Nachdem Sie die Neuterminierung gestartet haben, erhalten Sie das in Abbildung 8.8 gezeigte Ergebnis.

Der Kundenauftrag 5117 konnte nachträglich zum Kundenwunschtermin bestätigt werden, obwohl der für diesen Kundenauftrag erzeugte Bedarfsdecker (Planauftrag) terminlich hinter dem Bedarfstermin des Kundenauftrags liegt. Das System hat an dieser Stelle eine Umverteilung vorgenommen. Damit der Kundenauftrag am 30.04.2022 beliefert werden kann, werden 50 Stück vom Fertigungsauftrag verwendet. Die übrigen 50 Stück vom Fertigungsauftrag werden für den Kundenauftrag vom 28.07.2022 verwendet. Dieser erhält die fehlenden 50 Stück von dem neu erzeugten Planauftrag. Ohne die Neuterminierung bzw. die Rückstandsbearbeitung hätten Sie diese Problemsituation nicht auflösen können.

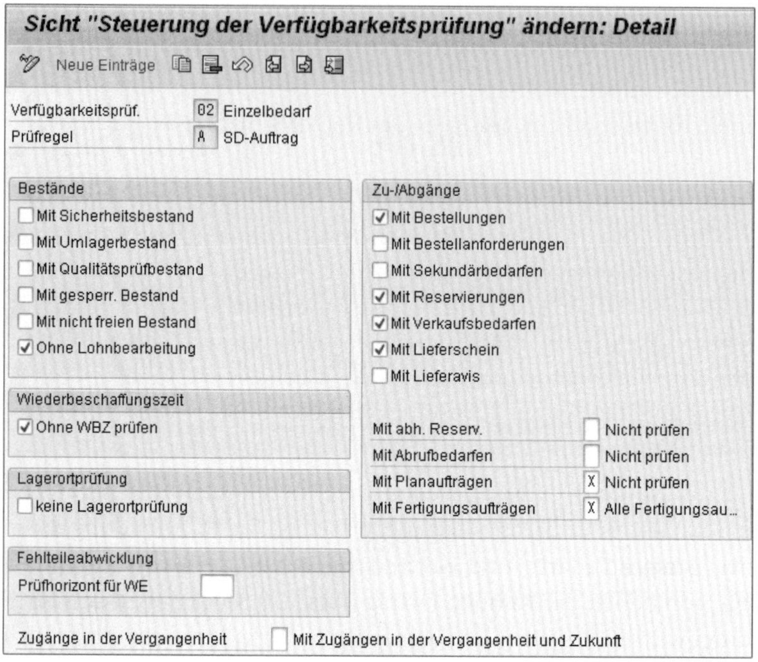

Abbildung 8.7 Prüfumfang für die Neuterminierung

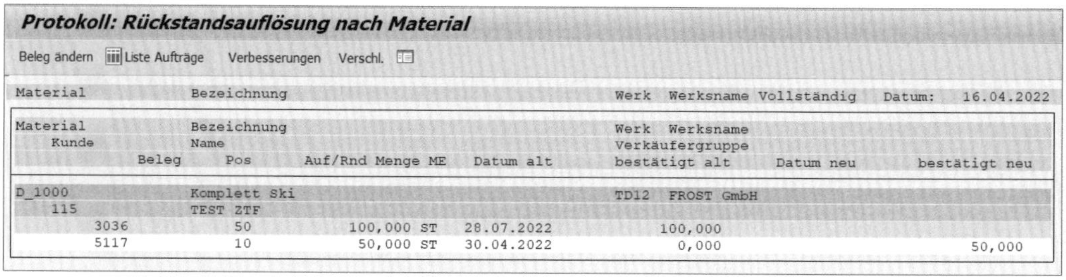

Abbildung 8.8 Ergebnis der Neuterminierung

Die Ihnen angezeigte Ergebnisliste wird auch abgespeichert. Sie haben jederzeit die Möglichkeit, die Liste wieder aufzurufen. Dazu wählen Sie den folgenden Menüpfad: **SAP Menü • Logistik • Vertrieb • Verkauf • Rückstandsbehandlung • Neuterminierung • Auswerten**. Alternativ wählen Sie Transaktion V_R2.

Die gespeicherte Liste bleibt bis zum nächsten Neuterminierungslauf erhalten, der das Ergebnis dann wieder überschreibt. In der Liste werden Ihnen zum jeweiligen Objekt das neue bestätigte Datum und die neue bestätigte Menge angezeigt.

Wie mit der manuellen Rückstandsbearbeitung können Sie auch mit der Neuterminierung Rückstandssituationen auflösen. Wenn Ihnen die vorhandenen Selektions-

und Sortierkriterien nicht ausreichen sollten, können Sie den Standardreport kopieren und um eigene Selektions- und Sortierkriterien ergänzen. Es empfiehlt sich, die Neuterminierung während des Produktivbetriebs nur mit sehr eingeschränkter Selektion einzusetzen, da die Funktion sehr performanceintensiv ist.

8.4 Zusammenfassung

In diesem Kapitel, mit dem wir den ERP-Teil in diesem Buch abschließen, haben wir Ihnen die Möglichkeiten der Rückstandsbearbeitung in SAP ERP beschrieben. Sie können zum einen eine manuelle Rückstandsbearbeitung und zum anderen eine maschinelle Rückstandsbearbeitung, die Neuterminierung, einsetzen. Bei der manuellen Rückstandsbearbeitung können Sie Mengen manuell umverteilen und so nicht oder nicht zufriedenstellend bestätigte Vertriebs- und Umlagerungsbelege wieder neu bestätigen. Bei der maschinellen Rückstandsbearbeitung werden die Vertriebs- und Umlagerungsbelege selektiert und nach bestimmten Parametern sortiert. Diese Sortierreihenfolge ist dann auch die Basis für die Reihenfolge bei der Verfügbarkeitsprüfung. Ein wichtiger Parameter für die Rückstandsbearbeitung ist das Kennzeichen **Termin fix**, mit dem ein Kundenauftrag im Rahmen der Neuterminierung nicht mehr bearbeitet werden kann.

In Kapitel 13 stellen wir Ihnen das Back-Order Processing (BOP) vor, das Ihnen mit der in SAP S/4HANA verfügbaren Funktion aATP als Alternative für die Rückstandsbearbeitung angeboten wird. SAP APO bietet ebenfalls BOP-Funktionen an, die wir in Kapitel 20 ausführlich vorstellen.

TEIL III

Verfügbarkeitsprüfung mit SAP S/4HANA

Kapitel 9
Einführung in die Verfügbarkeitsprüfung mit SAP S/4HANA

Nachdem sich Teil II dieses Buches mit der Verfügbarkeitsprüfung in SAP ERP beschäftigt hat, beschreibt Teil III die neuen Methoden der Verfügbarkeitsprüfung mit SAP S/4HANA. In diesem Kapitel erhalten Sie zunächst einen Überblick über die Verfügbarkeitsprüfung in SAP S/4HANA.

SAP S/4HANA ist die Abkürzung für SAP Business Suite 4 SAP HANA und steht für die neuste Generation der SAP Business Suite, die auf der Datenbankarchitektur SAP HANA beruht. Neben einer neuen, benutzerfreundlichen Oberfläche (SAP Fiori) bietet das System zahlreiche Neuerungen im Vergleich zu SAP ECC.

Zusätzlich zu der verbesserten Benutzerfreundlichkeit bietet SAP S/4HANA einen erweiterten Funktionsumfang. Dieser umfasst Funktionen aus verschiedenen Systemen wie SAP APO, SAP CRM und SAP ERP, die in einem System gebündelt sind. Dies bedeutet, dass Ihnen im Rahmen der Verfügbarkeitsprüfung sowohl die klassischen Funktionen von SAP ERP sowie auch neue SAP-S/4HANA-exklusive Funktionen zur Verfügung stehen.

[«]

Versionsstand dieses Buches

Die Ausführungen in diesem Buch beziehen sich auf die zum Erscheinungszeitpunkt aktuelle On-Premise-Version SAP S/4HANA 2021 FPS01, die im Februar 2022 veröffentlicht wurde. Beachten Sie, dass jedes neue SAP-S/4HANA-Release mit zahlreichen neuen Funktionen und Änderungen einhergehen kann.

In diesem Kapitel geben wir Ihnen einen Überblick über die Änderungen und Neuerungen, die Sie im Rahmen der Verfügbarkeitsprüfung in SAP S/4HANA berücksichtigen müssen. In Teil II dieses Buches haben Sie bereits die Produktverfügbarkeitsprüfung in SAP ERP kennengelernt. In Abschnitt 9.1 gehen wir auf die Änderungen der Produktverfügbarkeitsprüfung in SAP S/4HANA ein und führen Sie durch die Änderungen im Customizing.

Anschließend lernen Sie in Abschnitt 9.2 die neuen Funktionen kennen, die die erweiterte Verfügbarkeitsprüfung in SAP S/4HANA zur Verfügung stellt. Um Ihnen das Zusammenspiel der Funktionen aufzuzeigen, gibt Abschnitt 9.3 einen Überblick über die Reihenfolge, in der die Verfügbarkeitsprüfung die einzelnen Bausteine durchläuft.

Während der Nutzung der erweiterten Verfügbarkeitsprüfung nehmen Merkmale und Merkmalskataloge eine entscheidende Rolle ein. Daher gibt Abschnitt 9.4 einen Überblick über die Möglichkeit zur Individualisierung von Merkmalskatalogen.

9.1 Standard-Verfügbarkeitsprüfung in SAP S/4HANA

Neben den zahlreichen Neuerungen, die mit der erweiterten Verfügbarkeitsprüfung in SAP S/4HANA einhergehen, stehen den Anwendern auch nach wie vor die klassischen Funktionen der SAP-ERP-Verfügbarkeitsprüfung (Product Availability Check, kurz PAC) zur Verfügung.

Unter der Produktverfügbarkeitsprüfung fassen wir die Standardfunktionen zur ATP-Prüfung zusammen. Durch die Berücksichtigung von Beständen und Abgängen zu Zugängen wird eine ATP-Menge ermittelt, mit der Aussagen zur verfügbaren Menge und zum verfügbaren Termin für ein Produkt getroffen werden können. In den folgenden Kapiteln gehen wir nur auf die neuen Funktionen in SAP S/4HANA ein, da die grundlegenden Funktionen und Einstellungen bereits in Teil II dieses Buches erläutert wurden.

Auch wenn die Funktionen, die Sie aus SAP ERP kennen, in SAP S/4HANA noch verfügbar sind, werden Sie in der Anwendung eines HANA-basierten Systems einige Änderungen feststellen, auf die in diesem Kapitel kurz Bezug genommen wird.

[»]

Voraussetzung für dieses Kapitel

Um den Ausführungen dieses Kapitels folgen zu können, sollten Sie die Grundlagen der Verfügbarkeitsprüfung in SAP ERP, die in Teil II des Buches erläutert wurden, verinnerlicht haben.

9.1.1 Änderungen am Customizing zur Prüfgruppe

Der Bildaufbau zur Einstellung der *Prüfgruppe* hat sich im Vergleich zu SAP ERP kaum verändert. Es ist lediglich das neue Feld **Erweitertes ATP** zur Aktivierung der erweiterten Verfügbarkeitsprüfung hinzugekommen. Die Bedeutung dieses Feldes wird in Abschnitt 9.2.1 zu den Einstellungen der erweiterten Verfügbarkeitsprüfung erläutert.

Eine wichtige Änderung gegenüber SAP ERP ist jedoch, dass die Felder **Summierung Verkaufsbedarf**, **Summierung Lieferbedarf** und **Materialsperre bei Verfügbarkeitsprüfung mit Mengenübergabe** nicht mehr eingabebereit sind. Hier stehen der Fachabteilung nur noch die Einstellungen **Einzelsätze** sowie **Mit Materialsperre** zur Verfügung. Dies liegt darin begründet, dass die SAP-HANA-Technologie Daten in Echtzeit aggregiert, wodurch eine regelmäßige Aggregation auf der Datenbankebene nicht mehr notwendig ist.

SAP Simplification List

Änderungen, die bei der Umstellung von SAP ERP auf SAP S/4HANA für Ihr Unternehmen relevant sein können, sind in der jeweils aktuellen *Simplification List* von SAP zusammengestellt. Dort finden Sie auch Informationen zu notwendigen Schritten, wenn Sie Summensätze in Ihrem ECC-System nutzen und Ihr System auf SAP S/4HANA upgraden wollen.

Neben den Änderungen an den Summenbedarfen ist außerdem das Feld **Verfügbarkeit mit kumulierten Mengen: Reaktion auf Fehlmenge** entfallen. Dieser Wert steht nun standardmäßig auf 0 (Keine Reaktion). Abbildung 9.1 zeigt Ihnen das Customizing-Bild für die Prüfgruppe in SAP S/4HANA.

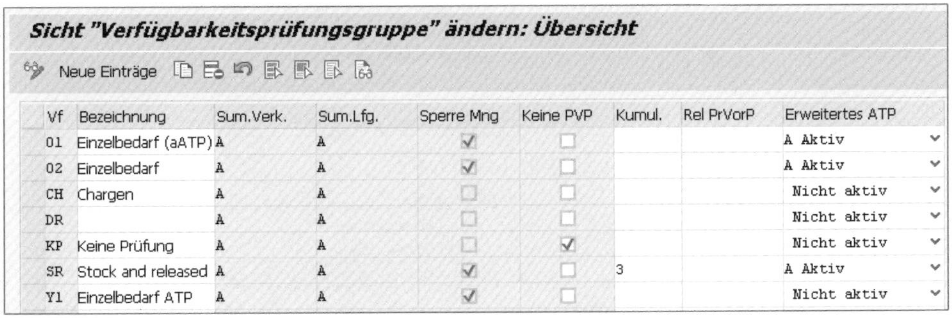

Sicht "Verfügbarkeitsprüfungsgruppe" ändern: Übersicht

Neue Einträge

Vf	Bezeichnung	Sum.Verk.	Sum.Lfg.	Sperre Mng	Keine PVP	Kumul.	Rel PrVorP	Erweitertes ATP
01	Einzelbedarf (aATP)	A	A	[x]	[ ]			A Aktiv
02	Einzelbedarf	A	A	[x]	[ ]			A Aktiv
CH	Chargen	A	A	[ ]	[ ]			Nicht aktiv
DR		A	A	[ ]	[ ]			Nicht aktiv
KP	Keine Prüfung	A	A	[ ]	[x]			Nicht aktiv
SR	Stock and released	A	A	[x]	[ ]	3		A Aktiv
Y1	Einzelbedarf ATP	A	A	[x]	[ ]			Nicht aktiv

Abbildung 9.1 Customizing der Prüfgruppe in SAP S/4HANA

9.1.2 Änderungen am Customizing zum Prüfumfang

Auf den ersten Blick hat sich das Customizing-Bild für den *Prüfumfang* in SAP S/4HANA stark verändert. Allerdings sind alle Einstellungen, die in SAP ERP vorgenommen werden konnten, auch in SAP S/4HANA verfügbar. Lediglich die Anordnung und das Selektionsdesign der Felder hat sich verändert. So wurden beispielsweise Eingabefelder durch Drop-down-Menüs oder kombinierte Felder, wie z. B. für verspätete Zugänge, durch einzelne Checkboxen ersetzt. Abbildung 9.2 zeigt Ihnen das neue Design der Customizing-Aktivität.

Zusätzlich zu den bekannten Optionen finden sich in SAP S/4HANA allerdings auch zwei neue Einstellungen, die im Rahmen der erweiterten Verfügbarkeitsprüfung eingesetzt werden.

Durch das Sonderszenario **Mit Verfügbarkeitsschutz für bestimmte Belegarten** aktivieren Sie die aATP-Funktion **Verfügbarkeitsschutz**.

Durch die Aktivierung der Funktion **Mengenverteilung** können Sie während der Verfügbarkeitsprüfung Zugangs- und Bedarfselemente der Fertigung über die Laufzeit des Fertigungsprozesses verteilen. Dadurch kann abgebildet werden, dass nicht die gesamte Komponentenmenge zu Beginn eines Fertigungsauftrags benötigt wird und nicht die gesamte Produktionsmenge erst mit dem Abschluss der Fertigung zur Verfügung steht.

Die beiden Funktionen werden in den folgenden Abschnitten ausführlich erläutert.

Abbildung 9.2 Customizing des Prüfumfangs in SAP S/4HANA

9.2 Erweiterte Verfügbarkeitsprüfung (aATP) in SAP S/4HANA

Die *erweiterte Verfügbarkeitsprüfung* (advanced Available-to-Promise, kurz aATP) ist eine der wichtigsten Neuerungen im Umfeld der Verfügbarkeitsprüfung in SAP S/4HANA. Sie stellt neben der Standard-Verfügbarkeitsprüfung ein Set an Funktionen bereit, die Sie zusätzlich nutzen können, um erweiterte Anforderungen während der Prüfung von Kundenaufträgen und Umlagerungsbestellungen abbilden zu können.

Die neuen Funktionen stellen teilweise direkte Nachfolger von bekannten Lösungen aus global Available-to-Promise (gATP) in SAP APO dar, die mit einem verbesserten Design und einfacher Nutzbarkeit nach SAP S/4HANA übernommen wurden. Teilweise bietet aATP aber auch umfassende Neuerungen im Vergleich zu der in Teil IV dieses Buches vorgestellten APO-Funktionalität.

Alle Transaktionen werden dabei als SAP-Fiori-Apps zur Verfügung gestellt und bieten dadurch eine erhöhte Nutzerfreundlichkeit.

Tabelle 9.1 bietet Ihnen einen Überblick über die aktuell verfügbaren Komponenten der erweiterten Verfügbarkeitsprüfung (aATP). Über die jeweilige SAP-Komponente finden Sie in der *SAP Fiori Apps Reference Library* die dazugehörigen Apps oder wichtige SAP-Hinweise.

Komponente	Bezeichnung in Englisch	SAP-Komponenten-ID
Produktverfügbarkeitsprüfung	**Product Availability Check**	CA-ATP-PAC
Kontingentierung	**Product Allocation**	CA-ATP-PAL
Alternativenbasierte Bestätigung	**Alternative-based Confirmation**	CA-ATP-ABC
Rückstandsbearbeitung	**Backorder Processing**	CA-ATP-BOP
Lieferfreigabe	**Release for Delivery**	CA-ATP-IRP
Verfügbarkeitsschutz	**Supply Protection**	CA-ATP-SUP

Tabelle 9.1 Komponenten der erweiterten Verfügbarkeitsprüfung

[«]

Kernfunktionen mit zusätzlichen Lizenzkosten

Auch wenn wir bei der erweiterten Verfügbarkeitsprüfung von einer Kernfunktion sprechen (sie ist also in jeder SAP-S/4HANA-Installation standardmäßig enthalten), können bei der Aktivierung zusätzliche Lizenzkosten anfallen. Erkundigen Sie sich vor der Nutzung bei Ihrem Ansprechpartner für SAP-Lizenzen.

9.2.1 Grund-Customizing zur Nutzung der erweiterten Verfügbarkeitsprüfung

Um die Funktionen der erweiterten Verfügbarkeitsprüfung nutzen zu können, müssen Sie diese eigens in der Prüfgruppe aktivieren.

aATP-Aktivierung auf der Material-Werk-Ebene

Da die Prüfgruppe einem Material auf der Ebene der Werksdaten zugeordnet ist, haben Sie die Möglichkeit, die erweiterte Verfügbarkeitsprüfung auf dieser Ebene zu aktivieren. Sollten Sie die aATP-Prüfung also nur für bestimmte Materialien nutzen wollen, können Sie für diese Materialien eine spezifische Prüfgruppe definieren, in der aATP aktiviert ist.

Die Einstellungen zur Prüfgruppe finden Sie im Customizing über den Pfad **SAP Customizing Einführungsleitfaden • Vertrieb • Grundfunktionen • Verfügbarkeitsprüfung und Bedarfsübergabe • Verfügbarkeitsprüfung • Verfügbarkeitsprüfung nach ATP-Logik und Vorplanung • Verfügbarkeitsprüfgruppe definieren**.

Für Prüfgruppen, die die aATP-Funktionen verwenden sollen, muss, wie es in Abbildung 9.3 zu sehen ist, die Option **Erweitertes ATP** auf **A Aktiv** gesetzt werden. Anschließend weisen Sie die Prüfgruppe im Materialstamm den entsprechenden Materialien zu.

Sicht "Verfügbarkeitsprüfungsgruppe" ändern: Übersicht

Neue Einträge

Vf	Bezeichnung	Sum.Verk.	Sum.Lfg.	Sperre Mng	Keine PVP	Kumul.	Rel PrVorP	Erweitertes ATP
Y1	Einzelbedarf ATP	A	A	☑	☐			Nicht aktiv
Y2	Einzelbedarf aATP	A	A	☑	☐		1	A Aktiv

Abbildung 9.3 Erweiterte Verfügbarkeitsprüfung aktivieren

9.2.2 Segmentierung

Mit der *Segmentierung* ist es möglich, Materialien mit derselben Materialnummer anhand verschiedener Eigenschaften bedarfswirksam zu unterscheiden und somit beispielsweise während der Verfügbarkeitsprüfung oder während des MRP-Laufs verschiedene Eigenschaften zu berücksichtigen.

Segmentierung in SAP S/4HANA

Die Segmentierung ist eine Funktion, die ursprünglich aus der Industrielösung für das Fashion Management kommt und seit SAP S/4HANA auch im SAP S/4HANA Core verfügbar ist. Sie ist sehr umfangreich und findet Anwendung in verschiedenen Bereichen wie Bedarfsplanung, Materialwirtschaft, Vertrieb und Produktion. Im Rahmen dieses Buches soll die Funktion nur kurz beschrieben werden, wir können sie jedoch aufgrund des Umfangs nicht in allen Details ausführen.

In einem Beispiel gehen wir von einer Handelsware aus, die wir von zwei verschiedenen Lieferanten beziehen und anschließend weiterverkaufen. Aufgrund von speziellen Anforderungen unserer Kunden kann es vorkommen, dass ein bestimmter Kunde das Produkt nur von einem speziellen Lieferanten kaufen will, während andere Kunden Produkte von beiden Lieferanten kaufen. Ohne die Segmentierung wäre eine automatisierte Unterscheidung nicht möglich. Die Verfügbarkeitsprüfung würde immer den gesamten Bestand berücksichtigen, unabhängig von dem Lieferanten, bei dem wir das Material bezogen haben.

Wie es in Abbildung 9.4 zu sehen ist, ist es ohne die Segmentierung nicht möglich, die Anforderung nach einem bestimmten Lieferanten während der Prüfung im Kundenauftrag zu berücksichtigen.

Verfügbarkeitsprüfung ohne Segmentierung

Produkt	Bestand
ATP_Seg	250

Kundenauftrag	Produkt	Zeitpunkt	Bestellmenge	Bestätigte Menge
#1	ATP_Seg	06/2022	50	50
#2	ATP_Seg	07/2022	80	80
#3	ATP_Seg	08/2022	70	70

Abbildung 9.4 Verfügbarkeitsprüfung ohne Segmentierung

Durch die Nutzung der Segmentierung wird es möglich, den Bestand von Material ATP_Seg nach einem oder mehreren Kriterien zu gruppieren. In unserem Beispiel unterscheiden wir das Material danach, ob es von Hersteller 1 oder von Hersteller 2 bezogen wurde. Das ist bereits in der Bestandsführung möglich. Während der Kundenauftragserfassung ist es dann möglich, ein Bedarfssegment anzugeben – also den Kundenwunsch hinsichtlich des Herstellers.

Im Beispiel von Abbildung 9.5 wird für Kundenauftrag #2 explizit ein Produkt aus Segment **Hersteller 2** gefordert. Da der Bestand allerdings schon von Kundenauftrag #1 aufgebraucht wurde, kann keine Menge mehr bestätigt werden. Durch die Integration der Segmentierung in alle SAP-Bereiche, würde im nächsten Schritt der MRP-Lauf einen Beschaffungsvorschlag für Produkt ATP_Seg mit dem Segment **Hersteller 2** erstellen.

Verfügbarkeitsprüfung mit Segmentierung

Produkt	Segment	Bestand
ATP_Seg	Hersteller 1	200
ATP_Seg	Hersteller 2	50

Kundenauftrag	Produkt	Segment	Zeitpunkt	Bestellmenge	Bestätigte Menge
#1	ATP_Seg	Hersteller 2	06/2022	50	50
#2	ATP_Seg	Hersteller 2	07/2022	80	0
#3	ATP_Seg	Hersteller 1	08/2022	70	70

Abbildung 9.5 Verfügbarkeitsprüfung mit Segmentierung

9.2.3 Mengenverteilung

Die *Mengenverteilung* erlaubt es Ihnen, sowohl die Zugangselemente als auch die Bedarfselemente (Komponenten) in der Produktion auf die Durchlaufzeit eines Auftrags zu verteilen. Dadurch wird es ermöglicht, dass sich die Verfügbarkeitsprüfung nicht nur auf einen konkreten Stichtag bezieht, sondern eine Verteilung von Bedarfen und Zugängen berücksichtigen kann. Die Verteilung kann in Sekundärbedarfen, Fertigungsauftragsreservierungen, Planaufträgen und Fertigungsaufträgen eingesetzt werden.

Auch diese Funktion soll anhand eines Beispiels illustriert werden. Ein Fertigungsauftrag für Produkt ATP_A über 100 Stück ist mit einer Laufzeit von 4 Tagen eingeplant. Zur Produktion wird die Komponente COMP_A eingesetzt. Der Anfangsbestand von ATP_A ist 0 während von COMP_A 200 Stück im Lager verfügbar sind.

Abbildung 9.6 zeigt die verfügbaren ATP-Mengen über die Laufzeit des Fertigungsauftrags, wenn keine Mengenverteilung im Einsatz ist. Dabei fällt die gesamte ATP-Bedarfsmenge der Komponente auf den Starttag des Fertigungsauftrags, während die für den Verkauf zur Verfügung stehende ATP-Menge, die sich durch den Fertigungsauftrag ergibt, auf das Produktionsende fällt.

Im Gegensatz dazu zeigt Abbildung 9.7 dasselbe Szenario mit aktivierter Mengenverteilung. Als Verteilschlüssel wird eine Gleichverteilung über die Laufzeit des Fertigungsauftrags angenommen. Dabei wird die ATP-Menge, die sich aus der Produktion des Verkaufsprodukts ergibt, zu gleichen Teilen auf die Laufzeit des Auftrags verteilt. Gleiches gilt für die Bedarfsmenge der Komponente. Der Verteilschlüssel wird für die Verteilung von Fertigmengen in der Fertigungsversion eines zu produzierenden Materials gepflegt. Für die Verteilung von Komponentenbedarfen hinterlegen Sie den Verteilschlüssel in der Stücklistenkomponente.

Verfügbarkeitsprüfung ohne Mengenverteilung

Produkt	Fertigungsauftrag Start	Fertigungsauftrag Ende	Menge
ATP_A	15.07.2022	18.07.2022	100

Produkt	Bestand
ATP_A	0
COMP_A	200

ATP-Situation Verkaufsprodukt ATP_A

Datum	ATP Menge
14.07.2022	0
15.07.2022	0
16.07.2022	0
17.07.2022	0
18.07.2022	100

ATP-Situation Komponente COMP_A

Datum	ATP Menge
14.07.2022	200
15.07.2022	100
16.07.2022	100
17.07.2022	100
18.07.2022	100

Abbildung 9.6 Verfügbarkeitsprüfung ohne Mengenverteilung

Verfügbarkeitsprüfung mit Mengenverteilung

Produkt	Fertigungsauftrag Start	Fertigungsauftrag Ende	Menge
ATP_A	15.07.2022	18.07.2022	100

Produkt	Bestand
ATP_A	0
COMP_A	200

ATP-Situation Verkaufsprodukt ATP_A

Datum	ATP Menge
14.07.2022	0
15.07.2022	25
16.07.2022	50
17.07.2022	75
18.07.2022	100

ATP-Situation Komponente COMP_A

Datum	ATP Menge
14.07.2022	200
15.07.2022	175
16.07.2022	150
17.07.2022	125
18.07.2022	100

Abbildung 9.7 Verfügbarkeitsprüfung mit Mengenverteilung

9.2.4 Kontingentierung

Mithilfe der *Kontingentierung* (Product Allocation, kurz PAL) können Sie bereits vor Eintreffen eines Kundenauftrags festlegen, ob Mengen für bestimmte Produkte nur in einer vordefinierten Menge an ausgewählte Kunden oder Kundengruppen verkauft werden können. Somit können Sie in einer Engpasssituation vermeiden, dass die gesamte verfügbare Menge von einzelnen Kunden aufgebraucht wird.

Die erweiterte Verfügbarkeitsprüfung bietet durch ein flexibles Regelwerk Möglichkeiten, um die Kontingentierung entsprechend Ihren Anforderungen einzurichten und anzuwenden.

Durch die Anwendung der Kontingentierung können sich zahlreiche Vorteile für Ihr Unternehmen ergeben, wie z. B.:

- die Möglichkeit, sich schon im Vorfeld mit Kunden auf maximale Liefermengen zu einigen und die Umsetzung dieser automatisiert sicherzustellen
- die Vermeidung von Szenarien, in denen einzelne Kunden den gesamten Bestand konsumieren
- eine schnelle Terminbestätigung von Kundenaufträgen durch systemische Unterstützung
- eine schnelle Reaktion auf unvorhergesehene Ereignisse wie ein Produktionsausfall durch eine Kombination der Kontingentierung und der Rückstandsbearbeitung
- einfache Anwendung durch die Nutzung der SAP-Fiori-Apps
- Import und Export der Kontingentierungsplanzahlen aus Microsoft Excel

In Abbildung 9.8 sehen Sie ein einfaches Beispiel, das Ihnen die Funktion der Kontingentierung erläutert.

Aufgrund einer aktuellen Engpasssituation für ein Produkt wurde vom Unternehmen festgelegt, dass das Produkt in den Monaten Mai, Juni und Juli nur noch an A und B Kunden verkauft werden soll. Erst ab August können auch wieder C Kunden beliefert werden. Die entsprechenden Mengen pro Monat sind als Kontingent gepflegt. In diesem Beispiel hat sich das Unternehmen dazu entschieden, Kontingente nur auf dem Merkmal **Kundenklasse** zu pflegen.

- Es gibt einen Bestand von 100 Stück, gegen den die Verfügbarkeitsprüfung prüfen kann.
- Für Juni treffen nacheinander zwei Kundenaufträge ein: zuerst 50 Stück von einem C Kunden und anschließend 80 Stück von einem A Kunden.

Ohne Kontingentierung wird dem C-Kunden nach dem Prinzip »first come, first served« seine volle Menge von 50 Stück bestätigt. Anschließend bleiben für den A-Kunden nur noch 50 Stück übrig, obwohl dieser 80 Stück bestellt hat.

Verfügbarkeitsprüfung ohne Kontingentierung

Bestand	Kundenauftrag	Zeitpunkt	Kundenklasse	Bestellmenge	Bestätigte Menge
100	#1	06/2022	C	50	50
	#2	06/2022	A	80	50

Verfügbarkeitsprüfung mit Kontingentierung

Bestand	Kundenauftrag	Zeitpunkt	Kundenklasse	Bestellmenge	Bestätigte Menge
100	#1	06/2022	C	50	0
	#2	06/2022	A	80	80

Kontingente

Kundenklasse	Mai 2022	Juni 2022	Juli 2022	August 2022	September 2022
A	100	100	100	100	100
B	50	50	50	100	100
C	0	0	0	50	50

Abbildung 9.8 Vereinfachtes Beispiel für die Kontingentierung

Bei der Verwendung der Kontingentierung würde der C-Kunde keine Bestätigung für Juni erhalten können. Stattdessen würde ihm das System (bei entsprechenden Einstellungen der Verfügbarkeitsprüfung) den August als alternativen Termin vorschlagen, da erst dort wieder ein Kontingent für C-Kunden vorgehalten wird. Dadurch könnte der A-Kunde seine volle Bestätigung von 80 Stück im Juni erhalten.

9.2.5 Verfügbarkeitsschutz

Mit dem *Verfügbarkeitsschutz* (Supply Protection, kurz SUP) aus der erweiterten Verfügbarkeitsprüfung ist es möglich, eine vordefinierte Gruppe von Bedarfen vor anderen Bedarfen zu schützen. Somit erhält Ihr Unternehmen die Möglichkeit, definierte Mengen von Produkten vorzuhalten, um wichtige zukünftige Bedarfe zu befriedigen.

[«]

Unterscheidung von Kontingentierung und Verfügbarkeitsschutz

Sowohl der Verfügbarkeitsschutz als auch die Kontingentierung sind Möglichkeiten, Bestand für bestimmte Gruppen zu schützen. Dabei gibt die Kontingentierung eine maximale Menge pro Gruppe vor, was dazu führt, dass automatisch Mengen für andere Gruppen vorgehalten werden.

Der Verfügbarkeitsschutz gibt hingegen eine Mindestmenge vor, die für eine Gruppe vorgehalten werden soll.

Bei der Kombination beider Funktionen ist Vorsicht geboten, damit sich die Gruppen nicht gegenseitig blockieren.

Durch Unterstützung des Verfügbarkeitsschutzes können Sie während der Verfügbarkeitsprüfung die folgenden Einschränkungen vornehmen:

- Mengen für definierte Gruppen vor anderen (niedriger priorisierten) Gruppen schützen
- Bedarfe anhand von Kriterien wie Vertriebsorganisation, Vertriebsweg oder Kundensegment priorisieren
- Schutzgruppen mit zeitlicher Abhängigkeit definieren

Ihr Unternehmen profitiert davon, dass Materialien für die profitabelsten Vertriebswege vorgehalten werden können oder eine Verfügbarkeit von Mindestmengen für jeden Vertriebsweg sichergestellt werden kann.

Im Rahmen des Verfügbarkeitsschutzes unterscheidet man den sogenannten *Kernschutz* (horizontalen Schutz) vom *priorisierten Schutz* (vertikalen Schutz).

Der Kernschutz ermöglicht es Ihnen, ganze Gruppen von Bedarfen zu schützen und somit Mengen speziell für diese Gruppen vorzuhalten. Im Beispiel in Abbildung 9.9 wurde ein horizontaler Schutz für Regionen eingerichtet. Für Region A soll eine Menge von 300 Stück und für Region B eine Menge von 200 Stück vorgehalten werden. Dies führt zu folgenden Situationen in der Verfügbarkeitsprüfung:

- Für Region A können maximal 400 Stück bestätigt werden (600 Bestand abzüglich der 200 Stück, die für Region B reserviert sind).
- Für Region B können maximal 300 Stück bestätigt werden (600 Stück Bestand abzüglich der 300 Stück, die für Region A reserviert sind).
- Für andere Regionen können maximal 100 Stück bestätigt werden (600 Stück Bestand, abzüglich der 500 Stück, die für die Regionen A und B reserviert sind).

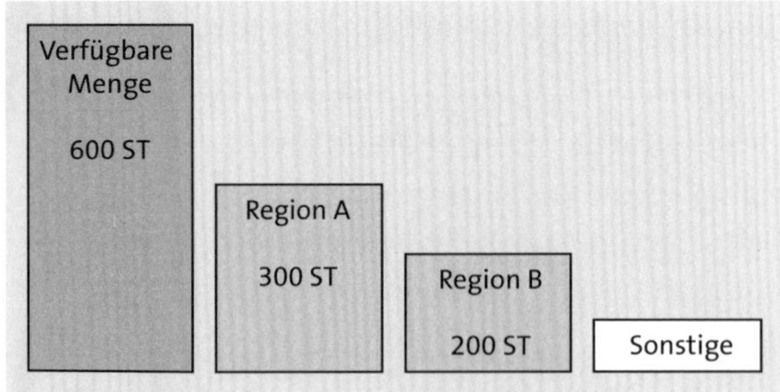

Abbildung 9.9 Beispiel für einen Kernschutz

Während der Kernschutz ein sehr restriktiver Schutz ist, der dafür sorgt, dass die geplanten Mengen für die Gruppen zwingend vorgehalten werden, ermöglicht der vertikale Schutz eine Priorisierung von Bedarfen. Jeder Bedarf muss dabei die Schutzmengen der übergeordneten Gruppen respektieren, darf aber Bedarfe von untergeordneten Gruppen aufbrauchen.

Abbildung 9.10 zeigt ein Beispiel für den vertikalen Schutz. Dabei wurde das Kernsegment nach dem Merkmal **Vertriebsweg** in drei Gruppen aufgeteilt, wobei Bedarfe für Region A die höchste Priorität haben. Durch die verschiedenen Schutzgruppen ergeben sich folgende mögliche Bestätigungsmengen:

- Aufträge für Region A können mit 600 Stück bestätigt werden (entspricht dem vollen Bestand, da sich Region A an den untergeordneten Segmenten bedienen darf)
- Aufträge für Region B können mit 300 Stück bestätigt werden (600 Stück Bestand, abzüglich der 300 Stück, die das übergeordnete Segment blockiert).
- Aufträge für alle anderen Regionen können mit 100 Stück bestätigt werden (600 Stück Bestand, abzüglich der 500 Stück, die durch die übergeordneten Segmente blockiert werden).

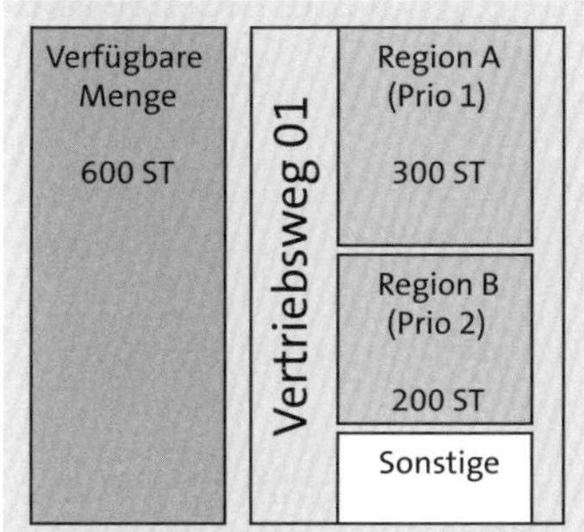

Abbildung 9.10 Beispiel für den priorisierten Schutz

Ähnlich wie bei der Kontingentierung können auch im Verfügbarkeitsschutz die Mengen pro Periode definiert werden. So ist es beispielsweise möglich, kurz nach dem Erscheinen eines neuen Produkts, Mengen für eine bestimmte Kundengruppe vorzuhalten, diese aber nach einem bestimmten Horizont freizugeben und allen Kunden zur Verfügung zu stellen.

9.2.6 Alternativenbasierte Bestätigung

Die *alternativenbasierte Bestätigung* (Alternative-based Confirmation, kurz ABC) ermöglicht es, während der Verfügbarkeitsprüfung in Kundenaufträgen nach alternativen Möglichkeiten zu suchen, um den Kundenwunsch zu erfüllen, falls die Erfüllung mit den initialen Anforderungen nicht sichergestellt werden kann. In diesem Fall kann ABC auf die folgenden Alternativen hin prüfen:

- alternatives Lieferwerk
- alternativer Lagerort
- alternatives Produkt

Hat der Nutzer die entsprechenden Ersetzungslogiken definiert, berechnet das System mithilfe einer Heuristik automatisch alle möglichen Alternativen und schlägt diese während der Verfügbarkeitsprüfung im Auftrag vor.

Die alternativenbasierte Bestätigung bietet dem Anwender zahlreiche zusätzliche Funktionen, wie:

- die unternehmensspezifische Definition von Ersetzungsregeln
- eine automatische Ersetzung des Lieferwerkes im Kundenauftrag durch einen direkten Austausch in der Position oder durch das Einfügen von Unterpositionen
- automatische Ersetzung des Produkts oder des Lagerorts durch das Einfügen von Unterpositionen im Kundenauftrag
- Definition von eigenen Merkmalssätzen zur Steuerung der Alternativenbestimmung

Einschränkung auf Kundenaufträge

Die alternativenbasierte Bestätigung ist ausschließlich für Kundenaufträge verfügbar. In Umlagerungsbestellungen ist keine Prüfung auf Alternativen hin möglich.

Im Beispiel in Abbildung 9.11 wird die alternative Bestätigung mithilfe der Werksersetzung verdeutlicht. Für ein Produkt ATP_ABC wurden Regeln hinterlegt, die es erlauben, das Produkt aus den 3 Werken 1000, 2000 und 3000 auszuliefern.

Der Nutzer führt die Verfügbarkeitsprüfung für einen neu eintreffenden Kundenauftrag mit Wunschlieferdatum 1.7.2021 und Auslieferwerk 1000 durch. Aufgrund der aktuellen Verfügbarkeitssituation in diesem Werk kann dieser Termin jedoch nicht bestätigt werden. Deshalb führt das System auf der Grundlage der hinterlegten Ersetzungsregeln eine Alternativenbestimmung durch. Als Ergebnis werden dem Anwender die gezeigten Alternativen angezeigt, wobei die Alternativen 1 und 2 eine Werksersetzung vorschlagen, die eine rechtzeitige Lieferung ermöglichen würden. Nach Rücksprache mit dem Kunden kann der Planer einen der Vorschläge übernehmen und das neue Auslieferwerk in die Auftragsposition übernehmen.

Verfügbarkeitssituation der Werke

Produkt	Werk	ATP-Menge 06/2022	ATP-Menge 07/2022	ATP-Menge 08/2022
ATP_ABC	1000	200	300	400
ATP_ABC	2000	500	500	500
ATP_ABC	3000	300	400	600

Kundenauftrag: 400 Stück von Produkt »ATP_ABC« zum 1.7.2022

Alternativen	Werk	Bestätigter Termin	Bestätigte Menge
1	2000	1.6.2021	400
2	3000	1.7.2021	400
3	1000	1.8.2021	400

Abbildung 9.11 Vereinfachtes Beispiel für die alternativenbasierte Bestätigung

9.2.7 Rückstandsbearbeitung

Die *Rückstandsbearbeitung* (Backorder Processing, kurz BOP) in SAP S/4HANA wird genutzt, um die Bestätigung von Aufträgen nachträglich an eine geänderte Bedarfs- und Bestandssituation anzupassen. Ein Grund dafür kann eine unerwartet auftretende Engpasssituation sein, auf deren Grundlage bestätigte Mengen von weniger wichtigen Kunden an Kunden mit hoher Priorität umverteilt werden. Aber auch eine initiale, massenweise Bestätigung von Kundenaufträgen entsprechend den vordefinierten Kriterien ist im Rahmen der Rückstandsbearbeitung möglich.

Durch den Einsatz der Rückstandsbearbeitung erhalten Sie in SAP S/4HANA die folgenden Möglichkeiten:

- Definition von Prioritätsgruppen, denen Kundenaufträge und Umlagerungsbestellungen entsprechend vordefinierten Kriterien automatisch zugeordnet werden
- automatische Umverteilung der Bestätigungen von weniger wichtigen Aufträgen zu Aufträgen mit hoher Priorität
- Nachbearbeitung der Bestätigungssituation durch individuell definierte Kriterien

Daraus ergeben sich zahlreiche Vorteile für Ihr Unternehmen, wie z. B.:

- Berücksichtigung von Prioritäten anstatt des einfachen Prinzips »first come, first served«
- Schutz der Interessen von wichtigen Kunden
- Nutzerfreundlichkeit und einfache Bedienung im Vergleich zur klassischen ERP-Rückstandsbearbeitung

Abbildung 9.12 zeigt die Umverteilung durch die Rückstandsbearbeitung anhand eines einfachen Beispiels.

Das Beispiel geht von einer verfügbaren Menge von 200 Stück aus, gegen die die Bedarfe bestätigt werden können. Die Aufträge haben bereits eine Verfügbarkeitsprüfung durchlaufen, bei der die Aufträge 1 und 2 voll bestätigt werden konnten, während die Aufträge 3 und 4 jeweils nur teilweise bestätigt wurden.

Durch die Einstellungen in der Rückstandsbearbeitung wurden alle Aufträge einem BOP-Segment zugewiesen, wodurch die Prioritäten bei der Neubestätigung gesteuert werden. Da Auftrag 4 dem Segment **Gewinnen** zugeordnet ist, wird der BOP-Lauf versuchen, diesen Auftrag voll zu bestätigen. Hingegen verlieren Aufträge aus dem Segment **Verlieren** ihre Bestätigung, während das System versucht, die Bestätigung von Aufträgen im Segment **Verbessern** zu optimieren. Im unteren Teil von Abbildung 9.12 sehen Sie das Ergebnis der Rückstandsbearbeitung, bei dem die bestätigten Mengen anhand der definierten Regeln umverteilt wurden.

Verfügbare Menge: 200 ST

Initiale Bestätigung

Kundenauftrag	Zeitpunkt	BOP-Segment	Bestellmenge	Bestätigte Menge
#1	01.06.2021	Verlieren	50	50
#2	02.06.2021	Verbessern	80	80
#3	03.06.2021	Verbessern	40	20
#4	03.06.2021	Gewinnen	90	50

Neue Bestätigung nach BOP-Lauf

Kundenauftrag	Zeitpunkt	BOP-Segment	Bestellmenge	Bestätigte Menge
#1	01.06.2021	Verlieren	50	0
#2	02.06.2021	Verbessern	80	80
#3	03.06.2021	Verbessern	40	30
#4	04.06.2021	Gewinnen	90	90

Abbildung 9.12 Vereinfachtes Beispiel eines BOP-Laufs

9.2.8 Freigabe zur Lieferung

Mithilfe der *Lieferfreigabe* erhält der Nutzer die Möglichkeit, eine geänderte Priorisierung von Aufträgen vorzunehmen, bevor die Materialien final an den Versand übergeben werden. Dadurch kann die Funktion als eine Art manuelle Rückstandsbearbeitung betrachtet werden. Die App listet alle Aufträge für ein begrenztes Produkt, die in der Verantwortlichkeit des ausführenden Planers liegen. Sie zeigt den vorhandenen Bestand und die Auswirkungen auf den Gesamtplan, wenn bestimmte Aufträge nicht erfüllt werden. Somit erhält der Anwender die Möglichkeit, manuell zu entscheiden, welche Aufträge mit der zur Verfügung stehenden Menge beliefert werden sollen. Dadurch erhält das Business die Möglichkeit, auf kurzfristig eintreffende Aufträge mit hoher Priorität reagieren zu können.

Die Funktion der Lieferfreigabe soll mithilfe von Abbildung 9.13 erläutert werden. Die Übersicht zeigt 7 Kundenaufträge, die im Rahmen der Verfügbarkeitsprüfung bereits eine bestätigte Menge erhalten haben. Zu erkennen ist, dass die Aufträge 1 bis 5 voll bestätigt wurden. Hingegen wurden die Aufträge 6 und 7 aufgrund fehlender Mengen nicht zum gewünschten Zeitpunkt bestätigt. Im Rahmen der Lieferfreigabe entscheidet der Planer aber nun manuell, welche Aufträge tatsächlich mit der vorhandenen Menge von 300 Stück beliefert werden sollen. Möglicherweise ist Auftrag 7 kurzfristig eingetroffen, hat aber eine sehr hohe Priorität. Deshalb entscheidet sich der Anwender manuell, die zu liefernde Menge der Aufträge 2 und 3 zu reduzieren und damit stattdessen Auftrag 7 zu beliefern.

Verfügbare Menge: 300 ST

Übersicht Lieferfreigabe

Kundenauftrag	Bestellmenge	Bestätigte Menge	Freigegebene Menge
#1	50	50	50 / 50
#2	40	40	30 / 40 ↓
#3	60	60	20 / 60 ↓
#4	100	100	100 / 100
#5	50	50	50 / 50
#6	50	0	0 / 50
#7	50	0	50 / 50 ↑

Abbildung 9.13 Vereinfachtes Beispiel für die Lieferfreigabe

9.3 Zusammenspiel der einzelnen Funktionen der erweiterten Verfügbarkeitsprüfung

Die in den vorherigen Abschnitten beschriebenen Funktionen der Verfügbarkeitsprüfung können in Ihrem Unternehmen je nach Anforderungen einzeln genutzt oder miteinander kombiniert werden. Abbildung 9.14 verdeutlicht Ihnen, in welcher Reihenfolge die Prüfschritte ablaufen und wie Sie diese beeinflussen.

Wenn Sie die alternativenbasierte Bestätigung einsetzen, wird das System, basierend auf den Ersetzungslogiken, zuerst alle infrage kommenden Alternativen berechnen. Anschließend wird für jede dieser Alternativen separat die zur Bestätigung verfügbare ATP-Menge berechnet.

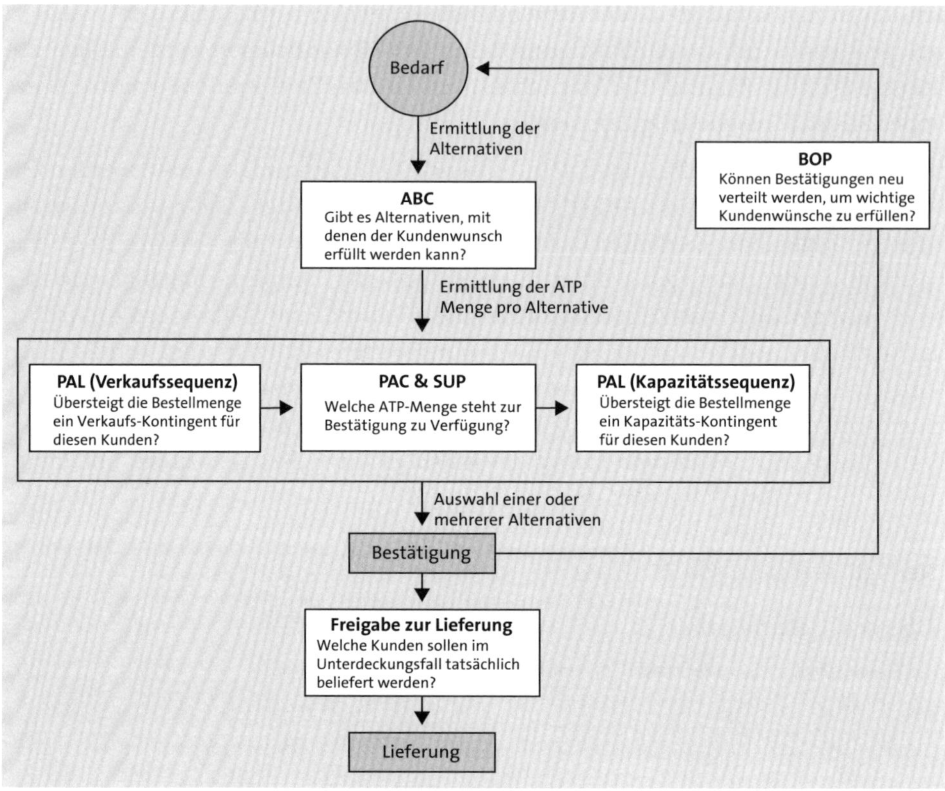

Abbildung 9.14 Zusammenspiel der aATP-Funktionen

Während der Berechnung eines möglichen Lieferdatums prüft das System im ersten Schritt, ob gemäß den Verkaufssequenzen der Kontingentierung noch genügend freie Kontingente vorhanden sind. Im nächsten Schritt berechnet das System die freien ATP-Mengen, basierend auf den Eistellungen der PAC und unter der Berücksichtigung von eventuell geschützten Beständen aus dem Verfügbarkeitsschutz. Im letzten Schritt prüft das System das daraus resultierende Lieferdatum gegen die Kontingente aus der Kapazitätssequenz. Als Ergebnis liefert das System für jede einzelne Alternative ein Datum, zu dem genügend ATP-Mengen zur Verfügung stehen, und die Restriktionen der Kontingentierung nicht verletzt werden. Daraus wählt das System eine oder mehrere Alternativen, um den Bedarf zu bestätigen.

Durch Änderungen in der Supply Chain oder durch neu eintreffende Aufträge mit hoher Priorität kann es notwendig sein, Aufträge erneut zu prüfen und Bestätigungen gegebenenfalls umzuverteilen. Dazu wird in regelmäßigen Abständen ein BOP-Lauf eingeplant, der entsprechend den vordefinierten Kriterien einen kompletten Bestätigungslauf durchführt. Dabei werden dieselben Logiken durchlaufen, die auch in der initialen Prüfung berücksichtigt wurden.

Letzten Endes kann durch die Lieferfreigabe – unabhängig von der Bestätigungsmenge – geprüft werden, welche Aufträge tatsächlich beliefert werden sollen und welche Auswirkungen eine abweichende Lieferung hätte. Als Ergebnis können aus dieser App direkt Lieferungen angelegt werden.

9.4 Merkmalskataloge in der erweiterten Verfügbarkeitsprüfung

Merkmalskataloge stellen eine der wichtigsten Grundlagen bei der Konfiguration der Anwendungen der erweiterten Verfügbarkeitsprüfung dar. Um die Funktionen der Kontingentierung, der Rückstandsbearbeitung, der alternativenbasierten Bestätigung oder des Verfügbarkeitsschutzes zu nutzen, müssen Sie in allen Bereichen Einstellungen auf der Merkmalsebene hinterlegen. Diese Merkmale können sich auf Werte aus den Belegen wie z. B. Verkaufsorganisation, Vertriebsweg, Sparte oder Warenempfänger, oder aber auch auf materialspezifische Informationen wie Materialnummer oder Warengruppe beziehen. Somit hinterlegen Sie beispielsweise Kontingente pro Warenempfänger oder pflegen Verfügbarkeitsschutzgruppen pro Vertriebsweg.

SAP liefert im Rahmen der erweiterten Verfügbarkeitsprüfung bereits zahlreiche Merkmalskataloge für die verschiedenen Funktionen und mit Bezug zu Kundenaufträgen sowie Umlagerungsbestellungen. Diese Kataloge enthalten ein vordefiniertes Set von Merkmalen, die viele Einsatzmöglichkeiten abdecken. Dennoch kann es notwendig sein, dass Sie weitere Merkmale hinzufügen wollen bzw. für Ihre Anwendungsfälle nicht benötigte Merkmale aus den Katalogen entfernen müssen, um den Anwendern nur die Merkmale zur Verfügung zu stellen, die tatsächlich genutzt werden sollen.

Deshalb sollten Sie sich vor der Einrichtung der erweiterten Verfügbarkeitsprüfung mit der SAP-Fiori-App **Merkmalskataloge verwalten** vertraut machen. Hier hat der Administrator die Möglichkeit, die Kataloge nach unternehmensspezifischen Anforderungen anzupassen. Neben den bereits im Standard vorhandenen Merkmalen erkennt die App auch nutzerspezifische Felder, um die Kundenaufträge und Umlagerungsbestellungen optional erweitert werden können.

Für jedes Merkmal in einem Katalog können Sie einen Alias hinterlegen, wodurch Sie in Ihrem Unternehmen geläufige Bezeichnungen für die Merkmale pflegen, damit sich die Nutzer besser wiederfinden. Dadurch können Sie beispielsweise das Merkmal **Auftraggeber – Debitorennummer** in **Kundennummer** umbenennen, falls dies in Ihrem Unternehmen ein gängigerer Begriff ist. Der Alias wird dann in allen Apps der erweiterten Verfügbarkeitsprüfung angezeigt.

Wenn Sie sicherstellen wollen, dass Anwender in den aATP-Apps nur gültige Merkmalskombinationen pflegen, können Sie für die Merkmale die Existenzprüfung aktivieren, wodurch das System Warnungen oder Fehler ausgibt, wenn Nutzer z. B. einen nicht vorhanden Vertriebsweg als Merkmalsausprägung pflegen.

In dem Merkmalskatalog für Kundenaufträge in der Kontingentierung können Sie zusätzlich Merkmale aus der Klassifizierung hinterlegen. Wenn Sie mit der Variantenkonfiguration arbeiten und Kundenaufträge mit Klassifizierungsmerkmalen nutzen, können Sie dadurch Kontingente für Klassifizierungsmerkmale wie Farbe oder Sonderausstattungen pflegen.

Eine weitere Möglichkeit, mit der Sie sich die folgende Pflege in den SAP-Fiori-Apps zur erweiterten Verfügbarkeitsprüfung vereinfachen können, ist die Definition von Merkmalswertgruppen. Durch die Verwendung der Merkmalsgruppen können Sie mehrere Merkmalswertkombinationen zusammenfassen und später nur auf die Gruppe selektieren.

Merkmalswertgruppen

Wollen Sie z. B. in der Kontingentierung ein Kontingent anlegen, das C-Kunden eine bestimmte Menge zuweist, könnten Sie jedem dieser Kunden ein eigenes Kontingent zuweisen. Sie können allerdings auch die relevanten Kunden auf dem Merkmal **Kundennummer** zu einer Merkmalswertgruppe zusammenfassen und in der Kontingentierung ein Kontingent für die spezielle Merkmalswertgruppe hinterlegen.

9.5 Zusammenfassung

Das einleitende Kapitel zur Verfügbarkeitsprüfung in SAP S/4HANA hat Ihnen einen Überblick über die neuen Möglichkeiten gegeben, die Ihnen im Rahmen der erweiterten Verfügbarkeitsprüfung zur Verfügung stehen. Außerdem haben Sie die Unterschiede im Customizing im Vergleich zu SAP ECC kennengelernt.

Anschließend haben wir Ihnen eine Einführung in die wichtigsten Funktionen von aATP gegeben, damit Sie die Funktionen grob einordnen können. In den folgenden Kapiteln werden wir diese Funktionen detailliert erläutern und Sie somit in die Lage versetzen, die Applikationen auf Ihre individuellen Unternehmensanforderungen anzuwenden.

Kapitel 10
Kontingentierung

Dieses Kapitel gibt einen detaillierten Einblick in die Funktionen der Kontingentierung in der erweiterten Verfügbarkeitsprüfung von SAP S/4HANA. Dabei gehen wir zuerst auf die grundlegenden Einstellungen ein, bevor wir diese anhand eines detaillierten Beispiels genau erläutern.

In Zeiten globaler Engpässe in den Lieferketten und damit einhergehenden Produktionsausfällen und einem Nachfrageüberschuss für viele Produkte ist es für Unternehmen so wichtig wie noch nie, knappe Ressourcen zu beschränken und diese fair auf die verschiedenen Kunden zu verteilen. Mit der Kontingentierung (Product Allocation, kurz PAL) stellt SAP eine Funktionalität bereit, mit der Sie die Verkaufsmenge von Produkten mit begrenzter Verfügbarkeit beschränken können. Damit vermeiden Sie, dass wenige Abnehmer die gesamte verfügbare Menge eines Materials aufbrauchen und wichtige Kunden eventuell nicht mehr beliefert werden können.

In diesem Kapitel erläutern wir Ihnen zunächst die grundlegenden Einstellungen im Customizing, die notwendig sind, um die Kontingentierung zu aktivieren. Anschließend geben wir Ihnen einen Überblick über die SAP-Fiori-Apps, die für die Anpassung an die individuellen Anforderungen Ihres Unternehmens genutzt werden können. Schritt für Schritt führen wir Sie durch die Konfiguration der SAP-Fiori-Apps **Kontingentierung konfigurieren**, **Kontingentierungsplandaten verwalten**, **Kontingentierungssequenzen verwalten**, **Produkte zur Kontingentierung zuordnen** sowie **Kontingentierungsübersicht**.

Sobald die notwendigen Einstellungen vorgenommen worden sind, wird die Kontingentierung automatisch während der Verfügbarkeitsprüfung von Kundenaufträgen und Umlagerungsbestellungen berücksichtigt. Nachdem Sie die Grundlagen verinnerlicht haben, finden Sie am Ende des Kapitels ein ausführliches Beispiel, das die gezeigten Funktionen festigt und konkrete Nutzungsbeispiele aufzeigt.

10.1 Customizing zur Nutzung der Kontingentierung

Neben den grundlegenden Einstellungen zur Aktivierung der erweiterten Verfügbarkeitsprüfung, müssen im Customizing einige Schritte durchgeführt werden, um die Kontingentierung für Kundenaufträge und Umlagerungsbestellungen zu aktivieren.

Die Schritte zur Konfiguration der Produktverfügbarkeitsprüfung wurden in den vorangehenden Kapiteln dieses Buches bereits erläutert. Daher geht dieser Abschnitt lediglich auf die Einstellungen der Kontingentierung ein.

10.1.1 Kontingentierung aktivieren

Um die Funktionen der Kontingentierung zu nutzen, muss diese zuerst im Customizing aktiviert werden.

Navigieren Sie dazu im Customizing über den Pfad **SAP Customizing Einführungsleitfaden • Anwendungsübergreifende Komponenten • Erweitertes Available-to-Promise (aATP) • Kontingentierung (PAL) • Kontingentierung aktivieren**.

Folgende Auswahlmöglichkeiten stehen Ihnen in dieser Aktivität zur Verfügung (siehe Abbildung 10.1):

- **Nein**: Keine Nutzung der Kontingentierung.
- **Ja, nach Wunschlieferdatum**: Die Kontingentierung wird aktiviert. Bei der Suche nach Kontingentierungssequenzen wird das Wunschlieferdatum der Auftragsposition als Grundlage genutzt.
- **Ja, nach Materialbereitstellungsdatum**: Die Kontingentierung wird aktiviert. Bei der Suche nach Kontingentierungssequenzen wird das Materialbereitstellungsdatum der Auftragsposition als Grundlage genutzt.

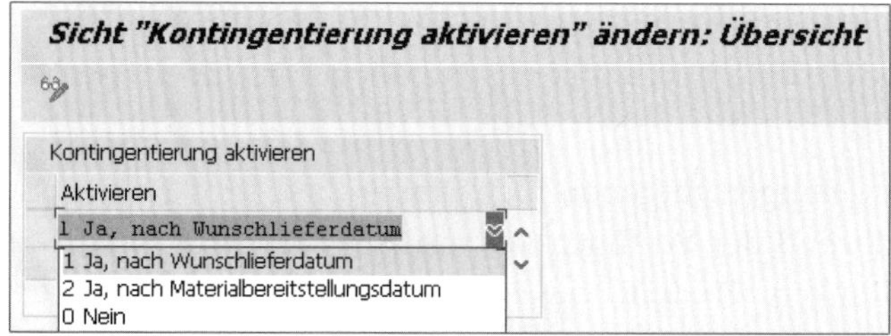

Abbildung 10.1 Customizing zur Aktivierung der Kontingentierung

[»]

Nutzung der klassischen Kontingentierung im Vertrieb

Sobald Sie die Kontingentierung der aATP aktivieren, steht Ihnen die klassische Kontingentierung aus dem Vertrieb *nicht* mehr zur Verfügung.

10.1.2 Kontingentierung in der Bedarfsklasse aktivieren

Mit den allgemeinen Einstellungen zur erweiterten Verfügbarkeitsprüfung sind Sie in der Lage, die Kontingentierung auf der Ebene der Prüfgruppe individuell zu aktivieren. Durch die Zuordnung einer Prüfgruppe im Materialstamm steuern Sie somit, ob für ein Material die erweiterte Verfügbarkeitsprüfung durchlaufen wird oder nicht.

Als Nächstes müssen Sie die Kontingentierung auf der Ebene der Bedarfsklasse aktivieren. Sie können die Kontingentierung nur für bestimmte Bedarfsklassen aktivieren und die Kontingentierung für andere Bedarfsklassen nicht berücksichtigen.

Die Einstellungen finden Sie im Customizing über den Pfad **SAP Customizing Einführungsleitfaden • Vertrieb • Grundfunktionen • Verfügbarkeitsprüfung und Bedarfsübergabe • Bedarfsübergabe • Bedarfsklassen definieren**.

10

Aktivieren Sie für die Bedarfsklassen, die die Kontingentierung nutzen sollen, das Kennzeichen **Ktg** (siehe Abbildung 10.2).

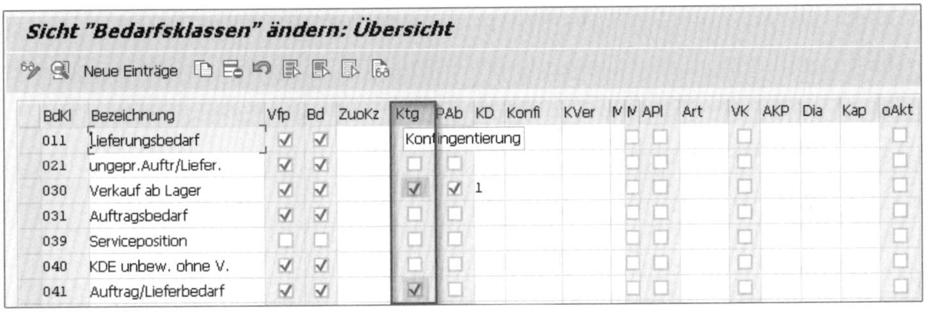

Sicht "Bedarfsklassen" ändern: Übersicht

Neue Einträge

BdKl	Bezeichnung	Vfp	Bd	ZuoKz	Ktg	PAb	KD	Konfi	KVer	M	M	API	Art	VK	AKP	Dia	Kap	oAkt
011	Lieferungsbedarf	☑	☑		Kontingentierung					☐	☐			☐				☐
021	ungepr.Auftr/Liefer.	☑	☑		☐	☐				☐	☐			☐				☐
030	Verkauf ab Lager	☑	☑		☑	☑	1			☐	☐			☐				☐
031	Auftragsbedarf	☑	☑		☐	☐				☐	☐			☐				☐
039	Serviceposition	☐	☐		☐	☐				☐	☐			☐				☐
040	KDE unbew. ohne V.	☑	☑		☐	☐				☐	☐			☐				☐
041	Auftrag/Lieferbedarf	☑	☑		☑	☐				☐	☐			☐				☐

Abbildung 10.2 Customizing der Bedarfsklasse

10.1.3 Ablauf je Einteilungstyp festlegen

Die Einstellung **Ablauf je Einteilungstyp festlegen** ist relevant, wenn Sie die Kontingentierung für Kundenaufträge aktivieren möchten. Damit die Kontingentierung für eine Auftragsposition durchgeführt werden kann, muss diese zuvor im entsprechenden Einteilungstyp aktiviert worden sein.

Die entsprechenden Einstellungen finden Sie im Customizing über den Pfad **SAP Customizing Einführungsleitfaden • Vertrieb • Grundfunktionen • Verfügbarkeitsprüfung und Bedarfsübergabe • Bedarfsübergabe • Ablauf je Einteilungstyp festlegen**.

Aktivieren Sie für die Einteilungstypen, die die Kontingentierung nutzen sollen, das Kennzeichen **Ktg** (siehe Abbildung 10.3). Scrollen Sie am unteren Bildrand nach rechts, um die Spalte vollständig zu sehen.

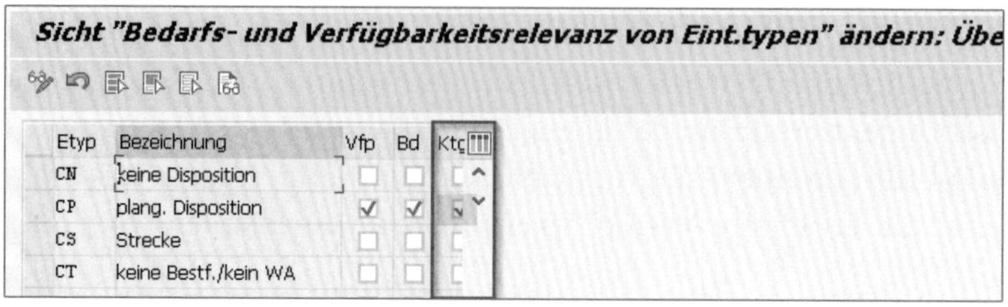

Sicht "Bedarfs- und Verfügbarkeitsrelevanz von Eint.typen" ändern: Übe

Etyp	Bezeichnung	Vfp	Bd	Ktç
CN	keine Disposition	☐	☐	☐
CP	plang. Disposition	☑	☑	☑
CS	Strecke	☐	☐	☐
CT	keine Bestf./kein WA	☐	☐	☐

Abbildung 10.3 Customizing der Einteilungstypen

10.1.4 Lieferart und Verfügbarkeitsprüfung je Werk konfigurieren

Wenn Sie die Kontingentierung während der Verfügbarkeitsprüfung von Umlagerungsbestellungen nutzen möchten, müssen Sie diese explizit pro Belegart und Werk aktivieren.

Rufen Sie dazu im Customizing den folgenden Pfad auf: **SAP Customizing Einführungsleitfaden • Materialwirtschaft • Einkauf • Bestellung • Umlagerungsbestellung einstellen • Lieferart und Verfügbarkeitsprüfung nach Werk konfigurieren**.

Für alle Kombinationen aus Belegart und Werk, für die die Kontingentierung genutzt werden soll, muss das Kennzeichen **PAL** aktiviert werden (siehe Abbildung 10.4).

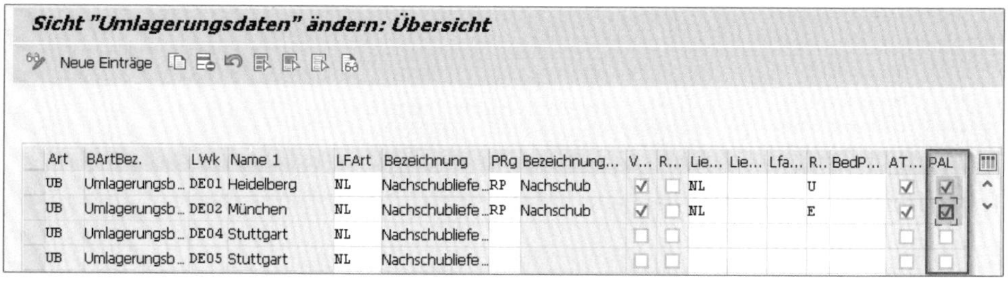

Sicht "Umlagerungsdaten" ändern: Übersicht

Neue Einträge

Art	BArtBez.	LWk	Name 1	LFArt	Bezeichnung	PRg	Bezeichnung...	V...	R...	Lie...	Lie...	Lfa...	R..	BedP...	AT...	PAL
UB	Umlagerungsb...	DE01	Heidelberg	NL	Nachschubliefe...	RP	Nachschub	☑	☐	NL			U		☑	☑
UB	Umlagerungsb...	DE02	München	NL	Nachschubliefe...	RP	Nachschub	☑	☐	NL			E		☑	☑
UB	Umlagerungsb...	DE04	Stuttgart	NL	Nachschubliefe...			☐	☐						☐	☐
UB	Umlagerungsb...	DE05	Stuttgart	NL	Nachschubliefe...			☐	☐						☐	☐

Abbildung 10.4 Customizing zur Umlagerungsbestellung

10.2 SAP-Fiori-Apps für die Kontingentierung

Zur Einrichtung und Überwachung der Kontingentierung arbeiten die Mitarbeitenden, die die Kontingentierung durchführen, ausschließlich mit SAP-Fiori-Apps. Tabelle 10.1 gibt eine Übersicht über die relevanten Apps für die Kontingentierung.

Diese Apps bieten den Vertriebsmitarbeitern detaillierte Möglichkeiten, um ihre individuellen Anforderungen an die Kontingentierung im System zu hinterlegen.

SAP-Fiori-App-Name	App-Name in Englisch	App-ID
Kontingentierung konfigurieren	**Configure Product Allocation**	F2119
Kontingentierungsplandaten verwalten	**Manage Product Allocation Planning Data**	F2121
Kontingentierungssequenzen verwalten	**Manage Product Allocation Sequences**	F2474
Produkte zur Kontingentierung zuordnen	**Assign Product to Product Allocation**	F2120
Kontingentierungsübersicht	**Product Allocation Overview**	F3474

Tabelle 10.1 Übersicht über die SAP-Fiori-Apps für die Kontingentierung

Mandantenabhängige Stammdaten

Beachten Sie, dass es sich bei den Einstellungen, die Sie in den SAP-Fiori-Apps hinterlegen, um Stammdaten handelt. Die Konfiguration kann nicht automatisch in andere SAP-Mandanten transportiert werden.

Die Übersicht in Tabelle 10.2 gibt Ihnen einen Überblick, in welcher Reihenfolge Sie die Apps bei der erstmaligen Einrichtung der Kontingentierung nutzen sollten und welche Einstellungen vorgenommen werden können. Genaue Details zu den einzelnen Apps werden in den entsprechenden Abschnitten erläutert.

Sequenz	SAP-Fiori-App	Erläuterung
1	**Kontingentierung konfigurieren**	In dieser App legen Sie Kontingentierungsobjekte an. Ein Kontingentierungsobjekt enthält grundlegende Einstellungen wie die Zeitebene oder die für die Kontingentierung relevanten Belege. Außerdem pflegen Sie die relevanten Merkmale, auf denen kontingentiert wird, wie z. B. Verkaufsorganisation oder Kunde.
2	**Kontingentierungsplandaten verwalten**	In dieser App hinterlegen Sie die Kontingentierungsmengen für die zuvor angelegten Objekte.
3	**Kontingentierungssequenzen verwalten**	In dieser App definieren Sie das konkrete Verhalten der Kontingentierung, kombinieren verschiedene Kontingentierungsobjekte und bestimmen die Verrechnung von Bedarfen und Kontingenten.

Tabelle 10.2 Erläuterung der SAP-Fiori-Apps zur Kontingentierung

Sequenz	SAP-Fiori-App	Erläuterung
4	**Produkte zur Kontingentierung zuordnen**	In dieser App verknüpfen Sie Materialien mit den zuvor angelegten Sequenzen. Dadurch können Sie auf der Werksebene steuern, für welche Produkte die Kontingentierung gültig sein soll.
5	**Kontingentierungsübersicht**	In dieser App treffen Sie keine konkreten Einstellungen; allerdings ist sie der zentrale Einstiegspunkt, um einen Überblick über die aktuelle Situation von Kontingenten zu erhalten.

Tabelle 10.2 Erläuterung der SAP-Fiori-Apps zur Kontingentierung (Forts.)

10.3 Kontingentierung konfigurieren

Die Grundlage für die Kontingentierung bildet das sogenannte *Kontingentierungsobjekt*, das Sie in der SAP-Fiori-App **Kontingentierung konfigurieren** anlegen können. In der Regel erfordert jeder abweichende Prozess, den Sie mit der Kontingentierung abbilden möchten, ein eigenes Kontingentierungsobjekt. Möchten Sie beispielsweise in einem Prozess die beschränkte Kapazität von Ressourcen abbilden und in einem anderen Prozess die Gleichverteilung von Verkaufsmaterialien erreichen, benötigen Sie dazu in der Regel zwei verschiedene Kontingentierungsobjekte.

Im Einstieg der App finden Sie verschiedene Filtermöglichkeiten, mit denen Sie sich konkrete Objekte anzeigen lassen können. Wie in allen SAP-Fiori-Apps, müssen Sie im Filterbereich zuerst auf **Start** klicken, um bereits existierende Kontingentierungsobjekte sehen zu können. Um ein neues Objekt anlegen zu können, wählen Sie den Button **Anlegen**.

Für ein Kontingentierungsobjekt stehen Ihnen verschiedene grundlegende Einstellungsmöglichkeiten zur Verfügung:

- **Kontingentierungsobjekt**
  Hier müssen Sie jedem Kontingentierungsobjekt eine eindeutige ID zuweisen, die es eindeutig identifiziert.
- **Beschreibung**
  Über das Feld **Beschreibung** können Sie das Objekt weiter spezifizieren, damit dem Nutzer möglichst schnell klar wird, wozu das Objekt genutzt wird.
- **Mengeneinheit**
  In diesem Feld hinterlegen Sie die Mengeneinheit, in der Sie die Kontingentierungsplandaten pflegen.
- **Sammelkontingentierung**
  Im Feld **Sammel** wählen Sie, ob Sie eine Sammelkontingentierung nutzen möch-

ten. Durch Nutzung der Sammelkontingentierung können Sie auch Belege kontingentieren, für die vorher keine spezielle Merkmalswertkombination gepflegt wurde. Beispielsweise können Sie so bestimmten Kunden ein spezifisches Kontingent zuweisen und alle anderen Kundenanfragen aus einem Sammelkontingent bestätigen. Folgende Auswahlmöglichkeiten stehen Ihnen zur Verfügung:

- **Keine Sammelkontingentierung**: Es werden keine Sammelkontingentierungen angelegt. Somit haben nicht vorhandene Merkmalskombinationen ein unendliches Kontingent.
- **Manuell verwaltete Sammelkontingentierung**: In der Pflege der Plandaten werden Sammelkontingente manuell durch die Eingabe von »#« hinterlegt.
- **Vom System verwaltete Sammelkontingentierung**: Das System hinterlegt automatisch eine Sammelkontingentierung für nicht angelegte Kombinationen.

- **Zeitraumart**
  Hier wählen Sie, auf welcher Zeitebene Sie Ihre Kontingente hinterlegen möchten. Zur Auswahl stehen **Tag**, **Woche**, **Monat**, **Quartal** und **Kalenderjahr**.
- **Zeitraumzone**
  Hier definieren Sie die Zeitzone, auf die sich der hinterlegte Zeitraum bezieht.
- **Zeitart Prüfdatum**
  Hier definieren Sie das Datum, das dem Bedarf zugrunde gelegt wird, um das zugehörige Zeitsegment der Kontingentierung zu finden. Ihnen stehen drei verschiedene Daten zur Verfügung:
  - **Wunschlieferdatum**: Das im Kundenauftrag angegebene Wunschlieferdatum.
  - **Materialbereitstellungsdatum**: Das auf der Grundlage des Wunschlieferdatums automatisch im Hintergrund berechnete Materialbereitstellungsdatum.
  - **Warenausgangsdatum**: Das auf Grundlage des Wunschlieferdatums automatisch im Hintergrund berechnete Warenausgangsdatum.
- **Fabrikkalender**
  Hier hinterlegen Sie den Fabrikkalender, der zur Ermittlung der Planungsperioden genutzt wird.
- **Verkaufsbeleg**
  Das Kennzeichen **Verkaufsbeleg** aktivieren Sie, wenn die Kundenaufträge im Rahmen der Kontingentierung berücksichtigt werden sollen.
- **Umlagerung**
  Das Kennzeichen **Umlagerung** aktivieren Sie, wenn die Umlagerungsbestellungen im Rahmen der Kontingentierung berücksichtigt werden sollen.
- **Merkmale**
  Bestimmen Sie hier die Merkmale, auf denen Sie im folgenden Schritt die Plandaten für das Kontingentierungsobjekt hinterlegen möchten.

[»]

Verkaufsbelege in der Kontingentierung

Derzeit (Stand Mai 2022) kann die Kontingentierung in SAP S/4HANA nur für Kundenaufträge und Umlagerungsbestellungen genutzt werden. Angebote und Lieferpläne können nicht von der Kontingentierung berücksichtigt werden. In SAP-Hinweis 2691783 (FAQ: Kontingentprüfung (PAL) mit aATP) wird erwähnt, dass diese in Zukunft noch hinzugefügt werden können.

10.4 Kontingentierungsplandaten verwalten

Nachdem Sie in dem Kontingentierungsobjekt die Merkmale hinterlegt haben, auf denen Sie die Kontingente pflegen möchten, ordnen Sie diesen Merkmalen in der SAP-Fiori-App **Kontingentierungsplandaten verwalten** konkrete Merkmalsausprägungen zu und definieren pro Ausprägung die zur Verfügung stehenden Mengen. Dazu wählen Sie im ersten Schritt ein vorhandenes Kontingentierungsobjekt aus, für das Sie die Kontingente hinterlegen möchten.

In der Detailansicht haben Sie die Möglichkeit, Kontingente manuell einzugeben oder diese per Excel-Upload in großen Mengen zu übertragen.

10.4.1 Kontingente aus Microsoft Excel importieren

Um die Kontingente aus Microsoft Excel nach SAP S/4HANA übertragen zu können, empfiehlt es sich, zuvor das Template für den Upload aus der App herunterzuladen. Klicken Sie hierzu auf den Button [⤓] (**Download**), den Sie über den Kontingentierungsplandaten finden.

In den folgenden Schritten können Sie das Dateiformat für das Template auswählen. Die einfachste manuelle Bearbeitung ist im XLSX-Format mit der Einstellung **ohne Beschreibungen** möglich. Das heruntergeladene Template können Sie dann mit den Kontingentierungsdaten füllen, die in die Plandaten hochgeladen werden sollen.

Sobald das Template gefüllt ist, kann es über den Button [⤒] (**Upload**) wieder hochgeladen werden. Dafür müssen Sie sich in der App im Modus **Bearbeiten** befinden.

10.4.2 Kontingente manuell pflegen

Alternativ zum Upload aus Microsoft Excel können die Plandaten zur Kontingentierung auch manuell gepflegt werden. Wechseln Sie dazu in den Modus **Bearbeiten**, und geben Sie die Kontingente entsprechend den definierten Merkmalen manuell ein. Mit der Option **Hinzufügen** können Sie eine neue Zeile für eine weitere Merkmalskombination einpflegen.

10.4.3 Kontingente konfigurieren

Unabhängig davon, ob Sie Kontingente manuell einpflegen oder sie per Microsoft Excel importieren, können Sie zu jedem Kontingent eigene Einstellungen vornehmen. Die Menge wird in der im Kontingentierungsobjekt hinterlegten Mengeneinheit gepflegt. Neben der eigentlichen Menge können pro Kontingent verschiedene Einstellungen hinterlegt werden:

- **Merkmalswerte**
  Für jede Kombination der im Kontingentierungsobjekt hinterlegten Merkmalswerte können individuelle Kontingentierungsplandaten hinterlegt werden. Wenn in den Einstellungen die manuelle Sammelkontingentierung aktiviert worden ist, können Sie durch die Eingabe von »#« Platzhalter vergeben. Spezifische Merkmalswerte können über die Suchhilfe selektiert werden.
- **Status**
  Sie können eine oder mehrere Zeilen mit Plandaten markieren und durch einen Klick auf **Status ändern** den Status anpassen. Für jede Zeile stehen zwei Status zur Verfügung:
  - **Aktiv**: Das Kontingent wird während der Kontingentierung berücksichtigt.
  - **Inaktiv**: Das Kontingent wird während der Kontingentierung nicht berücksichtigt. Gibt es ein übergeordnetes Sammelkontingent, greift die Kontingentierung darauf zurück.

[«]

Übertrag von Mengen bei inaktiven Kontingenten

Wenn Sie ein Planungsobjekt in den Status **Inaktiv** setzen, können Sie die Mengen dieses Objekts automatisch auf eine übergeordnete Sammelkontingentierung übertragen lassen. Wenn Sie das Objekt wieder aktivieren, werden diese Mengen wieder von der Sammelkontingentierung entfernt.

- **Einschränkungsstatus**
  Sie können eine oder mehrere Zeilen mit Plandaten markieren und durch einen Klick auf **Einschränkungsstatus ändern** das Verhalten des Planungsobjekts in Sequenzen übersteuern.
- **Verbrauch**
  Durch einen Klick auf **Verbrauch anzeigen** können Sie sich für jedes Planungsobjekt den aktuellen Verbrauch im ausgewählten Zeitraum anzeigen lassen. Dadurch erhalten Sie einen ersten Überblick über die bereits verbrauchten Mengen eines Kontingents.

SAP-Fiori-App »Kontingentierungsübersicht«

Die SAP-Fiori-App **Kontingentierungsübersicht** gibt Ihnen einen detaillierten Überblick über Ihre Kontingente, deren Verbrauchsstatus und über die von der Kontingentierung beeinflussten Kundenaufträge.

10.5 Kontingentierungssequenzen verwalten

Mithilfe einer *Kontingentierungssequenz* wird die Verbindung zwischen Kontingentierungsobjekten und Materialien hergestellt und der genaue Verbrauch der Kontingentierungsplandaten gesteuert. Durch das Zusammenfassen von Kontingentierungsobjekten in einer Sequenz können Sie sowohl alternative Verbrauchsstrategien pflegen (ein Produkt kann sich alternativer Mengen bedienen) oder mehrere Kontingente gleichzeitig konsumieren.

Im Einstiegsbild der SAP-Fiori-App **Kontingentierungssequenzen verwalten** erhalten Sie einen Überblick über die vorhandenen Sequenzen, und Sie können dort neue Sequenzen anlegen sowie bestehende Sequenzen löschen.

Für jede Sequenz gibt es allgemeine Einstellungen, die Sie im Kopf hinterlegen können:

- **Kontingentierungssequenz**
  Im Feld **Kontingentierungssequenz** hinterlegen Sie einen eindeutigen Namen für die Sequenz (entspricht einer ID).
- **Beschreibung**
  In dem Textfeld **Beschreibung** für zusätzliche Erläuterungen der Sequenz können Informationen hinterlegt werden, die eine einfache Identifizierung der Sequenz ermöglichen.
- **Mengeneinheit für Verbrauch**
  Bei der Option **ME für Verbrauch** handelt es sich um die Mengeneinheit, für die der Verbrauch in der Sequenzrestriktion angegeben wird. Falls die im Bedarf (z. B. Kundenauftrag) gepflegte Mengeneinheit von der Mengeneinheit in der Sequenz abweicht, muss dafür eine Umrechnungsregel im Materialstamm hinterlegt sein.

Beispiel für die Umrechnung von Mengeneinheiten

Ein Unternehmen produziert Produkte, bei deren Produktion ein spezieller Arbeitsschritt auf einer Engpassmaschine durchgeführt werden muss. Deshalb wurde für diese Maschine ein Kontingentierungsobjekt mit der Mengeneinheit **Stunde** angelegt. Da Kunden das Produkt aber in Stück bestellen, wurde in der Sequenz die Mengeneinheit »Stück« hinterlegt. In den Einstellungen zur Sequenzgruppe kann nun hinterlegt werden, wie viele Stunden für die Produktion von einem Stück benötigt werden.

- **Verbrauchsstrategie**
  In den Einstellungen zur Verbrauchsstrategie hinterlegen Sie, ob während der Suche nach freien Kontingenten auch angrenzende Perioden berücksichtigt werden können und wie sich das System bei der Prüfung von mehreren Restriktionen verhalten soll. Die gepflegten Zeiträume beziehen sich auf die Zeitraumart aus dem Kontingentierungsobjekt.
  - **Horizontaler Verbrauch**: Das System prüft immer zuerst gegen das Kontingent im aktuellen Zeitraum. Reicht dieses nicht aus, kann das System auch gegen noch freie Kontingente in der Vergangenheit prüfen, wenn im Feld Rückwärtsverbrauch ein Wert größer 0 gepflegt ist. Mit dieser Einstellung pflegen Sie, in welcher Reihenfolge vergangene Perioden geprüft werden.
  - **Vergangenheitszeitraum erlaubt**: Wenn Sie dieses Kennzeichen setzen, kann die Kontingentierung auf nicht verbrauchte Mengen in der Vergangenheit zugreifen.
  - **Rückwärtsverbrauch**: Indem Sie einen Rückwärtsverbrauch pflegen, kann das System freie Kontingente von Perioden berücksichtigen, die vor der Bedarfsperiode liegen. Pflegen Sie hier die Anzahl der Perioden, die für den Rückwärtsverbrauch berücksichtigt werden sollen. Lassen Sie das Feld leer, um keinen Rückwärtsverbrauch zu nutzen.
  - **Vorwärtsverbrauch**: Indem Sie einen Vorwärtsverbrauch pflegen, kann das System freie Kontingente von Perioden berücksichtigen, die hinter der Bedarfsperiode liegen. Pflegen Sie hier die Anzahl der Perioden, die für den Vorwärtsverbrauch berücksichtigt werden sollen. Lassen Sie das Feld leer, um keinen Vorwärtsverbrauch zu nutzen.
  - **Nur überlappende Mengen verbrauchen**: Es ist möglich, innerhalb einer Restriktion mehrere Kontingentierungsobjekte zu hinterlegen. Aktivieren Sie diese Option, um sicherzustellen, dass nur die Mengen bestätigt werden können, die in allen Kontingentierungsobjekten verfügbar sind.

Verbrauchsstrategien pflegen

Die Einstellungen in den Kopfdaten der Kontingentierungssequenz werden automatisch auf die Sequenzgruppen übertragen. Sie können die Einstellungen danach in der Sequenzgruppe ändern. Sobald Sie die Einstellungen aber auf der Kopfebene ändern, werden diese direkt auf alle Sequenzgruppen übertragen und manuelle Änderungen gegebenenfalls überschrieben.

Abbildung 10.5 zeigt ein mögliches Szenario der aktuell offenen Kontingente eines Kontingentierungsobjekts. T beschreibt die aktuelle Periode. Für einen neuen Bedarf, der in Periode t+1 eingestellt wird, ergeben sich, basierend auf den Einstellungen zur Verbrauchsstrategie, verschiedene Mengen, die zur Bestätigung der Position genutzt werden können.

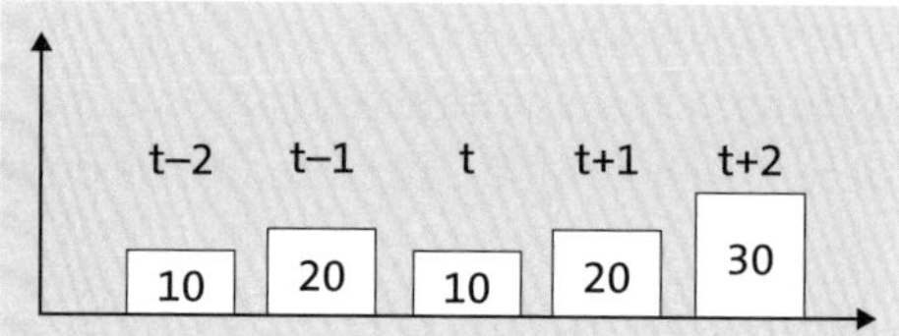

Abbildung 10.5 Beispiel für offene Kontingente

Tabelle 10.3 gibt Ihnen einen Überblick über mögliche Szenarien, die im System hinterlegt werden können.

Rückwärts-verbrauch	Vorwärts-verbrauch	Vergangenheit erlaubt	Menge
0	0	nein	20
3	0	nein	30
3	0	ja	60
3	3	ja	90

Tabelle 10.3 Mögliche Szenarien in Abhängigkeit der Verbrauchsstrategie

Im Beispiel in Abschnitt 10.8, »SAP-Beispiel für die Kontingentierung«, bilden wir eine Kapazitätssequenz ab, die die Einschränkungen von zwei Maschinen abbildet. Da ein Produkt nur hergestellt werden kann, wenn beide Maschinen ausreichend Kapazität haben, wurde die Option **Nur überlappende Mengen verbrauchen** auf **Ja** gesetzt.

Dadurch wird sichergestellt, dass eine Bestätigung nur möglich ist, wenn beide Kontingente gleichzeitig freie Mengen aufweisen. Im Beispiel in Abbildung 10.6 könnten dadurch folgende Mengen bestätigt werden:

- 10 Stück in Periode t
- 10 Stück in Periode t+1
- 30 Stück in Periode t+2

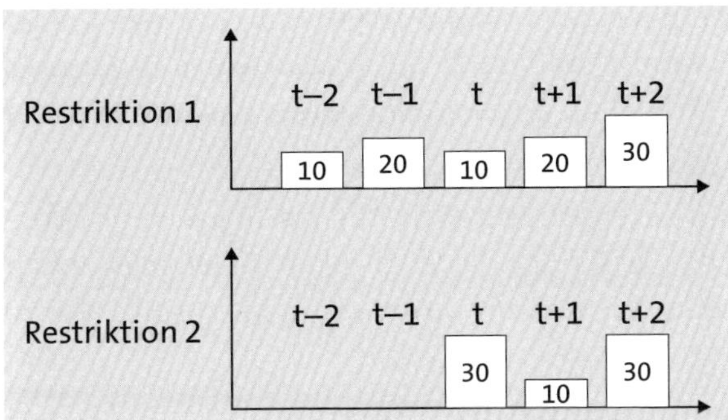

Abbildung 10.6 Beispiel für überlappende Mengen

Innerhalb einer Kontingentierungssequenz können Sie verschiedene Sequenzgruppen pflegen. Dabei wird zwischen zwei verschiedenen Sequenzgruppen mit verschiedener zeitlicher Ausführung unterschieden.

- **Verkaufssequenzgruppen**
  Diese Sequenzgruppen werden zeitlich vor der Produktverfügbarkeitsprüfung berücksichtigt. Das System prüft also erst, ob es freie Kontingente gibt, bevor nach freien Bestätigungsmengen gesucht wird.
- **Kapazitätssequenzgruppen**
  Diese Sequenzgruppen werden im Anschluss an die Produktverfügbarkeitsprüfung berücksichtigt. Das bedeutet, dass die Produktverfügbarkeitsprüfung unter Berücksichtigung der Verkaufssequenzgruppen ein Bestätigungsdatum ermittelt. Dieses Bestätigungsdatum wird dann in der Prüfung gegen die Kapazitätssequenzgruppen genutzt. Somit können z. B. Transportkapazitäten abgebildet werden.

Sie können pro Kontingentierungssequenz mehrere Verkaufs- und mehrere Kapazitätssequenzgruppen hinterlegen. Dabei wird jeder Gruppe eine Priorität zugeordnet, die Sie durch die Buttons zur Sortierung der Gruppe anpassen können.

10.6 Produkte zur Kontingentierung zuordnen

Um die Kontingentierung für ein bestimmtes Material zu aktivieren, muss dieses abschließend einer oder mehreren Kontingentierungssequenzen zugeordnet werden.

Im Einstiegsbild der SAP-Fiori-App **Produkte zur Kontingentierung zuordnen** wählen Sie die Kontingentierungssequenz, der Sie Produkte zuordnen möchten. Anschließend können Sie Materialien entweder werksübergreifend hinzufügen, indem Sie bei der Zuordnung des Materials das Feld **Werk** leer lassen. Alternativ fügen Sie Produkte nur für ein spezielles Werk hinzu; in diesem Fall aktivieren Sie die Kontingentierung nur in diesem speziellen Werk.

Für jeden Eintrag pflegen Sie außerdem einen Gültigkeitszeitraum. Mit dem Gültigkeitszeitraum ist es möglich, die Kontingentierung für ein einzelnes Produkt in einem bestimmten Zeitraum zu aktivieren, z. B. während einer Saison mit hoher Nachfrage.

Ähnlich wie in der in Abschnitt 10.4 gezeigten SAP-Fiori-App zur Pflege der Kontingentierungsplandaten besteht auch in dieser App die Möglichkeit, Daten massenhaft per Excel-Upload zu importieren oder nach einem Download in Microsoft Excel zu bearbeiten.

Abbildung 10.7 zeigt den Zusammenhang zwischen Kontingentierungsobjekten, Kontingentierungssequenzen und Materialzuordnung. Ein Material kann einer oder mehreren Kontingentierungssequenzen zugeordnet werden. In jeder Kontingentierungssequenz können eigene Verkaufssequenzgruppen und Kapazitätssequenzgruppen gepflegt werden. Jeder dieser Sequenzgruppen können eine oder mehrere Kontingentierungsobjekte zugeordnet werden.

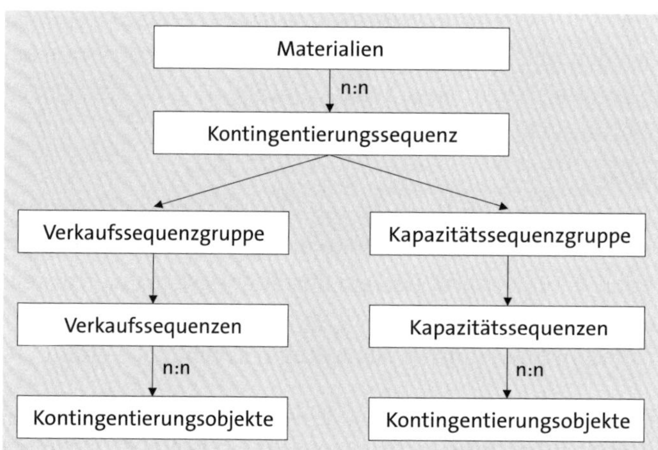

Abbildung 10.7 Zusammenhang zwischen den Objekten der Kontingentierung

10.7 Kontingentierungsübersicht

Die SAP-Fiori-App **Kontingentierungsübersicht** erlaubt es Ihnen, die Kontingentierung aus zwei verschiedenen Perspektiven zu analysieren. Auf der Grundlage der hier angezeigten Daten können Sie Maßnahmen ableiten, um Ihre Strategien zu optimieren oder Gesprächsbedarfe mit Ihren Kunden zu erkennen.

Die Ebenen, auf denen Sie die Kontingentierung analysieren können, sind:

- **Kontingentierungsdaten**
  Durch die verfügbaren Filter betrachten Sie Ihre Kontingentierungsobjekte, Merkmalswertkombinationen und Kontingentierungszeiträume auf der ausgewählten

Ebene. Dadurch identifizieren Sie z. B. Zeiträume, in denen für bestimmte Merkmalswertkombinationen eine sehr geringe oder sehr hohe Auslastung besteht.

- **Auftragsdaten**
  Entsprechend den Filtern werden neben den Kontingentierungsdaten auch Informationen zu den für die Kontingentierung relevanten Kundenaufträgen und Umlagerungsbestellungen angezeigt. Dadurch können Sie beispielsweise erkennen, welche Aufträge durch ein beschränktes Kontingent noch nicht bestätigt werden konnten.

10.8 SAP-Beispiel für die Kontingentierung

Im Folgenden werden die in den vorangehenden Abschnitten beschriebenen Funktionen und Einstellungen anhand eines durchgängigen Beispiels erläutert. Dazu verwenden wir folgendes Szenario:

Ein Unternehmen produziert eine Produktgruppe, bei deren Produktion und Abwicklung es zwei verschiedene Engpässe gibt.

Der erste Engpass besteht darin, dass für die Produktion ein Vormaterial benötigt wird, das zu diesem Zeitpunkt weltweit knapp ist. Das Unternehmen hat für die Lieferung dieses Materials Vereinbarungen mit zwei Lieferanten getroffen. Lieferant 1 kann pro Monat 100 Stück und Lieferant 2 pro Monat 50 Stück liefern. Da die Lieferanten das Vormaterial in verschiedenen Qualitäten liefern, akzeptieren einige Endkunden nur Produkte, bei denen das Vormaterial von Lieferant 1 genutzt wurde.

Der zweite Engpass liegt in der Fertigung der einzelnen Produkte. Es gibt 2 Engpassmaschinen in der Produktion. Engpass 1 liegt in der Endmontage, die alle Produkte der Produktgruppe durchlaufen. Der zweite Engpass ist die Veredelung, die nur hochwertigere Produkte durchlaufen müssen.

Zur Abbildung der einzelnen Restriktionen definieren wir verschiedene Kontingentierungsobjekte, die in Tabelle 10.4 aufgeführt sind.

Objekt	Einheit	Grund	Merkmale
`ROH_LIEFERANT_1`	Stück	Kundenaufträge	Debitorennummer
`ROH_LIEFERANT_2`	Stück	Kundenaufträge	Debitorennummer
`FERT_DE01_END`	Stunde	Kundenaufträge	Werk
`FERT_DE01_FIN`	Stunde	Kundenaufträge	Werk

Tabelle 10.4 Kontingentierungsobjekte

Da wir die Lieferanten aufgrund der Kundenanforderungen unterscheiden müssen, definieren wir für jeden Lieferant ein eigenes Objekt, in dem wir die Kontingente in Stück hinterlegen möchten und das nur für Kundenaufträge gültig ist. Zur Abbildung der Engpassmaschinen definieren wir für jede Maschine ein Kontingentierungsobjekt, in dem wir die verfügbare Kapazität in Stunden pflegen. Abbildung 10.8 zeigt Ihnen die im SAP-System angelegten Objekte.

Abbildung 10.8 Beispiel der Kontingentierungsobjekte

Für jedes Objekt wurden Kontingentierungsplandaten hinterlegt, die die reale Situation abbilden. Abbildung 10.9 und Abbildung 10.10 zeigen die Konfiguration der Plandaten.

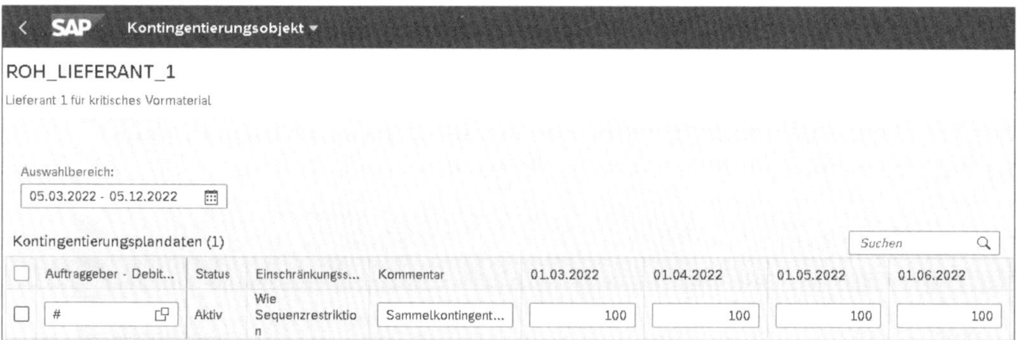

Abbildung 10.9 Kontingente für Lieferant 1

Da Lieferant 1 von allen Kunden akzeptiert wird, ist hier keine Unterscheidung nach Kunden notwendig. Deshalb wurde im Feld **Auftraggeber – Debitor** »#« für die Sammelkontingentierung eingetragen und die monatlich verfügbare Menge von 100 Stück als Kontingentierungsmenge hinterlegt.

Abbildung 10.10 Kontingent für Lieferant 2

Lieferant 2 wird hingegen nur von bestimmten Kunden akzeptiert. Deshalb wurde mit dem Kunden 1000024 der Kunde hinterlegt, für den das Kontingent infrage kommt. Alle anderen Kunden werden explizit mit einer Sammelkontingentierung und der Menge 0 ausgeschlossen.

Für die Abbildung der Kapazitätsrestriktion wurden ähnliche Einschränkungen wie für Lieferant 1 vorgenommen. Da die Produktion unabhängig von Kunden ist, haben wir uns entschieden, die Kapazität pro Produktionswerk zu hinterlegen. Sowohl für die Endmontage als auch für die Veredelung stehen, wie es in Abbildung 10.11 zu sehen ist, monatlich 160 Stunden im Werk DE01 zur Verfügung.

Abbildung 10.11 Kontingente für Arbeitsplätze

Da hier keine Sammelkontingentierung gepflegt ist, würde in anderen Produktionswerken keine Kontingentierung berücksichtigt. In solchen Fällen geht das System von unbegrenzten Kontingenten aus.

Um die Prozessanforderungen abzubilden, werden zwei Kontingentierungssequenzen angelegt. Diese unterscheiden sich lediglich in der Veredelung, die in einer Sequenz vorhanden ist und in einer anderen Sequenz nicht. Abbildung 10.12 zeigt die Sequenzgruppen, die in den Sequenzen hinterlegt sind.

Abbildung 10.12 Sequenzgruppen pflegen

In der Verkaufssequenz wurde pro Lieferant eine Sequenzgruppe hinterlegt. Hier haben wir bewusst darauf geachtet, dass das Vormaterial von Lieferant 2 eine höhere Priorität hat. Es wird also immer erst geprüft, ob sich ein Auftrag dieses Segments bedienen kann.

Somit wird sichergestellt, dass das Kontingent für Lieferant 1 nicht von einem Kunden verbraucht wird, der sich des Segments für Lieferant 2 bedienen könnte. Durch die Pflege von zwei Sequenzgruppen wird die Möglichkeit geboten, alternative Segmente anzusteuern. Ein Auftrag wird sich immer der freien Mengen der Sequenzgruppe mit der höchsten Priorität bedienen.

Jede Verkaufssequenzgruppe bildet die Restriktionen für einen der Lieferanten ab. Da wir davon ausgehen, dass unser Unternehmen, unabhängig vom tatsächlichen Bedarf, immer die maximal verfügbare Menge des knappen Materials beim Lieferanten bestellt, ist eine Rückwärtsverrechnung sowie der Verbrauch aus Vergangenheitszeiträumen erlaubt. Beide Verkaufssequenzgruppen sind bis auf das hinterlegte Kontingentierungsobjekt identisch ausgeprägt. Abbildung 10.13 zeigt die Restriktionen innerhalb der Verkaufssequenzgruppe für Lieferant 1.

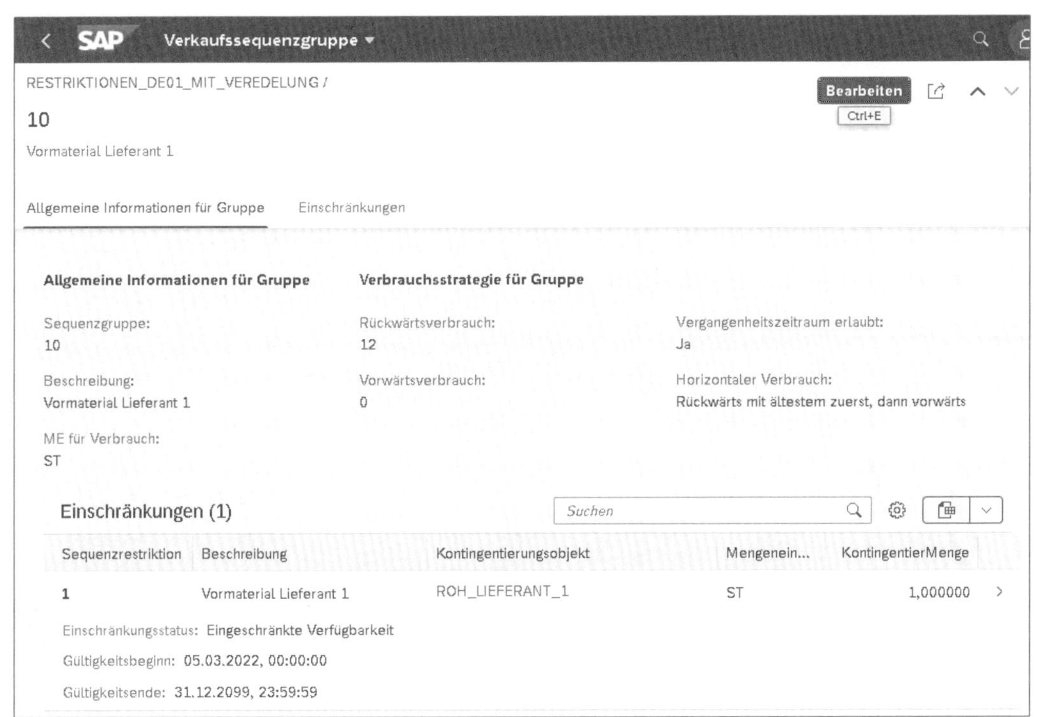

Abbildung 10.13 Einschränkungen der Verkaufssequenzgruppen

Im Vergleich zu den Verkaufssequenzgruppen ist die Kapazitätssequenz für unser Beispiel etwas komplexer. Indem wir hier zwei Restriktionen hinterlegen, wird bei der Verfügbarkeitsprüfung gegen diese Sequenzgruppe immer gegen beide Kontingentierungsobjekte geprüft. Da im Kopf die Option **Nur überlappende Mengen verbrauchen** aktiviert wurde, kann eine Menge nur dann bestätigt werden, wenn beide Restriktionen ausreichend freie Kontingente haben (siehe Abbildung 10.14).

In diesem Beispiel wird außerdem die Umrechnung von Mengeneinheiten ersichtlich. Im Kopf der Sequenz ist die Verbrauchsmengeneinheit »Stück« hinterlegt. Das entspricht der Menge, die später im Kundenauftrag verwendet wird. Im Kontingentierungsobjekt für Endmontage und Veredelung haben wir die Mengeneinheit »Stunde« hinterlegt. Die Pflege in der eingangs gezeigten Restriktion ist also wie folgt zu interpretieren:

Für den Bedarf von 1 Stück des kontingentierten Endprodukts werden eine Stunde des Kontingents der Endmontage und drei Stunden des Kontingents der Veredelung aufgebraucht. Durch die gesetzte Verbrauchsstrategie wird der Rückwärts- sowie Vorwärtsverbrauch deaktiviert, da die Maschinenkapazitäten nicht verschoben werden können.

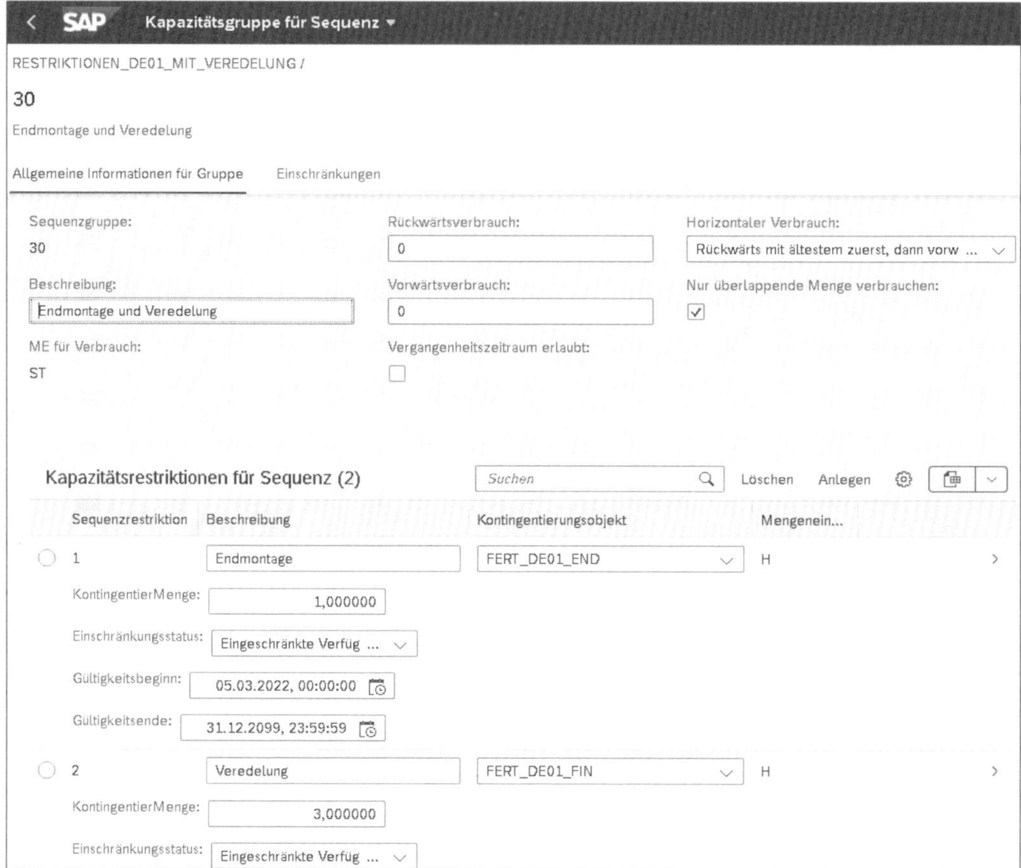

Abbildung 10.14 Einschränkungen der Kapazitätssequenzgruppe mit Veredelung

Die zweite Sequenz `RESTRIKTIONEN_DE01_OHNE_VEREDELUNG` unterscheidet sich lediglich in der Ausprägung der Kapazitätssequenzgruppe, die in Abbildung 10.15 gezeigt wird. Hier ist nur eine Restriktion gepflegt, da Materialien, die dieser Sequenz zugeordnet sind, keine Veredelung benötigen.

Letzten Endes werden die Produkte den angelegten Kontingentierungssequenzen zugeordnet. Auch hier arbeiten wir zur Vereinfachung mit nur zwei Produkten.

`FG_VERDELT` ist ein Material, das sowohl über den Arbeitsplatz **Veredelung** als auch über den Arbeitsplatz **Endmontage** laufen muss. Hingegen muss das Material `FG_STANDARD` nur auf dem Engpassarbeitsplatz **Endmontage** gefertigt werden. Daraus ergibt sich die in Tabelle 10.5 gezeigte Zuordnung von Materialien zu den Kontingentierungssequenzen.

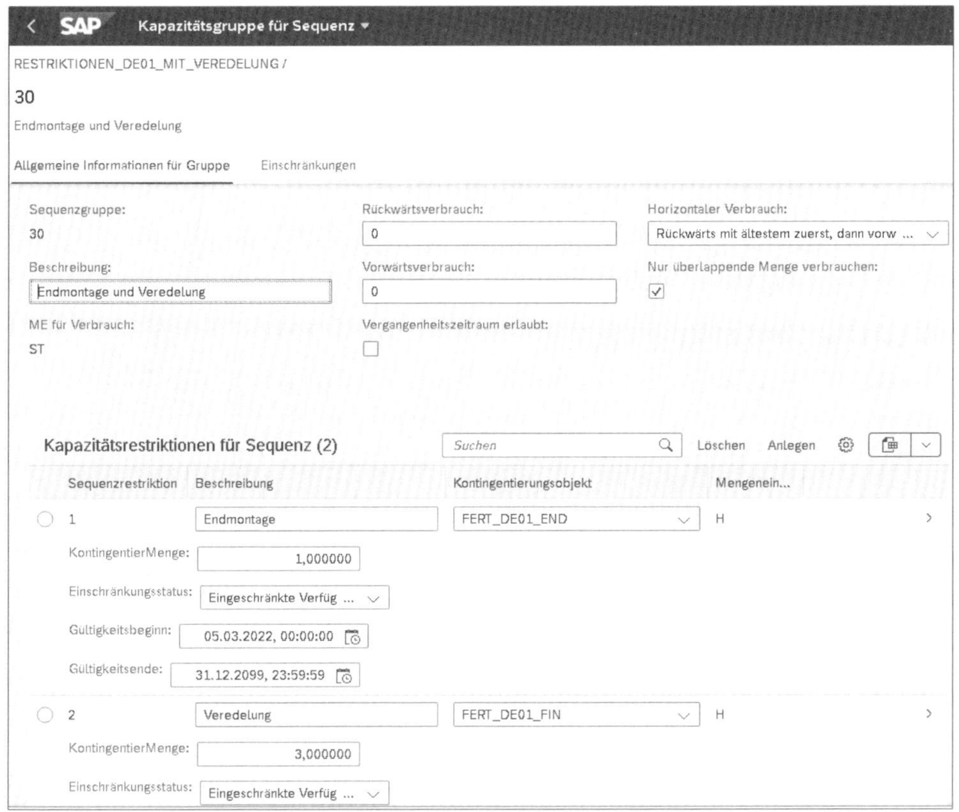

Abbildung 10.15 Einschränkungen der Kapazitätssequenzgruppe ohne Veredelung

Sequenzgruppe	Material	Werk
RESTRIKTIONEN_DE01_MIT_VEREDELUNG	FG_VERDELT	DE01
RESTRIKTIONEN_DE01_OHNE_VEREDELUNG	FG_STANDARD	DE01

Tabelle 10.5 Zuordnung von Materialien zu Sequenzgruppen

In den nächsten Schritten erfassen wir einige Kundenaufträge und prüfen, wie sich die Einstellungen in der Kontingentierung auf die Verfügbarkeitsprüfung auswirken. Zuerst legen wir einen Kundenauftrag mit den folgenden Einstellungen an:

- Material: FG_STANDARD
- Kunden: 1000024
- Werk: DE01
- Menge: 100 Stück
- Wunschlieferdatum: 6.5.2022

Das bedeutet, dass sich der Auftrag sowohl des Kontingents für Lieferant 1 als auch des Kontingents für Lieferant 2 bedienen kann. Im Kapazitätskontingent wird nur die Endmontage belastet. Zur Vereinfachung gehen wir davon aus, dass die Produktverfügbarkeitsprüfung den Wunschliefertermin immer bestätigen kann und erst die Kontingentierung restriktiv eingreift.

Im Bild zur Verfügbarkeitsprüfung im Kundenauftrag springen Sie durch einen Klick auf **Kontingentierung** in die Detailansicht mit den Kontingentierungsinformationen ab. Der Absprung wird in Abbildung 10.16 gezeigt.

Abbildung 10.16 Verfügbarkeitsprüfung im Kundenauftrag

Im Bild zur Kontingentierung blenden Sie durch einen Klick auf **Kontingentierungssituation** (F6) die Detailansicht ein.

In den Details wird ersichtlich, wie die Kontingente auf der Grundlage unserer Einstellungen verbraucht werden. In der Verkaufssequenz wurden Alternativen hinterlegt, wobei die Alternative mit der höheren Priorität noch ausreichend Kontingent zur Verfügung hat.

Daher wird das Segment für ROH_LIEFERANT_2 aufgebraucht. Durch die Verrechnungseinstellungen konsumieren wir 50 Stück in der Bedarfsperiode (Mai 2022) und 50 Stück in der am frühesten verfügbaren Vorperiode (März 2022). Für die Kapazitätssequenz kann die gesamte benötigte Kapazität in der Bedarfsperiode bereitgestellt werden. Abbildung 10.17 zeigt die aktuelle Situation der Kontingentierung nach der Eingabe dieses Kundenauftrags.

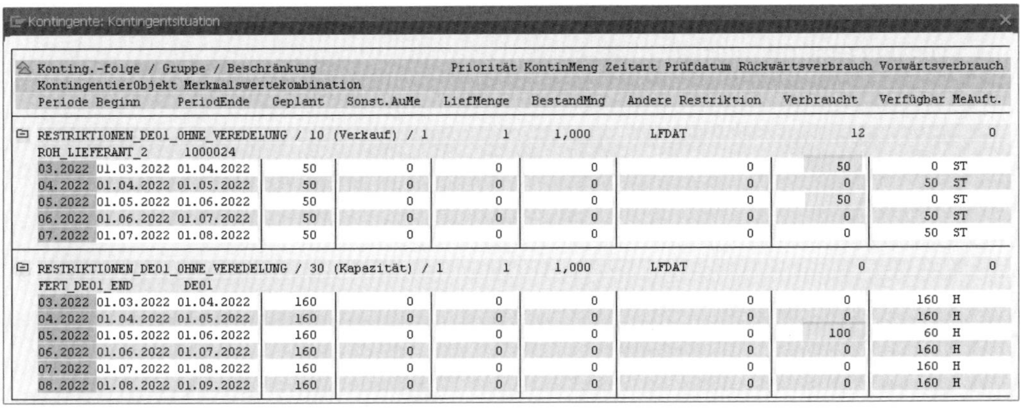

Kontingente: Kontingentsituation

Konting.-folge / Gruppe / Beschränkung					Priorität	KontinMeng	Zeitart	Prüfdatum	Rückwärtsverbrauch	Vorwärtsverbrauch
KontingentierObjekt	Merkmalswertekombination									
Periode	Beginn	PeriodEnde	Geplant	Sonst.AuMe	LiefMenge	BestandMng	Andere Restriktion	Verbraucht	Verfügbar	MeAuft.
RESTRIKTIONEN_DE01_OHNE_VEREDELUNG / 10 (Verkauf) / 1					1	1,000	LFDAT		12	0
ROH_LIEFERANT_2	1000024									
03.2022	01.03.2022	01.04.2022	50	0	0	0	0	50	0	ST
04.2022	01.04.2022	01.05.2022	50	0	0	0	0	0	50	ST
05.2022	01.05.2022	01.06.2022	50	0	0	0	0	50	0	ST
06.2022	01.06.2022	01.07.2022	50	0	0	0	0	0	50	ST
07.2022	01.07.2022	01.08.2022	50	0	0	0	0	0	50	ST
RESTRIKTIONEN_DE01_OHNE_VEREDELUNG / 30 (Kapazität) / 1					1	1,000	LFDAT		0	0
FERT_DE01_END	DE01									
03.2022	01.03.2022	01.04.2022	160	0	0	0	0	0	160	H
04.2022	01.04.2022	01.05.2022	160	0	0	0	0	0	160	H
05.2022	01.05.2022	01.06.2022	160	0	0	0	0	100	60	H
06.2022	01.06.2022	01.07.2022	160	0	0	0	0	0	160	H
07.2022	01.07.2022	01.08.2022	160	0	0	0	0	0	160	H
08.2022	01.08.2022	01.09.2022	160	0	0	0	0	0	160	H

Abbildung 10.17 Kontingentierung nach dem erstem Kundenauftrag

Im nächsten Schritt erfassen wir einen weiteren Kundenauftrag mit identischen Einstellungen. Hier erkennen wir in Abbildung 10.18 bereits zwei Ausnahmen während der Kontingentierung. Zum einen reicht das Kontingent für `ROH_LIEFERANT_2` nicht mehr aus, um den gesamten Bedarf zu decken, weshalb hier auch auf das alternative Kontingent von `ROH_LIEFERANT_1` zugegriffen wird. Zum anderen reicht das Kontingent der Endmontage im Mai nicht mehr aus. Da hier keine Rückwärtsverrechnung konfiguriert wird, kann im Kundenauftrag nur noch die Menge 60 bestätigt werden, die verbleibenden 40 Stück jedoch nicht.

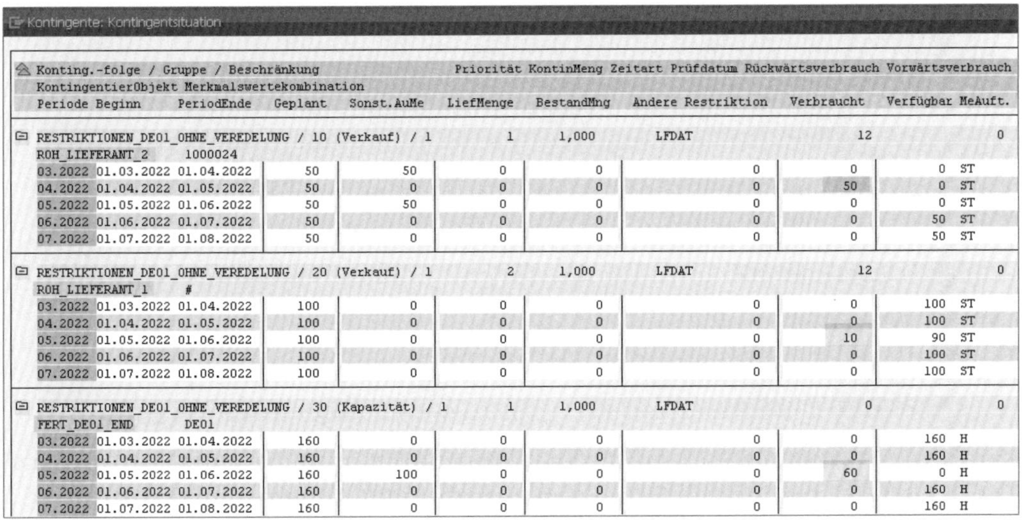

Kontingente: Kontingentsituation

Konting.-folge / Gruppe / Beschränkung					Priorität	KontinMeng	Zeitart	Prüfdatum	Rückwärtsverbrauch	Vorwärtsverbrauch
KontingentierObjekt	Merkmalswertekombination									
Periode	Beginn	PeriodEnde	Geplant	Sonst.AuMe	LiefMenge	BestandMng	Andere Restriktion	Verbraucht	Verfügbar	MeAuft.
RESTRIKTIONEN_DE01_OHNE_VEREDELUNG / 10 (Verkauf) / 1					1	1,000	LFDAT		12	0
ROH_LIEFERANT_2	1000024									
03.2022	01.03.2022	01.04.2022	50	50	0	0	0	0	0	ST
04.2022	01.04.2022	01.05.2022	50	0	0	0	0	50	0	ST
05.2022	01.05.2022	01.06.2022	50	50	0	0	0	0	0	ST
06.2022	01.06.2022	01.07.2022	50	0	0	0	0	0	50	ST
07.2022	01.07.2022	01.08.2022	50	0	0	0	0	0	50	ST
RESTRIKTIONEN_DE01_OHNE_VEREDELUNG / 20 (Verkauf) / 1					2	1,000	LFDAT		12	0
ROH_LIEFERANT_1	#									
03.2022	01.03.2022	01.04.2022	100	0	0	0	0	0	100	ST
04.2022	01.04.2022	01.05.2022	100	0	0	0	0	0	100	ST
05.2022	01.05.2022	01.06.2022	100	0	0	0	0	10	90	ST
06.2022	01.06.2022	01.07.2022	100	0	0	0	0	0	100	ST
07.2022	01.07.2022	01.08.2022	100	0	0	0	0	0	100	ST
RESTRIKTIONEN_DE01_OHNE_VEREDELUNG / 30 (Kapazität) / 1					1	1,000	LFDAT		0	0
FERT_DE01_END	DE01									
03.2022	01.03.2022	01.04.2022	160	0	0	0	0	0	160	H
04.2022	01.04.2022	01.05.2022	160	0	0	0	0	0	160	H
05.2022	01.05.2022	01.06.2022	160	100	0	0	0	60	0	H
06.2022	01.06.2022	01.07.2022	160	0	0	0	0	0	160	H
07.2022	01.07.2022	01.08.2022	160	0	0	0	0	0	160	H

Abbildung 10.18 Kontingentierung nach dem zweitem Kundenauftrag

Der zweite Kundenauftrag kann also aufgrund der Einstellungen in der Kontingentierung nicht voll bestätigt werden. Dieses Problem wird auch direkt in der SAP-Fiori-

App **Kontingentierungsübersicht** ersichtlich, was in Abbildung 10.19 zu erkennen ist. Hier entsteht ein Arbeitsvorrat, den die Planenden nutzen können, um kritische Kontingente zu identifizieren oder nicht bestätigte Kundenaufträge nachzubearbeiten.

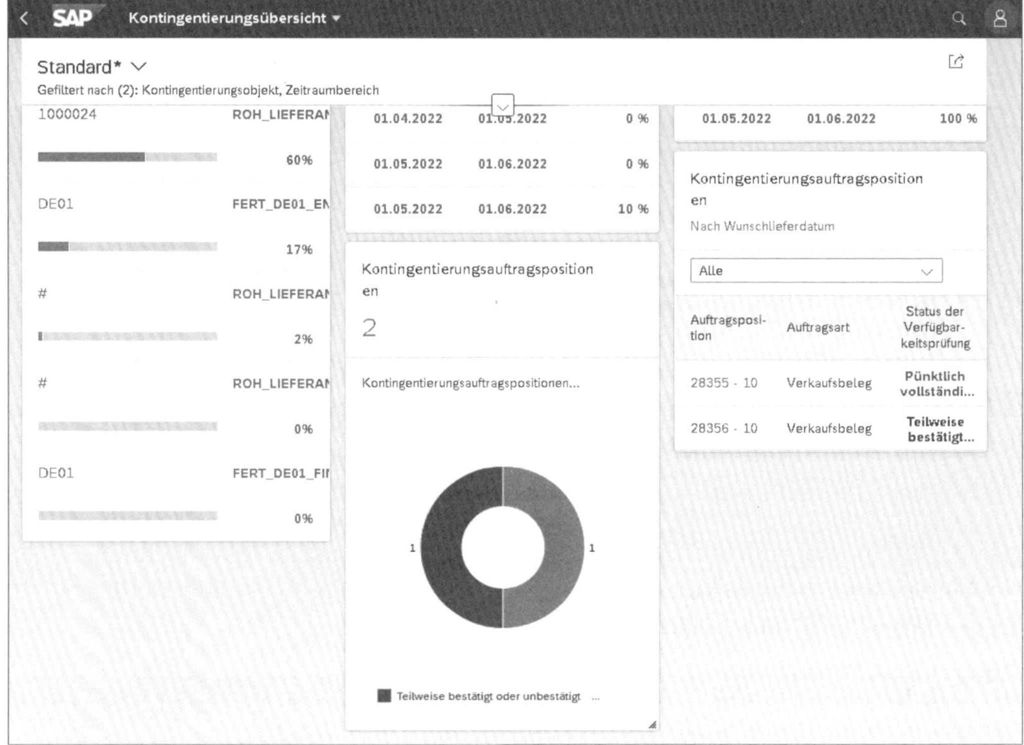

Abbildung 10.19 SAP-Fiori-App »Kontingentierungsübersicht«

Abschließend erfassen wir einen Kundenauftrag mit den folgenden Einstellungen:

- Material: FG_VERDELT
- Kunde: 1000000
- Werk: DE01
- Menge: 50 Stück
- Wunschlieferdatum: 10.04.2022

Dieser Auftrag kann sich nur am Kontingent für Lieferant 1 bedienen. Im Kapazitätskontingent werden sowohl die Endmontage als auch die Veredelung belastet.

Bei der Kontingentierung im Kundenauftrag stellt sich die Situation wie in Abbildung 10.20 dar. Der Kunde akzeptiert nur Produkte mit Vormaterial von Lieferant 1, weshalb auch nur aus diesem Kontingent Mengen zur Verfügung stehen. In den Kapazitätsrestriktionen werden sowohl die Kontingente der Engpassmaschine als auch die

Kontingente der Veredelung aufgebraucht. Aufgrund der Einstellungen in der Sequenz wird das Kontingent der Veredelung pro verkauftes Stück um drei Stunden reduziert, woraus sich ein Bedarf von 150 Stunden ergibt.

Konting.-folge / Gruppe / Beschränkung					Priorität	KontinMeng	Zeitart Prüfdatum	Rückwärtsverbrauch	Vorwärtsverbrauch	Z
KontingentierObjekt Merkmalswertekombination										
Periode	Beginn	PeriodEnde	Geplant	Sonst.AuMe	LiefMenge	BestandMng	Andere Restriktion	Verbraucht	Verfügbar	MeAuft.
RESTRIKTIONEN_DE01_MIT_VEREDELUNG / 20 (Verkauf) / 1					1	1,000	LFDAT	12	0	
ROH_LIEFERANT_2 #										
04.2022	01.04.2022	01.05.2022	0	0	0	0	0	0	0	ST
RESTRIKTIONEN_DE01_MIT_VEREDELUNG / 10 (Verkauf) / 1					2	1,000	LFDAT	12	0	
ROH_LIEFERANT_1 #										
03.2022	01.03.2022	01.04.2022	100	0	0	0	0	0	100	ST
04.2022	01.04.2022	01.05.2022	100	0	0	0	0	50	50	ST
05.2022	01.05.2022	01.06.2022	100	10	0	0	0	0	90	ST
06.2022	01.06.2022	01.07.2022	100	0	0	0	0	0	100	ST
07.2022	01.07.2022	01.08.2022	100	0	0	0	0	0	100	ST
RESTRIKTIONEN_DE01_MIT_VEREDELUNG / 30 (Kapazität) / 1					1	1,000	LFDAT	0	0	
FERT_DE01_END DE01										
03.2022	01.03.2022	01.04.2022	160	0	0	0	0	0	160	H
04.2022	01.04.2022	01.05.2022	160	0	0	0	0	50	110	H
05.2022	01.05.2022	01.06.2022	160	160	0	0	0	0	0	H
06.2022	01.06.2022	01.07.2022	160	0	0	0	0	0	160	H
07.2022	01.07.2022	01.08.2022	160	0	0	0	0	0	160	H
RESTRIKTIONEN_DE01_MIT_VEREDELUNG / 30 (Kapazität) / 2					1	3,000	LFDAT	0	0	
FERT_DE01_FIN DE01										
03.2022	01.03.2022	01.04.2022	160	0	0	0	0	0	160	H
04.2022	01.04.2022	01.05.2022	160	0	0	0	0	150	10	H
05.2022	01.05.2022	01.06.2022	160	0	0	0	0	0	160	H
06.2022	01.06.2022	01.07.2022	160	0	0	0	0	0	160	H
07.2022	01.07.2022	01.08.2022	160	0	0	0	0	0	160	H

Abbildung 10.20 Kontingentierung nach dem drittem Kundenauftrag

10.9 Zusammenfassung

In diesem Kapitel haben wir Ihnen die verschiedenen Nutzungszwecke der Kontingentierung im Rahmen der erweiterten Verfügbarkeitsprüfung erläutert. Da diese Funktion bereits im ersten Release von aATP enthalten war und seitdem stetig weiterentwickelt wurde, ist sie bereits ausgereift und sehr umfangreich.

Sie sind nun in der Lage, die verschiedenen Einstellungen zur Konfiguration der Kontingentierung vorzunehmen und die aufgezeigten Einsatzmöglichkeiten auf Ihr Unternehmen zu abstrahieren.

Im folgenden Kapitel zeigen wir Ihnen mit dem Bestandsschutz eine ähnliche Möglichkeit, um angefragte Bestellmengen zu beschränken.

Kapitel 11
Verfügbarkeitsschutz

Nachdem im letzten Kapitel mit der Kontingentierung eine Möglichkeit vorgestellt worden ist, um verfügbare Mengen für bestimmte Gruppen nach oben zu beschränken, zeigen wir nun mit dem Verfügbarkeitsschutz eine Funktion, um Mengen für bestimmte Gruppen gezielt zu reservieren.

Wenn Sie in Ihrem Unternehmen vor der Herausforderung stehen, Bestände für wichtige Abnehmer vorhalten zu wollen, bietet Ihnen der Verfügbarkeitsschutz eine Möglichkeit, um Gruppen zu priorisieren und somit Mengen für wichtige Kunden zu reservieren.

Ein Anwendungsbeispiel für den Verfügbarkeitsschutz könnte die Vorhaltung von Mengen für ein Service- oder Reparaturgeschäft sein. Während ein Material über einen Vertriebsweg an Endkunden verkauft wird, kann es auch notwendig sein, dieses Material für Reparaturfälle auf Lager zu halten. Um sicherzustellen, dass das Material zu diesem Zeitpunkt nicht ausverkauft ist, kann durch ein sogenanntes *Verfügbarkeitsschutzobjekt* sichergestellt werden, dass für den Vertriebsweg *Service* ein vordefinierter Bestand reserviert wird. Ähnlich lässt sich der Verfügbarkeitsschutz aber auch auf verschiedene Märkte oder Kundengruppen abstrahieren.

Wenn Sie den Verfügbarkeitsschutz erfolgreich konfiguriert haben, wird dieser automatisch während der Verfügbarkeitsprüfung in Kundenaufträgen, Umlagerungsbestellungen und Kontrakten berücksichtigt.

11.1 Customizing zur Nutzung des Verfügbarkeitsschutzes

Um den Verfügbarkeitsschutz während der Produktverfügbarkeitsprüfung zu nutzen, müssen Sie ihn im Customizing der Verfügbarkeitsprüfung aktivieren. Navigieren Sie dazu über den Pfad **SAP Customizing Einführungsleitfaden • Vertrieb • Grundfunktionen • Verfügbarkeitsprüfung und Bedarfsübergabe • Verfügbarkeitsprüfung • Umfang der Verfügbarkeitsprüfung konfigurieren**.

Hier konfigurieren Sie den Prüfumfang pro Prüfgruppe und Prüfregel. Dadurch haben Sie die Möglichkeit, die Verfügbarkeitsprüfung nur für bestimmte Prüfgruppen und Geschäftsvorfälle zu nutzen. Aktivieren Sie das in Abbildung 11.1 gezeigte Kennzeichen **Mit Verfügbarkeitsschutz für bestimmte Belegarten**, um den Verfügbarkeitsschutz für eine Prüfregel zu aktivieren. Darüber hinaus gelten auch die Standardeinstellungen zum aATP-Customizing, die in Abschnitt 9.2.1 beschrieben wurden.

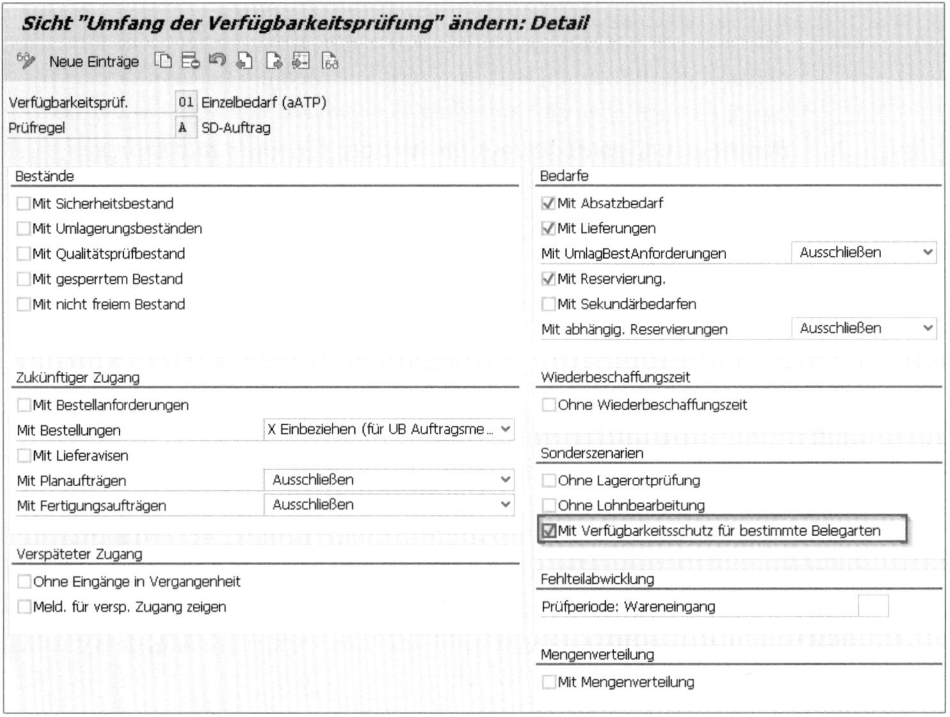

Abbildung 11.1 Verfügbarkeitsschutz im Customizing aktivieren

11.2 SAP-Fiori-Apps für den Verfügbarkeitsschutz

Zur Einrichtung und Überwachung des Verfügbarkeitsschutzes arbeiten die Fachabteilungen ausschließlich mit SAP-Fiori-Apps. Tabelle 11.1 gibt eine Übersicht über die relevanten Apps.

SAP-Fiori-App-Name	App-Name in Englisch	App-ID
Verfügbarkeitsschutz verwalten	**Configure Supply Protection**	F4569
Periodische Wartung für Verfügbarkeitsschutz überwachen	**Monitor Periodic Supply Protection Maintenance**	F5503

Tabelle 11.1 SAP-Fiori-Apps für den Verfügbarkeitsschutz

In der SAP-Fiori-App **Verfügbarkeitsschutz verwalten** werden alle für den Verfügbarkeitsschutz relevanten Einstellungen hinterlegt. Neben den eigentlichen Schutzobjekten hinterlegen Sie auch für jedes Objekt eine Gültigkeit, um den Zeitraum zu steuern, in dem ein bestimmter Schutz greifen soll.

Im Rahmen der Datenpflege durch automatisierte Jobs können Sie Objekte für den Verfügbarkeitsschutz automatisch aktivieren oder deaktivieren. Die SAP-Fiori-App für die Überwachung der periodischen Wartung hilft Ihnen, Probleme bei dieser automatischen Wartung zu identifizieren. Genaue Informationen zur automatischen Wartung erhalten Sie in den folgenden Abschnitten.

11.3 Grundlagen des Verfügbarkeitsschutzes

Bevor wir auf die Konfiguration des Verfügbarkeitsschutzes eingehen, möchten wir Ihnen in diesem Abschnitt die wichtigsten Begriffe und Prinzipien erläutern. Neben dem Unterschied zwischen Kernschutz und priorisiertem Schutz gehen wir auch auf die Verwendung von Schutzperioden und auf den Abbau des Schutzes ein.

11.3.1 Kernschutz und priorisierter Schutz

Im Rahmen des Verfügbarkeitsschutzes unterscheiden wir zwischen zwei wesentlichen Wegen, auf denen Bestand geschützt werden kann.

Der *Kernschutz* (auch *horizontaler Schutz* genannt) schützt die Bedarfe von kompletten Gruppen voreinander. Stellen Sie sich ein Produkt vor, das von Ihrem Unternehmen in verschiedenen Regionen verkauft wird. Dabei haben zwei Regionen eine hohe Priorität, und Sie möchten für diese Regionen Bestände vorhalten. Dann erstellen Sie für jede der Regionen ein Verfügbarkeitsschutzobjekt und weisen diesem das Merkmal **Region** zu. Zu jedem Objekt hinterlegen Sie dann die Menge, die geschützt werden soll.

Im Beispiel von Abbildung 11.2 wurde ein Kernschutz für Region A von 300 Stück sowie ein Kernschutz für Region B von 200 Stück definiert. Der verfügbare Bestand beträgt 600 Stück. Bei der Verwendung des Kernschutzes müssen die Bestände jedes Objekts berücksichtigt werden. Für die maximale Bestätigungsmenge pro Region bedeutet das:

- Bedarfe aus Region A können Bestätigungen für maximal 400 Stück erhalten, da der Bestandsschutz von Region B berücksichtigt werden muss.
- Bedarfe aus Region B können Bestätigungen für maximal 300 Stück erhalten, da der Bestandsschutz von Region A berücksichtigt werden muss.

- Bedarfe aus anderen Regionen können Bestätigungen für maximal 100 Stück erhalten, da der Bestandsschutz von Region A und Region B berücksichtigt werden muss.

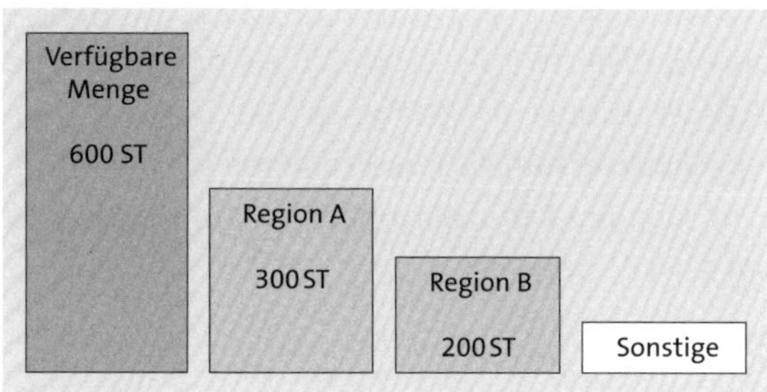

Abbildung 11.2 Beispiel für einen Kernschutz

Durch den *priorisierten Schutz* (auch *vertikalen Verfügbarkeitsschutz* genannt) können Sie Bedarfe von verschiedenen Gruppen priorisieren. Dabei werden Bedarfe mit hoher Priorität von Bedarfen mit niedrigeren Prioritäten geschützt. Gleichzeitig können sich höher priorisierte Bedarfe an Mengen von den Schutzobjekten mit geringerer Priorität bedienen. In der Konfiguration ist der priorisierte Schutz immer eine Teilmenge des Kernschutzes. Es muss also immer zuerst der Kernschutz definiert und dieser anschließend in vertikale Schutzelemente untergliedert werden.

Im Beispiel von Abbildung 11.3 wurde ein Schutzobjekt mit Kernschutz für Vertriebsweg 01 definiert. Innerhalb dieses Objekts wurden zwei Schutzgruppen mit verschiedenen Prioritäten definiert. Region A hat die höchste Priorität und eine geschützte Menge von 300 Stück, und Region B hat eine geringere Priorität und eine geschützte Menge von 200 Stück. Im Vergleich zum Kernschutz ergeben sich im priorisierten Schutz abweichende Bestätigungsmengen pro Region:

- Bedarfe aus Region A können Bestätigungen für maximal 600 Stück (und damit den gesamten Bestand) erhalten, da die Priorität höher als die von Region B ist und somit deren Schutz mit aufgebraucht werden kann.
- Bedarfe aus Region B können Bestätigungen für maximal 300 Stück erhalten, da der Bestandsschutz von Region A, die eine höhere Priorität hat. berücksichtigt werden muss.
- Bedarfe aus anderen Regionen können Bestätigungen für maximal 100 Stück erhalten, da der Bestandsschutz von Region A und Region B berücksichtigt werden muss.

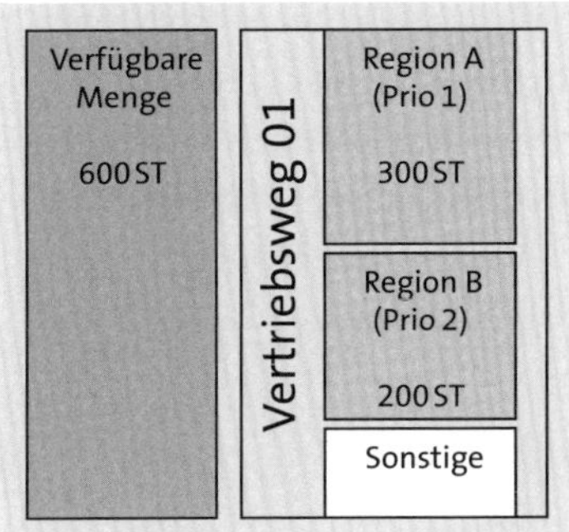

Abbildung 11.3 Beispiel für einen priorisierten Schutz

11.3.2 Aktiver und passiver Verfügbarkeitsschutz

Im Vergleich zu der in Abschnitt 10.4, »Kontingentierungsplandaten verwalten«, erläuterten Kontingentierung, bei der alle kontingentierten Fälle explizit (oder implizit per Platzhalter) gepflegt werden müssen, damit sie berücksichtigt werden, ist es beim Verfügbarkeitsschutz nicht notwendig, jedes Szenario abzudecken.

Wir sprechen bei Objekten, für die explizit ein Verfügbarkeitsschutzobjekt definiert wurde, von einem *aktiven Verfügbarkeitsschutz*. Materialien und Merkmalskombinationen werden spezifisch gepflegt, um somit Mengen schützen zu können.

Wenn Merkmalswertkombinationen nicht explizit im Schutzobjekt abgedeckt sind, sprechen wir von einem *passiven Verfügbarkeitsschutz*. Für diese Objekte werden keine Mengen vorgehalten; allerdings müssen sie die Mengen für geschützte Objekte berücksichtigen. Das ist ein wesentlicher Unterschied zur Kontingentierung, bei der nicht gepflegte Merkmalswertkombinationen die Logik umgehen und von unbegrenzten Mengen ausgehen können.

Im vorangehenden Beispiel gäbe es für die Regionen A und B einen aktiven und für die anderen Regionen, die unter »Sonstige« abgedeckt sind, einen passiven Verfügbarkeitsschutz.

11.3.3 Verfügbarkeitsschutz in den verschiedenen Anwendungen

Aktuell wird der Verfügbarkeitsschutz während der Verfügbarkeitsprüfung in Kundenaufträgen sowie in Umlagerungsbestellungen unterstützt. Kontrakte können im Verfügbarkeitsschutzobjekt nicht explizit ausgewählt werden; diese werden aber während der Prüfung behandelt wie Kundenaufträge.

[»]

Umgehen des Verfügbarkeitsschutzes

Da der Verfügbarkeitsschutz nur für bestimmte Belegarten eingesetzt werden kann, ist es theoretisch möglich, ihn zu umgehen. Beispielsweise kann eine Lieferung ohne Bezug zu einem Kundenauftrag angelegt werden, wodurch keine Prüfung auf geschützte Mengen stattfindet. Sie sollten die Verfügbarkeitsprüfung so konfigurieren, dass solche Szenarien vermieden werden, beispielsweise weil es keine Lieferungen ohne Bezug zu einem Kundenauftrag geben darf.

11.3.4 Perioden im Verfügbarkeitsschutz

Während der Konfiguration des Verfügbarkeitsschutzobjekts haben Sie, ähnlich wie bei der Kontingentierung, die Möglichkeit, Perioden zu definieren und für jede Periode eine Menge zu hinterlegen. Wir unterscheiden hier zwischen dem Planungszeitraum, der den Beginn und das Ende des Verfügbarkeitsschutzes vorgibt, und den einzelnen Perioden, in denen Sie die Schutzmengen definieren. Durch die Gültigkeit eines Schutzobjekts können Sie steuern, dass ein Produkt kurz nach seiner Neueinführung geschützt wird, es nach einiger Zeit aber ohne Restriktionen verkauft werden kann.

Beachten Sie, dass sich die Perioden im Verfügbarkeitsschutz grundlegend von den Perioden der Kontingentierung unterscheiden. Während sich die Menge der Kontingentierung immer auf die Perioden beschränkt, wird die Periodenmenge im Verfügbarkeitsschutz auf das Schutzobjekt aufsummiert. Diese Logik wird in Tabelle 11.2 verdeutlicht. Die Mengen sind auf die Perioden verteilt; allerdings bezieht sich die tatsächliche Schutzmenge immer auf die gesamte Gültigkeit des Schutzobjekts, in diesem Fall März 2022 bis Juni 2022. Es werden also in der Ausgangssituation dieses Beispiels 600 Stück geschützt, unabhängig davon, in welcher Periode (innerhalb des Gültigkeitszeitraums) der Bedarf anfällt.

Region	März 22	April 22	Mai 22	Juni 22	Schutzmenge
DE	100	200	100	200	**600**

Tabelle 11.2 Perioden im Verfügbarkeitsschutzobjekt

Die Perioden selbst werden erst beim Abbau der Schutzmenge relevant, was im nächsten Abschnitt erläutert wird. Im Verfügbarkeitsschutzobjekt stehen Ihnen verschiedene Perioden zur Vorauswahl bereit:

- **Zeitraum**: Der Verfügbarkeitsschutz gilt für genau eine Periode mit nutzerdefiniertem Start und Ende.

- **Flexibel**: Flexible Perioden erlauben es, die Anzahl und Länge der Perioden frei zu definieren. Somit können Sie kürzere Perioden für wichtige Zeiträume und längere Perioden für das Standardgeschäft definieren.
- **Jährlich**: Jede Periode umfasst ein Jahr
- **Vierteljährlich**: Jede Periode umfasst ein Quartal.
- **Monatlich**: Jede Periode umfasst einen Monat.
- **Wöchentlich**: Jede Periode umfasst eine Woche.
- **Täglich**: Jede Periode umfasst einen Tag.

[!]

Durchgängige Definition der Perioden

Innerhalb des Planungsbeginns und Planungsendes eines Schutzobjekts müssen die Perioden durchgängig definiert sein. Es darf also keine Lücken in der Definition von flexiblen Perioden geben.

11.3.5 Abbau des geschützten Bestands

Im Verfügbarkeitsschutz gibt es zwei Möglichkeiten, wie die zu schützende Menge verbraucht werden kann.

Sobald sich ein Bedarfselement gegen ein Verfügbarkeitsschutzobjekt verrechnet, reduziert sich die Schutzmenge um die Bedarfsmenge aus dem Auftrag. Ein Beleg kann die Menge maximal um die für die entsprechende Periode gepflegte Menge reduzieren. Bleiben wir beim Beispiel aus Tabelle 11.2, und stellen wir uns einen Kundenauftrag im Mai 2022 für Region DE über 400 Stück vor. Die geschützte Menge in dieser Periode beträgt 100 Stück; daher kann der Schutz auch nur um diese Menge reduziert werden. Vorausgesetzt, es ist genügend Bestand vorhanden, kann der Auftrag trotzdem voll bestätigt werden. Es ergibt sich eine neue Situation, die in Tabelle 11.3 dargestellt wird.

Region	März 22	April 22	Mai 22	Juni 22	Schutzmenge
DE	100	200	0	200	**500**

Tabelle 11.3 Schutzmenge nach dem Verbrauch durch den Kundenauftrag

Wird ein Auftrag abgesagt oder storniert, wird der verbrauchte Schutz wieder freigegeben, und die Schutzmenge erhöht sich.

Neben dem Verbrauch durch einen Bedarf wird der Schutz auch abgebaut, wenn eine Periode in der Vergangenheit liegt. Wurde der Schutz für März 2022 nicht aufgebraucht, verfällt dieser im April und reduziert somit die geschützte Menge.

11.4 Konfiguration des Verfügbarkeitsschutzes

Nachdem die Grundeinstellungen zur Nutzung des Verfügbarkeitsschutzes im Customizing getroffen worden sind, müssen die einzelnen Schutzobjekte in der SAP-Fiori-App **Verfügbarkeitsschutz verwalten** angelegt werden. Im Einstiegsbild haben Sie die Möglichkeit, bestehende Schutzobjekte zu bearbeiten, zu aktivieren und zu deaktivieren sowie neue Schutzobjekte anzulegen.

Ein Schutzobjekte beinhaltet verschiedene Konfigurationsmöglichkeiten, die nachfolgend beschrieben werden.

[+]

Automatisierte Anlage von Schutzobjekten

Wenn Sie den Verfügbarkeitsschutz für eine große Anzahl an Materialien nutzen möchten, können Sie die Schutzobjekte massenweise mit der API `API_SUPAVAILYPROTPLAN_G4BA` anlegen.

11.4.1 Allgemeine Daten

Im Kopf eines Verfügbarkeitsschutzobjekts hinterlegen Sie allgemeine Daten, die das grundsätzliche Verhalten des Objekts steuern.

- **Name**
  Der Name stellt eine eindeutige ID für das Schutzobjekt dar.
- **Material**
  Das Material, für das das Schutzobjekt gilt. Es muss pro Objekt genau ein Material angegeben werden.
- **Werk**
  Das Werk, für das das Schutzobjekt gilt. Es muss pro Objekt genau ein Werk angegeben werden.
- **Verkaufsbeleg**
  Aktivieren Sie das Kennzeichen **Verkaufsbeleg**, wenn das Schutzobjekt während der Prüfung im Kundenauftrag und in den Kontrakten berücksichtigt werden soll.
- **Umlagerungsbestellung**
  Aktivieren Sie das Kennzeichen **Umlagerungsbestellung**, wenn das Schutzobjekt während der Prüfung in den Umlagerungsbestellungen berücksichtigt werden soll.
- **Verbrauch basierend auf**
  Wählen Sie in der Option **Verbrauch basierend auf**, welches Datum aus dem Bedarf für die Zuordnung zu einer Periode genutzt werden soll. Sie können zwischen Wunschlieferdatum und Materialbereitstellungsdatum wählen.

- **Automatisch aktivieren**
  Wählen Sie das Kennzeichen **Automatisch aktivieren**, wenn das Objekt automatisch zu einem bestimmten Datum aktiviert werden soll. Ist dieses Kennzeichen nicht aktiv, muss das Objekt nach der Anlage manuell aktiviert werden und steht bis zu diesem Zeitpunkt im Status **In Planung**. In diesem Status wird das Objekt nicht in der Verfügbarkeitsprüfung berücksichtigt.
- **Aktivieren am**
  Wenn Sie die Option für automatische Aktivierung gewählt haben, müssen Sie hier das Datum angeben, an dem das Objekt automatisch aktiviert werden soll.

Automatische Aktivierung von Objekten

Damit die automatische Aktivierung durchgeführt werden kann, muss im SAP-System der Job `SAP_ATP_SUP_PERIODIC_MAINTENANCE` eingeplant werden. Der Job sollte mindestens einmal täglich laufen. Neben der Aktivierung von Objekten führt dieser Job auch die Deaktivierung durch, wenn die Gültigkeit eines Objekts in der Vergangenheit liegt.

Abbildung 11.4 zeigt Ihnen ein Beispiel für die Pflege der allgemeinen Daten.

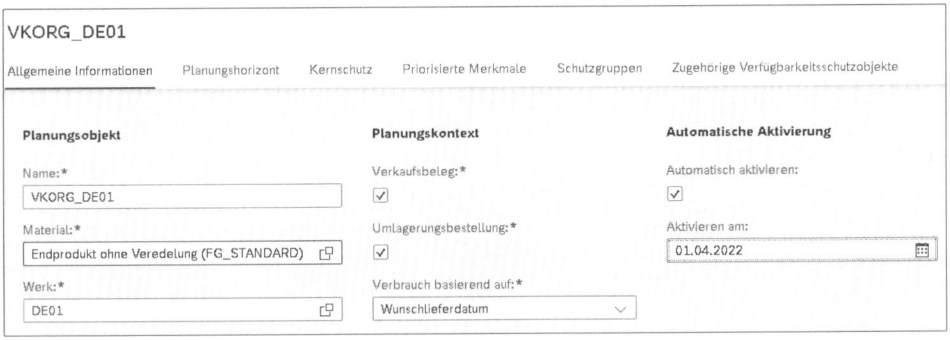

VKORG_DE01
Allgemeine Informationen | Planungshorizont | Kernschutz | Priorisierte Merkmale | Schutzgruppen | Zugehörige Verfügbarkeitsschutzobjekte

Planungsobjekt
Name:* VKORG_DE01
Material:* Endprodukt ohne Veredelung (FG_STANDARD)
Werk:* DE01

Planungskontext
Verkaufsbeleg:* ☑
Umlagerungsbestellung:* ☑
Verbrauch basierend auf:* Wunschlieferdatum

Automatische Aktivierung
Automatisch aktivieren: ☑
Aktivieren am: 01.04.2022

Abbildung 11.4 Allgemeine Daten zum Schutzobjekt

11.4.2 Planungshorizont

Im Planungszeitraum wählen Sie die Periodizität, für die Sie die Schutzmengen hinterlegen möchten. In den Feldern **Planungsbeginndatum** und **Planungsenddatum** geben Sie den Gültigkeitszeitraum des Schutzobjekts vor.

Nachdem alle drei Felder gefüllt worden sind, können Sie sich durch einen Klick auf **Flexible Perioden generieren** automatisiert flexible Perioden anlegen lassen. Diese entsprechen im ersten Schritt den voreingestellten Perioden. Im Beispiel in Abbildung 11.5 wurden die Einstellungen so gewählt, dass die Perioden auf Monatsbasis für den Zeitraum April bis Dezember 2022 angelegt werden.

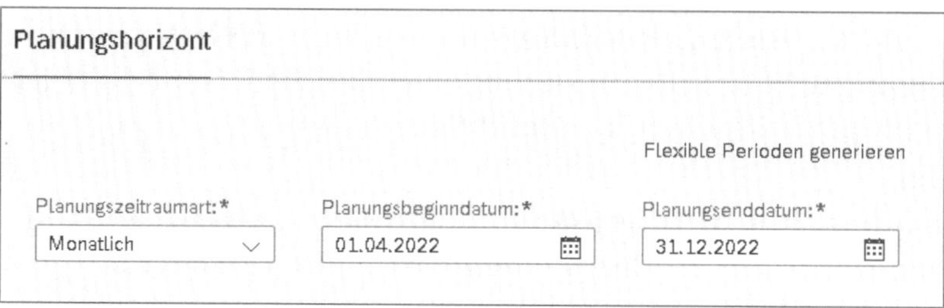

Abbildung 11.5 Einstellungen zum Planungshorizont

Durch einen Klick auf den Button **Flexible Perioden generieren** legt das System automatisch flexible Perioden an und nutzt die vorgenommenen Einstellungen als Grundlage. Das Ergebnis ist in Abbildung 11.6 zu sehen.

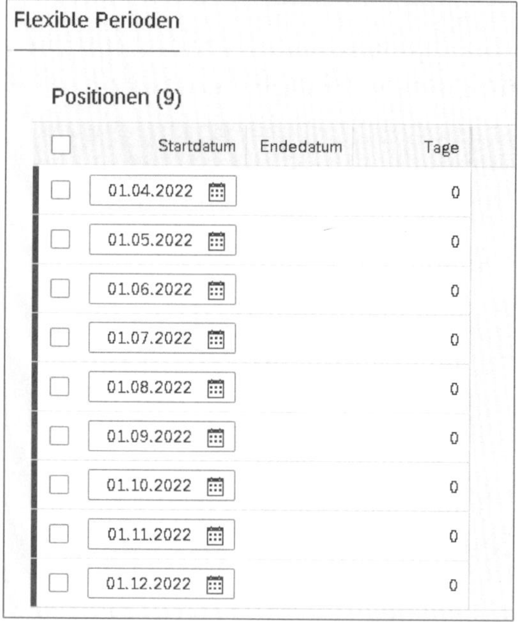

Abbildung 11.6 Planungshorizont mit flexiblen Perioden

Die angelegten flexiblen Perioden können nach deren Anlage manuell angepasst werden (siehe Abbildung 11.7). Nachdem das Schutzobjekt gespeichert worden ist, berechnet das System automatisch das Ende einer Periode.

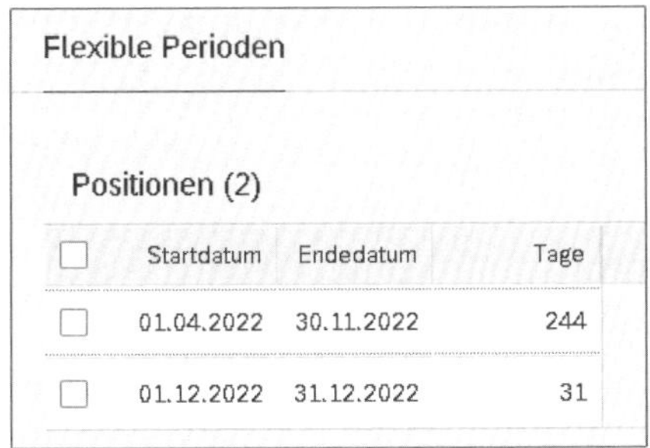
Flexible Perioden

Positionen (2)

Startdatum	Endedatum	Tage
01.04.2022	30.11.2022	244
01.12.2022	31.12.2022	31

Abbildung 11.7 Planungshorizont mit flexiblen Perioden (manuell angepasst)

11.4.3 Kernschutz

Jedes Schutzobjekt stellt für seine Material-Werk-Kombination einen *Kernschutz* dar. Deshalb ist die Angabe von Merkmalen für den Kernschutz verpflichtend. Sie können bei der Definition des Kernschutzes maximal zwei Merkmale festlegen.

Im Beispiel aus Abbildung 11.8 wurden zwei Merkmale ausgewählt, um den Kernschutz zu definieren. Die in diesem Objekt definierten Schutzmengen würden also für Verkaufsorganisation DE01 und Vertriebsweg 01 gelten. Belege, die über eine andere Kombination aus Verkaufsorganisation und Vertriebsweg laufen, müssen diese geschützten Mengen berücksichtigen.

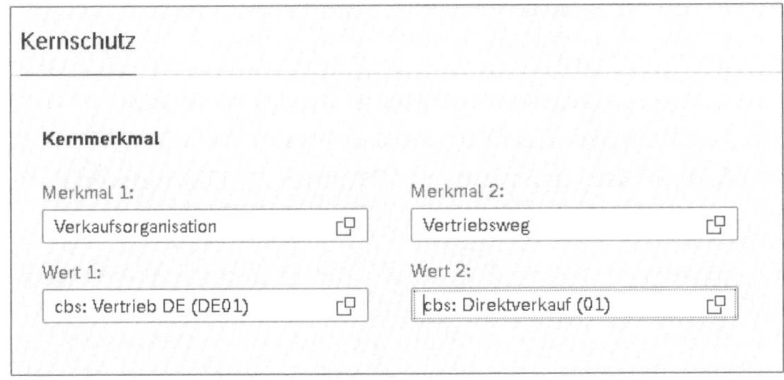

Abbildung 11.8 Kernschutz definieren

11.4.4 Priorisierte Merkmale

Die Definition von *priorisierten Merkmalen* ist optional und wird eingesetzt, wenn Sie zusätzlich zum Kernschutz einen priorisierten Schutz verwenden möchten. Die Merkmale, die bereits für den Kernschutz desselben Schutzobjekts verwendet werden, stehen Ihnen an dieser Stelle nicht mehr zur Verfügung. Möchten wir also für unseren zuvor definierten Kernschutz für Verkaufsorganisation DE01 und Vertriebsweg 01 eine weitere Unterteilung mit einem priorisierten Schutz vornehmen, können wir beispielsweise das Merkmal **Region** als priorisiertes Merkmal festlegen (siehe Abbildung 11.9).

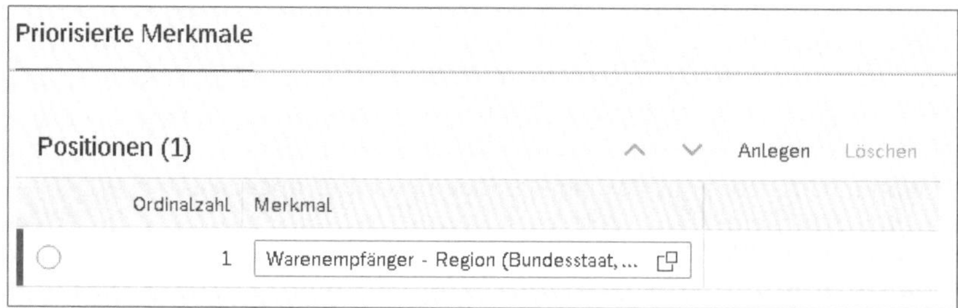

Abbildung 11.9 Priorisierter Schutz

11.4.5 Schutzgruppen

In den *Schutzgruppen* legen Sie auf der Grundlage aller vorher getroffener Einstellungen die zu schützenden Mengen für die Merkmalswertkombinationen des Schutzobjekts fest. Wenn Sie nur den Kernschutz verwenden, muss an dieser Stelle nur eine Zeile gefüllt werden. Bei der Verwendung des priorisierten Schutzes legen Sie die Merkmale fest, nach denen Sie die Prioritäten setzen möchten. Innerhalb des priorisierten Schutzes haben Sie zusätzlich die Möglichkeit, mit Platzhaltern zu arbeiten.

Tragen Sie dazu statt einem konkreten Merkmal »#« in das Merkmalsfeld ein. Im Beispiel in Abbildung 11.10 ist die gesamte geschützte Menge für das Schutzobjekt 4.000 Stück. Diese verteilt sich mit 1.300 Stück auf Kunden aus Region DE, mit 1.200 Stück auf Kunden aus Region BR, und zusätzlich werden 1.500 Stück für alle anderen Kunden dieses Vertriebswegs geschützt.

Schutzgruppen

Positionen (3)

Priorität	Warenempfänger - Länder-/Regionens...	Geschützte Menge		01.04.2022	01.12.2022
1	DE	1.300	ST	300	1.000
2	BR	1.200	ST	200	1.000
3	#	1.500	ST	500	1.000

Abbildung 11.10 Definierte Merkmale in der Schutzgruppe

11.4.6 Zugehörige Verfügbarkeitsschutzobjekte

Die Übersicht **Zugehörige Verfügbarkeitsschutzobjekte** wird vom System automatisch erstellt und zeigt alle Schutzobjekte, die für dieselbe Material-Werk-Kombination angelegt wurden. Somit erhalten Sie einen Überblick darüber, welche anderen Objekte Mengen für dieses Material reservieren und behalten die Gesamtsituation im Blick (siehe Abbildung 11.11).

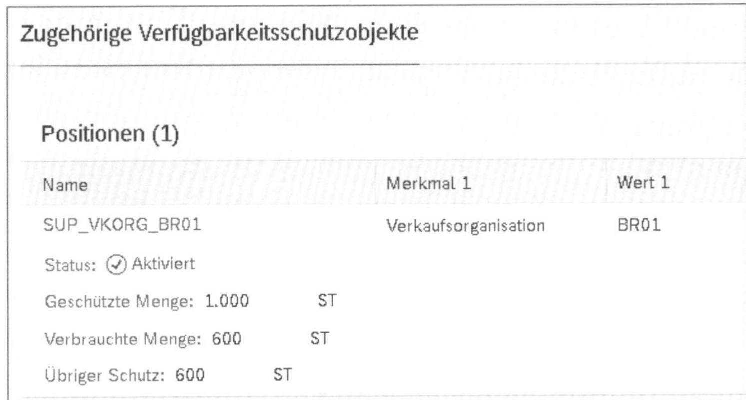

Abbildung 11.11 Zugehörige Verfügbarkeitsschutzobjekte

Vermeidung von überlappenden Gruppen

Eine Übersicht über alle Schutzgruppen zu einem Material ist wichtig, um sich überlappende Gruppen identifizieren zu können. Kann ein Beleg gleichzeitig in mehreren Gruppen zugeordnet werden, reduziert das den Schutz beider Gruppen. Dies kann z. B. passieren, wenn Sie ein Schutzobjekt für den Vertriebsweg DE01 definieren und ein weiteres Schutzobjekt für die Kundenregion DE. Wird ein Beleg für den Vertriebsweg DE01 für einen Kunden in DE angelegt, würden beide Objekte angesteuert.

11.5 SAP-Beispiel für den Verfügbarkeitsschutz

Nachdem Sie in den vorangehenden Abschnitten die Grundlagen des Verfügbarkeitsschutzes kennengelernt haben, vertiefen wir diese nun anhand eines Beispiels. Dazu stellen wir uns vor, dass unser Produkt FG_STANDARD aufgrund einer aktuellen Marketingkampagne sehr gefragt ist und wir sicherstellen möchten, dass unserem Vertrieb über die wichtigsten Vertriebswege DE01 (Verkauf Europa) und BR01 (Verkauf Südamerika) ausreichend Mengen zur Verfügung gestellt werden können. Zusätzlich möchten wir sicherstellen, dass ein Teil der Menge in Europa für unsere wichtigsten Märkte in Deutschland und der Schweiz vorgehalten wird. Der Schutz für die verschiedenen Vertriebswege soll als Kernschutz dargestellt werden, wohingegen die Mengen für Deutschland und die Schweiz als priorisierter Schutz dargestellt sind.

Dazu haben wir zwei Verfügbarkeitsschutzobjekte angelegt, die die Vertriebswege DE01 und BR01 abdecken. Die Grundeinstellungen für beide Objekte sind identisch:

- Material: FG_STANDARD
- Werk: DE01
- Belege: Verkaufsbelege (inkl. Kontrakte) und Umlagerungsbestellungen
- Verbrauchsdatum: Wunschlieferdatum
- Perioden: monatlich
- Planungshorizont: 01.04.2022–31.08.2022

Tabelle 11.4 zeigt die hinterlegten Merkmale für den Kernschutz und den priorisierten Schutz der beiden Schutzobjekte.

Schutzobjekt	Horizontaler Schutz	Vertikaler Schutz
SUP_VKORG_DE01	Verkaufsorganisation: DE01	Land des Kunden Prio 1: DE Prio 2: CH
SUP_VKORG_BR01	Verkaufsorganisation: BR01	kein vertikaler Schutz

Tabelle 11.4 Merkmalskombinationen für den Verfügbarkeitsschutz

Abbildung 11.12 zeigt Ihnen die geschützten Mengen, die für das Schutzobjekt SUP_VKORG_DE01 für die Länder Deutschland und Schweiz hinterlegt wurden.

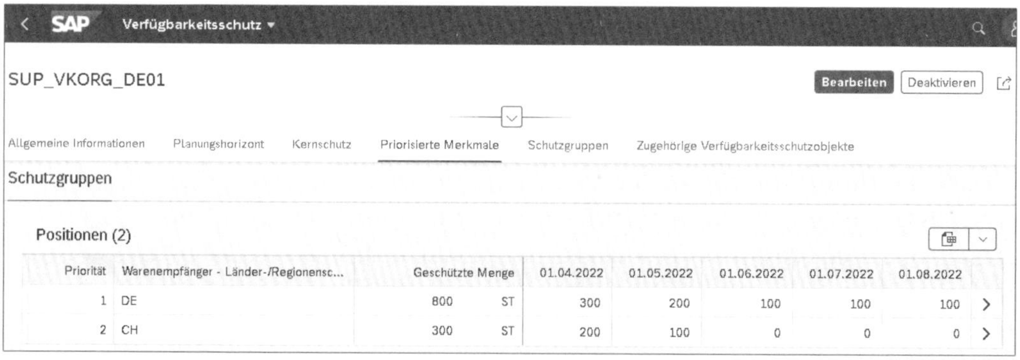

SAP Verfügbarkeitsschutz

SUP_VKORG_DE01

Bearbeiten Deaktivieren

Allgemeine Informationen | Planungshorizont | Kernschutz | Priorisierte Merkmale | Schutzgruppen | Zugehörige Verfügbarkeitsschutzobjekte

Schutzgruppen

Positionen (2)

Priorität	Warenempfänger - Länder-/Regionensc...	Geschützte Menge		01.04.2022	01.05.2022	01.06.2022	01.07.2022	01.08.2022
1	DE	800	ST	300	200	100	100	100
2	CH	300	ST	200	100	0	0	0

Abbildung 11.12 Schutzgruppen für SUP_VKORG_DE01

Abbildung 11.13 zeigt die geschützten Mengen für das Schutzobjekt SUP_VKORG_BR01.

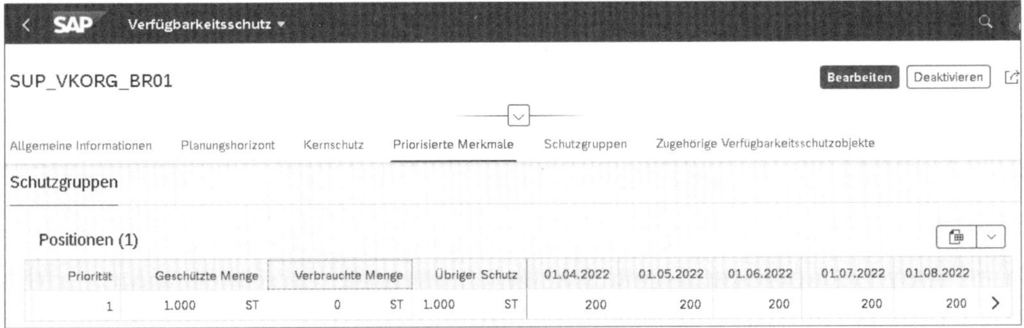

Priorität	Geschützte Menge		Verbrauchte Menge		Übriger Schutz		01.04.2022	01.05.2022	01.06.2022	01.07.2022	01.08.2022
1	1.000	ST	0	ST	1.000	ST	200	200	200	200	200

Abbildung 11.13 Schutzgruppe für SUP_VKORG_BR01

Daraus ergeben sich folgende geschützte Mengen für den gepflegten Zeitraum:

- Vertriebsweg DE01 in Region DE: 800 Stück
- Vertriebsweg DE01 in Region CH: 300 Stück
- Vertriebsweg BR01 unabhängig von der Region: 1.000 Stück

Für unser Beispiel gehen wir von einem Bestand von 2.500 Stück des Produkts FG_STANDARD in Werk DE01 aus. Von diesem Werk werden über die verschiedenen Vertriebswege alle Kunden weltweit bedient.

Initial ergeben sich aufgrund der Einstellungen aus dem Verfügbarkeitsschutz die in Tabelle 11.5 gezeigten möglichen Bestätigungsmengen.

Vertriebsweg	Region	Maximale Menge
DE01	DE	1.500 Stück (Hier muss nur der Schutz von Vertriebsweg BR01 berücksichtigt werden, da Region CH eine niedrigere Priorität hat). Rechnung: 2.500 (Bestand) – 1.000 (BR01) = 1.500
DE01	CH	700 Stück (Es muss sowohl der Schutz der höher priorisierten Region DE als auch der Schutz von Vertriebsweg BR01 berücksichtigt werden). Rechnung: 2.500 (Bestand) – 800 (DE01 – DE) – 1.000 (BR01) = 700
DE01	andere	400 Stück (Es greift der passive Schutz, und alle geschützten Objekte müssen berücksichtigt werden.) Rechnung: 2.500 (Bestand) – 800 (DE01 – DE) – 300 (DE01 – CH) – 1.000 (BR01) = 400

Tabelle 11.5 Mögliche Bestätigungsmengen in der Ausgangssituation

Vertriebsweg	Region	Maximale Menge
BR01	alle	1.400 Stück (Der Schutz aller Gruppen für Vertriebsweg DE01 muss berücksichtigt werden) Rechnung: 2.500 (Bestand) – 800 (DE01 – DE) – 300 (DE01 – CH) = 1.400
andere	alle	400 Stück (Es greift der passive Schutz, und alle geschützten Objekte müssen berücksichtigt werden.) Rechnung: 2.500 (Bestand) – 800 (DE01 – DE) – 300 (DE01 – CH) – 1.000 (BR01) = 400

Tabelle 11.5 Mögliche Bestätigungsmengen in der Ausgangssituation (Forts.)

Im Folgenden erstellen wir einige Kundenaufträge und prüfen die Auswirkungen des Verfügbarkeitsschutzes auf die Verfügbarkeitsprüfung.

Für Kundenauftrag 1 gilt Folgendes:

- Vertriebsweg: DE01
- Kundenregion: DE
- Wunschlieferdatum: 15.05.2022
- Menge: 300 Stück

Somit existiert für diese Kombination eine maximale Bestätigungsmenge von 1.500 Stück. Dem Kundenauftrag wird also die volle Menge von 300 Stück bestätigt. Gleichzeitig baut sich die Schutzmenge für das Objekt SUP_VKORG_DE01 ab.

Abbildung 11.14 zeigt die Situation der Schutzgruppen nach dem Abbau der Menge. Sie sehen, dass sich der übrige Schutz für Region DE von 800 Stück auf 600 Stück reduziert hat – und das, obwohl die verbrauchte Menge 300 Stück beträgt. Allerdings kann die Menge nur um die in der entsprechenden Periode gepflegte Stückzahl reduziert werden. Ein weiterer Auftrag für die Region DE mit Wunschlieferdatum im Mai würde zwar die verbrauchte Menge erhöhen, allerdings die Schutzmenge nicht weiter reduzieren.

Schutzgruppen

Positionen (2)

Priorität	Warenempfänger - Länder-/Regionensc...	Geschützte Menge		Verbrauchte Menge		Übriger Schutz		01.04.2022	01.05.2022
1	DE	800	ST	300	ST	600	ST	300	200
2	CH	300	ST	0	ST	300	ST	200	100

Abbildung 11.14 Grafische Darstellung der Schutzmenge

In Abbildung 11.15 sehen Sie die grafische Übersicht für die geschützten Mengen in Region DE, wie sie in der SAP-Fiori-App **Verfügbarkeitsschutz verwalten** angezeigt werden kann.

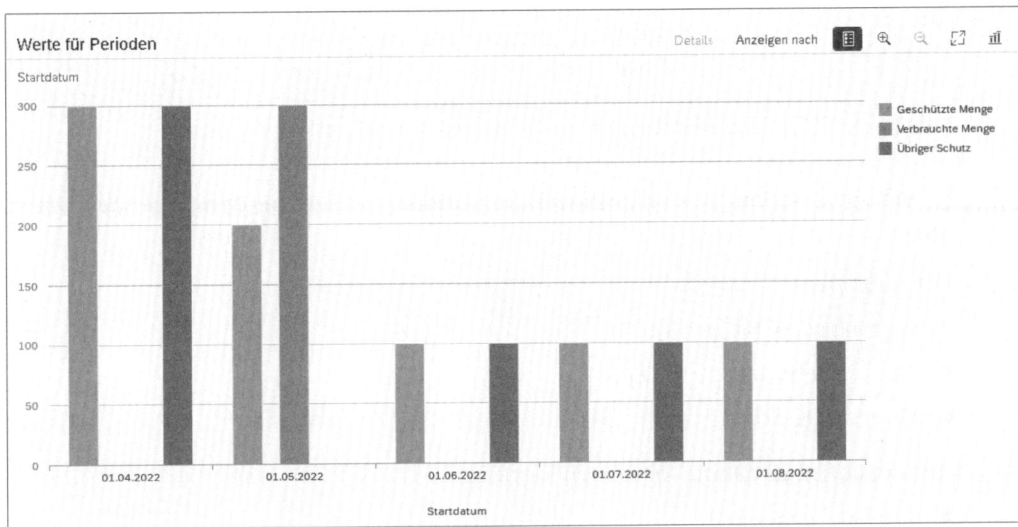

Abbildung 11.15 Grafische Darstellung der Schutzmenge

Nach der Bestätigung des ersten Auftrags bleibt eine freie Bestätigungsmenge von 2.200 Stück mit den folgenden Situationen in den Schutzobjekten:

- Vertriebsweg DE01 in Region DE: 600 Stück
- Vertriebsweg DE01 in Region CH: 300 Stück
- Vertriebsweg BR01 unabhängig von der Region: 1.000 Stück

Daraus ergeben sich die in Tabelle 11.6 gezeigten freien Bestätigungsmengen.

Vertriebsweg	Region	Maximale Menge
DE01	DE	1.200 Stück (Hier muss nur der Schutz von Vertriebsweg BR01 berücksichtigt werden, da Region CH eine niedrigere Priorität hat).
DE01	CH	600 Stück (Es muss sowohl der Schutz der höher priorisierten Region DE als auch der Schutz von Vertriebsweg BR01 berücksichtigt werden).
DE01	andere	300 Stück (Es greift der passive Schutz, und alle geschützten Objekte müssen berücksichtigt werden.)

Tabelle 11.6 Mögliche Bestätigungsmengen nach Kundenauftrag 1

Vertriebsweg	Region	Maximale Menge
BR01	alle	1.300 Stück (Der Schutz aller Gruppen für Vertriebsweg DE01 muss berücksichtigt werden.)
andere	alle	300 Stück (Es greift der passive Schutz, und alle geschützten Objekte müssen berücksichtigt werden.)

Tabelle 11.6 Mögliche Bestätigungsmengen nach Kundenauftrag 1 (Forts.)

Im weiteren Verlauf treffen zwei weitere Kundenaufträge mit den folgenden Daten ein.

Für Kundenauftrag 2 gilt:

- Vertriebsweg: BR01
- Wunschlieferdatum: 16.05.2022
- Menge: 300 Stück

Kundenauftrag 3 hat die folgenden Merkmale:

- Vertriebsweg: BR01
- Wunschlieferdatum: 15.04.2022
- Menge: 300 Stück

Beide Aufträge können zum Wunschlieferdatum bestätigt werden und sorgen für den Abbau des Schutzes in Objekt `SUP_VKORG_BR01` in den Perioden April und Mai um jeweils 200 Stück, was der in den Perioden hinterlegten Höchstmenge entspricht.

Es bleibt eine Menge von 1.600 Stück, die für Bestätigungen anderer Aufträge genutzt werden kann, sowie die folgenden geschützten Mengen:

- Vertriebsweg DE01 in Region DE: 600 Stück
- Vertriebsweg DE01 in Region CH: 300 Stück
- Vertriebsweg BR01 unabhängig von der Region: 600 Stück

Tabelle 11.7 zeigt die möglichen Bestätigungsmengen für die einzelnen Segmente, nachdem die Aufträge bestätigt worden sind.

Vertriebsweg	Region	Maximale Menge
DE01	DE	1.000 Stück (Hier muss nur der Schutz von Vertriebsweg BR01 berücksichtigt werden, da Region CH eine niedrigere Priorität hat.)

Tabelle 11.7 Mögliche Bestätigungsmengen nach Kundenauftrag 2 und 3

Vertriebsweg	Region	Maximale Menge
DE01	CH	400 Stück (Es muss sowohl der Schutz der höher priorisierten Region DE als auch der Schutz von Vertriebsweg BR01 berücksichtigt werden.)
DE01	Andere	100 Stück (Es greift der passive Schutz, und alle geschützten Objekte müssen berücksichtigt werden.)
BR01	alle	700 Stück (Der Schutz aller Gruppen für den Vertriebsweg DE01 muss berücksichtigt werden.)
andere	alle	100 Stück (Es greift der passive Schutz, und alle geschützten Objekte müssen berücksichtigt werden.)

Tabelle 11.7 Mögliche Bestätigungsmengen nach Kundenauftrag 2 und 3 (Forts.)

Im Gegensatz zur Kontingentierung sind die Auswirkungen des Verfügbarkeitsschutzes auf die Verfügbarkeitsprüfung nicht im SAP GUI ersichtlich. Verwenden Sie stattdessen die SAP-Fiori-Oberfläche von Transaktion VA01 (Kundenauftrag anlegen) oder VA02 (Kundenauftrag ändern), um zur in Abbildung 11.16 gezeigten Detailansicht der Verfügbarkeitsprüfung abspringen zu können. Hier erhalten Sie auch Informationen zu den Auswirkungen des Verfügbarkeitsschutzes auf das Ergebnis der Prüfung.

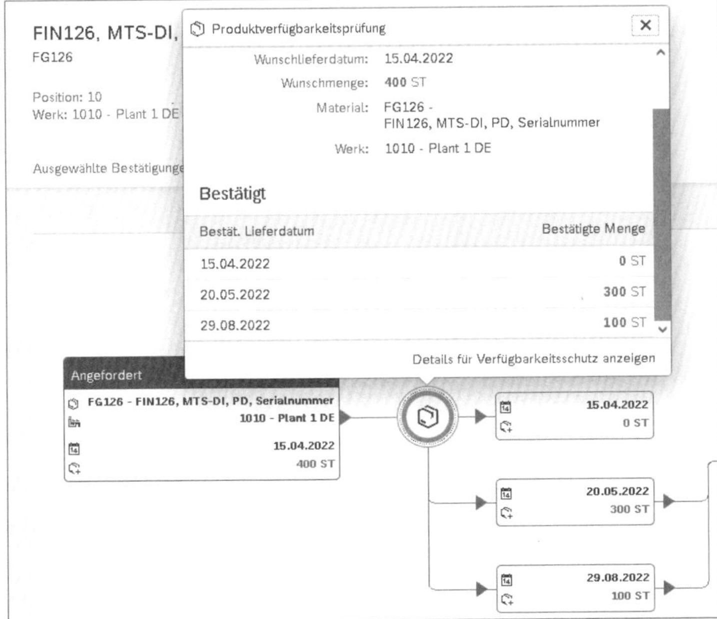

Abbildung 11.16 Verfügbarkeitsübersicht in SAP Fiori

11.6 Zusammenfassung

Mit dem Verfügbarkeitsschutz haben Sie die zweite Möglichkeit kennengelernt, wie Sie knappe Produkte so beschränken können, dass Sie für priorisierte Abnehmer zur Verfügung stehen. In Kombination mit der Kontingentierung können Sie nun die Anforderungen Ihres Unternehmens in der Konfiguration abbilden. Im nächsten Kapitel gehen wir mit der alternativenbasierten Bestätigung auf eine weitere Funktionalität ein, die direkt während der Verfügbarkeitsprüfung ausgeführt werden kann.

Kapitel 12
Alternativenbasierte Bestätigung

Anforderungen in Kundenaufträgen beziehen sich immer auf eine konkrete Kombination aus Materialnummer, Lieferwerk und gegebenenfalls Lagerort. In einem Unternehmen kann es zu der Situation kommen, dass eine Anforderung nicht, wie gewünscht, befriedigt werden kann, es allerdings alternative Lokationen oder Materialien gibt, mit denen der Auftrag gleichwertig erfüllt werden kann. Die alternativenbasierte Bestätigung bietet Ihnen die Möglichkeit, diese Alternativen in der Verfügbarkeitsprüfung zu berücksichtigen.

Wenn Sie in Ihrem Unternehmen einen Kundenauftrag eingeben, bezieht sich die Anforderung des Kunden immer auf konkrete Merkmale wie Lieferwerk, Materialnummer und Wunschlieferdatum. Optional kann auch die Lieferung von einem konkreten Lagerort gewünscht sein. Häufig kommt es vor, dass die Anforderung nicht, wie gewünscht, zum Wunschlieferdatum verfügbar ist, es allerdings alternative Möglichkeiten gäbe, um die Anforderung zu erfüllen. Eine solche Alternative könnte z. B. sein, dass ein anderes Werk das Produkt in derselben Qualität produzieren kann und somit eine Bestätigung zum Wunschliefertermin möglich ist. In einem anderen Fall könnten Materialien, die sich in Ihrer Form, Funktionalität und Verwendung nicht unterscheiden, allerdings unter verschiedenen Materialnummern geführt werden. Eine Kundenanforderung für ein konkretes Material könnte also mit verschiedenen Materialien erfüllt werden.

Die alternativenbasierte Bestätigung (Alternative-based Confirmation, kurz ABC) bietet Ihnen Möglichkeiten, um diese Alternativen im System abzubilden und automatisch während der Verfügbarkeitsprüfung berücksichtigen zu lassen. Dadurch erstellt das System Vorschläge, wie Sie für eine Auftragsposition zu einem besseren Ergebnis der Verfügbarkeitsprüfung gelangen können.

In den folgenden Abschnitten erläutern wir Ihnen zuerst die Schritte, die Sie für die Aktivierung der Ersetzung durchführen müssen und verdeutlichen die Einstellungen anschließend anhand eines detaillierten Beispiels.

12.1 Customizing zur Aktivierung der alternativenbasierten Bestätigung

Um die alternativenbasierte Bestätigung nutzen zu können, müssen Sie einen spezifischen Customizing-Schritt durchführen, um die Funktionalität während der Produktverfügbarkeitsprüfung zu aktivieren. Navigieren Sie hierzu über den folgenden Pfad: **SAP Customizing Einführungsleitfaden • Anwendungsübergreifende Komponenten • Erweitertes Available-to-Promise (aATP) • Konfigurationsaktivitäten für erweiterte Prüfmethoden • Erweiterte Prüfmethoden nach Belegzweck konfigurieren**.

In dieser Aktivität haben Sie die Möglichkeit, die Funktion für alle oder nur für definierte Prüfgruppen zu aktivieren. Um die ABC-Logik für alle Prüfgruppen zu aktivieren, müssen Sie, wie in Abbildung 12.1 gezeigt, das Feld für die Verfügbarkeitsprüfgruppe leer lassen und nur den Haken im Feld **ABB ist aktiv** setzen.

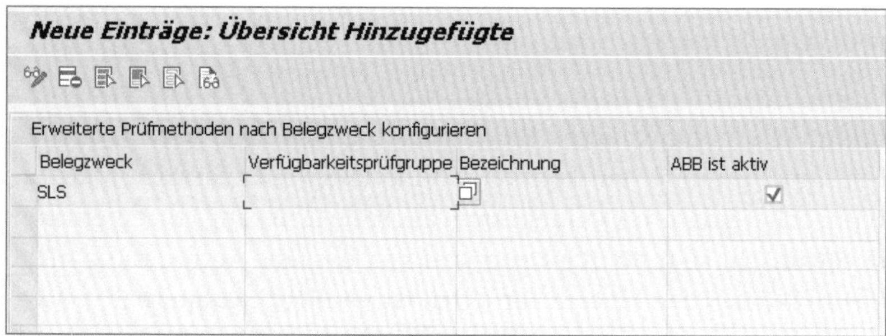

Neue Einträge: Übersicht Hinzugefügte

Erweiterte Prüfmethoden nach Belegzweck konfigurieren

Belegzweck	Verfügbarkeitsprüfgruppe	Bezeichnung	ABB ist aktiv
SLS			☑

Abbildung 12.1 ABC-Logik für alle Prüfgruppen aktivieren

Sobald Sie, wie im Beispiel in Abbildung 12.2, eine oder mehrere bestimmte Prüfgruppen eintragen, gilt die ABC-Logik nur für die hier definierten Gruppen.

Sicht "Erweiterte Prüfmethoden nach Belegzweck konfigurieren" ändern:

Neue Einträge

Erweiterte Prüfmethoden nach Belegzweck konfigurieren

Belegzweck	Verfügbarkeitsprüfgruppe	Bezeichnung	ABB ist aktiv
SLS	SR	nd u. sich. Zgnge	☑
SLS	ST	Nur Bestand berücks.	☑

Abbildung 12.2 ABC-Logik für ausgewählte Prüfgruppen aktivieren

Das Feld **Belegzweck** wird im aktuellen SAP-Release automatisch mit dem Wert SLS (Vertrieb) belegt, da die ABC-Logik aktuell nur bei der Prüfung von Kundenaufträgen verwendet werden kann.

12.2 SAP-Fiori-Apps zur Konfiguration der alternativenbasierten Bestätigung

Zur Nutzung der ABC-Logik im Kundenauftrag sind zahlreiche vorbereitende Einstellungen notwendig, die in verschiedenen SAP-Fiori-Apps ausgeführt werden müssen. Tabelle 12.1 gibt Ihnen eine Übersicht über die Apps, die für die Konfiguration genutzt werden.

SAP-Fiori-App-Name	App-Name in Englisch	App-ID
Ersetzungen verwalten (Lokationen)	Manage Substitutions – Locations	F5314
Ausschlüsse verwalten (Lokationen)	Manage Exclusions – Locations	F5315
Ersetzungssteuerungen verwalten (Lokationen)	Manage Substitution Controls – Locations	F5312
Ersetzungsgruppen verwalten (Lokationen)	Manage Substitution Groups – Locations	F5311
Ersetzungsgründe verwalten (Lokationen)	Manage Substitution Reasons – Locations	F5313
Ersetzungen verwalten (Produkte)	Manage Substitutions	F4785
Ausschlüsse verwalten (Produkte)	Manage Exclusions	F4786
Ersetzungssteuerungen verwalten (Produkte)	Manage Substitution Controls	F4787
Ersetzungsgruppen verwalten (Produkte)	Manage Substitution Groups	F4788
Ersetzungsgründe verwalten (Produkte)	Manage Substitution Reasons	F4789
Zugriffsfolgen verwalten	Configure Alternative Determination	F5354
Ersetzungsstrategie konfigurieren	Configure Substitution Strategy	F2699
Alternativensteuerung konfigurieren	Configure Alternative Control	F2698
Merkmalskataloge verwalten	Manage Characteristic Catalogs	F3829
Merkmalskombinationen verwalten	Manage Characteristic Combinations	F5303

Tabelle 12.1 SAP-Fiori-Apps für die ABC-Logik

In den folgenden Abschnitten erläutern wir Ihnen, wie Sie die verschiedenen Apps für die Einrichtung Ihrer individualisierten Produktersetzung nutzen können.

12.3 Grundlagen der Werks- und Lagerortersetzung

Während der Anlage einer Kundenauftragsposition wählen Sie ein Lieferwerk, von dem der Kunde beliefert werden soll. Mithilfe der Lokationsersetzung kann das System alternative Lieferwerke vorschlagen, wenn die Verfügbarkeitsprüfung dadurch zu einem besseren Ergebnis kommt.

Wenn Sie in Ihrem Unternehmen die Verfügbarkeitsprüfung auf der Lagerortebene nutzen, können Sie außerdem Ersetzungsstrategien für Lagerorte hinterlegen.

Ersetzung für Lokationen

Unter Lokationen verstehen wir im Rahmen der Ersetzung sowohl Werke als auch Lagerorte. Beide Objekte werden in denselben Apps konfiguriert. In den folgenden Abschnitten beziehen wir uns auf Werke, die Angaben gelten aber gleichermaßen auch für Lagerorte.

12.3.1 Merkmalskombinationen anlegen

Wie bereits in Abschnitt 9.1, »Standard-Verfügbarkeitsprüfung in SAP S/4HANA«, beschrieben, bilden Merkmalswertkataloge und Merkmalswertkombinationen eine der Grundlagen zur Konfiguration der aATP-Funktionen. Für die Verwendung der alternativenbasierten Bestätigung ist es zwingend erforderlich, dass Sie mindestens eine Merkmalswertkombination mit der Verwendung **Alternativenbasierte Bestätigung** und eine Kombination mit der Verwendung **Vertretung** angelegt haben.

Über diese Kombination steuern Sie, auf welcher Ebene Sie die Ersetzungsstrategien und Zugriffsfolgen hinterlegen möchten. Die Ebene kann z. B. die Materialnummer im Rahmen einer Werksersetzung sein, falls Sie ein Material in verschiedenen Werken produzieren können.

12.3.2 Ersetzungsgründe für die Lokationsersetzung verwalten

Während der Pflege von Ersetzungen und Ausschlüssen haben Sie die Möglichkeit, Gründe für die Ersetzung anzugeben. Ein Grund könnte z. B. sein, dass die Produktion eines Produkts auch in einem alternativen Werk möglich ist, das über dieselben Produktionsanlagen verfügt. Legen Sie dazu in der SAP-Fiori-App **Ersetzungsgründe verwalten (Lokation)** unternehmensspezifische Einträge an, die Sie in den folgenden Schritten einer Ersetzung zuordnen können.

Sie können in dieser App sowohl für die Werks- als auch für die Lagerortersetzung verschiedene Gründe hinterlegen und die Beschreibung in verschiedenen Sprachen anlegen. In Abbildung 12.3 sehen Sie zwei Ersetzungsgründe für die Werksersetzung, die für unser Beispiel angelegt wurden.

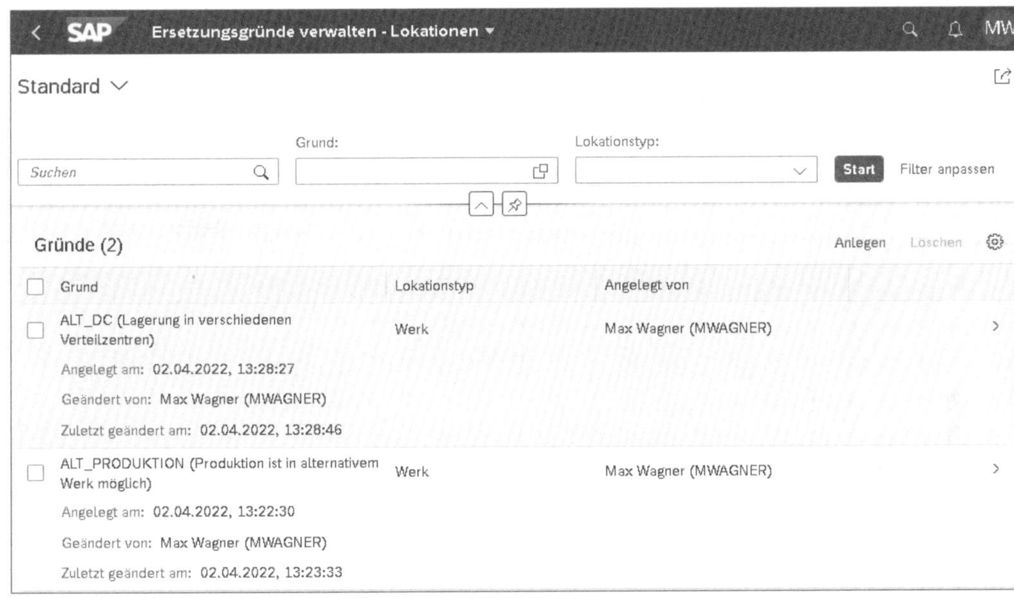

Abbildung 12.3 Ersetzungsgründe für Lokationen

12.3.3 Gültige Ersetzungskombinationen pflegen

Um einzelne Ersetzungsobjekte zusammenzufassen und zu steuern, in welchem Szenario welche Ersetzungen genutzt werden sollen, bietet Ihnen das System detaillierte Konfigurationsmöglichkeiten, die sich durch eine Kombination von Ersetzungsgruppen, Ersetzungssteuerungen und Zugriffsfolgen ergeben.

Ersetzungsgruppen verwalten

In der SAP-Fiori-App **Ersetzungsgruppen verwalten** können Sie frei definierte Gruppen anlegen, mit denen Sie anschließend einzelne Ersetzungsobjekte zusammenfassen können. Gibt es beispielsweise eine Gruppe von Werken, die alle mit derselben Produktionstechnologie ausgestattet sind und deshalb die gleichen Produkte fertigen können, fassen Sie diese Werke zu einer Gruppe zusammen. Die Gruppe wird im jeweiligen Ersetzungsobjekt hinterlegt. Sie können auch dieselbe Ersetzung mehrfach anlegen und diese verschiedenen Gruppen zuweisen.

Im Beispiel in Abbildung 12.4 haben wir eine Gruppe definiert, der später alle Werke zugeordnet werden sollen, die in der Lage sind, Produkte mit der SMT-Technologie zu produzieren. Somit kann in der Ersetzungslogik hinterlegt werden, dass alle diese

Werke für die Ersetzung infrage kommen. Um die Gruppe nutzen zu können, muss diese aktiviert werden.

Abbildung 12.4 Ersetzungsgruppen für Lokationen

Ersetzungsobjekten, denen nicht explizit eine Gruppe zugeordnet wird, zählen automatisch zur Standardgruppe.

Ersetzungssteuerung verwalten

In der SAP-Fiori-App **Ersetzungssteuerungen verwalten** legen Sie Steuerungsobjekte an, denen Sie anschließend die zuvor angelegten Gruppen zuordnen können. Über dieses Steuerungsobjekt legt der Anwender später fest, in welchen Szenarien welche Ersetzungsgruppen für die Ersetzung infrage kommen. Setzen Sie einen Haken bei **Standardgruppen nicht berücksichtigen**, damit die Ersetzungsobjekte, die zur Standardgruppe gehören, nicht berücksichtigt werden. In diesem Fall werden nur die Objekte berücksichtigt, die den hinterlegten Gruppen zugeordnet sind.

Zugriffsfolgen verwalten

In der SAP-Fiori-App **Zugriffsfolgen verwalten** hinterlegen Sie Zugriffsfolgen für die möglichen Ersetzungen von Werk, Lagerort und Material. Beachten Sie, dass es für jeden der Bereiche eine eigene Registerkarte in der App gibt, in der Sie die Zugriffsfolgen separat hinterlegen. Voraussetzung zur Anlage einer Zugriffsfolge ist, dass Sie in der SAP-Fiori-App **Merkmalskombinationen verwalten** eine Kombination mit der Verwendung »Verwaltung« angelegt haben.

In einer Zugriffsfolge ordnen Sie den ausgewählten Merkmalswertkombinationen eine Steuerung zu, wodurch Sie festlegen, für welche Kombination welche Ersetzungen infrage kommen. Abbildung 12.5 zeigt eine beispielhafte Zugriffsfolge mit der Merkmalswertkombination **Material** für das Material FG126.

Abbildung 12.5 Alternativensteuerung konfigurieren

Zusammenspiel der Konfiguration

Abbildung 12.6 zeigt Ihnen, wie die einzelnen Objekte, die bei der Konfiguration der Ersetzung eine Rolle spielen, zusammenhängen.

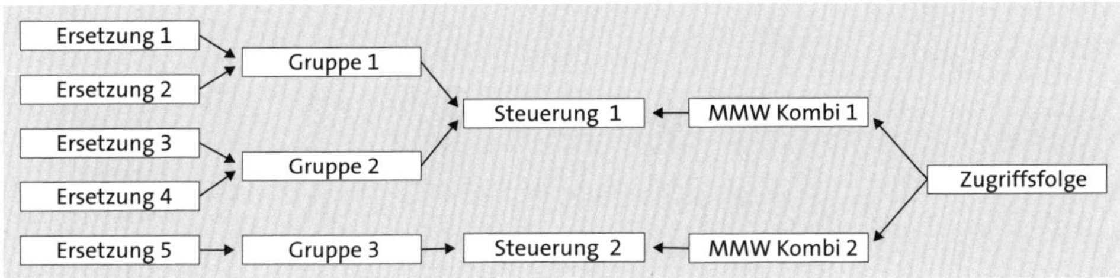

Abbildung 12.6 Zusammenhang der Objekte in der Ersetzung

Jedes Ersetzungsobjekt wird einer Gruppe zugeordnet. Wenn Sie ein Objekt zu verschiedenen Gruppen zuordnen möchten, können Sie die Ersetzung mehrfach anlegen und das Objekt somit verschiedenen Gruppen zuordnen.

Gruppen werden anschließend in Steuerungen zusammengefasst. Eine Steuerung kann 0...n Gruppen enthalten. Wenn Sie keine explizite Gruppe hinterlegen, muss die Verwendung der Standardgruppe aktiviert sein.

Für jede der Ersetzungsvarianten Werk, Lagerort und Produkt hinterlegen Sie eine oder mehrere Zugriffsfolgen. Innerhalb einer Zugriffsfolge ordnen Sie den ausgewählten Merkmalswertkombinationen eine der zuvor angelegten Steuerungen zu.

Beispiel

Stellen wir uns ein Unternehmen vor, das über vier Produktionsstandorte verfügt, wobei einige Produkte in allen Standorten, andere Produkte aber nur in bestimmten Werken produziert werden können. Wir unterteilen unsere Produkte in drei Gruppen, die gleichzeitig für die Werke stehen, in denen die Produkte produziert werden können.

- Gruppe A (Küchengeräte): Kann in Werk 1 und 2 produziert werden.
- Gruppe B (Home-Entertainment): Kann in Werk 3 und 4 produziert werden.
- Gruppe C (Digitalkameras): Kann in allen Werken produziert werden.

Um diese Voraussetzungen im SAP-System abzubilden, erstellen Sie die in Tabelle 12.2 gezeigten Ersetzungen und weisen Sie den Gruppen zu.

Werk	Ersetzungswerk	Gruppe
1	2	Küchengeräte
2	1	Küchengeräte
3	4	Home-Entertainment
4	3	Home-Entertainment
1	3	Digitalkameras
1	4	Digitalkameras
2	3	Digitalkameras
2	4	Digitalkameras
3	1	Digitalkameras
3	2	Digitalkameras
4	1	Digitalkameras
4	2	Digitalkameras

Tabelle 12.2 Gepflegte Ersetzungsobjekte

Basierend auf den möglichen Ersetzungen, die wir hinterlegen möchten, hinterlegen wir die in Tabelle 12.3 gezeigten Ersetzungssteuerungen.

Steuerung	Zugeordnete Gruppen
Steuerung 1	Küchengeräte, Digitalkameras und Home-Entertainment
Steuerung 2	Küchengeräte
Steuerung 3	Home-Entertainment

Tabelle 12.3 Ersetzungssteuerungen

Für eine Merkmalswertkombination, der die **Steuerung 1** zugeordnet wird, gelten alle Ersetzungen, die in den Gruppen zugeordnet sind. In diesem Fall kann also jedes Werk mit jedem anderen Werk ersetzt werden. Diese Kombination stellt nur ein Beispiel dar. Alternativ können Sie z. B. jede einzelne Ersetzung für die Gruppe **Digitalkameras** pflegen und der **Steuerung 1** nur die Gruppe **Digitalkameras** zuordnen.

Anschließend definieren Sie die Zugriffsfolge für Werksersetzungen. Ein sinnvolles Merkmal könnte in diesem Fall die Warengruppe sein, falls die einzelnen Produktgruppen jeweils einer Warengruppe entsprechen. Eine mögliche Zugriffsfolge könnte wie folgt aussehen:

- Warengruppe **Küchengeräte**: **Steuerung 2**
- Warengruppe **Home-Entertainment**: **Steuerung 3**
- Warengruppe **Digitalkameras**: **Steuerung 1**

12.3.4 Ersetzungen für Lokationen verwalten

In der SAP-Fiori-App **Ersetzungen verwalten (Lokationen)** hinterlegen Sie die tatsächlichen Austauschbeziehungen, die zwischen Lokationen bestehen. Durch die Anlage mehrerer zusammenhängender Ersetzungslogiken können Sie komplexe Ersetzungsketten anlegen, die sequenziell durchlaufen werden können.

Ersetzungsketten

In jedem Eintrag für eine Ersetzung können Sie genau eine Lokation und eine Nachfolgelokation anlegen. Ersetzungsketten entstehen, indem Sie mehrere, aufeinander aufbauende einzelne Objekte anlegen.

Abbildung 12.7 zeigt ein Beispiel, bei dem mehrere Werksersetzungen zu einer Ersetzungskette zusammengefasst wurden. Im Beispiel können die folgenden Ersetzungen durchgeführt werden:

- Werk 0001 kann durch Werk 1010 ersetzt werden.
- Werk 1010 kann durch Werk 1710 ersetzt werden.
- Werk 1710 kann durch Werk 1720 ersetzt werden.

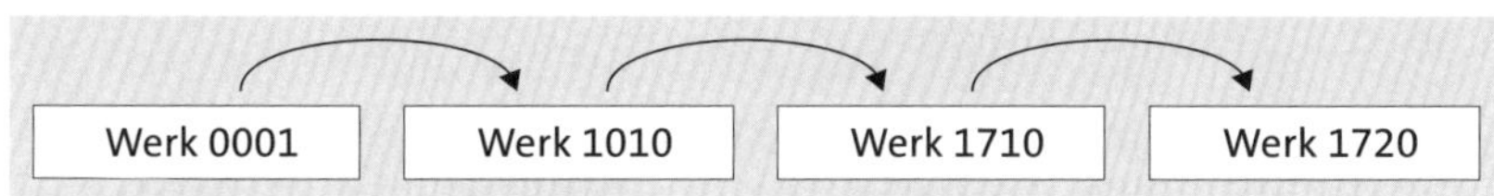

Abbildung 12.7 Ersetzungskette mit mehreren Lokationen

Indirekt können damit die folgenden Ersetzungen vorgenommen werden:

- Werk 0001 kann durch Werk 1710 ersetzt werden.

- Werk 0001 kann durch Werk 1720 ersetzt werden.
- Werk 1010 kann durch Werk 1720 ersetzt werden.

In jedem Ersetzungsobjekt haben Sie eine Übersicht über Vorgänger- und Nachfolgeersetzungen und bekommen somit einen direkten Überblick, an welcher Stelle der Ersetzungskette sich ein Objekt befindet. Abbildung 12.8 zeigt Ihnen die Beziehungen für Werk 1010, das sich an der zweiten Stelle der Ersetzungskette befindet.

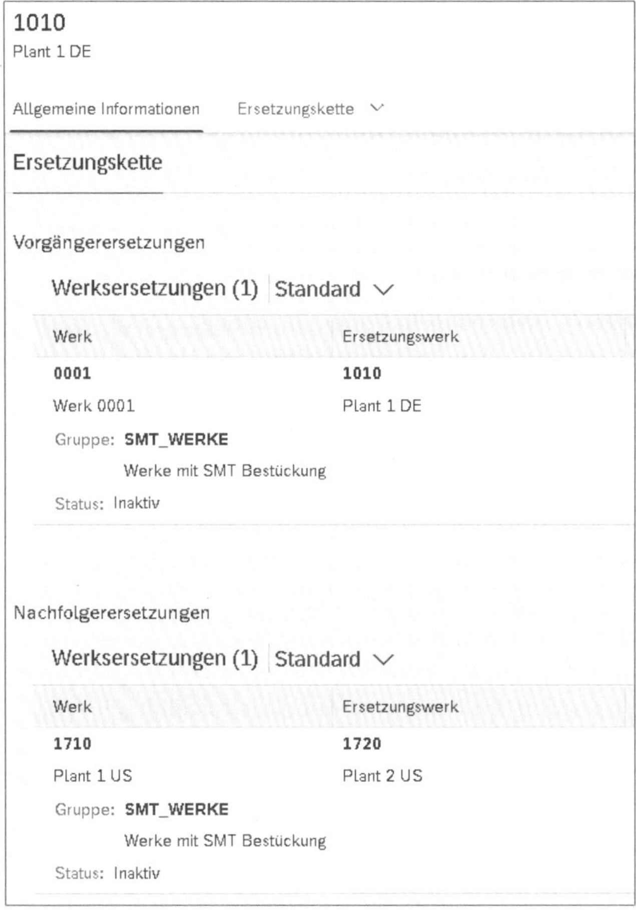

Abbildung 12.8 Ersetzungskette in SAP Fiori

In Abbildung 12.9 sehen Sie zusätzlich die grafische Darstellung, die Sie in der App durch einen Klick auf **Grafik anzeigen** einblenden können.

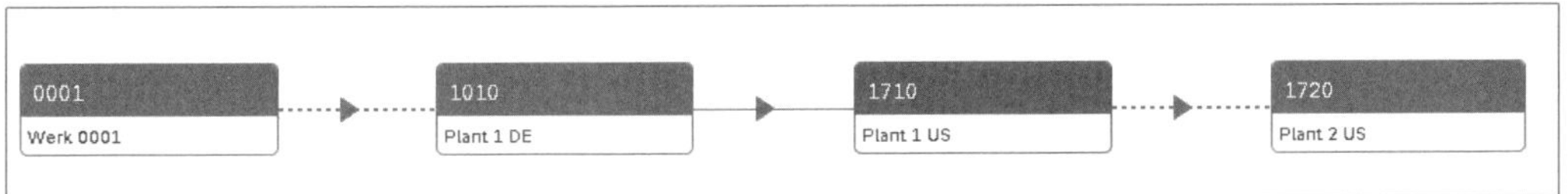

Abbildung 12.9 Grafische Ansicht der Ersetzungskette

Gegenseitige Austauschbarkeit

Indem Sie die Ersetzungslogiken für Lokationen in beide Richtungen pflegen, erreichen Sie eine gegenseitige Austauschbarkeit, bei der sich die Lokationen untereinander ersetzen können (siehe Abbildung 12.10). Das heißt z. B.:

- Werk 1010 kann durch Werk 1710 ersetzt werden.
- Werk 1710 kann durch Werk 1010 ersetzt werden.

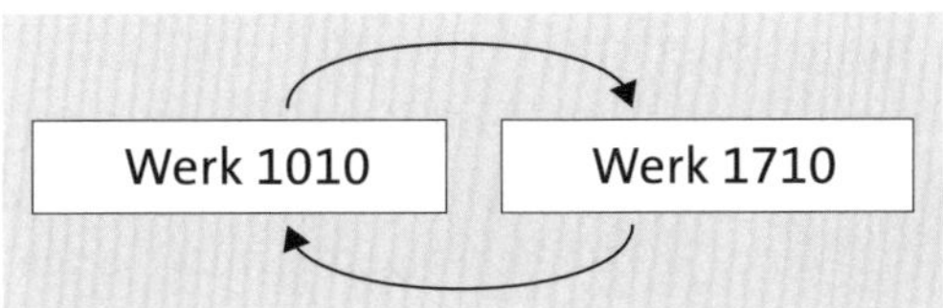

Abbildung 12.10 Austauschbarkeit von Lokationen

Gültigkeitszeitraum für die Lokationsersetzung

In jedem Ersetzungsobjekt können Sie einen *Gültigkeitszeitraum* hinterlegen, der angibt, wann die Lokationsersetzung durchgeführt werden soll. Somit kann die Lokationsersetzung nur zu bestimmten Zeitpunkten aktiviert werden, beispielsweise nur in Zeiten besonders hoher Nachfrage oder wenn sich ein Werk in einem geplanten Stillstand befindet und nur zu diesem Zeitpunkt eine Ersetzung durchgeführt werden soll. Neben Startdatum und Uhrzeit sowie Enddatum und Uhrzeit können Sie auch eine Zeitzone angeben, auf die sich die Gültigkeiten beziehen. Geben Sie keine Zeitzone an, geht das System von der Zeitzone UTC aus.

Zusatzeinstellungen in Ersetzungsbeziehungen

Wenn Sie komplexen Ersetzungsbeziehungen mit vielen beteiligten Alternativen pflegen, bietet Ihnen das Ersetzungsobjekt noch weitere Einstellungen, die Sie nutzen können, um das Verhalten während der Ersetzung individuell steuern zu können.

Das *Führungskennzeichen* wird relevant, wenn Sie für eine Lokation mehrere mögliche Alternativen in der Ersetzung gepflegt haben. Das Beispiel in Abbildung 12.11 zeigt, dass die Lokation 1010 durch mehrere Lokationen ersetzt werden kann. In dem Ersetzungsobjekt, das die Ersetzung von Werk 1010 durch 1730 steuert, haben wir das

Führungskennzeichen gesetzt. Somit wird Werk 1730 als präferierte Alternative für Werk 1010 angesehen.

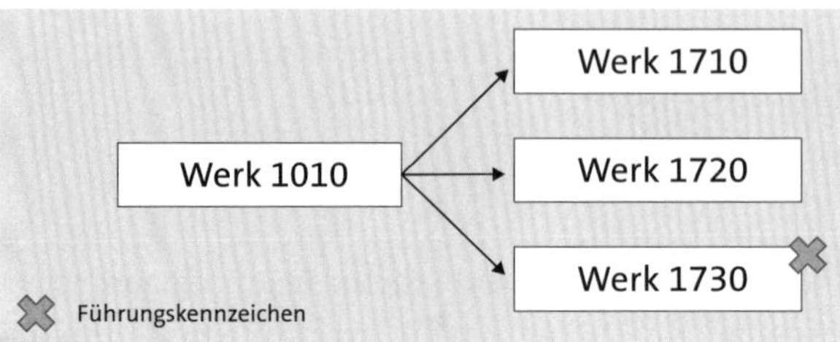

Abbildung 12.11 Verwendung des Führungskennzeichens

Zusätzlich zur Markierung einer Alternative als führend können Sie auch mit Reihenfolgen arbeiten. Reihenfolgen sind mit Prioritäten gleichzusetzen – je niedriger die Reihenfolgenummer einer Alternative ist, desto höher ist deren Priorität. Dabei ist zu beachten, dass die Reihenfolge 0 bzw. Alternativen ohne Reihenfolgenummer immer mit der niedrigsten Priorität berücksichtigt werden. Im Beispiel in Abbildung 12.12 wurden für die möglichen Ersetzungen von Werk 1010 Reihenfolgenummern angegeben, die zur folgenden Sequenz bei der Alternativensuche führen:

- Zuerst wird Werk 1710 mit der Reihenfolgenummer 1 berücksichtigt.
- Anschließend wird Werk 1730 mit der Reihenfolgenummer 2 berücksichtigt.
- Als dritte Alternative wird Werk 1720 mit der Reihenfolgenummer 4 berücksichtigt.
- Zuletzt wird Werk 1750 mit der Reihenfolge 0 (gleichzusetzen mit leer) berücksichtigt.

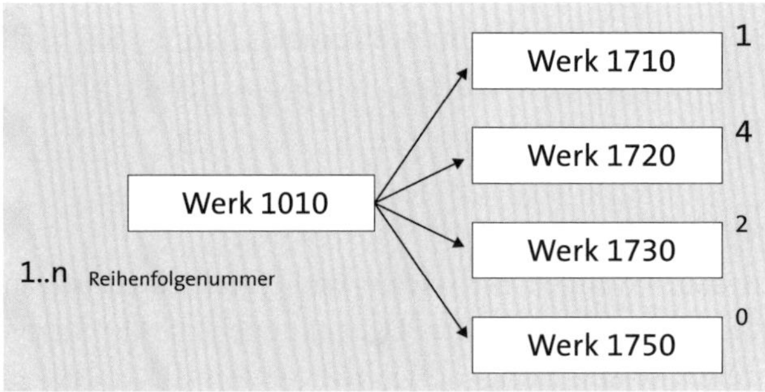

Abbildung 12.12 Verwendung von Reihenfolgen

[»]

Kombination von Reihenfolgen und Führungskennzeichen

Die Angabe der Reihenfolge wird stärker gewertet als das Führungskennzeichen. Hat beispielsweise Werk A die Priorität 1 und Werk B die Priorität 2 mit Führungskennzeichen, wird das System zuerst versuchen, Werk A als Alternative vorzuschlagen. Nur wenn es mehrere Ersetzungsalternativen mit derselben Priorität gibt, entscheidet das Führungskennzeichen.

Wenn Sie komplexe Ersetzungsbeziehungen verwenden, kann es sinnvoll sein, mit dem Exit-Kennzeichen zu arbeiten. Wenn in einer Ersetzungsbeziehung das Exit-Kennzeichen gesetzt ist, werden weitere Objekte der Ersetzungskette nicht berücksichtigt. Diese Logik lässt sich in Abbildung 12.13 sehr gut erkennen.

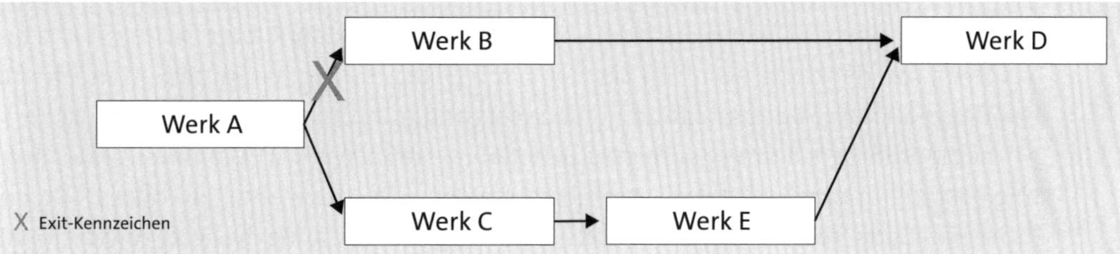

Abbildung 12.13 Verwendung des Exit-Kennzeichens

Durch die Pflege der Ersetzungen **Werk B kann durch Werk D ersetzt werden** und **Werk A kann durch Werk B ersetzt werden** könnte im Rahmen der Ersetzungskette erst Werk A durch Werk B und anschließend Werk B durch Werk D ersetzt werden. Wenn Sie allerdings erreichen möchten, dass nach einer Ersetzung von Werk A durch Werk B keine weitere Ersetzung stattfinden kann, setzen Sie in dieser Beziehung das Exit-Kennzeichen. Wird im Kundenauftrag direkt Werk B eingetragen, bleibt eine Ersetzung von Werk B durch Werk D trotzdem weiterhin möglich.

Status von Ersetzungsobjekten

Jede Beziehung, die Sie in der Ersetzung anlegen, besitzt einen von drei möglichen Status:

- **Inaktiv**: Der initiale Status eines neuen Objekts ist **Inaktiv**. In diesem Status wird ein Objekt nicht in der Ersetzungslogik berücksichtigt.
- **Aktiv**: Setzen Sie ein Objekt auf **Aktiv**, damit es während der Prüfung auf mögliche Ersetzungen berücksichtigt wird.
- **Obsolet**: Objekte in diesem Status werden vom System identisch wie inaktive Beziehungen behandelt.

Nur aktive Ersetzungsbeziehungen werden vom System bei der Suche nach Alternativen berücksichtigt. Wenn ein Knoten der Ersetzungskette nicht aktiv ist, können auch nachfolgende Knoten der Ersetzungskette nicht mehr berücksichtigt werden.

Definitionen von Selbstersetzungen

Wir sprechen von einer sogenannten *Selbstersetzung*, wenn es für eine Lokation ein Ersetzungsobjekt gibt, bei dem Werk und Ersetzungswerk identisch sind. Beispielsweise wird also Werk 1010 durch Werk 1010 ersetzt.

Wenn Sie ohne Selbstersetzung arbeiten, wird das System immer zuerst versuchen, den Bedarf aus dem angefragten Werk zu befriedigen. Nur wenn das nicht möglich ist, werden die alternativen Werke geprüft, die in der Ersetzungskette gepflegt sind. Arbeiten Sie allerdings mit der Selbstersetzung, und weisen Sie allen Werken eine Reihenfolge zu, wird das System immer versuchen, das Werk zu ersetzen.

Dies ist z. B. sinnvoll, wenn Sie jede Anfrage, unabhängig vom angefragten Werk, an das Werk mit der höchsten Priorität, das noch freie Mengen hat, umleiten möchten. Das Beispiel in Abbildung 12.14 zeigt die Ersetzung mit Alternativen, bei der für Werk 1010 eine Selbstersetzung gepflegt wurde. Selbst wenn Werk 1010 einen Kundenauftrag bestätigen kann, wird das System zuerst prüfen, ob die Werke 1710 oder 1730 den Kundenauftrag rechtzeitig bestätigen können, da diese eine höhere zugeordnete Priorität haben.

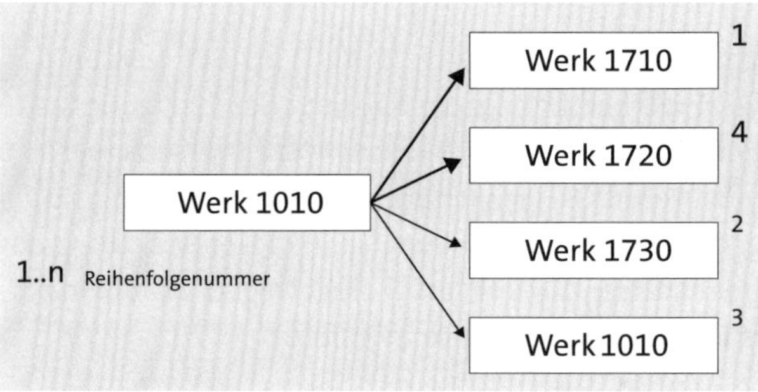

Abbildung 12.14 Alternativen mit Selbstersetzung

Verkaufsorganisation und Vertriebsweg

Häufig sind Verkaufsorganisationen abhängig von dem Lieferwerk, von dem ein Produkt geliefert werden soll. Falls es durch den Tausch eines Lieferwerks auch notwendig wird, die Verkaufsorganisation und den Vertriebsweg eines Kundenauftrags zu ändern, können Sie diese Informationen im Ersetzungsobjekt des Werkes hinterlegen.

12.3.5 Ausschlüsse von Lokationen verwalten

Wenn Lokationen für einen bestimmten Zeitraum nicht zur Verfügung stehen, können Sie für diese Lokationen über die SAP-Fiori-App **Ausschlüsse verwalten (Lokationen)** einen Ausschluss anlegen. Die entsprechende Lokation kann dann während der

Verfügbarkeitsprüfung nicht berücksichtig werden, und das System wird versuchen, die Lokation mit einer Alternative zu ersetzen. Das ist z. B. sinnvoll, wenn es in einem Werk aufgrund einer geplanten Wartung einen längeren Stillstand gibt und das Werk in diesem Zeitraum nicht liefern kann.

12.4 Grundlagen der Produktersetzung

Neben der Lieferung eines spezifizierten Produkts aus einer anderen Lokation kann es vorkommen, dass eine Geschäftsanforderung den Austausch eines Produkts durch ein anderes Produkt erfordert (*Produktersetzung*). Beispielsweise kann ein Produkt, das gerade nicht auf Lager liegt, durch ein Produkt ersetzt werden, das im Hinblick auf die Funktionalität und Produkteigenschaften identisch ist, wenn der Kunde dem zustimmt. In einem anderen Szenario könnte ein Produkt ausgelaufen sein und soll automatisch durch den Nachfolger ersetzt werden, falls ein Kunde die alte Variante bestellt.

[«]

Konfiguration der Produktersetzung entspricht der Lokationsersetzung

Während der Konfiguration der Produktersetzung werden dieselben Funktionen genutzt, die bereits in Abschnitt 12.3 zu den Lokationen beschrieben wurden. Sie können diese 1:1 abstrahieren.

Während der Einrichtung der Produktersetzung stoßen Sie auf Konfigurationsparameter wie Sets und Mengenumrechnungen. Diese Funktionalitäten stehen allerdings im Anwendungsbereich aATP nicht zur Verfügung. Sie können diese Parameter nur nutzen, wenn Sie eine Produktersetzung für die *erweiterte Ersatzteilplanung* (eSPP) pflegen möchten. Da die Funktionen im Rahmen der erweiterten Verfügbarkeitsprüfung nicht genutzt werden können, werden wir in diesem Buch nicht weiter darauf eingehen.

[«]

1:1-Ersetzung von Produkten

Da die Funktion **Sets** in der aATP-Prüfung nicht zur Verfügung steht, können Sie in der erweiterten Verfügbarkeitsprüfung nur mit einer 1:1-Ersetzung von Produkten arbeiten. Die Ersetzung von einem Produkt durch mehrere andere Produkte (Sets) ist aktuell ausschließlich in der erweiterten Ersatzteilplanung verfügbar.

Aktivieren Sie bei der Anlage einer Produktersetzung das Kennzeichen **aATP-relevant**, damit die Ersetzung während der Verfügbarkeitsprüfung im Kundenauftrag berücksichtigt werden kann.

12.5 Die alternativenbasierte Bestätigung konfigurieren

Nachdem Sie die individuelle Konfiguration für Lokations- und Produktersetzungen durchgeführt haben, müssen Sie diese nun für die erweiterte Verfügbarkeitsprüfung einrichten. Dazu stehen Ihnen die SAP-Fiori-Apps **Ersetzungsstrategie konfigurieren** und **Alternativensteuerung konfigurieren** zur Verfügung. Da die Ersetzungsstrategie in der Alternativensteuerung hinterlegt wird, beginnen Sie mit der Pflege der Alternativensteuerung.

12.5.1 Ersetzungsstrategie pflegen

In den vorangehenden Konfigurationsschritten haben Sie gesehen, dass es für ein Ersetzungsobjekt mehrere Alternativen geben kann, die für die Ersetzung infrage kommen. Durch die Verwendung der Ersetzungsstrategie definieren Sie, welche dieser Alternativen vom System bevorzugt behandelt werden sollen.

Sie können verschiedene Ersetzungsstrategien anlegen und diese in Ihren Alternativensteuerungen hinterlegen. In den Kopfdaten der Ersetzungsstrategie pflegen Sie die Ersetzungspositionsart, mit der Sie kontrollieren, was mit einer Kundenauftragsposition passiert, bei der eine Ersetzung stattfindet. Dabei stehen Ihnen drei Alternativen zur Auswahl.

Generierung der Unterposition erzwingen

Mit der Strategie **Generierung der Unterposition erzwingen** wird die ursprünglich angeforderte Position im Kundenauftrag beibehalten. Für jede Ersetzung, egal ob Werk, Lagerort oder Produkt, wird eine Unterposition im Kundenauftrag angelegt. Dadurch ist es möglich, dass mehrere Ersetzungen ausgewählt werden, um einen Bedarf zu erfüllen. Das System legt auch dann eine Unterposition an, wenn die ursprüngliche Anforderung genau, wie angegeben, erfüllt werden kann.

Inline-Ersetzung erzwingen

Die Strategie **Inline-Ersetzung erzwingen** kann nur für die Ersetzungsmethode **Werksersetzung** genutzt werden. Die ursprüngliche Anforderung bleibt dabei bestehen, und das geforderte Lieferwerk wird durch genau eine Alternative ersetzt. Es ist nicht möglich, dass das System mehrere Werke für die Ersetzung wählt.

Inline-Ersetzung und Generierung der Unterposition zulassen

Es ist möglich, die Strategie **Inline-Ersetzung** mit der Methode **Generierung der Unterposition zulassen** zu kombinieren. Diese Methode kombiniert die Funktionen der zwei vorher beschriebenen Ersetzungsstrategien. Wenn es möglich ist, dass eine Position durch die Ersetzung eines einzelnen Werkes voll bestätigt werden kann, führt das System eine Inline-Ersetzung aus. Andernfalls werden für jede genutzte Ersetzung Unterpositionen generiert.

Zusätzlich hinterlegen Sie in den Kopfdaten zur Strategie, bei welchen Aktionen eine Ersetzung durchgeführt werden soll. Wählen Sie die Option **Immer**, damit die Suche nach Ersetzungen sowohl bei der Anlage als auch bei der Änderung von Auftragspositionen durchgeführt wird. Wenn Sie die Einstellung **Abhängig vom Ausführungskontext** wählen, können Sie wählen, wann eine Ersetzung durchgeführt werden soll:

- **Neu**: Die Alternativenersetzung wird nur ausgeführt, wenn eine Position neu angelegt wird.
- **Gebucht**: Die Alternativenersetzung wird nur ausgeführt, wenn eine bestehende Position geändert wird und anschließend die Verfügbarkeitsprüfung gestartet wird.

Die letzte Einstellung in den Kopfdaten der Ersetzungsstrategie ist die **Zuordnung verbliebener offener Mengen**. Auch wenn das System erfolgreich eine oder mehrere Ersetzungen ausführt, ist es möglich, dass die Alternativen nicht ausreichen, um den Kundenbedarf zu decken. Das System erstellt die Unterpositionen immer so, dass die Summe der Menge der Unterpositionen der Menge aus der ursprünglichen Anforderung entspricht. Wenn die verfügbaren Mengen nicht ausreichend sind, kann eine der Unterpositionen nicht voll bestätigt werden. Mit dieser Einstellung steuern Sie, welche der Unterpositionen das sein soll. Die Optionen stehen Ihnen nicht bei der Inline-Ersetzung zur Verfügung, da es hier keine Unterpositionen gibt und die offene Menge auf der Hauptposition verbleibt.

Ursprüngliche Anforderung

Wenn ein Teil der Menge durch die ursprüngliche Anforderung bestätigt werden kann (und für diese keine Selbstersetzung gepflegt ist, die die ursprüngliche Anforderung in der Reihenfolge nach hinten schiebt), wird die verbleibende Menge der *ursprünglichen Anforderung* zugewiesen.

Führende Ersetzung

Bei der *führenden Ersetzung* weist das System die offene Menge der Alternative zu, bei der in den Einstellungen das Führungskennzeichen gesetzt wurde.

Führende Ersetzung, dann ursprüngliche Anforderung

Gibt es genau eine Alternative mit dem Führungskennzeichen, bekommt diese Alternative die offenen Mengen. Falls es mehrere oder keine Ersetzungen mit Führungskennzeichen gibt, verteilt das System die Menge auf die ursprüngliche Anforderung.

Im Bereich **Ersetzungsmethoden** der Ersetzungsstrategie hinterlegen Sie, welche Ersetzungen (»Werk, Lagerort und Produkt«) während der Ersetzung berücksichtigt werden und in welcher Reihenfolge diese ausgeführt werden sollen.

Beachten Sie, dass Sie zu jedem Eintrag, den Sie als Ersetzungsmethode hinterlegen, in weitere Details abspringen können. Das ist bei der Werksersetzung relevant, da Sie hier zusätzlich die Wahl zwischen den Einstellungen **Stammdaten Ersetzung** und **Alle möglichen Werke** haben. Wenn Sie die initiale Einstellung **Alle möglichen Werke** wählen, wird das System die hinterlegte Konfiguration zur Werksersetzung ignorieren und stattdessen alle Werke als Alternativen berücksichtigen, in denen ein zu ersetzendes Material gepflegt ist. Dies kann sinnvoll sein, wenn Sie sich den Aufwand der Ersetzungsregeln sparen möchten und alle Werke gleichberechtigt sind.

[»]

Reihenfolge der Ersetzungsmethoden

Wenn Sie in einer Strategie mehrere Ersetzungsmethoden hinterlegen, spielt die Reihenfolge der Methoden eine wichtige Rolle. Haben Sie beispielsweise eine Werksersetzung von Werk A zu Werk B und gleichzeitig eine Produktersetzung für Material 1 zu Material 2 in Werk A definiert, erhalten Sie, abhängig von der Reihenfolge, verschiedene Alternativen.

Erst Werksersetzung, dann Produktersetzung:

- Material 1 in Werk B
- Material 2 in Werk A

Erst Produktersetzung, dann Werksersetzung:

- Material 2 in Werk A

Eine Werksersetzung findet nicht statt, falls für Material 2 keine ABC-Logik konfiguriert ist.

Im letzten Schritt der Konfiguration der Strategie hinterlegen Sie in der Alternativenbestimmung, nach welchen Regeln die möglichen Alternativen ausgewählt werden sollen. Auch hier können Sie mehrere Methoden hinterlegen und durch die Reihenfolge festlegen, in welcher Reihenfolge diese geprüft werden sollen. Es stehen die nachfolgend genannten Optionen zur Auswahl:

FULL_CONFIRMATION (Vollständige Bestätigung)

Bei der Verwendung der Regel `FULL_CONFIRMATION` (Vollständige Bestätigung) erzeugt das System nur Bestätigungen, wenn die gesamte Wunschmenge bestätigt werden kann. Falls dies unter Berücksichtigung der verschiedenen Alternativen nicht möglich ist, wird keine Bestätigung erzeugt. Falls eine volle Bestätigung mit mehreren Alternativen möglich ist, werden die Alternativen so gewählt, dass:

- die maximale Verspätung möglichst gering ist
- bei einer Werksersetzung möglichst wenig verschiedene Werke gewählt werden

MAX_EARLIER_CONFIRMATION (Max. Bestätigung früher)

Die Regel MAX_EARLIER_CONFIRMATION (Max. Bestätigung früher) nutzt die Alternativen, um die maximal verfügbare Menge zu bestätigen. Sie erstellt auch Bestätigungen, wenn die Wunschmenge nicht erreicht wird. Falls die Wunschmenge mit verschiedenen Alternativen erreicht werden kann, priorisiert das System die Alternativen so, dass die folgenden Maßgaben erfüllt sind:

- dass die maximale Verspätung möglichst gering ist
- dass bei einer Werksersetzung möglichst wenig verschiedene Werke gewählt werden

Diese Logik kann nicht in Kombination mit einer Prüfung gegen die Wiederbeschaffungszeit verwendet werden. Verwenden Sie eine Prüfregel mit einer Prüfung gegen die Gesamtwiederbeschaffungszeit, wird keine Ersetzung stattfinden.

12

ON_TIME_CONFIRMATION (Termingerechte Bestätigung)

Durch die Regel ON_TIME_CONFIRMATION (Termingerechte Bestätigung) werden nur Bestätigungen zum Wunschlieferdatum erzeugt. Entsprechend berücksichtigt das System nur Alternativen, die zu diesem Termin freie Mengen bestätigen können. Während der Ersetzung wird versucht, die Wunschliefermenge mit möglichst wenigen Alternativen zu bedienen.

[«]

BAdI zur Ermittlung von Alternativen

Neben den drei oben genannten Alternativenermittlungsarten, die SAP im Standard ausliefert, können Sie mit dem BAdI BADI_ATP_ABC_ALTV_DETMNR eigene Alternativen definieren, in denen Sie eigene Logiken zur Ermittlung der gewählten Ersetzung hinterlegen können.

[«]

Manuelle Alternativenauswahl in SAP Fiori

Wenn Sie die Verfügbarkeitsprüfung in der SAP-Fiori-App (VA01/VA02) ausführen, zeigt Ihnen das System alle möglichen Alternativen an, und Sie haben die Möglichkeit, manuell eine der Alternativen auszuwählen. Damit ist die Logik für die Alternativenbestimmung besonders wichtig, wenn Sie die Prüfung im klassischen SAP GUI ausführen, da das System dort automatisch eine Alternative wählt.

Nachdem Sie Ihre individuelle Ersetzungsstrategie definiert haben, konfigurieren Sie im letzten Schritt eine Alternativensteuerung.

12.5.2 Alternativensteuerung konfigurieren

Mithilfe der Alternativensteuerung konfigurieren Sie, in welchen konkreten Geschäftsvorfällen eine Ersetzung stattfinden soll. Wie in den vorangehenden Anwendungen der erweiterten Verfügbarkeitsprüfung aktivieren Sie die Logik für bestimmte Merkmalswertkombinationen, die Sie zuvor in der SAP-Fiori-App **Merkmalskombinationen verwalten** angelegt haben. Pro definierte Merkmalskombination können Sie ein Objekt für die Alternativensteuerung anlegen, in dem Sie anschließend pro Merkmalswert eine Ersetzungsstrategie hinterlegen und die alternativenbasierte Bestätigung aktivieren können.

Wählen Sie bei der Anlage eines neuen Objekts zuerst die Merkmalskombination, zu der Sie Ersetzungen hinterlegen möchten. Setzen Sie den Status auf **aktiv**, damit die hinterlegten Logiken während der Prüfung berücksichtigt werden. Anschließend können Sie in dem Objekt die Kombinationen pflegen, für die Sie die Ersetzung aktivieren sowie eine Ersetzungsstrategie pflegen möchten.

Im Beispiel in Abbildung 12.15 haben wir das Merkmal **Materialnummer** gewählt, um auf der Ebene des Materials in der Lage zu sein, die Ersetzungsstrategien zu hinterlegen. Durch die Verwendung von »*« können Sie einen Platzhalter hinterlegen, der für alle Merkmale innerhalb eines Merkmalsbereiches gilt.

Wie Sie sehen, haben wir für drei Materialien die alternativenbasierte Bestätigung aktiviert und diesen Materialien eine Ersetzungsstrategie zugeordnet. Alle anderen Materialien haben wir mit dem »*« explizit von der ABC-Logik ausgeschlossen.

ABC: Materialnummer für Werksersetzung
ABCMATNR
Bearbeiten | Deaktivieren

Folgenummer: 1
Katalogart: Basis (Verkaufsbeleg)
Status: Aktiv
Angelegt von: Max Wagner (MWAGNER)
Angelegt am: 09.04.2022, 13:02:21
Geändert von: Max Wagner (MWAGNER)
Zuletzt geändert am: 09.04.2022, 13:02:2

Zugeordnete Strategien

Merkmalswertekombinationen (4) — Filter löschen — Suchen

Materialnummer	Status	ABC ausführen	Ersetzungsstrategie
*	Aktiv	Nein	
100	Aktiv	Ja	WERKSERSETZUNG_SMT (Alternativenbestimmung für SMT Werke)
120	Aktiv	Ja	WERKSERSETZUNG_SMT (Alternativenbestimmung für SMT Werke)
FG126	Aktiv	Ja	WERKSERSETZUNG_SMT (Alternativenbestimmung für SMT Werke)

Abbildung 12.15 Alternativensteuerung konfigurieren

12.6 SAP-Beispiel für die alternativenbasierte Bestätigung

Nachdem Sie in den vorangehenden Abschnitten die Grundlagen der Alternativenersetzung kennengelernt haben, wollen wir diese anhand eines Beispiels verdeutlichen. Dazu starten wir mit einem einfachen Beispiel für die Ersetzung von Werken. In unserem Szenario arbeiten wir mit den 3 Werken 1010, 1710 und 1720, die alle über dieselbe Fertigungstechnik verfügen und sich deshalb gegenseitig ersetzen können. Daher haben wir die folgenden Ersetzungsregeln gepflegt:

- Werk 1010 kann ersetzt werden durch Werk 1710.
- Werk 1010 kann ersetzt werden durch Werk 1720.
- Werk 1710 kann ersetzt werden durch Werk 1010.
- Werk 1710 kann ersetzt werden durch Werk 1720.
- Werk 1720 kann ersetzt werden durch Werk 1010.
- Werk 1720 kann ersetzt werden durch Werk 1710.

Alle Ersetzungen wurden derselben Gruppe zugeordnet und diese Gruppe wiederum zu einer Steuerung. Diese Steuerung haben wir dem Material FG126 zugeordnet, das in unserem Beispiel von allen drei Werken produziert werden kann. Dadurch kann das System während der Verfügbarkeitsprüfung die verfügbaren Mengen von allen drei Werken berücksichtigen.

Abbildung 12.16 zeigt die Alternativenfindung in der SAP-Fiori-App für die Auftragsbestätigung, aus der auch gleichzeitig die verfügbaren Mengen der Werke zu verschiedenen Zeitpunkten hervorgehen. Die verfügbaren Mengen der einzelnen Werke sind:

- Werk 1010: 50 Stück zum 18.06.2022
- Werk 1010: 50 Stück zum 08.07.2022
- Werk 1720: 100 Stück zum 01.08.2022
- Werk 1710: 2.700 Stück zum 18.06.2022

In unserem Beispiel prüfen wir einen Bedarf für einen Kundenauftrag über 3.000 Stück des Materials FG126 mit dem Wunschlieferdatum 18.06.2022 in Werk 1010. In der Ersetzungsstrategie haben wir alle drei Optionen für die Alternativenbestimmung hinterlegt. Jede der drei Strategien liefert für unser Beispiel ein anderes Bestätigungsergebnis:

- **Vollständige Bestätigung**
  Keine Bestätigung, da die gesamte freie Menge nur 2.900 Stück beträgt und damit kleiner als die Wunschliefermenge von 3.000 Stück ist.

- **Max. Bestätigung früher**
  Liefert zu verschiedenen Zeitpunkten Bestätigungen über die volle verfügbare Menge von 2.900 Stück.
- **Termingerechte Bestätigung**
  Kann nur die verfügbaren Mengen berücksichtigen, die zum 18.06.2022 verfügbar sind und bestätigt deshalb 2.750 Stück.

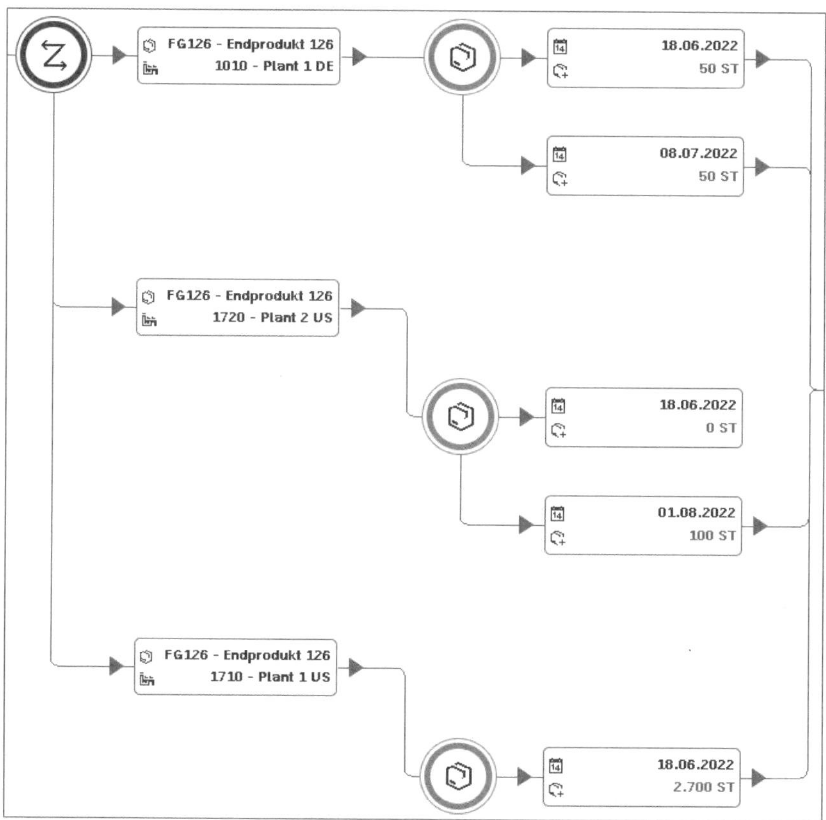

Abbildung 12.16 Übersicht der Ersetzungsalternativen

Die gefunden Alternativen werden in der SAP-Fiori-App **Ergebnis der Verfügbarkeitsprüfung prüfen** angezeigt, und der Nutzer hat die Möglichkeit, manuell eine der verfügbaren Alternativen zu wählen. Abbildung 12.17 zeigt die Ergebnisse unserer Alternativen.

Da in unserem Szenario mehrere alternative Werke für die Bestätigung der Position genutzt wurden, generiert das System für jedes Werk eine Unterposition (siehe Abbildung 12.18). Jede der Unterpositionen kann wiederum mehrere Einteilungen haben, falls die Mengen zu verschiedenen Zeitpunkten bestätigt werden.

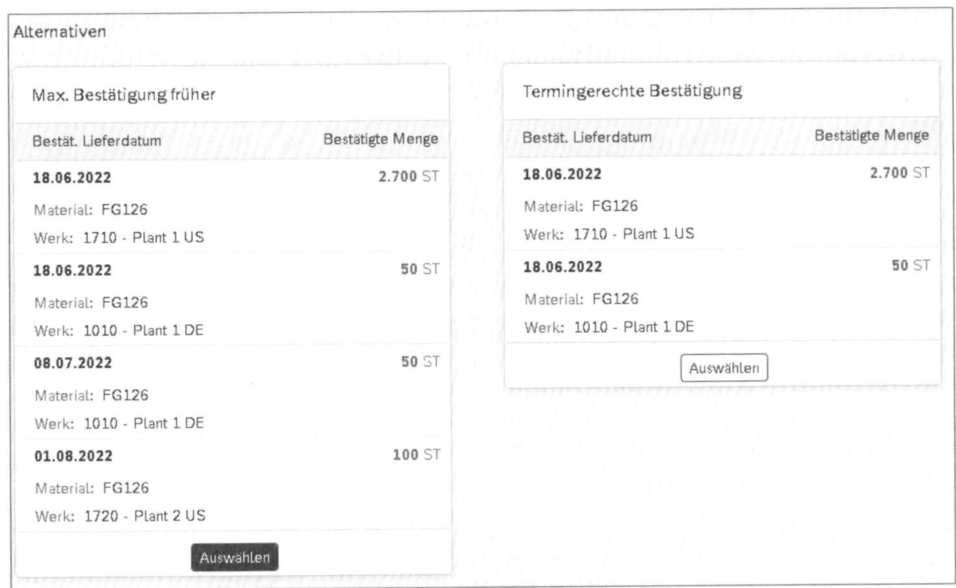

Abbildung 12.17 Alternativen der Verfügbarkeitsprüfung

Alle Positionen

	Pos	Material	Auftragsmenge	ME	E	Werk	Positionsbezeichnung	Ptyp	Üb.Pos
☐	10	FG126	3.000	ST	☑	1010	Endprodukt 126	TAPA	0
☐	20	FG126	200	ST	☑	1010	Endprodukt 126	TAN	10
☐	30	FG126	2.700	ST	☐	1710	Endprodukt 126	TAN	10
☐	40	FG126	100	ST	☑	1720	Endprodukt 126	TAN	10

Abbildung 12.18 Auftragspositionen erzeugen

Abbildung 12.19 zeigt die Einteilung, die für die verfügbaren Mengen in Werk 1010 angelegt wurde. Daraus wird auch ersichtlich, dass die nicht bestätigte Menge von 100 Stück dieser Position zugeordnet wurde, da in der Ersetzungsstrategie die Option **Ursprüngliche Anforderung** für die Zuordnung verbliebener offener Mengen gewählt wurde.

Mengen und Termine

	Pe	Lieferdatum	Auftragsmenge	Gerundete Menge	Bestät.Menge	Ve...
☐	D	18.06.2022	200	200	50	ST
☐	D	08.07.2022	0	0	50	ST

Abbildung 12.19 Einteilungen in Werk 1010

Im nächsten Schritt erweitern wir das Beispiel um eine Produktersetzung. In Werk 1010 hat das Unternehmen bereits begonnen, eine neue Produktgeneration einzuführen. Das alte Produkt FG126 soll in Werk 1010 nicht mehr hergestellt werden. Daher wurde für dieses Produkt ein Ausschluss definiert. Gleichzeitig wurde in Werk 1010 eine Produktersetzung definiert, die Material FG126 durch den Nachfolger FG127 ersetzt.

Für den Kundenauftrag wählen wir dieselben Parameter wie im vorangehenden Beispiel. Abbildung 12.20 zeigt die ermittelten Ersetzungsalternativen. Sie sehen, dass aufgrund des Ausschlusses keine Mengen mehr für Produkt FG126 in Werk 1010 bestätigt werden können. Stattdessen kann auf die freien Mengen für den Nachfolger FG127 zurückgegriffen werden. Durch die neuen Einstellungen ergeben sich die folgenden Mengen für die Bestätigung:

- Werk 1010, Material FG126: 0 Stück
- Werk 1010, Material FG127: 200 Stück zum 18.06.2022
- Werk 1710, Material FG126: 2.700 Stück zum 18.06.2022
- Werk 1720, Material FG126: 100 Stück zum 01.08.2022

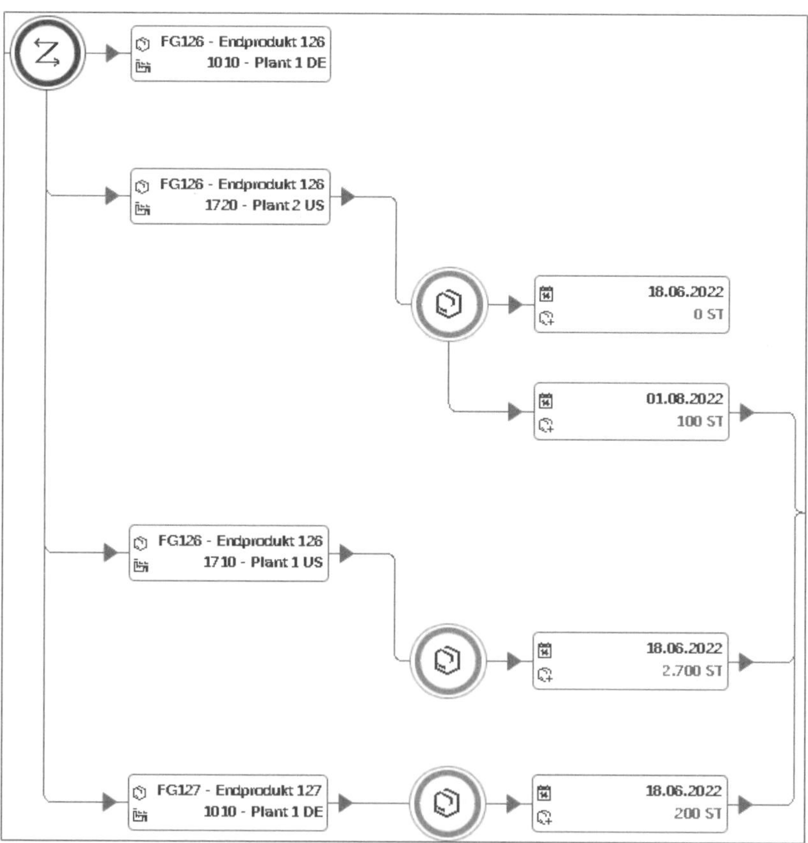

Abbildung 12.20 Übersicht der Ersetzungsalternativen mit der Produktersetzung

Entsprechend unseren Einstellungen in der Alternativensteuerung ergeben sich die in Abbildung 12.21 gezeigten Alternativen. Eine termingerechte Bestätigung ist nur zu 2.900 Stück möglich, während die Alternative **Max. Bestätigung früher** die vollständige Menge bestätigen kann.

Abbildung 12.21 Alternativen der Verfügbarkeitsprüfung mit Produktersetzung

12.7 Zusammenfassung

In den vorangegangenen Kapiteln haben Sie die Grundlagen der alternativenbasierten Bestätigung kennengelernt. Mithilfe der gezeigten Möglichkeiten sind Sie nun in der Lage, auch komplexere Szenarien Ihres Unternehmens abzubilden und dadurch die Qualität Ihrer Verfügbarkeitsprüfung im Kundenauftrag zu erhöhen. Zusammen mit der Kontingentierung und dem Verfügbarkeitsschutz kennen Sie nun alle Möglichkeiten, wie Sie das Ergebnis der Produktverfügbarkeitsprüfung mithilfe der erweiterten Verfügbarkeitsprüfung beeinflussen können. Als letzte Funktionalität der erweiterten Verfügbarkeitsprüfung lernen Sie im nächsten Kapitel die Rückstandsbearbeitung kennen, mit der Sie bereits bestätigte Mengen nach Änderungen an Bedarfs- oder Deckungselementen umverteilen können.

Kapitel 13
Rückstandsbearbeitung

Mit der Kontingentierung, dem Bestandsschutz und der alternativenbasierten Bestätigung haben Sie drei Funktionen kennengelernt, die das Ergebnis der Produktverfügbarkeitsprüfung beeinflussen. In diesem Kapitel stellen wir Ihnen die Funktionen der erweiterten Verfügbarkeitsprüfung vor, mit denen Sie die Ergebnisse der Prüfung nachträglich optimieren und Lieferungen nach definierten Kriterien freigeben können.

Im Rahmen der erweiterten Verfügbarkeitsprüfung haben Sie eine Reihe von Funktionen kennengelernt, mit denen Sie unternehmensspezifische Anforderungen während der Verfügbarkeitsprüfung berücksichtigen können, um eine fairere Verteilung von knappen Waren sicherzustellen. Doch auch mit diesen Möglichkeiten gilt während der ATP-Prüfung nach wie vor die Regel »Wer zuerst kommt, mahlt zuerst.«

Durch die Kontingentierung und den Bestandsschutz ist es zwar möglich, dieses Konzept teilweise zu umgehen. Dennoch wird es in Ihrem Unternehmen immer vorkommen, dass für wichtige Aufträge keine freie ATP-Menge mehr verfügbar ist und ein Auftrag dadurch nicht zum Wunschlieferdatum bestätigt werden kann, während weniger wichtige Aufträge bereits eine Bestätigung erhalten haben.

Die Rückstandsbearbeitung (Back-Order Processing, kurz BOP) erlaubt es Ihnen, auf geänderte Situationen in Ihrer Supply Chain zu reagieren und Ihre Verfügbarkeitsprüfung zu optimieren.

Die Einsatzgebiete können dabei sehr vielfältig sein. Beispiele für Szenarien, in denen Sie einen BOP-Lauf einplanen sollten, sind:

- Aufgrund eines Maschinenausfalls in der Produktion können Sie nicht mehr die ursprünglich zugesagten Mengen liefern.
- Ein Kunde bekommt eine Kreditsperre und soll nicht, wie ursprünglich geplant, beliefert werden.
- Es kommt eine kurzfristige Anfrage eines wichtigen Kunden, die Sie unbedingt befriedigen möchten.
- Ein Kundenauftrag wird abgesagt.
- Lieferungen eines Rohmaterials verspäten sich, und Sie können nicht, wie geplant, produzieren.

Mithilfe der Rückstandsbearbeitung können Sie bereits bestätigte Mengen entsprechend individuellen Unternehmensanforderungen umverteilen und somit auf kurzfristige Änderungen reagieren. Zusätzlich bietet Ihnen die SAP-Fiori-App **Freigabe zur Lieferung** eine weitere Prüfinstanz, mit der Sie die Mengen für Aufträge freigeben können, bevor diese tatsächlich beliefert werden. Somit können Sie, unter der Berücksichtigung von möglichen finanziellen Auswirkungen, wichtige Aufträge auch beliefern, ohne dass diese vorher bestätigt worden sind.

In diesem Kapitel zeigen wir Ihnen in Abschnitt 13.1 zuerst die SAP-Fiori-Apps, die Sie zur Einrichtung der Rückstandsbearbeitung in der erweiterten Verfügbarkeitsprüfung benötigen und die den Nutzern zugewiesen werden müssen. Anschließend erläutern wir Ihnen in Abschnitt 13.2 die benötigten Grundlagen und wichtige Begriffe, auf die Sie während der Einrichtung eines BOP-Laufs treffen werden. Nachdem Sie die Grundlagen kennen kennengelernt haben, führen wir Sie in Abschnitt 13.3 Schritt für Schritt durch die notwendigen Konfigurationsschritte der Rückstandsbearbeitung, die wir in Abschnitt 13.4 anhand eines Beispiels im SAP-System verdeutlichen.

Schließlich stellen wir Ihnen in Abschnitt 13.5 die Funktion **Freigabe zur Lieferung** vor, die Ihnen eine abschließende Prüfinstanz bietet, bevor Sie die Aufträge tatsächlich für die logistische Weiterverarbeitung freigeben.

13.1 SAP-Fiori-Apps für die Rückstandsbearbeitung

Wie alle anderen Funktionen der erweiterten Verfügbarkeitsprüfung wird auch die Rückstandsbearbeitung komplett im SAP-Fiori-System eingerichtet. Tabelle 13.1 zeigt Ihnen die Apps, die die Fachabteilungen für die Konfiguration und Ausführung benötigt.

SAP-Fiori-App-Name	App-Name in Englisch	App-ID
BOP-Segment konfigurieren	**Configure BOP Segment**	F2158
BOP-Variante konfigurieren	**Configure BOP Variant**	F2160
Benutzerdefinierte BOP-Sortierung konfigurieren	**Configure Custom BOP Sorting**	F2983
BOP-Lauf überwachen	**Monitor BOP Run**	F2159
BOP-Lauf einplanen	**Schedule BOP Run**	F2665
Zuständigkeit für die Auftrags-erfüllung	**Configure Order Fulfillment Responsibilities**	F2246
Freigabe zur Lieferung	**Release for Delivery**	F1786

Tabelle 13.1 SAP-Fiori-Apps für die Rückstandsbearbeitung

13.2 Grundlagen der Rückstandsbearbeitung in SAP S/4HANA

In diesem Abschnitt erläutern wir Ihnen die Grundprinzipien der Rückstandsbearbeitung in SAP S/4HANA, auf die Sie während der Durchführung der individuellen Konfigurationsschritte stoßen werden. Diese Grundlagen helfen Ihnen dabei zu verstehen, wie die Rückstandsbearbeitung Bedarfe selektiert und nach welchen Kriterien verfügbare Mengen zwischen den Bedarfen umverteilt werden.

13.2.1 BOP-Segmente

BOP-Segmente bilden die Grundlage für alle Einstellungen, die Sie in der Rückstandsbearbeitung treffen. Sie können Sie als eine Art Filter verstehen, mit dem Sie die Belege zusammenfassen. Durch das Regelwerk, das Ihnen die erweiterte Verfügbarkeitsprüfung bietet, selektieren Sie Bedarfe aus Verkaufsbelegen und Umlagerungsbestellungen und weisen diese anschließend den verschiedenen Strategien oder globalen Filtern zu.

Grundlage für die Definition bieten auch hier wieder die definierten Merkmalskataloge und Merkmalskombinationen. In Abbildung 13.1 sehen Sie ein beispielhaftes Segment, mit dem wir alle Bedarfe selektieren möchten, die für das Material FG127 existieren. Neben der eigentlichen Selektion können wir Bedarfe auch anhand individueller Kriterien sortieren und dadurch Prioritäten für Bedarfe innerhalb einer Gruppe setzen.

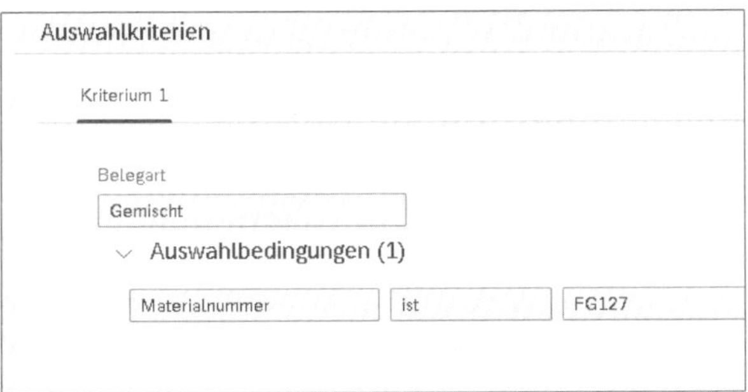

Abbildung 13.1 Filter für ein BOP-Segment

13.2.2 BOP-Lauf

Jede Rückstandsbearbeitung in SAP S/4HANA wird durch einen sogenannten *BOP-Lauf* abgebildet. In diesem Lauf definieren Sie die Parameter, die dort genutzt werden sollen, und können anschließend detailliert auswerten, welche Änderungen durch den Lauf vorgenommen wurden. Sie erhalten darüber hinaus einen Einblick, wie sich die Gesamtbestätigungssituation durch diesen Lauf verändert hat. Sie können auch analysieren, in welchen Situationen Fallback-Varianten genutzt wurden und ob es weiterhin unbestätigte Aufträge gibt bzw. wo der BOP-Lauf abgebrochen ist, da Ausnahmemeldungen nicht vermieden werden konnten.

13.2.3 Globaler Filter

Im Rahmen eines Laufs für die Rückstandsbearbeitung ordnen Sie die Segmente den verschiedenen Bestätigungsstrategien zu. In diesem Moment definieren die Segmente gleichzeitig die Selektion der Belege, die in den BOP-Lauf einbezogen werden sollen. Durch die Definition eines *globalen Filters* können Sie diese Selektion einschränken, indem nur die Belege eines Segments berücksichtigt werden, die auch im globalen Filter enthalten sind. Gleichzeitig können Sie mit einem globalen Filter auch Belege selektieren, die bisher keinem Segment zugeordnet sind und in der Rückstandsbearbeitung berücksichtigen. Dabei definieren Sie explizit, zu welcher Strategie Belege aus dem globalen Filter gehören, die keinem Segment einer Strategie zuzuordnen sind.

Abbildung 13.2 zeigt Ihnen exemplarisch, wie die Nutzung eines globalen Filters die Auswahl der Belege für einen BOP-Lauf beeinflussen kann.

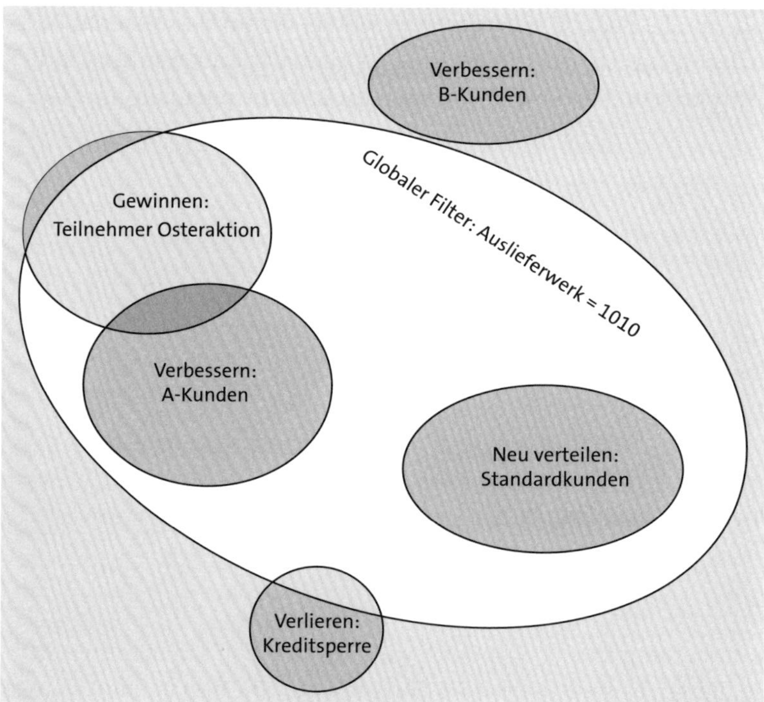

Abbildung 13.2 Globale Filter und Segmente

Der globale Filter erlaubt nur die Selektion von Aufträgen, die als Auslieferwerk 1010 hinterlegt haben. Das führt dazu, dass in den Bestätigungsstrategien nur die Belege berücksichtigt werden, die eine Schnittmenge des Segments und des globalen Filters bilden.

Beispielsweise werden in der **Gewinnen**-Strategie nur die Belege berücksichtigt, die sowohl für Kunden sind, die an der Osteraktion teilnehmen, als auch für Kunden, die das Auslieferwerk 1010 verwenden. Ohne den globalen Filter würde der BOP-Lauf alle Belege für Teilnehmer der Aktion unabhängig vom Lieferwerk berücksichtigen. Außerdem werden durch den globalen Filter Belege selektiert, die durch kein Strategiesegment abgedeckt sind. Für diese Belge entscheiden Sie während der Konfiguration, welcher Strategie diese zugeordnet werden sollen.

13.2.4 Bestätigungsstrategien

Nachdem Sie im Rahmen des globalen Filters definiert haben, welche Bedarfe in der Rückstandsbearbeitung berücksichtigt werden, müssen Sie Regeln definieren, mit denen jeder Bedarf einer der Bestätigungsstrategien zugeordnet werden kann. Mithilfe der Bestätigungsstrategien steuern Sie, wie das System umverteilt, falls die Bedarfsmenge der selektierten Bedarfe die zur Verfügung stehende Menge überschreitet. Durch die Zuordnung von Bedarfen zu Bestätigungsstrategien erreichen Sie, dass einzelne Bedarfe früher, später oder nicht mehr bestätigt werden können.

13

Tabelle 13.2 gibt Ihnen einen Überblick über die Strategien der Rückstandsbearbeitung.

Bestätigungsstrategie	Bedeutung
Gewinnen	Bedarfe, die dieser Gruppe zugeordnet sind, werden vollständig zum Wunschlieferdatum bestätigt. Liegt das Wunschlieferdatum in der Vergangenheit, wird der Bedarf zum aktuellen Datum bestätigt. Ist es nicht möglich, den Bedarf voll zu bestätigen, wird eine Ausnahme ausgelöst.
Verbessern	Ein Bedarf aus dieser Gruppe muss seine aktuelle Bestätigung beibehalten. Gibt es aktuell noch keine vollständige Bestätigung zum Wunschlieferdatum, wird versucht, die aktuelle Bestätigung zu verbessern. Ist es nicht möglich, die aktuelle Bestätigung beizubehalten (z. B. weil geplante Produktionsmengen nicht hergestellt werden konnten), wird eine Ausnahme ausgelöst.

Tabelle 13.2 Bestätigungsstrategien in der Rückstandsbearbeitung

Bestätigungsstrategie	Bedeutung
Neu verteilen	Bedarfe innerhalb dieser Gruppe können, basierend auf ihrer zugeordneten Priorität, umverteilt werden. ■ Reduzierung der bestätigten Menge, falls es Bedarfe mit höherer Priorität gibt, die bisher nicht voll bestätigt sind. ■ Verbesserung der Bestätigung, falls es noch freie Mengen gibt oder Mengen von Bedarfen mit niedrigerer Priorität abgezogen werden können. ■ Keine Änderung der Bestätigung.
Aufstocken	Ist ein Bedarf der Strategie **Aufstocken** zugeordnet, können die bereits getätigten Bestätigungsmengen dieses Bedarfs reduziert werden, wenn dadurch die Bedarfe eines der übergeordneten Segmente eine bessere Bestätigung bekommen können. Bedarfe dieser Strategie behalten im besten Fall ihre aktuelle Bestätigung, können diese aber nicht verbessern.
Verlieren	Bedarfe, die der Strategie **Verlierer** zugeordnet werden, verlieren ihre bisherige Bestätigung und werden nicht neu bestätigt. Die frei gewordenen Mengen können genutzt werden, um die Bedarfe in den Gruppen **Gewinnen** und **Verbessern** zu bestätigen.
Überspringen	Die zugeordneten Aufträge werden im BOP-Lauf nicht berücksichtigt und behalten ihre bisherige Bestätigung bei. Sie können diese Strategie nur für Belege nutzen, die im globalen Filter selektiert wurden und von keiner Strategie abgedeckt werden.

Tabelle 13.2 Bestätigungsstrategien in der Rückstandsbearbeitung (Forts.)

Verwendung der Bestätigungsstrategien

Durch die Definition von Regeln ordnen Sie die Bedarfe den verschiedenen Strategien zu. Diese Zuordnung richtet sich nach Ihren individuellen Anforderungen, könnte aber beispielsweise wie folgt aussehen:

- **Gewinnen**: Kunden, die an einer wichtigen Werbekampagne teilnehmen
- **Verbessern**: Strategisch wichtige Kunden mit hohem Stellenwert
- **Neu verteilen**: Standardkunden
- **Aufstocken**: Kunden mit jährlich vereinbarten Abnahmemengen ohne konkretes Lieferdatum
- **Verlieren**: Kunden, die aktuell nicht beliefert werden sollen, beispielsweise wegen Zahlungsrückständen
- **Überspringen**: Bedarfe, die keinem der Segmente zuzuordnen sind

Jeder Bedarf wird durch definierte Regeln genau einer der Strategien zugeordnet. Je nach der Konfiguration der Regeln ist es möglich, dass ein Bedarf mehreren Strategien zugeordnet werden kann. In diesem Fall entscheidet die vordefinierte *Auswertungsreihenfolge*, welcher Strategie ein Bedarf tatsächlich zugeordnet wird. Dabei wird der Auftrag jeweils der passenden Strategie mit der kleinsten Nummer in der Auswertungsreihenfolge zugeordnet. Die Auswertungsreihenfolge pro Bestätigungsstrategie ist in Tabelle 13.3 zu sehen.

[zB]

Auswertungsreihenfolge

In einem Szenario werden alle Kundenaufträge, die über den Vertriebsweg A verkauft werden, dem Segment **Gewinnen** zugeordnet. Außerdem werden alle Aufträge für Kunden mit der Priorität 1 dem Segment **Verbessern** zugeordnet.

Einen Kundenauftrag, der für einen Priorität 1 den Kunden über den Vertriebsweg A angelegt wird, ordnet das System der Strategie **Gewinnen** zu, da dieses Segment in der Auswertungsreihenfolge vorne liegt.

13

Neben der Auswertungsreihenfolge spielt auch die *Prüfreihenfolge* eine wichtige Rolle. Durch sie wird sichergestellt, dass die Bestätigungsstrategien in der korrekten Reihenfolge durchlaufen werden. Die Prüfreihenfolge der einzelnen Gruppen wird ebenfalls in Tabelle 13.3 aufgeführt.

Bestätigungsstrategie	Prüfreihenfolge	Auswertungsreihenfolge
Gewinnen	2	1
Verbessern	3	2
Neu verteilen	4	3
Aufstocken	5	4
Verlieren	1	5
Überspringen	nicht relevant	nicht relevant

Tabelle 13.3 Prüfreihenfolge und Auswertungsreihenfolge der Bestätigungsstrategien

13.2.5 Ausnahmen und Fallback-Varianten

Ein BOP-Lauf kann eine Ausnahme auslösen, falls die Bedarfe in der Strategie **Gewinnen** nicht vollständig bestätigt werden oder weil Bedarfe in der Strategie **Verbessern** ihre bisherige Bestätigung nicht beibehalten können. In den allgemeinen Einstellungen zu einer BOP-Variante hinterlegen Sie, wie sich das System verhalten soll, falls eine Ausnahme auftritt. Ihnen stehen zwei Möglichkeiten zur Auswahl:

- **Fehlgeschlagene Material-Werk-Kombination beenden**
  Während des Laufs prüft das System Schritt für Schritt die Verfügbarkeit jeder Material-Werk-Kombination, die durch die Selektionskriterien im Lauf eingeschlossen werden. Falls Sie das Ausnahmeverhalten auf diese Ebene beschränken, werden Ausnahmen pro Material-Werk-Kombination ausgelöst. Eine Ausnahmemeldung führt zum Abbruch der Prüfung für diese Kombination, und es findet keine Umverteilung der Bestätigungen statt. Die Informationen über Ausnahmen finden Sie anschließend im Protokoll zum BOP-Lauf.
- **Vollständig beenden**
  Wenn Sie die Option **Vollständig beenden** wählen, bricht der komplette BOP-Lauf ab. Es wird für keine der Material-Werk-Kombinationen eine Rückstandsbearbeitung durchgeführt.

Sie können vermeiden, dass das System im Fall einer Ausnahmemeldung die Rückstandsbearbeitung komplett oder für einzelne Kombinationen abbricht, indem Sie eine *Fallback-Variante* hinterlegen. Fallback-Varianten sind normale BOP-Varianten, die Sie in der Regel nur weniger restriktiv konfigurieren, um zu vermeiden, dass Ausnahmen auftreten. Indem Sie einer Fallback-Variante wiederum eine weitere Fallback-Variante zuweisen, können Sie mehrstufige Varianten hinterlegen, wodurch das System Alternativen testet, bis es in einer Variante zu keiner Ausnahme mehr kommt.

Abbildung 13.3 zeigt Ihnen ein Beispiel mit mehrstufigen Fallback-Varianten, wobei jede Fallback-Variante weniger restriktiv als die vorherige ist.

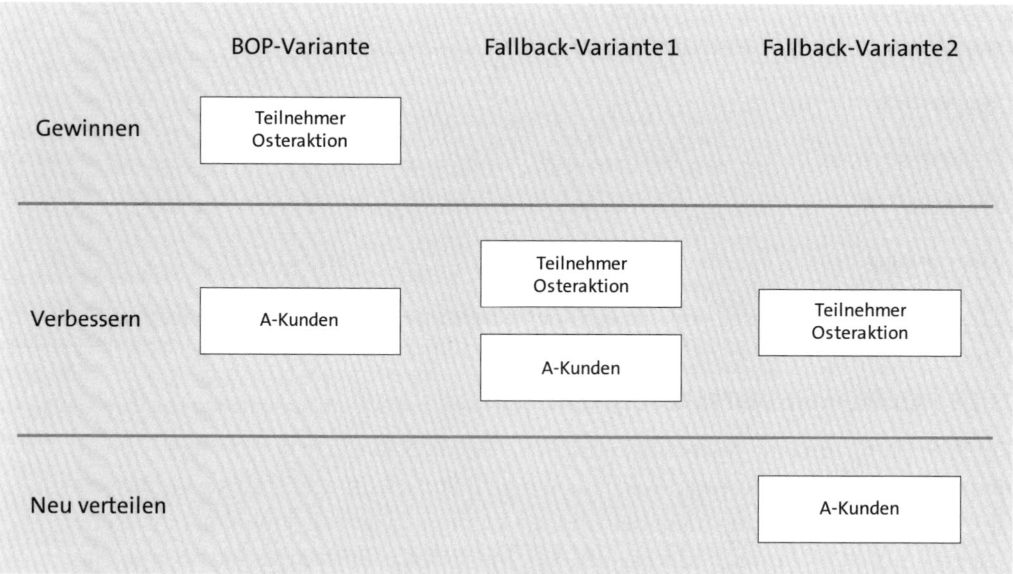

Abbildung 13.3 Aufbau von Fallback-Varianten

[zB]

Beispiel für die Verwendung von Fallback-Varianten

Auftrag A ist für einen Kunden, der an der Osterkampagne teilnimmt und deshalb zum Segment **Gewinnen** gehört. Von seiner Wunschliefermenge für ein Produkt von 200 Stück wurden 180 Stück bestätigt. Auftrag B ist für einen strategisch wichtigen A-Kunden in der Strategie **Verbessern**, für den die volle Wunschliefermenge von 100 Stück bestätigt werden konnte. Aufgrund von Änderungen in der Supply Chain stehen mittlerweile nur noch 250 Stück des angefragten Produkts zur Verfügung.

Die ursprüngliche BOP-Variante erzeugt eine Ausnahme, da es nicht möglich ist, den Auftrag aus dem Segment **Gewinnen** vollständig zu bestätigen, ohne dass sich dabei der Auftrag aus dem Segment **Verbessern** verschlechtert.

Auch die Fallback-Variante 1 erzeugt eine Ausnahme, da die verfügbaren 250 Stück nicht ausreichen, um die bisher gemachten Bestätigungen der Aufträge im Segment **Verbessern** von 280 Stück aufrechtzuerhalten. Erst durch die Fallback-Variante 2 kann eine gültige Rückstandsbearbeitung für unser Produkt ausgeführt werden. Die neue Bestätigungssituation ist:

- Auftrag A: 200 Stück/200 Stück (vorher 180 Stück/200 Stück)
- Auftrag B: 50 Stück/100 Stück (vorher 100 Stück/100 Stück)

13

13.3 Konfiguration der Rückstandsbearbeitung

Nachdem Sie die Grundlagen der Rückstandsbearbeitung in SAP S/4HANA kennengelernt haben, führen wir Sie in diesem Abschnitt durch die konkreten Konfigurationsschritte in den SAP-Fiori-Apps, die zur Einrichtung eines BOP-Laufs notwendig sind.

13.3.1 BOP-Segmente konfigurieren

Wie bereits in Abschnitt 13.2.1 erläutert, bilden BOP-Segmente die Basis zur Definition von Regeln, nach denen die Rückstandsbearbeitung Belege selektiert und diese den verschiedenen Strategien zuordnet. Zusätzlich hinterlegen Sie in der Sortierung, in welcher Reihenfolge Bedarfe innerhalb eines Segments priorisiert werden.

In der SAP-Fiori-App **BOP-Segment konfigurieren** können Sie für Ihre Anforderungen Segmente anlegen, die Sie anschließend bei der Definition von BOP-Varianten den verschiedenen Strategien zuordnen oder als globalen Filter nutzen. Jedes Segment benötigt einen eindeutigen Segmentnamen sowie eine Segmentbeschreibung.

In den Auswahlkriterien eines Segments hinterlegen Sie die Regeln, nach denen Sie Belege für ein ausgewähltes Segment selektieren. Innerhalb der Sektion für die Anlage der Auswahlkriterien können Sie mehrere Kriterien hinterlegen, in denen Sie wiederum verschiedene Auswahlbedingungen definieren.

Logische Verknüpfung von Kriterien und Bedingungen

Wenn Sie innerhalb eines Segments mehrere Kriterien hinterlegen, werden diese durch ein logisches ODER verknüpft. Das Ergebnis der Selektion enthält also die Belege aller hinterlegten Kriterien.

Hinterlegen Sie hingegen innerhalb eines Kriteriums mehrere Auswahlbedingungen oder Ausschlussbedingungen, werden diese durch ein logisches UND verknüpft. Es werden also nur Belege selektiert, die alle Bedingungen erfüllen. Eine Ausnahme besteht, wenn Sie mehrere Bedingungen für dasselbe Merkmal definieren. Diese werden durch ODER verknüpft. Beachten Sie dazu auch das Beispiel zu Abbildung 13.4.

Für jedes Kriterium müssen Sie wählen, ob es für die Selektion von Verkaufsbelegen, Umlagerungsbestellungen oder beides (**Gemischt**) genutzt werden soll. Abhängig davon können Sie anschließend die Bedingungen definieren, nach denen die Belege selektiert werden sollen. Möchten Sie getrennte Bedingungen für Kundenaufträge und Umlagerungsbestellungen definieren, gelingt das durch die Verwendung mehrerer Kriterien.

In jedem Kriterium können Sie die Auswahlbedingungen und Ausschlussbedingungen definieren. In den Auswahlbedingungen definieren Sie die Regeln, nach denen die Belege in das Segment einbezogen werden sollen. Möchten Sie aus der Menge der selektierten Belege einzelne Belege aufgrund bestimmter Kriterien ausschließen, können Sie das durch die Definition von Ausschlussbedingungen erreichen.

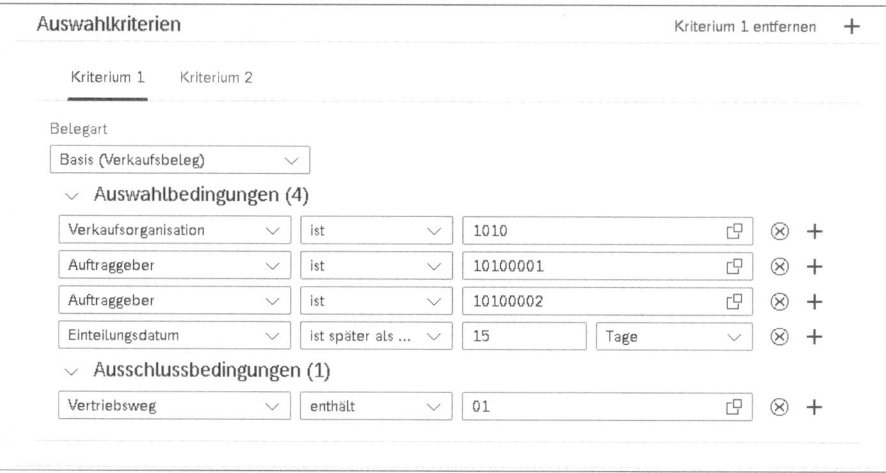

Abbildung 13.4 Auswahlkriterien in einem BOP-Segment

Abbildung 13.4 zeigt die beispielhafte Konfiguration eines Kriteriums. In den Auswahlbedingungen wurden verschiedene Kriterien definiert, um Belege zu selektieren. Die Regeln können wie folgt interpretiert werden:

Selektiere alle Verkaufsbelege, bei denen die Verkaufsorganisation 1010 ist UND der Auftraggeber 10100001 ODER 10100002 UND das Einteilungsdatum später als in 15 Tagen zum Zeitpunkt des BOP-Laufs ist. Von dieser Selektion sollen anschließend alle Belege ausgeschlossen werden, die den Vertriebsweg 01 verwenden.

[+]

Simulation der Auswahlbedingungen

Durch einen Klick auf **Simulieren** können Sie sich die Belege anzeigen lassen, die das System auf der Grundlage Ihrer Auswahlkriterien selektieren würde.

[«]

Filtern nach relativem Datum

Einige der Attribute, nach denen Sie filtern können, beziehen sich auf ein Datum. Beispielsweise können Sie nach dem Lieferdatum filtern. Das Regelwerk erlaubt es Ihnen, an dieser Stelle relative Datumsangaben zu machen. Somit können Sie z. B. hinterlegen, dass nur die Belege selektiert werden, bei denen das Lieferdatum mindestens 15 Tage in der Zukunft liegt. Damit stellen Sie sicher, dass die Bestätigungssituation im Kurzfristhorizont nicht ständigen Änderungen unterliegt.

Neben der Selektion können Sie in einem BOP-Segment Sortierbedingungen hinterlegen. Diese sorgen dafür, dass jeder Beleg innerhalb eines Segments eine definierte Priorität hat, die in der Strategie **Umverteilen** relevant sein kann, um zu entscheiden, welche Belege zuerst die Mengen verlieren.

Sie können mehrere Sortierkriterien hinterlegen und pro Sortierkriterium entscheiden, ob es aufsteigend oder absteigend sortiert werden soll. Nachfolgende Sortierkriterien entscheiden jeweils nur die Sortierung bei der Gleichheit einiger Belge im vorangehenden Sortierkriterium.

Für einige Kriterien, wie beispielsweise Kundennummern, ist es nicht sinnvoll, diese einfach aufsteigend oder absteigend zu sortieren. Für diese Fälle können Sie in der SAP-Fiori-App **Benutzerdefinierte BOP-Sortierung konfigurieren** individuelle Sortierreihenfolgen pflegen und diese anschließend im BOP-Segment hinterlegen. Abbildung 13.5 zeigt Ihnen eine solche benutzerdefinierte Sortierung am Beispiel des Auftraggebers.

Anschließend können Sie die Sortieregel in Ihren BOP-Segmenten hinterlegen. Abbildung 13.6 zeigt eine Sortierung, bei der zuerst aufsteigend nach Lieferdatum sortiert wird. Sollten einige Belege das gleiche Lieferdatum haben, wird als Nächstes nach dem Auftraggeber sortiert und dabei die benutzerdefinierte Sortierung berücksichtigt.

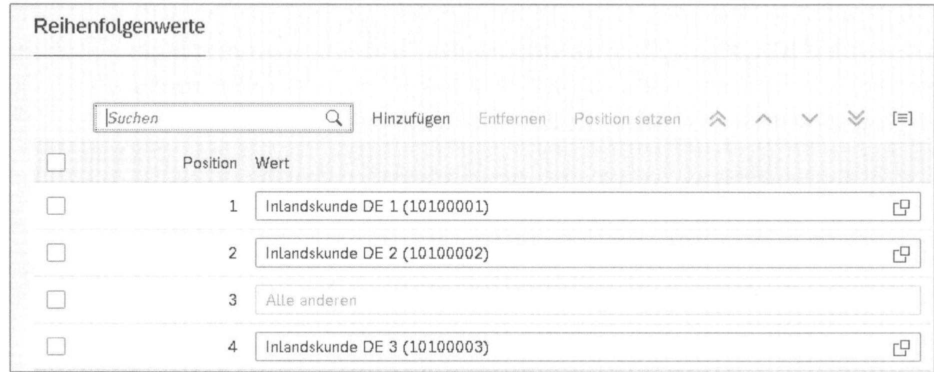

Abbildung 13.5 Benutzerdefinierte BOP-Sortierung für Auftraggeber

Priorisierer

Sortierbedingungen (2)

Sortierattribut	Benutzerdefinierte Sortierreihenfolge	Sortierreihenfolge
Lieferdatum		
Auftraggeber	AUFTRAGGEBER	

Abbildung 13.6 Sortierbedingungen in einem BOP-Segment

13.3.2 BOP-Variante konfigurieren

Nachdem Sie die BOP-Segmente angelegt haben und nun in der Lage sind, die Selektion der Belege zu steuern, legen Sie in der SAP-Fiori-App **BOP-Variante konfigurieren** eine BOP-Variante an, in der Sie die einzelnen BOP-Segmente zu den verschiedenen Bedarfsstrategien zuordnen können. Bei der Anlage von BOP-Varianten gibt es keine Unterscheidung zwischen BOP-Varianten und der Fallback-Variante. Jede Variante kann auch gleichzeitig in einer anderen Variante als Fallback-Variante genutzt werden.

Zu jeder Variante hinterlegen Sie die in Abbildung 13.7 gezeigten allgemeinen Einstellungen, die während des BOP-Laufs berücksichtigt werden.

Der Variantenname und die Variantenbeschreibung werden genutzt, um eine BOP-Variante eindeutig zu identifizieren. Sie können diese frei vergeben.

In den Ausführungsoptionen steuern Sie, welche Belegarten während der Rückstandsbearbeitung berücksichtigt werden sollen. Sie können entweder nur Verkaufsbelege, nur Umlagerungsbestellungen oder beide Belegarten berücksichtigen. Mit der Option **Prüfen als** legen Sie fest, welche Prüfregel während der Rückstandsbearbeitung genutzt werden soll.

Abbildung 13.7 Allgemeine Einstellungen zur BOP-Variante

Des Weiteren hinterlegen Sie in den Konfigurationsoptionen das Verhalten der Rückstandsbearbeitung bei Ausnahmen und legen optional einen globalen Filter an. Mit dem Ausnahmeverhalten steuern Sie, wie sich das System verhält, wenn es auf eine Ausnahme stößt. Wählen Sie **Fehlgeschlagene Material-Werk-Kombination beenden**, um nur für die Kombination mit einer Ausnahme den Lauf zu beenden bzw. zu einer Fallback-Variante überzuleiten. Wählen Sie die Option **Vollständig beenden**, damit der gesamte BOP-Lauf abgebrochen bzw. in einer Fallback-Variante ausgewertet wird.

Wenn Sie möchten, dass das System bei einer Ausnahme eine Fallback-Variante benutzt, können Sie die Variante hier hinterlegen. Mit der Einstellung **Fallback-Verhalten** steuern Sie, welche Belege in der Fallback-Variante berücksichtigt werden. Nutzen Sie die Option **Fallback f. fehlgeschl. Kombinationen aus Mat./Werk auslösen**, damit nur die Bedarfe in der Fallback-Variante berücksichtigt werden, die in der initialen Variante eine Ausnahme hervorgerufen haben. Mit der Option **Fallback ohne Einschränkungen auslösen** wird die gesamte Selektion der Fallback-Variante auf der Grundlage der zugeordneten BOP-Segmente ausgeführt. Das kann dazu führen, dass auch Material-Werk-Kombinationen, die in der ursprünglichen Variante keine Ausnahme hatten, von der Fallback-Variante überplant werden.

Möchten Sie einen globalen Filter für Ihre BOP-Variante nutzen, hinterlegen Sie ein entsprechendes Segment im Feld **Name des globalen BOP Segments**. Mit der Option **Restpositionen** entscheiden Sie, wie mit Belegen der globalen Selektion umgegangen wird, die keiner Strategie des BOP-Segments zugeordnet werden können. Ihnen stehen hier die sechs bekannten Strategien zur Auswahl, wobei die Option **Ignorieren** der Standard ist.

Nachdem Sie die allgemeinen Einstellungen zu einer BOP-Variante hinterlegt haben, ordnen Sie Ihre BOP-Segmente den verschiedenen Strategien zu. In der BOP-Variante können Sie zu jeder der Strategien **Gewinnen**, **Verbessern**, **Neu verteilen**, **Aufstocken** und **Verlieren** entweder kein Segment, ein Segment oder mehrere Segmente hinterlegen. Es ist also nicht notwendig, jede der Strategien auch zu nutzen. Für die Strategie **Überspringen** können Sie keine Segmente hinterlegen. Diese Strategie steht Ihnen ausschließlich als Restposition für den globalen Filter zur Verfügung.

Abbildung 13.8 zeigt Ihnen eine beispielhafte Zuordnung von Segmenten zu der BOP-Variante. Bei der Neuanlage einer Variante zeigt Ihnen das SAP-System nur die Strategie **Neu verteilen**. Klicken Sie auf das Drop-down-Menü im Kopfbereich, um weitere Strategien zur Variante hinzuzufügen.

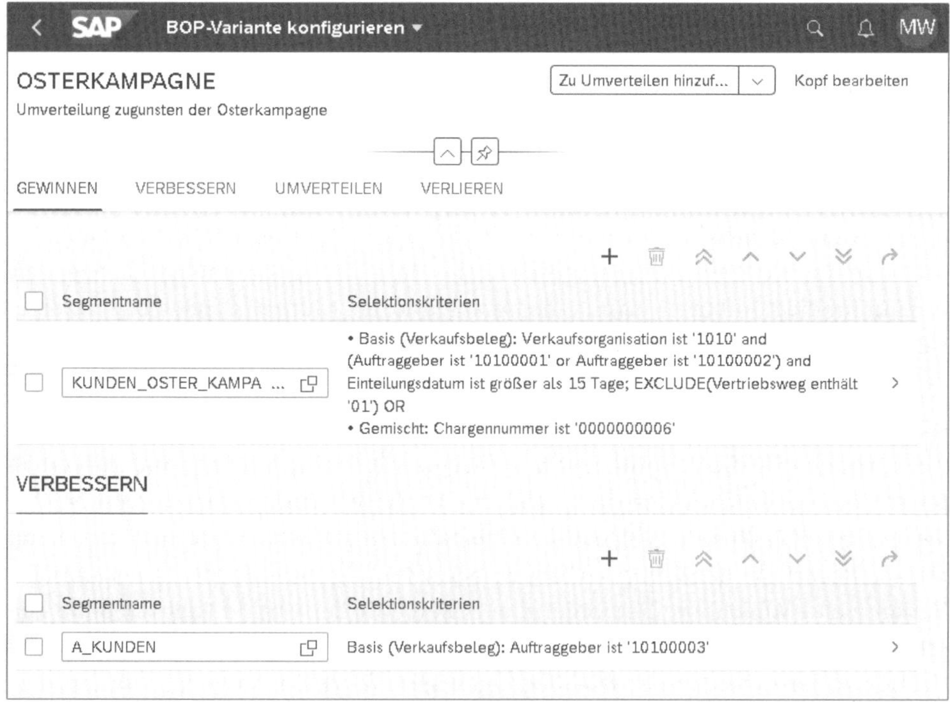

Abbildung 13.8 Segmente in der BOP-Variante zuordnen

13.3.3 Rückstandsbearbeitung ausführen und auswerten

In der BOP-Variante haben Sie nun die Einstellungen festgelegt, nach denen die Rückstandsbearbeitung die selektierten Belege bearbeiten soll. Um die Rückstandsbearbeitung anzustoßen, müssen Sie in der SAP-Fiori-App **BOP-Lauf einplanen** einen neuen Lauf für die Rückstandsbearbeitung einplanen. Während der Anlage des Jobs haben Sie die Möglichkeit, ein Wiederholungsmuster zu definieren, wodurch Sie die Rückstandsbearbeitung regelmäßig ausführen können.

In den Parametern wählen Sie zuerst eine der zuvor definierten BOP-Varianten, die Sie für Ihren BOP-Lauf nutzen möchten. Eine weitere wichtige Option auf diesem Bild ist der *Simulationsmodus*. Wählen Sie diesen, damit das System einen BOP-Lauf durchführt, ohne dass die Ergebnisse in die einzelnen Belege rückgeschrieben werden. Somit haben Sie die Möglichkeit, die Ergebnisse und Auswirkungen des Laufs zu analysieren und nur, falls Sie mit der neuen Verfügbarkeitssituation zufrieden sind, einen weiteren Lauf durchzuführen, der die Ergebnisse in den Belegen speichert.

Möchten Sie im Anschluss an Ihren BOP-Lauf ein detailliertes Protokoll mit weiteren Informationen erhalten, können Sie für den Lauf die Option **Protokoll übersteuern** wählen und in der Granularität auswählen, welche Informationen in dem zusätzlichen Protokoll angezeigt werden sollen. Das Protokoll steht Ihnen anschließend in der SAP-Fiori-App **BOP-Lauf überwachen** zur Verfügung. Zusätzlich können Sie die Granularität für das Prüfprotokoll von **Standard** auf **Nur Kopfdaten** ändern. Dadurch stehen Ihnen in der Auswertung des BOP-Laufs weniger Informationen zur Verfügung, was sich jedoch positiv auf die Performance der Rückstandsbearbeitung auswirken kann.

Protokollierung des Laufs

Wir empfehlen, bei den ersten Versuchen mit der Rückstandsbearbeitung immer die maximale Protokollierung zu wählen, also die Option **Protokoll übersteuern** mit der Granularität **Alle** und die Standard-Protokollierung im Prüfprotokoll. Das hilft Ihnen, die Ergebnisse der Rückstandsbearbeitung besser nachvollziehen zu können.

Sobald Sie in der Rückstandsbearbeitung eine BOP-Variante erstellen oder ändern, legt das System im Hintergrund Laufzeitobjekte an, auf die das System im BOP-Lauf zurückgreift. Falls Sie merken, dass es während eines Laufs zu Inkonsistenzen kommt, können Sie mit der Option **Variantenartefakte nachgen.** erzwingen, dass diese Laufzeitobjekte neu generiert werden und Inkonsistenzen beseitigt werden.

Nachdem Sie die erforderlichen Einstellungen für Ihren BOP-Lauf getroffen haben, können Sie ihn einplanen. Abhängig von Ihren gewählten Einplanungsoptionen startet der Lauf sofort oder zu dem angegebenen Zeitpunkt. Nachdem der Lauf abgeschlossen ist, analysieren Sie die detaillierten Ergebnisse des Laufs in der SAP-Fiori-App **BOP-Lauf überwachen**.

Im Einstiegsbild der App sehen Sie eine Übersicht der ausgeführten BOP-Läufe. Auf dieser Übersicht erhalten Sie zu jedem Lauf bereits die wichtigsten Informationen wie den Bearbeitungsstatus, die Anzahl der bearbeiteten Bedarfe und die Änderung der Verfügbarkeitssituation. Wenn der Lauf ein Protokoll angelegt hat, können Sie von dort aus direkt in das Protokoll abspringen.

Abbildung 13.9 zeigt Ihnen die Übersicht über einige ausgeführten BOP-Läufe. Durch einen Klick auf Ihren Lauf navigieren Sie zur Ergebnisübersicht, die Ihnen detaillierte Informationen zu den geänderten Bedarfen in Ihrem Lauf anzeigt.

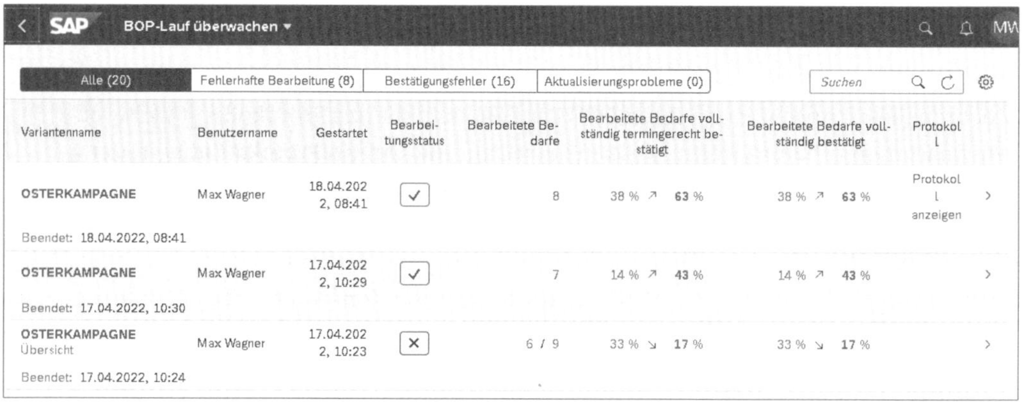

Abbildung 13.9 BOP-Lauf überwachen: Übersicht der Läufe

In der initialen Ansicht sehen Sie die in Abbildung 13.10 dargestellte Materialübersicht, in der die Ergebnisse der Rückstandsbearbeitung pro selektiertem Material angezeigt werden.

In der Kopfzeile der BOP-Lauf-Auswertung können Sie sich die Informationen auf verschiedenen Ebenen anzeigen lassen. Neben einer Auswertung auf Material-Werk-Ebene können Sie sich die Ergebnisse auch pro Bestätigungsstrategie oder Empfänger anzeigen lassen. Falls während des BOP-Laufs eine Fallback-Variante genutzt wurde, erhalten Sie zusätzlich eine Registerkarte mit Informationen pro ausgeführter Variante.

Durch die Buttons im Kopfbereich der Übersicht können Sie weiterhin die Selektion der angezeigten Ergebnisse einschränken. Durch den Filter **Fehlerhafte Bearbeitung** zeigt das System nur die Ergebnisse, bei denen es Belege gibt, die entweder von der Bearbeitung ausgeschlossen wurden (durch eine nicht behandelte Ausnahme) oder bei denen es Bearbeitungsprobleme gibt. Der Filter **Bestätigungsfehler** schränkt die Selektion auf die Belege ein, die nur teilweise oder gar nicht bestätigt werden konnten. Mit der Option **Aktivierungsprobleme** listen Sie Bedarfe, bei denen die Belegaktualisierung z. B. wegen einer Sperre abgebrochen wurde.

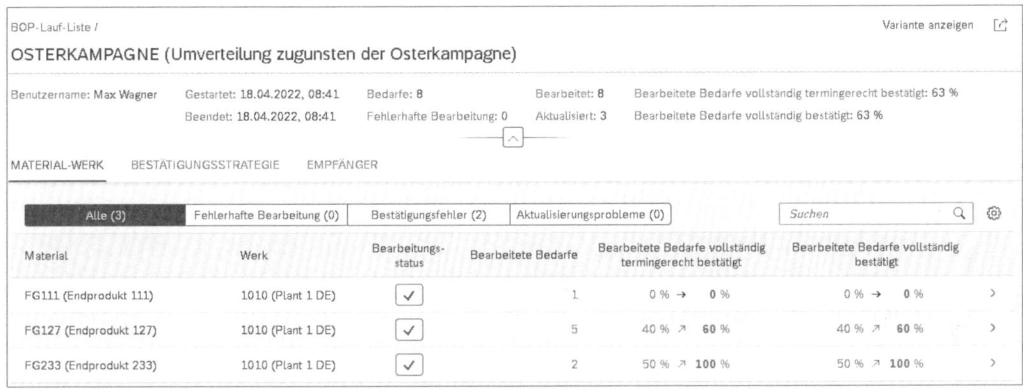

Abbildung 13.10 BOP-Lauf überwachen: Materialübersicht

Indem Sie auf eine der selektierten Gruppen, wie beispielsweise eine Material-Werk-Kombination klicken, gelangen Sie zu der in Abbildung 13.11 gezeigten Belegübersicht, in der Sie Informationen zu den selektierten Belegen erhalten und detailliert sehen, wie sich die Bestätigungssituation durch die Rückstandsbearbeitung geändert hat.

Abbildung 13.11 BOP-Lauf überwachen: Belegübersicht

13.3.4 Kombination der Rückstandsbearbeitung mit anderen aATP-Funktionen

Alle Belege, die während eines BOP-Laufs geprüft werden, durchlaufen eine erneute Verfügbarkeitsprüfung. In diesem Abschnitt gehen wir darauf ein, wie sich die Rückstandsbearbeitung in Kombination mit der Kontingentierung, dem Verfügbarkeitsschutz und der alternativenbasierten Bestätigung verhält.

- **Kontingentierung**
  Ist die Kontingentierung für einen Beleg relevant, der in der Rückstandsbearbeitung betrachtet wird, wird dabei die Kontingentierung so berücksichtigt, als ob der Beleg im Dialogmodus geprüft würde. Ein Beleg wird also nie über das verfügbare Kontingent hinweg bestätigt.
- **Verfügbarkeitsschutz**
  Ist der Verfügbarkeitsschutz für einen Beleg relevant, der in der Rückstandsbearbeitung betrachtet wird, wird der Schutz dabei so berücksichtigt, als ob der Beleg im Dialogmodus geprüft wird. Bei jeder Bestätigung muss also die geschützte Menge von den anderen Belegen berücksichtigt werden.
- **Alternativenbasierte Bestätigung**
  Auch die alternativenbasierte Bestätigung ist während der Rückstandsbearbeitung verfügbar. Sie kann für einen Beleg Ersetzungen erzeugen und somit auch neue Positionen anlegen.

13.4 SAP-Beispiel für die Rückstandsbearbeitung

Um die bisher erläuterten Grundlagen zur Rückstandsbearbeitung zu verdeutlichen, möchten wir diese anhand eines Beispiels skizzieren.

Dazu gehen wir von einer Situation aus, in der mehrere Kundenaufträge bereits eingetroffen sind und nach dem Prinzip »first come, first served« bestätigt wurden. Tabelle 13.4 zeigt die Übersicht der Kundenaufträge für das Material FG127 mit deren Wunschlieferdatum und der bestätigten Menge.

Auftrag	Wunschlieferdatum	Menge	Best. Menge
8271	15.05.2022	100	50
8272	18.05.2022	30	30
8273	20.05.2022	20	20
8274	10.05.2022	40	40

Tabelle 13.4 Übersicht der vorhandenen Kundenaufträge

Für unsere Rückstandsbearbeitung definieren wir BOP-Segmente, die wir in der BOP-Variante **Standard FG127** pflegen, und den Aufträgen, die die in Tabelle 13.5 gezeigten Bestätigungsstrategien zuweisen. Der Kunde, der den Auftrag 8271 aufgegeben hat, ist ein A-Kunde und soll deshalb immer voll zum Wunschliefertermin bestätigt werden. Hingegen ist der Kunde 8273 aktuell im Zahlungsrückstand und soll deshalb bestehende Bestätigungen verlieren.

Auftrag	Bestätigungsstrategie
8271	**Gewinnen**
8272	**Verbessern**
8273	**Verbessern**
8274	**Verlieren**

Tabelle 13.5 Bestätigungsstrategien der Aufträge

Im System existiert aktuell eine verfügbare Menge von 140 Stück, die für die Bestätigung von Aufträgen zur Verfügung steht und die sich bereits vollständig auf die vier Kundenaufträge verteilt.

Wir planen die oben beschriebene Variante als BOP-Lauf ein uns stellen fest, dass das System für diese Material-Werk-Kombination keine erfolgreiche Rückstandsbearbeitung ausführen kann. Die vorhandenen Mengen reichen nicht aus, um den Auftrag im **Gewinnen**-Segment voll zu bestätigen und gleichzeitig die Bestätigungen für die Aufträge im **Verbessern**-Segment aufrechtzuerhalten. Im Ergebnis zum BOP-Lauf wird die in Abbildung 13.12 gezeigte Ausnahme zum Lauf gezeigt, da der Auftrag im **Gewinnen**-Segment nicht voll bestätigt werden konnte.

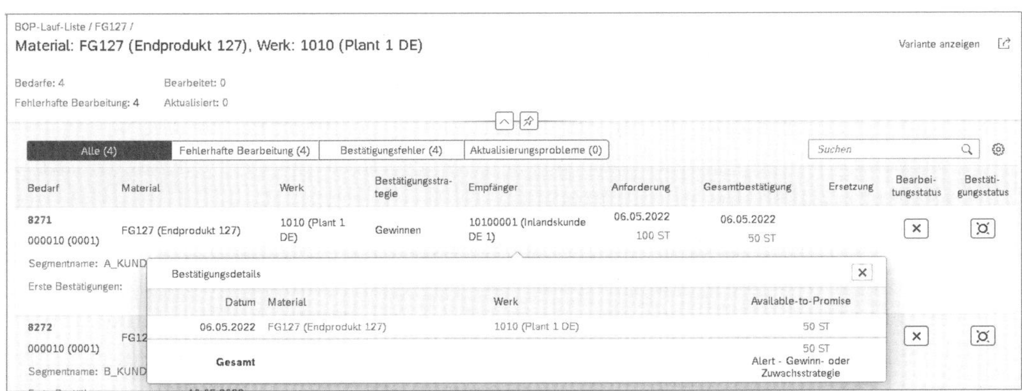

Abbildung 13.12 Ausnahme im BOP-Lauf

Um diese Ausnahme abzufangen, definieren wir im nächsten Schritt die Fallback-Variante **Fallback FG127** und ordnen diese der Variante **Standard FG127** zu. In unserer Fallback-Variante hinterlegen wir die in Tabelle 13.6 gezeigten Strategien.

Auftrag	Bestätigungsstrategie
8271	**Gewinnen**
8272	**Neu verteilen**
8273	**Neu verteilen**
8274	**Verlieren**

Tabelle 13.6 Bestätigungsstrategien der Aufträge in der Fallback-Variante

Mit der neu hinterlegten Fallback-Variante starten wir einen erneuten BOP-Lauf mit der Standardvariante. Das erfolgreiche Ergebnis dieses Laufs wird in Abbildung 13.13 gezeigt. Es wird direkt ersichtlich, dass der Lauf zwar erfolgreich war, sich das Gesamtergebnis aber auf den ersten Blick verschlechtert hat. Initial waren 75 % der relevanten Belege voll bestätigt. Nach dem BOP-Lauf sind es nur noch 50 % der Belege, da die Mengen von anderen Belegen abgezogen wurden, um die Bedarfe im **Gewinnen**-Segment bestätigen zu können.

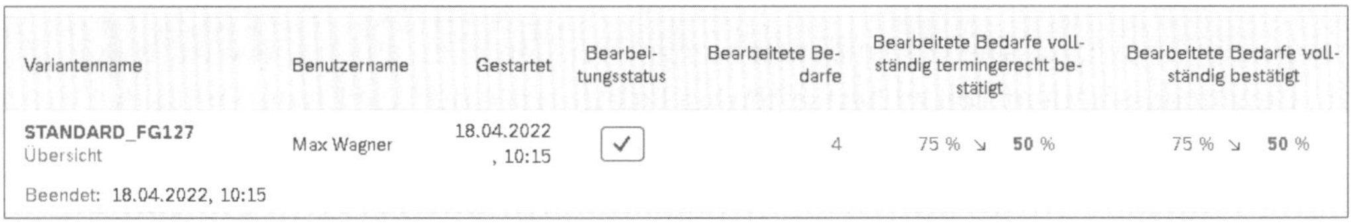

Variantenname	Benutzername	Gestartet	Bearbeitungsstatus	Bearbeitete Bedarfe	Bearbeitete Bedarfe vollständig termingerecht bestätigt	Bearbeitete Bedarfe vollständig bestätigt
STANDARD_FG127 Übersicht Beendet: 18.04.2022, 10:15	Max Wagner	18.04.2022 , 10:15	✓	4	75 % ↘ **50 %**	75 % ↘ **50 %**

Abbildung 13.13 Ergebnis der Rückstandsbearbeitung

Der BOP-Lauf konnte diesmal erfolgreich durchlaufen, da wir die Fallback-Variante genutzt haben. Die Auswertung des BOP-Laufs in Abbildung 13.14 zeigt Ihnen, dass die Standardvariante zwar wieder auf eine Ausnahme gestoßen ist, die Ausnahme aber dann die Ausführung der Fallback-Variante ausgelöst hat, die die Rückstandsbearbeitung ohne Ausnahme ausführen konnte.

Letztlich können wir das Ergebnis auf der Belegebene analysieren und somit erkennen, wie sich die Bestätigungssituation der einzelnen Kundenaufträge geändert hat. In Abbildung 13.15 sehen wir, dass der Kundenauftrag 8271 nun voll bestätigt werden konnte, da er der Strategie **Gewinnen** zugeordnet war. Dazu wurde zum einen die frei gewordene Menge von Auftrag 8274 verwendet, der sich im **Verlieren**-Segment befunden hat.

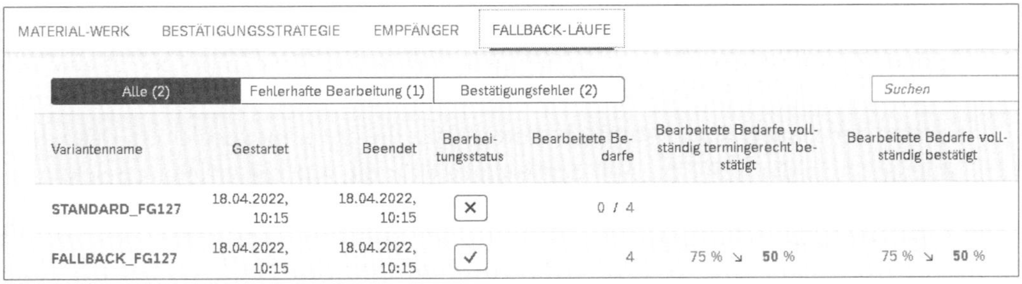

MATERIAL-WERK | BESTÄTIGUNGSSTRATEGIE | EMPFÄNGER | FALLBACK-LÄUFE

Alle (2) | Fehlerhafte Bearbeitung (1) | Bestätigungsfehler (2) | Suchen

Variantenname	Gestartet	Beendet	Bearbeitungsstatus	Bearbeitete Bedarfe	Bearbeitete Bedarfe vollständig termingerecht bestätigt	Bearbeitete Bedarfe vollständig bestätigt
STANDARD_FG127	18.04.2022, 10:15	18.04.2022, 10:15	✕	0 / 4		
FALLBACK_FG127	18.04.2022, 10:15	18.04.2022, 10:15	✓	4	75 % ↘ **50** %	75 % ↘ **50** %

Abbildung 13.14 Fallback-Variante im BOP-Lauf

Außerdem musste noch einer der beiden Aufträge mit der Strategie **Neu verteilen** einen Teil seiner Menge abgeben. Aufgrund des Sortierkriteriums **Nach Materialbereitstellungsdatum – aufsteigend**, das im BOP-Segment hinterlegt ist, hat Auftrag 8273 eine niedrigere Priorität und muss deshalb ebenfalls Mengen zugunsten des **Gewinnen**-Segments abgeben.

Bedarf	Material	Werk	Bestätigungsstrategie	Empfänger	Segmentname	Anforderung	Gesamtbestätigung
8271 000010 (0001)	FG127 (Endprodukt 127)	1010 (Plant 1 DE)	Gewinnen	10100001 (Inlandskunde DE 1)	A_KUNDEN (Strategisch wichtige Kunden)	06.05.2022 100 ST	06.05.2022 → 06.05.2022 50 ST ↗ 100 ST
Erste Bestätigungen: 06.05.2022 → 06.05.2022 50 ST ↗ 100 ST							
8272 000010 (0001)	FG127 (Endprodukt 127)	1010 (Plant 1 DE)	Umverteilen	10100002 (Inlandskunde DE 2)	B_KUNDEN (B-Kunden)	10.05.2022 30 ST	10.05.2022 → 10.05.2022 30 ST → 30 ST
Erste Bestätigungen: 10.05.2022 → 10.05.2022 30 ST → 30 ST							
8273 000010 (0001)	FG127 (Endprodukt 127)	1010 (Plant 1 DE)	Umverteilen	10100003 (Inlandskunde DE 3)	B_KUNDEN (B-Kunden)	13.05.2022 20 ST	13.05.2022 → 13.05.2022 20 ST ↘ 10 ST
Erste Bestätigungen: 13.05.2022 → 13.05.2022 20 ST ↘ 10 ST							
8274 000010 (0001)	FG127 (Endprodukt 127)	1010 (Plant 1 DE)	Verlieren	10100004 (Inlandskunde DE 4)	GESPERRT (Gesperrte Kunden)	02.05.2022 40 ST	02.05.2022 ↘ 40 ST ↘ 0 ST
Erste Bestätigungen: 02.05.2022 ↘ 40 ST ↘ 0 ST							

Abbildung 13.15 Belegübersicht im Ergebnisbild

13.5 Manuelle Freigabe von Lieferungen

Auch durch die Nutzung der Rückstandsbearbeitung wird es in einem Unternehmen immer wieder zu Fällen kommen, in den die Bedarfe größer als die verfügbaren Mengen sind. In diesem Fall gibt es Aufträge mit vollen Bestätigungen und Aufträge mit teilweisen oder ohne Bestätigung. Mit der SAP-Fiori-App **Freigabe zur Lieferung** bietet Ihnen die erweiterte Verfügbarkeitsprüfung eine Möglichkeit, um Materialien mit fehlender Verfügbarkeit manuell nachzubearbeiten. Dabei können Sie auch die finanziellen Auswirkungen von nicht belieferten Kundenaufträgen analysieren und so besser entscheiden, welche Aufträge beliefert werden sollen.

13.5.1 Zuständigkeit für die Auftragserfüllung konfigurieren

Damit ein Anwender die Freigabe zur Lieferung nutzen kann, muss zuerst eine Zuständigkeit für die Auftragserfüllung definiert werden, die einem Nutzer einen konkreten Arbeitsvorrat von Aufträgen zuweist, für die er verantwortlich ist. Dazu definieren Sie in der SAP-Fiori-App **Zuständigkeit für die Auftragserfüllung** Selektionskriterien, über die Sie Belege selektieren, und ordnen diese Selektionskriterien einem oder mehreren Nutzern zu.

Benutzer als Business Partner

Damit einem Benutzer ein Arbeitsvorrat zugewiesen werden kann, muss zu seinem SAP-Nutzer zusätzlich ein Business Partner mit der Rolle BUP003 angelegt werden. Ohne diese Zuordnung steht ein Nutzer in der SAP-Fiori-App **Zuständigkeit für die Auftragserfüllung** nicht zur Auswahl bereit. SAP stellt dazu beispielsweise den Report /SHCM/RH_SYNC_BUPA_FROM_EMPL zur Verfügung.

Innerhalb der App definieren Sie verschiedene Zuständigkeitsobjekte, die Sie den verantwortlichen Vertriebsmitarbeitern zuweisen, um ihnen einen oder mehrere Arbeitsvorräte in der SAP-Fiori-App **Freigabe zur Lieferung** zuzuweisen. In jedem Objekte definieren Sie einen Vorschlagshorizont in Tagen, der wiederum definiert, für welchen Zeitraum Aufträge in der Freigabe angezeigt werden. In der Zuständigkeitsdefinition definieren Sie, ähnlich wie aus den BOP-Segmenten bekannt, Auswahlbedingungen und Ausschlussbedingungen, die genutzt werden, um die relevanten Belege zu selektieren.

Zusätzlich entscheiden Sie, welche Belegarten (Umlagerungsbestellungen und Kundenaufträge) in dem Arbeitsvorrat berücksichtigt werden sollen. Mithilfe der Aktualisierungsstrategie legen Sie fest, wie sich die Freigabe zur Lieferung verhält, wenn sich Belege ändern, die bereits in den Arbeitsvorrat aufgenommen wurden. Falls Sie die Strategie **Änderungen Ignorieren** wählen, werden Änderungen an Belegen, wie z. B. eine Erhöhung der Menge, nicht in dem bestehenden Arbeitsvorrat berücksichtigt. Letztendlich ordnen Sie jedem Zuständigkeitsobjekt einen oder mehrere Nutzer zu, die den Arbeitsvorrat in der SAP-Fiori-App **Freigabe zur Lieferung** bearbeiten sollen.

13.5.2 Freigabe zur Lieferung

Nachdem Ihrem SAP-Nutzer mindestens eine Zuständigkeit in der SAP-Fiori-App **Zuständigkeit für die Auftragserfüllung** zugeordnet worden ist, gibt Ihnen diese App eine Übersicht über alle Materialien, zu denen Belege auf der Grundlage der Zuständigkeit selektiert wurden. Falls einem Nutzer mehrere Zuständigkeiten zugeordnet sind, können Sie durch das Drop-down-Menü am oberen Bild zwischen den Zuständigkeiten wechseln.

Im Einstiegsbild der App sehen Sie ihren unvorbereiteten Arbeitsvorrat, der alle Materialien listet und Ihnen einen Überblick über die Bestätigungssituation der zugehörigen Belege gibt, die im Vorschlaghorizont Ihres Selektionsprofils liegen.

Abbildung 13.16 zeigt Ihnen das Einstiegsbild, das alle Materialien innerhalb des Zuständigkeitsobjekts listet, zu denen Bestätigungsprobleme existieren. Das aktuelle Zuständigkeitsobjekt `Werk_1010` listet alle Belege mit dem Lieferwerk 1010 und dem Wunschlieferdatum in den nächsten 360 Stunden.

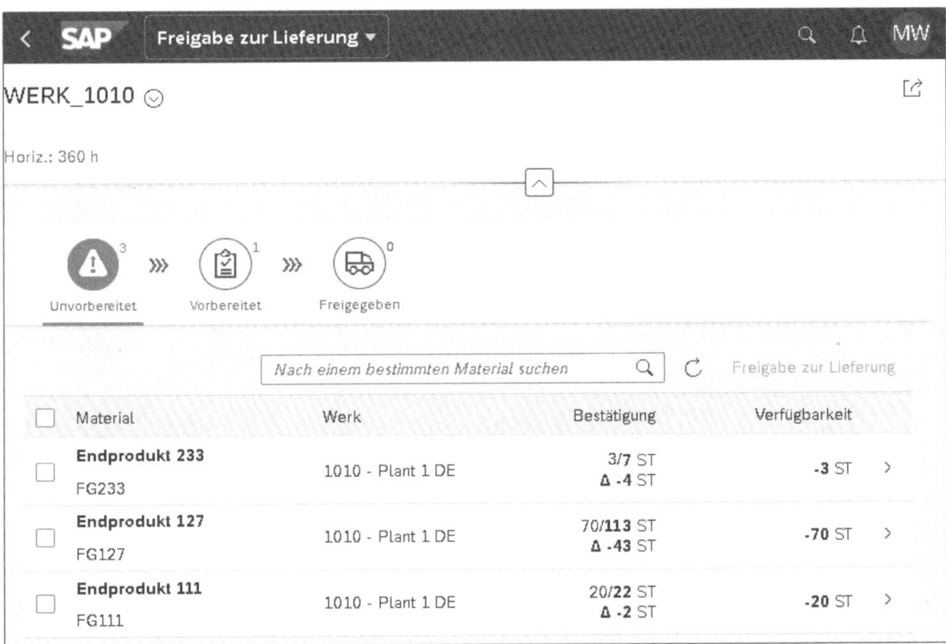

Abbildung 13.16 Freigabe zur Lieferung: Materialübersicht

Wählen Sie eines der Materialien aus, um in die Belegansicht zu navigieren, die die zentrale Funktion der Freigabe zur Lieferung darstellt. Abbildung 13.17 zeigt die Belegübersicht zu Material FG127. Das System listet alle Belege, die der Selektion in Ihrem Zuständigkeitsobjekt in diesem Material entsprechen. Sie erhalten die wichtigsten Informationen zu den Belegen in einem Bild und können die Mengen, die Sie final an die Kunden versenden möchten, manuell nachbearbeiten.

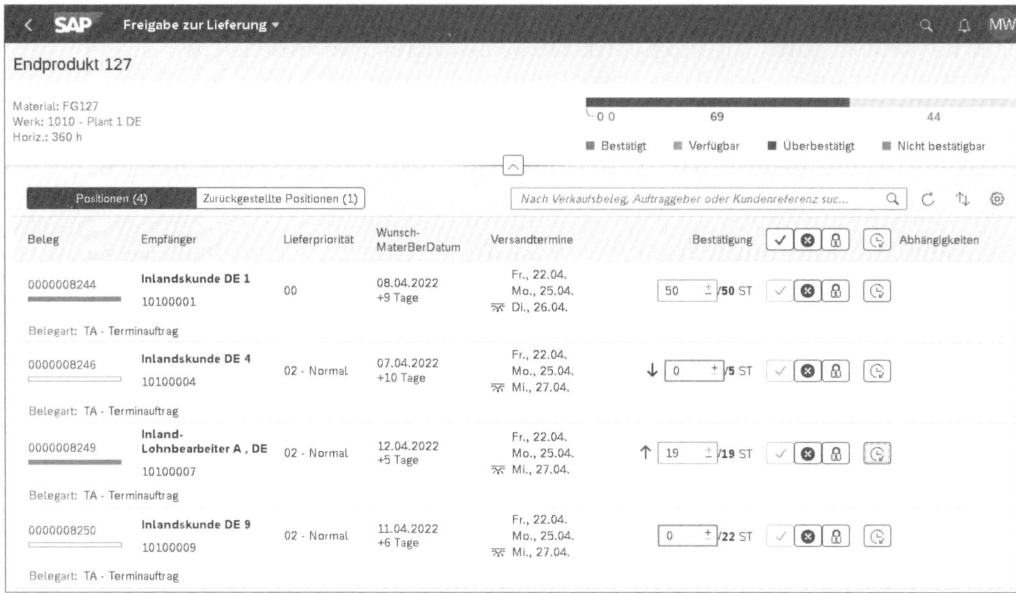

Abbildung 13.17 Freigabe zur Lieferung: Positionsübersicht

13.6 Zusammenfassung

In diesem Kapitel haben Sie die Möglichkeiten kennengelernt, mit denen Sie in der erweiterten Verfügbarkeitsprüfung Kundenaufträge und Umlagerungsbestellungen nach der Verfügbarkeitsprüfung im Dialog weiterbearbeiten können. Mit der Rückstandsbearbeitung stellt Ihnen SAP S/4HANA ein Tool zur Verfügung, mit dem Sie große Mengen an Aufträgen automatisiert nachbearbeiten und Bestätigungen nach individuellen Vorgaben umverteilen können. Durch die Funktionen rund um die Freigabe zur Lieferung können Sie auch Kunden beliefern, die bisher keine bestätigten Mengen erhalten haben, falls Sie entscheiden, dass zugehörige Aufträge eine hohe Priorität haben.

Durch die erläuterten Grundlagen und die Tipps zur Konfiguration zur Rückstandsbearbeitung sollten Sie nun in der Lage sein, die Rückstandsbearbeitung an die individuellen Anforderungen Ihres Unternehmens anzupassen und einen eigenen BOP-Lauf einzuplanen.

TEIL IV

Verfügbarkeitsprüfung mit SAP APO

Kapitel 14
SAP-APO-Systemintegration

Die nahtlose Integration von Stamm- und Bewegungsdaten der ausführenden Systeme mit dem Planungssystem ist eine notwendige Voraussetzung für den Einsatz der globalen Verfügbarkeitsprüfung und die Bestätigung von Materialbedarfen mit SAP APO.

Um die betriebswirtschaftlichen Anforderungen einer Lieferzusage zu erfüllen, ist die gATP-Prüfung nach wie vor mit sämtlichen Komponenten der SAP Business Suite und selbstverständlich auch mit SAP S/4HANA integriert. Die gATP-Prüfung in SAP Advanced Planning and Optimization (SAP APO) kann so auf den Informationen der gesamten Supply Chain eines Unternehmens basieren.

[«]

SAP APO Integration mit SAP S/4HANA

Wir beschränken uns in diesem Buch auf die in der Praxis häufig vorkommende Integration mit SAP ERP und SAP S/4HANA. Die Einrichtung der Systemverbindung von SAP APO mit SAP ERP und SAP S/4HANA sind dabei identisch. Die Screenshots haben wir in einem SAP-S/4HANA-System erstellt. Die Konfiguration und die verwendeten Transaktionen sind ebenfalls identisch in SAP ERP und SAP S/4HANA.

Bezüglich der Anforderungen an die Releasestände der zu integrierenden Systeme möchten wir auf SAP-Hinweis 2238445 verweisen, der die Integration von SAP-SCM-Komponenten mit SAP S/4HANA beschreibt. Sie finden diesen Hinweis in der SAP-Wissensdatenbank im SAP Support Portal über die folgende URL: *https://support.sap.com*.

In zunehmend heterogenen Systemlandschaften kommt der Systemintegration mit SAP APO eine besondere Bedeutung zu, da diese Integration z. B. die Berücksichtigung von Prognosen der Absatzplanung oder die regelbasierte Auswertung von Absatzplänen und Vertriebskanälen ermöglicht. Mit SAP APO kann der Bestand der gesamten Supply Chain eines Unternehmens auf alternative Distributionszentren und Werke hin untersucht werden. Diese Untersuchung berücksichtigt nicht nur die physischen Lokationen, sondern auch die Merkmale der zu prüfenden Produkte.

Dabei werden Substitutionen und Prüfungen gegen alternative Produkte ermöglicht, und es werden insbesondere Bestände sowie geplante Bedarfe und Zugänge über Systemgrenzen hinweg geprüft. Mithilfe von existierenden Produktionsplänen lässt sich dabei nicht nur die Fertigung berücksichtigten, sondern Sie können auch ermitteln, ob ein zusätzlicher Produktionsplan für den Bedarf eingeplant werden muss. In der betrieblichen Praxis sowie aufgrund systemübergreifender Prozesse kann SAP APO mit weiteren Systemen eines Unternehmens integriert werden. Bei diesen Systemen handelt es sich einerseits um SAP-Systeme und andererseits um bestehende Komponenten von Drittanbietern, aus Sicht von SAP APO um sogenannte Fremdsysteme.

Es gibt zwei unterschiedliche Integrationskonzepte, um ERP-Systeme mit einem APO-System zu verbinden:

- die Verknüpfung des APO-Systems mit einem oder mehreren ERP-Systemen über das Core Interface (CIF-Schnittstelle)
- die Verbindung von einem APO-System zu einem Fremdsystem mithilfe von Business Application Programming Interfaces (BAPIs).

Wir erläutern in diesem Kapitel die Standardintegration und den Datenaustausch zwischen SAP APO mit einem ERP-System; die Integration über ein BAPI erklären wir im Zusammenhang mit der Ermittlung von Bedarfsprofilen für externe Systeme in Kapitel 15.

14.1 Core Interface (CIF-Schnittstelle)

Das *Core Interface* (CIF) ist eine Echtzeitschnittstelle, über die sowohl die Erstdatenversorgung (Initialübertragung) als auch die Versorgung von SAP APO mit Datenänderungen (Änderungsübertragung) erfolgt. Die CIF-Schnittstelle ermöglicht und kontrolliert so den internen Datentransfer zwischen dem ERP- und dem APO-System. Es werden dabei nur die Datenobjekte aus dem ERP-Datenpool übertragen, die für einen individuellen Planungs- und Optimierungsprozesses erforderlich sind.

Zu den zentralen Aufgaben der CIF-Schnittstelle gehört Folgendes:

- die Bestimmung der Quell- und Zielsysteme in komplexen Systemumgebungen
- die Versorgung von SAP APO mit relevanten Stamm- und Bewegungsdaten (z. B. Stücklisten und Arbeitsplänen)
- die automatische Weiterleitung von Datenänderungen und die Rückgabe der erhaltenen Planungsergebnisse an das ausführende System (SAP ERP oder Fremdsystem)

Vorteil einer Integration mit dem ERP-System ist die gemeinsame Nutzung von Stammdaten wie Materialstammdaten, Stücklisten oder Arbeitsplänen.

14.1.1 Schnittstellentechnologie

Die Systemverbindung zwischen beiden Systemen erfolgt technisch über eine so genannte RFC-Verbindung (Remote Function Call). Die Besonderheit der Kommunikation zwischen den Systemen liegt hierbei in der *asynchronen Verarbeitung* der Datenübertragung. Dies bedeutet, dass die Daten vom sendenden (ERP-)System zunächst gepuffert und dann erst übertragen werden oder dass sie übertragen und vom empfangenden (SCM-)System gepuffert und dann verarbeitet werden.

Ausgangs- und Eingangsverarbeitung

Die Ausgangs- und Eingangsverarbeitung erfolgt asynchron und gemäß der zeitlichen Reihenfolge, in der sogenannten Eingangs- bzw. Ausgangs-Queue. Im Fehlerfall, z. B. hervorgerufen durch eine fehlende Netzwerkverbindung, speichert diese Queue sämtliche Übertragungen. Dadurch wird die nahtlose Weiterverarbeitung ermöglicht, nachdem der Fehler lokalisiert und behoben worden ist. Die Queue ist hierbei eine Art Warteschlange, die einen zeitnahen Austausch und eine zeitnahe Verarbeitung von Informationen sowie z. B. eine SCM-basierte Planung in Echtzeit ermöglicht. Diese Art des RFC-Aufrufs nennt man *queued Remote Function Call* oder kurz qRFC.

Stammdaten und Bewegungsdaten

Die CIF-Schnittstelle dient der technischen Übertragung von Stamm- und Bewegungsdaten. Bei der Verfügbarkeitsprüfung kommt es zusätzlich auf die Aktualität der übertragenen Daten an. Insbesondere eine gATP-Prüfung zum Zeitpunkt der Kundenauftragsbearbeitung und unter Berücksichtigung von geplanten Zu- und Abgängen setzt das Bewegen und Verwalten großer Datenmengen voraus. Wir bleiben beim Beispiel der Kundenauftragsbearbeitung: Da diese an einen kurzfristigen Zeithorizont gebunden ist, müssen die hierzu benötigten Bewegungsdaten schnell und vor allem in Echtzeit zur Verfügung stehen. Um eben diesen Anforderungen an die Performance zu genügen, hat SAP den liveCache entwickelt.

14.1.2 liveCache

Der *liveCache* ist ein hochperformanter Hauptspeicher, der mit Business-Inhalten gefüllt wird. Die APO-Optimierungsverfahren können somit äußerst rasch auf die benötigten Daten zugreifen. SAP definiert den liveCache als eine Hochgeschwindigkeitsinfrastruktur für komplexe, datenintensive Anwendungen, die Grundlage bzw. Ausgangspunkt für Prognose- und Logistikplanung in Echtzeit ist. Als direkter Bestandteil der APO-Komponenten schließt er die Kluft zwischen Datenspeicherung und -abfrage auf der einen Seite und komplexen Rechenoperationen auf der anderen

Seite. Im Unterschied zu einem ERP-System gibt es in einem APO-System zusätzlich den liveCache-Server.

In einem APO-System werden Daten in der APO-Datenbank und im liveCache gespeichert. In beiden Datenspeichersystemen werden sowohl Customizing-, Stamm- und Bewegungsdaten gehalten. Teilweise werden diese Daten redundant in der APO-Datenbank und im liveCache gehalten.

Für eine ganzheitliche Betrachtung der Verfügbarkeitssituation werden große Datenmengen benötigt. Da mithilfe des liveCache alle Anwendungsdaten persistent im Hauptspeicher gehalten werden, werden Festplattenzugriffe vermieden, und die Gesamtperformance wird erhöht. Darüber hinaus bietet der liveCache optimierte Datenstrukturen und verzichtet dabei darauf, die Informationen in einer relationalen Tabelle zu speichern. Ein Beispiel für die optimierte Datenstruktur ist die Speicherung einer Stückliste als Baumstruktur. Voraussetzung für die Nutzung des liveCache ist die Konfiguration der Schnittstellen.

14.2 Schnittstellenkonfiguration

Die Systemintegration für die Verfügbarkeitsprüfung mit SAP APO erfolgt im Wesentlichen über die CIF-Schnittstelle auf der Basis von Integrationsmodellen, die eine Systemverbindung zwischen SAP ERP und SAP SCM voraussetzen.

Bei der Darstellung der CIF-Integration setzen wir voraus, dass die Systeme bereits gekoppelt sind und die wesentlichen Einstellungen der Systemintegration von SAP ERP bereits mit SAP SCM vorgenommen wurden.

Vorgehensweise in diesem Kapitel

Wir werden Ihnen bei der Schnittstellenkonfiguration zwar noch einmal die wichtigsten Einstellungen zeigen, möchten aber bereits an dieser Stelle auf die Integrationsleitfäden von SAP verweisen.

Sie finden diese Informationen mit den zu tätigenden Einstellungen über die SAP-Online-Hilfe (*https://help.sap.com*), indem Sie nach »Core Interface« (CIF) suchen.

14.2.1 Systemverbindungen in SAP ERP bzw. SAP S/4HANA

Zur Standardintegration, die wir bei der Erläuterung wie beschrieben voraussetzen, gehören insbesondere die Systemverbindungen zur Kopplung der beiden Systeme, die Sie sowohl in SAP ERP, in SAP S/4HANA (siehe Abbildung 14.1) als auch in SAP SCM vorgenommen haben sollten.

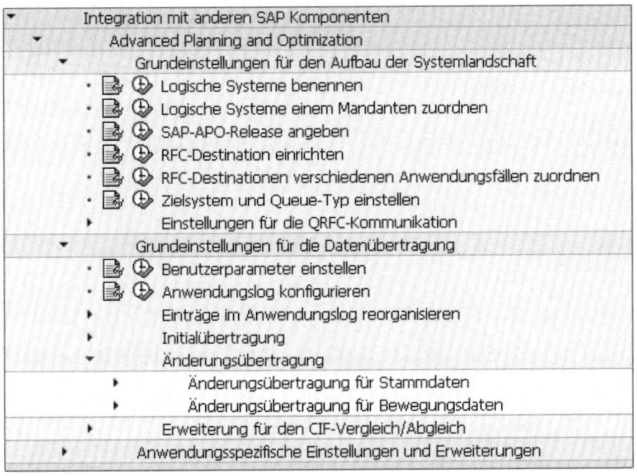

- Integration mit anderen SAP Komponenten
  - Advanced Planning and Optimization
    - Grundeinstellungen für den Aufbau der Systemlandschaft
      - Logische Systeme benennen
      - Logische Systeme einem Mandanten zuordnen
      - SAP-APO-Release angeben
      - RFC-Destination einrichten
      - RFC-Destinationen verschiedenen Anwendungsfällen zuordnen
      - Zielsystem und Queue-Typ einstellen
      - Einstellungen für die QRFC-Kommunikation
    - Grundeinstellungen für die Datenübertragung
      - Benutzerparameter einstellen
      - Anwendungslog konfigurieren
      - Einträge im Anwendungslog reorganisieren
      - Initialübertragung
      - Änderungsübertragung
        - Änderungsübertragung für Stammdaten
        - Änderungsübertragung für Bewegungsdaten
      - Erweiterung für den CIF-Vergleich/Abgleich
    - Anwendungsspezifische Einstellungen und Erweiterungen

Abbildung 14.1 Integrations-Customizing in SAP S/4HANA

Grundeinstellungen der Systemlandschaft

Damit SAP ERP oder SAP S/4HANA mit SAP SCM kommunizieren können, haben Sie zunächst über den Menüpfad **Integration mit anderen SAP Komponenten • Advanced Planning and Optimization • Grundeinstellungen für den Aufbau der Systemlandschaft** ein logisches System angelegt. Dieses logische System ist das SCM-System, auf dem Sie SAP APO für die Verfügbarkeitsprüfung verwenden möchten.

Anschließend haben Sie zu diesem System eine RFC-Verbindung gepflegt (Transaktion SM59) und so die Systeme miteinander verbunden. Nachdem Sie dem logischen System von SAP APO – das ist wie erwähnt das SCM-System – über Transaktion NDV2 den Systemtyp SAP_APO und das Release zugeordnet geordnet haben, stellen Sie über Transaktion CFC1 das Zielsystem und den Queue-Typ ein.

Da die Datenübertragung zwischen SAP ERP oder SAP S/4HANA und SAP SCM über qRFC erfolgt, definieren Sie mit dieser Einstellung, wie die Abarbeitung der Queues vom sendenden System gesteuert wird. Die Einstellung erfolgt in Abhängigkeit des *Queue-Typs*. Bei der APO-Integration geben Sie in Transaktion CFC1 das logische System des Zielsystems an. Den Queue-Typ lassen Sie leer, da wir hier eine Ausgangs-Queue verwenden.

Nachdem die Systemverbindungen angelegt worden sind, werden über Transaktion SMQR und Transaktion SMQS die Queues registriert. Für die APO-Kommunikation über die CIF-Schnittstelle registrieren Sie mit Transaktion SMQR einen Queue-Namen CF* mit den Einstellungen aus Abbildung 14.2.

	Mdt	Queue-Name	Type	Mode	Max.Laufzeit	Versuche	Pause	Destination mit LOGON-Daten
☐	800	CF*	R	D	60	30	300	

Abbildung 14.2 Queue registrieren

Anschließend ordnen Sie mit Transaktion SMQE über den Menüpfad **Bearbeiten • anzeigeprog. reg.** Ihrer Queue das Anzeigeprogramm `CIFQEV02` zu. Die Benutzerparameter der CIF-Integration stellen Sie mit Transaktion CFC2 ein. In der Regel werden Sie hier für alle Benutzer (*) den RFC-Modus **Q** (queued RFC) und den Logging-Parameter **D** (Detailed) auswählen.

Grundeinstellungen der Datenübertragung

Sie haben die Grundeinstellungen vorgenommen und müssen jetzt die Parameter für die Datenübertragung aus dem ERP-System einstellen. Hierzu aktivieren Sie zuerst die Änderungszeiger (*Change Pointer*) für die Datenübertragung und legen anschließend fest, wie die Übertragung zu erfolgen hat.

Mit Transaktion BD61 aktivieren Sie zunächst generell die Änderungszeiger, und mit Transaktion BD50 aktivieren Sie die Änderungszeiger für die Nachrichtentypen, die von der CIF-Schnittstelle verwendet werden. Diese Nachrichtentypen starten in der Regel mit CIF* und können über Transaktion WE81 angezeigt werden. Für die Verfügbarkeitsprüfung sollten mindestens die logischen Nachrichtentypen aus Tabelle 14.1 ausgewählt werden.

Nachrichtentyp	Kurzbeschreibung
CIFCUS	Änderungsbelege für Lokationen (Kunde)
CIFMAT	Änderungsbelege für Produkte
CIFMTMRPA	Übertragung Material-Dispobereichsdaten
CIFVEN	Änderungsbelege für Lokationen (Lieferant)
CIFSRC	Änderungsbelege für Bezugsquellen

Tabelle 14.1 Nachrichtentypen für die Stammdatenübertragung

Änderungsübertragung von Stammdaten

Die Änderungsübertragung der Stammdaten an SAP APO legen Sie mit Transaktion CFC9 fest (siehe Abbildung 14.3). Sie finden diese Einstellungen auch im Customizing über den Pfad **Integration mit anderen SAP Komponenten • Advanced Planning and Optimization • Grundeinstellungen für die Datenübertragung • Änderungsübertragung • Änderungsübertragung von Stammdaten.**

Sie können hier wählen, ob die Stammdaten überhaupt nicht, periodisch per ALE-Änderungszeiger oder sofort per Business Transaction Event (BTE) übertragen werden sollen. In diesem Beispiel erfolgt eine sofortige Übertragung der Materialstämme, Kunden und Lieferanten per BTE.

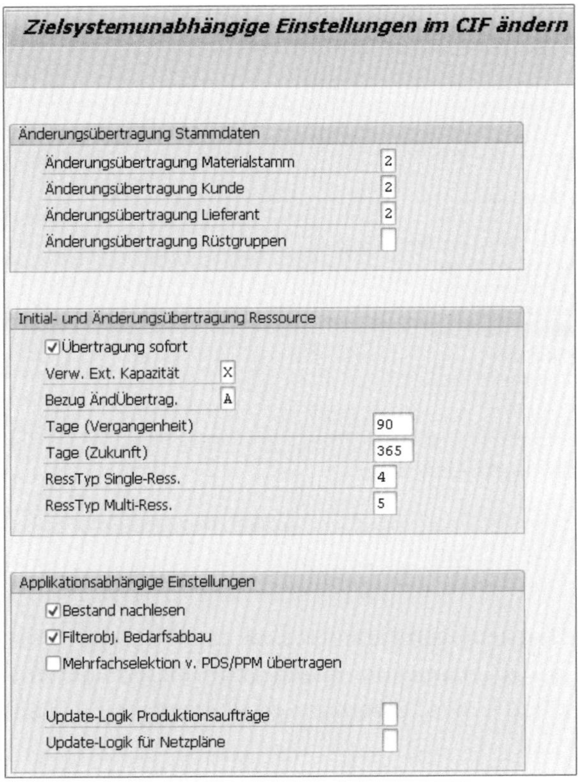

Zielsystemunabhängige Einstellungen im CIF ändern

Änderungsübertragung Stammdaten
Änderungsübertragung Materialstamm 2
Änderungsübertragung Kunde 2
Änderungsübertragung Lieferant 2
Änderungsübertragung Rüstgruppen

Initial- und Änderungsübertragung Ressource
☑ Übertragung sofort
Verw. Ext. Kapazität X
Bezug ÄndÜbertrag. A
Tage (Vergangenheit) 90
Tage (Zukunft) 365
RessTyp Single-Ress. 4
RessTyp Multi-Ress. 5

Applikationsabhängige Einstellungen
☑ Bestand nachlesen
☑ Filterobj. Bedarfsabbau
☐ Mehrfachselektion v. PDS/PPM übertragen
Update-Logik Produktionsaufträge
Update-Logik für Netzpläne

Abbildung 14.3 Einstellungen für die CIF-Stammdatenübertragung

14.2.2 Einstellungen in SAP APO

Mit den vorausgegangenen Einstellungen haben Sie die Systemverbindungen in SAP ERP bzw. SAP S/4HANA eingestellt. Damit beide Systeme miteinander integriert werden können, müssen Sie noch die Einstellungen in SAP SCM pflegen. Sie finden diese Einstellungen im Customizing von SAP SCM über den Pfad **SCM-Basis • Interaction • Grundeinstellungen für den Aufbau der Systemlandschaft** (siehe Abbildung 14.4).

Hierzu pflegen Sie für das anzuschließende ERP-System ein logisches System und ordnen dieses einer RFC-Verbindung zu. Die RFC-Verbindung wurde über Transaktion SM59 eingerichtet.

Für das anzuschließende ERP-System pflegen Sie anschließend über Transaktion /SAPAPO/C1 einen betriebswirtschaftlichen Systemverbund, dem Sie dann mit Transaktion /SAPAPO/C2 das logische System zuordnen. Für die qRFC-Kommunikation registrieren Sie auch in SAP SCM die Queues über Transaktion SMQR und Transaktion SMQS. Sie können dabei die gleichen Bezeichnungen verwenden, die Sie bereits in SAP ERP bzw. SAP S/4HANA gepflegt haben (siehe Abbildung 14.2). Das Anzeigeprogramm der Queues ist in SAP SCM das Programm /SAPAPO/CIF_QUEUE_EVENT2.

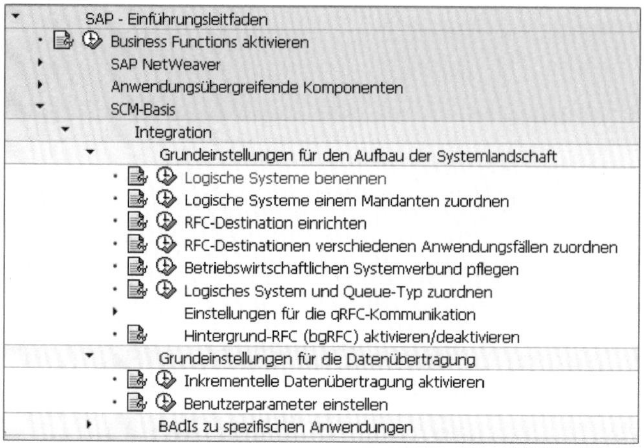

- SAP - Einführungsleitfaden
  - Business Functions aktivieren
  - SAP NetWeaver
  - Anwendungsübergreifende Komponenten
  - SCM-Basis
    - Integration
      - Grundeinstellungen für den Aufbau der Systemlandschaft
        - Logische Systeme benennen
        - Logische Systeme einem Mandanten zuordnen
        - RFC-Destination einrichten
        - RFC-Destinationen verschiedenen Anwendungsfällen zuordnen
        - Betriebswirtschaftlichen Systemverbund pflegen
        - Logisches System und Queue-Typ zuordnen
        - Einstellungen für die qRFC-Kommunikation
        - Hintergrund-RFC (bgRFC) aktivieren/deaktivieren
      - Grundeinstellungen für die Datenübertragung
        - Inkrementelle Datenübertragung aktivieren
        - Benutzerparameter einstellen
      - BAdIs zu spezifischen Anwendungen

Abbildung 14.4 Integrations-Customizing in SAP APO

14.3 Integrationsmodelle

Integrationsmodelle enthalten die notwendigen Parameter, die angeben, welche Datenobjekte in SAP ERP bzw. SAP S/4HANA zu selektieren und wohin diese zu übertragen sind. Das Modell wird nach der Erstellung aktiviert und gegebenenfalls über Hintergrundjobs eingeplant.

Bei der Integration der beiden Systeme kann zwischen Stammdaten, Bewegungsdaten und Customizing-Einstellungen unterschieden werden. SAP APO verwendet im Wesentlichen die aus SAP ERP bzw. SAP S/4HANA bekannten Stammdaten, die bei der Stammdatenintegration des ERP-Systems an SAP APO übertragen werden (siehe Abbildung 14.5).

Die Stammdatenübertragung erfolgt hierbei ausschließlich in eine Richtung: vom ERP-System in das SCM-System. Änderungen an den Stammdaten in SAP SCM werden also nicht an SAP ERP bzw. SAP S/4HANA repliziert. Dies betrifft auch SCM-spezifische Parameter, die im ERP-System nicht vorhanden sind.

Bewegungsdaten können in beide Richtungen übertragen werden. Bei den Bewegungsdaten handelt es sich entweder um transaktionale Daten aus SAP ERP bzw. SAP S/4HANA oder um die Planungsergebnisse von SAP APO, also z. B. um Prognosen, Produktionsaufträge oder Bestellanforderungen.

Bei den zu übertragenden Daten handelt es sich grundsätzlich um materialabhängige oder materialunabhängige Objekte.

- **Materialabhängige Objekte**
  Zu den materialabhängigen Objekten zählen insbesondere Materialien und Werke und die für den Einkauf notwendigen Kontrakte, Lieferpläne und Einkaufsinfo-

sätze. Zudem gehören Kundenaufträge und Planprimärbedarfe als Grundlage für die Bedarfsermittlung in SAP SCM zu den materialabhängigen Objekten.

- **Materialunabhängige Objekte**
  Zu den materialunabhängigen Objekten zählen neben den Versandstellen die Kunden- und Lieferantenstammdaten. Kunden und Lieferanten werden in SAP SCM analog zu den Werken in SAP ERP bzw. SAP S/4HANA als Lokation abgebildet. Die Lokationen können danach um SCM-spezifische Daten ergänzt werden (siehe Abbildung 14.5).

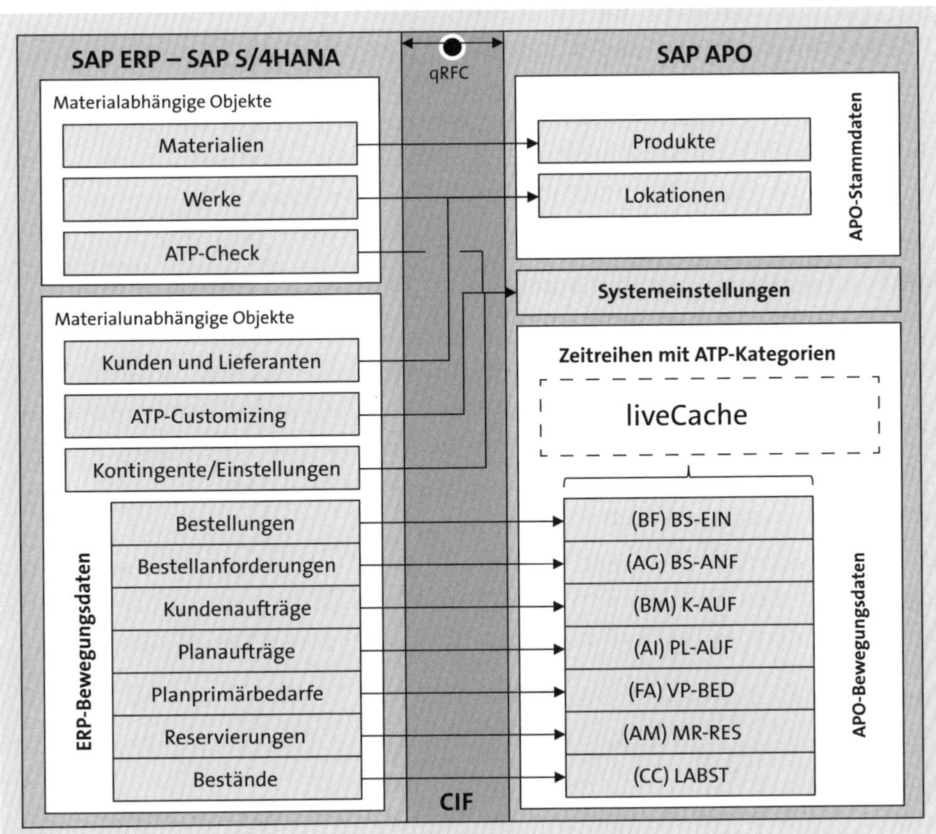

Abbildung 14.5 Systemintegration über die CIF-Schnittstelle

Die Auswahl der Daten, also die Parameter, die Sie in einem Integrationsmodell pflegen, richtet sich nach dem jeweiligen SCM-Geschäftsszenario und der APO-Komponente, die Sie einsetzen möchten.

Bei der Verfügbarkeitsprüfung mit SAP APO wählen Sie mit den Integrationsmodellen die Datenobjekte aus, die Sie für die ATP-Prüfung benötigen. Hierzu zählen in erster Linie Werke, Materialien, Bestände und Bedarfe. Zu den für die Verfügbarkeitsprüfung mit SAP APO benötigten Stammdaten zählen insbesondere das Produkt mit seinen lokationsspezifischen Parametern sowie gegebenenfalls Chargen, die in SAP APO *Version* genannt werden. Darüber hinaus, insbesondere für eine merkmalsbasierte Verfügbarkeitsprüfung, benötigt SAP APO auch Klassifizierungsdaten mit Produktmerkmalen und Attributen. Geschäftspartner werden in der Regel nicht benötigt.

Möchten Sie hingegen Ihre vorhandenen Produktionskapazitäten prüfen und das Verfahren *Capable-to-Promise* (CTP) einsetzen, benötigt das APO-System auch Arbeitsplätze, Stücklisten und Fertigungsstrukturen. Diese Datenobjekte werden in SAP APO als Ressourcen und Fertigungsstrukturen abgebildet.

Für die zu integrierenden Objekte legen Sie ein oder mehrere Integrationsmodelle an und schränken die Auswahl der zu selektierenden Daten über Filter ein. Wir zeigen Ihnen im Folgenden exemplarisch für die Integration von Stamm- und Bewegungsdaten sowie für die Integration der ATP-Einstellungen, wie Sie Integrationsmodelle anlegen, sie aktivieren und welche Parameter Sie pflegen müssen.

14.3.1 Integration der Stammdaten

Bei der Integration der Stammdaten erstellen Sie im ERP-System ein Integrationsmodell, mit dem Sie die Stammdaten für die Übertragung in das SCM-System selektieren. Für die Verfügbarkeitsprüfung mit SAP APO benötigen Sie als Stammdaten mindestens Materialien, Werke sowie Kunden und Lieferanten. Jedes Integrationsmodell hat eine eindeutige Bezeichnung und enthält das logische System, in dessen Richtung die Übertragung erfolgen soll.

Sie finden die Aktivitäten zu den Integrationsmodellen im SAP-Menü über den Pfad **Logistik • Zentrale Funktionen • Supply Chain-Planungsschnittstelle • Core Interface Advanced Planner and Optimizer • Integrationsmodell** (siehe Abbildung 14.6).

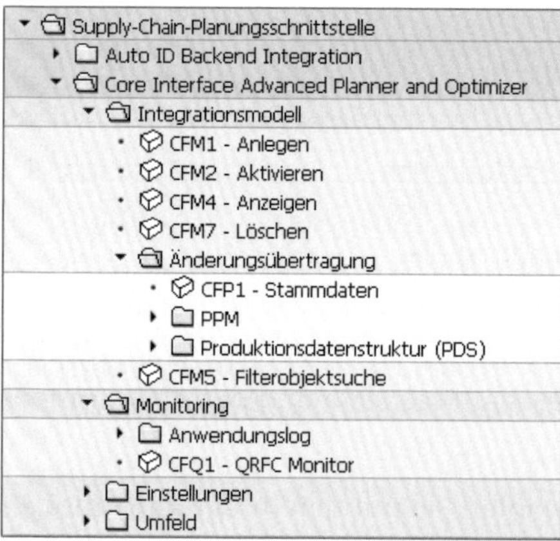

Abbildung 14.6 Integrationsmodelle einstellen

Integrationsmodell generieren

Mit Transaktion CFM1 legen Sie ein Integrationsmodell an. Abbildung 14.7 zeigt ein Integrationsmodell zur Stammdatenselektion von Materialstämmen. Zu jedem Datenobjekt können Sie Selektionsoptionen pflegen und die Auswahl einschränken. Im Beispiel in Abbildung 14.7 werden alle Materialien selektiert, bei denen die Materialnummer mit RBA* beginnt. Die Angabe eines Intervalls für das Werk schränkt die Suche weiter ein. Es werden nur Materialien selektiert, die mit RBA* beginnen und für die Werke 3000 bis 3850 existieren.

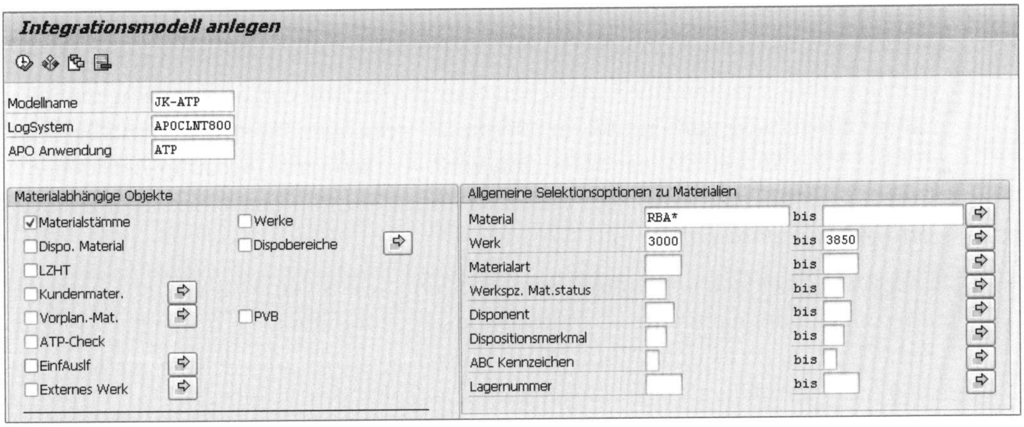

Abbildung 14.7 Integrationsmodell anlegen

Integrationsmodell aktivieren

Die eigentliche Selektion und Übertragung der Daten nach SAP APO erfolgt anschließend durch die Aktivierung des Integrationsmodells.

Bevor Sie das Integrationsmodell aktivieren, müssen Sie eine Voraussetzung schaffen: Die Übertragung über die CIF-Schnittstelle benötigt auf SCM-Seite eine aktive Planversion. Die aktive Planversion 000 legen Sie vor der Aktivierung des Integrationsmodells in SAP APO mit dem Modell- und Versionsmanagement über Transaktion /SAPAPO/MVM an.

Integrationsmodelle aktivieren Sie über Transaktion CFM2. Bei der Aktivierung werden die zu übertragenden Daten in SAP ERP bzw. SAP S/4HANA selektiert und anschließend an das SCM-System gesendet (siehe Abbildung 14.8).

Um das Integrationsmodell zu aktivieren, setzen Sie den Aktivierungsstatus und starten anschließend die Aktivierung über den Button **Start**. Nach der Aktivierung des Integrationsmodells stehen die ERP-Stammdaten in SAP APO zur Verfügung. Die nach SAP APO übertragenen Stammdaten haben dort jedoch oft andere Bezeichnungen und Parameter.

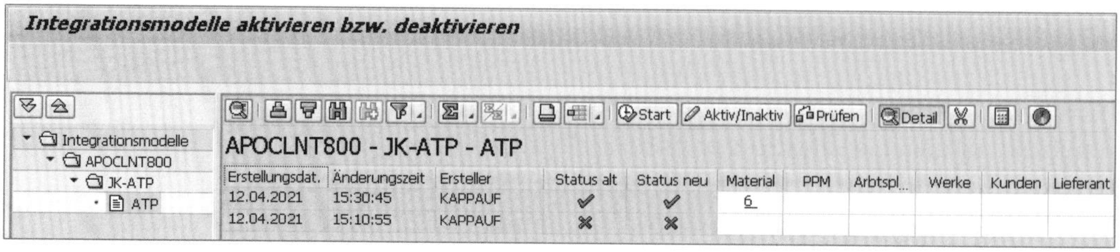

Abbildung 14.8 Integrationsmodell aktivieren

Lokationen

Werke, Kunden und Lieferanten werden in SAP SCM als Lokation geführt. In SAP SCM bezeichnet die *Lokation* einen logischen oder physischen Ort, an dem eine mengenmäßige Verwaltung von Produkten oder Ressourcen stattfindet. Die Verfügbarkeitsprüfung mit SAP APO ist also stets eine Verfügbarkeitsprüfung unter Berücksichtigung von Lokationen oder aber deren Ersetzung im Rahmen einer regelbasierten Verfügbarkeitsprüfung.

Je nachdem ob es sich um ein ERP-Werk oder um die aus dem ERP-System übertragenen Kunden oder Lieferanten handelt, werden Lokationen nach ihrem *Lokationstyp* unterschieden. Da es in SAP APO keine Geschäftspartner gibt, werden Kunden und Lieferanten ebenfalls als Lokation angelegt. Der Lokationstyp gibt dabei an, ob es sich bei der Lokation z. B. um ein Produktionswerk, ein Verteilzentrum oder um eine Kundenlokation handelt. ERP-Werke werden z. B. als Lokation mit dem Lokationstyp 1001 (Produktionswerk) übertragen.

Produkte

Materialstammdaten werden in sämtlichen SAP-Systemen der SAP Business Suite verwendet. Die Integration der Materialstämme erfolgt durch Verteilung über die CIF-Schnittstelle. In der Regel ist SAP ERP bzw. SAP S/4HANA mit seinen logistischen Kernprozessen das führende System für die Pflege der Materialstammdaten.

Je nach betrieblicher Erfordernis bzw. implementierter Systemlandschaft werden die Materialstämme an die angeschlossenen SAP-Systeme verteilt. Sofern über Kundenerweiterungen keine Umbenennungen vorgenommen wurden, erscheint das Produkt in SAP APO unter derselben Nummer wie das ERP-Material und steht als Stammdatum der SCM-Basis sämtlichen SCM-Anwendungen zur Verfügung. Hierzu zählen insbesondere die Applikationen von SAP APO mit den Komponenten der globalen Verfügbarkeitsprüfung und der Absatzplanung.

Ähnlich den allgemeinen und werksabhängigen Materialstammdaten in SAP ERP bzw. SAP S/4HANA kann der SCM-Produktstamm in globale und lokationsabhängige Daten unterteilt werden. Globale Daten sind hier analog zu den allgemeinen Materialstammdaten für alle Lokationen gültig. Lokationsspezifische Daten enthalten u. a.

z. B. die für eine bestimmte Kunden- oder Werkslokation geltenden Einstellungen für Beschaffung, Losgröße und Verfügbarkeitsprüfung.

Produktparameter der Verfügbarkeitsprüfung

In den lokationsspezifischen Daten des Produktstamms enthält die Registerkarte **ATP** nahezu sämtliche Parameter, die für die gATP-Prüfung eines Produkts relevant sind (siehe Abbildung 14.8). Hierbei kann in den Produktparametern von SAP APO zwischen drei verschiedenen Fällen unterschieden werden:

- Parameter, die aus einem Parameter des ERP-Systems übernommen wurden
- Parameter, die aus mehreren ERP-Parametern in SAP APO ermittelt wurden
- Parameter, die ausschließlich in SAP APO gepflegt werden und nicht in SAP ERP bzw. SAP S/4HANA existieren

Prüfhorizont und Kontingentschemafolge

Ein Beispiel für einen Parameter, der in SAP APO aus mehreren ERP-Parametern berechnet wird, ist der *Prüfhorizont*. Sie lernen diesen Parameter im Rahmen der Basismethode zur Produktverfügbarkeitsprüfung in Kapitel 15 kennen. Demgegenüber wird die ATP-Gruppe aus SAP ERP bzw. SAP S/4HANA übertragen – sie hat dort aber eine andere Bezeichnung (Prüfgruppe).

Die *Kontingentschemafolge* ist ein Beispiel für einen Parameter der ausschließlich in SAP APO bekannt ist. Sie ist ein wichtiger Steuerparameter bei der Verfügbarkeitsprüfung gegen Kontingente und wird ebenfalls im nächsten Kapitel erläutert.

14.3.2 Integration der Bewegungsdaten

Die Bewegungsdaten werden ebenfalls über die CIF-Schnittstelle selektiert und übertragen sowie im liveCache von SAP APO als Auftrag gespeichert. Es existieren Auftragsarten für Bestellungen, Bestände, Kundenaufträge usw. Die Identifikation eines Auftrags und damit die Kennzeichnung, um welches Datenobjekt es sich handelt, erfolgt mithilfe von ATP-Kategorien.

Die Auswahl der zu übertragenden ATP-Kategorien bzw. der ihnen zugeordneten Datenobjekte hat damit einen entscheidenden Einfluss auf die Genauigkeit und das Ergebnis der Verfügbarkeitsprüfung. Wir gehen in Abschnitt 15.3.1 noch genauer auf die Verwendung und Bedeutung der ATP-Kategorien ein.

In Abbildung 14.9 sehen Sie, wie das Integrationsmodell aus den materialabhängigen Objekten sämtliche Bestände und geplanten Zu- und Abgänge selektiert; das ist Grundvoraussetzung für die Produktverfügbarkeitsprüfung mit SAP APO. Das Integrationsmodell berücksichtigt bei den Abgängen Bedarfe aus Kundenaufträgen und Planprimärbedarfen; Zugänge werden insbesondere in Form von Bestellungen und Bestellanforderungen berücksichtigt.

Die Selektion und Übertragung von Stamm- und Bewegungsdaten ist Voraussetzung für die Integration von SAP APO. Neben der Übertragung von Stammdaten und transaktionalen Daten wird die CIF-Schnittstelle auch für die Integration von Systemeinstellungen verwendet.

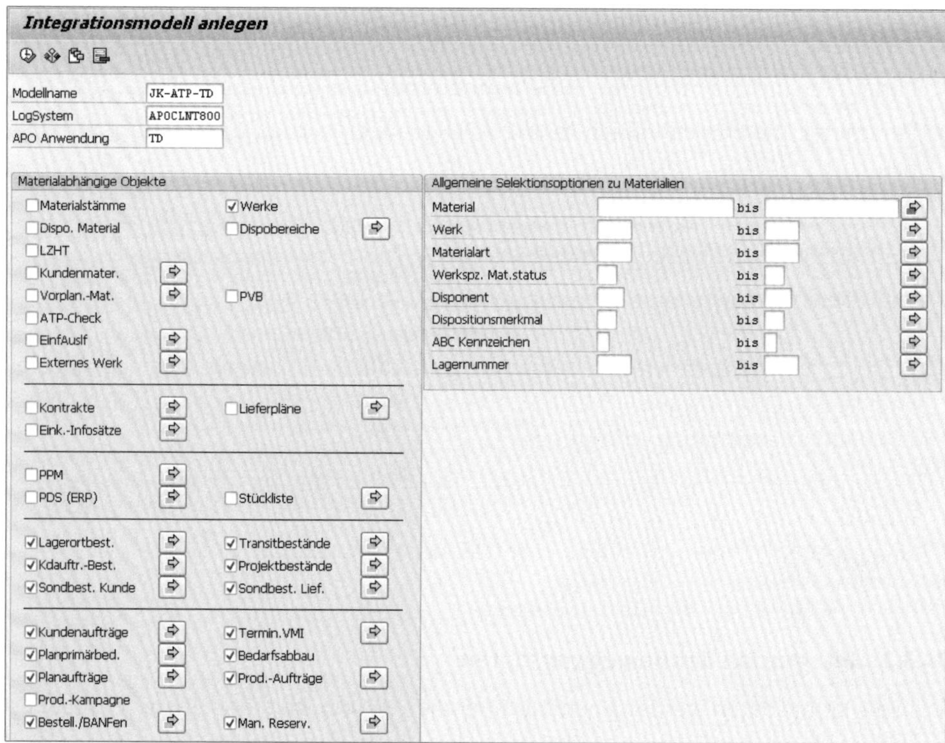

Abbildung 14.9 Integrationsmodell für Bewegungsdaten

14.3.3 Integration der ATP-Einstellungen

Für die Verfügbarkeitsprüfung mit SAP APO stehen Ihnen zur Integration von Systemeinstellungen folgende Datenkanäle zur Verfügung (siehe Abbildung 14.10):

- ATP-Check
- ATP-Customizing
- Kontingentierungs-Customizing
- Kontingente

Voraussetzung ist, dass die Stamm- und Bewegungsdaten bereits mit den entsprechenden Integrationsmodellen ausgewählt wurden. Für die Integration der ATP-Einstellungen, insbesondere für die Übertragung des ATP-Customizings, werden Sie ein eigenes Integrationsmodell anlegen.

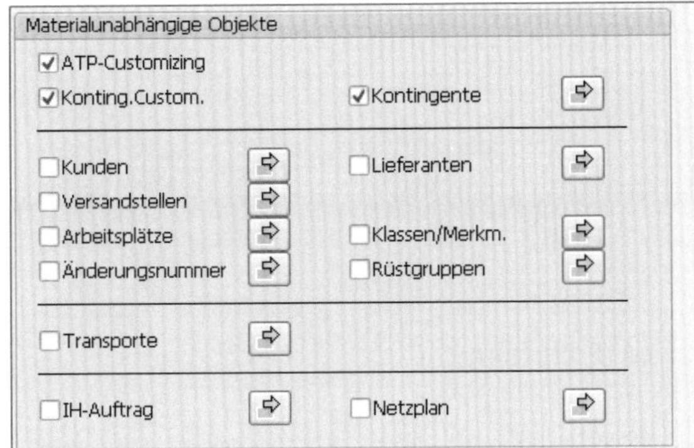

Abbildung 14.10 Integrationsmodell für ATP-Einstellungen

Sie finden die Einstellung des *ATP-Checks* bei den materialabhängigen Objekten (siehe Abbildung 14.7 weiter vorne). Es handelt es sich dabei aber nicht um die Selektion von Stammdaten, sondern um die Aktivierung der globalen Verfügbarkeitsprüfung mit SAP APO. Mit der Auswahl des **ATP-Checks** legen Sie für jede Material- und Werkskombination fest, ob eine Verfügbarkeitsprüfung mit SAP APO stattfinden soll. Diese Einstellung gilt dann für jeden Geschäftsvorfall, den Sie für die selektierten Materialien in den ausgewählten Werken durchführen.

[!]

Zeitpunkt der Aktivierung

Beachten Sie, dass die Aktivierung der APO-Verfügbarkeitsprüfung vor oder zusammen mit der Übertragung der Bewegungsdaten stattgefunden haben muss.

Für die Einstellungen des ATP-Checks werden Sie in der Regel auch ein eigenes Integrationsmodell pflegen, um die ATP-Prüfung unabhängig von den zu übertragenden Daten steuern zu können.

Kommen wir zum *ATP-Customizing*. Mit dem Datenkanal **ATP-Customizing** steuern Sie die Übertragung von ERP-Customizing-Einstellungen in das SCM-System. Voraussetzung hierzu ist, dass Sie in SAP APO die Customizing-Übertragung **Import Customizing** in den globalen Einstellungen der Verfügbarkeitsprüfung erlaubt haben (siehe Abbildung 14.11). Sie finden diese Einstellungen im Customizing von SAP APO über den Pfad: **Advanced Planning and Optimization • globale Verfügbarkeitsprüfung • allgemeine Einstellungen.**

Die Customizing-Übertragung, hierzu zählt beispielsweise die ERP-Prüfregel, die in SAP SCM dem betriebswirtschaftlichen Ereignis entspricht, erfolgt als Erstdatenversorgung bei der Konfiguration des APO-Systems. Damit die Einstellungen im SCM-System durch eine Übertragung aus SAP ERP bzw. SAP S/4HANA nicht überschrieben werden, deaktivieren Sie den Customizing-Import in den globalen Einstellungen (siehe Abbildung 14.11).

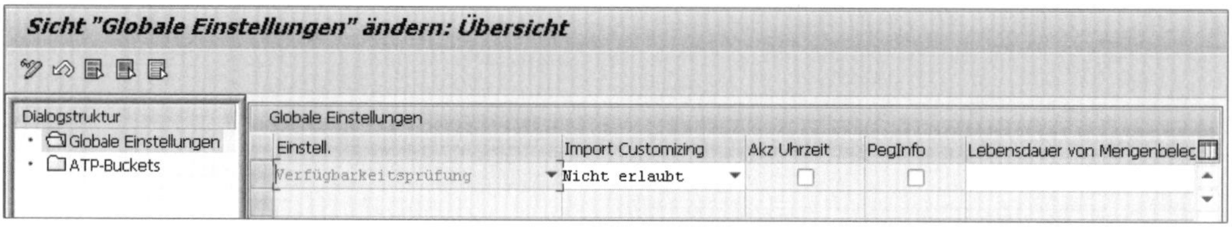

Sicht "Globale Einstellungen" ändern: Übersicht

Dialogstruktur
- Globale Einstellungen
- ATP-Buckets

Globale Einstellungen

Einstell.	Import Customizing	Akz Uhrzeit	PegInfo	Lebensdauer von Mengenbeleg
Verfügbarkeitsprüfung	Nicht erlaubt	☐	☐	

Abbildung 14.11 Globale Einstellungen der ATP-Prüfung

Im Gegensatz zu den bereits erläuterten Datenkanälen für den ATP-Check und das ATP-Customizing erfolgt bei den Einstellungen zur Übertragung des *Kontingentierungs-Customizings* bzw. der *Kontingente* keine Übertragung im Anschluss an die Aktivierung des Integrationsmodells. Die Einstellung im Integrationsmodell öffnet lediglich den Datenkanal. Die eigentliche Übertragung des Kontingentierungs-Customizings erfolgt manuell im ERP-System über Transaktion QTSP (siehe 12.2.3).

Mithilfe des Datenkanals **Kontingente** gestatten Sie die Übertragung von Kontingentmengen aus dem ERP-System nach SAP APO. Die Übertragung erfolgt mit Transaktion QTSA ebenfalls manuell in SAP ERP bzw. SAP S/4HANA.

14.3.4 Datenaustausch einplanen

Der Datenaustausch zwischen SAP ERP bzw. SAP S/4HANA und SAP APO erfolgt automatisch auf Basis der in den vorherigen Abschnitten beschriebenen Schnittstellenkonfiguration. Die zu übertragenden Änderungen werden im ERP-System mit Änderungszeigern aufgezeichnet. Durch die Aktivierung des Integrationsmodells werden die Änderungszeiger ausgewertet und die geänderten Stammdaten an das Zielsystem übertragen.

Job einplanen

Die Generierung und Aktivierung der Integrationsmodelle kann mithilfe von Hintergrundjobs über Transaktion SM36 automatisiert werden. Die Ausführung erfolgt dabei periodisch, in der Regel stündlich. Zur Übertragung der geänderten Stammdaten führt der Hintergrundjob mehrere Schritte durch (siehe Abbildung 14.12).

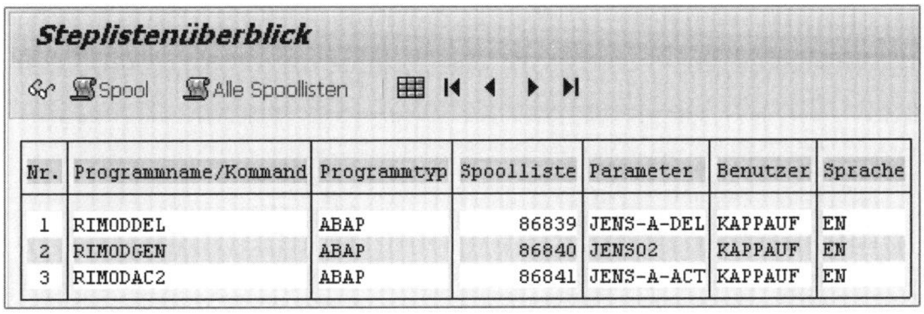

Steplistenüberblick

Spool Alle Spoollisten

Nr.	Programmname/Kommand	Programmtyp	Spoolliste	Parameter	Benutzer	Sprache
1	RIMODDEL	ABAP	86839	JENS-A-DEL	KAPPAUF	EN
2	RIMODGEN	ABAP	86840	JENS02	KAPPAUF	EN
3	RIMODAC2	ABAP	86841	JENS-A-ACT	KAPPAUF	EN

Abbildung 14.12 Verarbeitungsschritte der Hintergrundverarbeitung

Die einzelnen Schritte folgen den bereits beschriebenen Schritten der Generierung und Aktivierung der Integrationsmodelle. Die Selektion der zu verarbeitenden Daten erfolgt bei der Hintergrundverarbeitung durch Reportvarianten, die Sie für die folgenden Programme erstellen (siehe Tabelle 14.2).

Schritt	Programm	Transaktion	Beschreibung
1	RIMODDEL	CFM7	Löschen der deaktivierten Integrationsmodelle nach der letzten Ausführung des Hintergrundjobs.
2	RIMODGEN	CFM1	Generiert eine neue Version des Integrationsmodells. Wenn Sie z. B. einen neuen Materialstammsatz ändern, der mit den Selektionskriterien des Integrationsmodells übereinstimmt, generiert das Programm automatisch eine neue, inaktive Version des Integrationsmodells.
3	RIMODAC2	CFM3	Deaktiviert die alte Version des Integrationsmodells und aktiviert eine neue Version mit den zu übertragenden Daten. Der Report vergleicht dabei die alte Version des Integrationsmodells mit der neuen Laufzeitversion und stößt anschließend die Übertragung der geänderten Daten an (Delta-Logik). Die alte Version wird bei der nächsten Hintergrundverarbeitung durch Schritt 1 gelöscht.

Tabelle 14.2 Reportvarianten für die Jobverarbeitung

Reportvarianten erzeugen

Voraussetzung für die Pflege der einzelnen Verarbeitungsschritte sind die *Reportvarianten* für die Einrichtung der Integrationsmodelle. Die nachfolgende Liste beschreibt hierzu die notwendigen Systemschritte und Einstellungen:

1. Mit Transaktion CFM1 generieren Sie zunächst das einzuplanende Integrationsmodell und speichern die Selektion anschließend als Reportvariante (RIMODGEN).

2. Für den ersten Schritt der Hintergrundverarbeitung rufen Sie Transaktion CFM7 auf und selektieren die inaktive Version des im vorangehenden Schritt generierten Integrationsmodells. Setzen Sie dabei das Kennzeichen **Nur inaktive selektieren**.
3. Diese Einstellungen sichern Sie ebenfalls als Reportvariante (RIMODDEL).
4. Die Aktivierung des in Schritt 2 generierten Integrationsmodells erfolgt über Transaktion CFM3. Wählen Sie das generierte Modell aus, und speichern Sie die Selektion als Reportvariante (RIMODGEN).

14.4 Zusammenfassung

In diesem Kapitel haben Sie die Schnittstellentechnologie und die wesentlichen Einstellungen der Systemintegration zwischen SAP ERP bzw. SAP S/4HANA und SAP SCM kennengelernt. Wir haben dabei bewusst auf die Wiederholung frei verfügbarer Dokumentation verzichtet und sind auf die notwendigen Einstellungen für eine Verfügbarkeitsprüfung mit SAP APO eingegangen. Hierzu zählten insbesondere die Einrichtung des Core Interface zur Selektion und Übertragung von ATP-relevanten Stamm- und Bewegungsdaten in den Datenkanälen für die Integration der ATP-Einstellungen.

Diese Einstellungen sind Voraussetzung für das Verständnis der nachfolgenden Kapitel und für die Verfügbarkeitsprüfung mit SAP APO. In den nächsten Kapiteln werden wir Ihnen die Basismethoden der Verfügbarkeitsprüfung erläutern und deren Grundeinstellungen erklären. In diesem Zusammenhang werden wir, aufbauend auf diesem Kapitel, erneut auf die Integration und Herkunft der hierzu notwendigen Parameter eingehen. Zunächst möchten wir Ihnen aber die Parameter der Verfügbarkeitsprüfung in SAP APO erörtern.

Kapitel 15
Parameter der Verfügbarkeitsprüfung in SAP APO

Der Umfang und das Ergebnis der APO-Verfügbarkeitsprüfung richten sich nach der Prüfvorschrift und den darin hinterlegten Prüfmethoden. In diesem Kapitel lernen Sie neben den allgemeinen Einstellungen in SAP SCM die Grundeinstellungen zur Ermittlung der Prüfvorschrift kennen.

Die Aufgabe der Verfügbarkeitsprüfung ist es primär, die Einhaltung von Lieferversprechen an interne und externe Kunden sicherzustellen. Die Bestätigung, ob ein bestimmtes Produkt zu einem bestimmten Zeitpunkt in der gewünschten Menge zur Verfügung steht, die Durchführung dieser Prüfung in SAP ERP bzw. SAP S/4HANA, deren Ablauf sowie die hierzu notwendigen Systemeinstellungen haben wir Ihnen in den vorangehenden Kapiteln erläutert.

In diesem Kapitel erläutern wir die verschiedenen Parameter, die für die Verfügbarkeitsprüfung mit SAP APO von Bedeutung sind, und erklären die Auswirkungen dieser Parameter auf die Art und Weise sowie auf das Ergebnis der unterschiedlichen Prüfmethoden.

15.1 Grundlagen

Die Verfügbarkeitsprüfung kann in SAP APO analog den aus SAP ERP bzw. SAP S/4HANA bekannten Basismethoden durchgeführt werden, bietet aber in SAP APO erweiterte Funktionen, insbesondere bei der Definition des Prüfumfangs. Zu den Basismethoden der Verfügbarkeitsprüfung zählen die Produktverfügbarkeitsprüfung, die Kontingentierung und die Vorplanung. Diese Basismethoden werden in Kapitel 16 für SAP APO näher erläutert.

Neben diesen Basismethoden, die auch in SAP APO vorhanden sind, wird die Verfügbarkeitsprüfung um neue Methoden erweitert, z. B. um die regelbasierten Methoden, um die mehrstufige ATP-Prüfung sowie um die Prüfung bei der Streckenabwicklung und gegen die Produktion. In diesem Zusammenhang unterstützt SAP APO auch regelbasierte Methoden, die eine automatische Entscheidungsfindung zwischen Alternativen ermöglichen, und bevorzugt zum Einsatz kommen, wenn der Bestand und die geplanten Zugänge eines bestimmten Produkts zur Deckung eines Bedarfs nicht ausreichen.

In Kapitel 16, »Prüfmethoden in SAP APO«, lernen Sie neben dieser regelbasierten Verfügbarkeitsprüfung und der Kombination von Basismethoden weitere Prüfmethoden sowie deren Vor- und Nachteile gegenüber den Standardmethoden kennen. Im Gegensatz zu den Basismethoden sind die erweiterten Methoden der Verfügbarkeitsprüfung nur in der gATP-Prüfung in SAP APO verfügbar, wobei sich die zur Anwendung kommenden Prüfmethoden auch nach dem jeweiligen Geschäftsvorfall richten, von dem aus sie aufgerufen werden (siehe Abbildung 15.1).

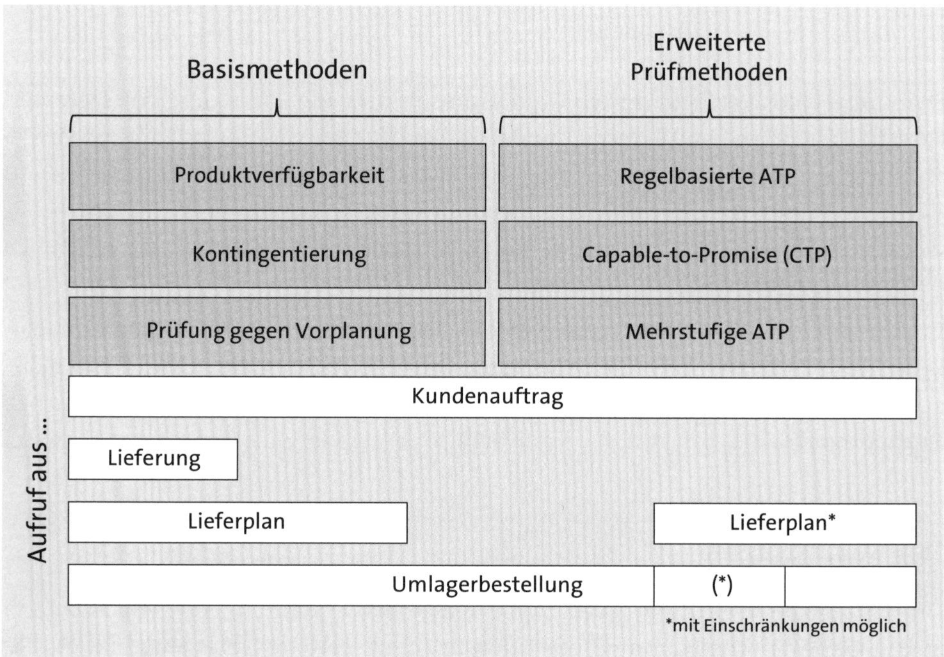

Abbildung 15.1 Geschäftsvorfälle und Prüfmethoden

Die Auswahl der zum Einsatz kommenden Prüfmethode richtet sich nach den im System hinterlegten Einstellungen. Maßgeblich ist dabei die *Prüfvorschrift*, die aus *Prüfmodus* und *betriebswirtschaftlichem Ereignis* ermittelt wird, sowie die *Prüfsteuerung*, die den eigentlichen *Prüfumfang* bestimmt (siehe Abbildung 15.2).

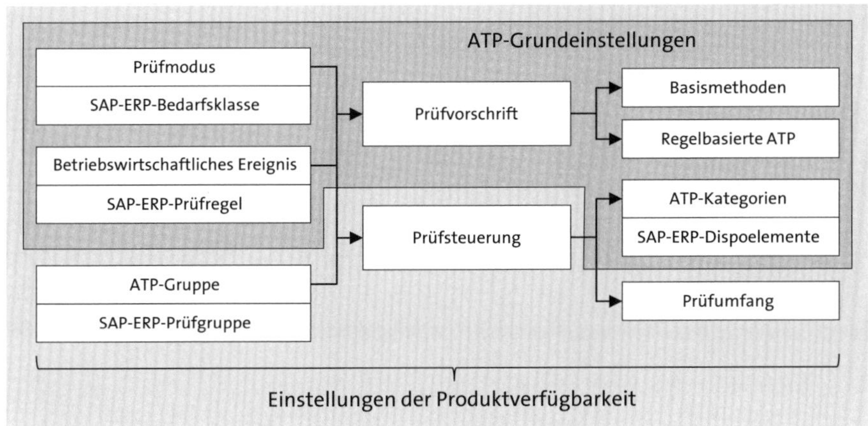

Abbildung 15.2 APO-Parameter der Verfügbarkeitsprüfung

15.2 Prüfvorschrift

In diesem Abschnitt erläutern wir Ihnen die wichtigsten Parameter und Einstellungen sowie die Ermittlung der Prüfvorschrift. Für detaillierte Einstellungen der Prüfsteuerung, die Kombination von Basismethoden, die regelbasierte Verfügbarkeitsprüfung und Streckenabwicklung sowie die Prüfung gegen die Produktion lesen Sie Kapitel 16, »Prüfmethoden in SAP APO«, und Kapitel 17, »Erweiterte Prüfmethoden in SAP APO«.

15

15.2.1 Grundeinstellungen in der Prüfvorschrift

Prüfvorschriften legen die Methode und damit die Art und den Umfang der Verfügbarkeitsprüfung fest. Sie bestimmen also über die Prüfmethode, ob die Prüfung auf Basis einer Basismethode erfolgen soll oder mithilfe einer erweiterten Methode durchgeführt werden muss.

Abbildung 15.3 zeigt eine Prüfvorschrift mit regelbasierter ATP-Prüfung. In dieser Prüfvorschrift wurde für den ersten Schritt die Basismethode der Produktprüfung eingestellt und eine regelbasierte Verfügbarkeitsprüfung mit Sofortstart aktiviert. Eine Kontingentierung oder die Prüfung gegen die Vorplanung findet nicht statt. Das Ergebnis der Prüfung unter Verwendung dieser Prüfvorschrift finden Sie in Kapitel 17.

Die Einstellungen zur Prüfvorschrift finden Sie im SAP-Customizing über den Pfad **Advanced Planning and Optimization • Globale Verfügbarkeitsprüfung (Globale ATP-Prüfung) • Allgemeine Einstellungen • Prüfvorschrift pflegen** (siehe Abbildung 15.4) oder über Transaktion /SAPAPO/ATPC07.

Sicht "Pflege Prüfvorschriften" ändern: Detail

Neue Einträge

Prüfmodus RB5 Lager Verrechnung
Betr. Ereignis A SD-Auftrag

Pflege Prüfvorschriften
Produktprüfung: Erster Schritt
☐ Neutr ProdPrüf. ProdVerfPrüf-Art: Nur Zeitreihenprüfung
Kontingent: Keine Prüfung
☐ Neutral Kont
Vorplanung: Keine Prüfung
☐ Neutral VorplPr

Rundungsschema
Rundungsschema ☐ Rundungsschema aktiv

Regelbasierte ATP-Prüfung
☑ RBA aktivieren ☑ Start sofort ☐ Unt.Pos.zs.fss.
☐ Stammdaten Austauschb. ☐ Unterpos. erzeugen
☐ BerProfil. anwenden
Gültigkeitsmodus: Nur Elemente im Gültigkeitsbereich verwenden
Restbedarf: Restbedarf für Ausgangslokationsprodukt absetzen
Ersetzungsvorauswahl: Vorauswahl inaktiv

Produktion
Prod starten: Nur Verfügbarkeitsprüfung, keine Produktion
Zeitpunkt Prod: Nach Ausführung aller Basismethoden
☐ Zugangselemente neu anlegen
Mehrstufige ATP-Prüfung
Komponenten Restbedarf: Restbedarf auf Kopfebene absetzen
Umsetzungsmodus für ATP-Baumst: Mehrere Planaufträge anlegen (1 Pl-Auf pro Teilbest...
Betr. Ereignis mehrstufige ATP

Streckenabwicklung
Bezugsquellenfindung starten: Nur Verfügbarkeitsprüfung, keine Bezugsquellenfindu...
Bezugsquellenfindungsmethode: Prüfung gegen Infosätze

☐ ATP Alert aktiv

Abbildung 15.3 Prüfvorschrift mit regelbasierter ATP-Prüfung

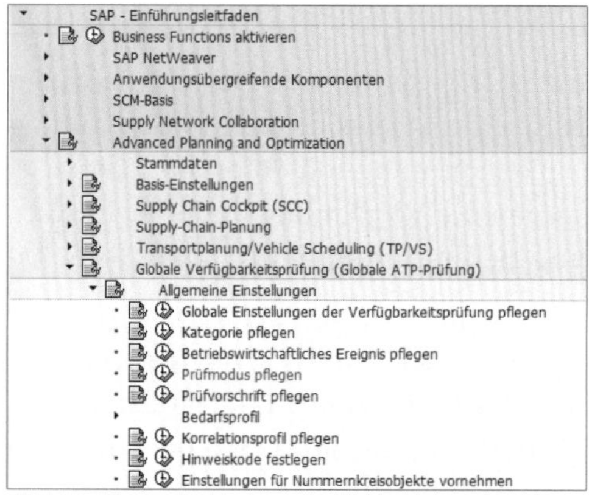

Abbildung 15.4 Allgemeine Customizing-Einstellungen der ATP-Prüfung

Voraussetzung für die Pflege der Prüfvorschrift sind das betriebswirtschaftliche Ereignis und der Prüfmodus, in der die Prüfvorschrift ermittelt wird. Beide Parameter stellen wir Ihnen im Folgenden vor. Zunächst erläutern wir Ihnen jedoch die wichtigsten Grundeinstellungen der Prüfvorschrift.

Prüfung mit Basismethoden

Soll die Prüfung auf der Grundlage einer Basismethode erfolgen, kann diese direkt als Prüfvorschrift gewählt werden. Hierbei stehen folgende Basismethoden zur Auswahl (siehe Abbildung 15.3):

- Produktverfügbarkeitsprüfung
- Prüfung gegen Kontingente
- Prüfung gegen Vorplanung

Die Basismethoden können Sie beliebig kombinieren, indem Sie die Reihenfolge ihrer Ausführung festlegen. Unter der Voraussetzung, dass das Kennzeichen **Ergebnis neutral** nicht gesetzt ist, kann das Ergebnis des vorausgegangenen Prüfschritts als Ausgangspunkt für eine weitere Prüfung herangezogen werden. Die aus einer Basisprüfung resultierende zugesagte Menge wird dann bei der nächsten ATP-Basisprüfung als erforderliche Menge zugrunde gelegt.

Bei diesem restriktiven Bestätigungsverhalten entspricht die bestätigte Menge der kleinstmöglichen Menge, die unter Berücksichtigung der vorangegangenen Prüfungen bestätigt werden kann. Das Bestätigungsverhalten wirkt sich dabei nicht nur auf die Menge aus, sondern auch auf den Termin, zu dem die Menge bestätigt werden kann.

Wird das Kennzeichen **Neutral** gesetzt, hat das Ergebnis der Basismethode keinen Einfluss auf das Endergebnis der ATP-Prüfung und wird als *neutral* bezeichnet. Ist dieses neutrale Ergebnis der Basismethode kleiner als das ermittelte Endergebnis, gibt das System eine Meldung aus und bestätigt die ursprüngliche, in diesem Fall höhere Bedarfsmenge.

Wird bei einer Kombination von Basismethoden für jeden Schritt der Prüfung das Kennzeichen gesetzt, entspricht das Prüfergebnis stets der kompletten und ursprünglichen Bedarfsmenge.

Erweiterte Verfügbarkeitsprüfung

Mithilfe der Prüfvorschrift wird auch bestimmt, ob eine erweiterte Verfügbarkeitsprüfung, z. B. eine regelbasierte ATP-Prüfung, durchgeführt werden soll (siehe Abbildung 15.5). Durch das Kennzeichen **RBA aktivieren** versucht das System, mithilfe der Konditionstechnik eine oder mehrere als Stammdaten hinterlegte Regeln zu ermitteln. Hierbei wird eine Produkt- oder Lokationssubstitution ermöglicht.

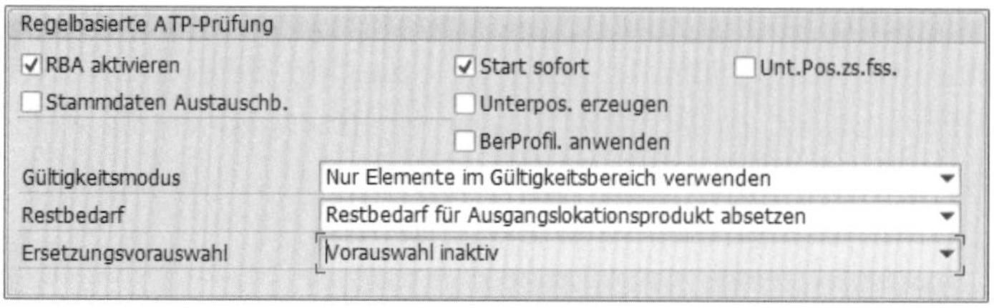

Regelbasierte ATP-Prüfung
☑ RBA aktivieren ☑ Start sofort ☐ Unt.Pos.zs.fss.
☐ Stammdaten Austauschb. ☐ Unterpos. erzeugen
☐ BerProfil. anwenden
Gültigkeitsmodus: Nur Elemente im Gültigkeitsbereich verwenden
Restbedarf: Restbedarf für Ausgangslokationsprodukt absetzen
Ersetzungsvorauswahl: Vorauswahl inaktiv

Abbildung 15.5 Aktivierung der regelbasierten Verfügbarkeitsprüfung

Indem Sie das Kennzeichen **Start sofort** setzen, wendet das System die hinterlegten Regeln und ein hinterlegtes *Berechnungsprofil* sofort an, um die Verfügbarkeit des Bedarfs zu prüfen. Ein aus SAP ERP bzw. SAP S/4HANA übergebenes Werk wird z. B. sofort ersetzt und die Prüfvorschrift mit dem neuen Werk ausgeführt. Eine Prüfung gegen die Basismethoden findet in diesem Fall nicht statt.

Ist das Kennzeichen **Start sofort** nicht gesetzt, wird die Differenz aus der zu bestätigenden Wunschmenge und der bestätigten Menge aus dem oder den Prüfschritt(en) der Basismethode(n) zur Prüfung an die Regel(n) übergeben. Das System prüft somit nur dann regelbasiert, wenn die gewünschte Bedarfsmenge von dem übergebenen Werk nicht voll bestätigt werden kann.

In diesem Zusammenhang werden Liefervorschläge mit beliebiger Verspätung als Vollbestätigung interpretiert und führen nicht zu einer regelbasierten Verfügbarkeitsprüfung.

Führt die regelbasierte ATP-Prüfung zu einer nicht bestätigten Teilmenge, also einem Restbedarf (Feld **Restbedarf** in Abbildung 15.3), kann dafür ein Bedarf abgesetzt werden. Das System bietet dabei die Möglichkeit, den Bedarf abzusetzen, und zwar sowohl für das ursprüngliche Lokationsprodukt als auch für dessen erste oder letzte Ersetzung bzw. gemäß den Produktaustauschbarkeitsstammdaten

Alternativ kann die Produktion (Bereich **Produktion** in Abbildung 15.3) des gewünschten Produkts veranlasst werden. Dies ist möglich, falls das Produkt in einer Ersatzlokation nicht in der gewünschten Menge verfügbar ist (nach Ausführung der Produktverfügbarkeitsprüfung) oder falls eine Teilmenge der ursprünglichen Bedarfsmenge nicht in den vorausgegangenen Prüfungen gegen die Basismethoden bestätigt werden konnte. Die Prüfvorschrift steuert dabei den Zeitpunkt der Produktion. Die Produktion kann aber auch aus den Regeln heraus gestartet werden, selbst wenn eine Produktion in der Prüfvorschrift nicht explizit eingestellt wurde.

Für den Fall einer Unterdeckung kann auch der Alert Monitor aktiviert werden (Kennzeichen **ATP Alert aktiv** in Abbildung 15.3), mit dessen Hilfe Sie sich im *Supply Chain Cockpit* die Unterdeckungssituation anzeigen lassen können.

Das Supply Chain Cockpit dient zur Informationsverwaltung und Überwachung von SAP APO (siehe Abbildung 15.6). Es stellt Informationen zu Objekten und Anwendungen bereit und bietet die Möglichkeit, Alerts, d. h. Ereignisnachrichten anzuzeigen und auf einer Karte zu visualisieren. Da das Supply Chain Cockpit allen APO-Komponenten zur Verfügung steht und keine spezielle Funktion für die Verfügbarkeitsprüfung ist, möchten wir in diesem Buch nicht weiter darauf eingehen. Die Alerts erläutern wir in Kapitel 19.

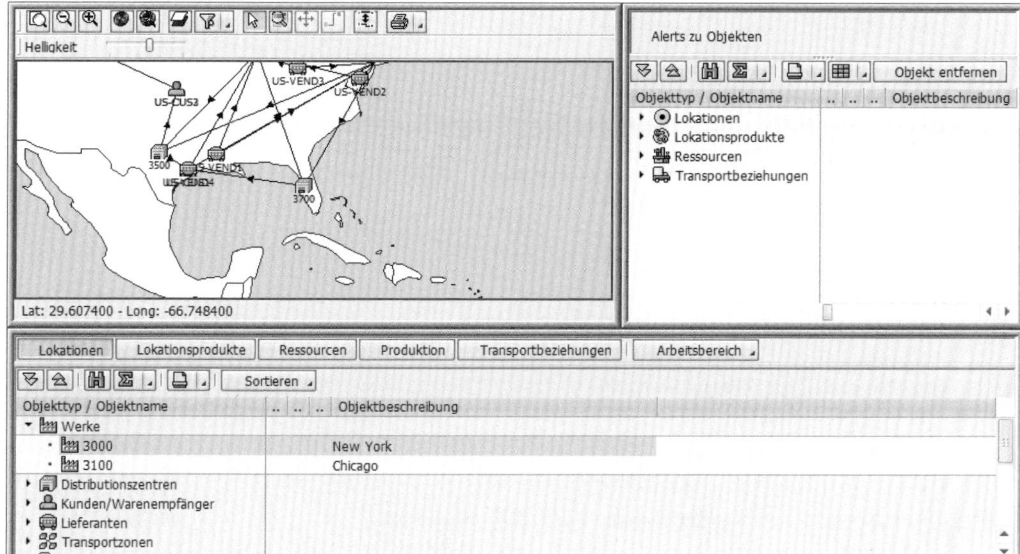

Abbildung 15.6 Supply Chain Cockpit in SAP APO

Die Prüfung gegen erweiterte Methoden erfolgt somit entweder als Kombination der Basismethoden oder als regelbasierte Verfügbarkeitsprüfung (siehe Kapitel 17, »Erweiterte Prüfmethoden in SAP APO«).

15.2.2 Ermittlung der Prüfvorschrift

Es wurde bereits zu Beginn dieses Kapitels erwähnt, dass die Prüfvorschrift und damit die Festlegung, auf welche Art und in welchen Schritten die Verfügbarkeitsprüfung ausgeführt werden soll, aus einer Kombination von Prüfmodus und betriebswirtschaftlichem Ereignis ermittelt wird. Hier steigen wir nun tiefer ein.

Prüfmodus

Der Prüfmodus ist ein Gruppierungskennzeichen für Produkte und legt zusammen mit dem betriebswirtschaftlichen Ereignis fest, welche Prüfvorschrift für eine Gruppe von Produkten zur Anwendung kommen soll. Der Prüfmodus im APO-System entspricht der *Bedarfsart* mit der dazugehörigen *Bedarfsklasse* des ERP-Systems (ERP-Transaktion OVZG).

In SAP ERP (gilt analog für SAP S/4HANA) sind die für ein Material gültigen Planungsstrategien im Customizing gepflegt (siehe Abbildung 15.7) und über eine Strategiegruppe in der Sicht **Disposition 3** dem Materialstamm zugeordnet (siehe Abbildung 15.8).

Sicht "Strategie" anzeigen: Detail

Strategie RB Vorplanung mit Endmontage

Bedarfsart der Vorplanung
Bedarfsart Vorplanung VSF Vorplanung mit Endmontage
Bedarfsklasse 101 Vorpl mit Montage
Verrechnung 1 Verrechn. Vorplanung mit Montage
Planungskennz 1 Nettoplanung

Bedarfsart des Kundenbedarfs
Bedarfsart Kundenbedarf RBAT Kundenauftrag mit Verrechnung
Bedarfsklasse RB5 Lager Verrechnung
Zuordnungskennz 1 Verrechn. Vorplanung mit Montage
Keine Disposition Bedarf wird disponiert
Verfügbarkeitsprüfung
Bedarfsübergabe
Bedarfsabbau
Kontierungstyp
Abrechnungsprofil
Abgrenzungsschlüssel

Montageauftrag
Montageart 0 Keine Montageabwicklung
Dialog Montage
Auftragsart
Kapazitätsprüfung
Verfügbarkeit Komponenten

Konfiguration
Konfiguration
Konfigurationsverre.

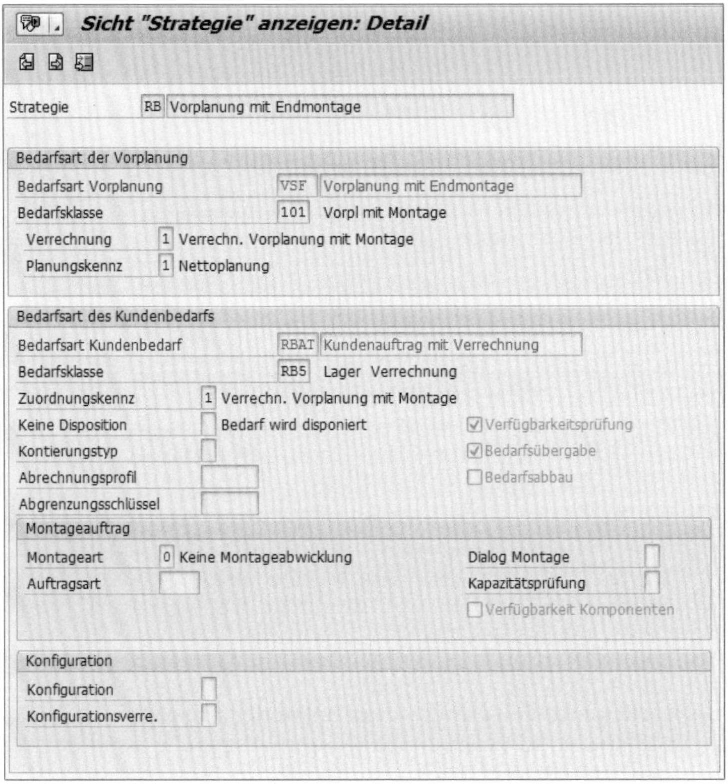

Abbildung 15.7 Planungsstrategie mit Bedarfsklasse in SAP ERP

Abbildung 15.7 zeigt die im ERP-System gepflegte Strategie RB (Vorplanung mit Endmontage) und die zugeordnete Bedarfsklasse RB5, über die die Prüfvorschrift ermittelt wurde und die dem Prüfmodus RB5 im Produktstamm entspricht (siehe Abbildung 15.9). Der Prüfmodus, d. h. die ERP-Bedarfsklasse, wurde dabei aus der im ERP-Materialstamm (siehe Abbildung 15.8) gepflegten Strategiegruppe RB abgeleitet und über die CIF-Schnittstelle in den APO-Produktstamm übertragen.

Für die sogenannten Planungsstrategien sind dabei verschiedene Bedarfsarten definiert und jede Bedarfsart ist einer Bedarfsklasse zugeordnet, die die eigentlichen Steuerungsparameter enthält.

Die *Planungsstrategie* repräsentiert die betriebswirtschaftliche Vorgehensweise zur Planung von Produktionsmengen und -terminen und wird dem Material über eine Strategiegruppe zugeordnet (siehe Abbildung 15.8).

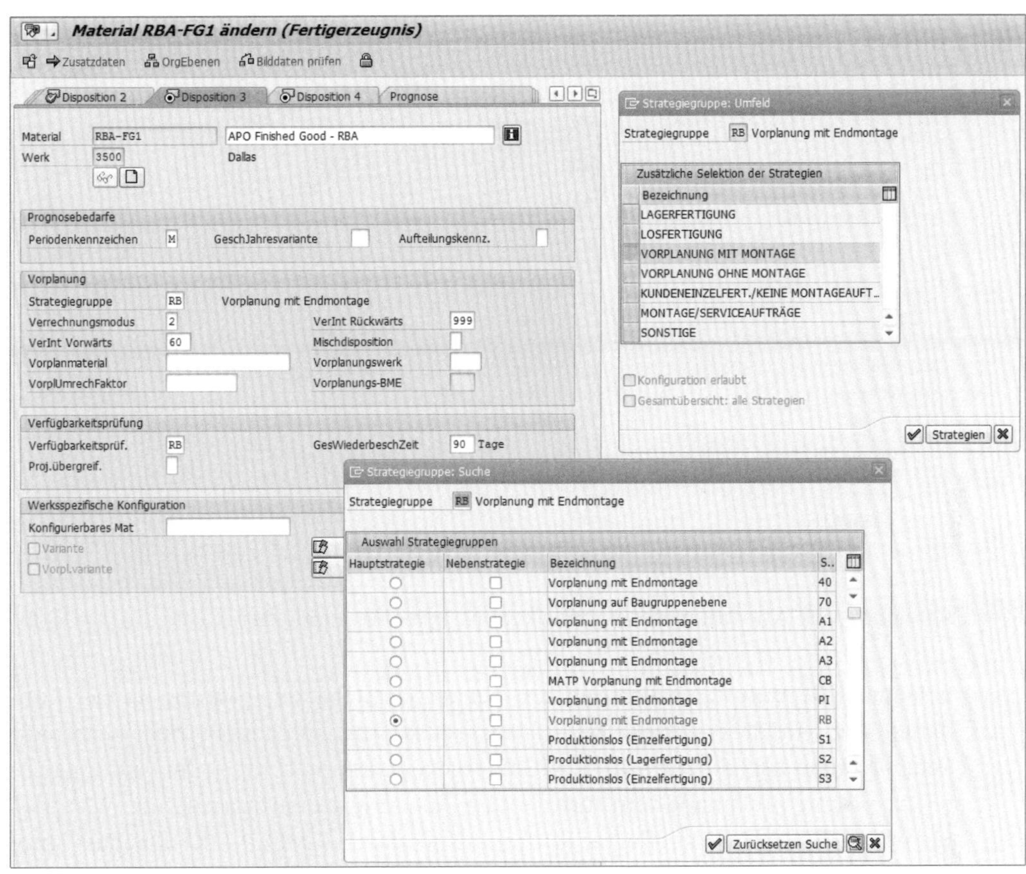

Abbildung 15.8 ERP-Materialstamm mit Strategiegruppe

Abbildung 15.8 zeigt die Registerkarte **Disposition 3** im ERP-Materialstamm. In diesem Beispiel ist dem Material RBA-FG1 die Strategiegruppe RB zugeordnet, die eine Strategie RB (Vorplanung mit Endmontage) enthält. Für diese Strategie wurde im vorangehenden Beispiel (siehe Abbildung 15.7) die Bedarfsklasse RB5 gepflegt, die dem Prüfmodus RB5 im APO-Produktstamm entspricht (siehe Abbildung 15.9).

Die Planungsstrategie legt fest, ob im ERP-System das Produktionsprogramm anhand von Kundenaufträgen oder auf der Basis von Absatzprognosen erstellt wird und wie gegebenenfalls Programmplanungsbedarfe und Kundenbedarfe miteinander verrechnet werden sollen. Darüber hinaus legt die Planungsstrategie auch die Bevorratungsebene der Erzeugnisse fest, ob die Produkte also z. B. als Baugruppe bevorratet werden und erst durch einen entsprechenden Kundenauftrag montiert werden. Neben diesen Einstellungen bestimmt die Planungsstrategie, ob für ein Material eine Verfügbarkeitsprüfung durchgeführt wird und welche ERP-Basismethode verwendet werden soll (siehe Kapitel 6, »Prüfmethoden in SAP ERP«).

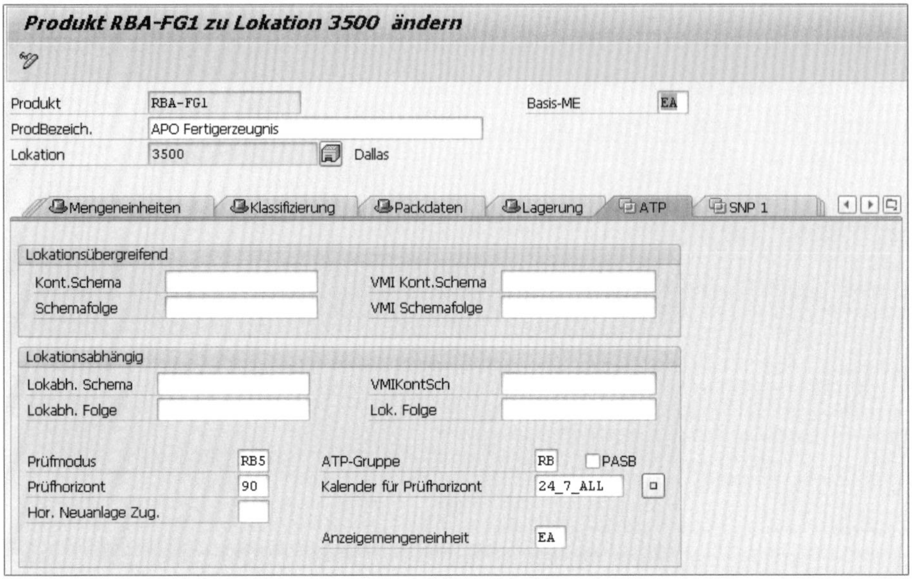

Abbildung 15.9 ATP-Parameter in der Lokationssicht eines Produkts

Bei einer ATP-Prüfung im Vertrieb, z. B. bei der Verfügbarkeitsprüfung im ERP-Kundenauftrag, wird die ermittelte Bedarfsklasse zusammen mit dem betriebswirtschaftlichen Ereignis zur Laufzeit an SAP APO übergeben. Art und Umfang der Prüfung richten sich somit direkt nach dem aufrufenden Prozess und dem zu prüfenden Material. Ein im Produktstamm gepflegter Prüfmodus wird dabei in SAP APO zunächst ignoriert.

Alle anderen Applikationen übergeben keine Bedarfsklasse. Für die übergebene Parameterkombination muss in SAP APO eine Prüfvorschrift hinterlegt sein. Kann das System keine Prüfvorschrift ermitteln, wird in SAP APO keine ATP-Prüfung durchgeführt, und die Verfügbarkeitsprüfung wird abgebrochen.

Findet die Prüfung in einem anderen Kontext statt, z. B. bei einer Produktersetzung (Substitution) im Rahmen einer regelbasierten ATP-Prüfung, wird der Prüfmodus aus den lokationsspezifischen Stammdaten des ermittelten (Ersetzungs)produkts ermittelt.

Neben dem Prüfmodus enthält der Produktstamm auch die für die Prüfung der Produktverfügbarkeit notwendige ATP-Gruppe (hier RB). Beide Parameter werden automatisch aus den ERP-Materialstammdaten übernommen.

[+]

Stammdatenreplikation des Prüfmodus

Sofern im angeschlossenen ERP-System die Ermittlung der Bedarfsklasse über die Strategiegruppe, die Dispositionsgruppe oder die Materialart erfolgt, wird bei der CIF-

Übertragung eines Materials nach SAP APO (siehe Abschnitt 17.3.1) automatisch der Prüfumfang in den Produktstamm eingetragen.

Wird im ERP-System die Bedarfsklasse über die Vorgangsart ermittelt, wird das Feld **Prüfmodus** nicht automatisch vom SCM-System gefüllt. Damit eine regelbasierte ATP-Prüfung stattfinden und das Produkt gegebenenfalls als Substitutionsprodukt verwendet werden kann, muss der Prüfmodus von Hand nachgepflegt werden (siehe Abbildung 15.9). Der Prüfmodus kann dann für die Folgeprüfungen aus dem Lokationsproduktstamm ausgelesen werden.

Die Einstellungen zum **Prüfmodus** (siehe Abbildung 15.10) finden Sie im SCM-Customizing über den Pfad **Advanced Planning and Optimization • Globale Verfügbarkeitsprüfung (Globale ATP-Prüfung) • Allgemeine Einstellungen • Prüfmodus pflegen** (siehe Abbildung 15.4 weiter vorne) oder über Transaktion /SAPAPO/ATPC06.

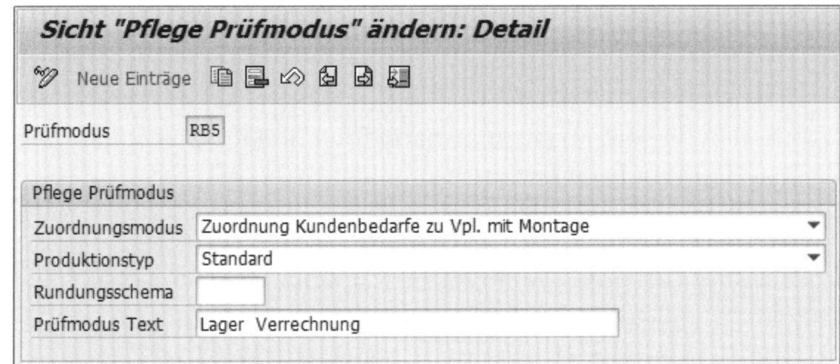

Abbildung 15.10 Prüfmodus

Zum Prüfmodus werden folgende Parameter gepflegt:

- Zuordnungsmodus
- Produktionstyp
- Rundungsschema

Im Feld **Zuordnungsmodus** legen Sie fest, gegen welche Art von Prognose Kundenaufträge verrechnet werden. Bei einer Prüfung gegen die Vorplanung wird z. B. aus dem Prüfmodus der Zuordnungsmodus von Kundenbedarfen zu Vorplanbedarfen ermittelt. Den eigentlichen Ablauf der Prüfung gegen die Vorplanung erläutern wir Ihnen in Kapitel 16, »Prüfmethoden in SAP APO«, im Rahmen der Basismethoden. Der Zuordnungsmodus erlaubt folgende Einstellungen:

- Zuordnung der Kundenbedarfe zu Vorplanung mit Montage
- Zuordnung der Kundenbedarfe zu Vorplanung ohne Montage
- Zuordnung der Kundenbedarfe zu Vorplanungsprodukt

Über diese Einstellungen steuert der Zuordnungsmodus, wie die Wunschmengen der Kundenbedarfe mit der Vorplanung verrechnet werden sollen. Der Bedarfsabbau geht dabei mit dem Warenausgang der Lieferung einher.

Das Feld **Produktionstyp** steuert, in welcher Form die Produktionsplanung im Rahmen einer regelbasierten Verfügbarkeitsprüfung aufgerufen werden soll. Die Produktion kann dabei, wie bereits zu Beginn dieses Kapitels erwähnt, über die Prüfvorschrift oder über eine Lokationsfindung aufgerufen werden. Die in diesem Zusammenhang unterstützten Funktionen und die dabei zu berücksichtigenden Einschränkungen erläutern wir Ihnen in Kapitel 17, »Erweiterte Prüfmethoden in SAP APO«.

[+]

Weiterführende Literatur

Die hierbei erwähnte Integration mit PP/DS (Production Planning/Detailed Scheduling) ist nicht Gegenstand dieses Buches. An dieser Stelle möchten wir auf das Buch »Production Planning with SAP APO« verweisen, das 2015 bei SAP PRESS erschienen ist (in englischer Sprache).

Über den Prüfmodus können in diesem Zusammenhang folgende Produktionstypen gefunden werden, die die Art und Weise der Produktion bestimmen:

- **Standard**
  Der Standard-Produktionstyp ruft eine CTP-Prüfung (Capable-to-Promise) auf. Die Produktverfügbarkeit wird dabei zuerst auf Basis von ATP-Zeitreihen geprüft. Die Produktions- und Feinplanung (PP/DS) wird nur aufgerufen, falls während der Prüfung Zugänge erzeugt werden sollen. Zu diesen geplanten Zugängen zählen z. B. Planaufträge oder Bestellanforderungen.
- **Mehrstufige ATP-Prüfung**
  Hierbei baut das System im Hauptspeicher eine Baumstruktur auf, die das Ergebnis von Produktsubstitutionen und mehrstufigen Stücklisten enthält. Bei einer späteren Umsetzung in PP/DS werden für Lokationsfindungen auf Basis einer regelbasierten ATP-Prüfung automatisch Umlagerbestellungen angelegt.
- **Merkmalsauswertung**
  Bei diesem Parameter wird eine ATP-Prüfung und Nettobedarfsrechnung auf Basis von PP/DS ausgeführt.
- **Bausatz-Prüfung (Kit)**
  Bei dieser Prüfung, die nur für Kundenaufträge aus SAP CRM unterstützt wird, wird zunächst der Bausatz (Kit) geprüft. Der Bausatz wurde dabei als Baukastengruppe mithilfe des integrierten Produkt- und Prozess-Engineerings (iPPE) modelliert (siehe Abbildung 15.11). Nachdem das Kopfmaterial des Bausatzes geprüft und dessen Komponenten ermittelt worden sind, prüft das System die einzelnen Kom-

ponenten. Das Ergebnis der Komponentenprüfung hat Auswirkung auf den gesamten Bausatz und setzt eine in der Prüfvorschrift aktivierte Prüfung gegen die Produktion voraus.

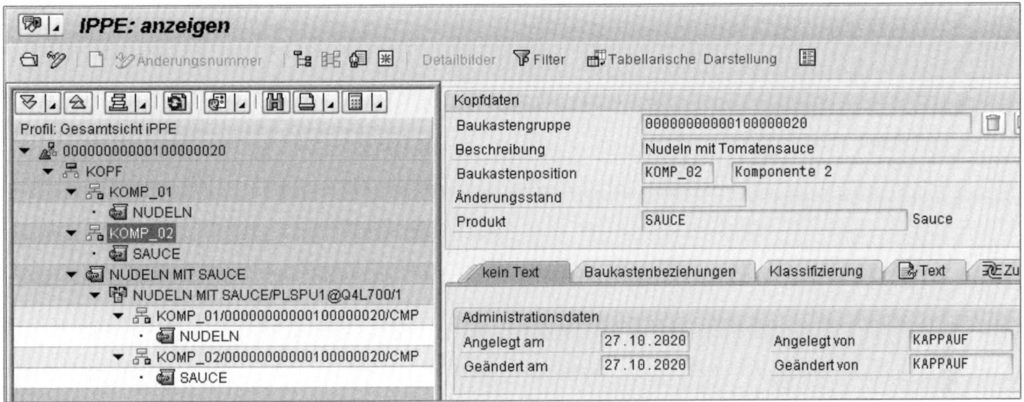

Abbildung 15.11 iPPE-Struktur eines Bausatzes

Abbildung 15.11 zeigt die Baukastenstruktur in SAP APO. Die iPPE enthält die Bausatzstruktur mit Kopf und Komponenten. In diesem Beispiel besteht der Bausatzkopf **NUDELN MIT SAUCE** aus den beiden Komponenten **NUDELN** und **SAUCE**. Sowohl der Kopf als auch die zugeordneten Komponenten sind im System als Produktstämme hinterlegt. Zu jeder Komponente kann zudem die Anzahl der benötigten Produkte hinterlegt werden.

Betriebswirtschaftliches Ereignis

Das betriebswirtschaftliche Ereignis wird für jede Situation definiert, für die, ausgehend von einem angeschlossenen ERP-System, eine Anfrage zur ATP-Prüfung zu erwarten ist. Das betriebswirtschaftliche Ereignis definiert damit einen Vorgang innerhalb eines betriebswirtschaftlichen Prozesses und löst die Verfügbarkeitsprüfung aus.

Das *Ereignis* entspricht der bereits aus der ERP-Verfügbarkeitsprüfung bekannten Prüfregel. Es wird im Rahmen der ATP-Prüfung an SAP APO übergeben und ermittelt dort zusammen mit dem Prüfmodus die gesamte Prüfregelsteuerung.

Da das betriebswirtschaftliche Ereignis der ERP-Prüfregel entspricht, kann es initial über die CIF-Schnittstelle und den Datenkanal **ATP-Customizing** an das SCM-System übertragen werden (siehe Abschnitt 14.3.3, »Integration der ATP-Einstellungen«). Zu den wichtigsten Prüfregeln zählen z. B. Kundenaufträge und Lieferungen (siehe Abbildung 15.12).

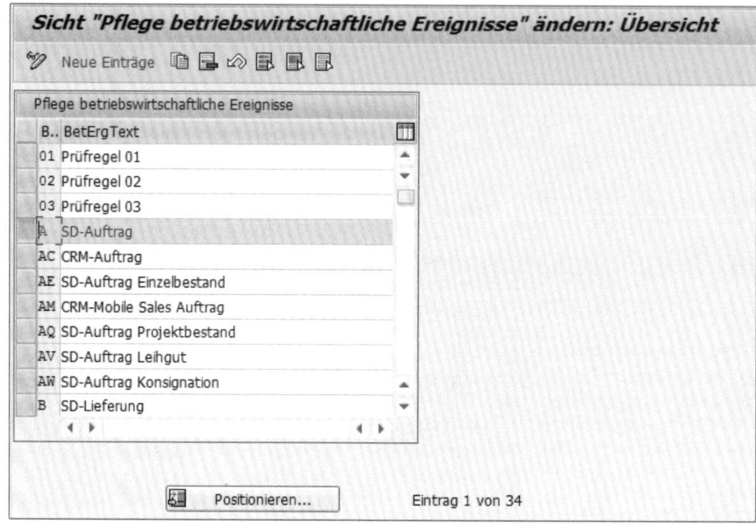

Abbildung 15.12 Betriebswirtschaftliche Ereignisse

Ermittlung der betriebswirtschaftlichen Ereignisse

Im ERP-System können die Prüfregeln für die jeweilige Anwendung definiert werden, oder sie sind programmintern einem bestimmten Vorgang zugeordnet. Im Vertrieb kann die Prüfregel in diesem Fall z. B. nicht über das Customizing geändert werden und ist »hart« im System hinterlegt. Bei einer ATP-Prüfung im Vertrieb werden z. B. stets der Parameter A (bei einer Prüfung aus einem Kundenauftrag) sowie der Parameter B (bei einer Prüfung aus einer Lieferung) als betriebswirtschaftliches Ereignis an das SCM-System übergeben.

Die Pflege der betriebswirtschaftlichen Ereignisse finden Sie im SCM-Customizing über den Pfad **Advanced Planning and Optimization • Globale Verfügbarkeitsprüfung (Globale ATP-Prüfung) • Allgemeine Einstellungen • Betriebswirtschaftliches Ereignis pflegen**.

Bei einigen Geschäftsvorfällen wird der Parameter nicht vom ERP-System an SAP APO übergeben, sondern direkt in SAP SCM gepflegt. Hierzu zählen z. B. Fertigungsaufträge, deren betriebswirtschaftliche Ereignisse in den globalen Parametern für PP/DS gepflegt werden (siehe Abbildung 15.13). Sie finden diese Einstellungen über Transaktion /SAPAPO/RRPCUST1.

Globale Parameter und Vorschlagswerte anzeigen
Planung
Ausführen
ATP-Kategorien
Umsetzung
Umsetzungsregel
SAP999
keine Prüfung
ATP-Sortierprofil
ATP-Prüfung von Aufträgen für Eigenfertigung und Umlagerung
Ereignis Prüfung Planauftrag
PP
Ereignis für Prüfung UmlagerungsBanf
PP
Ereignis Prüfung Produktionsauftrag
PP
Ereignis Prüfung Umlagerungsbestellung
PP
Korrelationsrechnungsmodus
Korrelation mit Anpassung anhand der minimalen Komp...

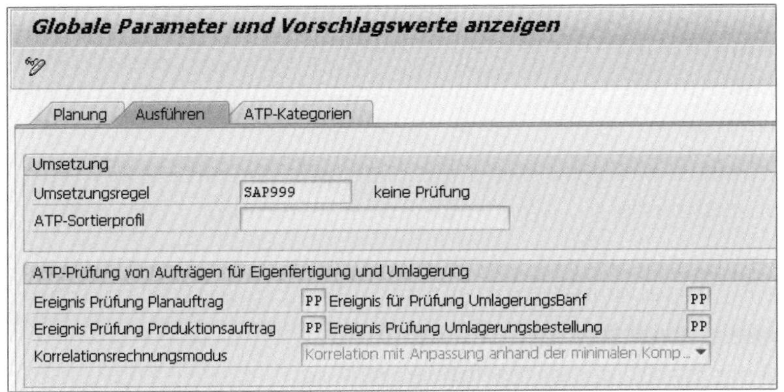

Abbildung 15.13 Betriebswirtschaftliche Ereignisse in APO-PP/DS

Bedarfsprofile für externe Systeme

Sie haben in den vorausgegangenen Abschnitten die Ermittlung der APO-Prüfvorschrift kennengelernt. Wir sind in diesem Zusammenhang davon ausgegangen, dass die notwendigen Parameter wie der Prüfmodus und das betriebswirtschaftliche Ereignis durch die Integration mit einem ERP-System zur Verfügung gestellt werden.

Abweichend von einer Standardintegration über ein ERP-System, steht die Verfügbarkeitsprüfung in SAP APO auch externen Systemen zur Verfügung. Die Integration, d. h. die Übergabe der notwendigen Steuerungsparameter, erfolgt dabei über Bedarfsprofile (siehe Abbildung 15.14). Die eigentliche Verfügbarkeitsprüfung, der Aufruf von SAP APO, erfolgt mit dem BAPI-Funktionsbaustein `BAPI_APOATP_CHECK`.

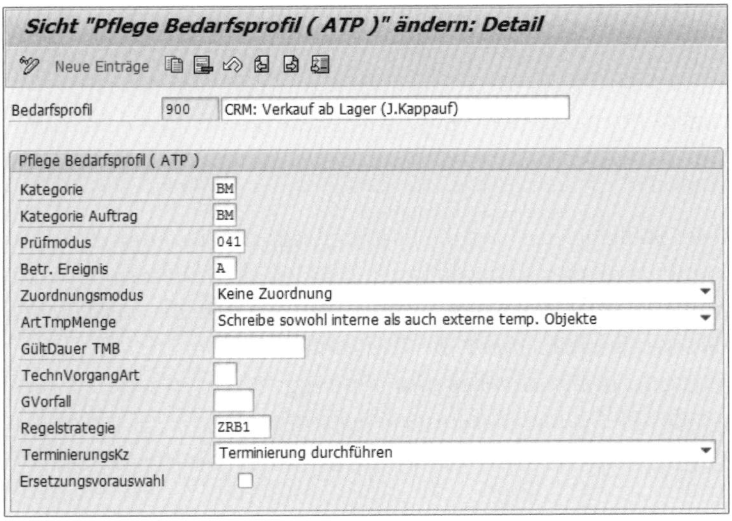

Sicht "Pflege Bedarfsprofil (ATP)" ändern: Detail
Neue Einträge
Bedarfsprofil
900
CRM: Verkauf ab Lager (J.Kappauf)
Pflege Bedarfsprofil (ATP)
Kategorie
BM
Kategorie Auftrag
BM
Prüfmodus
041
Betr. Ereignis
A
Zuordnungsmodus
Keine Zuordnung
ArtTmpMenge
Schreibe sowohl interne als auch externe temp. Objekte
GültDauer TMB
TechnVorgangArt
GVorfall
Regelstrategie
ZRB1
TerminierungsKz
Terminierung durchführen
Ersetzungsvorauswahl

Abbildung 15.14 Bedarfsprofil pflegen

Bedarfsprofile enthalten auf der Bedarfsebene sämtliche Informationen, die für eine Verfügbarkeitsprüfung, für die Bedarfsübergabe sowie für eine eventuelle Versand- und Transportterminierung von Bedeutung sind. Hierzu zählen im Wesentlichen die folgenden Informationen:

- Der Prüfmodus und das betriebswirtschaftliche Ereignis mit dem in SAP APO die Prüfvorschrift und damit die anzuwendende Prüfmethode ermittelt werden.
- Die ATP-Kategorie der verschiedenen Bestands-, Zugangs-, Bedarfs- und Prognosearten, die dem ERP-Dispositionselement entspricht und in SAP APO den Prüfumfang der Produktverfügbarkeitsprüfung bestimmt.
- Die technische Vorgangsart für eine regelbasierte ATP sowie die Regelstrategie. Die Regelstrategie wird anhand der technischen Vorgangsart und des Geschäftsvorfalls, den sogenannten Aktivierungsparametern, identifiziert. Die Regelstrategie bestimmt dabei die Konditionsart, mit deren Hilfe über die Konditionstechnik die Regel der regelbasierten ATP gefunden wird. Die regelbasierte Verfügbarkeitsprüfung lernen Sie in Kapitel 17, »Erweiterte Prüfmethoden in SAP APO«, kennen.

[zB]

Bedarfsprofil zur CRM-Integration

Abbildung 15.14 zeigt das Bedarfsprofil 900. Dieses Profil dient zur Integration eines CRM-Systems und zur Ermittlung der Prüfvorschrift in SAP APO. Zu diesem Zweck werden dem SCM-System der Prüfmodus und das betriebswirtschaftliche Ereignis übergeben. Neben diesen Steuerungsparametern enthält das Bedarfsprofil auch die ATP-Kategorien der verschiedenen Bestands-, Zugangs- und Bedarfsarten sowie die Regelstrategie, mit deren Hilfe eine regelbasierte Verfügbarkeitsprüfung zur *initialen Lokationsfindung* (Facing Location Determination) ausgeführt werden kann.

Im Beispiel von Abbildung 15.14 wird für die Verfügbarkeitsprüfung im CRM-Kundenauftrag die ATP-Kategorie BM übergeben (siehe auch Abbildung 15.16). Der Prüfmodus 041 und das betriebswirtschaftliche Ereignis A werden zur Ermittlung der Prüfvorschrift benötigt.

Wir verzichten an dieser Stelle bewusst auf die Beschreibung und Erläuterung sämtlicher für die Implementierung und Anbindung eines SAP-CRM-Systems notwendigen Systemeinstellungen in SAP CRM. Hierzu zählen insbesondere die zusätzlichen ATP-Funktionen im Ersatzteilmanagement, das Customizing der Positionstypenfindung und die Einstellungen zur initialen Lokationsfindung. Für Informationen hierzu möchten wir Sie auf die SAP-Online-Hilfe (*https://help.sap.com/crm*) verweisen, aus der die wesentlichen, für die Konfiguration notwendigen Systemeinstellungen hervorgehen.

Aufseiten von SAP APO erfolgt die Integration mit einem CRM-System über das Bedarfsprofil. Der Schlüssel dieses Profils, z. B. 900, entspricht dem ATP-Profil, das in

SAP CRM dem Positionstyp zugeordnet ist, für den wiederum eine Verfügbarkeitsprüfung erfolgen soll. Beim Aufruf des APO-Systems wird dieser Schlüssel übergeben und ermittelt hieraus das Bedarfsprofil mit den oben erwähnten Steuerungsparametern. Die Integration beruht somit auf der Namensgleichheit von ATP-Profil und Bedarfsprofil. Der Aufruf der APO-Verfügbarkeitsprüfung bzw. das Anwendungs-Log mit den Protokollen der CRM-/APO-Integration kann in SAP CRM über Transaktion CRM_APO_LOG überwacht werden. Das Ergebnis der Verfügbarkeitsprüfung, z. B. ein in SAP APO ermittelter Liefervorschlag, kann im aufrufenden System, über den ITS (Internet Transaktion Server) angezeigt werden (siehe Abbildung 15.15).

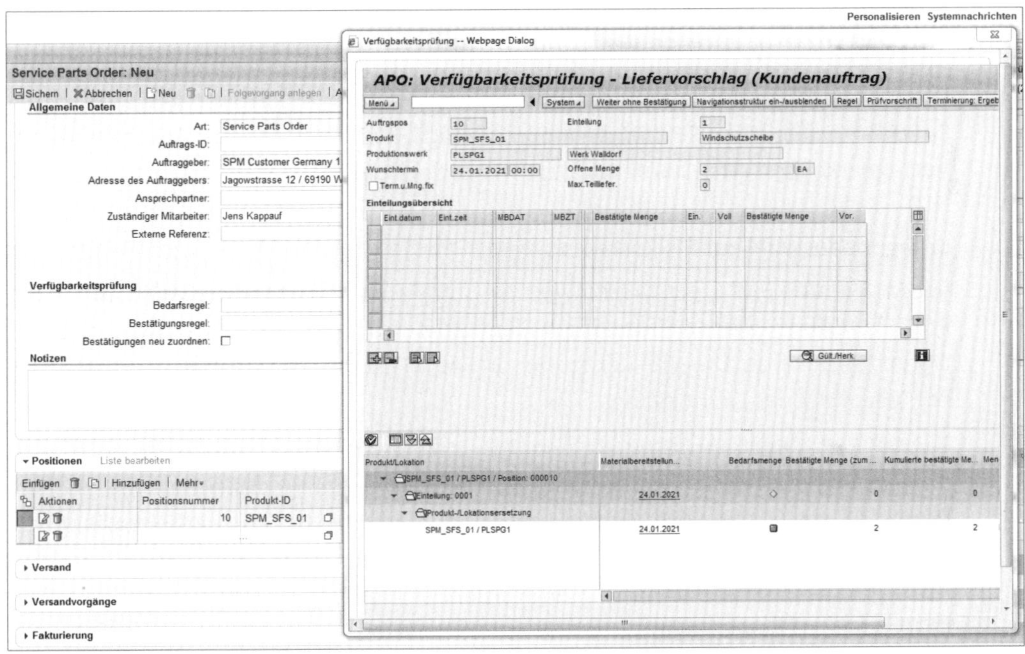

Abbildung 15.15 Verfügbarkeitsprüfung im CRM-Kundenauftrag

Die Anzeige des APO-Prüfergebnisses bei der Kundenauftragsbearbeitung richtet sich dabei nach dem Benutzerparameter APO_ATP_PARA, den Sie in den eigenen Daten Ihres Benutzerstammsatzes pflegen können. Je nach Parameterwert können Sie sich das Ergebnis der Prüfung anzeigen lassen (siehe Tabelle 15.1).

Parameter	Prüfergebnis
5	Immer anzeigen
6	Anzeige nur bei einer manuell angestoßenen Prüfung
0	Niemals anzeigen

Tabelle 15.1 Benutzerparameter für APO_ATP_PARA

15.3 Allgemeine Customizing-Einstellungen

Zu den wichtigsten Parametern der APO-Verfügbarkeitsprüfung zählt die im vorangehenden Abschnitt erläuterte Prüfvorschrift. Die nachfolgenden Customizing-Einstellungen sind allgemeine Parameter, die insbesondere von der Basismethode der Produktverfügbarkeitsprüfung zur Bestimmung des Prüfumfangs verwendet werden. Hierzu zählen im Wesentlichen die ATP-Kategorien sowie die Konfiguration der ATP-Zeitreihen.

15.3.1 ATP-Kategorien

Kategorien bestimmen durch die Festlegung auf bestimmte Bestands-, Zugangs-, Bedarfs- und Prognosearten den Prüfumfang der Produktverfügbarkeitsprüfung in SAP APO. Dabei legen Sie fest, welche Vorgänge, Bestände, Zu- und Abgänge bei der Verfügbarkeitsprüfung berücksichtigt werden sollen.

Kategorieauswahl zur Risikosteuerung

In SAP ERP und SAP S/4HANA hängen die Steuerung und damit der Prüfumfang der Produktverfügbarkeitsprüfung im Wesentlichen von der Prüfgruppe und der hinterlegten Prüfregel ab. Die ATP-Kategorien in SAP APO ermöglichen eine sehr viel feinere Einstellung des Prüfumfangs.

Bei der ATP-Mengenprüfung können durch die gezielte Auswahl der zu prüfenden Kategorien bestimmte Zielsetzungen und Sachverhalte berücksichtigt werden. Eine Prüfung unter Risiko wird ebenso ermöglicht wie eine stark sicherheitsorientierte ATP-Prüfung, bei der konservative Bestandsarten, Zugangsarten und Bedarfsarten in den Prüfumfang mit aufgenommen werden. Dabei ist es möglich, in Abhängigkeit des jeweiligen betriebswirtschaftlichen Vorgangs oder des zu prüfenden Produkts, einen unterschiedlichen Sicherheitsgrad zu wählen.

Elemente der Verfügbarkeitsprüfung

Mit den Einstellungen der ATP-Kategorien wird festgelegt, welche Bestandssegmente und welche geplanten Bedarfe und geplanten Zugangselemente in die ATP-Mengenberechnung einfließen. Das SCM-System wird hierbei mit einem Satz von Kategorien ausgeliefert, die im Wesentlichen die aus SAP ERP bzw. SAP S/4HANA bekannten Dispositionselemente repräsentieren.

Folgende ATP-Kategorien können bei der Produktverfügbarkeit berücksichtigt werden:

- **Bestände**
  Hierzu zählen freie Bestände, Sicherheitsbestände, Umlagerungsbestände, Qualitätsprüfbestände und Sperrbestände.

- **Zu- und Abgänge**
  Dies sind Bestellungen, Bestellanforderungen, Plan- und Fertigungsaufträge, Reservierungen, Sekundärbedarfe sowie Verkaufs- und Lieferbedarfe aus Kundenaufträgen und Lieferungen.

Jede ATP-Kategorie ist einem bestimmten *Kategorietyp* zugeordnet und enthält die ERP-Parameter des entsprechenden Dispoelements und ERP-Objekts. Sie können bei der Pflege der Kategorien zwischen den Kategorietypen **Bestand**, **Zugang**, **Bedarf** und **Prognose** wählen, wobei die ersten drei Kategorietypen bei der Produktverfügbarkeitsprüfung verwendet werden.

Nicht-SAP-Kategorien

Darüber hinaus können Sie eigene als *Nicht-SAP-Kategorien* bezeichnete ATP-Kategorien anlegen (siehe Abbildung 15.16). Diese Kategorien können für Prüfungen verwendet werden, bei denen SAP APO durch ein Fremdsystem aufgerufen wird. Auf diese Möglichkeit möchten wir in diesem Buch jedoch nicht weiter eingehen.

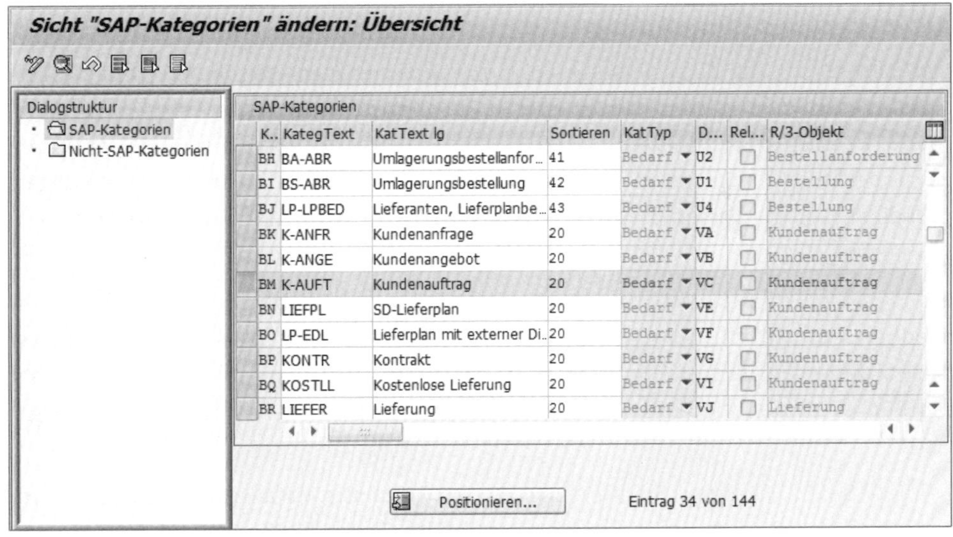

K..	KategText	KatText lg	Sortieren	KatTyp	D...	Rel...	R/3-Objekt
BH	BA-ABR	Umlagerungsbestellanfor...	41	Bedarf	U2		Bestellanforderung
BI	BS-ABR	Umlagerungsbestellung	42	Bedarf	U1		Bestellung
BJ	LP-LPBED	Lieferanten, Lieferplanbe...	43	Bedarf	U4		Bestellung
BK	K-ANFR	Kundenanfrage	20	Bedarf	VA		Kundenauftrag
BL	K-ANGE	Kundenangebot	20	Bedarf	VB		Kundenauftrag
BM	K-AUFT	Kundenauftrag	20	Bedarf	VC		Kundenauftrag
BN	LIEFPL	SD-Lieferplan	20	Bedarf	VE		Kundenauftrag
BO	LP-EDL	Lieferplan mit externer Di..	20	Bedarf	VF		Kundenauftrag
BP	KONTR	Kontrakt	20	Bedarf	VG		Kundenauftrag
BQ	KOSTLL	Kostenlose Lieferung	20	Bedarf	VI		Kundenauftrag
BR	LIEFER	Lieferung	20	Bedarf	VJ		Lieferung

Abbildung 15.16 SAP- und Nicht-SAP-Kategorien

Abbildung 15.16 zeigt die Einstellungen der SAP-Kategorie BM, die für Kundenaufträge K-AUFT verwendet wird. Dieses Dispoelement wird auch für das im nächsten Kapitel verwendete Beispiel verwendet und verwendet den Kategorietyp **Bedarf** mit dem Dispokennzeichen VC, das einem Kundenauftrag in SAP ERP bzw. SAP S/4HANA entspricht.

15.3.2 ATP-Zeitreihen

In Kapitel 14, »SAP-APO-Systemintegration«, haben wir Ihnen die Funktionsweise von SAP APO und die Rolle des liveCache in Bezug auf die Speicherung von Zu- und Abgängen in kumulierter Form für jede Periode als Zeitreihe mit einer eindeutigen Kategorie erläutert.

[+]

Buckets und Zeitreihen

Ein *Bucket* beschreibt die Granularität, mit der die Elemente abgelegt werden, die zu einer Zeitreihe gehören. Entspricht ein Bucket genau einem Tag, erfolgt die Kumulierung – und damit die Granularität, mit der Bestände, Bedarfe und Zugänge berücksichtigt werden – auch an genau einem Tag.

Eine *Zeitreihe* ist die zeitliche Aneinanderreihung von einzelnen Buckets. Bei der ATP-Prüfung greift das System aus Performancegründen auf diese abgespeicherten, kumulierten Daten in den Zeitreihen zurück.

ATP-Buckets und -Einstellungen

Die Periode, für die Zu- und Abgänge betrachtet werden, wird Bucket genannt. Bestands- und Zugangselemente werden in Zugangs-Buckets gespeichert. Zugangselemente werden konservativ, am Ende einer Periode, auf der sogenannten *Bucket-Grenze* gespeichert. Abgangselemente wie Kundenaufträge werden in Abgangs-Buckets gespeichert. Abgangselemente werden zu Beginn des dazugehörigen *Zugangs-Buckets* gespeichert.

Beide Buckets können synchron zueinander liegen oder zeitlich gegeneinander verschoben sein. Mithilfe der ATP-Zeitreihen und -Buckets können Sie einstellen, um wie viele Stunden die Bucket-Grenze der ATP-Zeitreihen für Zugangselemente gegenüber der Bucket-Grenze für Abgangselemente verschoben sein soll. Was bedeutet das genau?

Seit SAP SCM 7.0 können Sie für verschiedene Geschäftsvorfälle und Lokationen unterschiedliche Bucket-Einstellungen vornehmen. Diese Einstellungen ermöglichen es, abhängig von der gewünschten Genauigkeit der ATP-Prüfung, mehrmals am Tag Mengen zu bestätigen und Zu- und Abgangselemente je Produkt unterschiedlich auszuprägen. Jeder Bucket ist dabei mit einer eigenen **Bucket-ID** versehen, die dann wiederum einer *ATP-Gruppe* zugeordnet werden kann. Die Bewertung und damit die Interpretation der Zugänge erfolgt durch eine Bewertungslogik, die für jede Bucket-ID individuell festgelegt wird (siehe Abbildung 15.17).

Wir zeigen Ihnen nachfolgend die wichtigsten Einstellungen zu den ATP-Buckets und deren Auswirkungen. Die ATP-Gruppen lernen Sie in Abschnitt 16.2.2, »ATP-Gruppe«, bei der Produktverfügbarkeitsprüfung kennen.

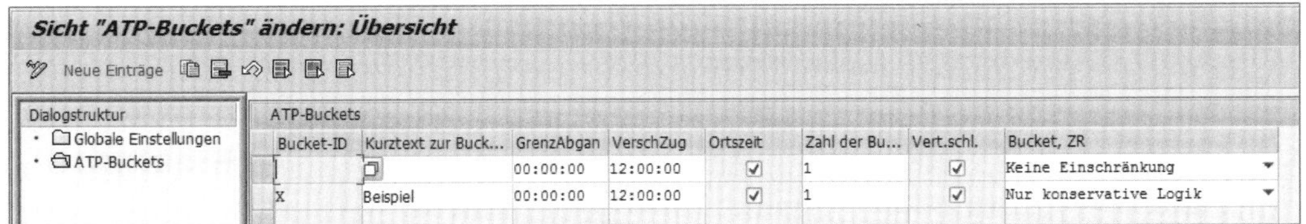

Abbildung 15.17 Einstellung der ATP-Zeitreihen

Bucket- bzw. Zeitreihenverschiebung

Durch die Änderung der Bucket-Grenze für Zugangselemente können Sie den Zeitraum zwischen den Zeitreihen für Zugänge und Abgänge verschieben und damit die Granularität und Genauigkeit der Verfügbarkeitsprüfung beeinflussen.

Sie geben bei der Verschiebung die Stunden vor, um die eine bisher synchrone ATP-Zeitreihe für Zugangselemente gegenüber der Bucket-Grenze für Abgangselemente verschoben werden soll. Eine Verschiebung um drei Stunden bewirkt z. B. eine Vorverlegung der Zugangszeitreihe um die angegebene Stundenzahl.

Bei der Bucket-Grenze für Abgangselemente geben Sie an, zu welcher Uhrzeit die Bucket-Grenze der Abgänge in der ATP-Zeitreihe liegt.

[+]

Empfehlung aus der Praxis

Wir empfehlen die Verwendung synchroner Zeitreihen oder die Zugänge um eine halbe Bucket-Länge zu verschieben. Bei einem Bucket pro Tag beträgt die empfohlene Verschiebung somit zwölf Stunden. Abbildung 15.18 verdeutlicht den Zusammenhang der Zeitreihenverschiebung.

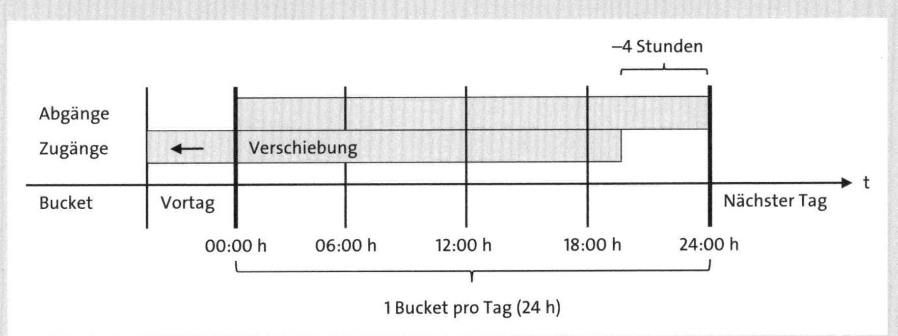

Abbildung 15.18 Zeitreihenverschiebung der Zugangselemente

Sie können auch die Anzahl der Buckets pro Tag verändern und damit die Genauigkeit der ATP-Prüfung beeinflussen. Normalerweise entsprechen 24 Stunden einer Periode; in diesem Fall arbeiten Sie mit einer tagesgenauen Prüfung. Grundsätzlich haben Sie die Möglichkeit, die Anzahl der Buckets pro Tag frei zu wählen. Der Parameter 4 (Spalte **Zahl der Bu...** in Abbildung 15.17) würde z. B. vier Buckets pro Tag zu je sechs Stunden definieren. Beachten Sie jedoch, dass eine Erhöhung der Bucket-Anzahl zulasten der Systemperformance geht.

Unser Beispiel zeigt eine Bucket- bzw. Zeitreihenverschiebung um vier Stunden. Pro Tag wurde genau ein Bucket definiert. Die Gesamtperiode dauert 24 Stunden. Der Bucket mit den Abgangselementen ist nicht verschoben und endet um Mitternacht 00:00 h. Eine Verschiebung der Zugänge um vier Stunden gegenüber der Bucket-Grenze der Abgangselemente bewirkt eine Zeitreihenverschiebung in den Vortag. In diesem Beispiel werden die Zugänge in der Zeit von 18:00 h des Vortages bis 18:00 h des nachfolgenden Tages berücksichtigt. Auf diese Weise können Sie beispielsweise die Verfügbarkeitsprüfung Ihren »Cut-off-Zeiten« anpassen.

Bewertungslogik

Mithilfe der *Bewertungslogik* können Sie für jede Bucket-ID individuell festlegen, wie die Bucket-Grenzen bei der Produktverfügbarkeit bewertet werden sollen. Wie zu Beginn dieses Abschnitts erwähnt, werden die Zugänge kumuliert abgespeichert. Die ATP-Prüfung muss dabei »entscheiden«, ob die kumulierte Zugangsmenge am Anfang oder am Ende des Buckets berücksichtigt werden soll.

Die Bewertungslogik steuert das Bestätigungsverhalten, indem Zugangselemente konservativ oder progressiv bewertet werden können und definiert somit die Einschränkungen bei der Bewertung von ATP-Zeitreihen durch die Verfügbarkeitsprüfung:

- Bei der progressiven Logik stehen die Zugangselemente am Anfang des Buckets zur Verfügung.
- Bei der konservativen Logik stehen die Zugangselemente am Ende des Buckets zur Verfügung.

Darüber hinaus kann die Prüfung auch mit *exakten Daten* auf der Belegebene, erfolgen. Diese Prüfung gegen die Einzelbelege des Auftrags im liveCache ist jedoch sehr performanceintensiv und ignoriert die vorhandenen, aggregierten ATP-Zeitreihen.

Anhand von Abbildung 15.19 erläutern wir nun die grundsätzlichen Merkmale der konservativen und progressiven Bewertungslogik. Sie zeigt eine Ausgangssituation, bei der zum aktuellen Zeitpunkt ein Bestand von 40 Einheiten vorhanden ist:

Für heute sind insgesamt 36 Abgänge (*12 + 17 + 7 = 36*) geplant.

Für den morgigen Tag sind 16 Abgänge (*4 + 7 + 5 = 16*) geplant.

Die geplanten Zugänge für den heutigen Tag belaufen sich auf 40 Einheiten (*12 + 19 + 9 = 40*).

Für morgen sind 19 Einheiten Zugänge (*14 + 5 = 19*) geplant.

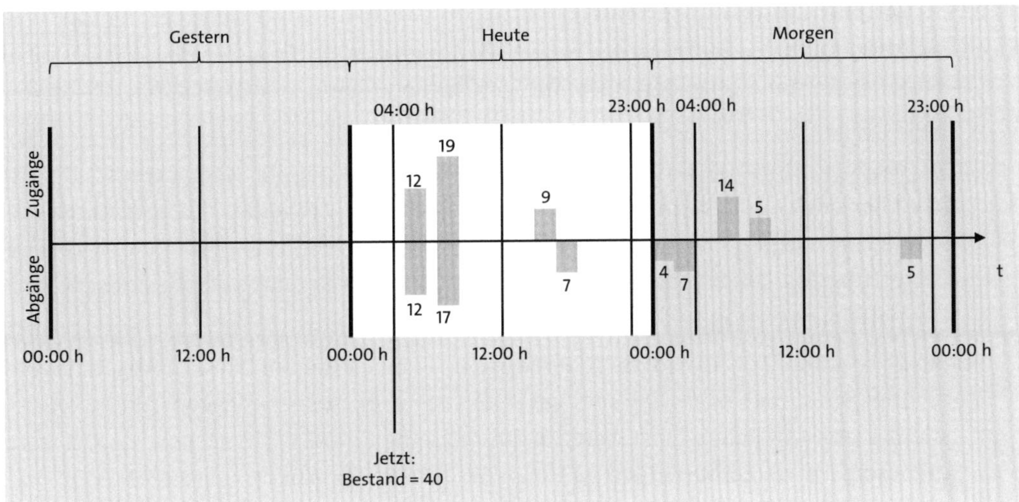

Abbildung 15.19 Beispiel für die Bewertung von Bucket-Grenzen

Die Perioden sind in diesem Beispiel nicht verschoben, also synchron zueinander. In dieser Situation, bei einer progressiven Kalkulation, verhält sich das System analog zu einem ERP-System. Asynchrone ATP-Zeitreihen sollten nur mit einer konservativen Bewertungslogik verwendet werden.

Bei der *konservativen Bewertungslogik* werden die Zugangselemente des Beispiels am Ende des Zugangs-Buckets bewertet. Der Bestand des aktuellen Buckets wird gegen alle Abgänge im Bucket verrechnet; die Zugänge werden hingegen erst am Ende des Buckets berücksichtigt. Innerhalb der Zeitreihe bleibt die ATP-Menge konstant.

Liegt eine Zeitreihenverschiebung vor, kann diese Einstellung dazu führen, dass das System auch Mengen bestätigt, die zwischen dem Anfang des Abgangs-Buckets und dem Ende des Zugangs-Buckets liegen.

Für dieses Beispiel bedeutet eine konservative Bewertungslogik, dass das System vom aktuellen Zeitpunkt an bis 4:00 h am nächsten Tag auf Basis des aktuellen Bestands (40) und der geplanten Abgänge (36) eine ATP-Menge von vier Einheiten ermittelt. Am nächsten Tag – nach 4:00 h – berücksichtigt die progressive Logik Abgänge in Höhe von 16 Einheiten (*4 + 7 + 5 = 16*) und stellt diesen Zugänge in Höhe von 19 Einheiten (*14 + 5 = 19*) gegenüber. Unter Berücksichtigung der vier Einheiten des heutigen Tages würde die bestätigte ATP-Menge 28 Einheiten betragen (*4 + 40 – 16 = 28*).

Bei der *progressiven Bewertungslogik* erfolgt die Bewertung der Zu- und Abgänge bereits zu Beginn des jeweiligen Zugangs-Buckets. Sie führt durch die frühere Bestätigungen von Zugängen tendenziell zu einer höheren Bestätigungsmenge und erhöht damit die Gefahr von Überbestätigungen. Wie bei der konservativen Logik ist auch hier die ATP-Menge innerhalb des Buckets konstant.

15

Ausgehend von dem gleichen Beispiel ergibt sich bei einer Prüfung in der Zeit von jetzt bis 4:00 h am nächsten Tag eine ATP-Menge von 44 Einheiten, die sich aus dem aktuellen Bestand (40), den bis dahin geplanten Zugängen (40) und den Abgängen (36) ergibt.

Die Prüfung ab 4:00 h am nächsten Tag ergibt eine bestätigte Menge von 47 Einheiten. Hier zählt das System die ATP-Menge des heutigen Tages (44), die geplanten Zugänge von morgen (19), und subtrahiert Abgänge von 16 Einheiten. Die progressive Bewertungslogik liefert damit ein wesentlich höheres Ergebnis als die konservative Zeitreihenbewertung.

Bei der *exakten Logik* wird die ATP-Menge aus den einzelnen Zu- und Abgängen berechnet. Innerhalb eines Buckets verändert sie sich, ausgehend vom aktuellen Bestand, somit mit jedem Einzelbeleg in der Zeitreihe. Die ATP-Menge von 23:00 h wäre in diesem Fall 44 Einheiten ($40 + 12 - 12 + 19 - 17 + 9 - 7 = 44$).

15.4 Zusammenfassung

Wir haben Ihnen in diesem Kapitel die allgemeinen Einstellungen der APO-Verfügbarkeitsprüfung erklärt. In diesem Zusammenhang sind wir auf die einzelnen ERP-Parameter eingegangen, mit deren Hilfe die APO-Prüfvorschrift ermittelt wird. Voraussetzung für die Verfügbarkeitsprüfung mit SAP APO war somit das Customizing der ATP-Prüfung im ERP-System. Die Bedarfsklasse, die einer Bedarfsart zugeordnet ist und an die ATP-Prüfung übergeben wird, kann dabei z. B. über die Strategiegruppe gefunden werden, die im ERP-Materialstamm gepflegt wurde. Die Bedarfsart mit der dazugehörigen Bedarfsklasse entspricht dem Prüfmodus von SAP APO. Zusammen mit dem betriebswirtschaftlichen Ereignis, das der aus SAP ERP bzw. SAP S/4HANA bekannten Prüfregel entspricht, ermittelt das SCM-System die Prüfvorschrift.

Die Prüfvorschrift, die Einstellungen zu den ATP-Kategorien und Zeitreihen sind zusätzliche Parameter, um den eigentlichen Prüfumfang zu bestimmen und eine Verfügbarkeitsprüfung durchzuführen. Im nächsten Kapitel lernen Sie die Basismethoden der Verfügbarkeitsprüfung und die hierzu notwendigen Systemeinstellungen kennen.

Kapitel 16
Prüfmethoden in SAP APO

In diesem Kapitel beschreiben wir, wie Sie die Standard-Prüfmethoden in SAP APO einstellen und welche Basismethode sich für welche betriebswirtschaftliche Fragestellung eignet.

Im vorangehenden Kapitel haben Sie erfahren, von welchen Parametern im ERP-System die Auswahl der Prüfvorschrift in SAP APO abhängt und wie Sie die allgemeinen Parameter der APO-Verfügbarkeitsprüfung einstellen, damit die von Ihnen gewünschten Prüfmethoden der ATP-Prüfung ausgeführt werden.

In den folgenden Abschnitten dieses Kapitels stellen wir Ihnen die Basismethoden von SAP APO vor und beschreiben, wie Sie die verschiedenen Prüfmethoden im System einstellen. Zusätzlich erläutern wir die Auswahl der jeweiligen Prüfmethode und unterstützen Sie so dabei, die für Ihre betriebliche Fragestellung optimale Prüfmethode zu finden.

Besonders hervorheben möchten wir die Produktverfügbarkeit sowie die Verfügbarkeitsprüfung gegen Kontingente, wir werden jedoch auch die Grundlagen der Prüfung gegen die Vorplanung erläutern.

16.1 Grundlagen

Basismethoden und erweiterte Methoden bestimmen, auf welche Art die Verfügbarkeit eines Produkts bei der Verfügbarkeitsprüfung geprüft wird. In SAP APO finden Sie die folgenden Basismethoden:

- Produktverfügbarkeitsprüfung
- Verfügbarkeitsprüfung gegen Kontingente
- Verfügbarkeitsprüfung gegen Vorplanung

In diesem Kapitel lernen Sie diese Basismethoden der Verfügbarkeitsprüfung kennen. Sie kennen sie bereits aus dem ERP-System, in dem sie auch zur Verfügung stehen, wenn auch mit einem geringeren Funktionsumfang.

Im Gegensatz zu den Basismethoden sind die erweiterten Methoden der Verfügbarkeitsprüfung nur in der gATP-Prüfung in SAP APO verfügbar. Die erweiterten Methoden beschreiben wir Ihnen in Kapitel 17, »Erweiterte Prüfmethoden in SAP APO«.

Bei der *Produktverfügbarkeitsprüfung*, der Verfügbarkeitsprüfung auf Basis von ATP-Mengen, wird ausgehend vom aktuellen Lagerbestand sowie von den geplanten Zugängen und Abgängen berechnet, welche Menge verfügbar ist und bestätigt werden kann. Zu den geplanten Zugängen zählen z. B. Fertigungs- und Planaufträge sowie Bestellungen. Bei den geplanten Abgängen handelt es sich in der Regel um Reservierungen, Kundenaufträge, Lieferungen, Umlagerbestellungen oder Fertigungsaufträge, bei denen Komponenten verbraucht werden. Das System prüft in diesem Zusammenhang die zu bestätigende Menge für jeden Vorgang mit oder ohne Berücksichtigung von Wiederbeschaffungszeiten sowie mit oder ohne Prüfhorizont und führt ggf. für Restmengen weitere Prüfungen aus, auch mithilfe weiterer Prüfmethoden.

Die Verfügbarkeitsprüfung gegen Kontingente oder *Kontingentierung* wird in Situationen verwendet, in denen das Angebot kleiner als der Bedarf an einem Produkt ist. Bei dieser Basismethode wird verhindert, dass ein oder wenige Kunden die gesamte verfügbare Menge kaufen und nachfolgende Bedarfe nicht mehr oder nur mit Verspätung bestätigt werden können.

Die Verfügbarkeitsprüfung ist immer dann erfolgreich, wenn es für einen bestimmten Vorgang innerhalb einer bestimmten Periode ein Kontingent gibt und dieses Kontingent noch nicht durch andere Bedarfe aufgebraucht ist. Die Kontingentierung ermöglicht eine gleichmäßige, periodenabhängige Verteilung von knappen Produkten, indem sie Produkte auf der Basis von flexiblen Kriterien zuweist. Die Kontingente können z. B. für bestimmte Kunden, Märkte oder Aufträge zugeteilt werden.

Im Gegensatz zur Kontingentierung, bei der die Prüfung gegen festgelegte Kontingente erfolgt, prüft die Verfügbarkeitsprüfung gegen die Vorplanung gegen einen für einen anonymen Markt erzeugten Bedarf. Dabei handelt es sich in der Regel um einen nicht kundenspezifischen Planprimärbedarf. Dieser resultiert aus der Produktionsprogrammplanung und berücksichtigt auftragsneutrale, zukünftig erwartete Verkaufsmengen.

16.2 Produktverfügbarkeitsprüfung

Die Produktverfügbarkeitsprüfung ist die wichtigste Basismethode der Verfügbarkeitsprüfung in SAP APO. Bereits bei der Erfassung eines Bedarfs, z. B. eines Kundenauftrags, kann dessen fristgerechte Belieferung nur zugesagt werden, wenn die gewünschten Produkte rechtzeitig für alle vor der Lieferung notwendigen Bearbeitungsaktivitäten zur Verfügung stehen.

Zu dem Zeitpunkt, zu dem die Produkte spätestens für den Versand bereitstehen müssen, ist eine Produktverfügbarkeitsprüfung auf Basis der ATP-Mengen durchzuführen.

Die *ATP-Menge* berechnet sich aus dem aktuellen Bestand, den geplanten Zugängen und den Abgängen sowie den geplanten Bedarfen für das geprüfte Produkt. Aus den bei dieser Prüfung zu berücksichtigenden Zu- oder Abgangselementen berechnet sich die ATP-Menge, und gegen diese werden Anfragen bestätigt. Die zu prüfenden Zu- und Abgangselemente werden zudem über den *Prüfumfang* festgelegt und können, je nach Produkt, variiert werden. Da der Prüfumfang sowohl für das Produkt als auch für den individuellen Geschäftsvorfall definiert werden kann, können Sie für alle Geschäftsvorfälle mit demselben Prüfumfang rechnen oder je nach betrieblicher Erfordernis mit einem variierten Prüfumfang.

Diese Flexibilität erlaubt z. B. eine ATP-Prüfung im Kundenauftrag, bei der die Produktverfügbarkeitsprüfung gegen aktuelle Bestände und geplante Zugänge erfolgt. Bei der späteren Auslieferung kann dann lediglich gegen Bestände geprüft werden, da die geplanten Zugänge zu diesem Zeitpunkt bereits erfolgten und zum Bestand hinzugezählt wurden.

Abbildung 16.1 zeigt ein Beispiel für die Berechnung des *Materialbereitstellungsdatums* (MBDAT).

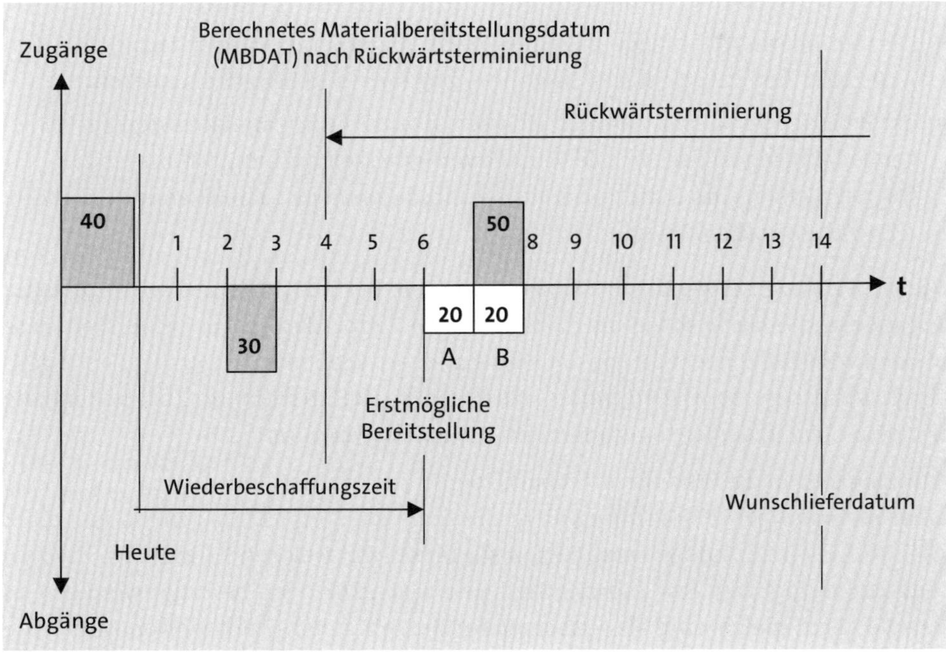

Abbildung 16.1 Terminierung in der ATP-Prüfung

Der Lagerbestand beträgt aktuell 40 Stück. Zwei Tage später sind Abgänge von 30 Stück geplant. Eine Woche später, an Tag 7, sind Zugänge von 50 Stück geplant. Das Wunschlieferdatum eines neuen Kundenauftrags über 20 Stück ist in 14 Tagen. Unter Berücksichtigung einer Wiederbeschaffungszeit von sechs Tagen können der Wunschliefertermin des Kunden eingehalten und die bestellten Materialien an Tag 6 erstmalig bereitgestellt werden (Situation A).

Bei einer Verfügbarkeitsprüfung ohne Berücksichtigung der Wiederbeschaffungszeit kann die Menge erst dann erstmalig bereitgestellt werden, wenn die Verfügbarkeit durch die geplanten Zugänge wieder gewährleistet ist, in diesem Fall erst an Tag 7 durch den geplanten Zugang von 50 Stück (Situation B).

Ausgangspunkt für die Produktverfügbarkeitsprüfung ist daher stets das aus dem Wunschlieferdatum des Kunden abgeleitete Materialbereitstellungsdatum. Es handelt sich hierbei um das späteste mögliche Datum, mit dem eine fristgerechte Belieferung eines Kundenauftrags gewährleistet ist (siehe Abbildung 16.1). Die Verfügbarkeitsprüfung ist hier immer dann erfolgreich, wenn zum Materialbereitstellungsdatum für das Produkt eine ausreichende *kumulierte ATP-Menge* vorhanden ist.

Zusammenfassend folgt die Berechnung der ATP-Menge den folgenden Regeln:

- Die Verfügbarkeitsprüfung, und damit der Umfang der ATP-Menge, richtet sich nach dem im System hinterlegten Prüfumfang und kann vorgangs- und/oder produktbezogen definiert werden.
- Die kumulierte ATP-Menge hat einen Zeitbezug und richtet sich nach den in den ATP-Zeitreihen gespeicherten Bestands-, Zugangs- und Bedarfselementen.
- Die Bedarfe »versuchen« immer, sich zuerst vom zeitlich am kürzesten zurückliegenden Zugang zu decken. Die Produktverfügbarkeitsprüfung ist immer dann erfolgreich, wenn zum Materialbereitstellungsdatum eine ausreichende kumulierte ATP-Menge vorhanden ist.

Die zur Prüfung notwendigen Elemente wie z. B. Bestandsinformationen, geplante Zugänge und Bedarfe sowie die dazugehörigen Zeitpunkte entlang einer Zeitachse werden vom ERP-System an das APO-System übertragen und dort im liveCache gesichert. Wir haben die ATP-Zeitreihen bereits in Kapitel 15 sowie im Zusammenhang mit dem CIF und der Systemintegration in Kapitel 14 erläutert.

Zum Einstieg in die Produktverfügbarkeitsprüfung und zur Erläuterung des Ablaufs einer mehrstufigen ATP-Prüfung dient das folgende Beispiel. Ausgehend von einer ATP-Prüfung im Kundenauftrag zeigen wir Ihnen, mit welchen Parametern das System den verfügbaren Bestand ermittelt und welche Mengen bestätigt werden. Das Beispiel dient gleichzeitig als Vorschau auf die in Kapitel 17 erläuterten Methoden einer erweiterten Verfügbarkeitsprüfung.

Abbildung 16.2 zeigt das Ergebnis der Verfügbarkeitsprüfung in einem ERP-Kundenauftrag. In diesem Beispiel bestellt der Kunde 200 Stück des Materials RBA-FG1. Das System prüft die Verfügbarkeit des Materials und kann für das Werk 3500 eine Menge von 70 Stück bestätigen.

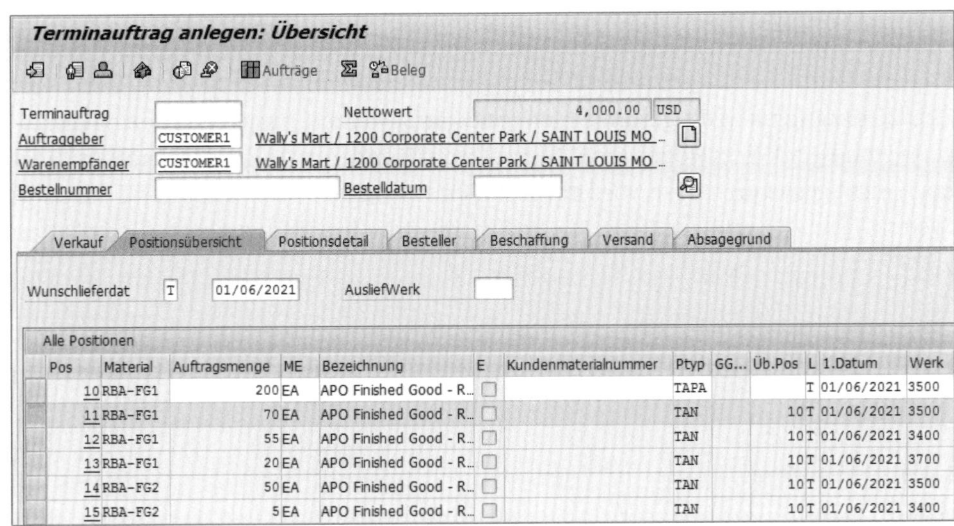

Pos	Material	Auftragsmenge	ME	Bezeichnung	E	Kundenmaterialnummer	Ptyp	GG...	Üb.Pos	L	1.Datum	Werk
10	RBA-FG1	200	EA	APO Finished Good - R...			TAPA			T	01/06/2021	3500
11	RBA-FG1	70	EA	APO Finished Good - R...			TAN		10	T	01/06/2021	3500
12	RBA-FG1	55	EA	APO Finished Good - R...			TAN		10	T	01/06/2021	3400
13	RBA-FG1	20	EA	APO Finished Good - R...			TAN		10	T	01/06/2021	3700
14	RBA-FG2	50	EA	APO Finished Good - R...			TAN		10	T	01/06/2021	3500
15	RBA-FG2	5	EA	APO Finished Good - R...			TAN		10	T	01/06/2021	3400

Abbildung 16.2 Kundenauftrag mit Lokations- und Produktersetzung

Aufgrund einer Lokationsersetzung erfolgt eine werksübergreifende Prüfung der noch ausstehenden Menge. Im weiteren Verlauf können dabei 55 Stück aus Werk 3400 sowie weitere 20 Stück aus Werk 3700 bestätigt werden. Die verbleibende Restmenge von 55 Stück (200-70-55-20) kann für das Material RBA-FG1 in keinem Werk bestätigt werden. Das System ersetzt das Material daher durch das zulässige Substitutionsmaterial RBA-FG2 und bestätigt weitere 50 Stück in Werk 3500 und die Restmenge von 5 Stück über das Werk 3400.

Das Beispiel zeigt, dass die Verfügbarkeitsprüfung *dynamisch* unter Berücksichtigung des vorhandenen Lagerbestands und der Warenbewegungen mit oder ohne Wiederbeschaffungszeit geprüft werden kann. Die vorhandenen Bestände werden dabei über die Materialwirtschaft verwaltet und ändern sich mit jeder Warenbewegung. Bei den Abgängen bleiben die Planprimärbedarfe aus der Produktionsplanung unberücksichtigt, die sich aus den geplanten Zugängen in Form von Planaufträgen ergeben. Die Bedarfe aus den Vertriebsbelegen werden jedoch in diesem Plan berücksichtigt und verändern damit aus Produktions- und Vertriebssicht permanent die Bedarfs- und Bestandssituation.

Im Beispiel aus Abbildung 16.2 konnte die Produktverfügbarkeitsprüfung den Bedarf nicht aus einer einzigen Lokation bestätigen und hat im Rahmen einer regelbasierten Verfügbarkeitsprüfung sowohl eine Lokations- als auch eine Produktersetzung vorgenommen (siehe Abbildung 16.3). Beide Arten der Ersetzung lernen Sie in Kapitel 17, »Erweiterte Prüfmethoden in SAP APO«, kennen.

Abbildung 16.3 zeigt für das Beispiel aus Abbildung 16.2 das Ergebnis der Produktverfügbarkeitsprüfung in SAP APO. Für die Prüfung der Bedarfsmenge von 200 Stück gegen die Lokation 3500 verwendet das System die ATP-Gruppe des Produkts und das betriebswirtschaftliche Ereignis des Vorgangs. Die aggregierte Sicht der Produktverfügbarkeit für die Lokation 3500 zeigt die berücksichtigten ATP-Kategorien. Am 27.12.2010 kann nicht die gesamte Menge bestätigt werden, ausgehend von einem Lagerbestand (LABST) in Höhe von 70 Stück. Da der Kundenauftrag zu diesem Zeitpunkt noch nicht gesichert wurde, wird der simulierte Bedarf (SI-BED) teilbestätigt, und das System setzt mit einer reduzierten Bedarfsmenge die Prüfung gegen die Lokation 3400 fort.

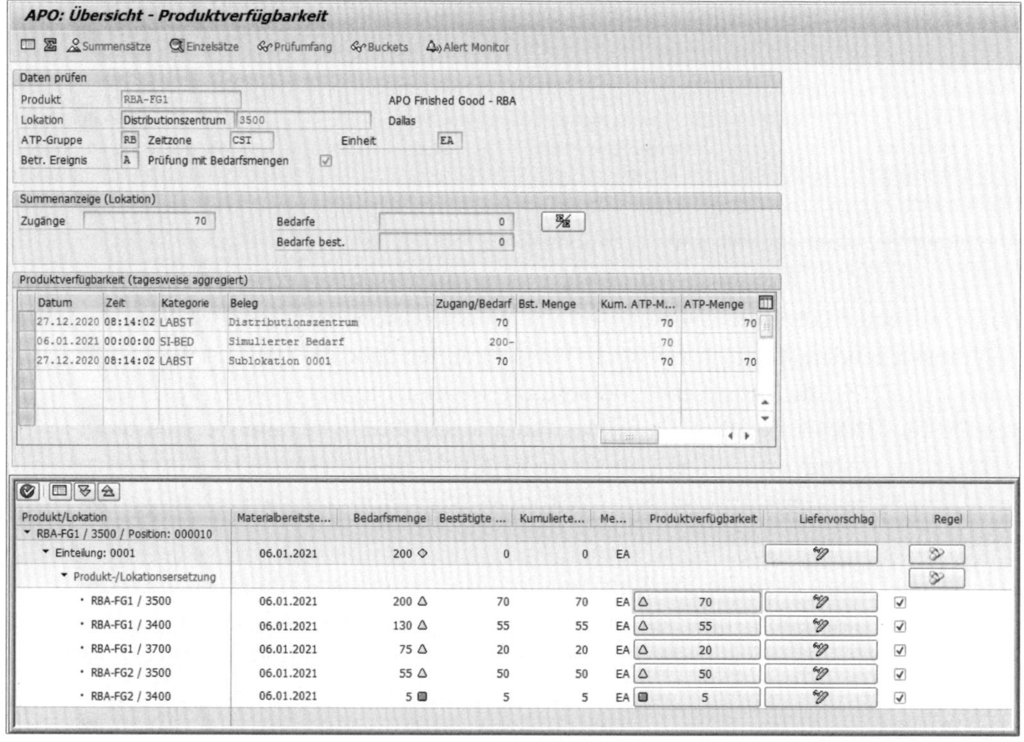

Abbildung 16.3 Details der Verfügbarkeitsprüfung im Kundenauftrag

Damit das System die Produktverfügbarkeit prüfen kann, ist es notwendig, dass Sie die in Kapitel 15, »Parameter der Verfügbarkeitsprüfung in SAP APO«, beschriebenen Grundeinstellungen in der Prüfvorschrift vorgenommen und die allgemeinen Einstellungen der Basismethoden gepflegt haben. Hierzu zählt auch der Prüfmodus, der in den lokationsspezifischen Daten des Produktstamms gepflegt wird. Die Einstellungen der Produktverfügbarkeitsprüfung werden im Wesentlichen in der Prüfsteuerung vorgenommen.

16.2.1 Ermittlung der Prüfsteuerung

Die Auswahl der Prüfmethode »Produktverfügbarkeitsprüfung« erfolgt durch die Einstellungen in der ermittelten Prüfvorschrift. Die eigentliche Art und der Umfang der Produktverfügbarkeitsprüfung wird durch die Prüfsteuerung festgelegt (siehe Abbildung 16.4).

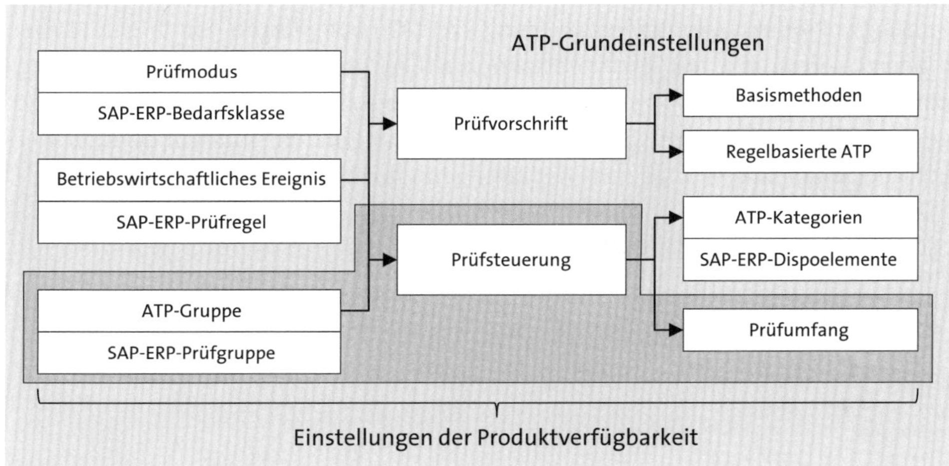

Abbildung 16.4 Steuerung der Produktverfügbarkeitsprüfung

Die Prüfsteuerung, und damit die Steuerung der Produktverfügbarkeitsprüfung, wird einer gültigen Kombination aus ATP-Gruppe und betriebswirtschaftlichem Ereignis zugeordnet. Mithilfe dieser Kombination können sämtliche Anforderungen einer ATP-Prüfung in einem logistischen Prozess abgebildet werden. Sie können hierbei festlegen, ob die Prüfung auf Lokations- oder Produktebene durchgeführt werden soll und welcher Prüfhorizont vom System zu berücksichtigen ist.

Die Prüfsteuerung, und damit die Aussteuerung der Produktverfügbarkeitsprüfung im Rahmen des Prüfumfangs, wird in Abhängigkeit von der ATP-Gruppe und dem zugrunde liegenden betriebswirtschaftlichen Ereignis ermittelt.

Das *betriebswirtschaftliche Ereignis* entspricht der ERP-Prüfregel, wird über den jeweiligen Vorgang, d. h. über den Geschäftsvorfall bestimmt und von SAP ERP bzw. SAP S/4HANA vorgegeben. Wir haben das betriebswirtschaftliche Ereignis im Zusammenhang mit der Ermittlung der Prüfvorschrift in Kapitel 15 erläutert.

16.2.2 ATP-Gruppe

Im Gegensatz zum betriebswirtschaftlichen Ereignis ist die ATP-Gruppe ein Parameter des Materialstamms. Sie ist also abhängig vom Produkt.

Die ATP-Gruppe fasst eine Gruppe von Einstellungen für die Produktverfügbarkeitsprüfung zusammen und entspricht als Stammdatenparameter der *ERP-Prüfgruppe* (siehe Abbildung 16.5). Diese wird durch die Stammdatenintegration über die CIF-Schnittstelle als ATP-Gruppe in den lokationsspezifischen Produktstamm von SAP APO übertragen und zur Laufzeit aus dem Produktstamm gelesen.

Die Einstellungen zur ATP-Gruppe finden Sie im SAP-Customizing über den Pfad **Advanced Planning and Optimization • Globale Verfügbarkeitsprüfung (Globale ATP-Prüfung) • Produktverfügbarkeitsprüfung • ATP-Gruppe pflegen**. Mit diesen Einstellungen legen Sie u. a. fest, ob eine Reaktion auf Fehlmengen stattfindet, ob und wie eine Unterdeckungsprüfung durchgeführt werden soll und wie die bestätigten Mengen von der Produktverfügbarkeitsprüfung zu kumulieren sind. Wir erläutern die verschiedenen Einstellungen aus Abbildung 16.5 im Folgenden.

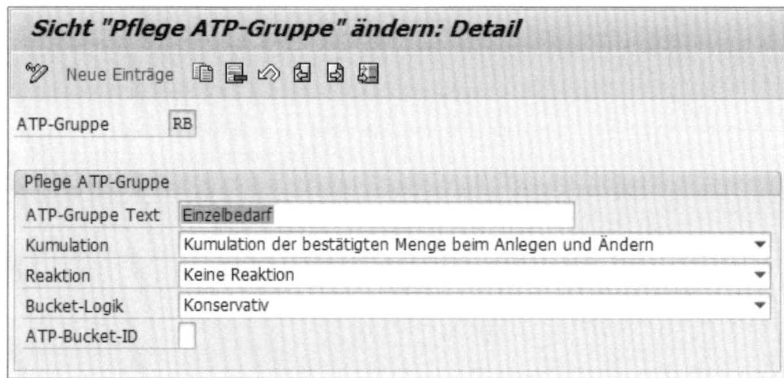

Abbildung 16.5 ATP-Gruppe

Unterdeckungsprüfung

Die Unterdeckungsprüfung, also eine **Kumulation** (siehe das gleichnamige Feld in Abbildung 16.5), kommt immer dann zum Einsatz, wenn eine Prüfung unter Berücksichtigung von bereits kumulierten und bestätigten ATP-Mengen durchgeführt werden soll.

Ausgehend von einem Kundenauftrag prüft das System in diesem Fall, ob in der Vergangenheit ATP-Mengen zur Bedienung des Auftrags vorliegen. Falls ja, wird die Bedarfsmenge der Auftragsposition unter Berücksichtigung dieser Mengen bestätigt. Hierbei werden selbstverständlich nur die ATP-Mengen betrachtet, die vor dem Liefertermin liegen.

Berücksichtigung kumulierter Mengen

Sie fragen sich vielleicht, was das genau bedeutet. Wir versuchen, dies anhand eines Beispiels zu erläutern. Beim Anlegen eines Kundenauftrags prüft die Produktverfügbarkeitsprüfung, z. B. ausgehend vom Wunschlieferdatum des Kunden, in die Vergangenheit (also im Zuge einer Rückwärtsterminierung), ob die ermittelten ATP-Mengen zur Bedarfsdeckung ausreichen.

Wenn das System bei dieser Prüfung die bereits bestätigten Mengen oder Bedarfe nicht berücksichtigen würde, kann es zu Überbestätigungen kommen. Sollte sich z. B. ein geplanter Zugang auf einen beliebigen Termin nach dem Bestätigungsdatum verschieben, würde die ursprüngliche Bestätigung erhalten bleiben. In diesem Fall kann es ebenfalls zu einer Unterdeckung kommen, da die terminliche Änderung des Zugangs nicht automatisch im Kundenauftrag berücksichtigt wird. Neue Aufträge, die in dieser Situation erfasst werden, würde das System ebenfalls bestätigen, obwohl keine Bestandsdeckung gegeben ist.

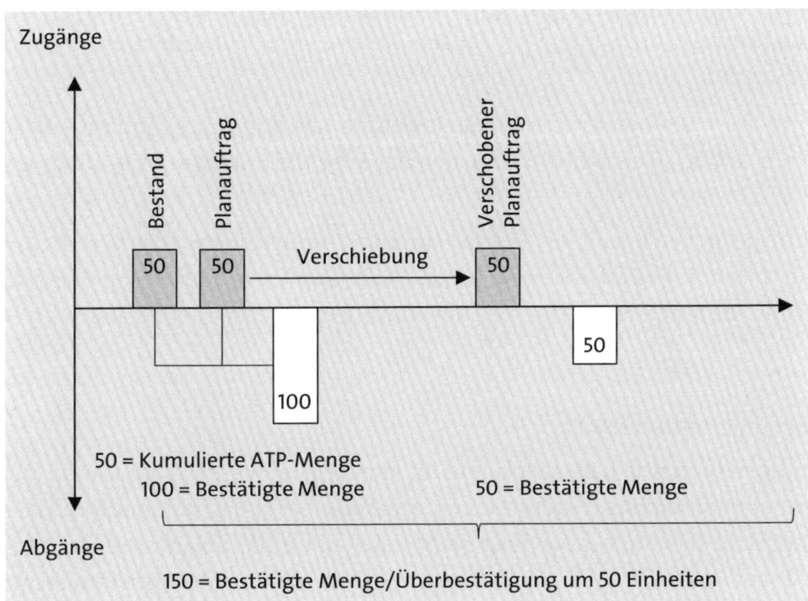

Abbildung 16.6 Unterdeckungsprüfung mit kumulierten ATP-Mengen

Abbildung 16.6 zeigt einen Kundenauftrag mit einer Bedarfsmenge von 100 Einheiten. Der Auftrag wird vom System bestätigt, da sowohl der Bestand als auch ein berücksichtigter Planauftrag vorhanden sind. In diesem Beispiel verschiebt sich nun der Planauftrag auf einen beliebigen Zeitpunkt nach dem bereits bestätigten Kundenauftrag. Ein weiterer Kundenauftrag mit einer Bedarfsmenge von 50 Einheiten wird nun ebenfalls voll bestätigt, da der verschobene Planauftrag in voller Höhe zur Verfügung steht.

Der ursprüngliche, bereits bestätigte Kundenauftrag wird gemäß der Prüflogik nun aber nicht von dem verschobenen Planauftrag gedeckt. Die Summe der bestätigten Mengen überschreitet die Summe der Zugänge.

Wenn zeitliche Verschiebungen von Zugängen in der Vergangenheit dazu führen, dass für einen bereits in voller Höhe bestätigten Kundenauftrag die ermittelte ATP-Menge nicht mehr ausreicht, spricht man von einer *Unterdeckung*. Mithilfe der Kumulation legen Sie fest, wie die Prüfung bei der Erfassung oder dem Ändern eines Kundenauftrags ablaufen soll. Mithilfe der zur Verfügung stehenden Einstellungen können Sie Unterdeckungen und Überbestätigungen vermeiden:

- Kumulation der bestätigten Menge beim Anlegen und Ändern
- Bedarfsmenge beim Anlegen, keine Kumulation beim Ändern
- Bedarfsmenge beim Anlegen, bestätigte Menge beim Ändern
- keine Kumulation

Der Umfang der Unterdeckungsprüfung und damit die Berechnung der kumulierten ATP-Menge, die Kumulation, richtet sich danach, welche Mengen bei der Berechnung berücksichtigt werden sollen.

- Bei der Kumulation der bestätigten Mengen werden neu angelegte Kundenaufträge nur dann bestätigt, wenn die Summe der Zugänge die Summe der bestätigten Mengen überschreitet.
- Bei einer Prüfung gegen kumulierte Bedarfsmengen berücksichtigt das System die Summe aller offenen Bedarfsmengen. Neue Kundenaufträge werden hierbei nur bestätigt, wenn die Summe der Zugänge die kumulierte Bedarfsmenge überschreitet.

Kumulation bei regelbasierter ATP

Diese Einstellungen bieten sich insbesondere für vertriebsrelevante Produkte an. Für im Zusammenhang mit nicht vertriebsrelevanten Produktgruppen stehende Bedarfe sollen in der Regel die bestätigten Mengen beim Anlegen und Ändern kumuliert werden. Bei einer regelbasierten Verfügbarkeitsprüfung, bei der es unter Umständen zu einer Produktsubstitution kommen kann, wird die Bedarfsmenge meist beim Anlegen des Kundenauftrags verwendet. In diesem Fall sollte eine Kumulation der bestätigten Menge sowohl beim Anlegen als auch beim Ändern des Kundenauftrags stattfinden.

Sofern Sie eine Kumulation durchführen, also mit einer Unterdeckungsprüfung arbeiten, können Sie mit den Einstellungen zur **Reaktion** steuern, wie das System bei einer Fehlmenge reagieren soll (siehe Abbildung 16.5). Bei einer Unterdeckungssituation kann in der Kundenauftragsabwicklung eine Nachricht ausgegeben werden.

Bucket-Logik

Sie haben in Kapitel 15 bereits die Bewertungslogik sowie die Bedeutung und die wesentlichen Einstellungen zu den ATP-Zeitreihen kennengelernt. Mit den Einstellungen zur **Bucket-Logik** in der ATP-Gruppe (siehe Abbildung 16.5 weiter vorne) legen Sie fest, wie diese ATP-Zeitreihen bei der Produktverfügbarkeitsprüfung bewertet werden sollen und ob dabei das Bestätigungsverhalten eher konservativ oder progressiv sein soll. Die Bewertung bezieht sich dabei auf die Bedarfe, die zum Ende eines dazugehörigen Zugangs-Buckets gewertet werden. Für die Bewertung der Zugänge stehen Ihnen die folgenden Einstellungen zur Verfügung:

- progressiv
- konservativ
- total konservativ
- exakte Daten

Je nach der gewünschten Genauigkeit können Sie das Ergebnis des ATP-Prüfergebnisses mithilfe unterschiedlicher Auswertungslogiken beeinflussen. Das System speichert die Zugangselemente kumuliert in den Zeitreihen ab, und Sie können mithilfe dieser Einstellungen entscheiden, ob diese Zugänge am Anfang oder am Ende des Buckets zur Verfügung stehen sollen.

Bei der *progressiven Bewertung* werden die Zugänge bereits zu Beginn des jeweiligen Zugangs-Buckets und bei der konservativen Logik am Ende bewertet. Aus diesem Grund führt die progressive Logik tendenziell zu einer früheren Berücksichtigung geplanter Zugänge und erhöht dabei die Gefahr von Überbestätigungen. Bei synchronen ATP-Zeitreihen entspricht das Ergebnis einer progressiven Prüfung dem Systemverhalten eines ERP-Systems. Aus diesem Grund sollten Sie für Endprodukte, die an einen Kunden geliefert werden, die konservative Logik verwenden. Vorerzeugnisse, Halbfabrikate und Rohstoffe werden in der Regel mit einer progressiven Logik geprüft.

Bei einer *total konservativen Bewertungslogik* werden die Zu- und Abgänge nur dann berücksichtigt, wenn sie zwischen dem Ende des Zugangs-Buckets und dem Beginn das Abgangs-Buckets liegen, andernfalls stehen sie nicht für Bestätigungen zur Verfügung. Bei dieser total konservativen, also sehr restriktiven Logik können Bedarfe lediglich am Ende des entsprechenden Zugangs-Buckets gedeckt werden. Beachten Sie, dass bei einer Zeitreihenverschiebung (siehe Kapitel 15) stets die konservative Berechnung verwendet werden soll.

Die Prüfung gegen *exakte Daten* stellt eine Besonderheit dar. Es handelt sich bei ihr streng genommen nicht um eine Bewertungslogik, da keine Bewertung der Zeitreihen stattfindet und nicht gegen kumulierte Zu- und Abgänge geprüft wird. Stattdessen werden die ATP-Zeitreihen ignoriert und die zu bestätigende Menge gegen die im liveCache gesammelten Einzeldaten geprüft. Die Produktverfügbarkeitsprüfung erfolgt somit ausschließlich gegen Einzelsätze, was zu einer geringeren Systemperformance führen kann.

Wir haben in Kapitel 15 im Rahmen der Bucket-Einstellungen bereits erwähnt, dass Sie die Anzahl der Buckets pro Tag verändern und auf diese Weise die Genauigkeit der ATP-Prüfung beeinflussen können – über das Feld **Bucket-ID** der ATP-Gruppe (siehe Abbildung 16.5 weiter vorne) entspricht hierbei der Bucket-ID in den Bucket-Einstellungen der ATP-Zeitreihen.

Statt mit exakten Daten zu prüfen, können Sie optional die Anzahl der Buckets z. B. auf 1.440 erhöhen und gegen die ATP-Zeitreihen prüfen. 1.440 Buckets pro Zeitreihe entsprechen einem Bucket pro Minute, also 1.440 Buckets pro Tag. Sie erzielen mit dieser Einstellung ein ähnliches Ergebnis mit geringeren Performanceverlusten.

In der Praxis würde eine Prüfung mit einer solchen Granularität jedoch nicht viel Sinn ergeben. Verfügbarkeitsaussagen und damit die Berücksichtigung von Elementen einer Zeitreihe erfolgen in der Regel mit einer Genauigkeit von 15 bis 30 Minuten.

16.2.3 Allgemeine Einstellungen der Prüfsteuerung

In den vorangehenden Abschnitten haben Sie die Grundlagen der Produktverfügbarkeitsprüfung sowie die Ermittlung der Prüfsteuerung kennengelernt. In diesem Zusammenhang sind wir auch auf die Bedeutung der ATP-Zeitreihen eingegangen. Aus technischer Notwendigkeit und um eine hohe Performance der Verfügbarkeitsprüfung zu gewährleisten, werden die Termin- und Mengendaten in Form von Zeitreihen im liveCache abgelegt.

Granularität von Zeitreihen

Sie wissen, dass Zeitreihen die Aufgabe haben, ein- und ausgehende Bewegungen für bestimmte Produkte und Geschäftsvorfälle in SAP SCM abzubilden. Die Zugänge und Bedarfe sind hierbei gegebenenfalls auf Produkt-, Merkmals-, Lokations- sowie Sublokations- und Versionsebene pro ATP-Kategorie vorhanden. Sublokation und Version entsprechen den aus SAP ERP bzw. SAP S/4HANA bekannten Lagerorten und Chargen. Eine Prüfung gegen die Merkmale konfigurierbarer Produkte ist hingegen in SAP ERP bzw. SAP S/4HANA nicht möglich.

In der Regel wird in SAP APO die Produktverfügbarkeitsprüfung auf der (Produkt-) Lokationsebene durchgeführt. Darüber hinaus können Sie in der ATP weitere Organisationsebenen, die *ATP-Kategorien*, berücksichtigen. Je nach dem Detaillierungsgrad des eingehenden Bedarfs kann die Prüfung gegen unterschiedliche ATP-Kategorien erfolgen. Die Pflege und Eigenschaften der ATP-Kategorien wurden bereits in Kapitel 15 beschrieben. Im Zusammenhang mit dem ATP-Prüfumfang erläutern wir den ATP-Prüfumfang in den nachfolgenden Abschnitten. Zunächst konzentrieren wir uns jedoch auf die allgemeinen Parameter der Prüfsteuerung.

Mithilfe der Prüfsteuerung legen Sie fest, welche Aspekte bei der Produktverfügbarkeitsprüfung berücksichtigt werden sollen (siehe Abbildung 16.7). Den Prüfhorizont legen Sie je nach den betrieblichen Anforderungen für Wareneingänge fest, und Sie bestimmen, ob eine Prüfung gegen (Konfigurations-)Merkmale oder Versionen (Chargen) bis auf die Ebene der Sublokationen (Lagerorte) erfolgen soll. Darüber hinaus bestimmen Sie, ob Zugänge in der Vergangenheit in die Ermittlung einbezogen werden sollen. Maßgeblich für die Prüfung ist somit der Detaillierungsgrad des eingehenden Bedarfs, d. h. im Wesentlichen die Produktinformationen. Mit diesen wird die ATP-Menge gegen die Organisationsebenen und die im ATP-Prüfumfang bestimmten Kategorien geprüft. In SAP SCM erfolgt die Planung in der Regel auf der Produktlokationsebene. Demzufolge erfolgt die Identifikation der ATP-Zeitreihen im Wesentlichen ebenfalls auf dieser Ebene.

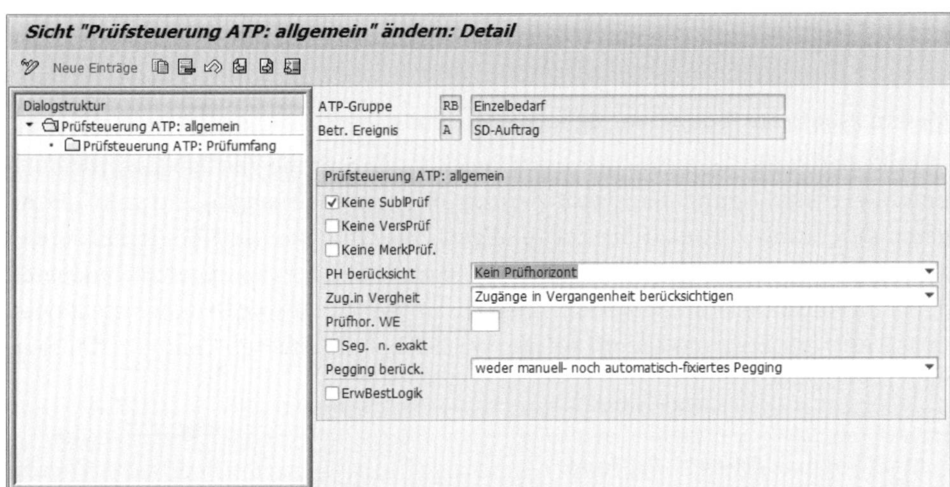

Abbildung 16.7 Prüfsteuerung: allgemeine Daten

Für eine Kundenauftragsposition, die ein nicht konfiguriertes, aber chargengeführtes Produkt enthält, erfolgt die ATP-Prüfung auf der Lokationsebene mit der Produktversion, d. h. mit den Merkmalen der gewünschten Charge. Enthält die Auftragsposition zusätzliche Angaben über eine Sublokation (Lagerort), erfolgt die Prüfung zunächst mit der Produktversion und anschließend gegen die Sublokation.

Die Prüfung erfolgt also in der Reihenfolge, in der Sie die Einstellungen in der Prüfsteuerung vornehmen können: vom Allgemeinen zum Speziellen. Hierbei wird stets die kleinstmögliche Menge zum jeweiligen Termin bestätigt:

- Produkt und Lokation
- Produkt und Lokation mit Produktversion
- Produkt und Lokation mit Merkmalen
- Produkt und Lokation mit Sublokation
- Produkt und Lokation mit Produktversion gegen Sublokation
- Produkt und Lokation mit Produktversion und Merkmalen gegen Sublokation

Die Prüfsteuerung wird für eine Kombination aus ATP-Gruppe und betriebswirtschaftlichem Ereignis gepflegt. Sie finden die Einstellungen zur Prüfsteuerung im Customizing über den Pfad **Advanced Planning and Optimization • Globale Verfügbarkeitsprüfung (Globale ATP-Prüfung) • Produktverfügbarkeitsprüfung • Prüfsteuerung pflegen**. In der Regel wird eine Produktverfügbarkeitsprüfung auf der Lokationsebene durchgeführt. Mit dieser Einstellung können Sie aber festlegen, ob darüber hinaus eine Prüfung gegen eine Sublokation stattfinden soll. Bei der Sublokationsprüfung prüft das System den Bestand auf der ERP-Lagerortebene. Ist das Kennzeichen **keine SublPrüf** gesetzt (siehe Abbildung 16.7) wird lediglich auf der Lokationsebene geprüft.

Merkmalsbasierte Produktverfügbarkeitsprüfung

Mithilfe der *Versions- und Merkmalsprüfung* können Sie eine Verfügbarkeitsprüfung unter Berücksichtigung der Klassifizierung und Merkmalsausprägung von Stammdaten durchführen. Hierzu die notwendigen Einstellungen der ERP-Klassifizierung zu beschreiben, würde den Umfang des vorliegenden Buches sprengen. Wir möchten daher im Folgenden nur die wesentlichen Zusammenhänge und Grundeinstellungen in SAP APO erklären und zudem auf die von SAP bereitgestellten Konfigurationsleitfäden verweisen.

Merkmalsbasierte ATP-Prüfung

Ein Beispiel für den Einsatzbereich der merkmalsbasierten ATP-Prüfung ist der Lagerverkauf von chargengeführtem Material, z. B. in der pharmazeutischen Industrie. Beim Erfassen eines Kundenauftrags werden hier oft die gewünschten Chargenmerkmale angegeben. Das ERP-System führt daraufhin eine automatische Chargenfindung durch und übergibt die gefundenen Chargen zur ATP-Prüfung an das SCM-System. Die Produktverfügbarkeitsprüfung ermittelt dann auf Basis der übergebenen Merkmale, ob die gewünschte Menge bestätigt werden kann. Hier können gegebenenfalls im Rahmen einer regelbasierten ATP-Prüfung Merkmalsersetzungen durchgeführt und schon bei der Erfassung von Kundenaufträgen Chargenselektionskriterien ersetzt oder eingeschränkt werden.

Die Verwendung von Chargen, beziehungsweise deren Klassifizierung in SAP ERP oder SAP S/4HANA setzt voraus, dass Sie dort die notwendigen Einstellungen zur Klassifizierung und Merkmalsausprägung vorgenommen haben. Merkmale und deren Bewertung werden über die CIF-Schnittstelle an SAP APO übertragen und im liveCache abgelegt. Die Ablage erfolgt zur systeminternen Verwendung numerisch, d. h. als abstrakte Zahl. Die Merkmale und ihre Bewertung werden in Containern gemäß einer definierten ATP-Merkmalssicht verwaltet, also zu der zu einem Material vorhandenen Merkmalskombination.

Das System unterstützt bei der Ablage weder Intervalle noch eigene zusätzliche Werte. Damit Sie diese Merkmale auch bei der Produktverfügbarkeitsprüfung in SAP APO berücksichtigen können, müssen die Merkmale in der Bewertung eindeutig und verpflichtend sein.

Mithilfe der *ATP-Merkmalssichten* legen Sie anschließend Gruppierungen von Produkten mit gleichen Merkmalen an. Bei der ATP-Prüfung werden dann alle Materialien gefunden, zu denen Zeitreihenelemente mit der entsprechenden Merkmalskombination existieren und deren Merkmalsausprägung mit den gewünschten Attributen des Bedarfs übereinstimmen.

Die Pflege der Merkmalssichten in SAP APO finden Sie entweder im Customizing über den Pfad **Advanced Planning and Optimization • Globale Verfügbarkeitsprüfung (Globale ATP-Prüfung) • Produktverfügbarkeitsprüfung • Merkmalssicht pflegen** oder im APO-Menü über **Produktverfügbarkeit** im **Umfeld** im Bereich **Globalen ATP**.

Abbildung 16.8 zeigt die Pflege einer ATP-Merkmalssicht und die Definition einer Produktgruppierung, für die eine merkmalsbasierte Produktverfügbarkeitsprüfung durchgeführt werden kann. In diesem Beispiel wurde für einen konfigurierbaren Desktop-Computer die ATP-Merkmalssicht PC_ATP_CTO angelegt. Die merkmalsgesteuerte Bestandssuche, d. h. die Prüfung gegen die Zeitreihenelemente, erfolgt hierbei über die festgelegten Merkmale Gehäuseform (CASE), Festplattengröße (HDD), Sprachversion der Tastatur (KEYBORD) sowie über den vorhandenen Speicher (MB).

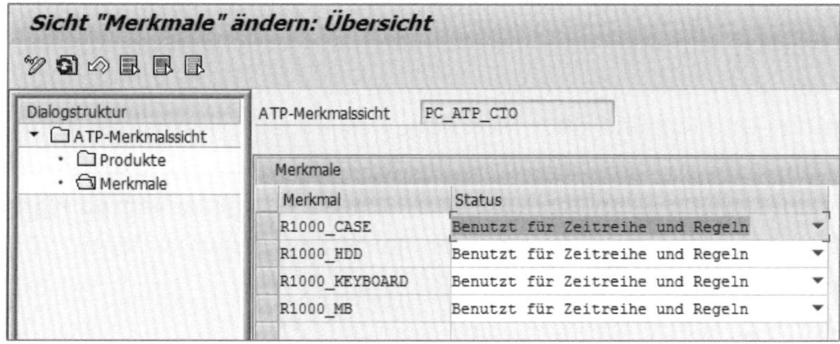

Abbildung 16.8 ATP-Merkmalssicht pflegen

Die Übertragung von Klassen- und Merkmalsstammdaten nach SAP APO erfolgt über die CIF-Schnittstelle. Den Umfang der zu übertragenden Klassen- und Merkmalsstammdaten legen Sie im Integrationsmodell durch die Angabe der Klassenart fest. Über die Definition einer Anwendungssicht können Sie den Selektionsbereich weiter einschränken. Diese Anwendungssicht legen Sie im Customizing des ERP-Klassensystems zu der entsprechenden Klassenart an.

Anschließend ordnen Sie sie in der Klassenpflege den zu übertragenden Klassen und Merkmalen zu. Im Integrationsmodell wählen Sie anschließend die Merkmale und Klassen aus (siehe Abbildung 16.9).

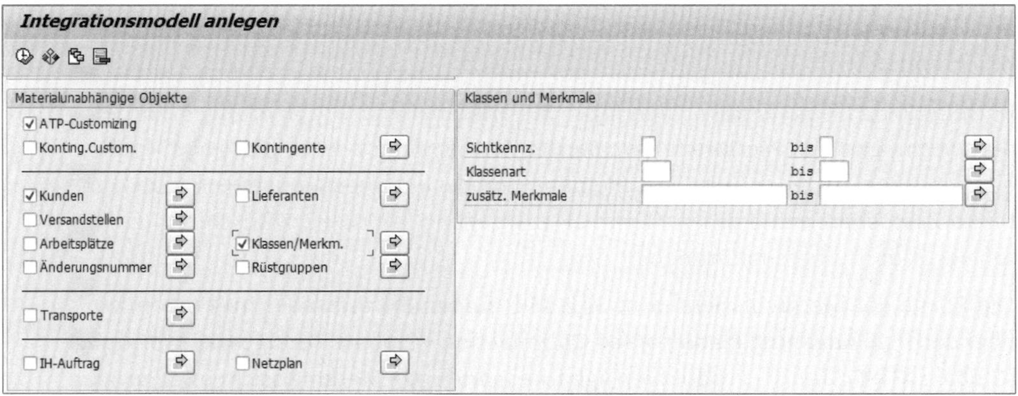

Abbildung 16.9 Integrationsmodell mit Klassen und Merkmalen

Bei dieser Integration wird kein Customizing übertragen. Merkmale und Klassengruppen, die unbedingt mit den Einstellungen in SAP ERP bzw. SAP S/4HANA übereinstimmen müssen, pflegen Sie manuell in SAP APO nach. Zu diesen Einstellungen gehören auch die Sichten zur jeweiligen Klassenart, die in SAP APO separat angelegt werden müssen. Aus diesem Grund empfiehlt es sich, Stamm- und Bewegungsdaten in getrennten Integrationsmodellen nach SAP APO zu übertragen.

Bevor klassifizierte Stammdaten und merkmalsabhängige Bewegungsdaten im APO-System angelegt werden, müssen Sie über ein *Konfigurationsschema* festlegen, mit welchem Merkmals- und Klassensystem Sie in SAP APO Produkte planen bzw. wie deren Konfiguration gesteuert und über Merkmale beschrieben wird (siehe Abbildung 16.10). Sie nehmen diese Einstellungen der Konfigurationsrelevanz in den Basiseinstellungen von SAP APO über folgenden Customizing-Pfad vor: **Advanced Planning and Optimization • Basis-Einstellungen • Konfigurationsschema festlegen (CDP oder Variantenkonfiguration)**.

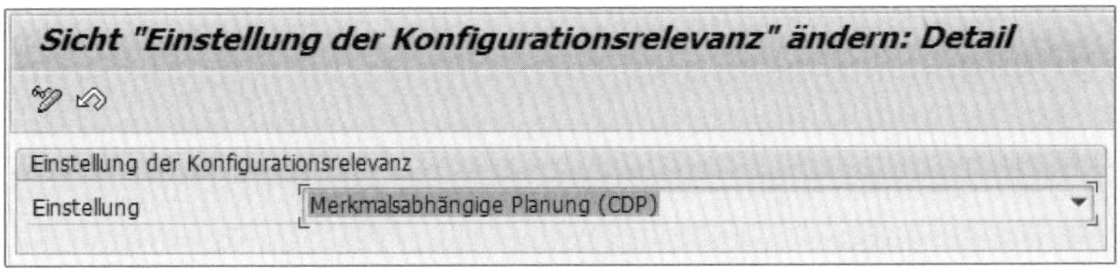

Sicht "Einstellung der Konfigurationsrelevanz" ändern: Detail

Einstellung der Konfigurationsrelevanz

Einstellung: Merkmalsabhängige Planung (CDP)

Abbildung 16.10 Auswahl des Merkmalssystems

Die merkmalsbasierte Produktverfügbarkeitsprüfung arbeitet analog der merkmalsabhängigen Planung mit CDP-Merkmalen (Characteristics-Dependent Planning). Da in SAP ERP bzw. SAP S/4HANA jedoch nicht bekannt ist, welches Konfigurationsschema in SAP APO eingestellt ist, wird in SAP APO in Abhängigkeit zur Konfigurationsrelevanz die Eingangsverarbeitung aufgerufen, und klassifizierte Stammdaten bzw. merkmalsabhängige Bewegungsdaten werden angelegt.

Einstellungen zum Konfigurationsschema

Mithilfe des Reports /SAPAPO/CONFR_CFGREL_MAINTAIN können Sie das Konfigurationsschema umstellen oder die Konfigurationsrelevanz für einzelne Produkte entfernen. Diese sowie die weiteren Einstellungen zum Konfigurationsschema werden in der Regel zu Beginn einer Implementierung getätigt. Wir weisen darauf hin, dass eine nachträgliche Änderung dieser Einstellung im Produktivbetrieb ernsthafte Konsequenzen hat und zu Datenverlusten führen kann.

Sie können die Integration über das CIF durch kundenindividuelle Logik anpassen. Tabelle 16.1 zeigt, welche Funktionsbausteine Ihnen in SAP APO, bei der Eingangsverarbeitung des ERP-Klassensystems in der SCM-Funktionsgruppe XCIFUSER, für Kundenerweiterungen zur Verfügung stehen.

Funktionsbaustein	Eingangsverarbeitung von
EXIT_/SAPAPO/SAPLCIF_CHR30_001	Merkmalen
EXIT_/SAPAPO/SAPLCIF_CHR30_002	Klassen
EXIT_/SAPAPO/SAPLCIF_CHR30_003	Konfiguration
EXIT_/SAPAPO/SAPLCIF_CHR30_004	Klassifikationen
EXIT_/SAPAPO/SAPLCIF_CHR30_005	Klassenhierarchien

Tabelle 16.1 Funktionsbausteine in der SCM-Funktionsgruppe XCIFUSER

Produktverfügbarkeitsprüfung mit Prüfhorizonten

Sie haben bei den Einstellungen zur Bucket-Logik Möglichkeiten kennengelernt, um das Bestätigungsverhalten mithilfe unterschiedlicher Bewertungslogiken zu beeinflussen. In diesem Zusammenhang ging es um die Bewertung von Zugängen. Das Zeitintervall, in dem die Produktverfügbarkeit durchgeführt wird, kann mithilfe des Prüfhorizonts beeinflusst werden (siehe Abbildung 16.11).

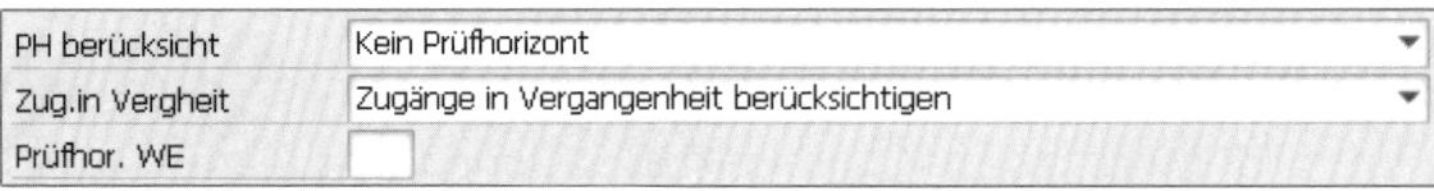

Abbildung 16.11 Einstellung des Prüfhorizonts im Prüfumfang

Die Prüfung gegen Zeitreihen kann mit oder ohne *Prüfhorizont* erfolgen. Der Prüfhorizont ist der Zeitraum der Prüfung. Dieser setzt sich aus dem Prüfdatum und einem weiteren Zeitraum zusammen, in der Regel ist der Zeitraum die Wiederbeschaffungszeit des Produkts. Wenn Sie den Prüfhorizont bei der Produktverfügbarkeitsprüfung einbeziehen möchten, muss das Feld **PH berücksicht** im Customizing der Prüfsteuerung gesetzt sein (siehe Abbildung 16.7). Ihnen stehen hier die folgenden Einstellungen zur Verfügung:

- kein Prüfhorizont
- Bestätigung am Prüfhorizont
- Ende der Prüfung ohne Bestätigung am Prüfhorizont

Eine Berücksichtigung des Prüfhorizonts hat unmittelbare Auswirkungen auf das Bestätigungsverhalten und ermöglicht es z. B., Wiederbeschaffungszeiten abzubilden. Die Berücksichtigung von Wiederbeschaffungszeiten und deren Auswirkungen auf die Terminierung sowie auf das Bestätigungsverhalten haben Sie bereits in Kapitel 6 kennengelernt (siehe auch Abbildung 16.1). Wenn Sie mit dem Prüfhorizont arbeiten, werden Bedarfe, die innerhalb des Zeitintervalls liegen, gegen den Prüfhorizont geprüft. Liegt der Bedarfstermin hingegen außerhalb des Intervalls, erfolgt keine ATP-Prüfung. Dies hat zur Folge, dass diese Bedarfe stets als verfügbar gelten und entweder in voller Höhe bestätigt werden oder die Prüfung ohne Bestätigung beendet wird. Wenn Sie den Eintrag **Kein Prüfhorizont** auswählen, verwendet die Produktverfügbarkeitsprüfung alle Zugangs- und Bedarfselemente gemäß dem eingestellten ATP-Prüfumfang.

Abbildung 16.12 zeigt die Auswirkungen einer Produktverfügbarkeitsprüfung mit und ohne Berücksichtigung des Prüfhorizonts.

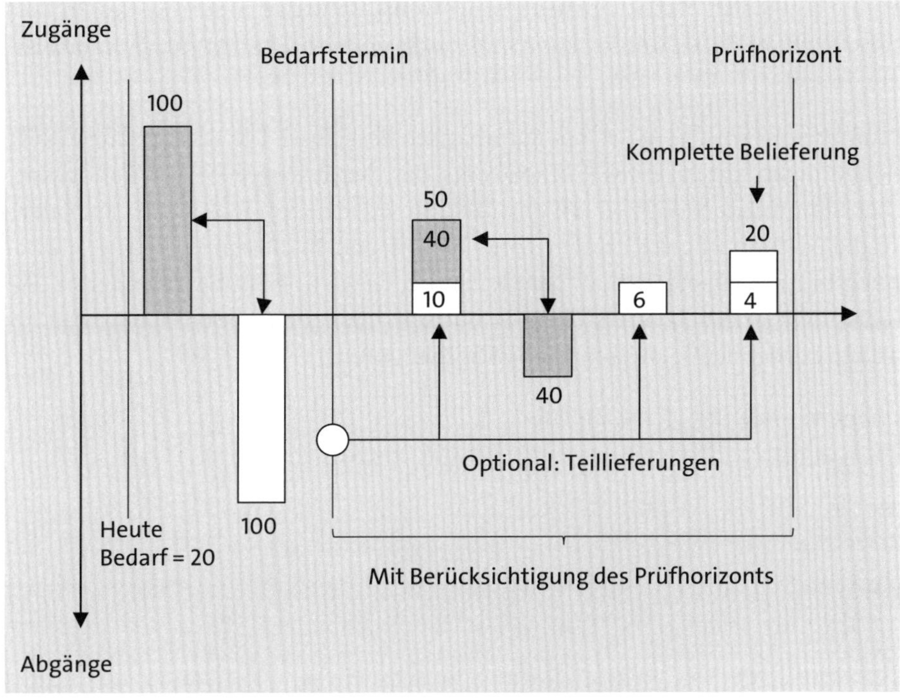

Abbildung 16.12 Produktverfügbarkeitsprüfung mit Prüfhorizont

Mit der Einstellung **Bestätigung am Prüfhorizont** simuliert das System einen unendlich großen Bedarf am Prüfhorizont. Alle Bedarfe werden daraufhin am Ende des Zeitintervalls bestätigt. Zugangselemente in der Zukunft, die außerhalb des Prüfhorizonts liegen, haben somit keinen Einfluss auf die Produktverfügbarkeit und werden mit dieser Einstellung quasi ignoriert. Betrachten wir für diese Situation die Einstellmöglichkeiten, die Ihnen im Feld **PH berücksicht** im Customizing der Prüfsteuerung zur Verfügung stehen. Die Einstellung **Kein Prüfhorizont** sparen wir dabei aus:

- **Bestätigung am Prüfhorizont**
  Mit der Einstellung **Bestätigung am Prüfhorizont** simuliert das System einen unendlich großen Bedarf am Prüfhorizont. Alle Bedarfe werden daraufhin am Ende des Zeitintervalls bestätigt. Zugangselemente in der Zukunft, die außerhalb des Prüfhorizonts liegen, haben keinen Einfluss auf die Produktverfügbarkeit und werden mit dieser Einstellung quasi ignoriert.
- **Ende der Prüfung ohne Bestätigung am Prüfhorizont**
  Die Einstellung **Ende der Prüfung ohne Bestätigung am Prüfhorizont** führt dazu, dass Zugangs- und Bedarfselemente nach dem Ende des Prüfhorizonts ignoriert werden. Bedarfe, die weit hinter dem Ende des Prüfhorizonts liegen, haben keinen Einfluss auf die Verfügbarkeitssituation innerhalb des Prüfhorizonts. Diese Ein-

stellung bietet sich insbesondere dann an, wenn ein Bedarf innerhalb des Prüfhorizonts nicht bestätigt werden kann und das System erweiterte Prüfmethoden anwenden soll.

Der Prüfhorizont wird vom System automatisch berechnet. Die Berechnung erfolgt in Kalendertagen, auf Basis des Prüfhorizonts, den das System aus den lokationsspezifischen Stammdaten des Produkts ermittelt. Sie können optional auch einen Kalender für die Bestimmung des Prüfhorizonts hinterlegen. In diesem Fall erfolgt die Berechnung in Arbeitstagen gemäß dem Kalender, der dem Planungskalender in SAP APO entspricht und neben flexiblen Periodenlängen auch lokationsspezifische Arbeitszeiten berücksichtigen kann (siehe Abbildung 16.13).

Abbildung 16.13 Planungskalender für den Prüfhorizont

Sie pflegen den Kalender über Transaktion /SAPAPO/CALENDAR oder über das SAP-Menü über den Pfad **Advanced Planning and Optimization • Stammdaten • Kalender**.

Wie sämtliche lokationsspezifische Stammdaten im SAP-APO-Produktstamm kann auch der Prüfhorizont über die CIF-Schnittstelle aus dem angeschlossenen ERP-System übertragen werden. Der Prüfhorizont entspricht dabei grundsätzlich der Gesamtwiederbeschaffungszeit des Materials in der Sicht **Disposition 3** im ERP-Materialstamm (Feld **GesWiederbeschZeit**):

- Wenn für ein eigengefertigtes Material keine Wiederbeschaffungszeit gepflegt wurde, liest das System die Eigenfertigungszeit (Feld **EigenfertZeit**) in der Sicht **Arbeitsvorbereitung** sowie die Wareneingangsbearbeitungszeit (Feld **WE-Bearbeitungszeit**) in der Sicht **Einkauf**. Die Summe dieser beiden Zeiten wird als Wiederbeschaffungszeit für die Verfügbarkeitsprüfung interpretiert und in den lokationsspezifischen Produktstammdaten hinterlegt.

- Bei fremdbeschafften Materialien wird die Gesamtwiederbeschaffungszeit in der Regel nicht verwendet. Hier richtet sich die Wiederbeschaffungszeit nach der Einkaufsbearbeitungszeit, der Wareneingangsbearbeitungszeit des Einkaufs (Feld **WE-Bearbeitungszeit**) sowie nach der **Planlieferzeit** in der Sicht **Disposition 2**.

Mithilfe der Einstellung zu den Zugängen in der Vergangenheit (Feld **Zug.in Vergheit** in Abbildung 16.7 und in Abbildung 16.11) steuern Sie die Bedarfsbestätigung im Hinblick auf Zugänge, deren Zugangstermin in der Vergangenheit liegt, z. B. Planaufträge in der Vergangenheit. Sie können in dieser Situation entweder davon ausgehen, dass die hieraus resultierenden Zugänge bereits bestandswirksam sind oder dass solche Zugänge aufgrund von Unsicherheiten in der Fertigung nicht berücksichtigt werden. Sie können hier folgende Einstellungen vornehmen:

- Zugänge in der Vergangenheit berücksichtigen mit Nachricht
- Zugänge in der Vergangenheit nicht berücksichtigen
- Zugänge in der Vergangenheit nicht berücksichtigen mit Nachricht

Der Prüfhorizont für Fehlteile beim Wareneingang ermöglicht eine Unterdeckungsprüfung unter Berücksichtigung zukünftiger Wareneingangsbuchungen. Sie legen dabei anhand von Wareneingangsbuchungen der Bestandsführung fest, um wie viele Tage in die Zukunft geprüft werden soll (Feld **Prüfhor WE** in Abbildung 16.7 und in Abbildung 16.11).

16.2.4 ATP-Prüfumfang

Bei der Berechnung der kumulierten ATP-Menge verwendet das System unter der zeitlichen Berücksichtigung der Bedarfs- und Zugangstermine den für ein bestimmtes Produkt und einen bestimmten Geschäftsvorfall definierten Prüfumfang. Der *ATP-Prüfumfang* kann für jeden Geschäftsvorfall individuell eingestellt werden und ermöglicht damit eine differenzierte Betrachtung von Beständen, Zu- und Abgangselementen (siehe Abbildung 16.14).

Bei der Produktverfügbarkeitsprüfung bestimmen die selektierten ATP-Kategorien den Prüfumfang und ermöglichen die Berücksichtigung unterschiedlicher Sicherheitsgrade. Eine Verfügbarkeitsprüfung im Kundenauftrag wird z. B. unter Berücksichtigung des Kundenwunschlieferdatums zusätzlich zu den aktuellen Beständen auch geplante Zugänge berücksichtigen. Die im Auftrag ursprünglich berücksichtigten Zugänge sollten zum Zeitpunkt der Auslieferung bereits zu Bestand geworden sein. Bei einer Auslieferung wird daher in der Regel konservativer geprüft, also nur gegen den aktuellen Bestand. Diese Dispositionselemente, also die Bestandsarten, sowie die Zu- und Abgangselemente werden in SAP APO als ATP-Kategorien bezeichnet (siehe Abbildung 16.15).

Abbildung 16.14 Prüfumfang mit Zeitreihenbezug

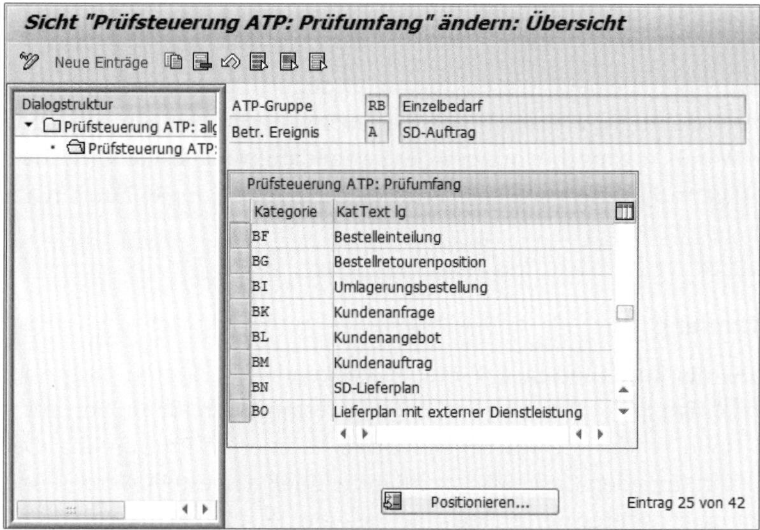

Abbildung 16.15 Prüfumfang mit ATP-Kategorien

In Kapitel 15, »Parameter der Verfügbarkeitsprüfung in SAP APO«, haben Sie bereits die Pflege der *ATP-Kategorien* kennengelernt (siehe Abbildung 16.15). Die ATP-Kategorien, also der Prüfumfang, werden der Prüfsteuerung zugewiesen. Die Prüfsteuerung wird aus der ATP-Gruppe (Prüfgruppe SAP ERP) und dem betriebswirtschaftlichen Ereignis ermittelt. Jede ATP-Kategorie ist dabei einem bestimmten Kategorietyp zugeordnet. In der SAP-Standardauslieferung finden sich ATP-Kategorien für sämtliche Geschäftsvorfälle mit den Kategorietypen **Bestand**, **Zugang**, **Bedarf** und **Prognose**. Für die Produktverfügbarkeitsprüfung werden nur die Typen **Bestand**, **Zugang** und **Bedarf** verwendet.

16.2.5 Simulation der Produktverfügbarkeit

Bislang haben Sie die Grundeinstellungen der Produktverfügbarkeitsprüfung kennengelernt. Damit Sie Ihre eigenen Einstellungen testen können, bietet SAP APO die Möglichkeit, das Bestätigungsverhalten zu simulieren. Sie finden die Auswertung zur Produktverfügbarkeit über das SAP-Menü über den folgenden Pfad **Advanced Planning and Optimization • Globale ATP • Auswertungen • Produktverfügbarkeit** oder über Transaktion /SAPAPO/AC03.

Abbildung 16.16 zeigt die Simulation der Produktverfügbarkeit für das Material RBA-FG1 in der Lokation 3500. Der Prüfumfang wurde hierbei durch das vorgegebene betriebswirtschaftliche Ereignis (Feld **Betr. Ereignis**) A und die **ATP-Gruppe** RB bestimmt. Die ATP-Gruppe wurde vom System aus den Lokationsdaten des Produkts ermittelt (siehe auch Abbildung 16.8 weiter vorne). Das Ergebnis der Prüfung zeigt sowohl den aktuellen Bestand als auch die bekannten Zu- und Abgänge mit den entsprechenden ATP-Kategorien. Der aktuelle Lagerbestand (LABST) beträgt hier 70 Einheiten. Aufgrund von zwei Kundenaufträgen (K-AUFT) mit einem Gesamtbedarf von 36 Einheiten (*36 = 25 + 11*) beträgt die kumulierte ATP-Menge 34 Einheiten (*34 = 70 – 36*). Ein Zugang in Form einer Bestellung (BS-EIN) wird den Bestand am 07.03.2011 um weitere 35 Einheiten erhöhen.

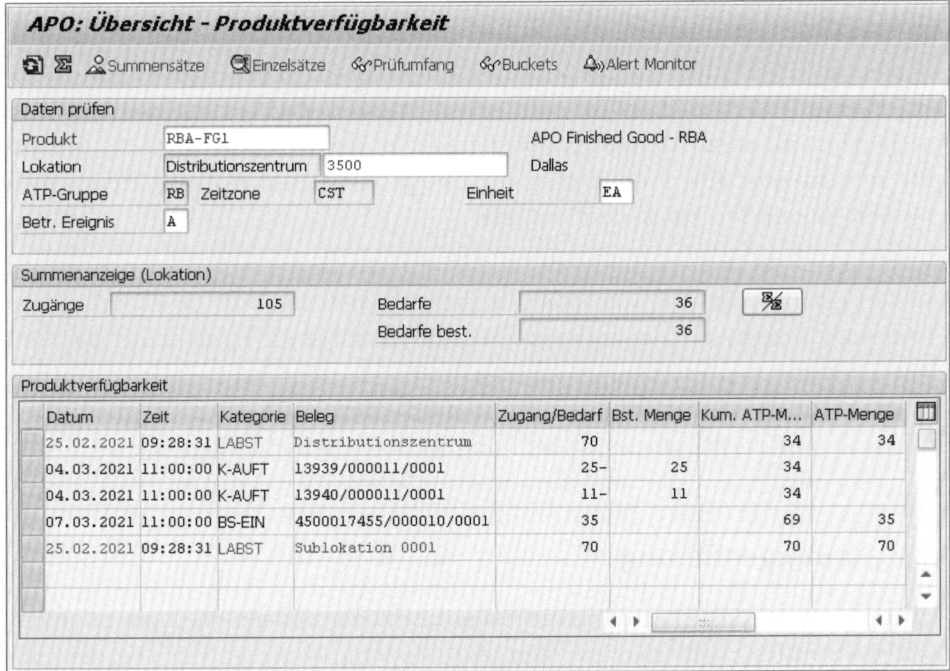

Abbildung 16.16 Simulation der Produktverfügbarkeit

Dieses Beispiel zeigt die unterschiedlichen ATP-Kategorien und ihre Auswirkungen in der Zeitreihe. Wir zeigen Ihnen nun die Zeitreihe, die für dieses Ergebnis verantwortlich ist und die den Bestand sowie die entsprechenden Zu- und Abgangselemente enthält (siehe Abbildung 16.17). Sie finden die ATP-Zeitreihen über das SAP-Menü über den Pfad **Advanced Planning and Optimization • Globale ATP • Umfeld • technische Monitore • Zeitreihen** oder über Transaktion /SAPAPO/AC05.

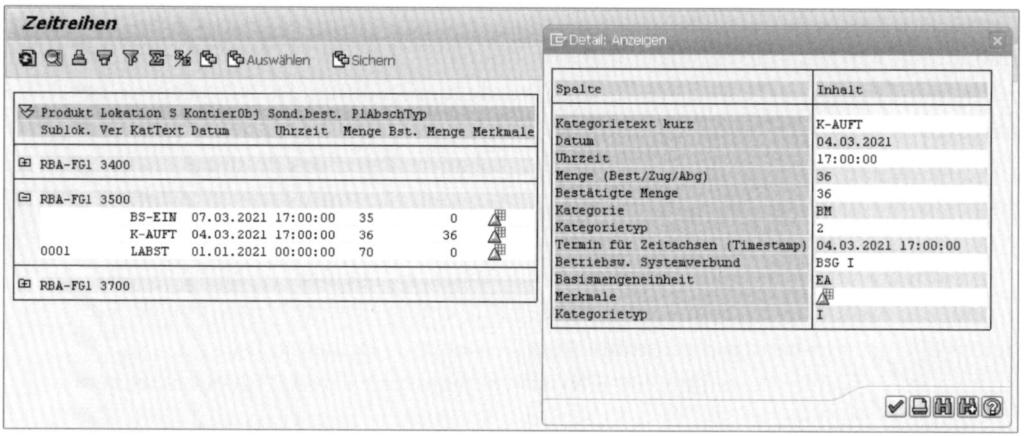

Abbildung 16.17 Zeitreihe mit Bestand und Bedarf

Abbildung 16.17 zeigt die Zeitreihe aus unserem Beispiel. Für das Produkt RBA-FG1 in der Lokation 3500 enthält die Zeitreihe neben dem Bestand die einzelnen Dispositionselemente mit ihren Mengen und Zeitstempeln. Für die in Abschnitt 16.2.3 erläuterte merkmalsbasierte Produktverfügbarkeitsprüfung enthält die Zeitreihe auch Angaben über die Merkmale des Produkts.

Sie haben nun die Basismethode der Produktverfügbarkeitsprüfung kennengelernt. Die Verfügbarkeitsaussage war dabei im Wesentlichen von der aktuellen Bedarfs- und Bestandssituation einer bestimmten Lokation abhängig – ungeachtet der zum Einsatz kommenden Vertriebskanäle oder des Kunden, der den Bedarf verursachte. Im operativen Geschäft steht Ihnen für eine differenziertere Betrachtung von Engpasssituationen die Basismethode der Kontingentierung zur Verfügung.

16.3 Kontingentierung

Die Kontingentierung ist eine Prüfmethode, die mit den anderen Methoden der Verfügbarkeitsprüfung kombiniert werden kann. Sie kommt ausschließlich bei der Kundenauftragserfassung, für Umlagerbestellungen oder bei Lieferplänen zum Einsatz.

Der Grundgedanke der Kontingentierung ist die periodenabhängige Zuteilung von Produkten auf einzelne Kunden, Vertriebskanäle oder Regionen. Dem geht in der Regel, anders als bei der Nachfrage, eine verminderte Angebotssituation oder eine andere in der Verfügbarkeitsprüfung zu berücksichtigende Restriktion voraus. Hierzu zählen z. B. auch kontingentierte Angebotsmengen aufgrund verminderter Kapazitäten in der eigenen Fertigung oder Distributionslogistik. Die Kernfunktion der Kontingentierung besteht darin, dass dem einzelnen Kunden bei einem knappen Produkt nicht die gesamte verfügbare Menge, sondern nur ein bestimmtes Kontingent zugeteilt wird. Nachfolgenden Kundenaufträgen steht dann die noch verbleibende Menge zur Verfügung.

16.3.1 Betriebswirtschaftliche Anforderungen

Vor dem Hintergrund einer termingerechten Belieferung von Kunden ermöglicht die Kontingentierung eine wettbewerbsfähige Auftragsabwicklung und eine faire Verteilung von knappen Gütern. Entgegen dem Grundsatz »first come, first served« ist die Kontingentierung ein flexibles Planungs- und Steuerungsinstrument, dessen Hauptaufgabe darin besteht, unvorhergesehene Ereignisse und Engpässe bereits im Vorfeld bei der Kundenauftragserfassung zu berücksichtigen. Zu diesen Situationen zählen nicht nur knappe Angebotsmengen aufgrund dispositiver Schwankungen oder Produktionskapazitäten, sondern auch kritische Ereignisse auf der Bedarfs- und Beschaffungsseite, die zu einer Verknappung der Angebotsmenge führen. Ein Beispiel dafür ist z. B. die beschränkte Verfügbarkeit eines Produkts am Markt.

Voraussetzung für die Kontingentierung ist die Planung und Prognose von Markt- und Angebotssituationen, die zu Engpässen führen können. Aus diesem Grund ist die Echtzeit-Verfügbarkeitsprüfung der Kontingentierungsmethode eng in die Absatzplanung von SAP APO (Demand Planning, SAP APO-DP) integriert.

Merkmalsablage und Info-Objekte

Wir haben bereits in Kapitel 14 erwähnt, dass mithilfe der in SAP APO integrierten BW-Komponenten verschiedene Datenquellen in das SCM-System integriert werden können. Der von SAP ausgelieferte Business Content für das BW-System des APO-Systems stellt die technische Basis für die Absatzplanung dar. Ziel der Planung ist es, auf der Grundlage der bisherigen Mengen eine Prognose für zukünftige Bedarfe zu berechnen. Diese Prognosewerte verwendet das System anschließend zur Berechnung der Kontingente, die für ein bestimmtes Produkt in einer bestimmten Periode zur Verfügung stehen.

Abbildung 16.18 zeigt eine *interaktive Absatzplanung* in SAP APO. Dieses Beispiel illustriert, wie die Kontingentierung funktioniert und welche Auswirkungen sie auf das Bestätigungsverhalten in einem Kundenauftrag hat. Ausgehend von einer historischen Bedarfssituation (**Sales History**) wurden ein Trend erkannt und eine Prognose erstellt (**Allocation Forecast**). Die Berechnung beruht dabei auf der Auswahl eines bestimmten Produkts (PA-R1001) für einen bestimmten Kunden (US-CUS1). Auf Basis dieser Prognose und unter Berücksichtigung manueller Anpassungen (**Forecast Adjustment**) wurde eine Kontingentmenge (**Allocation Quantity**) ermittelt. In diesem Beispiel beträgt das Kontingent für ein Saisonprodukt in der Periode März 2021 21 Einheiten. Für die nachfolgenden Perioden beträgt es jeweils elf Einheiten. Ab Periode 10 steigt die Kontingentmenge wieder auf 21 Einheiten an.

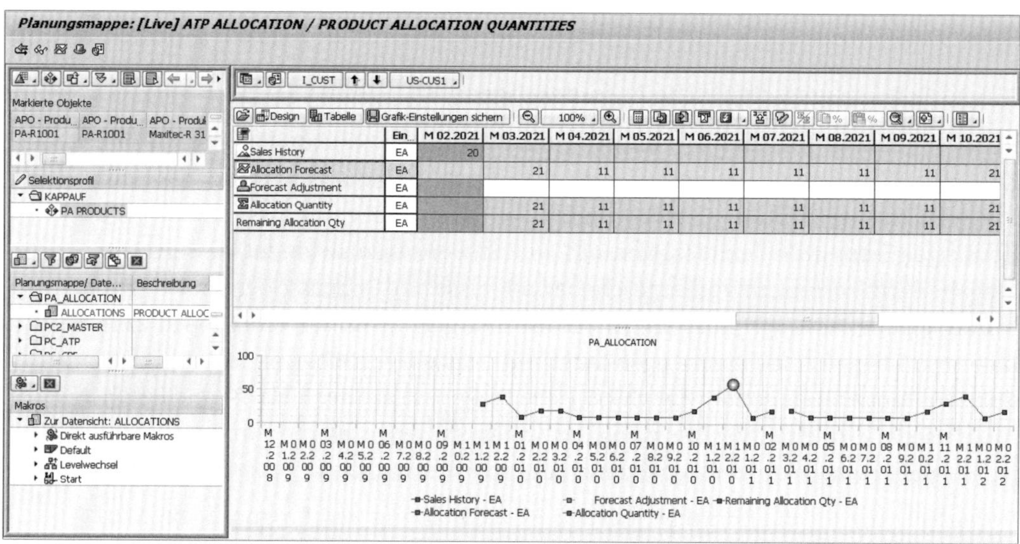

Abbildung 16.18 Absatzplanung mit Bedarfsprognose

Bei der Kontingentierung geht es im Wesentlichen um die Rationierung des Angebots nach bestimmten Kriterien, z. B. über Produktebenen, geografische Lokationen oder für verschiedene Produktgruppen. Grundlage jeder Kontingentierung sind bestimmte Merkmalskombinationen, also Sachverhalte, die eine Restriktion beschreiben und für die eine Kontingentmenge geplant werden soll. Kontingentierungen können hierbei interne Organisationsebenen oder externe Kundengruppen berücksichtigen. Das Aggregationslevel, auf dem diese Restriktionen geplant werden, ist flexibel und kann miteinander kombiniert werden. Die Kontingentierung erfolgte im Beispiel für ein bestimmtes Produkt (PA-R1001) und einen bestimmten Kunden (US-CUS1) und aus einer erlaubten Merkmalskombination. Zu dieser Merkmalskombination gehörte auch die Verkaufsorganisation (siehe Abbildung 16.19).

Abbildung 16.19 zeigt das Bestätigungsverhalten eines Kundenauftrags über 20 Stück des Produkts PA-R1001. Ausgehend von der Absatzprognose und den Kontingenten kann die Bedarfsmenge zum Wunschlieferdatum im April nicht voll bestätigt werden. Für dieses Produkt und diesen Kunden (US-CUS1) besteht für die Verkaufsorganisation 3000 eine Kontingentierung. Aufgrund dieser Restriktion wird die Kontingentmenge im April voll aufgebraucht, und elf Einheiten werden bestätigt. Für den Mai werden neun Einheiten bestätigt und vom Kontingent abgezogen. Die verbleibende Kontingentmenge beträgt hier somit zwei Einheiten.

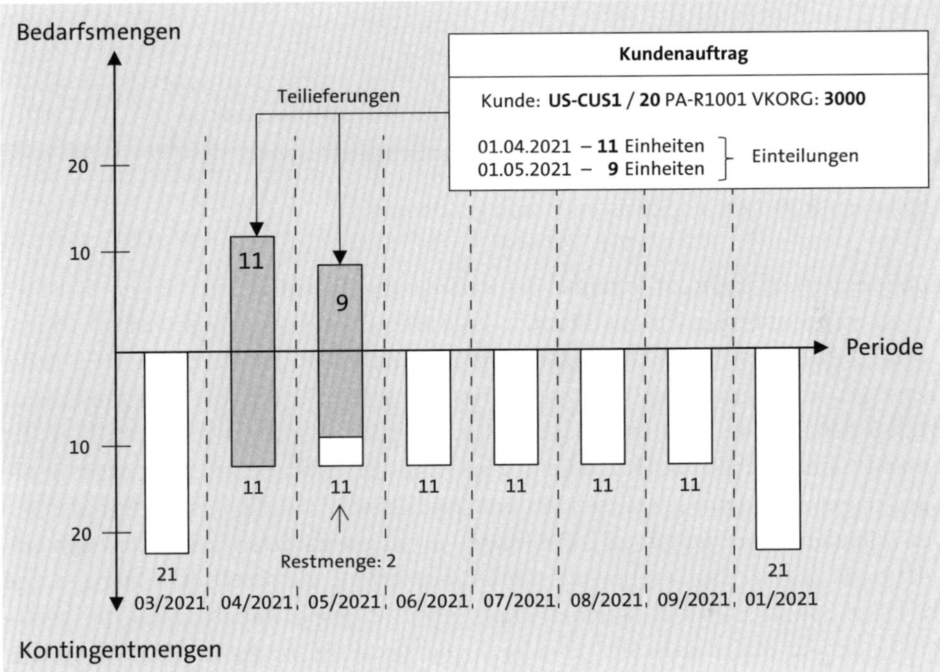

Abbildung 16.19 Kontingentprüfung

Beispiel: Kontingentprüfung im Kundenauftrag

Im operativen Geschäft werden die Kontingente durch Kundenaufträge aufgebraucht. Bedarfe aus nachfolgenden Kundenaufträgen, für die eine Kontingentmenge nicht mehr ausreicht, werden nicht bestätigt.

Mithilfe einer Merkmalskombination wird eine *Kontingentzeitreihe* ausgewählt, gegen die eine Kontingentprüfung erfolgen soll. Die Prüfung findet dabei als Verfügbarkeitsprüfung zum Zeitpunkt der Kundenauftragsbearbeitung statt (siehe Abbildung 16.20). Basierend auf einem Prüfdatum stellt das System sicher, dass die angeforderte Bedarfsmenge die noch zur Verfügung stehende Kontingentmenge der jeweiligen Periode nicht überschreitet.

Wenn die angeforderte Menge das zur Verfügung stehende Kontingent überschreitet und der Kunde mit einer Teillieferung einverstanden ist, kann das System zukünftige Liefertermine vorschlagen, zu denen die Bedarfsmenge angeboten werden kann.

Abbildung 16.20 Liefervorschlag mit Kontingentierung

Abbildung 16.20 zeigt das Ergebnis der Verfügbarkeitsprüfung aus diesem Beispiel. Die Kontingentierung für das Produkt PA-R1001 erfolgt ausgehend vom Kundenwunschlieferdatum, dem 01.04.2021. Die Bedarfsmenge von 20 Stück wird dabei nicht voll bestätigt, sondern auf zwei Perioden verteilt. Der Kunde erhält jeweils zu Beginn der Monate April und Mai eine Teillieferung. Nach erfolgreicher Zuteilung und nach dem Sichern des Kundenauftrags wird die Auftragseingangsmenge für die Kontingentmenge der jeweiligen Periode aktualisiert, und die bestätigten Mengen der Teillieferungen werden als Einteilungen im Kundenauftrag fortgeschrieben. Abbildung 16.21 zeigt das Ergebnis der Kontingentierung, die bestätigten Mengen und die Systemparameter, mit denen die Kontingentierung gesteuert wurde. Sie gelangen zu diesem Bild, indem Sie in der Verfügbarkeitsprüfung auf den Button **Kontingentierung** klicken.

Die Kontingentierung erfolgte in diesem Beispiel auf Basis der bereits beschriebenen Merkmalskombination für das Produkt PA-R1001. Diesem Produkt ist das Kontingentierungsschema `PA_ATP_ALLOC_PROC` zugeordnet, mit dem die Kontingentgruppe `PA_ALLOC_GRP` ermittelt wurde. Das Prüfdatum entspricht dem Materialbereitstellungsdatum (siehe Abbildung 16.21), in diesem Fall dem Wunschlieferdatum des Kunden. Das Kontingentierungsschema und die Kontingentgruppe sind wichtige *Steuerparameter*, deren Funktion und Einstellungen wir im folgenden Abschnitt erläutern. Zuvor betrachten wir die Auswirkung des letzten Beispiels auf die Absatzplanung (siehe Abbildung 16.22).

Abbildung 16.22 zeigt einen Ausschnitt aus der bereits bekannten Planungsmappe nach dem Anlegen des Kundenauftrags. Die Auftragsmenge von 20 Einheiten hat sich analog zu den Teillieferungen auf die Perioden April und Mai verteilt (**Sales History**). Die Kontingentmenge für April wurde dadurch komplett aufgebraucht. Im Mai gibt es eine Restmenge von zwei Einheiten, die für die nachfolgenden Kundenaufträge zur Verfügung steht (**Remaining Allocation Qty**).

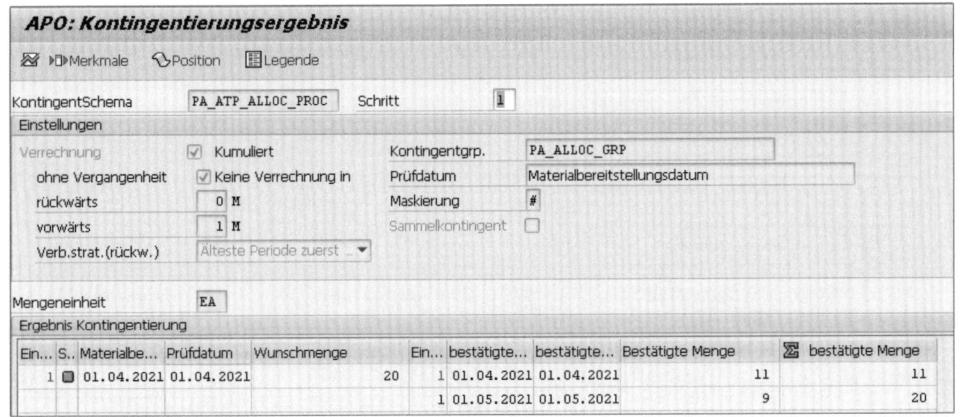

Abbildung 16.21 Ergebnis der Kontingentierung

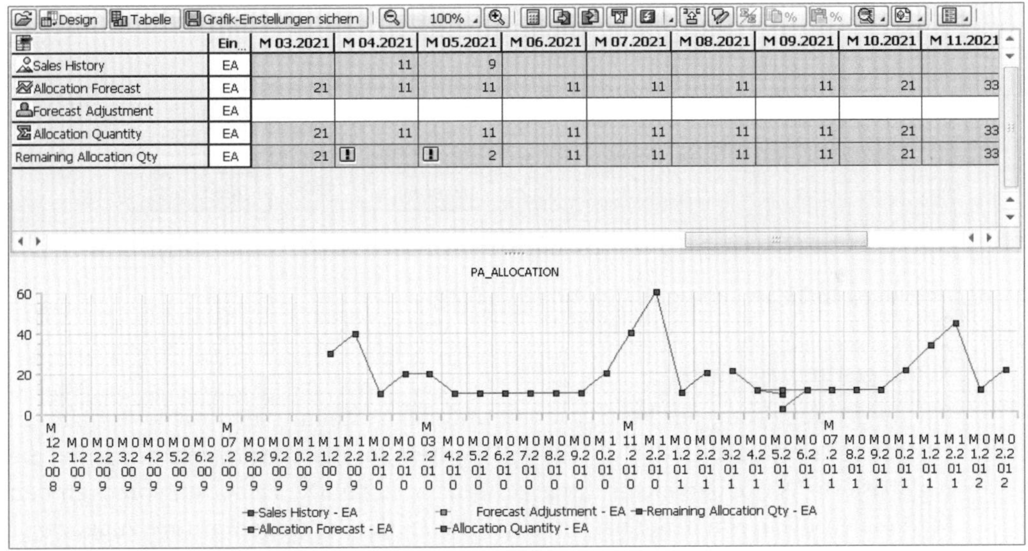

Abbildung 16.22 Planungsmappe nach der Kontingentierung

16.3.2 Einstellungen der Kontingentierung

Wir zeigen Ihnen nun, welche Parameter und Einstellungen für die Kontingentierung notwendig sind, welche Abhängigkeiten bestehen (siehe Abbildung 16.23) und wie Sie die Kontingentierung gemäß Ihren Anforderungen anpassen können.

Bevor Sie in Ihrem System die Kontingentierung einstellen, definieren Sie die betriebswirtschaftlichen Anforderungen, aufgrund derer eine begrenzte Angebotsmenge kontingentiert wird. Hierzu zählen insbesondere der Grund der entsprechenden Restriktion sowie die Kriterien, nach denen eine Verteilung zu erfolgen hat.

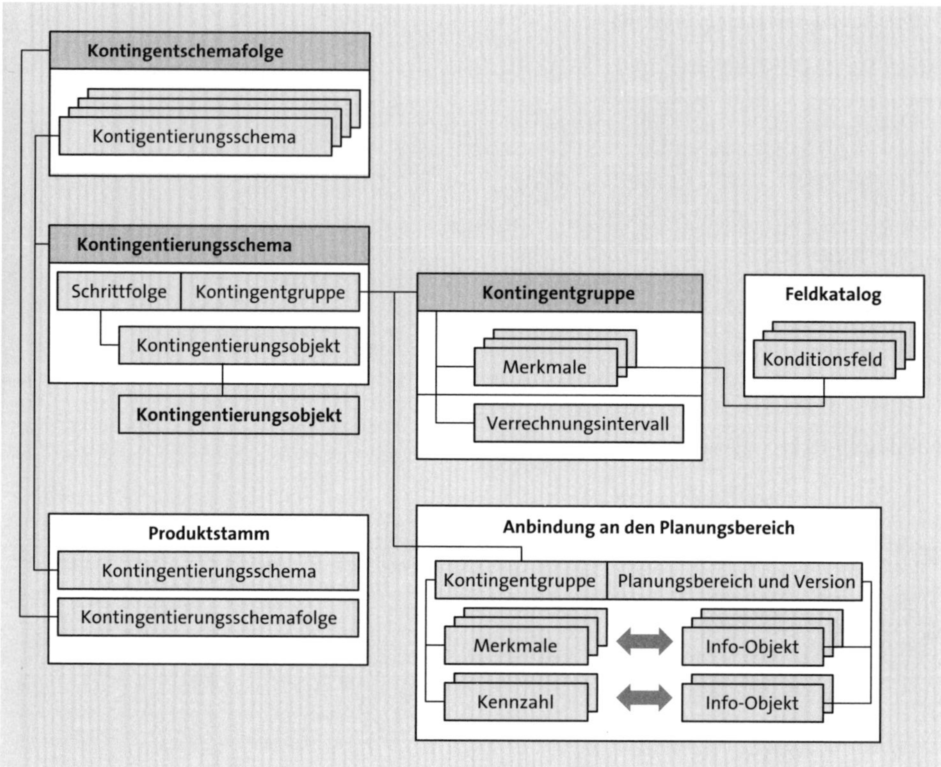

Abbildung 16.23 Steuerung der Kontingentierung

Kontingentierungsobjekt

Für die Modellierung der Restriktionen und der Verteilungshierarchie enthält ein Feldkatalog sämtliche Felder, die das APO-System für die Kontingentierung und die regelbasierte Verfügbarkeitsprüfung verwenden kann. Die Felder entsprechen den Merkmalen, die in einem der nächsten Abschnitte der Kontingentgruppe zugeordnet werden.

Die Feldinhalte werden zur Laufzeit aus dem angeschlossenen ERP-System ermittelt und an SAP APO übergeben. Diese *Parameterübergabe* erfolgt über die Struktur /SAPAPO/KOMGO, die mithilfe des Appends /SAPAPO/KOMGOZ erweitert und mit eigenen Feldern ergänzt werden kann.

In unserem Beispiel übergibt der Kundenauftrag in SAP ERP den Auftraggeber, die Produktnummer und die Verkaufsorganisation. Sie finden die Einstellungen für den mandantenübergreifenden Feldkatalog im Customizing (siehe Abbildung 16.24) oder über Transaktion SAPCND/AO01.

- Advanced Planning and Optimization
  - Stammdaten
  - Basis-Einstellungen
  - Supply Chain Cockpit (SCC)
  - Supply-Chain-Planung
  - Transportplanung/Vehicle Scheduling (TP/VS)
  - Globale Verfügbarkeitsprüfung (Globale ATP-Prüfung)
    - Allgemeine Einstellungen
    - Transport- und Versandterminierung
    - Produktverfügbarkeitsprüfung
    - Kontingentierung
      - Feldkatalog pflegen
      - Kontingentierungsobjekt pflegen
      - Kontingentgruppe pflegen
      - Kontingentierungsschema pflegen
      - Kontingentschemafolge pflegen
      - Anbindung an Planungsbereich pflegen
      - Einstellungen zur Kontingentierung prüfen
    - Regelbasierte Verfügbarkeitsprüfung

Abbildung 16.24 Customizing-Einstellungen der Kontingentierung

Für die Beschreibung der Systemeinstellungen folgen wir nun den einzelnen Customizing-Schritten im SAP-Einführungsleitfaden und verzichten ab jetzt auf die Angabe des Menüpfads.

Das *Kontingentierungsobjekt* entspricht dem Kontingentierungsgrund einer bestimmten Merkmalskombination und bildet die eigentliche Restriktion ab. Es wird einem Kontingentierungsschema zugeordnet und dient zur Ermittlung der Planungshierarchie, in der die Kontingentierungen enthalten sind. In der ATP-Zeitreihe ist das Kontingentierungsobjekt mit Merkmalen abgelegt und dient als Schlüsselfeld auf der untersten Ebene der Planungshierarchie. In unserem Beispiel beschreibt das Kontingentierungsobjekt PA_ALLOC das Produkt – den Engpass in der Auftragsbearbeitung –, für den eine Kontingentierung erfolgen soll. Da es sich bei dem Kontingentierungsobjekt um einen abstrakten Parameter handelt, können Sie mit diesem Parameter verschiedene Engpassressourcen abbilden, z. B. Produkte, Komponenten, Fertigungslinien oder bestimmte Jahreszeiten, zu denen Restriktion bestehen.

Kontingentgruppe

Eine *Kontingentgruppe* definiert eine bestimmte Selektion von Merkmalen oder Kennzahlen, gegen die eine Kontingentprüfung ausgeführt wird. Mithilfe einer bestimmten Merkmalskombination, z. B. aus einem Kundenauftrag, wählt die Kontingentierung eine Kontingentzeitreihe aus und führt die Prüfung durch.

Bei den Merkmalen handelt es sich um Felder aus dem Feldkatalog (z. B. Verkaufsorganisation, Auftraggeber und Produkt), die sich zur Auswahl eines Kontingents eignen. Die Kennzahlen hierzu zählen z. B. die Auftragsmenge und die verbleibende Kontingentmenge, sind fest im System hinterlegt und stellen das Mengengerüst dar, mit dem die Prüfung erfolgt. Die Kontingentgruppe dient somit der Ablage von Kontingentmengen und deren Belegung. Sie ist mit den aus dem ERP-System bekannten Infostrukturen vergleichbar.

Abbildung 16.25 zeigt die Einstellungen der Kontingentgruppe PC_ALLOC_GRP. Die Kontingentgruppe ist an den Planungsbereich angebunden. Der Datenzugriff findet direkt im Planungsbereich statt, also online gegen den liveCache. Der Nachteil bei einer Prüfung gegen den Planungsbereich besteht darin, dass es zu Sperrproblemen kommen kann, falls die Planungsmappe gerade durch einen anderen Benutzer verwendet wird. Bei einer geöffneten, also gesperrten Planungsmappe ist eine Kontingentprüfung nicht möglich. Alternativ kann die Prüfung auch – ohne Sperrproblem – direkt gegen die Werte der Kontingentgruppe erfolgen. In diesem Fall werden die Kontingentmengen aus dem Planungsbereich in die Kontingentgruppe übertragen (siehe Abschnitt »Übertragen von Merkmalen und Mengen« in Abschnitt 16.3.3). Die Entscheidung, wogegen geprüft werden soll, treffen Sie mit dem Kennzeichen **Plgbereich prüfen**.

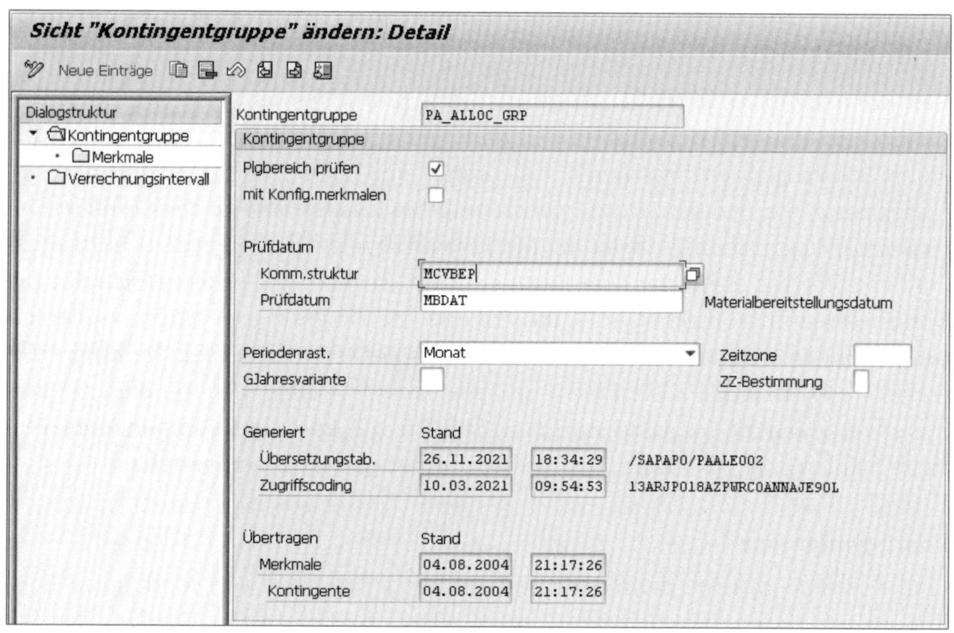

Abbildung 16.25 Detailpflege der Kontingentgruppe

Mit den Einstellungen zum *Prüfdatum* bestimmen Sie zunächst den Typ des Termins, der bei der Kontingentprüfung verwendet wird. Dieses Prüfdatum bestimmt, welche Perioden zur Prüfung ausgewählt werden. Bei dem Datum (**Check Date**) handelt es sich entweder um das Wunschlieferdatum des Kunden (LFDAT), das Bereitstellungsdatum (MBDAT) oder das Warenausgangsdatum (WADAT) aus der Einteilung des

Kundenauftrags. Sämtliche Daten werden von SAP ERP (oder analog SAP S/4HANA) über eine Kommunikationsstruktur (**Comm.structure**) an SAP APO übertragen. Bei der Auswahl der Struktur, aus denen das Datum entnommen wird, wird aktuell nur die Einteilungsebene (MCVBEP) unterstützt.

Das *Periodenraster* (**Time bkts prfl**) entspricht dem zeitlichen Intervall, in dem die Kennzahlen, also Kontingentmengen oder Kapazitäten, geführt werden. In unserem Beispiel werden die Kontingentmengen pro Monat geführt, das System bietet Ihnen aber die Möglichkeit, folgende Intervalle auszuwählen: Buchungsperiode, Monat, Woche und Tag. Darüber hinaus können Sie mithilfe der Einstellungen zum *Verrechnungsintervall* die nachgefragte Menge aus einer anderen Periode bedienen und bestimmen, ob dabei eine Vorwärts- oder eine Rückwärtsbetrachtung vorgenommen werden soll. Auf diese Möglichkeit gehen wir später ein (siehe Abbildung 16.27).

Im Zusammenhang mit dem Kontingentierungsobjekt wurde erwähnt, dass die Auswahl des Kontingents durch eine bestimmte Merkmalskombination erfolgt. Diese Kontingentfindung erfolgt aufgrund der Namensgleichheit von den übertragenen Werten und den in SAP APO gepflegten Merkmalswerten. Mit der *Merkmalszuordnung* weisen Sie der Kontingentgruppe die Merkmale zu, die bei der Prüfung berücksichtigt werden. Diese Merkmale werden aus dem ERP-System an SAP APO übergeben. Sie können die übergebenen Merkmalswerte mithilfe eines User-Exits beeinflussen und zudem individuelle Stammdaten oder kundenindividuelle Merkmale übergeben. Falls eine bestimmte Merkmalskombination nicht in SAP APO existiert, versucht das System mithilfe eines Maskierungszeichens nach einem Sammelkontingent zu suchen.

Damit Sie nicht für jede spezielle Merkmalskombination ein Kontingent hinterlegen müssen, ermöglicht das *Maskierungszeichen* die Suche nach einem Sammelkontingent. Das Maskierungszeichen wird im Kontingentschema gepflegt (siehe Abbildung 16.31) und verhindert, dass eine Fehlermeldung ausgegeben wird, falls für eine bestimmte Merkmalskombination kein Kontingent geprüft werden konnte. Bei der Suche nach einem Sammelkontingent wird zunächst einer der Merkmalswerte mit dem Maskierungszeichen gefüllt und gegen die Zeitreihe geprüft. Die Suche entspricht einer »Wildcard«-Suche, bei der die Merkmale nacheinander durch das Kennzeichen ersetzt werden. Diese Ersetzung erfolgt so lange, bis das System ein Sammelkontingent ermittelt. Bei einer ergebnislosen Suche bricht das System schließlich ab.

Abbildung 16.26 zeigt die Merkmale, die der Kontingentgruppe `PA_ALLOC_GRP` zugeordnet sind. Da das Kontingentierungsobjekt als Schlüsselfeld dient, ist das Merkmal KONOB verpflichtend. Die anderen Merkmale können aus dem Feldkatalog gewählt und frei zugeordnet werden.

Sicht "Merkmale" ändern: Übersicht

Neue Einträge

Dialogstruktur
- Kontingentgruppe
  - Merkmale
- Verrechnungsintervall

Kontingentgruppe: PA_ALLOC_GRP

mit Konfig.merkmalen

Merkmale

Merkmal	Position	Kurzbeschreibung	Merkmalstyp
KONOB	1	Kontingent.Objekt	Merkmal aus Feldkatalog
KUNNR	2	Auftraggeber	Merkmal aus Feldkatalog
MATNR	3	Produktnummer	Merkmal aus Feldkatalog
VKORG	4	Verkaufsorganisation	Merkmal aus Feldkatalog

Abbildung 16.26 Merkmalszuordnung zur Kontingentgruppe

Das Verrechnungsintervall bezeichnet die Anzahl der Perioden, die bei der Kontingentprüfung berücksichtigt werden. Ausgehend von der Periode, die durch das Prüfdatum ermittelt wurde, können Sie sowohl vergangene als auch zukünftige Intervalle bei der Prüfung berücksichtigen. Das Prüfdatum bestimmt somit den Ausgangspunkt der Kontingentierung und damit des Verrechnungsintervalls. Jedes Intervall, also der Ausgangspunkt der Betrachtung, wird bei einer *mehrstufigen Kontingentierung* in Abhängigkeit von der Einteilung im Kundenauftrag für jeden Prüfschritt neu bestimmt. Die Kontingentprüfung kann dabei zukünftige oder vergangene Perioden berücksichtigen. Man spricht in diesem Zusammenhang von einer Rückwärts- und Vorwärtsverrechnung.

Die Einstellungen, wie viele Perioden dabei betrachtet werden sollen und wie die Verrechnung zu erfolgen hat, setzen voraus, dass Sie eine *kumulative Kontingentierung* erlauben.

Bei einer *kumulativen Kontingentierung* kann das System Verrechnungsintervalle und damit die Kontingentmengen vergangener Perioden berücksichtigen. Dies ist immer dann von Vorteil, wenn die Restriktion z. B. in der Verfügbarkeit eines Produkts besteht und ungenutzte Mengen der Vorperioden für den aktuellen Bedarf noch zur Verfügung stehen sollen.

Bei der *diskreten Kontingentierung* verzichtet man hingegen bewusst auf die Verrechnung mit Vorperioden. Sie sollten diese Einstellung immer dann wählen, wenn die Restriktion nicht durch eine knappe Angebotsmenge besteht, sondern aufgrund geringer Kapazitäten.

Diskrete Kontingentierung

Ein Beispiel für die diskrete Kontingentierung sind Fertigungskapazitäten, die in der Vergangenheit nicht genutzt wurden. Das System darf in diesem Fall nur die Kontingentmenge (Kapazität) der aktuellen und eventuell noch der zukünftigen Perioden berücksichtigen.

Voraussetzung für die kumulative Kontingentierung und damit für das Verwenden von Verrechnungsintervallen ist das Kennzeichen **kumuliert**, das Sie im Kontingentierungsschema setzen müssen (siehe Abbildung 16.30).

Abbildung 16.27 zeigt eine kumulative Kontingentierung mit einem Verrechnungsintervall, das jeweils zwei vergangene und zukünftige Perioden berücksichtigt. In diesem Beispiel wurde die Periode 07/2021 durch das Prüfdatum aus dem Kundenauftrag bestimmt. Das Periodenraster legt monatliche Perioden fest. Der Bedarf für den Auftrag soll 20 Einheiten betragen. Ausgehend von der Prüfperiode ermittelt das System die zur Verfügung stehende Kontingentmenge. In diesem Beispiel beträgt sie fünf Einheiten. Ein Teil der verbleibenden Menge von 15 Einheiten (*20 – 5 = 15*) wird aus den kumulierten Kontingentmengen der Vorperioden gedeckt. Aus den Perioden 06/2021 sowie 05/2021 stehen hierzu noch sieben Einheiten zur Verfügung. Die noch zu deckende Restmenge von acht Einheiten (*20 – 5 – 7 = 8*) entnimmt das System den zukünftigen Perioden 08/2021 und 09/2021. Die Einteilungen mit den bestätigten Mengen werden dabei um zwei Perioden in die Zukunft verschoben. Der Kundenauftrag wird in diesem Beispiel mit drei Teillieferungen erfüllt, ausgehend von Periode 07/2021 (*12 + 5 + 3 = 20*).

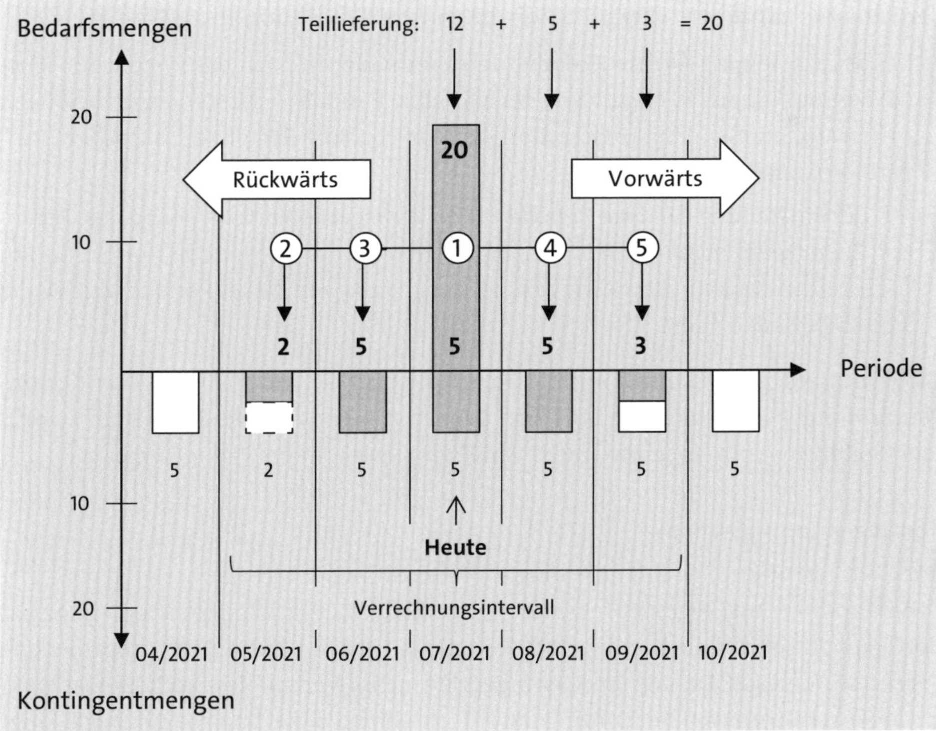

Abbildung 16.27 Verrechnungsintervall

Die Perioden, die in einem Intervall berücksichtigt werden sollen, wurden durch den Periodentyp definiert. Mit den Einstellungen zum Verrechnungsintervall bestimmen Sie die Anzahl und die Art der Verrechnung von zukünftigen und vergangenen Perioden (siehe Abbildung 16.28). Voraussetzung für die Berücksichtigung vergangener Perioden ist die Einstellung des Kennzeichens **ohne Verg**. Ist dieses Kennzeichen gesetzt, werden die Kontingentmengen aus den Vorperioden nicht berücksichtigt, auch wenn sie im Verrechnungsintervall liegen.

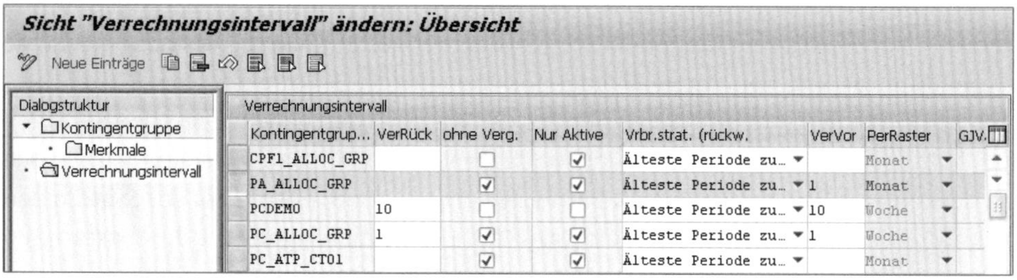

Sicht "Verrechnungsintervall" ändern: Übersicht

Neue Einträge

Dialogstruktur
- Kontingentgruppe
  - Merkmale
- Verrechnungsintervall

Verrechnungsintervall

Kontingentgrup...	VerRück	ohne Verg.	Nur Aktive	Vrbr.strat. (rückw.	VerVor	PerRaster	GJV.
CPF1_ALLOC_GRP		☐	☑	Älteste Periode zu...		Monat	
PA_ALLOC_GRP		☑	☑	Älteste Periode zu...	1	Monat	
PCDEMO	10	☐	☐	Älteste Periode zu...	10	Woche	
PC_ALLOC_GRP	1	☑	☑	Älteste Periode zu...	1	Woche	
PC_ATP_CT01		☑	☑	Älteste Periode zu...		Monat	

Abbildung 16.28 Verrechnungsintervall der Kontingentgruppe

Die Reihenfolge, mit der vergangene Perioden geprüft werden, bestimmen Sie mit der *Verbrauchsstrategie*. Hierzu stehen Ihnen zwei Einstellungen zur Verfügung:

- Mit der Einstellung **Älteste Periode zuerst verbrauchen** prüft das System zunächst die Periode, die am weitesten von der aktuellen Periode in der Vergangenheit liegt. In den anschließenden Prüfschritten »nähert« sich das System der aktuellen Prüfperiode (siehe Abbildung 16.27).
- Mit der Einstellung **Neueste Periode zuerst verbrauchen** erfolgt genau das Gegenteil: Zuerst werden die offenen Kontingentmengen der Vorperiode geprüft, die am nächsten an der aktuellen Periode liegt. Ausgehend von dieser Periode werden die älteren Perioden geprüft.

Die Kontingentgruppe bestimmt die Merkmale und die Art und Weise der Kontingentprüfung. Die Verbindung zwischen dem zu prüfenden Produkt und der zu prüfenden Kontingentmenge wird durch ein *Kontingentierungsschema* hergestellt.

Kontingentierungsschema

Das Kontingentierungsschema ermöglicht eine differenzierte Betrachtung verschiedener Produkte und legt z. B. fest, wie ein Produkt, das nur in begrenzter Menge zur Verfügung steht, auf die Kunden verteilt wird und gegen welche Kontingentmengen geprüft werden soll. Da sich die Kontingentierung im Verlauf des Produktlebenszyklus ändern kann, dient das Kontingentierungsschema dazu, Produkte bezüglich der Kontingentierungserfordernisse zu gruppieren. Es wird direkt im Produktstamm zugeordnet (siehe Abbildung 16.29).

Abbildung 16.29 zeigt den Produktstamm aus dem vorangegangenen Beispiel. In den lokationsübergreifenden ATP-Daten wurde das Kontingentierungsschema PA_ATP_ALLOC_PROC mit einer kumulativen Kontingentierung gepflegt (siehe Abbildung 16.30).

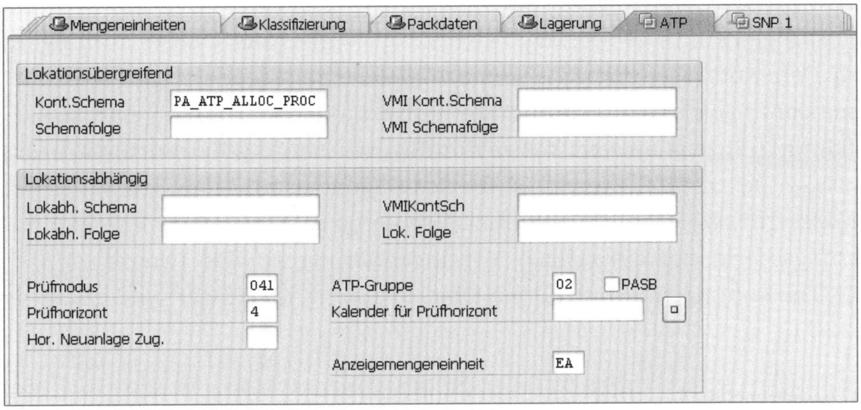

Abbildung 16.29 Kontingentierungsparameter im Produktstamm

Die Zuordnung des Kontingentierungsschemas erfolgt entweder lokationsabhängig oder -übergreifend. Es kann entweder vom ERP-System über die CIF-Schnittstelle übermittelt (siehe Abschnitt 14.3.3) oder von Hand gepflegt werden. Ausschlaggebend für die Integration über die CIF-Schnittstelle sind die ERP-Einstellungen zum Einteilungstyp und zur Bedarfsklasse. Bei einer aktivierten ERP-Kontingentierung wird das Kontingentierungsschema aus SAP ERP bzw. SAP S/4HANA verwendet (siehe Kapitel 6). Findet dort keine Kontierung statt, wird das Schema aus SAP APO verwendet.

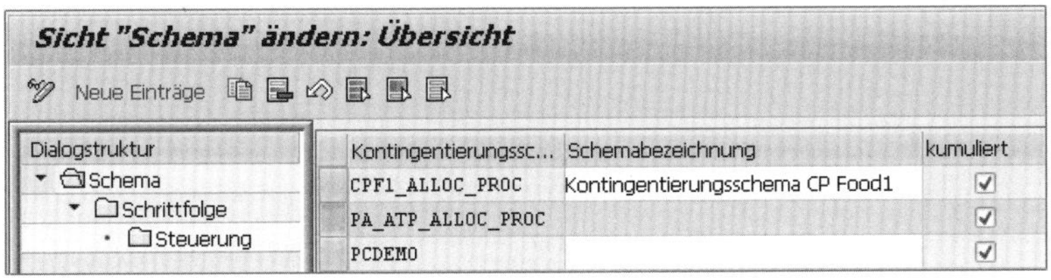

Abbildung 16.30 Kontingentierungsschema pflegen

Das Kontingentierungsschema wird also durch den Produktstamm bestimmt und dient zur Ermittlung des Kontingentierungsobjekts. Sie können in dem Schema mehrere Kontingentierungsobjekte zuordnen, wobei jedes Objekt einen eigenen Gültigkeitszeitraum hat. Maßgeblich für den Gültigkeitszeitraum ist das Prüfdatum, das für die Kontingentgruppe gepflegt wurde. Die eigentliche Kontingentierung kann somit mehr- oder einstufig erfolgen.

Bei der mehrstufigen Prüfung werden in einem Kontingentierungsschema mehrere Kontingentierungsgruppen berücksichtigt. Voraussetzung für diese mehrstufige Prüfung ist die kumulative Kontingentierung.

Einstufige Kontingentierung

Mit der einstufigen Kontingentierung bilden Sie den einfachsten Fall der Kontingentierung ab. Dem Kontingentierungsschema wird dabei in einem einzigen Schritt lediglich eine Kontingentierungsgruppe mit einem Kontingentierungsobjekt zugeordnet. Abbildung 16.31 zeigt eine einstufige Kontingentierung des Kontingentierungsschemas PA_ATP_ALLOC_PROC. Diesem ist die Kontingentierungsgruppe PA_ALLOC_GRP und ein Maskierungszeichen # zugeordnet. Abbildung 16.32 zeigt den einzigen Kontingentierungsschritt der einstufigen Kontingentierung für das Schema PA_ATP_ALLOC_PROC. Die Kontingentierung für das Objekt PA_ALLOC ist aktiviert und gültig bis Ende 31.12.2037.

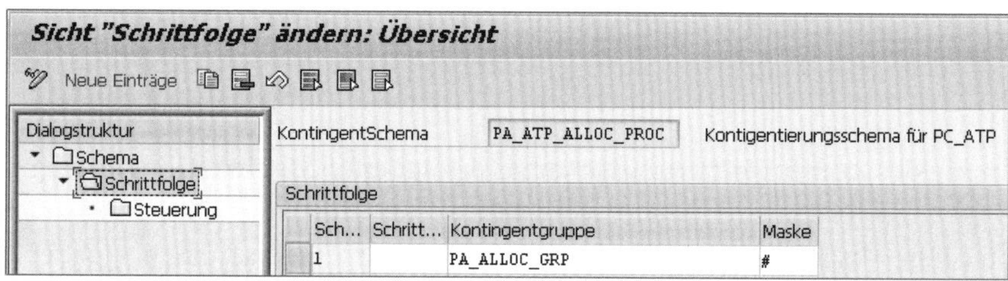

Abbildung 16.31 Kontingentierungsschema: Schrittfolge

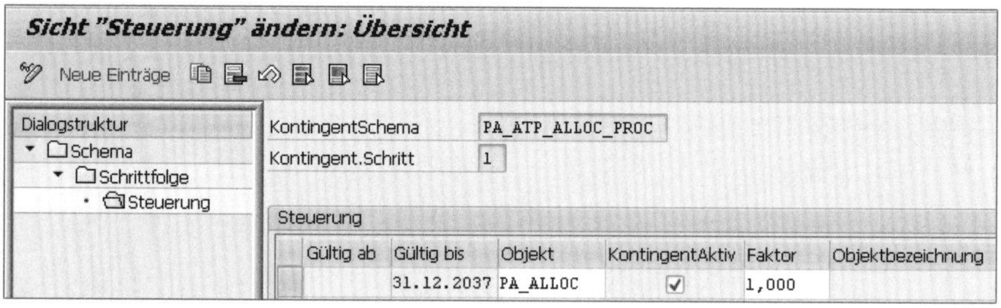

Abbildung 16.32 Steuerung des Kontingentierungsschemas

Mehrstufige Kontingentierung

Im Gegensatz zur einstufigen Kontingentierung geben Sie bei einer mehrstufigen Kontingentierung jedem Schritt des Kontingentierungsschemas eine Kontingentgruppe vor. Zu dieser Kontingentgruppe gehören ein Kontingentierungsobjekt und eine Gruppe von Merkmalen zur Bestimmung der Kontingentmengen-Zeitreihe. Sie können damit mehrere Kontingentierungsschritte innerhalb einer einzigen Prüfung durchführen. Bei der mehrstufigen Kontingentprüfung wertet das System jeden

Schritt aus, also jede Prüfung gegen die Kontingentgruppe und übergibt das Ergebnis an den nachfolgenden Prüfschritt. Für die Berechnung des Endergebnisses können die einzelnen Kontingentierungsschritte logisch miteinander verknüpft werden. Das System arbeitet dabei mit dem logischen Operator UND. Bei dieser Prüfung wird, ausgehend von einer restriktiven Betrachtung, stets die kleinste Menge ermittelt.

Eine weitere Möglichkeit für eine mehrstufige Kontingentierung sind Kontingentierungsschemafolgen. Die Kontingentierungsschemafolge wird im Produktstamm gepflegt (siehe Abbildung 16.29) und im Customizing eingestellt. Mithilfe der Einstellungen zur Schemafolge prüft das System eine Sequenz von Kontingentierungsschemata. Auf diese Weise können Sie auch Mengen berücksichtigen, die in einem anderen Planungsbereich geplant wurden. Das erste benutzte Kontingentierungsschema ist das Kontingentierungsschema aus dem Produktstamm. Jedes weitere Schema ermittelt SAP APO aus der Kontingentschemafolge.

Bei der Prüfung gegen eine Kontingentierungsschemafolge werden die Ergebnisse der vorausgegangenen Prüfung berücksichtigt. Das Ergebnis basiert dabei auf der Restmenge, die sich aus den Teilergebnissen der einzelnen Kontingentierungsschritte aus den vorausgegangenen Kontingentierungsschemata ergibt. Sofern das System bei der Prüfung in einem Kontingentierungsschema die Menge nicht vollständig bestätigen kann, versucht es, die Restmenge in einem nächsten Schritt zu bestätigen. Das Berechnungsergebnis wird an das nächste Kontingentierungsschema übergeben und dient dort als Berechnungsbasis für die folgende Prüfung. Die Teilergebnisse der einzelnen Prüfungen gegen die Kontingentierungsschemata werden mit einer logischen ODER-Verknüpfung zu einem Endergebnis kumuliert. Das Ergebnis der Prüfung mit einer Kontingentierungsschemafolge ist immer die Summe aus den restriktiven Prüfungen gegen die Kontingentgruppen.

Einstellungen überprüfen

In den nächsten Abschnitten erläutern wir Ihnen, wie Sie eine Kontingentierung anlegen und die Verfügbarkeitsprüfung der Kontingentierung mit der interaktiven Absatzplanung integrieren. Voraussetzung für diese Schritte sind die Systemeinstellungen, die Sie bisher kennengelernt haben. SAP APO bietet die Möglichkeit, die Einstellungen auf Konsistenz zu prüfen (siehe Abbildung 16.33).

Sie finden diesen Report zur Konsistenzprüfung im Customizing (siehe Abbildung 16.24) oder über Transaktion /SAPAPO/ATPCQ_CHECK. Nachdem Sie ein oder mehrere Kontingentierungsschemata vorgegeben haben, führt das System eine Konsistenzprüfung durch und überprüft die Systemeinstellungen. In Abbildung 16.33 sehen Sie das Ergebnis für die Überprüfung des Kontingentierungsschemas PA_ATP_ALLOC_PROC.

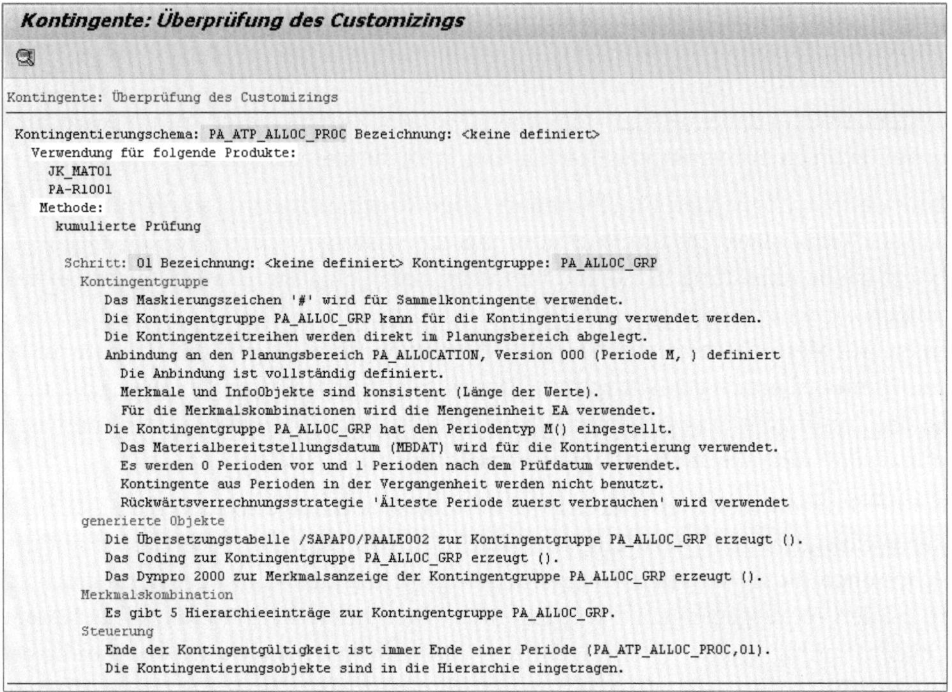

Kontingente: Überprüfung des Customizings

Kontingente: Überprüfung des Customizings

```
Kontingentierungschema: PA_ATP_ALLOC_PROC Bezeichnung: <keine definiert>
  Verwendung für folgende Produkte:
    JK_MAT01
    PA-R1001
   Methode:
     kumulierte Prüfung

      Schritt: 01 Bezeichnung: <keine definiert> Kontingentgruppe: PA_ALLOC_GRP
        Kontingentgruppe
           Das Maskierungszeichen '#' wird für Sammelkontingente verwendet.
           Die Kontingentgruppe PA_ALLOC_GRP kann für die Kontingentierung verwendet werden.
           Die Kontingentzeitreihen werden direkt im Planungsbereich abgelegt.
           Anbindung an den Planungsbereich PA_ALLOCATION, Version 000 (Periode M, ) definiert
             Die Anbindung ist vollständig definiert.
             Merkmale und InfoObjekte sind konsistent (Länge der Werte).
             Für die Merkmalskombinationen wird die Mengeneinheit EA verwendet.
           Die Kontingentgruppe PA_ALLOC_GRP hat den Periodentyp M() eingestellt.
             Das Materialbereitstellungsdatum (MBDAT) wird für die Kontingentierung verwendet.
             Es werden 0 Perioden vor und 1 Perioden nach dem Prüfdatum verwendet.
             Kontingente aus Perioden in der Vergangenheit werden nicht benutzt.
             Rückwärtsverrechnungsstrategie 'Älteste Periode zuerst verbrauchen' wird verwendet
        generierte Objekte
           Die Übersetzungstabelle /SAPAPO/PAALE002 zur Kontingentgruppe PA_ALLOC_GRP erzeugt ().
           Das Coding zur Kontingentgruppe PA_ALLOC_GRP erzeugt ().
           Das Dynpro 2000 zur Merkmalsanzeige der Kontingentgruppe PA_ALLOC_GRP erzeugt ().
        Merkmalskombination
           Es gibt 5 Hierarchieeinträge zur Kontingentgruppe PA_ALLOC_GRP.
        Steuerung
           Ende der Kontingentgültigkeit ist immer Ende einer Periode (PA_ATP_ALLOC_PROC,01).
           Die Kontingentierungsobjekte sind in die Hierarchie eingetragen.
```

Abbildung 16.33 Report zur Überprüfung der Einstellungen

16.3.3 Kontingentierung anlegen

Die Planung der Kontingentmengen findet im Planungsbereich der interaktiven Absatzplanung statt (siehe Abbildung 16.18). Die Plandaten werden anschließend in die Kontingentgruppe kopiert. Wir erläutern in diesem Kapitel die wesentlichen Aspekte der Integration mit der APO-Absatzplanung, die für das Verständnis der Kontingentierung notwendig sind. Auf eine detaillierte Beschreibung des liveCache, der Info-Objekte und der Grundkonfiguration der interaktiven Absatzplanung verzichten wir jedoch und verweisen auf die Literaturliste im Anhang.

Anbindung an SAP APO-DP

Die für die Absatzplanung notwendigen Informationen werden in Info-Objekten abgelegt. Hierbei handelt es sich um betriebswirtschaftliche Auswertungsobjekte, die Informationen in strukturierter Form abbilden und bezüglich der Kontingentierung in Merkmale und Kennzahlen untergliedert werden.

Die *Merkmale* sind Schlüsselfelder, mit denen sich organisatorische Zusammenhänge oder geografische Dimensionen abbilden lassen. In unserem Beispiel waren dies der Auftraggeber, das Produkt und die Verkaufsorganisation (siehe Abbildung 16.34).

Abbildung 16.34 Zuordnung der Kontingentgruppe zum Planungsbereich

Den Merkmalen wurden Mengen oder Werte zugeordnet, für die eine Auswertung erfolgen soll. Diese Werte werden als *Kennzahlen* bezeichnet und bilden zusammen mit ihren Einheiten den Datenteil eines Info-Objekts.

Merkmale und Kennzahlen werden von den angeschlossenen Systemen in das BW-System in SAP APO übertragen. Hierbei werden die Daten zunächst im Quellsystem extrahiert. Anschließend werden sie in Form einer Extraktionsstruktur und mithilfe von Transferstrukturen nach SAP APO übertragen. Übertragungsregeln bestimmen, welche Info-Objekte in sogenannten InfoSources zusammengefasst werden.

InfoSources

Bei den InfoSources handelt es sich um eine Kommunikationsstruktur, die über Fortschreibungsregeln die InfoCubes in APO-BW mit Ist-Daten versorgt. Auf Basis dieser Ist-Daten kann die Absatzplanung Trends erkennen, diese extrapolieren und als Prognose abspeichern.

Da die Merkmale der Kontingentgruppe eine andere Bezeichnung haben als die Info-Objekte des Planungsbereichs, müssen Sie die Kontingentgruppe dem Planungsbereich zuordnen (siehe Abbildung 16.34). In unserem Beispiel wurde die Kontingentgruppe PA_ALLOC_GRP dem Planungsbereich PA_ALLOCATION mit der Planversion 000 zugeordnet. Das Periodenraster, das angibt, in welchen Intervallen die Kennzahlen geführt werden, entspricht dem Periodenraster aus der Kontingentgruppe.

Die aus SAP NetWeaver BW bekannten Info-Objekte beginnen in der Regel mit 0; APO-Info-Objekte beginnen mit 9A. Die Merkmale der Kontingentgruppe sind dabei den Info-Objekten zugeordnet, die für die interaktive Planung verwendet wurden. Die Kennzahlen KCQTY und AEMENGE enthalten die Kontingentmenge und die bereits belegte Menge; die verbleibende Menge wird zum Zeitpunkt der Kontingentprüfung vom System berechnet. Kontingentmenge und belegte Menge sind den Info-Objekten I_HIST und I_ADJFCST zugeordnet. Sie müssen hierbei alle Merkmale der

Kontingentgruppe einem Info-Objekt zuordnen. Einem Info-Objekt können Sie auch mehrere Merkmale zuordnen, und es muss nicht jedem Info-Objekt ein Merkmal zugeordnet werden.

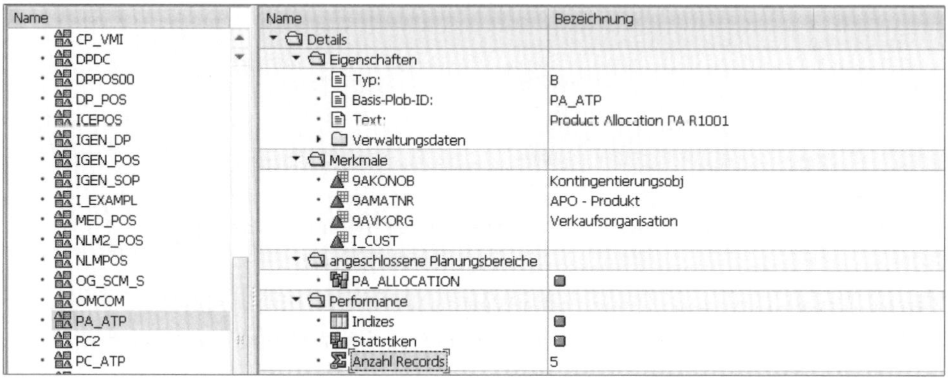

Abbildung 16.35 Planungsobjektstrukturen

Abbildung 16.35 zeigt die Planungsbereiche bzw. die Planungsobjektstrukturen, mit der die interaktive Absatzplanung in SAP APO arbeitet. In diesem Beispiel ist der Planungsobjektstruktur `PA_ATP` der Planungsbereich `PA_ALLOCATION` zugeordnet. Dieser Planungsbereich wurde zuvor der Kontingentgruppe zugeordnet (siehe Abbildung 16.34). Sie finden die entsprechenden Einstellungen im SAP-Menü von SAP APO über den Pfad **Advanced Planning and Optimization • Absatzplanung • Umfeld • Administration Absatzplanung und Supply Network Planning** oder über Transaktion /SAPAPO/MSDP_ADMIN.

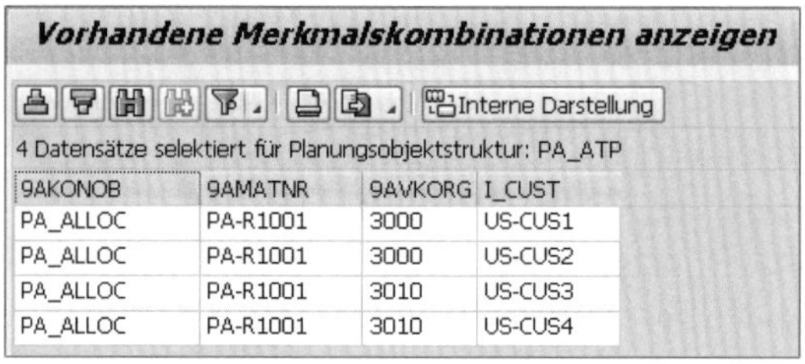

4 Datensätze selektiert für Planungsobjektstruktur: PA_ATP

9AKONOB	9AMATNR	9AVKORG	I_CUST
PA_ALLOC	PA-R1001	3000	US-CUS1
PA_ALLOC	PA-R1001	3000	US-CUS2
PA_ALLOC	PA-R1001	3010	US-CUS3
PA_ALLOC	PA-R1001	3010	US-CUS4

Abbildung 16.36 Merkmale der Planungsobjektstruktur

Abbildung 16.36 zeigt die *Merkmalskombinationen* für die Planungsobjektstruktur `PA_ATP`. Durch einen Rechtsklick auf die Planungsobjektstruktur können Sie die Merkmale manuell anlegen oder sich die vorhandenen Merkmalskombinationen anzeigen lassen. In unserem Beispiel existieren bereits vier Datensätze, die sämtliche Merkmale der Kontingentzeitreihen enthalten und Ihnen bereits aus der interaktiven Absatzplanung bekannt sind (siehe Abbildung 16.18).

Übertragen von Merkmalen und Mengen

Die Kontingentmengen, die wir in dem vorausgegangenen Beispiel geplant haben, wurden in einem Planungsbereich gesichert. Damit Sie die Werte für die Kontingentierungsprüfung nutzen können, müssen die Ergebnisse und die Merkmale und Mengen des Planungsbereichs mit den Merkmalen und Mengen der Kontingentgruppe verknüpft werden. In SAP APO werden die Merkmalswerte in InfoCubes abgelegt und stehen dann als Planungsdaten zur Verfügung. Bei der Planung der Kontingentierung können diese Planungsdaten anschließend in eine Kontingentgruppe transferiert werden. Mithilfe der folgenden Einstellungen übertragen Sie sowohl Merkmale als auch Mengen.

Die Kontingentgruppe enthält die für eine Kontingentierung notwendigen Merkmalskombinationen. In SAP ERP (analog SAP S/4HANA) sind diese Merkmale in Infostrukturen gespeichert und können an SAP APO übergeben werden. Sie starten diese Übertragung nach SAP APO aus SAP ERP in SAP ERP mithilfe von zwei Transaktionen:

- **Übertragung von Kontingentmengen**
  Transaktion QTSA (Übertragung: Kontingentmengen an SAP APO) ermöglicht die Übertragung von Kontingentmengen aus der ERP-Infostruktur in die APO-Kontingentgruppe. Das System ermittelt dazu für jedes Planungsobjekt die Kontingent- und Auftragseingangsmenge. Sie können hier wählen, ob in SAP APO die Auftragsmenge überschrieben oder Kontingente und Merkmale gelöscht werden sollen. 16
- **Übertragung von Kontingentschemata**
  Die Übertragung der Kontingentschemata erfolgt über Transaktion QTSP (Übertragung: Customizing an SAP APO). Hierbei wählen Sie zunächst das Kontingentschema in SAP ERP. Anschließend geben Sie an, ob vor der Übertragung das Customizing in SAP APO gelöscht werden soll.

Sie finden diese Reports auch im SAP-Menü über den Pfad **Logistik • Zentrale Funktionen • Supply-Chain-Planungsschnittstelle • Umfeld • Übertragung.**

Nach der Übertragung des ERP-Customizings erfolgt die automatische Generierung der internen Objekte in SAP APO.

Nachgenerierung bei Übertragungsfehlern

Bei einem Übertragungsfehler können Sie die customizingabhängigen internen Objekte der Kontingentgruppe manuell nachgenerieren. Den Report finden Sie in SAP APO über Transaktion SAPAPO/ATPCQ_GENER oder im SAP-Menü über den Pfad **Advanced Planning and Optimization • Globale ATP • Umfeld • Kontingente • Generierung • Objekte generieren.**

Nachdem Sie die Kontingentgruppe ausgewählt und die Verarbeitung gestartet haben, werden die Merkmale z. B. erneut übertragen sowie die Suchhilfen für die Merkmalswerte und die Periodentabellen neu aufgebaut. Anschließend müssen Sie die Merkmalsausprägungen aus der Absatzplanung in die Kontingentgruppe übertragen.

Sollten Sie neue Merkmalskombination gepflegt haben, können Sie deren Konsistenz mithilfe von Transaktion /SAPAPO/TSCONS prüfen und das System veranlassen, automatisch Fehler zu beheben. Hierzu wählen Sie die Planungsobjektstruktur aus und bestimmen, ob lediglich eine Analyse oder eine Fehlerbehebung stattfinden soll.

Unabhängig davon, ob Sie direkt im Planungsbereich oder in der Kontingentgruppe prüfen (siehe Abbildung 16.25), müssen Sie die neuen Merkmalskombinationen aus dem Planungsbereich in die Stammdaten der Kontingentgruppe übernehmen. Das Ergebnis der Merkmalsübernahme aus einem Planungsbereich sehen Sie in Abbildung 16.37. Sie finden den hierzu notwendigen Report im SAP-Menü über den Pfad **Advanced Planning and Optimization • Globale ATP • Umfeld • Kontingente • Anbindung • Merkmalskombination aus Planungsbereich** oder über Transaktion /SAPAPO/ATPQ_PAREA_K.

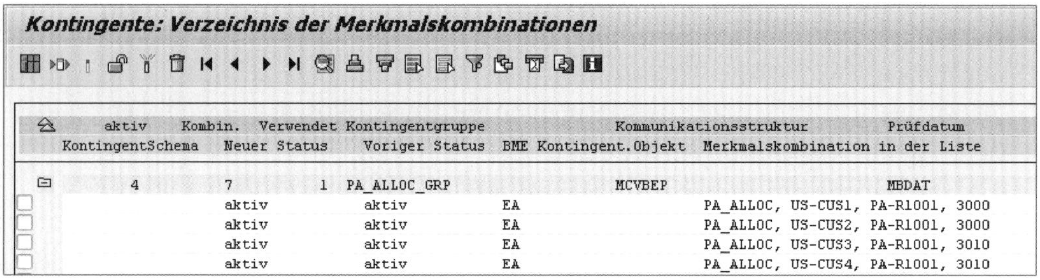

Kontingente: Verzeichnis der Merkmalskombinationen

aktiv	Kombin.	Verwendet	Kontingentgruppe	Kommunikationsstruktur	Prüfdatum
KontingentSchema	Neuer Status	Voriger Status	BME	Kontingent.Objekt	Merkmalskombination in der Liste
4	7	1	PA_ALLOC_GRP	MCVBEP	MBDAT
	aktiv	aktiv	EA		PA_ALLOC, US-CUS1, PA-R1001, 3000
	aktiv	aktiv	EA		PA_ALLOC, US-CUS2, PA-R1001, 3000
	aktiv	aktiv	EA		PA_ALLOC, US-CUS3, PA-R1001, 3010
	aktiv	aktiv	EA		PA_ALLOC, US-CUS4, PA-R1001, 3010

Abbildung 16.37 Übertragung von Merkmalskombinationen

Bei einer Kontingentierungsprüfung gegen die Kontingentgruppe können Sie die Merkmalskombinationen in einen *Planungsbereich* übertragen. Damit halten Sie die Merkmalskombinationen zwischen der interaktiven Planung und der Kontingentgruppe konsistent. Sie starten die Übertragung über Transaktion /SAPAPO/RMQUOT_PAREA_CHAR oder im SAP-Menü über den Pfad **Advanced Planning and Optimization • Globale ATP • Umfeld • Kontingente • Anbindung • Merkmalskombination An Planungsbereich**.

Je nachdem, ob Sie gegen den Planungsbereich oder die Kontingentgruppe prüfen, müssen Sie die Kontingentmengen in das jeweilige Planungstool übertragen. Damit Sie die Planungsdaten auch bei der Kontingentierungsprüfung verwenden können, stehen Ihnen für die Datenübertragung Reports zur Verfügung. Die Datenübertragung kann manuell durchgeführt werden oder automatisch im Hintergrund erfolgen. Sie finden diese Reports ebenfalls im SAP-Menü über den Pfad **Advanced Planning and Optimization • Globale ATP • Umfeld • Kontingente • Anbindung**.

Hier können Sie entscheiden, ob Sie die Daten (Mengen) aus dem Planungsbereich übernehmen oder an die Planung übergeben möchten. Bei einer Übernahme in den Planungsbereich können Sie die Planung gegen die fortgeschriebene Historie durchführen und die Planungswerte anschließend in die Kontingentgruppe übernehmen.

Die Übernahme der Kontingente aus dem Planungsbereich in die Kontingentgruppe starten Sie über Transaktion /SAPAPO/ATPQ_PAREA_R. Die Übertragung an den Planungsbereich erfolgt zuvor über Transaktion /SAPAPO/ATPQ_PAREA_W. In beiden Fällen geben Sie sowohl den Planungsbereich als auch die Kontingentgruppe vor. Sie haben dabei die Wahl, ob Sie bestimmte Parameter vor der Übertragung löschen möchten, also bevor Sie die Werte mit anderen Mengen überschreiben.

16.3.4 Ergebnis der Kontingentierung

Wir haben Ihnen in den vorausgegangenen Abschnitten den betriebswirtschaftlichen Hintergrund, die wesentlichen Einstellungen und den Ablauf der Kontingentierung in SAP APO erläutert. Das Ergebnis der Kontingentierung und die bestätigten Mengen der Teillieferungen wurden in den Kontingenten fortgeschrieben. SAP APO stellt Ihnen in diesem Zusammenhang verschiedene Reports zur Verfügung, um sich das Ergebnis anzeigen zu lassen oder die Kontingentbelegung zu kontrollieren (siehe Tabelle 16.2). Sie finden diese Reports im SAP-Menü über den Pfad **Advanced Planning and Optimization • Globale ATP • Umfeld • Kontingente • Reparaturen**.

Report	Funktion
/SAPAPO/ATPQ_CHKCUST	Kontingentbelegungen durch Kundenaufträge
/SAPAPO/ATPQ_CHKCUSG	Kontingentbelegung Kontrolle
/SAPAPO/ATPQ_KCGRP_U	Kontingentbelegung Verbuchung

Tabelle 16.2 Reparatur von Kontingentbelegungen

Die Fortschreibung der Kontingente in der Kontingentgruppe können Sie sich über Transaktion /SAPAPO/AC42 anzeigen lassen. Sie erreichen diese Auswertung zur Kontingentsituation auch über das SAP-Menü über den Pfad **Advanced Planning and Optimization • Globale ATP • Auswertungen • Kontingente**.

Abbildung 16.38 zeigt die Kontingentübersicht aus dem vorausgegangenen Beispiel unter Berücksichtigung der Merkmalskombination aus Auftraggeber, Produktnummer und Verkaufsorganisation. Die angeforderte Bedarfsmenge des Kundenauftrags (20 Einheiten) wurde auf zwei Kontingentperioden verteilt. Die beiden Teillieferungen (siehe Abbildung 16.20) führten zu einer Reduzierung der Kontingentmengen in den Perioden 04/2021 und 05/2021. Die allgemeinen Kontingentierungsparameter entsprechen dem Beispiel aus Abschnitt 16.3.2.

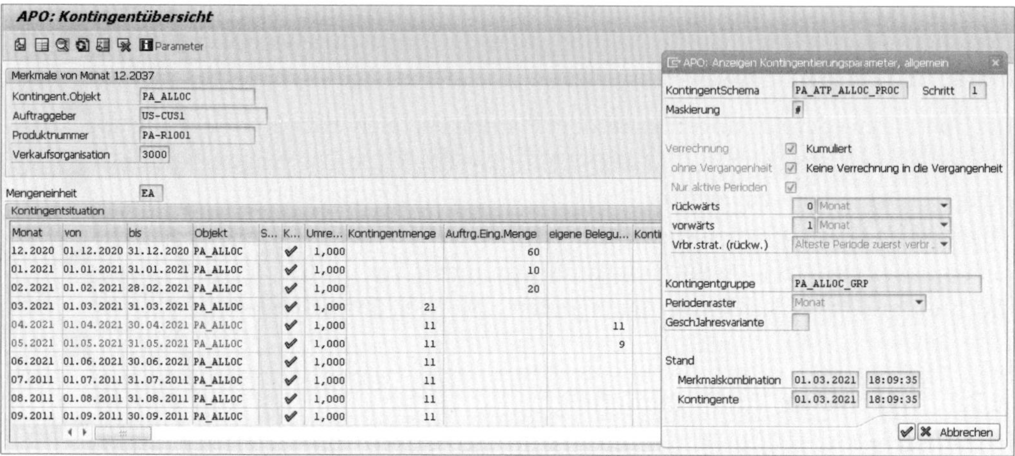

Abbildung 16.38 Kontingentierungsübersicht mit Bedarfsmengen

Sie haben in diesem Abschnitt die Grundlagen der Kontingentierung mit SAP APO kennengelernt. Die Verfügbarkeitsaussage war dabei abhängig von Engpasssituationen, Zuteilungskriterien und Merkmalskombinationen, die zu einer differenzierten Zuteilung führten. Zusammen mit der Produktverfügbarkeitsprüfung sowie der Prüfung gegen die Vorplanung (siehe Abschnitt 16.2) zählt die Kontingentierung zu den drei Basismethoden von SAP APO und ist auch als Methode der ERP-Verfügbarkeitsprüfung vorhanden.

16.4 Prüfung gegen Vorplanung

Die dritte Basismethode der Verfügbarkeitsprüfung in SAP APO ist die Verfügbarkeitsprüfung gegen die Vorplanung. Unter *Vorplanung* versteht man einen geplanten, fiktiven, in der Regel nicht kundenspezifischen Primärbedarf. Bei diesen Primärbedarfen handelt sich also um die Annahme über die in einem bestimmten Zeitraum zu erwartenden Kundenauftragsmengen.

Auf Basis dieser geplanten Auftragsmengen für Produktgruppen oder verkaufsfähige Erzeugnisse werden in der Produktionsprogrammplanung für einen bestimmten Zeitraum Planprimärbedarfe angelegt. Beim Auftragseingang führen die Kundenbedarfe zu einer schrittweisen Verrechnung und zu einem Abbau der Primärbedarfe. Die Prüfung gegen die Vorplanung hat dabei die Aufgabe sicherzustellen, dass genügend Vorplanbedarfe für die Kundenbedarfe existieren.

Diese Art der Prüfung ist z. B. sinnvoll, wenn ein fertigendes Unternehmen eine Vorplanung mit Endmontage einsetzt und kundenindividuell fertigt. Das verkaufsfähige Produkt wird in diesem Fall aus einzelnen Komponenten gefertigt. Die Fertigung setzt dabei erst ein, wenn der Kundenauftrag gegen die Planprimärbedarfe des Verkaufsprodukts bestätigt wird. Da das Verkaufsprodukt zum Prüfzeitpunkt noch nicht existiert, wäre eine Prüfung gegen das Enderzeugnis in diesem Fall nicht sinnvoll.

Betriebswirtschaftliche Anforderungen

Sie werden die Prüfung gegen die Vorplanung immer dann nutzen, wenn Sie auftragsbezogen fertigen und die Bedarfe aus eingehenden Kundenaufträgen gegen die Prognosen prüfen möchten. Kundenaufträge werden nur dann bestätigt und mit der Prognose verrechnet, wenn für den zu berücksichtigenden Zeitraum ein entsprechender vorgeplanter Bedarf existiert. Kann der Bedarf für eine bestimmte Periode nicht bestätigt werden, können Sie entweder die Prognose erhöhen oder den Auftrag mit Teillieferungen aus anderen Perioden bestätigen.

Die Vorplanungsprüfung setzt voraus, dass bei bestimmten Produktlinien kein Engpass vorkommt und eine Produktverfügbarkeits- oder Kontingentprüfung nicht zwingend erforderlich ist. Da das Bestätigungsverhalten bei dieser Basismethode ausschließlich durch die Absatzplanung beeinflusst wird, ist sie für die entkoppelte Absatz- und Produktionsplanung geeignet. Ohne dass eine Kontingentierungsprüfung notwendig ist, kann die Vorplanung auf der Ebene der Vorplanbedarfe Kapazitäten abbilden. Trotz ihrer Flexibilität und dem geringen Einrichtungsaufwand kommt sie in der betrieblichen Praxis jedoch sehr selten zur Anwendung. Ein Grund könnte die abstrakte Darstellung der Verfügbarkeitssituation sein, die bei der Prüfung gegen die Vorplanung nicht von der aktuellen Bedarfs- und Bestandssituation abhängt.

Ablauf der Prüfung

Ausgangspunkt der Prüfung gegen die Vorplanung ist ein Kundenauftrag in SAP ERP bzw. SAP S/4HANA. Damit SAP APO eine Prüfung gegen Vorplanbedarfe durchführt, werden vom ERP-System zunächst die Bedarfsklasse und das betriebswirtschaftliche Ereignis übermittelt. Beide Parameter ermitteln in SAP APO die Prüfvorschrift mit der aktivierten Prüfung gegen die Vorplanung.

Aus dem SCM-Produktstamm des zu prüfenden Produkts liest das System anschließend die Vorschlagsstrategie und die Verrechnungsparameter aus (siehe Abbildung 16.43). Diese Steuerparameter fließen in die Vorplanungsprüfung ein und bestimmen, wie die Verrechnung der Kundenbedarfe gegen die Vorplanbedarfe erfolgen soll. Das System ermittelt dann aus dem Prüfmodus den Zuordnungsmodus von Kundenbedarfen zu Vorplanbedarfen. Dieser Parameter legt fest, wie die Kundenauftragsbedarfe gegen die Prognose verrechnet werden.

16.4.1 Steuerung der Vorplanungsverrechnung

Die Vorplanungsverrechnung ist eine Basismethode in SAP APO und setzt eine enge Integration mit SAP ERP bzw. SAP S/4HANA voraus. Diese Integration besteht in dem Austausch von Stammdatenparametern und den geplanten Bedarfsmengen (siehe Abbildung 16.39). In den nachfolgenden Abschnitten erläutern wir Ihnen die wichtigsten Parameter und APO-Systemeinstellungen.

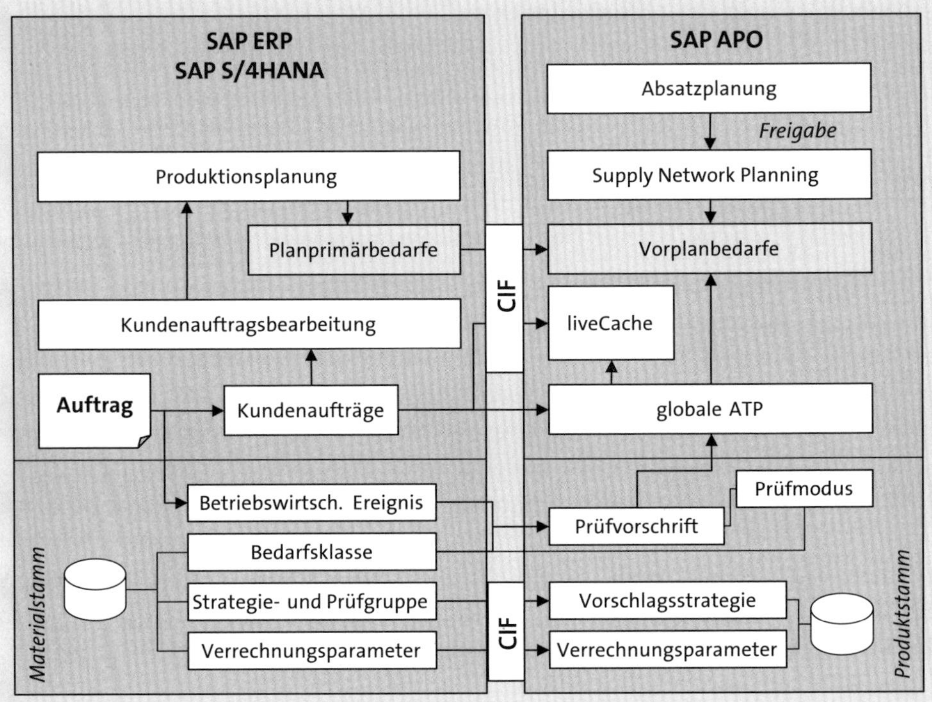

Abbildung 16.39 Steuerung der Vorplanungsverrechnung

Abbildung 16.39 zeigt die Steuerung der Vorplanungsverrechnung und die Integration der wichtigsten Stammdatenparameter. Das initiale Customizing kann dabei im ERP-System angelegt und über die CIF-Schnittstelle an das SCM-System übertragen werden. Voraussetzung für die Verrechnung gegen die Vorplanung sind die Vorplanbedarfe mit den prognostizierten Bedarfsmengen.

Vorplanbedarfe

Die *Planprimärbedarfe* setzen sich aus der geplanten Menge und dem Bedarfstermin zusammen. Alternativ können die Planmengen auch als sogenannte Planprimärbedarfseinteilungen auf ein bestimmtes Zeitintervall oder einzelne Termine aufgeteilt werden.

Vorplanbedarfe werden entweder in SAP ERP bzw. SAP S/4HANA durch die Produktionsplanung (PP) oder in SAP SCM mithilfe der Absatzplanung (SAP APO-DP) ermittelt. Alternativ können Sie die Planprimärbedarfe im ERP-System auch manuell über Transaktion MD61 anlegen. Vorplanbedarfe aus SAP ERP bzw. SAP S/4HANA werden mit der CIF-Schnittstelle an SAP SCM übertragen. Bei einer Absatzplanung in SAP SCM werden die Bedarfe aus SAP APO-DP durch Freigabe an das Supply Network Planning (SNP) übergeben. Mit der Übertragung aus dem ERP-System bzw. nach der Freigabe in SNP stehen die Vorplanbedarfe im liveCache und anschließend für die Prüfung gegen die Vorplanung zur Verfügung (siehe Abbildung 16.40).

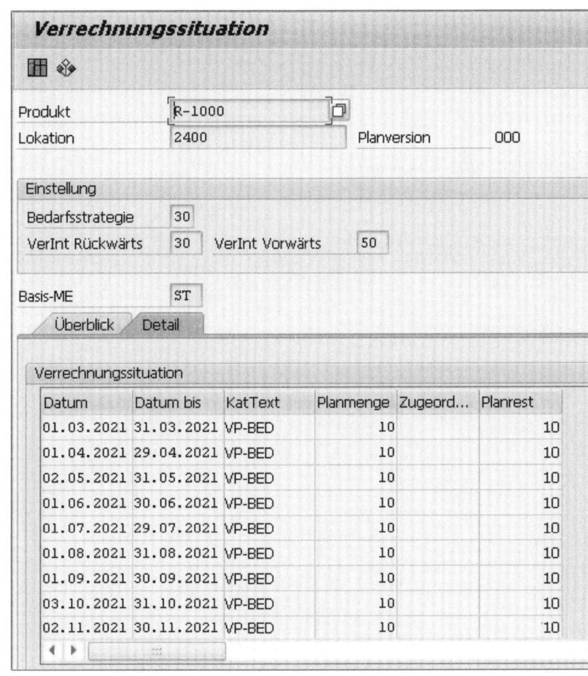

Datum	Datum bis	KatText	Planmenge	Zugeord...	Planrest
01.03.2021	31.03.2021	VP-BED	10		10
01.04.2021	29.04.2021	VP-BED	10		10
02.05.2021	31.05.2021	VP-BED	10		10
01.06.2021	30.06.2021	VP-BED	10		10
01.07.2021	29.07.2021	VP-BED	10		10
01.08.2021	31.08.2021	VP-BED	10		10
01.09.2021	30.09.2021	VP-BED	10		10
03.10.2021	31.10.2021	VP-BED	10		10
02.11.2021	30.11.2021	VP-BED	10		10

Abbildung 16.40 Verrechnungssituation

Abbildung 16.40 zeigt die Verrechnungssituation in SAP APO. Für das Material R-1000 in der Lokation 2400 existieren monatliche Bedarfe in Höhe von zehn Einheiten. Die Detailsicht der **Verrechnungssituation** zeigt den Kurztext der ATP-Kategorie, mit der diese Bedarfe in der Zeitreihe geführt werden. VP-BED ist der Kurztext für die ATP-Kategorie FA. Die Kategorie FA ist vom Typ **Prognose** und bildet Planprimärbedarfe ab (siehe Abschnitt 15.2.1).

Zum gegenwärtigen Zeitpunkt sind sämtliche Bedarfe in voller Höhe vorhanden und wurden noch nicht mit Auftragsbedarfen verrechnet. Sie starten diese Auswertung in SAP APO mit Transaktion /SAPAPO/DMP1 oder über das SAP-Menü über den Pfad **Advanced Planning and Optimization • Globale ATP • Auswertungen • Vorplanung**.

Prüfvorschrift und Prüfmodus

Sie haben die Ermittlung der Prüfvorschrift über den Prüfmodus und das betriebswirtschaftliche Ereignis bereits in Abschnitt 15.2.1 kennengelernt.

Mit den Einstellungen in der Prüfvorschrift legen Sie fest, ob eine Prüfung gegen die Vorplanung erfolgt und ob die Kundenbedarfe gegen die Prognose verrechnet werden sollen. Pro Bedarfsstrategie (ERP-Planungsstrategie mit ERP-Bedarfsklasse) ist dabei nur eine Verrechnungsart möglich.

Abbildung 16.41 zeigt die Prüfvorschrift mit aktivierter Vorplanungsverrechnung für Kundenauftragsbedarfe nach Produkten mit dem Prüfmodus 045. Die Art und Weise wie die Verrechnung zu erfolgen hat, legen Sie in den lokationsspezifischen Parametern im APO-Produktstamm fest. Zu diesen Parametern gehören die Verrechnungsparameter und die Bedarfsstrategie.

Abbildung 16.41 Prüfvorschrift mit Vorplanung

Verrechnungsparameter

Die Zuordnung der Verrechnungsparameter erfolgt bereits im ERP-Materialstamm auf der Werksebene. Diese Parameter werden anschließend über die CIF-Schnittstelle an SAP APO übertragen und in den APO-Produktstamm übernommen. Die Aktivierung der Vorplanungsverrechnung in SAP APO erfolgt in Abhängigkeit von der Bedarfsklasse und den übertragenen, lokationsspezifischen Produktparametern. Sie finden diese Parameter im APO-Produktstamm auf der Registerkarte **Bedarf** (siehe Abbildung 16.43).

Wir haben Ihnen bereits im Zusammenhang mit der Kontingentierung die Aufgabe von Verrechnungsintervallen erläutert (siehe Abbildung 16.27). Die Verrechnung von

Kundenauftragsbedarfen erfolgte dabei gegen die geplanten Kontingentmengen. In der Vorplanung wird diese Steuerfunktion vom *Verrechnungsmodus* übernommen. Der Verrechnungsmodus steuert, ausgehend vom Bedarfstermin, in welcher Richtung auf der Zeitachse eine Bedarfsverrechnung mit den Planprimärbedarfen erfolgen soll. Der Bedarfstermin entspricht hierbei dem Erfassungsdatum der Kundenauftragsposition.

Modus	Beschreibung
1	Ausschließlich Rückwärtsverrechnung
2	Rückwärts-/Vorwärtsverrechnung
3	Ausschließlich Vorwärtsverrechnung
M	Monatliche Verrechnung
W	Wöchentliche Verrechnung
U	Benutzerspezifische Verrechnung

Tabelle 16.3 Verrechnungsmodi der Vorplanungsverrechnung

Ausgehend von der geplanten Zeitreihe stellt das System mehrere Verrechnungsmodi bereit (siehe Tabelle 16.3):

- **Rückwärts- bzw. Vorwärtsverrechnung**
  Bei der Rückwärts- bzw. Vorwärtsverrechnung (jeweils ausschließlich) erfolgt eine Verrechnung der Bedarfsmengen mit den Planprimärbedarfen der Perioden, die vor bzw. nach dem Bedarfstermin liegen.
- **Rückwärts-/Vorwärtsverrechnung**
  Bei der Rückwärts-/Vorwärtsverrechnung versucht das System zunächst eine Bedarfsverrechnung mit den Prognosemengen durchzuführen, die vor dem Bedarfstermin liegen. Wenn der Bedarf dabei nicht komplett verrechnet werden kann, versucht die Vorplanungsverrechnung eine Bedarfsdeckung mit zukünftigen Planprimärbedarfen.
- **Monatliche oder wöchentliche Verrechnung**
  Im Gegensatz zur Rückwärts-/Vorwärtsverrechnung erfolgt bei einer monatlichen oder wöchentlichen Verrechnung nur eine Prüfung gegen die aktuelle Periode (Woche oder Monat) des Bedarfstermins. Die Prognosemengen vergangener oder zukünftiger Perioden werden nicht berücksichtigt.
- **Benutzerspezifische Prüfung**
  Bei der benutzerspezifischen Prüfung steht für die Absatzplanung ein Business Add-In (BAdI) zur Verfügung, mit dem Kundenaufträge gegen eine kundenindivi-

duelle Verrechnungslogik geprüft werden können. Mithilfe des BAdIs /SAPAPO/DM_BADI_CSP können während der Vorplanungsverrechnung z. B. Planprimärbedarfe, die Bedarfsstrategie oder die ATP-Kategorie geändert werden.

Verrechnungsintervalle haben Sie bereits in Zusammenhang mit dem Verrechnungshorizont bei der Kontingentierung kennengelernt (siehe Abbildung 16.28). Bei der Vorplanung pflegen Sie die Anzahl der Kalendertage, die das System anschließend für die Rückwärts- und Vorwärtsverrechnung verwendet. Je Verrechnungsmodus (siehe Tabelle 16.3) geben Sie dabei entweder ein Vorwärts- oder Rückwärtsverrechnungsintervall ein. Zur Steuerung der Verrechnung mit den geplanten Primärbedarfen vergangener Perioden (Rückwärtsverrechnung) legen Sie z. B. die Anzahl der Arbeitstage fest, um die ein geplanter Primärbedarf in der Vergangenheit liegen darf. Bei der Vorwärtsverrechnung erfolgt die Verrechnung gegen Planprimärbedarfe, die innerhalb des Verrechnungshorizonts, jedoch nach dem Bedarfstermin, liegen. Das System verrechnet dann, ausgehend vom Bedarfstermin und dem ermittelten Materialbereitstellungsdatum (siehe Abbildung 16.1), vergangene und zukünftige Perioden mit der nachgefragten Bedarfsmenge.

Bedarfsstrategie

Damit die Verfügbarkeitsprüfung die Kundenbedarfe gegen die Vorplanbedarfe verrechnen kann, müssen sowohl die Bedarfsklasse in SAP ERP bzw. SAP S/4HANA als auch der korrespondierende Prüfmodus in SAP APO übereinstimmen. Zuvor wurde in SAP ERP bzw. SAP S/4HANA die Bedarfsart für die Vorplanung der Planungsstrategie zugeordnet, und in SAP APO wurde die Prüfvorschrift im Prüfmodus auf die Vorplanung eingestellt. Damit die Verrechnung mit der Vorplanung erfolgen kann, muss dem zu prüfenden Produkt eine Bedarfsstrategie zugeordnet werden.

Die Bedarfsstrategie in SAP APO legt fest, wie die prognostizierten Mengen aus der APO-Absatzplanung erzeugt und die Kundenaufträge gegen diese Absatzprognose verrechnet werden. SAP APO wird bereits mit einigen Standardstrategien ausgeliefert, die Sie durch eigene Strategien erweitern können. Sie finden die Einstellungen zur Bedarfsstrategie im APO-Customizing über den Pfad **Advanced Planning and Optimization • Stammdaten • Produkt • Bedarfsstrategien festlegen** (siehe Abbildung 16.42).

Die Bedarfsstrategie beeinflusst die Verrechnung der Bedarfsmengen mit den Planprimärbedarfen. In der Bedarfsstrategie wird die Art der Verrechnung über den **Zuordnungsmodus** gesteuert. Die für die Verrechnung relevanten Bedarfe werden über eine ATP-Kategoriegruppe gesteuert. SAP liefert die in Tabelle 16.4 gezeigten Zuordnungsmodi aus.

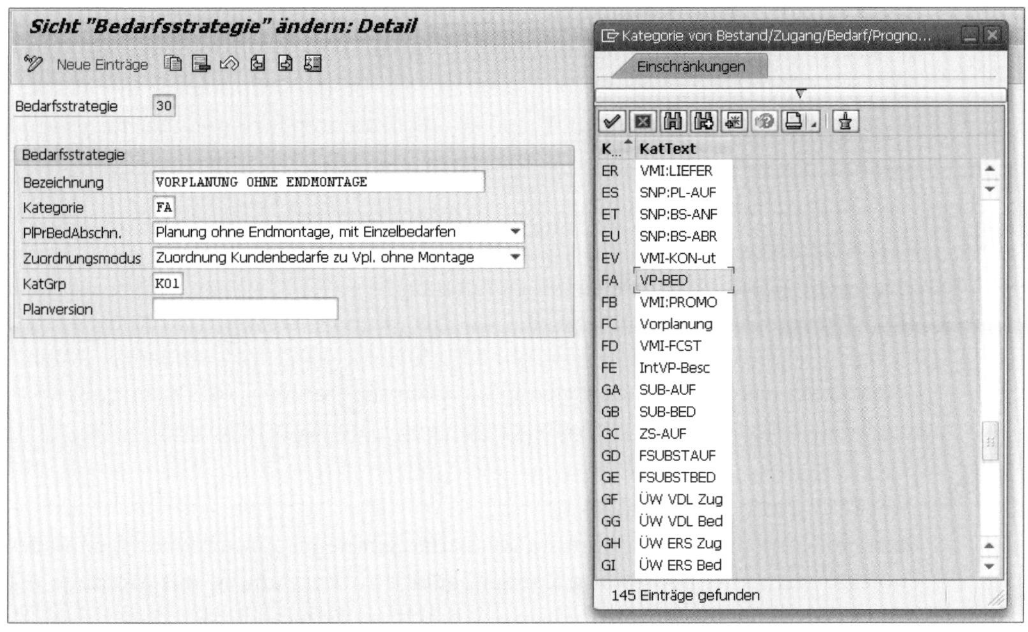

Abbildung 16.42 Bedarfsstrategie

Strategie	Zuordnungsmodus	ATP-Kategoriegruppe
10	Keine Zuordnung	Keine
20	Zuordnung Kundenbedarfe zu Vorplanung ohne Montage	K02
30	Zuordnung Kundenbedarfe zu Vorplanung mit Montage	K01
40	Vorplanprodukt	K01

Tabelle 16.4 Bedarfsstrategien mit Zuordnungsmodi

Diese Modi werden jeweils zusammen mit den Einstellungen zur berücksichtigten ATP-Gruppe in den ausgelieferten Bedarfsstrategien verwendet:

- **Zuordnung ohne Endmontage**
  In dem Beispiel aus Abbildung 16.42 bewirkt der Zuordnungsmodus der Bedarfsstrategie 30 eine Vorplanung ohne Endmontage. Bei dieser Bedarfsstrategie mit dem Zuordnungsmodus **Zuordnung Kundenbedarfe zu Vorplanung ohne Montage** geht das System von einer Kundeneinzelfertigung aus. Dabei wird die Bedarfsmenge des Kundenauftrags gegen die Prognosemenge des Fertigerzeugnisses ver-

rechnet, und gleichzeitig wird die Fertigung des Enderzeugnisses angestoßen. Mit der Kategoriegruppe K01 wird die Verrechnung mit den Kundenaufträgen gesteuert. Bei der Kategoriegruppe K01 handelt es sich um die Gruppierung der ATP-Kategorien BM und BS mit den ERP-Dispositionselementen für Kundenauftrags- und Kundenprimärbedarfe.

[+]

ATP-Kategorien

Wir verzichten an dieser Stelle auf die Erläuterung der ATP-Kategorien und verweisen auf das Abschnitt 15.3.1. Sie pflegen die Kategoriegruppen entweder im APO-Customizing zur Produktions- und Feinplanung (PP/DS) oder in Zusammenhang mit der Supply-Chain-Planung über den Menüpfad **Advanced Planning and Optimization • Supply Chain Planung • Supply Network Planning • Grundeinstellungen**.

- **Zuordnung mit Endmontage**
  Bei einer Vorplanung mit Endmontage (Bedarfsstrategie 20) werden aufgrund des Zuordnungsmodus **Zuordnung Kundenbedarfe zu Vorplanung mit Montage** die Auftragseingänge gegen die Prognose verrechnet. Es handelt sich dabei also um eine Lagerfertigungsstrategie. Bei dieser errechnet sich die Produktionsmenge (Montagemenge) ausgehend von der Kundenauftragsmenge aus dem Nettobedarf, der nicht durch die Planprimärbedarfe gedeckt werden kann. Neben den Bedarfen aus dem Kundenauftrag (Kategoriegruppe K01) berücksichtigt das System zusätzlich die ATP-Kategorien AV und AY, also Reservierungen und Sekundärbedarfe.
- **Zuordnung zu Vorplanprodukt**
  Für die Reservierung von Fertigungskapazitäten verwenden Sie die Bedarfsstrategie 40 (Vorplanungsprodukt). Der Zuordnungsmodus dieser Strategie geht davon aus, dass es sich bei den zu prüfenden Produkten um Gleichteile handelt, mit denen ein identisches Enderzeugnis gefertigt werden kann. Das zu prüfende Produkt ist dann entweder ein Dummy-Produkt oder das zu fertigende Enderzeugnis. Da es sich zunächst um einen abstrakten Bedarf zur Reservierung von Kapazitäten handelt, wird die Fertigung erst dann angestoßen, wenn der Kunde den Auftrag erteilt hat. Die Verrechnungsparameter und die Bedarfsstrategie werden im APO-Produktstamm gepflegt (siehe Abbildung 16.43).

Abbildung 16.43 zeigt die lokationsspezifischen Daten des Produkts R-1000. Die *Vorschlagsstrategie*, also die aus SAP ERP bzw. SAP S/4HANA übernommene Bedarfsstrategie, bestimmt eine Vorplanung ohne Endmontage. Der Verrechnungsmodus 2 steuert eine Rückwärts- und Vorwärtsverrechnung. Das Verrechnungsintervall der Rückwärtsverrechnung beträgt 30 Kalendertage und das Intervall der Vorwärtsverrechnung 50 Kalendertage.

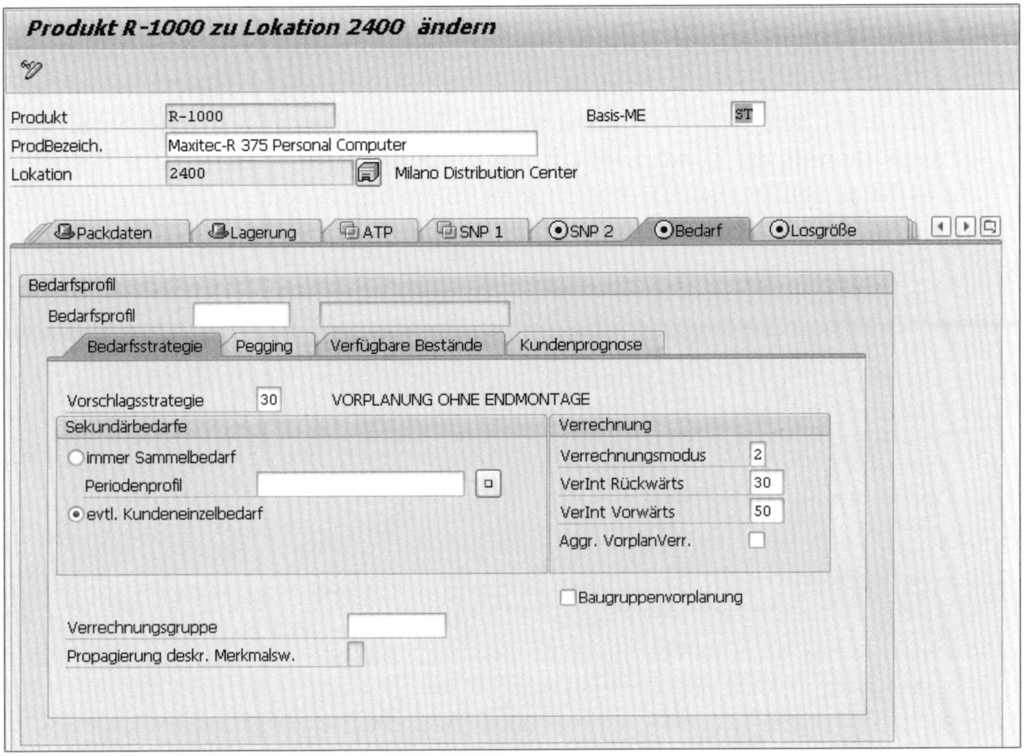

Produkt R-1000 zu Lokation 2400 ändern
Produkt R-1000
Basis-ME ST
ProdBezeich. Maxitec-R 375 Personal Computer
Lokation 2400 Milano Distribution Center
Packdaten Lagerung ATP SNP 1 SNP 2 Bedarf Losgröße
Bedarfsprofil
Bedarfsprofil
Bedarfsstrategie Pegging Verfügbare Bestände Kundenprognose
Vorschlagsstrategie 30 VORPLANUNG OHNE ENDMONTAGE
Sekundärbedarfe
immer Sammelbedarf
Periodenprofil
evtl. Kundeneinzelbedarf
Verrechnung
Verrechnungsmodus 2
VerInt Rückwärts 30
VerInt Vorwärts 50
Aggr. VorplanVerr.
Baugruppenvorplanung
Verrechnungsgruppe
Propagierung deskr. Merkmalsw.

Abbildung 16.43 Vorplanungsparameter in SAP APO

16.4.2 ATP-Simulation mit Vorplanung

Ausgehend von diesen Vorplanungsparametern und den Prognosen in Abbildung 16.40 simulieren wir die Verfügbarkeitsprüfung für das Beispielprodukt (siehe Abbildung 16.44 und Abschnitt 16.2.5).

APO: Verfügbarkeitsprüfung - Bestätigung (Kundenauftrag)
Prüfvorschrift
Vorplanung
Produkt R-1000
Maxitec-R 375 Personal Computer
Distributionszentr... 2400
Milano Distribution Center
Wunschtermin 16.03.2021 12:00
Offene Menge 15 ST
Einteilungsübersicht
MBDAT MBZT Bestätigte Menge Ein. Voll Bestätigte Men... Vor.
16.03.2021 12:0... 10 10
01.04.2021 00:0... 5 15
Gült./Herk.

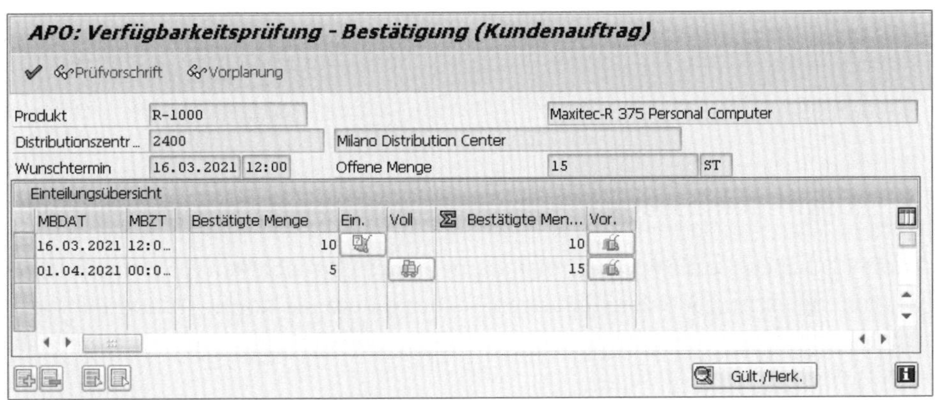

Abbildung 16.44 Verfügbarkeitsprüfung gegen Vorplanung

Abbildung 16.44 zeigt die ATP-Simulation für das Produkt R-1000 gegen die Lokation 2400. Für diese Lokation existieren für zukünftige Perioden ab 03/2021 Planprimärbedarfe von jeweils zehn Einheiten. Trotz des Verrechnungsmodus 2 kann das System daher lediglich eine Vorwärtsverrechnung vornehmen. Ausgehend vom Wunschtermin des Kunden verteilt sich damit die Bedarfsmenge von 15 Einheiten auf die aktuelle Periode 03/2021 und die zukünftige Periode 04/2021 (siehe Abbildung 16.45).

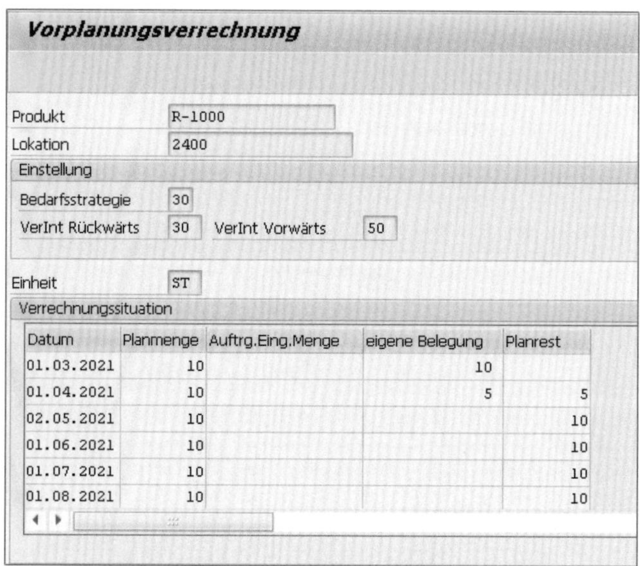

Datum	Planmenge	Auftrg.Eing.Menge	eigene Belegung	Planrest
01.03.2021	10		10	
01.04.2021	10		5	5
02.05.2021	10			10
01.06.2021	10			10
01.07.2021	10			10
01.08.2021	10			10

Abbildung 16.45 Vorplanungsverrechnung

Das Ergebnis der ATP-Simulation mit der Verrechnung gegen die Prognosemengen der zukünftigen Perioden sehen Sie in Abbildung 16.45. Da die angefragte Menge nicht komplett für die Periode 03/2021 bestätigt werden konnte, wurde die Restmenge von fünf Einheiten gegen den Planprimärbedarf für Periode 04/2021 verrechnet. In dieser Periode stehen für weitere Prüfungen noch fünf Einheiten als **Planrest** zur Verfügung.

16.5 Zusammenfassung

In Kapitel 15 haben Sie die wichtigsten Parameter der Verfügbarkeitsprüfung mit SAP APO kennengelernt. Diese Einstellungen, insbesondere die Konfiguration der Prüfvorschrift, steuern den Einsatz der Basismethoden und die Prüfung mit den erweiterten Methoden von SAP APO.

In diesem Kapitel haben wir Ihnen anhand von Beispielen den Einsatz und das Ergebnis einer Verfügbarkeitsprüfung mit den drei Basismethoden erläutert: Produktverfügbarkeitsprüfung, Kontingentierung und Prüfung gegen die Vorplanung. Neben dem betriebswirtschaftlichen Kontext, dem jeweiligen Einsatzgebiet und den Vor- und Nachteilen haben Sie dabei die wichtigsten Systemeinstellungen kennengelernt.

Die Grundfunktionen der Basismethoden in SAP APO stehen Ihnen auch in SAP ERP bzw. SAP S/4HANA zur Verfügung. Die Kombination von Basismethoden und die regelbasierte Verfügbarkeitsprüfung sind ausschließlich mit SAP APO möglich. Wir erläutern Ihnen im nächsten Kapitel die erweiterten Prüfmethoden in SAP APO und gehen dabei auch auf die Streckenabwicklung ein.

Kapitel 17
Erweiterte Prüfmethoden in SAP APO

Die erweiterten Prüfmethoden stellen einen wesentlichen Vorteil der ATP-Prüfung in SAP APO dar. Sie können Basismethoden kombinieren, regelbasiert prüfen, Produktionsmöglichkeiten abfragen und Lieferanten direkt beauftragen.

Durch die erweiterten Prüfmethoden der Verfügbarkeitsprüfung unterscheidet sich die gATP-Prüfung in SAP APO signifikant von der Funktionalität der Verfügbarkeitsprüfung in SAP ERP (sowie auch SAP S/4HANA). Sind die Basismethoden der gATP-Prüfung in ähnlichem Umfang auch in SAP ERP zu finden, stellen die erweiterten Prüfmethoden eine deutliche Weiterentwicklung der Prüfmöglichkeiten dar.

Zu den erweiterten Prüfmethoden in SAP APO zählen die Möglichkeiten, die Basismethoden miteinander zu kombinieren, eine regelbasierte Verfügbarkeitsprüfung mit einer Produkt- oder Lokationsersetzung durchzuführen sowie Fehlmengen auf eine Produktionsmöglichkeit hin zu überprüfen und gegebenenfalls auf einen Lieferanten auszuweichen (Streckengeschäft). Diesen erweiterten Prüfmethoden ist das vorliegende Kapitel gewidmet.

17.1 Kombination von Basismethoden

In Kapitel 16, »Prüfmethoden in SAP APO«, haben Sie die verschiedenen Basismethoden der Verfügbarkeitsprüfung in SAP APO kennengelernt. Dies waren die Produktverfügbarkeitsprüfung, die Kontingentierung und die Prüfung gegen die Vorplanung. Dabei wurde auch schon grundsätzlich auf die Möglichkeit hingewiesen, diese drei Basismethoden miteinander zu kombinieren, um eine zusätzliche Absicherung Ihres Verfügbarkeitsprüfergebnisses zu erzielen. Sie möchten z. B. im Rahmen der Bestätigung an den Kunden nicht nur sicherstellen, dass das gewünschte Produkt im Bestand verfügbar ist, sondern gleichzeitig auch noch überprüfen, ob für die Verkaufsorganisation, in der der Kunde bestellt hat, noch ausreichend Kontingentmengen vorliegen. Nur wenn beides erfüllt ist, kann die volle Menge an den Kunden bestätigt werden. Diese Kombination der Basismethoden soll in diesem Abschnitt näher erläutert werden.

17.1.1 Einstellungen in der Prüfvorschrift

Grundlage für die Kombination der Basismethoden ist die Prüfvorschrift. In ihr wird festgelegt, ob und wie die Basismethoden miteinander kombiniert werden sollen.

In den Einstellungen in Abbildung 17.1 sehen Sie, dass bei der Prüfung zuerst eine Produktverfügbarkeitsprüfung stattfindet, also eine Prüfung gegen die kumulierte ATP-Menge, die durch den Prüfumfang festgelegt wurde. Anschließend wird eine Kontingentierungsprüfung durchgeführt.

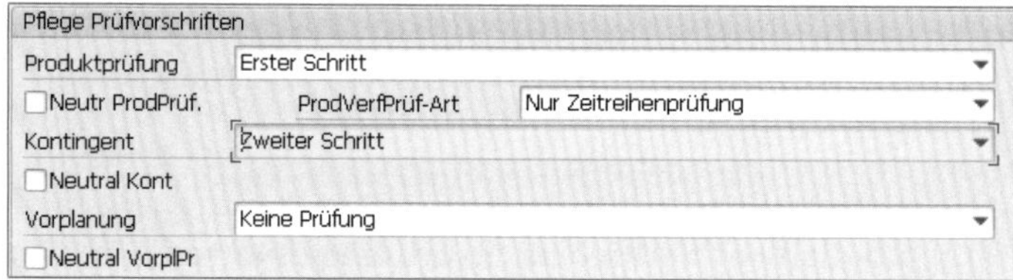
Pflege Prüfvorschriften
Produktprüfung: Erster Schritt
Neutr ProdPrüf. – ProdVerfPrüf-Art: Nur Zeitreihenprüfung
Kontingent: Zweiter Schritt
Neutral Kont
Vorplanung: Keine Prüfung
Neutral VorplPr

Abbildung 17.1 Kombination von Basismethoden über die Prüfvorschrift

Nehmen wir nun an, dass der Kunde eine Gesamtmenge von 100 Stück von Produkt A bestellt, könnte das Ergebnis dieses ersten Prüfschrittes sein, dass nur noch 55 Stück bestätigt werden können (siehe Abbildung 17.2).

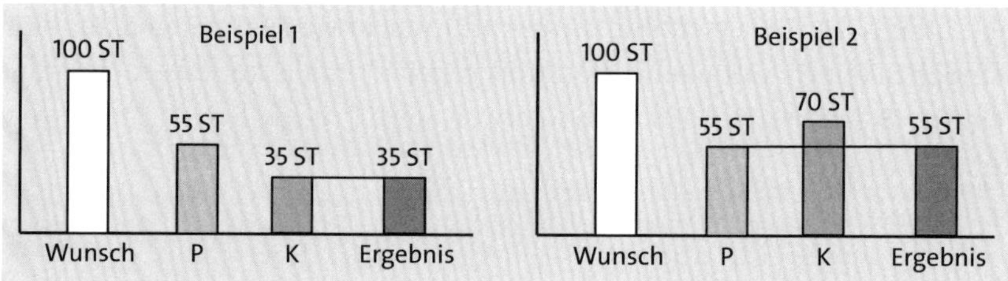

Abbildung 17.2 Beispiele für die Kombination von Basismethoden mit der Kontingentierung als zweitem Schritt (P = Produktverfügbarkeit, K = Kontingentierung)

Das bedeutet, dass im zweiten Schritt der Kontingentierung theoretisch auch nur noch geschaut werden muss, ob diese 55 Stück durch ein entsprechendes Kontingent abgedeckt sind. Sollte der Kunde nur noch über ein Kontingent in Höhe von 35 Stück verfügen, wird ihm am Ende eine Menge von 35 Stück bestätigt (Beispiel 1). Sollte er hingegen über ein Kontingent in Höhe von 70 Stück verfügen, würde die ihm bestätigte Menge dennoch durch den Produktverfügbarkeitsschritt begrenzt, und er erhielte eine Bestätigung in Höhe von 55 Stück (Beispiel 2).

Wir betrachten den umgekehrten Fall, also eine Kontingentierung im ersten Schritt und eine Produktverfügbarkeitsprüfung im zweiten Schritt. Hier wird zuerst geprüft, ob die gewünschten 100 Stück durch ein entsprechendes Kundenkontingent abgedeckt sind (siehe Abbildung 17.3).

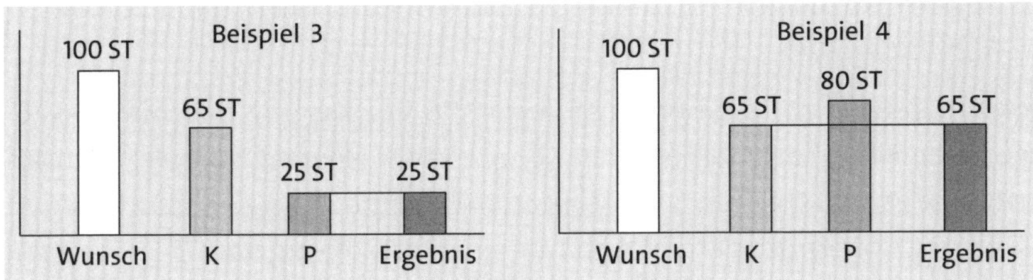

Abbildung 17.3 Beispiele für die Kombination von Basismethoden mit der Kontingentierung als erstem Schritt (P = Produktverfügbarkeit, K = Kontingentierung)

Angenommen, der Kunde verfügt nur noch über ein Kontingent von 65 Stück, muss theoretisch im nächsten Schritt nur noch überprüft werden, ob diese 65 Stück im Bestand vorhanden sind. Sollten nur noch 25 Stück verfügbar sein, wird auch nur eine Menge von 25 Stück bestätigt, unabhängig davon, dass ihm laut Kontingent eigentlich mehr zusteht (siehe Beispiel 3). Sind hingegen noch 80 Stück im Bestand verfügbar, werden dem Kunden dennoch nur die aus dem ersten Schritt bestätigten 65 Stück zurückgemeldet (siehe Beispiel 4).

17.1.2 Kontingentierung mit Vorwärtsverrechnung

Eine kleine Besonderheit ergibt sich bei der Verwendung der Vorwärtsverrechnung in der Kontingentierung. Wenn wir Beispiel 4 dahingehend abwandeln, dass dem Kunden in der aktuellen Periode, wie dargestellt, 65 Stück zur Verfügung stehen und in der nächsten Periode noch einmal 50 Stück, wäre die Produktverfügbarkeitsprüfung mit 80 Stück die begrenzende Menge. Die Bestätigung müsste allerdings auf zwei Einteilungen, also zwei Termine, aufgeteilt werden, da eine Vorabverwendung (vor der eigentlichen Fälligkeit) von Kontingentmengen nicht zulässig ist. In der aktuellen Periode würden dem Kunden also 65 Stück bestätigt und in der kommenden Periode nochmals 15 Stück.

Hinweis zu den Abbildung 17.2 und Abbildung 17.3

Die gezeigten Beispiele gehen immer von einer Produktverfügbarkeit im Bestand aus. Natürlich können Sie auch in der Kombination der Basismethoden eine Produktverfügbarkeitsprüfung gegen die geplanten Zugänge durchführen und so Einteilungen zu späteren Terminen erhalten. Dies muss dann in den Kontingentbelegungen entsprechend berücksichtigt werden.

17.1.3 Kennzeichen für die neutrale Prüfung

In Verbindung mit dem Kennzeichen für die neutrale Prüfung in der Prüfvorschrift ergeben sich weitere Möglichkeiten, um die Basismethoden miteinander zu kombinieren (siehe Abbildung 17.4).

Sie könnten im ersten Schritt eine Prüfung gegen die Vorplanung durchführen, jedoch mit neutraler Bewertung (aktiviertes Kennzeichen **Neutral VorplPr**), und im zweiten Schritt eine Produktprüfung. Wünscht sich der Kunde nun z. B. 120 Stück und aus der Prüfung der Vorplanung ergibt sich nur eine Bestätigung von 75 Stück, können dem Kunden dennoch alle 120 Stück bestätigt werden, wenn die Produktverfügbarkeitsprüfung die gesamte Menge erfolgreich bestätigt. Über die fehlende Menge aus dem Vorplanungsprüfschritt wird der Anwender durch eine zu bestätigende Meldung informiert.

Führen Sie z. B. die Kontingentprüfung als neutrale Prüfung aus (aktiviertes Kennzeichen **Neutral Kont**), stellt dieser Schritt keine Einschränkung dar. Das Kontingent wird dennoch belegt, und es entsteht eine Unterdeckung in der Kontingentierung.

Abbildung 17.4 Kombination von Basismethoden inklusive neutraler Prüfung

17.1.4 Reihenfolge der Basismethoden

Schließlich ist noch die Reihenfolge, in der die Basismethoden kombiniert werden, von Interesse, wenn im Rahmen der Verfügbarkeitsprüfung eine Weitergabe der Fehlmengen an die Produktion stattfinden soll (siehe Abbildung 17.5).

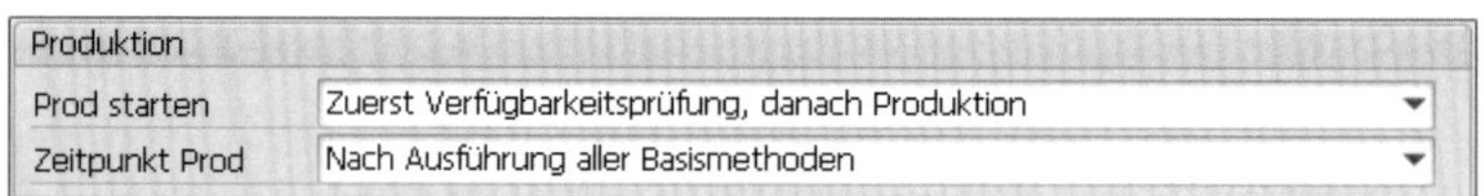

Abbildung 17.5 Einfluss der Basismethoden auf den Start der Produktion

Ist für den Zeitpunkt der Produktion (Feld **Zeitpunkt Prod**) der Wert **Nach Ausführung aller Basismethoden** eingestellt, ist die Reihenfolge der Basismethoden nicht von Relevanz. Denn es wird die Menge in die Produktion eingesteuert, die nach der gesamten Verfügbarkeitsprüfung noch offen ist.

Wird hingegen der Wert **Nach Ausführung der Produktverfügbarkeitsprüfung** eingestellt, hat die Reihenfolge der Basismethoden sehr wohl Einfluss auf die zu produzierende Menge. Dies soll anhand von zwei weiteren Beispielen verdeutlicht werden, bei denen wir von einem Kundenauftrag in Höhe von 200 Stück ausgehen.

Ist die Produktverfügbarkeitsprüfung der erste Schritt und die Kontingentierung der zweite Schritt in der Prüfvorschrift, ergibt sich folgendes Bild (siehe Abbildung 17.6):

- In der Produktverfügbarkeitsprüfung können 135 Stück bestätigt werden.
- In der Kontingentierung können 90 Stück bestätigt werden.
- Nach der Ausführung aller Basismethoden müssen 110 Stück (*200 Stück – 90 Stück*) produziert werden.
- Nach der Ausführung der Produktverfügbarkeitsprüfung müssen jedoch nur 65 Stück (*200 Stück – 135 Stück*) produziert werden.

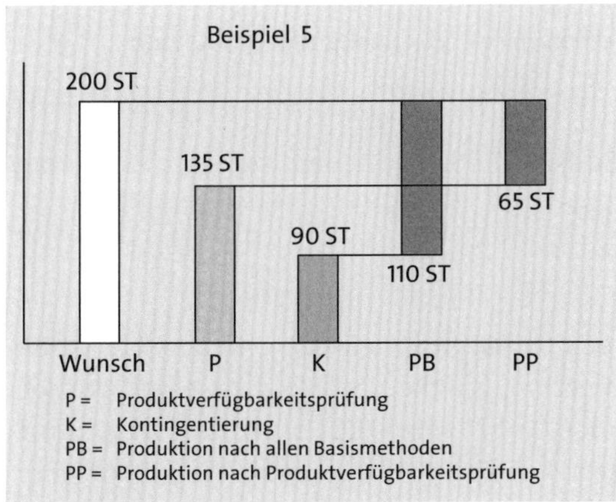

Abbildung 17.6 Kombination der Basismethoden mit anschließender Produktion bei der Kontingentierung als zweitem Schritt

Ist hingegen die Kontingentierung der erste Schritt und die Produktverfügbarkeitsprüfung der zweite Schritt der Prüfvorschrift, ändert sich das Verhalten wie folgt (siehe Abbildung 17.7):

- In der Kontingentierung können 90 Stück bestätigt werden.
- In der Produktverfügbarkeitsprüfung können 135 Stück bestätigt werden.
- Nach der Ausführung aller Basismethoden müssen 110 Stück (*200 Stück – 90 Stück*) produziert werden.
- Nach der Ausführung der Produktverfügbarkeitsprüfung muss gar nichts produziert werden (*90 Stück – 135 Stück* ergibt eine negative Menge, also einen ausreichenden Bestand).

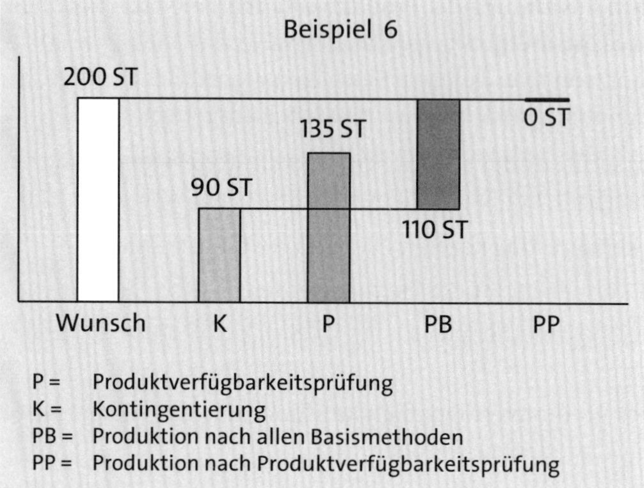

Abbildung 17.7 Kombination der Basismethoden mit anschließender Produktion bei der Kontingentierung als erstem Schritt

Somit kann über die Reihenfolge der Basismethoden gesteuert werden, welche Mengen tatsächlich produziert werden müssen.

Zusammenfassung

Die Kombination der Basismethoden erlaubt die gleichzeitige Verwendung aller drei Basismethoden. Sie nutzen die Kombination, um die Verfügbarkeit einer Wunschmenge auf mehrere Arten zu überprüfen. Dabei spielt die Reihenfolge des Aufrufs eine Rolle, wenn Sie unbestätigte Mengen zur Überprüfung in eine Produktion übergeben möchten. Die Nutzung der neutralen Prüfung erlaubt das Übersteuern einer Basismethode, sollte jedoch nur dann eingesetzt werden, wenn auf manuellem Wege sichergestellt wird, dass die fehlende Menge beschafft oder produziert werden kann.

17.2 Regelbasierte Verfügbarkeitsprüfung

Die regelbasierte Verfügbarkeitsprüfung ermöglicht es Ihnen, über die eigentliche Verfügbarkeitsprüfung hinaus auch nach alternativen Produkten, nach alternativen Lokationen oder nach alternativen Produktions- und Beschaffungsmöglichkeiten zu suchen. Darüber hinaus können Sie im Fall einer alternativen Verfügbarkeit festlegen, ob das Produkt direkt zum Kunden befördert wird oder erst zu seiner Wunschlokation umgelagert werden muss bzw. in einer dritten Lokation konsolidiert wird.

Grundlage der regelbasierten Verfügbarkeitsprüfung sind die ATP-Regeln, die Sie mithilfe der Konditionstechnik sehr fein ansteuern können:

- So könnten Sie anhand der Kundengruppierung festlegen, in welchen alternativen Lokationen nach Bestand gesucht werden soll. Zum Beispiel dürften EU-Kunden aus den Lokationen 1000, 2000 und 3000 bedient werden, während Nicht-EU-Kunden nur aus den Lokationen 1000 und 4000 beliefert werden.
- Alternativ Sie legen fest, dass nur im Falle eines hoch priorisierten Kundenauftrags eine Ersetzung von Produkt B durch das ältere Produkt A zulässig ist. In allen anderen Fällen dürfte nur Produkt A (alt) durch Produkt B (neu) ersetzt werden.

Der Aufbau der regelbasierten Verfügbarkeitsprüfung teilt sich im Wesentlichen in zwei Teile auf, die *integrierte Regelpflege* und die *Regelfindung* (siehe Abbildung 17.8).

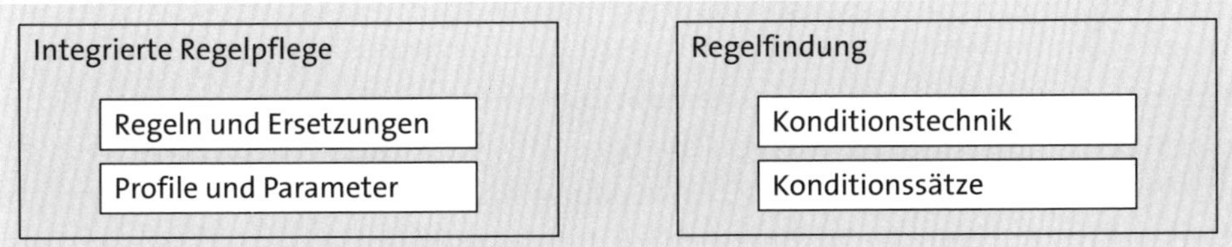

Abbildung 17.8 Aufbau der regelbasierten ATP-Prüfung

In der integrierten Regelpflege wird festgelegt, wie eine Regel aussieht, was also während der Verfügbarkeitsprüfung geschieht. In der Regelfindung wird hingegen festgelegt, unter welchen Bedingungen diese definierte Regel ausgeführt wird. 17

Der Übersichtlichkeit halber stellen wir zuerst die komplette integrierte Regelpflege vor und anschließend die Regelfindung, auch wenn es an der einen oder anderen Stelle zu Abhängigkeiten kommt. Das Zusammenspiel der beiden Teile wird abschließend in einem ausführlichen Beispiel demonstriert. Zusätzlich gehen wir noch auf die Möglichkeit der Verwendung von Austauschbarkeitsstammdaten während der regelbasierten Verfügbarkeitsprüfung ein.

17.2.1 Integrierte Regelpflege

Die integrierte Regelpflege erreichen Sie im SAP-Menü über den Pfad **Advanced Planning and Optimization • Stammdaten • Regelpflege • integrierte Regelpflege** oder über Transaktion /SAPAPO/RBA04.

In der integrierten Regelpflege werden alle Regeln definiert, die während der regelbasierten Verfügbarkeitsprüfung ausgeführt werden können. Die im Rahmen der regelbasierten Verfügbarkeitsprüfung verwendeten Regeln sind modular aufgebaut und bestehen aus mehreren Elementen (siehe Abbildung 17.9).

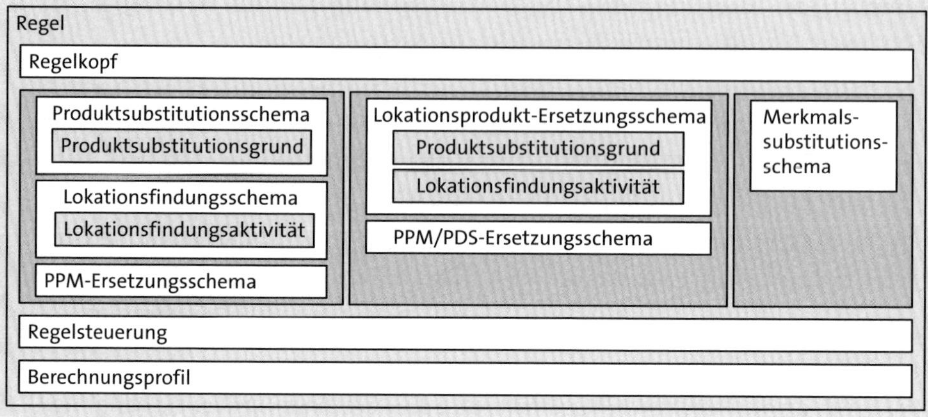

Abbildung 17.9 Aufbau einer Regel

Der modulare Aufbau erleichtert die zum Teil umfangreiche Pflege der verschiedenen Regeln. So könnten Sie zwei verschiedene Regelsteuerungen definieren, die dann in z. B. fünf verschiedenen Regeln Anwendung finden. Die verschiedenen Komponenten einer Regel sollen im Einzelnen vorgestellt werden.

Regelkopf

Jede Regel enthält als zwingend notwendigen Bestandteil einige grundlegende Einstellungen. Diesen Teil der Regel bezeichnen wir in den folgenden Kapiteln als Regelkopf. Dort wird zuallererst der Regeltyp der verwendeten Regel festgelegt (siehe Abbildung 17.10).

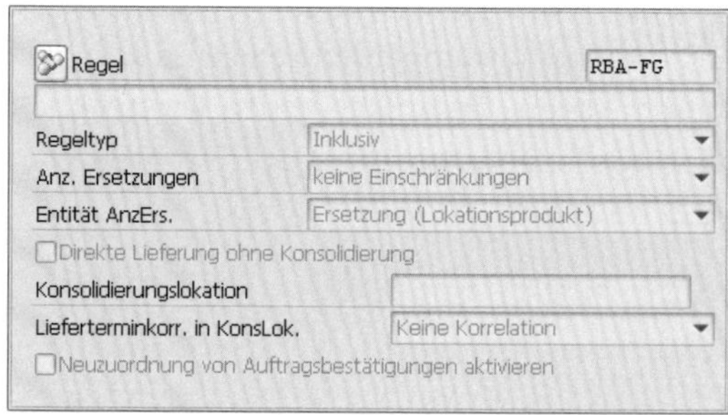

Abbildung 17.10 Regelkopf

Folgende Regeltypen können dabei ausgewählt werden:

- **Inklusive Regeln**
  Der inklusive Regeltyp ist der am häufigsten verwendete Regeltyp. Alle im Rahmen dieser Regelauswertung gefundenen Lokationen und/oder Produkte werden während der Verfügbarkeitsprüfung berücksichtigt.

Nach Auswahl des inklusiven Regeltyps stehen weitere Parameter in der Pflege des Regelkopfes zur Verfügung, mit denen die Auswertung der Regel beeinflusst wird.

- **Parameter »Anzahl Ersetzungen«**
  Sie entscheiden bei dem Parameter **Anz. Ersetzungen**, ob Sie die Wunschmenge uneingeschränkt auf mehrere Ersetzungen aufteilen möchten oder ob als Ergebnis genau eine Ersetzung entstehen darf.
- **Parameter »Entität Anzahl Ersetzungen«**
  In Kombination mit dem Parameter **Entität AnzErs** legen Sie fest, ob sich die Einschränkung auf die Produkt-/Lokationskombination (nur ein Produkt aus einer Lokation) bezieht oder nur auf die Lokationen (ein bis mehrere Produkte aus einer Lokation). Der Parameter **Entität AnzErs** ist nur wirksam, wenn im Feld **Anz. Ersetzungen** der Wert **nur eine Ersetzung** ausgewählt wurde.

[zB]

Parameter »Entität Anz. Ersetzungen«

Ihre Wunschmenge beträgt 10 Stück von Produkt A in Lokation 1000. Aufgrund der zulässigen Produkt- und Lokationsersetzungen nehmen wir an, dass die regelbasierte Verfügbarkeitsprüfung ohne weitere Einschränkungen z. B. zu folgendem Ergebnis käme:

- Produkt A Lokation 1000: 2 Stück
- Produkt B Lokation 1000: 1 Stück
- Produkt A Lokation 2000: 2 Stück
- Produkt C Lokation 2000: 3 Stück
- Produkt A Lokation 3000: 2 Stück

Wählen Sie nun im Feld **Anz. Ersetzungen** den Wert **nur eine Ersetzung**, und wählen Sie im Feld **Entität AnzErs.** die Option **Ersetzung (Lokationsprodukt)**, darf das Ergebnis nur genau ein Produkt in einer Lokation enthalten. So sähe das Ergebnis folgendermaßen aus:

- Produkt A Lokation 3000: 10 Stück

Hierbei nehmen wir an, dass von Produkt A in Lokation 3000 genug Bestand vorhanden ist.

Wählen Sie hingegen im Feld **Entität AnzErs.** den Wert **Lokation**, darf das Ergebnis mehrere Produkte enthalten. Diese müssen allerdings alle aus einer Lokation stammen. Wenn wir annehmen, dass von Produkt A in Lokation 3000 nicht genug Bestand vorhanden ist, dort jedoch auch noch Produkt B lagert, könnte das Ergebnis folgendermaßen aussehen:

- Produkt A Lokation 3000: 7 Stück
- Produkt B Lokation 3000: 3 Stück

Die Teilbestände in den Lokationen 1000 und 2000 würden nicht berücksichtigt.

Sollte die Situation eintreten, dass in keiner Lokation die volle Menge bestätigt werden kann, wird am Ende der Regel überhaupt nichts bestätigt. Teilbestätigungen sind bei einer Einschränkung der Anzahl der Ersetzungen nicht zulässig.

Wählen Sie im Feld **Entität AnzErs.** den Wert **nicht definiert** bei gleichzeitiger Einschränkung der Anzahl der Ersetzungen, wird die Entität der zuvor ausgewerteten Regel verwendet. Gibt es keine vorherige Regel oder ist in ihr keine Entität definiert, ist die Einschränkung der Anzahl der Ersetzungen unwirksam.

Informationen zur Konsolidierung

Die Parameter rund um die Konsolidierung in einer Konsolidierungslokation werden in Kapitel 18 bei den Zusatzfunktionen der Verfügbarkeitsprüfung vorgestellt. Dies betrifft die folgenden Parameter:

- direkte Lieferung ohne Konsolidierung
- Konsolidierungslokation
- Lieferterminkorrelation in Konsolidierungslokation

Das Kennzeichen **Neuzuordnung von Auftragsbestätigungen aktivieren** wird als Bestandteil der ereignisgesteuerten Mengenzuordnung in Kapitel 20 erläutert.

- **Exklusive Regeln**
  Neben den inklusiven Regeln gibt es auch exklusive Regeln. Exklusive Regeln sind nur in Kombination mit einer oder mehreren inklusiven Regeln sinnvoll. In einer exklusiven Regel gefundene Ersetzungen dienen dazu, die in den inklusiven Regeln gefundenen Ersetzungen zu reduzieren.

Exklusive und inklusive Regeln

Sie definieren eine exklusive Regel, die die Lokation 2000 enthält. Gleichzeitig existiert eine inklusive Regel, die die Lokationen 1000, 2000 und 3000 enthält. Werden nun sowohl die exklusive als auch die inklusive Regel gefunden, bleibt nach der Auswertung beider Regeln eine gültige Lokationsliste zurück, die die Lokationen 1000 und 3000 enthält. Nur dort dürfen Mengen im Rahmen der Verfügbarkeitsprüfung bestätigt werden.

Arbeiten Sie mit Gültigkeitszeiträumen innerhalb der Regeln, lässt sich auf diese Weise auch eine temporäre Werksschließung modellieren. Wenn Sie in der exklusiven Regel in unserem Beispiel angeben, dass die enthaltene Lokation 2000 nur im August 2012 gültig ist, wird die Lokation 2000 nur für diesen einen Monat aus der Lokationsliste eliminiert. In allen anderen Monaten bleibt sie Bestandteil der Ergebnisliste.

Diese Beispiele ließen sich auch mit Produkten konstruieren, für die exklusive Regeln ebenfalls möglich sind.

- **Alternative Regeln**
  Zusätzlich zu den inklusiven und exklusiven Regeln gibt es alternative Regeln. Mithilfe von alternativen Regeln können Sie alternative Lokationen bestimmen. Diese Lokationen ersetzen dann die in einer exklusiven Regel ausgeschlossenen Lokationen. Angewandt auf unser Beispiel der exklusiven Regeln sieht das wie in Abbildung 17.11 dargestellt aus.

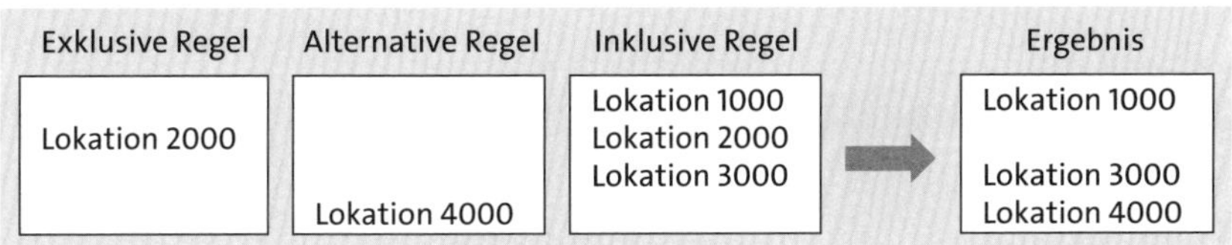

Abbildung 17.11 Auswertung von alternativen Regeln

  Die Lokation 4000 aus der alternativen Regel ersetzt die Lokation 2000 aus der exklusiven Regel und erscheint in der Ergebnisliste.

  Anders als bei exklusiven Regeln lassen sich alternative Regeln nur auf Lokationen, nicht jedoch auf Produkte anwenden.

- **Mehrpositionen-Einzellieferlokation**
  Außer den drei gerade vorgestellten Regeltypen gibt es noch den Regeltyp **Mehrpositionen-Einzellieferlokation**. Die damit verbundene Funktionalität soll jedoch, wie die Konsolidierungsfunktionalität, separat als Zusatzfunktion in Kapitel 18 vorgestellt werden.

Damit ist die Erläuterung des Regelkopfes abgeschlossen, und wir wenden uns nun den einzelnen Bestandteilen einer Regel zu.

Regelbestandteile

Die Regelbestandteile werden in der integrierten Regelpflege separat definiert und anschließend einer Regel zugeordnet. Wir möchten uns zuerst der Definition zuwenden.

Produktsubstitutionsschema

Mithilfe des Produktsubstitutionsschemas legen Sie fest, welche alternativen Produkte für Ihr Wunschprodukt verwendet werden können. Hierbei müssen Sie, wie auch beim Regelkopf, zuerst einen Typ festlegen. Folgende Ersetzungstypen werden aktuell vom System unterstützt:

- Ersetzungskette
- Netzplan
- Fächer

Die *Ersetzungskette* ist dabei der am häufigsten verwendete Ersetzungstyp. Hier werden alternative Produkte in serieller Struktur an das Wunschprodukt angehängt. Um nicht für jede Ersetzung von Produkten ein eigenes Produktsubstitutionsschema (und in letzter Konsequenz eine eigene Regel) anlegen zu müssen, können innerhalb eines Produktsubstitutionsschemas mehrere Ersetzungsgruppen angelegt werden, die unabhängig voneinander ausgewertet werden. Die ganze Logik soll anhand eines Beispiels verdeutlicht werden (siehe Abbildung 17.12).

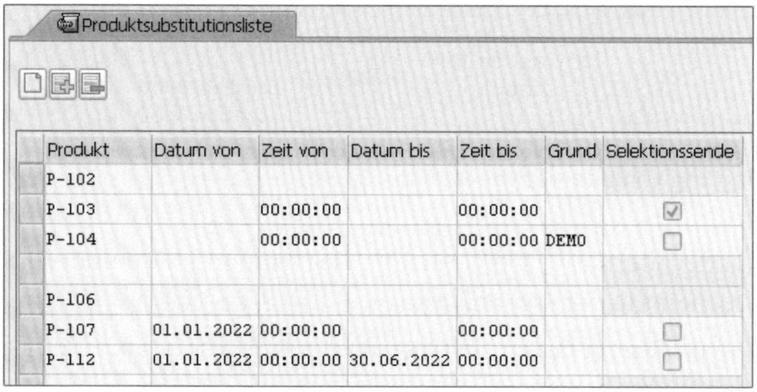

Produktsubstitutionsliste

Produkt	Datum von	Zeit von	Datum bis	Zeit bis	Grund	Selektionsende
P-102						
P-103		00:00:00		00:00:00		☑
P-104		00:00:00		00:00:00	DEMO	☐
P-106						
P-107	01.01.2022	00:00:00		00:00:00		☐
P-112	01.01.2022	00:00:00	30.06.2022	00:00:00		☐

Abbildung 17.12 Produktsubstitutionsschema vom Typ »Ersetzungskette«

Im Produktsubstitutionsschema aus Abbildung 17.12 wird das Produkt P-102 durch die Produkte P-103 und P-104 ersetzt. Diese drei Produkte bilden zusammen eine Ersetzungsgruppe. Außerdem wird das Produkt P-106 durch die Produkte P-107 und P-112 ersetzt. Auch diese drei Produkte bilden eine Ersetzungsgruppe. Eine ersetzungsgruppenübergreifende Ersetzung ist nicht möglich. So ist das Produkt P-107 z. B. kein gültiges Ersetzungsprodukt für die Produkte P-102, P-103 und P-104.

Die Frage, welche Produkte innerhalb einer Ersetzungsgruppe in welcher Reihenfolge durcheinander ersetzbar sind, wird primär durch die Zugriffsstrategie in der Regelsteuerung in Kombination mit dem Kennzeichen **Selektionsende** gesteuert (siehe Abbildung 17.12). Eine Erläuterung hierzu finden Sie im Abschnitt »Regelsteuerung«.

Neben der reinen Festlegung der alternativen Produkte können auch Gültigkeitsdaten hinterlegt werden. In Abbildung 17.12 sind in den Datumsfeldern hinter den Produkten P-103 und P-104 keine Eintragungen vorgenommen worden. Somit sind diese Ersetzungen unmittelbar und unbeschränkt gültig. Hinter dem Produkt P-107 ist hingegen das Feld **Datum von** gefüllt, es steht als Ersatzprodukt ab dem 01.01.2022 unbeschränkt zur Verfügung. P-112 ist zwar hingegen auch ab dem 01.01.2022 gültig, jedoch nur bis zum 30.06.2022, da hier auch das Feld **Datum bis** gefüllt wurde. Zur Überprüfung der Gültigkeitszeiträume wird das von der Transport- und Versandterminierung ermittelte Materialbereitstellungsdatum verwendet und nicht etwa das Wunschlieferdatum des Kunden.

Zusätzlich zu den Gültigkeitsdaten kann auch noch ein Substitutionsgrund hinterlegt werden, also eine Erläuterung für die Ersetzung. In unserem Beispiel ist hinter dem Produkt P-104 der Wert **DEMO** hinterlegt. Den Langtext zu diesem Produktsubstitutionsgrund können Sie in der integrierten Regelpflege bei den Profilen und Parametern einsehen. Dieser Grund hat rein informativen Charakter und steuert keine weitere Funktionalität.

Wenn dieser Produktsubstitutionsgrund mit dem Ergebnis an den Auftrag ins OLTP-System zurückübertragen werden soll, müssen Sie sicherstellen, dass die Gründe im dortigen Customizing mit exakt den gleichen Werten ebenfalls angelegt wurden. Im ERP-System geschieht das im Customizing über den Pfad **Vertrieb • Grundfunktionen • Materialfindung • Substitutionsgründe definieren** oder über Transaktion OVRQ.

Der zweite Typ für ein Produktsubstitutionsschema ist der Netzplan. Anders als in der seriellen Ersetzungskette ist beim Netzplan eine freie Findung von Ersetzungen möglich, was eine flexiblere Pflege ermöglicht.

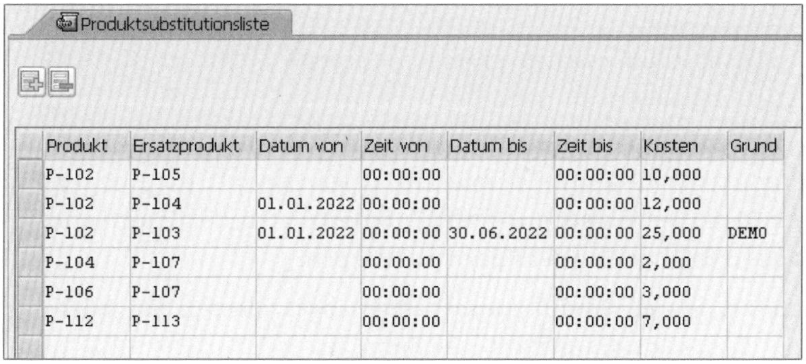

Produktsubstitutionsliste

Produkt	Ersatzprodukt	Datum von	Zeit von	Datum bis	Zeit bis	Kosten	Grund
P-102	P-105		00:00:00		00:00:00	10,000	
P-102	P-104	01.01.2022	00:00:00		00:00:00	12,000	
P-102	P-103	01.01.2022	00:00:00	30.06.2022	00:00:00	25,000	DEMO
P-104	P-107		00:00:00		00:00:00	2,000	
P-106	P-107		00:00:00		00:00:00	3,000	
P-112	P-113		00:00:00		00:00:00	7,000	

Abbildung 17.13 Produktsubstitutionsschema vom Typ »Netzplan«

So sind im Beispiel in Abbildung 17.13 dem Produkt P-102 drei verschiedene Ersatzprodukte zugewiesen. Das Produkt P-107 wird wiederum von zwei verschiedenen Ausgangsprodukten als Ersatzprodukt verwendet, und das Produkt P-112 wird durch Produkt P-113 ersetzt. Insbesondere bei den Ersatzprodukten für Produkt P-102 wird ersichtlich, welche Rolle die fiktiven Kosten spielen, die den jeweiligen Ersetzungspaaren zugewiesen werden können. Sie haben die Aufgabe einer Priorisierung und weisen die Ersatzprodukte in der Reihenfolge P-105, P-104 und P-103 zu. Durch einfaches Ändern der Kosten kann diese Reihenfolge (z. B. aufgrund von Engpässen) kurzfristig angepasst werden.

Wie bei der Ersetzungskette können auch beim Netzplan über die Felder **Datum von** und **Datum bis** Gültigkeitsdaten hinterlegt werden. Und auch die Zuweisung eines Substitutionsgrundes ist analog der Ersetzungskette möglich.

Zu guter Letzt gibt es noch das Produktsubstitutionsschema vom Typ **Fächer** (siehe Abbildung 17.14). Der Fächer ist auf eine einstufige Findung ausgelegt und arbeitet wie der Netzplan mit den fiktiven Kosten zur Priorisierung, was auch in diesem Fall eine flexible Umsortierung der Reihenfolge ermöglicht.

Produktsubstitutionsliste

Produkt	Ersatzprodukt	Datum von	Zeit von	Datum bis	Zeit bis	Kosten	Grund
P-102	P-103		00:00:00		00:00:00	3,000	
	P-105		00:00:00		00:00:00	4,000	
	P-107		00:00:00		00:00:00	5,000	
	P-104		00:00:00		00:00:00	7,000	
	P-106		00:00:00		00:00:00	8,000	
P-112	P-113	01.01.2022	00:00:00		00:00:00	0,000	DEMO
	P-114	01.01.2022	00:00:00	30.06.2022	00:00:00	0,000	
	P-115		00:00:00	30.06.2022	00:00:00	0,000	

Abbildung 17.14 Produktsubstitutionsschema vom Typ »Fächer«

Einstufige Findung bedeutet im Beispiel von Abbildung 17.14, dass das Ersatzprodukt P-103 in diesem Produktsubstitutionsschema kein Ausgangspunkt für eine weitere Ersetzung mehr sein kann. Die Verwendung der Gültigkeitsdaten, der Kosten und des Substitutionsgrundes erfolgt analog der Pflege im Netzplan.

Somit ist die Erläuterung des Produktionsschemas abgeschlossen. Im nächsten Schritt schauen wir uns das Lokationsfindungsschema an.

Lokationsfindungsschema

Mithilfe des Lokationsfindungsschemas legen Sie fest, welche Ersatzlokationen Sie für Ihre Originallokation verwenden dürfen. Dabei gibt es, wie beim Produktsubstitutionsschema, auch beim Lokationsfindungsschema einen festzulegenden Typ. Neben den schon bekannten Typen **Ersetzungskette**, **Netzplan** und **Fächer** gibt es im Rahmen der Lokationsersetzung die beiden Typen **Liste** und **Alternative**.

Die Ersetzungskette, der Netzplan und der Fächer unterscheiden sich im Aufbau nicht von den entsprechenden Typen des Produktsubstitutionsschemas (siehe das Lokationsfindungsschema in Abbildung 17.15 am Beispiel der Ersetzungskette).

Die Lokationsersetzung vom Typ **Liste** kommt nur dann zum Einsatz, wenn Sie die regelbasierte ATP-Prüfung nutzen müssen, um eine initiale Lokation zu ermitteln. Dies ist der Fall, wenn Sie z. B. das SAP-CRM-System als Auftragserfassungssystem nutzen. SAP CRM übergibt keine Originallokation an die Verfügbarkeitsprüfung, die Ermittlung erfolgt also im APO-System über eine Liste von Lokationen.

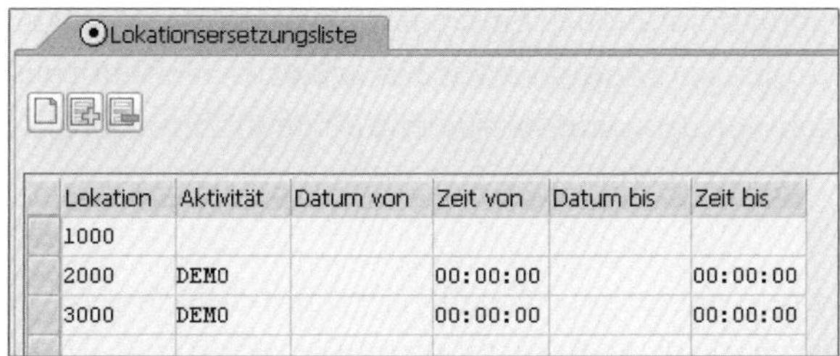

Lokation	Aktivität	Datum von	Zeit von	Datum bis	Zeit bis
1000					
2000	DEMO		00:00:00		00:00:00
3000	DEMO		00:00:00		00:00:00

Abbildung 17.15 Lokationsfindungsschema vom Typ »Ersetzungskette«

Lokationsersetzungen vom Typ **Alternative** ähneln den Ersetzungen vom Typ **Fächer**. Sie können allerdings, anders als beim Fächer, eine Lokation in mehr als einer Ersetzungsgruppe verwenden. Gültigkeitsdaten stehen Ihnen wiederum bei diesem Typ nicht zur Verfügung.

Lokationsersetzungen vom Typ »Alternative«

Beachten Sie, dass Lokationsersetzungen vom Typ **Alternative** nur in alternativen Regeln zugelassen sind, dort jedoch zwingend vorausgesetzt werden.

Die Verwendung der Gültigkeitsdaten sowie der Kosten bei **Netzplan** und **Fächer** im Lokationsfindungsschema ist identisch mit dem Produktsubstitutionsschema und kann bei Bedarf dort nachgelesen werden. Haben Sie ein Lokationsfindungsschema gepflegt, können Sie für jede darin vorkommende Ersatzlokation mittels einer zuzuordnenden Lokationsfindungsaktivität bestimmen, wie die Verfügbarkeitsprüfung dort ablaufen soll bzw. welche Besonderheiten in dieser Lokation zu berücksichtigen sind (siehe Abbildung 17.16).

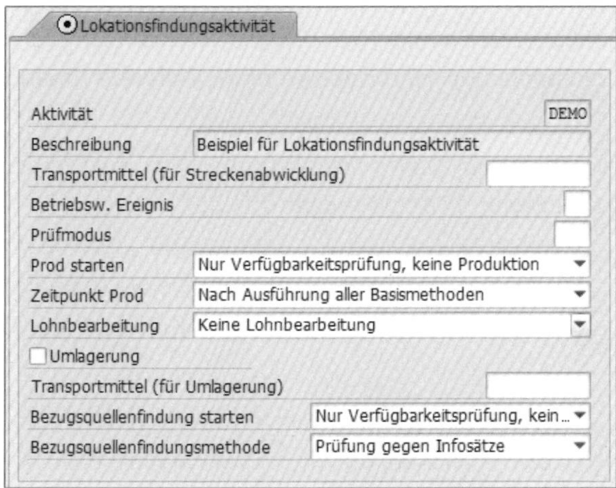

Abbildung 17.16 Lokationsfindungsaktivität

Die Einstellungsmöglichkeiten sollen anhand eines einfachen Beispiels verdeutlicht werden: Der Kundenauftrag des Kunden für Produkt A wird in Lokation 1000 mittels einer einfachen Produktverfügbarkeitsprüfung auf Verfügbarkeit geprüft; zu berücksichtigen ist lediglich der Bestand. Bei Nicht-Verfügbarkeit findet eine Ersetzung zur Lokation 2000 statt.

In dieser Lokation 2000 sollen aber nun neben den aktuellen Beständen auch geplante Zugänge während der Verfügbarkeitsprüfung berücksichtigt werden, der Prüfumfang muss also abgeändert werden. Hierzu muss das Feld **Betriebsw. Ereignis** gepflegt werden, da dieses Ereignis den Prüfumfang in Kombination mit der ATP-Gruppe beeinflusst (siehe Kapitel 15).

Soll darüber hinaus die Verfügbarkeit von Produkt A in Lokation 2000 nicht nur mittels der Produktverfügbarkeit, sondern z. B. auch mittels der Kontingentierung überprüft werden, ist es außerdem sinnvoll, das Feld **Prüfmodus** entsprechend zu pflegen. Der Prüfmodus bestimmt in Kombination mit dem betriebswirtschaftlichen Ereignis (dem bisherigen oder dem neuen in der Lokationsfindungsaktivität gepflegten Ereignis) die Prüfvorschrift, in der die Kontingentierung aktiviert wird. Theoretisch reicht die Anpassung des betriebswirtschaftlichen Ereignisses aus, aber der Übersichtlichkeit halber wird gerne auch ein neuer Prüfmodus verwendet.

Im Fall der Nicht-Verfügbarkeit von Produkt A in Lokation 2000 gibt es darüber hinaus weitere Möglichkeiten, um zu einem positiven Ergebnis zu gelangen:

- Produktion von Produkt A in Lokation 2000
- Streckenabwicklung unter Einbeziehung eines Lieferanten

Die Produktion in Lokation 2000 können Sie durch die entsprechende Pflege der Felder **Prod starten** und **Zeitpunkt Prod** starten.

Dabei stehen Ihnen unterschiedliche Möglichkeiten der Produktion zur Verfügung – von der mehrstufigen ATP über Capable-to-Promise bis hin zur Bausatzprüfung – reicht die Funktionalität. Die unterschiedlichen Methoden werden in diesem Kapitel in den späteren Abschnitten erläutert.

Auch ein direkter Start der Produktion ohne vorherige Verfügbarkeitsprüfung ist denkbar; hierzu stellen Sie **Produktion direkt** im Feld **Prod starten** ein.

Alternativ können Sie das Produkt auch beim Lieferanten bestellen und per Streckenabwicklung direkt zum Kunden bringen lassen. Diese Option können Sie durch eine entsprechende Pflege der Felder **Bezugsquellenfindung starten** und **Bezugsquellenfindungsmethode** auswählen.

Sowohl die Produktion als auch die Streckenabwicklung können Sie theoretisch natürlich auch über eine neue Prüfvorschrift auslösen, die Sie mittels neuem Prüfmodus und/oder neuem betriebswirtschaftlichem Ereignis in der Lokationsfindungsaktivität ermitteln. In diesem Fall entfällt die Pflege der Produktions- und/oder Streckeneinstellungen in der Lokationsfindungsaktivität. Allerdings ist die Pflege über die Lokationsfindungsaktivität transparenter, da eine unmittelbare Zuordnung hergestellt wird.

Wenn nun die Verfügbarkeitsprüfung in Lokation 2000 erfolgreich war, gibt es zwei Möglichkeiten, um das Produkt zum Kunden zu bringen:

- Der Kunde wird direkt aus der Ersatzlokation 2000 beliefert. Dies ist die Standardeinstellung, die ohne die Pflege weiterer Einstellungen vom System gezogen wird.
- Die in Lokation 2000 gefundene Menge von Produkt A soll zuerst in die Lokation 1000 umgelagert und von dort zum Kunden weitertransportiert werden. In diesem Fall muss das Kennzeichen **Umlagerung** aktiviert werden. Sie können im Feld **Transportmittel (für Umlagerung)** ein Transportmittel hinterlegen; dies beeinflusst die Transportdauer zwischen den beiden Lokationen A und B.

Umlagerung

Zur Erzeugung der Umlagerung nutzen Sie die Funktionalität der Komponente PP/DS im APO-System. Hierzu ist es notwendig, dass Sie zwischen den beteiligten Lokationen (Originallokation und Ersatzlokation) eine Transportbeziehung angelegt haben. Durch die Zuweisung des Standardplanungsverfahrens 5 im Produktstamm des umzulagernden Produkts (in der Ersatzlokation) und indem Sie gleichzeitig das Kennzeichen **Umlagerung** in der Lokationsfindungsaktivität setzen, werden sogenannte ATP-Baumstrukturen erzeugt, die je nach Einplanungshorizont unmittelbar mit dem Sichern des Kundenauftrags in den Umlagerungsbestellanforderungen umgesetzt werden. Geschieht dies nicht, müssen die ATP-Baumstrukturen zu einem späteren Zeitpunkt mittels eines PP/DS-Reports umgesetzt werden. Da die mehrstufige ATP-Prüfung (MATP) ähnlich funktioniert, verweisen wir an dieser Stelle für detailliertere Informationen auf den Abschnitt zur mehrstufigen ATP-Prüfung (MATP, siehe Abschnitt 17.4.2). Ein entsprechendes Customizing in der Komponente MM von SAP ERP bzw. SAP S/4HANA zur Weiterverarbeitung der Umlagerungsbestellanforderungen ist ebenfalls notwendig; dies soll an dieser Stelle aber nicht weiter vertieft werden.

Die Lokationsfindungsaktivität als Bestandteil des Lokationsfindungsschemas wurde damit erläutert.

Lokationsprodukt-Ersetzungsschema

Mithilfe eines Lokationsprodukt-Ersetzungsschemas haben Sie die Möglichkeit, innerhalb eines Schrittes gleichzeitig eine Lokationsersetzung und eine Produktersetzung durchzuführen. In unserem Beispiel soll also das Produkt P-102 in Lokation 1000 bei Nicht-Verfügbarkeit durch das Produkt P-103 aus der Lokation 3000 ersetzt werden (siehe Abbildung 17.17).

Lokationsprodukt-Ersetzungen

Lokation	Produkt	Ersatzlokation	Ersatzprodukt	Aktivität	Datum von	Zeit von	Datum bis	Zeit bis	Grund	Kosten
1000	P-102	3000	P-103	0001		00:00:00		00:00:00	DEMO	10,000

Abbildung 17.17 Lokationsprodukt-Ersetzungsschema

Dabei können Sie, ebenso wie bei der reinen Produktersetzung, einen Substitutionsgrund mitgeben und für die Ersatzlokation, wie bei der Lokationsersetzung, eine Lokationsfindungsaktivität bestimmen. Auch die Verwendung der Gültigkeitszeiträume entspricht dem gleichen Prinzip wie bei den anderen Ersetzungen. Zu guter Letzt können Sie, wie bei den Ersetzungstypen **Fächer** und **Netzplan** mit fiktiven Kosten zur Priorisierung arbeiten.

[!]

Kombination der Lokationsproduktersetzung

Beachten Sie, dass Sie die Lokationsprodukt-Ersetzung nicht innerhalb einer Regel mit einer reinen Produkt- oder Lokationsersetzung kombinieren können.

PPM/PDS-Ersetzungsschema

Das PPM/PDS-Ersetzungsschema kommt dann zum Einsatz, wenn Sie während der regelbasierten Verfügbarkeitsprüfung eine Produktion starten möchten und dabei verschiedene Produktionsmöglichkeiten überprüfen möchten (siehe Abbildung 17.18).

PPM ist die Abkürzung für ein *Produktionsprozessmodell*, während PDS für *Produktionsdatenstruktur* steht. Beide Stammdatenobjekte dienen als Bezugsquelle für eigengefertigte Produkte und enthalten Informationen über benötigte Komponenten, Ressourcen und Zeitdauern für die Fertigung.

PPM/PDS-Ersetzungen

Lokation	Produkt	Stufe	PPM/PDS-Name	
1000	T-B414	1	T-B414	1000000100000000N5000033501011
1000	T-B414	2	T-B414	1000000200000000N5000033502011

Abbildung 17.18 PPM-Ersetzungsschema

Eine PPM/PDS-Ersetzung ist nur in Verbindung mit einer Lokations- oder Produktersetzung gültig.

Merkmalssubstitutionsschema

Wenn Sie die merkmalsbasierte Produktverfügbarkeitsprüfung einsetzen, haben Sie innerhalb der regelbasierten ATP die Möglichkeit, bei Nicht-Verfügbarkeit einer bestimmten Merkmalsausprägung auf eine alternative Merkmalsausprägung auszuweichen. Die Funktionsweise soll auch hier anhand eines Beispiels verdeutlicht werden.

Nehmen Sie an, Sie erfassen im ERP-System einen Kundenauftrag für ein konfigurierbares Material (siehe Abbildung 17.19). In diesem Fall handelt es sich um einen PC. Als Gehäusetyp wählen Sie ein Standardgehäuse mit dem Merkmalswert 001.

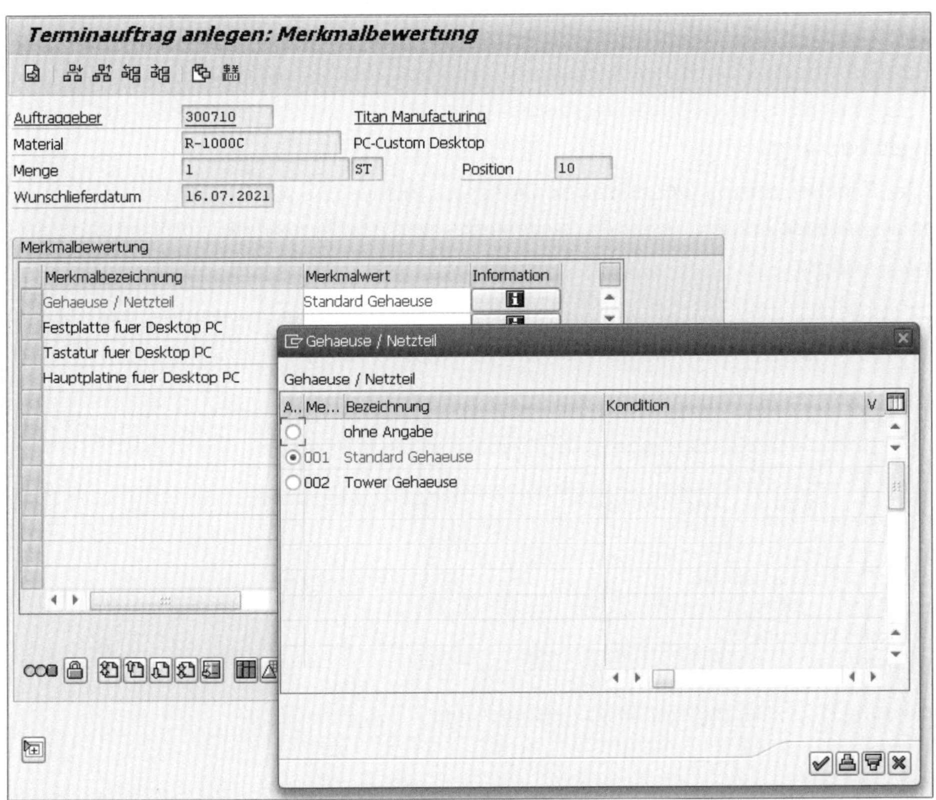

Abbildung 17.19 Merkmalsbewertung im Kundenauftrag für ein konfigurierbares Material

Mit u. a. dieser Merkmalsausprägung wird nun die Verfügbarkeitsprüfung im APO-System aufgerufen. Ist für dieses Produkt die regelbasierte Verfügbarkeitsprüfung eingestellt, kann mittels der Merkmalssubstitution überprüft werden, ob im Falle der Nicht-Verfügbarkeit von Gehäusen des Standardtyps möglicherweise Gehäuse des Typs **Tower** vorhanden sind. Das zugehörige Merkmalssubstitutionsschema könnte dem Schema in Abbildung 17.20 entsprechen.

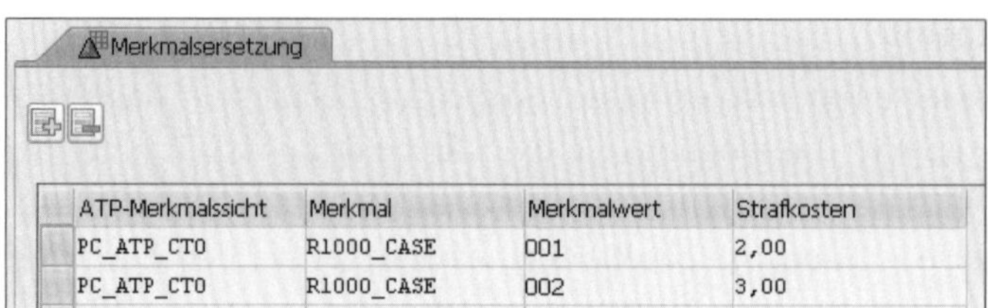
Merkmalsersetzung

ATP-Merkmalssicht	Merkmal	Merkmalwert	Strafkosten
PC_ATP_CTO	R1000_CASE	001	2,00
PC_ATP_CTO	R1000_CASE	002	3,00

Abbildung 17.20 Merkmalssubstitutionsschema

Für das Gehäuse-Merkmal (R1000_CASE) sind in diesem Fall die beiden aus dem ERP-Kundenauftrag bekannten Merkmalswerte 001 und 002 durcheinander ersetzbar. Details zu den ATP-Merkmalssichten und der Integration mit SAP ERP bzw. SAP S/4HANA finden Sie in Kapitel 16.

Regelsteuerung

In der Regelsteuerung legen Sie vor allem fest, auf welche Art und Weise die von Ihnen angelegten Ersetzungslisten ausgewertet und gegebenenfalls miteinander kombiniert werden.

Dazu unterscheidet man die Zugriffsstrategie der Ersetzungslisten und die Kombination der Ersetzungslisten (siehe Abbildung 17.21).

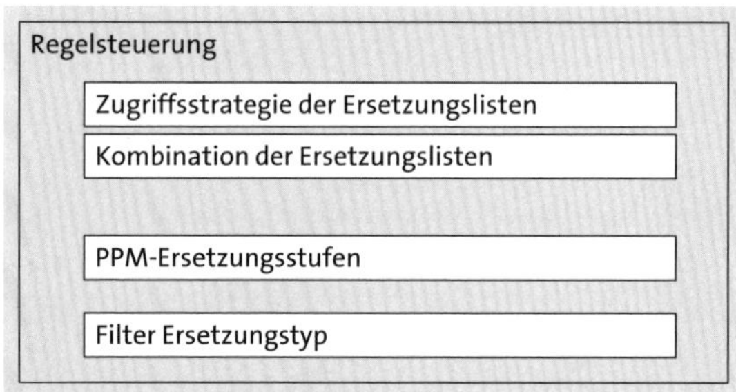

Abbildung 17.21 Bestandteile der Regelsteuerung

Wir beschäftigen uns zuerst mit den möglichen *Zugriffsstrategien* für eine Ersetzungsliste.

Mithilfe der Zugriffsstrategien wird festgelegt, welche in einer Ersetzungskette enthaltenen Produkte oder Lokationen auf ihre Verfügbarkeit hin geprüft werden und in welcher Reihenfolge dies geschieht. Dabei werden vom System aktuell zehn verschiedene Zugriffsstrategien unterstützt, die aufgrund ihrer Wichtigkeit für den Ersetzungsprozess im Detail vorgestellt werden sollen.

Dabei ist Folgendes zu beachten:

- Die Zugriffsstrategien gelten für alle Ersetzungslisten, also sowohl für Produktersetzungen als auch für Lokationsersetzungen oder Lokationsproduktersetzungen.
- Der bei mehreren Zugriffsstrategien verwendete Begriff *Eingabe* bezieht sich auf das Wunschprodukt bzw. die Wunschlokation, also die Werte, die aus der aufrufenden Anwendung übergeben werden.
- Allen Beispielen liegt eine Ersetzungsliste A → B → C → D → E → F zugrunde.
- In allen Beispielen ist die Eingabe (der Wunsch) des Kunden Produkt C.

Eine schematische Darstellung der Zugriffsstrategien sehen Sie in Abbildung 17.22.

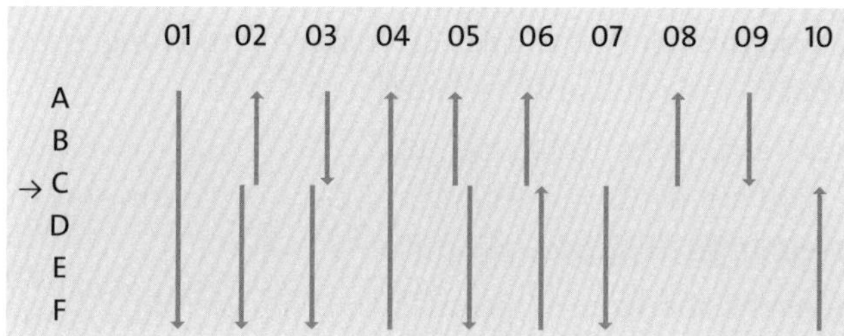

Abbildung 17.22 Schematische Darstellung der Zugriffsstrategien

- **Liste vom Anfang abarbeiten (technischer Schlüssel 01)**
  Bei dieser Zugriffsstrategie wird die Ersetzungsliste von Beginn an abgearbeitet, völlig unabhängig von der ursprünglichen Eingabe. Die Ersetzungsreihenfolge lautet also A → B → C → D → E → F. Der Kunde erhält möglicherweise ein anderes Produkt als von ihm gewünscht, und zwar unabhängig von der Verfügbarkeit seines Wunschprodukts C.
- **Liste von Eingabe vorwärts, dann rückwärts (technischer Schlüssel 02)**
  Bei dieser Zugriffsstrategie wird mit der Eingabe gestartet, die Abarbeitung wird dann bis zum Ende der Liste fortgesetzt, und anschließend werden die vor der Eingabe liegenden Ersetzungen noch in umgekehrter Reihenfolge berücksichtigt. Die Ersetzungsreihenfolge lautet also C → D → E → F → B → A.
- **Liste ab Eingabe vorwärts, zyklisch (technischer Schlüssel 03)**
  Bei dieser Zugriffsstrategie wird mit der Eingabe gestartet, die Abarbeitung wird dann bis zum Ende der Liste fortgesetzt und am Beginn der Liste bis zur Eingabe weitergeführt. Die Ersetzungsreihenfolge lautet also C → D → E → F → A → B.
- **Liste vom Ende abarbeiten (technischer Schlüssel 04)**
  Bei dieser Zugriffsstrategie wird vom Ende der Liste aus mit der Abarbeitung gestartet, unabhängig von der ursprünglichen Eingabe. Die Ersetzungsreihenfolge lautet also F → E → D → C → B → A.

- **Liste von Eingabe rückwärts, dann vorwärts (technischer Schlüssel 05)**
  Bei dieser Zugriffsstrategie wird mit der Eingabe gestartet. Die Abarbeitung wird dann rückwärts bis zum Beginn der Liste fortgesetzt und abschließend bis zum Ende der Liste weitergeführt. Die Ersetzungsreihenfolge lautet also C → B → A → D → E → F.
- **Liste ab Eingabe rückwärts, zyklisch (technischer Schlüssel 06)**
  Bei dieser Zugriffsstrategie wird mit der Eingabe gestartet. Die Abarbeitung wird dann rückwärts bis zum Beginn der Liste fortgesetzt und abschließend vom Ende der Liste bis zur Eingabe weitergeführt. Die Ersetzungsreihenfolge lautet also C → B → A → F → E → D.
- **Liste von Eingabe vorwärts (technischer Schlüssel 07)**
  Bei dieser Zugriffsstrategie wird mit der Eingabe gestartet. Die Abarbeitung endet dann am Ende der Liste. Die Ersetzungsreihenfolge lautet also C → D → E → F.
- **Liste von Eingabe rückwärts (technischer Schlüssel 08)**
  Bei dieser Zugriffsstrategie wird mit der Eingabe gestartet. Die Abarbeitung endet am Anfang der Liste. Die Ersetzungsreihenfolge lautet C → B → A.
- **Liste vom Anfang bis zur Eingabe abarbeiten (technischer Schlüssel 09)**
  Bei dieser Zugriffsstrategie wird am Beginn der Ersetzungsliste gestartet. Die Abarbeitung endet jedoch bei der Eingabe. Die Ersetzungsreihenfolge lautet also A → B → C.
- **Liste vom Ende bis zur Eingabe abarbeiten (technischer Schlüssel 10)**
  Bei dieser Zugriffsstrategie wird vom Ende der Liste aus mit der Abarbeitung gestartet, und sie endet an der Eingabe. Die Ersetzungsreihenfolge lautet also F → E → D → C.

In der Regelsteuerung wählen Sie je einen der oben genannten Schlüssel für das Produktsubstitutionsschema, das Lokationsfindungsschema, das Lokationsprodukt-Ersetzungsschema und das Merkmalssubstitutionsschema aus (Abbildung 17.23).

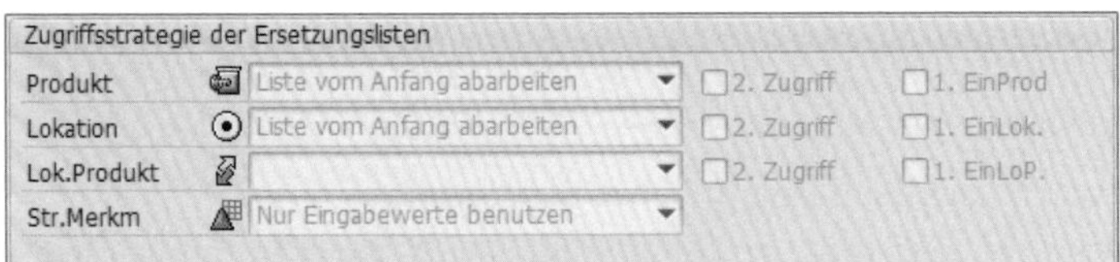

Abbildung 17.23 Zugriffsstrategie in der Regelsteuerung

Sollte es Szenarien geben, in denen Ihnen diese zehn Zugriffsstrategien nicht ausreichen, gibt es noch die Möglichkeit, zuerst das Eingabeprodukt bzw. die Eingabelokation prüfen zu lassen, bevor die eigentliche Zugriffsstrategie ausgewertet wird.

Hierzu setzen Sie hinter der Zugriffsstrategie das Kennzeichen **1. EinProd** (für Produkte), **1. EinLok** (für Lokationen) bzw. **1. EinLoP** (für Lokationsprodukte). In Abbildung 17.23 würde das im Falle des Wunsch- bzw. Eingabeprodukts C und einer Zugriffsstrategie **Liste vom Anfang abarbeiten** zu folgender Ersetzungsreihenfolge führen: C → A → B → D → E → F. Diese Ersetzungsreihenfolge erreichen Sie nicht mit einer der zehn oben vorgestellten Zugriffsstrategien allein.

Für einen erfolgreichen Zugriff auf eine Ersetzungskette ist es normalerweise notwendig (es sei denn Sie arbeiten mit der Ausnahme des zweiten Zugriffs), dass das Wunschprodukt bzw. die Wunschlokation des Kunden auch Bestandteil dieser Ersetzungskette ist. Nur dann ergeben die Zugriffsstrategien, die die Eingabe auswerten, einen Sinn. Außerdem haben Sie nur so die Möglichkeit, aus einem Schema, das mehrere Ersetzungsketten bzw. Ersetzungsgruppen enthält, überhaupt die relevante Ersetzungskette zu ermitteln.

Allerdings haben Sie auch die Möglichkeit, eine Ersetzungskette erneut auswerten zu lassen, und zwar unabhängig vom Vorhandensein des Wunschprodukts bzw. der Wunschlokation in der Ersetzungskette. Hierzu setzen Sie hinter der Zugriffsstrategie das Kennzeichen **2. Zugriff**. Dadurch wird die Ersetzungskette erneut ausgewertet und ihre Elemente werden auf die Verfügbarkeit hin überprüft.

In Abbildung 17.22 wäre also das Wunschprodukt des Kunden Produkt H. Dieses ist nicht Bestandteil der Ersetzungskette, und somit kommt es beim ersten Zugriff zu keinem Ergebnis. Ist der zweite Zugriff nun aktiviert, werden für den Kunden auch die Produkte A bis F auf Verfügbarkeit hin geprüft. Dabei werden die Zugriffsstrategien, die eine Eingabe erwarten, durch die Zugriffsstrategie **Liste von Anfang an abarbeiten** bzw. **Liste vom Ende abarbeiten** ersetzt. Um allerdings eine Eindeutigkeit in der Ersetzung zu erlangen, ist es notwendig, dass das auf diese Art und Weise ein zweites Mal ausgewertete Schema nur genau eine Ersetzungskette enthält. Anderenfalls wäre eine Identifizierung der korrekten Ersetzungskette nicht möglich.

Hiermit haben wir beschrieben, wie die Ersetzungsketten ausgewertet werden.

Im zweiten Teil der Regelsteuerung geht es nun um die Möglichkeiten, Produkt- und Lokationsersetzungen innerhalb einer regelbasierten Verfügbarkeitsprüfung miteinander zu kombinieren (siehe Abbildung 17.24). Dabei gehen wir exemplarisch von den folgenden Ersetzungsketten aus:

- Für die Produkte gilt die Ersetzungskette A → B → C → D → E.
- Für die Lokationen gilt die Ersetzungskette 1000 → 2000 → 3000.
- Der Wunsch des Kunden, und somit die Eingabe, ist das Produkt C in Lokation 1000.

- Als Zugriffsstrategie wurde **Liste ab Eingabe vorwärts, zyklisch** gewählt. Das führt zu den Ersetzungsreihenfolgen C → D → E → A → B beim Produkt bzw. 1000 → 2000 → 3000 bei der Lokation.

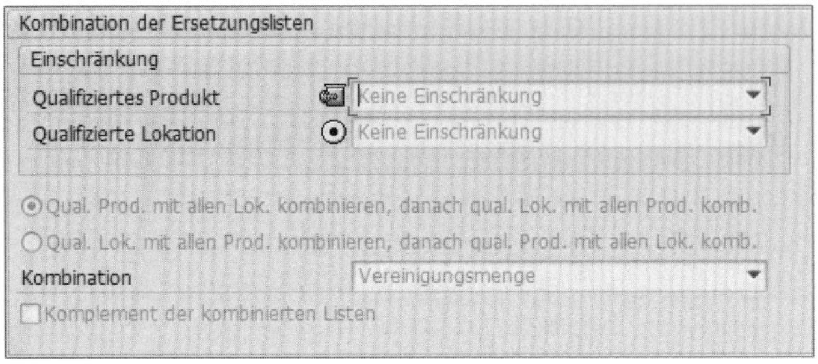

Abbildung 17.24 Kombination der Ersetzungslisten in der Regelsteuerung

Zuerst müssen Sie nun in den Einstellungen mögliche Einschränkungen bezüglich der qualifizierten Produkte bzw. qualifizierten Lokationen vornehmen. *Qualifiziert* bedeutet in diesem Fall, dass ein Produkt bzw. eine Lokation an der Verfügbarkeitsprüfung teilnimmt. Ohne weitere Einschränkung sind dies die von der Zugriffsstrategie ermittelten Produkte bzw. Lokationen in der entsprechenden Reihenfolge, also C → D → E → A → B beim Produkt bzw. 1000 → 2000 → 3000 bei der Lokation.

Allerdings können Sie die zu kombinierenden Produkte bzw. Lokationen separat über **Qualifiziertes Produkt** bzw. **Qualifizierte Lokation** einschränken. Folgende Einstellungsmöglichkeiten stehen Ihnen zur Verfügung:

- **Eingabe (Eingabelokation bzw. Eingabeprodukt)**
- **Anfang (Erste Lokation bzw. erstes Produkt der Subst.-Liste)**

Setzen Sie beim qualifizierten Produkt den Wert **Eingabe**, wird lediglich das Produkt C (das Wunsch- bzw. Eingabeprodukt) gesucht bzw. verwendet. Setzen Sie hingegen den Wert **Anfang**, wird nur das erste Produkt der Ersetzungsliste (in unserem Falle das Produkt A) genutzt. Alle anderen Produkte werden bei der Verfügbarkeitsprüfung nicht berücksichtigt. Die gleichen Einstellungsmöglichkeiten stehen Ihnen auch für Lokationen zur Verfügung.

Nach den Einschränkungen bezüglich der Qualifizierung legen Sie nun die Kombinationsreihenfolge von Produkten und Lokationen fest. Dies geschieht über Radiobuttons **Qual. Lok. mit Prod. komb., dann qual. Prod. mit Lok. komb.** oder des Radiobuttons **Qual. Prod. mit Lok. komb., dann qual. Lok. mit Prod. komb.**, jeweils in Verbindung mit dem Wert des Feldes **Kombination** bzw. des Kennzeichens **Komplement der kombinierten Listen**.

Qual. Lok. mit Prod. komb., dann qual. Prod. mit Lok. komb. bedeutet technisch gesehen, dass zwei Listen erstellt werden. Zuerst wird eine Liste erstellt, die alle qualifizierten Lokationen mit allen Produkten kombiniert, und anschließend wird eine zweite Liste erstellt, die alle qualifizierten Produkte mit allen Lokationen kombiniert. Diese beiden Listen werden anschließend kombiniert, und zwar je nach Wert des Feldes **Kombination** als **Vereinigungsmenge** oder als **Schnittmenge**:

- **Vereinigungsmenge**
  Im Falle der Vereinigungsmenge werden an die erste Liste alle Ersetzungen der zweiten Liste angehängt, die noch nicht Bestandteil der ersten Liste sind.
- **Schnittmenge**
  Bei der Schnittmenge werden hingegen aus der ersten Liste alle Elemente entfernt, die nicht Bestandteil der zweiten Liste sind.

Um die Flexibilität in der Auswertung der Ersetzungen noch weiter zu erhöhen und weitere Kombinationsmöglichkeiten erzeugen zu können, gibt es zusätzlich zur Kombination der Listen noch die Möglichkeit, mit dem Komplement, also dem Gegenteil, der kombinierten Listen zu arbeiten. Dies erreichen Sie durch das Setzen des Kennzeichens **Komplement der kombinierten Listen**. Ein Beispiel verdeutlicht die Wirkungsweise dieser Kennzeichen.

[zB]

Kombination der Ersetzungslisten

Im einfachsten Fall möchten Sie alle Produkte in allen Lokationen auf ihre Verfügbarkeit hin überprüfen. Also müssen Sie lediglich entscheiden, ob Sie zuerst alle Produkte in einer Lokation überprüfen möchten oder zuerst alle Lokationen nach einem Produkt durchsuchen, bevor Sie das Produkt ersetzen. Folglich arbeiten Sie ohne Einschränkungen bei den qualifizierten Produkten und Lokationen.

Das Kennzeichen **Qual. Lok. mit Prod. komb., dann qual. Prod. mit Lok. komb.** bedeutet in diesem Fall vereinfacht, dass Sie zuerst die Lokation 1000 nach den verschiedenen Produkten A bis E durchsuchen, bevor Sie in Lokation 2000 weitersuchen. In diesem Fall ist es Ihnen also wichtig, dass der Kunde möglichst aus der Lokation 1000 bedient wird, unabhängig vom Produkt. Das kann sinnvoll sein, wenn im Falle einer Lokationsersetzung mit erhöhten Transportkosten oder längeren Transportdauern zu rechnen ist und es für den Kunden unproblematisch ist, nicht sein Wunschprodukt zu erhalten. Die vollständige Ersetzungsreihenfolge lautet:

C/1000 → D/1000 → E/1000 → A/1000 → B/1000 → C/2000 → D/2000 → E/2000 → A/2000
B/2000 → C/3000 → D/3000 → E/3000 → A/3000 → B/3000

Dies erreichen Sie selbstverständlich nur, wenn Sie mit der Vereinigungsmenge und ohne Komplement arbeiten.

Bei der Aktivierung des Kennzeichens **Qual. Prod. mit Lok. komb., dann qual. Lok. mit Prod. komb.** verhält es sich genau anders herum als beim gerade gesehenen Beispiel.

Hier ist Ihnen wichtig, dass der Kunde sein Wunschprodukt erhält, egal aus welcher Lokation. Nur im Falle der Nicht-Verfügbarkeit im gesamten Netzwerk möchten Sie auf ein anderes Produkt ausweichen. Die Ersetzungsreihenfolge lautet in diesem Fall so:

C/1000 → C/2000 → C/3000 → D/1000 → D/2000 D/3000 → E/1000 → E/2000 → E/3000 → A/1000 → A/2000 → A/3000 → B/1000 → B/2000 → B/3000

Auch hier müssen Sie mit der Vereinigungsmenge und ohne Komplement arbeiten.

Möchten Sie hingegen erreichen, dass alle Lokationen für sämtliche Produkte, jedoch nicht das Wunschprodukt, überprüft werden, gehen Sie folgendermaßen vor:

1. Sie schränken das Produkt auf den Anfang ein, also auf das erste Produkt der Ersetzungsliste.

   Das erste Produkt der Ersetzungsliste bezieht sich auf die Sortierung nach der Zugriffsstrategie. Da wir mit der Eingabe gestartet haben, ist es unser erstes Produkt, also der Anfang der Liste. Dies ist Produkt C.
2. Die Lokationen schränken Sie nicht ein.
3. Dann wählen Sie als Kombinationsreihenfolge das Kennzeichen **Qual. Prod. mit Lok. komb., dann qual. Lok. mit Prod. komb.** Es entsteht als erste Liste C/1000, C/2000, C/3000. Die zweite Liste enthält alle Kombinationen.
4. Nun arbeiten Sie mit der Schnittmenge. Es werden also aus der ersten Liste alle Produkt/Lokations-Kombinationen entfernt, die nicht in der zweiten Liste enthalten sind. Da alle Kombinationen in der zweiten Liste enthalten sind, muss aus der ersten Liste in diesem Fall nichts entfernt werden.
5. Zu guter Letzt setzen Sie noch das Kennzeichen **Komplement der kombinierten Listen**. Nun wird also das Gegenteil der Liste C/1000 → C/2000 → C/3000 verwendet.

Die tatsächliche Abarbeitung lautet also in diesem Fall: D/1000 → D/2000 → D/3000 → E/1000 → E/2000 → E/3000 → A/1000 → A/2000 → A/3000 → B/1000 → B/2000 → B/3000.

[+]

Weitere Beispiele zur Kombination der Ersetzungslisten

Die Auflistung weiterer Beispiele zur Nutzung der Kombination der Ersetzungslisten innerhalb der Regelsteuerung entnehmen Sie der SAP-Online-Hilfe unter *https://help.sap.com* (**SAP Supply Chain Management • SAP Advanced Planning and Optimization (SAP APO) • Globale Verfügbarkeitsprüfung (Globale ATP) • Regelbasierte Verfügbarkeitsprüfung • Regel • Regelsteuerung**).

PPM-Ersetzungen: Ersetzungsstufe

Sie haben bereits die Möglichkeit kennengelernt, alternative Produktionsmöglichkeiten für ein Produkt zu überprüfen. Dabei wurden die Produktionsmöglichkeiten in sogenannte Stufen eingeordnet. In der Regelsteuerung können Sie nun Folgendes festlegen:

- Ob Sie bei mehreren Produkten und bei mehreren Produktionsmöglichkeiten zuerst alle Produktionsmöglichkeiten einer Stufe ausschöpfen möchten, unabhängig vom Produkt (Kennzeichen **Für jedes Lokationsprodukt alle PPM-Ersetzungsstufen**).
- Ob Sie für ein bestimmtes Produkt erst alle Produktionsmöglichkeiten überprüfen möchten (Kennzeichen **Für jede PPM-Ersetzungsstufe alle Lokationsprodukte**).

Ersetzungstyp »Filter«

Die in der Regelsteuerung noch mögliche Zuweisung eines Filters für Ersetzungstypen wird in Abschnitt 17.2.2 zusammen mit den Stammdaten der Austauschbarkeit erläutert.

Berechnungsprofil

Bei dem *Berechnungsprofil* handelt es sich um ein optionales Element einer Regel. Auch die Einstellungsmöglichkeiten zum Berechnungsprofil sollen anhand eines Beispiels erläutert werden:

In Lokation A haben Sie vor, geplante Zugänge zur Bestätigung einer Verfügbarkeitsprüfung zu verwenden, wenn deren Eintrefftermine nicht zu weit in der Zukunft liegen. Anderenfalls wäre es für Sie günstiger, den Bestand aus Lokation B zu verwenden. In diesem Fall aktivieren Sie die **Verspätete Bestätigung** und grenzen diese, wie in Abbildung 17.25 gezeigt, auf z. B. zwei Tage ein. Eintreffende Bestellungen in Lokation A innerhalb der nächsten zwei Tage werden nun verwendet, aber alle danach eintreffenden Bestellungen nicht mehr.

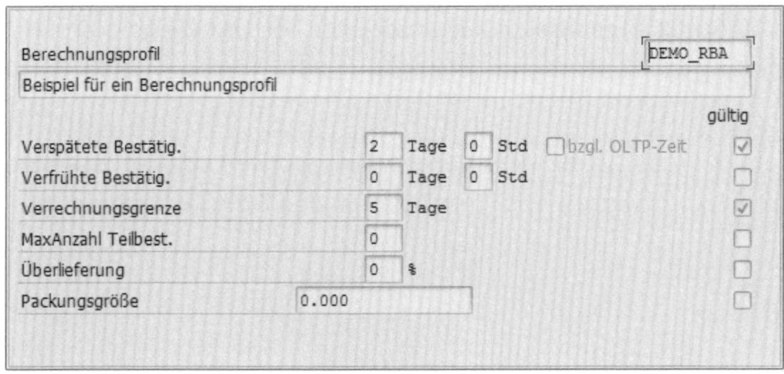

Abbildung 17.25 Berechnungsprofil

Die Funktionalität der verfrühten Bestätigung wird aktuell nicht vom ERP-System unterstützt und aus diesem Grund nicht weiter erläutert.

Die **Verrechnungsgrenze** ist dann hilfreich, wenn Sie einen Bedarf mit einem Wunschtermin haben, der sehr weit in der Zukunft liegt (z. B. vier Wochen). Würden Sie für diesen Bedarf nun eine Verfügbarkeitsprüfung ohne Einschränkung durchführen, könnten Sie sich aktuellen Bestand mit diesem Bedarf blockieren, da nachträglich eintreffende, kurzfristige Bedarfe nun nicht mehr bestätigt werden könnten. Pflegen und aktivieren Sie hingegen eine Verrechnungsgrenze von z. B. fünf Tagen, würden für den Bedarf in vier Wochen nur geplante Zugänge ab der dritten Woche herangezogen. Der aktuelle Bestand bliebe unberücksichtigt und wäre für kurzfristige Bedarfe weiterhin verfügbar.

Die maximale Anzahl der Teilbestätigungen (Feld **MaxAnzahl Teilbest.**) ermöglicht es Ihnen, eine zu große Aufteilung der Bestätigungsmenge auf verschiedene Termine zu verhindern. Wenn Sie in diesem Feld z. B. den Wert »2« eintragen, entstehen maximal zwei Einteilungen, die an das OLTP-System geschickt werden.

Beachten Sie, dass diese Einstellung unabhängig von der Anzahl der Ersetzungen ist. Sie können also im Regelkopf eine Einschränkung auf genau eine Lokationsersetzung vorgenommen haben und innerhalb dieser einzigen Lokation dennoch zwei Teilbestätigungen erhalten.

Alternativ zur Einstellung der maximalen Anzahl von Teilbestätigungen haben Sie die Möglichkeit, im aufrufenden OLTP-System eine maximale Anzahl von Bestätigungseinteilungen vorzugeben. Diese Funktion überschreibt die im Berechnungsprofil vorgenommenen Einstellungen und ist nur verfügbar, wenn Ihr OLTP-System ein SAP-CRM-System ist.

Im Feld **Packungsgröße** haben Sie die Möglichkeit, ganzzahlige Mengen zu hinterlegen, die der Stückzahl einer Packung entsprechen. Tragen Sie dort z. B. den Wert »15« ein, wird die regelbasierte ATP-Prüfung versuchen, ein ganzzahliges Vielfaches von 15 zu bestätigen. Wichtig ist hierbei die Einschränkung, dass Überlieferungen für Kundenaufträge nicht zulässig sind. Bestellt der Kunde also 70 Stück, wird die Wunschmenge des Kunden auf 60 Stück angepasst (*4 × 15 Stück*). Die Überlieferungstoleranz, die Sie im Feld **Überlieferung** in Prozenten angeben, ist nur für Vorplanungsbedarfe zulässig.

Nachdem nun die einzelnen Elemente einer Regel definiert worden sind, müssen Sie diese Elemente noch der Regel zuweisen. Dies geschieht in den Details der Regel (siehe Abbildung 17.26).

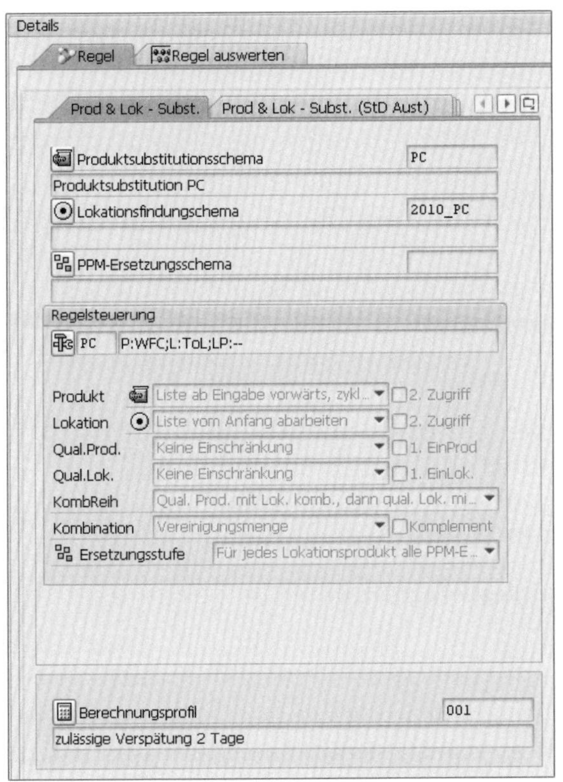

Abbildung 17.26 Elemente zur Regel zuweisen

Dort sehen Sie, dass der Regel sowohl ein Produktsubstitutionsschema als auch ein Lokationsfindungsschema zugewiesen wurde; es wurde eine Regelsteuerung für den Zugriff auf die Ersetzungslisten und deren Kombination eingepflegt und zu guter Letzt ein Berechnungsprofil hinzugefügt, mit dem in diesem Beispiel eine zulässige Verspätung von zwei Tagen für die Verwendung von geplanten Zugängen hinzugefügt wurde.

Da die integrierte Regelpflege in der Summe aus einer Vielzahl von einzelnen Einstellungen besteht, die – wenn sie unterschiedlich kombiniert werden – zu teilweise deutlich abweichenden Ergebnissen führen, haben Sie die Möglichkeit, Ihre Regel abschließend zu testen. Dies machen Sie auf der Registerkarte **Regel auswerten**. Nach der Eingabe eines Wunschprodukts und einer Startlokation können Sie Ihre Regel simulieren (siehe Abbildung 17.27).

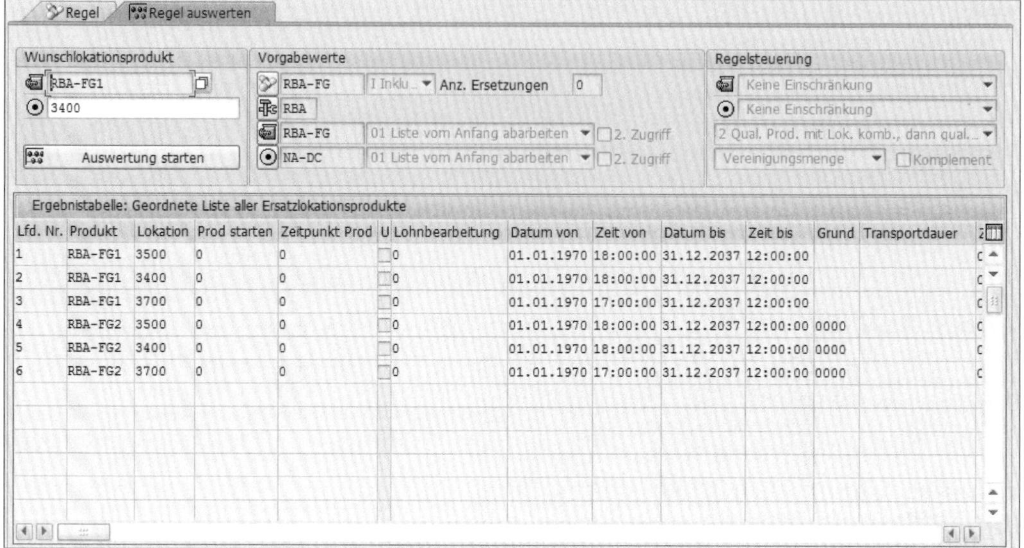

Abbildung 17.27 Regel in der integrierten Regelpflege auswerten

Zusammenfassung

In diesem Abschnitt haben wir die verschiedenen Bestandteile einer Regel vorgestellt, und Sie haben ihre Funktionsweise kennengelernt. Dabei spielen das Produktsubstitutionsschema und das Lokationsfindungsschema natürlich eine besondere Rolle, da sie am häufigsten verwendet werden. In der Regelsteuerung haben Sie darüber hinaus die vielfältigen Möglichkeiten gesehen, mit denen Sie den Ablauf der regelbasierten ATP-Prüfung beeinflussen können. Hier sei der Ratschlag erlaubt, diese Möglichkeiten mit Bedacht zu nutzen. Sie erlauben zwar eine ungeheure Flexibilität in der Anwendung, erhöhen aber auch in einem erheblichen Maße die Komplexität der Prüfung. Dies wiederum schlägt sich letztendlich in einem komplexen und schwer interpretierbaren Ergebnis der Prüfung nieder.

17.2.2 Verwendung von Stammdaten für Austauschbarkeit

In den bisherigen Erläuterungen zur integrierten Regelpflege war immer die Rede von Produktsubstitutionsschema und Lokationsfindungsschema, also zwei Bestandteilen der Regel, die ausschließlich von der gATP-Prüfung verwendet werden. Wenn Sie nun aber neben der gATP-Prüfung auch noch Planungskomponenten des APO-Systems einsetzen möchten, könnte es hilfreich sein, für die Ersetzungen auf die gleichen Stammdaten zurückzugreifen wie die Planung. Aus diesem Grund gibt es die Stammdaten für Produkt- und Lokationsaustauschbarkeit, die statt des Produktsubstitutionsschemas und des Lokationsfindungsschemas verwendet werden können:

- Die Stammdaten der *Produktaustauschbarkeit* können dabei sowohl von der globalen Verfügbarkeitsprüfung (gATP) als auch von der Produktions- und Feinplanung (PP/DS), dem Supply Network Planning (SNP), dem Capable-to-Match (CTM), der Absatzplanung (DP) und der Ersatzteilplanung (SPP) verwendet werden. Dies reduziert den Pflegeaufwand und erhöht die Transparenz.
- Die Stammdaten der *Lokationsaustauschbarkeit* finden hingegen nur Verwendung in der globalen Verfügbarkeitsprüfung.

Zum besseren Verständnis sollen zuerst die Austauschbarkeitsstammdaten vorgestellt werden. Diese legen Sie im SAP-Menü über den Pfad **Advanced Planning and Optimization • Stammdaten • Produkt- und Lokationsaustauschbarkeit • Austauschbarkeitsgruppe** oder über Transaktion /INCMD/UI an.

Hierbei bestimmen Sie zuerst den Gruppentyp der Ersetzung. Die gATP-Prüfung unterstützt Ersetzungsketten auf der einen Seite und FFF-Klassen auf der anderen Seite:

- **Ersetzungskette**
  Von Ersetzungsketten spricht man, wenn die möglichen Ersetzungen in Form von Ketten miteinander verknüpft werden (Produkt A wird durch Produkt B ersetzt, Produkt B wird wiederum durch Produkt C ersetzt).
- **FFF-Klasse**
  Von einer FFF-Klasse spricht man hingegen, wenn mehrere Produkte zusammengefasst werden, die hinsichtlich ihrer Eigenschaften (*form, fit and function* = FFF) gleich sind.

17

In Abbildung 17.28 gehen wir nun von einer Ersetzungskette aus.

Neben dem Gruppentyp müssen Sie noch festlegen, ob die Ersetzungskette nur von den Planungskomponenten des APO-Systems, nur von der -Prüfung oder von beiden verwendet werden soll (Feld **Relevant für**).

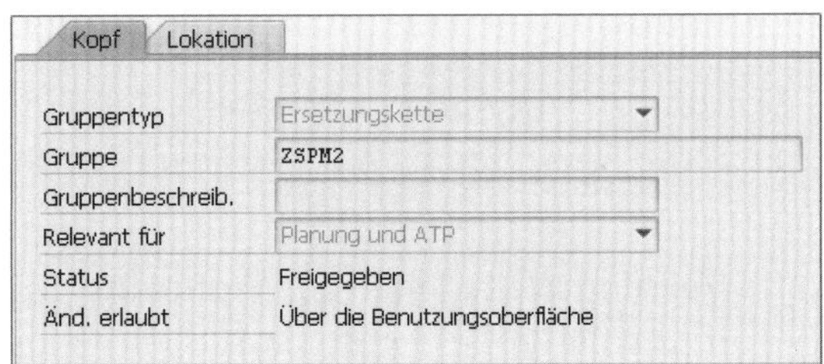

Abbildung 17.28 Kopf der Ersetzungskette

In den Details der Ersetzungskette müssen Sie nun einen Ersetzungstyp bestimmen. Der einfachste Typ ist dabei die 1:1-Ersetzung. Denkbar ist z. B. aber auch eine 1:n-Ersetzung, bei der ein Vorgängerprodukt durch mehrere Nachfolgerprodukte ersetzt wird. In Abbildung 17.29 wird das Produkt SPM_SUP_03 durch die beiden Produkte SPM_SUP_04 und SPM_SUP_05 ersetzt, jeweils mit der Menge 1.

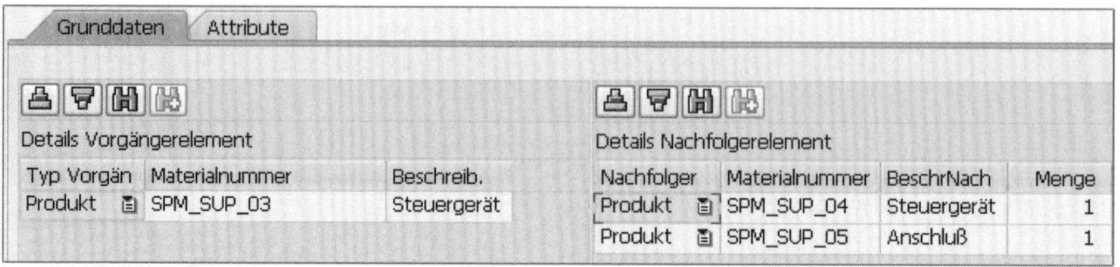

Grunddaten | Attribute

Details Vorgängerelement

Typ Vorgän	Materialnummer	Beschreib.
Produkt	SPM_SUP_03	Steuergerät

Details Nachfolgerelement

Nachfolger	Materialnummer	BeschrNach	Menge
Produkt	SPM_SUP_04	Steuergerät	1
Produkt	SPM_SUP_05	Anschluß	1

Abbildung 17.29 Details der Ersetzungskette

Eine vollständige Auflistung aller Ersetzungstypen finden Sie im SAP-Customizing über den Pfad **Advanced Planning and Optimization • Stammdaten • Produkt- und Lokationsaustauschbarkeit • Anwendungseinstellungen • Ersetzungstypen pflegen**.

Nachdem Sie nun die beteiligten Produkte und deren Verhältnis zueinander definiert haben, müssen in den Attributen einige detaillierte Angaben zur Verwendung der Ersetzungskette gemacht werden. Diese Attribute werden anwendungsspezifisch abgelegt. Betrachten Sie die gATP-spezifischen Attribute in Abbildung 17.30 genauer.

Grunddaten | Attribute

Lokation | Attribute

CTM | DP | GATP | PPDS | SNP | SPP

Gültig-ab-Datum 01.01.2021 | Grund
Richtung Voll | Faktor Nachfolgermenge 1
Aufbrauchstrategie Eingesch... | Faktor Vorgängermenge 1
AufbrTermin 05.01.2022
Vorh. Gültig-ab-Dat. 01.01.2021

Abbildung 17.30 gATP-Attribute der Ersetzungskette

Die beiden wichtigsten Felder sind die **Richtung** und die **Aufbrauchstrategie**. Der Einfachheit halber gehen wir von einer 1:1-Ersetzung aus; Produkt A wird durch Produkt B ersetzt.

Für die Richtung stehen Ihnen die Werte **Voll** und **Weiterleiten** zur Verfügung. Bei einer vollen Ersetzungsrichtung kann nun sowohl Produkt A durch Produkt B als auch Produkt B durch Produkt A ersetzt werden. Im Falle der Weiterleitung kann hingegen nur Produkt A durch Produkt B ersetzt werden, nicht jedoch Produkt B durch Produkt A.

Die Aufbrauchstrategie entscheidet über die Frage, wie sich das System verhalten soll, wenn es noch Bestand von Produkt A gibt. Haben Sie den Wert **Nein** gepflegt, wird Produkt A durch Produkt B ersetzt, unabhängig von einem eventuellen Bestand von

Produkt A. Wählen Sie den Wert **Ja**, muss der Bestand von Produkt A auf jeden Fall aufgebraucht werden, bevor Produkt A durch Produkt B ersetzt wird.

Etwas differenzierter können Sie agieren, wenn Sie die Aufbrauchstrategie auf **eingeschränkt** setzen. Dann wird Produkt A aufgebraucht, bis das Datum im Feld **AufbrTermin** erreicht ist. Nach diesem Datum wird Produkt A nicht mehr verwendet, unabhängig vom noch verfügbaren Bestand.

Grundsätzlich müssen Sie Ihrer Ersetzungskette ein Gültigkeitsdatum verpassen. Das Feld **Gültig-ab-Datum** steuert, ab wann diese spezielle Ersetzungskette verwendet werden darf.

Haben Sie nun Ihre Ersetzungskette inklusive der gATP-Attribute gepflegt, müssen Sie diese Kette noch einem Produktsubstitutionsschema zuweisen. Dies geschieht ebenfalls in den Stammdaten der Austauschbarkeit (siehe Abbildung 17.31).

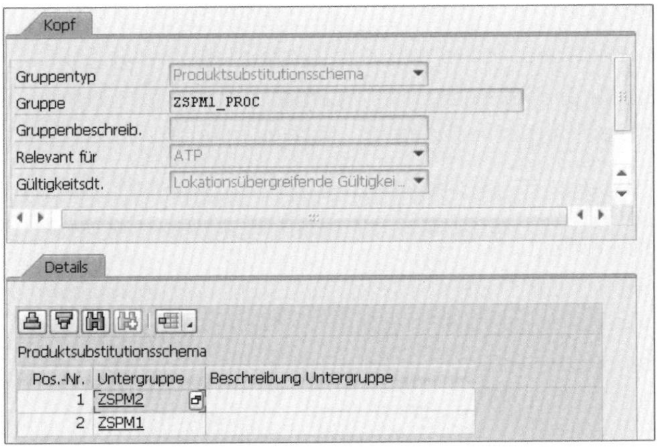

Abbildung 17.31 Produktsubstitutionsschema in den Produktaustauschbarkeitsstammdaten

Hierbei können Sie mehrere Ersetzungsketten (in Abbildung 17.31 **Untergruppe**) zu einem Produktsubstitutionsschema zuweisen. Wenn Sie die hier zugewiesenen Ersetzungsketten auch in der Planung nutzen, können Sie im Kopf des Produktsubstitutionsschemas über das Kennzeichen **Gültigkeitsdt.** festlegen, ob Sie statt der lokationsübergreifenden Gültigkeitsdaten lieber die Gültigkeitsdaten der Planung verwenden möchten.

Das Schema selbst weisen Sie anschließend in der integrierten Regelpflege einer Regel zu (siehe Abbildung 17.32).

Sie können nur entweder komplett mit den Stammdaten der Austauschbarkeit oder komplett mit den Stammdaten der integrierten Regelpflege arbeiten. Daher müssen Sie im Falle der Verwendung von Stammdaten für die Produktaustauschbarkeit auch die Stammdaten für die Lokationsaustauschbarkeit anlegen und zuweisen.

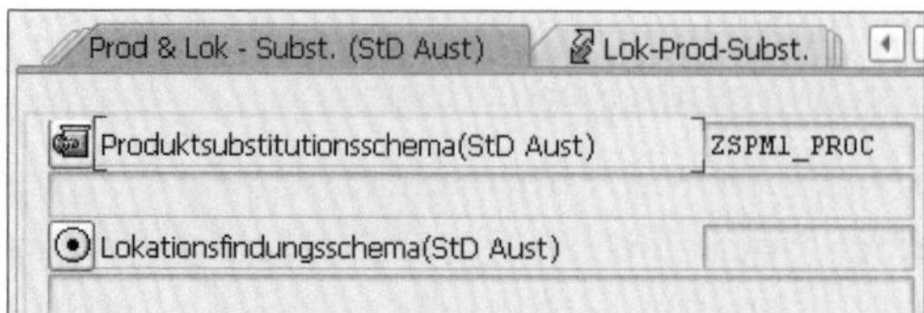

Abbildung 17.32 Stammdaten der Austauschbarkeit in der Regel zuweisen

Besonderheit bei der Verwendung der Stammdaten für die Produktaustauschbarkeit

Sie können die Stammdaten auch ohne regelbasierte Verfügbarkeitsprüfung nutzen. Die Funktionalität nennt sich dann **Ersatzprodukte aus den Stammdaten (ohne Konditionstechnik)**. Hierzu ist es notwendig, in der Prüfvorschrift einige Einstellungen vorzunehmen (siehe Abbildung 17.33):

- Zuallererst müssen Sie das Kennzeichen **Stammdaten Austauschb.** aktivieren.
- Darüber hinaus müssen Sie dafür sorgen, dass die regelbasierte ATP-Prüfung mit einem sofortigen Start aktiviert ist (Kennzeichen **RBA aktivieren** und Kennzeichen **Start sofort**).
- Schließlich legen Sie noch fest, wie mit eventuellen Restbedarfen der Prüfung umgegangen werden soll (Feld **Restbedarf**).
- Im Falle der Ersatzprodukte aus den Stammdaten ohne Konditionstechnik kommen dabei nur die Werte **Keinen Restbedarf absetzen** und **Restbedarf gemäß Produktaustauschbarkeitsstammdaten** infrage.

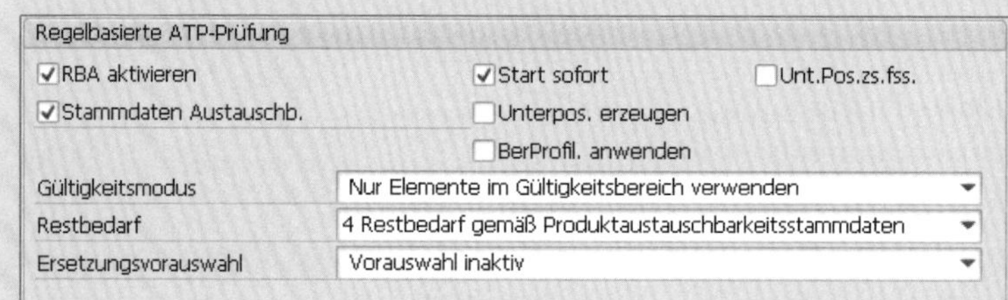

Abbildung 17.33 Stammdaten für Austauschbarkeit in der Prüfvorschrift aktivieren

Wie in Abschnitt 17.2.1 zur integrierten Regelpflege bereits angedeutet, gibt es in der Regelsteuerung die Möglichkeit, einen Filter für Ersetzungstypen zu definieren. Dieser Filter wirkt exkludierend; im Filter gelistete Ersetzungstypen werden also bei der Regelauswertung nicht berücksichtigt. Wenn Sie also z. B. im Filter 1:n-Ersetzungen aufgeführt haben (wie in Abbildung 17.34), werden während der Prüfung 1:n-Ersetzungen nicht vorgenommen.

Sie haben in diesem Abschnitt die Möglichkeiten kennengelernt, statt mit den Stammdaten innerhalb der integrierten Regelpflege mit den Stammdaten der Austauschbarkeit zu arbeiten. Dies ist dann empfehlenswert, wenn Sie neben der gATP-Prüfung noch weitere Komponenten des APO-Systems nutzen möchten und Sie die Informationen über die Austauschbarkeit von Produkten aus Konsistenzgründen komponentenübergreifend verwenden möchten. Darüber hinaus ist die Nutzung der Stammdaten für die Austauschbarkeit dann sinnvoll, wenn Sie andere Ersetzungstypen als die 1:1-Ersetzung nutzen möchten; dies lässt sich durch die Stammdaten innerhalb der integrierten Regelpflege nicht darstellen.

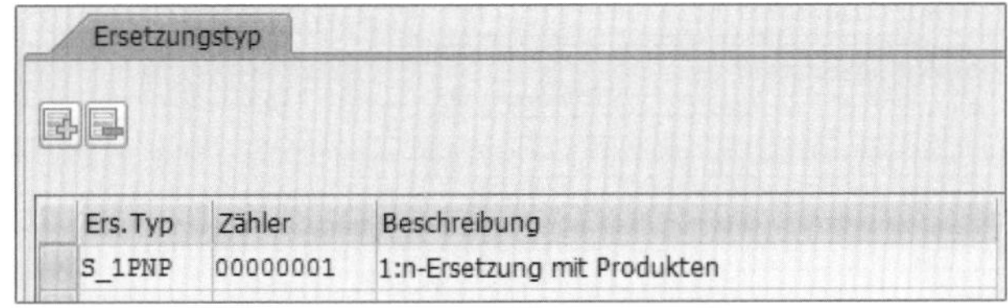

Abbildung 17.34 Filter für den Ersetzungstyp

17.2.3 Regelfindung

Nachdem Sie im vorangehenden Abschnitt die verschiedenen Möglichkeiten zur Erstellung einer Regel kennengelernt haben, geht es in diesem Abschnitt darum, wie eine solche Regel gefunden werden kann.

Die regelbasierte Verfügbarkeitsprüfung bedient sich hierbei der sogenannten Konditionstechnik. Mithilfe der Konditionstechnik ist es möglich, basierend auf dem Eintreten bestimmter Konditionen (Bedingungen) eine Folge von nacheinander ablaufenden Schritten zu starten, an deren Ende die Findung von ein oder mehreren Regeln steht.

Bei der Konditionstechnik handelt es sich um eine Funktionalität, die in der SAP-Basis abgelegt ist und somit in SAP S/4HANA und SAP ERP ebenso wie in SAP SCM und SAP CRM zur Verfügung steht (u. a. für die Preisfindung oder die Nachrichtenfindung).

Da es sich um keine ATP-spezifische Funktionalität handelt, gehen wir in diesem Buch nur insoweit auf die Konditionstechnik ein, wie es für das Verständnis der regelbasierten Verfügbarkeitsprüfung notwendig ist. Details können Sie in dem Buch »Preisfindung und Konditionstechnik mit SAP« von Ursula Becker, Jan Fischer, Manfred Hirn und Werner Herhuth (SAP PRESS 2020) nachlesen. Einen ersten Überblick über die Elemente gibt Abbildung 17.35.

Die entsprechenden Einstellungen finden Sie im Customizing über den Pfad **Advanced Planning and Optimization • Globale Verfügbarkeitsprüfung (Globale ATP-Prüfung) • Regelbasierte Verfügbarkeitsprüfung**.

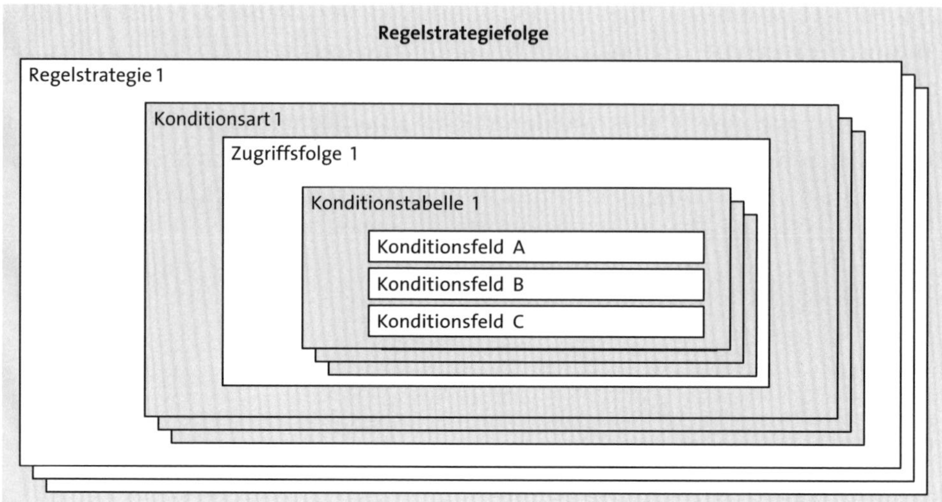

Abbildung 17.35 Elemente der Konditionstechnik für die regelbasierte Verfügbarkeitsprüfung

Hinweis zur weiteren Erläuterung

Bei der Erläuterung der Elemente der Konditionstechnik gehen wir in der Reihenfolge vor, in der Sie die Einstellungen vornehmen müssen.

Feldkatalog pflegen

Zuerst legen Sie fest, welche Merkmale eines Kundenauftrags überhaupt relevant für die Regelfindung sein sollen: Möchten Sie z. B., dass sich die regelbasierte Verfügbarkeitsprüfung für Kundenaufträge unterschiedlicher Verkaufsorganisationen unterscheidet, müssen Sie das Merkmal bzw. das Konditionsfeld **Verkaufsorganisation** in Ihren Feldkatalog mit aufnehmen. Möchten Sie darüber hinaus, dass auch die Kundengruppe einen Einfluss auf die Auswahl der Regeln hat, nehmen Sie das Konditionsfeld **Kundengruppe** ebenfalls in Ihren Feldkatalog auf. Für die folgenden beiden Beispiele nehmen wir auch noch die **Materialgruppe** in den *Feldkatalog* mit auf.

Konditionstabelle definieren

Im nächsten Schritt legen Sie Ihre Konditionstabellen fest. Dabei ist es notwendig, dass Sie alle Konditionsfelder, die gleichzeitig eine Auswirkung auf die Auswahl der Regeln haben sollen, innerhalb einer *Konditionstabelle* zusammenfassen. Möchten Sie also z. B. unterschiedliche Regeln für unterschiedliche Kundengruppen auch innerhalb einer Verkaufsorganisation finden, würden Sie die Konditionsfelder **Verkaufsorganisation** und **Kundengruppe** innerhalb einer Konditionstabelle ablegen.

Zugriffsfolgen pflegen

Nachdem Sie Ihre Konditionstabellen festgelegt haben, definieren Sie nun die *Zugriffsfolgen*. Zugriffsfolgen benötigen Sie, wenn Sie in mehreren Schritten versuchen, einen gültigen Konditionssatz und somit eine gültige Regel zu finden. Hierbei sollten Sie die Zugriffsfolgen so aufbauen, dass die spezifischen Zugriffe zuerst erfolgen.

Sie versuchen also z. B. zuerst, eine Regel anhand der Kombination von Kundengruppe, Verkaufsorganisation und Materialgruppe zu finden.

Gelingt das nicht, versuchen Sie im zweiten Schritt, ob es wenigstens eine Regel gibt, die für die Kombination von Kundengruppe und Verkaufsorganisation gültig ist.

Gelingt das nicht so besonders, schauen Sie zum Abschluss, ob es wenigstens eine Regel gibt, die auf der Ebene der Verkaufsorganisation gefunden wird.

Dabei wird die Zugriffsfolge normalerweise vom ersten bis zum letzten Zugriff durchlaufen, selbst wenn der erste Zugriff erfolgreich war. Möchten Sie das unterbinden, haben Sie die Möglichkeit, mittels des Kennzeichens **Exklusiv** einen Stopp nach einem erfolgreichen Zugriff zu erzwingen.

Konditionsart pflegen

Mithilfe der anschließend zu pflegenden *Konditionsart* ermitteln Sie die Regeln, die Sie in der regelbasierten Verfügbarkeitsprüfung verwenden möchten. Im Customizing müssen Sie zu jeder Konditionsart, die Sie benutzen, eine Zugriffsfolge hinterlegen. Hierbei können Sie die im vorangehenden Schritt angelegten Zugriffsfolgen auch mehreren Konditionsarten zuweisen.

Regelstrategie pflegen

Nun müssen Sie eine *Regelstrategie* pflegen. Eine Regelstrategie steuert den Zugriff auf eine oder mehrere Konditionsarten, die dann wiederum zu einer oder mehreren Regeln führt. Hierbei wird zwischen inklusiven und exklusiven Regelstrategien unterschieden.

Wie in Abbildung 17.36 dargestellt, ergeben exklusive Regelstrategien nur im Zusammenwirken mit einer inklusiven Regelstrategie einen Sinn.

Es wird zuerst die exklusive Regelstrategie ausgeführt. Dabei ist zu berücksichtigen, dass die inklusiven Regeln innerhalb einer exklusiven Regelstrategie zum Aufbau der Ausschlussliste dienen, also exkludierend wirken. Die Lokationen 3000, 4000 und 6000 der inklusiven Regel innerhalb der exklusiven Regelstrategie sollen also nicht berücksichtigt werden. Die exklusiven Regeln reduzieren hingegen die Ausschlussliste, wirken also innerhalb einer exklusiven Regelstrategie inkludierend. Die Lokation 4000 der exklusiven Regel soll also von der Ausschlussliste wieder entfernt werden.

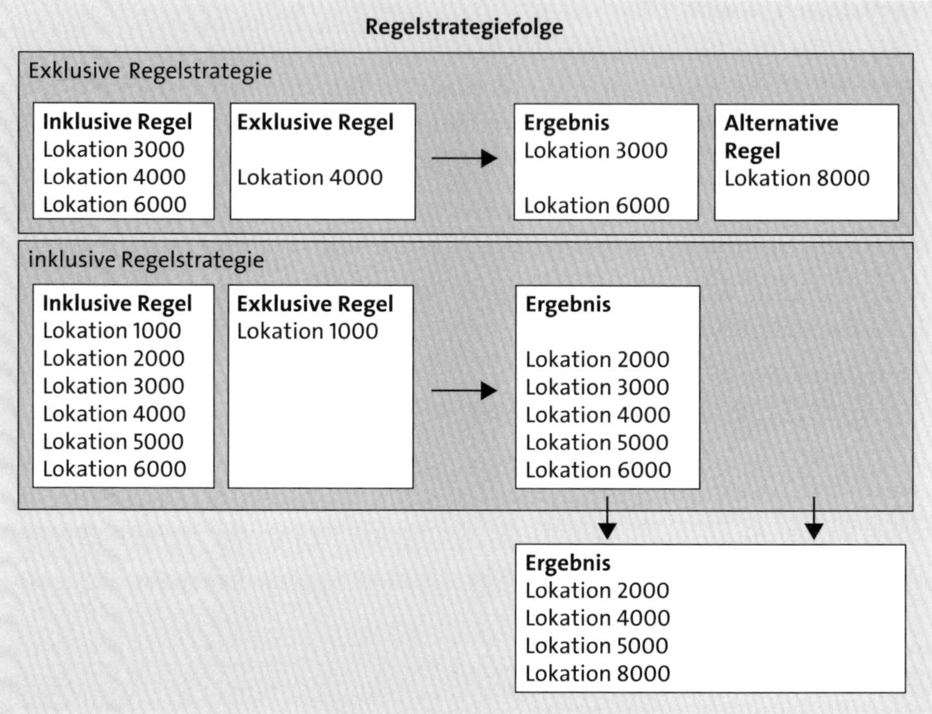

Abbildung 17.36 Inklusive und exklusive Regelstrategien

Anschließend wird die inklusive Regelstrategie ausgeführt, die als Ergebnis eine gültige Ersetzungsliste bildet. Hierbei wirken inklusive Regeln inkludierend und die exklusive Regeln exkludierend.

Zum Schluss wird dann von der positiven Ergebnisliste der inklusiven Regelstrategie die Ausschlussliste der exklusiven Regelstrategie abgezogen und um die alternativen Lokationen der alternativen Regeln ergänzt.

Bei den inklusiven Regelstrategien gibt es zusätzlich noch die Möglichkeit, wie bei der Regel auch, die Anzahl der Ersetzungen auf genau eine Ersetzung einzuschränken. Hierzu müssen Sie das Kennzeichen **RS Anz. Ers.** aktivieren (siehe Abbildung 17.37). Anschließend sind auch die Felder **Anz. Ersetzungen** und **Entität AnzErs.** eingabebereit. Eine Einschränkung auf die Ebene der Regelstrategie übersteuert dabei die auf der Regelebene vorgenommenen Einstellungen.

Bei den exklusiven Regelstrategien können Sie noch einstellen, wie die ausgeschlossenen Lokationen in der regelbasierten Verfügbarkeitsprüfung behandelt werden sollen. Hierbei gibt es im Feld **AuswLokAus** (Auswirkung Lokationsausschluss) folgende Eingabemöglichkeiten:

- **Keine Einschränkung beim Ausschluss von Lokationen**
  Wird keinerlei Einschränkung beim Ausschluss vorgenommen, kann in der ausgeschlossenen Lokation weder auf Verfügbarkeit geprüft noch konsolidiert werden.
- **Nur Ersatzlokationen ausschließen**
  Wird hingegen nur die Ersatzlokation ausgeschlossen, kann in der ausgeschlossenen Lokation sehr wohl konsolidiert werden.
- **Nur Konsolidierungslokationen ausschließen**
  Umgekehrt kann beim Ausschluss der Konsolidierungslokation in der Lokation immer noch die Verfügbarkeit geprüft werden.

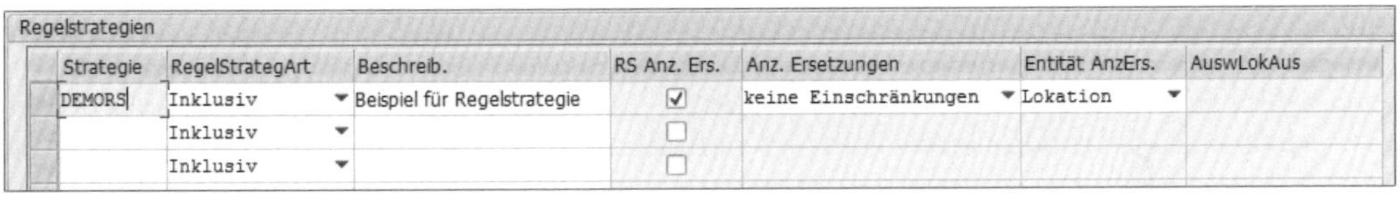

Regelstrategien

Strategie	RegelStrategArt	Beschreib.	RS Anz. Ers.	Anz. Ersetzungen	Entität AnzErs.	AuswLokAus
DEMORS	Inklusiv	Beispiel für Regelstrategie	☑	keine Einschränkungen	Lokation	
	Inklusiv		☐			
	Inklusiv		☐			

Abbildung 17.37 Regelstrategie

Regelstrategiefolge pflegen

Zu guter Letzt können Sie eine *Regelstrategiefolge* pflegen. Die Pflege der Regelstrategiefolge ist notwendig, um das oben beschriebene Zusammenspiel von inklusiven und exklusiven Regelstrategien im System abbilden zu können. Hierbei ist es zwingend erforderlich, dass Sie auf die exklusive Regelstrategie vor der inklusiven Regelstrategie zuzugreifen. Wenn Sie nur eine Regelstrategie verwenden, ist die Pflege der übergeordneten Regelstrategiefolge nicht erforderlich.

Regelstrategie oder Regelstrategiefolge zuordnen

Neben der Steuerung der regelbasierten Verfügbarkeitsprüfung anhand der im Feldkatalog enthaltenen Merkmale stehen Ihnen außerdem einige technische Parameter zur Verfügung, die den Ablauf und die Findung der Regeln erheblich beeinflussen. So können Sie festlegen, dass Kundenaufträge, die online im Dialog erfasst werden, mithilfe anderer Regeln geprüft werden als Kundenaufträge, die über die EDI-Schnittstelle in das System gelangen. Folgende Parameter dienen dieser Steuerung:

- Technische Vorgangsart
- Vorgangsart
- Geschäftsvorfall

Die technische Vorgangsart ist ein Parameter, der aus dem aufrufenden ERP-System übergeben wird. Dort ist er im Programm `RVDIREKT` abgelegt (siehe Listing 17.1):

```
* Technischer Vorgang (APO-ATP)
      tproc_dialog(2)            TYPE c VALUE 'AA',
      tproc_batch_input(2)       TYPE c VALUE 'BB',
      tproc_bapi(2)              TYPE c VALUE 'CC',
      tproc_edi(2)               TYPE c VALUE 'DD',
      tproc_neuterminierung(2)   TYPE c VALUE 'EE',
```

Listing 17.1 Technische Vorgangsart im Programm RVDIREKT

Die technische Vorgangsart bildet dabei den Weg ab, auf dem ein Auftrag in das OLTP-System gelangt ist.

Auch die Vorgangsart (Aktivität) stammt aus einem im Programm RVDIREKT abgelegten Parameter. In diesem Fall wird unterschieden, ob Sie sich gerade im Anlage- oder Bearbeitungsmodus eines Auftrags befinden oder ob der Auftrag im Kopiervorgang aus einem anderen Auftrag erzeugt wird (siehe Listing 17.2).

```
* Aktivität (APO-ATP)
      actyp_new                  VALUE 'A',
      actyp_change               VALUE 'B',
      actyp_copy                 VALUE 'C',
```

Listing 17.2 Vorgangsart (Aktivität) im Programm RVDIREKT

Den dritten Parameter, den Geschäftsvorfall, verknüpfen Sie im Customizing des ERP-Systems mit der Auftragsart des aufrufenden Kundenauftrags.

Hierzu legen Sie im ERP-Customizing über den Pfad **Vertrieb • Grundfunktionen • Verfügbarkeitsprüfung und Bedarfsübergabe • Verfügbarkeitsprüfung • Regelbasierte Verfügbarkeitsprüfung • Betriebswirtschaftlichen Vorgang definieren** den Geschäftsfall fest. Anschließend können Sie über den folgenden Pfad verknüpfen: **Vertrieb • Grundfunktionen • Verfügbarkeitsprüfung und Bedarfsübergabe • Verfügbarkeitsprüfung • Regelbasierte Verfügbarkeitsprüfung • Betriebswirtschaftlichen Vorgang einer Auftragsart zuordnen**.

Ist das aufrufende OLTP-System kein ERP-System, müssen Sie diese Parameter im Bedarfsprofil festlegen.

Im Customizing des APO-Systems legen Sie die Zuordnung der Regelstrategiefolge zu den technischen Parametern über den Pfad **Advanced Planning and Optimization • Globale Verfügbarkeitsprüfung (Globale ATP-Prüfung) • Regelbasierte Verfügbarkeitsprüfung • Regelstrategie oder Regelstrategiefolge zuordnen** fest.

In dem Beispiel aus der Abbildung 17.38 sehen Sie, dass den folgenden Kundenaufträgen die Regelstrategiefolge TFC zugeordnet wurde:

- Kundenaufträgen, die im Dialog erfasst werden (technische Vorgangsart AA)

- Kundenaufträgen, deren Auftragsart der Geschäftsvorfall A zugeordnet ist
- Kundenaufträgen, die angelegt werden (Vorgangsart A)

Sicht "Regelstrategie oder Regelstrategiefolge zuordnen" ändern:

Neue Einträge

TechnVorgangArt	AA
GVorfall	A
Vorgangsart	A

Regelstrategie oder Regelstrategiefolge zuordnen

RglStratFolge	TFC
Regelstrategie	
Behandlung BP	Ersetzen
ErsVorauswahl	☑

Abbildung 17.38 Regelstrategiefolge zu den technischen Parametern zuordnen

Darüber hinaus wird in diesem Beispiel der Zuordnung der Regelstrategiefolge festgelegt, dass die Berechnungsprofile von nacheinander abgearbeiteten Regeln durcheinander ersetzt werden (der Eintrag im Feld **Behandlung BP** lautet **Ersetzen**). Alternativ können Sie im Feld **Behandlung BP** auch den Wert **Hinzufügen** einstellen. In diesem Fall werden die Berechnungsprofile der verschiedenen Regeln ergänzt.

Die Option der Vorauswahl passender Ersetzungen kann hier ebenfalls aktiviert werden (Kennzeichen **ErsVorauswahl**). Unter dieser Option versteht man die Möglichkeit, in der Online-Verfügbarkeitsprüfung zuerst vom APO-System eine Auswertung aller durch die Regeln ermittelten Ersetzungen durchführen zu lassen und dann manuell festzulegen, welche Ersetzungen tatsächlich gewählt werden sollen. Dazu ist es zwingend erforderlich, dass Sie bereits in der Prüfvorschrift die Ersetzungsvorauswahl aktiviert haben (siehe Abbildung 17.39).

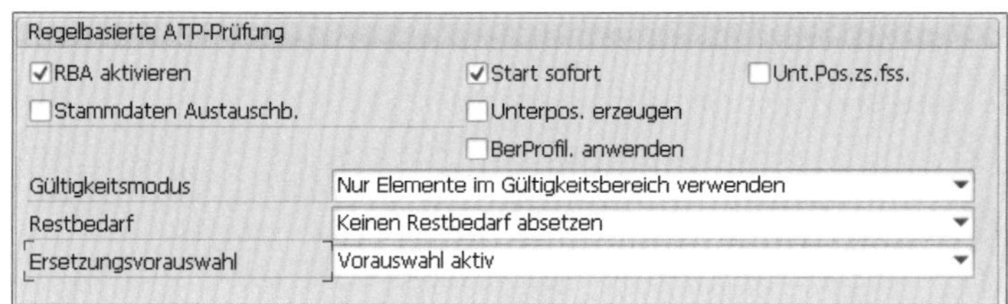

Abbildung 17.39 Aktivierung der Vorauswahl passender Ersetzungen in der Prüfvorschrift

Hierzu wählen Sie im Feld **Ersetzungsvorauswahl** den Eintrag **Vorauswahl aktiv**. Alternativ können Sie in diesem Feld auch die Option **Vorauswahl extern einschaltbar** wählen. In diesem Fall können Sie die Vorauswahl über das Bedarfsprofil oder das entsprechende Kennzeichen in der ATP-Simulation aktivieren.

Zusammenfassung

In diesem Abschnitt haben Sie nun alle Elemente kennengelernt, die zur Regelfindung mittels der Konditionstechnik notwendig sind. Durch die Verknüpfung der technischen Parameter mit einer Regelstrategiefolge oder Regelstrategie wird die Regelfindung gestartet. In der Regelstrategiefolge werden mehrere Regelstrategien gefunden. In der Regelstrategie werden wiederum Konditionsarten ermittelt. Diese verweisen auf Zugriffsfolgen. Innerhalb dieser Zugriffsfolgen werden dann Konditionstabellen hinterlegt, auf deren Basis die Konditionssätze gefunden werden.

Im folgenden Abschnitt möchten wir anhand eines Beispiels die Regelfindung und ihre Verknüpfung zur integrierten Regelpflege zeigen.

17.2.4 Beispiel: regelbasierte Verfügbarkeitsprüfung

Starten Sie den Kundenauftrag, den Sie im ERP-System erfassen (siehe Abbildung 17.40). Der Kunde CUSTOMER1 wünscht vom Produkt RBA-FG1 200 Stück aus dem Auslieferungswerk 3500.

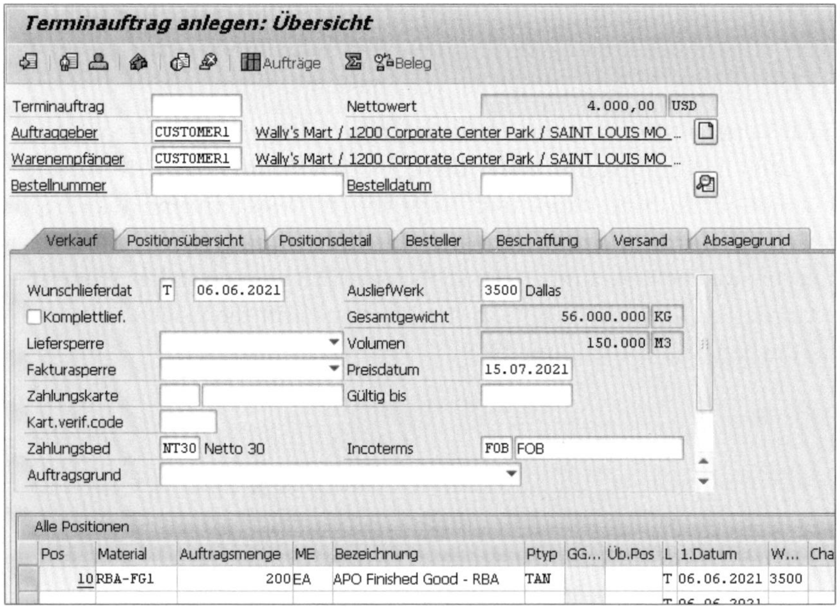

Abbildung 17.40 Kundenauftrag im ERP-System erfassen

Für dieses Beispielprodukt wird eine Prüfvorschrift gefunden, in der die regelbasierte ATP-Prüfung mit sofortigem Start aktiviert ist. Dies führt dann zum Ergebnisbild aus Abbildung 17.41, in dem Sie erkennen, dass sowohl eine Produktersetzung als auch eine Lokationsersetzung stattgefunden hat.

Produkt/Lokation	Materialbereitstellungstermin (Bedarf)	Bedarfsmenge	Bestätigte Menge (zum Wunschtermin)	Kumulierte bestätigte Me...	Mengeneinheit	Produktverfügbarkeit	Liefervorschlag	Regel
RBA-FG1 / 3500 / Position: 000010								
Einteilung: 0001	06.06.2021	200	0	0	EA			
Produkt-/Lokationsersetzung								
RBA-FG1 / 3500	06.06.2021	200	70	70	EA	70		
RBA-FG1 / 3400	06.06.2021	130	55	55	EA	55		
RBA-FG1 / 3700	06.06.2021	75	20	20	EA	20		
RBA-FG2 / 3500	06.06.2021	55	50	50	EA	50		
RBA-FG2 / 3400	06.06.2021	5	5	5	EA	5		

Abbildung 17.41 Ergebnisbild der regelbasierten Verfügbarkeitsprüfung

Über den Button **Regel** des Ergebnisbildes können Sie erkennen, welche Regel gefunden wurde. Wählen Sie innerhalb der angezeigten Regel die Registerkarte **Regelfindung**, stehen Ihnen detaillierte Informationen über die erfolgreichen Konditionszugriffe zur Verfügung (siehe Abbildung 17.42).

Technische Vorgangsart	AA
Geschäftsvorfall	OR
Vorgangsart	A
Regelstrategiefolge	
Kurztext	
RgStrat.-Nr.	0
RegelStrategArt	Inklusiv
Regelstrategie	ATPR
Kurztext	Regelstrategie ATP-R/3
Stufennummer	1
Zähler	0
Konditionsart	ATPR
Kurztext	Konditionsart ATP-R3
Zugriffsfolge	ATPR
Kurztext	Zugriffsfolge ATP-R/3
Zugriff	1
Exklusiv	☑
Tabelle	301
Kurzbeschreibung	VerkOrg./Auftr.geb./Produkt
Regel	RBA-FG
Bezeichnung	

Abbildung 17.42 Analyse der Knotendetails in der regelbasierten ATP-Prüfung

In diesem Beispiel sehen Sie, dass das aufrufende ERP-System die technische Vorgangsart AA für einen im Dialog angelegten Kundenauftrag übermittelt, kombiniert mit der Vorgangsart A für einen neu erfassten Auftrag. Zudem wird der im ERP-Customizing ermittelte Geschäftsvorfall OR übertragen. Basierend auf diesen drei Parametern hat das APO-System keine Regelstrategiefolge, aber die inklusive Regelstrategie ATPR gefunden. Die erste in dieser Strategie hinterlegte Konditionsart ATPR führt zur Zugriffsfolge ATPR; diese wiederum ermittelt mit dem ersten Zugriff die Konditionstabelle 301. Diese Tabelle enthält die drei Konditionsfelder **Verkaufsorganisa-**

tion, **Kunde** und **Material**. Mit den übergebenen Werten wird dazu die Regel RBA-FG, eine inklusive Regel, gefunden. Da es sich um einen exklusiven Zugriff handelt, beendet die Konditionstechnik an dieser Stelle die Zugriffsfolge.

Die Regel RBA-FG beinhaltet ein Produktsubstitutionsschema, ein Lokationsfindungsschema und eine Regelsteuerung. In der Regelsteuerung ist festgelegt, dass Sie zuerst das Wunschprodukt in allen Lokationen suchen, bevor Sie es durch das Alternativprodukt ersetzen (siehe Abbildung 17.43).

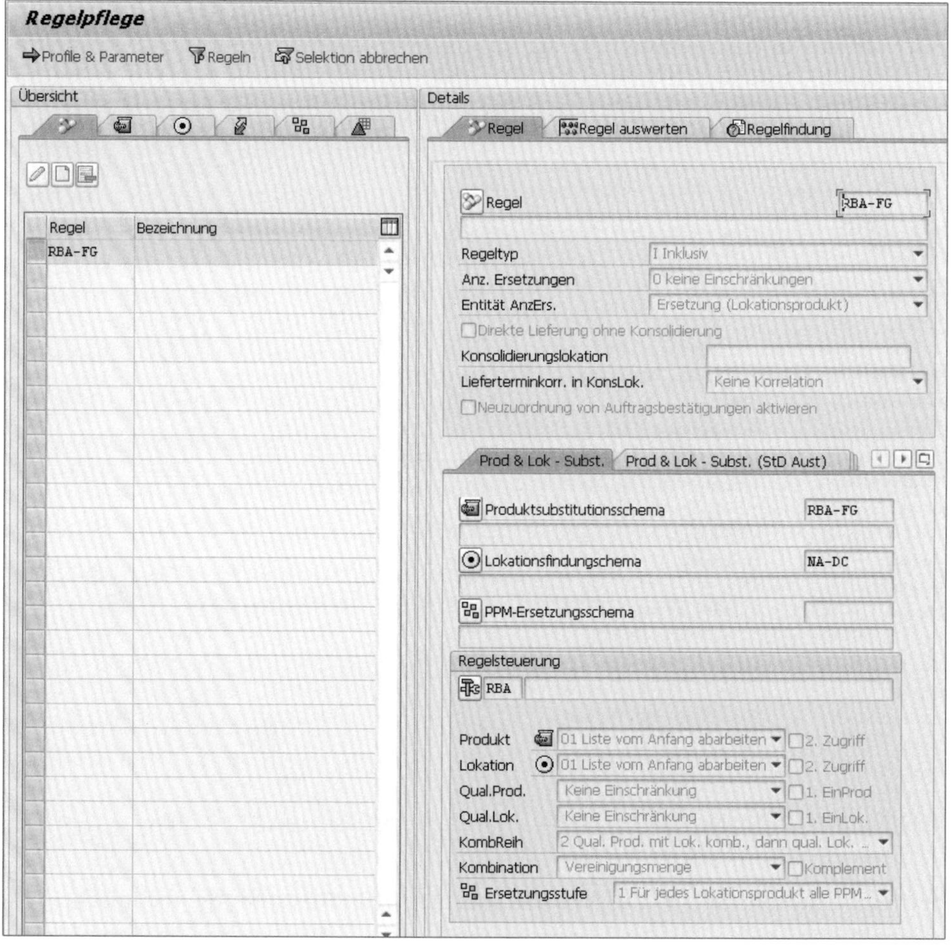

Abbildung 17.43 Gefundene Regel des Beispielauftrags

Im Regelkopf können Sie erkennen, dass wir keinerlei Einschränkung bezüglich der Anzahl der Ersetzungen vorgenommen haben. Dies führt in letzter Konsequenz zu folgenden Unterpositionen im ERP-Kundenauftrag (siehe Abbildung 17.44).

Sie sehen, dass das ursprünglich vom Kunden gewünschte Produkt in der Hauptposition mit einem nicht lieferrelevanten Positionstyp stehen bleibt, die eigentliche logistische Abwicklung jedoch in den in den Unterpositionen abgelegten Produkten und Werken stattfindet.

Alle Positionen

Pos	Material	Auftragsmenge	ME	Bezeichnung	Ptyp	Üb.Pos	Werk	1.Datum
10	RBA-FG1	300	EA	APO Finished Good - RBA	TAPA	0	3500	06.07.2021
11	RBA-FG1	70	EA	APO Finished Good - RBA	TAN	10	3500	06.07.2021
12	RBA-FG1	55	EA	APO Finished Good - RBA	TAN	10	3400	06.07.2021
13	RBA-FG1	20	EA	APO Finished Good - RBA	TAN	10	3700	06.07.2021
14	RBA-FG2	50	EA	APO Finished Good - RBA	TAN	10	3500	06.07.2021
15	RBA-FG2	40	EA	APO Finished Good - RBA	TAN	10	3400	06.07.2021
16	RBA-FG2	60	EA	APO Finished Good - RBA	TAN	10	3700	06.07.2021
17	RBA-FG1	5	EA	APO Finished Good - RBA	TAN	10	3500	06.07.2021

Abbildung 17.44 Ergebnis der regelbasierten Verfügbarkeitsprüfung im Kundenauftrag des ERP-Systems

Mit diesem durchgängigen Beispiel schließen wir den Abschnitt zur regelbasierten Verfügbarkeitsprüfung ab. Sie haben hier das Zusammenspiel der Elemente der Regelfindung gesehen und können feststellen, wie sich das Ergebnis der regelbasierten ATP-Prüfung auf den Kundenauftrag auswirkt.

Die regelbasierte ATP-Prüfung zeigt sich hier als mächtiges Werkzeug, das für viele Kunden dafür ausschlaggebend war, die Verfügbarkeitsprüfung in SAP APO zu implementieren.

17.3 Streckenabwicklung

Mithilfe der *Streckenabwicklung* ist es möglich, Teile, die im eigenen Bestand nicht verfügbar sind, direkt von einem Lieferanten zum eigenen Kunden liefern zu lassen – ohne dass es zu einer direkten kaufmännischen Abwicklung zwischen Lieferanten und Kunden kommt.

Die Streckenabwicklung kann im Anschluss an eine Verfügbarkeitsprüfung im eigenen Bestand durchgeführt werden. Ebenso kann die Streckenabwicklung auch unmittelbar durchgeführt werden, also ohne vorherige Verfügbarkeitsprüfung gegen die eigenen Bestände. Dies ist dann sinnvoll, wenn das angefragte Teil z. B. aufgrund von besonderen Lagerbedingungen nie im eigenen Bestand vorhanden ist.

Grundsätzlich wird bei der Streckenabwicklung zwischen der Streckenabwicklung über die Bezugsquellenfindung und der Streckenabwicklung über die Kontingentierung unterschieden. Der wesentliche Unterschied besteht in der Betrachtung des Lieferantenbestands. Dieser Bestand wird bei der Kontingentierung berücksichtigt, während die Bezugsquellenfindung von einer unbegrenzten Verfügbarkeit beim Lieferanten ausgeht.

17.3.1 Streckenabwicklung über Bezugsquellenfindung

Ausgelöst wird die Streckenabwicklung über die Bezugsquellenfindung, entweder über die entsprechende Aktivierung in der Prüfvorschrift oder in der Lokationsfindungsaktivität (siehe Abbildung 17.45). Die vorzunehmenden Einstellungen sind in beiden Alternativen identisch:

Zuerst fügen Sie einen Wert im Feld **Bezugsquellenfindung starten** ein und legen damit fest, ob und wann die Streckenabwicklung überhaupt ausgeführt wird:

- Bei der Auswahl des Wertes **Nur Verfügbarkeitsprüfung, keine Bezugsquellenfindung** findet keine Streckenabwicklung statt, sondern es werden nur die sonst in der Prüfvorschrift oder Lokationsfindungsaktivität eingestellten Prüfmethoden durchlaufen.
- Bei Auswahl des Wertes **Zuerst Verfügbarkeitsprüfung, danach Bezugsquellenfindung** wird eine Streckenabwicklung durchgeführt. Es wird jedoch nur die Menge beim Lieferanten bestellt, die nicht von der vorangehenden Verfügbarkeitsprüfung bedient werden konnte.

Wert »Zuerst Verfügbarkeitsprüfung, danach Bezugsquellenfindung«

Der Kunde bestellt zehn Stück von Produkt A. Sie finden nach dem Durchlaufen der regelbasierten ATP fünf Stück in Lokation 1000 und zwei Stück in Lokation 2000. Also fehlen noch drei Stück, die Sie nicht im eigenen Bestand haben. Diese Menge wird beim Lieferanten bestellt.

- Der Wert **Bezugsquellenfindung direkt** löst eine Bestellung beim Lieferanten in Höhe der vom Kunden bestellten Menge aus, unabhängig davon, ob das Produkt im eigenen Bestand verfügbar ist oder nicht.

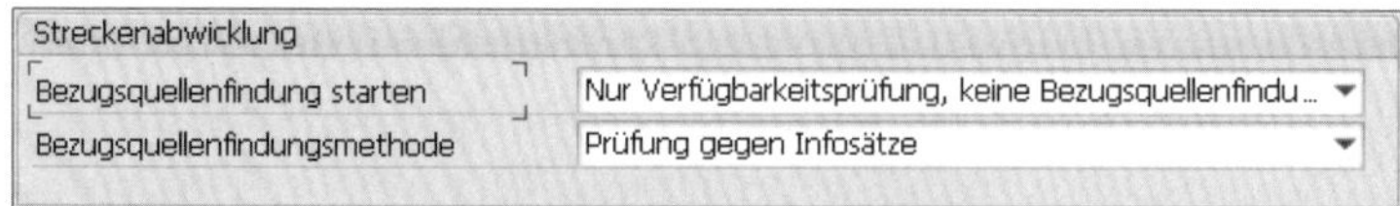

Abbildung 17.45 Streckenabwicklung aktivieren

Im Feld **Bezugsquellenfindungsmethode** legen Sie anschließend fest, welche Beschaffungsbeziehung für die Bestellung beim Lieferanten als gültig angesehen werden darf. Folgende Beschaffungsbeziehungen werden hierbei von der Streckenabwicklung in SAP APO unterstützt:

- Einkaufsinfosätze
- Kontrakte
- Lieferpläne

Diese Optionen können nun beliebig kombiniert werden, sodass insgesamt folgende sieben Auswahlmöglichkeiten für die **Bezugsquellenfindungsmethode** bestehen:

- Prüfung gegen Infosätze
- Prüfung gegen Kontrakte
- Prüfung gegen Lieferpläne
- Prüfung gegen Kontrakte und Lieferpläne
- Prüfung gegen Kontrakte oder Infosätze
- Prüfung gegen Lieferpläne oder Infosätze
- Prüfung gegen Kontrakte oder Lieferpläne oder Infosätze

Grundsätzlich kann eine Streckenabwicklung natürlich nur durchgeführt werden, wenn auch tatsächlich mindestens eine gültige Beschaffungsbeziehung vom erlaubten Typ im APO-System gefunden wird. Anderenfalls kann aus diesem Prüfschritt keine Bestätigung erfolgen.

In Abbildung 17.46 sehen Sie eine im APO-System hinterlegte, aktive Fremdbeschaffungsbeziehung, in diesem Fall vom Typ **Infosatz**.

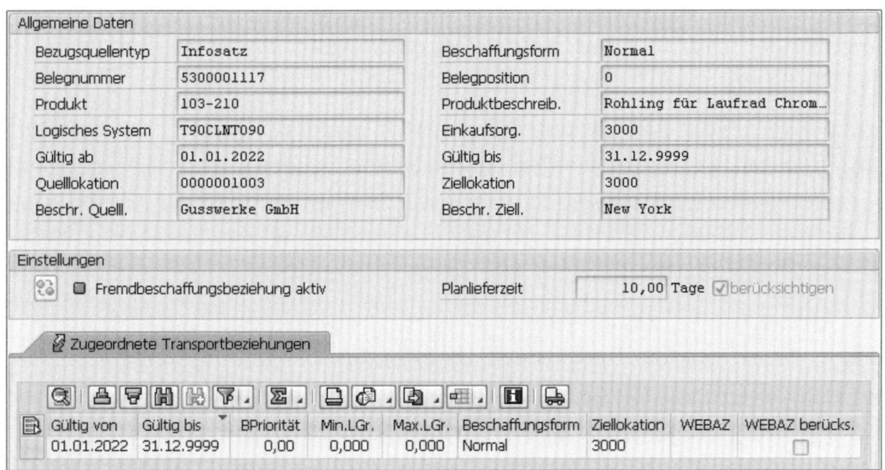

Abbildung 17.46 Fremdbeschaffungsbeziehung vom Typ »Infosatz«

Gibt es mehrere zulässige Beschaffungsbeziehungen, wird gegebenenfalls eine weitere Einschränkung der gültigen Lieferanten über die Einschränkungen in der Transportbeziehung vorgenommen (siehe Abbildung 17.47). Hierzu berücksichtigen Sie auf der einen Seite die Gültigkeitszeiträume der Transportbeziehung (Felder **Beginn-**

datum und **Endedatum**) und auf der anderen Seite die entsprechenden Losgrößen der Transportbeziehung (Felder **Min.LGr.** (minimale Losgröße) und **Max.LGr.** (maximale Losgröße)).

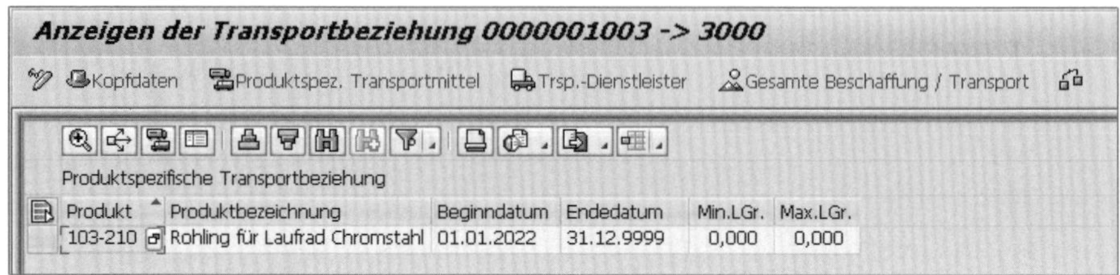

Abbildung 17.47 Transportbeziehung für die Streckenabwicklung

Werden bei diesem Schritt dennoch mehrere gültige Lieferanten für ein Produkt gefunden, muss das System genau einen zu verwendenden Lieferanten ermitteln. Dies kann z. B. mithilfe eines Lieferantenprofils geschehen. Dieses Profil wird im Customizing über den Pfad **Advanced Planning and Optimization • Globale Verfügbarkeitsprüfung (Globale ATP-Prüfung) • Streckenabwicklung • Lieferantenprofil definieren** gepflegt. Zur Findung dieses Profils nutzen Sie die aus der regelbasierten Verfügbarkeitsprüfung bekannte Konditionstechnik. Sie können also anhand zu definierender Kriterien bestimmen, wann welcher Lieferant für eine Streckenabwicklung ausgewählt wird.

Alternativ können Sie die Auswahl des Lieferanten bei Vorhandensein mehrerer Beschaffungsbeziehungen auch durch ein selbst entwickeltes BAdI beeinflussen (BAdI /SAPAPO/TPDS_SODET).

Die normalerweise vom APO-System automatisch vorgenommene Lieferantenauswahl kann manuell beeinflusst werden, indem bereits bei der Auftragserfassung ein Lieferant mitgegeben wird. Dieser Lieferant wird dann im Rahmen der ATP-Prüfung nicht mehr überschrieben und für die Streckenabwicklung verwendet. Voraussetzung hierfür ist, dass das System eine gültige Beschaffungsbeziehung für diesen Lieferanten findet.

Unabhängig davon, wie das System nun den richtigen Lieferanten bestimmt hat, steht am Ende des Prozesses eine Bestellung in SAP ERP bzw. SAP S/4HANA oder eine geplante Bestellung in SAP APO. Diese Unterscheidung hängt mit dem Auftragsanlagetermin zusammen, der im Rahmen der Transport- und Versandterminierung ermittelt wurde (zu den Details lesen Sie Kapitel 21):

- **Auftragsanlagetermin ist erreicht**
  Ist dieser Auftragsanlagetermin nun bereits während der Kundenauftragserfassung überschritten, wird unmittelbar in SAP ECC eine Bestellung angelegt.

- **Auftragsanlagetermin ist noch nicht erreicht**
  Ist der Auftragsanlagetermin noch nicht erreicht, wird vorerst nur eine geplante Bestellung in SAP APO erzeugt. Diese geplante Bestellung muss dann mittels eines Reports zum späteren Zeitpunkt in eine tatsächliche Bestellung umgewandelt werden (siehe Abbildung 17.48). Den notwendigen Report finden Sie im SAP-Menü über den Pfad **Advanced Planning and Optimization • Globale ATP • Umfeld • Streckenabwicklung • Geplante Bestellungen umwandeln** oder über Transaktion /SAPAPO/TPOP_POREL. Dieser Report wird üblicherweise als Hintergrundjob eingeplant und mit einem entsprechenden Selektionshorizont versehen.

Umwandlung von geplanten Bestellungen (PPO) in Bestellungen

Kundenaufträge

Auftragsnummer		bis	
Positionsnummer		bis	
TPOP-Typ		bis	

Produkte

Produktnummer		bis	
Lieferant		bis	

Geplante Bestellungen

Einkaufsbelegnummer		bis	

Selektionshorizont

Selektionshorizont in Tagen

Ausführungsoptionen

(•) Anzeigen ( ) Konvertieren

Abbildung 17.48 Umwandlung von geplanten Bestellungen in Bestellungen

Die Folgebearbeitung der Bestellung in SAP ERP bzw. SAP S/4HANA ist nicht mehr Gegenstand dieses Buches.

Weiterführende Informationen

Weiterführende Informationen zur allgemeinen Bestellabwicklung entnehmen Sie dem Buch »Einkauf mit SAP MM« von Thorsten Hellberg (SAP PRESS 2009).

Beachten Sie, dass Sie für die Streckenabwicklung über die Bezugsquellenfindung einige Voraussetzungen schaffen müssen. So muss der Lieferant im APO-System als Lokation vom Typ **Lieferant** angelegt sein. Außerdem müssen Sie für das Produkt, das Sie per Streckenabwicklung bestätigen möchten, einen Lokationsproduktstamm in der Lieferantenlokation anlegen. Da diese Anlage nicht automatisch mit der Anlage einer Beschaffungsbeziehung in SAP APO erfolgt, können Sie hier bei einer größeren Anzahl von Produkt-Lieferant-Kombinationen auf einen Report zurückgreifen, der Sie bei der Zuordnung unterstützt. Sie finden den Report im SAP-Menü über den Pfad **Advanced Planning and Optimization • Globale ATP • Umfeld • Streckenabwicklung • Produkte zu Lieferanten zuordnen**.

Die Streckenabwicklung über die Bezugsquellenfindung ist nur möglich, wenn das OLTP-System ein SAP-CRM-System ist. Der Aufruf aus dem ERP-System unterstützt diese Form der Streckenabwicklung, eingebettet in die ATP-Prüfung, nicht.

17.3.2 Streckenabwicklung über Kontingentierung

Bei der Streckenabwicklung über die Kontingentierung sollen, im Gegensatz zur Streckenabwicklung über Bezugsquellenfindung, nur dann Bestellungen beim Lieferanten ausgelöst werden, wenn der Lieferant über ausreichend Bestand verfügt. Da das bestandsführende System des Lieferanten jedoch nicht in die eigene Verfügbarkeitsprüfung integriert werden kann, wird mit der Kontingentierung zur Abbildung der Lieferantenbestände gearbeitet.

Hierzu wird zuerst eine Lokation im APO-System angelegt, die der Lieferantenlokation entspricht. Diese Lieferantenlokation ist nun entweder Bestandteil eines Lokationsersetzungsschemas in der regelbasierten Verfügbarkeitsprüfung, oder die Lieferantenlokation wird direkt aus dem CRM-System während der Kundenauftragserfassung übermittelt. In jedem Fall muss nun für die Lieferantenlokation die Kontingentierung als Prüfmethode ausgewählt sein, entweder über die Lokationsfindungsaktivität oder über das Bedarfsprofil. Die Einstellungen für die Kontingentierung nehmen Sie vor, wie in Kapitel 16 beschrieben.

Die Lieferantenbestände können Sie entweder manuell in das von Ihnen angelegte Planungsbuch eintragen, oder Sie nutzen ein BAPI (`ProductAllocationAPO`) zur automatischen Befüllung der entsprechenden Kontingentgruppe.

[!]

Ungefähre Bestandsinformation

Beachten Sie, dass Sie immer nur eine ungefähre Bestandsinformation des Lieferanten in Ihrem eigenen System abbilden. Meldet Ihnen der Lieferant z. B. einmal abends seinen aktuellen Bestand, wissen Sie bis zur nächsten Bestandsmeldung nicht, ob der Bestand des Lieferanten noch durch andere Kunden als Sie selbst aufgebraucht wird.

Findet nun die Verfügbarkeitsprüfung eine ausreichende Kontingentmenge, findet eine Bestätigung in der Lieferantenlokation statt.

Die anschließende Vorgehensweise bei der Bestellerzeugung und Bestellabwicklung entspricht dann wieder der Streckenabwicklung mit Bezugsquellenfindung. Es kommt also auch hier entweder zur geplanten Bestellung in SAP APO oder zur unmittelbaren Bestellung in SAP ERP bzw. SAP S/4HANA.

Zusammenfassung

Die in die Verfügbarkeitsprüfung integrierte Funktionalität der Streckenabwicklung stellt eine wichtige Möglichkeit dar, um dem Kunden bei Nicht-Verfügbarkeit im eigenen Bestand dennoch eine Bestätigung seines Wunsches zukommen zu lassen. Die dabei häufiger genutzte Variante der Streckenabwicklung über die Bezugsquellenfindung geht von einer unbegrenzten Verfügbarkeit beim Lieferanten aus, während Sie bei der Streckenabwicklung über die Kontingentierung sogar die gemeldeten Bestände des Lieferanten bei der Bestätigung berücksichtigen können. In Kapitel 18 wird die Kombination der Streckenabwicklung mit der Konsolidierungsfunktionalität vorgestellt, und in Kapitel 21 werden die Besonderheiten der Terminierung im Streckenabwicklungsfall erläutert.

17.4 Prüfung gegen die Produktion

Im Rahmen der Verfügbarkeitsprüfung wird es immer wieder Situationen geben, in denen das vom Kunden gewünschte Produkt nicht verfügbar ist oder im Falle der Kundeneinzelfertigung auch nicht verfügbar sein kann. Möglicherweise handelt es sich aber um Produkte, die bei Ihnen selbst produziert werden. Anstatt dem Kunden nun lediglich mitzuteilen, dass sein Wunschprodukt nicht verfügbar ist, können Sie durch eine Prüfung gegen die Produktion herausfinden, ob die zur Herstellung notwendigen Komponenten verfügbar sind, gegebenenfalls ob die benötigten Fertigungskapazitäten frei sind und wie lange die Produktion dauert. Dazu stehen Ihnen drei verschiedene Funktionalitäten zur Auswahl:

- Mehrstufige Verfügbarkeitsprüfung
- Capable-to-Promise
- Kit-to-Order

Die Funktionalitäten unterscheiden sich wesentlich in der Art der Verfügbarkeitsprüfung für die Komponenten, in dem Detaillierungsgrad in der Betrachtung des Produktionsvorganges und im Ergebnis der Verfügbarkeitsprüfung. Diese Unterschiede sollen in den folgenden Abschnitten vorgestellt werden.

Vorab legen wir in einem einführenden Abschnitt die allgemeinen und für alle Methoden gleichen Voraussetzungen dar.

17.4.1 Allgemeine Voraussetzungen

Unabhängig davon, ob Sie nun die mehrstufige ATP-Prüfung, Capable-to-Promise oder die Bausatzprüfung (Kit-to-Order) durchführen möchten, müssen Sie in jedem Fall dafür sorgen, dass die Produktion im Rahmen der Verfügbarkeitsprüfung gestartet wird. Dazu gibt es zwei Wege:

- Sie aktivieren die Produktion in der Prüfvorschrift im Bereich **Produktion** über das Feld **Prod starten** (siehe Abbildung 17.49).

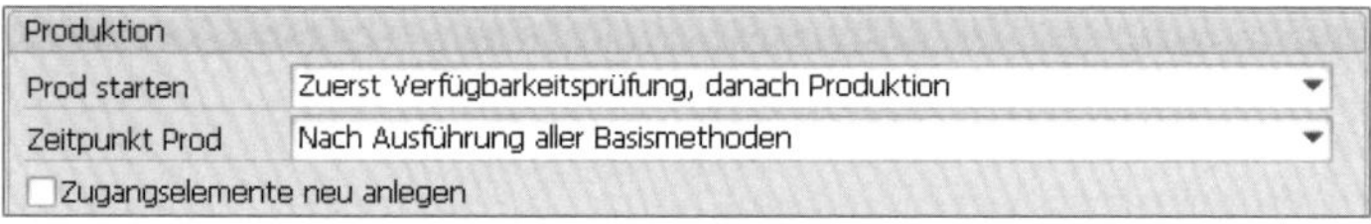

Abbildung 17.49 Produktion in der Prüfvorschrift aktivieren

- Sie aktivieren die Produktion über das gleiche Feld in der **Lokationsfindungsaktivität** (siehe Abbildung 17.50).

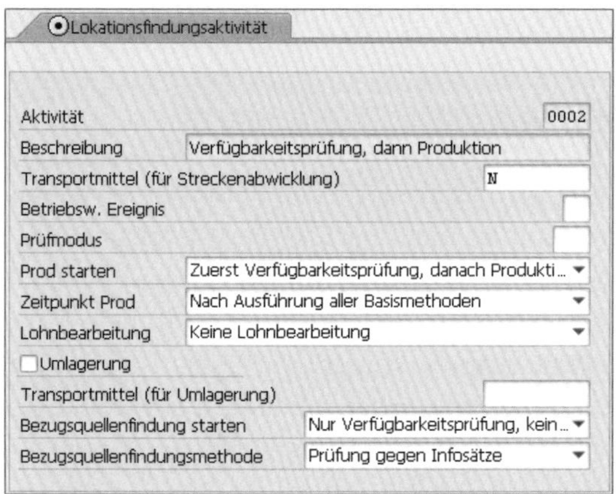

Abbildung 17.50 Aktivierung der Produktion in der Lokationsfindungsaktivität

Theoretisch können Sie in der Lokationsfindungsaktivität natürlich auch mithilfe des betriebswirtschaftlichen Ereignisses oder des Prüfmodus eine andere Prüfvorschrift finden und über diese wiederum die Produktion starten. Dies entspricht letztendlich wieder der Aktivierung über die Prüfvorschrift.

In beiden Varianten haben Sie zum einen die Möglichkeit, die Produktion nach einer Verfügbarkeitsprüfung durchzuführen (mit dem Wert **Zuerst Verfügbarkeitsprüfung, danach Produktion** im Feld **Prod starten**). In diesem Fall geben Sie die Fehlmenge, die nicht von der Verfügbarkeitsprüfung bestätigt werden konnte, zur Prüfung in die Produktion.

Zum anderen können Sie die Produktion für die vom Kunden gewünschte Menge (mit dem Wert **Produktion direkt** im Feld **Prod starten**) unmittelbar starten, ohne zu überprüfen, ob Ihnen die betreffende Menge zur Verfügung steht.

Welcher Produktionstyp beim Start der Produktion gewählt wird, entscheiden Sie über die Einstellung im Prüfmodus. Im Feld **Produktionstyp** stehen folgende Werte zur Auswahl (siehe Abbildung 17.51):

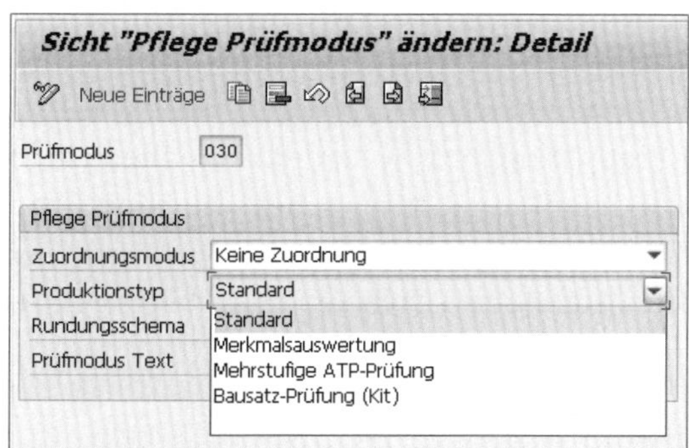

Abbildung 17.51 Produktionstyps im Prüfmodus auswählen

- **Standard** (löst die Produktion mittels Capable-to-Promise aus)
- **Mehrstufige ATP-Prüfung**
- **Bausatz-Prüfung (Kit)**

Diese drei Produktionstypen sollen nun im Einzelnen vorgestellt werden

17.4.2 Mehrstufige Verfügbarkeitsprüfung

Die mehrstufige Verfügbarkeitsprüfung hat ihren Schwerpunkt in der Verfügbarkeitsprüfung der Komponenten. Hier stehen fast alle Funktionalitäten zur Verfügung, die auch für die Verfügbarkeitsprüfung eines Endprodukts angeboten werden. Das heißt, dass Sie auch auf der Komponentenebene eine regelbasierte Verfügbarkeitsprüfung mit Produkt- und/oder Lokationsersetzung durchführen, eine Komponente kontingentieren, die Prüfumfänge auf der Komponentenebene verändern können und vieles mehr. Sie können sogar, falls es sich bei der Komponente um eine Baugruppe handelt und diese nicht verfügbar ist, prüfen, ob Sie die Baugruppe produzieren können. Sie prüfen die Verfügbarkeit also auf mehreren Stufen.

Grundvoraussetzung für den Start der mehrstufigen ATP-Prüfung ist die Auswahl des entsprechenden Produktionstyps **Mehrstufige ATP-Prüfung** im Prüfmodus des Hauptprodukts, wie im vorangehenden Abschnitt erläutert.

Darüber hinaus müssen Sie – wie ebenfalls im vorangehenden Abschnitt angesprochen – natürlich sicherstellen, dass die Produktion für Ihr Hauptprodukt im Rahmen der Verfügbarkeitsprüfung auch gestartet wird.

Ein weiterer wesentlicher Schritt in der Vorbereitung der mehrstufigen ATP-Prüfung ist die Anlage eines Produktionsprozessmodells (PPM) und eines Plans zur Abbildung der Fertigung des Hauptprodukts. Die Pflegetransaktion /SAPAPO/SCC3 finden Sie im SAP-Menü über den Pfad **Advanced Planning and Optimization • Stammdaten • Produktionsprozessmodell • Produktionsprozessmodell**.

In Abbildung 17.52 sehen Sie, in welchem Zeitraum das PPM gültig ist und ob es Losgrößeneinschränkungen bezüglich der Produktion gibt. Außerdem erkennen Sie in der Struktur Informationen über die durchzuführenden Vorgänge, die benötigten Ressourcen und deren Zeitverbrauch, die notwendigen Komponenten zur Fertigung sowie die möglichen einzuhaltenden Zeitabstände zwischen den beiden Fertigungsvorgängen.

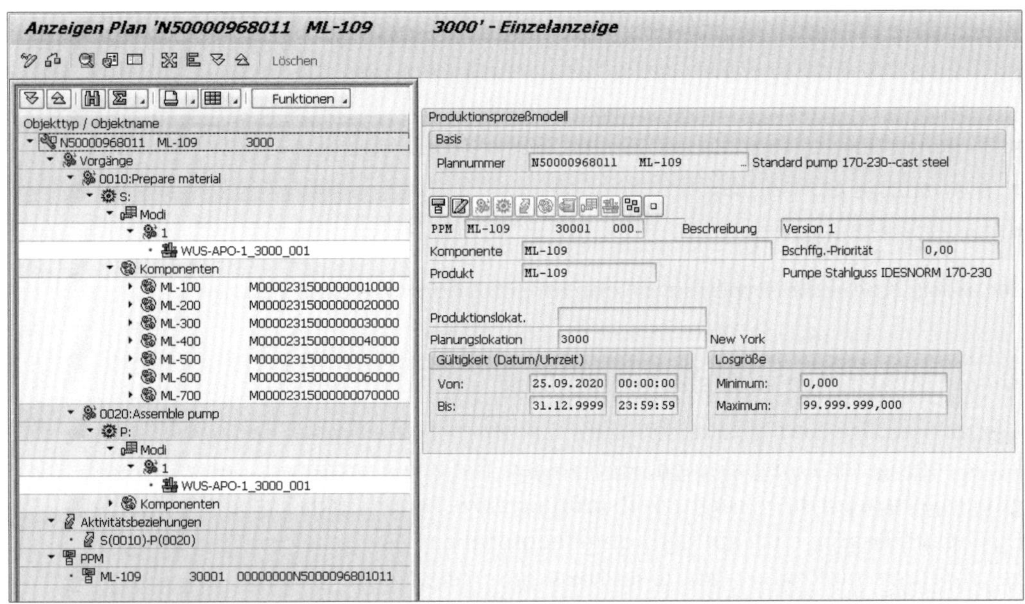

Abbildung 17.52 Produktionsprozessmodell und Plan für die mehrstufige ATP-Prüfung

PPM und PDS

Alternativ zum *Produktionsprozessmodell* (PPM) können Sie auch eine *Produktionsdatenstruktur* (PDS) verwenden. Die PDS entsteht dabei entweder durch die Übertragung von ERP-Fertigungsversionen bzw. ERP-Stücklisten oder durch die Generierung aus iPPE-Stammdaten (die im integrierten Produkt- und Prozess-Engineering von SAP SCM angelegt wurden).

Neben der Pflege des PPM ist die Pflege des korrekten Planungsverfahrens in den Produktstammdaten notwendig. Dort finden Sie auf der Registerkarte PP/DS den entsprechenden Radiobutton **PP-Planungsverfahren** (siehe Abbildung 17.53). Möchten Sie für ein Hauptprodukt die mehrstufige ATP-Prüfung durchführen, wählen Sie das Verfahren 5 (Mehrstufige ATP-Prüfung). Möchten Sie für eine untergeordnete Baugruppe ebenfalls die mehrstufige ATP-Prüfung ausführen, wählen Sie auch hier das PP-Planungsverfahren 5.

Somit sind die Grundlagen für eine erfolgreiche mehrstufige ATP-Prüfung geschaffen. Wird nun im OLTP-System ein Kundenauftrag für das Hauptprodukt erfasst, wird der Bedarf an die Verfügbarkeitsprüfung übergeben. Nehmen wir der Einfachheit halber an, dass vom Hauptprodukt nichts verfügbar ist. In diesem Fall wird die volle Bedarfsmenge an die Produktion an die Komponente PP/DS übergeben.

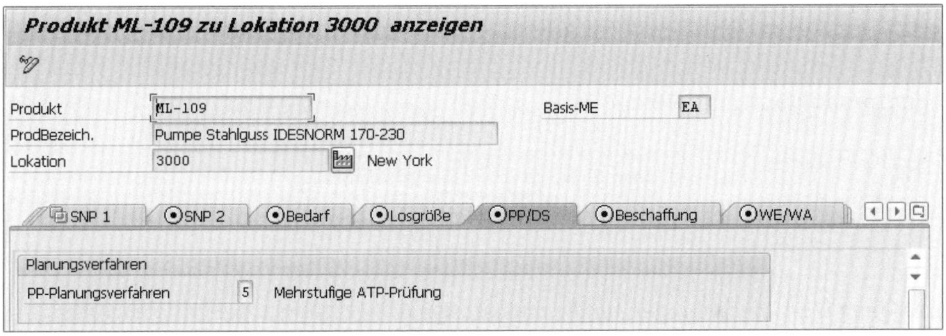

Abbildung 17.53 PP-Planungsverfahren im Produktstamm

In PP/DS findet nun eine Bezugsquellenfindung statt, um das korrekte Produktionsprozessmodell zu finden. Wird das richtige PPM mit Plan gefunden, findet eine Planauflösung statt. Damit sind die benötigten Komponenten bekannt, und ihre Bedarfsmenge kann bestimmt werden. Ebenso können die Kapazitätsbedarfe der Ressourcen bestimmt werden.

Darauf basierend, findet die Ermittlung der Komponentenbedarfstermine statt, jedoch mit einigen Einschränkungen: So werden auf der benötigten Ressource eventuell schon eingeplante andere Bedarfe nicht berücksichtigt, die Ressource ist also infinit. Darüber hinaus werden keine sogenannten Blöcke verwendet (Zeitabschnitte, in denen nur Produkte mit bestimmten Merkmalen gefertigt werden können). Weitere vorhandene Vereinfachungen in der Terminierung entnehmen Sie der SAP-Online-Hilfe zur mehrstufigen ATP-Prüfung.

Am Ende dieses Ablaufschrittes liegen also nun die benötigten Mengen der Komponenten sowie deren Bedarfstermine vor.

Nun kann also im nächsten Schritt die Verfügbarkeit dieser Komponenten überprüft werden. Die Prüfvorschrift, die für die Komponenten Anwendung findet, bestimmt sich dabei zum einen aus dem Prüfmodus, der am Lokationsproduktstamm der Komponente hinterlegt ist, sowie zum anderen aus dem betriebswirtschaftlichen Ereignis, das in der Prüfvorschrift des Hauptprodukts extra für die Komponentenprüfung hinterlegt werden kann (siehe Abbildung 17.54, Feld **Betr. Ereignis mehrstufige ATP**). Haben Sie, wie in dem dort abgebildeten Beispiel, kein eigenes betriebswirtschaftliches Ereignis für die Komponentenprüfung festgelegt, wird das betriebswirtschaftliche Ereignis aus der Prüfung des Hauptprodukts weiterverwendet.

Finden Sie auf diese Art und Weise eine Prüfvorschrift, in der die regelbasierte ATP für die Komponente aktiviert ist, müssen Sie sicherstellen, dass die richtige Regelstrategiefolge oder Regelstrategie gefunden werden kann. Hierzu können Sie einen Geschäftsvorfall für die mehrstufige ATP-Prüfung festlegen und weisen ihm die technische Vorgangsart und die Vorgangsart zu (siehe Abbildung 17.55). Wie schon beim betriebswirtschaftlichen Ereignis können Sie aber auch hier den Geschäftsvorfall des Hauptproduktaufrufs verwenden.

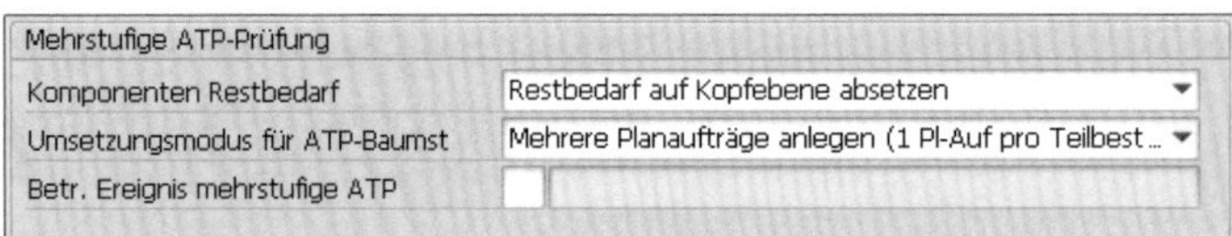

Abbildung 17.54 Einstellungen für die mehrstufige ATP-Prüfung in der Prüfvorschrift

Den Geschäftsvorfall für die mehrstufige ATP-Prüfung finden Sie im SAP-Customizing über den Pfad **Advanced Planning and Optimization • Globale Verfügbarkeitsprüfung (Globale ATP-Prüfung) • Regelbasierte Verfügbarkeitsprüfung • Geschäftsvorfall für mehrstufige ATP-Prüfung anlegen**.

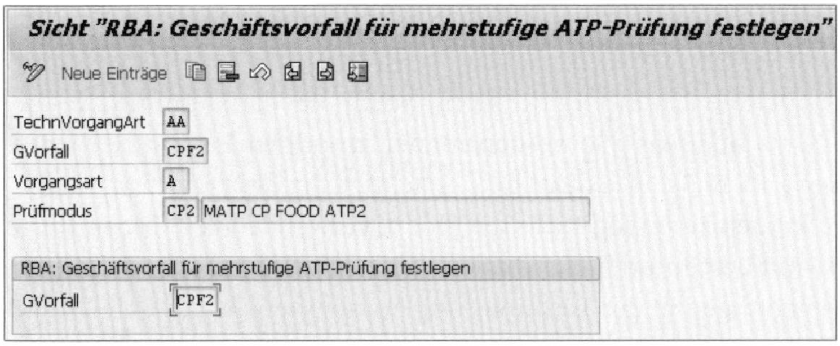

Sicht "RBA: Geschäftsvorfall für mehrstufige ATP-Prüfung festlegen"
Neue Einträge
TechnVorgangArt AA
GVorfall CPF2
Vorgangsart A
Prüfmodus CP2 MATP CP FOOD ATP2
RBA: Geschäftsvorfall für mehrstufige ATP-Prüfung festlegen
GVorfall CPF2

Abbildung 17.55 Geschäftsvorfall für die mehrstufige Verfügbarkeitsprüfung

Wurde nun für alle Komponenten die Verfügbarkeit geprüft, bestimmt das Prüfergebnis die weitere Abarbeitung im System. Konnten alle Komponentenbedarfe zum benötigten Termin gedeckt werden, können im APO-System nun sogenannte ATP-Baumstrukturen angelegt werden, die in einem Folgeschritt in einen Planauftrag umgesetzt werden.

Kam es im Rahmen der ATP-Prüfung hingegen auf der Komponentenebene zu Teilbestätigungen in Bezug auf Menge und/oder Termin oder zu einer Terminabweichung, muss die mehrstufige ATP-Prüfung ein weiteres Mal durchgeführt werden. In diesem weiteren Schritt wird nun überprüft, ob der Plan für die Produktion unter den neuen Voraussetzungen (anderer Termin, andere Menge) überhaupt noch gültig ist.

Wie nun dieser zweite Schritt ausgeführt wird, hängt wesentlich von den vorgenommenen Einstellungen in der Prüfvorschrift ab. Das Feld **Umsetzungsmodus für ATP-Baumst** hat dabei besondere Bedeutung. Folgende Werte stehen zur Verfügung:

- einen Planauftrag anlegen (für 1. Teilbestätigungstermin)
- einen Planauftrag anlegen (für den Gesamtbestätigungstermin)
- mehrere Planaufträge anlegen (1 Pl-Auf pro Teilbestätigung)

Die Wirkungsweise soll anhand eines einfachen Beispiels erläutert werden. Nehmen wir an, Ihr Hauptprodukt A besteht aus zwei Komponenten B und C. Sie möchten zwei Stück von A produzieren und benötigen dafür je zwei Stück der beiden Komponenten. Komponente B ist sofort verfügbar. Im Rahmen der ATP-Prüfung für die Komponente C stellt das System jedoch fest, dass ein Stück von C sofort verfügbar ist. Die Bestätigung für das zweite benötigte Stück erfolgt aber erst in zwei Wochen, basierend auf einer dann eintreffenden Bestellung.

Mit dem Wert **Einen Planauftrag anlegen (für 1. Teilbestätigungstermin)** wird nur ein Stück von A mit den sofort verfügbaren Komponenten produziert. Der zusätzlich benötigte Planauftrag für die Fertigung des zweiten Stücks von A wird nicht angelegt. Dem Kunden kann in der Konsequenz dann jedoch auch nur ein Stück bestätigt werden.

Mit dem Wert **Einen Planauftrag anlegen (für den Gesamtbestätigungstermin)** produzieren Sie hingegen die zwei Stück von Produkt A zusammen, jedoch erst zum späteren Termin in zwei Wochen, sobald also die fehlende Komponente verfügbar ist. Der Kunde erhält zwar seine Wunschmenge, jedoch mit Verspätung.

Mit dem Wert **Mehrere Planaufträge anlegen (1 Pl-Auf pro Teilbestätigung)** legen Sie zu guter Letzt einen Planauftrag für die sofortige Fertigung von einem Stück von Produkt A und einen Planauftrag für die Fertigung von einem Stück von Produkt A in zwei Wochen an. Der Kunde erhält also die volle Menge: ein Stück sofort und ein Stück in zwei Wochen.

Für den zweiten Schritt der mehrstufigen ATP-Prüfung bedeutet das, je nach gewähltem Wert, dass überprüft werden muss, ob der Plan, der ursprünglich für die Produktion von zwei Stück vorgesehen war, aufgrund von zu berücksichtigenden Losgrößen auch noch für die Produktion von einem Stück gültig ist. Außerdem muss bei späterer Produktion überprüft werden, ob der Plan aufgrund des anderen Zeitraums überhaupt noch gültig ist oder ob ein anderer Plan (mit möglicherweise anderen Komponenten oder Ressourcen) herangezogen werden muss.

Ebenfalls mit dem zweiten Schritt hängt die Festlegung zusammen, wie mit den nicht bestätigten Mengen umgegangen werden soll. Hierzu können Sie in der Prüfvorschrift Eintragungen im Feld **Komponenten Restbedarf** vornehmen. Folgende Werte können Sie einstellen:

- Die Eingabe **Restbedarf auf Kopfebene absetzen** führt im Falle der regelbasierten ATP zur Übergabe der noch fehlenden Menge des Hauptprodukts an die nächsten Schritte in der Regel, also eventuell eine Lokations- oder Produktersetzung. Falls diese auch nicht erfolgreich verlaufen oder es keine weiteren Schritte gibt, findet die Einstellung bezüglich der Restbedarfe der regelbasierten ATP Anwendung. Diese ist unabhängig von den Restbedarfseinstellungen der mehrstufigen ATP-Prüfung und könnte z. B. dazu führen, dass kein weiterer Restbedarf abgesetzt wird.
- Der Eintrag **Restbedarf auf Komponenten absetzen (Bestätigung reduzieren)** hat zur Folge, dass das System einen unbestätigten Planauftrag in PP/DS anlegt, und zwar mit einem Termin, der zum Wunschtermin des Kundenauftrags passt. Die Verfügbarkeitsprüfung zieht diesen unbestätigten Planauftrag auch zur Bestätigung des Kundenauftrags heran, unabhängig von der Nicht-Verfügbarkeit der Komponenten. Der Planer erhält aufgrund dieser kritischen Situation einen Alert im Alert Monitor.

  Diese Einstellung sollten Sie nur dann wählen, wenn Sie sicherstellen möchten, dass der Planer die Unterdeckungssituation auf der Komponentenebene lösen kann.
- Der Wert **Restbedarf auf Komponentenebene absetzen für das letztmögliche Datum des Prüfhorizonts (Bestätigung reduzieren)** führt dazu, dass das System die Wiederbeschaffungszeiten der Komponenten überprüft und einen unbestätigten Planauftrag am Ende dieser Wiederbeschaffungszeit einplant. Gegen diesen Planauftrag kann dann der Kundenauftrag, mit Verspätung, bestätigt werden. Auch hier ist die Verfügbarkeit der Komponenten nicht sichergestellt, Sie können aber davon ausgehen, dass die Wiederbeschaffungszeit ausreicht, um die fehlende Komponentenmenge zu beschaffen.

Somit haben Sie alle Voraussetzungen für eine Nutzung der mehrstufigen ATP-Prüfung geschaffen. Das Ergebnis stellt sich dann folgendermaßen dar (siehe Abbildung 17.56): Sie erhalten eine bestätigte Menge für Ihr Hauptprodukt (ML-109) in Höhe von 50 Stück. Da Sie diese Menge jedoch nicht direkt aus dem Bestand bestätigen können, sondern aus der Produktion heraus, erscheinen die 50 Stück in der Spalte **Kumulierte**

bestätigte Menge. Gleichzeitig sind die benötigten Komponenten und ihre Ergebnisse aufgelistet. Im Falle der Komponente ML-100 erkennen Sie, dass die ATP-Prüfung fehlgeschlagen ist. Deshalb kommt es hier zu einer Prüfung auf der nächsten Stufe, und alle drei Komponenten, die zur Herstellung von ML-100 benötigt werden, werden geprüft. Durch deren Verfügbarkeit kann dann auch indirekt ML-100 bestätigt werden – und dadurch letzten Endes auch das Hauptprodukt ML-109.

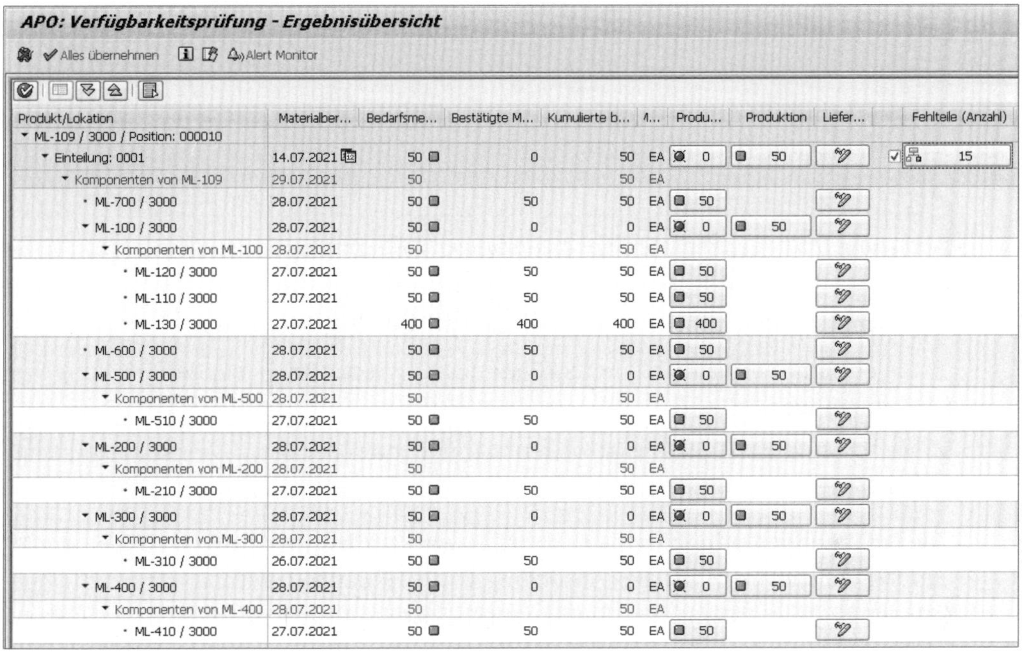

APO: Verfügbarkeitsprüfung - Ergebnisübersicht

Alles übernehmen Alert Monitor

Produkt/Lokation	Materialber...	Bedarfsme...	Bestätigte M...	Kumulierte b...	...	Produ...	Produktion	Liefer...	Fehlteile (Anzahl)
ML-109 / 3000 / Position: 000010									
Einteilung: 0001	14.07.2021	50	0	50	EA	0	50		15
Komponenten von ML-109	29.07.2021	50		50	EA				
ML-700 / 3000	28.07.2021	50	50	50	EA	50			
ML-100 / 3000	28.07.2021	50	0	0	EA	0	50		
Komponenten von ML-100	28.07.2021	50		50	EA				
ML-120 / 3000	27.07.2021	50	50	50	EA	50			
ML-110 / 3000	27.07.2021	50	50	50	EA	50			
ML-130 / 3000	27.07.2021	400	400	400	EA	400			
ML-600 / 3000	28.07.2021	50	50	50	EA	50			
ML-500 / 3000	28.07.2021	50	0	0	EA	0	50		
Komponenten von ML-500	28.07.2021	50		50	EA				
ML-510 / 3000	27.07.2021	50	50	50	EA	50			
ML-200 / 3000	28.07.2021	50	0	0	EA	0	50		
Komponenten von ML-200	28.07.2021	50		50	EA				
ML-210 / 3000	27.07.2021	50	50	50	EA	50			
ML-300 / 3000	28.07.2021	50	0	0	EA	0	50		
Komponenten von ML-300	28.07.2021	50		50	EA				
ML-310 / 3000	26.07.2021	50	50	50	EA	50			
ML-400 / 3000	28.07.2021	50	0	0	EA	0	50		
Komponenten von ML-400	28.07.2021	50		50	EA				
ML-410 / 3000	27.07.2021	50	50	50	EA	50			

Abbildung 17.56 Ergebnisbild einer mehrstufigen ATP-Prüfung

Die detaillierten Informationen über die fehlenden (oder gegebenenfalls verspäteten) Komponenten erhalten Sie durch die Betätigung des Buttons **Fehlteile**. Es erscheint das Bild aus Abbildung 17.57. Dort können Sie neben den nicht verfügbaren Komponenten auch erkennen, bei welchen Komponenten es zu einer Verspätung kommt. Darüber hinaus erhalten Sie die im Text erläuterten Informationen zum ersten und zweiten Prüfschritt der mehrstufigen ATP-Prüfung.

Akzeptieren Sie das Ergebnis der mehrstufigen ATP-Prüfung, und sichern Sie den Kundenauftrag im OLTP-System, werden von der Verfügbarkeitsprüfung sogenannte ATP-Baumstrukturen angelegt. Diese ATP-Baumstrukturen werden von der Komponente PP/DS des APO-Systems benötigt, um daraus einen Planauftrag zu erzeugen. Im Kundenauftrag selbst werden keine Informationen über die benötigten Komponenten abgelegt.

Mehrstufige Verfügbarkeitsprüfung: Fehlteilliste

Produkt	Lokation	Verbleibender Bedarf	AnzMe	Best.Fakt.	Verspätung (Tage)	Prüfschritt
ML-100	3000	50,000	EA	0,00	Nicht verfügbar	Standardprüfung bzw. 1. Schritt der Prüfung
ML-500	3000	50,000	EA	0,00	Nicht verfügbar	Standardprüfung bzw. 1. Schritt der Prüfung
ML-200	3000	50,000	EA	0,00	Nicht verfügbar	Standardprüfung bzw. 1. Schritt der Prüfung
ML-300	3000	50,000	EA	0,00	Nicht verfügbar	Standardprüfung bzw. 1. Schritt der Prüfung
ML-400	3000	50,000	EA	0,00	Nicht verfügbar	Standardprüfung bzw. 1. Schritt der Prüfung
ML-100	3000	50,000	EA	0,00	Nicht verfügbar	2.Schritt d. Prüf. z. Lösung v. Verletz. d. Plangültigkeit
ML-500	3000	50,000	EA	0,00	Nicht verfügbar	2.Schritt d. Prüf. z. Lösung v. Verletz. d. Plangültigkeit
ML-200	3000	50,000	EA	0,00	Nicht verfügbar	2.Schritt d. Prüf. z. Lösung v. Verletz. d. Plangültigkeit
ML-300	3000	50,000	EA	0,00	Nicht verfügbar	2.Schritt d. Prüf. z. Lösung v. Verletz. d. Plangültigkeit
ML-400	3000	50,000	EA	0,00	Nicht verfügbar	2.Schritt d. Prüf. z. Lösung v. Verletz. d. Plangültigkeit
ML-510	3000	0,000	EA	1,00	1	Standardprüfung bzw. 1. Schritt der Prüfung
ML-410	3000	0,000	EA	1,00	3	Standardprüfung bzw. 1. Schritt der Prüfung
ML-310	3000	0,000	EA	1,00	4	Standardprüfung bzw. 1. Schritt der Prüfung
ML-600	3000	0,000	EA	1,00	4	Standardprüfung bzw. 1. Schritt der Prüfung
ML-120	3000	0,000	EA	1,00	15	Standardprüfung bzw. 1. Schritt der Prüfung

Abbildung 17.57 Fehlteileliste einer mehrstufigen ATP-Prüfung

Die Erzeugung der Planaufträge kann nun auf zwei Wegen erfolgen:

1. Sie erfolgt automatisch beim Sichern des Kundenauftrags bei der Erfüllung von Bedingungen.
2. Sie setzen die ATP-Baumstrukturen manuell (oder per Batch-Job) in Planaufträge um.

Die Bedingungen orientieren sich dabei an zwei Horizonten. Dies ist zum einen der Einplanungshorizont für die Umsetzung von ATP-Baumstrukturen und zum anderen der PP/DS-Horizont. Den Einplanungshorizont pflegen Sie im SAP-Customizing über den Pfad **Advanced Planning and Optimization • Produktions- und Feinplanung (PP/DS) • Globale Einstellungen • Globale Parameter und Vorschlagswerte pflegen** oder über Transaktion /SAPAPO/RRPCUST1. Den PP/DS-Horizont pflegen Sie im Produktstamm auf der Registerkarte **PP/DS**. Falls Sie dort keinen eigenen PP/DS-Horizont gepflegt haben, verwendet das System den PP/DS-Horizont der Planversion (Transaktion /SAPAPO/MVM).

Liegt nun der früheste Bedarfstermin einer der verwendeten Komponenten innerhalb des Einplanungshorizonts, oder liegt der späteste Bedarfstermin des Hauptprodukts innerhalb des PP/DS-Horizonts, setzt das System – da die Einplanung zeitnah erforderlich ist – die ATP-Baumstruktur mit dem Sichern des Kundenauftrags sofort in einen PP/DS-Planauftrag um.

Ist keine der beiden Bedingungen erfüllt, müssen Sie die ATP-Baumstrukturen zu einem späteren Zeitpunkt umsetzen lassen. Das Programm zur Umsetzung erreichen Sie im SAP-Menü über den Pfad **Advanced Planning and Optimization • Produktionsplanung • Umfeld • Umsetzung ATP-Baumstrukturen → Produktionsplanung** oder über Transaktion /SAPAPO/RRP_ATP2PPDS (siehe Abbildung 17.58).

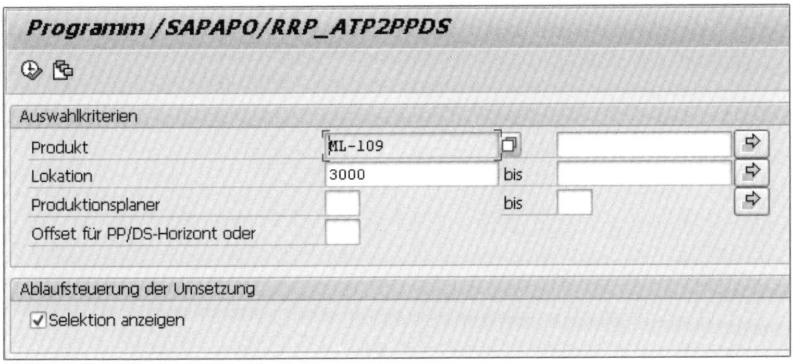

Programm /SAPAPO/RRP_ATP2PPDS

Auswahlkriterien

Produkt ML-109

Lokation 3000 bis

Produktionsplaner bis

Offset für PP/DS-Horizont oder

Ablaufsteuerung der Umsetzung

Selektion anzeigen

Abbildung 17.58 Umsetzung der ATP-Baumstrukturen

Hierbei können Sie neben dem **Produkt** und der **Lokation** auch nach dem **Produktionsplaner** selektieren. Wenn Sie die ATP-Baumstrukturen vor der eigentlichen Fälligkeit umsetzen möchten, können Sie im Einstiegsbild des Programms auch mit einem Offset für den PP/DS-Horizont arbeiten.

Bei der Umsetzung der ATP-Baumstrukturen werden auch die Ergebnisse berücksichtigt, die durch mögliche Ersetzungen im Rahmen der regelbasierten ATP auf der Komponentenebene entstanden sind. Haben Sie also z. B. auf der Komponentenebene eine Produktersetzung durchgeführt, wird die neue Komponente in den Planauftrag übernommen – unabhängig von der im Plan vorgesehenen Komponente. Haben Sie hingegen eine Lokationsersetzung auf der Komponentenebene vorgenommen, sorgt die Umsetzung der ATP-Baumstrukturen für die Anlage einer Umlagerungsbestellanforderung, um die Komponente in das Produktionswerk umzulagern.

Eine zusätzliche Funktionalität im Rahmen der mehrstufigen ATP-Prüfung stellt die Lohnbearbeitung dar. Hierbei produzieren Sie das Hauptprodukt oder eine Baugruppe, die gleichzeitig Komponente des Hauptprodukts ist, nicht selbst, sondern verlagern die Produktion zu einem Lohnbearbeiter. Hierzu haben Sie den Lohnbearbeiter als Lieferantenlokation angelegt und in das Lokationsersetzungsschema einer Regel mit aufgenommen. Anschließend legen Sie für diese Lieferantenlokation eine Lokationsfindungsaktivität an, in der Sie die **Lohnbearbeitung** aktivieren (siehe Abbildung 17.59). Das Kennzeichen **Umlagerung** und der Eintrag im Feld **Produktion direkt** werden dabei automatisch vom System gesetzt.

Während der Umsetzung der ATP-Baumstrukturen wird dann statt eines Planauftrags eine Umlagerungsbestellanforderung für das Hauptprodukt (vom Lohnbearbeiter ins eigene Werk) angelegt sowie ein Planauftrag und Umlagerungsreservierungen für die Komponenten in der Lohnbearbeiterlokation.

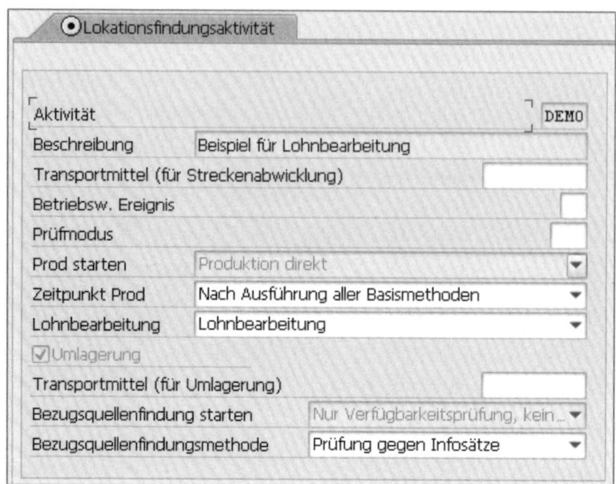

Abbildung 17.59 Aktivierung der Lohnbearbeitung in der Lokationsfindungsaktivität

Der Prozess der mehrstufigen ATP-Prüfung ist hiermit abgeschlossen. In der Komponente PP/DS von SAP APO sowie in der Komponente PP von SAP ERP (bzw. SAP S/4HANA) muss nun der eigentliche Produktionsprozess gestartet werden, inklusive Umsetzung des Planauftrags in einen Fertigungsauftrag und der Bestandszubuchung für das Hauptprodukt. Nachdem diese erfolgt ist, kann der Kundenauftrag beliefert werden.

Sie haben nun die Möglichkeiten der mehrstufigen ATP-Prüfung kennengelernt. Diese Art der Produktionsüberprüfung wenden Sie an, wenn Ihr Hauptaugenmerk während der Prüfung auf der Komponentenverfügbarkeit liegt. In diesem Bereich haben Sie die größtmögliche Flexibilität durch die mögliche Nutzung fast aller Verfügbarkeitsprüfmethoden, die Ihnen auch für Endprodukte zur Verfügung stehen. Trotz der Priorität auf der Überprüfung der Komponentenverfügbarkeit möchten Sie die Einflussfaktoren des Produktionsprozesses sehr wohl während der Prüfung berücksichtigen, jedoch nur in einem Rahmen, der für die Verfügbarkeitsaussage in einem Kundenauftrag ausreichend genau ist. Sie nutzen die Funktionalitäten von PP/DS also bei weitem nicht aus.

17.4.3 Capable-to-Promise (CTP)

Bei der Funktionalität Capable-to-Promise (CTP) nutzen Sie im Wesentlichen die Möglichkeiten der APO-Komponente PP/DS (Production Planning/Detailed Scheduling). Das bedeutet, dass Sie die Nicht-Verfügbarkeit Ihres Hauptprodukts feststellen und dann die Produktion für dieses Produkt an PP/DS übergeben. Somit obliegt die Verfügbarkeitsprüfung der Komponenten der in PP/DS zur Verfügung stehenden Funktionalität. Produkt- und Lokationsersetzungen mithilfe der regelbasierten Verfügbarkeitsprüfung, Kontingentierung und Beeinflussung des Prüfumfangs sind an dieser Stelle im Gegensatz zur mehrstufigen ATP-Prüfung nicht möglich. Im Gegenzug stehen Ihnen die detaillierten Funktionalitäten der Produktionsplanung zur Verfügung, die u. a. eine sekundengenaue Betrachtung einzelner Produktionsressourcen ermöglichen, die Definition von finiten (d. h. nicht überplanbaren) Produktionsressourcen erlauben und die Verwendung der merkmalsabhängigen Planung vorsehen.

In diesem Abschnitt gehen wir auf die verwendeten Funktionen und Abläufe der Komponente PP/DS nur sehr grob ein, da dies nicht mit der Verfügbarkeitsprüfung im eigentlichen Sinne zusammenhängt.

Weiterführende Informationen

Für weiterführende Informationen verweisen wir auf das Buch »Production Planning with SAP APO« von Jochen Balla und Frank Layer (SAP PRESS 2015).

Wie schon bei der mehrstufigen ATP-Prüfung wird auch beim CTP die Produktion durch den entsprechenden Aufruf in der Prüfvorschrift oder der Lokationsfindungsaktivität gestartet, den notwendigen Produktionstyp mit dem Wert **Standard** im Prüfmodus vorausgesetzt.

Darüber hinaus empfiehlt SAP die Verwendung des PP-Planungsverfahrens 3 (Sekundärbedarfe sofort decken) als Einstellung im Produktstamm des Hauptprodukts.

Wird nun z. B. ein Kundenauftrag für Produkt A angelegt und die Verfügbarkeitsprüfung »stellt fest«, dass Produkt A nicht oder in nicht ausreichender Menge vorhanden ist, wird die zu produzierende Menge an die Produktionsplanung (PP/DS) übergeben.

In PP/DS findet nun eine automatische Bezugsquellenfindung statt, die zuerst die Beschaffungsart des Produkts auswerten muss. Bei der Beschaffungsart wird zwischen eigengefertigten und fremdbeschafften Produkten unterschieden. Ist die Beschaffungsart bekannt, werden alle für diese Art gültigen Bezugsquellen ausgewertet und in eine Reihenfolge gebracht. Das System berücksichtigt dabei Quotierungen ebenso wie Beschaffungsprioritäten und Kosten. Am Ende der Findung wird sich das System für die Bezugsquelle entscheiden, die die höchste Priorität und die niedrigsten Kosten ausweist – jedoch nur, wenn der Bedarfstermin eingehalten werden kann. Kann der Bedarfstermin nicht eingehalten werden, wird die Bezugsquelle mit der geringsten Verspätung ausgewählt.

Bei eigengefertigten Produkten handelt es sich um eine Bezugsquelle vom Typ **PPM** (Produktionsmodell), vom Typ **Laufzeitobjekt** oder vom Typ **iPPE-Einstiegsobjekt**. Diese Typen enthalten die benötigten Komponenten und die abzuarbeitenden Vorgänge inklusive der Ressourcen und die Bearbeitungszeiten.

Auf Basis dieser Bezugsquelle legt PP/DS einen Planauftrag als Zugangselement für den Kundenauftrag an (siehe Abbildung 17.60).

Basierend auf dem verwendeten Strategieprofil versucht PP/DS nun einen Produktionstermin für den Planauftrag zu finden. Hier unterscheidet PP/DS zwischen der Bucket-orientierten Kapazitätsprüfung und der finiten Planung auf Basis der zeitkontinuierlichen Kapazität.

Die Bucket-orientierte Kapazitätsprüfung nutzt die Definition von sogenannten PP/DS-Buckets. Mit diesen Buckets legen Sie das Kapazitätsangebot einer Engpassressource während einer bestimmten Periode (Tag, Woche, Monat) fest. Sie können also beispielweise für eine Ressource A1 festlegen, dass sie ein Kapazitätsangebot von 35 Stunden pro Woche bereithält. Gegen dieses Kapazitätsangebot wird der anzulegende Planauftrag verprobt. Diese Art der Kapazitätsprüfung ist schnell und für die Terminaussage in einem Kundenauftrag hinreichend genau. Eine präzisere Einplanung durch den Produktionsplaner kann dann auch noch zu einem späteren Zeitpunkt, unabhängig von der Verfügbarkeitsprüfung, erfolgen. Sollte es dabei zu Terminverschiebungen des Planauftrags kommen, die sich auf den Bestätigungstermin im Kundenauftrag auswirken können, müssen Sie beachten, dass keine unmittelbare Aktualisierung des Kundenauftrags stattfindet. Dies ist eine Aufgabe für die Rückstandsbearbeitung, die in Kapitel 20 näher betrachtet wird.

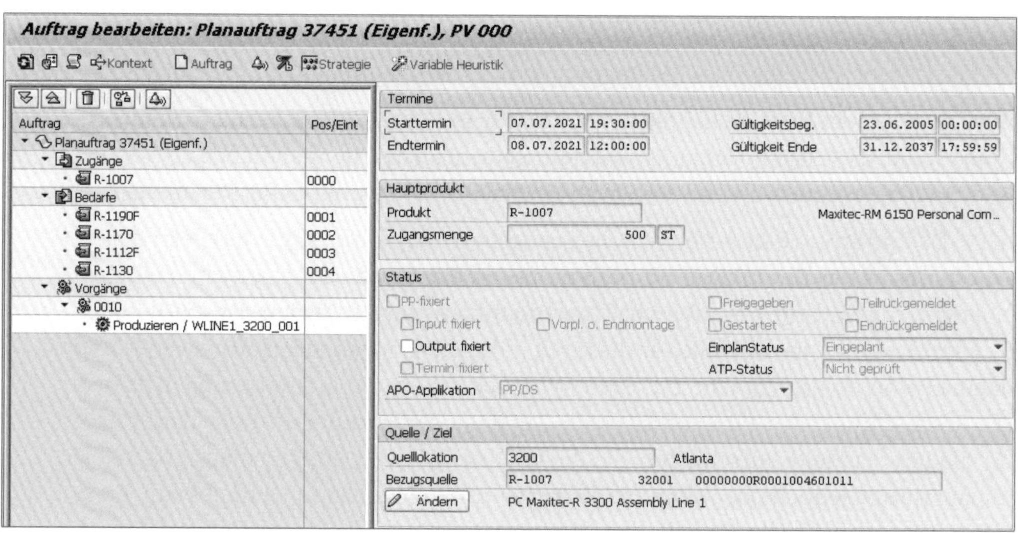

Abbildung 17.60 Planauftrag

Die finite Planung auf Basis der zeitkontinuierlichen Kapazität versucht hingegen, bereits unmittelbar einen sekundengenau korrekten Produktionstermin zu ermitteln. Allerdings ist die Gefahr groß, dass Sie auf diese Art der Planauftragseinplanung einen zwar durchführbaren, aber sehr ungünstigen Produktionsplan erhalten, der eine sehr zersplitterte Kapazitätsauslastung mit hohen Rüstaufwänden zur Folge hat.

Abhilfe kann hier die gleichzeitige Verwendung der Blockplanung schaffen. Dennoch ist die Bucket-orientierte Kapazitätsprüfung vorzuziehen.

Ist der Planauftrag in der Produktion eingelastet, ergeben sich für die Komponenten Sekundärbedarfstermine und Sekundärbedarfsmengen. Daraus leiten sich gegebenenfalls Unterdeckungsmengen ab – Bedarfe, die Sie also nicht termingerecht mit den vorhandenen Beständen und Zugangselementen bedienen können. Diese Verknüpfung zwischen Bedarfen und existierenden Zugängen und Beständen wird mittels des dynamischen Pegging erstellt. Eine solche Pegging-Struktur sehen Sie in Abbildung 17.61.

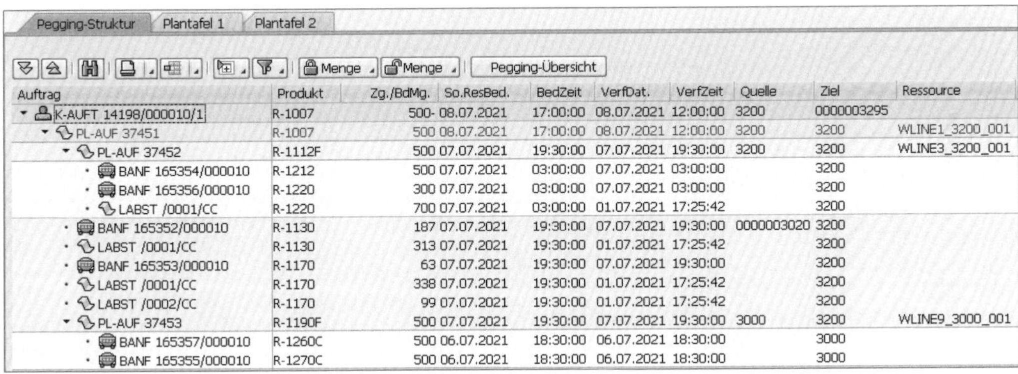

Auftrag	Produkt	Zg./BdMg.	So.ResBed.	BedZeit	VerfDat.	VerfZeit	Quelle	Ziel	Ressource
K-AUFT 14198/000010/1	R-1007	500-	08.07.2021	17:00:00	08.07.2021	12:00:00	3200	0000003295	
PL-AUF 37451	R-1007	500	08.07.2021	17:00:00	08.07.2021	12:00:00	3200	3200	WLINE1_3200_001
PL-AUF 37452	R-1112F	500	07.07.2021	19:30:00	07.07.2021	19:30:00	3200	3200	WLINE3_3200_001
BANF 165354/000010	R-1212	500	07.07.2021	03:00:00	07.07.2021	03:00:00		3200	
BANF 165356/000010	R-1220	300	07.07.2021	03:00:00	07.07.2021	03:00:00		3200	
LABST /0001/CC	R-1220	700	07.07.2021	03:00:00	01.07.2021	17:25:42		3200	
BANF 165352/000010	R-1130	187	07.07.2021	19:30:00	07.07.2021	19:30:00	0000003020	3200	
LABST /0001/CC	R-1130	313	07.07.2021	19:30:00	01.07.2021	17:25:42		3200	
BANF 165353/000010	R-1170	63	07.07.2021	19:30:00	07.07.2021	19:30:00		3200	
LABST /0001/CC	R-1170	338	07.07.2021	19:30:00	01.07.2021	17:25:42		3200	
LABST /0002/CC	R-1170	99	07.07.2021	19:30:00	01.07.2021	17:25:42		3200	
PL-AUF 37453	R-1190F	500	07.07.2021	19:30:00	07.07.2021	19:30:00	3000	3200	WLINE9_3000_001
BANF 165357/000010	R-1260C	500	06.07.2021	18:30:00	06.07.2021	18:30:00		3000	
BANF 165355/000010	R-1270C	500	06.07.2021	18:30:00	06.07.2021	18:30:00		3000	

Abbildung 17.61 Pegging-Struktur des Planauftrags

Bezüglich der weiteren Berücksichtigung dieser Unterdeckungsmengen während des CTP-Laufs sollten Sie eine Unterscheidung der Komponenten vornehmen:

- Komponenten, bei denen die Auflösung einer Unterdeckung unkritisch zu einem späteren Zeitpunkt erfolgen kann, sollten Sie mit dem Planungsverfahren 4 (Planung im Planungslauf) planen.
- Komponenten, bei denen Sie Zugangselemente im Falle einer Unterdeckung unmittelbar vom PP/DS anlegen lassen möchten, versehen Sie mit dem Planungsverfahren 3 (Sekundärbedarfe sofort decken). Somit würde mit dem Sichern des Kundenauftrags, und davon abhängig, mit dem Sichern des Planauftrags auch sofort eine Beschaffung der Komponente ausgelöst.
- Komponenten, bei denen Sie versuchen möchten, die Unterdeckung durch eine Verschiebung des Sekundärbedarfstermins auszugleichen, weil eventuell verspätet ausreichend Zugangselemente zur Verfügung stehen, planen Sie mit dem Planungsverfahren 1 (Manuell mit Prüfung). PP/DS legt bei der Verwendung dieses Planungsverfahrens jedoch keine Zugangselemente für den Fall an, dass auch eine Verschiebung die Unterdeckung nicht auflösen kann. In solch einer Situation könnte kein Planauftrag angelegt werden, und der Kundenauftrag bliebe ohne Bestätigung.

Bei den beiden letztgenannten Planungsverfahren (3 und 1) kann es in der Konsequenz zu einer Verschiebung des Planauftrags kommen, wenn ein Sekundärbedarf nur mit Verspätung gedeckt werden kann. Aus diesem Grund überprüft PP/DS in solchen Fällen, ob mit einer alternativen Bezugsquelle eine Bestätigung näher am Wunschtermin des Kunden oder gar pünktlich möglich ist.

Waren Sie nun am Ende erfolgreich mit der Überprüfung der Produktionsmöglichkeiten, erhalten Sie im Kundenauftrag eine Bestätigung und in PP/DS einen Planauftrag (siehe Abbildung 17.62), der nach der Umsetzung in einen Fertigungsauftrag in SAP ERP bzw. SAP S/4HANA weiterverarbeitet werden kann.

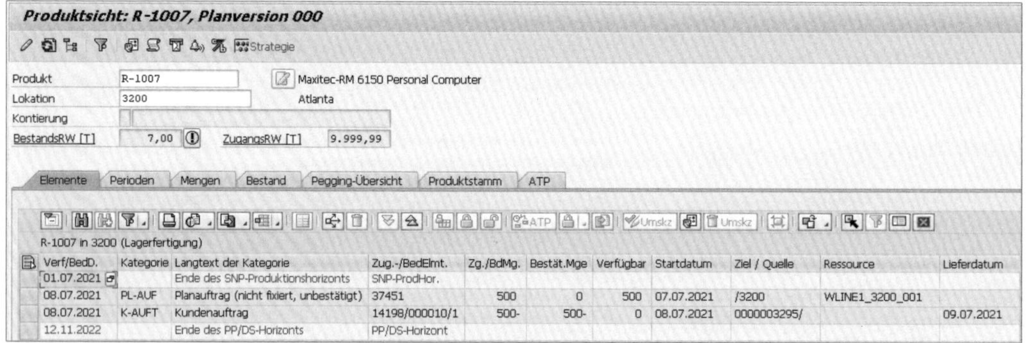

Abbildung 17.62 Planversion mit Planauftrag und Kundenauftrag anzeigen

Die Möglichkeiten des CTP haben Sie im gerade abgeschlossenen Abschnitt gesehen. Sie haben gelernt, dass sich die Aufgabe der Verfügbarkeitsprüfung in diesem Verfahren darauf beschränkt, die zu produzierende Menge mit einem Bedarfstermin an PP/DS zu übergeben. CTP nutzen Sie deshalb besonders dann, wenn Sie den Produktionsprozess möglichst präzise während der Prüfung berücksichtigen möchten. Hierzu stehen Ihnen umfangreiche Funktionalitäten der Produktionsfeinplanung in SAP APO zur Verfügung. Die Überprüfung der Komponentenverfügbarkeit übergeben Sie ebenfalls vollständig an PP/DS und die dort vorhandene Funktionalität des Pegging. Lokations- und Produktersetzungen mit der regelbasierten ATP-Prüfung spielen für Sie dabei ebenso keine Rolle wie die Beeinflussung des Prüfumfangs.

17.4.4 Zugangselemente bei mehrstufiger ATP- und bei der CTP-Prüfung neu anlegen

Für die beiden in den vorangehenden Abschnitten vorgestellten Möglichkeiten der Produktionsüberprüfung ergeben sich einige Besonderheiten bei Veränderungen am Kundenauftrag. Dies hängt damit zusammen, dass sowohl bei der mehrstufigen ATP-Prüfung (MATP) als auch bei Capable-to-Promise (CTP) von PP/DS bereits Beschaffungsvorschläge erzeugt worden sind, die von der erneuten Verfügbarkeitsprüfung berücksichtigt werden. Dies soll anhand eines kleinen Beispiels verdeutlicht werden:

Sie haben den ursprünglichen Kundenauftrag für 10 Stück von Produkt A mit einem Wunschtermin in zwei Wochen platziert. Im Rahmen der MATP-/CTP-Prüfung wurde nun ein Planauftrag angelegt, der pünktlich zur Auslieferung in zwei Wochen fertiggestellt ist. Ändern Sie nun den Kundenauftrag ab und wünschen Sie die Lieferung jetzt in einer Woche, wird die ATP-Prüfung einen Planauftrag in zwei Wochen vorfinden und diesen zur Bestätigung des Kundenauftrags heranziehen. Somit würde der Kundenauftrag eine verspätete Bestätigung zum ursprünglichen Wunschtermin erhalten. Diese Situation ist natürlich unbefriedigend, insbesondere wenn die Produktionskapazitäten ein Vorziehen zulassen würden.

Aus diesem Grund gibt es die Funktionalität der Neuanlage von Zugangselementen, die unter bestimmten Voraussetzungen die bisherigen angelegten Zugangselemente bei einer erneuten Verfügbarkeitsprüfung ignoriert und gegebenenfalls löscht.

Eine Grundvoraussetzung für die Neuanlage von Zugangselementen ist die Aktivierung dieser Funktionalität in der Prüfvorschrift (siehe Abbildung 17.63). Hierzu setzen Sie das Kennzeichen **Zugangselemente neu anlegen**.

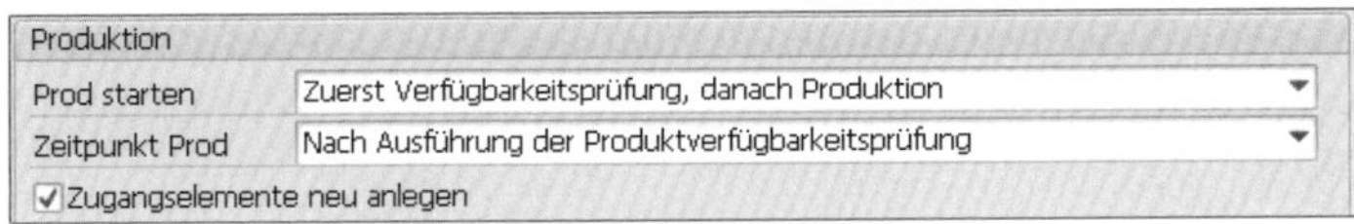

Abbildung 17.63 Neuanlage von Zugangselementen in der Prüfvorschrift aktivieren

Haben Sie die Funktionalität eingeschaltet, können Sie mittels eines Horizonts im Lokationsproduktstamm festlegen, welche Beschaffungselemente Sie dennoch schützen möchten. Hierzu geben Sie im Feld **Hor. Neuanlage Zug.** einen Wert in Tagen an (siehe Abbildung 17.64). Zugangselemente, die innerhalb dieses Horizonts liegen, werden nicht gelöscht und neu angelegt. Somit können Sie zu kurzfristige Änderungen in der Produktionsplanung verhindern. Nur Beschaffungsvorschläge, die außerhalb des Horizonts liegen, dürfen im Rahmen der Prüfung neu angelegt werden.

Es gibt auch einige von der Planung fixierte Zugangselemente, die, unabhängig von ihrer Lage bezüglich des Horizonts, nicht mehr angepasst werden können. Diese tragen dann z. B. die Statusausprägung **PP-fixiert**, **Input-fixiert** oder **aktivitätsfixiert**. Hier führt ein Vorziehen des Termins im Kundenauftrag dennoch nicht zu einem besseren Bestätigungstermin. Bereits in Fertigungsaufträge umgesetzte Planaufträge lassen sich selbstverständlich ebenfalls nicht mehr neu anlegen.

Abbildung 17.64 Horizont für die Neuanlage von Zugangselementen im Produktstamm

Fixiertes Pegging

Wichtig ist in diesem Zusammenhang die Unterscheidung zwischen der Kundeneinzelfertigung und der anonymen Lagerfertigung.

Im Fall der Kundeneinzelfertigung ist das gegebenenfalls neu anzulegende Zugangselement, z. B. ein Planauftrag, dem verursachenden Kundenbedarf eindeutig zugeordnet. Der Planauftrag kann also gefahrlos gelöscht werden, da er nicht mehr anderweitig benötigt wird.

Im Fall der Lagerfertigung ist die Situation normalerweise nicht so eindeutig. Die ATP-Prüfung selbst arbeitet mit kumulierten Mengen und »sieht« üblicherweise nicht, welche Elemente genau für die Bestätigung verwendet wurden. Und PP/DS arbeitet im Rahmen der Planung standardmäßig mit einem dynamischen Pegging, also einer Verknüpfung zwischen Bedarf und Bedarfsdecker, die sich kontinuierlich an die Situation anpasst.

Möchten Sie auch im anonymen Lagerfertigungsfall eine eindeutige Verknüpfung zwischen Bedarf und Bedarfsdecker erreichen, müssen Sie in PP/DS dafür sorgen, dass mit dem fixierten Pegging gearbeitet wird, also einer statischen Verknüpfung von Bedarf und Bedarfsdecker. Nur dann kann auch in der Lagerfertigung die Neuanlage von Zugangselementen genutzt werden.

17.4.5 Kit-to-Order

Die Funktionalität Kit-to-Order (Bausatzprüfung) beschränkt sich auf die reine Betrachtung der Komponentenverfügbarkeit eines Bausatzes. Der Produktionsprozess besteht bei solchen Bausätzen üblicherweise aus der Zusammenführung der Einzelteile in eine Umverpackung und muss nicht im Sinne der Verfügbarkeitsprüfung bzw. der Terminierung betrachtet werden. Deshalb wird in der Bausatzprüfung auf eine Abbildung des Produktionsprozesses innerhalb der Verfügbarkeitsprüfung verzichtet. Anwendung findet die Bausatzprüfung häufig im Ersatzteilgeschäft, in dem die Komponenten oft auch als Einzelprodukt verkauft werden können. Damit ist die Wahrscheinlichkeit hoch, dass auch im Falle der Nicht-Verfügbarkeit des gesamten Bausatzes die Komponenten im Lagerbestand zu finden sind.

Wie in den allgemeinen Voraussetzungen schon erläutert, muss der Produktionstyp im Prüfmodus den Wert **Bausatz-Prüfung** (KIT) haben.

Bevor Sie die Verfügbarkeitsprüfung für Bausätze durchführen können, müssen Sie die Baukastenstruktur selbst angelegt haben. Dies tun Sie im integrierten Produkt- und Prozess-Engineering (iPPE), siehe Abbildung 17.65. Sie finden die Pflegetransaktion /SAPAPO/PPE im SAP-Menü über den Pfad **Advanced Planning and Optimization • Stammdaten • Integriertes Produkt- und Prozess-Engineering (iPPE) • iPPE-Workbench Professional starten**.

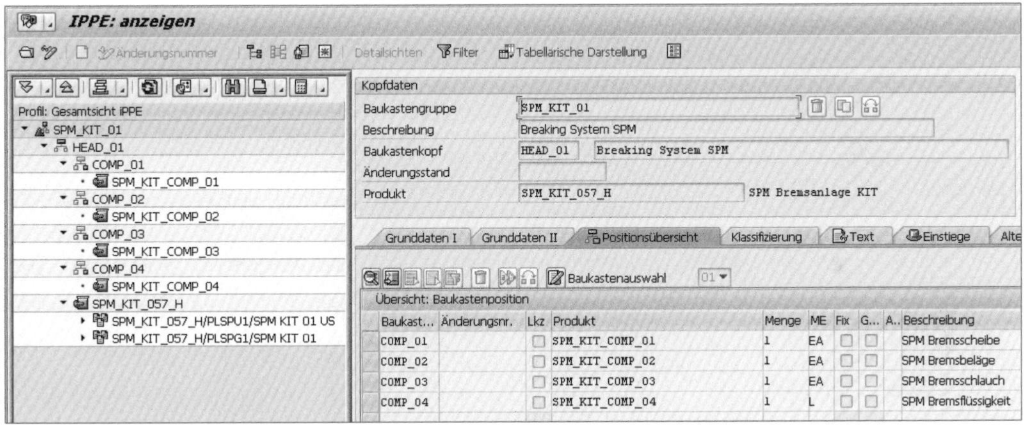

Abbildung 17.65 iPPE für die Baukastenprüfung

In einem weiteren Schritt müssen Sie nun noch aus Ihrem Bausatz eine in der Produktion verwendbare Produktionsdatenstruktur (PDS) generieren. Die zugehörige Transaktion /SAPAPO/GEN_PDS finden Sie ebenfalls im SAP-Menü über den Pfad **Advanced Planning and Optimization • Stammdaten • Produktionsdatenstruktur (PDS) • Produktionsdatenstruktur aus iPPE-Daten generieren**.

Zum Abschluss der Vorbereitungen müssen Sie im Produktstamm Ihres Bausatzes auf der Registerkarte PP/DS festlegen, dass die Planauflösung mit dem Wert 3 (Einzelauflösung der iPPE) durchgeführt wird.

Erfassen Sie nun im SAP-CRM-System in einem Kundenauftrag eine Position für den Bausatz, wird der Bedarf zur Verfügbarkeitsprüfung an das APO-System übergeben. Dort wird, je nach Verfügbarkeit des Bausatzes sowie des eingestellten Produktionsstarts, die Produktion des Bausatzes ausgelöst. Produktion bedeutet in diesem Fall, dass eine Planauflösung zur Ermittlung der Bausatzkomponenten stattfindet.

Für die Komponenten selbst wird nun auch wieder eine Verfügbarkeitsprüfung durchgeführt. Hierbei steht Ihnen u. a. auch die regelbasierte ATP-Prüfung zur Verfügung, sodass es auf der Komponentenebene durchaus zu einer Produktersetzung kommen kann. Im Beispiel von Abbildung 17.66 wird auf diese Art und Weise ein Teil des fehlenden Bedarfs der Komponente `SPM_KIT_COMP_04` durch die verfügbare Menge der Komponente `SPM_KIT_COMP_74` gedeckt.

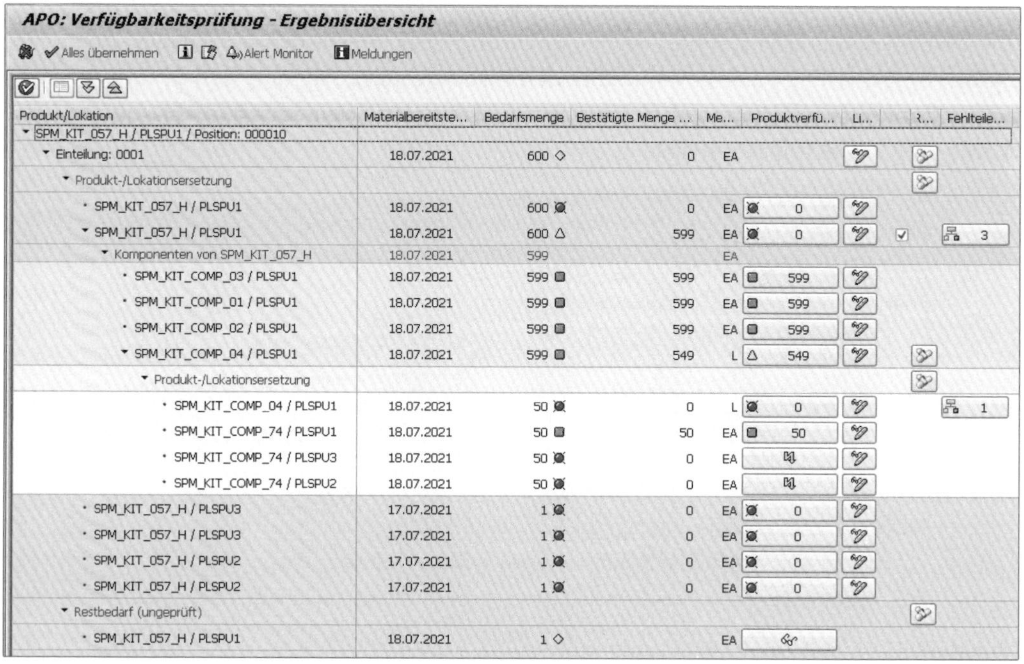

APO: Verfügbarkeitsprüfung - Ergebnisübersicht

Alles übernehmen | Alert Monitor | Meldungen

Produkt/Lokation	Materialbereitste...	Bedarfsmenge	Bestätigte Menge ...	Me...	Produktverfü...	Li...		?...	Fehlteile...
SPM_KIT_057_H / PLSPU1 / Position: 000010									
Einteilung: 0001	18.07.2021	600	0	EA					
Produkt-/Lokationsersetzung									
SPM_KIT_057_H / PLSPU1	18.07.2021	600	0	EA	0				
SPM_KIT_057_H / PLSPU1	18.07.2021	600	599	EA	0		✓		3
Komponenten von SPM_KIT_057_H	18.07.2021	599		EA					
SPM_KIT_COMP_03 / PLSPU1	18.07.2021	599	599	EA	599				
SPM_KIT_COMP_01 / PLSPU1	18.07.2021	599	599	EA	599				
SPM_KIT_COMP_02 / PLSPU1	18.07.2021	599	599	EA	599				
SPM_KIT_COMP_04 / PLSPU1	18.07.2021	599	549	L	549				
Produkt-/Lokationsersetzung									
SPM_KIT_COMP_04 / PLSPU1	18.07.2021	50	0	L	0				1
SPM_KIT_COMP_74 / PLSPU1	18.07.2021	50	50	EA	50				
SPM_KIT_COMP_74 / PLSPU3	18.07.2021	50	0	EA					
SPM_KIT_COMP_74 / PLSPU2	18.07.2021	50	0	EA					
SPM_KIT_057_H / PLSPU3	17.07.2021	1	0	EA	0				
SPM_KIT_057_H / PLSPU3	17.07.2021	1	0	EA	0				
SPM_KIT_057_H / PLSPU2	17.07.2021	1	0	EA	0				
SPM_KIT_057_H / PLSPU2	17.07.2021	1	0	EA	0				
Restbedarf (ungeprüft)									
SPM_KIT_057_H / PLSPU1	18.07.2021	1		EA					

Abbildung 17.66 Ergebnis einer Bausatzprüfung

Eine Terminierung auf der Komponentenebene ist nicht notwendig, da es aufgrund der fehlenden Produktionsabbildung keine zusätzlichen Zeitbausteine für die Komponenten gibt. Sie müssen zum gleichen Datum verfügbar sein wie der Bausatz auch.

Im Kundenauftrag selbst werden anschließend alle Komponenten als separate Unterpositionen mit der jeweilig bestätigten Menge geführt. Hier unterscheidet sich die Bausatzprüfung von den beiden anderen Methoden des Produktionsaufrufs (mehrstufige ATP und CTP). Es entstehen weder Planaufträge noch ATP-Baumstrukturen, die einen Fertigungsprozess abbilden.

Um die eigentliche Aktion des Zusammenführens dennoch im System abbilden zu können, gibt es in SAP EWM (Extended Warehouse Management) die sogenannten logistischen Zusatzleistungen (LZL), siehe Abbildung 17.67. Diese finden Sie im SAP-

Menü über den Pfad **Extended Warehouse Management • Arbeitsvorbereitung • Logistische Zusatzleistung (LZL) • LZL im Warenausgangsprozess**.

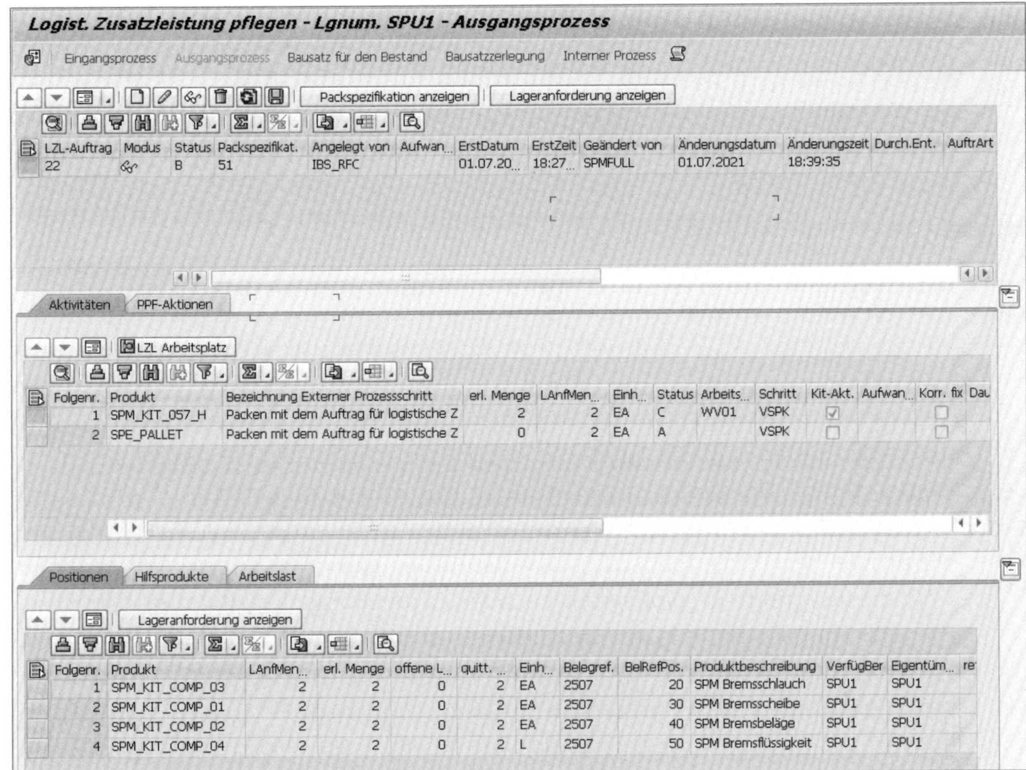

Abbildung 17.67 Logistische Zusatzleistungen in SAP EWM

In dieser logistischen Zusatzleistung wird festgehalten, welche Komponenten nun gemeinsam verpackt werden müssen, welche Packmittel dazu verwendet werden sollen und auf welchem Arbeitsplatz die Zusammenstellung erfolgt. Im Arbeitsplatz sind diese Informationen nochmals detailliert dargestellt (siehe Abbildung 17.68).

Anschließend erfolgt noch eine Warenausgangsbuchung, und die logistische Abwicklung der Bausatzprüfung ist abgeschlossen.

Die Verfügbarkeitsprüfung für Bausätze, die Ihnen nur mit SAP CRM als Auftragserfassungssystem zur Verfügung steht, nutzen Sie dann, wenn Ihnen die umfangreiche ATP-Funktionalität in der Komponentenprüfung eines Bausatzes wichtig ist, Sie jedoch auf die Abbildung eines Produktionsprozesses komplett verzichten können. Der Vorteil der Bausatzprüfung ist, dass Sie kein zusätzliches Element (wie z. B. einen Planauftrag) im System erhalten, das Sie weiterprozessieren müssen.

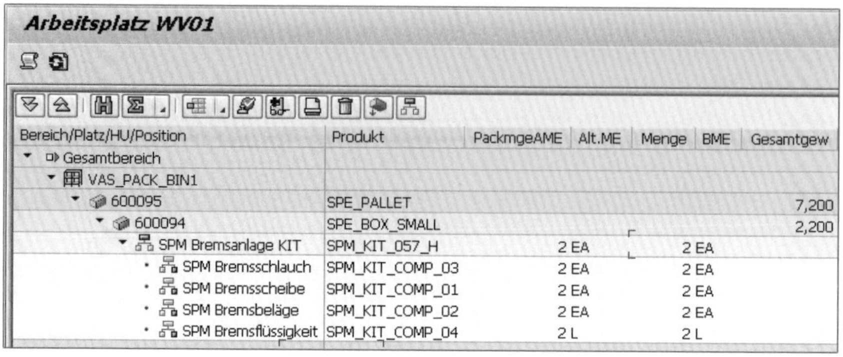

Arbeitsplatz WV01

Bereich/Platz/HU/Position	Produkt	PackmgeAME	Alt.ME	Menge	BME	Gesamtgew
Gesamtbereich						
VAS_PACK_BIN1						
600095	SPE_PALLET					7,200
600094	SPE_BOX_SMALL					2,200
SPM Bremsanlage KIT	SPM_KIT_057_H	2 EA		2 EA		
SPM Bremsschlauch	SPM_KIT_COMP_03	2 EA		2 EA		
SPM Bremsscheibe	SPM_KIT_COMP_01	2 EA		2 EA		
SPM Bremsbeläge	SPM_KIT_COMP_02	2 EA		2 EA		
SPM Bremsflüssigkeit	SPM_KIT_COMP_04	2 L		2 L		

Abbildung 17.68 Arbeitsplatz für die logistischen Zusatzleistungen in SAP EWM

17.5 Zusammenfassung

Im ersten Abschnitt dieses Kapitels haben Sie die Möglichkeit der Kombination von Basismethoden der Verfügbarkeitsprüfung kennengelernt, eine Erweiterung der in Kapitel 16 zu den Prüfmethoden kennengelernten Methoden. Anschließend haben wir uns der regelbasierten Verfügbarkeitsprüfung gewidmet. Hierbei haben wir sowohl die integrierte Regelpflege als auch die dazugehörige Regelfindung betrachtet. Das Zusammenspiel der beiden Teile haben wir uns danach in einem Beispiel angeschaut. Im dritten Abschnitt sind wir dann auf die Möglichkeiten der Streckenabwicklung eingegangen. In der Streckenabwicklung beauftragen Sie einen Lieferanten aus der Verfügbarkeitsprüfung heraus, die Ware direkt an Ihren Kunden zu versenden. Zu guter Letzt haben wir uns dann mit den verschiedenen Optionen der Produktion von fehlenden Produkten beschäftigt. Dabei haben Sie die Unterschiede zwischen der mehrstufigen ATP-Prüfung, Capable-to-Promise und der Bausatzprüfung kennengelernt.

Kapitel 18

Zusatzfunktionen der Verfügbarkeitsprüfung in SAP APO

Besondere Konstellationen in der Kundenauftragsabwicklung erfordern besondere Funktionen in der Verfügbarkeitsprüfung. Dazu gehören z. B. die Ermittlung einer Mehrpositionen-Einzellieferlokation oder einer Konsolidierungslokation. Diese und weitere Zusatzfunktionen lernen Sie im Folgenden kennen..

Im vorangehenden Kapitel 17 haben Sie mit den umfangreichen erweiterten Prüfmethoden der gATP-Prüfung in SAP APO die häufig genutzten Funktionen der Verfügbarkeitsprüfung kennengelernt. Im vorliegenden Kapitel wenden wir uns nun den Zusatzfunktionen der gATP-Prüfung zu. Diese ist bei der präzisen Verfügbarkeitsauskunft an Kunden sehr hilfreich. Sie wird jedoch nicht so häufig eingesetzt, wie die erweiterten Prüfmethoden. Im Einzelnen gibt es folgende Zusatzfunktionen der ATP-Prüfung:

- Mehrpositionen-Einzellieferlokation zur Bedienung eines Kundenauftrags aus genau einer Lokation
- Konsolidierung in einer Konsolidierungslokation
- Berücksichtigung von Sicherheitsbeständen
- Rundung während der Verfügbarkeitsprüfung
- Korrelationsrechnung während der Verfügbarkeitsprüfung

Diese Zusatzfunktionen behandeln wir in diesem Kapitel.

18.1 Mehrpositionen-Einzellieferlokation

In der *Mehrpositionen-Einzellieferlokation* (MELL) werden mehrere Positionen eines Kundenauftrags aus genau einer Lokation beliefert. Das ist z. B. dann sinnvoll, wenn der Kunde eine Komplettlieferung wünscht oder Sie z. B. wegen einer Zollabwicklung nur eine Komplettlieferung versenden möchten.

Besonderes Merkmal der Mehrpositionen-Einzellieferlokation ist das Vorgehen der regelbasierten ATP-Prüfung, um eine Lokation zu finden, in der alle gewünschten

Positionen in der gewünschten Menge bestätigt werden können. Das primäre Ziel ist das Finden dieser gemeinsamen Lokation.

Die Funktion der Mehrpositionen-Einzellieferlokation müssen Sie explizit im SAP-Customizing über den folgenden Pfad aktivieren: **Advanced Planning and Optimization • Globale Verfügbarkeitsprüfung (Globale ATP-Prüfung) • Regelbasierte Verfügbarkeitsprüfung • Mehrpositionen-Einzellieferlokation aktivieren**.

Darüber hinaus benötigen Sie für die Nutzung der Mehrpositionen-Einzellieferlokation eine Regel vom Regeltyp **Mehrpositionen-Einzellieferlokation** (siehe Abbildung 18.1).

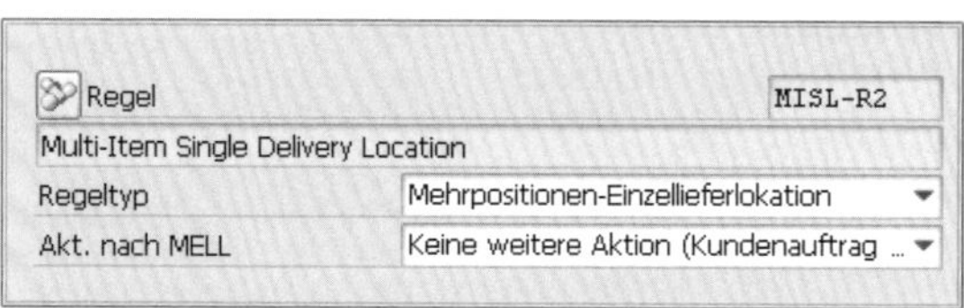

Abbildung 18.1 Regelkopf der Mehrpositionen-Einzellieferlokation

Sobald Sie diesen Regeltyp aktiviert haben, erscheint das Feld **Akt. Nach MELL**, auf dessen Bedeutung wir weiter hinten in diesem Abschnitt zurückkommen.

Wir betrachten die Funktion anhand eines Beispiels genauer. Nehmen Sie an, dass Sie im Kundenauftrag drei Positionen für die Produkte MISL-P1, MISL-P2 und MISL-P3 erfassen. Das im ERP-Kundenauftrag gefundene Auslieferungswerk ist die Lokation 3400. Befinden sich die drei Positionen in einer gemeinsamen Bedarfsgruppierung, wie es z. B. bei der Aktivierung der Komplettlieferung der Fall ist, werden die drei Positionen gebündelt zur Verfügbarkeitsprüfung an die gATP-Prüfung übergeben. In der Prüfvorschrift der drei Positionen muss sichergestellt sein, dass die regelbasierte ATP ausgeführt wird, denn andernfalls kann die MELL-Funktion nicht angesteuert werden. Außerdem muss die regelbasierte ATP-Prüfung mit sofortigem Start aktiviert werden, da sonst erst eine normale Verfügbarkeitsprüfung durchgeführt würde. Erläuterungen zum sofortigen Start der regelbasierten ATP-Prüfung finden Sie in Kapitel 15, »Parameter der Verfügbarkeitsprüfung in SAP APO«.

Sind diese Voraussetzungen geschaffen, wird die Konditionstechnik der Regelfindung ausgeführt. Hierbei wird nun der im Customizing festzulegende Geschäftsvorfall für die Mehrpositionen-Einzellieferlokation zur Ermittlung der Regelstrategie herangezogen. Den Geschäftsvorfall pflegen Sie über den Pfad **Advanced Planning and Optimization • Globale Verfügbarkeitsprüfung (Globale ATP-Prüfung) • Regelbasierte Verfügbarkeitsprüfung • Mehrpositionen-Einzellieferlokation aktivieren** (siehe Abbildung 18.2).

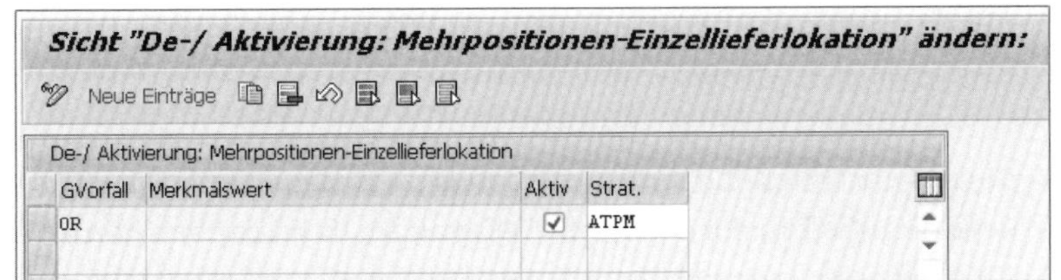

Abbildung 18.2 Geschäftsvorfall für die Mehrpositionen-Einzellieferlokation

Möchten Sie neben dem Geschäftsvorfall auch Merkmale berücksichtigen, müssen Sie diese über das BAdI **Mehrpositionen-Einzellieferlokation** einsteuern. Erklärungen zur Vorgehensweise finden Sie im Customizing zu den Erweiterungen der Mehrpositionen-Einzellieferlokation.

Wenn in der Regelfindung der Verfügbarkeitsprüfung eine entsprechende MELL-Regel gefunden wird, wird aus dieser MELL-Regel eine Lokationsliste erzeugt. Bei der Erzeugung der Lokationsliste werden keine exklusiven und alternativen Regeln für Lokationen ausgeführt. Die Lokationsliste enthält somit nur genau die Lokationen der MELL-Liste. Möchten Sie diese Lokationsliste dennoch beeinflussen, um z. B. einzelne Lokationen aus der Liste zu streichen, verwenden Sie das BAdI **Lokationsliste für Mehrpositionen-Einzellieferlokation**. Dies führt in der Verfügbarkeitsprüfung unseres Beispiels zu folgendem Ergebnisbild (siehe Abbildung 18.3).

APO: Verfügbarkeitsprüfung - Ergebnisübersicht

Alles übernehmen | Alert Monitor

Produkt/Lokation	Materialbereitstellu...	Bedarfsmenge	Bestätigte Menge...	Kumulierte be...	M...	Produktv...	Liefervorschlag		Regel	Korrellati...	Mehrpos-EinzLiefLok
MISL-P1 / 3400 / Position: 000010										001	001
Einteilung: 0001	05.07.2021	70	0	0	EA						
Produkt-/Lokationsersetzung											
MISL-P1 / 3100	06.07.2021	70	0	0	EA	50					
Produkt-/Lokationsersetzung											
MISL-P1 / 3300	06.07.2021	70	0	0	EA	20					
Produkt-/Lokationsersetzung											
MISL-P1 / 3400	06.07.2021	70	0	0	EA	10					
Produkt-/Lokationsersetzung											
MISL-P1 / 3700	06.07.2021	70	70	70	EA	70		✓			
MISL-P2 / 3400 / Position: 000020										001	001
Einteilung: 0001	05.07.2021	70	0	0	EA						
Produkt-/Lokationsersetzung											
MISL-P2 / 3700	06.07.2021	70	70	70	EA	70		✓			
MISL-P3 / 3400 / Position: 000030										001	001
Einteilung: 0001	05.07.2021	70	0	0	EA						
Produkt-/Lokationsersetzung											
MISL-P3 / 3700	06.07.2021	70	70	70	EA	70		✓			

Abbildung 18.3 Ergebnis der Prüfung »Mehrpositionen-Einzellieferlokation«

Die ATP-Prüfung beginnt mit dem ersten Bedarf der Gruppierung, in diesem Fall mit dem Produkt MISL-P1. Die gewünschten 70 Stück können nicht in der Lokation 3100, der ersten Liste unserer MELL-Lokationen, bestätigt werden. Somit kann direkt zur

Prüfung des Produkts MISL-P1 in der nächsten Lokation übergegangen werden. Eine Prüfung von MISL-P2 und MISL-P3 in der Lokation 3100 ist nicht notwendig, da MISL-P1 dort ja auf jeden Fall nicht ausreichend verfügbar ist.

Das Produkt MISL-P1 wird anschließend auch noch erfolglos in den Lokationen 3300 und 3400 geprüft, bevor 70 Stück in der Lokation 3700 voll bestätigt werden können. In dieser Lokation 3700 werden auch die Produkte MISL-P2 und MISL-P3 erfolgreich geprüft. Die Lokation 3700 ist also die Lokation, in der alle Bedarfe der Bedarfsgruppierung voll bestätigt werden können – Sie ist somit die Mehrpositionen-Einzelliefer-lokation.

Über den Button **Mehrpos-EinzLiefLok** können Sie die Informationen über die gefundene Regel aufrufen (siehe Abbildung 18.4).

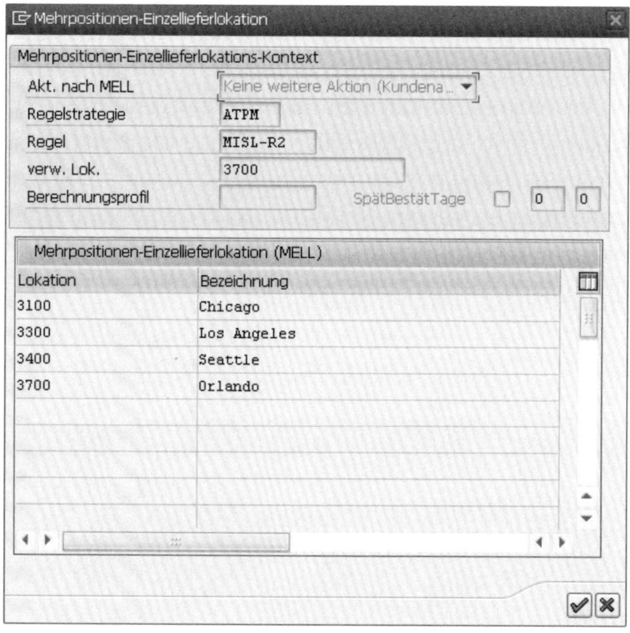

Abbildung 18.4 Zusatzinformationen des Ergebnisbildes

Die gefundene Regelstrategie ATPM sowie die daraus abgeleitete Regel MISL-R2 haben zu der dargestellten Liste der Lokationen geführt. Ein Berechnungsprofil wurde in dieser Regel nicht gefunden, prinzipiell unterstützt MELL jedoch diese Funktion.

Im Kundenauftrag stellt sich das gesamte Ergebnis wie in Abbildung 18.5 gezeigt dar.

Die ursprünglichen Auftragspositionen im Auslieferungswerk 3400 bleiben als Hauptpositionen erhalten, und die aus der Lokation 3700 bedienten Positionen werden als Unterpositionen angehängt. Hier unterscheidet sich MELL nicht von der normalen regelbasierten ATP-Prüfung.

Alle Positionen								
Pos	Material	Auftragsmenge	ME	Bezeichnung	Ptyp	Üb.Pos	Werk	1.Datum
10	MISL-P1	70	EA	Multi-Item Single Loca...	TAPA	0	3400	06.07.2021
11	MISL-P1	70	EA	Multi-Item Single Loca...	TAN	10	3700	06.07.2021
20	MISL-P2	70	EA	Multi-Item Single Loca...	TAPA	0	3400	06.07.2021
21	MISL-P2	70	EA	Multi-Item Single Loca...	TAN	20	3700	06.07.2021
30	MISL-P3	70	EA	Multi-Item Single Loca...	TAPA	0	3400	06.07.2021
31	MISL-P3	70	EA	Multi-Item Single Loca...	TAN	30	3700	06.07.2021

Abbildung 18.5 Ergebnis der Mehrpositionen-Einzellieferlokations-Prüfung im Kundenauftrag

Im Hintergrund der Mehrpositionen-Einzellieferlokation hat eine Korrelation der Liefertermine stattgefunden. Dies ist an dem verfügbaren Button **Korrelation** im Ergebnisbild zu erkennen. Alle Liefertermine werden auf den spätesten, in den Einteilungen vorhandenen Liefertermin gelegt. Details zur Korrelation zeigen wir in Abschnitt 18.5.

Sollte es eine gemeinsame Lokation geben, aus der alle Bedarfe bedient werden können, ist die Funktion der Mehrpositionen-Einzellieferlokation an dieser Stelle abgeschlossen.

Wir möchten nun auf das Feld **Akt. nach MELL** aus dem Regelkopf zurückkommen. In einigen Fällen ist die regelbasierte Verfügbarkeitsprüfung nicht in der Lage, eine gemeinsame Lokation zu finden, in der alle Positionen verfügbar sind. Im Regelkopf der MELL-Regel legen Sie fest, wie das System weiterverfahren soll (Feld **Akt.nach MELL** in Abbildung 18.1). Dafür gibt es acht verschiedene Optionen:

- **Keine weitere Aktion (Kundenauftrag unbestätigt)**
  Das System bricht die Verfügbarkeitsprüfung ab; es kann keine Position bestätigt werden.
- **Vorauswahl abschalten, mit regelbas. ATP weiter**
  Das System setzt die Verfügbarkeitsprüfung fort, jedoch ohne die Notwendigkeit, eine gemeinsame Lieferlokation zu finden.
- **Restbedarf für Eingabeprodukt in 1. ErsLok. erzeugen**
  Die Verfügbarkeitsprüfung bestätigt nichts; die komplette Menge wird für das Wunschprodukt in der ersten Lokation der MELL-Lokationsliste abgesetzt.
- **Restbedarf für 1. Ersatzprodukt in 1. ErsLok. erzeugen**
  Falls in der MELL-Regel Ersatzprodukte gefunden wurden, wird die komplette Menge als Restbedarf für das erste Ersatzprodukt in der ersten Lokation der MELL-Lokationsliste abgesetzt.
- **Restbedarf für letztes Ersatzprodukt in 1. ErsLok. Erzeugen**
  Falls in der MELL-Regel Ersatzprodukte gefunden wurden, wird die komplette Menge als Restbedarf für das letzte Ersatzprodukt in der ersten Lokation der MELL-Lokationsliste abgesetzt.

- **Bestätig. in 1. ErsLok., Restbed. für EingProd. in 1. EL**
  In diesem Fall wird die Teilmenge, die in der ersten Lokation der MELL-Lokationsliste bestätigt werden kann, dort auch bestätigt; der Restbedarf wird für das Wunschprodukt in der gleichen Lokation abgesetzt.
- **Bestätig. in 1. ErsLok., Restbed. für 1. ErsProd. in 1. EL**
  Auch hier wird die Teilmenge bestätigt, die in der ersten Lokation der MELL-Liste bestätigt werden kann; der Restbedarf wird jedoch nicht für das Wunschprodukt, sondern das erste Ersatzprodukt abgesetzt.
- **Bestätig. in 1. ErsLok., Restbed. für letztes ErsP. in 1. EL**
  Zu guter Letzt gibt es noch die Option, die Teilmenge, wie bei den vorherigen Optionen auch, in der ersten MELL-Lokation zu bestätigen. In diesem Fall wird aber der Restbedarf für das letzte Ersatzprodukt in der ersten MELL-Lokation abgesetzt.

Somit haben Sie erfahren, wie Sie den Ablauf der Mehrpositionen-Einzellieferlokation abschließen können, wenn keine gemeinsame Lokation gefunden wird, aus der alle Bedarfe bedient werden können.

18.2 Konsolidierung in einer Konsolidierungslokation

Aufgrund der Lokationsersetzung innerhalb der regelbasierten Verfügbarkeitsprüfung werden u. U. die verschiedenen Bedarfspositionen eines Auftrags in mehreren unterschiedlichen Lokationen gefunden. Dennoch kann es aus verschiedenen Gründen notwendig sein, dass die Sendung an den Kunden aus genau einer Lokation erfolgt. Hierzu steht die Funktion **Konsolidierung in einer Konsolidierungslokation** zur Verfügung. Diese ermöglicht die Nutzung der Lokationsersetzung auf der einen Seite und die Belieferung des Kunden aus immer genau einer Lokation auf der anderen Seite.

Möchten Sie darüber hinaus sicherstellen, dass die in der Konsolidierungslokation gebildeten Lieferungen für mehrere Positionen zu genau einem Termin gesammelt an den Kunden verschickt werden, korrelieren Sie den Liefertermin in der Konsolidierungslokation. Anschließend geht genau eine Lieferung für mehrere Positionen an den Kunden.

Abbildung 18.6 verdeutlicht den dazugehörigen Belegfluss. Zuerst wird die in der ersetzten Lokation 1 gefundene Menge mittels einer Umlagerungsbestellung in die Konsolidierungslokation verbracht. Dasselbe geschieht mit den Mengen aus den Lokationen 2 und 3. Anschließend wird die Sendung mittels einer Lieferung von der Konsolidierungslokation zum Kunden befördert.

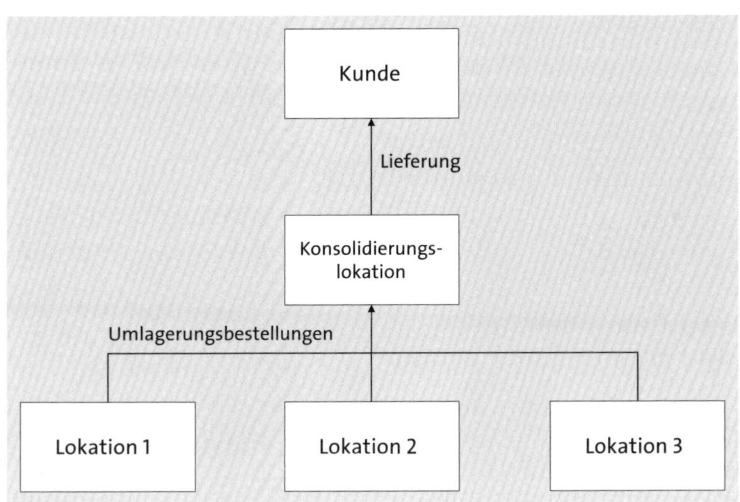

Abbildung 18.6 Belegfluss während der Konsolidierung in einer Konsolidierungslokation

Um die Funktion Konsolidierung nutzen zu können, sind einige grundsätzliche Einstellungen notwendig, die wir zunächst erläutern. Anschließend gehen wir auf die Auswirkungen in der Terminierung ein – der Konsolidierungszwischenschritt muss ja in die Berechnung des Lieferdatums beim Kunden einfließen. Zu guter Letzt stellen wir noch einige Besonderheiten vor, die im Zusammenhang mit der Konsolidierung während der Streckenabwicklung berücksichtigt werden müssen.

18.2.1 Grundlegende Einstellungen der Konsolidierung

Wie die Mehrpositionen-Einzellieferlokation ist auch die Konsolidierung in einer Konsolidierungslokation Bestandteil der regelbasierten Verfügbarkeitsprüfung. Sie wird im Regelkopf aktiviert und ist nur dann pflegbar, wenn Sie eine inklusive Regel bearbeiten. Eine Verwendung in exklusiven und alternativen Regeln ist nicht sinnvoll und deshalb dort nicht eingabebereit.

Zuerst geben Sie im Regelkopf der inklusiven Regel an, in welcher Lokation Sie konsolidieren möchten (siehe Abbildung 18.7). Berücksichtigen Sie hierbei, dass in dieser Lokation auch zuerst die Verfügbarkeit des Wunschprodukts geprüft wird, unabhängig von der aus dem Kundenauftrag übergebenen Wunschlokation. So stellt die Verfügbarkeitsprüfung sicher, dass unnötige Umlagerungstransporte zur Konsolidierung vermieden werden.

Ist die inklusive Regel, in der Sie die Konsolidierungslokation festgelegt haben, Bestandteil einer *inklusiven Regelstrategie*, wird die gefundene Konsolidierungslokation auch an die weiteren inklusiven Regeln übergeben und dort zur Konsolidierung verwendet.

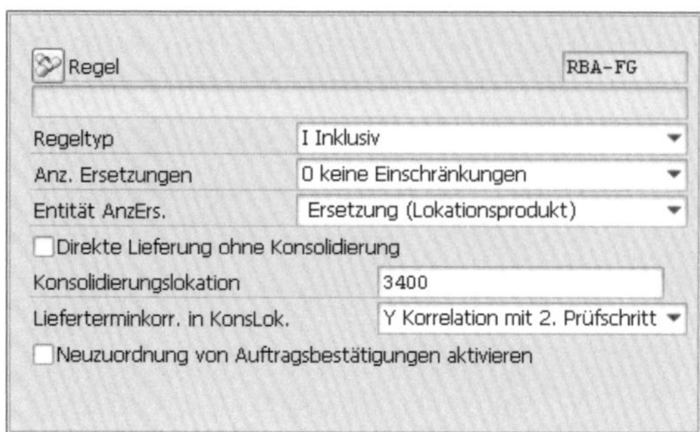

Abbildung 18.7 Konsolidierung im Regelkopf aktivieren

Diese Weitergabe erfolgt so lange, bis das System auf eine Regel trifft, in der eine der folgenden Einstellungen vorgenommen wurde:

- Sie legen in einer der Folgeregeln eine eigene, neue Konsolidierungslokation fest. Diese wird ab Erreichen der Regel verwendet und gegebenenfalls weitergegeben.
- Sie legen im Regelkopf von einer der folgenden Regeln explizit fest, dass keine Konsolidierung stattfinden soll. Dazu aktivieren Sie das Kennzeichen **Direkte Lieferung ohne Konsolidierung** im Regelkopf. Für diese Regel wird die Konsolidierungslokation ignoriert. Allerdings wird die Konsolidierungslokation der vorangehenden Regel an die Folgeregel weitergegeben, in der dann wieder die Konsolidierung erlaubt ist.

Ist die Konsolidierungslokation Bestandteil einer Ausschlussliste einer exklusiven Regel in einer inklusiven Regelstrategie, wird die Lokation auch aus der inklusiven Regel entfernt, und es kann in ihr nicht konsolidiert werden.

Ist die Konsolidierungslokation wiederum Bestandteil einer exklusiven Regelstrategie, kann mittels des Kennzeichens **Auswirkung Lokationsausschluss** im Customizing der Regelstrategie festgelegt werden, dass die ausgeschlossene Lokation für die Konsolidierung dennoch zur Verfügung stehen soll.

Übersteuerung der ermittelten Konsolidierungslokation

An dieser Stelle sei auf die Möglichkeit hingewiesen, die Ermittlung der Konsolidierungslokation innerhalb der Regeln zu übersteuern, indem Sie aus dem Kundenauftrag explizit eine Konsolidierungslokation mitgeben. Diese Lokation wird dann zur Konsolidierung verwendet – sowohl in dem Fall, dass in der inklusiven Regel eine andere Konsolidierungslokation enthalten ist, als auch in der Situation, dass Sie in der inklusiven Regel keine Konsolidierungslokation vorgesehen haben.

Nur in dem Fall, dass Sie in der Regel das Kennzeichen **Direkte Lieferung ohne Konsolidierung** aktiviert haben, wird auch eine aus dem Kundenauftrag übergebene Konsolidierungslokation ignoriert.

Die Übergabe der Konsolidierungslokation aus dem Kundenauftrag steht Ihnen nur zur Verfügung, wenn Sie ein CRM-System als Auftragserfassungssystem verwenden. In dieser Konstellation steht Ihnen im Auftrag das Kennzeichen **Nicht konsolidieren** zur Verfügung (siehe Abbildung 18.8). Dieses Kennzeichen führt dazu, dass eventuell vorhandene Konsolidierungslokationen in der inklusiven Regel nicht berücksichtigt werden; es wird in diesem Auftrag dann nicht konsolidiert.

ATP

Bedarfsregel		☐ Außergewöhnlicher Bedarf
Sicherheitsbestand	Nicht berechnen	☐ Bedarfsmenge runden
Bestätigungsregel		☐ Bestätigungen neu zuordnen
Regelkriterium 1		☑ Nicht konsolidieren
Regelkriterium 2		

Abbildung 18.8 Konsolidierung im Kopf des CRM-Kundenauftrags abschalten

Nachdem wir nun die verschiedenen Möglichkeiten zur Ermittlung bzw. Übersteuerung der Konsolidierungslokation gesehen haben, wenden wir uns jetzt den Methoden der Lieferterminkorrelation zu. Auch diese Einstellung nehmen Sie im Regelkopf über das Feld **Lieferterminkorr. In KonsLok.** vor (siehe Abbildung 18.7).

Wir gehen von folgendem Beispiel aus: Der Kunde bestellt zwei Produkte A und B. Hierbei soll der Kunde aus der Konsolidierungslokation 4000 bedient werden. Die regelbasierte ATP-Prüfung stellt fest, dass Produkt A in Lokation 1000 sofort, Produkt B in Lokation 2000 jedoch erst in einer Woche vorhanden ist. Der Einfachheit halber nehmen wir an, dass der Transport von Lokation 1000 zu Lokation 4000 ebenso lange dauert wie der Transport von Lokation 2000 zu Lokation 4000; beides dauert jeweils einen Tag. Der Transport von der Konsolidierungslokation zum Kunden dauert ebenfalls einen Tag.

Die folgenden drei Werte stehen Ihnen im Feld **Lieferterminkorr. In KonsLok.** zur Verfügung:

- **Keine Korrelation**
  Wählen Sie nun den Wert **Keine Korrelation**, werden die beiden Bedarfe zwar über die Konsolidierungslokation 4000 abgewickelt, jedoch erhält der Kunde Produkt A in zwei Tagen (aufgrund der zweimaligen Transportzeit), aber Produkt B erst in einer Woche und zwei Tagen.
- **Korrelation**
  Wählen Sie hingegen den Wert **Korrelation**, ermittelt das System den gemeinsamen spätesten Liefertermin beim Kunden. Dieser wäre in unserem Beispiel in einer Woche und zwei Tagen. Als Konsequenz daraus muss Produkt A aus Lokation 1000 auch nicht vor der Zeit umgelagert werden, sondern über eine Rückwärtsterminierung stellt das System fest, dass Produkt A die Lokation 1000 erst in einer Woche verlassen muss.

Bei dieser Einstellung für die Korrelation überprüft das System nicht, ob Produkt A in Lokation 1000 eine Woche nach dem ursprünglichen Wunschtermin überhaupt noch gültig ist. Sollte inzwischen eine Produktersetzung gültig werden, wird dies vom System ignoriert.

- **Korrelation mit 2. Prüfschritt**
  Möchten Sie diese Konstellation verhindern, wählen Sie den Wert **Korrelation mit 2. Prüfschritt**. In diesem Fall findet eine Überprüfung auf Gültigkeit statt, und das System kann gegebenenfalls die Bestätigung von Produkt A in Lokation 1000 aufheben. Es wird dann versucht, mit eventuell vorhandenen weiteren Regeln doch noch zu einer Bestätigung zu gelangen.

Haben Sie nun sowohl die Konsolidierungslokation als auch die Korrelationsmethode festgelegt, führt das aus einem Kundenauftrag heraus zu folgendem Ergebnisbild (siehe Abbildung 18.9).

APO: Verfügbarkeitsprüfung - Ergebnisübersicht

Alles übernehmen Alert Monitor

Produkt/Lokation	Materialberei...	Bedarfsmenge	Bestätigte M...	Kumulierte b...	M...	Pr...	Li...	R...
SPM_SFS_01 / PLSPG1 / Position: 000010								
Einteilung: 0001	27.07.2021	100	0	0	EA			
Konsolidierung in Lokation PLSPG2								
SPM_SFS_01	27.07.2021	100	100	100	EA			
Lokationsersetzung								
SPM_SFS_01 / PLSPG2	27.07.2021	100	100	100	EA	1.		
SPM_SFS_02 / PLSPG1 / Position: 000020								
Einteilung: 0001	27.07.2021	120	0	0	EA			
Konsolidierung in Lokation PLSPG2								
SPM_SFS_02	27.07.2021	120	120	120	EA			
Lokationsersetzung								
SPM_SFS_02 / PLSPG2	27.07.2021	120	120	120	EA	1.		

Abbildung 18.9 Ergebnisbild einer Konsolidierung

Sowohl das Produkt SPM_SFS_01 als auch das Produkt SPM_SFS_02 ist in der Lokation PLSPG1 platziert worden. Aufgrund einer Konsolidierungslokation in der Regel werden jedoch beide Bedarfe in der Konsolidierungslokation PLSPG2 bestätigt.

18.2.2 Terminierung während der Konsolidierung

Ohne den Details der Transport- und Versandterminierung aus Kapitel 21 vorzugreifen, soll in einem kurzen Abschnitt auf die Besonderheit bei der Terminierung innerhalb der Konsolidierung eingegangen werden.

Wichtig für das Grundverständnis der Terminierung während der Konsolidierung ist die Zweiteilung der Terminermittlung.

1. **Rückwärtsterminierung**
   Zuerst muss die Terminierung zwischen der Kundenlokation und der Konsolidierungslokation stattfinden. Auf diese Weise wird ermittelt, wann die Produkte in der Konsolidierungslokation bereitstehen müssen, damit sie noch termingerecht beim Kunden eintreffen. Ist nun bekannt, wann die Produkte in der Konsolidierungslokation sein müssen, kann anschließend durch eine Rückwärtsterminierung errechnet werden, wann sie in der Bestandslokation verfügbar sein müssen.
2. **Vorwärtsterminierung**
   Wenn nun alle Produkte zu diesen errechneten Terminen in den Bestandslokationen verfügbar wären, könnte die Terminierung grundsätzlich beendet werden. Sobald jedoch eine Menge nicht zu diesem errechneten Termin verfügbar ist, sondern erst später, ergibt sich die Notwendigkeit für den zweiten Schritt der Terminermittlung, nämlich die Vorwärtsterminierung zur Errechnung des tatsächlichen Liefertermins beim Kunden (der in diesem Fall dann später als der Wunschtermin liegt).

Abbildung 18.10 erläutert das komplette Verfahren anhand eines Beispiels.

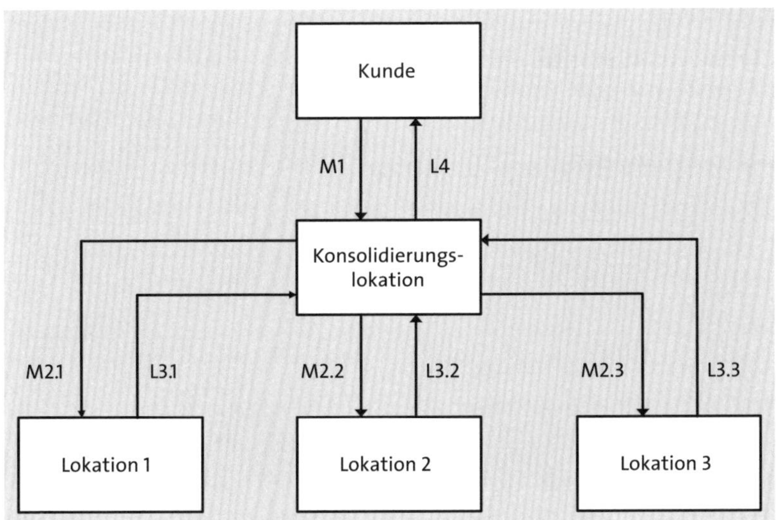

Abbildung 18.10 Terminierung während der Konsolidierung

Zur Bestimmung des jeweiligen Materialbereitstellungsdatums in den Lokationen 1, 2 und 3 ist eine Zweistufen-Terminierung notwendig. Zuerst werden die Zeitdauern und Termine zwischen dem Kunden und der Konsolidierungslokation (Schritt M1) und anschließend die Dauern und Termine zwischen der Konsolidierungslokation und der Lokation 1 (Schritt M2.1) bzw. den Lokationen 2 und 3 (Schritt M2.2 bzw. Schritt M2.3) errechnet.

Um umgekehrt anschließend das Lieferdatum beim Kunden zu bestimmen, werden wiederum in einer Zweistufen-Terminierung zuerst die Liefertermine an der Konsolidierungslokation bestimmt (Schritte L3.1, L3.2 bzw. L3.3) und abschließend die Dauern und Termine zwischen der Konsolidierungslokation und dem Kunden (Schritt L4).

Detailliertere Informationen zur Transport- und Versandterminierung, insbesondere zu den verwendeten Zeitbausteinen, finden Sie in Kapitel 21.

18.2.3 Konsolidierung in der Streckenabwicklung

Bei der Konsolidierung in der Streckenabwicklung handelt es sich sowohl um eine Sonderform der Streckenabwicklung als auch um eine Sonderform der Konsolidierung. Das bedeutet, dass Sie das nicht verfügbare Produkt wie bei der normalen Streckenabwicklung auch beim Lieferanten beschaffen; Sie lassen es aber im Fall der Konsolidierung nicht vom Lieferanten direkt zum Kunden schicken, sondern der Lieferant bringt die Ware in die Konsolidierungslokation. Von dort aus transportieren Sie die Ware zum Kunden.

Wir betrachten die einzelnen Schritte dieser Abwicklung anhand von Abbildung 18.11 näher.

APO: Verfügbarkeitsprüfung - Ergebnisübersicht

Alles übernehmen Alert Monitor

Produkt/Lokation	Materialbereits...	Bedarfsm...	Bestätigte M...	Kumulierte b...	Produ...	Lief...		Regel	Ko...
SPM_TPOP_05 / PLSPG1 / Position: 000010									
Einteilung: 0001	27.07.2021	20	0	0					
Konsolidierung in Lokation PLSPG2									
SPM_TPOP_05	27.07.2021	20	0	0					
Lokationsersetzung									
SPM_TPOP_05 / PLSPG2	27.07.2021	20	0	0	0				
SPM_TPOP_05 / PLSPG1	27.07.2021	20	3	3	3		☑		
SPM_TPOP_05	27.07.2021	20	0	0					
Streckenabwicklung									
SPM_TPOP_05 / SUSPE_VNDO	27.07.2021	17	17	17			☑		

Abbildung 18.11 Ergebnisbild einer Streckenabwicklung mit Konsolidierung

Betrachten wir nun ein Beispiel: Der Kundenauftrag wird für das Produkt SPM_TPOP_05 in der Lokation PLSPG1 platziert. Aufgrund der gefundenen Regel soll der Kunde jedoch aus der Konsolidierungslokation PLSPG2 beliefert werden. Diese Lokation PLSPG2 wird auch zuerst hinsichtlich der Verfügbarkeit überprüft. In unserem Beispiel war die Prüfung dort erfolglos, denn es gibt keinen verfügbaren Bestand in der Lokation.

Es wurde anschließend eine Lokationsersetzung durchgeführt, um die Verfügbarkeit in der Lokation PLSG1 zu überprüfen. Dort kommt es zu einer Teilbestätigung von drei Stück. Die restliche Menge von 17 Stück wird beim Lieferanten SUSPE_VNDO per Streckenabwicklung beschafft, muss jedoch in der Lokation PLSPG2 konsolidiert werden.

Indem das APO-System dieses ATP-Ergebnis akzeptiert und der Kundenauftrag anschließend gesichert wird, werden die folgenden Schritte durchlaufen:

1. Das APO-System legt eine Umlagerungsbestellanforderung für die drei Stück an, die von der Lokation PLSPG1 in die Konsolidierungslokation PLSPG2 umgelagert werden müssen.
2. Das APO-System legt eine geplante Bestellung an, in der die Konsolidierungslokation PLSPG2 als Empfangslokation hinterlegt ist.
3. In der Konsolidierungslokation PLSPG2 wird ein Kundeneinzelbedarf für den Kundenauftrag angelegt (siehe Abbildung 18.12).

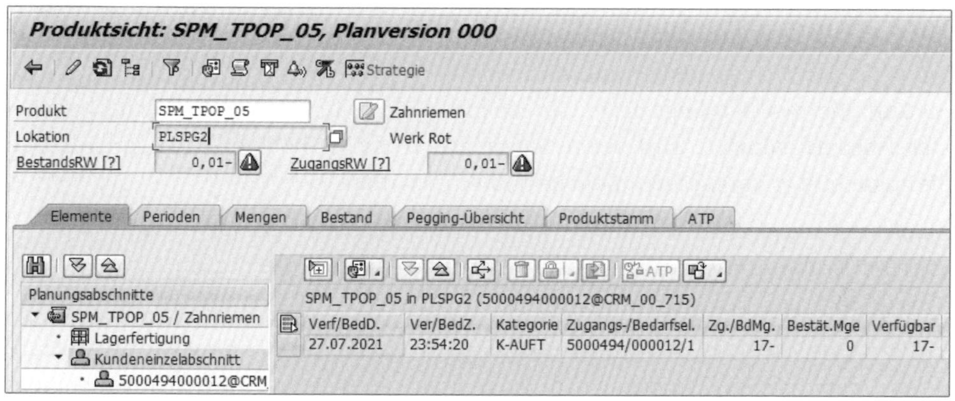

Abbildung 18.12 Kundeneinzelbedarf in der Konsolidierungslokation

Bei der Umwandlung der geplanten Bestellung des APO-Systems in eine Bestellung im ERP-System wird diese Bestellung ebenfalls mit dem Kundeneinzelbedarf abgesetzt. Auf diese Weise wird sichergestellt, dass der Wareneingang in der Konsolidierungslokation nur für den auslösenden Kundenauftrag verwendet werden kann. Nach dem Wareneingang in der Konsolidierungslokation kann nun die Belieferung des Kunden erfolgen.

Damit ist der Prozess der Streckenabwicklung mit Konsolidierung abgeschlossen. Dazu waren keine zusätzlichen Einstellungen im Customizing notwendig. Lediglich eine Regel, die sowohl eine Konsolidierungslokation als auch einen Auslöser für die Streckenabwicklung enthält, hat zu diesem Systemverhalten geführt.

18.3 Sicherheitsbestände in der Verfügbarkeitsprüfung berücksichtigen

Unter bestimmten Voraussetzungen kann es vorkommen, dass Sie auch in der Verfügbarkeitsprüfung die von der Planung für ein Produkt vorgesehenen Sicherheitsbestände schützen möchten. Dies bedeutet, dass Sie diese Mengen den Kundenaufträgen während der ATP-Prüfung nicht zur Verfügung stellen.

Hierzu stehen Ihnen im APO-System zwei verschiedene Methoden zur Verfügung: Sie können den Sicherheitsabstand als Bedarf anlegen oder mit einem parameterabhängigen Sicherheitsbestand arbeiten. Die erste Methode, den Sicherheitsbestand als Bedarf anzulegen, ist die deutlich einfachere, aber auch unflexiblere Möglichkeit. Wesentlich feiner können Sie die Berücksichtigung von Sicherheitsbeständen mit der Methode des parameterabhängigen Sicherheitsbestands steuern. Beide Varianten werden im Folgenden vorgestellt.

18.3.1 Sicherheitsbestand als Bedarf

Wenn Sie den Sicherheitsbestand als Bedarf im System abbilden, führt das dazu, dass die kumulierte ATP-Menge bei entsprechenden Einstellungen um den Sicherheitsbestandsbedarf reduziert wird. Wenn Sie sich für diese Methode entscheiden, müssen Sie zuvor einige Voraussetzungen im System schaffen.

Zuallererst müssen Sie im Modell- und Versionsmanagement des APO-Systems sicherstellen, dass die Sicherheitsbestandsbedarfe generiert werden dürfen.

1. **Sicherheitsbestände im liveCache**
   Hierzu stellen Sie im SAP-Menü über den Pfad **Advanced Planning and Optimization • Stammdaten • Planversionsmanagement • Modell- und Versionsmanagement** oder über Transaktion /SAPAPO/MVM ein, dass in der Komponente PP/DS die Sicherheitsbestände im liveCache berücksichtigt werden. Das Kennzeichen **Berücksichtigung Sicherheitsbestand** muss den Wert 3 haben (siehe Abbildung 18.13).

Abbildung 18.13 Berücksichtigung der Sicherheitsbestände im Modell- und Versionsmanagement aktivieren

2. **Sicherheitsbestand und Methode im Produktstamm hinterlegen**
   Außerdem müssen Sie im Produktstamm den zu berücksichtigenden Sicherheitsbestand hinterlegen und die Methode festlegen, mit der der Sicherheitsbestand errechnet wird. Hierzu füllen Sie die Felder **SicherhBestand** und **SB Methode** (siehe Abbildung 18.14).

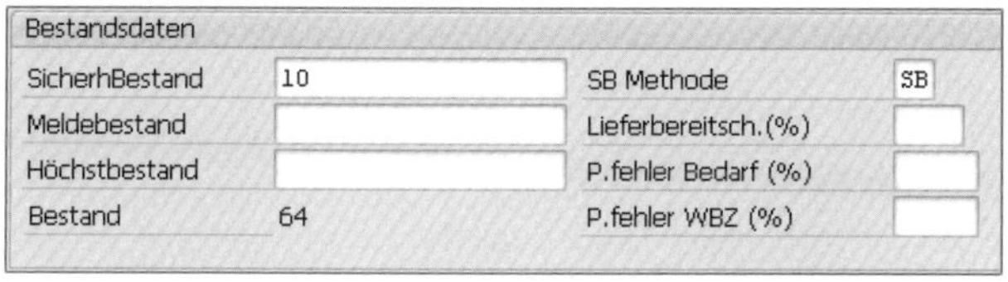

Bestandsdaten			
SicherhBestand	10	SB Methode	SB
Meldebestand		Lieferbereitsch.(%)	
Höchstbestand		P.fehler Bedarf (%)	
Bestand	64	P.fehler WBZ (%)	

Abbildung 18.14 Sicherheitsbestandsinformationen im Produktstamm

Auf Basis dieser Einstellungen und Angaben kann das System nun die Sicherheitsbestandsbedarfe generieren. Hierzu rufen Sie im SAP-Menü über den folgenden Pfad den entsprechenden Report auf bzw. planen diesen Report als regelmäßigen Hintergrundjob ein: **Advanced Planning and Optimization • Globale ATP • Umfeld • Produktverfügbarkeit • Sicherheitsbestandsbedarf generieren**. Die Einstiegsmaske sehen Sie in Abbildung 18.15.

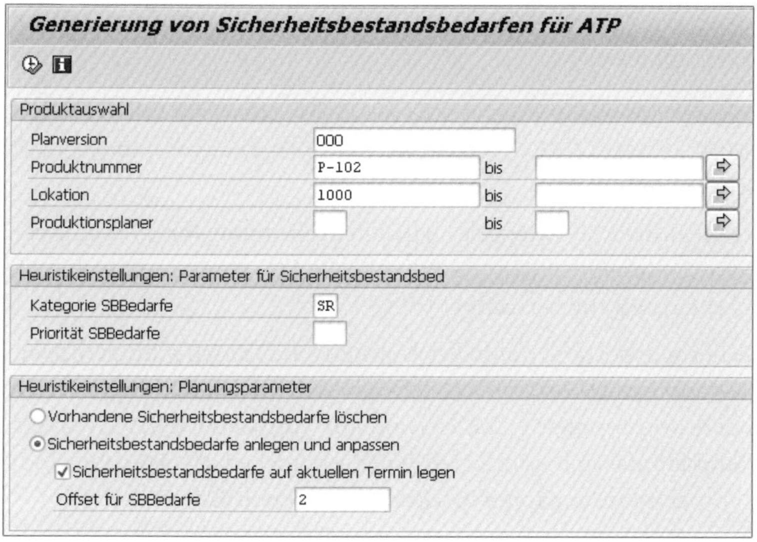

Generierung von Sicherheitsbestandsbedarfen für ATP

Produktauswahl			
Planversion	000		
Produktnummer	P-102	bis	
Lokation	1000	bis	
Produktionsplaner		bis	

Heuristikeinstellungen: Parameter für Sicherheitsbestandsbed	
Kategorie SBBedarfe	SR
Priorität SBBedarfe	

Heuristikeinstellungen: Planungsparameter

- ○ Vorhandene Sicherheitsbestandsbedarfe löschen
- ◉ Sicherheitsbestandsbedarfe anlegen und anpassen
  - ☑ Sicherheitsbestandsbedarfe auf aktuellen Termin legen
  - Offset für SBBedarfe: 2

Abbildung 18.15 Sicherheitsbestandsbedarfe für die ATP-Prüfung generieren

Neben der Auswahl der Produkte, für die Sie Sicherheitsbestandsbedarfe anlegen lassen möchten, legen Sie die ATP-Kategorie fest, mit der die Bedarfe in den SCM-liveCache geschrieben werden. Standardmäßig wird hier die ATP-Kategorie SR vorgeschlagen (siehe Abbildung 18.16).

Kategorie	SR
SAP-Kategorien	
Kategorietext	EISBE-BED
KategBeschreib.	Sicherheitsbestand als Bedarf
Sortierbegriff	10
Kategorietyp	Bedarf
Kennz.DispElem.	
Relevant Subl	
R/3-Objekt	Noch nicht bestimmt

Abbildung 18.16 ATP-Kategorie des Sicherheitsbestandsbedarfs

Darüber hinaus legen Sie fest, ob Sie die Sicherheitsbestandsbedarfe mit dem Datum des 01.01.1970 oder zum aktuellen Datum (Aktivierung des Kennzeichens **Sicherheitsbestandsbedarfe anlegen und anpassen**) speichern möchten oder ob diese sogar terminlich in die Zukunft verschoben werden sollen (um den Wert aus dem Feld **Offset für SBBedarfe**).

[»]

Datum der Sicherheitsbestandsbedarfe

Der 01.01.1970 ist ein fest im System verankertes Datum, das nicht beeinflusst werden kann. Immer wenn kein Datum angegeben wird, wird genau dieses Datum verwendet.

Mit der Ausführung des Reports läuft technisch eine PP/DS-Heuristik mit dem Algorithmus `/SAPAPO/HEU_PLAN_SAFETY_STOCK` ab, der nun die Sicherheitsbestandsbedarfe in den SCM-liveCache schreibt.

Zu guter Letzt müssen Sie die ATP-Kategorie SR in den Prüfumfang Ihrer Produktverfügbarkeitsprüfung aufnehmen, sodass die kumulierte ATP-Menge unter Berücksichtigung der Sicherheitsbestände errechnet wird.

Möchten Sie den Sicherheitsbestand nur in bestimmten Situationen schützen, in anderen Fällen den Bestand jedoch verfügbar machen, müssen Sie dafür Sorge tragen, dass hier jeweils andere Prüfumfänge gefunden werden – einmal mit den Sicherheitsbestandsbedarfen und einmal ohne die Sicherheitsbestandsbedarfe. Die notwendigen Einstellungen entnehmen Sie Kapitel 16, »Prüfmethoden in SAP APO«.

18.3.2 Parameterabhängiger Sicherheitsbestand

Mit der Methode, den Sicherheitsbestand als Bedarf anzulegen, können Sie den Sicherheitsbestand entweder komplett schützen oder komplett freigeben. Möchten Sie hingegen flexibel bestimmen, zu welchem Anteil Sie den Sicherheitsbestand in bestimmten Situationen schützen möchten, wählen Sie die Methode des parameterabhängigen Sicherheitsbestands.

Bei Nutzung dieser Methode können Sie mithilfe von Kriterien verschiedene Situationen bestimmen und unterscheiden. So könnte z. B. die Auftragsart ein Kriterium sein, aufgrund dessen Sie entscheiden möchten, zu wie viel Prozent Sie den Sicherheitsbestand schützen möchten. Sie könnten z. B. bestimmen, dass höchst priorisierte Aufträge vollständig auf den Sicherheitsbestand zugreifen können, dass eilige Aufträge zu 50 % auf den Sicherheitsbestand zugreifen können und dass den normalen Aufträgen der Sicherheitsbestand überhaupt nicht zur Verfügung steht.

Zusätzlich zum Anteil des Sicherheitsbestands (SB) können Sie auch einen prozentualen Anteil des prognostizierten Bedarfs (PB) in die Gesamtberechnung des parameterabhängigen Sicherheitsbestands einfließen lassen. Die Formel zur Berechnung des parameterabhängigen Sicherheitsbestands (PASB) lautet somit wie folgt:

$$PASB = SB \times x\ \% + PB \times y\ \%$$

Zur Festlegung der Kriterien, anhand derer Sie die Berücksichtigung des parameterabhängigen Sicherheitsbestands festlegen, wählen Sie im Customizing über den Pfad **Advanced Planning and Optimization • Globale Verfügbarkeitsprüfung (Globale ATP-Prüfung) • Produktverfügbarkeitsprüfung • Parameterabhängiger ATP-Sicherheitsbestand** die Einstellung **Feldkatalog pflegen** aus und stellen sicher, dass z. B. das Kriterium AUART (Auftragsart) im Feldkatalog enthalten ist.

Zur Pflege der in der Formel enthaltenen Prozentwerte für den Anteil des Sicherheitsbestands und des prognostizierten Bedarfs benötigen Sie einen Planungsbereich, den Sie in der Absatzplanungskomponente des APO-Systems anlegen.

Die Vorgehensweise zur Anlage eines Planungsbereichs ist in Kapitel 16 im Zuge der Kontingentierung ausführlich erläutert. Wir beschränken uns daher in diesem Abschnitt auf die Schritte, die explizit für den parameterabhängigen Sicherheitsbestand erforderlich sind. Diese Schritte pflegen Sie im Customizing über den Pfad **Advanced Planning and Optimization • Globale Verfügbarkeitsprüfung (Globale ATP-Prüfung) • Produktverfügbarkeitsprüfung • Parameterabhängiger ATP-Sicherheitsbestand • Einstellungen des PASB pflegen**.

Hier müssen Sie zuerst festlegen, welchen Planungsbereich der Absatzplanung Sie verwenden möchten. Im nächsten Schritt verknüpfen Sie einerseits die Merkmale aus dem Feldkatalog (also Ihre Differenzierungskriterien) mit den Merkmalen aus dem ausgewählten Planungsbereich und andererseits die PASB-internen Kennzahlen mit den im Planungsbereich definierten Info-Objekten (siehe Abbildung 18.17).

Darüber hinaus müssen Sie festlegen, aus welcher Kennzahl der prognostizierte Bedarf ausgelesen werden kann, der für die Bildung des prozentualen Anteils herangezogen wird.

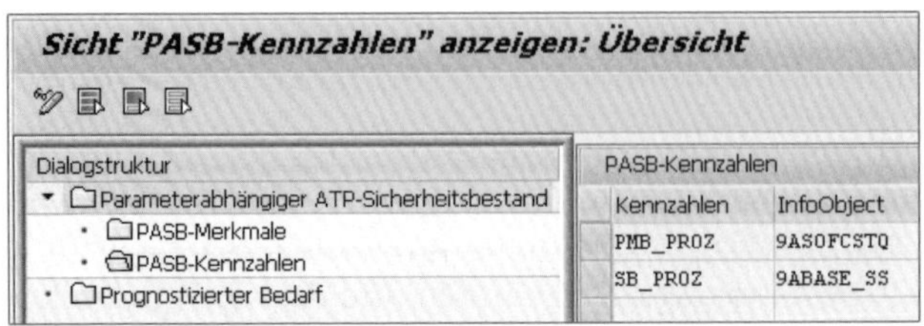

Abbildung 18.17 PASB-Kennzahlen den Kennzahlen aus der Absatzplanung zuordnen

Wie es in Abbildung 18.18 zu sehen ist, findet in unserem Fall eine Verknüpfung mit der Prognosekennzahl aus der Ersatzteilplanungs-Komponente SPP (Service Parts Planning) von SAP APO statt.

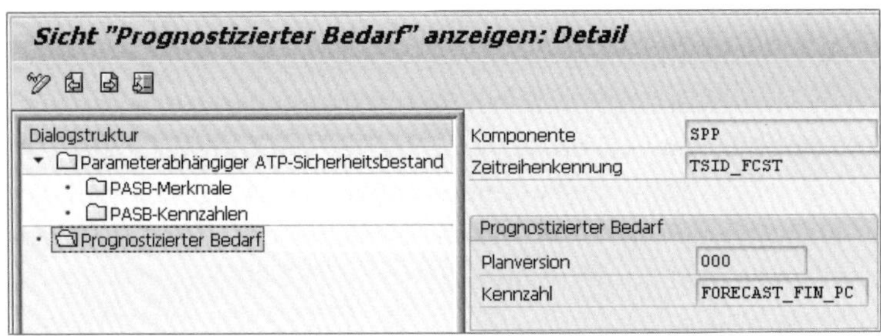

Abbildung 18.18 Verwendete Zeitreihe zum prognostizierten Bedarf zuordnen

Zu guter Letzt müssen Sie noch überprüfen, ob die im Zusammenhang mit dem PASB verwendete ATP-Kategorie CB (siehe Abbildung 18.19) im Prüfumfang der jeweiligen Produktverfügbarkeitsprüfung enthalten ist.

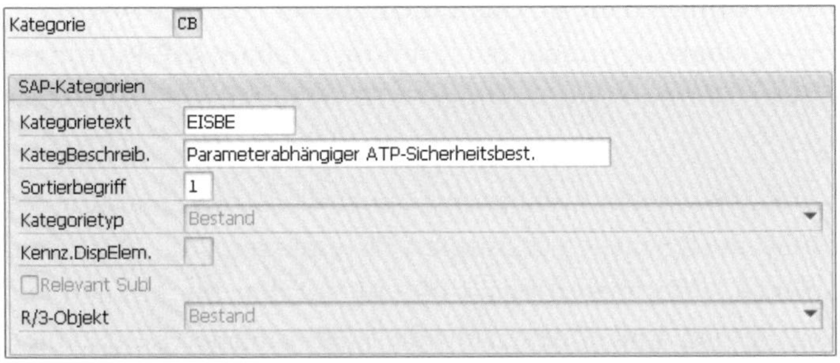

Kategorie CB

SAP-Kategorien

Kategorietext EISBE

KategBeschreib. Parameterabhängiger ATP-Sicherheitsbest.

Sortierbegriff 1

Kategorietyp Bestand

Kennz.DispElem.

Relevant Subl

R/3-Objekt Bestand

Abbildung 18.19 ATP-Kategorie für den parameterabhängigen Sicherheitsbestand

Hierbei ist zu berücksichtigen, dass die ATP-Kategorie CB eine Bestandskategorie ist. Daher darf sie (anders als die Kategorie SR für den Sicherheitsbestand als Bedarf) nicht im Prüfumfang enthalten sein, wenn Sie den parameterabhängigen Sicherheitsbestand schützen möchten. Ist sie hingegen im Prüfumfang enthalten, ist der parameterabhängige Sicherheitsbestand zur Verwendung verfügbar.

Neben den Customizing-Einstellungen ist es zwingend notwendig, die Verwendung des parameterabhängigen Sicherheitsbestands grundsätzlich für das Produkt zuzulassen, bei dem Sie mit dem Schutz von Sicherheitsbeständen arbeiten möchten. Hierzu aktivieren Sie das Kennzeichen **PASB** auf der Registerkarte **ATP** im Produktstamm (siehe Abbildung 18.20). Zusätzlich müssen Sie einen Sicherheitsbestand auf der Registerkarte **Losgröße** des Produktstamms eingetragen haben, analog zu den Einstellungen, die Sie auch für die Methode des Sicherheitsbestands als Bedarf vorgenommen haben.

Lokationsabhängig
Lokabh. Schema
VMIKontSch
Lokabh. Folge
Lok. Folge
Prüfmodus 050
ATP-Gruppe 02 ☑PASB
Prüfhorizont 10
Kalender für Prüfhorizont LOC1000
Hor. Neuanlage Zug.
Anzeigemengeneinheit ST

Abbildung 18.20 Parameterabhängigen Sicherheitsbestand im Produktstamm aktivieren

Auch im CRM-Kundenstamm müssen Sie die Berechnung des parameterabhängigen Sicherheitsbestands zulassen. Hierzu wählen Sie in den Vertriebsbereichsdaten des Auftraggebers eine Berechnungsmethode für den PASB (siehe das Beispiel in Abbildung 18.21).

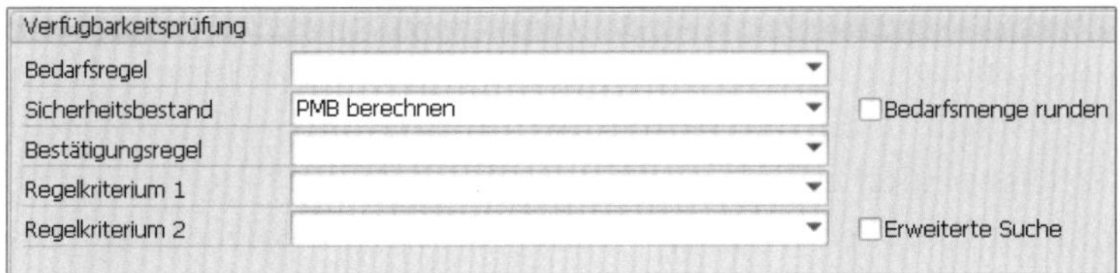

Abbildung 18.21 Parameterabhängigen Sicherheitsbestands im CRM-Kundenstamm aktivieren

Folgende Werte sind für die Befüllung des Feldes **Sicherheitsbestand** möglich:

- **nicht berechnen**
- **PMB berechnen**
- **berechnen – bei fehlender Zeitreihe wird PMB & SB geschützt**
- **berechnen – bei fehlender Zeitreihe kein Bestand geschützt**

Die Auswirkungen dieser Werte sollen anhand eines Beispiels verdeutlicht werden. Nehmen Sie Folgendes an:

1. Der Kunde bestellt im Kundenauftrag 200 Stück von Produkt A.
2. Als Sicherheitsbestand (SB) für Produkt A sind 50 Stück festgelegt.
3. Der prognostizierte Bedarf (PB oder PMB) beträgt 100 Stück von Produkt A.
4. Die Wunschmenge ist von der Bestandsseite her verfügbar.

Nehmen Sie nun an, für den Kunden sind in der Zeitreihe für den Sicherheitsbestand (SB) 10 % gepflegt, und in der Zeitreihe für den prognostizierten Bedarf (PB/PMB) sind 20 % gepflegt. In diesem Fall ergibt sich folgender parameterabhängiger Sicherheitsbestand:

$$PASB = SB \times x\,\% + PB \times y\,\%$$

$$PASB = 50\ ST \times 10\,\% + 100\ ST \times 20\,\%$$

$$PASB = 5\ ST + 20\ ST$$

$$PASB = 25\ ST$$

Dies ist der Sicherheitsbestand, der bei den beiden Werten **Berechnen – bei fehlender Zeitreihe wird PMB & SB geschützt** und **Berechnen – bei fehlender Zeitreihe kein Bestand geschützt** von der verfügbaren Menge abgezogen werden muss. Der PASB ist in beiden Fällen gleich, da ja beide Zeitreihen vorhanden sind. Dem Kunden können also maximal 175 Stück bestätigt werden. Der Wert **Nicht berechnen** führt logischerweise nicht zu einem Abzug des Sicherheitsbestands.

Anders sieht die Situation beim Fehlen einer der beiden Zeitreihen aus. Es ist unwesentlich, welche der beiden Zeitreihen fehlt; wir nehmen an, dass die Zeitreihe für den Sicherheitsbestand fehlt. In diesem Fall kann der parameterabhängige Sicherheitsbestand nicht korrekt errechnet werden. Im Fall des Wertes **Berechnen – bei fehlender Zeitreihe wird PMB & SB geschützt** werden also 150 Stück (50 Stück SB + 100 Stück PB) geschützt, und dem Kunden können maximal 50 Stück bestätigt werden. Im Fall des Wertes **Berechnen – bei fehlender Zeitreihe kein Bestand geschützt** wird hingegen überhaupt keine Menge geschützt, und dem Kunden kann die volle Wunschmenge von 200 Stück bestätigt werden.

Wird der Wert **PMB berechnen** verwendet, spielen eventuell gepflegte Zeitreihen überhaupt keine Rolle. Die zu schützende Menge wird in diesem Fall vollständig durch den prognostizierten Bedarf bestimmt, in unserem Beispiel also 100 Stück. Folglich stehen dem Kunden auch nur noch 100 Stück zur Verfügung (200 Stück Wunschmenge – 100 Stück PB).

Damit haben Sie alle notwendigen Einstellungen für den parameterabhängigen Sicherheitsbestand kennengelernt und die Wirkungsweise der Parameter anhand eines Beispiels gesehen.

18.4 Rundung in der Verfügbarkeitsprüfung

Möchten Sie im Rahmen der Verfügbarkeitsprüfung sicherstellen, dass die Wunschmenge des Kunden auf eine von Ihnen vorgegebene Menge bzw. deren Vielfaches gerundet wird, müssen Sie die Rundungsfunktion in der Verfügbarkeitsprüfung nutzen.

Die Gründe für eine Rundung sind vielfältig: Liegt Ihr Produkt z. B. immer in Kartons zu sechs Stück auf Lager, möchten Sie verhindern, dass diese Kartons im Warenausgang angebrochen werden müssen. Die Wunschmenge des Kunden muss also immer auf ein Vielfaches der Kartonmenge gerundet werden. Oder Sie können das Produkt immer nur in einer vielfachen Menge von vier Stück beim Lieferanten beschaffen und möchten diese Beschaffungsbeschränkung an den Kunden weiterreichen. Eventuell können Sie das Produkt auch selbst fertigen, jedoch nur in einer Losgröße von fünf Stück. Auch dann möchten Sie eventuell runden, um nicht durch die Produktion unnötigen Lagerbestand aufzubauen.

Bei der in der Verfügbarkeitsprüfung bereitstehenden Funktion der Rundung werden zwei Methoden unterschieden:

- Rundung auf Packungsgrößen
- Rundung auf Verkaufsmengeneinheiten

Beide Methoden stellen wir in den folgenden Abschnitten vor.

18.4.1 Rundung, basierend auf Packspezifikationen

Die auf Packspezifikationen basierende Rundung nutzt die Packspezifikationen der SCM-Basis als Stammdatenobjekt. Eine Packspezifikation beschreibt, wie ein Produkt verpackt wird, gegebenenfalls über mehrere Ebenen hinweg. Sie legen also z. B. fest, dass immer sechs Stück eines Produkts in einem Paket stecken, zehn Pakete wiederum in einem Karton zusammengefasst werden und zu guter Letzt zwei Kartons auf eine Palette passen.

Die Packspezifikationen können im SAP-System außerdem noch von der Ersatzteilplanung (SPP), von SAP Extended Warehouse Management (SAP EWM) und von SAP Supplier Network Collaboration (SAP SNC) genutzt werden. Auf diese Weise können Sie sicherstellen, dass über die gesamte Logistikkette hinweg konsistente Rundungsinformationen genutzt werden.

Schritt 1: Grundlegende Einstellungen für Packspezifikationen

Bevor Sie Packspezifikationen für die Rundung verwenden können, müssen Sie im Customizing einige grundlegende Einstellungen vornehmen, die u. a. Nummernkreise und globale Vorschlagsparameter für die Erstellung betreffen. Außerdem müssen

Sie die möglichen Strukturen (Ebenensets) für Packspezifikationen festlegen, d. h., dass Sie definieren, welche Verpackungsebenen theoretisch überhaupt Anwendung in einer Packspezifikation finden könnten. Das entsprechende Customizing finden Sie über den Pfad **SCM-Basis • Verpacken • Packspezifikation** (siehe Abbildung 18.22).

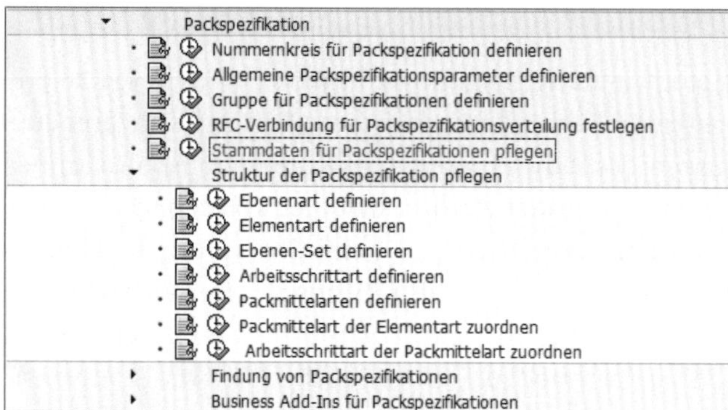

Abbildung 18.22 Grundlegendes Customizing für die Packspezifikation

Ein wichtiger Baustein an dieser Stelle ist die *Ebenenart*. In ihr müssen Sie zwingend festlegen, dass die Ebenen, die Sie in der Packspezifikation verwenden möchten, rundungsrelevant sind. Das Kennzeichen **Rundungsrelevant** muss dafür aktiviert werden (siehe Abbildung 18.23).

Mit den verschiedenen Ebenen können Sie eine Hierarchie in der Verpackung abbilden. Ebene 1 stellt beispielsweise die direkte Verpackung der Produkte in einem Paket dar, Ebene 2 stellt die Verpackung von mehreren Paketen in einem Karton dar, und auf Ebene 3 wird die Verpackung mehrerer Kartons auf einer Palette abgebildet.

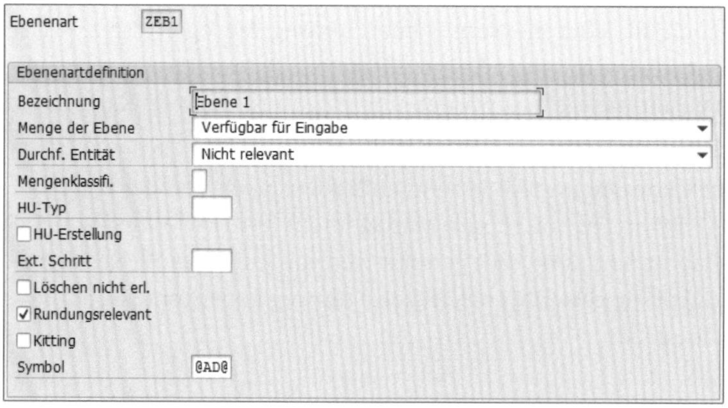

Abbildung 18.23 Rundung in der Ebenenart aktivieren

Die Einstellungen für die Arbeitsschrittarten und Packmittelschrittarten benötigen Sie nur, wenn Sie aus der Packspezifikation tatsächliche Packtätigkeiten in SAP EWM ableiten möchten. Für die Rundung in der Verfügbarkeitsprüfung benötigen Sie diese Angaben nicht.

Schritt 2: Packspezifikation als Stammdatenobjekt – Rundungsmethode festlegen

Wir betrachten nun die Packspezifikation im Detail. Die Anlage und Pflege der Packspezifikationen legen Sie im SAP-Menü über den Pfad **SCM-Basis • Stammdaten • Packspezifikation • Packspezifikation pflegen** oder über Transaktion /SCWM/PACKSPEC fest.

Im Kopf der Packspezifikation legen Sie auf der Registerkarte **Rundung** fest, mit welcher Methode Sie während der Verfügbarkeitsprüfung runden möchten (siehe Abbildung 18.24). Es sind zwei Möglichkeiten für das Kennzeichen **Rundungsmethode** zu unterscheiden:

1. **Packungsgrößenorientiert (Wert PSO)**
   Die packungsgrößenorientierte Rundungsmethode orientiert sich an der nächstgrößeren oder nächstkleineren Packungsgröße, je nach eingestellter Rundungsrichtung.
2. **Bedarfsmengenorientiert (Wert DQO)**
   Die bedarfsmengenorientierte Rundungsmethode orientiert sich an den in der Packspezifikation angegebenen oberen und unteren Rundungsgrenzen.

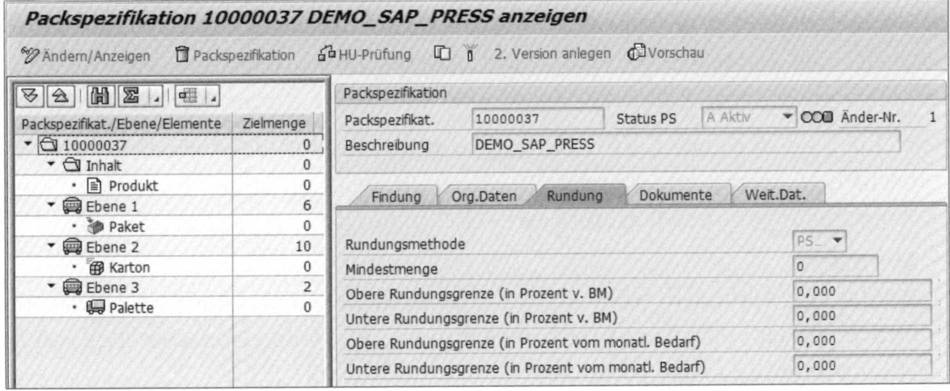

Abbildung 18.24 Kopf der Packspezifikation

Da sich die notwendigen Einstellungen innerhalb der Packspezifikation sowie die daraus resultierenden Rundungsergebnisse für die beiden Rundungsmethoden deutlich unterscheiden, betrachten wir die Methoden separat. Dabei gehen wir auf die unterschiedlichen Ebenen der Packspezifikation näher ein, die Sie links in der Pflegemaske der Packspezifikation bereits erkennen können.

Packungsgrößenorientierte Rundungsmethode

Die packungsgrößenorientierte Rundungsmethode ist vollständig nach den in den verschiedenen Ebenen hinterlegten Packungsgrößen ausgerichtet. Deshalb sind über die Auswahl der richtigen Rundungsmethode PSO hinaus keine weiteren Einstellungen im Kopf notwendig.

Auf der Verpackungsebene müssen Sie hingegen weitere Entscheidungen treffen. Zuerst müssen Sie dort die Mengenverhältnisse festlegen (siehe Abbildung 18.25).

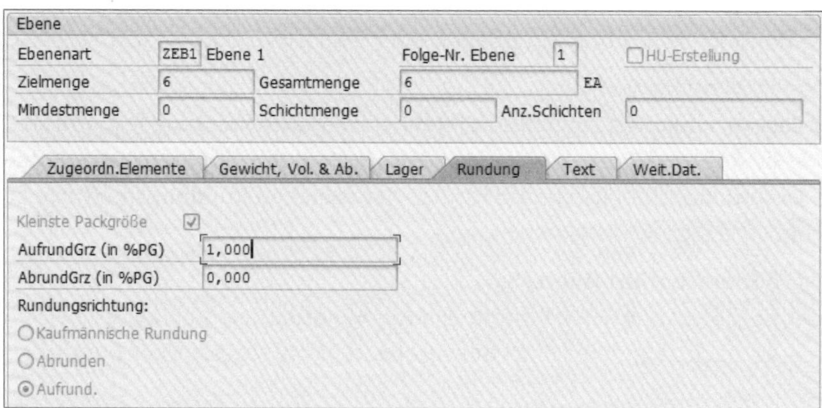

Abbildung 18.25 Erste Ebene der Packspezifikation für die packungsgrößenorientierte Rundung

Sollen also sechs Stück Ihres Produkts in einem Paket landen, tragen Sie diese Menge in das Feld **Zielmenge** ein. Gleichzeitig legen Sie auf der Registerkarte **Rundung** fest, dass das Paket die **kleinste Packgröße** ist. Durch die Aktivierung dieses Kennzeichens haben Sie anschließend die Möglichkeit, eine Rundungsrichtung vorzugeben:

- Wählen Sie **Aufrunden**, wird mit jedem Überschreiten des Vielfachen auf das nächste Vielfache aufgerundet. In unserem Beispiel führt also bereits eine Wunschmenge von sieben Stück zu einer Rundungsmenge von zwölf Stück.
- **Abrunden**
  Wählen Sie **Abrunden**, wird bis zum Erreichen des nächstgrößeren Vielfachen immer auf das vorherige Vielfache abgerundet. Selbst eine Wunschmenge von 23 Stück würde so zu einer gerundeten Menge von 18 Stück führen.
- **Kaufmännische Rundung**
  Die Kaufmännische Rundung stellt den Mittelweg zwischen den beiden vorher genannten Rundungsrichtungen dar. 19 Stück bzw. 20 Stück werden auf 18 Stück abgerundet, während 21 bis 23 Stück auf 24 Stück aufgerundet werden.

Diese Einstellungen werden allesamt auf der ersten Ebene der Packspezifikation vorgenommen.

Auf der zweiten Ebene steht nun wieder die Zielmengendefinition an. In Abbildung 18.26 sollen nun zehn Pakete aus der ersten Ebene in einen Karton gehören. Unsere Zielmenge ist also zehn. Daraus ergibt sich die vom System errechnete Gesamtmenge von 60 Stück unseres Produkts (zehn Pakete zu je sechs Stück).

Auf der Registerkarte **Rundung** ist es nun nicht mehr möglich, das Kennzeichen **kleinste Packgröße** zu aktivieren; dies haben wir bereits für die erste Ebene festgelegt. Hier können Sie nur Aufrundungs- und Abrundungsgrenzen definieren. Die im Beispiel hinterlegten zehn Prozent sowohl für das Aufrunden als auch für das Abrunden bedeuten Folgendes: Jede Wunschmenge zwischen 54 Stück (*60 Stück – 10 Prozent*) und 66 Stück (*60 Stück + 10 Prozent*) führt zu einer Rundungsmenge von 60 Stück. Liegt die Wunschmenge außerhalb der Rundungsgrenzen, wird wieder nach der Logik der ersten Ebene gerundet. Wird also ein Auftrag über 67 Stück platziert, wird gemäß der Logik der ersten Ebene auf 72 Stück aufgerundet.

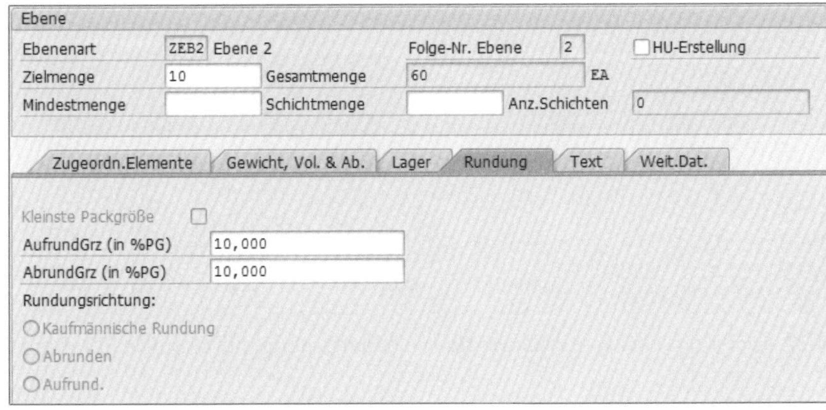

Abbildung 18.26 Zweite Ebene der Packspezifikation für die packungsgrößenorientierte Rundung

Diese Kaskadierung in der Ebenenzuordnung lässt sich nun nach dem gleichen Prinzip fortführen. Legen Sie also eine dritte Ebene an, in der Sie die Zielmenge 2 festlegen, definieren Sie, dass zwei Kartons auf eine Palette passen. In zwei Kartons passen wiederum 20 Pakete. Diese enthalten wiederum jeweils sechs Stück. Folglich errechnet das System eine Gesamtmenge von 120 Stück für die dritte Ebene. Auch die Logik der Rundungsgrenzen bleibt gleich, wobei Sie je Ebene eigene Prozentwerte festlegen können.

Damit haben wir das Grundprinzip der packungsgrößenorientierten Rundungsmethode dargestellt.

Bedarfsmengenorientierte Rundungsmethode

Die bedarfsmengenorientierte Rundungsmethode arbeitet hingegen nicht mit den Rundungen auf der Verpackungsebene, sondern mit Rundungsgrenzen auf der Kopfebene (siehe Abbildung 18.27). Diese oberen und unteren Rundungsgrenzen beziehen sich auf die Bedarfsmenge. Von den Ebenen werden lediglich die Zielmenge und die sich daraus ableitende Gesamtmenge benötigt.

Wenn wir das Beispiel der Verpackungsebenen aus dem vorangehenden Abschnitt zur packungsgrößenorientierten Rundung beibehalten, führt das zu folgenden Rundungswerten:

Beträgt die Wunschmenge des Kunden z. B. 20 Stück, errechnet das System unter Berücksichtigung der oberen und unteren Rundungsgrenze von jeweils zehn Prozent die Grenzwerte mit 22 Stück und mit 18 Stück. Drei Pakete zu je sechs Stück passen somit in das Intervall; vier Pakete zu je sechs Stück (also 24 Stück) passen hingegen nicht mehr in das Intervall. Die Rundungsmenge beträgt somit 18 Stück.

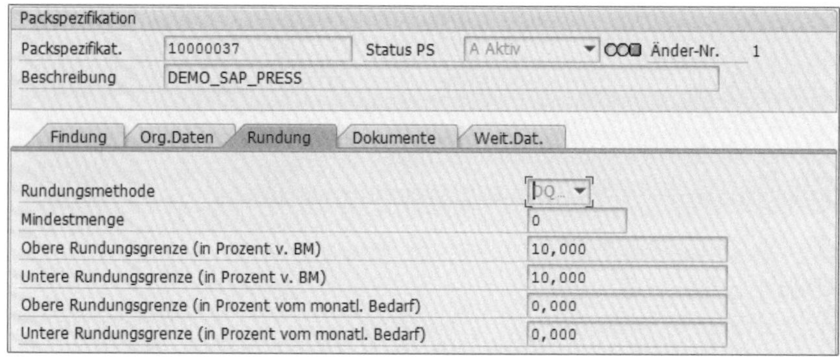

Abbildung 18.27 Kopf einer Packspezifikation für die bedarfsmengenorientierte Rundung

Bestellt der Kunde 132 Stück des Produkts, errechnet das System wiederum zuerst die Grenzwerte und legt 145 Stück als obere Grenze und 119 Stück als untere Grenze fest. Ausgehend von der Palette, dem größtmöglichen Packmittel, passt deren Gesamtmenge (120 Stück) genau in das errechnete Intervall. Der Kunde erhält also 120 Stück als bestätigte Menge. Auch bei 133 Stück Wunschmenge gelingt es noch, die Paletten-Gesamtmenge im errechneten Intervall unterzubringen. Erst ab einer Wunschmenge von 134 Stück liegt die untere Grenze bei 121 Stück, und die 120 Stück der Palette passen nicht mehr. Hier kann dann die gerundete Menge durch die niedrigeren Ebenen bestimmt werden. Der Kunde erhält in diesem Fall 132 Stück.

Sie haben nun erfahren, was die bedarfsmengenorientierte Rundungsmethode ist und wie sie sich von der packungsgrößenorientierten Rundungsmethode unterscheidet.

Schritt 3: Findung der Packspezifikation definieren

Wir widmen uns nun der Frage, wie die Packspezifikationen eigentlich gefunden werden. Dies geschieht mittels der Konditionstechnik, deren grundsätzliche Funktionsweise wir bereits in Kapitel 17, »Erweiterte Prüfmethoden in SAP APO«, bei der regelbasierten ATP hinreichend dargestellt haben. Wir beschränken uns deshalb in diesem Abschnitt auf eine einfache Erläuterung im Kontext der Rundung.

Das Customizing zur Findung der Packspezifikation stellen Sie über den folgenden Pfad ein (siehe Abbildung 18.28): **SCM-Basis • Verpacken • Packspezifikation • Findung von Packspezifikationen**.

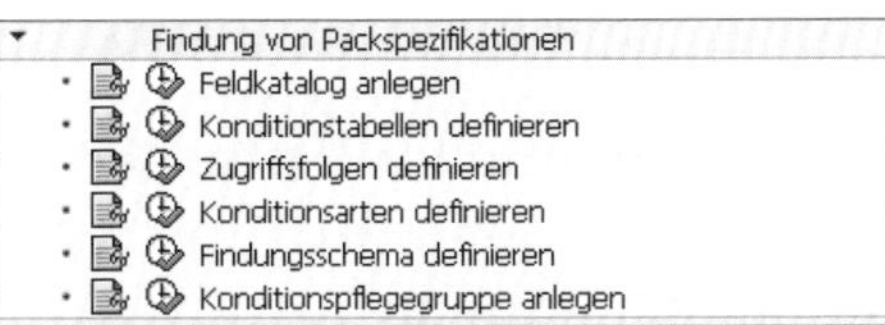

Abbildung 18.28 Customizing für die Findung der Packspezifikation

Hier finden Sie die Ihnen bekannten Schritte von **Feldkatalog anlegen** bis zu **Findungsschema definieren** (bzw. Rundungsschema) wieder. Nach Abschluss dieser Einstellungen können Sie die notwendigen Konditionssätze zur Findung der Packspezifikation hinterlegen. Dazu stehen Ihnen zwei Wege zur Verfügung:

1. **Konditionssätze unmittelbar in der Packspezifikation pflegen**
   Hierzu finden Sie im Kopf die Registerkarte **Findung**. Dort ist die Konditionsart bereits über die Customizing-Einstellung des Ebenensets vorbelegt (siehe »Schritt 1: Grundlegende Einstellungen für Packspezifikationen« in diesem Abschnitt).

   Über die Konditionsart und die Zugriffsfolge ergibt sich daraus auch eine Konditionstabelle und die darin enthaltenen Konditionsfelder. Diese müssen Sie dann mit Ihren Werten befüllen (siehe Abbildung 18.29). Unsere Beispiel-Packspezifikation wird also für die Produkt-Werks-Kombinationen SPM_SFS_01/PLSPG1, SPM_SFS_01/PLSPB1 und SPM_SFS_01/PLSPP1 gefunden.

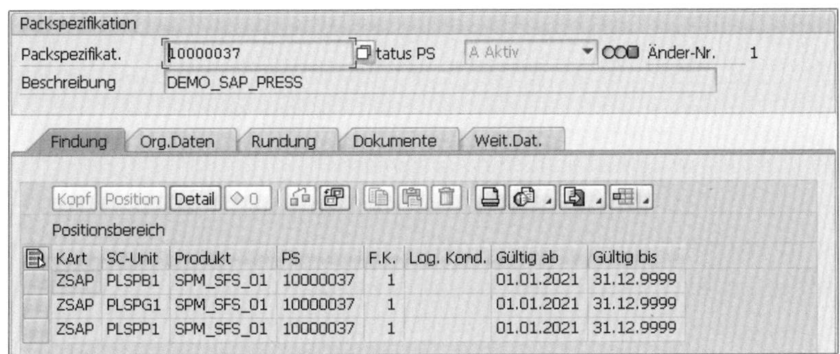

KArt	SC-Unit	Produkt	PS	F.K.	Log. Kond.	Gültig ab	Gültig bis
ZSAP	PLSPB1	SPM_SFS_01	10000037	1		01.01.2021	31.12.9999
ZSAP	PLSPG1	SPM_SFS_01	10000037	1		01.01.2021	31.12.9999
ZSAP	PLSPP1	SPM_SFS_01	10000037	1		01.01.2021	31.12.9999

Abbildung 18.29 Konditionssätze in der Packspezifikation

2. **Konditionssätze in SAP-Menü pflegen**
   Alternativ können Sie die Konditionssätze zur Findung der Packspezifikation auch im SAP-Menü über den Pfad **Advanced Planning and Optimization • Globale ATP • Umfeld • Packspezifikation • Konditionspflege** pflegen bzw. die Transaktion /SCWM/PSCT6 wählen (siehe Abbildung 18.30).

Unabhängig davon, welchen Weg Sie wählen, werden die Konditionssätze, die Sie in der Packspezifikation pflegen, auch im SAP-Menü angezeigt und umgekehrt. Im nächsten Schritt 4 müssen wir nur noch klären, wie das zur Findung der Konditionssätze benötigte Schema von der Verfügbarkeitsprüfung an die Rundung übergeben wird.

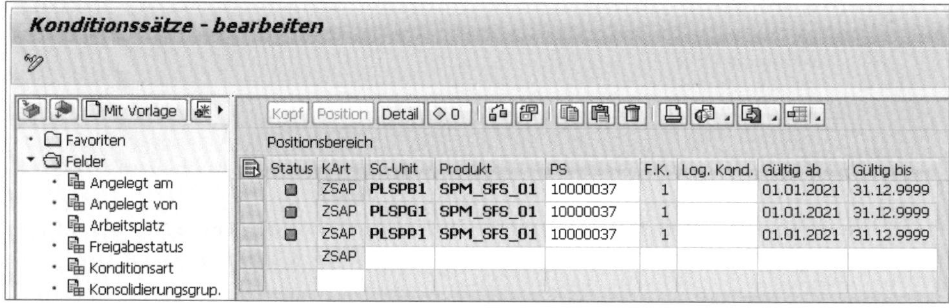

Abbildung 18.30 Konditionssätze im SAP-Menü pflegen

Schritt 4: Einstellungen in der gATP

Voraussetzung, um die Rundung in der Verfügbarkeitsprüfung zu nutzen, ist es, ein Rundungsschema im Prüfmodus zu hinterlegen (siehe Abbildung 18.31).

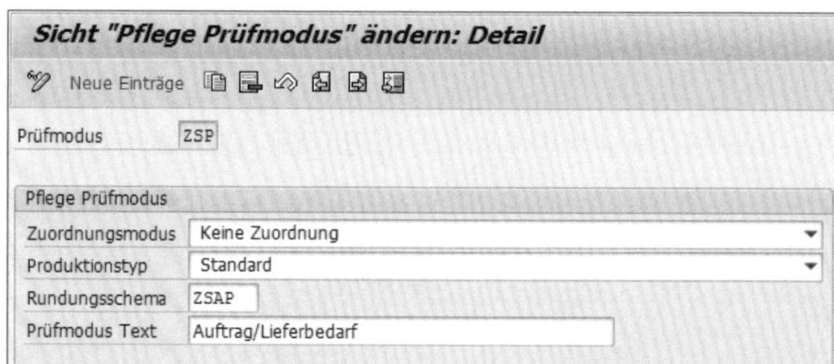

Abbildung 18.31 Rundungsschema im Prüfmodus zuweisen

Sobald Sie dort dieses Rundungsschema gepflegt haben, erscheint es automatisch in allen Prüfvorschriften, die diesen Prüfmodus verwenden.

In einem zweiten Schritt müssen Sie nun in der Prüfvorschrift dieses Rundungsschema aktivieren (siehe Abbildung 18.32). Dieses Rundungsschema wird nun an die Rundung selbst übergeben und dient dort der Findung der Packspezifikationen.

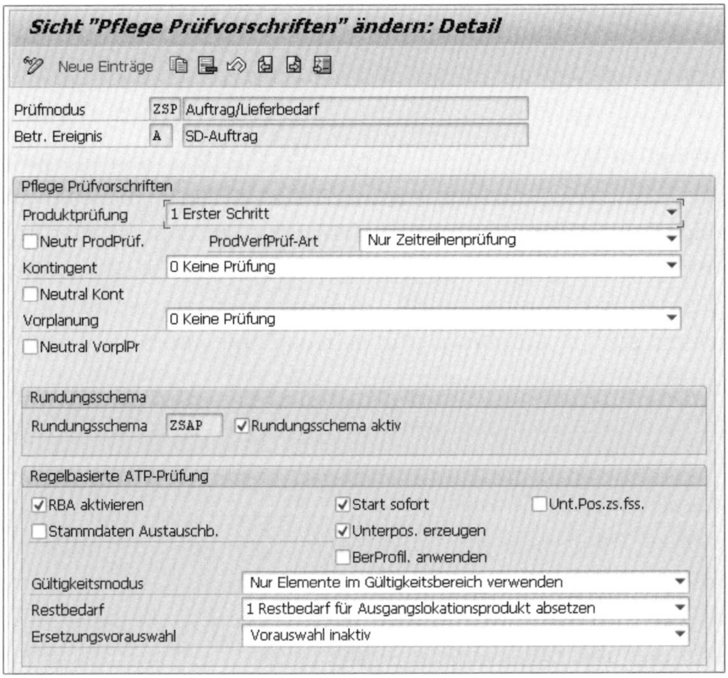

Sicht "Pflege Prüfvorschriften" ändern: Detail

Neue Einträge

Prüfmodus ZSP Auftrag/Lieferbedarf
Betr. Ereignis A SD-Auftrag

Pflege Prüfvorschriften
Produktprüfung 1 Erster Schritt
Neutr ProdPrüf. ProdVerfPrüf-Art Nur Zeitreihenprüfung
Kontingent 0 Keine Prüfung
Neutral Kont
Vorplanung 0 Keine Prüfung
Neutral VorplPr

Rundungsschema
Rundungsschema ZSAP ✓ Rundungsschema aktiv

Regelbasierte ATP-Prüfung
✓ RBA aktivieren ✓ Start sofort Unt.Pos.zs.fss.
Stammdaten Austauschb. ✓ Unterpos. erzeugen
BerProfil. anwenden
Gültigkeitsmodus Nur Elemente im Gültigkeitsbereich verwenden
Restbedarf 1 Restbedarf für Ausgangslokationsprodukt absetzen
Ersetzungsvorauswahl Vorauswahl inaktiv

Abbildung 18.32 Rundung in der Prüfvorschrift aktivieren

[!]

Keine Berechnungsprofile erlaubt!

Beachten Sie, dass Sie bei Nutzung der Rundung, basierend auf Packspezifikationen, keine Berechnungsprofile in Ihren Regeln verwenden dürfen. Die Rundung darf ausschließlich über eine Methode erfolgen.

Zusätzlich müssen Sie noch im Auftragserfassungssystem SAP CRM die Rundung in den Vertriebsbereichsdaten des Auftraggebers aktivieren. Dies nehmen Sie über das Kennzeichen **Bedarfsmenge runden** auf der Registerkarte **ATP** vor (siehe Abbildung 18.33). Alternativ können Sie dieses Kennzeichen auch während der Auftragserfassung auf der Positionsebene setzen. Dies ist dann hilfreich, wenn Sie für den Auftraggeber nicht grundsätzlich runden möchten, in diesem speziellen Auftrag jedoch eine Ausnahme machen müssen.

Es sind alle Voraussetzungen geschaffen, damit die Verfügbarkeitsprüfung die Rundungs-Funktion nutzen kann.

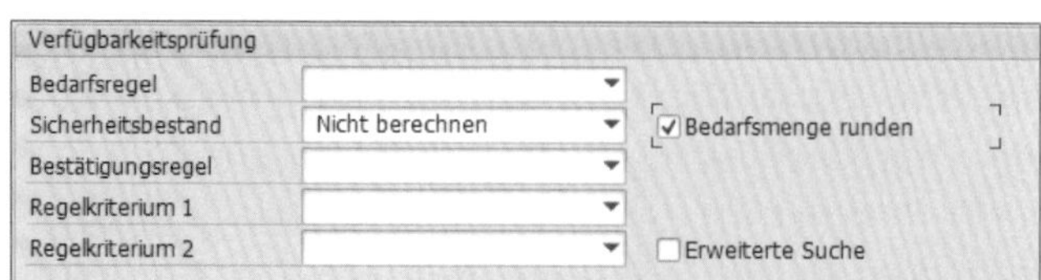

Abbildung 18.33 Rundung im Auftraggeber von SAP CRM aktivieren

Besonderheiten für die Rundung basierend auf Packspezifikationen

Bis hierher sind wir der Verständlichkeit wegen immer davon ausgegangen, dass die gerundete Bedarfsmenge von der Verfügbarkeitsprüfung ohne Einschränkungen bestätigt werden konnte. Wenn wir aber von der durchaus realistischen Konstellation ausgehen, dass die gerundete Bedarfsmenge nicht vollständig verfügbar ist, wird klar, dass die Rundung auch mit solchen Situationen umgehen können muss.

Wir möchten die Funktionsweise der Rundung bei nicht vollständig verfügbaren Mengen an zwei einfachen Beispielen auf der ersten Ebene der Packspezifikation darstellen:

1. Bestellt ein Kunde neun Stück eines Produkts, wird aufgrund der Beispieleinstellungen der ersten Verpackungsebene auf zwölf Stück aufgerundet, also auf zwei Pakete. Nun stellt die Verfügbarkeitsprüfung aber fest, dass nur sieben Stück verfügbar sind. In diesem Fall rundet das System erneut, diesmal die Bestätigungsmenge. Diese wird immer abgerundet und so erhält der Kunde eine Bestätigung von sechs Stück. Der Restbedarf von drei Stück wird je nach Einstellung in der Prüfvorschrift abgesetzt.
2. Bestellt ein Kunde 15 Stück, sind 18 Stück die gerundete Bedarfsmenge. Kann nun die Verfügbarkeitsprüfung 14 Stück sofort bestätigen und vier Stück in einer Woche, legt sie zwei Einteilungen an. Die erste Einteilung mit den 14 Stück muss auf zwölf Stück abgerundet werden, damit kein Paket angebrochen werden muss. Die nicht genutzten zwei Stück stehen nun der zweiten Einteilung zur Verfügung und werden zu den bereits bestätigten vier Stück hinzuaddiert. Dies ergibt eine bestätigte Menge von sechs Stück. Diese muss nicht mehr gerundet werden, da sie bereits der kleinsten Packungsgröße entspricht. Ein Restbedarf entsteht in diesem Beispiel nicht.

Eine mögliche Lokationsersetzung im Rahmen der Verfügbarkeitsprüfung haben wir bisher ebenfalls nicht betrachtet. Auch dies möchten wir anhand eines einfachen Beispiels (siehe Abbildung 18.34) nachholen.

Hier hat der Kunde eine Menge von 1.205 Stück von Produkt SPM_SFS_01 in der Lokation PLSPG1 bestellt. Diese Menge wurde in unserem Beispiel auf 1.200 Stück abgerundet. In der ersten Lokation PLSPG1 liegen jedoch nur 500 Stück im Bestand. Da 500 Stück aber nicht in eine der vorhandenen Ebenen der Packspezifikation passen, muss hier auf 498 Stück abgerundet werden. Diese Informationen erhalten Sie über den Button **Rundung** (siehe Abbildung 18.35).

Abbildung 18.34 Ergebnis einer Rundung mit Lokationsersetzung

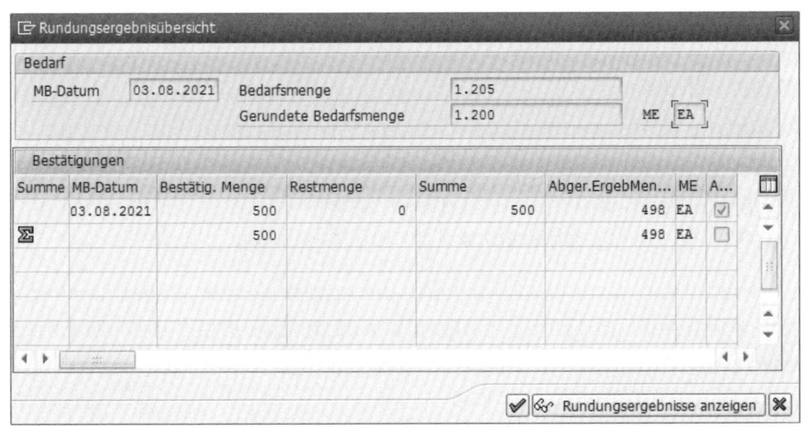

Abbildung 18.35 Rundungsergebnisübersicht

Die an die nächste Lokation PLSPB1 zu übergebende Menge wird folgendermaßen ermittelt:

Ursprünglicher Bedarf – bestätigte Menge = Restbedarf

In unserem Beispiel bedeutet das Folgendes: 1.205 – 498 = 707

Auch hier wird gerundet, sodass die für diese Lokation zu prüfende Menge 702 Stück beträgt. Nach Verfügbarkeitsprüfung und Rundung verbleibt erneut ein Restbedarf für die Lokation PLSPP1. Und da auch dort nach Verfügbarkeitsprüfung und Rundung nicht die komplette Menge bestätigt werden kann, wird gemäß Einstellungen in der Prüfvorschrift ein Restbedarf in der Ursprungslokation PLSPG1 abgesetzt. Dieser Restbedarf ist ungerundet.

18

Sie sehen, dass eine Rundung auch im Falle einer mehrfachen Lokationsersetzung funktioniert – auch wenn Sie in den verschiedenen Lokationen unterschiedliche Packspezifikationen hinterlegt hätten.

Zu guter Letzt zeigen wir noch die Funktion der Überlappung von Packspezifikationen auf. In diesem Fall finden Sie über die Konditionstechnik mehrere gültige Packspezifikationen für einen Rundungsvorgang.

Hierbei startet der Überlappungsvorgang mit der zuletzt gefundenen Packspezifikation: Die Werte hier überschreiben die Werte der Packspezifikation, die als vorletzte Spezifikation gefunden wurde. Wenn keine Werte in der zuletzt gefundenen Packspezifikation gepflegt wurden, wird nichts überschrieben. Auf diese Weise arbeitet sich das System rückwärts bis zur ersten gefundenen Packspezifikation durch und bildet dann eine in der Rundung anzuwendende Gesamtpackspezifikation. Die folgenden Besonderheiten gilt es dabei zu beachten:

- Es kann nur auf gleicher Ebene überschrieben werden. Werte der Ebene 2 in einer Packspezifikation können also auch nur Werte auf der Ebene 2 einer anderen Packspezifikation übersteuern.
- Die höchste Ebene, auf der eine kleinste zulässige Packungsgröße gefunden wurde, bildet die Ebene, auf der diese dann zur Anwendung kommt. Enthält also eine Packspezifikation die kleinste zulässige Packungsgröße auf Ebene 3 und eine andere Packspezifikation die kleinste zulässige Packungsgröße auf Ebene 1, wird die kleinste zulässige Packungsgröße auf Ebene 3 angewendet – unabhängig von der Reihenfolge, in der die Packspezifikationen gefunden wurden.

Bei geschickter Anwendung dieser Funktion kann die Anzahl der zu pflegenden Packspezifikationen deutlich reduziert werden. Allerdings ist die unmittelbare Zuordnung von genau einer Packspezifikation zu einem Geschäftsfall nicht mehr darstellbar.

18.4.2 Simulation der Rundung

Die Auswirkungen Ihrer Einstellungen für die Rundung können Sie im SAP-Menü über den Pfad **Advanced Planning and Optimization • Globale ATP • Auswertungen • Simulation Rundung** oder über Transaktion /SAPAPO/AC12 simulieren. Im Einstiegsbild müssen Sie neben Produkt und Lokation auch das Rundungsschema angeben (siehe Abbildung 18.36). Das Rundungsprofil benötigen Sie nur, wenn Sie die Rundung für SPP simulieren möchten.

Bei den Mengenangaben können Sie mit einem Intervall für die Bedarfsmenge arbeiten sowie mit dem zugehörigen Inkrement (Schrittgröße). Das eröffnet Ihnen die Möglichkeit, mehrere Rundungssimulationen auf einmal durchzuführen. Für Abbildung 18.36 bedeutet das, dass die Mengen 20 bis 30 simuliert werden, hochgezählt in Einerschritten.

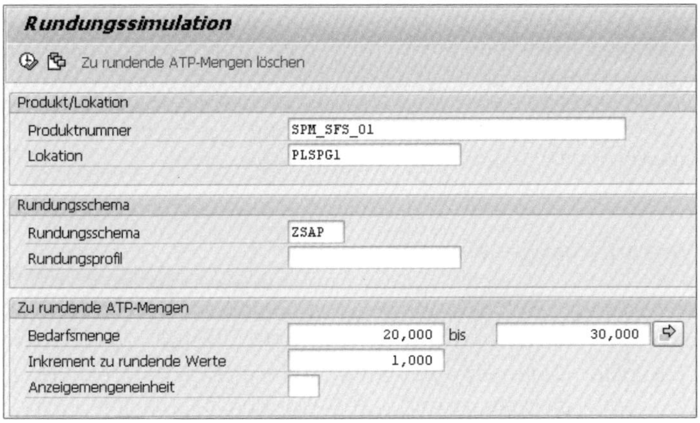

Rundungssimulation

Zu rundende ATP-Mengen löschen

Produkt/Lokation

Produktnummer SPM_SFS_01

Lokation PLSPG1

Rundungsschema

Rundungsschema ZSAP

Rundungsprofil

Zu rundende ATP-Mengen

Bedarfsmenge 20,000 bis 30,000

Inkrement zu rundende Werte 1,000

Anzeigemengeneinheit

Abbildung 18.36 Rundungseinstellungen simulieren

Im aus den vorgegebenen Simulationsparametern resultierenden Ergebnisbild sehen Sie nun im linken Bereich die Informationen zu der gefundenen und verwendeten Packspezifikation, während im rechten Bereich die Rundungsergebnisse angezeigt werden (siehe Abbildung 18.37).

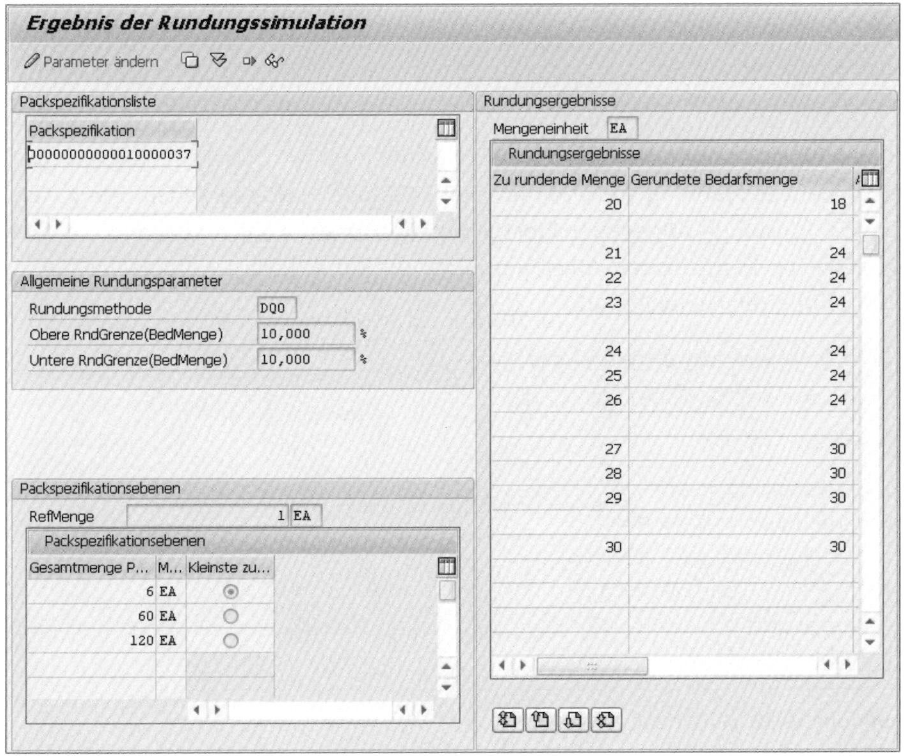

Abbildung 18.37 Ergebnis der Rundungssimulation

Diese Form der Simulation gibt Ihnen die Möglichkeit, schnell einen größeren Umfang an Bedarfsmengen mit den jeweiligen Einstellungen der Rundung zu testen. So können Sie komfortabel überprüfen, ob z. B. die bedarfsmengenorientierte Rundungsmethode besser zu Ihren üblichen Bedarfsmengen passt als die packungsgrößenorientierte Rundungsmethode.

18.4.3 Rundung auf Verkaufsmengeneinheiten

Die Rundung auf Verkaufsmengeneinheiten, die im Rahmen der Verfügbarkeitsprüfung in SAP APO durchgeführt wird, können Sie nur aus einem ERP-System aufrufen, auf dem die Enterprise Extension **Defense Forces & Public Security** aktiviert ist. Hierbei wird die bestätigte Menge der Verfügbarkeitsprüfung im APO-System auf die dort im Produktstamm hinterlegte Verkaufsmengeneinheit gerundet.

Folgende Einstellungen sind notwendig, um die Rundung auf Verkaufsmengeneinheiten nutzen zu können:

1. Sie legen im ERP-Customizing über den folgenden Pfad **Verteidigungskräfte & Öffentliche Sicherheit • Materialwirtschaft • Hinweis- und Statuskode • Hinweiskode definieren** fest, dass Sie nur volle Verpackungseinheiten beliefern möchten. Unter einem Hinweiskode verstehen wir eine Zusatzinformation, die auf der Positionsebene hinterlegt wird und neben der Rundungsinformation noch weitere Einstellungen beinhalten kann.
2. Den im ERP-System hinterlegten Hinweiskode legen Sie im APO-System ebenfalls mit den gleichen Einstellungen an. Dies geschieht im APO-Customizing über den Pfad **Advanced Planning and Optimization • Globale Verfügbarkeitsprüfung (Globale ATP-Prüfung) • Allgemeine Einstellungen • Hinweiskode festlegen**. Dort aktivieren Sie das Kennzeichen **Vollst. VerpEinh.** zur Rundung auf vollständige Verpackungseinheiten (siehe Abbildung 18.38).

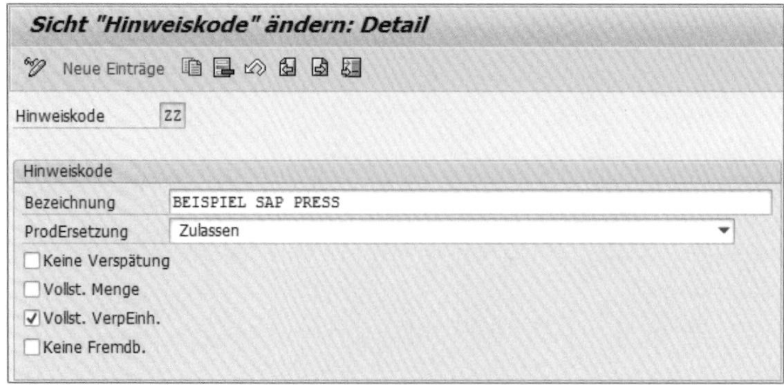

Abbildung 18.38 Hinweiskode im APO-System

3. Auf APO-Seite müssen Sie zudem sicherstellen, dass in den Stammdaten des Produkts die Verkaufsmengeneinheiten hinterlegt sind. Im Beispiel von Abbildung 18.39 entsprechen 30 Stück des Produkts einer Verkaufsmengeneinheit, also einem Karton.

Bei dieser Funktion handelt es sich um eine deutlich einfachere Rundung als bei der Rundung mithilfe der Packspezifikationen.

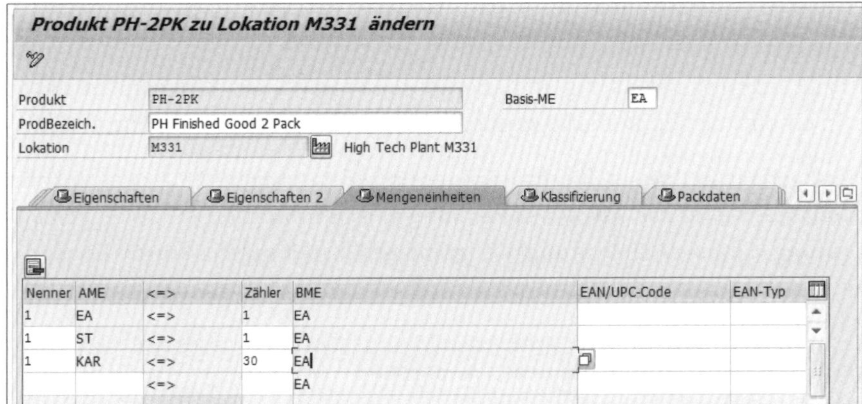

Abbildung 18.39 Verkaufsmengeneinheit im Produktstamm hinterlegen

[zB]

Rundung auf Verkaufsmengeneinheiten

Werden nun aus dem Kundenauftrag als Bedarfsmenge vier Kartons an die Verfügbarkeitsprüfung in SAP APO übermittelt, wird zunächst umgerechnet, da die Bestände in Stück hinterlegt sind. Die Wunschmenge beträgt also 120 Stück. Allerdings kann die ATP-Prüfung nur 115 Stück bestätigen. In der Rundung dieser bestätigten Menge auf die Verkaufsmengeneinheit stellt das System dann fest, dass es lediglich drei Kartons bestätigen kann. Diese Information wird an das aufrufende ERP-System zurückgegeben.

18.5 Korrelationsrechnung

Die Möglichkeit einer Lieferkorrelation haben wir bereits in Abschnitt 18.1 verwendet, ohne dort auf die Details näher einzugehen. Dies möchten wir in diesem Abschnitt nachholen. Grundsätzlich wird zwischen Terminkorrelationen und Mengenkorrelationen unterschieden:

- **Terminkorrelation**
  Unter einer Terminkorrelation im Rahmen der Verfügbarkeitsprüfung versteht man die Funktion, mehrere Bedarfspositionen mit unterschiedlichen Bestäti-

gungsterminen auf einen gemeinsamen Termin zu legen. Dies ist dann logischerweise der Termin, zu dem die späteste Bedarfsposition verfügbar ist. Diese Terminkorrelation findet z. B. Anwendung bei der Komplettlieferung oder bei der Mehrpositionen-Einzellieferlokation.

- **Mengenkorrelation**
  Eine Mengenkorrelation kann dann zum Einsatz kommen, wenn die vom Kunden bestellten Produkte in einem mengenmäßigen Zusammenhang stehen. Der Kunde bestellt z. B. drei Fahrradlenker und drei Fahrradklingeln. Können Sie in der Verfügbarkeitsprüfung nur zwei Lenker bestätigen, kann es sein, dass der Kunde in diesem Fall auch nur zwei Klingeln benötigt, selbst wenn drei Klingeln verfügbar wären. In einem solchen Szenario käme die Mengenkorrelation zum Einsatz.

Die notwendigen Einstellungen für die Korrelation nehmen Sie im APO-Customizing über den folgenden Pfad vor: **Advanced Planning and Optimization • Globale Verfügbarkeitsprüfung (Globale ATP-Prüfung) • Allgemeine Einstellungen • Korrelationsprofil pflegen**.

Standardkorrelationsprofile und deren Anpassung

Beachten Sie, dass SAP an dieser Stelle bereits zwei Standard-Korrelationsprofile ausliefert, eines für die Standard-Liefergruppenkorrelation aus dem ERP-System (Profil STD) und eines für die Vertriebsstücklistenabwicklung aus dem ERP-Kundenauftrag (Profil BOM).

Falls Sie Anpassungen an der Korrelation vornehmen möchten, empfehlen wir, mit neuen eigenen Korrelationsprofilen zu arbeiten. Hierzu müssen Sie eine Erweiterung vornehmen. Aktivieren Sie den User-Exit EXIT_SAPL10400_005 über den Pfad **Advanced Planning and Optimization • Globale Verfügbarkeitsprüfung (Globale ATP-Prüfung) • Erweiterungen • ATP-BAPI • Korrelationsprofil ändern.**

Wir betrachten nun die Einstellungen der Korrelationsprofile (siehe Abbildung 18.40) genauer.

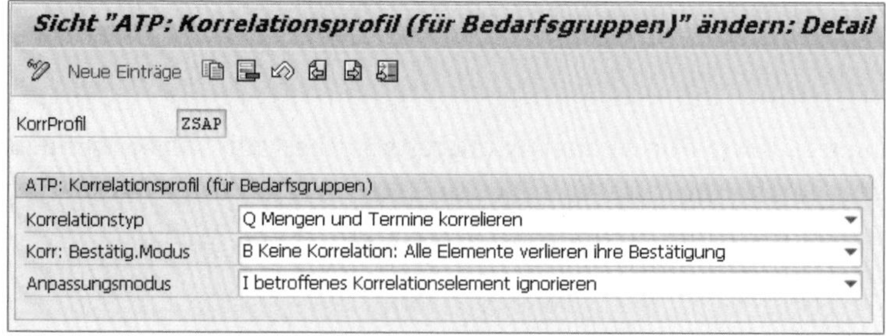

Abbildung 18.40 Einstellungen des Korrelationsprofils

Im Feld **Korrelationstyp** legen Sie zuerst fest, ob Sie nur eine Terminkorrelation (Wert **nur Termine korrelieren**) oder eine kombinierte Termin- und Mengenkorrelation (Wert **Mengen und Termine korrelieren**) vornehmen möchten.

Haben Sie beim Korrelationstyp die Termin- und Mengenkorrelation ausgewählt, müssen Sie in Feld **Korr: Bestätig.Modus** entscheiden, wie Sie im Fall von Teilbestätigungen bei einer der beteiligten Bedarfspositionen vorgehen möchten. Die verschiedenen Möglichkeiten schauen wir uns anhand eines einfachen Beispiels an:

Der Kunde bestellt von den beiden Produkten RBA-FG1 und RBA-FG2 jeweils fünf Stück. Das erste Produkt RBA-FG1 ist sofort vollständig verfügbar, und das zweite Produkt RBA-FG2 kann nur mit Verspätung und mit einer Teilmenge von zwei Stück bestätigt werden. Sie haben nun die folgenden Möglichkeiten, um das Kennzeichen **Korr: Bestätig.Modus** zu füllen:

- **Wert »Keine Korrelation: Alle Elemente behalten ihre Bestätigung«**
  Wählen Sie den Wert **Keine Korrelation: Alle Elemente behalten ihre Bestätigung**, werden die beiden Bedarfspositionen zu ihren jeweiligen bestätigten Terminen und mit ihren jeweiligen bestätigten Mengen bestätigt. Eine Korrelation findet nicht statt.
- **Wert »Keine Korrelation: Alle Elemente verlieren ihre Bestätigung«**
  Wählen Sie hingegen den Wert **Keine Korrelation: Alle Elemente verlieren ihre Bestätigung**, erhält am Ende der Verfügbarkeitsprüfung keine der Bedarfspositionen eine Bestätigung.
- **Wert »Korrelation: Bestätigte Mengen beibehalten«**
  Eine Mischform stellt der Wert **Korrelation: Bestätigte Mengen beibehalten** dar. Er führt dazu, dass die Terminkorrelation beibehalten wird, die erste Bedarfsposition wird also auch erst zum späteren Termin der zweiten Bedarfsposition bestätigt. Die Mengenkorrelation wird hingegen nicht beibehalten. Die erste Position erhält also fünf Stück, während die zweite Position zwei Stück als bestätigte Menge erhält.
- **Werte »Korrelation: Bestätigte Mengen reduzieren (0-Mng ignorieren)« und »Korrelation: Bestätigte Mengen reduzieren (0-Mng korrelieren)«**
  Die beiden Werte **Korrelation: Bestätigte Mengen reduzieren (0-Mng ignorieren)** und **Korrelation: Bestätigte Mengen reduzieren (0-Mng korrelieren)** unterscheiden sich in unserem Beispiel nicht. In beiden Fällen werden eine Mengen- und eine Terminkorrelation durchgeführt, und beide Bedarfspositionen werden zum späteren Termin der zweiten Bedarfsposition bestätigt. Darüber hinaus wird die bestätigte Menge der ersten Position trotz Verfügbarkeit auf zwei Stück reduziert (siehe Abbildung 18.41).

Abbildung 18.41 Ergebnisbild einer Korrelation

Wenn nun aber die zweite Bedarfsposition in unserem Beispiel gar nicht bestätigt werden könnte, würden sich die beiden Werte wie folgt unterscheiden:

- Der Wert **Korrelation: Bestätigte Mengen reduzieren (0-Mng ignorieren)** führt dazu, dass in unserem Beispiel die zweite Bedarfsposition komplett ignoriert und die erste Bedarfsposition mit fünf Stück zum Wunschtermin bestätigt wird. Gäbe es eine dritte Bedarfsposition, würden die erste und die dritte Bedarfsposition miteinander korreliert.
- Der Wert **Korrelation: Bestätigte Mengen reduzieren (0-Mng korrelieren)** führt hingegen bei Nicht-Bestätigung einer Bedarfsposition zu einer kompletten Entstätigung der gesamten Korrelationsgruppe, da die anderen Bedarfspositionen in Bezug auf die Nullmenge korreliert werden.

Das dritte im Korrelationsprofil festzulegende Kennzeichen **Anpassungsmodus** ist nur dann pflegerelevant, wenn sich in Ihrer Korrelationsgruppe Positionen befinden, die mit der mehrstufigen ATP-Prüfung geprüft worden sind.

Aufgrund der möglichen Terminkorrelation auf einen späteren Zeitpunkt muss in der mehrstufigen ATP-Prüfung erneut überprüft werden, ob der ursprünglich verwendete Plan zum neuen Termin noch gültig ist oder ob die ursprünglich errechneten Durchlaufzeiten zum späteren Termin noch haltbar sind. Sind die ursprünglichen Angaben nicht mehr gültig, haben Sie zwei Möglichkeiten, um in der Korrelation darauf zu reagieren:

- Sie entstätigen die Korrelationsgruppe komplett, da eine Auslieferung der anderen Produkte nicht sinnvoll ist (Wert **Komplette Korrelationsgruppe entstätigen**).
- Sie korrelieren ohne die betroffene Bedarfsposition, da Sie die anderen Positionen dennoch ausliefern möchten (Wert **betroffenes Korrelationselement ignorieren**).

Somit können wir auch die Korrelationsrechnung in der Verfügbarkeitsprüfung abschließen.

18.6 Zusammenfassung

In diesem Kapitel haben wir uns zuerst mit zwei Funktionen beschäftigt, die im weiteren Sinne zur regelbasierten Verfügbarkeitsprüfung gezählt werden können. Zum einen können die Kundenbedarfe über die Mehrpositionen-Einzellieferlokation bedient werden. Zum anderen haben wir die Konsolidierung vorgestellt, die die Bedarfsdecker aus verschiedenen Lokationen zusammensammelt, bevor diese dann aus der Konsolidierungslokation an den Kunden versendet werden.

Des Weiteren haben wir die verschiedenen Optionen zur Berücksichtigung von Sicherheitsbeständen vorgestellt: den Sicherheitsbestand als Bedarf und den parameterabhängigen Sicherheitsbestand. Außerdem haben Sie die verschiedenen Methoden der Rundung während der Verfügbarkeitsprüfung kennengelernt.

Zu guter Letzt haben wir noch einen Blick auf die Möglichkeit der Termin- und Mengenkorrelation geworfen.

Kapitel 19
Ergebnis und Analyse der Verfügbarkeitsprüfung

Die umfangreichen und komplexen Möglichkeiten der Verfügbarkeitsprüfung in SAP APO erfordern eine übersichtliche Darstellung der Prüfergebnisse und eine detaillierte Analysemöglichkeit der Verfügbarkeitssituation.

In diesem Kapitel beschäftigen wir uns zunächst mit der Ergebnisdarstellung der Verfügbarkeitsprüfung. Der Ergebnisdarstellung kommt aufgrund der Vielzahl von Prüfmöglichkeiten eine besondere Bedeutung zu. Sie muss gleichzeitig informativ, intuitiv und vollständig sein. Anschließend widmen wir uns den Simulationsmöglichkeiten, mit deren Hilfe Sie Ihre Parametereinstellungen und deren Wirkweise überprüfen können. Diese Simulations-Tools sind aufgrund der Menge der Einstellungsoptionen in gATP unerlässliche Werkzeuge, um sicherzustellen, dass die Prüfung wie gewünscht abläuft.

Des Weiteren stellen wir die Verfügbarkeitsübersichten vor. Diese geben Ihnen jederzeit einen Blick auf die aktuelle Verfügbarkeitssituation. Zum Abschluss beleuchten wir dann die von der ATP-Prüfung bereitgestellten Alert- und Analysetools näher.

19.1 Ergebnisdarstellung

Wenn Sie mit einer der in den vorangehenden Kapiteln beschriebenen Funktionalitäten der gATP-Prüfung in SAP APO eine Verfügbarkeitsprüfung durchgeführt haben, haben Sie die Möglichkeit, sich die Ergebnisse dieser Prüfung detailliert anzeigen zu lassen. Einige dieser Ergebnisdarstellungen haben Sie bereits im Rahmen verschiedener Beispiele kennengelernt, ohne dass wir im Detail auf die jeweiligen Bilder eingegangen wären. Dies möchten wir an dieser Stelle nachholen.

Es gibt generell zwei Arten der Ergebnisdarstellung: Sie können sich einerseits das Liefervorschlagsbild anzeigen lassen und andererseits bei bestimmten Prüfungen mit der Ergebnisübersicht arbeiten. In diesem Abschnitt stellen wir beide Darstellungen vor.

19.1.1 Liefervorschlagsbild

Zuerst betrachten wir das *Liefervorschlagsbild*. Diese Darstellung des Ergebnisses erhalten Sie in der Regel, wenn Sie eine der folgenden Aktionen durchgeführt haben:

- Sie haben die Bedarfsposition mit einer oder mehreren Basismethoden überprüft.
- Sie haben ohne Beteiligung von Regeln die Produktion gestartet.
- Sie haben eine regelbasierte ATP-Prüfung ohne sofortigen Start eingestellt, in der die Regel nicht zur Anwendung gekommen ist.

In den folgenden Fällen erhalten Sie hingegen zuerst die Ergebnisübersicht:

- Sie haben eine regelbasierte Verfügbarkeitsprüfung mit sofortigem Start durchgeführt.
- Sie haben eine regelbasierte Verfügbarkeitsprüfung ohne sofortigen Start eingestellt, in der die Regel zur Anwendung kam.

Von der Ergebnisübersicht, die wir in Abschnitt 19.1.2 behandeln, können Sie wiederum in das Liefervorschlagsbild der Position verzweigen.

Einteilungsübersicht

Den Hauptteil des Liefervorschlagsbildes nimmt die **Einteilungsübersicht** ein, also der Bereich, in dem die Bestätigungstermine und Bestätigungsmengen gelistet sind. In Abbildung 19.1 sehen Sie drei Einteilungen, also drei Bestätigungen für einen Kundenwunsch.

Abbildung 19.1 Liefervorschlagsbild der ATP-Prüfung

In den ersten beiden Spalten erhalten Sie Informationen über das bestätigte Lieferdatum und die bestätigte Lieferuhrzeit, und in der dritten und vierten Spalte sehen das dazugehörige Materialbereitstellungsdatum inklusive Uhrzeit. Da in Abbildung 19.1 keine Terminierungsbausteine hinterlegt sind, sind Lieferdatum und Materialbereitstellungsdatum identisch.

In der Spalte **Bestätigte Menge** können Sie die zum bestätigten Liefertermin verfügbare Menge sehen, während in der Spalte **Σ Bestätigte Menge** die über die einzelnen Liefertermine hinweg aufsummierten bestätigten Mengen aufgeführt sind. In der ersten Einteilungszeile sind diese beiden Mengen logischerweise identisch, während in der zweiten Zeile schon drei Stück aufgeführt sind. Diese Summe ergibt sich aus den zu den beiden Terminen bestätigten Mengen (einmal 1 Stück und einmal 2 Stück).

Lieferdatum und bestätigte Menge können Sie theoretisch noch manuell abändern, jedoch nur im Rahmen dessen, was die Verfügbarkeitsprüfung zulassen würde. Ein Vorziehen der zweiten Einteilung wäre somit nicht möglich, eine Verschiebung auf einen späteren Termin hingegen schon. Ebenso können Sie z. B. die bestätigte Menge der ersten Einteilung um 1 Stück reduzieren und dadurch die bestätigte Menge der zweiten Einteilung erhöhen. Eine Erhöhung der bestätigten Menge der ersten Einteilung wäre hingegen nicht möglich.

Kopfbereich

Oberhalb der Einteilungsübersicht sehen Sie einen Kopfbereich, in dem noch einmal die wichtigsten Informationen rund um die soeben geprüfte Bedarfsposition zusammengefasst sind (siehe Abbildung 19.1 und Abbildung 19.2). Dies sind die Produktnummer, die Wunschlieferlokation (Feld **Distributionszentrum**), der Wunschtermin und die offene Menge sowie die maximal mögliche Anzahl an Teillieferungen. Wäre außerdem in Ihrer Prüfsteuerung eine Verfügbarkeitsprüfung unter Berücksichtigung der Wiederbeschaffungszeit aktiviert, könnten Sie im Kopfbereich in einem weiteren Feld das daraus resultierende Wiederbeschaffungsdatum ablesen.

Auftrgspos	10	Einteilung	1
Produkt	RBA-FG2		APO Finished Good - RBA
Distributionszentr...	3400	Seattle	
Wunschtermin	13.08.2021 00:00	Offene Menge	6 EA
☐ Term.u.Mng.fix		Max.Teilliefer.	9

Abbildung 19.2 Liefervorschlagsbild der ATP-Prüfung: Kopfbereich

Zusätzlich haben Sie noch die Möglichkeit, die Ergebnisse der soeben abgelaufenen Verfügbarkeitsprüfung zu *fixieren*. Dazu nutzen Sie das Kennzeichen **Term.u.Mng.fix**. Ergebnisse, die Sie auf diese Weise festgeschrieben haben, können Sie später von der erneuten Verfügbarkeitsprüfung im Rahmen einer Rückstandsbearbeitung ausschließen. Diese Funktion nutzen Sie, wenn Sie das Ergebnis zu einem späteren Zeitpunkt nicht mehr verbessern möchten, da z. B. der Kunde das Ergebnis seinerseits akzeptiert hat und nun auch nicht mehr von einer früheren Belieferung ausgeht.

Dynamische Button-Leiste

Ganz oben im Liefervorschlagsbild sehen Sie eine Leiste mit Buttons, die sich dynamisch an die soeben ausgeführte Verfügbarkeitsprüfung anpasst (siehe Abbildung 19.1 und Abbildung 19.3).

Abbildung 19.3 Liefervorschlagsbild der ATP-Prüfung: dynamische Button-Leiste

Im linken Bereich der dynamischen Button-Leiste erscheinen die Buttons, die Sie zur Übernahme des Ergebnisses benötigen. Einen der folgenden Buttons müssen Sie nutzen:

- **Weiter ohne Bestätigung**
  Mit dem Button (**Weiter ohne Bestätigung**) verwerfen Sie das Ergebnis der ATP-Prüfung; die Bedarfsposition erhält keine Bestätigung.
- **Einmallieferung**
  Der Button (**Einmallieferung**) erscheint nur, wenn mindestens eine Teilmenge zum Wunschtermin bestätigt werden kann. Wählen Sie in unserem Beispiel die Einmallieferung aus, wird dem Kunden 1 Stück zum Wunschtermin bestätigt, und die anderen beiden Einteilungen werden verworfen. Dieser Button steht Ihnen auch in der Einteilungsübersicht in der ersten Einteilung zur Verfügung.
- **Komplettlieferung**
  Bei der Auswahl des Buttons (**Komplettlieferung**) werden dem Kunden sechs Stück zum Termin der letzten Einteilung bestätigt. Dieser Button steht Ihnen auch in der Einteilungsübersicht in der letzten Einteilungszeile zur Verfügung.
- **Liefervorschlag**
  Der Kunde erhält drei Bestätigungen, wie in der Einteilungsübersicht dargestellt. In der Einteilungsübersicht entspricht das der Verwendung des Buttons (**Liefervorschlag**) in der letzten Spalte der letzten Einteilungszeile. Wählen Sie den Button **Liefervorschlag** hingegen in der zweiten Zeile der Einteilungsübersicht, würde der Kunde zwei Bestätigungen erhalten: die Bestätigung der ersten Zeile und die Bestätigung der zweiten Zeile. Alle nachfolgenden Einteilungen werden verworfen.

Die weiteren Buttons haben informativen Charakter und geben Ihnen Details zur gerade ausgeführten Verfügbarkeitsprüfung. So verzweigen beispielsweise die Buttons **Prüfvorschrift** und **Prüfumfang** in die Customizing-Anzeige der soeben verwendeten Einstellungen. Eine vollständige Auflistung der in diesem Bereich zur Verfügung stehenden Buttons entnehmen Sie der ausführlichen Online-Dokumentation.

19.1.2 Ergebnisübersicht

Die *Ergebnisübersicht* erscheint, wie Abschnitt 19.1.1 erläutert, üblicherweise bei den Prüfungen, in denen die regelbasierte ATP-Prüfung auf Hauptprodukt- oder Komponentenebene genutzt wurde. Wir betrachten die Struktur der Übersicht auch hier anhand eines Beispiels (siehe Abbildung 19.4).

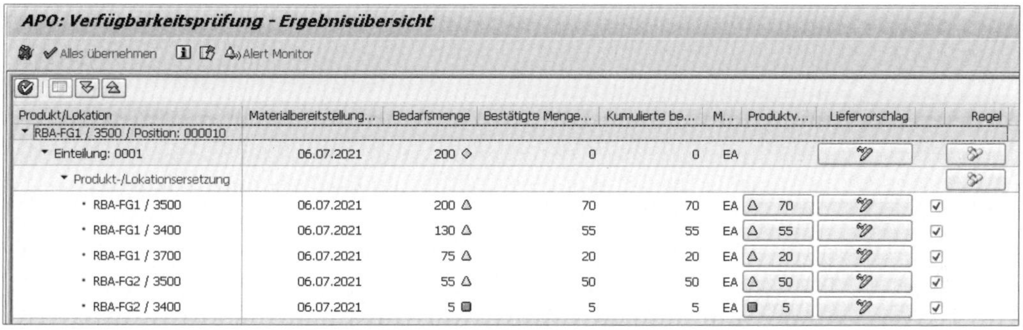

APO: Verfügbarkeitsprüfung - Ergebnisübersicht

Alles übernehmen | Alert Monitor

Produkt/Lokation	Materialbereitstellung...	Bedarfsmenge	Bestätigte Menge...	Kumulierte be...	M...	Produktv...	Liefervorschlag	Regel
RBA-FG1 / 3500 / Position: 000010								
Einteilung: 0001	06.07.2021	200	0	0	EA			
Produkt-/Lokationsersetzung								
RBA-FG1 / 3500	06.07.2021	200	70	70	EA	70		
RBA-FG1 / 3400	06.07.2021	130	55	55	EA	55		
RBA-FG1 / 3700	06.07.2021	75	20	20	EA	20		
RBA-FG2 / 3500	06.07.2021	55	50	50	EA	50		
RBA-FG2 / 3400	06.07.2021	5	5	5	EA	5		

Abbildung 19.4 Ergebnisbild der regelbasierten Verfügbarkeitsprüfung

Im linken Bereich des Bildes finden Sie die aufklappbare Hierarchie der geprüften Bedarfe. Hierbei steht die aus dem Kundenauftrag an die Verfügbarkeitsprüfung übergebene Produkt-Lokations-Kombination in der ersten Zeile; in unserem Fall handelt es sich um das Produkt RBA-FG1 in der Lokation 3500. Wunschmenge und errechnetes Materialbereitstellungsdatum können dann der zweiten Zeile (**Einteilung**) in der Mitte der Ergebnisübersicht entnommen werden. Da hier eine regelbasierte ATP-Prüfung mit sofortigem Start zum Einsatz kam, wurde für diese Einteilung keine bestätigte Menge ermittelt, sondern der Bedarf sofort an die Ersetzungen übergeben.

Die Ergebnisse der regelbasierten ATP-Prüfung sehen Sie unterhalb der Zeile **Produkt-/Lokationsersetzung**. Anhand des Beispiels der ersten Ersetzung sehen Sie, dass Produkt RBA-FG1 in der Lokation 3500 zum Materialbereitstellungstermin 06.07.2021 mit einer Bedarfsmenge von 200 Stück geprüft wurde. Von der Verfügbarkeitsprüfung konnten 70 Stück bestätigt werden; dies können Sie in den Spalten **Bestätigte Menge** und **kumulierte bestätigte Menge** ablesen.

Da wir unser Produkt nur mit der Basismethode der Produktverfügbarkeitsprüfung überprüft haben, erscheint auch nur die Spalte **Produktverfügbarkeit**. Wären weitere Basismethoden zur Anwendung gekommen, könnten Sie für jede weitere Basismethode eine weitere Spalte mit entsprechender Schaltfläche sehen.

Schließlich haben Sie noch die Möglichkeit, über die Schaltflächen in der Spalte **Liefervorschlag** in das vorher beschriebene Liefervorschlagsbild zu verzweigen. Auf diese Weise können Sie detaillierte Informationen über die ATP-Prüfung zu genau dieser Position erhalten.

Anders als im Liefervorschlagsbild stehen Ihnen in der dynamischen Button-Leiste oberhalb der Ergebnisse nur zwei Buttons zur Verarbeitung des ATP-Ergebnisses zur Verfügung. Entweder Sie verwerfen das komplette Ergebnis (Button (**Weiter ohne Bestätigung**)), oder Sie übernehmen das Ergebnis der Ergebnisübersicht (Button **Alles übernehmen**).

Möchten Sie das Ergebnis detaillierter beeinflussen, tun Sie das innerhalb des Detail-Liefervorschlagsbildes (siehe Abschnitt 19.1.1), oder Sie wählen in der Ergebnisübersicht eine der Ersetzungen vollständig ab. Dies tun Sie, indem Sie das Häkchen **Liefervorschlag übernehmen/verwerfen** auf der Zeilenebene entfernen.

Die in der Ergebnisübersicht verwendeten Symbole sind in einer Legende erläutert (siehe Abbildung 19.5), die Sie über die Schaltfläche (**Legende**) erreichen.

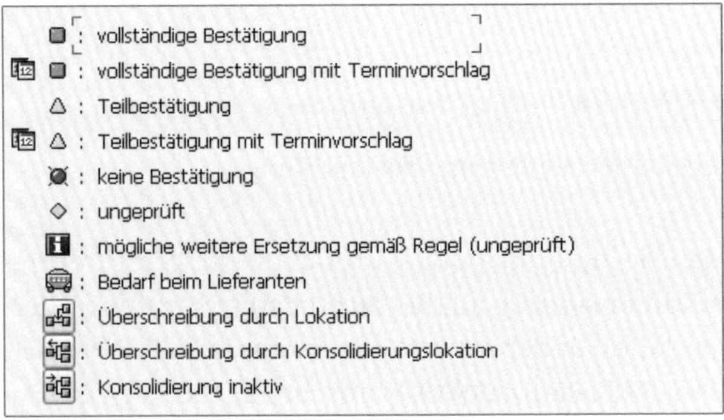

Abbildung 19.5 Darstellung der möglichen Ergebnisse der regelbasierten Verfügbarkeitsprüfung

In einem eingeschränkten Rahmen haben Sie die Möglichkeit, das Erscheinungsbild der Ergebnisübersicht durch persönliche Einstellungen zu beeinflussen. Hierbei wird zwischen den allgemeinen Einstellungen und den Einstellungen mit Bezug zur regelbasierten Verfügbarkeitsprüfung unterschieden. Sie gelangen über den Button (**Einstellungen zur Ergebnisübersicht**) in die Pflege.

In den allgemeinen Einstellungen (siehe Abbildung 19.6) legen Sie Folgendes fest:

- ob mit Erscheinen des Ergebnisbildes bereits alle Unterknoten der Ersetzungen aufgeklappt werden sollen
- ob die Produkte und Lokationen mit ihrer Nummer oder ihrer Bezeichnung angezeigt werden sollen
- ob Sie lieber den Liefertermin oder den Materialbereitstellungstermin anzeigen möchten

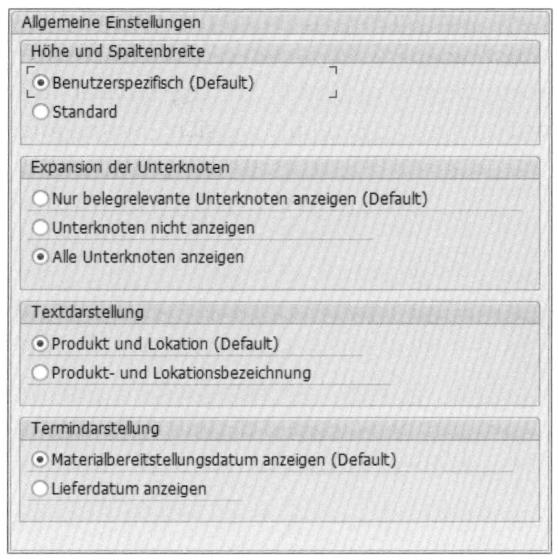

Abbildung 19.6 Allgemeine Einstellungen der Ergebnisübersicht

In den Einstellungen zur regelbasierten ATP-Prüfung können Sie über folgende Optionen entscheiden (siehe Abbildung 19.7):

- ob Ersetzungen, die Sie nicht benötigt haben, weil vorher schon der komplette Bedarf gedeckt werden konnte, dennoch aufgelistet werden sollen
- ob Ersetzungen, die zwar geprüft wurden, aber keine Bestätigung erhalten haben, angezeigt werden sollen
- ob Sie Restbedarfe, die gemäß Prüfvorschrift abgesetzt werden sollen, anzeigen möchten

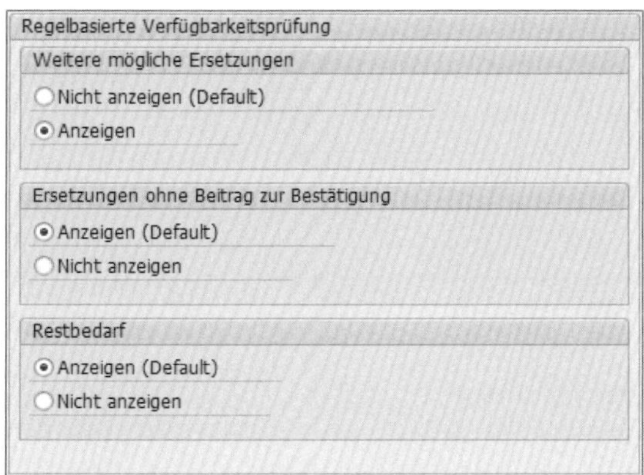

Abbildung 19.7 Einstellungen zur regelbasierten ATP-Prüfung in der Ergebnisübersicht

Es wurden die beiden möglichen Ergebnisbilder der Verfügbarkeitsprüfung erläutert. Auf die speziellen Buttons der in Kapitel 17 und Kapitel 18 vorgestellten Methoden möchten wir hier nicht erneut eingehen; diese sind bereits in den jeweiligen Abschnitten der Funktionalitäten erläutert.

19.2 Simulation

Möchten Sie eine Verfügbarkeitsprüfung simulieren, ohne einen tatsächlichen Kundenauftrag im angeschlossenen OLTP-System zu erfassen, steht Ihnen im APO-System eine Simulationstransaktion zur Verfügung (siehe Abbildung 19.8).

Diese erreichen Sie im SAP-Menü über **Advanced Planning and Optimization • Globale ATP • Auswertungen • Simulation ATP** oder über den Transaktionscode /SAPAPO/AC04.

Abbildung 19.8 Simulation der Verfügbarkeitsprüfung

19.2.1 Bereich »Produkt/Lokation«

Im Bereich **Produkt/Lokation** legen Sie fest, für welches Produkt und für welche Organisationsebene Sie die simulative Verfügbarkeitsprüfung durchführen möchten.

Produkt und **Lokation** sind dabei Pflichtfelder, die Sie mindestens befüllen müssen. Möchten Sie darüber hinaus festlegen, dass auf der Lagerortebene geprüft werden soll, füllen Sie das Feld **Sublokation** ebenfalls. Das Feld **Version** benötigen Sie nur für den Fall, dass Sie eine simulative Verfügbarkeitsprüfung für eine bestimmte Charge durchführen möchten. Das Feld **Sonderbestand** pflegen Sie ausschließlich, wenn Sie z. B. einen Kundeneinzelbestand zur Simulation verwenden möchten.

19.2.2 Bereich »Prüfsteuerung«

Der Bereich **Prüfsteuerung** enthält die wesentlichen Vorgaben für Ihre simulative Verfügbarkeitsprüfung. Die wichtigsten Parameter sind dabei der Prüfmodus und das betriebswirtschaftliche Ereignis. Diese beiden Parameter können auf unterschiedliche Weise befüllt werden:

- Sie befüllen das Feld **Bedarfsprofil**. Aus diesem werden die dort hinterlegten Werte für den Prüfmodus und das betriebswirtschaftliche Ereignis übernommen.
- Sie lassen das Feld **Prüfmodus** frei; der Prüfmodus wird dann aus dem Lokationsproduktstamm übernommen. Das betriebswirtschaftliche Ereignis (Feld **Betriebsw. Ereignis**) befüllen Sie hingegen.
- Sie befüllen beide Felder, sowohl das Feld **Prüfmodus** als auch das Feld **Betriebsw. Ereignis**.

Haben Sie ein Bedarfsprofil ausgewählt und gleichzeitig den Prüfmodus und das betriebswirtschaftliche Ereignis separat gepflegt, können Sie mithilfe des Kennzeichens **Bedarfsprofil aktiv** eine Übersteuerung der manuell gepflegten Parameter mit den Werten des Bedarfsprofils erreichen.

Es stehen Ihnen die folgenden weiteren Möglichkeiten zur Prüfsteuerung zur Verfügung:

- Möchten Sie in der Simulation während der ATP-Prüfung eine Korrelationsrechnung auf Termine berücksichtigen, müssen Sie ein Korrelationsprofil und ein Datum für den frühesten Korrelationstermin mitgeben.
- Mit dem Aktivieren des Kennzeichens **Mit Bedarfsmengen** steuern Sie, dass die Verfügbarkeitsprüfung vorhandene Bedarfe anderer Kundenaufträge berücksichtigt und nicht deren bestätigte Mengen.
- Darüber hinaus können Sie die Rundung mit Packspezifikationen durchführen lassen (Kennzeichen **Rundung aktiv**) und die Ersetzungsvorauswahl ermöglichen (Kennzeichen **Ersetzungsvorauswahl aktiv**).
- Eine Berücksichtigung des parameterabhängigen Sicherheitsbestands kann ebenfalls eingestellt werden. Hierzu wählen Sie bei **Parameter des PASB** eine mögliche Berechnungslogik aus.

- Zu guter Letzt haben Sie im Bereich **Prüfsteuerung** noch die Möglichkeit, Produkte und Lokationen manuell aus den Ersetzungslisten auszuschließen (Kennzeichen **Externe Ausschlüsse**).

19.2.3 Bereich »Termin/Menge«

Im dritten Bereich der Transaktion können Sie Termine und eine **Bedarfsmenge** für die Simulation mitgeben. Hinsichtlich des Termins haben Sie die Wahl zwischen dem **Materialbereitstellungsdatum**, dem **Warenausgangstermin** oder dem **Wunschlieferdatum**.

Geben Sie keinen Termin an, prüft die Simulation mit dem aktuellen Tagesdatum; wenn Sie das Feld **Bedarfsmenge** leer lassen, werden 9.999.999.999 Stück an die Prüfung übergeben.

Entsprechend der ausgewählten Prüfvorschrift erscheinen nach einem Klick auf den Button (**Ausführen**) noch weitere Fenster, in denen Sie z. B. Merkmalswerte für die Kontingentierung oder die regelbasierte ATP-Prüfung angeben müssen. Dies ist notwendig, da das aufrufende Auftragserfassungssystem, das diese Werte sonst übergeben würde, nicht in dieser Simulation vorhanden ist.

Nach der Simulation erhalten Sie die in Abschnitt 19.1 beschriebene Ergebnisübersicht oder direkt das ebenfalls dort beschriebene Liefervorschlagsbild.

19.3 Verfügbarkeitsübersichten

Möchten Sie sich die Verfügbarkeitssituation eines Produkts anschauen, ohne eine tatsächliche oder simulative Verfügbarkeitsprüfung durchzuführen, stehen Ihnen drei Übersichten zur Auswahl. Diese Übersichten wurden in Kapitel 16 bei der jeweiligen Basismethode bereits aufgeführt und erläutert. Der Übersichtlichkeit halber möchten wir an dieser Stelle lediglich die Stellen auflisten, an denen Sie die Übersichten finden:

- Die Produktverfügbarkeitsübersicht finden Sie im SAP-Menü über den Pfad **Advanced Planning and Optimization • Globale ATP • Auswertungen • Produktverfügbarkeit** oder über Transaktion /SAPAPO/AC03.
- Die Kontingentübersicht erreichen Sie über **Advanced Planning and Optimization • Globale ATP • Auswertungen • Kontingente** oder über Transaktion /SAPAPO/AC42.
- Die Vorplanungsübersicht ist im SAP-Menü abgelegt; Sie erreichen Sie über den Pfad **Advanced Planning and Optimization • Globale ATP • Auswertungen • Vorplanung** oder über Transaktion /SAPAPO/DMP1.

[+]

Produktsicht in PP/DS

Möchten Sie sich – unabhängig vom gewählten Prüfumfang – eine Übersicht über alle vorhandenen Bestände sowie Zu- und Abgänge verschaffen, steht Ihnen die Produktsicht der Komponente SAP APO-PP/DS (Production Planning/Detailed Scheduling) zur Verfügung. Diese finden Sie im SAP-Menü über den Pfad **Advanced Planning and Optimization • Produktionsplanung • Interaktive Produktionsplanung • Produktsicht** oder über Transaktion /SAPAPO/RRP3.

19.4 ATP-Alerts

Unter einem *Alert* versteht man üblicherweise eine Art Störmeldung. Möchten Sie im Supply Chain Cockpit oder im Alert Monitor mit Alerts rund um die Verfügbarkeitsprüfung arbeiten, müssen Sie zuerst ein sogenanntes anwendungsspezifisches Alert-Profil definieren (siehe Abbildung 19.9). Dies tun Sie im SAP-Menü über den Pfad **Advanced Planning and Optimization • Supply Chain Monitoring • Lfd. Einstellungen • Alert Monitor einstellen** oder über Transaktion /SAPAPO/AMON_SETTING. Dort können Sie die Fortschreibung von ATP-Alerts für die drei Basismethoden Produktverfügbarkeits-, Vorplanungs- und Kontingentierungsprüfung auswählen.

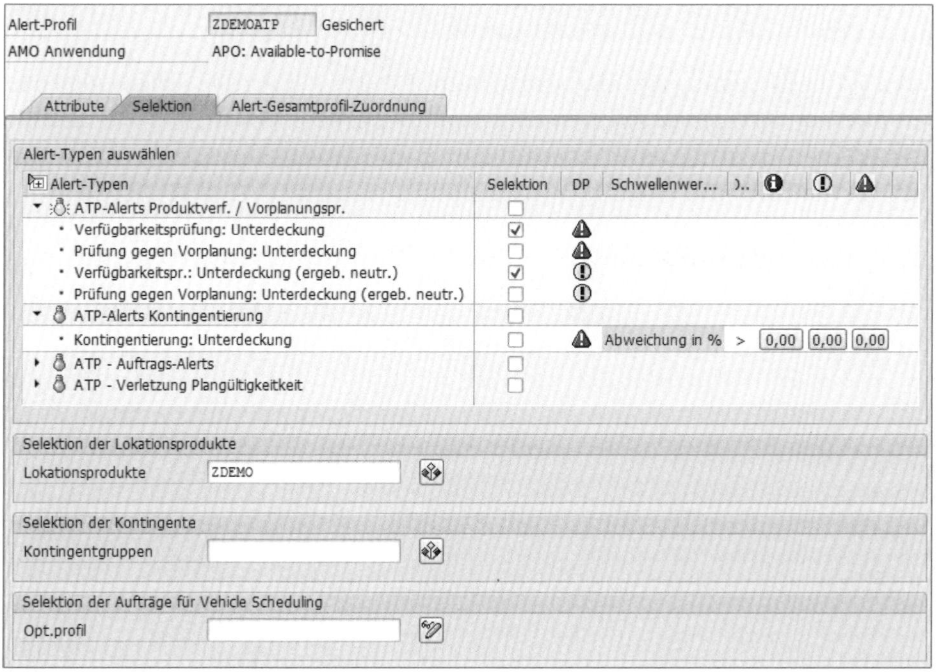

Abbildung 19.9 ATP-Alert-Profil definieren

Darüber hinaus stehen Ihnen noch ATP-Auftrags-Alerts zur Verfügung, die genutzt werden können, wenn Sie die Transportplanungskomponente TP/VS (Transport Planning/Vehicle Scheduling) in SAP APO verwenden. In diesem Fall kann es passieren, dass im Rahmen einer Transportoptimierung ein bestätigter Liefertermin nicht eingehalten werden kann. Über den entsprechenden ATP-Alert werden Sie über diese Terminverletzung informiert.

Außerdem gibt es ATP-Alerts zur Verletzung einer Plangültigkeit. Diese können während der Durchführung der Verfügbarkeitsprüfungen geschrieben werden, die eine Produktion starten.

Nachdem Sie nun in der Profilpflege einen Alert-Typ ausgewählt haben, können Sie bei manchen Alerts noch Schwellenwerte hinterlegen. Mit diesen Werten können Sie steuern, wie der entstehende Alert klassifiziert wird. Hierbei wird zwischen einer Information, einer Warnung und einem Fehler unterschieden.

Neben der Alert-Selektion können Sie Einschränkungen auf Lokationsprodukte, Kontingentgruppen und Optimierungsprofile vornehmen. Nur wenn der Alert zu den dort hinterlegten Merkmalen passt, wird er auch tatsächlich erzeugt.

[+]

Verwendung von ATP-Alerts aktivieren

Zusätzlich zur Definition des Alert-Profils müssen Sie in der Prüfvorschrift noch die Verwendung von ATP-Alerts aktivieren.

Haben Sie die Erzeugung von Alerts im System aktiviert, können Sie sich die Alerts im Alert Monitor anzeigen lassen. Den Alert Monitor (siehe Abbildung 19.10) finden Sie im SAP-Menü über den Pfad **Advanced Planning and Optimization • Supply Chain Monitoring • Alert Monitor • Alert Monitor** oder über Transaktion /SAPAPO/AMON1.

Alert Monitor : Beispiel für ATP-Alert (ATP)

Alerts neu ermitteln | Alert-Profil

Auswahl Alert-Sichten	Auswahl	⚠	①	❶
Lokationsproduktsicht	✓	0	1	0
Knoten ohne Zuordnung - Produktbezeichnung	✓	0	1	0
Dallas	✓	0	1	0

ATP-Alerts Produktverf. / Vorplanungspr. (1 Alerts)

Status	Priorität	Beschreibung	Produkt	Lokation	Kategori..	Periode	Unterdeck.	BME	Erzeugt am	Erzeugt
✓	①	Unterdeck. in Produktverfügb. (erg.neutr.)	RBA-FG1	3500	K-AUFT	15.08.2021	10	EA	07.08.2021 17:09:01	APOADMIN

Abbildung 19.10 Beispiel für einen ATP-Unterdeckungs-Alert

In Abbildung 19.10 wurde ein Unterdeckungs-Alert aufgrund einer ergebnisneutralen Produktverfügbarkeitsprüfung erzeugt. Es wurden im Kundenauftrag 80 Stück des

Produkts RBA-FG1 in der Lokation 3500 bestätigt, obwohl nur 70 Stück verfügbar sind. Das hat die ausgewiesene Unterdeckung von 10 Stück zur Folge.

Die Möglichkeiten der manuellen Weiterverarbeitung von Alerts vertiefen wir an dieser Stelle nicht. Eine automatische Berücksichtigung von Alerts kann im Rahmen der Rückstandsbearbeitung erfolgen (siehe Kapitel 20).

19.5 Analyse

In diesem Abschnitt möchten wir die verschiedenen Analysetools vorstellen, die von der ATP-Prüfung zur genaueren Betrachtung bereitgestellt werden.

19.5.1 Zeitreihen

Die *ATP-Zeitreihen* haben Sie bereits in Kapitel 15 kennengelernt. In ihnen werden die Zugangs-, Abgangs- und Bestandselemente aggregiert abgelegt. Möchten Sie sich die ATP-Zeitreihen anschauen, finden Sie diese im SAP-Menü über den Pfad **Advanced Planning and Optimization • Globale ATP • Umfeld • Technische Monitore • Zeitreihen** oder über Transaktion /SAPAPO/AC05.

In der *Einstiegsmaske* (siehe Abbildung 19.11) können Sie Einschränkungen auf Produkte und Lokationen vornehmen, wahlweise über die externen Nummern oder über die APO-internen IDs.

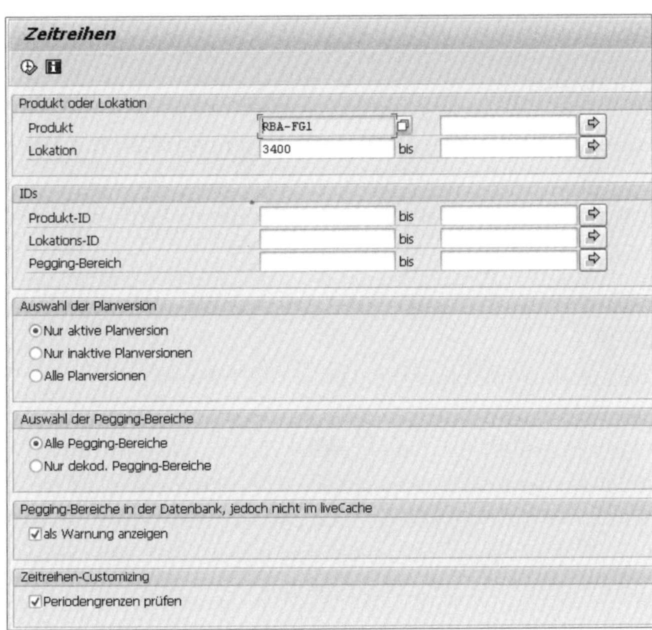

Abbildung 19.11 Einstieg in die ATP-Zeitreihenanalyse

Eine Auswahl über einen Pegging-Bereich ist ebenfalls möglich. Als *Pegging-Bereich* wird hierbei eine Kombination aus Produkt, Lokation, Kontierungsobjekt und Planversion bezeichnet.

Weitere Selektionskriterien betreffen die Auswahl der Planversion und eine Einschränkung der zuvor ausgewählten Pegging-Bereiche. Aus der in Abbildung 19.11 vorgegebenen Selektion ergibt sich das Ergebnis aus Abbildung 19.12.

Zeitreihen

Auswählen Sichern

Produkt Lokation S KontierObj Sond.best. PlAbschTyp							
Sublok.	Ver	KatText	Datum	Uhrzeit	Menge	Bst. Menge	Merkmale
RBA-FG1 3400							
		PL-AUF(F)	01.09.2021	17:00:00	30	0	
		K-AUFT	15.08.2021	17:00:00	55	55	
		VP-BED	01.01.1970	00:00:00	0	0	
0001		LABST	01.01.1970	00:00:00	55	0	

Abbildung 19.12 Ergebnis der ATP-Zeitreihenanalyse

Hierbei sehen Sie, zu welchem Datum und zu welcher Uhrzeit die Zugangs- und Abgangselemente in den ATP-Zeitreihen abgelegt sind. Bestände werden dabei aus systemtechnischen Gründen mit dem Datum 01.01.1970 abgelegt.

Detaillierte Informationen zu den weiteren angezeigten Feldern entnehmen Sie der ausführlichen [F1]-Hilfe im SAP-System.

19.5.2 Temporäre Mengenbelegungen

Eine *temporäre Mengenbelegung* dient der Reservierung von Mengen während einer Verfügbarkeitsprüfung. Diese Reservierung soll dazu dienen, dass die fraglichen Mengen zum Zeitpunkt der Prüfung nicht gleichzeitig von anderen Prüfungen benutzt werden können.

Temporäre Mengenbelegung

Sie legen einen Kundenauftrag über 10 Stück für Produkt A an und führen eine Verfügbarkeitsprüfung durch. Die im Bestand liegenden 10 Stück werden nun so lange durch temporäre Mengenbelegungen reserviert, bis Sie entweder den Kundenauftrag sichern und die temporären Belegungen durch den tatsächlichen Kundenbedarf ersetzt werden oder bis Sie die Kundenauftragsanlage abbrechen und die temporären Belegungen gelöscht werden. Solange die temporären Mengen existieren, kann kein anderer Kundenauftrag auf die 10 Stück des Bestands zugreifen.

Mithilfe der temporären Mengenbelegung vermeiden Sie eine Doppelbestätigung, die zu einer Unterdeckung führen würde. Der einzig nennenswerte Nachteil bei der Verwendung von temporären Mengenbelegungen entsteht in den Fällen, in denen die Kundenauftragsanlage abgebrochen und die temporär reservierte Menge nicht benötigt wird. Haben Sie zuvor einen anderen Kundenauftrag abgelehnt, weil die Menge in dem Moment nicht verfügbar war, war die Ablehnung, rückblickend betrachtet, nicht notwendig. Dieser Nachteil wiegt aber das Risiko einer Doppelbestätigung nicht auf; deshalb wird die Verwendung von temporären Mengenbelegungen von SAP empfohlen.

Die Analyse der temporären Mengenbelegung finden Sie im SAP-Menü über den Pfad **Advanced Planning and Optimization • Globale ATP • Umfeld • Technische Monitore • Temporäre Mengenbelegungen** oder über Transaktion /SAPAPO/AC06 (siehe Abbildung 19.13).

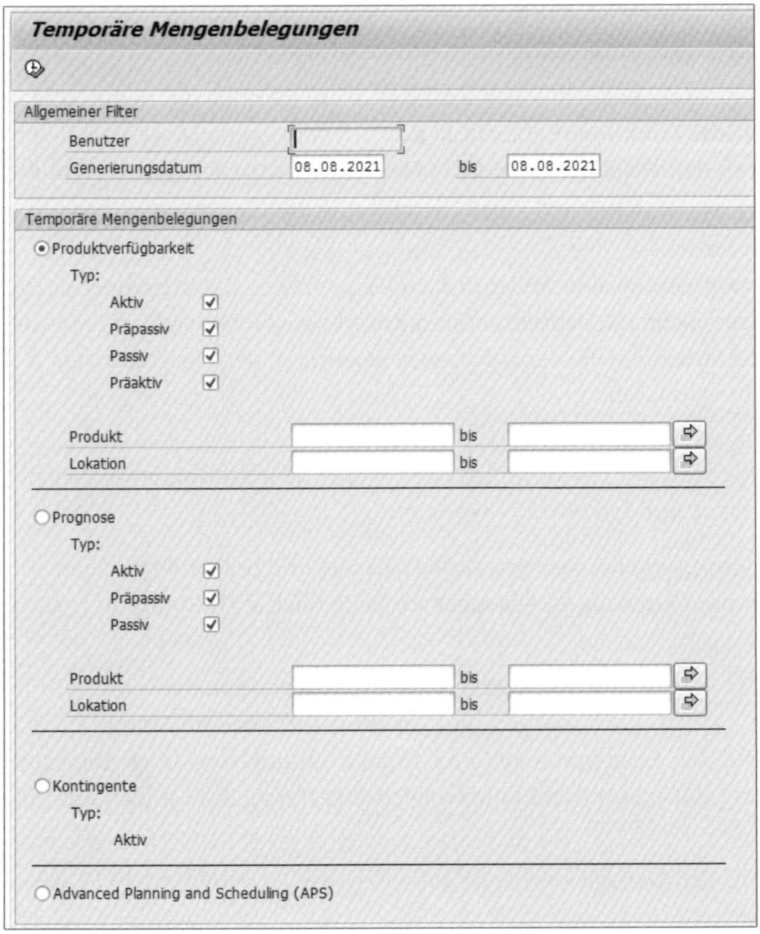

Abbildung 19.13 Einstieg in die Analyse der temporären Mengenbelegung

Im Einstieg zur Analyse der temporären Mengenbelegung (siehe Abbildung 19.13) entscheiden Sie vor allem, welche temporären Mengenbelegungen Sie anzeigen möchten. Sie können zwischen den Mengen wählen, die während folgender Vorgänge entstanden sind:

- Produktverfügbarkeitsprüfung
- Kontingentierung
- Vorplanungsprüfung
- Capable-to-Promise-Prüfung (Typ **Advanced Planning and Scheduling**)

Wählen Sie die *Produktverfügbarkeit*, können Sie den anzuzeigenden Typ der Mengenbelegung weiter einschränken:

- **Aktive Mengenbelegung**
  Aktive Mengenbelegungen entstehen während der normalen Verfügbarkeitsprüfung für die eigentliche Kundenauftragsposition.
- **Passive temporäre Mengenbelegung**
  Passive temporäre Mengenbelegungen werden z. B. im Rahmen der mehrstufigen ATP-Prüfung für die Komponentenbedarfe geschrieben. Sie entstehen nach dem Sichern des Kundenauftrags. Diese passiven Mengen werden nicht direkt, sondern nur über die ATP-Baumstrukturen von anderen Kundenaufträgen berücksichtigt.
- **Präaktive Mengen**
  Präaktive Mengen werden von anderen Kundenaufträgen nicht berücksichtigt, sondern sie dienen lediglich der temporären Korrektur von Umlagerungs-Bestellanforderungsbedarfen, die bei der Lokationsersetzung in der regelbasierten Verfügbarkeitsprüfung entstehen.
- **Präpassive Mengen**
  Als präpassive Mengen werden die temporären Mengen für Komponentenbedarfe vor dem Sichern des Kundenauftrags bezeichnet.

Für die *Vorplanungsprüfung* können nur aktive, passive und präaktive Mengen entstehen; für die Kontingentierung gibt es sogar ausschließlich aktive temporäre Mengenbelegungen.

Neben dem Typ der Belegung können Sie für die Produktverfügbarkeit und für die Vorplanungsprüfung auch noch Produkt und Lokation zur weiteren Einschränkung der Selektion verwenden. Ebenso stehen Ihnen für alle temporären Mengenbelegungen das Generierungsdatum und der Benutzer (also der Erfasser des Kundenauftrags) zur Verfügung.

Ein Beispielergebnis der Anzeige könnte so aussehen, wie in Abbildung 19.14 dargestellt.

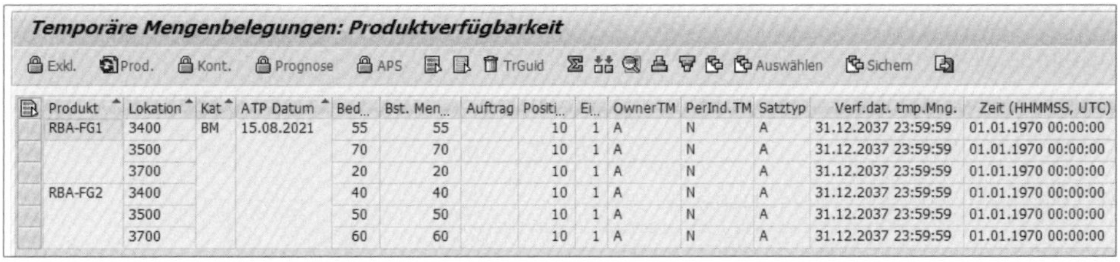

Temporäre Mengenbelegungen: Produktverfügbarkeit

Exkl. Prod. Kont. Prognose APS TrGuid Auswählen Sichern

Produkt	Lokation	Kat	ATP Datum	Bed...	Bst. Men...	Auftrag	Positi...	Ei...	OwnerTM	PerInd.TM	Satztyp	Verf.dat. tmp.Mng.	Zeit (HHMMSS, UTC)
RBA-FG1	3400	BM	15.08.2021	55	55		10	1	A	N	A	31.12.2037 23:59:59	01.01.1970 00:00:00
	3500			70	70		10	1	A	N	A	31.12.2037 23:59:59	01.01.1970 00:00:00
	3700			20	20		10	1	A	N	A	31.12.2037 23:59:59	01.01.1970 00:00:00
RBA-FG2	3400			40	40		10	1	A	N	A	31.12.2037 23:59:59	01.01.1970 00:00:00
	3500			50	50		10	1	A	N	A	31.12.2037 23:59:59	01.01.1970 00:00:00
	3700			60	60		10	1	A	N	A	31.12.2037 23:59:59	01.01.1970 00:00:00

Abbildung 19.14 Ergebnis der Analyse der temporären Mengenbelegung

Hierbei sehen Sie die temporären Mengenbelegungen, die während einer regelbasierten Verfügbarkeitsprüfung mit Produkt- und Lokationsersetzung geschrieben wurden.

19.5.3 ATP-Baumstrukturen

ATP-Baumstrukturen sind eine Ablageform von Prüfergebnissen, die nicht an das aufrufende Kundenauftragserfassungssystem zurückgegeben werden, aber im APO-System für die weitere Verwendung noch bereitstehen müssen. Dieses Prinzip kennen Sie vor allem aus der mehrstufigen ATP-Prüfung. An den Kundenauftrag wird lediglich die bestätigte Menge des Hauptprodukts übergeben. Zur Umsetzung in einen Planauftrag in PP/DS müssen die Informationen über die verwendeten Komponenten aber dennoch nach der Prüfung auf der APO-Datenbank abgelegt werden.

Folgende Prozesse können ATP-Baumstrukturen erzeugen:

- Mehrstufige Verfügbarkeitsprüfung
- Regelbasierte ATP-Prüfung mit Umlagerung oder Konsolidierung
- Rückstandsbearbeitung
- SAP-CRM-Dreieckszenarien
- Systemübergreifende Streckenabwicklung (ALE)

Der Kundenauftrag in den *SAP-CRM-Dreieckszenarien* wird aus dem CRM-System in das ERP-System repliziert. Während der Anlage des Kundenauftrags in SAP ERP bzw. SAP S/4HANA greift das ERP-System auf die ATP-Baumstrukturen zurück, da es ja keine erneute ATP-Prüfung ausführen, sondern die für den CRM-Auftrag ermittelten Ergebnisse übernehmen soll. Mit dem Sichern des Kundenauftrags im ERP-System können dann auch die ATP-Baumstrukturen gelöscht werden.

Sie legen für eine *systemübergreifende Streckenabwicklung (ALE)* in einem Vertriebssystem einen Kundenauftrag an. Wird dieser anschließend per ALE an ein Liefersystem übergeben, zieht der Kundenauftrag des Liefersystems das ATP-Prüfergebnis aus dem APO-System, das vom Vertriebssystem bereits bestätigt wurde. Dieses ATP-Ergebnis wird ebenfalls in Form von ATP-Baumstrukturen abgelegt.

Die Analyse der ATP-Baumstrukturen finden Sie im SAP-Menü über den Pfad **Advanced Planning and Optimization • Globale ATP • Umfeld • Technische Monitore • ATP-Baumstrukturen** oder über Transaktion /SAPAPO/ATREE_DSP (siehe Abbildung 19.15).

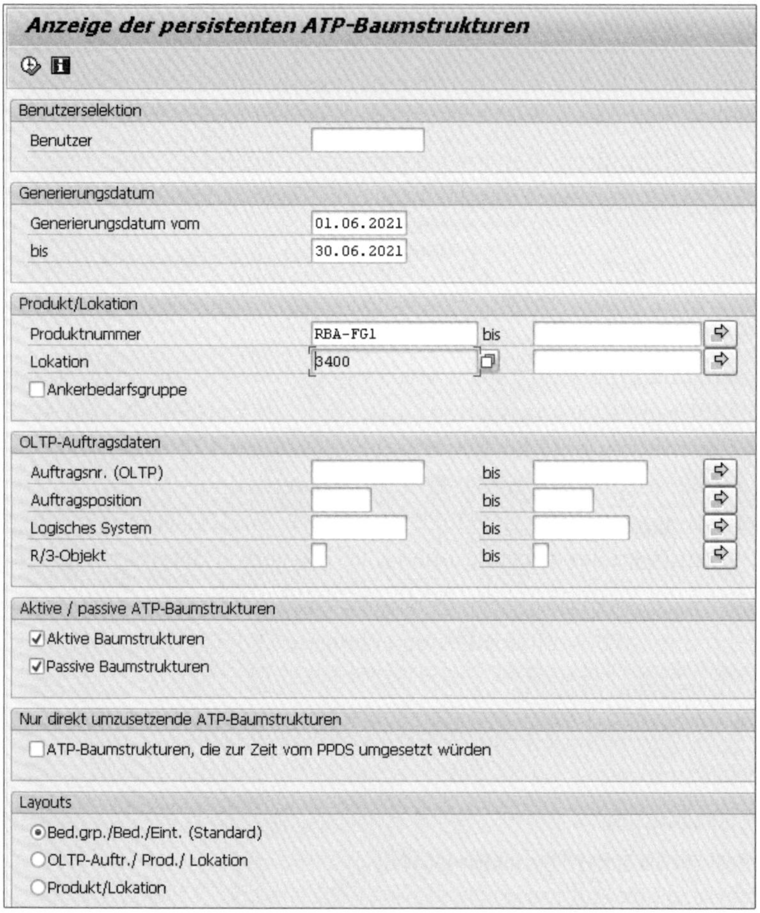

Anzeige der persistenten ATP-Baumstrukturen
Benutzerselektion
Benutzer
Generierungsdatum
Generierungsdatum vom 01.06.2021
bis 30.06.2021
Produkt/Lokation
Produktnummer RBA-FG1 bis
Lokation 3400
Ankerbedarfsgruppe
OLTP-Auftragsdaten
Auftragsnr. (OLTP) bis
Auftragsposition bis
Logisches System bis
R/3-Objekt bis
Aktive / passive ATP-Baumstrukturen
Aktive Baumstrukturen
Passive Baumstrukturen
Nur direkt umzusetzende ATP-Baumstrukturen
ATP-Baumstrukturen, die zur Zeit vom PPDS umgesetzt würden
Layouts
Bed.grp./Bed./Eint. (Standard)
OLTP-Auftr./ Prod./ Lokation
Produkt/Lokation

Abbildung 19.15 Einstieg in die Analyse der ATP-Baumstrukturen

Ebenso wie bei den temporären Mengenbelegungen können Sie über Benutzer und Generierungsdatum ganz allgemeine Einschränkungen für die Selektion vornehmen. Ebenso können Sie nach Produkten und Lokationen filtern. Wenn Sie hier zusätzlich das Kennzeichen **Ankerbedarfsgruppe** setzen, müssen die selektierten Produkte zu einer ATP-Bedarfsgruppe gehören, die vom OLTP-System an die ATP-Prüfung übergeben wurde. Dies ist z. B. für Hauptprodukte in der mehrstufigen ATP-Prüfung der Fall, nicht jedoch für Komponentenbedarfe.

Alternativ zur Produktselektion können Sie auch mit OLTP-Auftragsdaten nach ATP-Baumstrukturen suchen. Hier stehen Ihnen dann Auftragsnummer und Auftragsposition sowie R/3-Objekt (ergänzt um das logische System) zur Verfügung.

Im Bereich **Aktive/passive Baumstrukturen** wählen Sie noch den Typ der Baumstruktur aus. Passive Baumstrukturen werden dabei von der Rückstandsbearbeitung erzeugt. Alle anderen oben beschriebenen Prozesse verwenden aktive Baumstrukturen.

Wählen Sie zusätzlich noch das Kennzeichen **ATP-Baumstrukturen, die zurzeit durch das PPDS umgesetzt würden**, werden nur ATP-Baumstrukturen angezeigt, die die Kriterien zur PP/DS-Umsetzung erfüllen (siehe Kapitel 17).

Die ATP-Baumstruktur könnte bei einer mehrstufigen ATP-Prüfung z. B. so aussehen, wie in Abbildung 19.16 dargestellt.

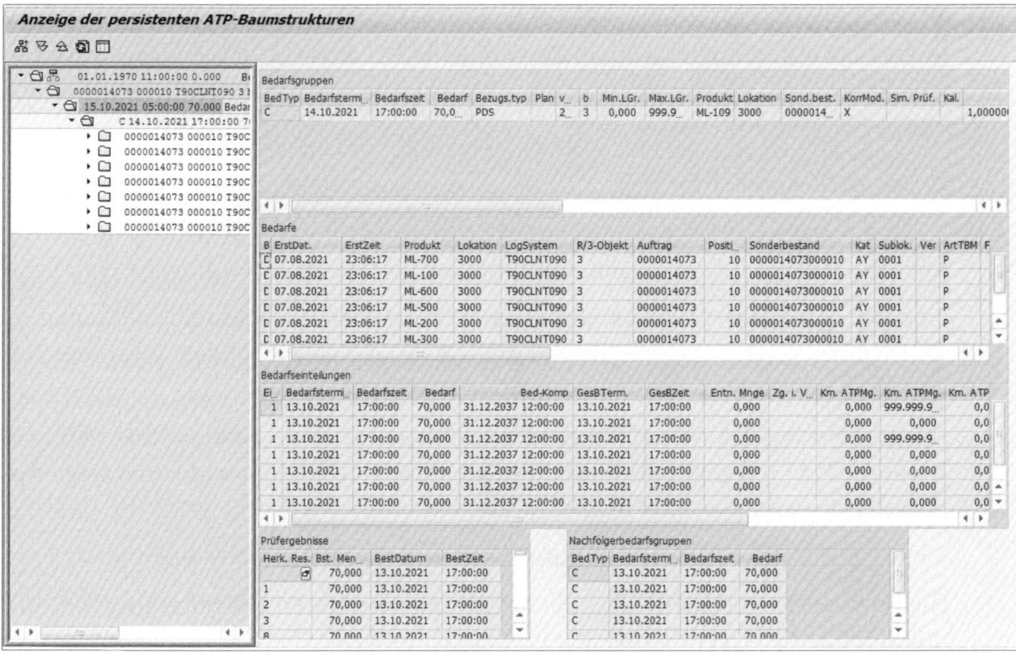

Abbildung 19.16 Ergebnis der Analyse der ATP-Baumstrukturen

Im linken Bereich sehen Sie die hierarchische Aufbereitung der ATP-Baumstruktur, die natürlich der Stücklistenstruktur ähnelt. Im rechten Bereich der Ausgabe sehen Sie oben die entsprechende Bedarfsgruppe, je nachdem, welche Ebene der ATP-Baumstruktur Sie links ausgewählt haben. Haben Sie z. B. in der ATP-Baumstruktur die oberste Ebene ausgewählt, entspricht die Bedarfsgruppe dem aus dem Kundenauftrag übergebenen Bedarf.

19

Im Bereich **Bedarfe** sehen Sie dann die dazugehörigen Komponenten-bzw. Baugruppenbedarfe. Hier erhalten Sie u. a. Informationen darüber, wie die jeweilige Komponente geprüft wurde. Die eigentlichen Komponenten-Bedarfsmengen und -termine sehen Sie dann im Bereich **Bedarfseinteilungen**. Wenn Sie im Bereich **Bedarfe** einen Bedarf durch Doppelklick auswählen, wird Ihnen im Bereich **Bedarfseinteilungen** auch nur noch die betreffende Zeile angezeigt.

Die im Bereich **Prüfungsergebnisse** angezeigten Informationen weisen dann detailliert die Ergebnisse pro Prüfschritt der Komponenten-Verfügbarkeitsprüfung aus. Handelt es sich bei der Bedarfseinteilung um eine Baugruppe, die wiederum aus Einzelkomponenten besteht, wird im Bereich **Nachfolgerbedarfsgruppen** die Bedarfsgruppe der Baugruppe angezeigt. Ein Doppelklick auf diese Gruppe wählt links in der ATP-Baumstruktur eine tiefere Ebene aus, die dann rechts im Bereich **Bedarfsgruppen** angezeigt wird.

Auf diese Weise können Sie durch die komplette ATP-Baumstruktur auf allen Ebenen navigieren.

19.5.4 ATP-Applikationslog

Zu guter Letzt möchten wir noch auf das *ATP-Applikationslog* verweisen. In diesem Applikationslog wird ein detailliertes Protokoll von jeder ATP-Prüfung geschrieben.

Eine Aktivierung dieser Protokollierung wird nur in einem Testsystem empfohlen, da es sich um eine performance- und speicherintensive Analyse handelt. Von einer Verwendung in einem Produktivsystem raten wir deshalb ab.

Die Auswertung des ATP-Applikationslogs finden Sie im SAP-Menü über den Pfad **Advanced Planning and Optimization • Globale ATP • Umfeld • Applikationslog • Applikationslog anzeigen** oder über Transaktion /SAPAPO/ATPLOG_DSP.

Ein Beispielprotokoll einer ATP-Prüfung sehen Sie in Abbildung 19.17.

Hier können Sie erkennen, dass allein für eine regelbasierte ATP-Prüfung mit Produkt- und Lokationsersetzung 858 Protokolleinträge geschrieben wurden. Das verdeutlicht noch mal eindrucksvoll die Mächtigkeit der Verfügbarkeitsprüfung im APO-System.

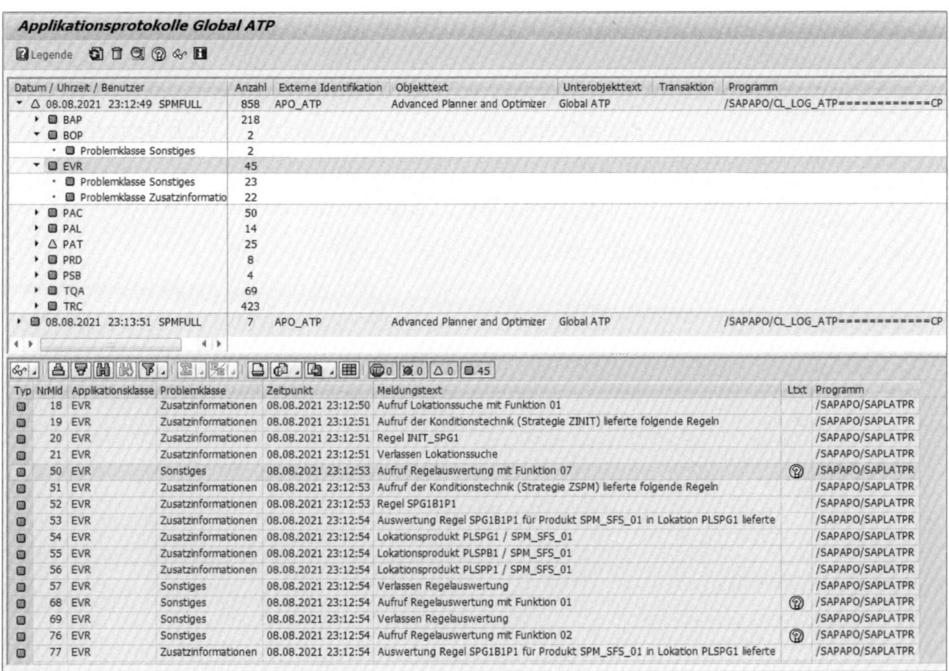

Abbildung 19.17 Beispiel eines ATP-Applikationslogs

19.6 Zusammenfassung

In diesem Kapitel zu den Ergebnisdarstellungen und Analysemöglichkeiten haben wir Ihnen zuerst die verschiedenen Anzeigeoptionen der Ergebnisse einer Verfügbarkeitsprüfung aufgezeigt. Dabei haben wir die Ergebnisübersicht ebenso betrachtet wie das Liefervorschlagsbild. Danach haben wir die Simulationsmöglichkeiten der Verfügbarkeitsprüfung und die Verfügbarkeitsübersichten dargestellt sowie kurz die Möglichkeiten der ATP-Alerts aufgelistet. Zum Abschluss haben wir noch einige Analysetools vorgestellt, deren Nutzung jedoch nur für den technisch versierten Systembetreuer empfohlen wird.

19

Kapitel 20
Rückstandsbearbeitung in SAP APO

Verfügbarkeitssituationen, die sich schnell ändern, und Prioritäten, die spontan verschoben werden müssen, erfordern flexible und mächtige Tools für die Umverteilung. Mit der Rückstandsbearbeitung in SAP APO können Sie diese Umverteilung weitgehend automatisieren.

In diesem Kapitel zeigen wir Ihnen, wie Sie auf bestimmte Ereignisse in der Verfügbarkeitssituation reagieren und durch eine erneute Verfügbarkeitsprüfung zu einem aktualisierten Verfügbarkeitsergebnis gelangen. Das kann z. B. in den folgenden Fällen für Sie relevant sein:

- Sollte sich die Bestandssituation z. B. verbessert haben, möchten Sie das Ergebnis von bisher unzureichend oder gar nicht bestätigten Bedarfspositionen anpassen.
- Befinden Sie sich hingegen in einer Unterdeckungssituation, die andauert oder neu entstanden ist, möchten Sie vielleicht eine Umpriorisierung von Bedarfspositionen vornehmen (insbesondere im Fall von Überbestätigungen). In diesem Fall würden Sie weniger wichtigen Bedarfspositionen Mengen wegnehmen, um sie höher eingestuften Bedarfen zuzuteilen.

Auch veränderte Rahmenbedingungen wie eine Anpassung in den Materialstammdaten, den Transportzeiten oder gar im grundsätzlichen Customizing können es möglich machen, die Bedarfspositionen einer erneuten Verfügbarkeitsprüfung zu unterziehen.

In SAP APO stehen hierzu im Wesentlichen die Rückstandsbearbeitung im Hintergrund, die interaktive Rückstandsbearbeitung und die ereignisgesteuerte Mengenzuordnung zur Auswahl. Diese Funktionen werden im Folgenden näher erläutert.

20.1 Rückstandsbearbeitung im Hintergrund

Die Rückstandsbearbeitung im Hintergrund (häufig abgekürzt mit BOP für *Backorder Processing*) ist eine batchbasierte Verarbeitung von mehreren Bedarfspositionen. Bei diesem Verfahren werden *Varianten* für eine Rückstandsbearbeitung im Hintergrund gebildet, die dann periodisch eingeplant werden. Folgende Bedarfspositionen können gleichzeitig an einer Rückstandsbearbeitung im Hintergrund teilnehmen:

- **Kundenbedarfe**
  (u. a. Anfrage, Angebot und Auftrag)
- **Umlagerungsbedarfe**
  (Umlagerungsbestellanforderungen und Umlagerungsbestellungen)
- **Planungsbedarfe**
  (z. B. aus dem Supply Network Planning (SNP) oder dem Transport Load Builder (TLB))

Die gleichzeitige Teilnahme dieser verschiedenen Bedarfe an der Rückstandsbearbeitung ist sinnvoll, da diese Bedarfe in einem logistischen Netzwerk oftmals miteinander konkurrieren und auf diese Weise gemeinsam bearbeitet werden können.

Die Bildung der Varianten und somit u. a. die Festlegung der teilnehmenden Bedarfe findet im SAP-Menü über den Pfad **Advanced Planning and Optimization • Globale ATP • Rückstandsbearbeitung • Rückstandsbearbeitung im Hintergrund** oder direkt über Transaktion /SAPAPO/BOP statt. In dieser Transaktion werden der Arbeitsvorrat, die Ablaufparameter, die Prüfparameter und die Protokollierungsparameter festgelegt, die in den folgenden Abschnitten vorgestellt werden sollen.

20.1.1 Arbeitsvorrat

Grundlage der Rückstandsbearbeitung im Hintergrund ist der Arbeitsvorrat. Im Arbeitsvorrat werden die Bedarfspositionen bestimmt, die am Rückstandsbearbeitungslauf teilnehmen sollen. Diese Bedarfspositionen werden anschließend in die richtige Abarbeitungsreihenfolge gebracht. Der Arbeitsvorrat wird mithilfe des Filtertyps und der dazugehörigen Filtervariante gebildet; die Reihenfolge wird anschließend mithilfe des Sortierprofils hergestellt (siehe Abbildung 20.1).

Die Parameter zur Filterung und Sortierung möchten wir nun näher betrachten:

Filtertyp und Filtervariante

Es gibt vier Arten von Filtertypen, die zur Bildung des Arbeitsvorrats genutzt werden können und die wir im Folgenden betrachten:

- individuell konfigurierbarer Filtertyp
- alert-basierte Filterung (Filtertyp SAP_ALERT)
- planungsvormerkungsbasierte Filterung (Filtertyp SAP_NETCHANGE)
- auf Auftragsfälligkeitslisten basierende Filterung (Filtertyp SAP_ODL)

Abbildung 20.1 Arbeitsvorrat der Rückstandsbearbeitung im Hintergrund

Individuell konfigurierbarer Filtertyp

Der individuell konfigurierbare Filtertyp ist die am häufigsten genutzte Filterung, da sie die größte Flexibilität der Einstellungen ermöglicht.

Für diesen Filtertyp müssen im Customizing zunächst einige Einstellungen vorgenommen werden. Sie tun dies über den Pfad **Advanced Planning and Optimization • Globale Verfügbarkeitsprüfung (Globale ATP-Prüfung) • Rückstandsbearbeitung • Filtertyp pflegen**.

Hier legen Sie zuerst die *Auftragstypen* fest, die grundsätzlich an Ihren Rückstandsbearbeitungen im Hintergrund teilnehmen können sollen. Sie können dabei aus derzeit 16 verschiedenen Kategorien wählen, die systemseitig hinterlegt sind. Aus der von Ihnen zusammengestellten Liste können Sie später in der Filtervariante noch gezielter auswählen.

Anschließend werden die *Filterkriterien* bestimmt, die in der Filtervariante zur Verfügung stehen sollen. Dabei stehen logistische Merkmale (Materialnummer, Werk) und Kundenmerkmale (Kundennummer, Kundenpriorität) ebenso zur Auswahl wie diverse Datumsfelder (z. B. das Erstellungsdatum) oder Mengenfelder. Sollten die im SAP-Standard enthaltenen Kriterien nicht ausreichen, steht ein User-Exit zur Erweiterung zur Verfügung. Die Handhabung ist in SAP-Hinweis 376773 erläutert.

Sobald Sie die Customizing-Einstellungen abgeschlossen haben, können Sie für den von Ihnen angelegten individuell konfigurierbaren Filtertyp in der Rückstandsbearbeitungstransaktion /SAPAPO/BOP eine *Filtervariante* anlegen.

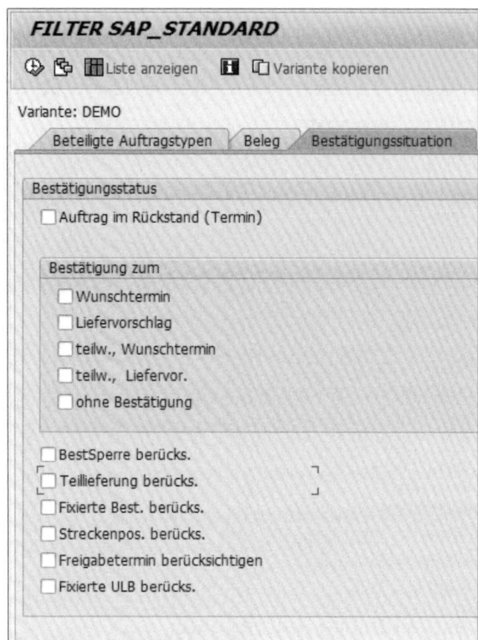

Abbildung 20.2 Bestätigungssituation in der Filtervariante

Es stehen Ihnen drei Registerkarten zur Verfügung:

- **Registerkarte »Beteiligte Auftragstypen«**
  Auf der Registerkarte **Beteiligte Auftragstypen** kann, wie oben erwähnt, noch eine genauere Auswahl erfolgen. Diese Möglichkeit steht Ihnen übrigens auch bei den Filtertypen SAP_ALERT und SAP_NETCHANGE zur Verfügung, nicht jedoch beim Filtertyp SAP_ODL.
- **Registerkarte »Beleg«**
  Auf der Registerkarte **Beleg** können nun die Filterkriterien gefüllt werden, die zur Selektion herangezogen werden. Haben Sie im Customizing das Merkmal **Werk** ausgewählt, können Sie hier die Standorte hinterlegen, die an der entsprechenden Rückstandsbearbeitungsvariante teilnehmen sollen. Eine Besonderheit stellt die Materialselektion dar. Hier kann das System automatisch auch gültige Ersatzprodukte berücksichtigen. Auch bei den Filtertypen SAP_ALERT und SAP_NETCHANGE ist es möglich, Filterkriterien zu füllen.
- **Registerkarte »Bestätigungssituation«**
  Zu guter Letzt können Sie auf der Registerkarte **Bestätigungssituation** noch eine weitere Einschränkung der Bedarfspositionen vornehmen, die an der Rückstandsbearbeitung im Hintergrund teilnehmen sollen (siehe Abbildung 20.2). Dabei können ebenso terminliche Kriterien gewählt werden (z. B. **Bestätigung zum Wunschtermin**) wie Mengenkriterien (z. B. nur Positionen mit Teilbestätigung, Kennzei-

chen **teilw., Wunschtermin** und **teilw., Liefervor**). Zusätzlich stehen einige Kennzeichen bereit, mit denen Sonderpositionen (fixierte Bestätigungen (Kennzeichen **Fixierte Best. berücks.**) oder Streckenposition berücksichtigen (Kennzeichen **Streckenpos. Berücks.**) in den Arbeitsvorrat mit aufgenommen werden können.

Alert-basierte Filterung (Filtertyp SAP_ALERT)

Die alert-basierte Filterung macht sich die ATP-Alerts aus dem Alert Monitor zunutze. Bei den ATP-Alerts handelt es sich im Wesentlichen um Unterdeckungs-Alerts, die entscheiden, auf der Basis welchen ATP-Alert-Profils (siehe Kapitel 19) die Belege selektiert werden. Abbildung 20.3 zeigt die Filtervariante, die nach Auswahl des Filtertyps SAP_ALERT in der Rückstandsbearbeitungstransaktion erscheint.

Abbildung 20.3 Filtervariante für den Filtertyp SAP_ALERT

Planungsvormerkungsbasierte Filterung (SAP_NETCHANGE)

Bei der planungsvormerkungsbasierten Filterung legen Sie fest, dass nur Belege von Materialien für die Rückstandsbearbeitung ausgewählt werden, für die eine Planungsvormerkung vorliegt. Das bedeutet, dass es seit dem letzten Rückstandsbearbeitungslauf auf einem planungsrelevanten Ereignis basierende Änderungen gegeben hat.

20

Exkurs: Planungsvormerkung

Die Erstellung von Planungsvormerkungen ist eng mit der Funktion der Produktionsplanung in SAP APO verknüpft. Sie ist Bestandteil der Komponente PP/DS (Production Planning/Detailed Scheduling).

Jedem Produkt kann in den Stammdaten ein sogenanntes Planungsverfahren zugewiesen werden. Diese Planungsverfahren werden im Customizing über den folgenden Pfad festgelegt: **Advanced Planning and Optimization • Supply-Chain-Planung • Produktions- und Feinplanung (PP/DS) • Planungsverfahren pflegen**.

Jedem Planungsverfahren können über 30 verschiedene planungsrelevante Ereignisse zugewiesen werden, und für jedes Ereignis kann darüber hinaus festgelegt werden, ob bei Eintritt des Ereignisses eine Planungsvormerkung für die Rückstandsbearbeitung (BOP-Vormerkung) gesetzt werden soll.

Im Beispiel aus Abbildung 20.4 würde also für ein Produkt, dem das Planungsverfahren 4 im Produktstamm zugewiesen ist, beim Eintritt des planungsrelevanten Ereignisses **Anlegen eines Planauftrages im PP/DS** eine BOP-Vormerkung gesetzt. Diese Vormerkung würde dann durch den Filtertyp SAP_NETCHANGE ausgewertet. Aktuell im System vorhandene Planungsvormerkungen können jederzeit über das SAP-Menü über den Pfad **Advanced Planning and Optimization • Produktionsplanung • Auswertungen • Planungsvormerkungen anzeigen** oder direkt über Transaktion /SAPAPO/RRP_NETCH aufgerufen werden.

PP-Planungsverf. 4

Reaktion auf Ereignisse

Ereignis	BOP-Vormerkung
Anlegen eines Planauftrags im PP/DS	☑
Ändern eines Eigenfertigungsauftrags im PP/DS	☑
Komponentenersetzung im Eigenfertigungsauftrag im PP/DS	☑
Anlegen oder Ändern einer abhängigen Reservierung im OLTP	☑
Anlegen oder Ändern eines Kundenauftrags im OLTP-System	☑
Anlegen oder Ändern eines Sekundärbedarfs im OLTP-System	☑
Anlegen oder Ändern eines Umlagerungsbedarfs im OLTP-System	☑
Anlegen oder Ändern eines Sekundär-/UmlagerBedarfs im PP/DS	☑
Anlegen oder Ändern eines Planprimärbedarfs	☑
Reduktion eines Planprimärbedarfs durch Verrechnung	☐
Ändern Bestätigung zur Vertriebslieferplan-Einteilung	☑
Ändern eines Prüfloses im OLTP System	☑
Ändern der Kundenauftragskonfiguration im OLTP-System	☑
Ändern des Produktstamms im SAP APO	☑
Ändern einer Transportbeziehung im SAP APO	☐

Abbildung 20.4 Customizing der PP/DS-Planungsverfahren

Filterung basierend auf Auftragsfälligkeitslisten (SAP_ODL)

Die auf Auftragsfälligkeitslisten basierende Filterung ist eine neuere Funktion. Die Auftragsfälligkeitslisten wurden zusammen mit der ereignisgesteuerten Mengenzuordnung in SAP APO implementiert. Die Auftragsfälligkeitslisten zeichnen sich dadurch aus, dass sie bereits mit Übertragung einer Bedarfsposition aus dem angeschlossenen OLTP-System aktualisiert werden. Verwenden Sie eine Auftragsfälligkeitsliste zur Bildung des Arbeitsvorrats, können die Bedarfspositionen unmittelbar übernommen und müssen nicht vom System zusammengesammelt werden. Wie Auftragsfälligkeitslisten gebildet werden, wird in Abschnitt 20.3 detailliert beschrieben. In Abbildung 20.5 sehen Sie die Filtervariante, die Sie bei der Auswahl des Filtertyps SAP_ODL befüllen können.

Damit ist die Filterung der Bedarfspositionen abgeschlossen.

Abbildung 20.5 Filtervariante für den Filtertyp SAP_ODL

Sortierprofil

Stehen alle Bedarfspositionen fest, die an der Rückstandsbearbeitung teilnehmen sollen, müssen diese Positionen in die gewünschte Reihenfolge gebracht werden. Dazu werden im Sortierprofil ein oder mehrere Sortierkriterien ausgewählt. Als Kriterien stehen wie schon beim Filtertyp eine ganze Reihe von Feldern aus dem Feldkatalog zur Verfügung, und auch hier kann mittels User-Exit eine Erweiterung des SAP-Standards vorgenommen werden (siehe SAP-Hinweis 377186).

Das Sortierprofil pflegen Sie im Customizing über den Pfad **Advanced Planning and Optimization • Globale Verfügbarkeitsprüfung (Globale ATP-Prüfung) • Rückstandsbearbeitung • Sortierprofil definieren**.

Die Kriterien selbst werden ebenfalls in eine Reihenfolge gebracht. Anhand des am höchsten eingestuften Kriteriums erfolgt die erste Sortierung. In Abbildung 20.6 ist dies die Lieferpriorität. Ist nicht eindeutig zu erkennen, welche Bedarfsposition am höchsten eingestuft ist – weil mehrere Bedarfspositionen den gleichen Wert für das Kriterium aufweisen –, wird das zweithöchste Sortierkriterium angewendet (in unserem Fall das Erfassungsdatum). Ist auch dies nicht eindeutig, wird anschließend gegebenenfalls das dritte Sortierkriterium angewendet und so fort – so lange, bis eine eindeutige Sortierung erreicht ist.

Dialogstruktur
Sortierprofil
Kriterien

Sortierprofil SAP_DEMO

Kriterien

Feldname	Feldbezeichnung	Folge	Sort. ändern	Sortieren	Sort.anzeigen
ERTMS	Angelegt am	2	Sort.aendern	absteigend	
KUNNR	Lokation	3	Sort.aendern	S.Sort.	
LIFPRIO	Lieferpriorität	1	Sort.aendern	aufsteigend	

Abbildung 20.6 Sortierprofil definieren

Für alle auswählbaren Kriterien gibt es die Möglichkeit, eine aufsteigende oder eine absteigende Sortierung vorzugeben, also z. B. die ältesten Positionen (bei aufsteigendem Erfassungsdatum) oder die neuesten Positionen (bei absteigendem Erfassungsdatum) ganz oben im Arbeitsvorrat einzusortieren. Für einige Kriterien ist es allerdings wenig sinnvoll, eine auf- oder absteigende Sortierung vorzunehmen, z. B. bei den Kundennummern. Es würde vermutlich zu wenig brauchbaren Reihenfolgen führen, hier eine numerische, alphabetische oder alphanumerische Sortierung anzuwenden. In solchen Fällen kann eine *Sondersortierung* vorgenommen werden.

Innerhalb der Sondersortierung werden die Werte manuell in die gewünschte Reihenfolge gebracht und entsprechend berücksichtigt. Diese Art der Sortierung ist natürlich mit einem höheren Aufwand verbunden und wird nur sehr gezielt eingesetzt. Die Sondersortierungen pflegen Sie ebenfalls im Customizing über den Pfad **Advanced Planning and Optimization • Globale Verfügbarkeitsprüfung (Globale ATP-Prüfung) • Rückstandsbearbeitung • Sondersortierung definieren** bzw. **Varianten einer Sondersortierung definieren**.

Korrelationsgruppen

In bestimmten Konstellationen kann es vorkommen, dass mithilfe des Filters einige Bedarfspositionen selektiert werden, die Bestandteil einer Liefergruppe sind, ohne dass die anderen Positionen der Liefergruppe durch den Filter ausgewählt wurden. Dennoch kann es sinnvoll sein, auch diese weiteren Bedarfspositionen wegen ihrer Bestätigungstermine in der Rückstandsbearbeitung zu berücksichtigen. Dies erreichen Sie, indem Sie das Kennzeichen **Korrelation** aktivieren (siehe Abbildung 20.1). Dadurch werden die bisher ermittelten Termine der Liefergruppenpositionen ungeprüft übernommen, und der neue Termin der Rückstandsbearbeitungsposition wird an die Liefergruppentermine angepasst. Alternativ können Sie festlegen, dass auch die zusätzlich aufgenommenen Liefergruppenpositionen erneut auf ihre Verfügbarkeit hin überprüft werden sollen. Dann muss das Kennzeichen **KorrGruppe prüfen** zusätzlich aktiviert werden.

Mehrpositionen-Einzellieferlokation

Ist eine selektierte Bedarfsposition Bestandteil einer Liefergruppe der Art »Mehrpositionen-Einzellieferlokation«, können die anderen Bedarfspositionen dieser Gruppe ebenfalls mit in die Rückstandsbearbeitung aufgenommen werden. Hierzu aktivieren Sie das Kennzeichen **Komplette Gruppe selektieren** (siehe Abbildung 20.1). Anders als bei den normalen Korrelationsgruppen ist es hier unabdingbar, dass bei der Selektion dieses Kennzeichens die zusätzlich hinzugekommenen Positionen einer erneuten Verfügbarkeitsprüfung unterzogen werden.

Hiermit ist die Bildung des Arbeitsvorrats abgeschlossen: Alle relevanten Bedarfspositionen wurden ermittelt (Filter), in eine vorgegebene Abarbeitungsreihenfolge gebracht (Sortierer) und um eventuelle Zusatzpositionen ergänzt (Korrelationsgruppe bzw. Mehrpositionen-Einzellieferlokation).

20.1.2 Ablaufparameter

Auf der Registerkarte **Parameter Ablauf** werden einige grundsätzliche Einstellungen für den aktuellen Rückstandsbearbeitungslauf im Hintergrund vorgenommen. Hier legen Sie Folgendes fest:

- ob Sie die Rückstandsbearbeitung lediglich simulieren möchten oder eine direkte Verbuchung der Ergebnisse wünschen (Ausführungsmodus)
- ob Sie die zur Verfügung stehenden Mengen grundsätzlich neu auf die beteiligten Bedarfspositionen verteilen möchten oder ob Sie eine Art Bestandsschutz vorsehen (Neuverteilung)
- ob Sie einige relevante Customizing-Einstellungen zur Laufzeit der Rückstandsbearbeitung nachlesen oder die mit dem Beleg abgespeicherten Werte wiederverwenden möchten (Customizing)

Diese Einstellungen werden im Folgenden genauer beleuchtet.

Neuverteilung

Mithilfe der Funktion der Neuverteilung ist es möglich, bei der Rückstandsbearbeitung im Hintergrund eine grundsätzlich neue Zuordnung der Mengen zu den beteiligten Bedarfspositionen zu erreichen.

Dazu werden alle im Arbeitsvorrat enthaltenen Bedarfspositionen zu Beginn der Rückstandsbearbeitung entstätigt, und anschließend werden die Positionen gemäß ihrer Reihenfolge in der Sortierung erneut geprüft. Das bedeutet, dass der aufgrund der Sortierung zuerst gelisteten Bedarfsposition die komplette Menge aller an der Rückstandsbearbeitung teilnehmenden Bedarfspositionen zur Verfügung stehen. Sollte die insgesamt zur Verfügung stehende Menge nicht ausreichen, um alle Bedarfe zu decken, kann es passieren, dass die am niedrigsten priorisierten Bedarfe entstätigt bleiben.

Nutzen Sie die Neuverteilung nicht, können Sie lediglich nicht genutzte Mengen zusätzlich gemäß der Sortierung auf die Bedarfspositionen verteilen.

Auch ohne Neuverteilung ist natürlich nicht garantiert, dass sich eine Bedarfsposition nicht verschlechtert. Sollte nämlich insgesamt weniger Menge zur Verfügung stehen, als ursprünglich bestätigt war, kommt es auch in diesem Fall zu einer Reduzierung der Bestätigung oder gegebenenfalls zu einer kompletten Entstätigung.

Die Neuverteilung kann für jede der drei Basismethoden separat aktiviert werden (siehe Abbildung 20.7).

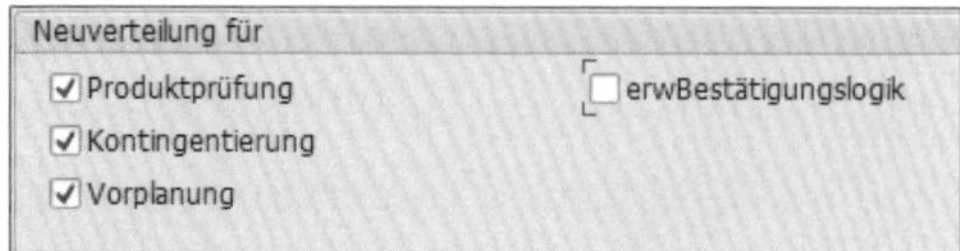

Abbildung 20.7 Neuverteilung in den Ablaufparametern aktivieren

Customizing

Die meisten prüfungsrelevanten Parameter werden mit der Bedarfsposition im System abgelegt und von dort durch die Rückstandsbearbeitung gelesen und verwendet. Sollte sich jedoch die Art, mit der ein Produkt auf Verfügbarkeit geprüft wird, in der Zwischenzeit gravierend geändert haben, kann es sinnvoll sein, die Parameter **Kontingentierungsschema** und **Prüfmodus** erneut aus dem Produktstamm nachlesen zu lassen. Dann aktivieren Sie diese beiden Kennzeichen (siehe Abbildung 20.8). Mithilfe dieser Einstellung kann z. B. während der Rückstandsbearbeitung eine zugeteilte Kontingentmenge berücksichtigt werden, obwohl das Produkt zum Zeitpunkt der ursprünglichen Auftragsplatzierung noch nicht kontingentiert wurde.

Abbildung 20.8 Nachlesen von Customizing in den Ablaufparametern aktivieren

Erläuterungen zum Prüfmodus finden Sie in Kapitel 15 und zum Kontingentierungsschema in Kapitel 16.

Ausführungsmodus

Grundsätzlich gibt es drei verschiedene Ausführungsmöglichkeiten für die Rückstandsbearbeitung im Hintergrund.

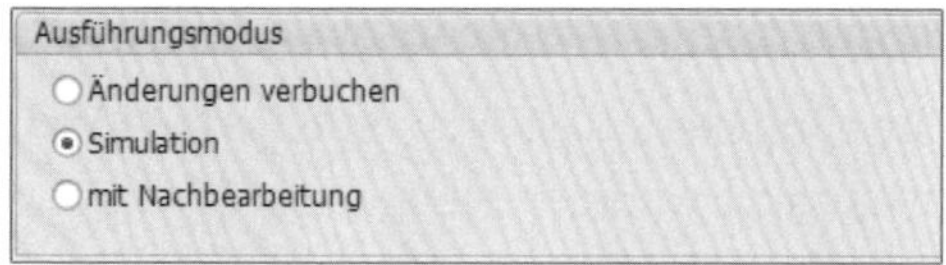

Abbildung 20.9 Ausführungsmodus in den Ablaufparametern

Abbildung 20.9 zeigt die verschiedenen Optionen:

- **Änderungen verbuchen**
  Der am häufigsten verwendete Modus ist die sofortige Verbuchung der Änderungen. Hier werden die Ergebnisse des Batch-Laufs ohne weiteres Zutun des Anwenders im System verbucht.

- **Simulation**
  Ein weiterer Modus ist die **Simulation**. Die Ergebnisse der Rückstandsbearbeitung können hier zwar angezeigt werden, eine nachträgliche Verbuchung ist jedoch nicht möglich. Dieser Modus ist hilfreich, wenn Änderungen an Filter, Sortierer oder Parametern der Rückstandsbearbeitung vorgenommen wurden und die Auswirkungen dieser Änderung vorab überprüft werden sollen.
- **Mit Nachbearbeitung**
  Zu guter Letzt gibt es noch die Möglichkeit der manuellen Nachbearbeitung der Ergebnisse vor der Verbuchung im System. Dieser Modus gibt dem Anwender die Möglichkeit, noch einzelne Korrekturen an den neuen Terminen und Mengen vorzunehmen. Dies ist jedoch nur dann hilfreich, wenn ein Großteil der Positionen ohne Anpassung übernommen wird. Anderenfalls ist es möglicherweise einfacher, eine manuelle Umverteilung mithilfe der interaktiven Rückstandsbearbeitung vorzunehmen (siehe Abschnitt 20.2).

Nachbearbeitung

Sollten durch die Rückstandsbearbeitung ATP-Alerts von Kundenauftragspositionen aufgelöst werden können, kann die Rückstandsbearbeitung diese Alerts auf Wunsch auch gleich löschen. Dies geschieht durch die Aktivierung des Kennzeichens **ATP-Alerts löschen** und durch die Auswahl des entsprechenden ATP-Alert-Profils.

20.1.3 Prüfungsparameter

Auf der Registerkarte **Parameter Prüfung** werden einige spezielle Einstellungen für die Rückstandsbearbeitung vorgenommen, die das Verhalten während der Prüfung dediziert beeinflussen (siehe Abbildung 20.10). Die wichtigsten Einstellungen betreffen das Verhalten bezüglich der regelbasierten Verfügbarkeitsprüfung und der Neuermittlung von Mengen und Terminen.

Durch das Aktivieren des Kennzeichens **Bestätigung storn.** ist es möglich, die Bedarfspositionen zu selektieren, die bei der aktuellen Rückstandsbearbeitung ihre bestätigte Menge anderen Positionen zur Verfügung stellen und selbst nicht erneut geprüft werden. Sie dienen somit als Mengenlieferant und bleiben unbestätigt zurück. Die Selektion dieser Positionen erfolgt, wie schon beim Arbeitsvorrat, mithilfe eines Filtertyps und einer Filtervariante. Zu beachten ist, dass die auf diese Weise selektierten Bedarfspositionen lediglich eine Untermenge/Teilmenge des ursprünglich selektierten Arbeitsvorrats darstellen können.

Mit dem Kennzeichen **Erneute Regelausw.** legen Sie fest, ob für die an der Rückstandsbearbeitung teilnehmenden Bedarfspositionen erneut eine regelbasierte Verfügbarkeitsprüfung durchgeführt wird oder ob die zum Zeitpunkt der ursprünglichen Prüfung ermittelten Ersetzungen bestehen bleiben sollen.

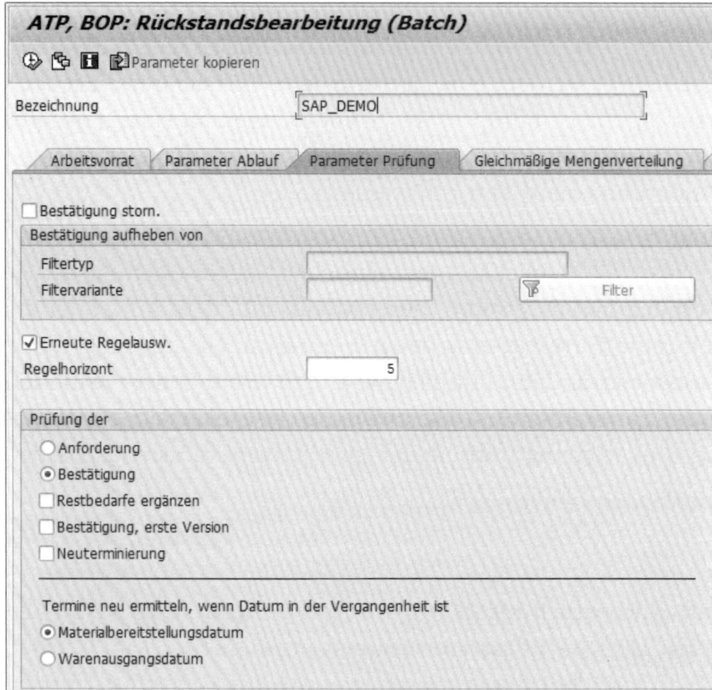

Abbildung 20.10 Prüfparameter für die Rückstandsbearbeitung im Hintergrund

Einen Kompromiss stellt die erneute Regelauswertung unter Berücksichtigung eines sogenannten Regelhorizonts dar. In diesem Fall werden die Positionen von einer erneuten Regelauswertung ausgenommen, deren Materialbereitstellungsdaten innerhalb des in Tagen hinterlegten Regelhorizonts liegen. Dies gibt den kurzfristigen Positionen Bestandsschutz und eröffnet den anderen Positionen die Möglichkeit, Verbesserungen zu erzielen.

Erneute Regelauswertung

Nehmen wir Folgendes an: Im Rahmen der regelbasierten Verfügbarkeitsprüfung kam es zu einer Lokationsersetzung, sodass der ursprünglich in Lokation A platzierte Bedarf komplett, aber mit Verspätung aus einer neuen Lokation B bedient werden kann.

- Bei gesetztem Kennzeichen **Erneute Regelausw.** würde die Rückstandsbearbeitung nun versuchen, die Position wieder aus der ursprünglich gewünschten Lokation A zu bedienen. Der Bedarf in Lokation B würde verschwinden. Dies kann für den Kunden von Vorteil sein, weil er die Position aus seiner gewünschten Lokation (und gegebenenfalls pünktlich) erhält. Auch aus planerischer Sicht ist das wünschenswert, weil nun möglicherweise Absatzprognose und tatsächliche Ausführung wieder zusammenpassen. Aus Lagersicht kann das hingegen nachteilig sein, weil gegebenenfalls bereits mit der Transportdisposition in Lokation B begonnen wurde.

- Alternativ kann bei Nicht-Setzen des Kennzeichens **Erneute Regelausw.** auf eine erneute Überprüfung der Ersetzung verzichtet werden. In unserem Beispiel würde die Rückstandsbearbeitung dann lediglich überprüfen, ob die für Lokation B gemachte Bestätigung noch aufrecht erhalten werden kann. Ein Versuch, aus Lokation A zu bedienen, würde nicht mehr vorgenommen. Dies führt in Lokation B zu transportplanerischer Sicherheit, hat aber zur Folge, dass man auf eine nun doch mögliche pünktliche Belieferung des Kunden aus Lokation A verzichtet.

Betrachten wir schließlich die Einstellungen im Bereich **Prüfung der** (siehe Abbildung 20.10). Bei der Auswahl des Kennzeichens **Anforderung** prüft die Rückstandsbearbeitung den ursprünglichen Wunschtermin und die ursprüngliche Wunschmenge erneut.

Bei der Auswahl des Kennzeichens **Bestätigung** werden hingegen die bestätigten Termine und Mengen herangezogen. Hier ergeben sich einige Abhängigkeiten für die Auswahl der weiteren Schalter:

- **Kennzeichen »Restbedarfe ergänzen«**
  Neben der Überprüfung der bisher schon bestätigten Termine und Mengen versucht die Rückstandsbearbeitung zusätzlich, auch die noch fehlenden Restmengen auf die Verfügbarkeit hin zu prüfen. Die Restmenge wird dabei zum ursprünglichen Wunschtermin geprüft.
- **Kennzeichen »Bestätigung, erste Version«**
  Sollte eine Bedarfsposition mehrere Male an einer Rückstandsbearbeitung teilnehmen, könnte sich die Bestätigung mit jeder Prüfung verschlechtern. Haben Sie sich vorher gegen eine Prüfung der Anforderung entschieden, möchten Sie vielleicht trotzdem nicht, dass die jeweils schlechter werdende Bestätigung Ausgangspunkt der nächsten Prüfung wird. Aus diesem Grund kann sich die Rückstandsbearbeitung die erstmalige Bestätigung »merken« und »versucht« bei der Auswahl des Kennzeichens **Bestätigung** in Kombination mit dem Kennzeichen **Bestätigung, erste Version** zumindest, die ersten bestätigten Termine und Mengen wieder zu erreichen.
- **Kennzeichen »Neuterminierung«**
  Mit dem Kennzeichen **Neuterminierung** wird für alle Bedarfspositionen des Rückstandsbearbeitungslaufs eine erneute Transport- und Versandterminierung durchgeführt. Dies ist dann sinnvoll, wenn sich z. B. das Customizing der Terminierung geändert hat oder neue bzw. aktualisierte Zeitdauern (für Transport oder Verladung) zur Verfügung stehen.

Wird die Neuterminierung nicht für alle Bedarfspositionen gewünscht, muss dennoch eine erneute Terminermittlung stattfinden, wenn das Materialbereitstellungsdatum oder das Warenausgangsdatum in der Vergangenheit liegt. Welches Datum der Positionen dabei herangezogen wird, entscheiden Sie über die Einstellung **Termine neu ermitteln, wenn Datum in der Vergangenheit ist**.

20.1.4 Gleichmäßige Mengenverteilung

Die gleichmäßige Mengenverteilung ist eine Funktion, die in Unterdeckungssituationen genutzt wird. In einer solchen Situation ist es ohne gleichmäßige Mengenverteilung so, dass die am höchsten priorisierten Positionen voll bedient werden können und niedriger priorisierte Positionen leer ausgehen.

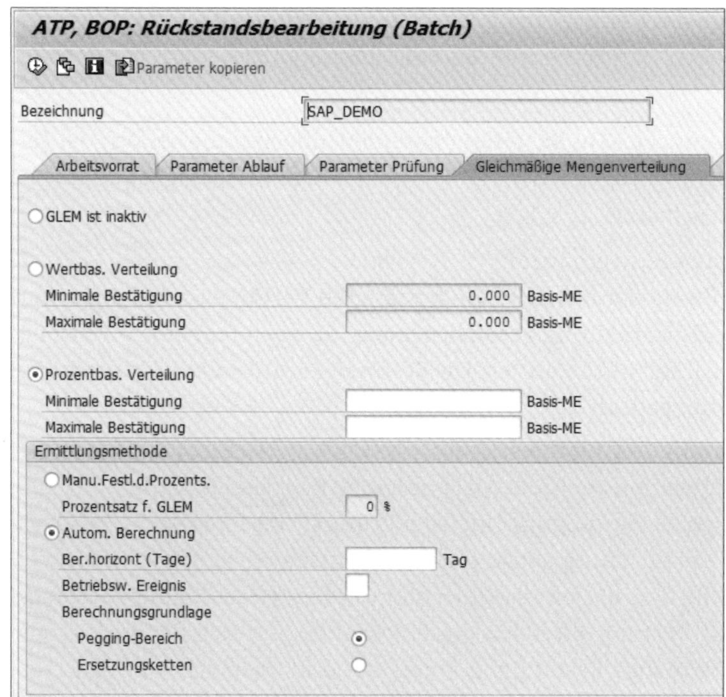

Abbildung 20.11 Gleichmäßige Mengenverteilung

Bei der gleichmäßigen Mengenverteilung wird hingegen versucht, alle Positionen zumindest anteilig zu bedienen. Dazu gibt es zwei Wahlmöglichkeiten (siehe Abbildung 20.11):

- **Wertbasierte Verteilung**
  Bei der wertbasierten Verteilung wird eine Minimal- und eine Maximalmenge spezifiziert, die erreicht werden sollen. Hierbei wird allen Positionen zuerst die mini-

male Menge zugewiesen, und anschließend wird die verbleibende Restmenge bis zur Maximalgrenze auf die Positionen verteilt.

- **Prozentbasierte Verteilung**
  Bei der prozentbasierten Verteilung wird hingegen entweder ein fixer Prozentsatz vom Anwender vorgegeben, oder das System kann im Zuge der Rückstandsbearbeitung errechnen, wie hoch der zuzuteilende Prozentsatz sein darf, um die komplette zur Verfügung stehende Menge auch zu verteilen. Hierbei wird der zu verteilende Bestand durch die im Berechnungshorizont liegenden Bedarfe geteilt.

20.1.5 Prüfebene der Rückstandsbearbeitung im Hintergrund

Für jeden in der Filtervariante ausgewählten Auftragstyp kann im Customizing festgelegt werden, ob die Prüfung auf der Positionsebene oder auf der Einteilungsebene stattfinden soll. Die Prüfung auf der Einteilungsebene bietet sich dann besonders an, wenn die Einteilungen innerhalb einer Position zeitlich deutlich auseinanderliegen. Dies kann u. a. im SD-Lieferplan der Fall sein.

Das Beispiel in Abbildung 20.12 soll die Situation verdeutlichen: SD-Lieferplanposition X besteht aus sechs Einteilungen, die jeweils am Monatsbeginn fällig sind. Zeitgleich nehmen drei Kundenauftragspositionen an der Rückstandsbearbeitung teil. Die erste ist Mitte nächsten Monats fällig, die zweite Mitte übernächsten Monats, und die dritte ist in drei Monaten fällig. In unserem Beispiel wird die Sortierreihenfolge gemäß dem Wunschlieferdatum gebildet.

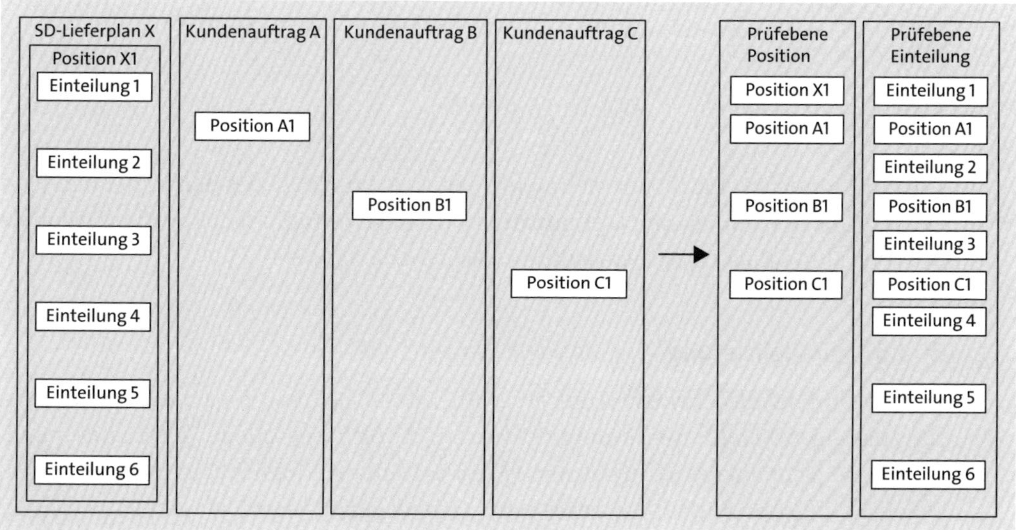

Abbildung 20.12 Auswirkung der Prüfebeneneinstellung

20

Wird die Lieferplanposition auf der Positionsebene berücksichtigt, ist das Datum der ersten Einteilung ausschlaggebend: Es werden erst alle sechs Einteilungen geprüft und mit Mengen versorgt, bevor auch nur eine der Kundenauftragspositionen verarbeitet wird.

Wird die Lieferplanposition hingegen auf der Einteilungsebene berücksichtigt – gemäß der Einstellung in Abbildung 20.13 –, entstehen aus den einzelnen Einteilungen in unserem Beispiel sechs virtuelle Positionen, die nun in der Sortierung an ihrer »richtigen« Stelle einsortiert werden. So kommt es zu einer abwechselnden Prüfung von Lieferplaneinteilungen und Kundenauftragspositionen.

Sicht "ATP, BOP: Prüfebene der Rückstandsbearbeitung" ändern:

ATP, BOP: Prüfebene der Rückstandsbearbeitung

Kat	Kategorietext	Kategoriebeschreib.	EinteilPr.
BH	BA-ABR	Umlagerungsbestellanforderung	☐
BI	BS-ABR	Umlagerungsbestellung	☐
BK	K-ANFR	Kundenanfrage	☐
BL	K-ANGE	Kundenangebot	☐
BM	K-AUFT	Kundenauftrag	☐
BN	LIEFPL	SD-Lieferplan	☑
BO	LP-EDL	Lieferplan mit externer Dienstleistung	☐
BP	KONTR	Kontrakt	☐
BQ	KOSTLL	Kostenlose Lieferung	☐
BR	LIEFER	Lieferung	☐
BS	KD-BED	Kundenprimärbedarf	☐
EB	SNP:BA-ABR	SNP: Abruf zur Umlagerbestellanforderung	☐
EG	DEP:BS-ABR	Deployment: Abruf Umlagerbestellanford.	☐
EJ	TLB:BA-ABR	TLB: Abruf zur Bestellung	☐
EQ	UbestLief.	Nachschublieferung	☐
HC	VLP-Abruf	Abruf vom Kunden im Werk - VLP	☐

Abbildung 20.13 Prüfebene der Bedarfspositionen

Die Einstellung der Prüfebene nehmen Sie im Customizing über den folgenden Pfad vor: **Advanced Planning and Optimization • Globale Verfügbarkeitsprüfung (Globale ATP-Prüfung) • Rückstandsbearbeitung • Prüfebene definieren**.

20.1.6 Parallelisierung

Je nach Umfang des Arbeitsvorrats eines Rückstandsbearbeitungslaufs kann es sein, dass das eigentlich für die Hintergrundverarbeitung vorgesehene Zeitfenster möglicherweise nicht ausreicht. In solchen Fällen besteht die Möglichkeit, mithilfe der Parallelisierung die Abarbeitung eines Laufs virtuell aufzuteilen. Hier gibt es zwei Möglichkeiten, die wir im Folgenden betrachten.

Parallelisierung aufgrund von Variantenaufteilung

Die Parallelisierung aufgrund von Variantenaufteilung zerlegt eine von Ihnen definierte Variante für einen Rückstandsbearbeitungslauf in mehrere kleinere Varianten, die dann unabhängig voneinander ausgeführt werden können. Die Einstellungen nehmen Sie im SAP-Menü über den Pfad **Advanced Planning and Optimization • Globale ATP • Rückstandsbearbeitung • Parallelisierung auf Grund von Variantenaufteilung (PVAR) • PVAR** vor (siehe Abbildung 20.14).

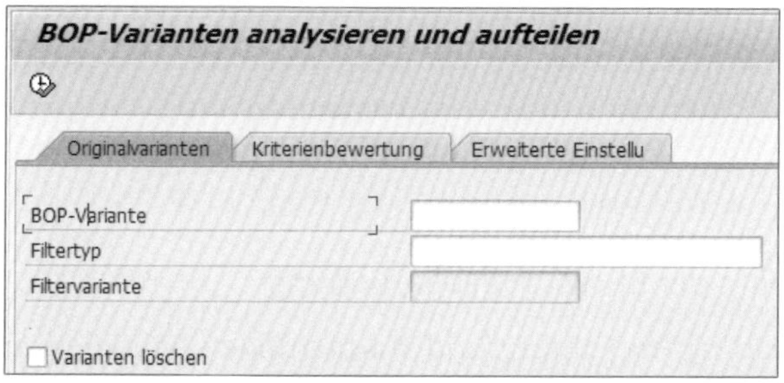

Abbildung 20.14 Parallelisierung aufgrund von Variantenaufteilung

Hier geben Sie auf der Registerkarte **Originalvarianten** zuerst die Variante an, die Sie aufteilen möchten. Auf der Registerkarte **Kriterienbewertung** legen Sie fest, welche Kriterien bei der Bildung von eigenständigen Varianten herangezogen werden sollen:

- Liefergruppen
- Ersetzungsketten
- Vorplanungsprodukte
- Kontingentierungsschema
- Stückliste
- Kriterienbewertung für Umlagerungsbestellungen

Zu guter Letzt müssen Sie auf der dritten Registerkarte **Erweiterte Einstellungen** noch bestimmen, wie viele separate Varianten mindestens entstehen sollen sowie wie viele Positionen mindestens und wie viele Positionen maximal in einer Variante enthalten sein sollen.

Die neu entstandenen Varianten können anschließend separat als Batch-Läufe eingeplant werden.

Parallelisierende Rückstandsbearbeitung

Bei der parallelisierenden Rückstandsbearbeitung planen Sie die ursprünglich festgelegte Variante ganz normal als Batch-Lauf ein. Die eigentliche Parallelisierung findet dann zur Laufzeit im Hintergrund statt. Hierbei werden sogenannte Gruppen gebildet. Wie bei der Parallelisierung aufgrund von Varianteneinstellung legen Sie auch hier fest, wie viele Gruppen mindestens entstehen sollen und wie groß diese Gruppen minimal und maximal sein sollen.

Die Parallelisierung findet hierbei für die einzelnen Schritte der Rückstandsbearbeitung statt. Unterstützt werden die Schritte **Filter**, **Vorbereitung**, **Prüfung** und **Senden**. Diese können auch einzeln aktiviert werden.

Auf die technischen Einstellungen, wie z. B. Servergruppen zu bilden oder den liveCache vor der Parallelisierung zu lesen, gehen wir bewusst nicht ein. Diese Festlegungen müssen im Rahmen eines Projekts unter der Berücksichtigung des zu erwartenden Volumens und der zur Verfügung stehenden Hardware individuell getroffen werden.

20.1.7 Ergebnisse und Monitoring der Rückstandsbearbeitung

Nachdem eine Rückstandsbearbeitung im Hintergrund stattgefunden hat, können Sie sich im Rückstandsbearbeitungsmonitor über den aktuellen Status der einzelnen Positionen informieren. Hierzu wählen Sie den Pfad SAP-Menü zu **Advanced Planning and Optimization • Globale ATP • Rückstandsbearbeitung • Rückstandsbearbeitung Monitor**. Dort sehen Sie, ob sich eine Position noch im Puffer befindet, ob sie aktuell gerade im angeschlossenen OLTP-System verbucht wird oder ob die Verbuchung komplett abgeschlossen wurde.

Anschließend können Sie sich das Ergebnis eines Rückstandsbearbeitungslaufs jederzeit im System ansehen. Dazu wählen Sie im SAP-Menü den Pfad **Advanced Planning and Optimization • Globale ATP • Rückstandsbearbeitung • Rückstandsbearbeitung Ergebnis**.

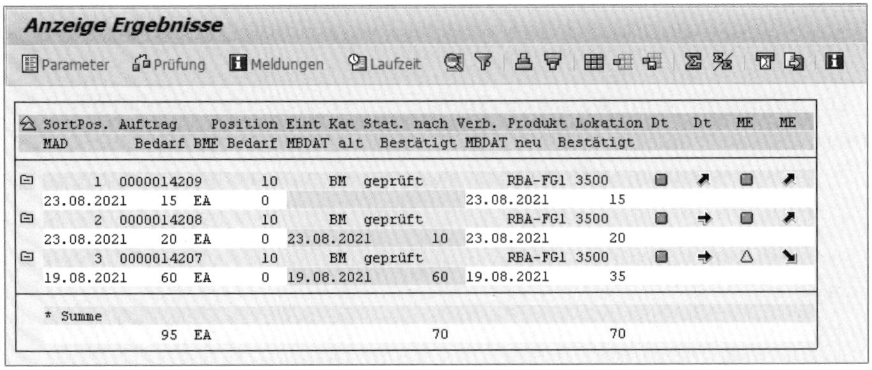

Anzeige Ergebnisse

Parameter | Prüfung | Meldungen | Laufzeit

SortPos.	Auftrag	Position	Eint	Kat	Stat. nach Verb.	Produkt	Lokation	Dt	Dt	ME	ME
MAD	Bedarf	BME	Bedarf	MBDAT alt	Bestätigt	MBDAT neu	Bestätigt				
1	0000014209	10		BM	geprüft	RBA-FG1	3500				
23.08.2021	15	EA	0			23.08.2021	15				
2	0000014208	10		BM	geprüft	RBA-FG1	3500				
23.08.2021	20	EA	0	23.08.2021	10	23.08.2021	20				
3	0000014207	10		BM	geprüft	RBA-FG1	3500				
19.08.2021	60	EA	0	19.08.2021	60	19.08.2021	35				
* Summe											
	95	EA			70		70				

Abbildung 20.15 Ergebnis einer Rückstandsbearbeitung im Hintergrund

In der Ergebnisübersicht können Sie anhand von Symbolen auf einen Blick sehen, ob sich eine Position in Bezug auf Termin oder Menge verbessert oder verschlechtert hat bzw. ob nun eine Bestätigung zum Wunschtermin oder mit der Wunschmenge vorliegt.

In Abbildung 20.15 können Sie erkennen, dass sich die erste Position in Bezug auf Termin und Menge verbessert hat, da sie vor der Rückstandsbearbeitung überhaupt keine Bestätigung hatte. Die zweite Position hat sich in Bezug auf die Menge verbessert, nämlich von einer Teilbestätigung hin zu einer Vollbestätigung. Terminlich ist diese Position unverändert, da bereits die Teilbestätigung zum Wunschtermin erfolgt ist. Bei der dritten Position erkennen Sie, dass sie sich verschlechtert hat; sie kann nur noch teilbestätigt werden.

Für jede Position haben Sie über den Button **Prüfung** die Möglichkeit, sich im Detail anzuschauen, wie die Bedarfsposition geprüft wurde. Diese Details können Sie in unserem Beispiel in Abbildung 20.16 sehen.

Auch eine Laufzeitanalyse ist im Nachgang möglich. Diese hilft bei der Entscheidung, eine Parallelisierung im System einzurichten. Sie finden die Auswertung unter demselben Menüpunkt wie die Ergebnisübersicht und den Monitor.

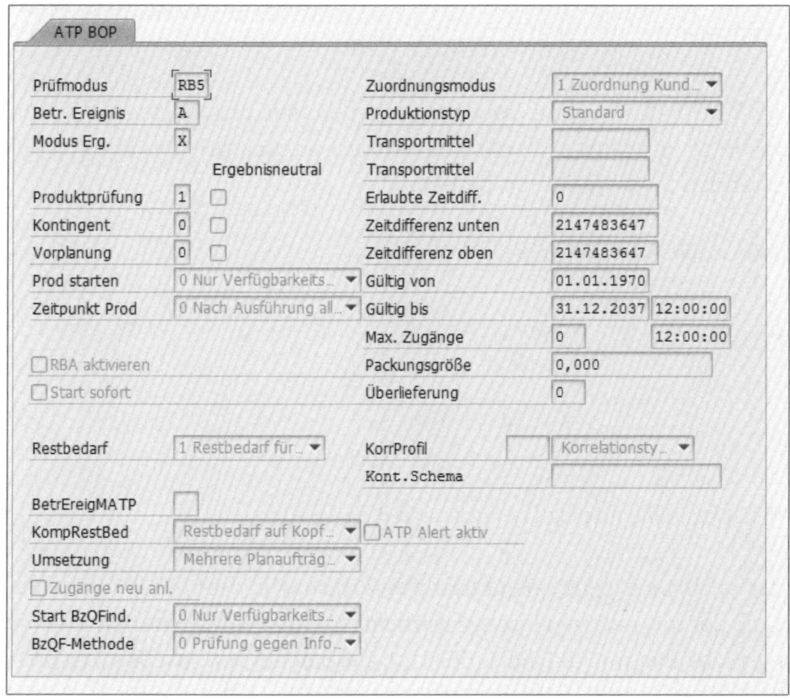

Abbildung 20.16 Details der Positionsprüfung während der Rückstandsbearbeitung im Hintergrund

20.2 Interaktive Rückstandsbearbeitung

Die interaktive Rückstandsbearbeitung dient der manuellen Bearbeitung von Bedarfspositionen bzw. der Nachbearbeitung der Rückstandsbearbeitung im Hintergrund.

20.2.1 Die interaktive Rückstandsbearbeitung aufrufen

Sie finden die interaktive Rückstandsbearbeitung im SAP-Menü über den Pfad **Advanced Planning and Optimization • Globale ATP • Rückstandsbearbeitung • Rückstandsbearbeitung interaktiv** oder über Transaktion /SAPAPO/BOPIN. Der Einstieg kann auf zwei Arten erfolgen, entweder mittels des Arbeitsvorrats oder mittels des Einzelzugriffes (siehe Abbildung 20.17):

- **Arbeitsvorrat**
  Der Arbeitsvorrat wird hierbei genauso gebildet wie bei der Rückstandsbearbeitung im Hintergrund, d. h. mithilfe eines Filters und einer Sortierung. Aus der so entstehenden Liste von Bedarfspositionen kann dann positionsweise in die interaktive Rückstandsbearbeitung abgesprungen werden.
- **Einzelzugriff**
  Der Einzelzugriff erfolgt hingegen über die Eingabe einer Produktnummer und einer Lokation; optional können Sie noch ein betriebswirtschaftliches Ereignis sowie Sonderbestandsinformationen mitgeben.

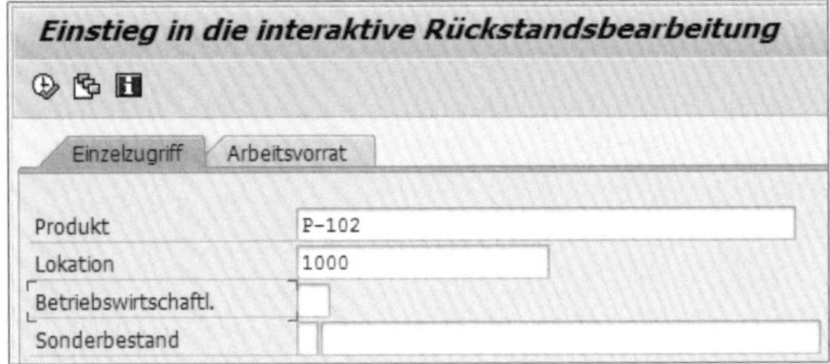

Abbildung 20.17 Einstieg in die interaktive Rückstandsbearbeitung

Das betriebswirtschaftliche Ereignis (Feld **Betriebswirtschaftl.**) dient hier zur Festlegung, wie innerhalb der interaktiven Rückstandsbearbeitung geprüft werden soll – es wird zur Prüfung nicht das mit der Belegposition gespeicherte betriebswirtschaftliche Ereignis verwendet. Legen Sie kein betriebswirtschaftliches Ereignis fest, wird der Wert aus dem Lokationsproduktstamm verwendet.

20.2.2 Die interaktive Rückstandsbearbeitung bearbeiten

In diesem Abschnitt zeigen wir Ihnen die Bearbeitungsmöglichkeiten in der Transaktion /SAPAPO/BOPIN (Interaktive Rückstandsbearbeitung). Beachten Sie, dass sich diese Art der Rückstandsbearbeitung nur für eine geringe Positionsanzahl eignet, da die Bearbeitung sonst sehr unübersichtlich wird.

Im Bereich **ATP-Kopfdaten** (siehe Abbildung 20.18) erhalten Sie eine Übersicht über die aktuelle ATP-Situation mit den momentan im System vorhandenen Zugängen, Bedarfen und bestätigten Bedarfen.

In den **ATP-Listendaten** finden Sie alle Einteilungen, die aktuell für dieses Lokationsprodukt im System gespeichert sind. Für jede Einteilung sehen Sie den Bedarfstermin, die Bedarfsmengen und die bestätigten Mengen sowie die zum entsprechenden Datum errechnete kumulierte ATP-Menge.

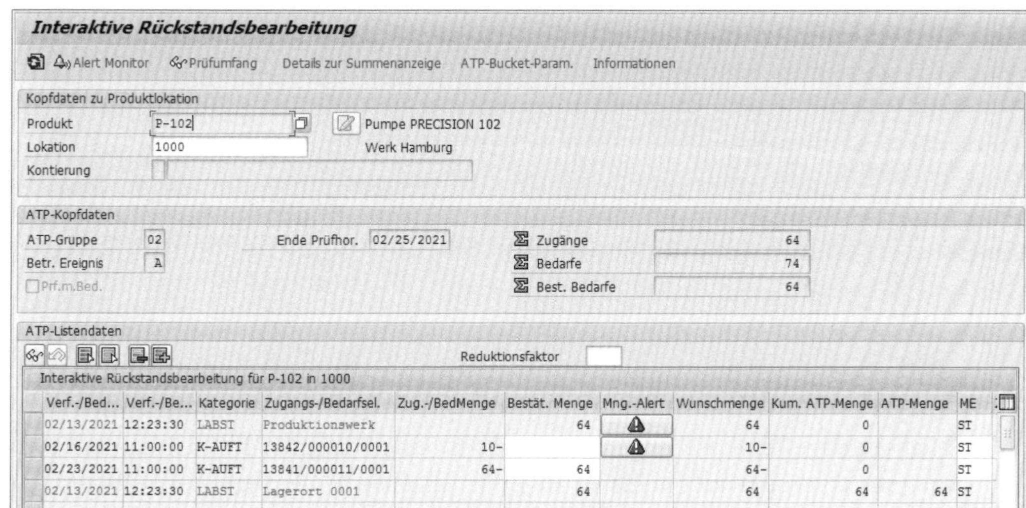

Abbildung 20.18 Interaktive Rückstandsbearbeitung

In der interaktiven Rückstandsbearbeitung stehen Ihnen die folgenden Eingriffsmöglichkeiten zur Verfügung:

- **Reduzieren von mehreren Einteilungen**
  Mithilfe des Feldes **Reduktionsfaktor** können Sie die bestätigte Menge von allen vorher markierten Einteilungen um den angegebenen Faktor reduzieren. Verfügen Sie z. B. über eine bestätigte Menge von 20 Stück bei einer Einteilung, und Sie wählen als Reduktionsfaktor 0.2, erhalten Sie eine neue bestätigte Menge von vier Stück. Diese Funktion ist hilfreich, wenn Sie mehreren Einteilungen auf einmal eine bestimmte Menge wegnehmen möchten, um sie anschließend gezielt einzelnen Einteilungen zuzuführen.

- **Bestätigte Mengen ändern**
  In den eingabebereiten Feldern der Spalte **Bestät. Menge** können Sie die bestätigte Menge einer einzelnen Einteilung reduzieren, löschen oder erhöhen.

  Eine Erhöhung über die tatsächlich zur Verfügung stehende kumulierte ATP-Menge hinaus ist bei der Produktverfügbarkeitsprüfung nur mit einer speziellen Berechtigung möglich, da hier wissentlich eine Unterdeckung erzeugt wird. Diese Einschränkung gilt nicht für die Prüfungen gegen Kontingente und gegen Vorplanung. Hier ist eine Überschreitung der eigentlich vorhandenen Mengen immer möglich, es kann jedoch ein entsprechender Alert angezeigt werden.
- **Einteilung löschen und hinzufügen**
  In bestimmten Situationen möchten Sie möglicherweise nicht nur die aktuelle Bestätigung löschen, sondern die komplette Einteilung verschwinden lassen. Dies geschieht über den Button (**Einteilung löschen**). Ebenso können Sie Einteilungen hinzufügen. Nach Betätigen des entsprechenden Buttons () können Sie ein Datum und eine Uhrzeit für die neue Einteilung eingeben, ebenso wie die bestätigte Menge. Diese Funktion steht nur für Kundenbedarfe zur Verfügung, nicht jedoch für Umlagerungsbedarfe.
- **Sichern**
  Nach dem Abschluss Ihrer Änderungen sichern Sie die neuen Termine und Mengen, sodass eine Aktualisierung der Belege im OLTP-System angestoßen werden kann.

20.3 Ereignisgesteuerte Mengenzuordnung

Die ereignisgesteuerte Mengenzuordnung ist eine Funktion, die es Ihnen ermöglichen soll, sofort und automatisiert auf Änderungen in der Verfügbarkeitssituation zu reagieren. Somit sind Sie unabhängig von im System periodisch eingeplanten Hintergrundverarbeitungen.

So kann z. B. neu eintreffender Bestand unmittelbar auf rückständige, hoch priorisierte Aufträge verteilt werden, ohne den nächsten Rückstandsbearbeitungslauf im Hintergrund abwarten zu müssen; oder eine veränderte Produktionsplanung führt zu einer Neubewertung der Bestätigungssituation mittels einer sofortigen Rückstandsbearbeitung. Sie lernen in diesem Abschnitt zuerst ein paar grundlegende Einstellungen kennen, bevor wir uns anschließend den Ereignissen der ereignisgesteuerten Mengenzuordnung im Detail widmen. Zum Abschluss gehen wir kurz auf die Ergebnisdarstellung und die Simulationsmöglichkeiten ein.

20.3.1 Aktivitäten, Prozesstypen, Bedingungsprofile und Ereignisse

Auslöser der ereignisgesteuerten Mengenzuordnung ist eine sogenannte *Aktivität*, also ein Vorkommnis, das die Verfügbarkeitssituation beeinflusst. Folgende Aktivitäten werden aktuell vom System unterstützt:

- Änderung des Bestellbelegs
- Änderung der Bestandsdaten
- Belegbestätigung (NAB-Ergebnis)
- Mengenfreigabe im Kundenauftrag
- Änderung des Vertriebsbelegs
- Änderung des Aufarbeitungsauftrags
- Änderung des Planauftrags

Ist eine solche Aktivität eingetreten, kann daraus ein *Ereignis* angestoßen werden. Es gibt vier verschiedene Ereignisse, die vom System verarbeitet werden:

- Mengenzuordnung zu Auftragsfälligkeitslisten
- Neuzuordnung von Auftragsbestätigungen
- Rückstandsbearbeitung im Hintergrund
- Push Deployment

Da normalerweise nicht mit jedem Eintreten einer der genannten Aktivitäten ein Ereignis gestartet werden soll, gibt es sogenannte *Bedingungsprofile*, die eine Feinsteuerung der ereignisgesteuerten Mengenzuordnung zulassen.

[!] 20

Ereignisgesteuerte Mengenzuordnung

Die ereignisgesteuerte Mengenzuordnung ist eine performanceintensive Funktion, die Sie als Ergänzung zur Rückstandsbearbeitung im Hintergrund einsetzen sollten. Es ist nicht empfehlenswert, alle Bedarfspositionen mittels der ereignisgesteuerten Mengenzuordnung überprüfen und anpassen zu lassen.

Bedingungsprofile pflegen Sie im SAP-Menü über den Pfad **Advanced Planning and Optimization • Globale ATP • Rückstandsbearbeitung • Ereignisgesteuerte Mengenzuordnung • Bedingungsprofile bearbeiten** oder über Transaktion /SAPAPO/EDQA_PPN.

In Abbildung 20.19 wird für die Aktivität **Änderung der Bestandsdaten** festgelegt, dass ein nachfolgendes Ereignis nur gestartet wird, wenn es sich um eine Bestandsänderung bei den Produkten 1 bis 7 im Werk 1000 im Lagerort 0001 handelt. Zusätzlich wird festgelegt, dass nur eine positive Bestandsänderung (Eintrag »H« im Feld **Soll/Haben**) zu einem Ereignisstart führen soll. In allen anderen Fällen kommt es trotz des Eintretens der Aktivität zu keiner weiteren Aktion.

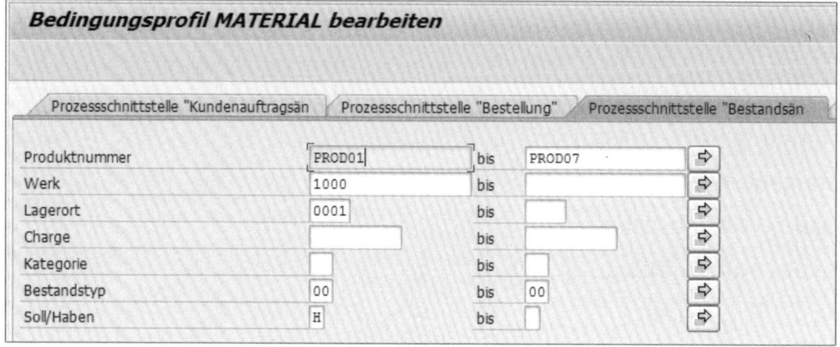

Abbildung 20.19 Bedingungsprofil pflegen

Die Verknüpfung von Aktivitäten, Bedingungsprofilen und Ereignissen geschieht mithilfe von *Prozesstypen*, in denen die Parameter und Rahmenbedingungen für die Ereignisausführung hinterlegt werden (siehe Abbildung 20.20).

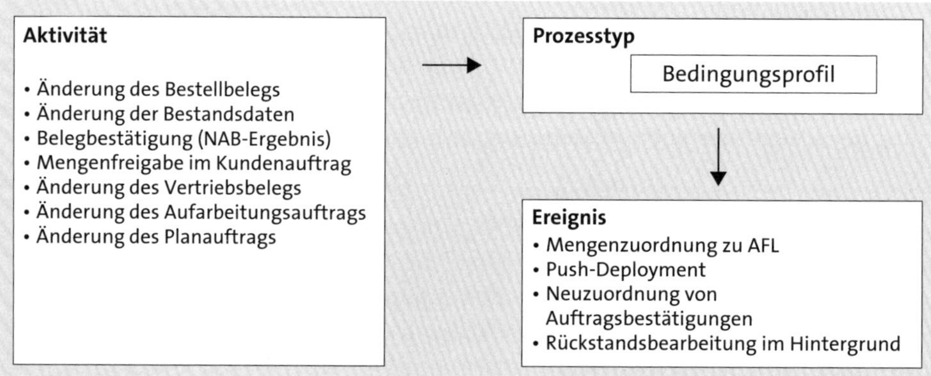

Abbildung 20.20 Verknüpfung von Aktivität, Prozesstyp und Ereignis in der ereignisgesteuerten Mengenzuordnung

[+]

Darstellung der Parameter innerhalb der Prozesstypen

Da sich die Parameter innerhalb der Prozesstypen für die verschiedenen Ereignisse leicht unterscheiden, werden sie der besseren Übersichtlichkeit halber bei der genaueren Betrachtung der Ereignisse erläutert.

20.3.2 Mengenzuordnung zu Auftragsfälligkeitslisten

Grundlage der *Mengenzuordnung zu Auftragsfälligkeitslisten* (MAFL) ist eine existierende Auftragsfälligkeitsliste vom Typ **Bestätigung erhalten** (siehe Abbildung 20.21). In dieser Auftragsfälligkeitsliste sind somit Bedarfspositionen enthalten, die bisher nicht bestätigt sind oder die auf eine verbesserte Bestätigung warten.

Abbildung 20.21 Auftragsfälligkeitsliste vom Typ »Bestätigung erhalten«

Die *Auftragsfälligkeitsliste* vom Typ **Bestätigung erhalten** ähnelt vom Aufbau her dem bekannten Arbeitsvorrat aus der Rückstandsbearbeitung im Hintergrund. Die Bedarfspositionen werden ebenfalls, basierend auf einem Filtertyp und einer Filtervariante, selektiert und gemäß einem Sortierprofil (und gegebenenfalls einer Sortiervariante) in eine entsprechende Abarbeitungsreihenfolge gebracht.

Auftragsfälligkeitslisten definieren Sie im Customizing über den Pfad **Advanced Planning and Optimization • Globale Verfügbarkeitsprüfung (Globale ATP-Prüfung) • Ereignisgesteuerte Mengenzuordnung • Mengenzuordnung zu Auftragsfälligkeitslisten (MAFL) • Auftragsfälligkeitslisten konfigurieren (Bestätig. erhalten)**.

Anders als bei der Rückstandsbearbeitung im Hintergrund werden die Auftragsfälligkeitslisten nicht erst zur Laufzeit der ereignisgesteuerten Mengenzuordnung gebildet. Stattdessen wird mit jeder Übertragung einer Bedarfsposition aus dem angeschlossenen OLTP-System überprüft, ob diese Position einer Auftragsfälligkeitsliste zugeordnet werden kann.

Die gefüllten Auftragsfälligkeitslisten können jederzeit im SAP-Menü über den Pfad **Advanced Planning and Optimization • Globale ATP • Ereignisgesteuerte Mengenzuordnung • /SAPAPO/ODL - Auftragsfälligkeitslisten bearbeiten** aufgerufen werden (siehe Abbildung 20.22).

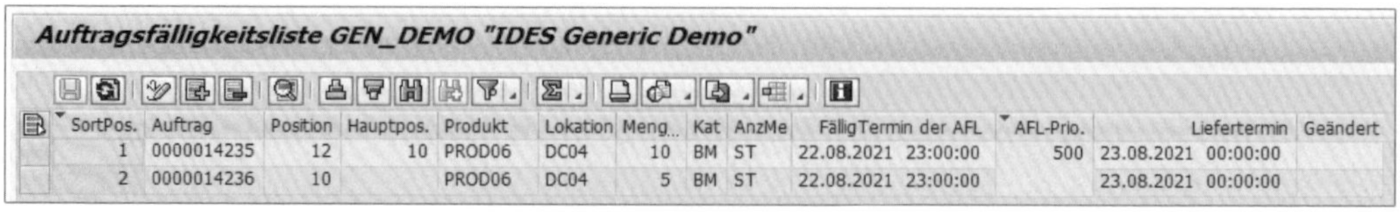

Auftragsfälligkeitsliste GEN_DEMO "IDES Generic Demo"

SortPos.	Auftrag	Position	Hauptpos.	Produkt	Lokation	Meng...	Kat	AnzMe	FälligTermin der AFL	AFL-Prio.	Liefertermin	Geändert
1	0000014235	12	10	PROD06	DC04	10	BM	ST	22.08.2021 23:00:00	500	23.08.2021 00:00:00	
2	0000014236	10		PROD06	DC04	5	BM	ST	22.08.2021 23:00:00		23.08.2021 00:00:00	

Abbildung 20.22 Gefüllte Auftragsfälligkeitsliste

Abweichend zum Arbeitsvorrat der Rückstandsbearbeitung kann bei der Auftragsfälligkeitsliste manuell in die *Priorisierung* eingegriffen werden. Dies machen Sie folgendermaßen:

1. Zuerst wird die neue Bedarfsposition entsprechend dem Sortierprofil zu den bereits vorhandenen Bedarfspositionen hinzugefügt.
2. Anschließend können Sie jedoch eine manuelle AFL-Priorität vergeben, die es Ihnen erlaubt, eine ursprünglich niedriger eingestufte Bedarfsposition bis an die Spitze der Auftragsfälligkeitsliste zu setzen. Dazu vergeben Sie Prioritätswerte von 0 bis 500.

   In Abbildung 20.23 haben wir der ursprünglich an zweiter Stelle einsortierten Position die manuelle AFL-Priorität 200 zugewiesen und sie so an der Spitze der AFL platzieren können.

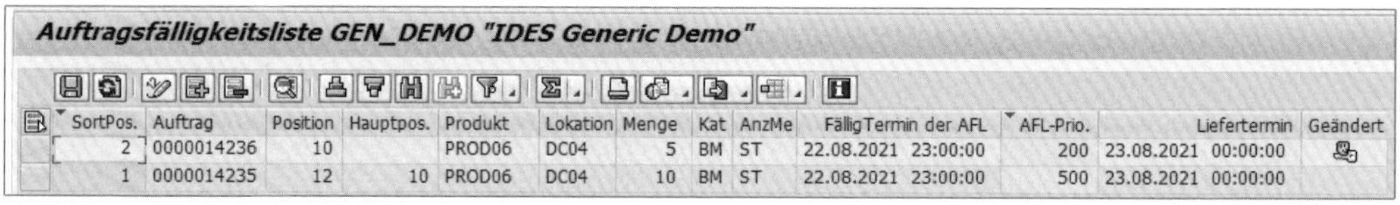

Auftragsfälligkeitsliste GEN_DEMO "IDES Generic Demo"

SortPos.	Auftrag	Position	Hauptpos.	Produkt	Lokation	Menge	Kat	AnzMe	FälligTermin der AFL	AFL-Prio.	Liefertermin	Geändert
2	0000014236	10		PROD06	DC04	5	BM	ST	22.08.2021 23:00:00	200	23.08.2021 00:00:00	
1	0000014235	12	10	PROD06	DC04	10	BM	ST	22.08.2021 23:00:00	500	23.08.2021 00:00:00	

Abbildung 20.23 Auftragsfälligkeitsliste mit geänderter AFL-Priorität

Abschließend verknüpfen Sie die gewünschte Aktivität mit dem Ereignis **Mengenzuordnung zu Auftragsfälligkeitslisten** mittels der eingangs beschriebenen Prozesstypen. Dies nehmen Sie im Customizing über den Pfad **Advanced Planning and Optimization • Globale Verfügbarkeitsprüfung (Globale ATP-Prüfung) • Ereignisgesteuerte Mengenzuordnung • Mengenzuordnung zu Auftragsfälligkeitslisten (MAFL) • Prozesstyp für MAFL definieren** vor.

Hierbei ist entscheidend, dass Sie dem Prozesstyp (in unserem Beispiel `IDES_DEMO`, siehe Abbildung 20.24) das Ereignis EDQA zuweisen, die von Ihnen gebildete Auftragsfälligkeitsliste hinzufügen (Feld **AFL**) und zu guter Letzt das Ereignis aktivieren.

Darüber hinaus haben Sie die Möglichkeit, nach Ablauf der Mengenzuordnung zu Auftragsfälligkeitslisten noch ein Push Deployment auszuführen (Kennzeichen **Push-Deployment**). Auf das Push Deployment kommen wir beim gleichnamigen Ereignis noch zurück.

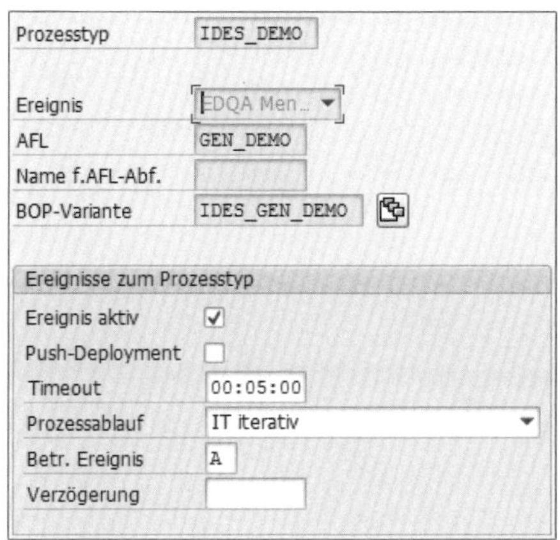

Abbildung 20.24 Prozesstyp für die Mengenzuordnung zu Auftragsfälligkeitslisten (MAFL)

Aus Prozesssicht ist noch das betriebswirtschaftliche Ereignis relevant, das Sie explizit für die Verfügbarkeitsprüfung im Rahmen der ereignisgesteuerten Mengenzuordnung bestimmen können. Mit dem betriebswirtschaftlichen Ereignis können Sie, wie es in Kapitel 15 erläutert wurde, sowohl den Prüfumfang als auch die Prüfvorschrift beeinflussen.

Tritt nun z. B. die Aktivität **Änderung der Bestandsdaten** ein, wird der zusätzlich zur Verfügung stehende Bestand so lange auf die Bedarfspositionen in der Auftragsfälligkeitsliste verteilt, bis die Menge aufgebraucht ist oder keine zu bedienenden Bedarfsmengen mehr vorhanden sind.

20.3.3 Neuzuordnung von Auftragsbestätigungen

Die *Neuzuordnung von Auftragsbestätigungen* (NAB) ist eine Mischung aus Funktionen der regelbasierten Verfügbarkeitsprüfung und der ereignisgesteuerten Mengenzuordnung. Diese Funktion führt zu einer unmittelbaren und automatischen Umverteilung von Bestätigungen zwischen verschiedenen Bedarfspositionen.

Auf der einen Seite muss in der regelbasierten Verfügbarkeitsprüfung eingestellt werden, dass Aufträge, die nicht oder nicht vollständig aus vorhandenen Beständen und Zugängen bestätigt werden können, auf Mengen bereits bestätigter Aufträge zugreifen dürfen. Diese Aktivierung erfolgt im Regelkopf über das Kennzeichen **Neuzuordnung von Auftragsbestätigungen aktivieren** (siehe Abbildung 20.25). Da, wie es in Kapitel 17 ausführlich beschrieben wurde, die regelbasierte Verfügbarkeitsprüfung sehr fein ausgesteuert werden kann, bietet sich diese Aktivierung nur für sehr hoch priorisierte Aufträge an.

Wird ein Beleg im Rahmen der regelbasierten Verfügbarkeitsprüfung mit einer solchen Regel geprüft, ist dieser Beleg mit der Aktivität **Belegbestätigung (NAB-Ergebnis)** verknüpft.

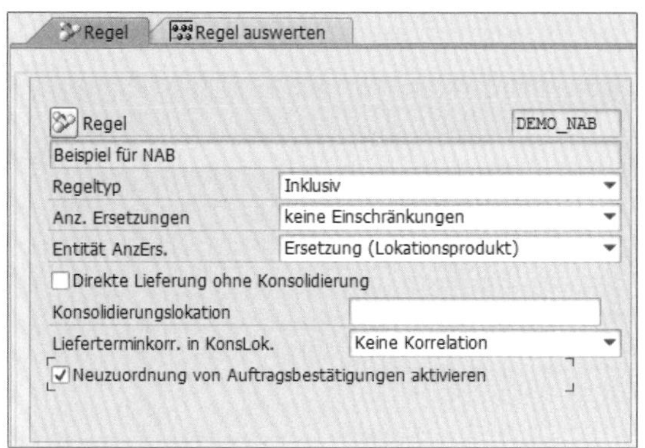

Abbildung 20.25 Neuzuordnung von Auftragsbestätigungen im Regelkopf aktivieren

Auf der anderen Seite müssen Sie im Customizing der ereignisgesteuerten Mengenzuordnung eine Auftragsfälligkeitsliste vom Typ **Neuzuordnung von Auftragsbestätigungen (NAB)** definieren, die bestätigte Bedarfspositionen enthält. Diese Bedarfspositionen dienen als Mengenlieferant für die hoch priorisierten Aufträge. Logischerweise kann diese Auftragsfälligkeitsliste keine unbestätigten Bedarfspositionen enthalten; mindestens eine Teilbestätigung ist notwendig.

Die Auftragsfälligkeitslisten definieren Sie im Customizing über den Pfad **Advanced Planning and Optimization • Globale Verfügbarkeitsprüfung (Globale ATP-Prüfung) • Ereignisgesteuerte Mengenzuordnung • Neuzuordnung von Auftragsbestätigungen (NAB) • Auftragsfälligkeitslisten konfigurieren (Bestätig. abgeben)**.

Wird ein »suchender Beleg« in der Auftragsfälligkeitsliste der abgebenden Positionen fündig, wird dieser Beleg bestätigt. Gleichzeitig muss dem abgebenden Beleg die Bestätigung entzogen werden, da es sonst zu einer Überbestätigung kommt. Aus diesem Grund wird von der ereignisgesteuerten Mengenzuordnung sofort eine Rückstandsbearbeitung für die abgebende Position durchgeführt, die zu einer Anpassung der Bestätigungssituation führt.

Abbildung 20.26 zeigt einen Prozesstyp für die Neuzuordnung von Auftragsbestätigungen.

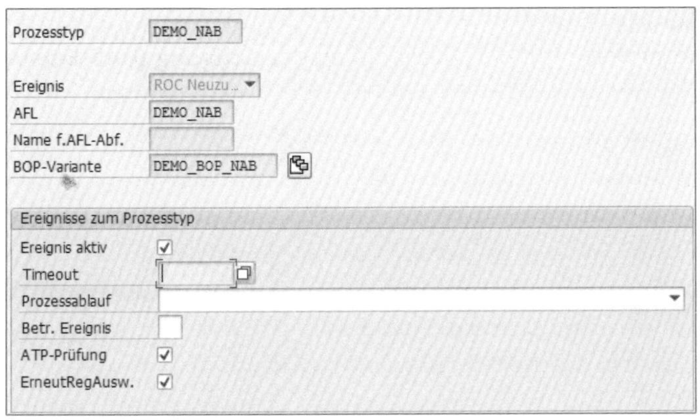

Abbildung 20.26 Prozesstyp für die Neuzuordnung von Auftragsbestätigungen

Abhängig von dem in Abbildung 20.26 ausgewählten Ereignis ROC (für *Reassignment of Order Confirmation*, dem englischen Begriff für die Neuzuordnung von Auftragsbestätigungen) erscheinen die Kennzeichen **ATP-Prüfung** und **ErneutRegAusw.**:

- Mit dem Kennzeichen **ATP-Prüfung** steuern Sie, ob Sie für den suchenden Beleg nach Abschluss der ereignisgesteuerten Mengenzuordnung eine erneute Verfügbarkeitsprüfung durchführen möchten.
- Das Kennzeichen **ErneutRegAuswertung** betrifft die Rückstandsbearbeitung für den abgebenden Beleg. Hier steuern Sie, ob eine erneute Regelauswertung stattfinden soll (siehe Abschnitt 20.1.3).

In der ATP-Prüfung des suchenden Belegs sieht die Neuzuordnung der Auftragsbestätigung wie in Abbildung 20.27 aus.

Im oberen Bereich der Ergebnisübersicht sehen Sie, dass eine Teilmenge (236 Stück) durch eine normale Lokationsersetzung bestätigt werden konnte. Weitere 714 Stück wurden an die Neuzuordnung von Auftragsbestätigungen übergeben. Diese Neuzuordnung »sucht« in der im Customizing hinterlegten Auftragsfälligkeitsliste nach Bedarfspositionen, die ihre Bestätigung abgeben können. Das gelingt in unserem Beispiel für 450 Stück. Wenn Sie wissen möchten, um welche Auftragspositionen es sich handelt, können Sie sich über den Button △ 450 die Details hierzu anzeigen lassen.

Zum Abschluss können Sie noch überprüfen, ob der abgebende Beleg auch tatsächlich um die vom suchenden Beleg übernommene Menge reduziert wurde. Wählen Sie dazu im SAP-Menü den Pfad **Advanced Planning and Optimization • Globale ATP • Rückstandsbearbeitung • Rückstandsbearbeitung Ergebnis** bzw. Transaktion /SAPAPO/BOP_RESULT. Alternativ steigen Sie über den Pfad **Advanced Planning and Optimization • Globale ATP • Rückstandsbearbeitung • Ereignisgesteuerte Mengenzuordnung • Prozesse der ereignisgesteuerten Mengenzuordnung** ein bzw. wählen Transaktion /SAPAPO/EDQA.

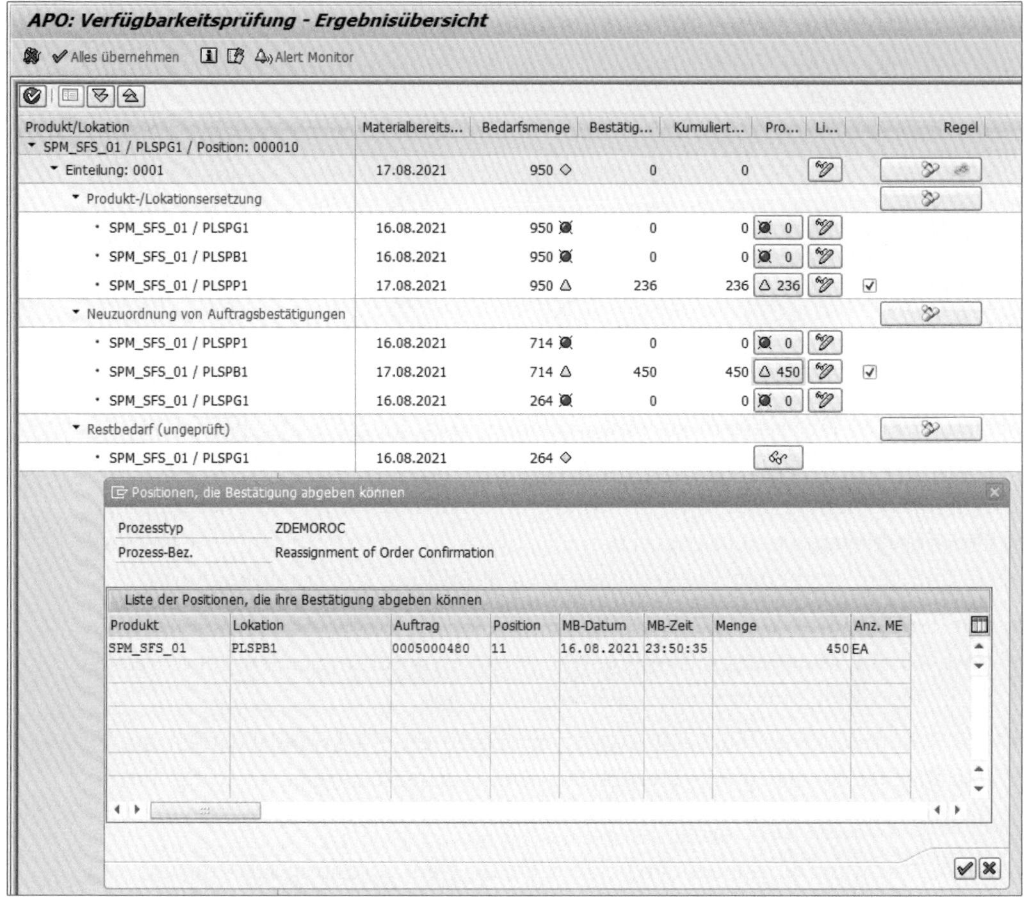

Abbildung 20.27 Neuzuordnung von Auftragsbestätigungen im Ergebnisbild

In beiden Fällen kommen Sie zu der bereits aus der Rückstandsbearbeitung im Hintergrund bekannten Ergebnisanzeige (siehe Abbildung 20.28).

Anzeige Ergebnisse

Parameter | Prüfung | Meldungen | Laufzeit

```
SortPos. Auftrag    Position Eint Hauptpos. Kat Stat. nach   Verb.    Produkt    Lokation Sublok. Ver Dt   Dt   ME   ME   LogSystem  Anker
MAD      MBUHR      MBTZN Bedarf BME Bedarf Anz.proz. MBDAT alt  MBUHR alt MBTZN alt Bestätigt MBDAT neu  MBUHR neu MBTZN neu Bestätigt

      0  0005000480   10              BM  Hauptposition Verbucht SPM_SFS_01 PLSPB1                          CRM_00_715
      0  0005000480   12           10 BM  ungeprüft              SPM_SFS_01 PLSPG1                          CRM_00_715
      1  0005000480   11           10 BM  geprüft       Verbucht SPM_SFS_01 PLSPB1                          CRM_00_715
16.08.2021 23:50:35 CET    450  EA    0          16.08.2021 23:50:35  CET        450

* Summe
                           450  EA                                               450
```

Abbildung 20.28 Ergebnis der Rückstandsbearbeitung, ausgelöst durch die ereignisgesteuerte Mengenzuordnung

Hier sehen Sie die auf 0 Stück reduzierte bestätigte Menge des abgebenden Auftrags.

20.3.4 Rückstandsbearbeitung im Hintergrund

Auch die Rückstandsbearbeitung im Hintergrund kann theoretisch als Ereignis der ereignisgesteuerten Mengenzuordnung definiert werden. Die Rückstandsbearbeitung läuft dabei vollständig wie in Abschnitt 20.1 beschrieben ab. Lediglich der Auslöser ist in diesem Fall kein Batch-Job, sondern eine Aktivität der ereignisgesteuerten Mengenzuordnung.

In Abbildung 20.29 sehen Sie die notwendigen Einstellungen für einen Start der Rückstandsbearbeitung im Hintergrund, ausgelöst durch eine ereignisgesteuerte Mengenzuordnung.

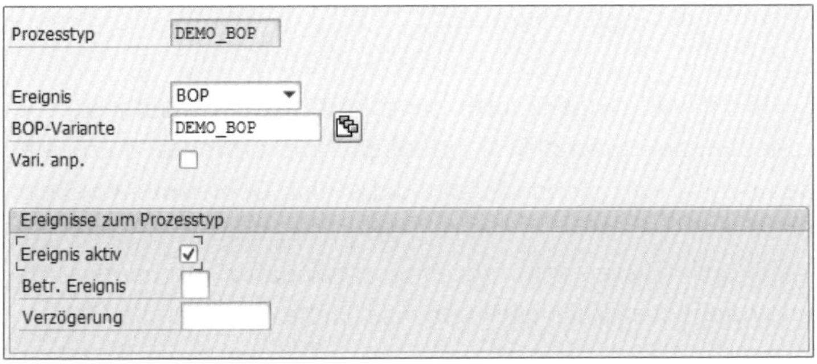

Abbildung 20.29 Prozesstyp für die Rückstandsbearbeitung im Hintergrund (BOP)

Nachdem Sie das Ereignis BOP ausgewählt haben, legen Sie noch die BOP-Variante fest, mit der die Rückstandsbearbeitung im Hintergrund ausgeführt werden soll. Bei Bedarf können Sie zusätzlich das betriebswirtschaftliche Ereignis beeinflussen, um Prüfumfang und/oder Prüfvorschrift zu verändern.

20.3.5 Push Deployment

Beim *Push Deployment* handelt es sich um eine Funktion der Ersatzteilplanung (Service Parts Planning, SPP), die ebenfalls Bestandteil von SAP APO ist. Hierbei geht es um die Verteilung von Produkten innerhalb des eigenen logistischen Netzwerkes mithilfe von Umlagerungen. Diese Umlagerungen sind wie die Kundenbedarfe auch von der Verfügbarkeitssituation eines Produkts abhängig.

Ändert sich die Verfügbarkeitssituation aufgrund einer der anfangs beschriebenen Aktivitäten, kann die neu hinzugekommene Menge statt an Kundenbedarfe sofort an Umlagerungsbedarfe verteilt werden. In diesem Fall wählen Sie als Ereignis das Push Deployment. Wie Sie die Verknüpfung des Ereignisses mit dem Prozesstyp pflegen, ist in Abbildung 20.30 zu sehen.

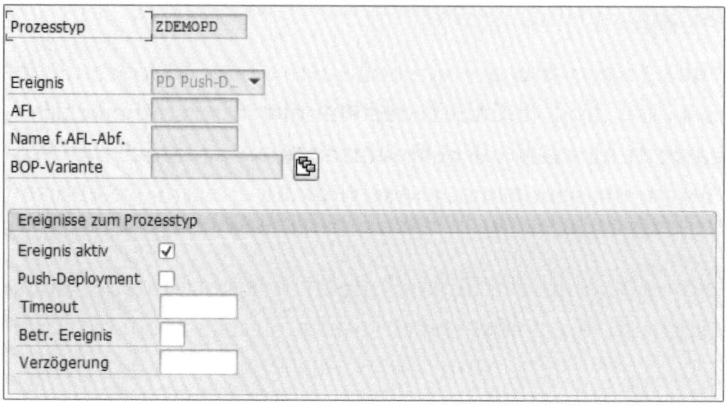

Prozesstyp ZDEMOPD
Ereignis PD Push-D...
AFL
Name f.AFL-Abf.
BOP-Variante
Ereignisse zum Prozesstyp
Ereignis aktiv
Push-Deployment
Timeout
Betr. Ereignis
Verzögerung

Abbildung 20.30 Prozesstyp für das Push Deployment

Alternativ können Sie, wie bei der Mengenzuordnung zu Auftragsfälligkeitslisten beschrieben, zuerst eine Mengenzuordnung zu Kundenbedarfen vornehmen und eine eventuell verbleibende noch zu verteilende Menge dem Push Deployment zukommen lassen. In diesem Fall müssen Sie bei der Verknüpfung des Ereignisses **Mengenzuordnung zu Auftragsfälligkeitslisten** mit dem Prozesstyp dafür sorgen, dass das Kennzeichen **Push Deployment** zusätzlich aktiviert wird (siehe Abbildung 20.31).

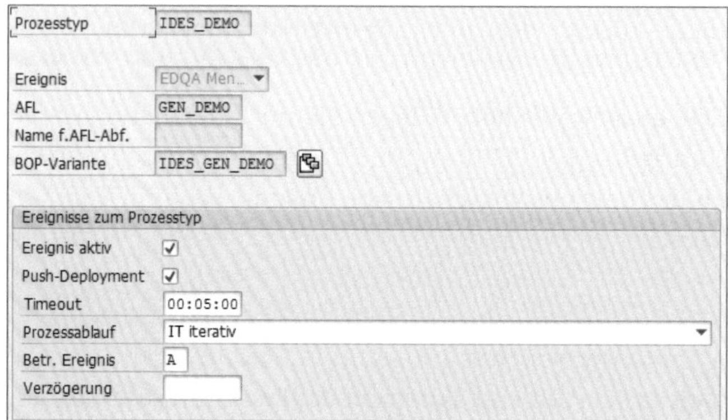

Abbildung 20.31 Prozesstyp »Mengenzuordnung zu Auftragsfälligkeitslisten« mit zusätzlichem Push Deployment

In dem Beispiel aus Abbildung 20.31 werden die zusätzlich zur Verfügung stehenden Mengen zuerst auf die Auftragsfälligkeitsliste `GEN_DEMO` verteilt. Eventuell übrigbleibende Mengen können dann vom Push Deployment in der Ersatzteilplanung genutzt werden.

20.3.6 Ergebnisse und Simulation

Den zentralen Einstieg für alle Ergebnisse der ereignisgesteuerten Mengenzuordnung finden Sie im SAP-Menü über den Pfad **Advanced Planning and Optimization • Globale ATP • Rückstandsbearbeitung • Ereignisgesteuerte Mengenzuordnung • Prozesse der ereignisgesteuerten Mengenzuordnung** bzw. über Transaktion /SAPAPO/EDQA.

Nachdem Sie eine Einschränkung über das Datum und die Uhrzeit vorgenommen haben, erhalten Sie eine Liste der in diesem Zeitraum abgelaufenen Prozesse der ereignisgesteuerten Mengenzuordnung. Nach Auswahl einer Zeile (siehe Abbildung 20.32) haben Sie die Möglichkeit, sich den verwendeten Arbeitsvorrat, das Workflow-Protokoll, das Anwendungsprotokoll und die Prozessergebnisse anzeigen zu lassen.

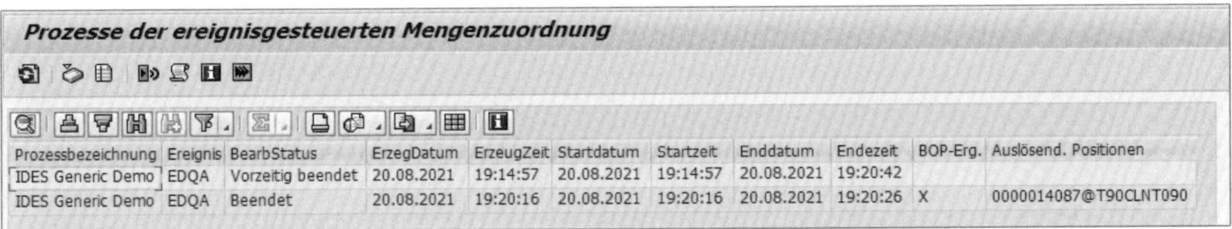

Prozessbezeichnung	Ereignis	BearbStatus	ErzegDatum	ErzeugZeit	Startdatum	Startzeit	Enddatum	Endezeit	BOP-Erg.	Auslösend. Positionen
IDES Generic Demo	EDQA	Vorzeitig beendet	20.08.2021	19:14:57	20.08.2021	19:14:57	20.08.2021	19:20:42		
IDES Generic Demo	EDQA	Beendet	20.08.2021	19:20:16	20.08.2021	19:20:16	20.08.2021	19:20:26	X	0000014087@T90CLNT090

Abbildung 20.32 Prozesse der ereignisgesteuerten Mengenzuordnung

Möchten Sie sich einen Überblick über die aktuell im Customizing verknüpften Aktivitäten und Prozesstypen verschaffen, oder möchten Sie mittels Simulation herausfinden, was bei Eintreffen einer bestimmten Aktivität passiert, wählen Sie im SAP-Menü den Pfad **Advanced Planning and Optimization • Globale ATP • Auswertungen • Übersicht und Simulation der EGMZ** bzw. Transaktion /SAPAPO/EDQA_OS (siehe Abbildung 20.33).

Im oberen Bereich des Bildes in Abbildung 20.33 erhalten Sie Auskunft über die Vollständigkeit des von Ihnen vorgenommenen Customizings für die einzelnen Prozesstypen. Im unteren Bereich erhalten Sie nach Betätigen des Buttons (**Ereignisse anzeigen**) die zugeordneten Ereignisse sowie deren Einstellungen.

Wählen Sie anschließend auch noch den Button (**Prozess ausführen**), können Sie in dem erscheinenden Pop-up-Fenster die für die zugeordnete Aktivität notwendigen Informationen eintragen. In unserem Beispiel war die Aktivität **Änderung der Bestandsdaten** zugeordnet. Folglich können Sie in dem Pop-up-Fenster Bestandsmengen für ein Produkt in einer bestimmten Lokation eingeben.

Das Ergebnis der Simulation können Sie sich dann wiederum bei den Prozessen der ereignisgesteuerten Mengenzuordnung anschauen.

20

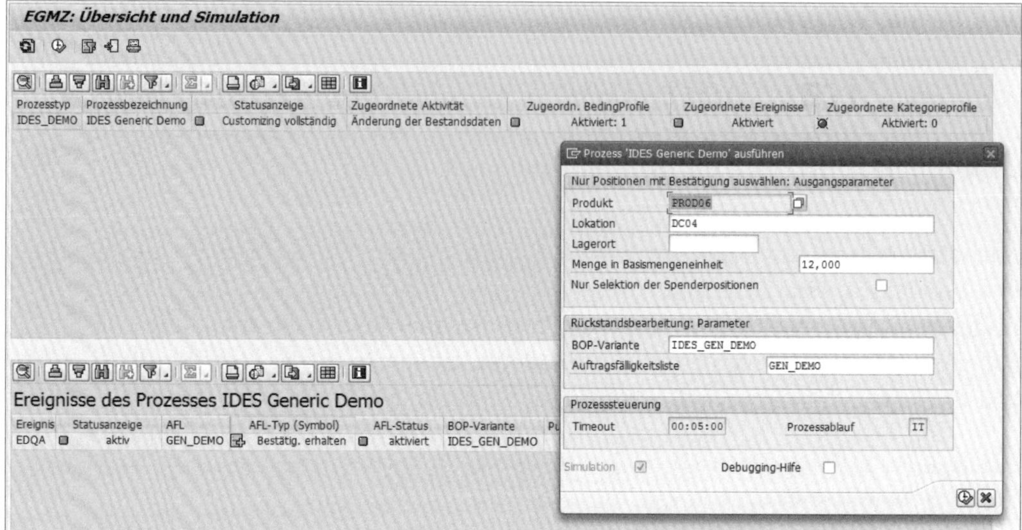

Abbildung 20.33 Übersicht und Simulation der ereignisgesteuerten Mengenzuordnung

20.4 Zusammenfassung

In diesem Kapitel haben Sie die verschiedenen Funktionen kennengelernt, mit denen Sie auf Veränderungen in der Verfügbarkeitssituation reagieren können.

Dabei haben wir uns zuerst die Rückstandsbearbeitung im Hintergrund angeschaut. Diese Funktion dient der batchgesteuerten Überprüfung und Anpassung von Bestätigungen der gATP-Prüfung. Sie ist dank Parallelisierungsmöglichkeiten auf die automatische Verarbeitung von großen Mengen von Bedarfspositionen ausgelegt.

Die interaktive Rückstandsbearbeitung ist hingegen auf die manuelle Anpassung von einzelnen Bedarfspositionen ausgelegt. Mit ihr können Sie schnell und unkompliziert bestätigte Mengen von einer Position zu anderen Positionen übertragen, ohne vollumfängliche ATP-Prüfungen durchführen zu müssen. Für die Massenänderung ist diese Funktion ungeeignet.

Und zu guter Letzt haben wir Ihnen die ereignisgesteuerte Mengenzuordnung vorgestellt, die wie die Rückstandsbearbeitung im Hintergrund auf eine automatisierte Anpassung von Bedarfspositionen ausgelegt ist. Anders als die Rückstandsbearbeitung im Hintergrund ist die ereignisgesteuerte Mengenzuordnung jedoch nicht auf ein eingeplantes Batch-Zeitfenster angewiesen, sondern startet sofort mit dem Eintreten eines Ereignisses. Dabei kann sie ebenfalls eine große Menge an Bedarfspositionen verarbeiten.

Kapitel 21
Transport- und Versandterminierung in SAP APO

Zuverlässige Lieferterminzusagen sind die Grundlage einer erfolgreichen Kundenbindung. Bei der präzisen Ermittlung dieser Liefertermine während der Verfügbarkeitsprüfung hilft die Transport- und Versandterminierung.

Die Transport- und Versandterminierung im APO-System dient der Errechnung von Zeitdauern und den daraus abgeleiteten Terminen in verschiedenen Prozessen. Im Rahmen dieses Buches ist die Transport- und Versandterminierung während der Verfügbarkeitsprüfung von besonderem Interesse.

Hierzu stehen unterschiedliche Möglichkeiten der Terminierung zur Verfügung, die sich in Funktionsumfang und Anwendungsfall unterscheiden. Sie werden in diesem Kapitel im Einzelnen vorgestellt.

- Terminierung mit der Konditionstechnik
- Terminierung mit der konfigurierbaren Prozessterminierung
- Terminierung auf Basis der SNP-Stammdaten (Supply Network Planning)
- Terminierung mit der dynamischen Routenfindung

Vorab werden in einem einleitenden Abschnitt die Grundlagen der Terminierung so weit erläutert, wie sie für alle Möglichkeiten der Terminierung gleich und relevant sind.

21.1 Grundlagen

Die Terminierung wird logisch in zwei Blöcke aufgeteilt. Zum einen gibt es die *Versandterminierung*, die sich mit den Zeitdauern und Terminen vom Beginn der Arbeiten rund um den Versand bis zur Versandfertigkeit eines Produkts beschäftigt. Zum anderen spricht man von der *Transportterminierung*, wenn es um die Zeitdauern und Termine vom Verlassen des eigenen Werkes bis hin zum Eintreffen beim Kunden geht.

21.1.1 Rückwärts- und Vorwärtsterminierung

Ausgangspunkt der Terminierung ist üblicherweise das Wunschlieferdatum des Kunden, also das Datum, zu dem der Kunde die Ware bei sich erwartet. Von diesem Liefertermin aus beginnt eine Rückwärtsterminierung (siehe Abbildung 21.1).

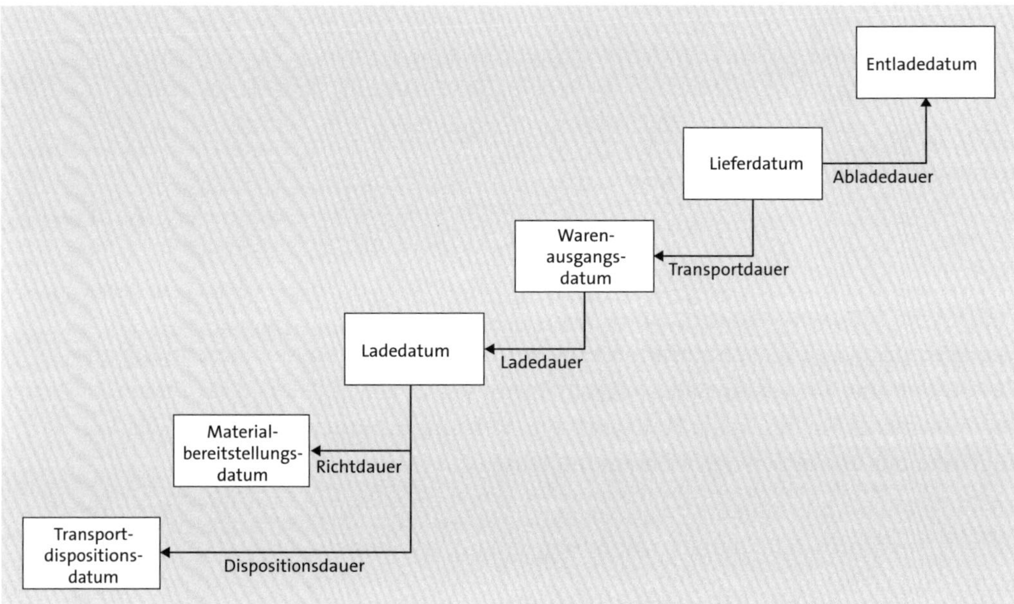

Abbildung 21.1 Dauern und Termine in der Transport- und Versandterminierung

Zuerst wird vom Wunschlieferdatum des Kunden die *Transportdauer* abgezogen, die notwendig ist, um das Produkt zum Kunden zu bringen. Auf diese Weise erhalten Sie das *Warenausgangsdatum* an der Versandstelle des eigenen Werkes, also den Termin, an dem der Transport das Werk verlassen muss.

Vom Warenausgangsdatum muss wiederum die *Ladedauer* abgezogen werden, also die Zeit, die notwendig ist, um z. B. den LKW zu beladen. Nach Abzug der Ladedauer erhalten Sie das *Ladedatum*, also den Termin, an dem mit dem Laden begonnen werden muss.

Bevor mit dem Laden begonnen werden kann, muss das Produkt verpackt im Warenausgang bereitstehen. Die Zeit, die notwendig ist, um das Produkt aus seinem Lagerfach zu greifen und zu verpacken, nennt man *Richtzeit*. Diese Richtzeit wird gemäß der Rückwärtsterminierung vom Ladedatum abgezogen und führt zum *Materialbereitstellungsdatum*, also dem Termin, an dem das Produkt greiffertig an seinem Lagerplatz zur Verfügung stehen muss. Das Materialbereitstellungsdatum ist auch das Datum, an dem durch die Verfügbarkeitsprüfung die Verfügbarkeit des Produkts festgestellt werden sollte.

Parallel zur Richtzeit wird auch noch die Dispositionsdauer vom Ladedatum abgezogen, also die Zeit, die benötigt wird, um z. B. einen Spediteur einzuplanen und zu beauftragen. Nach Abzug der Dispositionsdauer erhalten Sie somit das *Transportdispositionsdatum*.

Liegt nach der Berechnung des Transportdispositionsdatums und des Materialbereitstellungsdatums einer der beiden Termine in der Vergangenheit, ist klar, dass eine pünktliche Belieferung des Kunden nicht mehr möglich ist. Um dem Kunden einen verlässlichen Termin mitteilen zu können, zu dem das Produkt bei ihm eintrifft, wird der in der Vergangenheit liegende Termin (Transportdispositionsdatum oder Materialbereitstellungsdatum) auf den aktuellen Zeitpunkt vorverlegt. Von dort findet unter Berücksichtigung der genannten Zeitdauern eine Vorwärtsterminierung statt, an dessen Ende ein vom Wunschlieferdatum abweichender *bestätigter Liefertermin* steht.

Sollte der in die Terminierung mitgegebene Termin das Materialbereitstellungsdatum sein, startet das System logischerweise sofort mit einer Vorwärtsterminierung.

[!]

Entladedauer in Abbildung 21.1

Beachten Sie, dass die in Abbildung 21.1 gezeigte Entladedauer zurzeit nicht vom System unterstützt wird. Da sie aber an einigen Stellen im System mit aufgeführt ist, wurde sie der Vollständigkeit halber aufgenommen.

21.1.2 Kalender berücksichtigen

Ein wichtiger Aspekt bei der Berechnung der Zeitdauern und Termine ist die Berücksichtigung der Arbeitszeiten an den verschiedenen beteiligten Stellen. Diese Arbeitszeiten werden in Form von Kalendern im System abgelegt.

Die Pflege der Kalender finden Sie im SAP-Menü über den Pfad **Advanced Planning and Optimization • Stammdaten • Kalender • Kalender** bzw. Transaktion /SAPAPO/CALENDAR. In der Definition des Kalenders legen Sie die konkreten Arbeitszeiten in den Kopfdaten und in der Berechnungsregel fest.

[+]

Zeitstrahl/Kalender in SAP APO und Feiertags- und Fabrikkalender in SAP ERP

Im APO-System wird für diese Art der Kalender auch häufig der Begriff *Zeitstrahl* verwendet. Die Pflege und technische Aufbereitung unterscheidet sich hierbei von den aus SAP ERP bzw. SAP S/4HANA bekannten Fabrik- und Feiertagskalendern.

Auf der Registerkarte **Kopfdaten** (siehe Abbildung 21.2) bestimmen Sie vor allem, ob der Kalender einen **Arbeitszeitkalender** berücksichtigt oder ob er fortlaufend geführt wird (Kennzeichen **Periodenkalender**). Bei einem Arbeitszeitkalender würden die Wochenend- und Feiertage ausgeschlossen. Darüber hinaus legen Sie fest, für wie viele Jahre in die Vergangenheit und in die Zukunft der Kalender gültig sein soll sowie welche Zeitzone für den Kalender Anwendung findet.

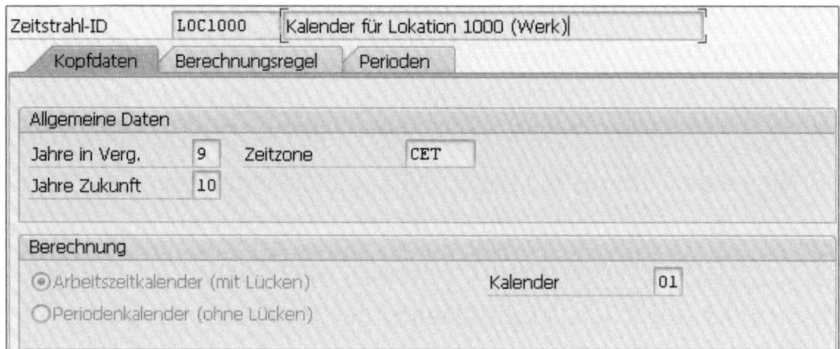

Abbildung 21.2 Registerkarte »Kopfdaten« des Kalenders

Auf der Registerkarte **Berechnungsregel** hinterlegen Sie die konkreten Arbeitszeiten pro Tag. Dabei können Sie, wie in Abbildung 21.3 dargestellt, jeden Wochentag separat auswählen und mit entsprechenden Start- und Enduhrzeiten versehen. Darüber hinaus können Sie ebenfalls Arbeitszeitpausen modellieren, wie es am Beispiel des Montags aufgezeigt ist (es wird von 10:00 Uhr bis 12:00 Uhr gearbeitet und anschließend nochmals von 15:00 Uhr bis 18:00 Uhr).

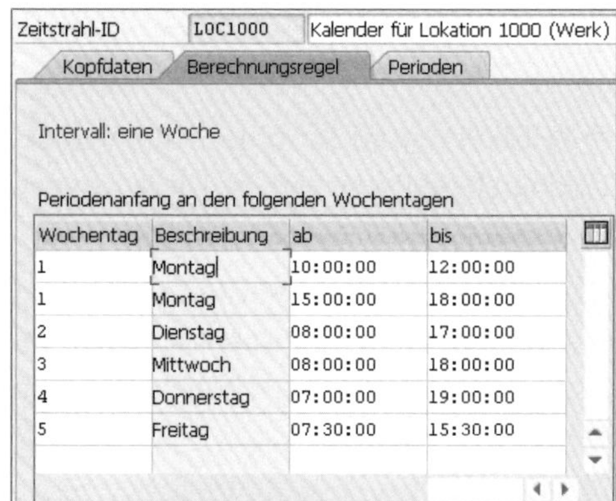

Abbildung 21.3 Registerkarte »Berechnungsregel« des Kalenders

Für die Dispositionsdauer, die Richtzeit und die Ladedauer ist der Versandkalender der Startlokation, also des abgebenden Werkes, ausschlaggebend. Dieser wird auf der Registerkarte **Kalender** der Lokationsstammdaten hinterlegt (siehe Abbildung 21.4).

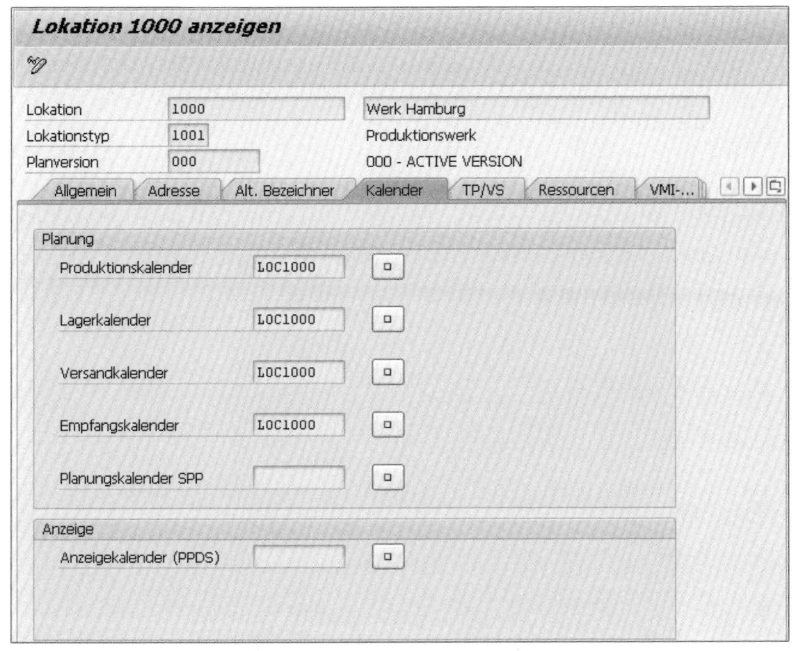

Abbildung 21.4 Versandkalender der abgebenden Lokation

Für die Transportdauer wird der Transportkalender verwendet, der in der Transportbeziehung zwischen abgebendem Werk und empfangenden Kunden hinterlegt ist (siehe Abbildung 21.5).

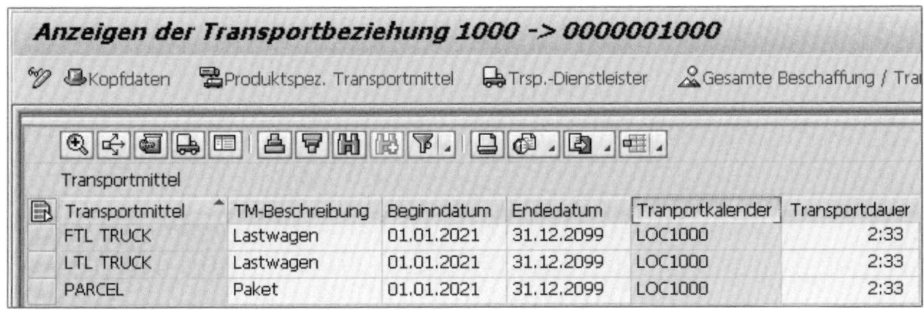

Anzeigen der Transportbeziehung 1000 -> 0000001000

Kopfdaten | Produktspez. Transportmittel | Trsp.-Dienstleister | Gesamte Beschaffung / Tra

Transportmittel

Transportmittel	TM-Beschreibung	Beginndatum	Endedatum	Tranportkalender	Transportdauer
FTL TRUCK	Lastwagen	01.01.2021	31.12.2099	LOC1000	2:33
LTL TRUCK	Lastwagen	01.01.2021	31.12.2099	LOC1000	2:33
PARCEL	Paket	01.01.2021	31.12.2099	LOC1000	2:33

Abbildung 21.5 Transportkalender in der Transportbeziehung

Für die Entgegennahme bzw. den Abladevorgang beim Kunden werden schließlich die aus dem aufrufenden ERP-System übergebenen Warenannahmezeiten des Kunden verwendet. Sollten diese nicht gepflegt sein, wird der Empfangskalender der Ziellokation (also der Kundenlokation) benutzt, sofern sie im APO-System als Lokation angelegt ist.

Somit ist für alle Terminierungsschritte ein Kalender festgelegt, der bei der Berechnung verwendet wird.

21.1.3 Transportzonen in der Transportbeziehung verwenden

Da das Stammdatenobjekt der Transportbeziehung im Rahmen der Transportterminierung eine wichtige Rolle spielt, soll in diesem Abschnitt kurz eine separate Betrachtung stattfinden.

Eine Transportbeziehung wird im System zwischen einer Startlokation und einer Ziellokation angelegt. Sie pflegen die Transportbeziehungen im SAP-Menü des APO-Systems über den Pfad **Advanced Planning and Optimization • Stammdaten • Transportbeziehung • Transportbeziehung** oder über Transaktion /SAPAPO/SCC_TL1 (siehe Abbildung 21.6).

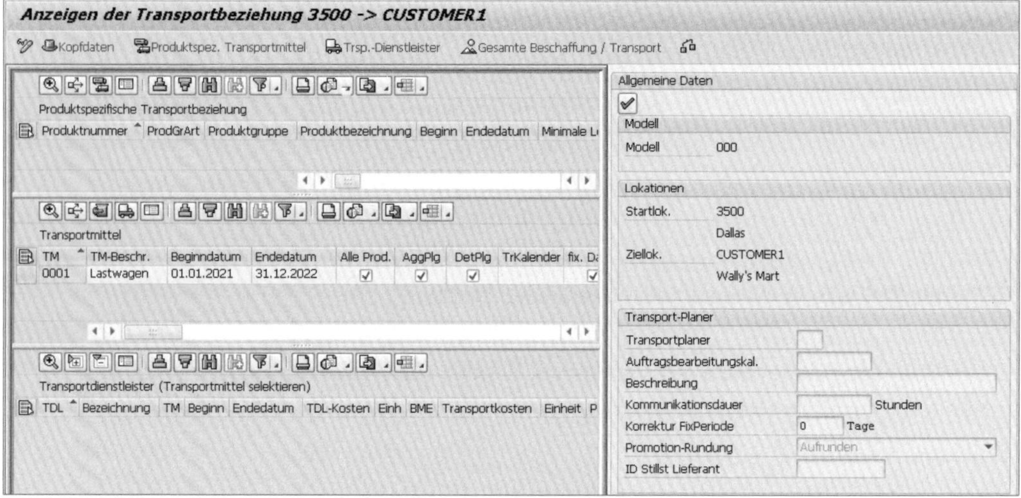

Abbildung 21.6 Transportbeziehung im APO-System

Die *Startlokation* ist in den von uns betrachteten Geschäftsfällen überwiegend das abgebende Werk, denn von dort startet der Transport des Produkts zum Kunden. Die Bestimmung der *Ziellokation* kann hingegen deutlich flexibler erfolgen. Sie haben z. B. die Möglichkeit, den empfangenden Kunden als Lokation im APO-System mittels CIF-Integration oder manuell anzulegen und diese Kundenlokation dann als Ziellokation in der Transportbeziehung zu verwenden. Das ermöglicht Ihnen auf der einen Seite eine hohe Individualität bei der Bestimmung von Transportdauern, Transportmitteln und Transportkalendern, und auf der anderen Seite müssen Sie eine entsprechend hohe Anzahl an Transportbeziehungen anlegen und pflegen.

Massenanlage

Sie haben fünf Werke, die theoretisch jeden Ihrer 700 Kunden bedienen können. Möchten Sie individuelle Transportbeziehungen pflegen, erhalten Sie 3.500 Stammdatensätze. Diese können Sie mithilfe einer Massenanlage im SAP-Menü über den

Pfad **Advanced Planning and Optimization • Stammdaten • Transportbeziehung • Massenanlegen von Transportbeziehungen** generieren. Es stellt sich dabei aber die Frage, inwieweit sich diese 3.500 Stammdatensätze dann auch tatsächlich voneinander unterscheiden.

Sind die Unterschiede zwischen den einzelnen Transportbeziehungen zu den vielen Kunden nicht sehr groß bzw. schlagen sie sich gegebenenfalls nicht in unterschiedlichen Zeitdauern oder Kalendern nieder, bietet sich eine Gruppierung der Kunden an. Diese Gruppierung kann mittels sogenannter Transportzonen erfolgen.

Sie könnten jeden der 700 Kunden aus dem Beispiel zu einer von z. B. sechs Transportzonen zuordnen. Statt der Kundenlokation verwenden Sie die Transportzonenlokation als Ziellokation in der Transportbeziehung. Somit benötigen Sie nur noch 30 verschiedene Transportbeziehungen für eine sinnvolle Abbildung.

Es gibt verschiedene Wege, um eine Transportzonenlokation im APO-System zu erzeugen.

Transportlokation in SAP APO erzeugen – erste Alternative

Die erste Alternative ist in Abbildung 21.7 dargestellt, hierzu gehen Sie folgendermaßen vor:

1. Sie legen die Transportzone im ERP-System an (im SAP-Customizing über den Pfad **Vertrieb • Grundfunktionen • Routen • Routenfindung • Transportzonen definieren**).
2. Sie übertragen die Transportzonen per Customizing-Transport in das APO-System oder legen diese im APO-System manuell an (im SAP-Customizing über den Pfad **Advanced Planning and Optimization • Globale Verfügbarkeitsprüfung (Globale ATP-Prüfung) • Transport- und Versandterminierung • Schnittstellen • Transportzone pflegen**).

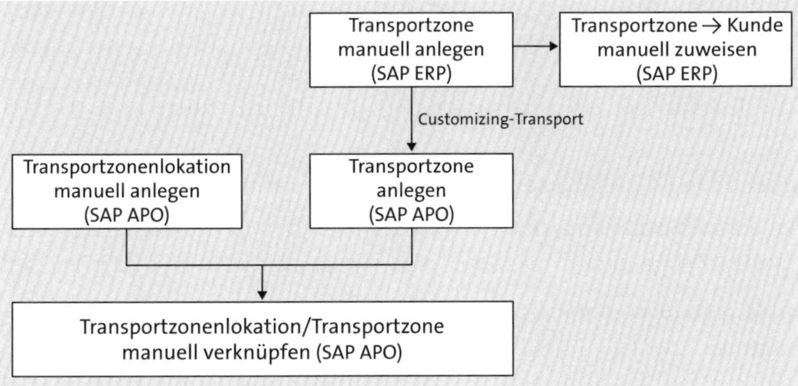

Abbildung 21.7 Erzeugen der Transportzonenlokation im APO-System: erste Alternative

3. Sie legen eine Lokation vom Typ **Transportzone** im APO-System an, wie es in Abbildung 21.8 zu sehen ist (im SAP-Menü über den Pfad **Advanced Planning and Optimization • Stammdaten • Lokation • Lokation**).

Lokation DE-D000010000 anzeigen
Lokation DE-D000010000 Postregion Berlin
Lokationstyp 1005 Transportzone
Planversion 000 000 - ACTIVE VERSION

Abbildung 21.8 Transportzone als Lokation im APO-System

4. Sie weisen der Transportzone im Customizing des APO-Systems eine Lokation vom Typ **Transportzone** zu (im SAP-Customizing über den Pfad **Advanced Planning and Optimization • Globale Verfügbarkeitsprüfung (Globale ATP-Prüfung) • Transport- und Versandterminierung • Schnittstellen • Zuordnung der Transportzonen zu Lokationen festlegen**).
5. Nun weisen Sie einem Kunden die Transportzone in den Adressdaten im ERP-System zu, wie es in Abbildung 21.9 zu sehen ist (im SAP-Menü über den Pfad **Logistik • Vertrieb • Stammdaten • Geschäftspartner • Kunde • Ändern • Gesamt**).

Diese Vorgehensweise bietet sich an, wenn Sie nicht alle Kunden an das APO-System übertragen möchten.

Abbildung 21.9 Transportzone in den Stammdaten des Kunden zuweisen

Transportlokation in SAP APO erzeugen – zweite Alternative

Alternativ zu dieser Vorgehensweise können Sie auch den in Abbildung 21.10 dargestellten Weg wie folgt gehen:

1. Sie legen die Transportzone im ERP-System an (Customizing-Pfad wie bei der ersten Alternative).
2. Sie weisen einem Kunden die Transportzone in den Adressdaten im ERP-System zu (Menüpfad wie bei der ersten Alternative).

3. Sie übertragen den Kunden über die CIF-Integration in das APO-System. Die dem Kunden in den Adressdaten zugewiesene Transportzone wird automatisch im APO-System als Transportzonenlokation angelegt.

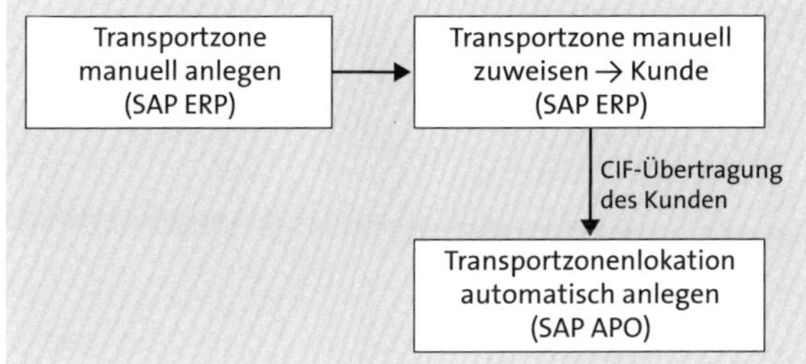

Abbildung 21.10 Transportzonenlokation im APO-System zuweisen: zweite Alternative

Diese Vorgehensweise bietet sich an, wenn Sie die Kunden für andere APO-Anwendungen sowieso per CIF übertragen.

Egal, ob Sie die erste oder die zweite Alternative wählen – in beiden Fällen liegt die Transportzone nun als Lokation im APO-System vor und kann für die Modellierung von Transportbeziehungen verwendet werden.

21.1.4 Terminierung aktivieren

Die Aktivierung der Terminierung unterscheidet sich in den verwendeten OLTP-Systemen. Handelt es sich bei dem aufrufenden System um ein ERP-System, müssen Sie die Transport- und Versandterminierung je Auftragsart aktivieren (siehe Abbildung 21.11).

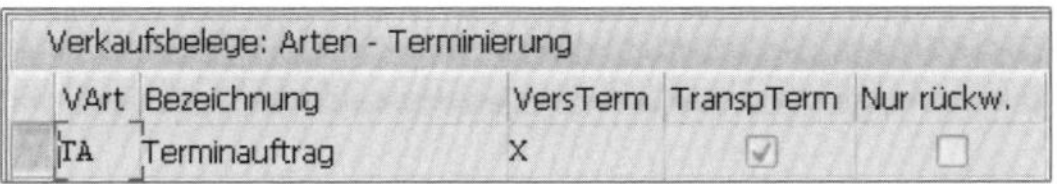

Abbildung 21.11 Terminierung in der Verkaufsbelegart aktivieren

Dies tun Sie im SAP-Customizing über den Pfad **Vertrieb • Grundfunktionen • Versand- und Transportterminierung • Terminierung je Verkaufsbelegart definieren**.

Da die Terminierung, wie einleitend erklärt, aus zwei Blöcken besteht, können Sie die Versandterminierung und die Transportterminierung auch separat aktivieren.

Handelt es sich bei dem aufrufenden System hingegen um ein CRM-System, müssen Sie im Bedarfsprofil der ATP-Prüfung festlegen, ob Sie eine Transport- und Versandterminierung durchführen möchten (siehe Abbildung 21.12). Dazu pflegen Sie für das Kennzeichen **TerminierungsKz** den Wert **Terminierung durchführen**.

21

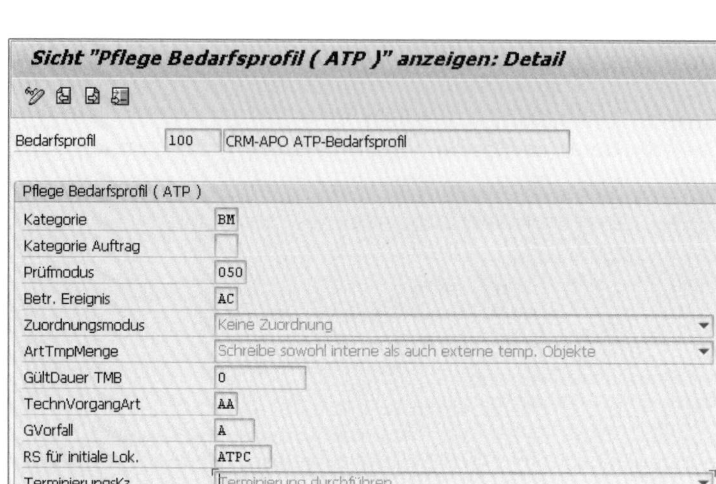

Abbildung 21.12 Terminierung im Bedarfsprofil aktivieren

Durch diese Einstellungen stellen Sie sicher, dass die Terminierung aus dem aufrufenden Auftragsabwicklungssystem angesteuert werden kann.

21.1.5 Ergebnis der Terminierung im Auftrag

Wird die Transport- und Versandterminierung durchgeführt und ermittelt sie die in Abschnitt 21.1.1 beschriebenen Termine, müssen diese noch an den aufrufenden Beleg zurückgegeben und dort abgelegt werden. Im Kundenauftrag geschieht dies auf der Einteilungsebene der Positionen. Dort werden sie auf der Registerkarte **Versand** gespeichert und stehen für die weitere Verarbeitung in den Folgeprozessen zur Verfügung (siehe Abbildung 21.13).

Verkauf | Versand | Beschaffung

Bestätigte Menge	0 EA		1 EA <=> 1 EA
Lieferdatum T	20.08.2021	Anlieferzeit	08:00
Warenausgangsdatum	12.08.2021	Warenausg.Zt	09:3...
Ladedatum	11.08.2021	Ladezeit	08:00
Mat.Bereitst.Datum	10.08.2021	MatBereits.Zeit	12:0...
Transportdispodatum	09.08.2021	TranspDispoZeit	10:00
Versandstelle	3400	Versandstelle Seattle	
Route			
Routenfahrplan			
Liefersperre			

Abbildung 21.13 Ermittelte Termine an den Kundenauftrag übergeben

21.2 Terminierung mit Konditionstechnik

Die Terminierung mit der Konditionstechnik ist die älteste und einfachste Terminierungsmethode und basiert, wie es der Name bereits vermuten lässt, auf der auch schon in der regelbasierten Verfügbarkeitsprüfung verwendeten SAP-Konditionstechnik. Einleitende Informationen zur Konditionstechnik entnehmen Sie Abschnitt 17.2, »Regelbasierte Verfügbarkeitsprüfung«.

Die Terminierung mit der Konditionstechnik wird im Rahmen der Transport- und Versandterminierung nur aufgerufen, falls eine Terminierung mit der konfigurierbaren Prozessterminierung oder mit den SNP-Stammdaten nicht möglich ist.

21.2.1 Feldkatalog

Sie benötigen für die Konditionstechnik zuerst einen Feldkatalog, in dem Sie festlegen, welche Kriterien Sie zur Berechnung der verschiedenen Zeitdauern grundsätzlich heranziehen möchten. Diesen Feldkatalog legen Sie im SAP-Customizing über den Pfad **Advanced Planning and Optimization • Globale Verfügbarkeitsprüfung (Globale ATP-Prüfung) • Transport- und Versandterminierung • Terminierung mit der Konditionstechnik • Konditionstabelle für die Terminierung definieren** oder über Transaktion /SAPCND/AU01 fest. Im gleichen Customizing-Schritt definieren Sie anschließend noch die Konditionstabellen (Transaktion /SACND/AU03).

21.2.2 Zugriffe und Zugriffsfolgen

Als Nächstes pflegen Sie die Zugriffe, das heißt, Sie bestimmen, auf welche Konditionstabellen bei welcher Zugriffsfolge zugegriffen wird. Die Zugriffsfolgen für die Terminierung mithilfe der Konditionstechnik sind dabei fest vorgegeben; eigene Zeitdauern oder Termine können auf diese Weise nicht ermittelt werden.

Die Pflege der Zugriffe erfolgt im SAP-Customizing über den Pfad **Advanced Planning and Optimization • Globale Verfügbarkeitsprüfung (Globale ATP-Prüfung) • Transport- und Versandterminierung • Terminierung mit der Konditionstechnik • Zugriff für die Terminierung pflegen** oder über Transaktion /SAPCND/AU07. Folgende Zeitdauern werden ermittelt (siehe Abbildung 21.14):

- Transportdispositionsdauer (LEAD)
- Richtzeit (PICK)
- Ladedauer (LOAD)
- Transportdauer (TRAN)
- Entladedauer (UNLD)

21.2.3 Terminierungsschema

Die Pflege des Terminierungsschemas erfolgt im SAP-Customizing über den Pfad **Advanced Planning and Optimization • Globale Verfügbarkeitsprüfung (Globale ATP-Prüfung) • Transport- und Versandterminierung • Terminierung mit der Konditionstechnik • Steuerung für die Terminierung pflegen** bzw. Transaktion /SAPCND/AU08.

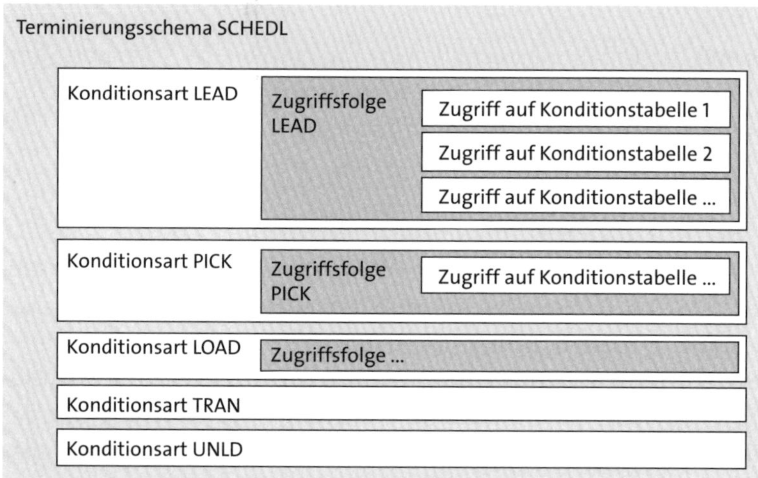

Abbildung 21.14 Terminierungsschema in der Konditionstechnik

21.2.4 Besonderheiten bei der Terminierung mit Konditionstechnik

Bei der Terminierung mit Konditionstechnik sind einige Besonderheiten zu berücksichtigen. Sie betreffen zum einen die Ermittlung der Transportzeit und zum anderen die Verwendung des Empfangskalenders in der Ziellokation.

Die Transportdauer wird bei der Terminierung mit der Konditionstechnik gemäß der untenstehenden Reihenfolge bestimmt:

1. Bestimmung der Transportdauer anhand der Transportbeziehung.
2. Falls keine Transportbeziehung vorhanden ist oder keine Transportdauer innerhalb der Transportbeziehung ermittelt werden kann, erfolgt die Ermittlung der Zeitdauer anhand der Konditionstechnik.
3. Ist auch dieser Schritt erfolglos, wird die Transportdauer anhand der Entfernung zwischen Start- und Ziellokation und der mittleren Geschwindigkeit des benutzten Transportmittels bestimmt (siehe Abbildung 21.15).

Für die Optionen 1 und 3 muss das System zuerst das benutzte Transportmittel identifizieren. Dies geschieht, falls aus dem aufrufenden ERP-System eine Versandbedingung mitgegeben wird, über eine entsprechende Zuordnung der Versandbedingung zu einem Transportmittel (im SAP-Customizing über den Pfad **Advanced Planning**

and Optimization • Globale Verfügbarkeitsprüfung (Globale ATP-Prüfung) • Transport- und Versandterminierung • Schnittstellen • Zuordnung der Default-Transportmittel zu Versandbedingungen festlegen). Ohne übergebene Versandbedingung findet das System dort ein Default-Transportmittel.

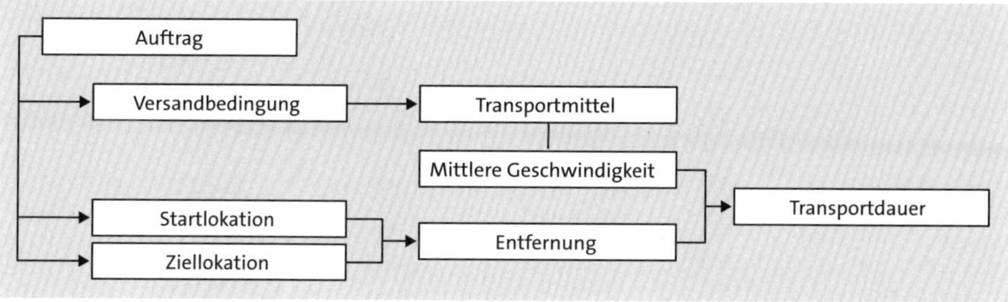

Abbildung 21.15 Transportdauer durch Entfernung und Transportmittel ermitteln

Für dieses identifizierte Transportmittel muss bei Option 3 die mittlere Geschwindigkeit ermittelt werden. Dies geschieht im Customizing des APO-Systems über den Pfad **Advanced Planning and Optimization • Transportplanung/Vehicle Scheduling (TP/VS) • Grundeinstellungen • Transportmittel pflegen**. Dort finden Sie für die vorhandenen Transportmittel eine Durchschnittsgeschwindigkeit (Abbildung 21.16).

Sicht "Transportmittel" anzeigen: Übersicht

Transportmittel

TM	TM-Beschreibung	Durchschn.-geschw.
0001	Lastwagen	80,000
0002	Bahn	100,000
0003	Flugzeug	800,000
0004	Kurier-, Express- und Paketdienstleister	100,000
0005	Schiff	30,000
0006	PKW	60,000

Abbildung 21.16 Transportmittel und zugehörige Durchschnittsgeschwindigkeit

Diese Durchschnittsgeschwindigkeit wird mit der Entfernung zwischen der Start- und der Ziellokation multipliziert und ergibt die *Transportdauer*. Um die Entfernung zwischen den beiden Lokationen zu bestimmen, werden die in den Lokationsstammdaten hinterlegten Geodaten herangezogen.

Eine weitere Besonderheit ist bei der Berücksichtigung von Kalendern zu beachten:

Sollten im ERP-System **Warenannahmezeiten** beim Warenempfänger des Kunden hinterlegt sein, können diese für die Terminierung herangezogen werden (siehe Abbildung 21.17). Der Empfangskalender an der Ziellokation wird dann nicht benötigt bzw. ignoriert. Dies ist auch dann der Fall, wenn Sie den Kunden erst gar nicht als Lokation im APO-System angelegt haben.

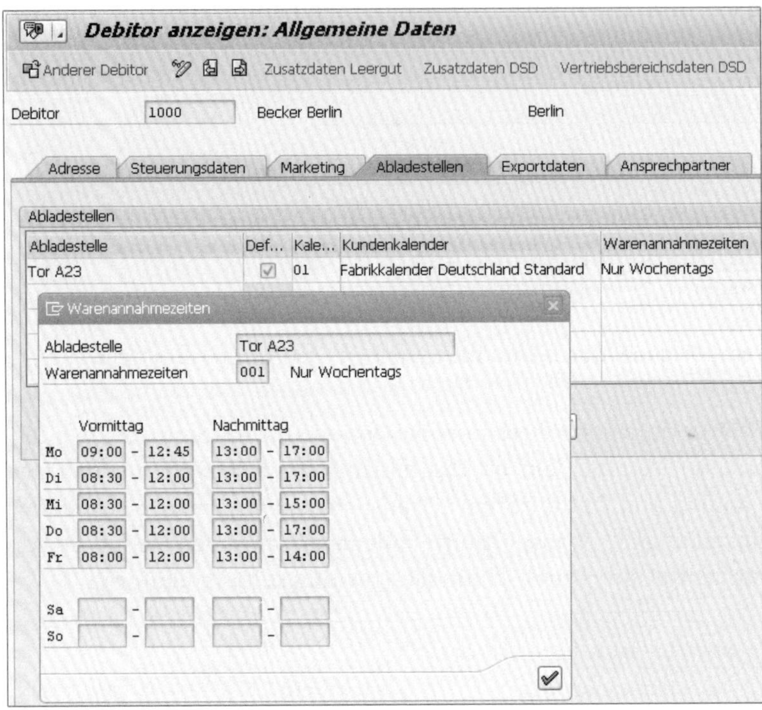

Abbildung 21.17 Warenannahmezeiten eines Kunden im ERP-System (SAP ECC)

Hiermit ist die Terminierung mit der Konditionstechnik abgeschlossen. Sie erhalten fünf Zeitdauern und sechs Termine als Ergebnis dieser Funktion.

21.3 Terminierung mit der konfigurierbaren Prozessterminierung

Die konfigurierbare Prozessterminierung ist eine Funktion, die in der sogenannten SCM-Basis abgelegt ist. Dies bedeutet, dass sie von mehreren Anwendungen und Komponenten innerhalb des SCM-Systems genutzt werden kann. Wir interessieren uns in diesem Abschnitt jedoch nur für die Nutzung der konfigurierbaren Prozessterminierung durch die Transport- und Versandterminierung.

Ein wesentlicher Vorteil der konfigurierbaren Prozessterminierung im Vergleich zur Terminierung mit der Konditionstechnik ist die deutlich höhere Flexibilität in der Zusammenstellung ihrer Bausteine der Transport- und Versandterminierung. Waren Sie in der Terminierung mit der Konditionstechnik auf die vom System vorgegebenen Zeitdauern und verwendeten Kalender beschränkt, haben Sie bei der konfigurierbaren Prozessterminierung die Möglichkeit, nahezu jeden Bestandteil der Terminierung individuell zu bestimmen.

Die Modellierung der Terminierungsprozesse nutzt hierbei die Funktion von SAP Business Workflow, der wiederum Bestandteil von SAP NetWeaver ist. Weiterführende Informationen entnehmen Sie dem Buch »Workflow-Management mit SAP«, erschienen bei SAP PRESS.

21.3.1 Allgemeiner Aufbau der konfigurierbaren Prozessterminierung

Wir betrachten zunächst den allgemeinen Aufbau der konfigurierbaren Prozessterminierung (siehe Abbildung 21.18).

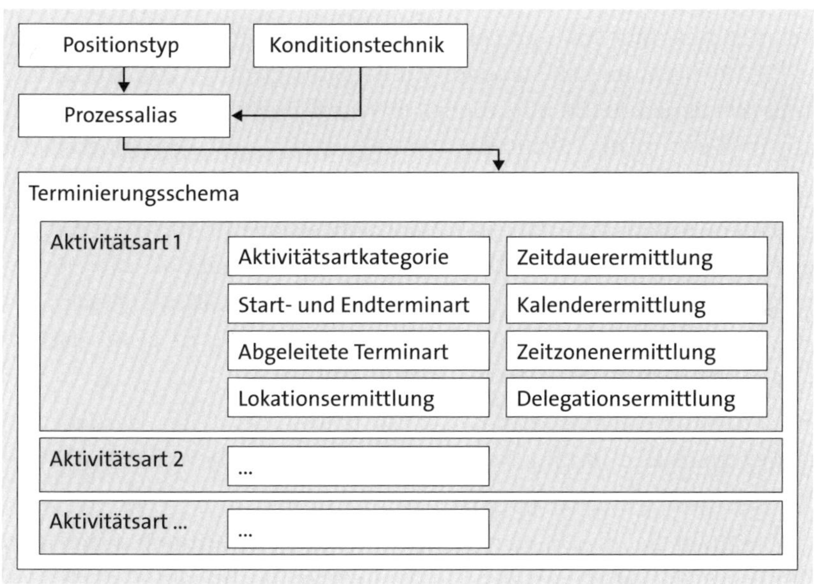

Abbildung 21.18 Konfigurierbare Prozessterminierung aufbauen

Zunächst ist es bei der Terminierung notwendig, einen sogenannten *Prozessalias* zu bestimmen. Der Prozessalias ist ein frei vergebener Name, der statt des eigentlich im Hintergrund verwendeten alphanumerischen Workflow-Identifikators benutzt wird, um die Pflege der konfigurierbaren Prozessterminierung zu vereinfachen.

Die Bestimmung des Prozessalias können Sie entweder über den aus dem Auftrag übergebenen Positionstyp oder mittels der Konditionstechnik vornehmen.

Aus diesem Prozessalias wird dann in einem Folgeschritt das eigentliche Terminierungsschema bestimmt.

Das Terminierungsschema selbst setzt sich aus mehreren Aktivitätsarten zusammen. *Aktivitätsarten* entsprechen den Zeitdauern der Terminierung; so gibt es auch in der konfigurierbaren Prozessterminierung die Aktivitätsarten LEAD (Disponieren), PICK (Richten), LOAD (Laden), TRAN (Transportieren) und UNLD (Abladen), die den Zeitdauern der Terminierung entsprechen. Sie kennen diese Zeitdauern bereits aus der Terminierung mit der Konditionstechnik. Weitere Aktivitätsarten, die häufig vorkommen, jedoch nur mittels der konfigurierbaren Prozessterminierung bestimmt werden können, sind z. B. SLEAD (Vorlaufzeit für die Bezugsquellenfindung), OPT (Bestellbearbeitungszeit) oder CHLEAD (Vorlaufzeit für die Umsetzung einer Lieferung). Eine vollständige Übersicht über die ausgelieferten Aktivitätsarten finden Sie im SAP-Customizing über den Pfad **Advanced Planning and Optimization • SCM-Basis • Konfigurierbare Prozessterminierung • Terminierungsschema • Schemabestandteile definieren**.

Jede Aktivitätsart ist mit einer Start- und einer Endterminart versehen. So ist z. B. die Aktivitätsart PICK (Richten) im SAP-Standard mit der Startterminart SPICK (Richtbeginn) und der Endterminart EPICK (Richtende) versehen. Diese Zuordnung könnten Sie theoretisch im Customizing abändern und der Aktivitätsart PICK eine eigene Start- und Endterminart zuweisen.

Neben diesen beiden Terminarten gibt es auch noch *abgeleitete Terminarten*, die entweder am Beginn oder am Ende einer Aktivitätsart stehen. So steht das Materialbereitstellungsdatum (MBDAT) am Beginn der Aktivitätsart PICK (Richten), während z. B. das Warenausgangsdatum (WADAT) am Ende der Aktivitätsart LOAD (Laden) steht. Auch hier ist eine eigene Zuordnung möglich.

Bei der Verwendung von eigenen Terminen müssen Sie sicherstellen, dass die Anwendung, die die ermittelten Termine verarbeiten muss, diese auch kennt. Das können Sie durch kundeneigene Entwicklungen erreichen.

Darüber hinaus können Sie im Schemabestandteil **Lokationsermittlung** neben dem abgebenden Werk und der empfangenden Kundenlokation noch weitere Lokationen zu den einzelnen Anfängen oder Enden der ermittelten Aktivitätsarten zufügen.

Ein wesentlicher Baustein der Terminierung ist die Zeitdauerermittlung, die sich in ihren Möglichkeiten deutlich von der Terminierung mit der Konditionstechnik unterscheidet. Zwar können Sie auch in der konfigurierbaren Prozessterminierung die Zeitdauern mithilfe der Konditionstechnik ermitteln, es gibt aber in Summe fünf verschiedene Methoden der *Zeitdauerermittlung*:

- Zeitdauerermittlung mit Konditionen (DURA_COND – logischer Name der ABAP-OO-Klasse)
- Zeitdauerermittlung mit den Geodaten (ABAP-OO-Klasse DURA_GEO) und mittlerer Geschwindigkeit der Transportmittel

- Zeitdauerermittlung mit den Stammdaten der Transportbeziehung (ABAP-OO-Klasse DURA_LANEMDL)
- Zeitdauerermittlung mit den Stammdaten des Lokationsprodukts (ABAP-OO-Klasse DURA_LOCAMDL)
- Zeitdauerermittlung mit den Stammdaten der konfigurierbaren Prozessterminierung (ABAP-OO-Klasse DURA_SC)

Bei der *Kalenderermittlung* haben Sie ebenfalls die Wahl – hier zwischen vier verschiedenen Methoden:

- TSTR_COND (Kalenderermittlung mit Konditionen)
- TSTR_LANEMDL (Kalenderermittlung anhand der Transportbeziehung)
- TSTR_LOCAMDL (Kalenderermittlung mit den Stammdaten der Lokation)
- TSTR_SC (Kalenderermittlung mit den Stammdaten der konfigurierbaren Prozessterminierung)

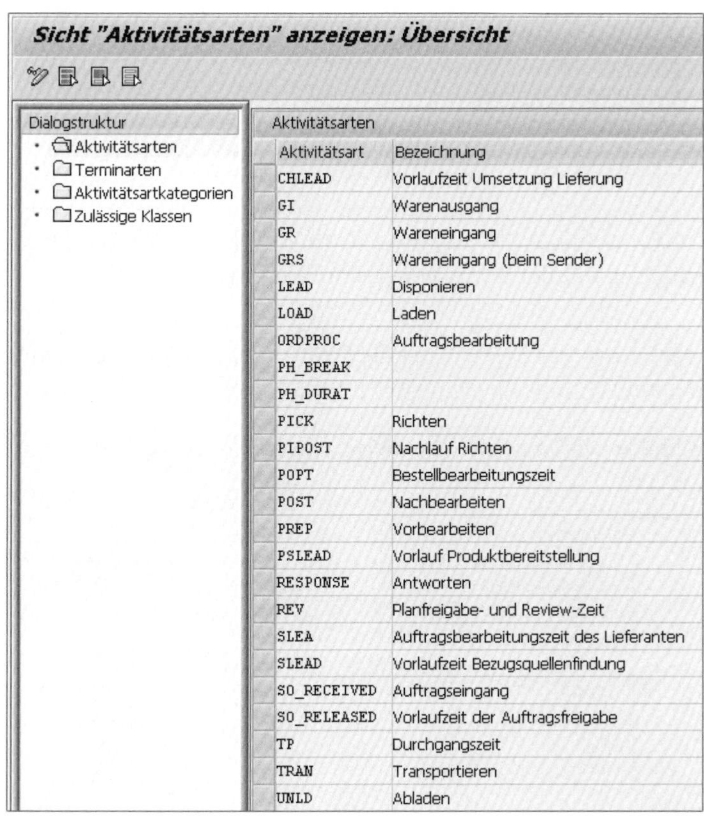

Aktivitätsart	Bezeichnung
CHLEAD	Vorlaufzeit Umsetzung Lieferung
GI	Warenausgang
GR	Wareneingang
GRS	Wareneingang (beim Sender)
LEAD	Disponieren
LOAD	Laden
ORDPROC	Auftragsbearbeitung
PH_BREAK	
PH_DURAT	
PICK	Richten
PIPOST	Nachlauf Richten
POPT	Bestellbearbeitungszeit
POST	Nachbearbeiten
PREP	Vorbearbeiten
PSLEAD	Vorlauf Produktbereitstellung
RESPONSE	Antworten
REV	Planfreigabe- und Review-Zeit
SLEA	Auftragsbearbeitungszeit des Lieferanten
SLEAD	Vorlaufzeit Bezugsquellenfindung
SO_RECEIVED	Auftragseingang
SO_RELEASED	Vorlaufzeit der Auftragsfreigabe
TP	Durchgangszeit
TRAN	Transportieren
UNLD	Abladen

Abbildung 21.19 Aktivitätsarten der konfigurierbaren Prozessterminierung

Und zu guter Letzt können Sie für die *Zeitzonenermittlung* auf die folgende sechs Methoden zurückgreifen:

- TZON_COND (Zeitzonenermittlung mittels Konditionen)
- TZON_LOCAMDL (Zeitzonenermittlung mittels Stammdaten der Lokation)
- TZON_SC (Zeitzonenermittlung mit den Stammdaten der konfigurierbaren Prozessterminierung)
- TZON_SYSTEM (Verwendung der Systemzeitzone)
- TZON_USER (Verwendung der Benutzerzeitzone)
- TZON_UTC (Verwendung der Zeitzone UTC)

Sowohl die Zeitdauerermittlung als auch die Kalender- und Zeitzonenermittlung stehen Ihnen für jede der genannten Aktivitätsarten zur Verfügung (siehe Abbildung 21.19).

Hiermit haben Sie alle Schemabestandteile eines Terminierungsschemas der konfigurierbaren Prozessterminierung kennengelernt.

21.3.2 SAP-Standard-Terminierungsschema

In einem APO-System finden Sie folgende Standard-Terminierungsschemata vor:

- **SCHEDL**
  Das Schema SCHEDL entspricht dem klassischen Terminierungsschema, wie Sie es schon aus der Terminierung mit der Konditionstechnik kennen.
- **SCHEDL_ROUTE**
  Die Besonderheit des Schemas SCHEDL_ROUTE ist die Ermittlung der Transportdauer mithilfe der statischen Routenfindung (siehe Abbildung 21.20).

Sicht "abgeleitete Terminarten" anzeigen: Übersicht

Dialogstruktur
- Schemas
  - Aktivitäten
  - abgeleitete Terminarten
  - Eigenschaftstransformation
  - Lokationsermittlung
  - Stammdatenanreicherung
  - Zeitdauerermittlung
  - Kalenderermittlung
  - Zeitzonenermittlung
  - Delegationsermittlung
  - Teilnetzermittlung

abgeleitete Terminarten

Terminierungsschema	abgeleitete Terminart	Aktivitätsart	Terminkategorie
SCHEDL_ROUTE	ELDAT	UNLD	Ende einer Aktivität
SCHEDL_ROUTE	LDDAT	LOAD	Start einer Aktivität
SCHEDL_ROUTE	LFDAT	UNLD	Start einer Aktivität
SCHEDL_ROUTE	MBDAT	PICK	Start einer Aktivität
SCHEDL_ROUTE	TDDAT	LEAD	Start einer Aktivität
SCHEDL_ROUTE	WADAT	LOAD	Ende einer Aktivität

Abbildung 21.20 Terminierungsschema der konfigurierbaren Prozessterminierung

- **SCHEDL_SDD**
  Das Schema SCHEDL_SDD enthält einen Fälligkeitstermin für die Bezugsquellenfindung (technisch SDDAT). Das bedeutet, dass Sie Kundenaufträge, deren Wunschtermin weit in der Zukunft liegt, erst zu einem späteren Zeitpunkt auf Verfügbarkeit hin prüfen lassen und müssen somit nicht frühzeitig Mengen blockieren. Der späteste Zeitpunkt, um die Verfügbarkeitsprüfung durchzuführen, ist der Fälligkeitstermin für die Bezugsquellenfindung – also der Termin, an dem Sie die Beschaffung beim Lieferanten anstoßen müssten, damit die Ware noch rechtzeitig bei Ihnen eintrifft.
- **SCHEDL_RLD**
  Das Schema SCHEDL_RLD enthält einen Umsetzungstermin (technisch RLDAT), an dem Kundenaufträge in eine Lieferung umgesetzt werden sollten. Änderungen an diesen Kundenaufträgen durch die Rückstandsbearbeitung können dann ausgeschlossen werden, wenn die Rückstandsbearbeitung diesen Umsetzungstermin berücksichtigen soll.
- **SCHEDL_TPOP**
  Das Schema SCHEDL_TPOP wird für die korrekte Terminierung des Streckengeschäftes innerhalb der Verfügbarkeitsprüfung benötigt. Es enthält folgende zusätzliche Termine, die im Rahmen der Transport- und Versandterminierung ermittelt werden müssen:
  - spätester Auftragsanlagetermin (Terminart OEDAT)
  - spätester Bestellanlagetermin (Terminart PODAT)
  - Bestellbearbeitungszeit (Aktivitätsart POPT)
  - Auftragsbearbeitungszeit des Lieferanten (Aktivitätsart SLEA)
  - Auftragsbearbeitung (Aktivitätsart ORDPROC)
- **SCHEDL_MM**
  Das Schema SCHEDL_MM verwenden Sie, wenn Sie Umlagerungsbestellungen ebenfalls mit der konfigurierbaren Prozessterminierung terminieren möchten.
- **SCHEDL_MM_RG**
  Wie das Schema SCHEDL_MM terminiert auch das Schema SCHEDL_MM_RG Umlagerungsbestellungen mithilfe der konfigurierbaren Prozessterminierung, ergänzt um die Transportdauerbestimmung mithilfe der statischen Routenfindung.

Wie schon bei den Schemabestandteilen haben Sie auch hier die Möglichkeit, ein eigenes Terminierungsschema zu erstellen. Dabei können Sie auf bereits im Standard ausgelieferte Schemabestandteile ebenso zurückgreifen wie auf eigens von Ihnen erstellte Termine oder Aktivitäten.

21.3.3 Terminierung der Transportaktivitäten mit der statischen Routenfindung

Wie in Abbildung 21.18 bereits aufgelistet, gibt es in der konfigurierbaren Prozessterminierung – neben den schon beschriebenen Möglichkeiten der Ermittlung von Schemabestandteilen – noch die sogenannte *Delegationsermittlung*. Hier delegieren Sie die Ermittlung z. B. von Zeitdauern an Applikationen außerhalb der eigentlichen konfigurierbaren Prozessterminierung.

Das im vorangehenden Abschnitt bereits kurz erläuterte Terminierungsschema `SCHEDL_ROUTE` hat z. B. die Ermittlung von Transportdauern an die statische Routenfindung delegiert. Die statische Routenfindung ist Bestandteil der Routenfindung von SAP EWM (Extended Warehouse Management).

Aufgabe der Routenfindung ist es, die am besten geeignete Route zu finden. Dabei werden geografische Aspekte ebenso beachtet wie Einschränkungen z. B. bezüglich der Möglichkeiten, Gefahrgut zu transportieren. Die aus dem Auftrag übergebene Versandbedingung kann ebenfalls als Filter verwendet werden, und auch eine Kostenbetrachtung ist möglich.

Die Verwendung der Routenfindung in der Transport- und Versandterminierung ist aus drei Gründen besonders interessant:

- Sie können pro Route einen Abfahrtskalender hinterlegen und sind somit nicht auf den Versandkalender der abgebenden Lokation angewiesen.
- Sie können mit der Routenfindung sogenannte *Cross-Docking-Routen* finden. Dies sind Routen, bei denen die Produkte in der Cross-Docking-Lokation direkt vom Wareneingang in den Warenausgang gebracht werden, ohne dass eine Einlagerung erfolgt.
- Sie benötigen die Routen möglicherweise für die Lagerabwicklung in SAP EWM und können auf bereits existierende Routenstammdaten zurückgreifen, ohne eigene Transportbeziehungen für die Transport- und Versandterminierung anlegen zu müssen.

Die Routen pflegen Sie im SAP-Menü über den Pfad **Extended Warehouse Management • Stammdaten • Warenannahme und Versand • Routenfindung • Route pflegen** oder über Transaktion /SCTM/ROUTE (siehe Abbildung 21.21).

Eine Simulation der Routenfindung können Sie im SAP-Menü über den Pfad **Extended Warehouse Management • Stammdaten • Warenannahme und Versand • Routenfindung • Routenfindung simulieren** oder über Transaktion /SCTM/RGINT aufrufen.

Am Ende liefert die statische Routenfindung so die Transportdauer und die korrespondierenden Termine zur weiteren Verarbeitung zurück an die konfigurierbare Prozessterminierung (siehe Abbildung 21.22).

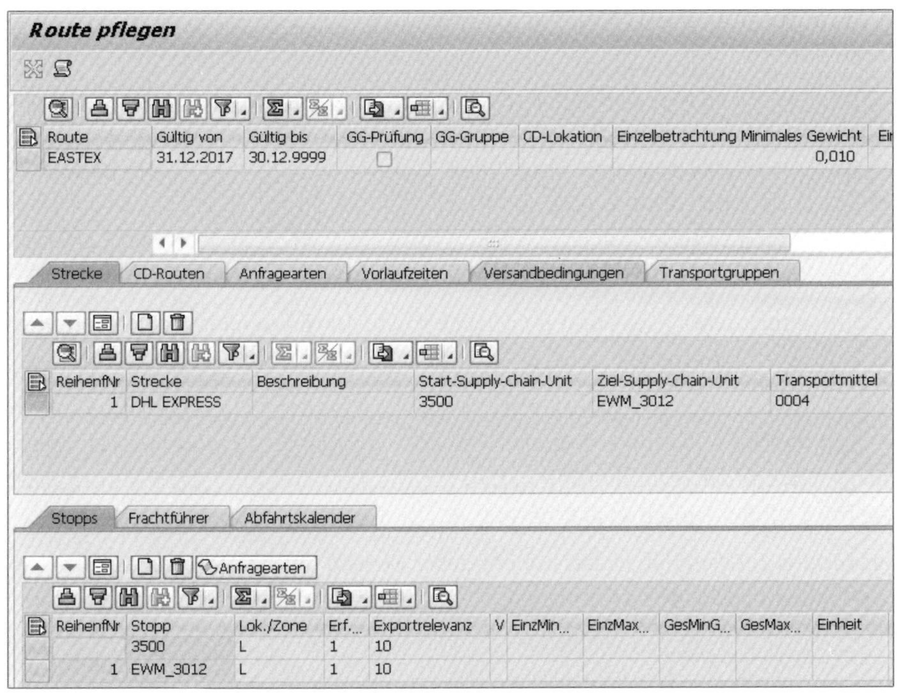

Abbildung 21.21 Routenstammdaten für die statische Routenfindung pflegen

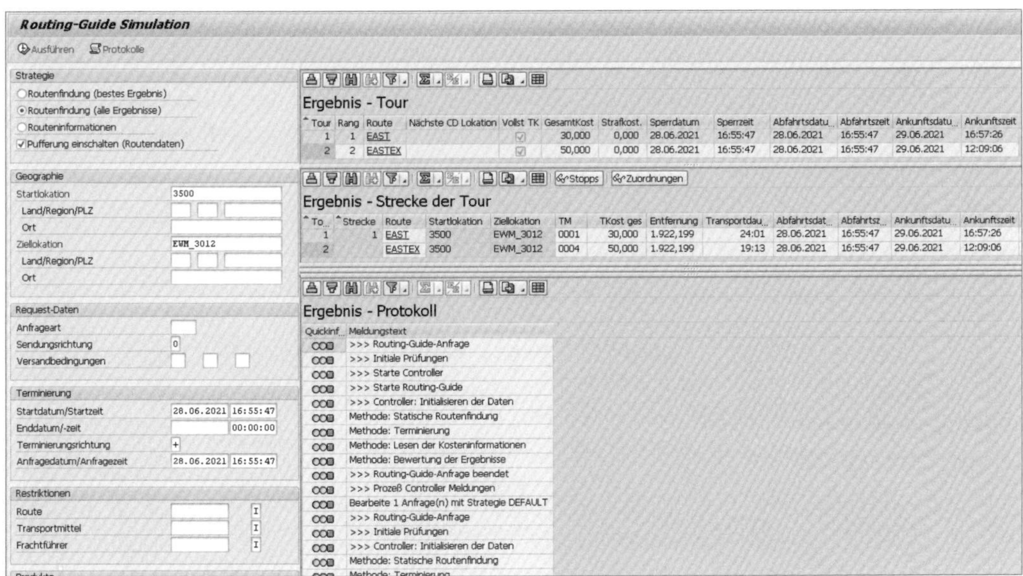

Abbildung 21.22 Simulation der statischen Routenfindung

21.4 Terminierung mit SNP-Stammdaten

Die Terminierung mit SNP-Stammdaten (Supply Network Planning) setzen Sie ein, wenn Sie ein Vendor Managed Inventory (VMI) durchführen.

Als VMI wird die Beplanung einer Kundenlokation durch den Lieferanten, basierend auf den Bestands- und Absatzzahlen des Kunden, bezeichnet. Diese Funktion ist Bestandteil der APO-Komponente SNP. Als Ergebnis des VMI entstehen vom Lieferanten für den Kunden angelegte VMI-Kundenaufträge im ERP-System.

Die Terminierung dieser VMI-Kundenaufträge soll nicht mit den bisher vorgestellten Möglichkeiten vorgenommen werden, sondern mithilfe der SNP-Stammdaten.

Hierzu müssen Sie im Customizing über den Pfad **Advanced Planning and Optimization • Supply-Chain-Planung • Supply Network Planning (SNP) • Vendor-Managed-Inventory • Erweiterte Terminierung aktivieren** die Terminierung der VMI-Kundenaufträge mit SNP-Stammdaten aktivieren.

Darüber hinaus müssen Sie sicherstellen, dass die Kundenlokation als Ziellokation vom Typ **Kunde** im APO-System angelegt ist und die notwendigen Informationen auf der Registerkarte **VMI-Kunde** vorliegen.

Zu guter Letzt stellen Sie sicher, dass Sie die lokationsspezifischen Produktstammdaten in der Kundenlokation angelegt haben. Dies geschieht durch die Aktivierung des CIF-Integrationsmodells für VMI-Kundenmaterialien in SAP ERP bzw. SAP S/4HANA (siehe Abschnitt 14.3, »Integrationsmodelle«).

In den lokationsspezifischen Produktstammdaten ist insbesondere die Registerkarte **WE/WA** für die Terminierung von Bedeutung, denn die aus den anderen Möglichkeiten der Terminierung bekannten Zeitbausteine kommen auch in diesem Fall der Terminierung zur Anwendung (siehe Abbildung 21.23).

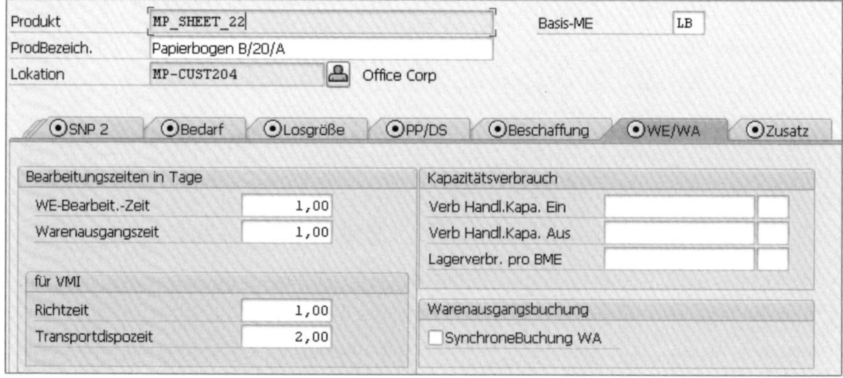

Abbildung 21.23 Terminierungsbausteine in den Produktstammdaten

Sie werden wie folgt aus den Produktstammdaten ermittelt:

Die Entladedauer wird aus der Wareneingangsbearbeitungszeit ausgelesen (Feld **WE-Bearb.-Zeit** auf der Registerkarte **WE/WA**). Die Ladedauer entspricht der Warenausgangszeit (Feld **Warenausgangszeit**), und die Richtzeit und die Transportdispositionsdauer werden aus den gleichnamigen Feldern ausgelesen.

Lediglich die Transportdauer wird, wie gewohnt, in der Transportbeziehung zwischen abgebendem Werk und Ziellokation des VMI-Kunden ermittelt.

Hiermit haben Sie die Terminierung mithilfe der SNP-Stammdaten durchgeführt.

21.5 Terminierung mit der dynamischen Routenfindung

Der Vollständigkeit halber soll auch die Möglichkeit der Terminierung mit der dynamischen Routenfindung erwähnt werden. Diese Terminierungsmethode nutzt Funktionen der APO-Komponente Transportplanung/Vehicle Scheduling (TP/VS). Dabei wird bereits während der Kundenauftragsanlage eine Transportplanung unter Berücksichtigung von z. B. Frachtkosten, Transportverfügbarkeit oder Zeitplänen vorgenommen.

21.5.1 Ablauf der dynamischen Routenfindung

Der Ablauf der dynamischen Routenfindung im Zusammenspiel mit der globalen Verfügbarkeitsprüfung soll kurz beschrieben werden:

1. Der Kundenauftrag wird im ERP-System angelegt.
2. Die Komponente TP/VS im APO-System bildet sogenannte Transporteinheiten.
3. Für die erzeugten Transporteinheiten wird ein gültiges *Routenfindungsprofil* ermittelt (siehe Abbildung 21.24). Kann kein Routenfindungsprofil ermittelt werden, bricht die dynamische Routenfindung ab. Es wird dann entweder die Terminierung mit der Konditionstechnik durchgeführt, oder es kann in der Folge keine Position im Kundenauftrag bestätigt werden.
4. Bei gültigem Routenfindungsprofil legt die *dynamische Routenfindung* Transportvorschläge an und ermittelt Warenausgangsdatum, Ladedatum und Materialbereitstellungsdatum.
5. Mit dem ermittelten Materialbereitstellungsdatum wird eine gATP-Prüfung durchgeführt. Ist das Produkt zum gewünschten Termin verfügbar, können die entsprechenden bestätigten Mengen und Termine an den Kundenauftrag übergeben werden.

6. Ist das Produkt erst zu einem späteren Materialbereitstellungstermin verfügbar, muss vom neuen Termin aus eine erneute dynamische Routenfindung stattfinden. Die neu ermittelten Termine werden zusammen mit den bestätigten Mengen an den Kundenauftrag übergeben.

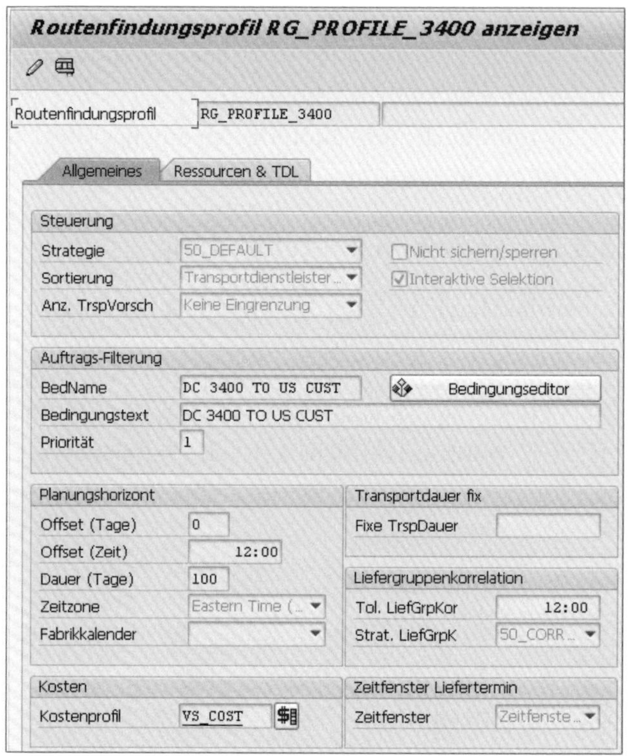

Abbildung 21.24 Routenfindungsprofil für die dynamische Routenfindung

21.5.2 Pflege des Routenfindungsprofils

Das Routenfindungsprofil legen Sie im SAP-Menü über den Pfad **Advanced Planning and Optimization • Transportplanung/Vehicle Scheduling • Umfeld • Lfd. Einstellungen • Dynamische Routenfindung • Routenfindungsprofil definieren** an (alternativ wählen Sie Transaktion /SAPAPO/VS16).

Hierbei müssen Sie vor allem festlegen, wie Sie die vom Routenprofil ermittelten gültigen Routen sortieren möchten. Unter dem Parameter **Sortierung** wählen Sie z. B. die schnellste, kürzeste oder pünktlichste Route aus. Auch die Kosten können Sie zur Sortierung heranziehen. Die Art der Kostenermittlung legen Sie dabei im umfangreichen Kostenprofil fest. Das Kostenprofil pflegen Sie in Transaktion /SAPAPO/VS_CTS_OPT, bevor Sie es im Routenfindungsprofil zuweisen können.

21.5.3 Simulation der dynamischen Routenfindung

Um die komplexen Einstellungsmöglichkeiten – insbesondere des Kostenprofils – zu simulieren, steht Ihnen in Transaktion /SAPAPO/VS18 eine Simulation der dynamischen Routenfindung zur Verfügung (siehe Abbildung 21.25).

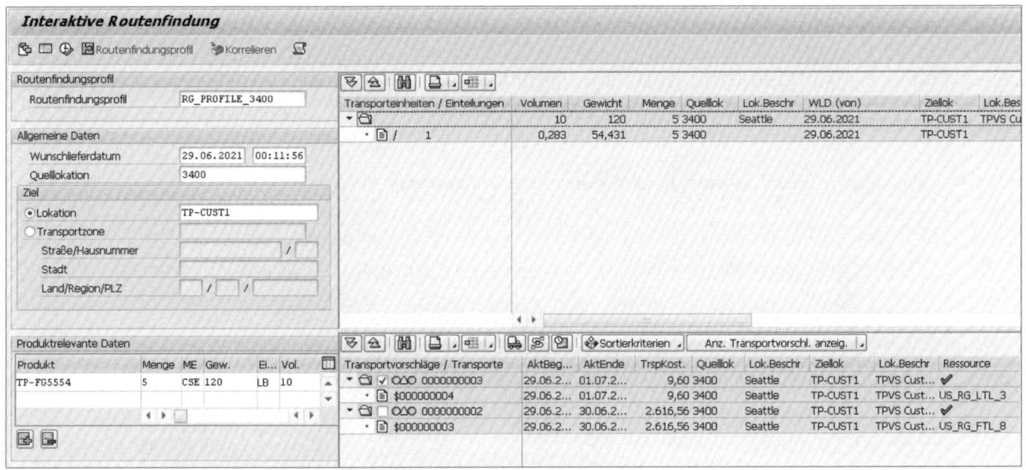

Abbildung 21.25 Simulation der dynamischen Routenfindung

Hierbei geben Sie auf der linken Seite des Bildes neben dem Routenfindungsprofil vor allem das terminierungsrelevante Wunschlieferdatum des Kunden sowie dessen geografische Daten mit. Da es einige produktabhängige Kosten gibt, müssen Sie auch Informationen wie Menge, Gewicht und Volumen vorgeben. Nach der Ausführung der Simulation erhalten Sie Transportvorschläge, basierend auf den gefundenen Routen.

21.6 Simulation der Transport- und Versandterminierung

Nachdem Sie in den vorangehenden Abschnitten schon die Simulation der statischen und dynamischen Routenfindung als Teilsimulation kennengelernt haben, soll es in diesem Abschnitt um die Simulationsmöglichkeiten der gesamten Transport- und Versandterminierung gehen.

Hierbei ist es wichtig, zwischen der Terminierung mit der Konditionstechnik und der konfigurierbaren Prozessterminierung zu unterscheiden. Beide verfügen über separate Simulationstransaktionen.

21.6.1 Simulation der Terminierung mit Konditionstechnik

Möchten Sie die Terminierung mit der Konditionstechnik simulieren, um die Auswirkung verschiedener Stammdaten und Customizing-Einstellungen zu verstehen, wählen Sie Transaktion /SAPAPO/SCHED_TEST. Diese finden Sie im SAP-Menü über den Pfad **Advanced Planning and Optimization • Globale ATP • Auswertungen • Simulation Terminierung**.

Dabei können Sie umfangreiche Vorgaben für die Simulation machen (siehe Abbildung 21.26).

Abbildung 21.26 Simulation der Transport- und Versandterminierung

So können Sie auf der Registerkarte **Umfang der Eingabe** z. B. festlegen, ob Sie einen bereits im APO-System existierenden Kundenauftrag mit veränderten Einstellungen simulieren möchten (Kennzeichen **Attribute von Datenbank lesen**) oder ob Sie alle terminierungsrelevanten Parameter selbst vorgeben (Kennzeichen **Attribute vorgeben**).

Auf der Registerkarte **Allgemeine Felder** (siehe Abbildung 21.26) geben Sie vor allem die Termine vor, von denen aus die Terminierung gestartet werden soll (Bereich **Einstiegspunkt** und Bereich **Zusätzlicher Einstiegspunkt**). Ebenso können Sie im Bereich **Frühest zulässiger Termin** ein Datum mitgeben, bei dessen Erreichen von der Rückwärts- auf eine Vorwärtsterminierung umgeschaltet wird. Die voreingestellte Regelstrategie ändern Sie üblicherweise nicht.

Auf der Registerkarte **Konditionsfelder** können Sie den Feldkatalog mit eigenen Vorgabewerten füllen und auf diese Weise die Wirkung von abweichenden Stammdaten simulieren. Beachten Sie, dass auf dieser Registerkarte nur die Felder befüllt werden können, die von SAP standardmäßig im Feldkatalog ausgeliefert wurden.

Haben Sie dem Feldkatalog weitere, eigene Felder hinzugefügt, können Sie diese auf der Registerkarte **Zusatzfelder** in die Simulation einsteuern.

Die Registerkarte **Prestep Felder** dient der Ermittlung von Stammdaten für die Terminierung, sofern diese im OLTP-System hinterlegt sind. Aus diesem Grund müssen Sie auf dieser Registerkarte ein logisches System und eine RFC-Destination angeben. Pflegen Sie zusätzlich z. B. die Abladestelle des Warenempfängers, ruft die Simulation das angegebene OLTP-System auf und liest dort die Warenannahmezeiten des Warenempfängers aus. Diese Warenannahmezeiten werden dann in der Terminierung verwendet.

Zu guter Letzt legen Sie auf der Registerkarte **Analyse** fest, ob Sie die Simulation zur Ergebnisanalyse (Kennzeichen **ohne Ausgabe** deaktiviert) oder zu Performancezwecken (Kennzeichen **ohne Ausgabe** aktiviert) durchlaufen lassen möchten. Im Fall der Performancesimulation geben Sie zusätzlich die Anzahl der Terminierungen an, die Sie durchlaufen lassen möchten.

21.6.2 Simulation der konfigurierbaren Prozessterminierung

Die Simulation der konfigurierbaren Prozessterminierung starten Sie über Transaktion /SCMB/SCED_SIM oder im Customizing über den Pfad **SCM-Basis • Konfigurierbare Prozessterminierung • Terminierung testen**.

Wie schon bei der Simulation der Terminierung mit der Konditionstechnik können Sie auch hier umfangreiche Vorgaben für die Terminermittlung machen. Die Vorgaben sind dabei im Einstiegsbild der Simulation in verschiedene Bereiche gegliedert.

Im Bereich **Einstiegsdefinition** geben Sie, neben dem zu simulierenden Prozessalias, vor allem den Einstiegstermin vor (siehe Abbildung 21.27). Für diesen Einstiegstermin müssen Sie noch festlegen, zu welcher Aktivitätsart dieser Termin gehört, und ob es sich um einen Start- bzw. Endtermin oder um einen abgeleiteten Termin handelt. Weitere Einstiegstermine sind möglich.

Im Bereich **Steuerung der Terminierung** legen Sie vor allem Terminlimits und fixe Termine für einzelne Terminarten fest (siehe Abbildung 21.28). Darüber hinaus können Sie hier die Eigenschaften von einzelnen Feldern beeinflussen, die zu Termin- oder Zeitdauerbestimmungen herangezogen werden.

Abbildung 21.27 Simulation der konfigurierbaren Prozessterminierung: Einstiegsdefinition

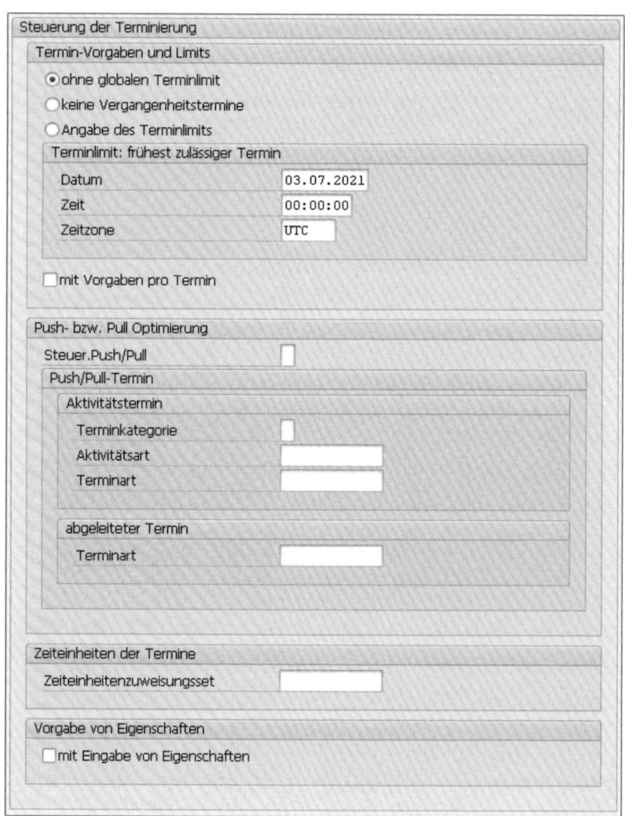

Abbildung 21.28 Simulation der konfigurierbaren Prozessterminierung: Steuerung der Terminierung

Im Bereich **Steuerung der Erklärungskomponente** müssen Sie vor allem festlegen, wie detailliert das Protokoll der Simulation sein soll und ob Sie es zur späteren Analyse speichern möchten. In diesem Block erfolgt dann auch der erneute Aufruf einer abgespeicherten Analyse (siehe Abbildung 21.29).

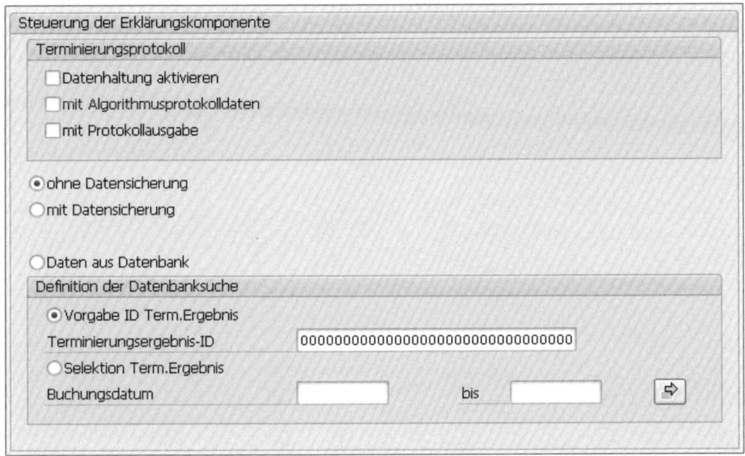

Steuerung der Erklärungskomponente

Terminierungsprotokoll

☐ Datenhaltung aktivieren

☐ mit Algorithmusprotokolldaten

☐ mit Protokollausgabe

◉ ohne Datensicherung

○ mit Datensicherung

○ Daten aus Datenbank

Definition der Datenbanksuche

◉ Vorgabe ID Term.Ergebnis

Terminierungsergebnis-ID 00000000000000000000000000000000

○ Selektion Term.Ergebnis

Buchungsdatum bis

Abbildung 21.29 Simulation der konfigurierbaren Prozessterminierung: Steuerung der Erklärungskomponente

Zu guter Letzt machen Sie im Bereich **Performance-Analyse** noch Angaben zur Anzahl der Terminierungsanfragen, die Sie im Rahmen von Performancetests durchführen möchten (siehe Abbildung 21.30).

Performance-Analyse

Anzahl Terminierungsanfragen 1

Anzahl der Wiederholungen 1

☐ ohne formatierte Terminausgabe

☐ identische Aktivitätsnetze

Abbildung 21.30 Simulation der konfigurierbaren Prozessterminierung: Performance-Analyse

21.7 Zusammenfassung

In diesem Kapitel zur Transport- und Versandterminierung haben Sie die verschiedenen Möglichkeiten der Terminierung kennengelernt. Dabei wurden zuerst die über alle Möglichkeiten hinweg verwendeten Stammdaten und Einstellungen präsentiert. Anschließend haben Sie die einfache Terminierung mit der Konditionstechnik ebenso gesehen wie die deutlich flexiblere, aber auch komplexere konfigurierbare Prozessterminierung. Wenn Sie neben der gATP-Prüfung auch noch SNP für eine VMI-

Abwicklung einsetzen, bietet sich die Terminierung mit den SNP-Stammdaten an. Nutzen Sie bereits die Komponente TP/VS, lohnt sich möglicherweise der Einsatz der dynamischen Routenfindung zur Terminbestimmung. Zum Abschluss haben Sie die Simulationsmöglichkeiten der Terminierung mit Konditionstechnik und der konfigurierbaren Prozessterminierung kennengelernt.

Die Autoren

Jens Drewer ist seit 2018 Produktmanager in der Entwicklung für SAP S/4HANA Cloud bei der SAP SE. Nach seinem Wirtschaftsingenieur-Studium hat er als Berater der SAP Deutschland SE & Co. KG in vielen internationalen Supply-Chain-Management-Projekten verschiedenster Branchen die Themen globale Verfügbarkeitsprüfung (gATP), Supply Network Planning (SNP) und Service Parts Planning (SPP) betreut. Ab dem Jahr 2006 war Jens Drewer als Principal Solution Architect für SAP Service Parts Management (SPM) in vielen internationalen Ersatzteillogistik-Projekten im Einsatz, ehe er in dieser Rolle für einige Jahre den Beratungsvertrieb in Projekten rund um SAP SCM und SPM unterstützt hat. Nach seinem Wechsel zur SAP SE im Jahr 2016 hat er als Produktmanager die SPM-Lösung von SAP mitverantwortet.

Dirk Honert war viele Jahre als SAP-Berater im SCM-Umfeld für die cbs Corporate Business Solutions Unternehmensberatung GmbH in Heidelberg tätig. In zahlreichen Projekten verschiedenster Branchen hat er sich ausgiebig und mit viel Enthusiasmus mit den Themen Verfügbarkeitsprüfung und Disposition auseinandergesetzt. 2008 wurde Dirk Honert Section Manager für den Bereich Supply Chain Planning, der 2010 zum Bereich Supply Chain Management erweitert wurde. Neben seiner Beratungstätigkeit hat er jahrelang zahlreiche Kundenseminare zum Thema »Optimierte Materialdisposition mit SAP« gehalten. Heute ist Dirk Honert Consulting Director für den Bereich Master Data Management bei der cbs Corporate Business Solutions Unternehmungsberatung GmbH. Sein Interesse an SCM- und Verfügbarkeitsprüfungsthemen hat er jedoch nicht ganz verloren.

Jens Kappauf ist Mitgründer der Qinlox Consulting GmbH, einem Implementierungspartner für Logistiklösungen auf Basis von SAP-Technologien. Als Autor mehrerer SAP-Fachbücher und mit mehr als 20 Jahren branchenübergreifender internationaler Projekterfahrung im Supply Chain Management ist er Experte für die Umsetzung logistischer Prozesse und Funktionen in SAP. Jens Kappauf studierte Betriebswirtschaftslehre und war anschließend mehrere Jahre als Logistikberater bei einem SAP-Beratungspartner tätig. 2001 wechselte er in die Beratungsorganisation der SAP Deutschland AG & Co. KG. 2006 übernahm er in der SAP SE Produktmanagementverantwortung für die SAP-Ersatzteillogistik- und Service-Management-Lösung. Bis 2015 war er dort Produktmanager und Senior Solution Architect für das SAP-Lösungsportfolio für Kontraktlogistiker mit dem Fokus auf SAP EWM.

Max Wagner ist Competence Manager für das Thema Production Planning und Supply Chain Planning bei der cbs Corporate Business Solutions Unternehmensberatung GmbH. Er hat einen Master im Bereich Wirtschaftswissenschaften mit dem Schwerpunkt auf Supply Chain Management und Mathematische Optimierungsmodelle an der Friedrich-Schiller-Universität Jena abgeschlossen. Zu diesem Bereich gehören Themen der Absatzplanung, Sales and Operations Planning, Bestandsoptimierung, Verfügbarkeitsprüfung, die Optimierung des Fertigungsprozesses sowie die Fertigungsdurchführung. Dabei fokussiert sich Max Wagner auf die Gebiete SAP Integrated Business Planning, SAP S/4HANA sowie APO. In verschiedenen Kundenprojekten entwickelt er für Kunden End-to-End-Lösungen für einen durchgängigen Planungsprozess.

Index

1:1-Ersetzung ... 523
1:n-Ersetzung ... 523

A

aATP-Aktivierung ... 280
Abbau des geschützten Bestands ... 327
Abfahrtskalender ... 680
Abgang ... 146
geplanter ... 176
Abgangselement ... 179, 437
Abladen ... 676
Ablauf der Kontingentierung je Einteilungstyp festlegen (SAP S/4HANA) ... 297
Abruf ... 102
Abrufbedarf ... 148
Absatzplanung ... 193, 194
Integration ... 232
Absatzprogramm anpassen ... 194
AFL-Priorität ... 652
Aktivierungsparameter ... 426
Aktivitätsart ... 676
Alert ... 628
Alert Monitor ... 550, 615, 631
Alert-Profil ... 615
Alternative-based Confirmation (ABC) ... 287, 341
alternativenbasierte Bestätigung (SAP S/4HANA) ... 287, 341
Customizing ... 342
Alternativensteuerung konfigurieren (SAP S/4HANA) ... 347, 360
Änderungsübertragung ... 394
Änderungszeiger ... 398
Anfrage ... 60, 61
Angebot ... 62, 63
Ankerbedarfsgruppe ... 622
Arbeitsvorrat ... 628, 646
Assemble-to-Order (ATO) ... 36, 156
Strategie ... 36
Szenario ... 210
ATP-Alert ... 615, 631, 637
ATP-Applikationslog ... 624
ATP-Baumstruktur ... 509, 549, 551, 621
ATP-Bedarfsprofil ... 669
ATP-Bucket ... 430
Bewertungslogik ... 432
Zeitreihenverschiebung ... 431
ATP-Einstellung integrieren ... 406
ATP-Gruppe ... 441, 508
ATP-Kategorie ... 428, 579, 582
Nicht-SAP-Kategorie ... 429
ATP-Menge ... 178, 437
berechnen ... 178
kumulierte ... 494
verteilen ... 265
ATP-Merkmalssicht ... 449, 512
ATP-Profil ... 427
ATP-Prüfung ... 276
mit Lagerortprüfung ... 191
regelbasierte ... 414
ATP-Verfügbarkeitsprüfung ... 175–177
ATP-Verfügbarkeitsprüfung in Dispositionsbereichen ... 190
ATP-Zeitreihe ... 430, 458, 617
Aufbrauchstrategie ... 524
Auftragsabwicklung ... 53
Auftragsfälligkeitsliste ... 628, 632, 651
Auftragsinformationssystem ... 248
Auslieferungswerk ... 184, 566
Ausschlüsse von Lokationen verwalten (SAP S/4HANA) ... 354
Austauschbarkeitsstammdaten ... 499, 519
Auswahlbedingungen simulieren (SAP S/4HANA) ... 377
Auswertungsreihenfolge (SAP S/4HANA) ... 373

B

Back-Order Processing (BOP) ... 367
Backorder Processing (BOP) ... 289
BAdI BADI_ATP_ABC_ALTV_DETMNR ... 359
BAPI ... 394
Basismethode ... 415, 493
Baugruppenfertigung → Assemble-to-Order
Bausatzprüfung ... 508, 560
Bedarf, prognostizierter ... 581
Bedarfsart ... 91, 159, 417
Bedarfsartenfindung ... 153
Bedarfsermittlung über den Vorgang ... 154
Bedarfsklasse ... 153, 160

Bedarfsmenge ... 614
Bedarfsprofil ... 425, 542, 613
CRM-Integration ... 426
pflegen ... 425
Bedarfsstrategie ... 486
Bedingungsprofil ... 649
Benutzerparameter ... 427
APO_ATP_PARA ... 427
Berechnungsprofil ... 519, 533, 593
Bereitstellungsdatum ... 437
Beschaffungsart ... 555
Bestandskosten senken ... 241
Bestandssenkung ... 241
Bestätigung
zu geringe ... 219
Bestätigungsstrategie (SAP S/4HANA)
Aufstocken ... 372
Gewinnen ... 371
Neu verteilen ... 372
Überspringen ... 372
Verbessern ... 371
Verlieren ... 372
Bestellanforderung ... 147
Bestellbearbeitungszeit ... 676
Bestellung ... 146
betriebswirtschaftliches Ereignis ... 423, 441, 544
betriebswirtschaftliches Ereignis ermitteln ... 424
Bewegungsdaten ... 90
Bewertungslogik ... 432
Bezugsquellenfindung ... 508, 537, 547, 555, 676, 679
BOP-Lauf (SAP S/4HANA) ... 369
BOP-Segment (SAP S/4HANA) ... 369
BOP-Segmente konfigurieren ... 375
BOP-Variante konfigurieren (SAP S/4HANA) ... 378
Bucket ... 430
Bucket-Logik ... 445
exakte Daten ... 445
progressive ... 445
total konservative ... 445
Business Partner ... 388

C

Capable-to-Promise (CTP) ... 508, 543, 554, 558, 620
Change Pointer ... 398
Chargenebene ... 188
CIF-Schnittstelle ... 394
Änderungsübertragung der Stammdaten ... 398
Ausgangs- und Eingangsverarbeitung ... 395
Integration ... 666
Integrationsleitfaden ... 396
Integrationsmodelle ... 400, 682
logisches System ... 399
Nachrichtentyp ... 398
qRFC ... 395
Schnittstellenkonfiguration ... 396
Schnittstellentechnologie ... 395
Collaborative Management of Delivery Schedules (CMDS) ... 69
Cross-Docking-Route ... 680

D

Delegationsermittlung ... 680
Deployment ... 194
Detailed Scheduling ... 194
Dipositionsbereichsebene ... 191
diskrete Kontingentierung ... 468
Disponent pflegen ... 253
Dispositionsbereich ... 190
Dispositionsdauer ... 663, 664
Dispositionselement ... 139
Dispositionsmerkmal ... 154
Dispositionsstrategie ... 33
Durchlaufterminierung ... 183
Durchlaufzeitenoptimierung ... 184
dynamische ATP-Prüfung ... 439

E

Eckendtermin ... 182
Eigenfertigungszeit ... 144
Einkaufsinfosatz ... 539
Einmallieferung ... 608
Einplanungshorizont ... 552
Einstellung
Produktion direkt ... 508
Zugänge in der Vergangenheit ... 150
Einstellung der Verrechnungsintervalle ... 202
einstufige Kontingentierung ... 472
Einteilungstyp ... 91, 151, 230
Einteilungsübersicht ... 606
Einzel-/Sammelbedarfskennzeichen ... 89
Einzelbedarf ... 130, 131
Empfängerart ... 254

Endterminart ... 676
Engineer-to-Order ... 156
Engineer-to-Order-Szenario ... 34
Entladedauer ... 663, 671, 683
Equipment/Dokumente ... 110
Ereignis, betriebswirtschaftliches ... 423, 441, 544, 613, 646, 653
Ergebnisübersicht ... 605
ERP-Klassifizierung ... 449
Ersetzung, Anzahl ... 530
Ersetzungen für Lokationen verwalten (SAP S/4HANA) ... 349
Ersetzungsbeziehung (SAP S/4HANA) ... 351
Ersetzungsgründe für die Lokationsersetzung verwalten (SAP S/4HANA) ... 344
Ersetzungsgruppe ... 504
Ersetzungsgruppe (SAP S/4HANA) ... 345
Ersetzungskette ... 503, 506, 523
Ersetzungskette (SAP S/4HANA) ... 349
Ersetzungskombinationen pflegen (SAP S/4HANA) ... 345
Ersetzungsobjekt (SAP S/4HANA) ... 345, 353
Ersetzungssteuerung (SAP S/4HANA) ... 346
Ersetzungsstrategie pflegen (SAP S/4HANA) ... 356
Ersetzungsstufe ... 519
Ersetzungstyp ... 523
  Filter ... 519
Ersetzungsvorauswahl ... 533, 613
Erstdatenversorgung ... 394
erweiterte Ersatzteilplanung (eSPP) ... 355
erweiterte Verfügbarkeitsprüfung (aATP) ... 278, 415

F

Fabrikkalender ... 663
Fächer ... 503, 506
Fallback-Variante (SAP S/4HANA) ... 373
Fehlmengenkosten ... 242
Fehlteil ... 241, 551
  aktive ... 250
  verdichten ... 251
Fehlteileabwicklung ... 257
Fehlteileauswertung ... 247
Fehlteiledilemma ... 243
Fehlteiledisponent ... 250, 253
Fehlteileidentifizierung ... 243
Fehlteileindex ... 244
Fehlteileinformations-E-Mail ... 254
Fehlteileinformationsmeldung ... 250
Fehlteileinformationssystem ... 248
Fehlteileliste ... 246
Fehlteilemanagement ... 241
Fehlteilenachricht ... 255
Fehlteileprüfung
  aktivieren ... 250
  einstellen ... 252
  Systemmeldung ... 256
Fehlteileübersicht ... 246
Feiertagskalender ... 663
Feinabruf ... 102
Feld
  Betriebswirtschaftliches Ereignis ... 508
  Verspätete Bestätigung ... 519
Feldkatalog ... 528, 581, 591, 671
Fertigung, auftragsanonyme ... 177
Fertigungsart ... 155
  Assemble-to-Order ... 155
  Engineer-to-Order ... 155
  Make-to-Order ... 155
  Make-to-Stock ... 155
Fertigungsauftrag ... 38, 75, 76
Fertigungshilfsmittel
  Materialstamm ... 110
  sonstige ... 110
Fertigungshilfsmittel-Verfügbarkeitsprüfung ... 73
FFF-Klasse ... 523
Filter für Ersetzungstyp ... 526
Filterkriterium ... 629
Filtertyp ... 628
Filtervariante ... 628
first come, first served ... 65, 223, 289, 384
Flexible Perioden generieren (SAP S/4HANA) ... 329
Fortschreibung der Kontingente ... 479
Freigabe, belastungsorientierte ... 116
Führungskennzeichen (SAP S/4HANA) ... 351
FULL_CONFIRMATION (Vollständige Bestätigung) ... 358
Funktion Andere Werke ... 185

G

gegenseitige Austauschbarkeit (SAP S/4HANA) ... 351
Generierung der Unterposition erzwingen ... 356
Geodaten ... 676
Gesamtwiederbeschaffungszeit ... 86, 143, 179
Geschäftsprozess ... 19

Geschäftsvorfall ... 531
Geschäftsvorfall für die mehrstufige ATP-Prüfung ... 548
geschützter Bestand (SAP S/4HANA) ... 327
Geschwindigkeit, mittlere ... 673
global Available-to-Promise (gATP) ... 43, 48
globaler Filter (SAP S/4HANA) ... 370
Gültigkeitszeitraum ... 504
Gültigkeitszeitraum für die Lokationsersetzung (SAP S/4HANA) ... 351

H

Heute-Terminierung ... 183
horizontaler Schutz → Kernschutz (SAP S/4HANA)

I

Infostruktur ... 227
Initialübertragung ... 394
Inline-Ersetzung erzwingen ... 356
Integrationsmodell ... 400
  aktivieren ... 403
  ATP-Einstellung integrieren ... 406
  Bewegungsdaten integrieren ... 405
  Datenaustausch einplanen ... 408
  Hintergrundjob ... 400
  Hintergrundverarbeitung ... 409
  löschen ... 409
  Stammdatenübertragung ... 400
Internet Transaktion Server (ITS) ... 427
iPPE-Einstiegsobjekt ... 555, 561

J

Job SAP_ATP_SUP_PERIODIC_MAINTENANCE ... 329

K

Kalender ... 663
  Arbeitszeitkalender ... 663
  Empfangskalender ... 665, 674
  Fabrikkalender ... 663
  Feiertagskalender ... 663
  Periodenkalender ... 664
  Transportkalender ... 665
  Versandkalender ... 664
Kalenderermittlung ... 677
Kapazität berücksichtigen ... 66
Kapazitätsart ... 112
Kapazitätssequenzgruppe (SAP S/4HANA) ... 307
Kapazitätsverfügbarkeitsprüfung ... 72
Kennzeichen ... 607
  2. Zugriff ... 515
  Mit gesperrter Bestand ... 142
  Neuzuordnung von Auftragsbestätigungen ... 502
  Ohne WBZ prüfen ... 263
  Terminfix ... 93, 631
Kernschutz (SAP S/4HANA) ... 286, 323, 331
Kit-to-Order (KTO) ... 543, 560
Kombination der Sperrlogiken ... 163
Komplement ... 517
Komplettlieferung ... 565, 600, 608
komplexe Lieferkette ... 32
Komponente
  Bedarfstermin ... 547
  Verfügbarkeit ... 545
Kondition pflegen ... 255
Konditionsart ... 529, 591
Konditionssatz ... 591
Konditionstabelle ... 528, 591, 671
Konditionstechnik ... 499, 527, 591, 671
Konfigurationsschema ... 450, 451
konfigurierbare Prozessterminierung ... 687
Konsolidierung ... 502, 531, 543, 565, 570
Konsolidierungslokation ... 531, 565, 570
Kontingent ... 161, 232
Kontingente aus Microsoft Excel importieren (SAP S/4HANA) ... 302
Kontingente manuell pflegen (SAP S/4HANA) ... 302
Kontingentgruppe ... 465, 542, 616
  Kontingentmenge ... 465
  Merkmalszuordnung ... 467
  Periodenraster ... 467
  Planungsbereich ... 466
  Prüfdatum ... 466
  Verrechnungsintervall ... 468
Kontingentierung ... 152, 176, 261, 269, 436, 458, 493, 537, 542, 620
  Anbindung an SAP APO-DP ... 474
  diskrete ... 468
  Fortschreiben der Kontingente ... 479
  im Kundenauftrag ... 461
  Info-Objekt ... 459
  Integration mit APO-BW ... 475
  Integration zu ERP ... 477
  interaktive Absatzplanung ... 459

Kontingentierung (Forts.)
Kontingentierungsschema ... 471
kumulative ... 468
Menge übertragen ... 478
Mengenfortschreibung ... 462
Merkmale übertragen ... 478
Merkmalsablage ... 459
Parameterübergabe ... 464
Steuerparameter ... 462
Kontingentierung (SAP S/4HANA) ... 284, 295, 296
Kontingentierung in der Bedarfsklasse aktivieren (SAP S/4HANA) ... 297
Kontingentierungskennzeichen ... 230
Kontingentierungsobjekt (SAP S/4HANA) ... 225, 300, 309, 464
Kontingentierungsschema ... 223, 470, 636
Kontingentierungsschemafolge ... 473
Kontingentierungsstrategie ... 229
Kontingentierungszähler ... 224
Kontingentübersicht ... 614
Kontingentzeitreihe ... 461
Kontrakt ... 539
Korrelation ... 569, 573, 599, 634
Korrelationsprofil ... 600, 613
Korrelationsrechnung ... 565
Korrelationstyp ... 601
kostenoptimales Bestandsniveau ... 241
Kostenprofil ... 684
Kumulation ... 134, 179, 198, 444
kumulative Kontingentierung ... 468
kumulierte ATP-Menge ... 438
kumulierte Menge berücksichtigen ... 443
Kundenauftrag ... 64, 67, 90
Kundenauftragsentkopplungsebene ... 35
Kundenbedarfsklasse ... 160
Kundeneinzelbedarf ... 577
Kundeneinzelbestand ... 188
Kundeneinzelfertigung ... 146, 188, 543, 560
Kundenlokation ... 665–667, 676, 682
Kundensegmentierung ... 243

L

Ladedatum ... 171, 662, 683
Ladedauer ... 662, 664, 671, 683
Laden ... 676
Ladetermin ... 166
Ladezeit ... 166
Lagerfertigung → Make-to-Stock
Lagerhaltungsebene ... 35
Lagerortdisposition ... 145, 188
Lagerortdispositionsbereich ... 190
Lagerortebene ... 187
Lagerortprüfung ... 145, 187
Laufzeitobjekt ... 555
Lieferabruf ... 102
Lieferant ... 537
Lieferantenlokation ... 542
Lieferantenprofil ... 540
Lieferart konfigurieren (SAP S/4HANA) ... 298
Lieferavis ... 148
Lieferdatum ... 607
Lieferfreigabe (SAP S/4HANA) ... 290
Liefergruppenkorrelation ... 600
Lieferplan ... 68, 101, 539
Lieferplan für Zulieferer ... 101
Lieferpriorität ... 260, 267
Lieferschein ... 147
Lieferung ... 70, 71, 103
Liefervorschlag ... 608
Liefervorschlagsbild ... 605
Liste der Vertriebsbelege ... 261
liveCache ... 395, 578
Lizenzkosten ... 279
Lohnarbeiterbestand ... 142
Lohnarbeiterbestellung ... 122
Lohnarbeiterdispositionsbereich ... 190
Lohnbearbeitung ... 79, 553
Lokation, initiale ... 506
Lokations- und Produktersetzung ... 439
Lokationsausschluss ... 530
Lokationsersetzung ... 594
Lokationsfindung ... 426
Lokationsfindungsaktivität ... 507, 538, 542, 544, 553, 555
Lokationsfindungsschema ... 506, 514, 522
Lokationsprodukt-Ersetzungsschema ... 509, 514

M

Make-to-Order (MTO) ... 35, 156, 205, 210
Make-to-Stock (MTS) ... 156
Make-to-Stock-Szenario ... 35, 203, 207
Maskierungskennzeichen ... 467
Material Requirement Planning ... 38
Materialbereitstellungsdatum ... 166, 171, 504, 575, 607, 614, 640, 662, 683
Materialklassifizierung ... 243
Materialsicht ... 185
Materialsperre ... 131, 163

Materialstamm-Dispositions-
bereichssegment ... 191
Materialsuche, erweiterte ... 185
Materialverfügbarkeitsprüfung ... 72
Materialwirtschaft ... 77
MAX_EARLIER_CONFIRMATION
(Max. Bestätigung früher) ... 359
Mehrpositionen-Einzellieferlokation ... 503, 565, 566, 600, 634
mehrstufige Kontingentierung ... 472
Mengenbelegung
temporäre ... 618
Mengenkorrelation ... 600
Mengenverteilung ... 278
gleichmäßige ... 640
Mengenverteilung (SAP S/4HANA) ... 282
Mengenzuordnung
ereigenisgesteuerte ... 502
ereignisgesteuerte ... 627, 648
Mengenzuordnung zu Auftrags-
fälligkeitsliste ... 649, 651, 658
merkmalsbasierte
Produktverfügbarkeitsprüfung ... 448
Merkmalskatalog (SAP S/4HANA) ... 293
Merkmalssubstitutionsschema ... 511, 514
Merkmalswertgruppe (SAP S/4HANA) ... 294
Merkmalswertkatalog (SAP S/4HANA) ... 344
Merkmalswertkombination
(SAP S/4HANA) ... 344
Mischdisposition ... 87, 202
Mischdisposition 1 ... 202
Mischdisposition 2 ... 202
Mischdisposition 3 ... 203
Modell- und Versionsmanagement ... 578
Montageabwicklung ... 236

N

Nachbearbeitung ... 637
Nachrichtenart ... 255
Nachrichtenfindung für Fehlteileprüfung
einstellen ... 255
Netzplan ... 503, 506
Neuterminierung ... 265, 266, 639
Neuverteilung ... 635
Neuzuordnung von Auftrags-
bestätigungen ... 649, 653
nicht freier Chargenbestand ... 142

O

ON_TIME_CONFIRMATION (Termingerechte Bestätigung) ... 359
optimale Fehlmengenkosten ... 242
Order Penetration Point ... 35

P

Packspezifikation ... 585
Packungsgröße ... 520
Parallelisierung ... 642
Parameter
Ersetzung Anzahl ... 501
Pegging
Bereich ... 618
dynamisches ... 557
fixiertes ... 560
Performance ... 687, 689
Periodenraster ... 467
Planabruf ... 102
Planauftrag ... 73, 74, 549
Planung
mengenorientierte ... 193
wertorientierte ... 193
Planungsart ... 104
Planungsbeginndatum (SAP S/4HANA) ... 329
Planungsbereich ... 581
Planungsbuch ... 542
Planungsenddatum (SAP S/4HANA) ... 329
Planungshierarchie ... 226, 231
Planungshorizont (SAP S/4HANA) ... 329
Planungsobjektstruktur ... 476
Planungsstrategie ... 418
Planungsverfahren ... 509, 547, 555, 631
Planungsvormerkung ... 628, 631
Positionstyp ... 105, 154
Positionstypenfindung ... 426
PPM/PDS-Ersetzungsschema ... 510
priorisierter Schutz (SAP S/4HANA) ... 286, 324, 331
priorisiertes Merkmal (SAP S/4HANA) ... 331
Product Allocation (PAL) ... 284, 295
Product Availability Check (PAC) ... 276
Production Planning (PP) ... 194
Produkt, qualifiziertes ... 516
Produktaustauschbarkeitsstammdaten ... 416
Produktersetzung (SAP S/4HANA) ... 355
Produktion starten ... 544
Produktionsdatenstruktur (PDS) ... 510, 546, 561

Produktionsendtermin ... 183
Produktionsprozessmodell (PPM) ... 510, 546, 555
Produktionsstarttermin ... 183
Produktionstyp ... 545, 555, 561
Produktsicht ... 615
Produktsubstitutionsschema ... 503, 514, 522
Produktverfügbarkeit ... 20, 177
ATP-Gruppe ... 442
ERP-Prüfgruppe ... 442
Kumulation ... 444
Kundenauftrag ... 438
Prüfsteuerung ermitteln ... 441
Reaktion auf Fehlmengen ... 444
Simulieren ... 457
Unterdeckung ... 444
Voraussetzungen ... 440
Produktverfügbarkeitsprüfung ... 436, 493, 620
Produktverfügbarkeitsprüfung → ATP-Prüfung
Produktverfügbarkeitsprüfung steuern ... 441
Produktverfügbarkeitsprüfung, Auswirkung ... 179
Produktverfügbarkeitsübersicht ... 614
Programm RVDIREKT ... 531
Projekteinzelfertigung ... 188
Prozess, Umverteilung bestätigter Mengen ... 265
Prozessalias ... 675, 687
Prozessintegration ... 45, 59
Prozessterminierung ... 675
konfigurierbare ... 661, 671, 674
Prozesstyp ... 650
Prüfebene ... 641
Prüfgruppe (SAP ERP) ... 86, 129
Prüfgruppe (SAP S/4HANA) ... 276
Prüfhorizont ... 453, 550
Prüfhorizont für WE ... 146, 252
Prüfmethoden in SAP APO
Basismethoden ... 435
erweiterte Methoden ... 493
Prüfmodus ... 417, 508, 544, 555, 592, 613, 636
Ermittlung aus den Produktdaten ... 420
Prüfregel ... 136, 251
Prüfreihenfolge (SAP S/4HANA) ... 373
Prüfsteuerung ... 441, 446
Bestätigung am Prüfhorizont ... 453
Granularität von Zeitreihen ... 446
Prüfebene ... 447
Prüfhorizont ... 452
Sicherheitsgrad ... 455
Sublokationsprüfung ... 448
Prüfumfang ... 139, 176, 179, 251, 437, 494, 508, 580, 582, 608, 653
Prüfumfang (SAP S/4HANA) ... 277
Prüfung
neutrale ... 496
Prüfung gegen Vorplanung ... 480, 493
Prüfvorschrift ... 413, 441, 494, 508, 538, 544, 555, 559, 593, 608, 653
Ermittlung ... 417
Grundeinstellung ... 413
Pufferzeit ... 184
Push Deployment ... 649, 652, 657

Q

qualifizierte Lokation ... 516
Qualitätsprüfbestand ... 142
Queue
Anzeigeprogramm ... 398
Queue-Typ ... 397
registrieren ... 397
Quotierung ... 555

R

Reduktionsfaktor ... 647
Regel
alternative ... 503, 530, 567, 571
auswerten ... 521
exklusive ... 502, 529, 567, 571
inklusive ... 500, 529, 571
Regelauswertung
erneute ... 655
Regelauswertung, erneute ... 637
regelbasierte ATP-Prüfung ... 414
Regelfindung ... 499, 527
Regelpflege
integrierte ... 499
Regelsteuerung ... 504, 512
exklusive ... 572
Regelstrategie ... 426, 529, 566
Regelstrategiefolge ... 531
Regeltyp ... 500
Reihenfolge (SAP S/4HANA) ... 352
Reservierung ... 147
abhängige ... 148
Ressource
knappe ... 222
Ressourcen
anpassen ... 194
Restbedarf ... 526, 550, 569, 595, 639

RFC-Destination ... 687
RFC-Verbindung ... 397
Richtzeit ... 662, 664, 671, 683
Risikosteuerung ... 428
Route ... 170, 680
Routenfindung
dynamische ... 661, 683
statische ... 678, 679
Routenfindungsprofil ... 683
Rückstandsbearbeitung ... 259, 556, 617, 621
im Hintergrund ... 627, 649, 657
interaktive ... 627, 646
manuelle ... 259, 261
Rückstandsbearbeitung (SAP S/4HANA) ... 289, 367
Aktivierungsprobleme ... 383
ausführen und auswerten ... 381
Bestätigungsfehler ... 383
fehlerhafte Bearbeitung ... 382
konfigurieren ... 375
manuelle Freigabe von Lieferungen ... 387
Rückwärtsterminierung ... 575, 662
Rundung ... 565, 585
auf Packungsgröße ... 585
auf Verkaufsmengeneinheit ... 585, 598
bedarfsmengenorientierte ... 587
kaufmännische ... 588
mit Packspezifikation ... 613
packungsgrößenorientierte ... 587
Rundungsrichtung ... 588
Rundungsschema ... 591, 592

S

Sammelkontingent ... 227
SAP APO
Prüfmethoden ... 175
SAP APO-PP/DS ... 425
Bucket ... 556
Heuristik ... 580
Horizont ... 552
SAP Business Suite ... 46, 47
SAP Business Workflow ... 675
SAP Customer Relationship Management (SAP CRM) ... 47, 51
Dreieckszenario ... 621
Kundenauftrag ... 427
SAP ECC ... 46
SAP ERP ... 46
SAP Extended Warehouse Management (SAP EWM) ... 680
SAP Fiori Apps Reference Library ... 279
SAP NetWeaver ... 46, 675
SAP Product Lifecycle Management (SAP PLM) ... 47
SAP S/4HANA ... 275
SAP SCM-Basis ... 674
SAP Simplification List ... 277
SAP Supplier Relationship Management (SAP SRM) ... 47
SAP Supply Chain Management (SAP SCM) ... 47
SAP Transportation Planning (SAP TM) ... 194
SAP-Fiori-App
»Ausschlüsse verwalten (Lokationen)« ... 354
»BOP-Lauf überwachen« ... 382
»BOP-Segment konfigurieren« ... 375
»BOP-Variante konfigurieren« ... 378
»Ersetzungen verwalten (Lokationen)« ... 349
»Ersetzungsgründe verwalten (Lokation)« ... 344
»Ersetzungsgruppen verwalten« ... 345
»Ersetzungssteuerungen verwalten« ... 346
»Freigabe zur Lieferung« ... 368, 387, 388
»Kontingentierung konfigurieren« ... 300
»Kontingentierungsplandaten verwalten« ... 302
»Kontingentierungssequenzen verwalten« ... 304
»Kontingentierungsübersicht« ... 304, 308
»Merkmalskataloge verwalten« ... 293
»Merkmalskombinationen verwalten« ... 346, 360
»Produkte zur Kontingentierung zuordnen« ... 307
»Verfügbarkeitsschutz verwalten« ... 323, 328
»Zugriffsfolgen verwalten« ... 346
»Zuständigkeit für die Auftragserfüllung« ... 388
SAP-Fiori-Apps für den Verfügbarkeitsschutz ... 322
SAP-Fiori-Apps für die Kontingentierung ... 298
SAP-Fiori-Apps für die Rückstandsbearbeitung ... 368
SAP-Fiori-Apps zur Konfiguration der alternativenbasierten Bestätigung ... 343
SAP-Hinweis 2691783 ... 302
SAPoffice-Postfach ... 257

Schnittmenge 517
Schnittstellenkonfiguration 396
Schutzgruppe (SAP S/4HANA) 332
Segmentierung (SAP S/4HANA) 280
Sekundärbedarf 147
Sekundärbedarfsmenge 557
Sekundärbedarfstermin 557
Selbstersetzung (SAP S/4HANA) 354
Selektionsende 504
Sicherheitsbestand 141, 565, 578
parameterabhängiger 580, 613
Sicherheitsbestand, parameterabhängiger 578
Sicherheitsbestandsmethode 579
Sicherheitszeit 182
Simulation 612
dynamische Routenfindung 685
konfigurierbare Prozessterminierung 687
Routenfindung 680
Rückstandsbearbeitung 637
Rundung 596
Transport- und Versandterminierung 685
Simulationsmodus (SAP S/4HANA) 381
SNP-Stammdaten 682
Sondersortierung 634
Sortierprofil 628, 633
Sperrlogik 163
Stammdaten 85
Stammdatenreplikation 420
Standardlieferplan 101
Startlokation 666
Startterminart 676
statische Routenfindung 678
Steuerungselement 165
Strategie 158
Strategiegruppe 86, 155, 418
Strategieprofil 556
Streckenabwicklung 508, 537, 576, 631
Streckengeschäft 679
Sublokationsprüfung 448
Substitutionsgrund 505
Summenbedarf 130, 131
Summierung der Lieferbedarfe 131
Summierung der Verkaufsbedarfe 130
Supply Chain 32, 60
Supply Chain Cockpit (SCC) 416, 615
Supply Network Planning (SNP) 194, 682
Supply Protection (SUP) 285
System, logisches 687
Systemstatus FMAT 245
Systemverbindung 396
Systemverbund, betriebswirtschaftlicher 399

T

technische Vorgangsart 426
Teilbestätigung, maximale Anzahl 520
Teilmenge bestätigen 116
Terminierung 88, 182, 239, 543, 661–663
losgrößenabhängige Zeiten 88
mit Konditionstechnik 661, 671, 674, 683, 686
mit SNP-Stammdaten 661
Rückwärtsterminierung 662
Transportterminierung 661
untertägige 172
Versandterminierung 661
Vorwärtsterminierung 663
Terminierung in der ATP-Prüfung 437
Terminierungsschema 672, 675, 678
Terminkorrelation 599
Transaktion CRM_APO_LOG 427
Transitdauer 170
Transitzeit 166
Transport- und Versandterminierung 165, 639, 661
Transportbeziehung 509, 539, 665, 666, 672, 677, 683
Transportdauer 662, 665, 671, 683
Transportdispositionsdatum 166, 663
Transportdispositionsdauer 671, 683
Transportdispositionsvorlaufzeit 171
Transportmittel 509, 672
Transportplanung/Vehicle Scheduling (TP/VS) 616, 683
Transportterminierung 167, 169, 574, 661
Transportzone 667

U

Überbestätigung 221
überlappende Fertigung 77
überlappende Gruppe (SAP S/4HANA) 333
überlappende Mengen (SAP S/4HANA) 307
Überlieferung 520
Umlagerung 78, 119, 509
Umlagerungsbestand 141
Umlagerungsbestellanforderung 149, 553
Umlagerungsbestellung 79, 149, 679
Umlagerungsszenario 39

Umrechnung von Mengeneinheiten
(SAP S/4HANA) ... 304
Umsetzung Lieferung ... 676
Unterdeckungsprüfung ... 442, 443
Unternehmensstrategie ... 243
Unterposition ... 568

V

Variantenkonfiguration ... 205
Vendor Managed Inventory (VMI) ... 682
Verbrauchsstrategie ... 470
Verbrauchsstrategien pflegen
(SAP S/4HANA) ... 305
Vereinigungsmenge ... 517
Verfügbarkeit
Bestand ... 20
Produkt ... 20
Verfügbarkeitskontrolle ... 91
Verfügbarkeitsprüfung
Anwendungsbereich ... 45, 59
auf der Komponentenebene ... 238
Durchführung ... 54, 59
dynamische ... 123
erweiterte ... 415
Fertigungsauftrag ... 115
Fertigungshilfsmittel ... 110
gegen die Vorplanung mit Endmontage ... 203
gegen Kontingente ... 175, 176, 222
gegen Vorplanung ... 175–177, 192, 219, 238, 436
gegen Vorplanung mit Vorplanungsmaterial ... 216
gegen Vorplanung ohne Endmontage ... 210
Implementierung ... 41
Kapazitäten ... 111
Kundeneinzel-/Projekteinzelfertigung, Probleme ... 189
Material ... 107
Materialwirtschaft ... 77, 119
mehrstufige ... 508, 509, 543, 558, 602, 621
Methoden in SAP ERP ... 175
mit kumulierten, bestätigten Mengen ... 132
nach ATP-Logik ... 238
Ort ... 184
Planauftrag ... 114
Praxis ... 125
Produktion ... 72
Produktionslogistik ... 107
regelbasierte ... 498
Verfügbarkeitsprüfung (Forts.)
statische ... 122
Unternehmen ... 36
Vertrieb ... 60, 90
werksübergreifende ... 185
Verfügbarkeitsprüfung je Werk
konfigurieren (SAP S/4HANA) ... 298
Verfügbarkeitsschutz ... 278, 321
Verfügbarkeitsschutz (SAP S/4HANA) ... 285
aktiver ... 325
konfigurieren ... 328
passiver ... 325
umgehen ... 326
Verfügbarkeitsschutzobjekt ... 326
automatisch anlegen ... 328
Verkaufssequenzgruppe (SAP S/4HANA) ... 307
Verrechnung, flexible ... 197
Verrechnungsgrenze ... 520
Verrechnungsintervall ... 200, 224, 228, 468, 486
Verrechnungskennzeichen ... 196
Verrechnungsmodus ... 200, 206, 484
Verrechnungsparameter ... 87, 484
Versandbedingung ... 672, 680
Versandkalender ... 680
Versandstelle ... 168, 662
Versandterminierung ... 167, 168, 574, 661
Version ... 402
Versions- und Merkmalsprüfung ... 448
vertikaler Schutz → priorisierter Schutz
(SAP S/4HANA)
Vertriebsbedarf ... 147
Vertriebsstückliste ... 600
Vorauswahl passender Ersetzungen ... 533
Vorgangsart, technische ... 426, 531
Vorgriffszeit ... 183
Vorplanbedarf ... 482
Vorplanung ... 480
Bedarfsstrategie ... 486
mit Endmontage ... 158, 195, 481
mit Vorplanungsmaterial ... 87, 217
ohne Endmontage ... 195
Prüfmodus ... 484
Prüfvorschrift ... 484
Verrechnungsmodus ... 484
Verrechnungsparameter ... 484
Verrechnungssituation ... 483
Vorplanungsprüfung ... 620
Vorplanungsübersicht ... 614
Vorplanungsverrechnung ... 482, 490
steuern ... 198

Vorwärtsterminierung ... 575, 663
Vorwärtsverrechnung ... 490

W

Warenannahmezeit ... 665, 673, 687
Warenausgangsdatum ... 166, 171, 640, 662, 683
Warenausgangszeit ... 683
Warenbewegung ... 81
Wareneingangsbearbeitungszeit ... 683
Werk, benachbartes ... 186
Werks- und Lagerortersetzung (SAP S/4HANA) ... 344
Werksdispositionsbereich ... 190
Werksersetzung ... 356
Werksfindung ... 184
Werksschließung, temporäre ... 502
Wiederbeschaffungszeit ... 143, 181, 438
Berechnung ... 214
nicht berücksichtigen ... 182
Wunschlieferdatum ... 166, 167, 438, 614, 662

Z

Zeit, losgrößenabhängige ... 88
Zeitdauerermittlung ... 676
Zeitelement ... 165
Zeitpunkt der Produktion ... 496
Zeitreihe ... 430
Zeitreihenverschiebung ... 431, 432
Zeitstrahl ... 663
Zeitzonenermittlung ... 678
Ziellokation ... 666
Zugang ... 146
bewerten ... 445
geplanter ... 176
Zugangselement ... 179, 437
neu anlegen ... 558
zugehörige Verfügbarkeitsschutzobjekte (SAP S/4HANA) ... 333
Zugriffsfolge ... 529, 591, 671
Zugriffsfolge (SAP S/4HANA) ... 346
Zugriffsstrategie ... 504, 512
Zuordnung mit Endmontage ... 488
Zuordnung ohne Endmontage ... 487
Zuordnung zu Bewegungsart ... 252
Zuordnung zu Transaktion ... 252
Zuordnung zu Vorplanprodukt ... 488
Zuordnungskennzeichen ... 196
Zuordnungsmodus ... 486
Zusatzleistung, logistische ... 562
Zuständigkeit für die Auftragserfüllung (SAP S/4HANA) ... 388